Astronomische Größen

Sonnensystem

Masse der Erde	M_e	$= 5.97 \cdot 10^{24}\,\text{kg}$
Masse des Mondes	M_m	$= 7.35 \cdot 10^{22}\,\text{kg}$
Masse der Sonne	M_s	$= 1.99 \cdot 10^{30}\,\text{kg}$
Radius der Erde (Äquator)	R_e	$= 6.378 \cdot 10^{6}\,\text{m}$
Radius des Mondes	R_m	$= 1.74 \cdot 10^{6}\,\text{m}$
Radius der Sonne	R_s	$= 6.96 \cdot 10^{8}\,\text{m}$
Mittlerer Abstand Mond–Erde	d_{me}	$= 3.844 \cdot 10^{8}\,\text{m}$
Mittlerer Abstand Sonne–Erde	d_{se}	$= 1.496 \cdot 10^{11}\,\text{m}$
Solarkonstante	S	$= 1.367 \cdot 10^{3}\,\text{W/m}^2$

Bergmann · Schaefer
Lehrbuch der Experimentalphysik
Band 1   Mechanik · Akustik · Wärme

Bergmann · Schaefer

Lehrbuch der Experimentalphysik

Band 1

Walter de Gruyter
Berlin · New York 2008

Mechanik · Akustik Wärme

Autoren

Klaus Lüders
Gebhard von Oppen

12., völlig neu bearbeitete Auflage

Walter de Gruyter
Berlin · New York 2008

Autoren

Prof. Dr. Klaus Lüders
Fachbereich Physik
Freie Universität Berlin
Arnimallee 14
14195 Berlin
lueders@physik.fu-berlin.de

Prof. Dr. Gebhard von Oppen
Technische Universität Berlin
Institut für Optik und Atomare Physik
Hardenbergstr. 36
10623 Berlin
oppen@physik.tu-berlin.de

Das Buch enthält 690 Abbildungen und 43 Tabellen.

Das Bild auf dem Einband zeigt den erfolgreichen Start der Ariane-5-ECA vom Raumfahrtzentrum Guayana (CSG) in Französisch-Guayana am 12. Februar 2005. Auf diesem Flug (V164) wurden drei Nutzlasten ins All befördert: der im Auftrag von XTAR LLC mitgeführte X-Band-Nachrichtensatellit XTAR-EUR und im Auftrag der ESA die mit Instrumenten ausgerüstete MaqSat-B2-Attrappe und der Minisatellit Sloshsat FLEVO zur Erforschung des Verhaltens von Flüssigkeiten in der Schwerelosigkeit.

Foto freundlicherweise zur Verfügung gestellt von der European Space Agency,
ⓒ ESA/CNES/ARIANESPACE-Service Optique CSG

ISBN 978-3-11-019311-4

Bibliografische Informationen der Deutschen Nationalbibliothek

Die Deutsche Nationalbibliothek verzeichnet diese Publikation in der Deutschen Nationalbibliografie; detaillierte bibliografische Daten sind im Internet über < http://dnb.d-nb.de > abrufbar.

Satz: PTP-Berlin Protago-TEX-Production GmbH, www.ptp-berlin.eu. Druck und Bindung: Druckhaus „Thomas Müntzer" GmbH, Bad Langensalza. Einbandgestaltung: Martin Zech, Bremen. Einbandkonzept: +malsy, Willich.

Vorwort

Das *Lehrbuch der Experimentalphysik* wurde von Ludwig Bergmann und Clemens Schaefer konzipiert. In den Jahren 1943 bis 1955 erschienen die ersten drei Bände: Mechanik, Akustik, Wärme – Elektrizität und Magnetismus – Optik. Sie wurden später durch weitere Bände zur modernen Physik ergänzt. Die Themenbereiche der heute vorliegenden acht Bände sind auf dem hinteren Buchdeckel verzeichnet.

Die vorliegende 12. Auflage des ersten Bandes entstand aus einer kritischen Überarbeitung der 10. und 11. Auflage. Ziel der Überarbeitung war es, den Charakter eines *Lehrbuchs der Experimentalphysik* wieder stärker zur Geltung zu bringen. Deshalb wurde der Teil II der 11. Auflage über die Spezielle Relativitätstheorie nicht wieder aufgenommen. Stattdessen beschränkten wir den Themenkreis auf die historisch vorgegebenen Bereiche *Mechanik*, *Akustik* und *Wärme*. Dieser Themenkreis umfasst viele aus dem täglichen Leben bekannte Phänomene und Beobachtungen und ist daher auch heute noch bestens für den *Start in die Physik* geeignet. Anhand einfacher und durchsichtiger Experimente, die in vielen Fällen auch im Heimversuch selbst durchgeführt werden können, werden grundlegende Arbeitsweisen der Physik und das Zusammenwirken von Experiment und Theorie beim Aufspüren physikalischer Gesetzmäßigkeiten deutlich.

Obgleich wir bei der Auswahl des Themenkreises der 10. Auflage folgten, ließen wir uns bei der Strukturierung der drei Themenbereiche von der Einteilung in Auflage 11 leiten. Wir hoffen, dass so thematische Zusammenhänge besser hervortreten und die Darstellung übersichtlicher geworden ist. Besondere Aufmerksamkeit verdienen in einem *Lehrbuch der Experimentalphysik* die Messunsicherheiten. Sie sind nicht eine Folge unsauberen Experimentierens, sondern sind grundsätzlicher Natur und ergeben sich aus der diskreten Struktur des Messprozesses. In der Mechanik bleiben diese Messunsicherheiten unberücksichtigt, nicht aber in der Wärmelehre. Daher sind alle Bewegungen von Körpern, die den Gesetzen der reinen Mechanik folgen, reversibel, thermodynamische Prozesse hingegen irreversibel. Diesem Unterschied in der Berücksichtigung der experimentellen Grundlagen haben wir bei der Darstellung von klassischer und statistischer Mechanik besondere Beachtung gewidmet.

Unsere Arbeit wäre ohne die Unterstützung unserer Institute an der Freien Universität bzw. der Technischen Universität Berlin nicht möglich gewesen. Obwohl seit einiger Zeit offiziell im „Ruhestand", profitierten wir nicht nur von der uns gewährten Gastfreundschaft mit jeweils voll ausgestattetem Arbeitsplatz, sondern auch von vielen anregenden und aufmunternden Diskussionen über die Grundlagen der Physik und der großen Hilfsbereitschaft vieler Institutsmitglieder bei der Bearbeitung des Buches und Erstellung des Textes. Herrn Prof. Gustav Klipping und Frau Dr. Ingrid Klipping sind wir für die kritische Bearbeitung des Abschnitts „Kryotechnik" zu großem Dank verpflichtet. Ein besonderer Dank gilt Herrn Prof. Klaus Stierstadt für die Fehlerliste zur 11. Auflage von Bd. 1, die aufgrund der ausführlichen Korrekturanmerkungen von Prof. Klaus-D. Harms zusammengestellt werden konnte. Schließlich danken wir Frau Marie-

Rose Dobler und Herrn Dr. Robert Plato sehr für die gute Zusammenarbeit mit dem Verlag de Gruyter.

Berlin, Juli 2008   *Klaus Lüders*
                                                                        Gebhard von Oppen

Inhalt

Einleitung

Die Natur hat zu allen Zeiten einen großen Eindruck auf den Menschen gemacht. Man denke an das Weltall, an den Sternenhimmel, an Blitz und Donner, an die wunderbaren, gleichmäßig geformten und gefärbten Kristalle. Man denke aber vor allem an Leben und Tod.

Geistvolle Menschen haben die Natur beschrieben. Man beobachtete, sammelte und ordnete. Diese Naturbeschreibungen, teilweise in künstlerischen Bildern oder in dichterischer Sprache, erfreuten die Menschen sowohl zu den Zeiten des Lucrez (96 – 55 v. Chr.) und des Plinius (23 – 79 n. Chr.), zu den Zeiten Goethes (1749 – 1832) als auch heute. Aber zunehmend ist der Wunsch erkennbar, die Natur nicht nur zu beschreiben, sondern auch zu verstehen. Das Wissen der Ursachen und Gesetze eines Naturgeschehens würde es ermöglichen, Voraussagen über die Zukunft zu machen; denn dass einige Vorgänge in der Natur nach bestimmten Gesetzen ablaufen und nicht auf Zufälligkeiten beruhen, konnte man schon früh erkennen. Der Wechsel der Jahreszeiten, die Sonnen- und Mondstellungen, chemische Prozesse, das Feuer, das Gefrieren und Sieden des Wassers sind einfache Beispiele.

So besteht der Wunsch des Menschen, die Naturerscheinungen zu verstehen und auf allgemein gültige Gesetze zurückzuführen. Die Triebfeder ist sowohl der reine Erkenntnisdrang als auch die Hoffnung, sich die Natur dienstbar zu machen. Die wichtigsten Hilfsmittel hierbei sind das Experiment und die Mathematik. Das Nachdenken allein und die reine Beobachtung der Natur reichen im Allgemeinen nicht aus, um die Gesetzmäßigkeiten zu finden. Die größten Erfolge entstanden deshalb seit jener Zeit im 17. Jahrhundert, als man bereit war, nach dem Vorbild von Galileo Galilei (1564 – 1642) zu experimentieren, und die Ergebnisse mathematisch formulierte. Die quantitativ gefundenen Gesetze wurden bei jeder Wiederholung erneut bestätigt und hingen nicht von der Person des Beobachters ab. So wurden Naturgesetze durch Versuche aufgestellt. Sie wurden in ein logisch zusammenhängendes System eingeordnet. Das griechische Wort *physis* bedeutet Ursprung, Naturordnung, das Geschaffene (Welt, Geschöpf). Das Wort Physik hat sich daraus entwickelt. Wir verstehen darunter die Ordnung und die geistige, quantitative Erfassung aller Erscheinungen in der unbelebten Natur unter Zurückführung auf allgemein gültige Gesetzmäßigkeiten.

Die stürmische Entwicklung der Physik in den letzten 200 Jahren hat ganz wesentlich die Entwicklung der Technik beeinflusst. Und umgekehrt hat dann später die Technik zahlreiche und wichtige Experimente in der Physik ermöglicht. Beide Entwicklungen sind bekanntlich nicht abgeschlossen. Während das Ziel der Physik ist, das Verhalten der nicht lebendigen Natur zu verstehen, also die Wahrheit, die Wirklichkeit, die Ursachen und Zusammenhänge der Naturvorgänge zu erfassen, ist das Ziel der Technik die Anwendung dieser Kenntnisse zum Wohl der Menschheit.

Jeder, der sich noch nicht mit der Physik beschäftigt hat, wird Begriffen begegnen, die im täglichen Leben weniger bekannt sind oder in anderer Bedeutung vorkommen

(z. B. *Masse*). Deshalb ist eine strenge *Definition*, das ist eine genaue Festlegung eines Begriffes, erforderlich. Dies wird während der Behandlung des Stoffes in diesem Buch an geeigneter Stelle oftmals vorgenommen. Es gibt aber auch Ausdrücke, deren Kenntnis vorausgesetzt wird. Ihre Bedeutung soll hier im folgenden Text erklärt werden.

Wenn ein Naturgeschehen erfahrungsgemäß immer wieder in der gleichen Art abläuft, scheint ein *Gesetz* vorzuliegen. Man spricht dann von einem *Naturgesetz*. Ist ein solches Gesetz durch Erfahrung, also durch *Beobachtungen* oder *Experimente* erkannt worden, so sagt man, es sei *empirisch* (Empirie, gr. = Erfahrung) gefunden. Im Gegensatz hierzu stehen Gesetze, die nicht empirisch, sondern durch Logik oder durch mathematische Überlegung entstanden sind. Oft steht am Anfang eine *Hypothese* (gr.), d. i. eine unbewiesene Annahme, eine Unterstellung. Aus dieser wird dann eine *Theorie* entwickelt, die ein Naturgeschehen beschreibt und mathematisch begründet. Eine Theorie kann also entstehen, bevor das Naturgeschehen beobachtet wird. Ein Experiment kann dann die Richtigkeit einer Theorie bestätigen oder sie widerlegen. Häufiger entsteht eine Theorie, um einen bereits bekannten Vorgang in der Natur zu erklären oder zu verstehen. Mit Hilfe einer solchen Theorie können dann oft Voraussagen über Naturvorgänge gemacht werden, die noch nicht beobachtet sind. Man darf nicht vergessen, dass eine Theorie auch falsch sein kann, während ein *Experiment*, das ja nur eine *Frage an die Natur* darstellt, stets die Natur so zeigt, wie sie ist.

Im Gegensatz zu den mathematisch formulierten Naturgesetzen sind aber alle Messwerte mit einer *Messunsicherheit* behaftet. Auch wenn Messungen unter optimal kontrollierten Versuchsbedingungen durchgeführt werden, liefern wiederholte Messungen niemals im mathematischen Sinn exakt gleiche Ergebnisse. Stets streuen die Messwerte mehr oder minder zufällig um einen *Mittelwert*. Naturgesetze können daher stets nur im Rahmen der *Messgenauigkeit* bestätigt oder widerlegt werden.

Setzt man eine allgemein gültige Aussage als wahr voraus, ohne dass man sie beweisen kann, so spricht man von einem *Axiom* (gr. = Forderung). Ein solches Axiom ist z. B. in der Geometrie, dass sich zwei parallele Geraden niemals schneiden. Man kann dies nicht beweisen. Es wurde versucht, ähnlich wie die Mathematik auch die Physik auf einem solchen Axiomensystem zu gründen, was aber nicht gelang. Als Axiome der Physik kann man auch Prinzipe und *Erhaltungssätze* ansehen. Es sind *heuristische* (d. h. erfundene) Sätze, die durch Erfahrung zu bestätigen sind. Beispiele sind das Energieprinzip (= Erhaltung der Energie), das Kausalitätsprinzip (= jede Wirkung hat ihre Ursache), das Prinzip von actio = reactio (Wirkung = Gegenwirkung), das Trägheitsprinzip, das Newton'sche Grundgesetz der Dynamik, das Pauli-Prinzip (gültig im Atom). Daneben gibt es aber auch Prinzipe in der Physik, die nur für begrenzte Gebiete nützlich sind und im Rahmen umfassenderer Theorien hergeleitet werden können. Beispiele sind das Archimedische Prinzip und das Fermat'sche Prinzip.

Postulate sind ebenfalls Forderungen, die nicht beweisbar sind. Ihr Geltungsbereich ist eingeschränkt, wie z. B. die Bohr'schen Postulate, die sich auf das Bohr'sche Atommodell beziehen. Durch die Ergebnisse der Theorie, deren Zahlenwerte mit den Experimenten übereinstimmen, werden die Postulate gerechtfertigt.

Bis zum Ende des 19. Jahrhunderts konnten die Vorgänge in der Physik weitgehend im Rahmen eines Weltbildes erklärt werden, dem die anschauliche Vorstellung von kontinuierlicher Bewegung in Raum und Zeit zugrunde liegt. Es ist dies der Bereich der *klassischen Physik*. Hierzu gehört die Newton'sche Mechanik, die Akustik, die Maxwell'sche Theorie des Elektromagnetismus, die geometrische und die Wellenoptik sowie teilweise die Thermodynamik.

Aufbauend auf der klassischen Physik, entstand im 20. Jahrhundert mit der Entwicklung von Relativitätstheorie und Quantenmechanik die *moderne Physik*. Sie lässt sich mit dem anschaulichen Weltbild der klassischen Physik nicht verstehen. Denn das Weltbild der klassischen Physik basiert auf der Annahme, dass physikalische Objekte kontinuierlich beobachtbar sind. Im Einklang mit der Quantenphysik zeigt sich hingegen bei allen Messungen mit genügend hoher Messgenauigkeit, dass der Messprozess eine diskrete Struktur hat und im Extremfall eine Zufallsfolge elementarer Ereignisse ist. Der Nachweis des Zerfalls radioaktiver Atome mit einem Geiger-Müller-Zählrohr ist ein bekanntes Beispiel dafür.

Die bei einem Experiment durchgeführten Messungen stimmen manchmal mit den aus einer Theorie berechneten Werten nicht überein; es zeigt sich eine *Diskrepanz* (lat. = Unstimmigkeit). Diese ist möglicherweise umso größer, je mehr, von den Messpunkten ausgehend, *extrapoliert* wurde. Darunter versteht man die Übertragung von Messergebnissen in Bereiche außerhalb der Messpunkte in der Annahme, dass die Kurve den gleichen Verlauf habe wie zwischen den Messpunkten.

Invarianten (= Unveränderliche) sind solche Größen, die sich bei bestimmten Operationen (Drehung, Spiegelung) nicht ändern. Bei Koordinatendrehungen z. B. sind skalare Größen (z. B. Temperatur) *invariant*.

Einige Größen spielen in verschiedenen Gebieten der Physik und ebenso im Kosmos eine bedeutende Rolle und erhalten auch bei völlig verschiedenen Messmethoden die gleichen Werte. Man spricht von *Naturkonstanten*. Ein Beispiel ist die Lichtgeschwindigkeit im Vakuum.

Im Gegensatz zu den Konstanten sind die *Koeffizienten* vom Stoff abhängig. Der thermische Ausdehnungskoeffizient z. B. bezieht sich jeweils auf einen bestimmten Stoff.

Der Leser wird beim Studium dieses Buches verschiedene neue *physikalische Größen* kennen lernen, deren genaue Kenntnis notwendig ist. Mehrere Arten physikalischer Größen sind bereits aus dem täglichen Leben bekannt: Länge, Fläche, Volumen, Zeit, Temperatur, Arbeit usw. Eine *physikalische Größe* wird definiert durch eine *Messvorschrift* und eine *Maßeinheit*. Die Messvorschrift gibt an, auf welche Weise die Größe mit einem Normal, das die Maßeinheit dieser Größen darstellt, zu vergleichen ist. Das Ergebnis jeder Messung ist die Angabe, wie oft diese Maßeinheit in der zu messenden Größe enthalten ist. Eine physikalische Größe ist also gekennzeichnet durch das Produkt: *Maßzahl mal Einheit*. Misst man als physikalische Größe z. B. eine Länge von 914.4 Millimeter = 91.44 Zentimeter = 0.9144 Meter = 3 Fuß = 1 Yard usw., so sieht man stets dieses Produkt: Maßzahl mal Einheit. Man ist frei in der Wahl der Einheit. Die davorstehende Zahl ändert sich zwangsläufig mit der Änderung der Einheit. Die Gesamtheit aller Einheiten einer Größe wird umfasst durch den Begriff *Dimension*.

Die genaue Bedeutung der in der Physik verwendeten Ausdrücke dringt mit der Zeit zunehmend in das Bewusstsein des Lesers ein. Es lohnt sich aber, oft wiederkehrende Wörter gleich am Anfang kennen zu lernen und sich über ihre Bedeutung ganz klar zu werden. Da der Wortschatz einer Sprache nicht ausreicht, haben die Wissenschaften Anleihen bei anderen Sprachen gemacht. Griechische und lateinische Wörter wurden in der klassischen Physik bevorzugt. Die deutschen Übersetzungen treffen nicht immer den wirklichen Sinn des Fremdwortes; deshalb treten oft längere Umschreibungen an die Stelle einer Übersetzung.

Tab. 1   Griechisches Alphabet

Buchstabe		Name	Buchstabe		Name
A	α	Alpha	N	ν	Ny
B	β	Beta	Ξ	ζ	Xi
Γ	γ	Gamma	O	o	Omikron
Δ	δ	Delta	Π	π	Pi
E	ε	Epsilon	P	ρ	Rho
Z	ζ	Zeta	Σ	σ	Sigma
H	η	Eta	T	τ	Tau
Θ	θ	Theta	Y	υ	Ypsilon
I	ι	Jota	Φ	φ	Phi
K	κ	Kappa	X	χ	Chi
Λ	λ	Lambda	Ψ	ψ	Psi
M	μ	My	Ω	ω	Omega

Auch die Zahl der lateinischen Buchstaben reicht nicht aus. Als Symbole für Begriffe werden deshalb zusätzlich große und kleine griechische Buchstaben verwendet (Tab. 1). Man sollte sie zur Erleichterung so früh wie möglich lesen und schreiben lernen. Es gibt internationale Empfehlungen zur Verwendung von Buchstaben für physikalische und technische Größen. Diesen Empfehlungen wird in diesem Buch entsprochen.

Teil I Mechanik

Sir Isaac Newton (1643 – 1727) (Foto: Deutsches Museum München)

1 Messen und Maßeinheiten

1.1 Beobachtung und Messung

Physikalische Messungen. Die große *Entwicklung der Physik* begann im 17. Jahrhundert, nämlich zu der Zeit, als man zu experimentieren und zu messen bereit war. Für die Erfassung von Gesetzmäßigkeiten in der Natur, also für den Fortschritt der physikalischen Erkenntnis, sind qualitative Beobachtungen allein nicht ausreichend. Vielmehr sind auch genaue Messungen notwendig. Hiervon zeugt die geschichtliche Entwicklung der Physik. Oft haben erst sorgfältige Messungen zu zahlenmäßigen Zusammenhängen und somit zur Auffindung von Naturgesetzen geführt. Von vielen Beispielen seien nur ein paar genannt: die Messungen Tycho Brahes (1546 – 1601) über die Planetenbewegungen, die Johannes Kepler (1571 – 1630) als Grundlage zur Entdeckung seiner Gesetze dienten; die Fallversuche Galileo Galileis (1564 – 1642), die elektrostatischen Messungen Charles Augustin de Coulombs (1736 – 1806), die Elektrolyseversuche Michael Faradays (1791 – 1867) usw.

Unsere *Sinnesorgane* sind empfindlich für *Vergleiche*. Aber sie können nicht zu absoluten Messungen verwendet werden. Schätzungen von Absolutwerten gelingen erst nach langer Übung und sind auch dann noch ungenau. Kaum ein Mensch ist in der Lage, die Temperatur des Badewassers ohne Thermometer auf ein Grad genau richtig anzugeben. Dagegen können Menschen und Tiere so geringe Temperatur*unterschiede* wie ein zehntel Grad und weniger durch Vergleich feststellen. Helligkeits*unterschiede* von Flächen gleicher Farbe, die nebeneinander liegen, können sehr genau mit dem Auge wahrgenommen werden. Andererseits gelingt es nicht, den Helligkeitswert selbst anzugeben, auch nicht nach langer Übung. Deswegen benutzt man beim Fotografieren einen Belichtungsmesser, der in modernen Kameras eingebaut ist und die Belichtung (Zeit und Blende) steuert.

Es gibt viele Beispiele, die zeigen, wie leicht sich unsere *Sinnesorgane* auch *täuschen* lassen (Abb. 1.1 u. 1.2). Daraus folgt, dass jede Beobachtung und jede Messung in der Physik äußerst kritisch durchgeführt werden muss. Wiederholte Täuschungen und andere Fehler in Beobachtungen und Messungen, wie sie jeder Physiker erlebt, haben ihn dazu erzogen, alle Messungen mehrfach zu wiederholen und das Ergebnis sorgfältig einer kritischen Prüfung zu unterziehen. Optische Täuschungen entstehen immer dann, wenn unseren Augen Bilder angeboten werden, die mit den im Gehirn gespeicherten Erfahrungsmustern nicht übereinstimmen. Diese im Lauf unserer ersten Lebensjahre gewonnenen Erfahrungen können die räumliche Dimension des Dargestellten betreffen, die Anordnungs- und Größenverhältnisse bestimmter geometrischer Elemente oder auch zeitlich veränderliche Vorgänge.

In neuester Zeit treten *automatische Datenerfassungen* immer mehr an die Stelle individueller Beobachtungen und Messungen. Hierdurch werden zum einen menschliche Unzulänglichkeiten ausgeschaltet, zum andern können mit einem Gerät meist auch die

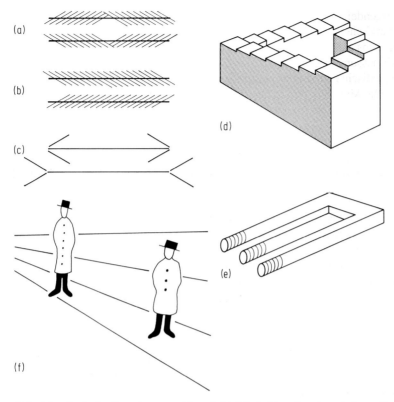

Abb. 1.1   Optische Täuschungen. (a) und (b) Die beiden Geraden sind parallel, erscheinen aber durch die schrägen Striche geknickt bzw. gegeneinander geneigt. (c) Die beiden Strecken sind gleich lang. Durch die Pfeile erscheinen sie verschieden lang. (d) Man kann die Treppe im Kreis herum aufwärts oder abwärts gehen. (e) Die drei runden Stäbe an der linken Seite sind rechts hinten in zwei eckige verwandelt. (f) Die beiden Personen sind gleich groß.

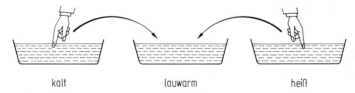

Abb. 1.2   Thermische Täuschung. Je nachdem, in welchem Gefäß die Hand vorher war, erscheint das lauwarme Wasser kühl oder warm.

Grenzen des menschlichen Wahrnehmungsvermögens überschritten werden. Infrarotes und ultraviolettes Licht, das unser Auge nicht sehen kann, ist für eine passende Photozelle noch quantitativ erfassbar. Unser Ohr kann Töne von mehr als 20 000 Schwingungen pro Sekunde nicht mehr hören. Mit einem geeigneten Mikrophon geht das leicht. So wird der Mensch bei Messungen in zunehmender Weise durch automatische physikalische Geräte ersetzt, die er vor der Messung zusammenzustellen und einzurichten hat.

Die Messung irgendeiner *physikalischen Größe* bedeutet, dass sie zahlenmäßig mit einer Maßeinheit verglichen wird. Man erhält so das Produkt *Zahlenwert mal Maßeinheit*, z. B. drei Meter, sechs Sekunden usw. Selbstverständlich kann man eine Längeneinheit nicht für eine Zeitmessung verwenden. Es sind also eigene Maßeinheiten für die verschiedenen Arten physikalischer Größen wie Länge, Zeit, elektrische Stromstärke usw. notwendig. Welche spezielle Maßeinheit man für eine bestimmte Größe wählt, ist grundsätzlich gleichgültig. Die Angaben „der Tisch ist 0.91 Meter hoch", und „der Tisch ist 3 Fuß hoch", besagen das Gleiche. Man muss dabei nur wissen, wie lang ein Meter beziehungsweise ein Fuß ist. Man kann selbstverständlich verschiedene physikalische Größen der gleichen Art addieren, auch dann, wenn sie verschiedene Einheiten besitzen, z. B. eine Länge von einem Meter und eine Länge von zwei Fuß. Man kann aber nicht eine Länge und eine Zeit addieren.

Systeme von Maßeinheiten. Lange Zeit hindurch wurden als Längeneinheiten Körpermaße wie Schritt, Fuß, Elle, Daumenbreite (Zoll) benutzt. Wegen der unterschiedlichen Größen der menschlichen Körper hat man schon früh Mittelwerte gebildet und diese an Mauern durch Striche gekennzeichnet oder durch Herstellung von Maßstäben festgelegt (z. B. das alte englische Yard-Normal aus dem Jahr 1496). Im Jahr 1790 begann man in Frankreich Maßeinheiten zu suchen, die nicht von der zufälligen Größe des menschlichen Körpers abgeleitet sind, sondern von Größen in der Natur, die als konstant galten, wie z. B. der Umfang oder die Umdrehungsdauer der Erde. So wählte man für die *Längeneinheit* den vierzigmillionsten Teil des durch Paris gehenden Erdmeridians. Eine solche Messung ist schwer durchzuführen und dauert längere Zeit. Deshalb wurde ein Maßstab dieser neuen Längeneinheit hergestellt, *Meterprototyp* oder auch *Urmeter* genannt. Später wurden 30 gleiche und verbesserte Exemplare aus einer besonders beständigen Legierung von 90 % Platin und 10 % Iridium hergestellt und durch das Los an verschiedene Länder verteilt. Eines davon wurde als die international gültige Längeneinheit bei Paris aufgehoben. Im Jahr 1875 ist ein Staatsvertrag in Kraft getreten (Internationale Meter-Konvention), der die Schaffung und einheitliche Verwendung von Maßeinheiten für alle physikalischen Größen anstrebt. Vertreter der beteiligten Staaten treffen sich regelmäßig im Rahmen der Generalkonferenzen für Maß und Gewicht.

Das ursprüngliche Ziel war aber doch nicht verwirklicht worden, nämlich eine Längeneinheit zu haben, die jederzeit leicht der unbelebten Natur entnommen werden kann. Der bei Paris liegende Urmeterstab und die übrigen Exemplare können nicht nur verloren gehen, sondern sich auch (beispielsweise durch Rekristallisation, s. Bd. 6) verändern. Es bestand noch ein weiterer Grund, den Urmeterstab durch etwas anderes zu ersetzen. Abb. 1.3a zeigt ein Ende des deutschen Meterprototyps. Man erkennt drei feine Striche, von denen der mittlere das eine Ende des Meters ist. Abb. 1.3b zeigt einen solchen feinen Strich in starker Vergrößerung. In seiner Mitte sollte das Meter zu Ende sein. Aber die Mitte ist nur ungenau bestimmbar, weil der Strich zu breit ist, und weil die Ränder unscharf sind. Man erkennt daraus, dass die Genauigkeit der Ablesung eines Meters auf dem Urmeterstab den heutigen hohen Ansprüchen nicht mehr genügt.

Aus diesen Gründen ist schon früh (Jacques Babinet 1827; James Clerk Maxwell 1870) vorgeschlagen worden, die Wellenlänge des Lichts einer bestimmten Farbe als Längeneinheit zu wählen beziehungsweise ein Vielfaches davon. Dieser Vorschlag wurde im Jahr 1960 verwirklicht, und seitdem ist ein Meter nicht mehr als die Strecke zwischen den Strichmarken auf dem Urmeterstab definiert, sondern als eine bestimmte Anzahl von Wel-

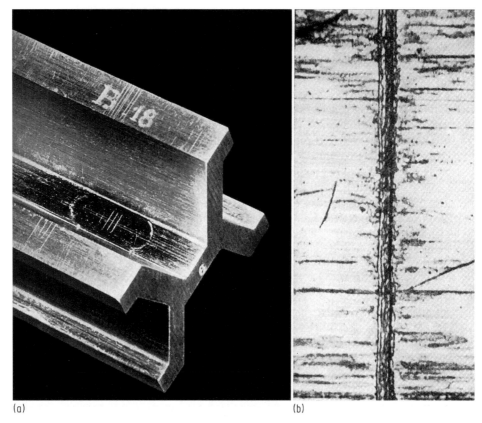

(a)   (b)

Abb. 1.3   Der Meterprototyp. (a) Das Ende eines der 30 gleichen Urmeterstäbe; (b) eine der drei Strichmarken auf einem Urmeterstab in starker Vergrößerung

lenlängen des Lichts mit einer bestimmten Frequenz. Aber auch diese Übereinkunft hatte nicht lange Bestand. Im Jahr 1983 ist ein Meter folgendermaßen neu festgelegt worden: Das Meter (1 m) ist die Länge der Strecke, die das Licht im Vakuum während einer Zeit von 1/299 792 458 Sekunden durchläuft. Diese neue Definition wurde möglich, nachdem man erkannt hatte, dass die Lichtgeschwindigkeit eine Naturkonstante ist (s. Bd. 3) und daher willkürlich auf einen bestimmten Wert festgelegt werden kann. Da die Sekunde als atomare Schwingungszeit sehr genau reproduzierbar ist, ist es vorteilhaft, primär die Einheit der Zeit zu definieren und die Längeneinheit 1 m indirekt über den Wert der Lichtgeschwindigkeit festzulegen.

Auch die *Zeiteinheit* Sekunde (1 s), früher als ein bestimmter Bruchteil der Rotationsdauer der Erde definiert, musste neu festgesetzt werden, weil die Erde sich infolge von Massenverlagerungen und Störungen durch andere Himmelskörper nicht gleichmäßig dreht. Heute ist die Sekunde als Vielfaches einer bestimmten atomaren Schwingungszeit definiert (s. Abschn. 1.7). Man arbeitet also ständig an der Erhöhung der Genauigkeit der Maßeinheiten.

Seit langer Zeit ist man bemüht, für alle Arten von physikalischen Größen international gültige Einheiten festzulegen. Das Ziel ist dabei, mit möglichst wenigen *Basiseinheiten* auszukommen und diese wiederum zweckmäßig auszuwählen. Wenige Basiseinheiten genügen dann zur Bildung aller anderen sogenannten *abgeleiteten Einheiten*. Ein Beispiel: Wenn man für die Länge eine Basiseinheit hat, also ein Meter, dann lässt sich die Einheit für die Fläche einfach aus der Längeneinheit ableiten, also ein Quadratmeter.

Der Unterschied zwischen Basiseinheiten und abgeleiteten Einheiten ist keineswegs fundamental. Er beruht auf reinen Zweckmäßigkeitsüberlegungen und erlaubt keine Aussage über die „Natur" der durch die betreffende Einheit gemessenen physikalischen Größe. So ist zum Beispiel die Länge keine fundamentalere Größe als die Energie, nur weil die Einheit der Länge (m) als Basiseinheit gewählt wurde, diejenige der Energie ($J = kg\,m^2\,s^{-2}$) hingegen „abgeleitet" ist. Die Längeneinheit Meter lässt sich jedoch leichter darstellen und genauer festlegen als die Energieeinheit Joule. Die Bemühungen von Carl Friedrich Gauß (1777 – 1855) und Wilhelm Weber (1804 – 1891), auch die Einheiten der Elektrizitäts- und Wärmelehre und der Optik auf die Grundeinheiten der Mechanik zurückzuführen, führten zum *Zentimeter-Gramm-Sekunde-Maßsystem* (cgs). Auch dieses Einheitensystem wird in der Physik verwendet.

Nach langer und mühevoller Arbeit hat man sich heute auf ein *Internationales Einheitensystem* (abgekürzt: SI, Système International d'Unités, International System of Units) geeinigt, das auf allen Gebieten der Physik und Technik sowie im täglichen Leben gültig sein soll. Die 11. Generalkonferenz für Maß und Gewicht hat 1960 beschlossen, den Ländern die Einführung der in Tab. 1.1 genannten SI-Einheiten als Basiseinheiten zu empfehlen. (Die Stoffmengeneinheit Mol kam erst 1971 dazu.) Aus diesen sieben Basiseinheiten des internationalen Einheitensystems kann man alle anderen erforderlichen Einheiten ableiten.

Tab. 1.1   SI-Einheiten

Basisgröße	SI-Einheit	Abkürzung
Länge	Meter	m
Masse	Kilogramm	kg
Zeit	Sekunde	s
elektrische Stromstärke	Ampere	A
thermodynamische Temperatur	Kelvin	K
Stoffmenge	Mol	mol
Lichtstärke	Candela	cd

Es mag zunächst schwierig erscheinen, die Maßeinheiten für alle Arten von physikalischen Größen aus den sieben Basiseinheiten abzuleiten. Bei der Einführung und Definition eines neuen physikalischen Begriffs wird in diesem und in den folgenden Bänden daher stets darauf geachtet werden, dass neben der Definition des Begriffs auch seine Maßeinheit erläutert wird. Die Maßeinheiten können durch Vorsilben verändert werden, z. B. Mikrometer, Zentimeter oder Kilometer (s. Tab. 1.2) oder besondere Namen erhalten, z. B. Hertz für 1/Sekunde, Ohm für Volt/Ampere, Newton für $kg\,m\,s^{-2}$. Hierbei muss die Sonderstellung der *Masseneinheit* beachtet werden. In ihrem Namen *Kilogramm* ist die sonst zur Bezeichnung des Tausendfachen einer Größe verwendete Vorsilbe Kilo schon enthalten. Leider hat man diese Inkonsequenz bis heute beibehalten. Sie ist unter anderem durch die Wahl der unabhängig von den mechanischen Einheiten entstandenen elektrischen Einheiten Ampere und Volt begründet ($1\,VAs = 1\,kg\,m^2\,s^{-2}$).

Tab. 1.2   Verkleinerungen und Vergrößerungen

Verkleinerungen			Vergrößerungen		
Faktor	Vorsätze	Vorsatzzeichen	Faktor	Vorsätze	Vorsatzzeichen
10^{-1}	Dezi	d	10^{1}	Deka	da
10^{-2}	Zenti	c	10^{2}	Hekto	h
10^{-3}	Milli	m	10^{3}	Kilo	k
10^{-6}	Mikro	μ	10^{6}	Mega	M
10^{-9}	Nano	n	10^{9}	Giga	G
10^{-12}	Pico	p	10^{12}	Tera	T
10^{-15}	Femto	f	10^{15}	Peta	P
10^{-18}	Atto	a	10^{18}	Exa	E
10^{-21}	Zepto	z	10^{21}	Zetta	Z
10^{-24}	Yokto	y	10^{24}	Yotta	Y

Beispiele: 1 nm (Nanometer) $= 10^{-9}$ m, 1 MW (Megawatt) $= 10^{6}$ Watt

Oft ist es zweckmäßig, statt einer bestimmten Einheit allgemeiner die *Dimension* zu schreiben. Die Dimension einer Größe (nicht zu verwechseln mit der Dimension des Raumes!) umfasst die Gesamtheit aller ihrer möglichen Einheiten. Im Straßenverkehr ist es zum Beispiel üblich, für die Geschwindigkeit die Einheit Kilometer pro Stunde (km/h) zu wählen. Im Laboratorium wäre dies oft unpraktisch; man benutzt hier besser die SI-Einheit Meter pro Sekunde (m/s). Die Dimension der Geschwindigkeit v schreibt man allgemein dim $v = L/T$. Diese Gleichung besagt: Eine Einheit der Geschwindigkeit wird dadurch erhalten, dass man irgendeine Einheit der Länge (L) durch irgendeine Einheit der Zeit (T) dividiert, also z. B. km/h oder m/s. Solche Dimensionsgleichungen sind sehr nützlich. Sie führen zur Übersichtlichkeit, und man kann die Richtigkeit einer Gleichung leicht an der entsprechenden Dimensionsbeziehung prüfen. Unglücklicherweise wird der Ausdruck Dimension auch für den Begriff „Ausmaß, Abmessung" oder für bestimmte Einheiten selbst benutzt. Dies sollte man vermeiden. Dimensionsbetrachtungen sind besonders wichtig, wenn verschiedene Einheitensysteme nebeneinander benutzt werden. In diesem Buch werden möglichst SI-Einheiten benutzt. Dimensionsbeziehungen können daher im Allgemeinen durch Vergleich der Einheiten überprüft werden.

Es gibt auch Größen, die keine Dimension haben. Das sind die sogenannten *Verhältnisgrößen*. Ein Verhältnis zweier Größen, z. B. das Verhältnis zweier Geschwindigkeiten, ist eine dimensionslose Zahl, da sich die Dimensionen beziehungsweise die Einheiten wegkürzen. Man sagt richtiger, die Größe hat die Dimension *eins*. Bei schnellen Flugzeugen und Raketen bezieht man die Geschwindigkeit auf die Schallgeschwindigkeit. Hat zum Beispiel ein Flugkörper die doppelte Schallgeschwindigkeit, so ist ihr Verhältnis zur Schallgeschwindigkeit 2. Um nun zu kennzeichnen, was die „Zwei" hier bedeutet, fügt man das Wort „Mach" hinzu, zu Ehren des Physikers Ernst Mach (1838 – 1916). Eine andere Verhältnisgröße ist zum Beispiel die Brechzahl n, die in der Optik wichtig ist. Man versteht darunter das Verhältnis der Lichtgeschwindigkeit im Vakuum zur Lichtgeschwindigkeit in Materie. Hat zum Beispiel ein Stoff (Diamant) eine Brechzahl $n = 2.4$, so ist die Lichtgeschwindigkeit im Vakuum 2.4-mal so groß wie die Lichtgeschwindigkeit in dem betreffenden Stoff. Das dritte Beispiel für eine Verhältnisgröße ist der ebene Winkel. Er ist definiert als das Verhältnis der Längen von Kreisbogen und Kreisradius. Im Zähler und im Nenner steht also je eine Länge; beide kürzen sich fort. Es bleibt eine Größe der Dimension eins.

Wenn *Größenbetrachtungen in der Natur* über die Grenzen des menschlichen Vorstellungsvermögens hinausgehen, ist es oft zweckmäßig, Vergrößerungen oder Verkleinerungen vorzunehmen, so dass der Mensch wieder zum Maß der Dinge wird. Ein bekanntes Beispiel ist die Landkarte. Wir können uns große Entfernungen auf der Erde nicht mehr unmittelbar vorstellen. Dies ist jedoch möglich, wenn man sie verkleinert und somit ein Abbild der Erdoberfläche in Form einer Landkarte oder eines Globus herstellt. Will man versuchen, eine anschauliche Vorstellung vom Planetensystem zu gewinnen, so wählt man zweckmäßig eine 10^9-fache Verkleinerung. Die Erde bekommt dann die Größe einer Kirsche von 13 mm Durchmesser, der Mond die Größe einer Blaubeere. Der Abstand der beiden beträgt 40 cm. Die Sonne hat nun einen Durchmesser von 1.40 m und ist von der Erde 150 m entfernt. Der kleinste Abstand der Erde von der Venus beträgt 35 m. Der nächste selbstleuchtende Stern hat aber immer noch eine Entfernung von 40 000 km! Hier versagt unser Vorstellungsvermögen wieder. In anderen Fällen wird man eine Vergrößerung vornehmen, wenn zum Beispiel die Verhältnisse in einem Atom betrachtet werden sollen. Wählt man hier eine 10^9-fache Vergrößerung, so erhält das Atom einen Durchmesser von 10 cm, wobei der Atomkern immer noch einen Durchmesser von nur etwa 1/1000 mm besitzt. Der mittlere Abstand der Moleküle in der Luft beträgt dann etwa 3.4 m.

1.2 Messgenauigkeit

Messfehler. Jeder Messwert ist mit einer gewissen Unsicherheit behaftet, die durch eine Angabe der *Fehlergrenzen* gekennzeichnet wird. Es ist das selbstverständliche Ziel jeder Messung, durch sorgfältige Überlegungen vor der Messung Messfehler möglichst zu vermeiden und die Unsicherheit der Messwerte so klein wie möglich zu machen, also eine möglichst hohe Genauigkeit anzustreben. Einer der häufigsten Fehler ist der *Parallaxenfehler*. Er tritt zum Beispiel dann auf, wenn ein Zeiger vor oder über einer Skala abgelesen wird. Da der Zeiger einen bestimmten Abstand von der Skala haben muss, erfolgt eine falsche Ablesung, wenn man schräg auf Zeiger und Skala blickt (Abb. 1.4). Man versteht unter der Parallaxe α den Winkel zwischen demjenigen Sehstrahl des Beobachters, der senkrecht auf der Skala steht, und der Verbindung zwischen Auge und Zeiger. Zur Vermeidung dieses Fehlers haben viele Messinstrumente ihre Skala auf oder neben einem Spiegel.

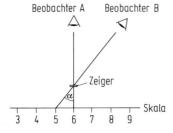

Abb. 1.4 Parallaxenfehler. Er entsteht durch falsches Ablesen wie durch Beobachter B. Man muss wie Beobachter A ablesen.

Wenn der Zeiger mit seinem Spiegelbild zur Deckung gebracht wird, verschwindet die Parallaxe.

Messunsicherheit. Außer solchen grundsätzlich vermeidbaren Messfehlern, häufig genauer als *systematische Fehler* bezeichnet, treten bei allen Messungen rein zufällige Schwankungen in den Messwerten auf. Auch wenn durch sorgfältiges Experimentieren systematische Messfehler vermieden werden, schwanken die Messwerte einer Serie von Messungen, die unter gleichen Versuchsbedingungen durchgeführt wurden, statistisch um einen Mittelwert. Dieses sogenannte *Rauschen* (*noise*) der Messwerte unterliegt den Gesetzen der statistischen Physik und führt zu einer nicht vermeidbaren *Messunsicherheit*.

Das bei allen Präzisionsmessungen erkennbare Rauschen der Messwerte ist von höchst grundsätzlichem Interesse. Es zeigt, dass das Naturgeschehen nicht, wie in der klassischen Mechanik angenommen, allein deterministischen Naturgesetzen unterliegt, sondern auch den Gesetzen des Zufalls. Man unterscheidet das *thermische Rauschen* (*Johnson noise*) einerseits vom *statistischen* oder *Schrotrauschen* (*shot noise*) andererseits. Beide Sorten des Rauschens sind eine Folge der diskreten Strukturen in der Natur, also insbesondere der atomistischen Struktur der Materie und der Quantenstruktur des Lichts.

In der klassischen Mechanik, die im Teil I des Lehrbuchs behandelt wird, geht man noch von der Annahme aus, dass grundsätzlich exakte Messungen möglich seien. Der Einfluss des Zufalls im Naturgeschehen bleibt also unberücksichtigt. Aus den Gesetzen der Mechanik folgt deshalb ein strenger Determinismus. Nach den Gesetzen der Mechanik könnte ein Dämon die Zukunft des Naturgeschehens exakt vorausberechnen, falls ihm der Zustand der Welt zu einem bestimmten Zeitpunkt bekannt ist (Laplace'scher Dämon; ersonnen von Pierre Simon de Laplace, 1749–1827). Hingegen basieren die Gesetze der Wärmelehre (Teil III) wesentlich auf der Annahme, dass die Bewegung der Atome nicht nur den deterministischen Gesetzen der Mechanik, sondern auch den statistischen Gesetzen des Zufalls unterliegt. Diese Annahme ist durch das thermische und statistische Rauschen aller Messungen experimentell gerechtfertigt.

Thermisches Rauschen. Das thermische Rauschen ergibt sich aus der thermischen Bewegung der Atome und Elektronen und den thermischen Schwankungen der elektromagnetischen Felder in den Messgeräten. Aufgrund der thermischen Bewegung schwankt beispielsweise auch der Zeiger eines Messgeräts mit einer mittleren Energie

$$E_{\text{th}} = k_{\text{B}} T \tag{1.1}$$

um den jeweiligen Mittelwert. Dabei ist $k_{\text{B}} = 1.38 \cdot 10^{-23}$ J/K die Boltzmann-Konstante und T die absolute Temperatur (s. Kap. 16). Wegen dieser Schwankungen ist eine exakte Ablesung der Zeigerstellung grundsätzlich nicht möglich.

Statistisches Rauschen. Das Schrotrauschen ergibt sich aus der diskreten Struktur des Messprozesses. Nur scheinbar können wir die Bewegung von Körpern kontinuierlich beobachten. Bei allen Messungen mit extrem hoher räumlicher und zeitlicher Auflösung zeigt sich, dass tatsächlich diskrete Folgen abzählbarer *Elementarereignisse* stattfinden. Beispielsweise können bei optischen Signalen Photonen und bei elektrischen Signalen Elektronen oder Ionen gezählt werden. Bekannt ist das Ticken eines Geiger-Müller-Zählrohrs beim Nachweis der Strahlung radioaktiver Präparate. Dieses Ticken erfolgt aber nicht regelmäßig wie das Ticken einer Uhr, sondern unregelmäßig, den Gesetzen des Zufalls folgend. Bei einer Serie von n Zählungen der in einer vorgegebenen Zeitspanne Δt stattfindenden Ereignisse schwankt folglich die Anzahl N_i ($i = 1, \ldots, n$) der gezählten Ereignisse um den Mittelwert

$$\overline{N} = \frac{1}{n} \sum_{i=1}^{n} N_i. \tag{1.2}$$

Als Schwankungsbreite ΔN der Verteilung der Messwerte wird gewöhnlich die Wurzel aus der mittleren quadratischen Abweichung vom Mittelwert (Standardabweichung) angegeben:

$$\Delta N = \sqrt{\frac{1}{n-1} \sum_{i=1}^{n} (N_i - \overline{N})^2}. \tag{1.3}$$

Für die rein zufällig stattfindenden Elementarereignisse gilt nach den Gesetzen der mathematischen Statistik im Grenzfall $n \to \infty$:

$$\Delta N = \sqrt{\overline{N}}. \tag{1.4}$$

Ausgleichsrechnungen. Auch wenn systematische Fehler vermieden werden, führen also wegen des unvermeidbaren thermischen und statistischen Rauschens wiederholte Messungen nicht zu genau gleichen Ergebnissen. Vielmehr schwanken die Ergebnisse nach den Gesetzen des Zufalls um einen Mittelwert. Diese *Messunsicherheiten* (häufig werden auch diese als Messfehler bezeichnet, obgleich sie nicht auf Unzulänglichkeiten des Messverfahrens zurückzuführen sind, sondern fundamentaler Natur sind) lassen sich durch eine *Ausgleichsrechnung* ausgleichen, nicht aber systematische Fehler. Man erhält so einen wahrscheinlichsten Wert für das Ergebnis und einen mittleren Wert für die Messunsicherheit. Voraussetzung für die Möglichkeit einer Ausgleichsrechnung ist das Vorhandensein mehrerer Messungen.

Zur Erläuterung von Ausgleichsrechnungen gehen wir von einer Serie von n Einzelmessungen mit den Messwerten x_i aus. Der wahrscheinlichste Wert der Messung wird im Allgemeinen durch Bildung des arithmetischen Mittels aus den Werten der Einzelmessungen gewonnen:

$$\bar{x} = \sum_{i=1}^{n} x_i/n. \tag{1.5}$$

Das arithmetische Mittel ist der Wert, für den die Summe der Quadrate der Abweichungen ein Minimum ist (Ausgleichsprinzip von Gauß, *Methode der kleinsten Quadrate*). Für die Berechnung des mittleren Fehlers werden die Differenzen der einzelnen Messungen x_i von ihrem arithmetischen Mittel $\bar{x}$ (auch Bestwert genannt) gebildet. Die Differenzen werden quadriert und dann summiert. Dann ist

$$s = \pm \sqrt{\frac{\sum_i (x_i - \bar{x})^2}{n-1}} \tag{1.6}$$

die *Standardabweichung* vom Mittelwert. Die Standardabweichung ist, abgesehen von statistischen Schwankungen, unabhängig von der Anzahl n der Einzelmessungen. Bei einer rein zufälligen Verteilung der Messwerte, der sogenannten *Gauß-Verteilung*, nimmt hingegen die Genauigkeit der Messung mit der Wurzel aus der Anzahl der nachgewiesenen

Elementarereignisse zu (vgl. Gl. 1.4). Man definiert dementsprechend die *mittlere absolute Messunsicherheit*:

$$\overline{\Delta x} = \pm\sqrt{\frac{\sum_i (x_i - \bar{x})^2}{n(n-1)}}\ . \tag{1.7}$$

Sehr oft setzt sich ein Ergebnis aus der Messung mehrerer Größen zusammen. Ist das Resultat R zum Beispiel eine Summe aus zwei Größen $x + y$, deren Messung auch systematische Fehler enthalten kann, dann addieren sich die Beträge der mittleren absoluten Fehler $\Delta R = \Delta x + \Delta y$, das heißt, man muss den ungünstigsten Fall berücksichtigen. Handelt es sich jedoch um mittlere absolute Messunsicherheiten $\overline{\Delta x}$ und $\overline{\Delta y}$, die sich allein aus dem thermischen und statistischen Rauschen von mehreren Einzelmessungen ergeben und entsprechend den Gesetzen des Zufalls nach der Beziehung (1.7) berechnet werden, so gilt für die mittlere absolute Messunsicherheit von $R = x + y$ die Beziehung $\overline{\Delta R} = \pm\sqrt{\overline{\Delta x}^2 + \overline{\Delta y}^2}$ und für die relative Messunsicherheit

$$\frac{\overline{\Delta R}}{\overline{R}} = \pm\sqrt{\frac{\overline{\Delta x}^2 + \overline{\Delta y}^2}{(\overline{x+y})^2}}. \tag{1.8}$$

Oft ist das Resultat R ein Potenzprodukt, also z. B. $R = x^a y^b z^c$. Dann beträgt der relative Fehler in erster Näherung

$$\frac{\overline{\Delta R}}{\overline{R}} = \sqrt{\left(a\frac{\overline{\Delta x}}{\bar{x}}\right)^2 + \left(b\frac{\overline{\Delta y}}{\bar{y}}\right)^2 + \left(c\frac{\overline{\Delta z}}{\bar{z}}\right)^2}. \tag{1.9}$$

Wenn das Resultat R eine beliebige Funktion $R(x, y, z, \ldots)$ mehrerer Messgrößen $x, y, z, \ldots$ ist, so ergibt sich aus Messungen mit systematischen Fehlern für den Fehler ΔR von R in erster Näherung

$$\Delta R = \left|\frac{\partial R}{\partial x}\right| \Delta x + \left|\frac{\partial R}{\partial y}\right| \Delta y + \left|\frac{\partial R}{\partial z}\right| \Delta z + \cdots. \tag{1.10}$$

Dabei sind Δx, Δy, Δz die absoluten Fehler der Messgrößen x, y, z.

Sind hingegen nur Messunsicherheiten zu berücksichtigen, die sich aus dem statistischen und thermischen Rauschen ergeben und deren mittlere absolute Messunsicherheit sich nach Gl. (1.7) berechnet, so ergibt sich die Messunsicherheit $\overline{\Delta R}$ des Resultats zu

$$\overline{\Delta R} = \sqrt{\left(\frac{\partial R}{\partial x}\right)^2 (\overline{\Delta x})^2 + \left(\frac{\partial R}{\partial y}\right)^2 (\overline{\Delta y})^2 + \left(\frac{\partial R}{\partial z}\right)^2 (\overline{\Delta z})^2 + \cdots}. \tag{1.11}$$

Diese Beziehung heißt *Gauß'sches Fehlerfortpflanzungsgesetz* (besser: Gesetz für die Fortpflanzung der *Messunsicherheit*).

1.3 Längenmessung

Längeneinheiten. Die 17. Internationale Generalkonferenz für Maß und Gewicht beschloss Ende 1983, die *Längeneinheit Meter* folgendermaßen festzulegen: Das Meter ist die Länge der Strecke, die Licht im Vakuum während des Zeitintervalls von $1/299\,792\,458$ Sekunden durchläuft. Diese Neudefinition war möglich, weil die Lichtgeschwindigkeit eine Naturkonstante ist und auf den Wert $c = 299\,792\,458$ m/s festgelegt werden konnte. Mit dieser Definition der Längeneinheit wird jede Längenmessung auf eine Zeitmessung zurückgeführt. Das ist sinnvoll, da Zeitmessungen mit sehr großer Messgenauigkeit (relative Unsicherheit 10^{-14}, s. Abschn. 1.7) durchgeführt werden können.

Vorher, in den Jahren 1927 und 1960, war die Längeneinheit Meter bereits international auf ein atomares Normal zurückgeführt worden: Ab 1927 war das Meter ein Vielfaches der Wellenlänge einer roten Spektrallinie des Cadmiums. Der Fortschritt in der Atomphysik und in der Messtechnik führte im Jahr 1960 dazu, das Meter als Vielfaches der Wellenlänge einer bestimmten Spektrallinie des Krypton-Isotops ^{86}Kr zu definieren. Der Anschluss der Lichtwellenlänge (Größenordnung $5 \cdot 10^{-7}$ m) an einen makroskopischen Maßstab geschieht mit Hilfe der Überlagerung von Lichtwellen in optischen Interferometern. Es wird gemessen, wie viele Lichtwellenlängen auf eine Längeneinheit des betreffenden Maßstabs kommen. Bei dieser Methode liegt die Unsicherheit der Länge eines Meters noch bei 10^{-8} bis 10^{-9} m. Die Interferenz von Lichtwellen wird in der Optik (s. Bd. 3) behandelt.

In der Astronomie wird als Längeneinheit häufig das Lichtjahr (Lj) benutzt. Das ist die Strecke, die das Licht in der Zeit von einem Jahr zurücklegt, nämlich $9.4605 \cdot 10^{12}$ km ($\approx 10^{16}$ m). Auch verwendet man vielfach das Parsec (pc, Abkürzung für Parallaxensekunde). Man versteht darunter die Entfernung, aus der der Erdbahnradius unter einem Winkel von 1 Bogensekunde erscheint; 1 Parsec (pc) $= 3.2616$ Lichtjahre $= 3.0857 \cdot 10^{16}$ m. Für kleine astronomische Entfernungen benutzt man auch die Astronomische Einheit (AE), die große Halbachse der Erdbahn; $1\,AE = 1.4960 \cdot 10^{11}$ m.

In der Atomphysik sowie bei den Licht- und Röntgen-Wellenlängen wurde wegen der sehr kleinen Abstände lange Zeit die Ångström-Einheit benutzt (benannt nach A. J. Ångström, 1814 – 1874): $1\,\text{Å} = 10^{-10}$ m. In der Kern- und Elementarteilchenphysik findet manchmal noch das Fermi (Femtometer) Verwendung (nach Enrico Fermi, 1901 – 1954): $1\,\text{fm} = 10^{-15}$ m. Etwa 85 % der Weltbevölkerung benutzen zur Zeit das Meter als Längeneinheit. In einigen angelsächsischen Ländern werden noch mile, yard, foot und inch verwendet.

Messmethoden für Längen. *Längenmessungen* werden im Bereich zwischen etwa 10 μm und einigen Metern am häufigsten mit *Strichmaßen* ausgeführt, also durch Vergleich mit einem durch Striche eingeteilten Maßstab. Einfache Strichmaße für den täglichen Gebrauch, z. B. Stahlbandmaße, weisen Fehler bis zu 1 Millimeter pro Meter auf. Ein Vergleich des zu messenden Gegenstandes mit einem Strichmaßstab ist auch mit einer optischen Vergrößerung, also unter einem Mikroskop, möglich. Dazu legt man diesen Gegenstand, z. B. ein Haar, auf ein sogenanntes *Objektmikrometer*. Das ist ein Objektträger mit einer feinen Stricheinteilung, meist mit einem Abstand von einem hundertstel Millimeter. Objekt und Maßstab werden also unter dem Mikroskop verglichen. Die Messung kann noch weiter verfeinert werden, wenn man ein Mikrometerokular verwendet. Es besitzt ein Fadenkreuz und ist seitlich mit einer Mikrometerschraube verschiebbar. Man kann ablesen, wie viele Teilstriche der Mikrometerschraube beim seitlichen Verschieben auf einen Teilstrich des Objektmikrometers kommen. Auf diese Weise lässt sich eine Länge von einem hundertstel Millimeter (10 μm) zwischen zwei Teilstrichen des Objektmikrometers noch leicht weiter unterteilen.

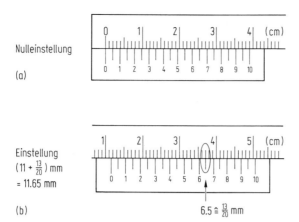

Abb. 1.5   Nonius. (a) Nulleinstellung; (b) Einstellung $(11 + 13/20)$ mm $= 11.65$ mm

Zur Erhöhung der Ablesegenauigkeit wird häufig ein *Nonius* verwendet. Dieser ist ein wichtiges Hilfsmittel, um bei der Ablesung einer Maß- oder Winkeleinteilung die Lage zwischen zwei Teilstrichen nicht schätzen zu müssen, sondern mit Sicherheit ablesen zu können. Der Nonius ist ein meistens in 20 Teile geteilter Hilfsmaßstab. Die Gesamtlänge dieser 20 Teile ist gleich derjenigen von 39 Teilen des Hauptmaßstabes (Abb. 1.5a). Ist der Hauptmaßstab z. B. in Millimeter unterteilt, so ist jeder Teil der Noniusteilung 39/20 mm lang. Steht der Nonius an irgendeiner Stelle der Hauptskala (Abb. 1.5b), so liest man links vom Nullstrich des Nonius die Anzahl der ganzen Millimeter ab und sucht denjenigen Noniusteilstrich auf, der mit einem Teilstrich der Hauptskala zusammenfällt (Koinzidenz). Dieser Teilstrich des Nonius gibt dann die Anzahl der zwanzigstel Millimeter an, die noch hinzuaddiert werden müssen. Das Prinzip des Nonius beruht darauf, dass die Koinzidenz, also das Zusammentreffen zweier Striche, genauer ablesbar ist als die Schätzung eines Wertes, der zwischen zwei Strichen liegt. Auch bei anderen Messungen, wie z. B. bei Zeitmessungen, lässt sich das Prinzip des Nonius anwenden. So können bei zwei Uhren akustische Signale oder die Schwingungen der Pendel anstelle der Strichmarken beim Nonius verwendet werden. Durch Bestimmung der Koinzidenzen kann die Genauigkeit der Messung erhöht werden.

Genutzt wird der Nonius bei *Schublehre* und *Mikrometerschraube* (Genauigkeit 1/100 mm) (Abb. 1.6). Bei der sogenannten Messuhr wird die Verschiebung eines Stiftes längs seiner Achse durch eine Zahnstange auf ein System von Zahnrädern übertragen, die schließlich einen Zeiger wie auf einer Uhr bewegen. Eine Bewegung des Stiftes von 1 mm entspricht einer ganzen Umdrehung des Zeigers. Dadurch kann mit einer Genauigkeit besser als 1/100 mm abgelesen werden.

Wegen seiner besonderen Verwendungsfähigkeit sei noch das *Sphärometer* erwähnt (Abb. 1.7a). Es steht mit drei Spitzen auf einer Grundplatte. In der Mitte befindet sich eine drehbare Spindel, mit der man zwischen ihrer unteren Spitze und der Grundplatte die Dicke einer anderen Platte messen kann. Wenn die Spindel eine Ganghöhe von 1 mm besitzt, und wenn auf dem Teilkreis der Spindel noch 1/100 einer Umdrehung ablesbar ist, lässt sich mit einem solchen Sphärometer ein Höhenunterschied von $10\,\mu$m messen. Man muss allerdings darauf achten, dass die Schraube stets mit dem gleichen Druck an den zu messenden Körper angedrückt wird. Letzteres lässt sich auf optischem Weg sehr

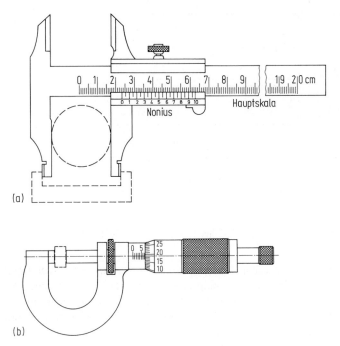

Abb. 1.6   Schublehre (a) und Mikrometerschraube (b)

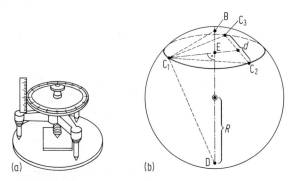

Abb. 1.7   Sphärometer. (a) Das Gerät zur Dickenmessung; (b) Skizze zur Krümmungsmessung. Man kann sich überlegen, dass der Radius der Kugel $R = (d^2 + 3\overline{BE}^2)/6\overline{BE}$ ist. Dabei ist d der Abstand je zweier Sphärometerfüße, die die Kugel in C_1, C_2, C_3 berühren, B der Kontaktpunkt der Spindel und E der Durchstoßpunkt der Polachse $\overline{BD}$ durch die Ebene $\{C_1 C_2 C_3\}$. Die angegebene Beziehung für R sollte man zur Übung selbst verifizieren. (Hinweis: $\overline{C_iE} = d/\sqrt{3}$; man betrachte die Streckenverhältnisse in dem Hilfsdreieck $C_1 BD$.)

gut kontrollieren. Zu diesem Zweck stellt man das Sphärometer auf eine ebene Glasplatte, auf der eine zweite kleinere Glasplatte liegt. Beleuchtet man die Glasplatten mit einfarbigem Licht, z. B. von einem Laser, und blickt nun schräg auf die Glasplatte, so sieht man diese von einem System heller und dunkler *Interferenzstreifen* durchzogen, deren gegenseitiger Abstand von der Dicke der Luftschicht zwischen den beiden Glasplatten abhängt (Abb. 1.8). Drückt man nun die obere Glasplatte nur ein wenig gegen die untere,

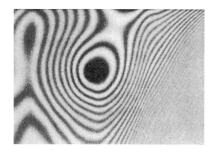

Abb. 1.8   Interferenzstreifen. Sie werden durch die dünne Luftschicht zwischen zwei annähernd ebenen Glasplatten erzeugt.

so verschieben sich die Interferenzstreifen (s. Bd. 3). Dies ist ein außerordentlich empfindliches Kriterium für jede Berührung. Bei der Messung mit dem Sphärometer schraubt man die Spindel stets nur so weit herunter, bis die Verschiebung der Interferenzstreifen gerade einsetzt. Dann ist man sicher, dass der Druck gegen den zu messenden Körper stets der gleiche ist. In dieser Form heißt das Gerät Interferenzsphärometer. Das Sphärometer eignet sich auch zur Messung der Krümmung einer sphärischen Fläche (Abb. 1.7b).

Die Verwendung der optischen Interferenz bei der Messung einer sehr kleinen Länge oder beim Erkennen einer Verschiebung hat ein geometrisches Analogon, das sehr einfach zu verstehen ist und im täglichen Leben oft beobachtet werden kann. In Abb. 1.9 wurden zwei Strichraster, die auf durchsichtigem Papier gezeichnet sind, übereinander gelegt. Man erkennt deutlich die breiten, dunklen Streifen senkrecht zu den Rasterstrichen. Sie entstehen dadurch, dass an diesen Stellen dunkle Rasterstriche genau über hellen Zwischenräumen liegen und umgekehrt. Eine sehr geringe Drehung oder Verschiebung eines Rasters lässt sofort die breiten, dunklen Interferenzstreifen wandern. In der Optik entsprechen die Rasterstriche den viel kürzeren Wellenlängen des Lichts ($\approx 0.5\,\mu$m). Anstatt der Rasterstriche kann man auch Gardinen oder andere Stoffe mit Streifen nehmen. Die Erscheinung lässt sich auch beobachten, wenn man durch zwei hintereinander stehende Zäune hindurchsieht und sich selbst bewegt.

Außer den Strichmaßen werden zur Längenmessung häufig *Endmaße* verwendet, die durch ihre Begrenzungen bestimmte Längen definieren. Große Bedeutung haben bei der

Abb. 1.9   „Verstärktes" Sichtbarmachen einer kleinen Bewegung (Moiré-Muster; französisch: moiré, Wasserglanz). Geometrisches Analogon zur optischen Interferenz

Abb. 1.10   Prüfung von Endmaßen. Die Berührungsfläche der oben im Bild sichtbaren beiden Endmaße beträgt nur 3.15 cm² (C. E. Johansson).

Herstellung von Maschinen, Werkzeugen und Lehren die Parallelendmaße erlangt, zuerst ersonnen und hergestellt im Jahr 1899 von C. E. Johansson in Schweden. Es sind rechteckige Stücke aus gehärtetem Stahl mit sehr genau geschliffenen und polierten Endflächen. Die wie Spiegel aussehenden Flächen zweier Endmaße haften infolge der Adhäsion aufgrund zwischenmolekularer Kräfte sehr fest aneinander (Abb. 1.10). Um eine bestimmte Länge zu erhalten, werden mehrere Parallelendmaße aneinandergefügt. Alle Endmaße werden durch Vergleich mit Lichtwellenlängen in Interferometern geprüft. Der Durchmesser von Motorwellen zum Beispiel wird heute mit Parallelendmaßen bestimmt, indirekt also mit einer bestimmten Anzahl von Lichtwellenlängen verglichen. In neuester Zeit verwendet man zunehmend auch sogenannte *kodierte Maßstäbe*. Das sind Strichraster von hoher Präzision, die fotoelektrisch abgetastet werden. Die Streifenbreite kann bis herab zu 0.2 μm gewählt werden. Das der zu messenden Länge entsprechende Signal, die Strichzahl, ist eine digitale Größe und kann daher fehlerfrei elektronisch weiterverarbeitet werden.

Bei Präzisionsmessungen darf nicht außer Acht gelassen werden, dass alle Maßstäbe bei einer bestimmten Temperatur geeicht sind, im Allgemeinen bei 20 °C. Erfolgt die Messung bei einer anderen Temperatur, so müssen die Längenausdehnung des Skalenträgers bzw. des Endmaßes und die Ausdehnung des Prüflings berücksichtigt werden. Es sei auch noch darauf hingewiesen, dass sich die Maßstäbe im Lauf der Zeit durch Rekristallisation ändern. Genaue Untersuchungen mit Interferometern haben gezeigt, dass Parallelendmaße aus gehärtetem Stahl von einer Länge zwischen 10 und 100 mm innerhalb der ersten sechs Jahre eine durchschnittliche Schrumpfung von 150 nm aufweisen. Diese Schrumpfung ist nach der Herstellung am stärksten und nimmt im Lauf der Zeit ab.

Bisher haben wir vorwiegend Längenmessungen im Bereich zwischen der Wellenlänge des sichtbaren Lichts (≈ 0.5 μm) und der Größe unseres Körpers (≈ 2 m) besprochen. In der Natur gibt es jedoch auch sehr viel kleinere und sehr viel größere Objekte. Einen Überblick über die gesamte der Physik heute zugängliche Längenskala zeigt Abb. 1.11. Messmethoden für ganz kleine ($\lesssim 10^{-6}$ m) und ganz große ($\gtrsim 10^{18}$ m) Längen werden in der Atom-, Kern-, Elementarteilchenphysik (s. Bd. 4) bzw. Astrophysik (s. Bd. 8) benötigt.

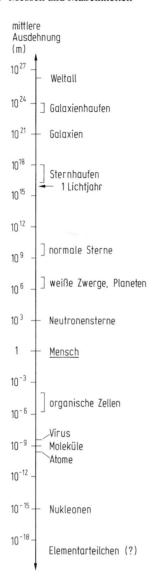

mittlere
Ausdehnung
(m)

10^{27} — Weltall

10^{24}] Galaxienhaufen

10^{21} — Galaxien

10^{18}] Sternhaufen
10^{15} ← 1 Lichtjahr

10^{12}

10^{9}] normale Sterne

10^{6}] weiße Zwerge, Planeten

10^{3} — Neutronensterne

1 — Mensch

10^{-3}

10^{-6}] organische Zellen

Virus
10^{-9} Moleküle
Atome

10^{-12}

10^{-15} Nukleonen

10^{-18}

Elementarteilchen (?)

Abb. 1.11   Größenordnungen von Längen in der Natur

Für Vermessungen auf der Erde werden seit dem Altertum die Methoden der Trigonometrie verwendet. Eine Seite und zwei Winkel werden gemessen, und die übrigen Seiten und Winkel daraus berechnet. Die Länge der ersten Seite, der *Eichstrecke*, wird durch Vergleich mit einem Maßstab bestimmt. Hierzu werden Drähte aus Invar benutzt, einer Eisen-Nickel-Legierung mit besonders kleiner Wärmeausdehnung, deren Länge (24 m) sich infolge von Temperaturschwankungen kaum ändert. Eine solche Eichstrecke liegt im Ebersberger Forst bei München und ist 864 m lang. Der mittlere Fehler beträgt nur $\pm 79\,\mu$m; das ist etwa 10^{-7} der Gesamtlänge.

Eine andere Methode zur Erdvermessung ist die *Photogrammetrie*. Sie wird besonders erfolgreich bei der Vermessung von Gebirgen verwendet. Es werden stereoskopische Auf-

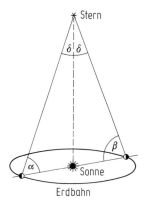

Abb. 1.12 Die Fixstern-Parallaxe
$\delta = (180° - \alpha - \beta)/2$

nahmen von Flugzeugen oder Satelliten aus gemacht. Die Aufnahmen werden später in besonderen optischen Geräten ausgewertet. Dabei lassen sich auch Entfernungen zweier Punkte auf der Erde messen, die sich nicht auf gleicher Höhe befinden. Diese in jüngerer Zeit hoch entwickelte Methode wird außer für geodätische auch für andere Zwecke verwendet, z. B. genaue Vermessung von Wolken oder Flugkörperbahnen.

Die *Abstände von benachbarten Himmelskörpern*, Mond und inneren Planeten, können durch Laufzeitmessungen von Radar- und Lasersignalen sehr genau bestimmt werden. Größere Entfernungen bis zu etwa 300 Lichtjahren ($\approx 3 \cdot 10^{18}$ m) ermittelt man durch Messung der sogenannten Sternparallaxe. Das ist derjenige Winkel, unter dem der Radius der Erdbahn von einem Stern aus erscheint (Abb. 1.12). Diese Parallaxen werden gemessen, indem der Stern zweimal gegen den Hintergrund, also gegen sehr viel weiter entfernte Sterne fotografiert wird. Das geschieht im Abstand von einem halben Jahr. Die Aufnahmen erfolgen also von zwei gegenüberliegenden Punkten der Erdbahn. Wegen der großen Entfernungen der Sterne sind die Parallaxen sehr klein; sie betragen weniger als eine Winkelsekunde ($''$). Entfernungen über 100 Parsec ($\approx 3 \cdot 10^{18}$ m, entsprechend $0.01''$) können so nicht mehr gemessen werden. Von hier ab ist man auf Eigenschaften der zur Erde gelangenden Strahlung von Sternen und Galaxien angewiesen. Oberhalb von 10^6 Lichtjahren ($\approx 10^{22}$ m) dient die Rotverschiebung des Lichts, die sich aus der Expansion des Weltalls ergibt, als Basis für Entfernungsmessungen (s. Bd. 8).

Im Bereich der *Mikrophysik* gibt es ebenfalls spezielle hochentwickelte Methoden zur Längenmessung. Die Mikroskopie mit sichtbarem Licht ist bei etwa 10^{-7} m zu Ende. Wie im Bd. 3 erläutert wird, sind die kleinsten noch auflösbaren Abstände immer von der Größenordnung der Wellenlänge der verwendeten Strahlung. Das ist eine Folge der Beugung, die sich prinzipiell nicht vermeiden lässt. Für kleinere Abstände als etwa 10^{-7} m benutzt man das Elektronenmikroskop. Es beruht auf den Welleneigenschaften der Elektronen (s. Bd. 3) und erreicht seine Auflösungsgrenze bei $3 \cdot 10^{-11}$ m.

Abschließend sei noch eine Messmethode im Bereich zwischen etwa 10^{-8} und 10^{-12} m erwähnt, die auf einem direkten Anschluss an makroskopische Längenmaße beruht: die von Gerd Binnig und Heinrich Rohrer 1982 erfundene *Tunnelmikroskopie* (Nobelpreis 1986). Dabei wird eine feine Spitze mit einem Krümmungsradius von etwa 1 nm mit einer piezoelektrischen Steuerung im Abstand von einigen zehntel Nanometern parallel zu einer Oberfläche bewegt (Abb. 1.13a). Eine elektrische Spannung zwischen dieser Spitze und der abzubildenden Oberfläche lässt einen sogenannten *Tunnelstrom* fließen

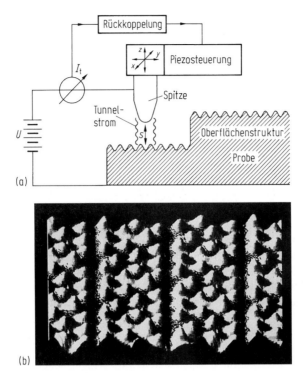

Abb. 1.13   Das Raster-Tunnel-Mikroskop. (a) Prinzip: Die durch den Tunnelstrom rückgekoppelte Piezosteuerung erlaubt es, während der Horizontalbewegung der Spitze den Abstand s auf ± 0.01 nm konstant zu regeln. (b) Mit der Anordnung von Teilbild (a) aufgenommene Struktur einer Siliziumkristall-Oberfläche. Jeder Hügel ist das Bild eines Atoms. Der Abstand benachbarter Atome beträgt 0.8 nm.

(s. Bd. 6). Er besteht aus Elektronen, die aufgrund ihrer Welleneigenschaften die elektrische Potentialbarriere zwischen Spitze und Oberfläche durchdringen können. Dieser Strom kann gemessen werden. Er hängt sehr empfindlich vom Abstand zwischen Spitze und Oberfläche ab. Bei einer Verschiebung der Spitze parallel zur Probenoberfläche kann man den Abstand der Spitze so verändern, dass der Tunnelstrom konstant bleibt. Man erhält auf diese Weise ein „elektrisches Abbild" der Probenoberfläche (Abb. 1.13b).

1.4 Flächen- und Volumenmessung

Flächenmessung. Die *Einheit der Fläche* ist das Quadratmeter (m²). Auch landwirtschaftliche Flächenmaße wie 1 Ar (a) $= 100\,\text{m}^2$ oder 1 Hektar (ha) $= 10^4\,\text{m}^2$ werden vorerst noch im Gebrauch bleiben. Eine spezielle Einheit zur Angabe von Wirkungsquerschnitten in der Kernphysik ist das Barn (b), $1\,\text{b} = 10^{-28}\,\text{m}^2$.

Oft hat man Flächen in Zeichnungen und Diagrammen zu bestimmen, die von gekrümmten Linien eingeschlossen werden. Sofern eine mathematische Lösung durch Integration nicht möglich ist, kann ein als Analogrechner arbeitendes geometrisches Gerät, das *Plani-*

meter, benutzt werden. Damit wird die Kurve umfahren und die Fläche bestimmt. Eine sehr einfache Methode ist auch die Wägung des von der Begrenzung eingeschlossenen Papiers. Diese Methode setzt ein konstantes Papiergewicht pro Fläche voraus. Noch einfacher ist die Auszählung von Quadraten auf kariertem Papier – oder man überträgt die Aufgabe einem Computer.

Volumenmessung. Die *Volumeneinheit* ist das Kubikmeter (m^3). Auch die Volumeneinheit Liter (l) hat im täglichen Leben alte Tradition und ist als besonderer Name für $1/1000\,m^3$ zulässig. Die große Genauigkeit der Massenbestimmung durch Wägung hatte ursprünglich dazu geführt, als Volumeneinheit auch dasjenige Volumen zu definieren, das von der Masse eines Kilogramms Wasser im Maximum seiner Dichte ($4\,°C$) und bei normalem Luftdruck eingenommen wird. Diese Volumeneinheit wurde früher ebenfalls als Liter bezeichnet. Da die Masse des Normalkilogramms, das ursprünglich gleich der Masse eines Kubikdezimeters Wasser von $4\,°C$ sein sollte, aber um 0.028 g zu groß ausgefallen ist, war demnach das Liter gleich $1.000028\,dm^3$ oder gleich dem Volumen eines Würfels von der Kantenlänge 1.000009 dm. Seit 1964 gilt jedoch international: 1 Liter = $1\,dm^3$.

Zur *Messung des Volumens* von *Flüssigkeiten* verwendet man Messzylinder, Messpipetten, Büretten, Überlaufgefäße, Messkolben und *Pyknometer* (Abb. 1.14 – 1.17). Das letztere sind Gefäße von genau bestimmtem Volumen mit eingeschliffenem Stöpsel. Durch

Abb. 1.14   Messpipette mit Unterteilung   **Abb. 1.15**   Bürette

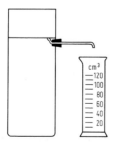

Abb. 1.16   Überlaufgefäß und Messzylinder   **Abb. 1.17**   Pyknometer mit Thermometer

eine feine Bohrung kann die überschüssige Flüssigkeit heraustreten. Da sich das Volumen einer Flüssigkeit mit der Temperatur stark ändert, ist das Pyknometer häufig mit einem Thermometer versehen.

Um das *Volumen pulverförmiger fester Körper* (Sand, Mineralien usw.) zu bestimmen, wird die Masse m_1 des mit einer Flüssigkeit gefüllten Pyknometerfläschchens durch Wägung bestimmt (s. Abschn. 1.6). Die Dichte $\varrho = m/V$ (Masse pro Volumen) der Flüssigkeit sei bekannt. Das Pyknometer wird erneut gewogen, wenn es mit der Flüssigkeit und dem zu messenden Körper gefüllt ist (m_2). Bestimmt man noch die Masse des Körpers allein (m_3), so lässt sich aus diesen drei Wägungen das Volumen V des Körpers ermitteln. Man berechne zur Übung, dass

$$V = \frac{m_1 + m_3 - m_2}{\varrho}$$

ist. Für Stoffe, die nicht mit einer Flüssigkeit in Berührung kommen dürfen, sowie für poröse Stoffe gibt es analoge Verfahren, bei denen anstelle der Flüssigkeit ein Gas benutzt wird *(Volumenometer)*.

Das *Volumen kleinerer fester Körper* wird durch die Verdrängung einer Flüssigkeit bestimmt, da die Berechnung aus den geometrischen Werten nur selten möglich und meist ungenau ist. Das Gewicht (Abschn. 3.2) der verdrängten Flüssigkeit erhält man zum Beispiel aus dem Gewichtsverlust des Körpers durch den Auftrieb (Abschn. 10.7), also nach dem Archimedischen Prinzip. Es muss darauf geachtet werden, dass die Oberflächenspannung an dem den Körper haltenden Draht keine Kräfte ausübt. Durch chemische Zusätze kann die Oberflächenspannung beim Wasser erheblich herabgesetzt werden (Dichteänderung des Wassers beachten, Luftbläschen müssen entfernt werden; s. Kap. 10).

Das *Volumen von Gasen* wird meist durch die Verdrängung einer Flüssigkeit gemessen. Bei den Gaszählern (Gasuhren) erfolgt dies periodisch. Bei der Ablesung des Flüssigkeitsstands in Rohren muss man die Krümmung (Meniskus) der Flüssigkeitsoberflächen beachten (Abb. 1.18). Üblicherweise wird die horizontale Tangente an diese Oberfläche in der Mitte des Rohres als Höhenindikator gewählt (Kap. 10).

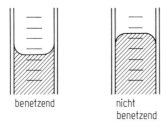

benetzend   nicht
             benetzend

Abb. 1.18   Meniskus von Flüssigkeitssäulen

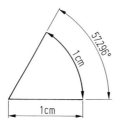

Abb. 1.19   Winkeleinheit in Bogenmaß

1.5 Winkelmessung

Der *ebene Winkel* ist definiert als das Verhältnis der Längen von Kreisbogen und Kreisradius. Der Quotient besteht also aus zwei Größen gleicher Dimension. Man nennt solche Quotienten aus zwei gleichartigen Größen *Verhältnisgrößen*. Als „dimensionslose" Größen erhalten sie in Größengleichungen die Dimension eins (Abschn. 1.1).

Die Einheit des ebenen Winkels ist im Bogenmaß der *Radiant* (rad); sie ist in Abb. 1.19 dargestellt. Hierbei ist die Länge des Kreisbogens gleich dem Radius des Kreises. Der *Radiant* ist eine *SI-Einheit*. Weitere Einheiten des ebenen Winkels sind der Grad (°) und das Gon (gon). Ein Grad hat als Bogen den 360sten Teil des Vollkreises, ein Gon den 400sten, also gilt

$$1 \text{ Vollwinkel} = 2\pi \text{ rad} = 360° = 400 \text{ gon}.$$

Ein Grad wird in 60 Minuten, eine Minute in 60 Sekunden eingeteilt ($1° = 60'; 1' = 60''$). Es gilt

$$1 \text{ rad} = (360/2\pi)° = 57.296° = 57°17'45'' = (400/2\pi) \text{ gon}.$$

Das Gon hat sich allerdings in der Physik bis heute nicht eingebürgert.

Der *Raumwinkel* Ω ist ein Maß für ein Raumsegment, das die von einem Scheitelpunkt nach allen Punkten einer geschlossenen Kurve ausgehenden Strahlen begrenzen. Seine Größe $\Omega = A/r^2$ wird durch das vom Raumwinkel begrenzte Flächensegment A einer konzentrisch um den Scheitelpunkt liegenden Kugel mit dem Radius r bestimmt. Auch hier ergibt sich als Dimension eine Verhältnisgröße (Fläche/Fläche) mit der Bezeichnung *Steradiant* (sr). Ein räumlicher Vollwinkel hat demnach den Wert 4π sr.

Die einfachste Vorrichtung zur *Messung ebener Winkel* ist der Winkelmesser, ein mit einer Gradeinteilung versehener Halb- beziehungsweise Vollkreis. Besser ist das *Sinuslineal* (Abb. 1.20), ein Balken auf zwei Rollen. Hierbei wird die Winkelmessung auf eine Längenmessung zurückgeführt. Die Gegenkathete des Winkels wird durch Endmaße dargestellt, die Hypotenuse hat eine fest vorgegebene Länge. Mit Hilfe einer Sinustabelle kann man dann den Winkel bestimmen.

Für genaue Messungen dient der *Theodolit*. Dieser besteht aus einem mit Fadenkreuz versehenen Fernrohr, das sowohl um eine vertikale als auch um eine horizontale Achse gedreht werden kann (Abb. 1.21). Dadurch sind horizontale und vertikale Winkel messbar.

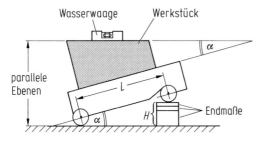

Abb. 1.20 Sinuslineal. Zur Messung des Winkels α am Werkstück wird dieses auf das Lineal gelegt. Dann werden unter die rechte Rolle so viele Endmaße geschoben, bis die Oberfläche des Werkstücks zur Unterlage parallel ist. Der Sinus des Winkels α ist dann gleich der Endmaßhöhe H, dividiert durch die bekannte Länge L.

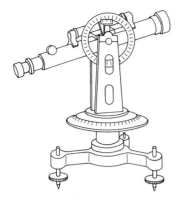

Abb. 1.21   Theodolit

Die Fernrohrdrehung wird an zwei Teilkreisen mit Winkelteilung abgelesen. Gewöhnlich sind diese Teilkreise in 1/2 Grad oder bei besseren Instrumenten in 1/4 Grad eingeteilt. Um Bruchteile dieser Teilung genau ablesen zu können, wird ein Kreisnonius verwendet. Dadurch lässt sich eine Messgenauigkeit von $1'$ erreichen. Bei sehr guten Instrumenten kann sogar eine Genauigkeit bis zu $1''$ erzielt werden.

Die wohl genauesten Winkelmessungen werden im Bereich der Astronomie durchgeführt. Mit *Radioteleskopen* lassen sich bei 1 cm Wellenlänge noch Winkel von 10^{-4} Sekunden auflösen. Das entspricht etwa dem Winkel, unter dem ein Centstück in der Entfernung von einem Erddurchmesser erscheint. Noch höhere Winkelauflösungen kann man mit Raumsonden erreichen, die sich in genau bekannten Abständen voneinander befinden.

1.6 Schwere und träge Masse, Stoffmenge

Masseneinheiten. Die Masse ist eine der wichtigsten Eigenschaften der Materie. Ein m^3 Wasser hat eine Masse von etwa 1000 kg. Die Masse bleibt erhalten, wenn das Wasser zu Eis gefriert oder in Dampf umgewandelt wird. Dagegen hat 1 m^3 Aluminium eine größere Masse als 1 m^3 Wasser. Die Masse ist also einerseits vom Volumen der Substanz bestimmt, andererseits auch durch die Art der Substanz. Keinen Einfluss auf die Masse hat dagegen eine Umwandlung des Aggregatzustandes, von fest zu flüssig oder zu gasförmig.

Um diese Aussagen mit hoher Genauigkeit überprüfen zu können, braucht man Messverfahren zur Messung der Masse eines Körpers und eine Masseneinheit. Es bieten sich zwei grundlegend verschiedene Messverfahren an. Das eine nutzt die Eigenschaft der Körper, ein *Gewicht* (s. Abschn. 3.2) zu haben, und das andere ihre Eigenschaft, sich einer Beschleunigung mit einer gewissen *Trägheit* zu widersetzen. Dementsprechend ist grundsätzlich zwischen *schwerer* und *träger* Masse zu unterscheiden.

Zur Festlegung der Einheit von schwerer und träger Masse – das Kilogramm (1 kg) – bezieht man sich auf denselben Körper, das Archivkilogramm in Sèvres. Der internationale Kilogramm-Prototyp ist ein Zylinder aus 90 % Platin und 10 % Iridium; er wird im Internationalen Büro für Maß und Gewicht in Sèvres bei Paris aufbewahrt. Zahlreiche Kopien dieses Prototyps sind in verschiedene Länder gegangen. Sie wurden durch Vergleichsmessungen mit einer relativen Unsicherheit von 10^{-10} an den Prototyp angeschlossen. Häufig verwendete Vielfache und Bruchteile der Masseneinheit sind: 10^{-3} kg = 1 Gramm (g); 10^3 kg = 1 Tonne (t); 10^{-6} g = 1 Mikrogramm (μg).

Die Festlegung der Masseneinheit mit Hilfe eines Prototyps hat die gleichen Nachteile wie die vor 1960 gültige Vereinbarung zur Festlegung der Längeneinheit. Man ist daher bemüht, auch die Masseneinheit mit Hilfe von Naturkonstanten zu definieren, d. h. die Masseneinheit auf die Masse eines bestimmten Atoms, wie z. B. das Siliziumatom zu beziehen. 1 kg wäre dann beispielsweise die Masse einer vorgegebenen Zahl von (etwa $2 \cdot 10^{25}$ Si-Atomen. Eine solche Definition der Masseneinheit setzt aber voraus, dass Si-Atome mit genügend hoher Genauigkeit gezählt werden können. Da eine solche Zählung schwierig ist, wird noch bis heute an der Definition der Masseneinheit mit dem Archivkilogramm festgehalten. Eine Maßeinheit, die auf die Anzahl der Atome eines Körpers Bezug nimmt, ist die Einheit der Stoffmenge, 1 mol, die weiter unten definiert wird.

Statischer Massenvergleich. Zur Messung der schweren Masse m_S eines Körpers nutzt man eine Balken- oder Hebelwaage (Abb. 1.22) und vergleicht das Gewicht des Körpers mit dem Gewicht eines Kilogrammprototyps oder eines Vielfachen oder Bruchteils davon.

Als Vergleichsmassen werden *Gewichtsstücke* aus Metall oder Metalllegierungen verwendet (nichtrostender Stahl, Platin, Messing mit Nickelüberzug, Aluminium). Gewichtsstücke für Präzisionsmessungen haben einen eingeschraubten Kopf, unter dem sich ein kleiner Hohlraum für Korrekturzwecke befindet. Solche Gewichtsstücke dürfen niemals mit den Fingern, sondern nur mit der Pinzette angefasst werden! Bei Präzisionswägungen muss eine Korrektur wegen des Auftriebs in der Luft durchgeführt werden, wenn man die Wägungen nicht im Vakuum ausführen kann. Nach dem Archimedischen Prinzip erfährt ein Körper einen Auftrieb (Gewichtsverlust), dessen Betrag so groß ist wie das Gewicht des Mediums, das er verdrängt (s. Kap. 10). Wenn also zum Beispiel ein Körper ein Volumen von 100 cm^3 Luft verdrängt, dann wird er durch den Auftrieb in der Luft (bei 0 °C und 1013 hPa) um 0.1293 g leichter als im Vakuum. Die Auftriebskorrektur muss sowohl für den zu wägenden Körper als auch für die Vergleichsgewichte durchgeführt werden. Die „genaueste Waage der Welt" steht im Bureau International des Poids et Mesures in Paris und kann zwei Gewichte von je 1 kg Masse mit einer Genauigkeit von 50 ng vergleichen. Die Relativgenauigkeit $\Delta m/m$ beträgt $5 \cdot 10^{-11}$.

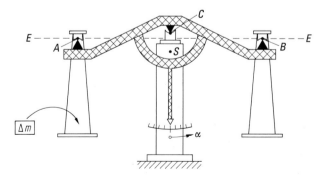

Abb. 1.22   Balkenwaage zum Vergleich schwerer Massen

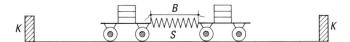

Abb. 1.23   Experimentelle Anordnung zum Vergleich träger Massen

Dynamischer Massenvergleich. Zur Messung der trägen Masse m_T eines Körpers vergleicht man in Stoßexperimenten die Trägheit des Körpers mit der Trägheit geeigneter bekannter Massen. Beispielsweise kann man in einem Abstoßungsexperiment mit zwei möglichst reibungsfrei rollenden Wagen untersuchen, bei welcher Belastung die beiden Wagen mit entgegengesetzt gleichen Geschwindigkeiten auseinander gestoßen werden. Eine geeignete Anordnung zeigt Abb. 1.23. Man bringt zwischen zwei auf einer horizontalen Glasplatte aufgestellten, vollkommen gleichen Wagen eine zusammengedrückte Feder an, indem man die Wagen mit einem Faden zusammenbindet. Beim Durchbrennen des Fadens treibt die Feder beide Wagen in entgegengesetzter Richtung auseinander. Die zwei Körper haben die gleiche träge Masse, wenn die Geschwindigkeiten der beiden Wagen entgegengesetzt gleich sind.

Massenmessung. Es gibt zunächst keinen Grund anzunehmen, dass für alle Körper schwere Masse m_S und träge Masse m_T denselben Wert haben. Viele sorgfältig durchgeführte Experimente haben aber gezeigt, dass mit hoher Genauigkeit ($m_S - m_T < 10^{-8} \cdot (m_S + m_T)$) gilt:

$$m_S = m_T.$$

Aus diesem Grund wird gewöhnlich nicht zwischen schwerer und träger Masse unterschieden und schlicht die *Masse* eines Körpers betrachtet. Meistens wird diese Masse durch einen Gewichtsvergleich mit einer Waage bestimmt. Es handelt sich dann also genau genommen um die schwere Masse des Körpers.

Sehr große und sehr kleine Massen kann man nicht mehr mit einer Waage bestimmen. In der Astrophysik werden Massen von Planeten, Sternen und Galaxien durch Beobachtung ihrer Trägheit, ihrer Gravitationswechselwirkung oder der von ihnen ausgesandten elektromagnetischen Strahlung bestimmt. In der Mikrophysik erhält man die Massen von Atomen, Atomkernen und Elementarteilchen meist aus den Trägheitskräften, die sie bei Bewegungen in elektromagnetischen Feldern erfahren. (Die Frage nach der Gleichheit von träger und schwerer Masse wird in Abschn. 3.3 genauer behandelt.)

Bestimmung der Dichte. Ein aus der Masse abgeleiteter wichtiger Begriff zur Charakterisierung von Stoffen ist die *Dichte*,

$$\text{Dichte } \varrho = \frac{\text{Masse } m}{\text{Volumen } V}.$$

Ein kg Aluminium nimmt ein wesentlich größeres Volumen ein als z. B. 1 kg Blei. Die Dichte von Aluminium ist also geringer als die Dichte von Blei. Wenn man Dichten (Einheit $\text{kg/m}^3 = 10^{-3} \text{ g/cm}^3$) miteinander vergleicht, erhält man reine Verhältniszahlen. Diese geben das Verhältnis der Dichte eines Stoffes zur Dichte von zum Beispiel Wasser an. Achtung: Die Dichte darf nicht verwechselt werden mit dem früher üblichen Begriff *Wichte* oder *spezifisches Gewicht*. Hierbei handelt es sich um das Verhältnis von Gewicht zu Volumen. Da das Gewicht, eine Kraft in Richtung zum Erdmittelpunkt, an ver-

Tab. 1.3   Dichte einiger Stoffe ($1 \text{ g/cm}^3 = 1 \text{ kg/dm}^3 = 10^3 \text{ kg/m}^3$)

a) Feste Körper (bei 20 °C, in g/cm^3)	
Aerogele	0.1
Eis (bei 0 °C)	0.92
Quarz	2.66
Aluminium	2.70
Eisen	7.87
Kupfer	8.96
Silber	10.50
Blei	11.35
Gold	19.29
Platin	21.45

b) Flüssigkeiten (bei 20 °C, in g/cm^3)	
Äthylalkohol (C_2H_5OH)	0.7892
Benzol (C_6H_6)	0.8786
Wasser (H_2O)	0.9982
Brom	3.120
Jodmethylen (CH_2J_2)	3.3254
Quecksilber	13.5459

c) Gase (bei 0 °C und Normaldruck der Erdatmosphäre (p = 1013 hPa), in g/dm^3)	
Luft	1.2929
Wasserstoff	0.0899
Kohlendioxid (CO_2)	1.9769

Nach d'Ans-Lax, Taschenbuch für Chemiker und Physiker, Bd. I, Springer, Berlin, 1967.

schiedenen Orten der Erdoberfläche verschieden ist, kann das spezifische Gewicht keine Stoffkonstante sein!

Neben der Massendichte $\varrho = m/V$ benötigt man oft auch einen Ausdruck für die Anzahl von Teilchen (z. B. Atome, Moleküle, Sterne) pro Volumen, die *Teilchenzahldichte*:

$$\text{Teilchenzahldichte } n_T = \frac{\text{Teilchenanzahl } N}{\text{Volumen } V}.$$

Sie wird in der Einheit m^{-3} gemessen und hängt mit der Massendichte ϱ durch die Beziehung $n_T = \varrho/m_T$ zusammen, wobei m_T die Masse eines Teilchens ist ($m_T = m/N$).

In Tab. 1.3 sind die Dichten einiger Stoffe angegeben. Dazu sei noch erwähnt, dass es im Kosmos Sterne gibt, die aus sehr hoch komprimierter Materie bestehen. Es sind die Weißen Zwerge und die Neutronensterne. Ihre Materie hat mittlere Dichten von 10^6 bzw. 10^{15} g/cm^3. Eine Streichholzschachtel solcher Sternmaterie hätte eine Masse von 30 Tonnen bzw. von $3 \cdot 10^{10}$ Tonnen. Von den etwa 100 Millionen Sternen, die auf den fotografischen Aufnahmen des Himmels erkennbar sind, wurden bis jetzt über 1000 als Weiße Zwerge und etwa 500 als Neutronensterne identifiziert. Die hohe Dichte der Weißen Zwerge ist dadurch bedingt, dass ihre Atome stark komprimiert sind, so dass der Abstand der Atomkerne wesentlich geringer wird als in irdischer Materie. In Neutronensternen sind die Atome auf das Volumen ihrer Kerne komprimiert, und es gibt gar keine individuellen Atome mehr. Der ganze Stern ist sozusagen ein einziger riesiger Atom-kern.

Stoffmenge. Es ist zwar schwierig, die absolute Anzahl der Atome oder Moleküle eines makroskopischen Körpers mit hoher Genauigkeit zu bestimmen. Mit Hilfe chemischer Reaktionen lassen sich aber die Anzahlen von Atomen bzw. Molekülen verschiedener Sub-stanzen mit hoher Genauigkeit vergleichen. Deshalb wurde ins SI-System eine eigene Ein-heit für die *Stoffmenge* (auch Teilchenmenge genannt) aufgenommen, nämlich die Einheit Mol (Kurzzeichen mol). Ein Mol einer Substanz enthält genau so viele Teilchen, wie Atome in 12 g des Kohlenstoffisotops $^{12}_{6}$C enthalten sind. Das sind $N_A = 6.0221367 \cdot 10^{23}$ mol^{-1}. Die Größe N_A heißt *Avogadro-Konstante* (nach dem Physiker Amadeo Avogadro, 1776 – 1856) und gibt an, wie viele Teilchen ein Mol enthält. Es gilt:

$$\text{Stoffmenge } n = \frac{\text{Teilchenanzahl } N}{\text{Avogadro-Konstante } N_A}.$$

1.7 Zeitmessung

In der Physik kommt es vorwiegend darauf an, die Dauer von *Zeitintervallen* zu bestimmen. Demgegenüber ist der Historiker auch an einer allgemein verbindlichen *Zeitskala* mit einem Zeitnullpunkt interessiert. Ein solcher Zeitnullpunkt kann auch heute nur mit Bezug auf die Bewegung der Gestirne festgelegt werden. Hingegen bezieht man sich seit 1967 bei der Messung von Zeitintervallen auf atomare Zeitnormale.

Zeiteinheiten, Frequenz. Die in der Physik verwendete *Zeiteinheit*, die Sekunde, wurde früher vom mittleren Sonnentag abgeleitet. Da der Tag 24 Stunden hat, ist die Sekunde $1/86\,400$ des mittleren Sonnentages ($24 \cdot 60 \cdot 60 = 86\,400$). Man wählte einen „mittleren" Sonnentag, weil der wahre Sonnentag zu verschiedenen Zeiten des Jahres verschieden lang ist, und zwar wegen der elliptischen Erdbahn. Unter einem wahren Sonnentag ver-steht man die Zeit zwischen zwei aufeinanderfolgenden Meridiandurchgängen der Sonne, also zum Beispiel zwischen zwei aufeinanderfolgenden oberen Kulminationen der Sonne. Man ersetzte ihre im Lauf des Jahres ungleichmäßige Bewegung durch eine gleichmäßige Bewegung einer gedachten Sonne und erhielt so den *mittleren Sonnentag*. Diese auf der Erdrotation begründete Zeiteinheit Sekunde entsprach später nicht mehr den Anforderun-gen an die Genauigkeit, denn die Erdrotation ist nicht konstant. Die Massenverlagerungen wie Schmelzen von Schnee und Eis, Vulkanausbrüche, Verlagerung von Hoch- und Tief-druckgebieten in der Atmosphäre usw. verursachen eine Änderung des Trägheitsmomentes und damit der Rotationsgeschwindigkeit der Erde (s. Abschn. 8.2). Außerdem rotiert sie infolge der Gezeitenreibung immer langsamer. Aus diesem Grund wurde die Sekunde seit 1960 nicht mehr auf die Eigenrotation der Erdkugel zurückgeführt, sondern auf den Umlauf der Erde um die Sonne, also auf das Jahr. Die Messunsicherheit einer Sekunde beträgt bei dieser Definition 10^{-9} s. Wegen der Veränderlichkeit der Dauer eines Jahres ist aber entweder die Zahl der Sekunden pro Jahr verschieden, oder die Zeitdauer der Sekunde schwankt von Jahr zu Jahr. Man hat daher auch diese Definition der Sekunde wieder fallengelassen und bezieht sie heute auf die Schwingungsdauer des von Atomen ausgesandten Lichts. Die 13. Generalkonferenz für Maß und Gewicht hat im Jahr 1967 Folgendes beschlossen:

Die Sekunde ist das 9 192 631 770-fache der Periodendauer der elektromagnetischen Strahlung, die dem Übergang zwischen den beiden Hyperfeinstrukturniveaus des Grundzustandes von Atomen des Nuklids ^{133}Cs entspricht.

Damit ist die Sekunde auf eine bestimmte Eigenschaft eines Atoms zurückgeführt. Diese Zeiteinheit ist unabhängig von der Erdbewegung um die Sonne und kann mit einer sogenannten *Atomuhr* gemessen werden, die wir weiter unten besprechen wollen. Ein solches internationales Zeitnormal hat eine relative Gangunsicherheit von 10^{-14}.

Es gibt nur wenige Atomuhren, die regelmäßig miteinander verglichen werden. Der Vergleich zwischen den europäischen und den nordamerikanischen erfolgt über einen Satelliten. Die genaueste deutsche Atomuhr befindet sich in der Physikalisch-Technischen Bundesanstalt in Braunschweig. Der Unsicherheit dieser Atomuhr entspricht eine mögliche Zeitabweichung von einer Sekunde in fünf Millionen Jahren. Da die am Umlauf der Erde um die Sonne orientierte historische Zeitskala von der Atomzeitskala etwas verschieden ist, müssen beide Skalen ab und zu wieder in Übereinstimmung gebracht werden. Dies geschieht durch sogenannte Schaltsekunden am Ende eines Kalenderjahres. Die von den Atomuhren gelieferte Zeitskala wird dann, falls notwendig, um eine Sekunde vermehrt oder vermindert. Die letzte Minute des Jahres bekommt also 61 bzw. 59 anstatt 60 Sekunden.

Als abgeleitete Zeiteinheiten gelten die Minute (1 min = 60 s), die Stunde (1 h = 3600 s) und der Tag (1 d = 86 400 s). Zeitspannen, die länger als ein Tag sind, werden nicht durch das Gesetz über Einheiten im Messwesen, sondern durch das Bürgerliche Gesetzbuch festgelegt: 1 Woche = 7 d, 1 Monat = 30 d, 1 Jahr (a) = 365 d.

Unter *Frequenz* (Bezeichnung ν oder f) eines periodischen Vorgangs versteht man den Quotienten Anzahl durch Zeit, zum Beispiel die Zahl der Schwingungen eines Pendels oder die Zahl der Umdrehungen eines Motors pro Sekunde. Die Einheit der Frequenz ist die reziproke Zeiteinheit. Man nennt diese Einheit auch Hertz (nach Heinrich Hertz, 1857 – 1894): 1 Hertz (Hz) = 1/Sekunde. Der Kehrwert der Frequenz heißt Schwingungsdauer $T = 1/\nu$ und hat die Einheit Sekunde. Oft bezeichnet man das 2π-fache der Frequenz als *Kreisfrequenz* ω; es gilt $\omega = 2\pi\nu$. Die Kreisfrequenz eines rotierenden Objekts ist gleich seiner Winkelgeschwindigkeit (s. Abschn. 2.4) und wird in der Einheit rad/s angegeben.

Es gibt im Handel Geräte, sogenannte *Funkuhren*, mit denen man die Radiowellen eines Langwellensenders empfangen kann, der die Zeitsignale der Physikalisch-Technischen Bundesanstalt in Braunschweig ganztägig aussendet. Der Sender DCF 77 steht in Mainflingen bei Frankfurt (50° 01′ Nord, 09° 00′ Ost). Seine hochstabile Trägerfrequenz beträgt 77.5 kHz, seine Sendeleistung 50 kW. Man kann somit zu Hause Zeitmarken bekommen, die vom Sollwert um weniger als 0.05 ms abweichen. Auf dem Gerät wird die genaue Zeit digital angezeigt. Es gibt auch schon derartige Tisch- und Armbanduhren mit herkömmlicher analoger Anzeige. Man sieht einer solchen „Uhr“ nicht an, dass sie eine kleine Antenne enthält sowie einen für die Wellenlänge des Senders DCF 77 abgestimmten Radioempfänger, einen Decoder, einen Zeigerstanddetektor und einen Treiber für die Zeigerbewegung. Es gibt an ihr nur einen Knopf, den man nach dem Auswechseln der Batterie drückt, um die Zeiger wieder auf die aktuelle Zeit einzustellen. Da die genaue Zeit von der Physikalisch-Technischen Bundesanstalt in Braunschweig über den Sender an die Funkuhr gegeben wird, braucht man sich auch nicht um die offizielle Änderung der Normalzeit (Sommerzeit) oder um das Datum zu kümmern. Die kleinen Zeitkorrekturen von etwa einer Sekunde Ende Dezember zwecks Anpassung an die Erddrehung erfolgen ebenfalls vom Sender aus.

Uhren. Die Entwicklung der Uhren ist kulturhistorisch sehr interessant. Die *Sonnenuhren*, zweifellos die ältesten Zeitmesser, benutzen den Schatten eines dünnen Stabes oder einer Kante. Man erreicht leicht eine Genauigkeit von 5 Minuten. Auch ist es erstaunlich, bis zu welcher Präzision die seit dem Altertum benutzten *Wasseruhren* entwickelt worden sind. Dabei wurde das Auslaufen von Wasser aus einem Gefäß mit einer feinen Öffnung gemessen. Galileo Galilei (1564 – 1642) hat 1620 nach diesem Verfahren die Zeit bei seinen berühmten Fallversuchen bestimmt.

Einen großen Fortschritt brachte 1656 die Einführung der *Penduluhr* durch Christian Huygens (1629 – 1695), wobei die Konstanz der Schwingungsdauer eines Pendels ausgenutzt wird. Da ein solches erfahrungsgemäß infolge der Reibung allmählich zur Ruhe kommt, muss der Verlust an Energie dem Pendel ständig wieder zugeführt werden. Dies geschieht entweder durch das Absenken von Gewichtsstücken oder durch das Entspannen einer Spiralfeder. Bei jeder Schwingung wird dem Pendel ein kleiner Stoß gegeben. Eine „Ankerhemmung" bestimmt den Zeitpunkt der Energiezufuhr und begrenzt zugleich ihre Zeitdauer. Die Schwingungsdauer eines Pendels hängt von seiner Länge ab (s. Abschn. 5.1). Das Regulieren einer Penduluhr geschieht daher einfach durch Änderung der Pendellänge. Deren Veränderung durch Temperaturschwankungen wird mit besonderen Kunstgriffen weitgehend unterdrückt. Die Penduluhren sind später zu höchster Vollkommenheit gebracht worden und wurden als Präzisionsinstrumente in den Sternwarten benutzt. Durch das sogenannte Ausgleichspendel, durch Einschluss des Pendels in einen luftverdünnten Raum und durch fotoelektrische oder magnetische Steuerung von außen wird eine Genauigkeit bis zu ± 0.001 s pro Tag erreicht.

Bei den mechanischen Taschen- und Armbanduhren tritt anstelle des Pendels ein Drehpendel, die sogenannte *Unruh*. Hierbei wird die zeitliche Konstanz einer Drehschwingung ausgenutzt. Der Verlust durch Reibungsenergie wird in kleinen Stößen über einen Anker von der Aufzugsfeder ersetzt. Man erreicht Genauigkeiten von einigen Sekunden pro Tag. Ursachen für die Abweichungen sind Temperaturschwankungen, Magnetismus und die Abhängigkeit der Schwingungsdauer der Unruh von der Lage der Uhr im Schwerefeld der Erde. Vor der Einführung des Schwingquarzes in die Taschen- und Armbanduhr wurde vorübergehend ein Stimmgabelschwinger anstelle der Unruh zur Frequenzstabilisierung verwendet.

Einen großen Fortschritt brachte die Einführung von Schwingquarzen als frequenzstabilisierende Elemente. Der Anteil der *Quarzuhren* an der Uhrenproduktion auf der Erde beträgt heute mehr als 90 %. Ganggenauigkeit, Stabilität und geringer Preis sind die Vorteile. Dazu kommt noch, dass Quarzuhren nicht aufgezogen werden müssen, weil sie eine Batterie enthalten. Ein 32-kHz-Schwingquarzplättchen, dessen Dicke frequenzbestimmend ist, wird mit einer Ätztechnik weitgehend vollautomatisch hergestellt und schließlich mit einem Laserstrahl auf die Sollfrequenz abgestimmt. Es ist in einem evakuierten Gehäuse verkapselt. Die Ganggenauigkeit einer Quarzuhr beträgt etwa eine Sekunde pro Tag. Die Temperaturabhängigkeit der Schwingungsfrequenz des Quarzes verhindert, dass die Ganggenauigkeit noch größer ist. (Über Schwingquarze s. Bd. 6 unter Piezoelektrizität.) In der Quarzuhr werden die Schwingungen des Quarzplättchens elektronisch addiert. Auf winzigen Plättchen befinden sich die Schwingkreise und Schalt-funktionen als integrierte Schaltungen. Bei 60 % der Quarzuhren erfolgt die Angabe der Zeit durch Flüssigkristallanzeige (Digitaluhren), bei 40 % durch Zifferblatt und Zeiger (Analoguhren). Die Quarzuhren mit digitaler Anzeige enthalten keine mechanisch be-wegten Zahnräder mehr. Die Quarzanaloguhren besitzen jedoch einen kleinen Motor für das Drehen einiger Zahnräder und der Zeiger. Man verwendet sogenannte 180-Grad-Schrittmotoren, deren Volumen in den letzten Jahren beträchtlich verkleinert werden konnte. Ein Quarzuhrwerk mit Sekundenzeiger braucht heute nur noch einen elektrischen Strom von etwa 1 Mikroampere. Es gibt auch Quarzuhren, die mit aufladbaren Batte-rien arbeiten und eine Solarzelle enthalten. Dadurch ist ein Auswechseln der Batterie überflüssig. Schließlich hat man Uhren entwickelt, die einen zweiten Quarzkristall ent-halten, der die Temperatur misst und Stromimpulse für den Motor je nach Bedarf auslässt oder hinzufügt. Auf diese Weise wird der schwache Punkt der Quarzuhr, nämlich die Temperaturabhängigkeit der Schwingungsfrequenz, fast vollständig kompensiert.

Die genauesten heute gebräuchlichen Uhren sind sogenannte *Atom- oder Moleküluhren*. Das sind jedoch recht aufwendige Geräte, die man nicht am Handgelenk tragen kann. Das Herzstück eines solchen Apparates ist ein evakuiertes Rohr, in das aus einem kleinen Ofen, der einen Cäsiumvorrat enthält, ein Strahl von Cäsiumatomen abgedampft wird. Der Strahl wird parallel gerichtet (kollimiert), und mittels eines Magnetfeldes werden Atome verschiedener Energiezustände getrennt. Dann durchläuft der Strahl einen Hohl-raumresonator, in dem die Atome vom höheren in den niederen Energiezustand übergehen und dabei Strahlung einer Frequenz in der Nähe von 9 GHz erzeugen, auf die der Hohl-raum abgestimmt ist. Außerhalb der Röhre befindet sich eine aufwendige Elektronik. Ihr Kernstück ist ein Oszillator mit einer Frequenz von 5 MHz, die sich mit einer Gleich-spannung ein wenig variieren lässt. Mittels Multiplikationen und Additionen wird aus dem 5-MHz-Signal eine Frequenz erzeugt, deren Sollwert der Schwingungszahl der Cä-siumröhre von 9192.631770 MHz entspricht. Soll- und Istwert werden dann elektronisch verglichen und zur Übereinstimmung gebracht.

Die üblichen elektrischen *Synchron-Uhren* stellen keine selbstständigen Zeitmarken her. Es handelt sich vielmehr um Synchronmotoren, die mit Wechselspannung aus dem Netz gespeist werden. Da die Wechselspannung heute im Allgemeinen eine sehr konstante Frequenz besitzt, kann man sie als Taktgeber benutzen. Die eigentliche Uhr ist also der Wechselspannungsgenerator im Elektrizitätswerk.

Kurzzeitmessung. Für die *Messung kurzer Zeiten* eignet sich vorzüglich das *Lichtblitz-stroboskop*. Es sendet in kurzen Abständen, die gezielt verändert werden können, Licht-blitze aus. Wird zum Beispiel eine rotierende Scheibe damit beleuchtet, und zwar mit der Blitzfrequenz, die der Umlauffrequenz der Scheibe entspricht, dann bleibt die Scheibe scheinbar stehen. Abb. 1.24 zeigt die Leistungsfähigkeit eines modernen Stroboskops. Man kann also einen schnell bewegten Körper mit Blitzfolgen fotografieren und bei bekannter Blitzfrequenz Bewegungsabläufe analysieren. Mit Hilfe moderner Lasertechniken lassen sich heute Zeitintervalle bis herab zu einigen 10^{-15} s direkt bestimmen. Noch kürzere Zei-ten kann man durch Vergleich mit molekularen oder nuklearen Schwingungsfrequenzen messen.

Langzeitmessung. Die *Messung sehr langer Zeiten*, z. B. von geologischen Zeiträumen, geschieht durch Massenbestimmung von *radioaktiven* Zerfallsprodukten und von deren

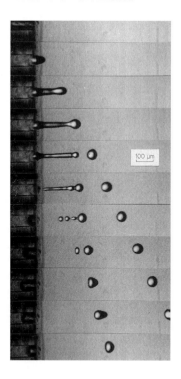

Abb. 1.24   Kurzzeitfotografie von horizontal fliegenden Wassertropfen (Geschwindigkeit 4 m/s, Durchmesser 50 μm, Bildfolgefrequenz $2.5 \cdot 10^{-5}$ s; Foto: microdrop GmbH, Norderstedt)

Muttersubstanz. In Mineralien, die Uran und Thorium enthalten, sammeln sich die Zerfallsprodukte Blei und Helium an, deren Menge mit der Zeit zunimmt. Aus Laboratoriumsmessungen kennt man die Halbwertszeit, das ist diejenige Zeit, in der die Hälfte der radioaktiven Substanz zerfällt. Damit kennt man dann auch die Zahl der Tochteratome, die in der Halbwertszeit gebildet werden. Solche Messungen haben zum Beispiel ergeben, dass die ältesten Gesteine der Erde etwa 3 Milliarden Jahre alt sind. Eine Felsgruppe im Atlantischen Ozean wird sogar auf ein Alter von viereinhalb Milliarden Jahren geschätzt. Hierzu wurde das Mengenverhältnis der Strontiumisotope ^{86}Sr und ^{87}Sr bestimmt. Das letztere ist das stabile Zerfallsprodukt des schwach radioaktiven Rubidiums (^{87}Rb), dessen Halbwertszeit außerordentlich lang ist ($5 \cdot 10^{10}$ a).

Großes Interesse haben auch Zeitmessungen mit kürzerlebigen radioaktiven Substanzen erlangt. Am wichtigsten ist hier das radioaktive Kohlenstoffisotop ^{14}C, das durch Neutronen (^{1}n) der Höhenstrahlung in den oberen Schichten der Atmosphäre gemäß der folgenden Reaktion aus Stickstoff gebildet wird: ^{14}N $+$ ^{1}n $\rightarrow$ ^{14}C $+$ ^{1}H. Dieser neu gebildete Kohlenstoff wird in der oberen Atmosphäre durch Ozon und Ionisation zu CO_2 oxidiert und vermischt sich mit dem übrigen Kohlendioxid der Atmosphäre, bevor er wieder zerfällt. So enthält die Atmosphäre stets etwa den gleichen Anteil (etwa $1.5 \cdot 10^{-12}$) an ^{14}C. Die Halbwertszeit des ^{14}C beträgt 5730 Jahre. Damit lässt sich das Alter von Substanzen bestimmen, z. B. Holz, Knochen usw., in denen vor einigen tausend Jahren der Kohlenstoff in der natürlichen Zusammensetzung eingebaut worden ist. Man misst das Mengenverhältnis der Isotope ^{14}C und ^{12}C der Probe im Massenspektrographen (s. Bd. 4) und vergleicht es mit dem natürlichen Mengenverhältnis dieser Isotope in der Atmosphäre. In den letzten Jahrzehnten ist allerdings infolge der Industrialisierung ihr CO_2-Gehalt gestiegen. Da vorwiegend Kohle und Erdöl verbrannt werden, in denen wegen des hohen Alters das ^{14}C längst nicht mehr vorhanden ist, sinkt sein prozentualer Anteil in der Atmosphäre. Kernwaffenversuche hatten allerdings wieder einen Anstieg der ^{14}C-Konzentration zur Folge. Da solche zivilisatorischen Einflüsse einen unregelmäßigen zeitlichen Verlauf haben, sind für nach etwa 1850 entstandene organische Substanzen keine zuverlässigen Altersbestimmungen mit der ^{14}C-*Methode* mehr möglich.

2 Kinematik punktförmiger Körper

Dieses und die folgenden Kapitel von Teil I handeln von *makroskopischen Körpern*, d. h. von Körpern, die kontinuierlich beobachtbar sind. Die Annahme kontinuierlicher *Beobachtbarkeit* ist zwar für Himmelskörper, wie Planeten und Monde, und für die Körper, mit denen wir uns im täglichen Leben beschäftigen, gerechtfertigt, nicht aber für *atomare Körper*, wie Elektronen, Atome und Moleküle. Bei der Beobachtung atomarer Körper wird offensichtlich, dass der Messprozess kein kontinuierlicher Prozess ist, sondern eine diskrete Struktur hat und aus einer Folge abzählbarer Elementarereignisse besteht (Abschn. 1.2). Atomare Körper folgen dementsprechend auch nicht den Gesetzen der klassischen Mechanik, sondern den Gesetzen der Quantenmechanik.

Makroskopische Körper, die wir mit den Augen sehen können, haben eine Ausdehnung von mindestens der Größenordnung der Wellenlänge des sichtbaren Lichts, also von mindestens etwa 1 μm. Trotz ihrer Ausdehnung nehmen wir im Folgenden an, dass die Körper punktförmig sind, d. h., dass ihre Lage im Raum mit drei Koordinaten vollständig beschrieben werden kann. Diese Annahme ist gerechtfertigt, wenn sich die Körper in Räumen bewegen, deren Ausmaße um mehrere Größenordnungen größer als die Ausdehnung der Körper ist. Dementsprechend kann ein Planet wie die Erde in erster Näherung als punktförmig betrachtet werden, wenn seine Bewegung um die Sonne beschrieben werden soll. Denn der Radius der Erdbahn (etwa $1.5 \cdot 10^8$ km) ist um etwa vier Größenordnungen größer als der Erddurchmesser (Erdumfang = 40 000 km).

2.1 Ruhe und Bewegung

Bezugssysteme. Von der Bewegung eines Körpers spricht man in der Umgangssprache nur dann, wenn der Körper seine Lage relativ zu seiner näheren Umgebung ändert. Sitzt jemand still in seinem Zimmer, so nennt man das Ruhe und nicht Bewegung, obgleich sich der Betreffende mit dem Haus und der Erde auf einer mehrfach gewundenen Bahn durch den Weltraum bewegt (Abb. 2.1). Man spricht im Allgemeinen also nur dann von der Bewegung des Menschen, wenn er sich relativ zur nahe gelegenen Erdoberfläche bewegt. Andererseits spricht man aber von der Drehung der Erde um eine Achse, von dem Lauf der Erde um die Sonne und von der Bewegung unseres Sonnensystems im Weltraum. Man bezieht also eine Bewegung im Allgemeinen immer auf die nächstgrößere Umgebung.

Um sich zu verdeutlichen, dass Bewegung von der Wahl der Bezugskörper abhängt, denke man beispielsweise an eine Person auf einem fahrenden Schiff. Wenn sie stillsteht, befindet sie sich relativ zum Schiff in Ruhe, andererseits bewegt sie sich mit seinem nächsten Bezugskörper, nämlich dem Schiff, relativ zur Erdoberfläche. Dies ist ja der Zweck ihrer Reise. Man muss also in einem solchen Fall bei Betrachtung von Ruhe und

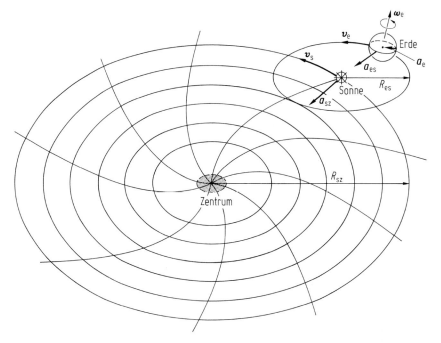

Abb. 2.1   Skizze der Bewegungen von Erde und Sonne relativ zum Zentrum der Milchstraße (nicht maßstabsgerecht)

Bewegung die Frage stellen: Relativ zu welchem Bezugskörper erfolgt die Bewegung? Ein Schiff auf dem fließenden Wasser eines Flusses kann ruhig im Wasser treiben, also relativ zum Wasser ruhen, bewegt sich aber dennoch relativ zum Ufer.

Da makroskopische Körper kontinuierlich beobachtbar sind, kann ihre Lage relativ zu den gewählten (ebenfalls makroskopischen) *Bezugskörpern* der Umgebung zu jeder Zeit gemessen werden. Um die Bewegung von Körpern vollständig und eindeutig beschreiben zu können, legt man mit Hilfe der Bezugskörper drei relativ zueinander ruhende und nicht auf einer Geraden liegende Bezugspunkte fest und definiert damit ein *Bezugssystem*. Die Anzahl der benötigten Bezugspunkte bestimmt die Dimension des physikalischen Raumes. Im dreidimensionalen Raum wird durch die drei Bezugspunkte eine Ebene und ein Drehsinn festgelegt. Jeder Punkt des Raumes kann durch Angabe seiner Entfernung zu den drei Punkten der Ebene und einer Angabe darüber, ob er bezogen auf den Drehsinn vor oder hinter der Ebene liegt, eindeutig charakterisiert werden.

Koordinatensysteme. Um die Bewegung von Körpern relativ zu einem Bezugssystem in einfacher Weise mathematisch beschreiben zu können, benutzt man *Koordinatensysteme*. Das am häufigsten benutzte kartesische Koordinatensystem (benannt nach René Descartes, 1596–1650) besteht aus drei zueinander senkrechten Geraden, den *Koordinatenachsen*, die man mit den Buchstaben x, y und z bezeichnet (Abb. 2.2). Die positiven Richtungen der drei Achsen sind folgendermaßen gewählt: Man denkt sich eine Rechtsschraube, die sich durch Rechtsdrehung von unten nach oben bewegt. Ihre Fortschreitrichtung ist die positive z-Richtung. Die x- und die y-Achse bilden dann eine Ebene senkrecht zur

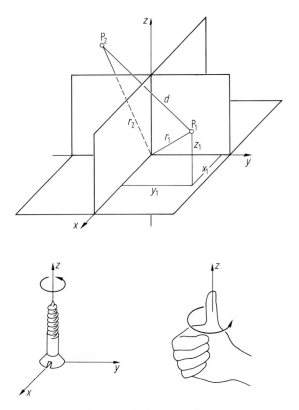

Abb. 2.2   Zur Erklärung des kartesischen Koordinatensystems

z-Achse; sie liegen also in der Drehebene der Schraube, und zwar so, dass die y-Achse durch eine Rechtsdrehung der Schraube um 90° aus der x-Achse hervorgeht. In ähnlicher Weise kann man die Finger der rechten Hand zur Festlegung des Rechtsschraubensinnes verwenden. Der Schnittpunkt der drei Achsen heißt der Nullpunkt oder der *Ursprung des Koordinatensystems*. Die Lage eines Punktes P_i im Raum wird durch seine drei senkrechten Projektionen x_i, y_i und z_i auf die Achsen bezeichnet, wobei die Vorzeichen dieser Zahlen angeben, auf welcher Seite der Achse in Bezug auf den Ursprung der betreffende Punkt liegt. In Abb. 2.2 hat somit der Punkt P_1 die Koordinaten $+x_1$, $+y_1$ und $+z_1$, der Punkt P_2 die Koordinaten $-x_2$, $-y_2$ und $+z_2$. Die Abstände der beiden Punkte vom Koordinatenanfangspunkt sind durch die Beziehungen

$$r_1 = \sqrt{x_1^2 + y_1^2 + z_1^2} \quad \text{und} \quad r_2 = \sqrt{x_2^2 + y_2^2 + z_2^2}$$

gegeben. Der gegenseitige Abstand der beiden Punkte ist

$$d = \sqrt{[x_1 - (-x_2)]^2 + [y_1 - (-y_2)]^2 + (z_1 - z_2)^2}.$$

Andere häufig verwendete Koordinatensysteme, das sphärische (r, ϑ, φ) und das zylindrische $(\varrho, \lambda, \zeta)$, sind in Abb. 2.3 erläutert.

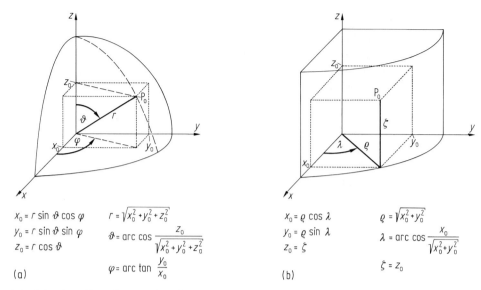

$$x_0 = r \sin \vartheta \cos \varphi \qquad r = \sqrt{x_0^2 + y_0^2 + z_0^2}$$
$$y_0 = r \sin \vartheta \sin \varphi \qquad \vartheta = \arccos \frac{z_0}{\sqrt{x_0^2 + y_0^2 + z_0^2}}$$
$$z_0 = r \cos \vartheta$$
$$\varphi = \arctan \frac{y_0}{x_0}$$

(a)

$$x_0 = \varrho \cos \lambda \qquad \varrho = \sqrt{x_0^2 + y_0^2}$$
$$y_0 = \varrho \sin \lambda \qquad \lambda = \arccos \frac{x_0}{\sqrt{x_0^2 + y_0^2}}$$
$$z_0 = \zeta$$
$$\zeta = z_0$$

(b)

Abb. 2.3   Kugelkoordinaten (a) und Zylinderkoordinaten (b)

Bei der rechnerischen Behandlung physikalischer Probleme ist die Wahl eines *günstigen Koordinatensystems* oft entscheidend für den Erfolg. So lassen sich Vorgänge mit zylindrischer Symmetrie, wie zum Beispiel die Strömung einer Flüssigkeit durch ein Rohr mit kreisförmigem Querschnitt, nur mühsam in kartesischen Koordinaten beschreiben, sehr bequem hingegen in Zylinderkoordinaten. Oft kann man ein Integral in einem geeigneten Koordinatensystem analytisch lösen, in einem ungeeigneten aber nur nummerisch. Dafür ist dann nicht nur der Aufwand größer, sondern auch die Aussagekraft des Ergebnisses geringer als bei einem analytischen Resultat. Der erste Schritt bei physikalischen Berechnungen sollte daher immer die Suche nach einem geeigneten Koordinatensystem sein.

Vektoren. Zur mathematischen Formulierung physikalischer Gesetze ist es hilfreich, *Vektoren* einzuführen. Sie haben eine Länge und eine Richtung und können dementsprechend als Pfeile, die von einem Punkt P_1 zu einem Punkt P_2 führen, dargestellt werden. Dabei kann der Punkt P_1 beliebig gewählt werden. Ein Punkt P des Raumes mit den kartesischen Koordinaten (x, y, z) und den sphärischen Koordinaten (r, ϑ, φ) kann also mit einem Vektor

$$r = \overrightarrow{OP}$$

gekennzeichnet werden, der vom Ursprung 0 des Koordinatensystems zum Punkt P weist. Dementsprechend setzt man

$$r = (x, y, z) \quad \text{oder} \quad r = (r, \vartheta, \varphi) \tag{2.1}$$

und nennt x, y, z und r, ϑ, φ die kartesischen bzw. sphärischen Koordinaten des Vektors r.

Die Summe $\overrightarrow{OP_1} + \overrightarrow{P_1 P_2}$ zweier Vektoren $\overrightarrow{OP_1}$ und $\overrightarrow{P_1 P_2}$ ist gleich dem Vektor $\overrightarrow{OP_2}$. Dementsprechend werden Vektoren addiert, indem man die sich entsprechenden kartesischen Komponenten addiert:

$$(x_1, y_1, z_1) + (x_2, y_2, z_2) = (x_1 + x_2, y_1 + y_2, z_1 + z_2). \tag{2.2}$$

Es ist gleichgültig, in welcher Reihenfolge Vektoren addiert werden. Abb. 2.4a zeigt zum Beispiel die Addition zweier Vektoren in verschiedener Reihenfolge. Es ergibt sich immer ein Parallelogramm. Die *graphische Subtraktion von Vektoren* erfolgt analog. Es ist $a - b = a + (-b)$. Also hat man den Pfeil des Vektors b umzudrehen, bevor man ihn zu a addiert (Abb. 2.4b).

Die Länge $r = \sqrt{x^2 + y^2 + z^2}$ eines Vektors (auch als Betrag bezeichnet) ist unabhängig von der Wahl des Koordinatensystems. Die kartesischen Koordinaten x, y, z und die Richtungswinkel ϑ, φ hängen hingegen von der Wahl des Koordinatensystems ab. Der Betrag r ist deshalb ein *Skalar*. Weitere Skalare können aus Paaren r_1, r_2 von Vektoren gebildet werden. So sind beispielsweise der von beiden Vektoren eingeschlossene Winkel α und die Beträge r_1, r_2 der beiden Vektoren Skalare. Damit ist auch das sogenannte Skalarprodukt

$$(r_1 \cdot r_2) = r_1 \cdot r_2 \cdot \cos \alpha \tag{2.3}$$

der beiden Vektoren r_1 und r_2 ein Skalar. Aus den kartesischen Koordinaten der Vektoren r_1 und r_2 ergibt sich das Skalarprodukt zu:

$$(r_1 \cdot r_2) = x_1 \cdot x_2 + y_1 \cdot y_2 + z_1 \cdot z_2. \tag{2.4}$$

Ein Paar von Vektoren r_1, r_2 spannt ein Parallelogramm mit der Fläche

$$A = r_1 \cdot r_2 \cdot \sin \alpha$$

auf. Die Orientierung der Fläche im Raum lässt sich durch die Richtung der Flächennormale, die im Sinn einer Rechtsschraube (Abb. 2.2) senkrecht auf der Fläche steht, kennzeichnen. Dementsprechend kann die Fläche

$$A = r_1 \times r_2 \tag{2.5}$$

auch als ein Vektor mit dem Betrag A und der Richtung der Flächennormale betrachtet werden. Man nennt diesen Vektor das *Vektorprodukt* der Vektoren r_1 und r_2. Die kartesischen Komponenten des Vektors A ergeben sich aus den kartesischen Komponenten der Vektoren r_1 und r_2:

$$r_1 \times r_2 = (y_1 z_2 - z_1 y_2, \; z_1 x_2 - x_1 z_2, \; x_1 y_2 - y_1 x_2). \tag{2.6}$$

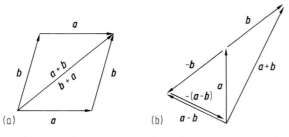

Abb. 2.4 Addition und Subtraktion zweier Vektoren. (a) Vertauschen der Reihenfolge führt bei der Addition zum selben Ergebnis; (b) bei der Subtraktion führt sie zur Umkehr der Pfeilrichtung: $b - a = -(a - b)$

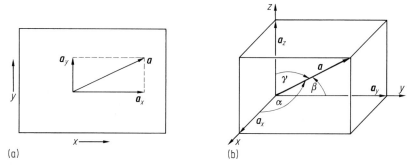

Abb. 2.5   Zerlegung eines Vektors *a* in Komponenten parallel zu den Koordinatenachsen

Komponenten eines Vektors. Ebenso, wie sich mehrere Vektoren zu einer Resultierenden zusammensetzen, lässt sich umgekehrt ein gegebener Vektor in verschiedene *Komponenten zerlegen*. Meist wird hierbei die Richtung der Komponenten vorgeschrieben. Abb. 2.5a zeigt, wie ein vorgegebener Vektor *a* in der *x*-*y*-Ebene in zwei Vektoren a_x (parallel zur *x*-Achse) und a_y (parallel zur *y*-Achse) zerlegt wird. Ist α die Neigung des Vektors *a* gegen die *x*-Achse, so sind die Beträge der Vektoren a_x und a_y gleich den Beträgen $|a_x|$ und $|a_y|$ der Komponenten von $a = (a_x, a_y)$:

$$a_x = a \cos \alpha \quad \text{und} \quad a_y = a \sin \alpha.$$

Der Betrag des Vektors *a* ist dann

$$a = \sqrt{a_x^2 + a_y^2}.$$

Abb. 2.5b zeigt eine entsprechende Zerlegung für einen Vektor im 3-dimensionalen Raum. Anstatt $a = a_x + a_y + a_z$ kann man auch $a = (a_x, a_y, a_z)$ schreiben. Oft ist es sinnvoll, Vektoren parallel zu verschieben, dass ihre Anfangspunkte mit dem Ursprung des Koordinatensystems zusammenfallen. Die Zerlegung eines im Raum gelegenen Vektors *a*, der am Ursprung beginnt, nach Vektoren, die parallel zu den Koordinatenachsen *x*, *y* und *z* liegen, führt auf die drei Komponenten a_x, a_y und a_z von *a*.

Massenpunkte. In diesem Kapitel wird von der Ausdehnung der Körper abgesehen; die Körper werden also als punktförmig betrachtet. Da alle Körper eine Masse (Abschn. 1.6) haben, spricht man meistens von *Massenpunkten*. Ausgehend von dieser Idealisierung, lässt sich die Bewegung eines Körpers vollständig beschreiben, indem man seine Lage in dem gewählten Bezugssystem mit einem von der Zeit *t* abhängigen Ortsvektor *r*(*t*) beschreibt. Die Vektorfunktion *r*(*t*) ist die *Bahnkurve* des Massenpunkts. Tatsächlich sind alle makroskopischen Körper ausgedehnt. Im Rahmen der Mechanik können sie als eine Anhäufung sehr vieler Massenpunkte betrachtet werden. Die Bewegung ausgedehnter Körper lässt sich somit auf die Bewegung von einzelnen Massenpunkten zurückführen.

Der Massenpunkt ist ein Begriff der klassischen Physik. Der klassischen Physik liegt die Annahme zugrunde, dass die in der Natur ablaufenden Prozesse kontinuierlich beobachtet werden können. Aufgrund unserer täglichen Erfahrung mit makroskopischen Körpern scheint diese Annahme so ausnahmslos erfüllt zu sein, dass man es gewöhnlich nicht für nötig erachtet, sie zu erwähnen. Tatsächlich sind aber atomare Prozesse keineswegs kontinuierlich beobachtbar. Denn Atome können nur dank diskreter und spontan stattfindender *Elementarereignisse* (Abschn. 1.2) nachgewiesen werden. Die Bewegung der Atome folgt daher grundlegend anderen Gesetzen, nämlich den Gesetzen der Quantenphysik, als die Bewegung von Massenpunkten, die den Gesetzen der klassischen Physik folgt.

Ein idealer Massenpunkt ist kontinuierlich beobachtbar und kann daher auch kontinuierlich in Beziehung zu seiner (kontinuierlich beobachtbaren) Umgebung gesetzt werden. Mit den Körpern der Umgebung kann daher ein Bezugssystem festgelegt und die Bewegung eines Massenpunktes relativ zu diesem Bezugssystem mit einer Bahnkurve $r(t)$ beschrieben werden.

Ein Atom hingegen löst nur hin und wieder beobachtbare Ereignisse in seiner Umgebung aus. Die Atome eines Gases, beispielsweise, haben eine mittlere *freie Weglänge*. Während ihrer freien Flugzeit sind die einzelnen Atome prinzipiell nicht beobachtbar. Nur wenn die Atome in ihrem freien Flug durch Streuung eines Photons oder durch einen Stoß gestört werden, besteht die Möglichkeit, dass sie ein beobachtbares Ereignis auslösen. Dementsprechend kann die Bewegung eines Atoms im Allgemeinen nicht mit einer Bahnkurve beschrieben werden. Vielmehr sind atomare Bewegungen in vielen Fällen *quantenmechanisch* mit *Teilchenwellen* (s. Bd. 3) zu beschreiben.

Der Unterschied zwischen Atomen und Massenpunkten wird besonders auffällig bei der Betrachtung mehrerer Körper. Da Massenpunkte kontinuierlich verfolgt werden können, lassen sich auch gleichartige Massenpunkte eindeutig experimentell unterscheiden. Wenn zwei Massenpunkte sich von den Orten a_1 und a_2 zu den Orten b_1 und b_2 bewegt haben, ist experimentell erkennbar, auf welchen Wegstrecken sich die Massenpunkte bewegt haben. Daher können Start- und Zielpunkte einander zugeordnet werden. Bei gleichartigen *Atomen* hingegen kann experimentell nicht entschieden werden, welche Startpositionen mit welchen Zielpositionen zu verbinden sind. Gleichartige Atome sind dementsprechend *ununterscheidbar*. Die Ununterscheidbarkeit ist nicht nur im Rahmen der Quantenphysik von grundlegender Bedeutung, sondern auch für die statistische Physik der Wärme. Je nachdem, ob die quantentheoretischen *Wellenfunktionen* mehratomiger Systeme bei einem Teilchenaustausch invariant bleiben oder ihr Vorzeichen wechseln, unterscheidet man *Bose-Einstein-Gase* und *Fermi-Dirac-Gase*.

Obwohl, streng genommen, Atome nicht als Massenpunkte im Sinn der klassischen Mechanik betrachtet werden dürfen, hat sich das klassische Modellbild atomarer Massenpunkte doch in weiten Bereichen der Physik bewährt, insbesondere in der Wärmelehre (Teil III). Beispielsweise werden atomare Gase, wie Helium oder Neon als Ensemble sich frei im Raum bewegender Massenpunkte gedacht. Die Atome haben dementsprechend wie Massenpunkte nur drei Freiheitsgrade. Dennoch muss ihnen bei genauerer Betrachtung eine Ausdehnung zugeschrieben werden. Sie werden also einerseits als Kugeln mit einem Radius in der Größenordnung von 10^{-10}m gedacht, die als starre Körper (s. Kap. 7) mindestens 6 Freiheitsgrade hätten. Andererseits dürfen ihnen aber wie Massenpunkten nur 3 Freiheitsgrade zugebilligt werden, um im Einklang mit den experimentellen Daten zu bleiben. Diese scheinbaren Widersprüche lassen sich erst im Rahmen der Quantenphysik auflösen. Hier soll nur deutlich werden, dass das Weltbild der Newton'schen Mechanik bei der Beschreibung vieler atomarer Prozesse versagt, weil ihr die Annahme kontinuierlicher Beobachtbarkeit zugrunde liegt.

Die atomaren Körper der Wärmelehre unterscheiden sich in einer weiteren Hinsicht grundlegend von den Massenpunkten der klassischen Mechanik. Während klassische Massenpunkte den streng deterministischen Gesetzmäßigkeiten der Newton'schen Mechanik folgen, unterliegen die atomaren Massenpunkte der Wärmelehre auch den statistischen Gesetzmäßigkeiten des Zufalls. So geht man davon aus, dass die Atome eines Gases sich zwar während der freien Flugzeit wie klassische Massenpunkte geradlinig gleichförmig bewegen, aber die Richtungsänderungen bei Stößen den Gesetzen des Zufalls unterliegen. Mit dem Einfluss des Zufalls auf die Bewegung atomarer Massenpunkte wird der Tatsache Rechnung getragen, dass auch bei allen Messungen die Gesetze des Zufalls in Form der Messunsicherheiten (Abschn. 1.2) eine grundlegende Rolle spielen.

2.2 Geschwindigkeit

Gleichförmige Bewegung. Ein Massenpunkt bewegt sich geradlinig und gleichförmig, wenn er auf gerader Bahn in gleichen Zeiten gleiche Strecken zurücklegt. Bezeichnet man mit s die in der Zeit t zurückgelegte Wegstrecke, so gilt für die geradlinige und gleichförmige Bewegung, dass das Verhältnis s/t einen gleichbleibenden konstanten Wert besitzt. Dieses Verhältnis heißt *Geschwindigkeit*:

$$\text{Geschwindigkeit } v = \frac{\text{Strecke } s}{\text{Zeit } t}.$$

Aus der Definition folgt, dass die Einheit der Geschwindigkeit das Verhältnis von Längeneinheit und Zeiteinheit ist. Die Dimension der Geschwindigkeit ist also dim $v = \text{LT}^{-1}$. Dies gilt für jede Geschwindigkeit und für jede Art von Bewegung, also nicht nur für den Fall der geradlinigen und gleichförmigen Bewegung.

Die SI-Einheit der Geschwindigkeit ist m/s. Im Verkehr wird stattdessen häufig die Einheit km/h benutzt. Zur Umrechnung beachte man, dass $1\,\text{m} = 1/1000\,\text{km}$ und $1\,\text{s} = 1/3600\,\text{h}$ ist. Fährt zum Beispiel ein Auto mit einer Geschwindigkeit $v = 72\,\text{km/h}$ und möchte man wissen, wie groß ihr Zahlenwert in den Einheiten m/s ist, so hat man zu schreiben

$$v = 72\,\frac{\text{km}}{\text{h}} = 72\,\frac{1000\,\text{m}}{3600\,\text{s}} = 20\,\frac{\text{m}}{\text{s}}.$$

Will man andererseits die Geschwindigkeit eines Kurzstreckenläufers in km/h umrechnen, der die Strecke von 100 m in 10 s durchläuft, hat man zu schreiben

$$\frac{100\,\text{m}}{10\,\text{s}} = 10\,\frac{\text{m}}{\text{s}} = 10\,\frac{(1/1000)\,\text{km}}{(1/3600)\,\text{h}} = 36\,\frac{\text{km}}{\text{h}}.$$

Zur Bestimmung einer Geschwindigkeit ist die Messung einer Strecke und einer Zeit erforderlich. Als Beispiel für die Messung einer relativ *großen Geschwindigkeit* sei im Folgenden die Messung der Mündungsgeschwindigkeit einer Pistolenkugel besprochen (Abb. 2.6). Auf der verlängerten Achse eines Elektromotors M, dessen Umlaufszahl pro Zeitintervall mit einem Umdrehungsmesser U gemessen werden kann, sind im Abstand d zwei Pappscheiben S_1 und S_2 befestigt. Feuert man aus der Pistole P in der bezeichneten Richtung parallel zur Achse des Motors durch die Pappscheiben einen Schuss, der die erste Scheibe an der Stelle a_1 trifft, so wird die Scheibe S_2 an einer Stelle a_2 durchschlagen, die gegenüber der Durchschussöffnung in S_1 um den Winkel α versetzt ist; denn um den

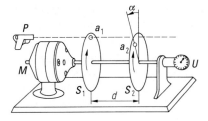

Abb. 2.6   Messung der Geschwindigkeit eines Geschosses

Winkel α dreht sich die Scheibe, während das Geschoss die Strecke d zurücklegt. Man erhält die Flugzeit t_G des Geschosses zwischen den beiden Scheiben aus dem Winkel α und der Umdrehungszahl pro Zeitintervall N/t:

$$t_G = \frac{\alpha}{2\pi} \cdot \frac{t}{N}.$$

Aus dem gemessenen Wert von α lässt sich damit t_G berechnen. Bei einem Versuch war zum Beispiel $d = 30$ cm und $N/t = 30\,\mathrm{s}^{-1}$. Für α ergab sich ein Winkel von $15° = \pi/12$ rad, für die Geschwindigkeit ein Wert von 216 m/s. – Eine andere Methode zur Messung großer Geschwindigkeiten bietet die Kurzzeitfotografie (Stroboskop, s. Abschn. 1.7).

Ungleichförmige Bewegung. Bisher haben wir die gleichförmigen Bewegungen besprochen. Es war daher möglich, bei der Bestimmung der Geschwindigkeit die in einem beliebigen Zeitintervall zurückgelegte Strecke zu betrachten. Man sieht leicht ein, dass dieses Verfahren versagt, wenn der sich bewegende Punkt auf geradliniger Bahn in gleichen Zeiten verschieden große Wege zurücklegt, wenn also die Geschwindigkeit *ungleichförmig* ist. In diesem Fall werden zu verschiedenen Zeiten in Zeitintervallen mit der vorgegebenen Länge Δt unterschiedliche Strecken Δs zurückgelegt. Außerdem hängt der Quotient $\Delta s/\Delta t$ von der gewählten Intervalllänge Δt ab. Die Quotienten stellen Durchschnittswerte der Geschwindigkeit in den betreffenden Zeitintervallen dar. Je kürzer die Zeitintervalle sind, desto weniger hängt gewöhnlich der Quotient von der Wahl der Messdauer Δt ab. Bei hinreichend kleinen Zeitintervallen Δt sind dann die Messwerte innerhalb der Messgenauigkeit (s. Abschn. 1.2) von der Messdauer unabhängig. Der so gewonnene Grenzwert $v(t)$ ist eine Funktion der Zeit t und heißt *Momentangeschwindigkeit*. Streng genommen ist diese Begriffsbildung nur für makroskopische, also kontinuierlich beobachtbare Körper sinnvoll. Da Atome nicht kontinuierlich beobachtet werden können, kann die Momentangeschwindigkeit eines Atoms grundsätzlich nicht gemessen werden. Der Begriffsbildung fehlt hier die experimentelle Grundlage. Sie ist deshalb im Allgemeinen fragwürdig.

Mathematisch entspricht der Momentangeschwindigkeit der Differentialquotient der Funktion $s(t)$. Der im Zeitintervall Δt zurückgelegte Weg sei Δs. Dann ist der Differenzenquotient $\Delta s/\Delta t$ die mittlere Geschwindigkeit im Zeitintervall Δt. Im Grenzfall $\Delta t \to 0$ geht der Differenzenquotient in die erste Ableitung der Funktion $s(t)$ nach der Zeit t über:

$$\lim_{\Delta t \to 0} \frac{s(t + \Delta t) - s(t)}{\Delta t} = \frac{ds}{dt}.$$

Die Ableitung einer Funktion $x(t)$ nach der Zeit wird oft auch durch einen über die Funktion gesetzten Punkt bezeichnet, $dx/dt \equiv \dot{x}$. Für die Geschwindigkeit haben wir also

$$v(t) = \frac{ds(t)}{dt} \equiv \dot{s}(t). \tag{2.7}$$

Gl. (2.7) wurde für eine geradlinige Bewegung abgeleitet. Von der Voraussetzung der Geradlinigkeit haben wir aber keinerlei Gebrauch gemacht. In gleicher Weise erhält man daher auch für jede krummlinige Bewegung eine sogenannte *Bahngeschwindigkeit*.

Die Bahngeschwindigkeit kennzeichnet die Bewegung eines Körpers nur betragsmäßig. In der Physik gibt die Geschwindigkeit aber auch die Richtung der Bewegung an. Die Geschwindigkeit ist also ein *Vektor* v mit drei kartesischen Komponenten:

$$v = (v_x, \ v_y, \ v_z).$$

Um den Vektorcharakter zu betonen, spricht man häufig auch von dem Geschwindigkeits*vektor*. Um die Geschwindigkeitskomponenten zu messen, betrachtet man statt der im Zeitintervall Δt zurückgelegten Wegstrecken Δs den Vektor $\Delta r = (\Delta x, \ \Delta y, \ \Delta z)$, um den sich die Lage des Massenpunkts im Zeitintervall Δt verschoben hat. Damit ergibt sich für den Vektor v der Momentangeschwindigkeit:

$$v = (v_x, \ v_y, \ v_z) = \left(\frac{dx}{dt}, \ \frac{dy}{dt}, \ \frac{dz}{dt} \right).$$

Der große Vorteil der Vektorschreibweise besteht darin, dass man anstelle von drei Gleichungen für die drei Komponenten eines Vektors nur eine einzige Vektorgleichung betrachten muss. Die Komponentengleichung kann also durch die Vektorgleichung

$$v = \frac{dr}{dt} \equiv \dot{r}$$

ersetzt werden. Man nimmt damit nicht mehr Bezug auf ein spezielles Koordinatensystem.

Vektoraddition von Geschwindigkeiten. Geschwindigkeiten verhalten sich wie Vektoren des drei-dimensionalen Raumes (Abschn. 2.1) und können daher wie Vektoren addiert und in Komponenten zerlegt werden. Dieser Satz gilt allerdings nur unter einer wichtigen Voraussetzung: Die betrachteten Geschwindigkeiten müssen betragsmäßig sehr viel kleiner als die Lichtgeschwindigkeit $c = 3 \cdot 10^8$ m/s sein (s. Abschn. 2.3). Diese Voraussetzung ist für die Geschwindigkeit fast aller Körper, deren Bewegung wir im täglichen Leben beobachten, sehr gut erfüllt.

Man nutzt die Vektoraddition von Geschwindigkeiten, wenn sich zwei Geschwindigkeiten überlagern, wie beispielsweise die Geschwindigkeit v_2 des fließenden Wassers eines Flusses mit der relativ zum Wasser gemessenen Geschwindigkeit v_1 eines Bootes, das den Fluss überquert. Man berechnet dann die Geschwindigkeit v_3 des Schiffes relativ zum Ufer des Flusses mit dem Galilei'schen Gesetz der Geschwindigkeitsaddition:

$$v_3 = v_1 + v_2 \tag{2.8}$$

In dem in Abb. 2.7 gezeigten Beispiel überquert ein Boot einen Fluss. Das Boot wird flussabwärts getrieben. Die Vektoraddition zeigt dann Betrag und Richtung der resultierenden Geschwindigkeit v_3 des Bootes. Man kann das Boot auch in eine solche Richtung

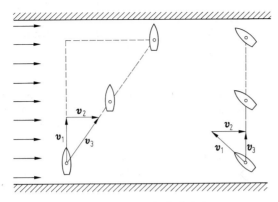

Abb. 2.7   Zur Vektoraddition von Geschwindigkeiten

steuern, dass es genau gegenüber vom Abfahrtsort ankommt. Mit Hilfe der Vektordarstellung lassen sich schnell Größe und Richtung der Geschwindigkeit v_1 bestimmen, die das Boot in diesem Fall haben muss.

Dass sich Geschwindigkeiten und – wie wir später sehen werden – auch Beschleunigungen, Kräfte und Felder in der Weise zusammensetzen wie in den Abb. 2.4 und 2.7, ist keineswegs selbstverständlich. Vielmehr ergibt sich das Galilei'sche Additionsgesetz für (hinreichend kleine) Geschwindigkeiten ($v \ll c$) aus Messungen und Beobachtungen, durch die es im Lauf der Zeit immer wieder bestätigt wurde.

2.3 Transformationen

Um den Ort $r(t)$ und die Geschwindigkeit $v(t)$ eines Massenpunktes zur Zeit t angeben zu können, muss man sich, wie in Abschn. 2.1 betont, auf Bezugskörper der näheren oder ferneren Umgebung beziehen und ein *Bezugssystem* festlegen. Zwei Beobachter A und B können daher die Bewegung ein und desselben Massenpunktes in verschiedenen Bezugssystemen beschreiben. In diesem Fall sind die von A und B gemessenen Bahnkurven $r_A(t)$ und $r_B(t)$ ebenso wie die von beiden Beobachtern gemessenen Geschwindigkeiten $v_A(t)$ und $v_B(t)$ des Massenpunktes voneinander verschieden. Es stellt sich dann die Frage, wie A aus seinen Messungen die Messwerte von B und umgekehrt B die Messwerte von A errechnen kann.

Zur Illustration der Fragestellung sei beispielsweise an eine in einem Schiff rollende Kugel gedacht. A ist auf dem Schiff und beschreibt die Bewegung der Kugel relativ zum Schiff; B hingegen steht am Ufer und beschreibt die Bewegung der Kugel relativ zum Ufer. Um in diesem Fall die Bahnkurven $r_A(t)$ und $r_B(t)$ ineinander umrechnen zu können, muss auch die Bewegung des Schiffes relativ zum Ufer bekannt sein. Wenn diese Bewegung hinreichend einfach ist, ergeben sich handliche Umrechnungsformeln.

Für einige einfache Fälle sei im Folgenden die *Transformation* von Ort und Geschwindigkeit beim Wechsel des Bezugssystems diskutiert. Leicht überschaubar ist die Situation, wenn die Bezugskörper von A und B relativ zueinander ruhen. Wir betrachten die beiden Spezialfälle der *Translation* und der *Rotation*.

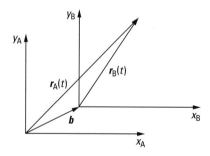

Abb. 2.8   Translation des Koordinatensystems

Translation. In diesem Fall sind die beiden Bezugssysteme gegeneinander um einen Vektor $\boldsymbol{b}$ verschoben, d. h., der Ursprung des Bezugssystems B hat den Ort $\boldsymbol{b} = (b_x, b_y, b_z)$ im Bezugssystem A. Die Richtungen der Koordinatenachsen seien aber in beiden Bezugssystemen gleich (Abb. 2.8). Dann gilt:

$$\boldsymbol{r}_A(t) = \boldsymbol{r}_B(t) + \boldsymbol{b} \tag{2.9}$$
$$\boldsymbol{v}_A(t) = \boldsymbol{v}_B(t). \tag{2.10}$$

Dabei ist vorausgesetzt, dass der physikalische Raum den Gesetzen der euklidischen Geometrie unterliegt.

Rotation um die z-Achse. In diesem Fall haben beide Bezugssysteme denselben Ursprung und gleiche z-Achse. Die Richtungen von x- und y-Achse sind aber gegeneinander um den Winkel α verdreht (Abb. 2.9). Dann besteht zwischen den kartesischen Koordinaten eines Punktes P, den die Beobachter A und B mit den Vektoren $\boldsymbol{r}_A = (x_A, y_A, z_A)$ bzw. $\boldsymbol{r}_B = (x_B, y_B, z_B)$ kennzeichnen, die folgende Beziehung:

$$x_B = x_A \cdot \cos\alpha + y_A \cdot \sin\alpha \tag{2.11}$$
$$y_B = -x_A \cdot \sin\alpha + y_A \cdot \cos\alpha \tag{2.12}$$
$$z_B = z_A. \tag{2.13}$$

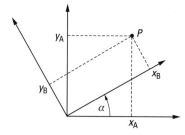

Abb. 2.9   Drehung des Koordinatensystems

Galilei-Transformation. Interessanter sind Transformationen zwischen zueinander bewegten Bezugssystemen. Wir betrachten nur den Fall, dass die Bewegung geradlinig gleichförmig ist, d. h. eine Translation mit der *zeitabhängigen* Verschiebung $\boldsymbol{b}(t) = \boldsymbol{v}_b \cdot t$. Die Relativgeschwindigkeit $\boldsymbol{v}_b$ der beiden Bezugssysteme sei also konstant.

Scheinbar lässt sich in diesem Fall das Transformationsgesetz aus der bereits bekannten Translation herleiten, indem man den Translationsvektor $\boldsymbol{b}$ durch einen zeitabhängigen

Vektor $b(t)$ ersetzt:

$$r_A(t) = r_B(t) + b(t). \tag{2.14}$$

Eine Differentiation nach der Zeit ergibt dann:

$$v_A(t) = v_B(t) + v_b, \tag{2.15}$$

d. h. das Galilei'sche Additionsgesetz für Geschwindigkeiten. Dieses Additionsgesetz gilt aber in der Natur nur, wenn die betrachteten Geschwindigkeiten klein im Vergleich mit der Lichtgeschwindigkeit $c = 3 \cdot 10^8$ m/s sind. Nur bei hinreichend kleinen Geschwindigkeiten wird das Galilei'sche Additionsgesetz – innerhalb der Unsicherheiten der Messwerte – experimentell bestätigt. Bei hohen Geschwindigkeiten ergeben sich hingegen erhebliche Abweichungen. Insbesondere ergab sich für die Lichtgeschwindigkeit unabhängig von der Wahl des Bezugssystems stets derselbe Wert $c = 3 \cdot 10^8$ m/s.

Dieses Ergebnis steht einerseits offensichtlich im Widerspruch zum Galilei'schen Additionsgesetz, führt aber andererseits zu dem Schluss, dass die Lichtgeschwindigkeit eine fundamentale Konstante im Naturgeschehen ist. Aufgrund einer internationalen Vereinbarung konnte deshalb die Lichtgeschwindigkeit willkürlich auf den Wert

$$c = 299\,792\,458 \,\text{m/s} \tag{2.16}$$

festgelegt und damit die Längeneinheit 1 m auf die Zeiteinheit 1 s bezogen werden (Abschn. 1.3).

Das experimentelle Ergebnis, dass die Lichtgeschwindigkeit als Naturkonstante zu betrachten ist, kommt in der speziellen Relativitätstheorie zur Geltung. Albert Einstein (1879–1955) erkannte, dass bei der Ableitung des Galilei'schen Additionsgesetzes für Geschwindigkeiten stillschweigend angenommen wird, dass sich die Beobachter A und B auf die gleiche Uhrzeit beziehen können. Diese Annahme ist experimentell nicht gerechtfertigt. Tatsächlich können zwei weit voneinander stattfindende Ereignisse, die Beobachter A als gleichzeitig wahrnimmt, von Beobachter B als aufeinanderfolgend wahrgenommen werden. Wegen dieser Relativierung der Gleichzeitigkeit sind bei einer Transformation zwischen zueinander bewegten Bezugssystemen nicht nur die Orts-, sondern auch die Zeitangaben zu transformieren. Im Allgemeinen ist daher beim Wechsel zwischen zueinander bewegten Bezugssystemen eine *Lorentz-Transformation* (s. Bd. 2) durchzuführen. Nur wenn die betrachteten Geschwindigkeiten sehr viel kleiner als die Lichtgeschwindigkeit sind, ist die Galilei-Transformation eine hinreichend gute Näherung. Im Rahmen der im Teil I des Lehrbuches behandelten Mechanik werden wir die Annahme $v \ll c$ stets voraussetzen.

2.4 Beschleunigung und Kreisbewegung

Wenn sich die Geschwindigkeit eines Körpers mit der Zeit ändert, spricht man von einer beschleunigten Bewegung. Im Allgemeinen kann sich sowohl der Betrag als auch die Richtung der Geschwindigkeit ändern. Im Folgenden werden zunächst geradlinige Bewegungen betrachtet. Dann ändert der Vektor der Geschwindigkeit nur den Betrag. Es handelt sich dann um eine reine Bahnbeschleunigung. Nimmt die Geschwindigkeit im Lauf der Zeit ab, so ist die Beschleunigung negativ und wird auch *Verzögerung* genannt.

Gleichförmige Beschleunigung. Wir betrachten zunächst geradlinige Bewegungen mit konstanter Beschleunigung. Wählt man einen Punkt der Geraden als Bezugspunkt, so haben alle Ortsvektoren der Geraden (abgesehen vom Vorzeichen) dieselbe Richtung. Man kann daher auf die Vektorschreibweise verzichten. Bezeichnet man mit v_0 die Geschwindigkeit zu Beginn der Beobachtung (t_0) und mit $v(t)$ die Geschwindigkeit nach der Zeit $\Delta t = t - t_0$, so gibt der Ausdruck $a = (v(t) - v_0)/\Delta t$ die Geschwindigkeitsänderung in der Zeit an. Im vorliegenden Fall sei a also ein konstanter, zeitunabhängiger Wert. Für eine solche gleichmäßig beschleunigte, geradlinige Bewegung kann man demnach sagen: Die Beschleunigung ist die Geschwindigkeitsänderung pro Zeitintervall. Es gilt also die Beziehung

$$a = \frac{v(t) - v_0}{t - t_0} = \frac{\Delta v}{\Delta t}. \tag{2.17}$$

Die Dimension der Beschleunigung ist dim $a = \mathrm{LT}^{-2}$, ihre SI-Einheit ist m/s^2. Setzt man $t_0 = 0$ und schreibt die letzte Gleichung in der Form

$$v(t) = at + v_0, \quad (a = \text{const}), \tag{2.18}$$

so lässt sich die Endgeschwindigkeit eines konstant beschleunigten Massenpunktes berechnen, wenn die Beschleunigung a und die Anfangsgeschwindigkeit v_0 bekannt sind.

Die nach der Zeit t zurückgelegte Strecke s erhält man wieder durch Integration von $v(t)$ über die Zeit:

$$s(t) = \frac{a}{2}t^2 + v_0 t + s_0, \quad (a = \text{const}). \tag{2.19}$$

Elimination der Zeit aus den Gln. (2.18) und (2.19) liefert eine Beziehung zwischen Strecke s und Geschwindigkeit v zur Zeit t:

$$v^2 = v_0^2 + 2a(s - s_0), \quad (a = \text{const}). \tag{2.20}$$

Auf ein Beispiel für eine gleichförmige Beschleunigung führt die Betrachtung des Fahrzeugstroms auf einer Autostraße. Bei normalem Verkehrsfluss fahren alle Wagen mit derselben Geschwindigkeit v im gleichen Abstand hintereinander. Sie müssen aber einen bestimmten Sicherheitsabstand einhalten, der quadratisch mit v anwächst, so dass bei einer Vollbremsung gerade ein Auffahren verhindert wird. Ist die Geschwindigkeit klein, so können die Autos dicht hintereinander fahren, weil der Bremsweg kurz ist, bei großer Geschwindigkeit fahren sie mit größerem Abstand. Wir wollen untersuchen, wie der Fahrzeugstrom J – definiert als die Anzahl N der Fahrzeuge, die im Zeitintervall Δt eine bestimmte Stelle passieren – von der Geschwindigkeit abhängt. Gibt es vielleicht ein optimales v, bei dem J möglichst groß wird? Die Abhängigkeit der Größe $J = N/\Delta t$ von v ergibt sich, indem man das Zeitintervall Δt durch die Länge L einer Reihe von N Fahrzeugen und durch ihre Geschwindigkeit ausdrückt $\Delta t = L/v$. Die Länge L ist das N-fache des Mindestabstands d zweier aufeinanderfolgender Wagen, von Kühler zu Kühler gerechnet. Dieser Abstand setzt sich zusammen aus der Wagenlänge l_w, dem in der „Schrecksekunde" T_r vor einer Bremsung zurückgelegten Reaktionsweg $l_r = vT_r$ und dem Bremsweg l_b. Letzterer folgt aus Gl. (2.20) mit $v_0 = s_0 = 0$ (nach Vollbremsung) zu

$l_b = v^2/2a_b$ mit der Bremsverzögerung a_b. Bei einer Vollbremsung blockieren die Räder gerade noch nicht. Nach Newtons Grundgesetz der Mechanik (s. Abschn. 3.2) ist a_b gleich der Reibungskraft F_R zwischen Reifen und Straße dividiert durch die Wagenmasse m. Die Reibungskraft ist ihrerseits proportional zu m mit dem Gleitreibungskoeffizienten μ (Näheres s. Kap. 9) und mit der Erdbeschleunigung g (s. Abschn. 2.4): $F_R = \mu m g$. Daraus folgt $a_b = \mu g$ und $l_b = v^2/2\mu g$ sowie $d = l_w + v T_r + v^2/2\mu g$. Schließlich erhalten wir für den Strom

$$J(v) = \frac{N}{\Delta t} = \frac{Nv}{L} = \frac{Nv}{Nd} = \frac{v}{l_w + v T_r + v^2/2\mu g}.$$

Bei Verkleinerung des Sicherheitsabstands $l_r + l_b = v T_r + v^2/2\mu g$ steigt zwar der Strom entsprechend an, jedoch steigt damit das Risiko von Auffahrunfällen.

In Abb. 2.10 ist die Funktion $J(v)$ dargestellt, und zwar für drei verschiedene Reibungskoeffizienten entsprechend drei verschiedenen Straßenzuständen: trockene Straße ($\mu = 0.8$), feuchte Straße ($\mu = 0.5$) und vereiste Straße ($\mu = 0.05$). Der Fahrzeugstrom steigt für kleine v proportional mit v an und fällt für große v mit $1/v$ ab. Dazwischen gibt es ein Maximum $J_{max}(v_{max})$. Dieses erhält man durch Differenzieren von J nach v:

$$J_{max} = \frac{1}{T_R + \sqrt{2l_w/\mu g}}, \qquad v_{max} = \sqrt{2l_w \mu g}.$$

Der quantitative Verlauf von $J(v)$ ist sehr aufschlussreich. Man sieht zum Beispiel, dass die Geschwindigkeit von $v_{max} = 28.5$ km/h bei trockener Straße einen Strom von 1800 Fahrzeugen pro Stunde erlaubt, bei vereister Straße dagegen nur noch 360 pro Stunde. Ferner sieht man, dass zu jedem Stromwert $J < J_{max}$ zwei verschiedene Geschwindigkeiten gehören, links und rechts vom Maximum. Fährt man in der Kolonne schneller als v_{max} und hält den Sicherheitsabstand ein, so kommt man zwar schneller ans Ziel, gleichzeitig sinkt aber der Strom, das heißt, weniger Fahrzeuge erreichen ihr Ziel pro Zeit; das Gleiche gilt für Langsamfahrer ($v < v_{max}$).

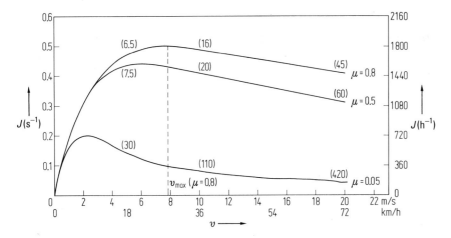

Abb. 2.10 Fahrzeugstrom beim Kolonnenverkehr für verschiedene Straßenverhältnisse (μ) berechnet für $l_w = 4$ m und $T_r = 1$ s. Die Zahlen in Klammern bezeichnen den Sicherheitsabstand $l_r + l_b$ in m.

Eine allgemeine Bemerkung sei noch hinzugefügt. Ebenso wie die Geschwindigkeit als zeitliche Änderung des Ortes und die Beschleunigung als zeitliche Änderung der Geschwindigkeit eingeführt wurde, kann man natürlich eine entsprechende Änderung der Beschleunigung als „Beschleunigung zweiter Ordnung", deren Änderung wieder als „Beschleunigung dritter Ordnung" usw. einführen. Obwohl diese Beschleunigungen höherer Ordnung in der Praxis wichtig sind – man denke nur an die Geschwindigkeitssteuerung eines Schnellaufzugs – sind sie für die Grundgleichungen der Mechanik nicht nötig. Hier kommt man allein mit den Begriffen Geschwindigkeit und Beschleunigung aus.

Bewegung auf gekrümmter Bahn. Bei einer nicht geradlinigen Bewegung ändert sich nicht nur der Betrag, sondern auch die Richtung der Geschwindigkeit des punktförmigen Körpers. In Abb. 2.11a sei ein kleines Bahnelement Δs zwischen zwei Punkten P_1 und P_2 einer gekrümmten Bahn betrachtet. Die Geschwindigkeiten in diesen beiden Bahnpunkten seien v_1 und v_2. Wenn das Bahnelement hinreichend klein ist, kann es als Teil eines Kreises, des sogenannten Schmiegungskreises, betrachtet werden. Errichtet man in den Punkten P_1 und P_2 die Senkrechten, so schneiden sich diese in dem Mittelpunkt O des Schmiegungskreises. Die beiden so gewonnenen Radien R bilden miteinander den Winkel $\Delta\varphi$, den auch die beiden Geschwindigkeitsvektoren v_1 und v_2 miteinander einschließen. In Abb. 2.11b sind die beiden Geschwindigkeiten v_1 und v_2 nochmals nach Größe und Richtung von einem gemeinsamen Anfangspunkt O' aus aufgetragen. Die Verbindungslinie ihrer Endpunkte A und B liefert dann einen Vektor Δv. Er stellt nach Größe und Richtung die Geschwindigkeitsänderung dar, die der Punkt bei der Bewegung längs des Bahnelements Δs erfährt. Die Geschwindigkeitsänderung pro Zeit bedeutet eine Beschleunigung, deren Richtung mit derjenigen von $\overrightarrow{\Delta v}$ zusammenfällt. Man kann ihn in zwei zueinander senkrechte Komponenten $\overrightarrow{AC}$ und $\overrightarrow{CB}$ zerlegen. Eine davon ($\overrightarrow{AC}$) ist parallel zu v_1; sie ist proportional zur *Bahnbeschleunigung* a_b (oder *Tangentialbeschleunigung*). Diese Beschleunigung a_b beschreibt also lediglich die Änderung der Größe der Geschwindigkeit bei gleichbleibender Richtung und besitzt im Grenzfall $\Delta t \to 0$ den Betrag

$$a_b = \frac{\mathrm{d}v}{\mathrm{d}t} = \frac{\mathrm{d}^2 s}{\mathrm{d}t^2}. \tag{2.21}$$

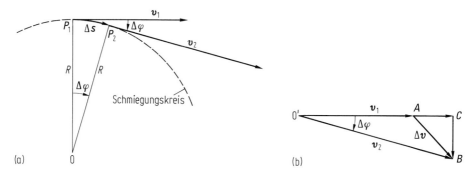

(a)   (b)

Abb. 2.11   Zerlegung einer Geschwindigkeitsänderung in Komponenten parallel und senkrecht zur Bahn

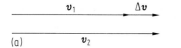   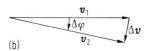

Abb. 2.12   Die beiden Grenzfälle einer Geschwindigkeitsänderung, (a) reine Bahnbeschleunigung durch Vergrößerung der Geschwindigkeit in Richtung der Bahn; (b) reine Radialbeschleunigung durch alleinige Änderung der Richtung der Geschwindigkeit

Die Größe a_b unterscheidet sich also nicht von der bisher betrachteten Beschleunigung bei geradliniger Bewegung (s. Gl. (2.17)).

Die andere Komponente ($\vec{CB}$) von Δv liegt senkrecht zu v_1. Sie ist proportional zur *Radialbeschleunigung* a_r, auch *Normalbeschleunigung* oder *Zentripetalbeschleunigung* genannt. Diese Beschleunigung bewirkt nur eine Richtungsänderung der Geschwindigkeit bei gleichbleibendem Betrag. Die Zerlegung einer Geschwindigkeitsänderung in zwei Komponenten, in die Bahnbeschleunigung und in die Radialbeschleunigung, liefert somit die in Abb. 2.12 gezeigten zwei Grenzfälle. Die Bahnbeschleunigung a_b ist aus dem täglichen Leben als gewöhnliche Beschleunigung bekannt. Die Radialbeschleunigung a_r wird dagegen oft gar nicht als Beschleunigung angesehen. Sie ist aber von gleich großer Bedeutung.

Gleichförmige Kreisbewegung. Die *Bewegung* eines Massenpunktes *auf einer Kreisbahn* mit konstanter Umlaufgeschwindigkeit v ist ein häufig vorkommender Sonderfall (technische Maschinen, Erdsatelliten, Bohrs Atommodell usw.) und soll hier eingehender behandelt werden. Wenn der Betrag v der Geschwindigkeit konstant ist, also $a_b = 0$, ist auch a_r zeitlich konstant (Abb. 2.13a). Für kleine Winkel gilt im Bogenmaß (rad) nach Abb. 2.12b $\Delta\varphi = \Delta v/v$; also ist $\Delta v = v\Delta\varphi$. Um den kleinen Winkel $\Delta\varphi$ zu durchlaufen, sei die kleine Zeit Δt erforderlich. Der Grenzwert $d\varphi/dt$ heißt die *Winkelgeschwindigkeit*

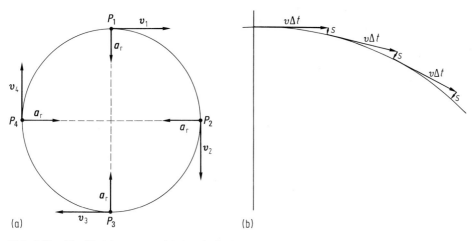

Abb. 2.13   Zur Kreisbewegung, (a) Geschwindigkeitsvektoren bei gleichförmiger Kreisbewegung; (b) gedachte Zerlegung einer Kreisbewegung in sehr kleine Abschnitte ($v\Delta t$), auf denen der Massenpunkt tangential weiterfliegt, und solche ($s = (1/2)a_r(\Delta t)^2$), auf denen der Massenpunkt wieder auf die Kreisbahn gezogen wird

ω (Einheit rad/s). Daraus folgt für die Radialbeschleunigung

$$a_r = \lim_{\Delta t \to 0} \frac{\Delta v}{\Delta t} = \lim_{\Delta t \to 0} \frac{\Delta \varphi}{\Delta t} v = \frac{\mathrm{d}\varphi}{\mathrm{d}t} v = \omega v. \tag{2.22}$$

Wie schon im Abschn. 1.7 erwähnt wurde, nennt man die Winkelgeschwindigkeit bei Drehbewegungen auch *Kreisfrequenz*. Diese Bezeichnung beruht auf dem Zusammenhang zwischen ω und der Frequenz ν bzw. der Umlaufsdauer $T = 1/\nu$. Der bei einem vollen Umlauf überstrichene Winkel ist gleich 2π rad, und es gilt $\omega = 2\pi\nu = 2\pi/T$. Um Verwechslungen von Frequenz ν und Kreisfrequenz ω zu vermeiden, soll ν immer in der Einheit 1/s angegeben werden, ω aber in der Einheit rad/s. In Dimensionsgleichungen kann die Einheit rad weggelassen werden, da sie als Länge/Länge bzw. Bogen/Radius „dimensionslos" ist bzw. die Dimension eins besitzt (s. Abschn. 1.5).

Die Zeit für einen vollen Kreisumlauf sei T; der Weg dafür ist der Kreisumfang $2\pi R$. Also ist die Bahngeschwindigkeit $v = 2\pi R/T$. Mit $\omega = \mathrm{d}\varphi/\mathrm{d}t = 2\pi/T$ wird die Bahngeschwindigkeit

$$v = \omega R. \tag{2.23}$$

Durch Einsetzen von Gl. (2.23) in Gl. (2.22) folgt für die Radialbeschleunigung

$$a_r = \omega v = \omega^2 R \quad \text{bzw.} \quad a_r = \frac{v^2}{R}. \tag{2.24}$$

Die Radialbeschleunigung ist immer zum Kreiszentrum hin gerichtet, wie wir oben gesehen haben. Sie bewirkt, dass der Massenpunkt auf der Kreisbahn bleibt und nicht geradlinig davonfliegt. Daher wird a_r auch Zentripetalbeschleunigung genannt. Man kann sich die Kreisbewegung näherungsweise auch so zusammengesetzt denken, dass der Massenpunkt in sehr kleinen Schritten tangential weiterfliegt und ebenfalls in sehr kleinen Schritten wieder auf die Kreisbahn gezogen wird (Abb. 2.13b).

Bewegungen mit reiner Bahnbeschleunigung oder reiner Radialbeschleunigung sind zwei Grenzfälle. Oft sind beide Beschleunigungskomponenten gleichzeitig vorhanden. Die Beschleunigung $\boldsymbol{a}$ kann aber immer in die beiden Komponenten Bahnbeschleunigung $\boldsymbol{a}_b$ und Radialbeschleunigung $\boldsymbol{a}_r$ zerlegt werden. Der Betrag a der Gesamtbeschleunigung ist dann

$$a = \sqrt{a_b^2 + a_r^2}. \tag{2.25}$$

Als Beispiel für die gleichförmige Kreisbewegung mit konstanter Umlaufgeschwindigkeit ($v = \omega R$, $a_b = 0$, $a_r = v^2/R$) betrachten wir die Bahn eines in 100 km Höhe antriebslos fliegenden Erdsatelliten (s. Abschn. 4.5). Ihr Radius ist gleich dem Erdradius 6380 km plus 100 km. Die Umlaufsdauer beträgt $5.19 \cdot 10^3$ s (≈ 1.5 h). Mit Hilfe der Beziehungen (2.23) und (2.24) lassen sich Bahngeschwindigkeit v, Winkelgeschwindigkeit ω und Radialbeschleunigung a_r berechnen. Verifizieren Sie zur Übung, dass $v = 7.85$ km/s, $\omega = 1.21 \cdot 10^{-3}$ rad/s und $a_r = 9.50$ m/s^2 ist.

Wenn sich die Bahngeschwindigkeit auf einer Kreisbahn im Lauf der Zeit ändert, so gilt das natürlich auch für die Winkelgeschwindigkeit ω. Die Größe $\dot{\omega} = \mathrm{d}\omega/\mathrm{d}t = \mathrm{d}^2\varphi/\mathrm{d}t^2$ bezeichnet man als *Winkelbeschleunigung*. Analog zu den Gln. (2.18) und (2.19) gilt dann für konstante Winkelbeschleunigung (Einheit rad/s^2)

$$\omega(t) = \dot{\omega}t + \omega_0,$$ (2.26)

$$\varphi(t) = \frac{1}{2}\dot{\omega}t^2 + \omega_0 t + \varphi_0.$$ (2.27)

Vektor der Winkelgeschwindigkeit. In den Gln. (2.21) bis (2.24) haben wir nur die Beträge der Geschwindigkeit und der Beschleunigung angegeben. Beide Größen sind jedoch Vektoren. Bei vektorieller Schreibweise müssen auch auf den rechten Seiten dieser Gleichungen Vektoren stehen, die gleichen Betrag und gleiche Richtung haben wie die linksstehenden Vektoren. In Gl. (2.23) steht dann links die Bahngeschwindigkeit v, das heißt ein Tangentenvektor an die Kreisbahn (Abb. 2.14). Auf der rechten Seite steht der Radiusvektor R, der vom Mittelpunkt ausgeht und immer senkrecht auf v ist. Eine Beziehung zwischen den aufeinander senkrecht stehenden Vektoren kann mit Hilfe des Vektorprodukts (Abschn. 2.1) formuliert werden. Dazu definiert man den *Vektor ω* für die *Winkelgeschwindigkeit*. Er hat den Betrag $d\varphi/dt$ und steht im Sinn einer Rechtsschraube senkrecht auf der Ebene, in der der Winkel $\varphi(t)$ umläuft (Abb. 2.14).

Mit dem so definierten Vektor ω der Winkelgeschwindigkeit lässt sich die Beziehung zwischen der Geschwindigkeit v und dem Radiusvektor R als Vektorprodukt schreiben:

$$v = \omega \times R.$$ (2.28)

Auch die Gl. (2.24) für die Radialbeschleunigung können wir nun vektoriell schreiben:

$$a_{\mathrm{r}} = \omega \times v = \omega \times (\omega \times R).$$ (2.29)

Die Klammer auf der rechten Seite ist wichtig. Es ist zunächst das eingeklammerte Vektorprodukt zu berechnen und dann ω mit dem resultierenden Vektor vektoriell zu multiplizieren. Bei Vektorprodukten kommt es also auf die Reihenfolge der Multiplikation an. Den Zusammenhang $\omega \times v = \omega v \sin \angle(\omega, v) \cdot e_{\perp\!\perp}$ sollten Sie sich anhand der Abb. 2.14

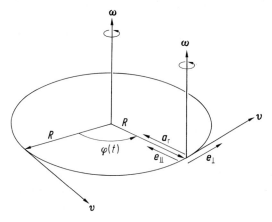

Abb. 2.14 Zur Definition der Vektorprodukte $v = \omega \times R$ und $a_{\mathrm{r}} = \omega \times v$ bei der Kreisbewegung. Die Winkelgeschwindigkeit ω ist ein sogenannter axialer Vektor, der im Unterschied zum gewöhnlichen (polaren) Vektor einen Drehsinn beschreibt. Wir kennzeichnen axiale Vektoren durch einen Pfeil mit Drehpfeil.

überlegen. Dabei ist $e_\perp$ der Einheitsvektor senkrecht zur von ω und v aufgespannten Ebene, wieder in Rechtsschraubenrichtung ($\omega \rightarrow v$). Die Richtung von $e_\perp$ ist diejenige von $-R$. Wenn ω zeitlich nicht konstant, die Kreisbewegung also ungleichförmig ist, so erhält man anstelle der Gl. (2.21) für die vektorielle Bahnbeschleunigung

$$a_b = \frac{dv}{dt} = \frac{d(\omega \times R)}{dt} = \frac{d\omega}{dt} \times R. \qquad (2.30)$$

Hierbei ist die Zeitableitung des Vektors ω definiert als $d\omega/dt = (d\omega_x/dt)e_x + (d\omega_y/dt)\,e_y + (d\omega_z/dt)e_z$.

2.5 Freier Fall und Wurfbewegung

Freier Fall. Die behandelten Bewegungsgesetze sollen nun am Beispiel des *freien Falls* experimentell untersucht werden. Erfahrungsgemäß fällt jeder im Raum losgelassene Körper zur Erdoberfläche hin, wobei seine Geschwindigkeit mit der Länge der Fallstrecke zunimmt. Beim freien Fall handelt es sich also um eine beschleunigte Bewegung, die zuerst von Galileo Galilei (1564 – 1642) systematisch untersucht wurde.

Zunächst sei untersucht, ob die Fallbewegung von der Art des fallenden Körpers, von seiner Größe oder seinem Gewicht abhängig ist. Wir machen folgende Versuche: Zwei gleich große Kugeln aus Aluminium und Blei, die also sehr verschiedenes Gewicht haben, lassen wir gleichzeitig aus derselben Höhe zu Boden fallen. Wir sehen, dass sie zu gleicher Zeit am Boden aufschlagen. Nehmen wir drei gleiche Kugeln aus demselben Stoff, so kommen diese natürlich ebenfalls zur gleichen Zeit am Boden an. Verbinden wir nun zwei dieser Kugeln fest miteinander (etwa durch einen hindurchgehenden Stift), und lassen wir diese Doppelkugel mit der dritten Einzelkugel gleichzeitig fallen, so schlagen auch diese beiden Körper von verschiedener Größe und verschiedenem Gewicht gleichzeitig am Boden auf. Der hieraus zu ziehenden Folgerung, dass alle Körper, unabhängig von Gestalt, Art und Gewicht, gleich schnell fallen, scheint aber folgender Versuch zu widersprechen: Lassen wir eine Münze und ein gleich großes Stück Papier fallen, so beobachten wir, dass die Münze wesentlich früher unten ankommt als das zur gleichen Zeit aus derselben Höhe fallende Papierstückchen. Letzteres flattert in unregelmäßiger Bewegung zu Boden und benötigt dazu eine größere Zeit. Der Gegensatz ist indessen nur scheinbar. Bei diesem letzten Versuch macht sich nämlich der Widerstand der Luft störend bemerkbar. Die beim Fall an dem Körper vorbeiströmende Luft hemmt die Fallbewegung, und zwar um so stärker, je größer die Angriffsfläche der Luft an dem betreffenden Körper im Verhältnis zu seiner Masse ist. Ballen wir das Papierstück zu einer kleinen Kugel zusammen, so fällt es ebenso rasch wie die Münze.

Der störende Einfluss des Luftwiderstandes auf den freien Fall lässt sich noch durch einen anderen, schon von Isaac Newton (1642 – 1727) angegebenen Versuch anschaulich zeigen. Ein etwa 2 m langes, mehrere Zentimeter weites und vertikal gehaltenes Glasrohr, das an beiden Enden verschlossen ist, enthält eine Stahlkugel, ein Stück Kork und eine kleine Flaumfeder. Befinden sich die drei Körper am Boden der Röhre und dreht man diese rasch um $180°$, so beobachtet man, dass zuerst die Bleikugel, dann das Korkstück und schließlich die Flaumfeder unten ankommen. Pumpt man aber die Luft aus der Röhre und wiederholt den Versuch, so erreichen alle drei Körper im gleichen Augenblick den

Boden. Wir dürfen also den Erfahrungssatz aussprechen: Im luftleeren Raum fallen alle Körper gleich schnell.

Mit großer Perfektion kann man derartige Experimente heute in sogenannten *Falltür-men* durchführen. Solch ein Turm steht unter anderem in Bremen (Abb. 2.15). In seinem Inneren befindet sich ein evakuierbares Rohr von 110 m Länge und 3.5 m Durchmesser sowie eine große Zahl von Messeinrichtungen. Dieser Turm wurde natürlich nicht gebaut, um Galileis Fallversuche zu reproduzieren, sondern um das Verhalten von Stoffen und Vorrichtungen im *„schwerelosen"* Zustand zu untersuchen. Während des freien Falls wirkt nämlich im Gegensatz zum ruhenden Zustand keine Kraft auf den Körper, die sein Gewicht kompensiert. Man nennt deshalb diesen Zustand „schwerelos". Für die Raumfahrt und die Satellitentechnik ist es sehr vorteilhaft, das Verhalten von Stoffen und Apparaturen im „schwerelosen" Zustand auch auf der Erde untersuchen zu können. Wenn das auch nur für kurze Zeiten möglich ist, so erhält man doch wertvolle Ergebnisse, die sich im Weltraum nur mit viel höheren Kosten gewinnen ließen.

Für die Messung von kurzen Fallzeiten im Labor eignet sich besonders gut das *Licht-blitzstroboskop*. Ebenso wie bei der Fotografie wird der kurzzeitige Lichtblitz einer Gas-entladungsröhre zur Beleuchtung verwendet. Ein geeignetes Netzgerät sorgt dafür, dass der Blitz in genau einstellbaren zeitlichen Abständen wiederholt wird. Man lässt eine weiße Kugel vor einer dunklen Fläche oder in einem abgedunkelten Raum frei fallen und kann sie jedesmal dann sehen, wenn das Blitzlicht an ihr reflektiert wird (Abb. 2.16). Die durchfallenen Wegstrecken und die dabei verstrichenen Zeiten werden miteinander verglichen. Man erkennt, dass die Fallstrecken zu den Quadraten der Fallzeiten propor-tional sind. In der doppelten Zeit wird somit die vierfache Wegstrecke durchfallen. Man kann auch leicht den Wert der Proportionalitätskonstanten zwischen s und t^2 ermitteln und erhält etwa 5 m/s^2.

Erdbeschleunigung. Aus den beschriebenen Versuchen folgt, dass der freie Fall eine gleichmäßig beschleunigte Bewegung ist, die der Gl. (2.19) mit $s_0 = 0$ und $v_0 = 0$ gehorcht. Man sieht, dass die Beschleunigung konstant ist und etwa den Wert 10 m/s^2 hat. Diese *Fallbeschleunigung auf der Erde* ist eine wichtige Größe, nicht nur für fal-lende Körper; sie wird mit dem Buchstaben g bezeichnet. Der genauere Wert für die *Erdbeschleunigung* ist $g = 9.81$ m/s^2. Für den freien Fall gelten also die folgenden Be-ziehungen:

Fallhöhe oder durchfallene Wegstrecke $s = -\dfrac{1}{2}gt^2$,

Geschwindigkeit $v = gt$,

und durch Eliminieren von t Endgeschwindigkeit von $v_e = \sqrt{2gs}$.

Die Tatsache, dass sich beim freien Fall die Fallstrecken wie die Quadrate der Fallzei-ten verhalten, kann man auf folgende Weise sehr eindrucksvoll demonstrieren: An zwei Schnüren sind, wie es Abb. 2.17 zeigt, eine Reihe von Metallkugeln angebracht und zwar so, dass sich bei der einen Schnur die Kugeln in gleichem Abstand befinden, während sich bei der anderen die vom unteren Ende gemessenen Kugelabstände wie 1 : 4 : 9 : 16 verhalten. Hängt man beide Schnüre vertikal an der Zimmerdecke auf, so dass die untere Kugel gerade den Boden berührt, und lässt man dann die Schnüre nacheinander los, so schlagen die Kugeln der ersten Schnur in immer kürzer werdenden Zeitabständen auf den Boden auf, die der zweiten Schnur dagegen in ganz gleichmäßigen Zeitintervallen.

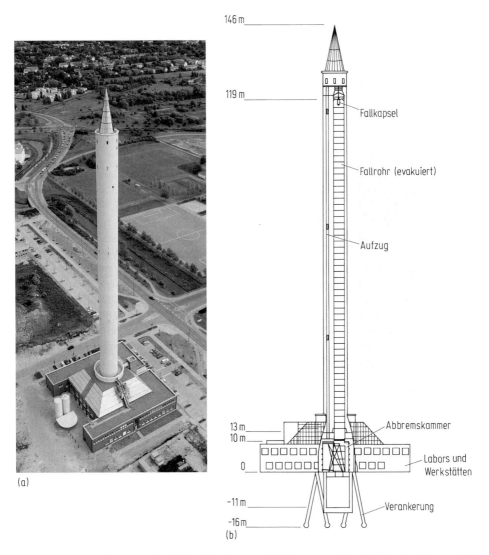

Abb. 2.15   Der Fallturm an der Universität Bremen. (a) Gesamtansicht; (b) Schnittzeichnung. Die Fallzeit für 110 m Fallhöhe beträgt 4.74 s, die Endgeschwindigkeit 167 km/h. Die Abbremsung erfolgt in einer 8 m hohen Schicht von Styropor-Granulat. Dabei wird eine Verzögerung bis zur 30-fachen Erdbeschleunigung ($\approx 300 \, \mathrm{m/s^2}$) wirksam (Foto: Zentrum für Angewandte Raumfahrttechnologie und Mikrogravitation (ZARM), Universität Bremen).

Bei vielen Rechnungen genügt für die Erdbeschleunigung der Wert $g = 9.81 \, \mathrm{m/s^2}$. Die zweite Stelle nach dem Komma variiert von Ort zu Ort, unter anderem wegen der Abplattung der Erde. Die Erdbeschleunigung ist an den Polen größer als am Äquator. Die genauen Werte hängen aber nicht nur von der geographischen Breite, sondern auch von der örtlichen Beschaffenheit der Erdrinde und von der Höhe über dem Meeresspiegel ab. Ferner schwanken die Werte zeitlich im Rhythmus von Ebbe und Flut um etwa $10^{-6} \, \mathrm{m/s^2}$

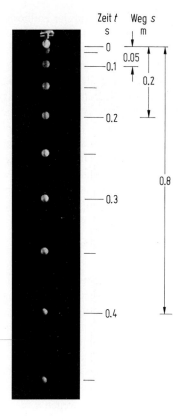

Zeit t Weg s
s   m

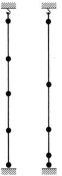

Abb. 2.16   Freier Fall einer Kugel in Luft.
Die Beleuchtung geschah mit einem Licht-
blitzstroboskop. Nach jeweils 0.05 Sekunden
erfolgte ein Blitz.

Abb. 2.17   Fallschnüre

(s. Kap. 3). Hier geben wir einige Messungen von europäischen Orten an, die einmal die unterschiedlichen Werte und zweitens die Genauigkeit der g-Bestimmung zeigen sollen:

Trondheim (Flughafen)	$g = 9.8215243 \, \text{m/s}^2$;
Hamburg (Flughafen)	$g = 9.8139443 \, \text{m/s}^2$;
Hannover (Flughafen)	$g = 9.8128745 \, \text{m/s}^2$;
München (Flughafen)	$g = 9.8072914 \, \text{m/s}^2$;
Rom (Flughafen Ciampino-West)	$g = 9.8034755 \, \text{m/s}^2$.

Fall auf der schiefen Ebene. Eine für die Technik wichtige Form der Fallbewegung ist der *Fall auf der schiefen Ebene* (*Galilei'sche Fallrinne*). Lässt man eine Kugel auf einer geneigten Ebene herunterrollen (Abb. 2.18), so rollt sie umso langsamer, je kleiner der Neigungswinkel α ist. Dies ist der Winkel zwischen der geneigten Ebene und der Horizontalen. Der Sinus des Neigungswinkels α, also das Verhältnis der Höhe des Bahnpunktes über der Horizontalen zur Länge der Bahn, ist die Neigung oder die Steigung der Bahn. Die senkrecht nach unten wirkende Erdbeschleunigung g lässt sich in die beiden Komponenten $g \sin \alpha$ (parallel zur Bahn) und $g \cos \alpha$ (senkrecht zur Bahn) zerlegen. Die senkrecht zur Bahn gerichtete Beschleunigungskomponente kann keine Bewegung hervorrufen. So wirkt allein die Größe $g \sin \alpha$ als Beschleunigung, die kleiner als g ist. Auf diese Weise kann die auf der schiefen Ebene wirksame Beschleunigung durch Verkleinerung des Neigungswinkels herabgesetzt und die Bewegung verlangsamt werden. Galilei hat eine solche Methode benutzt, um die Fallgesetze zu prüfen. Durch Messung der Zeiten t und der zurückgelegten Wegstrecken s lässt sich experimentell die Beziehung

$$s = \frac{1}{2}(g \sin \alpha)t^2 \tag{2.31}$$

bestätigen. Die stroboskopische Aufnahme (Abb. 2.19) zeigt deutlich die beschleunigte Bewegung auf der schiefen Ebene und die anschließende gleichförmige Bewegung auf der Horizontalen. Führt man die Messung sorgfältig durch, so zeigt sich, dass g etwas zu klein herauskommt; im Beispiel der Abb. 2.19 um etwa 20 %. Das hat folgenden Grund: Die Kugel gleitet nicht, sondern sie rollt auf der schiefen Ebene herunter. Sie muss also nicht nur in eine lineare, sondern auch in die Drehbewegung versetzt werden.

Die Endgeschwindigkeit eines Körpers auf der schiefen Ebene ist nach Durchlaufen des Weges s (Abb. 2.18) übrigens genau so groß, als wenn der Körper die Höhe h senkrecht durchfallen hätte. Das kann man leicht einsehen; denn wegen $h = s \sin \alpha$ gilt

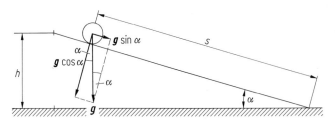

Abb. 2.18   Zur Bewegung auf der schiefen Ebene

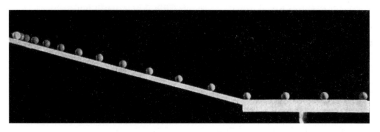

Abb. 2.19   Rollende Kugel auf einer schiefen Ebene. Die Länge der Fallstrecke beträgt 0.91 m, die Blitzfrequenz des Stroboskops 12.5 Hz, der Neigungswinkel $\alpha = 15°$.

$v = \sqrt{2gh} = \sqrt{2(g\sin\alpha)s}$. Die Endgeschwindigkeit eines aus einer bestimmten Höhe fallenden Körpers ist also unabhängig davon, ob der Körper frei fällt oder auf einer beliebig geneigten Ebene herabgleitet. Reibungswiderstände in der Luft und auf der Ebene bleiben dabei unberücksichtigt. Wenn wir die geneigte Bahn immer steiler stellen, so dass schließlich $\alpha = 90°$ wird, dann gehen die für eine geneigte Bahn gefundenen Beziehungen in die für den freien Fall abgeleiteten über.

Vertikaler Wurf. Wirft man einen Körper mit einer bestimmten Anfangsgeschwindigkeit v_0 vertikal in die Höhe, so wird seine nach aufwärts gerichtete Bewegung durch die Anziehung der Erde verzögert. Der Körper erfährt, sobald er losgelassen ist, nach unten die Beschleunigung g. Aufgrund des Prinzips von der ungestörten Überlagerung zweier Bewegungen (Abschn. 2.2) beträgt demnach die aufwärts gerichtete Geschwindigkeit nach der Zeit t

$$v = v_0 - g\,t, \tag{2.32}$$

und der in dieser Zeit zurückgelegte Weg ist

$$s = v_0\,t - \frac{1}{2}g\,t^2. \tag{2.33}$$

Diese Gleichung zeigt, dass der nach aufwärts gerichteten Bewegung mit der konstanten Anfangsgeschwindigkeit v_0 eine nach abwärts gerichtete beschleunigte Bewegung, das heißt ein freier Fall überlagert ist. Alle Bewegungen auf der Erde unterliegen ja dem Einfluss der Erdbeschleunigung g.

Der Körper steigt so lange aufwärts, bis seine Geschwindigkeit null wird. Dies ist gemäß Gl. (2.32) nach der *Steigzeit* $t_{st} = v_0/g$ der Fall. In dieser Zeit erreicht der Körper die *Steighöhe* s_{st}, die man aus Gl. (2.33) erhält, wenn man darin für t den Wert $t_{st} = v_0/g$ einsetzt. So ergibt sich

$$s_{st} = \frac{v_0^2}{g} - \frac{1}{2}\frac{v_0^2}{g} = \frac{v_0^2}{2g}.$$

Die größte Höhe, die der nach oben geworfene Körper erreichen kann, ist die gleiche, aus der er herabfallen muss, damit er am Boden eine seiner Anfangsgeschwindigkeit v_0 gleiche Endgeschwindigkeit erhält. Aus der letzten Gleichung folgt nämlich $v_0 = \sqrt{2gs_{st}}$. Der Körper benötigt zum Steigen und Fallen die gleiche Zeit. Ferner sieht man, dass die Steighöhe mit dem Quadrat der Anfangsgeschwindigkeit zunimmt.

Ganz analog lässt sich der *Wurf senkrecht nach unten* behandeln. In diesem Fall addiert sich zur Anfangsgeschwindigkeit v_0 die durch den freien Fall bedingte Geschwindigkeit gt. Man erhält folgende Gleichungen für die in der Zeit t erreichte Geschwindigkeit v und den in derselben Zeit durchfallenen Weg s:

$$v = v_0 + g\,t, \tag{2.34}$$

$$s = v_0\,t + \frac{1}{2}g\,t^2. \tag{2.35}$$

Der Körper bewegt sich also hier gleichförmig beschleunigt nach unten. Die Gln. (2.32) und (2.33) lassen sich in vektorieller Form einheitlich schreiben:

$$\boldsymbol{v} = \boldsymbol{v}_0 + \boldsymbol{g}\,t \tag{2.36}$$

und

$$s = v_0 t + \frac{1}{2}g\, t^2.$$

(2.37)

Dabei ist g der stets zum Erdmittelpunkt hin gerichtete Vektor der Erdbeschleunigung.

Schräger Wurf. Wird ein Körper unter dem Winkel α *schräg nach oben geworfen*, so würde er, wenn die Anziehung der Erde nicht wirkte, in dieser Richtung eine geradlinige Bahn mit der ihm erteilten Anfangsgeschwindigkeit v_0 durchlaufen, das heißt in gleichen Zeiten die gleichen Wegstrecken $\overline{AB}$, $\overline{BC}$, $\overline{CD}$, $\overline{DE}$ (Abb. 2.20). Da er aber in Wirklichkeit noch die Beschleunigung g nach unten erfährt, wird er gleichzeitig eine Fallbewegung ausführen, so dass sich in Abb. 2.20a die vertikal nach unten gezogenen Strecken $\overline{Bb}$, $\overline{Cc}$, $\overline{Dd}$, $\overline{Ee}$ wie $1:4:9:16$ verhalten. Die von dem Körper durchlaufene Wurfbahn Abcde stellt eine Parabel dar. Um die Gleichung dieser Bahnkurve zu finden, zerlegen wir die vorgegebene Anfangsgeschwindigkeit v_0 in eine horizontale Komponente v_{x0} und eine vertikale Komponente v_{y0} (Abb. 2.20b). Für die Beträge ergibt sich $v_{x0} = v_0 \cos\alpha$, $v_{y0} = v_0 \sin\alpha$. Dementsprechend wird der geworfene Körper in der Zeit t in horizontaler Richtung den Weg $x = v_0 t \cos\alpha$ mit gleichförmiger Geschwindigkeit und in vertikaler Richtung nach dem Gesetz des vertikalen Wurfes den Weg $y = v_0 t \sin\alpha - (1/2)gt^2$ zurücklegen. Zur Bahnkurve gelangt man durch Elimination der Zeit aus diesen beiden Gleichungen für x und y. Das liefert

$$y = x \tan\alpha - x^2 \frac{g}{2v_0^2 \cos^2\alpha}.$$

(2.38)

Diese Gleichung stellt eine Parabel dar, deren Achse im Abstand $x_1 = (v_0^2/g)\sin\alpha\cos\alpha$ zur y-Achse parallel ist. Die Geschwindigkeit, die der Körper auf dieser Parabel zur Zeit t besitzt, setzt sich aus den beiden Komponenten $v_x = v_0 \cos\alpha$ in horizontaler Richtung und $v_y = v_0 \sin\alpha - gt$ in vertikaler Richtung zu dem Betrag

$$v = \sqrt{v_0^2 \cos^2\alpha + (v_0 \sin\alpha - g\,t)^2}$$

(2.39)

zusammen.

Bei der Wurfbahn interessieren besonders zwei Werte, die *Wurfhöhe* und die *Wurfweite*, das heißt die Entfernung vom Abwurfpunkt, in der der geworfene Körper wieder die Horizontale trifft. Die Wurfhöhe liegt im Scheitelpunkt der Parabel und ist erreicht, wenn die vertikale Geschwindigkeit $v_y = v_0 \sin\alpha - g\,t = 0$ wird. Das ist nach einer Zeit

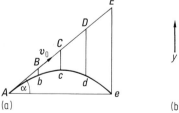 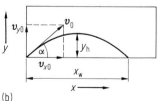

(a)   (b)

Abb. 2.20   Schiefer Wurf, (a) Entstehung der Bahnkurve; (b) Zerlegung der Anfangsgeschwindigkeit in Komponenten; Wurfhöhe y_h und Wurfweite x_w

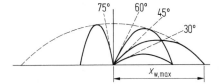

Abb. 2.21 Wurfparabeln bei gleicher Anfangsgeschwindigkeit

$t_h = (v_0/g) \sin \alpha$ der Fall. Setzt man diesen Wert in die Gleichung für die vertikale Bewegungskomponente ein, so erhält man für die Wurfhöhe

$$y_h = \frac{v_0^2 \sin^2 \alpha}{2g}. \tag{2.40}$$

Die Wurfweite x_w ergibt sich aus Gl. (2.38), indem man $y = 0$ setzt. Dies liefert

$$x_w = \frac{v_0^2 \sin 2\alpha}{g}. \tag{2.41}$$

Bei gegebener Anfangsgeschwindigkeit wird demnach die größte Wurfhöhe im vertikalen Wurf für $\alpha = 90°$ erreicht. Die größte Wurfweite v_0^2/g wird dagegen erzielt, wenn $\sin 2\alpha = 1$, das heißt $\alpha = 45°$ ist. Jede andere Wurfweite kann unter zwei verschiedenen Wurfwinkeln erreicht werden, die gleich viel nach oben und unten von $45°$ abweichen, denn es gilt

$$\sin 2\left(\frac{1}{4}\pi - \alpha\right) = \sin 2\left(\frac{1}{4}\pi + \alpha\right).$$

Die beiden Fälle werden als Steilwurf und Flachwurf unterschieden. Zu beachten ist allerdings, dass eine Wurfbahn auf der Erde in Wirklichkeit infolge des Luftwiderstandes stark von der theoretischen Parabelbahn abweichen kann. Bei den *ballistischen Kurven*, wie die realen Wurfbahnen genannt werden, ist der abfallende Ast steiler als der ansteigende. Erzielte Weite und Höhe liegen unter den für den luftleeren Raum berechneten Werten.

In Abb. 2.21 sind für die Wurfwinkel $30°$, $45°$, $60°$ und $75°$ die Wurfparabeln unter Annahme gleicher Anfangsgeschwindigkeit eingezeichnet. Es lässt sich zeigen, dass alle diese Parabeln von einer in der Abbildung gestrichelt gezeichneten Parabel umhüllt werden. Ihr Scheitel liegt senkrecht über der Abwurfstelle und ist durch die vertikale Wurfhöhe gegeben; sie schneidet die Horizontale im Abstand der größten Wurfweite $x_{w,\text{max}}$. Wie man weiter erkennt, trifft der geworfene Körper stets unter demselben Winkel wieder auf der Horizontalen auf, unter dem er abgeworfen wurde.

Horizontaler Wurf. Ein Spezialfall ist der *horizontale Wurf.* Da hier $\alpha = 0$ ist, erhält man durch die Überlagerung der beiden Teilbewegungen $x = v_0 t$ und $y = (1/2)gt^2$ aus Gl. (2.38) für die Bahnkurve die Gleichung

$$x^2 = \frac{2v_0^2}{g}y. \tag{2.42}$$

Dies ist ein Ast einer Parabel mit vertikaler Achse, deren Scheitel im Abwurfpunkt 0 liegt (Abb. 2.22). Der Vorzeichenwechsel gegenüber Gl. (2.38) erklärt sich dadurch, dass die

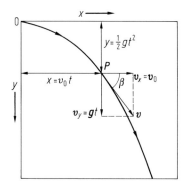

Abb. 2.22   Horizontaler Wurf

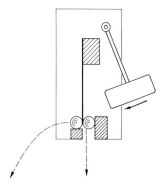

Abb. 2.23   Demonstration der Fallzeit beim horizontalen Wurf

positive y-Richtung diesmal nach unten gewählt ist. Die Geschwindigkeit im Punkt P zur Zeit t setzt sich aus den beiden rechtwinklig zueinander gerichteten Teilgeschwindigkeiten $v_x = v_0$ und $v_y = g\,t$ zu dem resultierenden Wert $v = \sqrt{v_0^2 + g^2 t^2}$ zusammen und ist wie immer parallel zur Bahntangente. Die Neigung der Wurfbahn gegen die Horizontale ist durch $\tan\beta = g t/v_0$ gegeben und nimmt mit wachsender Zeit immer größere Werte an.

Experimentell lassen sich die *Wurfgesetze* in verschiedener Weise untersuchen. Der in Abb. 2.23 dargestellte Apparat soll zeigen, dass die vertikale Bewegungskomponente beim horizontalen Wurf vollkommen unabhängig von der horizontalen Komponente ist. Demzufolge braucht ein horizontal abgeworfener Körper zum Zurücklegen eines vertikalen Höhenunterschiedes dieselbe Zeit wie beim lotrechten Fall. Bei dem Apparat wird eine Kugel über einer Öffnung zwischen einer vertikalen Blattfeder und einem Klotz eingeklemmt. Eine zweite Kugel liegt links vor der Blattfeder. Lässt man den Hammer gegen die Feder fallen, so schleudert sie die linke Kugel in horizontaler Richtung weg und gibt im gleichen Augenblick die andere Kugel frei für einen vertikalen Fall nach unten. Man beobachtet dann, dass beide Kugeln gleichzeitig auf dem Boden aufschlagen, einerlei wie groß die durch verschieden starkes Anschlagen des Hammers erzeugte horizontale Geschwindigkeit der linken Kugel ist.

3 Dynamik von Massenpunkten

Die Kinematik begnügt sich damit, die Bewegung von Körpern relativ zu den Körpern der Umgebung zu beschreiben. Bezogen auf die Körper der Umgebung wird ein Bezugssystem festgelegt. Das Bezugssystem ist die Grundlage für die Definition von Orts- und Zeitkoordinaten und damit ein wesentlicher Baustein für das klassische Weltbild von Körpern, die sich in Raum und Zeit kontinuierlich auf einer Bahnkurve $r(t)$ bewegen. Experimentelle Grundlage der Kinematik ist die Erfahrung, dass makroskopische Körper kontinuierlich beobachtbar sind.

Die Dynamik fragt nach den *Ursachen* dieser Bewegung. Entgegen der früheren, auf Aristoteles (384 – 322 v. Chr.) zurückgehenden Annahme, dass die Bewegung eines Körpers relativ zu der als absolut ruhend betrachteten Erde zu erklären sei, nahm Isaac Newton (1642 – 1727) an, dass ein Körper, der sich geradlinig gleichförmig (relativ zum Fixsternhimmel) bewegt, keine äußere Einwirkung benötigt, dass aber jede Änderung des Bewegungszustands auf eine von außen einwirkende *Kraft* zurückzuführen ist. Neben dem Begriff der Masse (Abschn. 1.6) ist daher der Begriff der Kraft grundlegend für die Dynamik der Massenpunkte. Ein Massenpunkt ist dabei ein Körper mit einer Masse, dessen Ausdehnung bei der Beschreibung seiner Bewegung vernachlässigt werden kann.

3.1 Trägheitsgesetz

Reibungsfreie Bewegungen. Fällt ein irdischer Körper frei, so nimmt seine Geschwindigkeit v relativ zur Erde proportional zur Zeit t zu: $v = g \cdot t$. Dabei ist g die Erdbeschleunigung (Abschn. 2.5). Er erhält also in jedem Zeitintervall Δt den gleichen Geschwindigkeitszuwachs $\Delta v = g \cdot \Delta t$, der zur bisherigen Geschwindigkeit hinzutritt. Diese Geschwindigkeitszunahme wird mit der Erdanziehung, also mit der Einwirkung der Erde auf die Bewegung des Körpers erklärt.

Beim Fall auf der schiefen Ebene kann man darüber hinaus noch folgende Betrachtung anstellen: Die Abwärtsbewegung (= beschleunigte Bewegung) ist – von Reibungsverlusten abgesehen – umgekehrt gleich der Aufwärtsbewegung (= verzögerte Bewegung), d. h., der Körper hat auf gleicher Höhe entgegengesetzt gleiche Geschwindigkeiten. Dies kann man bei zwei schiefen Ebenen gut sehen, wenn die Neigungswinkel gleich sind. In Abb. 3.1 sind die Neigungswinkel der schiefen Ebenen nicht gleich. Die von links herabrollende Kugel erreicht auf der rechten Ebene nicht eine gleich lange Strecke, weil der Neigungswinkel rechts größer (16.5°) als links (15°) ist, aber die gleiche Höhe. Wäre der Neigungswinkel rechts kleiner, würde die Kugel eine längere Strecke als links rollen, und zwar so weit, bis die Kugel eine Höhe erreicht hat, die der Starthöhe auf der linken Seite gleich ist. Wird nun der Neigungswinkel der rechten schiefen Ebene immer kleiner, so

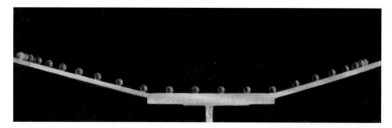

Abb. 3.1 Stroboskopisch beleuchtete Kugel, die links auf der schiefen Ebene (Neigungswinkel = 15°) herunter rollt (nicht gleitet!) und rechts auf der schiefen Ebene (Neigungswinkel = 16.5°) wieder hinaufrollt

wird die Strecke, auf der die Kugel hinaufläuft, immer länger. Dies bedeutet aber, dass die Kugel unendlich weit rollen würde, wenn die rechte Ebene den Neigungswinkel 0° hätte. Dass dies in der Wirklichkeit wegen der Reibungsverluste nicht erreicht wird, weiß jeder. Es kommt hier aber darauf an zu zeigen, dass, wenn es keine Reibungsverluste gäbe, also in einem idealisierten, experimentell nur näherungsweise erreichbaren Grenzfall ein Körper seine Geschwindigkeit nach Größe und Richtung beibehalten würde.

Direkt weist man dies auch mit folgender Versuchsanordnung nach: Auf einer horizontalen, möglichst glatten Unterlage U (Abb. 3.2) befindet sich ein kleiner Wagen. Ein nach unten frei fallendes Gewicht G erteilt dem Wagen mit einer über die Rolle R geführten Schnur eine Beschleunigung in der Pfeilrichtung. Dadurch wächst die Geschwindigkeit des Wagens proportional zur Zeit, während der das Gewicht an dem Wagen zieht. Heben wir die Wirkung des Gewichtes etwa nach einer Sekunde auf, indem wir die Fallbewegung von G durch ein Auffangbrettchen B unterbrechen, so bewegt sich der Wagen trotzdem in der Pfeilrichtung mit der gleichförmigen Geschwindigkeit weiter, die er in diesem Moment erlangt hatte; wir können mit Hilfe eines Maßstabes und einer Stoppuhr den Betrag dieser Geschwindigkeit ermitteln. Machen wir dies für verschiedene Fallzeiten von G, so kommen wir zu dem Ergebnis, dass der Wagen unter allen Umständen die Geschwindigkeit, die er im Augenblick der Aufhebung der beschleunigenden Wirkung besitzt, beibehält. Damit haben wir in diesem speziellen Fall schon die Antwort auf die Frage erhalten, unter welchen Umständen ein Körper eine ihm erteilte Anfangsgeschwindigkeit nach Größe und Richtung beibehält, bzw. wann ein Körper eine gleichförmig geradlinige Bewegung ausführt. Nötig ist dazu, wie schon Galileo Galilei (1564 – 1642) erkannte, das Fehlen jeglicher äußeren Einwirkung. Dieser Satz scheint allerdings der Erfahrungstatsache zu widersprechen, dass schließlich jeder einmal in Bewegung versetzte Körper, auch wenn er sich auf einer völlig horizontalen Unterlage bewegt, zur Ruhe kommt. Dass dies aber auf einen Einfluss der Unterlage zurückzuführen ist, lässt sich dadurch zeigen, dass man eine Kugel zunächst auf einem rauen Brett, dann auf einem glattpolierten Brett und schließlich auf einer Spiegelglasplatte in Bewegung versetzt: Je glatter die Unterlage ist, umso länger

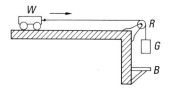

Abb. 3.2 Anordnung zum Nachweis des Beharrungsvermögens

verharrt die Kugel in der ihr erteilten Bewegung. Wir dürfen also den Schluss ziehen, dass im Fall des Fehlens jeglichen (Reibungs-)Einflusses der Unterlage die Kugel sich ad infinitum mit der einmal vorhandenen Geschwindigkeit weiterbewegen würde. Experimentell verwirklichen lässt sich dieser Grenzfall natürlich niemals.

Trägheit und erstes Newton'sches Axiom. Dass ein in Ruhe befindlicher Körper nicht ohne äußere Einwirkungen in Bewegung kommt, ist eine bekannte Erfahrungstatsache. Sie ist in der gewonnenen Erkenntnis enthalten für den Fall, dass die Geschwindigkeit gleich null ist.

Das soeben beschriebene Verhalten aller Körper, den Zustand der Ruhe oder einer einmal vorhandenen gleichförmigen geradlinigen Bewegung beizubehalten, führt man zurück auf eine als *Trägheit* oder *Beharrungsvermögen* bezeichnete Eigenschaft der Körper. Daher wird der oben ausgesprochene Satz als *Trägheitsgesetz* bezeichnet und hat nach Newton die folgende Formulierung:

• Jeder Massenpunkt verharrt im Zustand der Ruhe oder der gleichförmigen Bewegung auf geradliniger Bahn, solange keine Kräfte auf ihn einwirken.
  (Erstes Newton'sches Gesetz, von Newton als Axiom bezeichnet).

Statt „äußere Einflüsse" zu schreiben, wurde das Wort *Kräfte* gesetzt. Die genauere Definition des Kraftbegriffes erfolgt später (s. Abschn. 3.2 und 3.3).

Nachweis der Trägheit. Im Trägheitsgesetz sind u. a. folgende Erfahrungen des täglichen Lebens begründet: Steht man in einem Autobus, der plötzlich in Bewegung versetzt wird, so fällt man rückwärts, da der Körper infolge seiner Trägheit im Zustand der Ruhe verharren „will". Wird dagegen ein in Bewegung befindlicher Autobus plötzlich gebremst, so kippt man in die ursprüngliche Bewegungsrichtung, da jetzt der Körper „bestrebt" ist, die bisherige Bewegung beizubehalten; daher auch die Gefahr des Fallens beim Abspringen von einem fahrenden Autobus.

Auch folgende Versuche beweisen das Vorhandensein der Trägheit: Hängt man (Abb. 3.3) an einem dünnen Faden eine schwere Kugel auf, an deren unterem Ende ein gleich starker Faden befestigt ist, so reißt stets der untere Faden, wenn man mit einem kurzen Ruck daran zieht; dagegen reißt der obere Faden, wenn man den Zug allmählich ausführt. Im ersteren Fall ist die Dauer der Kraft zu kurz, um die Trägheit der Kugel zu überwinden; im letzteren Fall, in dem die Trägheit allmählich überwunden wird, kommt zu dem Zug der Hand noch das Gewicht der Kugel hinzu, so dass der obere Faden stärker als der untere beansprucht wird. – Legt man auf einen Standzylinder ein Blatt Papier, und dar-

Abb. 3.3 Versuch zum Nachweis der Trägheit

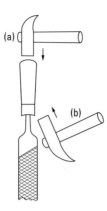

Abb. 3.4   Demonstration des Trägheitsprinzips beim Befestigen (a) und Lösen (b) eines Feilenheftes

auf eine Münze, so fällt diese beim raschen Wegziehen des Blattes senkrecht nach unten in den Standzylinder, da ihre Trägheit sie hindert, an der raschen Bewegung des Blattes teilzunehmen. – Aus einer Säule von übereinander geschichteten Holzscheiben kann man mit einem dünnen Lineal eine Scheibe herausschlagen, ohne dass die anderen herunterfallen. – Einen auf dünnen Seidenfäden waagerecht liegenden Glas- oder Holzstab kann man in der Mitte durchschlagen, ohne dass die Seidenfäden reißen. – Um eine Feile in einem Heft zu befestigen, schlägt man nach Abb. 3.4a von oben auf das Heft; um die Feile zu lösen, führt man einen Schlag von unten gegen das Heft (Abb. 3.4b). Auch hier verhindert die Trägheit, dass die Feile die durch den Hammerschlag erzeugte Bewegung des Heftes mitmacht.

Inertialsysteme. Im Trägheitsgesetz ist von „Ruhe" und „gleichförmig geradliniger Bewegung" die Rede. Wie in Abschn. 2.1 dargelegt, können derartige Aussagen nur dann einen klaren Sinn haben, wenn ein bestimmtes *Bezugssystem* zugrunde gelegt wird.

Welches ist nun das für das Trägheitsgesetz, d. h. für die Newton'sche Mechanik anzunehmende Bezugssystem? Es ist nicht die Erde, was deshalb anzunehmen nahe läge, weil das Trägheitsgesetz aus Versuchen auf der Erde gefunden wurde. Vielmehr beweisen später (Abschn. 3.7) ausführlich zu erörternde Versuche, dass nur ein im Fixsternhimmel festliegendes Koordinatensystem ein geeignetes Bezugssystem für die Newton'sche Mechanik ist. Da also das Trägheitsgesetz relativ zum Fixsternhimmel gültig ist, nennt man das in ihm verankerte Bezugssystem das *Inertialsystem* oder *Fundamentalsystem* (lat.: inertia = Trägheit). Dass man trotzdem das Trägheitsgesetz aus Versuchen auf der bewegten Erde finden konnte, liegt daran, dass diese Versuche nur kurz dauern und keine allzu große Genauigkeit haben.

Wenn man ein Inertialsystem (den Fixsternhimmel) einmal gefunden hat, so kann man gleich unendlich viele andere Systeme angeben, die ebenfalls als Bezugssysteme brauchbar sind. Denn wenn eine Bewegung vom Fixsternhimmel aus als geradlinig und gleichförmig erscheint, so ist dies auch der Fall von jedem Koordinatensystem aus, das sich relativ zum Fixsternhimmel selbst gleichförmig geradlinig (ohne Rotation!) bewegt. Ein im Fixsternhimmel ruhender Massenpunkt erscheint von einem derartigen anderen System allerdings bewegt, aber als gleichförmig und geradlinig bewegt. Daher kann man eine absolute Geschwindigkeit niemals feststellen. Dieses Ergebnis führt den Namen *Galilei'sches Relativitätsprinzip*, obwohl nicht Galilei, sondern erst Newton diesen Sachverhalt richtig erkannt hat.

3.2 Kraftbegriff und Grundgesetz der Mechanik

Kraft und Beschleunigung. Das Trägheitsgesetz sagt aus, dass ein Massenpunkt keine Beschleunigung erfährt – weder eine positive noch negative –, wenn keine äußere Einwirkung vorhanden ist. Beschleunigung ist also immer das Anzeichen für das Vorhandensein einer solchen äußeren Einwirkung, und zwar das einzige, das die Mechanik kennt. Jede äußere Einwirkung, die eine positive oder negative Beschleunigung hervorruft, wird *Kraft* genannt. Wenn eine Kraft keine Beschleunigung hervorruft, dann wird sie durch eine Gegenkraft ganz oder teilweise kompensiert. Die Definition von „Kraft" im täglichen Leben ist keineswegs immer die gleiche. Man denke z. B. an geistige oder seelische Kraft, an Kaufkraft usw. Das ist bei vielen Begriffen der Fall (z. B. auch bei „Arbeit"). In der Physik aber kommt man ohne exakte Formulierung und Definition der angewendeten Begriffe nicht aus. Daher muss die Kraft in diesem Abschnitt ausführlich behandelt werden.

Kräfte können auf verschiedene Weise entstehen. Jeder Gegenstand wird mit einer bestimmten Kraft, die in diesem Fall auch *Gewicht* genannt wird, zur Erde hingezogen (Erdanziehung). – Eine zusammengedrückte Spiralfeder dehnt sich aus, wobei die Kraft mit der Ausdehnung abnimmt (elastische Kraft). – Die bei sehr schnellen Verbrennungen (Explosionen) entstehenden heißen Gase dehnen sich aus; auch hier nimmt die Kraft mit der Ausdehnung ab (Druck komprimierter Gase). – Molekulare Anziehungskräfte halten den Wassertropfen zusammen. – Elektrische und magnetische Anziehungs- und Abstoßungskräfte sind leicht beim Experimentieren mit geriebenen Isolatoren und Magneten zu beobachten.

Ein *Maß für die Kraft* kann aus ihrer Wirkung gefunden werden. Da jede Kraft eine Beschleunigung hervorruft, ist es naheliegend, die Beschleunigung zu messen und als Maß für die Kraft zu verwenden.

- *Definition*: Die Kraft ist die Ursache einer Beschleunigung. Eine Kraft ruft stets eine Beschleunigung hervor, sofern keine Gegenkraft wirkt.

Es ist weiter naheliegend anzunehmen, dass die Beschleunigung umso größer ist, je größer die Kraft ist, dass also die Beschleunigung proportional zur Kraft ist. Dies stimmt auch mit der Erfahrung überein: Wenn man ein Gummiband zwischen gespreizten Fingern oder in einer Holzgabel spannt und einen Stein damit fortschleudert, ist die Anfangsgeschwindigkeit des frei fliegenden Steins umso größer, je stärker, bzw. je dicker das Gummiband ist. (Das Gummiband wird einfach dadurch verstärkt, dass es doppelt oder vierfach genommen wird.) Die elastische Kraft des dickeren Gummibandes ist größer. Damit ist auch die Beschleunigung größer und bei gleicher Zeitdauer der Beschleunigung ist die Geschwindigkeit danach größer ($v = a \cdot t$). Ähnliche Versuche kann man mit Pfeil und Bogen oder ganz einfach auch mit einem Stück federnden Stahlbandes machen, das an einem Ende eingespannt ist und das am freien Ende – leicht angeklebt – eine Kugel trägt, die beim Abschuss fortfliegt. Die Anfangsgeschwindigkeit v kann z. B. aus der Wurfweite berechnet werden, die Beschleunigung a aus der Anfangsfluggeschwindigkeit v und der Wegstrecke s, während der die Kugel oder der Pfeil beschleunigt wird. Da $v = a \cdot t$, ist $s = (a/2)\, t^2$; daraus folgt: $a = v^2/2s$. Man findet aus solchen einfachen Versuchen immer wieder bestätigt, dass die Kraft F proportional zur Beschleunigung a ist.

Aber man findet auch schnell, dass der Proportionalitätsfaktor nicht gleich eins sein kann. Man sieht nämlich sofort, dass bei Anwendung der gleichen Kraft die Beschleunigung klein ist, wenn man z. B. eine große Bleikugel nimmt; und dass die Beschleunigung im Verhältnis dazu viel größer ist, wenn man eine kleine und leichte Holzkugel nimmt. Dies weiß man auch aus der Erfahrung: Beim sportlichen Kugelstoßen ist die Wurfweite einer kleinen, leichten Kugel erheblich größer als die einer großen, schweren Kugel. Oder ein anderes Beispiel: Ein Auto kann auf ebener Straße die größte Beschleunigung erhalten, wenn es nur mit dem Fahrer besetzt ist. Dagegen ist die Beschleunigung viel kleiner (ebenfalls bei Ausnutzung der größten Kraft des Motors), wenn der Wagen voll beladen ist.

Führt man genauere Messungen dieser Art durch, z. B. mit einer Schraubenfeder und mit Kugeln gleicher Größe und gleichen Materials, dann findet man schon bei wenigen Versuchen, dass bei Anwendung der gleichen Kraft, also z. B. bei stets gleicher Spannung der Schraubenfeder, die Beschleunigung umgekehrt proportional zur Anzahl der Kugeln ist, die gleichzeitig geworfen werden (lose oder aneinandergeheftet). Hat die Beschleunigung bei einer geschleuderten Kugel einen bestimmten Wert, so hat sie bei zwei Kugeln den halben Wert usw.

Grundgesetz der Mechanik. Diese Versuche zeigen, dass – unabhängig von der Art der einwirkenden Kraft – die Beschleunigung eines Körpers stets umgekehrt proportional zur Masse (Abschn. 1.6) des Körpers ist. Der Proportionalitätsfaktor der Beziehung zwischen Kraft und Beschleunigung ist demnach proportional zur Masse des Körpers. Die Kraft F ist folglich proportional zum Produkt $m \cdot a$ von Masse und Beschleunigung. Ein Maß für die Kraft wird definiert, indem man F und $m \cdot a$ gleichsetzt:

$$Kraft = Masse \cdot Beschleunigung \quad (F = m \cdot a)$$
(Grundgesetz der Mechanik oder zweites Newton'sches Axiom). $\quad$ (3.1)

Die Dimension der Kraft ist: dim $F = MLT^{-2}$. Die SI-Einheit der Kraft ist:

$$1 \text{ Newton (N)} = 1 \text{ Kilogramm (kg)} \cdot 1 \frac{\text{Meter}}{\text{Sekunde}^2} \left(\frac{\text{m}}{\text{s}^2}\right)$$

Die CGS-Einheit der Kraft ist: $1 \text{ dyn} = 1 \text{ g} \cdot 1 \text{ cm/s}^2 = 10^{-5} \text{ N}$.

Mit dem so vereinbarten Maß für die Kraft ergibt sich aus der Beobachtung, dass alle Körper beim Fall die gleiche Erdbeschleunigung erfahren, auch ein Wert für das Gewicht eines Körpers. Da beim freien Fall das Gewicht die beschleunigende Kraft ist, gilt:

$$Gewicht = Masse \cdot Erdbeschleunigung \quad (G = m \cdot g). \quad (3.2)$$

Eine einfache Anordnung zur Demonstration des Gesetzes $F = m \cdot a$ ist die sogenannte Atwood'sche Fallmaschine (Abb. 3.5). Zwei Körper gleicher Masse M sind durch einen Faden verbunden, der über eine Rolle geführt ist. Die beiden Körper hängen am Faden und sind natürlich im Gleichgewicht und daher in Ruhe. Beschwert man einen der beiden Körper 1 durch ein kleines Metallstück der Masse m, dann bringt dieses kleine Gewichtsstück (Gewicht = Kraft) die beiden großen Körper langsam in Bewegung, den einen mit dem Gewichtsstück nach unten, den anderen nach oben. Das kleine Gewichtsstück der Masse m fällt nur langsam nach unten; es zieht mit der Kraft $G = m \cdot g$. Aber die Beschleunigung ist gering wegen der großen Masse $2M$. Würde man die drei Körper der Masse $2M + m$ zusammengebunden frei fallen lassen, dann würden sie selbstverständlich nach den Gesetzen des freien Falls viel stärker beschleunigt werden. In diesem Fall würde die nach unten ziehende Kraft sehr viel größer sein, nämlich $(2M + m) \cdot g$ und nicht wie vorher $m \cdot g$.

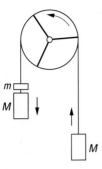

Abb. 3.5 Prinzip der Atwood'schen Fallmaschine

Zusammensetzung von Kräften. Die Kraft F ist ein Vektor mit derselben Richtung wie die Beschleunigung a. Die Kraft lässt sich also zerlegen und zusammensetzen wie Vektoren. Man nutzt dabei das *Parallelogramm der Kräfte*. Zwei Kräfte, die in verschiedener Richtung an demselben Massenpunkt angreifen, können durch eine resultierende Kraft ersetzt werden, die ihrem Betrag und ihrer Richtung nach durch die Diagonale des aus den Einzelkräften gebildeten Parallelogramms dargestellt wird *(Vektoraddition)*.

Sind mehr als zwei an einem Massenpunkt angreifende Kräfte zusammenzusetzen, so vereinigt man zunächst zwei zu einer Resultierenden, diese dann mit der dritten zu einer neuen usw. Doch zweckmäßiger wendet man wie bei allen Vektoren die einfachen Regeln der Vektoraddition an (Abschn. 2.1). Das Parallelogramm der Kräfte hat am Anfang den Vorteil, sehr anschaulich zu sein.

Die Gültigkeit der Vektoraddition mit dem Kräfteparallelogramm kann man z. B. mit der in Abb. 3.6 gezeichneten Anordnung zeigen. Drei Fäden sind in einem Punkt M zusammengeknüpft und an ihren Enden mit den Gewichten G_1, G_2 und G_3 belastet. Die Fäden 1 und 2 sind über zwei Rollen R_1 und R_2 geführt. Es stellt sich dann eine Gleichgewichtslage ein, bei der die vom Gewicht G_3 am Punkt M senkrecht nach unten angreifende Kraft gleich und entgegengesetzt ist der Resultierenden der von den Gewichten G_1 und G_2 schräg nach oben gerichteten Kräfte. Zeichnet man auf Pappe ein Parallelogramm, dessen Seiten und Diagonalen sich wie die Größen der drei Gewichte verhalten, und hält man diese Zeichnung hinter die Schnüre der Anordnung von Abb. 3.6, kann man sich leicht von der Übereinstimmung der Winkel überzeugen.

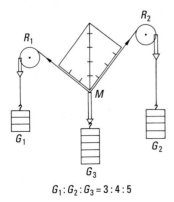

$G_1 : G_2 : G_3 = 3 : 4 : 5$

Abb. 3.6 Parallelogramm der Kräfte

Abb. 3.7   Demonstration des Kräfteparallelogramms mit Federwaagen

Eine andere Anordnung zum Nachweis des Parallelogramms der Kräfte ist in Abb. 3.7 wiedergegeben. Drei Federwaagen (= Kraftmesser, bestehend aus Spiralfedern, deren Längenausdehnung proportional zur Kraft ist) sind an je einem Ende zusammen befestigt und zwischen drei beliebig gelegenen Punkten auf einem Brett ausgespannt. Zeichnet man dann ein Parallelogramm, dessen Seitenlängen sich wie die von den beiden oberen Kraftmessern angezeigten Kräfte verhalten, ergibt sich, dass die Diagonale die Verlängerung der Kraftrichtung des dritten Kraftmessers bildet und in ihrer Länge der von diesem Kraftmesser angezeigten Kraft entspricht.

Zerlegung von Kräften. Ebenso wichtig wie die Zusammensetzung mehrerer Kräfte ist die *Zerlegung einer gegebenen Kraft* in mehrere Komponenten von vorgegebener Richtung. Besonders häufig ist die Zerlegung eines Kraftvektors in zwei bzw. drei den Achsen eines Koordinatensystems parallel gerichtete Komponenten. Sind F_x, F_y, F_z die kartesischen Komponenten des Kraftvektors $\boldsymbol{F}$, so ergibt sich aus $\boldsymbol{F} = m \cdot \boldsymbol{a}$ für die Kraftkomponenten:

$$F_x = m\frac{\mathrm{d}^2 x}{\mathrm{d}t^2}, \quad F_y = m\frac{\mathrm{d}^2 y}{\mathrm{d}t^2}, \quad F_z = m\frac{\mathrm{d}^2 z}{\mathrm{d}t^2}. \tag{3.3}$$

Als Beispiel der Zerlegung einer vorgegebenen Kraft betrachten wir die Kräfte, denen ein Körper auf einer schiefen Ebene (Abschn. 2.5) unterliegt. In Abb. 3.8 ist eine geneigte Ebene gezeichnet. Die Strecke *AB* stellt die Länge der schiefen Ebene dar, die mit der Horizontalen den Neigungswinkel α bildet. Das von *B* auf die Horizontale gefällte Lot *BC* sei die maximale Höhe *h* der schiefen Ebene, während *AC* die Basis *b* genannt wird. Auf der schiefen Ebene befinde sich ein Körper *K* der Masse *m*; sie unterliegt der vertikal nach unten gerichteten Schwerkraft (= Gewicht) $\boldsymbol{F}_g = m \cdot \boldsymbol{g}$. Da eine Bewegung nur parallel zur

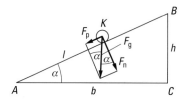

Abb. 3.8   Zerlegung der Kraft auf der schiefen Ebene

Ebene erfolgen kann, zerlegt man F_g in zwei Teilkräfte, nämlich in die parallel zur schiefen Ebene gerichtete Parallelkraft F_p und die senkrecht zur Ebene verlaufende Normalkraft F_n. Nach Abb. 3.8 ergibt sich für die Beträge dieser Kräfte:

$$F_p = F_g \cdot \frac{h}{l} = F_g \cdot \sin\alpha, \quad F_n = F_g \cdot \frac{b}{l} = F_g \cdot \cos\alpha. \tag{3.4}$$

Da die Normalkraft F_n des Körpers gegen die Ebene drückt und ihre Wirkung durch den Gegendruck der Ebene aufgehoben wird, kommt für die Bewegung des Körpers nur die Parallelkraft F_p in Frage. Diese ist umso kleiner, je geringer die Neigung α der Ebene ist. Für die Beschleunigung, mit der der Körper auf der schiefen Ebene herabgleitet, findet man bei Vernachlässigung der Reibung:

$$g_\alpha = g\frac{h}{l} = g\sin\alpha. \tag{3.5}$$

Von dieser Verkleinerung der Fallbeschleunigung wurde bereits bei der Fallbewegung auf der schiefen Ebene (Galilei'sche Fallrinne, s. Abschn. 2.5) Gebrauch gemacht.

Um den Körper K auf der schiefen Ebene im Gleichgewicht zu halten, muss an der Kugel eine der Kraft F_p entgegengerichtete gleich große Kraft $-F_p$ angreifen. Vergrößert man diese aufwärts wirkende Kraft ein wenig, so bewegt sich der Körper auf der schiefen Ebene aufwärts. Man benutzt im täglichen Leben die schiefe Ebene, um schwere Lasten aufwärts zu bewegen, und zwar unter Anwendung einer Kraft, die nur einen Bruchteil derjenigen beträgt, die zum senkrechten Emporheben notwendig wäre. Jede schräg aufwärts führende Laufbrücke bei Bauten, jede Schraube, jede Bergstraße usw. ist nichts anderes als eine schiefe Ebene.

Schließlich möge noch die Komponentenzerlegung der Windkraft bei einem gegen den Wind ankreuzenden Segelboot besprochen werden. In Abb. 3.9 sei die Richtung des Windes durch die oberen Pfeile, die Fahrtrichtung des Bootes zunächst durch die Richtung OC und das Segel durch S angedeutet. Vom Zentrum des Bootes ist ein Kraftvektor (nach unten) gezeichnet, dessen Richtung und Länge der Windkraft entspricht. Dieser Vektor wird in zwei Komponenten zerlegt: eine senkrecht zur Segelfläche (nur diese kann wirksam sein) und eine parallel zur Segelfläche (ohne Wirkung). Die senkrecht zur Segelfläche wirksame Komponente der Windkraft wird wiederum in zwei Kraftkomponenten zerlegt: eine, die das Boot vorwärts treibt, und eine senkrecht hierzu. Diese letztere Komponente bewirkt die „Abdrift" des Bootes. Die Abdrift wird durch das Schwert weitgehend verhindert. Ist das Boot in C angekommen, muss es durch rasches Umlegen des Steuers in die neue Richtung CD schräg zur Windrichtung gebracht werden; dabei wird das Segel S in die neue Lage umgelegt. Macht man dann die gleiche Zerlegung der auf das Segel wirkenden Windkraft, so erhält man wieder eine Kraftkomponente, die das Boot in der neuen Richtung CD schräg gegen den Wind vorwärts bewegt. Auf diese Weise lässt sich das Boot im Zickzackkurs gegen die Windrichtung steuern. Dabei ist zu beachten, dass zur Windgeschwindigkeit noch die (der Geschwindigkeit des Bootes entgegengesetzt gleiche) Relativgeschwindigkeit des Windes (Fahrtwind) vektoriell addiert werden muss. Das bedeutet, dass für einen Beobachter auf dem fahrenden Boot der Wind aus einer etwas veränderten Richtung kommt.

Nur mit Hilfe der Zerlegung der Kraftvektoren in ihre Komponenten ist es also möglich, einen solchen Vorgang wie das Kreuzen gegen den Wind beim Segeln leicht zu verstehen. – Ergänzend sei noch untersucht, bei welcher Segelstellung das Boot seinen größten Antrieb

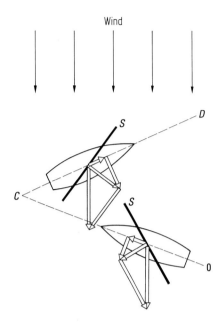

Abb. 3.9   Zerlegung der Windkraft beim Segeln

erfährt. Man betrachte hierzu Abb. 3.10. W ist der Vektor der Windkraft, N ist der Vektor der senkrecht auf das Segel wirkenden Normalkraft, V ist der Vektor der Kraft, die das Boot vorwärts treibt. Dieser soll also möglichst groß sein. Man erkennt leicht aus der Zeichnung, dass $N = W \cdot \sin\beta$ und dass $V = N \cdot \sin(\alpha - \beta)$. Durch Einsetzen von N in die letzte Gleichung ergibt sich: $V = W \cdot \sin\beta \cdot \sin(\alpha - \beta)$. V wird ein Maximum, wenn β gleich $\alpha/2$ ist (nach einfacher Differentialrechnung). Es ist also zweckmäßig, das Segel so zu stellen, dass es den Winkel zwischen der Längsrichtung des Bootes und der Windrichtung halbiert. In diesem Fall wird die treibende Komponente der Windkraft W

$$V = W \cdot \sin^2 \frac{\alpha}{2}. \tag{3.6}$$

In Übereinstimmung mit der Erfahrung wird also bei $\alpha = 180°$ (Wind genau von achtern) die größte Kraft auf das Boot übertragen.

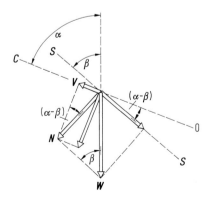

Abb. 3.10   Vektordiagramm zur Ermittlung der günstigsten Segelstellung

Ein spezieller Fall der Zusammensetzung von Kräften, die an einem Punkt angreifen, ist derjenige, bei dem die Resultierende null ist. Dann wirkt auf den Massenpunkt insgesamt keine Kraft, da die Einzelkräfte sich das Gleichgewicht halten; davon ist im Vorhergehenden gelegentlich schon Gebrauch gemacht worden. In diesem Fall erfährt der angegriffene Massenpunkt natürlich keine Beschleunigung; er ist, wie man sagt, im *Gleichgewicht*. Die Gleichgewichtsbedingung lautet also:

$$\sum_i \boldsymbol{F}_i = 0. \tag{3.7}$$

In dem besonders einfachen Fall, dass nur zwei Kräfte $\boldsymbol{F}_1$ und $\boldsymbol{F}_2$ wirken, geht diese Gleichgewichtsbedingung über in:

$$\boldsymbol{F}_1 + \boldsymbol{F}_2 = 0 \quad \text{oder} \quad \boldsymbol{F}_1 = -\boldsymbol{F}_2, \tag{3.8}$$

d. h., *entgegengesetzt gleiche Kräfte, die an einem Punkt angreifen, halten diesen im Gleichgewicht.*

Messung von Kräften. Man kann die Gleichgewichtsbedingung dazu benutzen, um eine unbekannte Kraft zu messen. Man bringt sie z. B. an dem Endpunkt einer (durch Messung von Beschleunigungen) *geeichten* Spiralfeder an, deren anderes Ende festgehalten ist. Die zu bestimmende Kraft deformiert (verlängert oder verkürzt) dann die Feder, bis die hervorgerufene Federkraft bei einer bestimmten Verlängerung (oder Verkürzung) der unbekannten Kraft das Gleichgewicht hält. Dann weiß man, dass diese Federkraft entgegengesetzt gleich der zu messenden Kraft ist, und da die Feder geeicht ist, kann der Betrag der Kraft angegeben werden (*Federdynamometer oder Federwaage*, Abb. 3.7).

Man nennt eine derartige Messung von Kräften – im Gegensatz zu der bisher benutzten *dynamischen* Methode – eine *statische*, weil sie das Gleichgewicht eines Körpers als Kriterium für die Kräftegleichheit benutzt. Die Bedeutung dieser statischen Kraftmessung liegt darin, dass sie viel bequemer auszuführen ist als die dynamische.

Nicht immer erkennt man übrigens beim Wirken einer Kraft die Formveränderung eines Körpers, die zum Auftreten von Gegenkräften führt, weil sie zu gering ist und sich der direkten Beobachtung entzieht. Setzt man z. B. (Abb. 3.11) auf die Mitte eines Tisches ein Gewichtsstück G, so drückt dieses mit einer durch seine Größe bestimmten Kraft F_g auf die Tischplatte. Die dabei auftretende geringe Durchbiegung der Platte kann man aber mit einem Lichtzeiger sichtbar machen, indem man zwei Spiegel S_1 und S_2 an den Enden

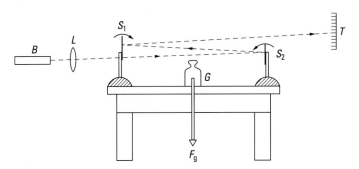

Abb. 3.11   Optischer Nachweis der Durchbiegung einer Tischplatte unter der Wirkung einer Kraft F

des Tisches aufstellt und über diese den Fokus des Strahls eines Lasers B mit einer Linse L auf eine weit entfernte Skala T lenkt. Bei der Durchbiegung der Tischplatte kippen die Spiegel in der Pfeilrichtung und bewegen den Lichtzeiger auf der Skala von oben nach unten.

3.3 Kraft und Gegenkraft

Wechselwirkung von Massenpunkten. Eine auf einen Massenpunkt wirkende Kraft kann nicht aus dem Massenpunkt selbst stammen. Sie ist vielmehr durch seine „Beziehung" zu der ihn umgebenden Körperwelt bedingt. Danach erfährt ein isolierter, im leeren Raum befindlicher Massenpunkt überhaupt keine Kraftwirkung. Damit diese zustande kommt, muss mindestens noch ein zweiter Massenpunkt, im Allgemeinen eine Anzahl anderer Massenpunkte, vorhanden sein, von denen die Kraftwirkung ausgeht. Eine gespannte Feder kann z. B. einen vor ihrem einen Ende befindlichen Körper nur beschleunigen, wenn ihr anderes Ende an einem zweiten Körper anliegt. Es hat also nur Sinn von Kraftwirkungen *zwischen* zwei oder mehreren Massenpunkten oder Körpern zu sprechen. Die Erfahrung zeigt nun, dass, wenn ein Körper a auf einen Körper b eine Kraft ausübt, die F_{ab} genannt sein soll, der Körper b umgekehrt auch auf den Körper a eine Kraft F_{ba} ausübt. Das *dritte Newton'sche Gesetz* (Reaktionsprinzip) behauptet nun:

- Die von einem Körper a auf einen Körper b ausgeübte Kraft ist stets entgegengesetzt gleich der Kraft, die b auf a ausübt:

$$F_{ab} = -F_{ba}. \tag{3.9}$$

Jede Kraft erzeugt eine gleich große Gegenkraft (actio = reactio).

Mit diesem dritten Gesetz hat Newton die Grundlage zur Behandlung der Mechanik von Systemen von Massenpunkten und damit der Mechanik ausgedehnter Körper geschaffen.

Der wesentliche Inhalt der Newton'schen Gesetze sei kurz zusammengefasst: Das erste Newton'sche Gesetz (Trägheitsgesetz) behandelt die Trägheit der Körper, die eine Masse besitzen. Es beantwortet die Frage: „Was ist eine Kraft?" Antwort: Eine Kraft ist die Ursache einer Geschwindigkeitsänderung. – Das zweite Newton'sche Gesetz (Grundgesetz der Mechanik) behandelt die Frage: „Wie groß ist die Kraft?" Antwort: Kraft = Produkt von Masse und Beschleunigung; unter Verwendung des Begriffes *Impuls* (Abschn. 4.2) kann man auch antworten: Kraft = zeitliche Änderung des Impulses. – Das dritte Newton'sche Gesetz (Reaktionsprinzip) behandelt die Kräfte und ihre Gegenkräfte. – Newton fügte diesen drei Gesetzen ein viertes Gesetz hinzu, das die Zerlegung und Zusammensetzung von Kräften behandelt. – Die Richtigkeit dieser Gesetze lässt sich experimentell prüfen. Sie stimmen im Rahmen der mit einfachen Versuchsanordnungen erreichbaren Messgenauigkeit mit der Erfahrung überein. In diesem Sinn sind sie experimentell gesicherte Naturgesetze.

Wenn man ein „System", d. h. eine geordnete Anzahl von Massenpunkten, ins Auge fasst, so können zwei Fälle vorliegen: Entweder stammen alle Kräfte, die an Massenpunkten des Systems angreifen, aus dem System selbst, d. h. gehen von Massenpunkten des

Systems selbst aus – dann spricht man von *inneren* Kräften – oder es treten neben diesen inneren Kräften noch *äußere* Kräfte auf, die von Massenpunkten ausgehen, die man dem System nicht zugerechnet hat. Es sei nun die Summe aller im System auftretenden Kräfte gebildet. Sind es nur innere, so ist diese Summe gleich null, da sie sich nach dem dritten Newton'schen Gesetz paarweise aufheben. In diesem Fall nennt man das System ein *freies System*. Im anderen Fall reduziert sich die Summe aller Kräfte auf die Summe der äußeren Kräfte, da die Summe der inneren stets verschwindet.

Es gelten also aufgrund des dritten Newton'schen Gesetzes folgende Sätze:

1. Die Gesamtsumme aller Kräfte eines freien Systems ist gleich null.
2. Die Gesamtsumme aller Kräfte eines beliebigen, nichtfreien Systems reduziert sich auf die Summe der äußeren Kräfte.

Experimenteller Nachweis des Reaktionsprinzips. Die Gültigkeit des Gesetzes von actio = reactio, das man auch als Reaktionsprinzip bezeichnet, lässt sich durch eine große Zahl von Versuchen nachweisen.

Von Newton selbst stammt folgender Versuch: Befestigt man auf je einem Stück Kork einen kleinen Magneten und ein Eisenstück und lässt man beide Teile auf einer Wasserfläche schwimmen, so zieht der Magnet das Eisen und umgekehrt das Eisen den Magnet an; infolgedessen nähern sich beide bis zur Berührung und bleiben dann ruhig nebeneinander liegen. Das ist aber nur möglich, wenn die Kraft Magnet-Eisen (actio) genau gleich der Kraft Eisen-Magnet (reactio) ist.

Auch der in Abschn. 1.6 behandelte *dynamische Massenvergleich* basiert auf dem Gesetz actio = reactio. Auf zwei auf einer horizontalen Glasplatte aufgestellte, vollkommen gleiche Wagen (s. Abb. 1.23) übt die Feder beim Durchbrennen des Fadens die gleiche Kraft aus, jedoch in entgegengesetzter Richtung. Beide Wagen erhalten also die gleiche Beschleunigung und legen in gleichen Zeiten gleiche Wegstrecken zurück. Dies erkennt man z. B. daran, dass die Wagen im gleichen Augenblick an zwei in der gleichen Entfernung von den beiden Wagen aufgestellte Klötze anstoßen.

Ändert man den Versuch so ab, dass man an beiden Wagen eine längere Spiralfeder anbringt und diese durch Auseinanderziehen der Wagen spannt, so laufen die beiden Wagen, wenn man sie gleichzeitig loslässt, aufeinander zu und treffen sich in der Mitte, da jeder Wagen den anderen heranzieht.

Man kann auch Wagen mit verschiedenen Massen m_1 und m_2 benutzen. Sie erhalten dann Beschleunigungen, die sich umgekehrt wie ihre Massen verhalten. Für die Endgeschwindigkeiten der Wagen ergibt sich daher:

$$m_1 \cdot v_1 = m_2 \cdot v_2 \tag{3.10}$$

Nach der Abstoßung haben die Wagen also entgegengesetzt gleiche *Impulse* $\boldsymbol{p} = m \cdot \boldsymbol{v}$. Der dynamische Massenvergleich basiert folglich auf der gleichen Erfahrung wie der in Abschn. 4.2 zu besprechende Impulssatz.

Ein Gewicht auf unserer Hand drückt mit der gleichen Kraft nach unten, mit der die Hand nach oben drücken muss, um das Fallen des Gewichtes zu verhindern. Jeder Körper wird von der Erde angezogen und zieht mit der gleichen Kraft die Erde an; da aber die Masse der Erde im Vergleich zu der des fallenden Körpers außerordentlich groß ist, erfährt die Erde eine so geringe Beschleunigung, dass sie nicht merklich ist. Der Mond wird von der Erde angezogen, umgekehrt wirkt aber auch der Mond mit der gleichen Kraft auf die Erde anziehend.

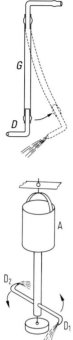

Abb. 3.12 Rückstoß bei einem beweglich aufgehängten Rohr

Abb. 3.13 Segner'sches Wasserrad

Wird ein Gewehr abgefeuert, wirkt einerseits eine Kraft auf das Geschoss nach vorwärts (actio) und andererseits eine gleich große, entgegengesetzt gerichtete Kraft auf das Gewehr selbst (reactio), die man als Rückstoß gegen die Schulter empfindet.

Lässt man nach Abb. 3.12 aus einem rechtwinklig gebogenen Rohr D, das an einem Gummischlauch G aufgehängt ist, Wasser ausströmen, so wird das Wasser mit einer bestimmten Kraft aus der Düsenöffnung geschleudert. Mit derselben Kraft wirkt das Wasser auch gegen die gegenüberliegende Stelle der Rohrwandung, so dass das Rohr gegen die Stromrichtung des Wassers bewegt wird und die in Abb. 3.12 gestrichelt gezeichnete Lage einnimmt. Auf dieser Wirkung beruht die Arbeitsweise des *Segner'schen Wasserrades*, dessen Prinzip in Abb. 3.13 skizziert ist. Aus dem Vorratsgefäß A oder aus der Wasserleitung strömt Wasser durch ein vertikales Rohr nach den beiden waagerecht und entgegengesetzt gerichteten Düsen D_1 und D_2. Diese erfahren durch das ausströmende Wasser einen Rückstoß in Richtung der eingezeichneten Pfeile; dadurch wird die ganze Anordnung um die Vertikale in schnelle Rotation versetzt. Auf der Wirkung des Segner'schen Rades beruhen die rotierenden Rasensprenger und Springbrunnen. Das in Abb. 3.13 dargestellte Wasserrad dreht sich dagegen nicht, wenn man in $1 - 2$ cm Entfernung von den Düsenöffnungen kleine Metallplatten anbringt, die an den Düsenarmen befestigt sind, so dass das ausströmende Wasser gegen diese Platten strömen muss. Es heben sich dann die entgegengesetzt gerichteten, gleichen Kräfte infolge des Rückstoßes und des Wasserdrucks gegen die Metallplatten auf.

Schließlich beruht auch die Wirkungsweise der Rakete auf dem Gesetz der Gleichheit von actio und reactio: Die ausgeschleuderten Verbrennungsgase üben auf die Rakete eine Kraft aus, durch die sie entgegengesetzt zur Ausströmungsrichtung der heißen Gase be-

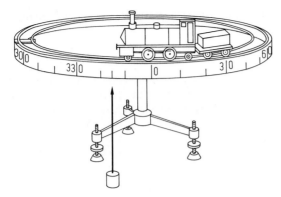

Abb. 3.14   Nachweis der Gleichung actio = reactio (die Schiene dreht sich rückwärts)

schleunigt wird. Da das dritte Newton'sche Gesetz universelle Gültigkeit besitzt, ist die Rückstoßkraft auf die Rakete unabhängig davon, ob sich die Rakete im lufterfüllten oder luftleeren Raum bewegt. Auch beim Gehen und Springen erkennt man an dem Auftreten einer rückstoßenden Kraft die Wirkung des dritten Newton'schen Gesetzes. Springt man z. B. über einen Graben, so erteilt man seinem Körper eine beschleunigende Kraft in Sprungrichtung; gleichzeitig erfährt die Absprungstelle (d. h. die Erde) eine Kraft in umgekehrter Richtung, deren Wirkung man gelegentlich an dem Nachgeben des Bodens erkennen kann. Versucht man von einem Boot ans Ufer zu springen, so macht man die Erfahrung, dass das Boot beim Absprung vom Ufer weg bewegt wird.

Wenn eine Lokomotive anfährt, erhält sie eine Antriebskraft in Fahrtrichtung. Die Schienen und damit die Erde erfahren eine gleichgroße Kraft in entgegengesetzter Richtung. Dies lässt sich mit der in Abb. 3.14 wiedergegebenen Versuchseinrichtung zeigen, bei der die große Masse der Erde durch die kleine Masse eines Rades ersetzt wird. Beim Fahren der Lokomotive dreht sich das Rad mit den Schienen in entgegengesetzter Richtung.

Reibungskräfte. Oft betrachtet man Reibungskräfte (vgl. Kap. 9) als Hindernisse der Bewegung; es gibt jedoch mehr Fälle, in denen Bewegung nur durch Reibung möglich wird: Die Eisenbahn kann nicht anfahren, wenn sich Öl auf den Schienen befindet. (Von der Lokomotive aus wird dann Sand auf die Schienen gestreut.) Man denke auch an anfahrende Autos bei Glatteis oder Schnee auf der Straße, ebenso an Fußgänger bei Glatteis. In diesen Fällen fehlt die Übertragung der Kraft auf die große Masse der Erde. Dadurch fehlt die Gegenkraft. Wenn reactio = 0 ist, muss auch actio = 0 sein. Überträgt man dies auf den Versuch mit den beiden Wagen (Abb. 1.23), so müsste der eine Wagen die Masse null erhalten. Dies kann man annähernd verwirklichen, indem der eine Wagen mit vielen Gewichtsstücken und der andere nicht belastet wird.

Trägheitskräfte. Einem Gedanken von d'Alembert (1717–1783) folgend, kann auch die Beschleunigung einer Masse unter der Einwirkung einer Kraft als ein Gleichgewichtszustand von actio = reactio betrachtet werden. Wenn man die Gleichung $F = m \cdot a$ in folgender Weise schreibt:

$$F - m \cdot a = 0, \tag{3.11}$$

so liegt in der Tat ein Vergleich mit der statischen Gleichgewichtsbedingung für einen Massenpunkt nahe:

$$F_1 + F_2 = 0.$$

Hier hält die Kraft F_2 der Kraft F_1 am gleichen Massenpunkt das Gleichgewicht. Ebenso kann man sagen, dass die „Kraft" $(-m \cdot a)$ der Kraft F das Gleichgewicht halte. Der Unterschied ist aber der, dass im statischen Gleichgewicht wirklich zwei Kräfte (F_1 und F_2) vorhanden sind, die sich faktisch das Gleichgewicht halten können, während in $F = m \cdot a$ ja nur *eine* Kraft F vorhanden ist. Diese *eingeprägte* Kraft steht in einem *dynamischen Gleichgewicht* mit einer sogenannten *Scheinkraft*, der *Trägheitskraft* $-m \cdot a$ (*d'Alembert'sches Prinzip*).

Wenn man also zur eingeprägten Kraft F die Trägheitskraft $(-m \cdot a)$ hinzufügt, kann man auf das Bewegungsproblem die (im Allgemeinen einfacheren) Gesetze des Gleichgewichtes anwenden. Darin besteht die praktische Bedeutung des d'Alembert'schen Prinzips.

Verzichtet man darauf, das Bewegungsproblem als dynamisches Gleichgewicht aufzufassen, so besteht natürlich keinerlei Veranlassung, von einer Trägheitskraft zu reden. Wenn man aber statische Methoden und Gesetze auf das dynamische Problem anwendet, so muss man die Trägheitskräfte einführen.

Ein einfaches Beispiel mag dies erläutern: Wenn wir an eine Federwaage einen Körper mit der Masse m anhängen, so verlängert sich die Feder so lange, bis die Federkraft gleich dem Gewicht $G = m \cdot g$ ist. Das ist eine statische Methode, wie z. B. in Abschn. 3.2 auseinandergesetzt wird. Auch die quantitative Aussage, dass die Federkraft gleich dem Gewicht des angehängten Körpers sei, ist eine für das Gleichgewicht zutreffende Behauptung. Lassen wir aber die Federwaage mit angehängtem Gewicht frei fallen, so ist keineswegs mehr die Federkraft gleich dem Gewicht, sondern gleich dem Gewicht vermehrt um die d'Alembert'sche Trägheitskraft, die hier gleich $-m \cdot g$ ist. Also zeigt die Feder jetzt die Kraft $G - m \cdot g = 0$ an! Es besteht ein dynamisches Gleichgewicht zwischen dem nach unten ziehenden Gewicht $G = m \cdot g$ und der nach oben gerichteten Trägheitskraft $-m \cdot g$. Natürlich kann man auch sagen, die frei fallende Feder zeige keine Spannung an, weil sie genauso schnell fällt wie das angehängte Gewicht; so drückt man sich aus, wenn man von der Interpretation d'Alemberts keinen Gebrauch machen will. – Wird die Feder nicht mit der Beschleunigung g, sondern mit der Beschleunigung γ nach unten fallen gelassen, so ist die angezeigte Spannung gleich $G - m \cdot \gamma = m(g - \gamma)$; wäre sie dagegen nach oben beschleunigt, würde die größere Spannung $m(g + \gamma)$ angezeigt werden.

Was für die Federwaage gilt, ist natürlich auch für jede andere Waage zutreffend, da sie ein statisches Instrument ist. Wenn also eine auf einer Waage stehende Person ein in der Hand befindliches Gewicht beschleunigt nach oben bewegt, so zeigt die Waage einen Ausschlag im Sinn einer nach unten wirkenden Trägheitskraft, d. h. eine Gewichtsvermehrung an; beschleunigt die Person dagegen das Gewicht nach unten, so erfährt die Waage eine Gewichtsverminderung im Sinn einer jetzt nach oben gerichteten Trägheitskraft. Anstatt bei diesem Versuch ein Gewicht nach oben bzw. nach unten beschleunigt zu bewegen, genügt es, wenn die Person auf der Waage beschleunigt in Kniebeuge bzw. in Streckstellung geht.

Mit einer von J. Ch. Poggendorff (1796–1877) angegebenen Waage (Abb. 3.15) lassen sich die Trägheitskräfte zeigen. In der Mitte und am linken Ende einer zweiarmigen Hebelwaage sind zwei Rollen angebracht, über die an einer Schnur die beiden Körper der Massen M und M' hängen. M möge um den Betrag m größer als M' sein. Am rechten Ende

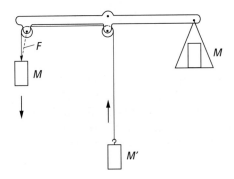

Abb. 3.15 Poggendorff'sche Waage;
F = Faden, der zerschnitten wird

der Waage befindet sich ein zweiter Körper der Masse M, der also die Waage im Gleichgewicht hält, wenn die Masse M am linken Ende durch einen am Waagebalken befestigten Faden F am Herunterfallen gehindert wird. Brennt man den Faden durch, so erteilt das Übergewicht $m \cdot g$ den Massen M und M' die Beschleunigung γ in der Pfeilrichtung. Auf der linken Seite der Waage wirkt also nicht mehr das Gewicht $M \cdot g$, letzteres ist vielmehr um die d'Alembert'sche Trägheitskraft $-M \cdot \gamma$ vermehrt, die hier der beschleunigenden Kraft entgegenwirkt. Zur Berechnung der Beschleunigung γ dient folgende Überlegung: Die wirksame („eingeprägte") Kraft ist die Erdanziehung auf die Masse m, also gleich $m \cdot g$; diese bewirkt an der Gesamtmasse $M + M'$ die Beschleunigung γ. Nach dem d'Alembert'schen Prinzip besteht dynamisches Gleichgewicht, d. h. es ist:

$$m \cdot g - (M + M') \cdot \gamma = 0;$$

daraus ergibt sich:

$$\gamma = \frac{m}{M + M'} \cdot g.$$

Die am linken Waagebalken angreifende, nach oben wirkende Trägheitskraft ist also:

$$-M\gamma = \frac{-M \cdot m}{M + M'} \cdot g,$$

so dass die Masse M nicht mehr mit ihrem Gewicht Mg sondern mit dem um $M\gamma$ verkleinerten Gewicht

$$Mg - \frac{mM}{M + M'}g = Mg\left(1 - \frac{m}{M + M'}\right)$$

wirkt. Dieses kann dem am rechten Waagebalken angreifenden Gewicht Mg nicht mehr das Gleichgewicht halten: Der linke Waagebalken schlägt nach oben aus. Macht man vor Beginn des Versuches die Belastung auf der rechten Seite der Waage um diesen Betrag leichter, so kommt die Waage während des Herunterfallens von M ins Gleichgewicht. Man hat so die Möglichkeit, die Trägheitskraft im Versuch zu messen. Ändert man den Versuch so ab, dass M' um den Betrag m größer als M ist, so wird beim Heruntersinken von M' die Masse M nach oben beschleunigt, so dass eine nach unten gerichtete Trägheitskraft auftritt und die linke Seite der Waage nach unten ausschlägt.

Ein im Schwerefeld der Erde ruhender Körper hat das Gewicht mg, das z. B. durch den Druck auf eine Unterlage angezeigt wird. Lässt man den Körper frei fallen, so erfährt er

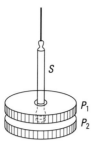

Abb. 3.16 Ein einfacher Versuch zeigt, dass ein frei fallender Körper gewichtslos ist.

nach unten die Kraft der Erdanziehung mg und nach oben $-mg$, die sich gerade aufheben wie in dem obigen Beispiel mit der Federwaage, das im Grunde damit identisch ist. Mit anderen Worten: *Ein Körper ist, während er frei fällt, gewichtslos* (s. Abschn. 2.5). Dies lässt sich in verschiedener Weise zeigen.

Ein schwingendes Fadenpendel, beispielsweise, das in einem kleinen Rahmen aufgehängt ist, hört auf zu schwingen, wenn der Rahmen (in einer Führung) herunterfällt. Eine Flamme erlischt, während sie herunterfällt, auch wenn sie vor dem Wind geschützt wird. Sie erlischt deshalb, weil die heißen, leichteren Verbrennungsgase nicht mehr nach oben strömen und so die sauerstoffreiche Frischluft nicht mehr nachziehen können. Im schwerelosen Raum gibt es keine leichteren und schwereren Gase mehr. Ein weiteres Beispiel zeigt Abb. 3.16. Am unteren Ende eines Stiftes S ist eine runde Holzplatte P_2 von etwa 10 cm Durchmesser angebracht. Eine zweite gleich große Platte P_1 mit einem Loch in der Mitte liegt auf der ersten Platte auf. Zwischen den beiden Platten befindet sich eine Spiralfeder, die so bemessen ist, dass sie von dem Gewicht der oberen Platte gerade zusammengedrückt wird. Lässt man nun das Ganze frei nach unten fallen, so beobachtet man, dass die obere Platte von der Feder hochgehoben wird. Die Platte P_1 wird durch die nach oben wirkende Trägheitskraft während des Falles gewichtslos und kann daher die Spiralfeder nicht mehr zusammendrücken. – Legt man zwischen zwei nach Abb. 3.17 aufeinandergesetzte Gewichte von etwa 5 kg einen Streifen Papier, so lässt sich dieser nicht herausziehen, ohne dass er reißt. Wenn man aber die Gewichte frei fallen lässt, so kann man den Streifen unverletzt herausziehen, da jetzt das obere Gewicht gewichtslos geworden ist und nicht mehr auf seine Unterlage drückt.

Dass ein auf einem plötzlich beschleunigten Wagen stehender Körper gegen die Fahrtrichtung umkippt, lässt sich ebenfalls durch das Auftreten einer Trägheitskraft erklären. Bezeichnet man mit a den Betrag der Beschleunigung, die der Wagen erfährt, und mit m die Masse des darauf befindlichen Körpers, so setzen sich, wie man aus Abb. 3.18a entnimmt, die gegen die Beschleunigungsrichtung des Wagens gerichtete Trägheitskraft $-ma$ und die nach unten gerichtete Schwerkraft mg des Körpers zu einer resultierenden R zusammen. Geht diese nicht durch die Grundfläche des Körpers, so kippt er in der

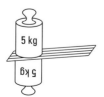

Abb. 3.17 Aufhebung der Schwere beim freien Fall

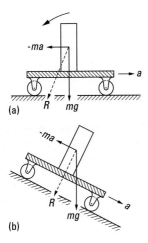

(a)

(b)

Abb. 3.18 Nachweis der Trägheitskraft beim Anfahren eines Wagens auf der Horizontalen (a) und beim Herunterfahren auf einer schiefen Ebene (b)

Pfeilrichtung um. Lässt man dagegen den Wagen mit dem darauf stehenden Körper eine schiefe Ebene beschleunigt herunterfahren (Abb. 3.18b), so bleibt der Körper während der beschleunigten Bewegung sicher stehen, da jetzt die Resultierende von $-ma$ und mg durch die Standfläche des Körpers geht.

Dieser letzte Versuch lässt sich noch in einer anderen Form durchführen. Stellt man auf das Brett einer Schaukel einen dünnen Metallstab, so bleibt dieser frei auf dem Schaukelbrett stehen, auch wenn die Schaukel größere Schwingungsamplituden macht. Wie aus Abb. 3.19 hervorgeht, setzt sich in jedem Augenblick die nach unten gerichtete Schwerkraft mg mit der Trägheitskraft $-ma$ zu einer Resultierenden R zusammen, die den Stab gegen das Brett der Schaukel drückt. In Abb. 3.19 sind zwei Augenblicke der Schaukelbewegung festgehalten. Rechts beginnt die Schaukel ihre beschleunigte Abwärtsbewegung; die Richtung des Beschleunigungsvektors stimmt mit der Bewegungsrichtung überein. Links bewegt sich die Schaukel mit verzögerter Bewegung nach ihrem linken Endausschlag. Eine Verzögerung ist aber gleichbedeutend mit einer negativen Beschleunigung, so dass auch jetzt wieder der Beschleunigungsvektor nach der Ruhelage der Schaukel gerichtet ist. Setzt man statt des Stabes auf das Schaukelbrett eine U-förmig gebogene Glasröhre, so dass die Verbindungslinie ihrer beiden Schenkel mit der Richtung der

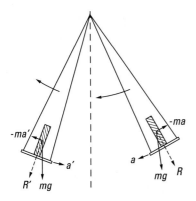

Abb. 3.19 Zur Wirkung der Trägheitskräfte beim Schaukeln

Schaukelbewegung zusammenfällt, und füllt man die Röhre mit gefärbtem Wasser, so beobachtet man beim Schwingen der Schaukel, dass das Wasser in beiden Schenkeln stets gleich hoch steht. Dies scheint zunächst mit der Wirkung der Schwerkraft nicht in Übereinstimmung zu sein, erklärt sich aber, da auf das Wasser außer der Schwerkraft noch die Trägheitskraft wirkt und die Resultierende beider die Lage des Wasserniveaus bestimmt.

Gleichheit von träger und schwerer Masse. Frei fallende Körper sind gewichtslos, wie die oben betrachteten Experimente zeigen. Dieser Befund ist keineswegs selbstverständlich. Denn es sollte streng genommen zwischen schwerer Masse m_s und träger Masse m_t unterschieden werden (s. Abschn. 1.6). Bei der Messung der schweren Masse kommt es auf die auf die Körper wirkende Gewichtskraft an, bei der Messung der trägen Masse hingegen auf die Trägheitskraft. Die Gewichtskraft $G = m_s g$ ist daher proportional zur schweren Masse, die Trägheitskraft $F = m_t a$ aber zur trägen Masse.

Aus der Gewichtslosigkeit frei fallender Körper folgt also:

$$m_s g = m_t a,$$

d. h. die Fallbeschleunigung a muss sein:

$$a = \frac{m_s}{m_t} g. \tag{3.12}$$

Nur wenn alle Körper dieselbe Fallbeschleunigung erfahren, ergeben Gewichtsmessungen an frei fallenden Körpern das Gewicht $G = 0$. Eine an einer frei fallenden Federwaage hängende Kugel belastet die Federwaage nicht, weil Waage und Kugel mit derselben Beschleunigung fallen.

Tatsächlich hat bereits Galilei gefunden, dass die Fallbeschleunigung für alle Körper den gleichen Wert (an der gleichen Stelle der Erdoberfläche) hat. Freilich sind die Fallversuche von Galilei nicht so genau, dass man schon im Vertrauen auf sie die strenge Identität von m_s und m_t behaupten dürfte. Aber Newton und später F. W. Bessel (1784–1846) haben (durch Pendelversuche) das gleiche Ergebnis mit einer Genauigkeit von 1 : 60 000, und später R. v. Eötvös (1848–1919) (Versuche mit der Drehwaage, Abschn. 3.4) mit einer Genauigkeit von 1 : 20 000 000 erhalten. Mit noch höherer Genauigkeit (10^{-11}) wurde in neuerer Zeit die Gleichheit von träger und schwerer Masse von R. H. Dicke (1964) untersucht. Wir dürfen daher sagen, dass die Gleichheit von schwerer und träger Masse ein Naturgesetz ist. Es ist als *Äquivalenzprinzip* bekannt und ist die Grundlage der Allgemeinen Relativitätstheorie von Albert Einstein.

Im Zeitalter der Raumfahrt ist jedem die *Schwerelosigkeit* aller Körper im Raumschiff vertraut. Auch sie ist eine Konsequenz des Äquivalenzprinzips und bietet sich an, die Gleichheit von träger und schwerer Masse mit hoher Präzision zu testen. Im Jahr 2008 soll ein Satellit in eine sonnensynchrone Umlaufbahn um die Erde gebracht werden, um das Äquivalenzprinzip mit einer Genauigkeit von 10^{-15} zu überprüfen.

3.4 Gravitation und Planetenbewegung

Kepler'sche Gesetze. Die Natur bietet uns in der Bewegung der Planeten um die Sonne eines der großartigsten Beispiele für eine Zentralbewegung. Aus den sorgfältigen astronomischen Beobachtungen von Tycho Brahe (1546 – 1601) leitete Kepler (1571 – 1630) in den Jahren 1609 und 1618 die folgenden drei Gesetze über die Planetenbewegung ab (Abb. 3.20):

1. Die Planetenbahnen sind Ellipsen, in deren einem Brennpunkt die Sonne steht.
2. Der von der Sonne nach dem Planeten gezogene Leitstrahl überstreicht in gleichen Zeiten gleiche Flächen.
3. Die Quadrate der Umlaufszeiten zweier Planeten verhalten sich wie die dritten Potenzen der großen Halbachsen ihrer Bahnen.

Von diesen rein empirischen, kinematischen Gesetzen stellt das zweite den Flächensatz dar, und beweist so, dass es sich bei der Planetenbewegung um eine Zentralbewegung (s. Abschn. 4.4) handelt. Die geforderte Gleichheit der Flächen A_1 und A_2 bedingt, dass im Perihel P der kürzere Leitstrahl mit seinem Endpunkt einen größeren Bogen beschreibt als der längere Leitstrahl im Aphel A in der gleichen Zeit. Also ist die Planetengeschwindigkeit in Sonnennähe P (Perihel) größer als in Sonnenferne A (Aphel). Dies stimmt überein mit dem Gesetz von der Erhaltung der Energie (s. Abschn. 4.1), da beim Übergang vom Aphel zum Perihel der Planet gegen die Sonne „fällt", potentielle Energie verliert und dafür kinetische Energie vom gleichen Betrag gewinnen muss. Im zweiten Kepler'schen Gesetz ist auch die Aussage enthalten, dass die Bahn in einer Ebene liegt. Jeder Planet erfährt nur eine zur Sonne hin gerichtete Beschleunigung. Ihre Größe lässt sich mit Hilfe des ersten und dritten Kepler'schen Gesetzes berechnen. Wir vereinfachen die Rechnung, indem wir die Bahn als kreisförmig betrachten. Dies ist naheliegend, da die Planetenbahnen sich nur wenig von Kreisen unterscheiden; z. B. weichen im ungünstigen Fall, beim Mars, die beiden Halbachsen nur um etwa 2 % voneinander ab. Bezeichnen wir mit r die Entfernung des Planeten von der Sonne, mit m seine Masse und mit T die Dauer eines Umlaufes, so ist nach Abschn. 2.4 die Radialbeschleunigung des Planeten

$$a_r = \frac{4\pi^2 r}{T^2},\tag{3.13}$$

und die von der Sonne auf ihn ausgeübte Radialkraft

$$F = \frac{4\pi^2 mr}{T^2}.\tag{3.14}$$

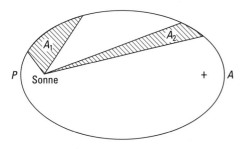

Abb. 3.20   Zu den Kepler'schen Gesetzen

Nun besteht nach dem dritten Kepler'schen Gesetz zwischen den Umlaufszeiten T_1 und T_2 zweier Planeten und ihren Entfernungen r_1 und r_2 von der Sonne die Beziehung:

$$\frac{T_1^2}{T_2^2} = \frac{r_1^3}{r_2^3} \quad \text{oder} \quad \frac{r_1^3}{T_1^2} = \frac{r_2^3}{T_2^2}.$$

Die letzte Formulierung sagt aber aus, dass die Größe r^3/T^2 für alle Planeten einen konstanten Wert $k'(= 3.3 \cdot 10^{24}\,\text{km}^3/\text{Jahr}^2)$ hat; k' ist also unabhängig von der Masse des betrachteten Planeten, wird aber noch von der Masse des Zentralkörpers, d. h. der Sonne, abhängen, was sich weiter unten auch wirklich ergeben wird. Für F können wir unter Einführung von k' schreiben:

$$F = \frac{4\pi^2 m k'}{r^2}, \tag{3.15}$$

d. h., die von der Sonne auf einen Planeten ausgeübte Anziehungskraft ist zur Masse des Planeten direkt und zum Quadrat seiner Entfernung von der Sonne umgekehrt proportional.

Das Gesetz wurde zuerst von Newton (1686) aufgestellt. Für die Zentralbeschleunigung des Planeten findet man also den Wert

$$a_r = \frac{4\pi^2 k'}{r^2} \tag{3.16}$$

und für zwei Planeten gilt:

$$a_{1r} : a_{2r} = \frac{1}{r_1^2} : \frac{1}{r_2^2}, \tag{3.17}$$

d. h., die Zentralbeschleunigungen zweier Planeten verhalten sich umgekehrt wie die Quadrate ihrer Abstände von der Sonne.

Gravitationsgesetz. Nach dem Reaktionsprinzip wird nicht nur der Planet von der Sonne angezogen, sondern er zieht mit der gleichen Kraft die Sonne an. Demzufolge hat einerseits die Kraft, die der Planet auf die Sonne ausübt, den gleichen Betrag wie die Kraft in Gl. (3.15), die die Sonne auf den Planeten ausübt. Andererseits wird der Planet mit einer zu seiner Masse m proportionalen Kraft von der Sonne angezogen. Aus Symmetriegründen erwartet man, dass dementsprechend die Sonne vom Planeten mit einer zur Masse M der Sonne proportionalen Kraft angezogen wird. Die beiden betragsmäßig gleichen aber entgegengesetzt gerichteten Kräfte sind folglich proportional zum Produkt $m \cdot M$. Setzt man die Proportionalitätskonstante gleich G, so erhält man:

$$F = G\frac{mM}{r^2}. \tag{3.18}$$

Dies ist das *Newton'sche Gravitationsgesetz*:

• Die zwischen zwei Massen bestehende Anziehungskraft ist zu den beiden Massen direkt und zum Quadrat der Entfernung umgekehrt proportional.

Die in Gl. (3.18) auftretende universelle Konstante G heißt die *Gravitationskonstante*. Der Wert dieser Gravitationskonstante G war Newton noch unbekannt.

Das von Newton zunächst für die Planetenbewegung gefundene Gesetz für die gegenseitige Anziehung zweier Massen wurde von ihm in genialer Weise verallgemeinert. Nach dem Gravitationsgesetz ist die Schwere und damit das Gewicht eines Körpers durch die von der Erde auf den betreffenden Körper ausgeübte Massenanziehung bedingt. Newton wurde zu dieser Auffassung durch die besondere Erkenntnis geführt, dass die Zentripetalbeschleunigung, die der Mond zur Erde hin erfährt und die ihn auf eine Kreisbahn (genauer Ellipsenbahn) zwingt, nichts anderes als die Wirkung der irdischen Schwerkraft ist. Bezeichnet man mit r die Entfernung Erdmittelpunkt – Mondmittelpunkt und mit T die Dauer eines Mondumlaufes um die Erde, so ist nach Gl. (3.13) die zur Erde hin gerichtete Radialbeschleunigung des Mondes: $a_r = 4\pi^2 r / T^2$; da $r = 383\,930\,\mathrm{km}$ und $T = 2\,360\,580\,\mathrm{s}$ ist, wird $a_r = 0.272\,\mathrm{cm/s^2}$. Wenn diese Beschleunigung durch die Schwerkraft der Erde hervorgerufen sein soll, die an der Erdoberfläche, d. h. im Abstand des Erdradius R vom Erdmittelpunkt, die Fallbeschleunigung $g = 981\,\mathrm{cm/s^2}$ hervorbringt, so muss nach dem Gravitationsgesetz, speziell nach Gl. (3.17), die Beziehung bestehen:

$$a_r : g = \frac{1}{r^2} : \frac{1}{R^2}.$$

Hier ist die Voraussetzung gemacht, dass man sich die anziehende Wirkung der Erde auf einen äußeren Massenpunkt in ihrem Mittelpunkt konzentriert denken darf; dies kann in der Tat bewiesen werden (Abschn. 6.4).

Da $r \approx 60\,R$ ist, wird dann $a_r \approx 0.272\,\mathrm{cm/s^2}$. Das ist aber derselbe Betrag, der vorher aus astronomischen Beobachtungen abgeleitet wurde.

Beachtet man, dass die hier durchgeführte Rechnung nur näherungsweise gilt, so ist die Übereinstimmung zwischen den beiden auf unterschiedliche Weise gefundenen Werten für a_r umso erstaunlicher. Sie ist einer der sichersten Hinweise dafür, dass die Schwerkraft und die Anziehungskraft, die die Planeten auf ihren Bahnen hält, die gleiche Ursache haben.

Messung der Gravitationskonstanten. Die im Gravitationsgesetz auftretende universelle Konstante G wurde zuerst von H. Cavendish (1731 – 1810) im Jahr 1798 experimentell mit einer Drehwaage in folgender Weise bestimmt: Zwei kleine kugelförmige Massen a und b sind an den Enden einer sehr dünnen Stange befestigt. Die Stange ist waagerecht an einem dünnen vertikalen Draht (in Abb. 3.21 senkrecht zur Zeichenebene) drehbar aufgehängt. Bringt man zwei große Bleikugeln c und d seitlich neben die Kugeln a und b, so ziehen sich c und a sowie b und d gegenseitig an. Da die großen Kugeln dann festliegen, bewegen sich die kleinen Kugeln der Drehwaage auf die großen zu. Die kleinen Kugeln „fallen", wenn auch sehr viel langsamer, nämlich in einigen Minuten, ähnlich auf die großen Kugeln, wie ein Stein auf die Erde fällt. Dabei verdrillt sich der Aufhängefaden und schwingt um eine Gleichgewichtslage, in der das Drehmoment gleich dem Torsions-

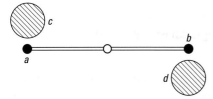

Abb. 3.21   Drehwaage (von oben gesehen)

moment ist. Man bestimmt die Mittellagen des schwingenden Systems, einmal mit und einmal ohne die anziehenden großen Kugeln. Ferner kann man auch durch geeignete Wahl des Aufhängefadens (dünnes Metallband) das Torsionsmoment außerordentlich klein machen, so dass die kleinen Kugeln praktisch „frei" auf die großen Kugeln „fallen". Man misst dann die Fallzeit t und die durchfallene kleine Wegstrecke s. Ebenso wie bei den Fallversuchen ist der Weg $s = (a/2)t^2$, woraus die Beschleunigung a errechnet wird. Die gesuchte Kraft ist $F = ma = GmM/r^2$. Dabei ist r der Abstand der Schwerpunkte der sich anziehenden Körper. Es ergibt sich die Gravitationskonstante G. Selbstverständlich wird bei diesen Versuchen die sehr kleine Bewegung stark vergrößert, indem ein Lichtstrahl durch einen Spiegel an der Drehwaage abgelenkt wird. Als genauester Wert hat sich für die Gravitationskonstante G experimentell ergeben:

$$G = (6.674 \pm 0.003) \cdot 10^{-11}\,\mathrm{m^3\,kg^{-1}s^{-2}}.$$

Massen von Sonne und Planeten. Nach Kenntnis der Gravitationskonstanten kann man mit Hilfe des Gravitationsgesetzes die Masse der Erde sowie die Masse anderer Himmelskörper berechnen. Die Kraft, mit der ein an der Erdoberfläche befindlicher Körper der Masse m von der Erde der Masse M, die man sich im Erdmittelpunkt vereinigt denken kann, angezogen wird, ist nach dem Gravitationsgesetz GmM/R^2 und nach dem zweiten Newton'schen Gesetz mg. Dies liefert die Gleichung $GM/R^2 = g$ und hieraus folgt $M = gR^2/G$. Setzt man in diese Gleichung die Werte für g, R und G ein, so erhält man für die Masse der Erde den Wert $M = 5.974 \cdot 10^{24}$ kg.

Da das Volumen der Erde gleich $1.1 \cdot 10^{21}$ m^3 ist, ergibt sich für die mittlere Dichte der Erde der Wert 5.52 g/cm^3. Da die Dichte der oberen Erdrinde nur etwa 2.5 g/cm^3 beträgt, muss man schließen, dass der Kern der Erde aus Materie wesentlich größerer Dichte (vielleicht Eisen) aufgebaut ist. Hierfür spricht – neben den Erfahrungen aus der Seismik – auch die mehrfach beobachtete Erscheinung, dass die Fallbeschleunigung beim Eindringen in das Erdinnere (z. B. in tiefen Bergwerksschächten) zunimmt; man nähert sich hierbei der Hauptmasse der Erde, die nach dem Gravitationsgesetz die Hauptanziehung auf den fallenden Körper ausübt. Im Erdmittelpunkt selbst muss dagegen die Anziehung auf einen dort befindlichen Körper null sein, da sich die von den ringsum befindlichen Erdmassen ausgehenden Kräfte aufheben.

G. B. Airy (1801 – 1892) wies 1821 und 1854 in den Steinkohlebergwerken von Cornwall die Zunahme der Fallbeschleunigung g bei Annäherung an den Mittelpunkt der Erde nach. Er fand, dass die Fallbeschleunigung in einer Tiefe von 393 m um 1/19 200 ihres an der Erdoberfläche gemessenen Wertes größer ist.

In ähnlicher Weise wie die Erdmasse können wir auch die Masse der Sonne berechnen. Nach Gl. (3.13) ist die Beschleunigung, die ein Planet zur Sonne hin erfährt, $a_r = 4\pi^2 r/T^2$. Nennen wir die Sonnenmasse M und die Planetenmasse m, so ist diese Beschleunigung andererseits nach dem Gravitationsgesetz $a_r = GM/r^2$, so dass wir für M die Beziehung finden: $M = 4\pi^2 r^3/GT^2$. Nach dem dritten Kepler'schen Gesetz ist der Wert r^3/T^2 für den Umlauf aller Planeten gleich, und zwar $3.355 \cdot 10^{18}$ m^3 s^{-2}. Dies findet man, wenn man etwa für r den Erdbahnradius ($= 1.495 \cdot 10^{11}$ m) und für T das Erdjahr ($3.156 \cdot 10^7$ s) einsetzt. Dies liefert für die Sonnenmasse M den Wert $1.98 \cdot 10^{30}$ kg.

Auf die gleiche Weise kann man die Masse jedes Planeten bestimmen, wenn er Trabanten besitzt und man deren Abstände r vom Zentralkörper und ihre Umlaufzeit T, d. h. das

Verhältnis r^3/T^2 für dieses System bestimmen kann. Dies gilt z. B. für Jupiter und seine Monde.

Nach dem Gravitationsgesetz ist das Verhältnis r^3/T^2 proportional zur Masse des Zentralkörpers, also haben wir die beiden Gleichungen:

$$\left(\frac{r^3}{T^2}\right)_{\text{Sonnensystem}} = CM; \qquad \left(\frac{r^3}{T^2}\right)_{\text{Jupitersystem}} = Cm,$$

wenn M und m die Massen von Sonne und Jupiter sind. Die Beobachtungen ergeben, dass für Jupiter r^3/T^2 nur den 1048sten Teil von $3.355 \cdot 10^{18}$ m^3 s^{-2} beträgt; d. h., die Jupitermasse beträgt nur den 1048sten Teil der Sonnenmasse, nämlich $1.9 \cdot 10^{27}$ kg. (Der Planet Venus z. B. besitzt keinen Mond; seine Masse muss daher (und kann) auf andere Weise, nämlich durch Beobachtungen der Störungen seiner Bahn, bestimmt werden.)

Der Zwergplanet Pluto wurde 1930 von C. W. Tombough (1906 – 1997) am Lowell-Observatorium in Arizona entdeckt. Seine Bahn weicht beträchtlich von einem Kreis ab. Im Mittel ist Pluto etwa um 30 % weiter entfernt von der Sonne als Neptun; da seine Bahn aber kein Kreis ist, taucht er gelegentlich in die Bahn des Neptun ein, wenn er der Sonne am nächsten ist. Seine sehr kleine Masse, die etwa gleich der der Erde ist und von Brouwer aus geringfügigen Abweichungen der Neptunbahn ermittelt wurde, führte Lyttleton zu der Annahme, dass Pluto ein entwichener Satellit des Neptun sei.

So erhält man die in Tab. 3.1 eingetragenen Massen der Sonne und der Planeten, bezogen auf die Masse der Erde.

Tab. 3.1   Planetenmassen relativ zur Masse der Erde

Sonne	Merkur	Venus	Erde	Mars	Jupiter	Saturn	Uranus	Neptun	Pluto
333 432	0.055	0.815	1	0.107	318	95	14.54	17.15	0.0021

Aus Tab. 3.1 geht hervor, dass die Masse der Sonne die aller Planeten zusammengenommen um mehr als das 700-fache übertrifft. Der gemeinsame Schwerpunkt des Sonnensystems liegt infolgedessen immer in großer Nähe der Sonne, zeitweise sogar im Sonneninnern selbst. Beschränkt man sich auf die Betrachtung des Systems Sonne – Erde, so liegt der Schwerpunkt nur um 451 km vom Sonnenmittelpunkt entfernt, während der Sonnenradius $696 \cdot 10^3$ km beträgt. Diese Feststellungen sind für das Folgende wichtig.

Planetenbewegung. Bisher folgten wir der historischen Entwicklung des Problems, die in der Gewinnung des Gravitationsgesetzes (3.18) gipfelte. Nachdem dieses einmal bekannt ist, kann man den Gang umkehren und den Ausdruck (3.18) $F = GMm/r^2$ in die Newton'sche Bewegungsgleichung $\boldsymbol{F} = m\boldsymbol{a}$ einsetzen. Für jeden Planeten und die Sonne hat man jeweils eine derartige Gleichung aufzustellen. Beschränken wir uns zuerst auf die Betrachtung der Sonne und eines Planeten, auf ein sogenanntes *Zweikörperproblem*, so kann man nun deduktiv alle Aussagen über die Planetenbewegung, z. B. die Kepler'schen Gesetze, wiedergewinnen. Und zwar in erweiterter und verbesserter Form. Einmal ergibt nämlich die Ausrechnung, dass die Bahnen der Himmelskörper nicht unbedingt Ellipsen zu sein brauchen, sondern ganz allgemein Kegelschnitte sein können. In der Tat hat man einige Kometenbahnen als parabolische oder hyperbolische Bahnen aufgefasst und berechnet[1]. Aber das Newton'sche Gravitationsgesetz liefert auch eine Korrektur der empirisch gefundenen Kepler'schen Gesetze, und zwar schon bei Beschränkung auf das Zweikörperproblem. Denn nach dem Satz von der Erhaltung des Schwerpunktes muss der gemeinsame Schwerpunkt des Systems Sonne – Planet in Ruhe bleiben[2] und nicht die Sonne, wie es das erste Kepler'sche Gesetz will. Allerdings liegt nach den vorhergehenden Darlegungen der Schwerpunkt so nahe am Sonnenzentrum, dass die Bewegung der Sonne, die natürlich auch auf einer Ellipse um den gemeinsamen Schwerpunkt vor sich geht, sehr klein ist.

Weitere Korrekturen sind nötig, wenn wir das gesamte Sonnensystem betrachten. Denn es ist nach dem Newton'schen Gravitationsgesetz klar, dass die Planeten dann genau genommen keine elliptischen Bahnen beschreiben können. Das wäre nur der Fall, wenn jeder Planet ausschließlich unter dem Krafteinfluss der Sonne stünde. Dieser ist zwar wegen ihrer großen Masse überwiegend, aber nicht der einzige. Denn jeder Planet erfährt – gerade nach dem Newton'schen Gesetz – von jedem anderen auch eine Kraftwirkung, und diese stört die einfache elliptische Bahn des Zweikörperproblems. Dieses allgemeine *n-Körperproblem* ist zwar streng nicht lösbar, doch erlaubt die relative Kleinheit der von den Planeten ausgeübten Kräfte eine Näherungsrechnung. Gerade diese Störungsrechnung bildet nun im Grunde genommen den größten Triumph des Gravitationsgesetzes. Mit ihm lassen sich alle Erscheinungen am Sternenhimmel mit extremer Genauigkeit und für lange historische Zeiträume voraus- und zurückberechnen. Eine Abweichung von den Kepler'schen Gesetzen konnte aber so nicht erklärt werden: Nach Abrechnung aller Störungen bleibt die Kepler-Ellipse des der Sonne am nächsten befindlichen Planeten Merkur nicht im Raum fest, sondern deren große Achse erfährt eine kleine Drehung um $43''$ in einem Jahrhundert. Diese als *Periheldrehung des Merkur* bekannte Abweichung von den Kepler'schen Gesetzen kann im Rahmen der Allgemeine Relativitätstheorie Einsteins erklärt werden.

Es kann noch hinzugefügt werden, dass die Gültigkeit des Gravitationsgesetzes durchaus nicht auf das Sonnensystem beschränkt ist. Wir kennen vielmehr Tausende von Doppelsternen, die ihre Bahnen ebenfalls genau nach diesem Gesetz beschreiben, obwohl hier der allgemeinere Fall vorliegt, dass der gemeinsame Schwerpunkt wegen der ungefähren Gleichheit der beiden Massen keineswegs innerhalb eines der beiden Sterne, sondern weit außerhalb derselben liegt.

Kopernikanisches Weltbild. Wie oben erwähnt, ist nach der Newton'schen Mechanik in Verbindung mit dem Gravitationsgesetz nur der von Nikolaus Kopernikus (1473 – 1543) begründete heliozentrische Standpunkt zulässig; die ptolemäische Auffassung des geozentrischen Weltsystems muss – von dieser Basis aus – verworfen werden. Dagegen ist es bei einer rein kinematischen – nicht dynamischen! – Beschreibung der Bahn zulässig, z. B. die Erde als ruhend anzusehen. Durch bloße Beobachtung der Bahnen kann also das ptolemäische System niemals widerlegt werden. Das folgt schon daraus, dass die Alten – nach Maßgabe der Genauigkeit ihrer Beobachtungen – z. B. die Finsternisse nach dem

---

[1] Allerdings bewegen sich die meisten Kometen auf elliptischen Bahnen um die Sonne und gehören somit zu unserem Sonnensystem.

[2] Von einer gleichförmigen Bewegung des Schwerpunktes (und damit des ganzen Sonnensystems) können wir hier absehen; tatsächlich bewegt sich das Sonnensystem mit einer Geschwindigkeit von 20 km/s gegen das Sternbild des Herkules, und mit 300 km/s gegenüber anderen galaktischen Systemen (Galaxis = Milchstraße).

ptolemäischen System ebenso gut vorausberechnen konnten wie wir. Vom reinen Beobachtungsstandpunkt aus kann man höchstens praktische Vorteile des kopernikanischen Systems zugeben, niemals aber die ausschließliche Richtigkeit desselben beweisen.

3.5 Ebbe und Flut

Erklärung der Gezeiten. Eine wichtige Folge der Gravitationswirkung des Mondes und der Sonne sind die Gezeiten, d. h. der periodische Wechsel von Ebbe und Flut. Bereits Newton erkannte den Zusammenhang dieser Erscheinungen mit den Mondphasen und entwickelte eine Theorie der fluterzeugenden Kräfte.

Um zu einer anschaulichen Erklärung zu gelangen, betrachten wir zunächst nur die Wirkung des Mondes und sehen von der Eigenrotation der Erde ab, da sie keinen Einfluss auf die fluterzeugenden Kräfte hat. Wenn wir Erde und Mond als ein freies System ansehen, so muss beim Umlauf des Mondes um die Erde die Bewegung so erfolgen, dass der gemeinsame Schwerpunkt von Erde und Mond in Ruhe bleibt (vgl. Kap. 4).

Dies kann man mit dem in Abb. 3.22 skizzierten Versuch zeigen. Zwei verschieden große Kugeln sind durch eine kurze Kette miteinander verbunden und hängen mit dem an einer beliebigen Stelle der Kette befestigten Bindfaden $a - b$ an der vertikal gestellten Achse eines Motors. Wenn diese Achse rotiert, kommt das aus den beiden Kugeln der Masse M und m befindliche System in eine Rotation um die durch den gemeinsamen Schwerpunkt S gehende Achse aS. Man kann deutlich beobachten, dass die beiden Kugeln verschieden große Kreise um S beschreiben.

Da die Masse der Erde etwa 80-mal so groß ist wie die des Mondes, liegt der Schwerpunkt S noch innerhalb der Erde, etwa 3/4 des Erdradius vom Mittelpunkt entfernt (Abb. 3.23). Um diesen gemeinsamen Schwerpunkt S bewegen sich also Erde und Mond. Es handelt sich dabei nicht etwa um eine Drehung der Erde um eine durch S gehende Achse (wie etwa in Abb. 3.22), sondern, da Erde und Mond nicht starr miteinander verbunden sind, um eine reine Verschiebung, bei der der Erdmittelpunkt in 27 1/3 Tagen eine Kreisbahn mit dem Radius $3/4\,R$ um den Schwerpunkt S durchläuft. Alle anderen Punkte der Erde beschreiben dabei ebenfalls Kreise mit dem Radius $3/4\,R$, aber um verschiedene Mittelpunkte (Revolution ohne Rotation). Das bedeutet aber, dass die Zentrifugalkraft F_z, die durch diese Bewegung hervorgerufen wird, in jedem Punkt der Erde gleich groß ist.

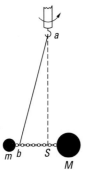

Abb. 3.22 Rotation zweier Kugeln verschieden großer Masse um ihren gemeinsamen Schwerpunkt S

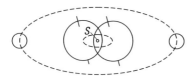

Abb. 3.23 Bewegung von Erde und Mond
um ihren gemeinsamen Schwerpunkt

Ferner wirkt sie stets parallel zur Verbindungslinie von Erd- und Mondmittelpunkt und ist
vom Mond weg gerichtet.

Ganz anders dagegen verhält es sich mit der Gravitationskraft des Mondes. Sie ist aufgrund der nicht zu vernachlässigenden Ausdehnung der Erde an verschiedenen Orten der
Erdoberfläche verschieden groß und wird nur im Erdmittelpunkt – gemäß den Gesetzen der Planetenbewegung – von der Zentrifugalkraft F_z kompensiert. In Abb. 3.24 sind
die in vier verschiedenen Punkten der Erdoberfläche und im Erdmittelpunkt wirkenden
Gravitationskräfte F_g und die Zentrifugalkraft F_z sowie ihre Resultierenden (doppelt ausgezogen) eingezeichnet. Im Punkt A überwiegt F_g; im Punkt C ist wegen der größeren
Entfernung vom Mond F_g kleiner als F_z; und bei B und D ist die Resultierende klein
und zum Erdmittelpunkt hin gerichtet. Zwischen den Punkten B und D einerseits und A
und C andererseits findet entlang der Erdoberfläche ein stetiger Übergang von Größe und
Richtung der resultierenden Kraft statt, d. h., die resultierende Kraft besitzt in den Zwischenpunkten auch eine parallel zur Erdoberfläche wirkende Komponente (Abb. 3.24).
Diese Horizontalkomponente ist für die Bewegung des Wassers verantwortlich. Die vertikale Komponente bewirkt eine elastische Verformung, d. h. ein Senken und Heben der
festen Erdoberfläche um einige Dezimeter und damit auch eine kleine Zu- oder Abnahme
der Erdbeschleunigung g. Die Folge ist, dass das Wasser von allen Seiten zu den Punkten
A und C strömt (Abb. 3.24 ist rotationssymmetrisch zur Achse AC zu denken) und dort
Flutberge entstehen, während bei B und D sowie längs des gesamten durch B und D gehenden, zur Papierebene senkrechten Meridians Ebbe herrscht. Infolge des Mondumlaufs
um die Erde und der gleichzeitigen Drehung der Erde um die Nord-Süd-Achse, die von
der Achse BD etwas abweicht, verschiebt sich der beschriebene Zustand dauernd, so dass
innerhalb von rund 24 3/4 Stunden an einem Ort zweimal Ebbe und Flut eintritt.

Die gleiche Überlegung, die für das System Erde–Mond angestellt wurde, lässt sich
auch für das System Erde–Sonne durchführen. Allerdings ist die Wirkung der Sonne nur
etwa halb so groß (genauer: 0.46-mal so groß) wie die des Mondes. In den Zeiten, wo
Sonne, Erde und Mond in einer Geraden stehen (Voll- bzw. Neumond) addieren sich die

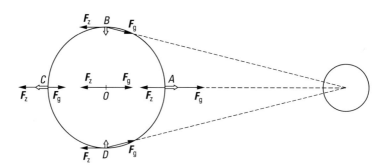

Abb. 3.24 Erklärung der Gezeiten

Wirkungen von Sonne und Mond und es kommt zu den sogenannten Springfluten. Bilden Sonne und Mond dagegen einen rechten Winkel mit der Erde als Scheitelpunkt (erstes und letztes Mondviertel), so sind die fluterzeugenden Kräfte am kleinsten (Nippflut).

Mit Hilfe der genauen Theorie und mit Kenntnis von Erfahrungswerten ist es möglich, für jeden Punkt der Erde die Zeit des Eintritts und die Höhe der Flut im Voraus zu bestimmen. Der komplizierte Verlauf der Meeresküsten macht den Vorgang allerdings äußerst unübersichtlich. Zu einer halbwegs befriedigenden Erklärung kann man nur gelangen, wenn man Ebbe und Flut als Welle auffasst, deren Ausbreitungsgeschwindigkeit in flachen Gewässern stark von der Wassertiefe abhängt. Die in manchen Buchten beobachteten extremen Fluthöhen von 10 bis 15 m stellen ein Resonanzphänomen dar, für das Länge und Form der Bucht entscheidend sind. Das heißt, genauso wie sich eine Luftsäule an einem Ende zu Resonanzschwingungen erregen lässt, kann auch in einer Meeresbucht bestimmter Länge bei Wellenerregung an ihrem Eingang Resonanz auftreten. Es ist möglich, dass die Wirkung noch verstärkt wird durch Coriolis-Kräfte (s. Abschn. 3.6). In Binnenmeeren ist die Flutwirkung nur gering. Im Mittelmeer z. B. reicht die Wassermenge, die durch die Meerenge von Gibraltar vom Atlantik hereinströmen kann, nicht aus, um den Wasserspiegel nennenswert anzuheben. Trotzdem erreicht in Venedig die Springflut eine Höhe von 1.20 m, was auf die Resonanzwirkung in der Adria zurückzuführen ist.

Rückwirkung auf die Bewegung von Erde und Mond. Ebbe und Flut üben durch Reibung eine bremsende Wirkung auf die Erdrotation aus. Sie ist zwar sehr gering (zurzeit wird jeder Tag um 50 Nanosekunden länger!), hat aber zu einer Zeit, in der sich Erde und Mond noch in flüssigem Zustand befanden, eine große Rolle gespielt. Die flüssige Erdkugel konnte den Kräften nachgeben und die Ellipsoidform annehmen, die entsteht, wenn man die Pfeilspitzen in Abb. 3.25 miteinander verbindet (die Verformung ist in der Zeichnung stark übertrieben). Die große innere Reibung der zähflüssigen Materie hat eine sehr viel größere Bremswirkung zur Folge, als sie heute durch das Wasser verursacht wird. Ein eindrucksvolles Beispiel dafür ist der Mond selbst. Er besaß einmal eine viel größere Eigenrotation als heute. Die beiden Flutberge, die die Erde auf ihm erzeugte, als er noch aus flüssiger Materie bestand, bremsten seine Rotationsgeschwindigkeit so lange, bis der

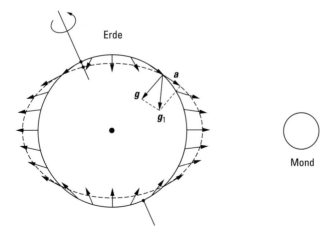

Abb. 3.25 Deformation der Erde infolge der Gravitations- und Zentrifugalkräfte

Gleichgewichtszustand erreicht war: der Mond wendet der Erde immer dieselbe Seite zu. Diese Seite ist nichts anderes als ein erstarrter Flutberg. Tatsächlich ergaben genaue Messungen, dass der Mond ein Ellipsoid ist, dessen längste Achse zur Erde weist.

Die bremsende Wirkung des Mondes auf die Eigenrotation der Erde hat noch eine weitere Konsequenz: Wenn der Mond ein Drehmoment (s. Kap. 4 und 7) auf die Erde ausübt, das deren Rotation bremst, muss, da sich das System im Gleichgewicht befindet, ein entgegengesetztes Drehmoment existieren, das die Bahngeschwindigkeit des Mondes vergrößert. Eine größere Bahngeschwindigkeit hat aber auch eine größere Zentrifugalkraft zur Folge, die ihrerseits ein Anwachsen des Bahnradius bewirkt. Der Mond entfernt sich unter Vergrößerung seiner Umlaufszeit allmählich immer weiter von der Erde, während er deren Eigendrehung bremst. Der Vorgang dauert so lange an, bis wiederum ein Gleichgewichtszustand erreicht ist. Dieser ist dann dadurch ausgezeichnet, dass die Winkelgeschwindigkeiten von Mondumlauf und Erdeigenrotation übereinstimmen, d. h., die Erde wird dem Mond stets die gleiche Seite zuwenden. Der Mond scheint dann also über einem Punkt der Erde stillzustehen, als ob eine starre Verbindung zwischen Erde und Mond existierte. Es lässt sich zeigen, dass bis zu diesem Zeitpunkt die Tageslänge auf das 55-fache des heutigen Tages angewachsen sein wird. Bedenkt man demgegenüber, dass es sich hierbei im Grunde um minimale Kräfte handelt (die maximale fluterzeugende Kraft des Mondes auf der Erde beträgt heute nicht viel mehr als 1 Millionstel der Erdanziehungskraft), so ist es erstaunlich, welche tiefgreifenden Folgen sie im Verlauf der Geschichte unseres Planeten haben.

Gezeitenkraftwerk. Man hat schon oft überlegt, Energie aus der gewaltigen und periodisch regelmäßigen Wasserbewegung zu gewinnen. Das erste Gezeitenkraftwerk wurde im Jahr 1966 in Nordfrankreich bei St. Malo fertiggestellt. In die Rance, einem kleinen, aber breiten Fluss, strömt ein starker Flutstrom hinein, da hier der Höhenunterschied des Meeres zwischen Ebbe und Flut bis zu 13.5 m beträgt. In der Sekunde fließen bis zu $18\,000\,\mathrm{m}^3$ Meerwasser durch den Querschnitt dieser Flussmündung. Man hat nun die Flussmündung durch einen Damm abgesperrt und lässt das Meerwasser durch 24 Turbinen ein- und ausströmen. Die maximale Leistung, die abgegeben werden kann, beträgt 240 Megawatt. Man erhält eine jährliche Energie von rund 500 Millionen Kilowattstunden.

Gravimetrische Messungen. Wie schon erwähnt wurde, ist die Ebbe und Flut der festen und flüssigen Erdoberfläche mit einer Änderung der Schwere- oder Fallbeschleunigung g verbunden. Und zwar ändern sich Betrag und Richtung von g (Abb. 3.25). Ohne Einfluss von Mond und Sonne würde der Vektor der Erdbeschleunigung g selbstverständlich immer auf den Mittelpunkt der Erde gerichtet sein. Infolge der Gravitationswirkung von Mond und Sonne kommt der Beschleunigungsvektor a hinzu, so dass die resultierende Richtung der Erdbeschleunigung g_1 nicht immer zum Erdmittelpunkt zeigt. Da die Erde nicht vollkommen starr ist, deformiert sie sich unter dem Einfluss der Gravitationskräfte von Mond und Sonne. Dadurch gibt es neben der Ebbe und Flut der Meere auch eine Gezeitenbewegung der festen Erde. Die größte Hebung der festen Erdoberfläche beträgt etwa 26 cm, die größte Senkung etwa 13 cm.

Die zeitliche Änderung des Betrages g der Schwere- oder Erdbeschleunigung wird mit einer sehr empfindlichen Federwaage, dem Schweremesser oder Gravimeter, gemessen. Die Wirkungsweise ist folgende: Ein Gewichtsstück hängt an einer Federwaage. Die Dehnung der Feder verändert sich, wenn der Betrag der Erdbeschleunigung g sich ändert. Da

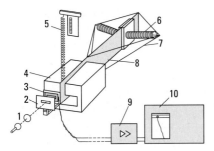

1 Beleuchtungseinrichtung (Lampe und Optik)
2 Blende und Spalt
3 Photoelemente
4 Dämpfmagnet
5 Messfeder mit Maßstab
6 Torsionsfedern
7 Fäden zur Fesselung des Messbalkens
8 Messbalken
9 Verstärker
10 Registriergerät

Abb. 3.26 Gravimeter

diese Änderung sehr gering ist, müssen besondere Kunstgriffe angewendet werden, um die geringe Dehnungsänderung der Feder anzuzeigen. Bei einem Gravimeter (Abb. 3.26), das heute verwendet wird, hängt ein ziemlich schweres und langes Metallstück an drei Federn: a) zwischen zwei horizontal liegenden, starken Torsionsfedern, die fast vollständig (unter Torsion) das Gewichtsstück tragen; b) an einer vertikalen, schwachen Feder, die am anderen Ende des langen Metallstückes je nach Veränderung von g mehr oder weniger gedehnt wird. Diese schwache Feder dient zur Messung und wird bei jeder einzelnen Messung so eingestellt, dass das Gewichtsstück die gleiche Lage wie am Ort der Eichung erhält. Dies wird photoelektrisch kontrolliert.

Man kann auch statt einzelner Messungen an verschiedenen Orten an einem Ort die zeitliche Änderung von g registrieren. Einen Ausschnitt einer solchen Registrierkurve zeigt Abb. 3.27. Die kleinen Ausschläge werden durch die Sonne, die großen durch den Mond verursacht. Die zeitliche Änderung der Erdbeschleunigung beträgt max. etwa 10^{-6} ms^{-2}. Gut messbar ist noch eine Änderung bis zu 10^{-7} ms^{-2}. Dies ist etwa die Änderung von g, die dadurch hervorgerufen wird, dass ein Gravimeter 32 cm höher statt auf den Fußboden gestellt wird. Denn nach dem Newton'schen Gravitationsgesetz ist:

$$mg = G\frac{mM}{(R+h)^2}$$

G = Gravitationskonstante = $6.674 \cdot 10^{-11}$m^{3}kg^{-1} s^{-2} (3.19)
M = Masse der Erde = $5.974 \cdot 10^{24}$ kg
R = Radius der Erde = 6378 km.

Diese außerordentliche Empfindlichkeit wird durch folgende kleine Geschichte besonders deutlich: In einem Institut wurde bemängelt, dass das neu gelieferte Gravimeter einen „Gang" habe. Darunter versteht man eine kontinuierliche Änderung des Ausschlags, wie sie auch in Abb. 3.27 zu sehen ist. Ein solcher „Gang" kann entweder durch eine Temperaturänderung oder durch die Alterung der Federn (Rekristallisation!) hervorgerufen werden. Die genauere Untersuchung ergab nun aber, dass der „Gang" nicht am Instrument lag, das vollkommen richtig anzeigte. Es war nämlich Winter und der Kohlenvorrat im Keller unter dem Instrument nahm ab!

In der Geologie und besonders in der Lagerstättenkunde wird mit dem Gravimeter nicht die zeitliche Änderung von g, sondern der Wert an einem Ort relativ zu irgend einem Eichort gemessen. Ist dann z. B. der Wert von g besonders klein, so kann man daraus schließen, dass unter der Erdoberfläche größere Räume mit Stoffen geringer Dichte angefüllt sind (z. B. Erdgas, Erdöl).

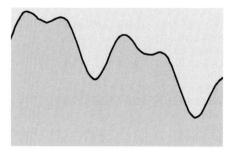

Abb. 3.27   Registrierkurve eines Gravimeters. Auf der Ordinate entsprechen 10 mm einer g-Änderung von etwa $5 \cdot 10^{-7}$ m $\cdot$ s^{-2}.

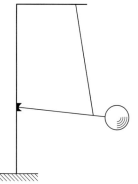

Abb. 3.28   Horizontalpendel

Auch die Richtung der Erdbeschleunigung **g** ist von Interesse, ebenfalls die zeitliche Änderung der Richtung. Denn Betrag und Richtung von **g** werden ja durch die Gravitation und durch die Gezeiten-Verformung der Erde verändert. Die zeitliche Schwankung der Richtung von **g** beträgt maximal 0.02 Bogensekunden. Man benutzt zur Messung ein Horizontalpendel (Abb. 3.28). Eine sehr geringe Neigung der vertikalen Halterung führt zu einer Bewegung der Kugel, die durch Spiegel und Lichtstrahl deutlich sichtbar gemacht und gemessen werden kann. Infolge von Temperatureinflüssen sind die oberen Erdschichten aber relativ großen Neigungsänderungen unterworfen, die also nichts mit einer Richtungsänderung von **g** zu tun haben. Deshalb muss man ein Horizontalpendel in einem tiefergelegenen Bergwerksstollen aufstellen.

Neuerdings ist ein sehr empfindliches Gerät entwickelt worden, das in einem Bohrloch herabgelassen werden kann. Es ist im Prinzip ein Lot, das sich in einem im Bohrloch befestigten Gehäuse befindet. Das untere Ende des 1 m langen Lotes zeigt nicht auf die Mitte, wenn **g** nicht parallel zur Gehäuseachse gerichtet ist. Die Messgenauigkeit beträgt 10^{-9} rad. Dies ist ein Hundertstel der Richtungsänderung von **g** infolge der Gezeiten. Dieses Gezeitenpendel kann also an seinem unteren Ende noch Ausschläge messen, die 1 nm $= 10^{-9}$ m betragen. (Zur Veranschaulichung: Der Abstand der Natrium-Atome von den benachbarten Chlor-Atomen im Kochsalz beträgt etwa ein Drittel des Wertes!)

3.6 Trägheitskräfte in rotierenden Bezugssystemen

Beschleunigte Bewegung eines Massenpunkts. Wenn sich ein Massenpunkt auf einer krummlinigen Bahn mit ungleichförmiger Geschwindigkeit bewegt, so erfährt er zwei Beschleunigungen:

die Bahnbeschleunigung
oder Tangentialbeschleunigung
$$a_b = \frac{dv}{dt} = \frac{d^2s}{dt^2};$$

und die Radialbeschleunigung
$$a_r = \frac{v^2}{r}.$$

Auf den Massenpunkt wirken also zwei Kräfte:

die Tangentialkraft
(in Richtung der Bahn)
$$F_b = ma_b = m\frac{dv}{dt} = m\frac{d^2s}{dt^2}$$

und die Radialkraft
(oder Zentripetalkraft)
$$F_r = ma_r = m\frac{v^2}{r} = \frac{m}{r}\left(\frac{ds}{dt}\right)^2$$

$$(3.20)$$

Während die Kraft F_b nur eine Änderung der Bahngeschwindigkeit bedingt, wirkt F_r stets senkrecht zur Bahn zum Zentrum des Krümmungskreises und zwingt den Massenpunkt zur Abweichung von seiner ursprünglich geradlinigen Bahn. In dem besonderen Fall, dass sich der Massenpunkt auf einem Kreis mit konstanter Geschwindigkeit v bewegt, ist $F_b = 0$, und F_r nimmt einen konstanten Wert an. Bezeichnet man mit ν die Anzahl der Umläufe des Massenpunktes pro Zeit, mit T die Dauer des Umlaufes, mit ω die Winkelgeschwindigkeit und mit r den Bahnradius, so kann man die Radialkraft in folgender Weise ausdrücken:

$$F_r = \frac{mv^2}{r} = mr\omega^2 = mr4\pi^2\nu^2 = mr\frac{4\pi^2}{T^2}.$$

$$(3.21)$$

Von der Wirkung der Radialkraft überzeugt man sich durch folgende Versuche: Um einen Stein auf einem Kreis herumzuschleudern, muss man ihn an eine Schnur anbinden und deren anderes Ende festhalten. Die straff gespannte Schnur hält den Stein auf der Kreisbahn, die er sofort verlässt, wenn die Schnur losgelassen wird. – Ersetzt man die Schnur ganz oder zum Teil durch eine Federwaage, so kann man gut erkennen, dass die Kraft bei gleicher Umlaufzeit proportional zum Radius ist. Man kann durch Auswechseln des Steines durch andere Körper auch gut erkennen, dass die Kraft proportional zur Masse ist. Dabei kann man auch jedesmal die Umlaufzeit variieren und die Gültigkeit der Gl. (3.21) wenigstens grob prüfen.

Zentrifugalkraft. Schreibt man die Gl. (3.21) in der Form

$$F_r + (-mr\omega^2) = 0,$$

so kann man nach den Überlegungen in Abschn. 3.3 die Größe $(-mr\omega^2)$ als d'Alembert-sche Trägheitskraft auffassen, die gleichfalls an der bewegten Masse angreift, der Zentripetalkraft (= Radialkraft) entgegengerichtet ist und ihr das Gleichgewicht hält. Man hat dieser in Richtung des Bahnradius nach außen vom Zentrum wegweisenden Trägheitskraft einen besonderen Namen gegeben: *Zentrifugal-* oder *Fliehkraft*. Für die Größe bzw. die

Abb. 3.29   Beim Schleifen glühend gewordene Stahlspäne verlassen den Schleifstein tangential.

Abhängigkeit der Zentrifugalkraft von Masse, Bahnradius, Bahngeschwindigkeit usw. gilt das Gleiche wie für die Zentripetalkraft. Da die Zentrifugalkraft nur ein anderer Ausdruck dafür ist, dass der Körper infolge seiner Trägheit sich der Richtungsänderung durch die Zentripetalkraft widersetzt, verschwindet sie gleichzeitig mit der letzteren. Lassen wir z. B. beim herumgeschleuderten Stein die Schnur los, d. h. annullieren wir die Zentripetalkraft, so verschwindet auch die Zentrifugalkraft, und der Stein fliegt nach dem Trägheitsgesetz in Richtung der Bahntangente weg. Dieses tangentiale Abfliegen kann man z. B. an einem funkensprühenden Schleifstein beobachten: Die infolge der Reibung beim Schleifen eines Stahlstückes glühend gewordenen Stahlspäne verlassen den Schleifstein tangential! (Abb. 3.29).

Wie schon in Abschn. 3.3 ausgeführt, braucht man von d'Alembert'schen Trägheitskräften, insbesondere von Zentrifugalkräften, überhaupt nicht zu sprechen, wenn man den Bewegungsvorgang nicht als „dynamisches Gleichgewicht" betrachten will: Wie alle Trägheitskräfte tritt auch die Zentrifugalkraft nur auf, wenn man sich auf ein beschleunigtes Bezugssystem bezieht und dann statische Methoden und statische Begriffe verwendet, die eigentlich nur bezogen auf Inertialsysteme verwendet werden dürfen; den begangenen Fehler kompensiert man durch Einführung der Trägheitskräfte, hier der Zentrifugalkraft. Die Einführung dieses Begriffes ist bequem in der Ausdrucksweise, verlangt aber, dass der Lernende den Sachverhalt gründlich durchschaut; ist dies nicht der Fall, so kann der Begriff Zentrifugalkraft zu Verwirrung Anlass geben, was in der Geschichte der Physik häufig genug der Fall gewesen ist.

Wir wollen das schon benutzte Beispiel betrachten, indem wir einen Stein an einer Schnur herumschwingen, die wir am anderen Ende mit der Hand festhalten; dann glaubt man, die Zentrifugalkraft durch den nach außen gerichteten Zug der Schnur an der Hand deutlich zu spüren, und drückt sich auch häufig so aus. Dennoch ist dies nicht richtig, und es ist lohnend, an diesem einfachen Beispiel den Sachverhalt zu erläutern (Abb. 3.30). Damit

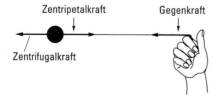

Abb. 3.30   Zur Definition von Zentrifugal- und Zentripetalkraft

der Stein seine Kreisbahn beschreiben kann, muss auf ihn – in irgendeiner Weise – eine Radialkraft (Zentripetalkraft) nach innen ausgeübt werden; in unserem Beispiel geschieht dies durch die Spannung der (gedehnten) Schnur. In Abb. 3.30 ist diese Zentripetalkraft als nach innen gerichteter Pfeil an dem Stein angebracht. Welche Kraft greift nun an der Hand an? Nicht etwa die Zentripetalkraft, sondern deren Gegenkraft nach dem dritten Newton'schen Gesetz (actio = reactio); sie ist durch einen nach außen gerichteten Pfeil an der Hand markiert. Zentripetalkraft und Reaktionskraft sind entgegengesetzt gerichtet und gleich groß, haben aber verschiedene Angriffspunkte. Die Zentrifugalkraft dagegen muss, da sie bei Behandlung der Bewegung als statisches Problem der Zentripetalkraft das Gleichgewicht halten soll, an den Stein selbst angebracht werden, wie es in Abb. 3.30 auch geschehen ist; die Zentrifugalkraft ist der Zentripetalkraft gleich, aber entgegengesetzt gerichtet. Was man an der Hand als Zug nach außen verspürt, ist also nicht eigentlich die Zentrifugalkraft – diese greift ja gar nicht an der Hand an! –, sondern die ihr nach Größe und Richtung gleiche Reaktionskraft. Man muss sich also Folgendes merken:

1. Die Zentrifugalkraft greift an demselben Punkt an wie die Zentripetalkraft.
2. Die Reaktion der Zentripetalkraft greift nach dem dritten Newton'schen Gesetz an einem anderen Punkt an als die Zentripetalkraft, ist aber der Zentrifugalkraft nach Größe und Richtung gleich.
3. Bei den sogenannten Zentrifugalapparaten und Versuchen über Zentrifugalkraft beobachtet man meistens, wie in dem eben besprochenen Fall, nicht die Zentrifugalkraft, sondern die Newton'sche Reaktionskraft.

Wenn man sich dies einmal klargemacht hat, kann man den Begriff der Zentrifugalkraft unbedenklich benutzen, wie es auch im Folgenden geschieht.

Die Größe der Zentrifugalkraft einer auf einem Kreis mit gegebenem Radius umlaufenden Kugel lässt sich mit der in Abb. 3.31 wiedergegebenen Anordnung messen. Bei genügend schneller Rotation des Apparates um die vertikale Achse A hebt die an der Kugel der Masse m_1 angreifende Zentrifugalkraft ein Metallstück der Masse m_2 hoch. Die Hebung von m_2 erfolgt demnach, sobald $\omega^2 \geq m_2 g / m_1 r$ ist. – Lässt man den in Abb. 3.32

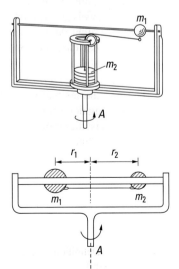

Abb. 3.31 Messung der Zentrifugalkraft

Abb. 3.32 Gleichgewichtsbedingung für rotierende Kugeln: $m_1 r_1 = m_2 r_2$

im Querschnitt gezeichneten Apparat, bei dem zwei verschieden große durch einen Faden miteinander verbundene Kugeln der Massen m_1 und m_2 auf einer horizontalen Stange leicht verschiebbar angebracht sind, um die Achse A rotieren, so wirkt die Zentrifugalkraft jeder Kugel als Zentripetalkraft auf die andere. Damit die Kugeln sich bei der Rotation längs der Stange nicht verschieben, muss, da beide die gleiche Winkelgeschwindigkeit haben, $m_1 r_1 \omega_1^2 = m_2 r_2 \omega_1^2$ oder $m_1 : m_2 = r_2 : r_1$ sein, d. h., die Kugeln müssen eine solche Lage haben, dass sich die Abstände von der Achse umgekehrt wie die Massen verhalten. Das bedeutet, dass der Schwerpunkt auf der Rotationsachse liegt. Allerdings ist das Gleichgewicht labil!

Zentrifuge. Setzt man ein Glasgefäß von der in Abb. 3.33a gezeichneten Form, in dem das spezifisch leichtere Wasser über dem spezifisch schwereren Quecksilber geschichtet ist, um die vertikale Achse in schnelle Umdrehungen, so bewegt sich – wegen seiner größeren Dichte – das Quecksilber nach den Stellen des größten Umfanges und bleibt dort während der Rotation. In derselben Weise erklärt sich auch die Wirkung der Zentrifugen, die zur Trennung Flüssigkeiten oder Stoffen, die in einer Flüssigkeit verteilt sind, dienen. So wird z. B. bei der Milchzentrifuge der Rahm dadurch von der Magermilch abgetrennt, dass man die Vollmilch in einem Gefäß in schnelle Rotation versetzt: Die spezifisch schwerere Magermilch wird an die Gefäßwand getrieben, während sich der spezifisch leichtere Rahm in der Nähe der Drehachse ansammelt, wo er durch eine geeignet angebrachte Öffnung abgelassen werden kann.

Früher hat man die Milch einfach längere Zeit in einer flachen Schale stehengelassen. Die Trennung verschieden schwerer Teilchen erfolgt dabei durch die Schwerkraft. Eine längere Zeit ist für die Trennung der Teilchen deshalb erforderlich, weil die Brown'sche Molekularbewegung (s. Kap. 17) und die Reibung der Trennung ständig entgegenwirken. Schwebeteilchen, deren Dichte nur sehr wenig größer ist als die der Flüssigkeit, setzen sich wegen der Molekularbewegung niemals am Boden ab. Bei der Zentrifuge erfolgt die Trennung viel schneller, weil die sehr viel größere Zentrifugalkraft anstelle des Gewichts die Trennung bewirkt. Die Brown'sche Molekularbewegung spielt bei der Zentrifuge praktisch keine Rolle mehr.

Beträgt z. B. die Drehfrequenz einer Zentrifuge 3000 Umdrehungen pro Minute, also 50 pro Sekunde, dann ist die Radialbeschleunigung a_r im Abstand 10 cm von der Achse: $a_r = r \omega^2 = 0.1 \cdot 4\pi^2 \cdot 2500 \, \text{m/s}^2 \approx 10\,000 \, \text{m/s}^2$. Die Radialbeschleunigung beträgt in diesem Fall somit das Tausendfache der Erdbeschleunigung und damit auch die Zentrifugalkraft das Tausendfache des Gewichts.

Man kann heute Ultrazentrifugen kaufen, die 1000 Umdrehungen pro Sekunde und Radialbeschleunigungen von über einer Million m/s^2 erreichen. Sie werden z. B. zur Sedimentation von Viren und größeren Molekülen verwendet. Bei diesen Ultrazentrifugen

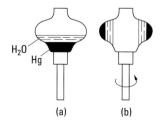

(a)   (b)

Abb. 3.33 Wirkung der Zentrifugalkraft bei rotierenden Flüssigkeiten

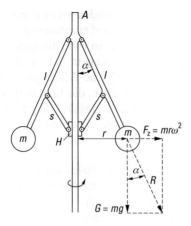

Abb. 3.34   Zentrifugalregler

müssen die Abstände von der Achse klein gehalten werden, damit das Material des Rotors nicht überlastet wird.

Versetzt man einen Kettenring auf einer Schwungradscheibe mit horizontaler Achse in schnelle Rotation, so werden die Kettenglieder durch die nach außen wirkenden Zentrifugalkräfte so stark angespannt, dass die Kette wie ein starrer Ring wirkt. Wirft man die Kette während der Rotation von der Scheibe ab, so läuft sie auf dem Boden wie ein starrer Reifen weiter und überspringt sogar Hindernisse. – Lässt man eine auf der Achse eines Motors befestigte, kreisrunde Kartonscheibe sehr schnell rotieren, so wird sie durch die Zentrifugalkräfte derart stark angespannt, dass man sie wie eine Kreissäge zum Durchsägen von Holz benutzen kann.

Zentrifugalregler. Bei dem in der Technik zur Steuerung alter Dampfmaschinen benutzten *Zentrifugalregler* befinden sich (Abb. 3.34) zwei Kugeln der Masse m an den Enden zweier Stangen l, die drehbar an der vertikalen Achse A befestigt sind. Rotiert die ganze Vorrichtung um die Achse A, so werden die Kugeln infolge der Zentrifugalkraft nach außen gezogen und dadurch gehoben. Diese Hebung überträgt sich durch die Stangen s auf eine längs der Achse gleitende Hülse H, die ihrerseits über ein in der Abbildung nicht gezeichnetes Gestänge die Dampfzufuhr drosselt, wenn die Drehfrequenz der Maschine einen bestimmten Betrag überschreitet. Die genaue Einstellung des Zentrifugalreglers findet man folgendermaßen: Auf jede der Kugeln wirken zwei Kräfte: die radial nach außen gerichtete Zentrifugalkraft $F_z = mr\omega^2$ und die nach unten gerichtete Gewichtskraft $G = m \cdot g$. Beide Kräfte setzen sich zu einer Resultierenden R zusammen (Abb. 3.34). Die Einstellung der Kugeln bei der Rotation muss so erfolgen, dass die Richtung von R mit der Richtung der Hebelstange l zusammenfällt; denn in diesem Fall ist das von R hervorgerufene Drehmoment (s. Abschn. 4.4) null. Bezeichnen wir den Neigungswinkel von l gegen die Vertikale mit α, so findet man leicht

$$\tan \alpha = \frac{F_z}{G} = \frac{r\omega^2}{g} \quad \text{und} \quad \sin \alpha = \frac{r}{l}, \quad \text{so dass} \quad \cos \alpha = \frac{g}{l\omega^2}$$

wird.

Überträgt man die Verschiebung der Hülse H bei dem Zentrifugalregler in geeigneter Weise auf einen Drehzeiger, der sich über einer Skala bewegt, die in Drehfrequenzen geeicht ist, so erhält man einen *Drehfrequenzmesser* (Tachometer). Jeder Drehfrequenz entspricht eine bestimmte Stellung des Zeigers. Damit ein solches Tachometer in jeder Lage arbeitet, ersetzt man die beim Zentrifugalregler auf die Massen wirkende Schwerkraft durch geeignete Federkräfte.

Kurvenfahrt. Will man auf einem Fahrrad schnell eine Kurve durchfahren, so muss man sich nach innen legen. Bei der Schräglage wird das Rad auf der gekrümmten Bahn durch sein Gewicht nach innen gezogen und radial beschleunigt. Im beschleunigten Bezugssystem lässt sich dieser Sachverhalt auch statisch formulieren: Das im Schwerpunkt S (von Fahrer und Rad) angreifende Gewicht $\boldsymbol{G} = m \cdot \boldsymbol{g}$ (Abb. 3.35) und die Zentrifugalkraft $\boldsymbol{F}_Z$ setzen sich zur resultierenden Kraft $\boldsymbol{G}'$ zusammen, die im Fall des Gleichgewichts durch den Berührungspunkt A des Fahrrads mit dem Erdboden geht. Das Rad ist also im Gleichgewicht, wenn

$$\tan \alpha = \frac{F_r}{G} = \frac{mr\omega^2}{mg} = \frac{v^2}{rg}$$

ist.

Je größer also die Bahngeschwindigkeit oder je kleiner der Radius der Kurve ist, umso stärker muss das Rad gegen die Vertikale geneigt werden.

Dies gilt selbstverständlich auch für jedes andere Fahrzeug, das auf einer gekrümmten Bahn fährt. Aus diesem Grund sind Gleise, Straßen, Autobahnen usw. stets in Kurven an der Außenseite erhöht, um zu vermeiden, dass das betreffende Fahrzeug durch die Wirkung der Zentrifugalkraft aus der Kurve gleitet bzw. sich in der Kurve nach der Außenseite hin überschlägt. Die Überhöhung der Kurve muss umso größer sein, je kleiner der Kurvenradius ist. Bei der sogenannten Schleifenfahrt (Looping), bei der eine Kugel oder ein kleiner Wagen eine schräge Bahn und anschließend daran eine vertikal gestellte kreisförmige Schleife durchfährt (Abb. 3.36), ist bei genügender Bahngeschwindigkeit die Zentrifugalkraft so groß, dass sie auch im höchsten Punkt der Bahn die nach unten wirkende Schwerkraft überwiegt und den Körper fest gegen die Bahn drückt.

Man kann die Zentrifugalkraft noch unter einem anderen Gesichtspunkt betrachten. Ein Massenpunkt bewege sich mit konstanter Geschwindigkeit auf einer Kreisbahn. Die dazu erforderliche Zentripetalkraft werde durch eine (gespannte) Schraubenfeder geliefert, an deren einem Ende der Massenpunkt befestigt ist, während das andere Ende der Feder sich im Zentrum des Kreises befindet. Wir wollen nun das bisher feste Koordinatensystem,

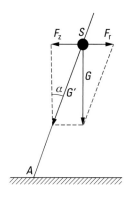

Abb. 3.35 Radfahrer in der Kurve

Abb. 3.36 Schleifenfahrt

von dem aus wir diesen Vorgang beurteilt haben, sich mit solcher Winkelgeschwindigkeit drehen lassen, dass der Massenpunkt in diesem Bezugssystem in Ruhe ist; wir betrachten den Vorgang dann von einem sogenannten „rotierenden" Bezugssystem. Ein Beobachter, der von der Rotation des Bezugssystems nichts wüsste, würde folgende Feststellungen machen müssen:

1. Der Massenpunkt ist in Ruhe.
2. Die Spiralfeder, die ihn mit dem Zentrum verbindet, ist gespannt.

Er könnte dies nur so erklären, dass er eine an dem Massenpunkt angreifende, radial nach außen gerichtete Kraft annimmt, die diese Spannung erzeugt und ihr das Gleichgewicht hält. Diese Kraft ist offenbar nichts anderes als die Zentrifugalkraft.

Man lernt daraus Folgendes: Wie schon in Abschn. 3.1 betont wurde, gilt die Newton'sche Mechanik nur in einem Inertialsystem; haben wir aber ein gegen dasselbe rotierendes System, und wenden wir trotzdem die Gleichungen der Mechanik an, so muss man die Existenz neuer Kräfte annehmen, um mit den Tatsachen in Übereinstimmung zu bleiben; eine dieser Kräfte ist die Zentrifugalkraft. Durch die Annahme dieser Kräfte kompensiert man den Fehler, den man beging, als man die Newton'schen Gleichungen auf Bewegungsvorgänge anwandte, wie sie von einem rotierenden Bezugssystem aus beurteilt werden.

Bewegungen auf rotierender Scheibe. Bislang haben wir Körper betrachtet, die in dem rotierenden Bezugssystem ruhen. Auf diese wirkt die Zentrifugalkraft. Jetzt betrachten wir Körper, die sich in einem rotierenden Bezugssystem, z. B. auf einer rotierenden Scheibe bewegen.

Wir beginnen mit ein paar einfachen Versuchen: Ein Motor mit vertikaler Achse dreht langsam eine horizontal liegende Pappscheibe. Über die Pappscheibe hinweg bewegt sich diametral ein Filzschreiber mit konstanter Geschwindigkeit. Wenn der Motor ruht, ergibt sich ein gerader Strich durch den Mittelpunkt; die Pappscheibe wird durch den Strich genau in zwei Hälften geteilt. Dreht sich aber die Pappscheibe, so ergeben sich Kurven, wie sie Abb. 3.37 zeigt. Als außenstehender Beobachter sieht man, dass der Schreiber sich auf einer Geraden bewegt. Sitzt man aber auf der (sehr großen) Scheibe, etwa wie ein Beobachter auf dem Nordpol, dann beobachtet man die Figuren, wie sie der Schreiber aufgezeichnet hat.

Zweiter Versuch. Der gleiche Motor mit vertikaler Achse und horizontaler Pappscheibe wird verwendet. Jedoch stößt diesmal die Achse durch die Pappscheibe hindurch und ist

Abb. 3.37 Auf einer rotierenden Scheibe wurde ein gerader Strich mit konstanter Geschwindig-keit gezogen, der durch den Mittelpunkt der Scheibe geht. Der außenstehende Beobachter hat die geradlinige Bewegung des Stiftes gesehen; ein im Mittelpunkt der Scheibe stehender, mitbewegter Beobachter hätte die Bewegung so wie die hinterlassenen Spuren gesehen. Geschwindigkeit des Stiftes: 21 cm/s. Drehfrequenzen der Scheibe: 10, 20, 40 und 80 Umdrehungen pro Minute bzw. Winkelgeschwindigkeiten von $\pi/3$, $2\pi/3$, $4\pi/3$ und $8\pi/3$ s^{-1}.

oberhalb der Scheibe etwa 1 cm lang. An diesem Ende der Achse wird eine mit Kreide oder mit Farbpulver versehene Kugel an einem kurzen Faden befestigt. Versetzt man den Motor mit der Scheibe in Umdrehungen, so stellt sich bald der stationäre Zustand ein, in dem die Kugel relativ zur Scheibe ruht und mit dieser eine Kreisbewegung ausführt. Dabei kompensiert die Spannung des Fadens die radial nach außen gerichtete Zentrifugalkraft. Brennt man während der Rotation der Scheibe den Faden durch, so beobachtet man als außenstehender Beobachter, dass die Kugel infolge ihrer Trägheit tangential von ihrer Kreisbahn abfliegt, wie es sein muss. Da die Kugel mit Kreide eingeweißt ist, zeichnet sie gleichzeitig die Spur ihrer Bahn auf der Scheibe ein, und diese ist, wie es Abb. 3.38 andeutet, zunächst radial nach außen gerichtet und krümmt sich dann nach rückwärts gegen den Umlaufsinn der Scheibe.

Wir denken uns einen Beobachter im Mittelpunkt der Scheibe sitzend. Hält er den Faden mit der daran befestigten Kugel in der Hand, so wird er lediglich eine von ihm weggerichtete Kraft am Faden verspüren (nämlich die Zentrifugalkraft), die aus seiner Sicht die Kugel in dieser Richtung beschleunigt, wenn er den Faden loslässt. Er beobachtet aber gleichzeitig, dass die Bahn der Kugel nicht geradlinig ist, sondern eine Krümmung aufweist. Daraus muss er notgedrungen schließen, dass außer der von ihm festgestellten

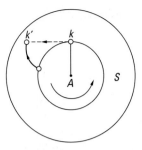

Abb. 3.38   Erklärung der Coriolis-Kraft

Zentrifugalkraft, die als einzige Kraft wirksam ist, solange die Kugel relativ zur bewegten Scheibe ruht, noch eine zweite Kraft auftritt, wenn sich die Kugel bewegt. Diese Kraft nennt man nach ihrem Entdecker die *Coriolis-Kraft*; sie ist ebenso wie die Zentrifugalkraft eine Trägheitskraft.

Coriolis-Kraft. Infolge der Coriolis-Kraft erfährt jeder Körper, der sich auf einem mit der Winkelgeschwindigkeit ω rotierenden System mit der Geschwindigkeit v bewegt, eine Coriolis-Beschleunigung a_{c} quer zu seiner Bahn vom Betrag

$$a_{\mathrm{c}} = 2\omega v \sin \angle(\boldsymbol{\omega}, \boldsymbol{v}). \tag{3.22}$$

Man gelangt zu dieser Gleichung in folgender Weise: Ein Massenpunkt möge sich von A aus (Abb. 3.39) mit einer Geschwindigkeit v auf einer rotierenden Scheibe bewegen. Würde die Scheibe, die man sich in der Papierebene vorstellt, stillstehen, so würde der Massenpunkt in der Zeit t von A nach B gelangen. Rotiert dagegen die Scheibe mit der Winkelgeschwindigkeit ω, so gelangt der Massenpunkt vom Standpunkt des Außenstehenden, also ruhenden Beobachters ebenfalls nach B. Dagegen sieht ein mitrotierender Beobachter, der im Mittelpunkt der sehr großen Scheibe sitzt und nichts anderes sieht als die Scheibe (Erdoberfläche) und den Himmel, dass sich der Massenpunkt nach B' bewegt. Der mitbewegte Beobachter muss also den Eindruck haben, dass der Massenpunkt unter dem Einfluss der beschleunigenden Coriolis-Kraft in der Laufzeit t eine Ablenkung BB' erfahren hat. Nun ist $AB = vt$ und der Winkel $BAB' = \omega t$; somit ist $BB' = \omega v t^2$. Andererseits ist der Weg einer beschleunigten Bewegung gleich $\frac{1}{2}a_{\mathrm{c}}t^2$. Somit ist $BB' = \omega v t^2 = \frac{1}{2}a_{\mathrm{c}}t^2$. Daraus folgt, dass $a_{\mathrm{c}} = 2\omega v$ ist. In dem besprochenen Fall bilden die Vektoren $\boldsymbol{\omega}$ und $\boldsymbol{v}$ einen rechten Winkel: Denn ω ist vom Punkt A senkrecht auf der Papierebene auf den Beschauer hin gerichtet. Ist dies nicht der Fall, so tritt noch der Sinus des von den beiden Vektoren gebildeten Winkels als Faktor auf der rechten Seite auf, d. h. man erhält Gl. (3.22). Der

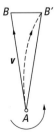

Abb. 3.39   Ableitung der Coriolis-Beschleunigung

Vector $\boldsymbol{a}_c$ der Coriolis-Beschleunigung kann also als Vektorprodukt dargestellt werden:

$$a_c = 2(\boldsymbol{v} \times \boldsymbol{\omega}). \tag{3.23}$$

3.7 Die Erde als rotierender Bezugskörper

Erdrotation. Die Erde rotiert um eine durch ihre Pole hindurchgehende freie Achse. Eine vollständige Umdrehung gegen den Fixsternhimmel erfolgt in 86 164 s. Demnach beträgt die Winkelgeschwindigkeit der Erdkugel

$$\omega = \frac{2\pi}{86\,164\,\text{s}} = 7.3 \cdot 10^{-5}\,\text{s}^{-1}.$$

Immerhin ergeben sich für die Bahngeschwindigkeit eines Punktes an der Erdoberfläche recht beträchtliche Werte. Für einen Ort auf dem Breitengrad φ ist $v_\varphi = \omega R \cos\varphi$, wobei der Erdradius $R = 6.37 \cdot 10^6$ m ist. Für den Erdäquator ergibt dies $v_0 = 465$ m/s, für $\varphi = 51°$ (z. B. Dresden-Eisenach-Köln) $v_{51°} = 293$ m/s.

Infolge der Erdrotation erfährt jeder Körper mit der Masse m auf der Erde eine von der Erdachse fort gerichtete Zentrifugalkraft $F = m\omega^2 \cdot r$. Die für die Rotation des betreffenden Körpers erforderliche Zentripetalkraft wird von der Gravitation geliefert. Befindet sich der Körper auf der geographischen Breite φ, so ist der Radius des betreffenden Breitenkreises $r = R \cos\varphi$ und die auf den Körper wirkende Zentrifugalbeschleunigung hat den Betrag

$$a = \omega^2 r = \omega^2 R \cos\varphi;$$

mit den obigen Werten ergibt dies:

$$a = \cos\varphi \cdot 3.4\,\text{cm s}^{-2}$$

Nach Abb. 3.40 lässt sich diese Zentrifugalbeschleunigung in die beiden Komponenten a_R und a_t zerlegen, von denen die erste senkrecht, die zweite parallel zur Erdoberfläche gerichtet ist:

$$a_R = a \cos\varphi = \omega^2 R \cos^2\varphi = \cos^2\varphi \cdot 3.4\,\text{cm s}^{-2},$$
$$a_t = a \sin\varphi = \omega^2 R \cos\varphi \sin\varphi = \cos\varphi \sin\varphi \cdot 3.4\,\text{cm s}^{-2}. \tag{3.24}$$

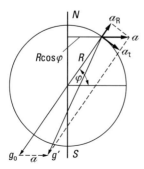

Abb. 3.40   Verminderung der Schwerkraft durch die Zentrifugalkraft

Die Beschleunigung a_R wirkt der nach dem Erdmittelpunkt gerichteten Erdbeschleunigung der ruhenden Erde, die wir mit g_0 bezeichnen wollen, entgegen; sie ist null an den Polen und hat ihr Maximum am Äquator. Was man als Erdbeschleunigung g bezeichnet und im Wesentlichen misst, ist die Differenz von g_0 und a_R. Daher ändert sich die Erdbeschleunigung g mit der geographischen Breite φ:

$$g_\varphi = g_0 - \cos^2 \varphi \cdot 3.4\,\mathrm{cm\,s^{-2}}. \tag{3.25}$$

Die Schwerkraft nimmt also infolge der Erdrotation von den Polen zum Äquator hin ab und ist am Äquator um rund 1/300 kleiner als an den Polen.

Der zur Erdoberfläche parallelen Komponente a_t entspricht eine in Richtung des Meridians zum Äquator hin gerichtete, auf die an der Erdoberfläche befindlichen Massen wirkende Kraft. Diese verschwindet sowohl an den Polen als auch am Äquator und hat ihr Maximum unter 45° Breite. Eine Folge dieser Kraft selbst ist die *Abplattung der Erde* an den Polen; die Massen der nichtstarren Erdoberfläche stellen sich so ein, dass die Erdoberfläche senkrecht auf der Resultierenden g' von g_0 und a steht (Abb. 3.40). Die dieser Bedingung entsprechende Gleichgewichtsfigur ist annähernd ein abgeplattetes Rotationsellipsoid. Der Unterschied zwischen dem polaren und äquatorialen Erddurchmesser beträgt rund 1/300. Dies bedingt eine weitere Zunahme der Schwerebeschleunigung an den Polen gegenüber dem Äquator, so dass der Unterschied zwischen g_Pol und $g_\mathrm{Äquator}$ 5.1 cm/s² beträgt. Denken wir uns die abgeplattete Erde in Ruhe, so würden die auf ihr befindlichen Wassermassen unter der Wirkung der (tangentialen Komponente der) Erdbeschleunigung zu den Polen hin fließen! Nur weil die Erde rotiert, bleiben die Wassermassen an jedem Ort der Erdoberfläche in Ruhe unter der gleichzeitigen Einwirkung der Schwerkraft und der zum Äquator hinweisenden Komponente der Zentrifugalbeschleunigung.

Kreiselbewegung der Erde. Infolge der Abplattung stellt die Erde bei ihrer Rotation um die Nord-Süd-Achse im Anziehungsfeld der Sonne keinen kräftefreien Kreisel (siehe Abschn. 8.5) dar. Die Erdachse bildet mit der Ebene der Ekliptik einen Winkel von $90° - 23.5° = 66.5°$ (Abb. 3.41). Wäre die Erde eine ideale Kugel, so würden sich die in ihrem Mittelpunkt angreifende Anziehungskraft der Sonne und die entgegengesetzt wirkende Zentrifugalkraft das Gleichgewicht halten. Bei der abgeplatteten Erde erfährt aber der der Sonne zugewandte Teil des um den Äquator herumliegenden Wulstes eine größere Anziehung als der der Sonne abgewandte Teil infolge ihrer verschiedenen Entfernung von der Sonne; andererseits verhalten sich die an diesen beiden Wulsthälften angreifenden Zentrifugalkräfte gerade umgekehrt. Infolgedessen überwiegt bei dem der Sonne zugewandten Wulst die Gravitationskraft die Zentrifugalkraft, bei dem abgewandten die Zentrifugalkraft die Gravitationskraft. Daher greifen an den beiden Schwerpunkten S_1 und S_2 der beiden Wulsthälften zwei gleiche, aber entgegengesetzt gerichtete Kräfte F_1 und $F_2 = -F_1$ an, die ein Kräftepaar darstellen, durch das der Erde ein Drehmoment (s. Kap. 4 und 7) um die zur Zeichenebene senkrechte Achse erteilt wird. Der Vektor dieses Drehmomentes ist dabei auf den Beschauer der Abb. 3.41 zu gerichtet. Wie jeder Kreisel, so reagiert auch die Erde auf dieses Drehmoment mit einer Präzessionsbewegung. Dass die Figurenachse Nord-Süd um die zur Erdbahn oder Ebene der Ekliptik senkrechte Achse AA' präzediert, hängt mit der gleichzeitigen Bewegung der Erde um die Sonne und des Mondes um die Erde zusammen. Die Erdachse beschreibt infolgedessen in 26 000 Jahren (sogenanntes *Platonisches Jahr*) einen Kegelmantel mit einem Öffnungswinkel von rund

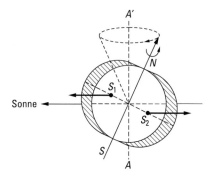

Abb. 3.41   Präzession der Erdachse

47° und verändert somit von Jahr zu Jahr ihre Richtung im Weltraum. Dadurch ändert sich für jeden Ort der Erdoberfläche im Lauf der Jahrtausende der Anblick des Sternhimmels; in etwa 12 000 Jahren wird der Stern Wega Polarstern. Außer der Sonne bewirkt in ähnlicher Weise auch die Anziehung des Mondes eine Präzession der Erdachse. Nun ist weder die Einwirkung der Sonne noch die des Mondes wegen ihrer verschiedenen Stellung zur Erde im Lauf des Jahres gleichmäßig. Im Sommer und Winter z. B. übt die Sonne entsprechend der in Abb. 3.41 gezeichneten Stellung der Erde das größte Drehmoment auf die Erde aus, während im Frühling und Herbst ihre Einwirkung verschwindet, da dann die Sonne in der Ebene des Erdäquators steht. Die Folge davon ist, dass die Präzessionsbewegung der Erde kleinen, kurzperiodischen Schwankungen unterworfen ist, die in der Astronomie als *Nutationen* der Erdpräzession bezeichnet werden.

Bewegungen auf der rotierenden Erde. Nun soll ein Körper betrachtet werden, der sich auf der Erde mit gleichförmiger Geschwindigkeit bewegt. Der Leser wird sich wundern und fragen, warum eine so einfache Bewegung hier noch einmal behandelt wird. Das Besondere besteht darin, dass wir uns als Erdbewohner erinnern müssen, dass wir alle Bewegungen auf der rotierenden Erde beobachten und zwar als *mitbewegte Beobachter*. Wir haben sonst Bewegungen relativ zur festen, ruhenden Erde betrachtet. Unsere Erde rotiert aber. Diese Tatsache muss man bei einigen Bewegungen berücksichtigen.

Die Coriolis-Beschleunigung spielt bei Bewegungen auf der Erde eine große Rolle. Der Vektor der Winkelgeschwindigkeit $\boldsymbol{\omega}_e$ der Erde fällt mit der Erdachse zusammen und zeigt von Süden nach Norden, d. h., die Erde dreht sich für einen auf den Nordpol schauenden Beobachter gegen den Uhrzeigersinn. Für einen auf dem Breitengrad φ liegenden Punkt P der Erde können wir $\boldsymbol{\omega}_e$ nach Abb. 3.42 in die beiden Komponenten $\omega_r = \omega_e \sin \varphi$ und $\omega_t = \omega_e \cos \varphi$ zerlegen. Erstere steht senkrecht zur Erdoberfläche und heißt Radialkomponente der Winkelgeschwindigkeit, die zweite ist parallel zur Erdoberfläche gerichtet und wird Tangentialkomponente genannt. Denken wir uns in P eine ebene Scheibe auf der Erdoberfläche angebracht, so führt diese während der Erdrotation für einen außenstehenden Beobachter zwei rotierende Bewegungen aus; sie dreht sich einmal um eine zu ihrer Fläche senkrechte Achse mit der Winkelgeschwindigkeit ω_r und zum anderen um eine in ihrer Ebene liegende, zum Meridian parallele Achse mit der Winkelgeschwindigkeit ω_t. Für einen von oben auf die Scheibe schauenden Beobachter erfolgt dabei die erstgenannte Drehung auf der nördlichen Halbkugel gegen den Uhrzeigersinn und auf der südlichen Halbkugel mit dem Uhrzeigersinn. Jeder Körper, der sich auf der Erdoberfläche relativ zur Erde in horizontaler Richtung (West- und Ostrichtung nicht ausgenommen) mit der Geschwin-

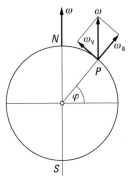

Abb. 3.42 Zerlegung der Winkelgeschwindigkeit ω_e der Erde in eine Radialkomponente ω_r und eine Tangentialkomponente ω_t

digkeit v bewegt, erfährt daher auf der nördlichen Halbkugel in Bewegungsrichtung eine Abweichung nach rechts. Der Betrag der dabei wirkenden Coriolis-Beschleunigung ist $a = 2\omega_e v \sin\varphi$. Wohlgemerkt: Diese Coriolis-Beschleunigung erfährt der Körper nur relativ zur rotierenden Erde, die als beschleunigtes System kein Inertialsystem ist. In Bezug auf jedes Inertialsystem, wie es z. B. ein im Fixsternhimmel verankertes Koordinatensystem darstellt, vollführt der Körper natürlich eine mit der Geschwindigkeit v fortschreitende, geradlinige, gleichförmige Bewegung, wenn man von der Krümmung der Erdoberfläche absieht.

Beim Einströmen atmosphärischer Luft in ein Tiefdruckgebiet erfährt die einströmende Luft auf der nördlichen Halbkugel eine Rechtsablenkung; dies führt, wie Abb. 3.43 zeigt, zur Bildung einer linksdrehenden Zyklone. Strömt dagegen Luft aus einem Hochdruckge-

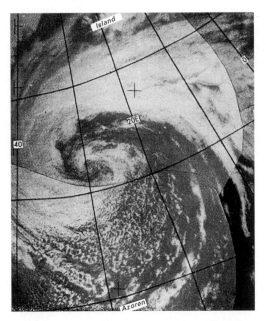

Abb. 3.43 Bildung einer linksdrehenden Zyklone (Aufnahme von einem Wettersatelliten)

biet ab, so kommt es zu einer entgegengesetzt drehenden Antizyklone. Auf der südlichen Halbkugel sind die Drehrichtungen in beiden Fällen umgekehrt.

Die Zonen um den Äquator bilden einen Gürtel beständiger Luftdruckminima, in die sowohl von Norden als auch von Süden kältere Luftmassen einströmen. Diese zunächst Nord- bzw. Südwinde darstellenden Luftbewegungen werden infolge der Rechtsablenkung auf der nördlichen Halbkugel zu Nordost- und auf der südlichen Halbkugel infolge der Linksablenkung zu Südostwinden und wehen als sogenannte Passatwinde besonders im Stillen und Atlantischen Ozean zwischen 30° nördlicher und südlicher Breite mit großer Regelmäßigkeit.

Foucault'sches Pendel. Die bisher besprochenen Bewegungsvorgänge auf der Erde beruhen auf der Wirkung der azimutalen Komponente der Winkelgeschwindigkeit und können als Beweise für das Vorhandensein der Erdrotation angesehen werden. Einen besonders einfachen Beweis für Erddrehung bietet der *Foucault'sche Pendelversuch*, den L. Foucault (1819–1868) im Jahr 1850 in der Pariser Sternwarte und 1851 im Pantheon zu Paris ausführte. Ein schwingendes Fadenpendel behält infolge der Trägheit seine Schwingungsebene im Raum bei. Nun rotiert ein Punkt der Erde unter dem Breitengrad φ mit der Winkelgeschwindigkeit $\omega_r = \omega_e \sin \varphi$ um eine zur Erdoberfläche senkrechte Achse. Demzufolge dreht sich die Erde mit dieser Winkelgeschwindigkeit unter dem schwingenden Pendel, mit anderen Worten: Die Schwingungsebene des Pendels wird sich auf der nördlichen Halbkugel im Uhrzeigersinn gegen die Erde allmählich verdrehen. Am Nordpol geht eine vollständige Umdrehung der Schwingungsebene um 360° in genau 24 Stunden vor sich; am Äquator dagegen ($\varphi = 0$, $\omega_r = 0$) findet keine Verlagerung der Schwingungsebenen statt. In Köln ($\varphi = 51°$) dauert eine vollständige Umdrehung $24\,\mathrm{h}/\sin\varphi = 31.1\,\mathrm{h}$, d. h., in einer Stunde dreht sich die Schwingungsebene des Pendels um 11.5°.

Für die Durchführung des Foucault'schen Pendelversuchs verwendet man zweckmäßig ein langes Pendel mit einer großen Pendelmasse, deren unteres Ende als Zeiger eine Spitze trägt. Beim Anstoßen des Pendels muss man sorgfältig darauf achten, dass das Pendel keinen seitlichen Stoß erhält. Aus diesem Grund bindet man das Pendel in der abgelenkten Lage mit einem Zwirnsfaden fest, den man zu Beginn des Versuchs durchbrennt. Unter dem Pendel ist zweckmäßig die anfängliche Schwingungsrichtung des Pendels eingezeichnet. Bereits nach einigen Minuten hat sich die Schwingungsebene des Pendels gegen die ursprüngliche Richtung nach rechts verdreht. Erzeugt man mit einer punktförmigen Lichtquelle einen Schatten der Pendelspitze in der ursprünglichen Schwingungsrichtung auf eine Skala, so lässt sich besonders deutlich die allmähliche Drehung der Schwingungsebene an der Verschiebung des Schattens auf der Skala beobachten. Das seinerzeit von Foucault im Pantheon zu Paris benutzte Pendel hat eine Länge von 67 m und eine 269 N (27.4 kg) schwere Kupferkugel; seine Schwingungsdauer beträgt 16.4 s. Es existiert noch heute.

Wenn wir bisher von der Schwingungsebene des Pendels sprachen, so ist das nur angenähert richtig; denn auf jedes Pendel (ausgenommen ein am Äquator aufgehängtes) wirkt quer zu seiner Schwingungsrichtung noch die Coriolis-Kraft, durch die es auf der nördlichen Halbkugel dauernd eine Rechtsablenkung erfährt. Infolgedessen ist die vertikale Projektion der Bahnkurve auf einer unter dem Pendel befindlichen horizontalen Ebene eine nach rechts gekrümmte Kurve. Man zeigt dies mit dem in Abb. 3.44 skizzierten Apparat, den man um eine vertikale Achse in langsame Umdrehungen versetzt.

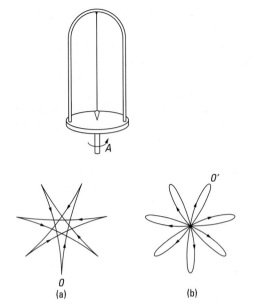

Abb. 3.44   Zum Foucault'schen Pendelversuch

(a)   (b)

Abb. 3.45   Rosettenbahn des in Abb. 3.44 dargestellten Pendels: (a) das Pendel wurde aus der abgelenkten Lage 0 losgelassen; (b) das Pendel wurde durch einen Stoß aus der Ruhelage nach 0' hin in Bewegung gesetzt.

Lässt man das Pendel schwingen, und dabei seine Bahn auf der Grundplatte etwa dadurch aufzeichnen, dass aus dem hohl gestalteten Pendelkörper ein feiner Sandstrahl austritt, so erhält man die in Abb. 3.45a und b wiedergegebenen Rosettenbahnen, die sich dadurch unterscheiden, dass im Fall (a) das Pendel aus der abgelenkten Lage bei 0 losgelassen wurde, während im Fall (b) eine Schwingung durch einen Stoß aus der Ruhelage (etwa nach 0' hin) eingeleitet wurde. Bei einem auf der Erde schwingenden Pendel geringer Länge sind diese Abweichungen der Schwingungskurve von der ebenen Bahn zu klein, als dass man sie an einer Schwingung beobachten könnte.

Eötvös'sche Waage. Außer der Horizontalkomponente der Coriolis-Beschleunigung macht sich auch deren Vertikalkomponente bei allen Bewegungsvorgängen bemerkbar, die längs eines Breitengrades auf der Erde vor sich gehen. Infolgedessen erfährt ein nach Osten bewegter Körper eine vertikale Beschleunigung nach oben, ein nach Westen bewegter Körper eine zusätzliche Beschleunigung nach unten, so dass ersterer ein etwas kleineres, letzterer aber ein etwas größeres Gewicht als im Ruhezustand besitzt. Da $a_{\mathrm{v}} = 2\omega v \cos\varphi$ ist, wird dieser Einfluss an den Polen ($\varphi = 90°$) null und am Äquator ($\varphi = 0°$) am größten. So beträgt z. B. der Gewichtsunterschied für einen sich mit 100 km/h Geschwindigkeit längs eines Breitenkreises von $45°$ bewegenden Körper gegenüber seinem Ruhegewicht etwa 0.03 %. Diesen geringen Unterschied konnte R. v. Eötvös (1848 – 1919) mit der in Abb. 3.46 skizzierten rotierenden Waage nachweisen. Der Waagebalken

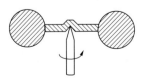

Abb. 3.46   Rotierende Waage nach v. Eötvös

trägt an seinen Enden zwei Kugeln gleicher Masse. Rotiert der Waagebalken um die vertikale Achse, so ist die gerade nach Osten laufende Kugel stets etwas leichter als die im gleichen Augenblick nach Westen laufende. Dadurch neigt sich auf der nördlichen Halbkugel der Erde während der Rotation der Waagebalken nach der Seite, auf der die Kugel nach Westen läuft.

Fallversuche. Fällt ein Körper aus einer Höhe H zur Erde, so trifft er die Erde in einem Punkt, der um eine kleine Strecke s gegenüber dem Punkt nach Osten verschoben ist, der genau lotrecht unter der Abwurfstelle des Körpers liegt. In der Höhe H hat nämlich der Körper, den wir uns vor dem Abwurf starr mit der Erde verbunden denken können, eine Bahngeschwindigkeit $v_H = \omega(R + H) \cdot \cos \varphi$ (R = Erdradius), während die Erdoberfläche nur die Geschwindigkeit $v_E = \omega R \cos \varphi$ besitzt. Wird der Körper losgelassen, so fällt er nicht nur vertikal nach unten, sondern bewegt sich gleichzeitig gegen die Erde mit einer relativen Geschwindigkeit $v_H - v_E = \omega H \cos \varphi$ nach Osten. Unter Vernachlässigung des Luftwiderstandes und der Erdabplattung liefert die Theorie für diese Ostabweichung des freien Falls den Wert $s = \frac{1}{3} g \omega t^3 \cos \varphi$, wenn t die Fallzeit bedeutet oder, wenn man t mit der Beziehung $t = \sqrt{2H/g}$ durch die Fallhöhe H ausdrückt, erhält man für s:

$$s = \frac{2}{3} \frac{H\omega}{g} \sqrt{2gH} \cos \varphi.$$

Bei einer Fallhöhe von 158 m wird z. B. in Köln ($\varphi = 51°$) s gleich 2.74 cm. Durch Fallversuche konnte die Ostabweichung des freien Falls in guter Übereinstimmung mit der Theorie bestätigt werden; sie bildet somit einen weiteren Beweis für die Drehung der Erde. Ein vertikal nach oben geworfener Körper erfährt während des Aufstiegs eine Abweichung in westlicher Richtung, so dass er stets westlich vom Ausgangsort wieder zur Erde fällt. Für diese westliche Abweichung liefert die Theorie nämlich den vierfachen Wert der beim freien Fall durch die gleiche Höhe sich ergebenden Ostabweichung.

Drehimpulserhaltung auf der rotierenden Erde. Auch der Satz von der Erhaltung des Drehimpulses (Abschn. 4.4) kann zum Nachweis der Erdrotation dienen. Denken wir uns am Nordpol einen horizontalen Balken von der Form der Abb. 3.47 mit zwei schweren Kugeln an seinen Enden an einem Stahldraht aufgehängt, so wird dieser Balken die Erddrehung mit der Winkelgeschwindigkeit ω mitmachen. Er bildet mit der Erde ein einheitliches, in sich abgeschlossenes System. Ist das Trägheitsmoment (vgl. Abschn. 8.2) des Balkens einschließlich der an seinen Enden befindlichen Kugeln J', und nennen wir das Trägheitsmoment der Erde J, so ist der Drehimpuls des gesamten Systems (Erde + Balken): $(J + J')\omega$. Lässt man jetzt die beiden Kugeln zum Mittelpunkt des Balkens rollen, so wird dadurch das Trägheitsmoment des Balkens kleiner, es möge den Wert J'' annehmen. Entsprechend nimmt der Drehimpuls des ganzen Systems den Wert $(J + J'')\omega$ an und

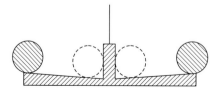

Abb. 3.47 Nachweis der Erdrotation

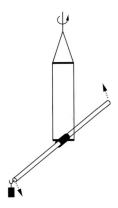

Abb. 3.48   Nachweis der Erdrotation nach
H. Bucka

würde sich somit um den Wert $(J' - J'')\omega$ ändern. Da aber der Drehimpuls des ganzen Systems konstant bleiben muss, erhält der Balken durch die Verschiebung der Kugeln zur Mitte einen zusätzlichen Drehimpuls von der Größe $J''\omega'$ in Richtung der Erdrotation, so dass sich der Balken mit der Winkelgeschwindigkeit $\omega' = (J' - J'')/J''\omega$ relativ zur Erde im gleichen Sinn wie diese dreht. Befindet sich die Anordnung nicht am Pol der Erde, sondern am Breitengrad φ, so tritt anstelle von ω wieder der Ausdruck $\omega \sin \varphi$.

Eine ähnliche Anordnung, die auf dem gleichen Prinzip beruht, wurde 1949 von H. Bucka angegeben. Um eine kurze horizontale Achse kann ein Stab in vertikaler Ebene geschwenkt werden (Abb. 3.48). Dieser Stab befindet sich zu Beginn des Versuchs in einer horizontalen Lage. Er wird dann durch ein Gewicht an einem Ende in die vertikale Lage gedreht. Hierdurch wird das Trägheitsmoment verkleinert. Dadurch dreht sich die ganze Anordnung im Sinn der Erddrehung. Die Drehung kann mit Hilfe eines Lichtstrahls und Spiegels leicht beobachtet und gemessen werden.

Ein vollkommen kräftefrei, z. B. in einer kardanischen Aufhängung befindlicher Kreisel hat das Bestreben, seine Drehimpulsachse im Raum beizubehalten. Demzufolge dreht sich die Achse eines Kreisels relativ zur rotierenden Erde, ähnlich wie die Schwingungsebene des Foucault'schen Pendels. Als erster hat Foucault bereits 1878 mit dem sogenannten Kreiselgyroskop derartige Versuche angestellt, die später in verbesserter Form wiederholt wurden.

4 Konstanten der Bewegung von Massenpunkten: Energie, Impuls, Drehimpuls

Die drei Newton'schen Gesetze für die Bewegung von Massenpunkten bestimmen, wie sich in einem mechanischen System von n Massenpunkten aufgrund der einwirkenden Kräfte die Orte r_i und die Geschwindigkeiten v_i mit $i = 1, \ldots, n$ mit der Zeit ändern. Trotz der ständig ablaufenden Änderungen bleiben aber in vielen Fällen gewisse Größen der Bewegung zeitlich konstant. Die Kenntnis dieser *Konstanten der Bewegung* ist von großem Nutzen, da sie ohne viel mathematischen Aufwand einen schnellen Einblick in die möglichen Bewegungsabläufe des mechanischen Systems erlauben. Es sind die Größen *Energie*, *Impuls* und *Drehimpuls*, deren Bedeutung sich keineswegs nur auf Systeme von Massenpunkten beschränkt. Vielmehr wird sich zeigen, dass wir hier grundlegenden Größen der Physik begegnen, die nicht nur in der Newton'schen Mechanik, sondern auch in der Thermodynamik und in der Quantenphysik eine wichtige Rolle spielen.

Hier gehen wir davon aus, dass alle Körper aus Massenpunkten aufgebaut sind, die sich den Newton'schen Axiomen entsprechend bewegen. Ausgehend von den Newton'schen Axiomen, lassen sich daher die Konstanten der Bewegung mathematisch herleiten.

4.1 Die Energie von Massenpunkten

Bewegungsgleichungen. Das Grundgesetz der Mechanik (s. Abschn. 3.2) $F = m \cdot a$ setzt die Beschleunigung a eines Massenpunktes in Beziehung zu der auf den Massenpunkt einwirkenden Kraft F. In vielen Fällen ist die Kraft $F(r)$ eine Funktion des Ortes r, an dem sich der Massenpunkt befindet. Andererseits ist die Beschleunigung $a = \mathrm{d}^2 r / \mathrm{d}t^2$ gleich der zweiten Ableitung des Ortes nach der Zeit. Das Grundgesetz der Mechanik liefert in diesem Fall eine *Bewegungsgleichung*, d. h. eine Differentialgleichung für die Bewegung des Massenpunktes, aus der die Bahnkurve $r(t)$ des Massenpunktes berechnet werden kann, sofern Ort und Geschwindigkeit zu einem Zeitpunkt t_0 bekannt sind. Dazu ersetzt man im Grundgesetz die Kraft F durch die vorgegebene ortsabhängige Funktion $F(r)$. Als Beispiele betrachten wir zum einen die Bewegung eines Massenpunktes, der sich in der Nähe der Erdoberfläche bewegt und auf den nur die Schwerkraft $F_S = m \cdot g$ wirkt, und zum andern den Umlauf eines Satelliten (mit der Masse m) um die Erde (M) oder eines Planeten (m) um die Sonne (M), d. h. die Bewegung von Massenpunkten, auf die nur die auf ein Zentrum gerichtete Zentralkraft der Gravitation mit dem Betrag $F_G = G \cdot m \cdot M / r^2$ wirkt.

Die Bewegungsgleichung für Massenpunkte im Bereich der Schwerkraft lautet:

$$m \cdot \frac{\mathrm{d}^2 r}{\mathrm{d}t^2} \equiv m \cdot \ddot{r} = m \cdot g \tag{4.1}$$

Die Bewegung ist unabhängig von der Masse m des Körpers, da man (wegen der Gleichheit von träger und schwerer Masse) nach Division durch m eine massenunabhängige Bewegungsgleichung erhält. Bezogen auf ein kartesisches Koordinatensystem mit vertikaler z-Richtung und horizontaler x-y-Ebene lässt sich die Bewegungsgleichung auch komponentenweise schreiben:

$$\ddot{x} = 0, \; \ddot{y} = 0, \; \ddot{z} = -g. \tag{4.2}$$

Etwas komplizierter ist die Bewegungsgleichung für einen Körper im Zentralfeld der Gravitation. In diesem Fall bestimmt das Newton'sche Gravitationsgesetz (s. Abschn. 3.4) die Ortsabhängigkeit der Kraft:

$$m \cdot \ddot{r} = -G \cdot \frac{mM}{r^2} \cdot \frac{r}{r}. \tag{4.3}$$

Dabei ist r/r der Einheitsvektor in radialer Richtung. Das Minuszeichen auf der rechten Seite zeigt an, dass die Kraft auf das Zentrum hin gerichtet ist. Hier wurde angenommen, dass $m \ll M$ und daher das Zentrum der Bewegung mit dem Ort der großen Masse M zusammenfällt. Die Bewegung ist dann wieder unabhängig vom Wert m der kleinen Masse.

Statt die Bahnkurven explizit zu berechnen, werden wir uns hier damit begnügen, die Energie von Massenpunkten, die sich in ortsabhängigen Kraftfeldern bewegen, zu bestimmen. Auch ohne eine genaue Kenntnis der Bahnkurve lassen sich aus der Energie des Massenpunktes wesentliche Rückschlüsse über den Bewegungsablauf ziehen.

Energie im Bereich der Schwerkraft. Obwohl sich die Orts- und Geschwindigkeitskoordinaten eines Massenpunktes, der sich im Bereich der Schwerkraft bewegt, zeitlich ändern, bleibt die Größe

$$E = \frac{1}{2}m \cdot (\dot{x}^2 + \dot{y}^2 + \dot{z}^2) + m \cdot g \cdot z, \tag{4.4}$$

d. h. die Energie des Massenpunktes im Bereich der Schwerkraft, zeitlich konstant.

Um diese Behauptung zu belegen, berechnen wir die Ableitung von E nach der Zeit:

$$\frac{dE}{dt} = m(\dot{x}\ddot{x} + \dot{y}\ddot{y} + \dot{z}\ddot{z}) + mg\dot{z}. \tag{4.5}$$

Bei Berücksichtigung der Gl. (4.2) folgt daraus $dE/dt = 0$, d. h., bei Bewegungen im Bereich der Schwerkraft ändert sich der Wert der Größe E nicht mit der Zeit.

Die Energie des Massenpunktes setzt sich offensichtlich aus zwei Anteilen zusammen:

$$E = E_{\text{kin}} + E_{\text{pot}}. \tag{4.6}$$

Die kinetische Energie $E_{\text{kin}} = (1/2)mv^2$ ist eine Funktion der Geschwindigkeit v und die potentielle Energie E_{pot} eine Funktion des Ortes r. Für Körper, auf die die Schwerkraft wirkt, berechnet sie sich nach der Formel:

$$E_{\text{pot}} = m \cdot g \cdot z. \tag{4.7}$$

Bei Bewegungen im Bereich der Schwerkraft ändert sich zwar sowohl die potentielle als auch die kinetische Energie des Massenpunktes, aber die Gesamtenergie $E = E_{\text{kin}} + E_{\text{pot}}$ bleibt erhalten. Beim freien Fall beispielsweise verliert der Massenpunkt an potentieller Energie, gewinnt dafür aber an kinetischer Energie.

Energie im Bereich der Gravitationskraft. Der Erhaltungssatz für die Energie eines Massenpunktes im Bereich der Schwerkraft ist ein Sonderfall eines universell gültigen Erhaltungssatzes (s. Kap. 6 und 17). Als weiteren Sonderfall der Punktmechanik betrachten wir die Bewegung eines Massenpunktes, auf den die Gravitationskraft wirkt. In diesem Fall ist

$$E = \frac{1}{2}mv^2 - G\frac{mM}{r} \tag{4.8}$$

zeitlich konstant; denn die Ableitung von E nach der Zeit ergibt:

$$\frac{\mathrm{d}E}{\mathrm{d}t} = mv \cdot \dot{v} - GmM \cdot \mathrm{grad}\left(\frac{1}{r}\right) \cdot v. \tag{4.9}$$

Dabei ist $\mathrm{grad}(1/r) = -(1/r^2) \cdot (r/r)$ die Ableitung von $1/r$ nach dem Ort und $v = \mathrm{d}r/\mathrm{d}t$. Somit ergibt sich bei Beachtung von Gl. (4.3)

$$\frac{\mathrm{d}E}{\mathrm{d}t} = v \cdot \left(m\ddot{r} + G \cdot \frac{mM}{r^2} \cdot \frac{r}{r}\right) = 0. \tag{4.10}$$

Auch bei Bewegungen eines Massenpunktes im Gravitationsfeld bleibt also die Gesamtenergie $E = E_{\mathrm{kin}} + E_{\mathrm{pot}}$ des Massenpunktes erhalten. Dabei ist aber die potentielle Energie statt mit Gl. (4.7) nach der Formel

$$E_{\mathrm{pot}} = -G\frac{mM}{r} \tag{4.11}$$

zu berechnen. Sie ist ebenso wie bei Bewegungen nahe der Erdoberfläche, wo die Gravitationskraft in guter Näherung durch die Schwerkraft ersetzt werden kann, eine Funktion des Ortes. Sie hängt explizit nur vom Abstand r des Massenpunktes vom Gravitationszentrum ab. Da es vorteilhaft ist, den Nullpunkt der potentiellen Energie an einen Ort mit unendlich großer Entfernung vom Gravitationszentrum zu legen, ist die potentielle Energie an Orten mit endlicher Entfernung negativ.

Fluchtgeschwindigkeit. Der Energieerhaltungssatz ist von großem Nutzen bei der Lösung zahlreicher Probleme. Als ein einfaches Beispiel aus der Punktmechanik berechnen wir hier die Mindestgeschwindigkeit, mit der ein Körper von der Erdoberfläche starten muss, um das Gravitationsfeld der Erde verlassen zu können.

Auf der Erdoberfläche, d. h. wenn der Körper einen Erdradius R vom Gravitationszentrum entfernt ist, ist die potentielle Energie des Körpers mit der Masse m gleich $E_{\mathrm{pot}} = -GmM/R$ (M ist die Masse der Erde) und bei einer Startgeschwindigkeit v ist seine kinetische $E = (1/2)mv^2$. Falls der Körper das Gravitationsfeld der Erde verlassen können soll, muss seine Gesamtenergie positiv sein; denn die potentielle Energie strebt mit zunehmender Entfernung von der Erde gegen null. Bei hinreichend großen Abständen ist also die Gesamtenergie praktisch gleich der kinetischen Energie, und diese ist stets positiv.

Der Körper kann folglich das Gravitationsfeld der Erde verlassen, wenn auf der Erdoberfläche

$$E_{\mathrm{kin}} > G\frac{mM}{R} \tag{4.12}$$

ist. Da die Erdbeschleunigung $g = GM/R^2$ sich aus der Gravitation auf der Erdoberfläche ergibt, folgt für die kinetische Energie beim Start: $E_{kin} > mg \cdot R$. Die Startgeschwindigkeit $v(R)$ muss also größer als die sogenannte *Fluchtgeschwindigkeit*

$$v_{Fl} = \sqrt{2g \cdot R} = 11.2 \, \text{km/s} \tag{4.13}$$

sein.

4.2 Impulserhaltung

Der Impuls p eines Massenpunktes, der sich mit der Geschwindigkeit v bewegt, ist definiert als das Produkt

$$p = m \cdot v. \tag{4.14}$$

Mit dieser Definition kann das Grundgesetz der Mechanik $F = ma$ auch in folgender Form geschrieben werden:

$$F = \dot{p}. \tag{4.15}$$

Auf diese sogenannte *Impulsform* des Grundgesetzes der Mechanik nehmen wir hier Bezug.

Systeme von Massenpunkten. Betrachtet sei nun ein System, d. h. ein geordneter Aufbau, von n Massenpunkten. Auf jeden Massenpunkt wirken Kräfte, die teils innere, teils äußere sein mögen. Jedenfalls gilt für jeden Massenpunkt einzeln die Newton'sche Bewegungsgleichung $F = mdv/dt$. Seien $F_1, F_2, \ldots, F_n$ die Kräfte, $m_1, m_2, \ldots, m_n$ die Massen, $v_1, v_2, \ldots, v_n$ die Geschwindigkeiten und $p_1, p_2, \ldots, p_n$ die Impulse, so gehorchen die Massenpunkte des Systems den Bewegungsgleichungen:

$$F_1 = \frac{d}{dt}(m_1 v_1) = \frac{dp_1}{dt},$$

$$F_2 = \frac{d}{dt}(m_2 v_2) = \frac{dp_2}{dt},$$

$$\ldots\ldots\ldots\ldots\ldots$$

$$F_n = \frac{d}{dt}(m_n v_n) = \frac{dp_n}{dt}. \tag{4.16}$$

Das ist nichts Neues.

Impulssatz. Neues aber gewinnt man, wenn man alle diese Gleichungen addiert. Denn in der links auftretenden Summe aller Kräfte heben sich nach dem dritten Newton'schen Gesetz (Reaktionsprinzip) die inneren heraus, und es bleibt nur die (nach dem Parallelogramm der Kräfte zu bildende) Resultierende der äußeren Kräfte übrig, die durch den Index a ausgezeichnet werden. Auf der rechten Seite steht der erste zeitliche Differentialquotient von der Summe sämtlicher Impulse; somit erhält man:

$$\sum F_a = \frac{d}{dt} \sum_{i=0}^{n} p_i.$$ (4.17)

Ersetzt man nun die äußeren Kräfte durch ihre Resultierende F, ebenso die Summe der Impulse durch den Gesamtimpuls p, so kann man Gl. (4.17) schreiben:

$$F = \frac{dp}{dt}.$$ (4.18)

- Bei einem System von Massenpunkten ist die resultierende äußere Kraft gleich der zeitlichen Änderung des Gesamtimpulses (Impulssatz).

Diese Gleichung ist die direkte Verallgemeinerung der Newton'schen Bewegungsgleichung eines Massenpunkts. Diese Verallgemeinerung wird offensichtlich nur dadurch möglich, dass infolge des dritten Gesetzes die inneren Kräfte sich herausheben. Dies bedingt natürlich eine große Vereinfachung, da man sich um die inneren Kräfte nicht zu kümmern braucht; ohne das dritte Newton'sche Gesetz wäre – so kann man ohne Übertreibung sagen – eine „Mechanik der Systeme" gar nicht durchführbar.

Besonders einfach und bedeutsam wird der Impulssatz, wenn das betrachtete System frei ist, d. h., auf das System wirken keine äußeren Kräfte. Die Summe der inneren Kräfte annulliert sich wie vorhin. Folglich ist die auf der linken Seite von Gl. (4.18) stehende resultierende Kraft F gleich null. Somit folgt der Satz von der *Erhaltung des Impulses*:

$$\frac{dp}{dt} = 0 \quad \text{oder} \quad p = \text{const.},$$ (4.19)

d. h., in einem freien System bleibt der resultierende Impuls p (nach Größe und Richtung) erhalten. War dieser zu irgendeiner Zeit der Bewegung gleich null, so bleibt er auch während der ganzen Bewegung gleich null.

Experimenteller Nachweis. Experimentell lässt sich der Satz von der Erhaltung des Impulses in folgender Weise demonstrieren: Wir knüpfen an den in Abschn. 1.6 erwähnten Versuch an, bei dem zwischen zwei Wagen mit den Massen m_1 und m_2, die auf einer horizontalen, glatten Unterlage beweglich sind, eine zusammengedrückte Feder angebracht ist (Abb. 1.23). Die sich entspannende Feder erteilt den beiden Massen nach dem dritten Newton'schen Gesetz entgegengesetzt gleiche Kräfte; die Wagen erhalten nach Ablauf der Kraftwirkung Geschwindigkeiten v_1 und v_2, die einander entgegengesetzt gerichtet sind; die Impulse sind also $m_1 v_1$ bzw. $m_2 v_2$ und weisen natürlich gleichfalls in entgegengesetzte Richtungen. Da zu Beginn des Versuches (alles in Ruhe!) der Gesamtimpuls jedenfalls null ist, muss er es auch nach dem Versuch sein; d. h. es muss gelten:

$$m_1 v_1 + m_2 v_2 = 0.$$ (4.20)

Das bedeutet aber, dass die Absolutbeträge der Geschwindigkeiten v_1 und v_2 sich umgekehrt wie die (trägen) Massen m_1 und m_2 verhalten. Der Impulssatz ist damit die physikalische Grundlage für die Definition des Begriffs der *trägen Masse* (s. Abschn. 1.6). Besonders einfach ist der Sonderfall, dass beide Massen gleich sind; dann ist $v_1 = -v_2$, d. h., auch die Geschwindigkeiten sind dann entgegengesetzt gleich.

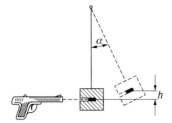

Abb. 4.1   Ballistisches Pendel

Ballistisches Pendel. In der Ballistik macht man bei der Bestimmung der Geschossge-schwindigkeit mit dem sogenannten ballistischen Pendel von dem Satz der Erhaltung des Impulses Gebrauch. Das ballistische Pendel (Abb. 4.1) besteht aus einer an einer Stange aufgehängten großen Masse M (z. B. Kiste mit Sand). Das Geschoss, dessen Geschwin-digkeitsbetrag v bestimmt werden soll und das die Masse m haben möge, wird in den Pendelkörper hineingeschossen, so dass es darin stecken bleibt; auf diese Weise erteilt das Geschoss dem Pendel eine bestimmte Geschwindigkeit v_1. Bestimmt man diese (etwa aus der Steighöhe h des Pendels aus der Beziehung $v_1 = \sqrt{2gh}$), so gilt nach dem Impulssatz für ein freies System die Gleichung: $mv = (M + m)\,v_1$; hierin ist mv der Impulsbetrag vor und $(M + m)\,v_1$ sein Wert nach dem Eindringen des Geschosses in den Pendelkörper. Für die Geschossgeschwindigkeit ergibt sich damit der Ausdruck $v = \sqrt{2gh}(M + m)/m$, in dem alle Größen auf der rechten Seite der Messung zugänglich sind. Misst man statt h, was bequemer ist, den maximalen Ausschlagwinkel α des Pendels und die Pendellänge l, so hat man statt h die Größe $l(1 - \cos\alpha)$ einzusetzen.

4.3 Elastischer und unelastischer Stoß

Beim Stoß berühren sich zwei oder mehrere Körper kurzzeitig unter Änderung ihres Be-wegungszustandes. Sie sind vor dem Stoß getrennt. Wesentliches Merkmal ist also die Einmaligkeit und die kurze Zeitdauer des Vorgangs, das nichtstationäre Verhalten. Die Kräfte steigen sehr rasch an und klingen ebenfalls schnell ab. Sie verursachen Kompres-sionswellen, die sich von der Berührungsstelle her ausbreiten.

Im Folgenden wird der Stoß zunächst mit dem Modell des Massenpunktes bzw. mit (nicht rollenden, sondern nur translatorisch bewegten) Kugeln beschrieben. Wenn zwei relativ zueinander bewegte Körper aufeinanderstoßen, ändern sich durch den Zusam-menstoß im Allgemeinen sowohl die Richtung als auch die Größe der Geschwindig-keiten. Wenn zwei kugelförmige Körper aufeinanderstoßen, geht stets die Normale im Berührungspunkt durch die Kugelmittelpunkte, d. h. durch die Schwerpunkte der Kugeln. Erfolgt insbesondere der Zusammenstoß so, dass die Stoßrichtung mit der Verbindungsli-nie der beiden Kugelmittelpunkte zusammenfällt (Abb. 4.2a), so handelt es sich um einen *zentralen* Stoß. Bildet hingegen die Stoßrichtung mit der Verbindungslinie einen Winkel (Abb. 4.2b), so sprechen wir von einem schiefen Stoß.

Außerdem haben wir noch zu unterscheiden, ob der Stoß elastisch oder unelastisch erfolgt. Bei ersterem ändert sich die Summe der kinetischen Energien beider Kugeln nicht; bei letzterem bewegen sich beide Kugeln nach dem Stoß mit derselben Geschwindigkeit.

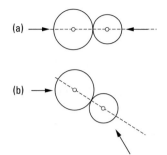

Abb. 4.2   Zusammenstoß zweier Kugeln:
(a) gerader zentraler Stoß;
(b) schiefer zentraler Stoß

Stöße sind näherungsweise elastisch, wenn die Kugeln aus gut elastischem Material wie Stahl oder Elfenbein bestehen, und unelastisch bei leicht verformbaren Kugeln (z. B. bei Kugeln aus Blei oder Lehm).

Der unelastische Stoß. Zwei Kugeln mit den Massen m_1 und m_2 mögen sich mit den Geschwindigkeiten v_1 und v_2 längs einer Geraden aufeinander zubewegen (gerader Stoß). Sie haben dann vor dem Stoß die Einzelimpulse $m_1 v_1$ und $-m_2 v_2$. Beim unelastischen Stoß platten sich die Kugeln infolge der Stoßkräfte, die sie aufeinander ausüben, ab, bis ihre Geschwindigkeiten gleich geworden sind. Nennen wir die gemeinsame Geschwindigkeit nach dem Stoß v, so ist der Gesamtimpuls nach dem Stoß $(m_1 + m_2)\,v$, und der Satz von der Erhaltung des Impulses verlangt:

$$(m_1 + m_2)v = m_1 v_1 - m_2 v_2. \tag{4.21}$$

Daraus ergibt sich für v die Gleichung:

$$v = \frac{m_1 v_1 - m_2 v_2}{m_1 + m_2}. \tag{4.22}$$

Haben die Kugeln gleiche Masse ($m_1 = m_2$), so wird:

$$v = \frac{v_1 - v_2}{2}. \tag{4.23}$$

Sind außerdem die Geschwindigkeiten dem Betrage nach gleich ($v_1 = v_2$), so wird die gemeinsame Endgeschwindigkeit $v = 0$, d. h., nach dem Zusammenstoß bleiben die Kugeln in Ruhe. Ist $m_1 = m_2$ und $v_2 = 0$, d. h. eine Kugel vor dem Stoß in Ruhe, so wird

$$v = \frac{1}{2} v_1, \tag{4.24}$$

d. h., es bewegen sich beide Kugeln nach dem Stoß mit der halben Geschwindigkeit der stoßenden Kugel gemeinsam weiter.

Bewegen sich die beiden Kugeln in gleicher Richtung und ist $v_1 > v_2$, so ist wieder nach dem Impulssatz:

$$(m_1 + m_2)v = m_1 v_1 + m_2 v_2, \tag{4.25}$$

und somit

$$v = \frac{m_1 v_1 + m_2 v_2}{m_1 + m_2}. \tag{4.26}$$

Diese Ergebnisse lassen sich experimentell prüfen, indem man zwei Kugeln aus weichem Ton oder zwei mit Sand gefüllte Säckchen nebeneinander aufhängt und gegeneinander stoßen lässt. In dem Fall, dass beide Massen gleich groß sind, kommen beide Körper nach dem Stoß zur Ruhe, wenn ihre Anfangsgeschwindigkeiten entgegengesetzt gleich waren.

Wir berechnen die Energie, die bei diesem unelastischen Stoß als mechanische Energie verloren geht. (Sie wird in Wärme umgewandelt, s. Kap. 17). Die kinetische Energie vor dem Stoß ist

$$E_1 = \frac{m_1 v_1^2}{2} + \frac{m_2 v_2^2}{2}, \tag{4.27}$$

und nach dem Stoß

$$E_2 = \frac{m_1 + m_2}{2} v^2; \tag{4.28}$$

für die Differenz dieser Energiebeträge erhält man unter Benutzung des für v in den Gln. (4.22) bzw. (4.26) gefundenen Wertes die Größe:

$$E_1 - E_2 = \frac{m_1 m_2 (v_1 \pm v_2)^2}{2(m_1 + m_2)}. \tag{4.29}$$

In dem speziellen Fall, dass die Kugeln sich gegeneinander bewegen – oberes Vorzeichen in Gl. (4.29) – und dass $m_1 = m_2 = m$ und $v_1 = v_2 = \bar{v}$ ist, nimmt die in Wärme umgesetzte Energie den Betrag $m\bar{v}^2$ an; dies ist aber gleich $2 \cdot \frac{1}{2} m\bar{v}^2 = E_1$; d. h., die gesamte Energie der sich aufeinander zu bewegenden Kugeln wird in Wärme umgewandelt.

Der elastische Stoß. Beim elastischen Stoß wird die beim Zusammenstoß auftretende Verformung nach dem Stoß sofort wieder in Bewegungsenergie zurückverwandelt, d. h., beide Kugeln bewegen sich nach dem Zusammenstoß mit den neuen (zu bestimmenden) Geschwindigkeiten v_1' und v_2'. Neben der Erhaltung des Impulses bleibt hier auch die kinetische Energie erhalten. Nach dem Impulssatz ist:

$$m_1 v_1 + m_2 v_2 = m_1 v_1' + m_2 v_2'; \tag{4.30}$$

nach dem Energiesatz ist ferner:

$$\frac{1}{2} m_1 v_1^2 + \frac{1}{2} m_2 v_2^2 = \frac{1}{2} m_1 v_1'^2 + \frac{1}{2} m_2 v_2'^2. \tag{4.31}$$

Aus diesen beiden Gleichungen berechnen sich die Endgeschwindigkeiten v_1' und v_2':

$$v_1' = \frac{v_1(m_1 - m_2) + 2m_2 v_2}{m_1 + m_2},$$

$$v_2' = \frac{v_2(m_2 - m_1) + 2m_1 v_1}{m_1 + m_2}. \tag{4.32}$$

Daraus kann man folgende Spezialfälle ablesen: Sind die Massen beider Kugeln gleich, so wird:

$$v_1' = v_2 \,; \; v_2' = v_1, \tag{4.33}$$

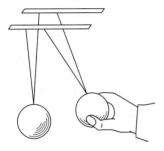

Abb. 4.3 Nachweis der Stoßgesetze

d. h., die beiden Kugeln bewegen sich nach dem Stoß mit vertauschten Geschwindigkeiten. Ist bei gleichen Massen $v_2 = 0$, so wird:

$$v_1' = 0 \; ; \; v_2' = v_1, \tag{4.34}$$

d. h., die stoßende Kugel kommt zur Ruhe, die gestoßene Kugel übernimmt die ganze kinetische Energie der stoßenden und bewegt sich mit deren Geschwindigkeit weiter. – Ist schließlich $v_2 = 0$ und $m_2 = \infty$, so haben wir den Fall, dass eine Kugel mit der Masse m_1 und der Geschwindigkeit v_1 gegen eine unendlich große ruhende Kugel stößt, die man als „feste Wand" betrachten kann; dann wird

$$v_1' = -v_1, \; v_2' = 0, \tag{4.35}$$

d. h., es kehrt sich nur die Geschwindigkeit der stoßenden Kugel um, die also von der festen Wand zurückgeworfen wird. Man kann die Vorgänge beim elastischen Stoß prüfen, indem man zwei gleiche oder verschieden große Stahlkugeln als Pendel bifilar aufhängt (Abb. 4.3) und gegeneinander schlagen lässt.

Auch das in Abb. 4.4 dargestellte Gerät, das aus einer größeren Zahl gleicher, nebeneinander aufgehängter Stahlkugeln besteht, ermöglicht die Vorführung der Stoßgesetze. Lässt man z. B. die erste Kugel links gegen die übrigen in Ruhe befindlichen Kugeln stoßen, so überträgt sich der Stoß über alle Kugeln, indem jede mit der folgenden ihre Geschwindigkeit austauscht, so dass schließlich die letzte Kugel wegfliegt und bis zur gleichen Höhe steigt, aus der die erste Kugel losgelassen wurde. Lässt man gleichzeitig zwei oder drei Kugeln gegen die übrigen anschlagen, so fliegt stets eine gleichgroße Zahl von Kugeln von der anderen Seite weg. Lässt man schließlich von den sieben Kugeln vier gegen drei anschlagen, so bewegen sich wieder vier Kugeln an der anderen Seite weg, indem von den anschlagenden vier Kugeln nur drei in Ruhe bleiben und eine mit den übrigen drei weiterfliegt. Alle diese Versuche finden ihre Erklärung unter den oben gemachten Voraussetzungen, dass Energie- und Impulssatz bestehen, so dass man die Stoßgesetze geradezu

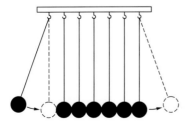

Abb. 4.4 Anordnung zur Vorführung der Stoßgesetze

als Beweis für die Richtigkeit dieser Sätze ansehen kann. Benutzte man den Energiesatz allein, so würde z. B. beim Anprall von vier Kugeln in Abb. 4.4 die Möglichkeit bestehen, dass auf der Gegenseite nur eine Kugel mit der doppelten Geschwindigkeit abgestoßen wird; die kinetische Energie der aufprallenden vier Kugeln wäre dann $4(m/2)v^2$ und die der abgestoßenen $(m/2)(2v)^2$, d. h., der Energiesatz wäre erfüllt, nicht aber der Impulssatz; vor dem Stoß wäre der Impuls $4mv$ und nach dem Stoß nur $2mv$. Nur wenn vier Kugeln abgestoßen werden, sind gleichzeitig beide Sätze erfüllt. Ist n_1 die Zahl und v_1 die Geschwindigkeit der stoßenden, n_2 und v_2 Anzahl und Geschwindigkeit der gestoßenen (vorher in Ruhe befindlichen) Kugeln, so müssen die Gleichungen bestehen:

$$n_1 m_1 v_1 = n_2 m_2 v_2 \quad \text{(Impulssatz)}, \tag{4.36}$$

$$\frac{n_1 m_1}{2} v_1^2 = \frac{n_2 m_2}{2} v_2^2 \quad \text{(Energiesatz)}. \tag{4.37}$$

Hieraus folgt bei Kugeln gleicher Masse ($m_1 = m_2$):

$$n_1 = n_2, \quad v_1 = v_2, \tag{4.38}$$

wie es auch der Versuch zeigt.

Schiefer Stoß. Wenn nach Abb. 4.5 eine Kugel in der Richtung AO elastisch gegen eine Wand stößt und der Vektor $\overrightarrow{OB}$ Größe und Richtung der Geschwindigkeit darstellt, so kann man diesen in die beiden Komponenten $\overrightarrow{OC}$ senkrecht und $\overrightarrow{OD}$ parallel zur Wand zerlegen. Wie man aus der Abbildung sieht, wird die Normalkomponente $\overrightarrow{CO}$ in die entgegengesetzt gerichtete $\overrightarrow{OC'}$ umgewandelt, während die Tangentialkomponente $\overrightarrow{OD}$ unverändert bleibt. Mit dieser setzt sich die neue Normalkomponente $\overrightarrow{OC'}$ zu der resultierenden Geschwindigkeit $\overrightarrow{OE}$ zusammen, mit der die Kugel nach dem Stoß die Wand verlässt. Die Geschwindigkeit der stoßenden Kugel ändert also nur ihre Richtung. Die Kugel wird an der Wand reflektiert, und zwar ist der Reflexionswinkel gleich dem Einfallswinkel; die Reflexionsrichtung liegt ferner in der durch die Einfallsrichtung und das Einfallslot bestimmten Ebene (Abb. 4.6).

Nach der hier dargelegten Methode – Zerlegung der Geschwindigkeit in Tangential- und Normalkomponente, Umkehrung der Normalkomponente und Wiederzusammensetzung mit der unveränderten Tangentialkomponente – lässt sich auch der schiefe Stoß zweier Kugeln vollständig behandeln (Abb. 4.7).

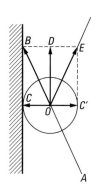

Abb. 4.5 Schiefer Stoß einer Kugel gegen die Wand

Abb. 4.6   Eine Kugel stößt unter verschiedenen Winkeln von links kommend, gegen eine Wand. Fotografische Aufnahme bei stroboskopischer Beleuchtung. Da die Blitzfrequenz gleich ist (40 Hz), kann man die Geschwindigkeit der Kugeln vergleichen. Man beachte, dass der Energieverlust der Kugel beim Stoß in den Bildern von oben nach unten abnimmt (Kugeldurchmesser 29.6 mm; Dichte 1.3 g/cm^3).

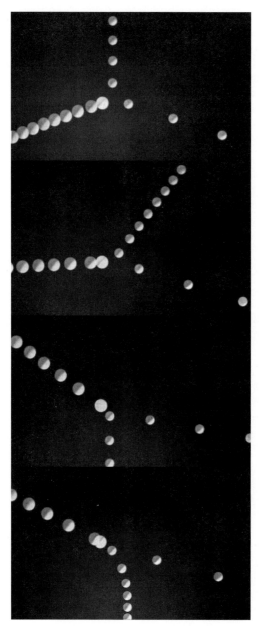

Abb. 4.7   Stoß einer kleineren Kugel, von rechts heranrollend, gegen eine ruhende größere Kugel. Kugeldurchmesser 29.6 und 36.9 mm; Dichte $1.3\,\mathrm{g/cm^3}$ (Kunststoff). Blitzfrequenz 20 Hz. Im untersten Bild hat die kleinere Kugel beim Stoß ihren Drehimpuls stark geändert.

Für die mathematische Behandlung muss man den Impulssatz in seiner vektoriellen Form benutzen. Außerdem ist es zweckmäßig, neben dem üblichen Koordinatensystem (dem sogenannten *Laborsystem*) ein weiteres System (das *Schwerpunktsystem*), das sich mit dem gemeinsamen Schwerpunkt (s. Abschn. 7.3) mitbewegt, einzuführen. Die Geschwindigkeiten nach dem Stoß setzen sich dann im Laborsystem aus der Relativgeschwindigkeit des jeweiligen Stoßpartners im Schwerpunktsystem und der Geschwindigkeit v_s des Schwerpunktsystems zusammen. Das heißt, man kann die wieder unter Benutzung von Impuls- und Energiesatz gewonnenen Gleichungen in folgende Form bringen:

$$v_1' = v_{1s}' + v_s = \frac{m_2}{m_1 + m_2} v e_0 + \frac{m_1 v_1 + m_2 v_2}{m_1 + m_2},$$

$$v_2' = v_{2s}' + v_s = -\frac{m_1}{m_1 + m_2} v e_0 + \frac{m_1 v_1 + m_2 v_2}{m_1 + m_2}. \tag{4.39}$$

Dabei sind v_{1s}', v_{2s}' die Geschwindigkeiten der Teilchen 1 und 2 nach dem Stoß im Schwerpunktsystem, $v = |v| = |v_1 - v_2|$ der Betrag der Relativgeschwindigkeit der beiden Stoßpartner (er ändert sich bei elastischen Stößen nicht) und $\vec{e}_0$ der Einheitsvektor in Richtung der Anfangsgeschwindigkeit v_1 von Teilchen 1 im Laborsystem.

Wir betrachten jetzt den elastischen Stoß eines mit der Geschwindigkeit v bewegten Teilchens 1 (Geschoss) auf ein ruhendes Teilchen 2 (Target). Im Schwerkunktsystem treffen beide mit entgegengesetzt gleichen Impulsen $p_{1s} = -p_{2s} = \mu v$ aufeinander, wobei $\mu = m_1 m_2 / (m_1 + m_2)$ die so genannte *reduzierte Masse* ist, und fliegen nach dem Stoß mit Impulsen $p_{1s}' = -p_{2s}'$ auseinander. Der Ablenkwinkel im Schwerpunktsystem sei ϑ. Eine Transformation der Impulsvektoren aus dem Schwerkunktsystem in das Laborsystem ergibt die Richtungswinkel Θ_1 und Θ_2 der Impulse nach dem Stoß im Laborsystem relativ zur Richtung von v:

$$\tan \Theta_1 = \frac{m_2 \sin \vartheta}{m_1 + m_2 \cos \vartheta}, \quad \Theta_2 = \frac{\pi - \vartheta}{2}. \tag{4.40}$$

Für die Beträge der Geschwindigkeiten nach dem Stoß erhält man:

$$v_1' = \frac{\sqrt{m_1^2 + m_2^2 + 2 m_1 m_2 \cos \vartheta}}{m_1 + m_2} v, \quad v_2' = \frac{2 m_1 v}{m_1 + m_2} \sin \frac{\vartheta}{2}. \tag{4.41}$$

Offensichtlich kann man hieraus sofort einige Aussagen machen:

a) Die Masse des stoßenden Teilchens ist größer als die des gestoßenen, d. h. $m_1 > m_2$. In diesem Fall kann der Ablenkwinkel Θ_1 des stoßenden Teilchens einen Maximalwert nicht überschreiten. Man findet

$$\sin \Theta_{1\,max} = \frac{m_2}{m_1}. \tag{4.42}$$

Dieser Fall ist gegeben, wenn beispielsweise α-Teilchen auf Wasserstoff-Atome stoßen.

b) $m_1 < m_2$. In diesem Fall kann Θ_1 jeden Wert annehmen, d. h., die Geschwindigkeit des Teilchens nach dem Stoß kann jede Richtung haben. Für den Fall, dass m_2 sehr groß ist gegen m_1 (z. B. Stoß eines Elektrons gegen ein Atom), findet man insbesondere

$$v_1' = v, \quad v_2' = 0, \quad \tan \Theta_1 = \tan \vartheta. \tag{4.43}$$

Das ist aber auch das Ergebnis, das zuvor auf anderem Weg für den Stoß einer Kugel gegen eine Wand gefunden wurde (d. h., der Einfallswinkel ist gleich dem Reflexionswinkel, der Geschwindigkeitsbetrag bleibt gleich).

c) Besonders einfach werden die Verhältnisse, wenn $m_1 = m_2$ ist (z. B. α-Teilchen auf Helium-Atome stoßen). In diesem Fall gilt:

$$v_1' = v \cos \frac{\vartheta}{2}, \quad v_2' = v \sin \frac{\vartheta}{2}, \quad \Theta_1 = \frac{\vartheta}{2}, \quad \Theta_1 + \Theta_2 = \frac{\pi}{2}, \tag{4.44}$$

d. h., die Stoßpartner schließen nach dem Stoß immer einen Winkel von 90° ein.

Man sieht außerdem, dass beim zentralen Stoß ($\vartheta = \pi$) $v_2' = 2m_1/(m_1 + m_2) \cdot v$ einen Maximalwert annimmt. Hieraus ergibt sich für die größte Energie, die auf das zunächst ruhende Teilchen übertragen werden kann:

$$E_{2\,\text{max}}' = \frac{m_2 v_{2\,\text{max}}'^2}{2} = \frac{4m_1 m_2}{(m_1 + m_2)^2} E_1. \tag{4.45}$$

Kraftstoß und Impuls. Während eines Stoßes wirkt zwischen den Stoßpartnern kurzzeitig eine Kraft. Offensichtlich ist die Wirkung eines Stoßes sowohl durch die Größe der Kraft F als auch durch die Dauer τ ihrer Einwirkung bedingt. Man nennt daher das Produkt $F \tau$ aus Kraft und Stoßdauer *Kraftstoß* (Abb. 4.8).

Zunächst sei vorausgesetzt, dass während der Stoßdauer die Kraft F und die Beschleunigung a konstant sind. Erweitert man die natürlich auch hier geltende Bewegungsgleichung (Kraft = Masse · Beschleunigung) mit der Stoßdauer τ, so erhält man:

$$F \tau = m \cdot a \cdot \tau.$$

Nun ist aber a nichts anderes als die in der Zeit erfolgte Geschwindigkeitsänderung der Masse m, dividiert durch diese Zeit. Bezeichnet man also mit v_1 bzw. v_2 die Geschwindigkeiten vor und nach dem Stoß, so ist

$$a\tau = v_2 - v_1$$

und man erhält:

$$F \tau = m(v_2 - v_1). \tag{4.46}$$

• Der Kraftstoß ist gleich der Änderung des Impulses.

Bisher wurden die Kraft F und die Beschleunigung a während der Stoßzeit als konstant angenommen. Wenn dies nicht der Fall ist, so hat man die Bewegungsgleichung $F = m \cdot a$ über die Stoßzeit τ zu integrieren, bzw. für F und a je einen Mittelwert während der

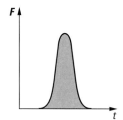

Abb. 4.8   Zum Kraftstoß $\int F \, dt$

Stoßzeit einzuführen. Dies liefert:

$$\int\limits_{t_0}^{t_0+\tau} \boldsymbol{F}\, \mathrm{d}t = \int\limits_{t_0}^{t_0+\tau} m\boldsymbol{a}\, \mathrm{d}t = \int\limits_{t_0}^{t_0+\tau} m\frac{\mathrm{d}\boldsymbol{v}}{\mathrm{d}t}\, \mathrm{d}t = m(\boldsymbol{v}_2 - \boldsymbol{v}_1).$$ (4.47)

Der Kraftstoß $\int \boldsymbol{F}\mathrm{d}t$ ist also auch in dem allgemeinen Fall gleich der Änderung des Impulses (vom Anfangswert $m\boldsymbol{v}_1$ auf den Endwert $m\boldsymbol{v}_2$).

Häufig ist zu Beginn des Stoßes der gestoßene Körper in Ruhe, d. h. $\boldsymbol{v}_1 = 0$, so dass man einfacher erhält:

$$\int\limits_{t_0}^{t_0+\tau} \boldsymbol{F}\mathrm{d}t = m\boldsymbol{v}.$$ (4.48)

Diese Gleichung liefert eine anschauliche Definition des Impulses:

• Der Impuls ist gleich demjenigen Kraftstoß, der den gestoßenen Massenpunkt aus der Ruhe heraus auf die Geschwindigkeit $\boldsymbol{v}$ bringt. Er ist das Zeitintegral der Kraft.

4.4 Zentralbewegung und Bahndrehimpuls

Zentralbewegung. Bewegungen materieller Körper um ein Kraftzentrum sind für die Physik von besonderer Bedeutung. In vielen Fällen sind diese Bewegungen periodisch. Sie sind daher grundlegend für unser Zeitverständnis und insbesondere für die Messung der Zeit. In der Natur stellen die Umläufe der Planeten um die Sonne solche Zentralbewegungen dar. Auf die Planeten wirkt vor allem die auf die Sonne gerichtete Gravitationskraft $\boldsymbol{F}_\mathrm{G}$. Das Newton'sche Kraftgesetz für die Gravitation ergab sich aus dem dritten Kepler'schen Gesetz. Von allgemeinerer Bedeutung ist das zweite Kepler'sche Gesetz, der *Flächensatz*. Er gilt nicht nur für die Planetenbewegung, sondern für alle Bewegungen von Massenpunkten, auf die nur auf ein Zentrum gerichtete Kräfte wirken:

• Bei einer Zentralbewegung überstreicht der vom Zentralpunkt zum sich bewegenden Körper gezogene Leitstrahl in gleichen Zeiten gleiche Flächen.

Experimentell lässt sich der Flächensatz mit folgender Anordnung nachweisen (Abb. 4.9). Am Ende einer Schnur ist eine Kugel befestigt; die Schnur ist durch ein vertikal gestell-

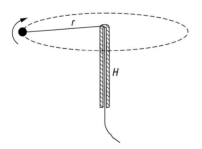

Abb. 4.9   Nachweis des Flächensatzes

tes Rohr hindurchgezogen, und ihr unteres freies Ende wird mit der Hand festgehalten. Schleudert man die Kugel auf einem horizontalen Kreis herum und verkürzt langsam durch Ziehen an der Schnur die Länge des Leitstrahls r, so stellt man fest, dass die Winkelgeschwindigkeit der umlaufenden Kugel proportional zu $1/r^2$ ist. Durchläuft die Kugel die Kreisbahn bei einer bestimmten Leitstrahllänge r z. B. in der Sekunde einmal, so läuft sie bei Verkürzung von r auf die Hälfte in der Sekunde viermal um, da die von r überstrichene Fläche auf den vierten Teil verkleinert wurde.

Bahndrehimpuls. Der Flächensatz für die Zentralbewegung eines Massenpunktes ist ein Hinweis auf eine weitere wichtige Konstante der Bewegung, nämlich den *Bahndrehimpuls*. Der Bahndrehimpuls L eines Massenpunktes, der sich um ein Kraftzentrum bewegt, ist ein Vektor, der senkrecht auf der Bahnebene des Massenpunktes steht. Er wird als Vektorprodukt von Orts- und Impulsvektor definiert:

$$L = r \times p = m \cdot r \times v. \tag{4.49}$$

Dabei ist r der Radiusvektor, p der Impuls, v die Geschwindigkeit und m die Masse des Massenpunktes. Der Bahndrehimpuls ist zeitlich konstant, wenn auf den Massenpunkt ausschließlich Zentralkräfte wirken. Um diese Behauptung zu beweisen, betrachten wir, wie für den Beweis von Energie- und Impulserhaltung, die zeitliche Ableitung des Drehimpulses:

$$\dot{L} = \dot{r} \times p + r \times \dot{p} = m \cdot v \times v + r \times F. \tag{4.50}$$

Das Vektorprodukt des ersten Summanden der rechten Seite dieser Gleichung ist offensichtlich gleich null, und der zweite Summand verschwindet für Zentralkräfte, da in diesem Fall Radiusvektor und Kraftvektor (entgegengesetzt) parallel zueinander sind. Für Zentralkräfte gilt folglich, wie behauptet:

$$\dot{L} = 0. \tag{4.51}$$

Die Erhaltung des Bahndrehimpulses impliziert insbesondere, dass auch die Richtung des Drehimpulsvektors konstant ist. Die Bahn eines Massenpunktes, auf den nur eine Zentralkraft wirkt, liegt folglich in einer fest vorgegebenen Ebene, nämlich der Ebene senkrecht zum Drehimpulsvektor L.

Falls die auf den Massenpunkt gerichtete Kraft hingegen nicht radial gerichtet ist, sondern auch eine tangential gerichtete Komponente hat, kann sich der Drehimpuls zeitlich ändern. Für die zeitliche Änderung des Drehimpulses gilt der *Drehimpulssatz*:

$$\dot{L} = r \times F. \tag{4.52}$$

Die hier auftretende Größe $T = r \times F$ heißt *Drehmoment*. Die zeitliche Änderung des Drehimpulses ist also gleich dem Drehmoment, das auf den Massenpunkt einwirkt. Bei der Berechnung des Drehmoments ist zu beachten, dass das Zentrum der Zentralbewegung als Ursprung der Ortsvektoren zu nehmen ist.

Die Beziehung $T = \dot{L}$ zwischen Drehimpuls und Drehmoment für Zentralbewegungen entspricht dem Grundgesetz der Mechanik in der Impulsform $F = \dot{p}$ für lineare Bewegungen. Allgemein entsprechen den Größen *Kraft*, *Impuls* und *Geschwindigkeit* bei linearen Bewegungen von Massenpunkten die Größen *Drehmoment*, *Drehimpuls* und *Winkelgeschwindigkeit* bei Zentralbewegungen.

4.5 Satelliten und Raumfahrt

Künstliche Erdsatelliten. Schon Isaac Newton hatte sich die Frage gestellt, ob man mit einer genügend starken Kanone einem Körper eine so große Geschwindigkeit erteilen könnte, dass er nicht mehr auf den Boden zurückfällt, sondern die Erde als künstlicher Satellit umkreist (Abb. 4.10). Um die Frage zu beantworten, muss man nicht die Flugbahn berechnen. Vielmehr lässt sich bei Vernachlässigung des Luftwiderstands die erforderliche Geschwindigkeit aus dem Gravitationsgesetz bestimmen. Setzt man die Gravitationskraft gleich der Zentripetalkraft, so folgt

$$G \cdot \frac{mM}{r^2} = \frac{mv^2}{r}, \quad v = \sqrt{\frac{GM}{r}}, \tag{4.53}$$

wobei m die Satellitenmasse und M die Erdmasse ist. Für eine Bahn unmittelbar über dem Erdboden ($r = R$) ergibt sich $v = 7.91$ km/s, für eine realistischere Bahn in einer Höhe $h = 200$ km, d. h., für $r = R + h$ erhält man $v = 7.79$ km/s. Die Umlaufdauer $T = 2\pi r/v$ auf einer solchen Bahn beträgt im ersten Fall $5.07 \cdot 10^3$ s, im zweiten $5.31 \cdot 10^3$ s ≈ 90 min.

Von besonderer wissenschaftlicher und technischer Bedeutung, zum Beispiel für den Funkverkehr, sind Satelliten, die immer über einem festen Punkt der Erdoberfläche stehen, sogenannte *geostationäre Satelliten*. Dafür ist es notwendig, dass die Umlaufdauer T genau 1 d $= 86\,400$ s beträgt. Gl. (4.53) liefert mit $v = \omega r = 2\pi r/T$ eine Bedingung für die Bahnhöhe $h = r - R$. Man erhält $h = 35\,900$ km. Die Bahngeschwindigkeit beträgt $v = 3.075$ km/s.

Hier wurde angenommen, dass sich die Satelliten auf Kreisbahnen um die Erde bewegen. Tatsächlich sind die Bahnen der Satelliten im Allgemeinen Ellipsen, entsprechend dem ersten Kepler'schen Gesetz. Der erste künstliche Satellit, Sputnik I (Oktober 1957), durchlief beispielsweise eine elliptische Bahn mit einer kleinsten Höhe von 228 km und einer größten von 947 km über der Erdoberfläche.

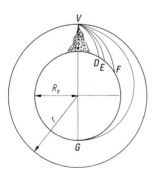

Abb. 4.10 Newtons Bahnskizze für künstliche Satelliten, die von einem Berg aus horizontal gestartet werden (nach: De mundi systemate, 1715)

Flug zum Mond. Die bisherigen Überlegungen gingen davon aus, dass außer dem Himmelskörper und dem Flugobjekt keine anderen Massen in der Nähe sind. In Wirklichkeit ist das aber oft der Fall, und man muss die Gravitationswirkung dieser anderen Himmelskörper berücksichtigen. Als Beispiel betrachten wir den geradlinigen Flug von der Erde zum Mond (Abstand d). Die potentielle Energie des Flugkörpers der Masse m längs dieser Strecke setzt sich aus einem Beitrag der Erde (M) und dem des Mondes (M')

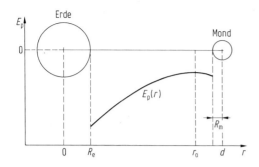

Abb. 4.11 Potentielle Energie einer Raumsonde zwischen Erde und Mond

zusammen (Abb. 4.11):

$$E_{\mathrm{p}}(r) = -\frac{GMm}{r} - \frac{GM'm}{d-r}. \tag{4.54}$$

Sie hat ein Maximum in der Entfernung $r_0 = d/(1 + \sqrt{M/M'}) = 3.46 \cdot 10^8$ m. An dieser Stelle bei $0.9 \cdot d$ halten sich die Schwerkraft von Erde und Mond die Waage. Die Anfangsgeschwindigkeit $v_0 = 11.1$ km/s einer Raumsonde, die diesen Punkt gerade erreichen soll, ist etwas kleiner als die Fluchtgeschwindigkeit $v_{\mathrm{Fl}} = 11.2$ km/s des Gravitationsfelds der Erde. Nach Überwindung des Sattelpunkts bei $r = r_0$ fällt er von selbst auf den Mond und kommt dort mit einer Geschwindigkeit von 2.3 km/s an.

Reisen im Sonnensystem. Die Flugbahnen zu den anderen Planeten lassen sich in ähnlicher Weise berechnen. Dabei müssen die Anziehungskräfte von Erde, Sonne und dem Zielplaneten berücksichtigt werden. Mit dem geringsten Energieaufwand kann man solche Flüge durchführen, wenn die Sonde eine Ellipsenbahn (sogenannte *Transferbahn*) um die Sonne durchläuft, die die Bahnen von Erde und Zielplanet berührt (Abb. 4.12). Man nutzt dann die Anziehungskraft der Sonne für den größten Teil der Reise und muss nur den Unterschied der Bahngeschwindigkeiten sowie der Gravitationskräfte von Erde und Zielplanet durch das Triebwerk ausgleichen.

Bei besonders günstigen Planetenkonstellationen lässt sich ein Flugkörper sogar so beschleunigen, dass er das Gravitationsfeld der Sonne verlassen kann. Das geschieht auf sogenannten *Swing-by-Bahnen* (Abb. 4.13). Dabei gewinnt der Planet beim Vorbeiflug an

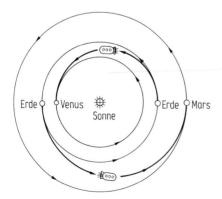

Abb. 4.12 Transferbahnen für Reisen zu anderen Planeten

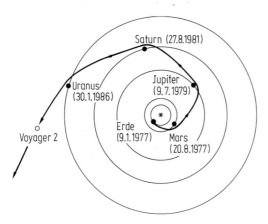

Abb. 4.13   Swing-by-Bahn einer Raumsonde bei der Begegnung mit verschiedenen Planeten (nach: Jet Propulsion Laboratory, NASA)

einem Planeten auf Kosten dieses Planeten kinetische Energie. Wie bei elastischen Stößen findet ein Energieaustausch statt.

Raketenantrieb. In Abschn. 4.1 wurde berechnet, dass ein Körper mindestens eine Fluchtgeschwindigkeit von 11.2 km/s haben muss, um das Gravitationsfeld der Erde verlassen zu können. Um Körper auf Geschwindigkeiten dieser Größenordnung zu beschleunigen, werden Raketenantriebe gebraucht. Dabei wird durch Verbrennung eines Treibstoffs heißes Gas mit hoher Geschwindigkeit an der Rückseite des Flugkörpers ausgestoßen. Aufgrund der Impulserhaltung erfährt dieser dann einen Rückstoß, der ihn vorwärts treibt (Abb. 4.14). Das Prinzip ist von der Silvesterrakete bekannt.

Zur Erläuterung betrachten wir ein Raketentriebwerk im kräftefreien Raum. Zur Zeit t habe die Rakete der Masse $m + \mathrm{d}m$ eine Geschwindigkeit v. Im Zeitintervall $\mathrm{d}t$ werde die Masse $\mathrm{d}m$ des Brennstoffs mit der Geschwindigkeit u relativ zur Rakete ausgestoßen. Um $v(t)$ zu bestimmen, betrachten wir gemäß dem Impulssatz die Impulsänderungen von Rakete und Brennstoff im Zeitintervall $\mathrm{d}t$: $m\,\mathrm{d}v = -u\,\mathrm{d}m$. Daraus ergibt sich die Differentialgleichung

$$\mathrm{d}v = -u\,\mathrm{d}m/m \tag{4.55}$$

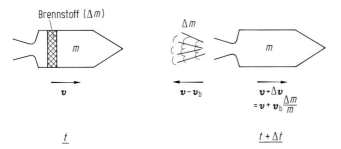

Abb. 4.14   Raketenantrieb (Darstellung zur Zeit t und $t + \Delta t$)

und nach Integration

$$v(t) = -u \int\limits_{m_r}^{m(t)} \frac{dm}{m} = u \ln \frac{m_r}{m(t)} = u \ln \frac{m_s + m_0}{m_s + m_0 - \mu t}. \tag{4.56}$$

Dabei ist m_r die Gesamtmasse der Rakete beim Start zur Zeit $t = 0$. Sie ist gleich der Summe von Brennstoffmasse m_0 und Endmasse m_s der Rakete (samt der transportierten Last, z. B. ein in den Umlauf zu bringender Satellit). μt ist die Masse des bis zur Zeit t ausgestoßenen Brennstoffs. Wir betrachten nun die Rakete nach Ablauf der Brennzeit $t_1 = m_0/\mu$, wenn sie die Endgeschwindigkeit v_e erreicht hat. Dann ist

$$\frac{v_e}{u} = \ln \frac{m_s + m_0}{m_s} = \ln \left(1 + \frac{m_0}{m_s} \right) \tag{4.57}$$

oder nach $\dfrac{m_0}{m_s}$ aufgelöst:

$$\frac{m_0}{m_s} = e^{v_e/u} - 1.$$

Das Verhältnis von Endgeschwindigkeit und Ausströmungsgeschwindigkeit hängt also nur vom Massenverhältnis m_0/m_s ab.

Setzt man einige Zahlenwerte von v_e/u in die obige Gleichung ein, so erhält man für m_0/m_s folgende Werte:

v_e/u	1	2	3	4
m_0/m_s	1.7	6.4	19.0	53.6

Das bedeutet, dass z. B. zum Erreichen einer Endgeschwindigkeit, die gleich der vierfachen Ausströmungsgeschwindigkeit des Treibgases ist, etwa das 54-fache des Leergewichtes der Rakete an Brennstoff benötigt wird! Damit die Rakete keinen unnötigen Ballast mitschleppen muss, baut man sie gewöhnlich in mehreren Stufen. Dann kann jede Stufe nach Ablauf ihrer Brennschlusszeit abgeworfen werden, so dass nur die letzte Stufe die Endgeschwindigkeit erreicht.

5 Schwingungen

5.1 Mathematisches und physikalisches Pendel

Jeden Körper, der sich unter dem Einfluss der Schwerkraft um eine feste, nicht durch seinen Schwerpunkt gehende Achse drehen kann, nennt man allgemein ein *Schwerependel*. Besteht es – im Grenzfall – aus einem schweren Massenpunkt und einem gewichtslosen Aufhängefaden, so nennt man es, dieser Idealisierung wegen, ein *mathematisches Pendel*, im Unterschied zum *physikalischen Pendel*, das durch einen Körper mit beliebiger Massenverteilung dargestellt wird.

Mathematisches Pendel. Wir betrachten der Einfachheit halber zunächst das mathematische Pendel. Entfernt man es aus seiner Ruhelage und überlässt es dann sich selbst, so führt es eine periodische Bewegung aus, die *Pendelschwingung*. Bevor wir uns mit der Gesetzmäßigkeit dieser ebenen Pendelschwingung näher befassen, ändern wir den Versuch in der Weise ab, dass wir dem aus der Ruhelage entfernten Massenpunkt einen Stoß geeigneter Stärke in horizontaler Richtung senkrecht zur Schwingungsebene versetzen, so dass sich der Massenpunkt auf einem horizontalen Kreis bewegt (Abb. 5.1). Der Pendelfaden beschreibt dann den Mantel eines Kreiskegels, und wir nennen das so schwingende Pendel ein *Kreispendel* oder *konisches Pendel* (*Kegelpendel*). Damit der Massenpunkt auf einem Kreis mit dem Radius r umläuft, muss eine zum Kreismittelpunkt hin gerichtete Zentripetalkraft F_r vorhanden sein. Diese wird, wie Abb. 5.1 zeigt, durch eine Komponente der an dem Massenpunkt m wirkenden Schwerkraft $G = mg$ gebildet. Wir können nämlich G in die beiden (nicht zueinander senkrechten) Komponenten G_1 parallel zum Pendelfaden und G_r, zum Kreismittelpunkt hin weisend, zerlegen. Die erste Komponente spannt nur den Faden, kommt also für die Bewegung nicht in Frage, die zweite Komponente stellt die zur Kreisbewegung notwendige Zentripetalkraft dar. Bezeichnet α den Winkel des Pendelfadens gegen die Vertikale, so ist ihr Betrag:

$$G_r = mg \tan \alpha.$$

Betrachten wir den Bewegungsvorgang im rotierenden Bezugssystem als dynamisches Gleichgewicht im Sinn des d'Alembert'schen Prinzips, so müssen wir sagen, dass der Zentripetalkraft das Gleichgewicht gehalten wird durch die Zentrifugalkraft F_Z, die die Größe $4\pi^2 mr/T^2$ besitzt, wenn T die Umlaufzeit auf dem Kreis ist. Es ist also:

$$mg \tan \alpha = \frac{4\pi^2 mr}{T^2}.$$

Nun ist aber $r = l \sin \alpha$, so dass wir erhalten:

$$T = 2\pi \sqrt{\frac{l \cos \alpha}{g}}, \tag{5.1}$$

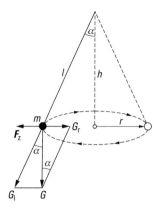

Abb. 5.1   Kreispendel

und da

$$\cos\alpha = 1 - \frac{\alpha^2}{2!} + \frac{\alpha^4}{4!} - \cdots$$

ist, kann man bei kleinen Winkeln α, für die wir schon die zweite Potenz von α gegen 1 vernachlässigen dürfen, schreiben:

$$T = 2\pi\sqrt{\frac{l}{g}}. \tag{5.2}$$

Die Umlaufszeit eines konischen Pendels ist unabhängig von der Masse und für kleine Kegelwinkel nur abhängig von der Pendellänge und der Erdbeschleunigung.

Es sei noch auf folgenden Punkt ausdrücklich hingewiesen: Die in dem Ausdruck $m4\pi^2r/T^2$ für die Zentrifugalkraft auftretende Masse ist die träge Masse, während die in dem Ausdruck für die Schwerkraft mg auftretende Masse die schwere Masse darstellt. Beide Massen sind nach Abschn. 3.3 gleich; nur deshalb fällt die Größe der Masse aus der Gleichung für die Umlaufsdauer des Pendels heraus. Der Versuch beweist nun die exakte Gültigkeit der Gl. (5.1) und somit indirekt, aber mit großer Genauigkeit, die *Gleichheit von schwerer und träger Masse* (Versuche von Newton und Bessel).

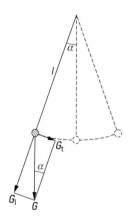

Abb. 5.2   Ebenes Pendel

Wichtiger als das konische Pendel ist das ebene Pendel, das in einer durch seinen Aufhängepunkt gehenden vertikalen Ebene Schwingungen ausführt. Entfernt man den Massenpunkt eines solchen Pendels aus seiner Ruhelage (Abb. 5.2), so liefert wiederum die an ihm angreifende Schwerkraft G die das Pendel in seine Ruhelage zurücktreibende Kraft. Um letztere nach Größe und Richtung zu erhalten, zerlegt man G in zwei zueinander senkrechte Komponenten G_l, und G_t; die Richtung von G_l ist die der Fadenrichtung und kommt somit für die Pendelbewegung nicht in Frage. Ist α der Winkel, um den das Pendel aus seiner Ruhelage abgelenkt wurde, so ist $G_t = G \sin \alpha$. G_t ist also zum Sinus des Ablenkungswinkels und bei kleinen Pendelausschlägen zum Winkel direkt proportional. Die genaue Berechnung der Schwingungsdauer eines solchen Pendels für beliebige Winkel α ist elementar nicht durchführbar. Um die Schwingungsdauer zu finden, vergleichen wir unter Beschränkung auf hinreichend kleine Winkel das ebene Pendel mit einem konischen Pendel gleicher Länge. Wir werfen von dem auf einer Kreisbahn umlaufenden konischen Pendel P_1 (Abb. 5.3) mit Hilfe einer punktförmigen Lichtquelle L, die wir in der Höhe der Kreisbahn seitlich von dieser aufstellen, einen Schatten auf eine vertikale Wand W. Dann beobachten wir, dass sich der Schatten des umlaufenden Kegelpendels auf einer waagerechten Geraden zwischen zwei Punkten 1 und 2 hin- und herbewegt. Lassen wir zwischen der Wand und dem Kegelpendel ein ebenes Pendel P_2 mit gleicher Länge parallel zur Wand schwingen, und richten wir seine Schwingungsweite so ein, dass ihr Schatten auf der Wand gleich der Schwingungsweite des Schattens des Kegelpendels ist, so finden wir, dass die Schatten beider Pendel auf der Wand sich gleich schnell und im gleichen Takt bewegen. Daraus schließen wir, dass bei kleinen Winkeln die Schwingungsdauer des ebenen Pendels, worunter wir die Zeit für einen Hin- und Hergang verstehen, gleich der Umlaufszeit eines Kegelpendels gleicher Länge ist. Es gilt also auch für das ebene Pendel im Fall kleiner Schwingungsweiten:

$$T = 2\pi \sqrt{\frac{l}{g}}. \tag{5.3}$$

Die Schwingungsdauer eines ebenen Pendels ist also ebenfalls nur von der Länge und der Erdbeschleunigung abhängig und unabhängig von der Pendelmasse.

Wir haben den Umweg über das konische Pendel nur aus dem Grund gemacht, um auf elementarem Weg zur Pendelformel (5.3) zu gelangen. An sich wäre der direkte Weg die Anwendung des Drehimpulssatzes (s. Abschn. 4.4), nach dem die zeitliche Änderung

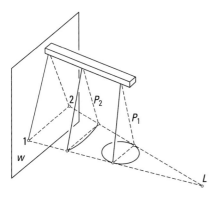

Abb. 5.3 Projektion eines Kreispendels P_1 und eines ebenen Pendels P_2 auf eine ebene Wand

des Drehimpulses $L = m \cdot (r \times v)$ gleich dem wirkenden Drehmoment $T = r \times G$ ist. Betragsmäßig ist:

$$L = ml^2 \cdot \dot{\alpha}$$

und

$$T = mgl \cdot \sin \alpha.$$

Folglich lautet die Bewegungsgleichung für das ebene Pendel:

$$ml^2 \frac{d^2\alpha}{dt^2} = -mgl \sin \alpha.$$

Nach Kürzung und Ersatz von $\sin \alpha$ durch α (für kleine Winkel) folgt:

$$\frac{d^2\alpha}{dt^2} + \frac{g}{l}\alpha = 0. \tag{5.4}$$

Die Integration dieser Gleichung liefert unmittelbar die Formel (5.3) für T. Lässt man $\sin \alpha$ stehen, so ergibt sich bei beliebig großen Elongationswinkeln α die Gleichung:

$$T = 2\pi \sqrt{\frac{l}{g}} \left[1 + \left(\frac{1}{2}\right)^2 \sin^2\frac{\alpha}{2} + \left(\frac{1 \cdot 3}{2 \cdot 4}\right)^2 \sin^4\frac{\alpha}{2} \right.$$

$$\left. + \left(\frac{1 \cdot 3 \cdot 5}{2 \cdot 4 \cdot 6}\right)^2 \sin^6\frac{\alpha}{2} + \cdots \right]. \tag{5.5}$$

Der Fehler, den man begeht, wenn man statt dieser exakten Gleichung die einfache Gleichung (5.3) benutzt, beträgt bei einem Winkel $\alpha = 1°$ nur 0.002 %, bei $\alpha = 2°$ etwa 0.01 % und bei $\alpha = 5°$ etwa 0.05 %.

Die Unabhängigkeit der Schwingungsdauer eines mathematischen Pendels von der Pendelmasse kann man zeigen, indem man mehrere Pendel gleicher Länge, aber mit verschiedenen Pendelmassen gleichphasig schwingen lässt: sie schwingen alle im Gleichtakt. Da die Pendelbewegungen durch den Einfluss der Schwerkraft zustande kommen – man kann die Pendelbewegung als Fall auf einem Kreisbogen behandeln und die Schwingungsdauer aus der Fallzeit berechnen –, so ist das Herausfallen der Masse aus der Gleichung für die Schwingungsdauer ein weiterer Beweis dafür, dass die Erdbeschleunigung g für alle Körper dieselbe ist. Das besagt gerade, worauf wir oben schon hinwiesen, dass träge und schwere Masse gleich sind (Versuche von Newton, Bessel und Eötvös).

Die Abhängigkeit der Schwingungsdauer von der Pendellänge zeigt man mit drei Pendeln, deren Längen sich wie $1 : 4 : 9$ verhalten. Dann verhalten sich die Schwingungsdauern wie $1 : 2 : 3$.

Früher bezeichnete man als Schwingungsdauer T eines Pendels nur die Zeit für einen einfachen Hin- oder Hergang; dann gilt die Gleichung $T = \pi \sqrt{l/g}$. Ein Pendel, das für einen Hin- oder Hergang gerade eine Sekunde benötigt, bezeichnet man als *Sekundenpendel*. Die Länge des mathematischen Sekundenpendels ist demnach für $g = 9.81$ m/s^2 gleich $l = 0.9939$ m.

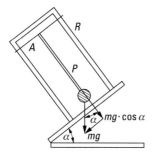

Abb. 5.4   Mach'scher Pendelapparat

In Abb. 5.4 ist ein Pendelapparat nach Ernst Mach (1838 – 1916) gezeichnet, der aus einem Stangenpendel P besteht, das um eine in einem Rahmen R gelagerte Achse A schwingen kann. Der ganze Rahmen und damit die Schwingungsebene des Pendels lässt sich gegen die Horizontale um einen Winkel α kippen. Die auf die Pendelmasse in der Schwingungsebene des Pendels wirkende Beschleunigung ist dann $g \cos \alpha$; vergrößert man also α, so schwingt das Pendel immer langsamer. Bei diesem Versuch handelt es sich freilich nicht um ein mathematisches Pendel. Aber die Abhängigkeit von der Größe der Erdbeschleunigung ist gut zu sehen.

Da man die Schwingungsdauer und die Länge eines Pendels sehr genau bestimmen kann, bildet die Pendelschwingung neben dem freien Fall ein einfaches und genaues Verfahren zur Messung der Erdbeschleunigung. Misst man die Erdbeschleunigung an verschiedenen Stellen der Erdoberfläche, so stellt man fest, dass g nicht konstant ist, sondern von den Polen der Erde zum Äquator hin abnimmt. So beträgt die Erdbeschleunigung am Pol $9.8319\,\mathrm{m/s^2}$, unter $45°$ Breite $9.806\,\mathrm{m/s^2}$ und am Äquator $9.780\,\mathrm{m/s^2}$. Diese Abhängigkeit der Erdbeschleunigung von der geographischen Breite hat zweierlei Ursachen. Wie wir in Abschn. 3.7 darlegten, erfahren infolge der Erdrotation alle Massen auf der Erde eine Zentrifugalbeschleunigung senkrecht zur Erdachse nach außen. Da für alle Punkte der Erdoberfläche die Umlaufszeit dieselbe ist, nimmt die Größe der Zentrifugalbeschleunigung mit dem Radius des Breitenkreises zu. Ihr größter Wert am Äquator beträgt $3.39\,\mathrm{cm/s^2}$. Um diesen Betrag wird die Erdbeschleunigung g am Äquator verkleinert. Außerdem kommt hinzu, dass die Erde keine Kugel ist, sondern die Form eines an den Polen abgeplatteten Rotationsellipsoids besitzt.

Physikalisches Pendel. Mathematische Pendel gibt es strenggenommen nicht, da weder Massenpunkte noch gewichtslose Fäden existieren. Alle wirklichen Pendel sind daher *physikalische* (physische) *Pendel*, d. h. Körper, die um eine nicht durch ihren Schwerpunkt (s. Kap. 7) gehende Achse oder um einen nicht mit dem Schwerpunkt zusammenfallenden Punkt drehbar sind. Das physikalische Pendel unterscheidet sich also vom mathematischen dadurch, dass die Masse des Pendels nicht in einem Punkt am unteren Ende der Pendellänge konzentriert ist. wir betrachten einen solchen ausgedehnten Körper als eine Ansammlung von Massenpunkten, d. h. Massenelementen mit vernachlässigbarer Ausdehnung, deren Zentralbewegung dem Drehimpulssatz genügt.

Um die Schwingungsdauer eines physikalischen Pendels zu berechnen, geht man wieder vom Kreispendel aus. Es hat die gleiche Schwingungsdauer wie das ebene Pendel, sofern der Pendelkörper rotationssymmetrisch ist. Wir betrachten die Bewegung als dy-

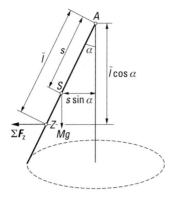

Abb. 5.5   Ableitung der Schwingungsdauer eines physikalischen Kreispendels

namisches Gleichgewicht: Das Drehmoment der Schwerkraft hält dem Drehmoment der Zentrifugalkräfte die Waage. In Abb. 5.5 soll der um Punkt A drehbare Stab das konische Pendel darstellen; seine Masse sei M. Die Schwerkraft Mg greift im Schwerpunkt S an, der um das Stück s von A entfernt ist. Ist der Ausschlagwinkel des Pendels α, so ist der Kraftarm der Schwerkraft gleich $s \sin \alpha$, der Betrag des Drehmoments T_S also:

$$|T_S| = Mgs \sin \alpha.$$

Die an jedem Massenelement m des Pendels angreifende Zentrifugalkraft hat den Betrag $F_Z = m\omega^2 l \sin \alpha$, wenn l der Abstand des Massenelementes von A ist; $l \sin \alpha$ ist dann der Radius des Kreises, den das Massenelement beschreibt, und ω ist die Winkelgeschwindigkeit des Massenelementes auf diesem Kreis. Alle Zentrifugalkräfte F_Z sind horizontal und nach außen gerichtet. Im mit dem Pendel rotierenden Bezugssystem wirken also auf die Massenpunkte Drehmomente T_Z der Zentrifugalkraft, die in summa das Drehmoment der Schwerkraft kompensieren. Als Drehmoment der Zentrifugalkraft ergibt sich:

$$|T_Z| = \omega^2 \sin \alpha \sum ml^2 \cdot \cos \alpha = \frac{4\pi^2}{T^2} \sin \alpha \sum ml^2 \cdot \cos \alpha,$$

da $\omega = 2\pi/T$ und $\sin \alpha$ als konstant vor das Summenzeichen gesetzt werden können. Mit der Größe $J = \sum ml^2$, dem sogenannten *Trägheitsmoment* (s. Kap. 8) des Pendels um eine durch A gehende Achse (s. Kap. 7), ergibt sich:

$$|T_Z| = \frac{4\pi^2}{T^2} J \sin \alpha \cos \alpha.$$

Setzt man $|T_S| = |T_Z|$, so erhält man die dynamische Gleichgewichtsbedingung für das Kreispendel:

$$Mgs = \frac{4\pi^2}{T^2} J \cos \alpha, \quad \text{d. h.} \quad T = 2\pi \sqrt{\frac{J \cos \alpha}{Mgs}}.$$

Für kleine Winkel α ist $\cos \alpha \approx 1$. Die Formel für die Umlaufdauer des konischen Pendels gilt dann auch für die Schwingungsdauer des ebenen physikalischen Pendels:

$$T = 2\pi \sqrt{\frac{J}{Mgs}}. \tag{5.6}$$

Diese Formel verdankt man Christian Huygens (1629 – 1695).

Der Ausdruck $Mgs = D$ ist offenbar gleich dem Drehmoment T_S der Schwere, dividiert durch $\sin \alpha$:

$$Mgs = \frac{T_S}{\sin \alpha} = D.$$

Für kleine Winkel ist $\sin \alpha \approx \alpha$. So ist dann $T_S = D \cdot \alpha$. Die Größe D wird Richtmoment, Direktionsmoment oder Winkelrichtgröße genannt.

Auch hier ist die Benutzung des konischen Pendels ein Umweg zum Zweck der elementaren Ableitung der Gl. (5.6). Direkt gewinnt man sie aus dem Drehimpulssatz:

$$J \frac{d\omega}{dt} = -Mgs \sin \alpha.$$

Setzt man hier wieder die Winkelbeschleunigung $d\omega/dt = d^2\alpha/dt^2$ und beschränkt sich auf kleine Winkel ($\sin \alpha \approx \alpha$), so folgt die Bewegungsgleichung des physikalischen Pendels:

$$\frac{d^2\alpha}{dt^2} + \frac{Mgs}{J}\alpha = 0, \tag{5.7}$$

die die Verallgemeinerung von Gl. (5.4) für das mathematisches Pendel ist. Auch ohne Integration ersieht man aus beiden Gleichungen, dass für das mathematische Pendel nur l und g in Frage kommen, für das physikalische dagegen das Trägheitsmoment J und das Richtmoment Mgs.

Man sieht sofort, dass J/Ms die Länge *desjenigen mathematischen Pendels* ist, das die *gleiche Schwingungsdauer* besitzt wie das *physikalische Pendel*. Wir bezeichnen daher

$$l_r = \frac{J}{Ms} \tag{5.8}$$

als die *reduzierte Pendellänge* des physikalischen Pendels. Sie ist in Abb. 5.6 durch die Strecke AA' wiedergegeben. Man kann sich also im Punkt A', den man den *Schwingungsmittelpunkt* nennt, die gesamte Pendelmasse M vereinigt denken, ohne dass dadurch die Schwingungsdauer T geändert wird.

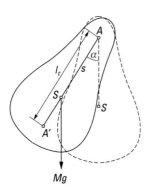

Abb. 5.6 Physikalisches Pendel

Reversionspendel. Nach dem Steiner'schen Satz, den wir in Abschn. 8.2 ableiten werden, ist $J = J_s + Ms^2$, wobei J_s das Trägheitsmoment der Pendelmasse bezogen auf die durch den Schwerpunkt gehende Achse (parallel zur Drehachse) darstellt. Dann können wir für l_r schreiben:

$$l_r = \frac{J_s}{Ms} + s. \tag{5.9}$$

Denken wir uns das Pendel um eine durch den Schwingungsmittelpunkt A' gehende Achse schwingend, so ist in diesem Fall seine reduzierte Pendellänge

$$l'_r = \frac{J_s}{M(l_r - s)} + (l_r - s)$$

oder mit Bezug auf Gl. (5.8):

$$l'_r = \frac{J_s}{M \dfrac{J_s}{Ms}} + \frac{J_s}{Ms} = s + \frac{J_s}{Ms} = l_r;$$

folglich muss auch $T = T'$ sein, d. h.:

• Die Schwingungsdauer eines physikalischen Pendels bleibt unverändert, wenn man den Schwingungsmittelpunkt zum Drehpunkt macht.

Lässt man z. B. einen gleichmäßig dicken Stab (Holzmaßstab) von der Länge L und der Masse M um eine durch seinen Endpunkt gehende Achse schwingen, so hat man, um die reduzierte Pendellänge zu erhalten, in Gl. (5.8) für J den Wert $\frac{1}{3}ML^2$ einzusetzen und, da der Schwerpunkt in der Stabmitte liegt, für s den Wert $\frac{1}{2}L$ zu benutzen; damit wird:

$$l_r = \frac{J}{Ms} = \frac{\frac{1}{3}ML^2}{\frac{1}{2}ML} = \frac{2}{3}L.$$

Bringt man also in der Entfernung $\frac{2}{3}L$ vom Stabende die Drehachse an, so bleibt die Schwingungsdauer ungeändert.

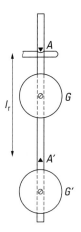

Abb. 5.7 Reversionspendel

Ein Pendel, das nach Abb. 5.7 aus einer Stange mit zwei im festen Abstand l_r befindlichen Achsen A und A' besteht und an dem sich die Massenverteilung durch Verschieben zweier Gewichte G und G' verändern lässt, bis die Schwingungsdauern beim Schwingen um A bzw. A' gleich sind, heißt *Reversionspendel*. Dann ist $AA' = l_r$ die Länge des mathematischen Pendels gleicher Schwingungsdauer. Da man den Abstand l_r und die Schwingungsdauer des Pendels sehr genau ermitteln kann, ist das Reversionspendel ein wichtiges Instrument zur Bestimmung der Erdbeschleunigung.

Uhrpendel. Ein physikalisches Pendel ist auch das gewöhnliche Uhrpendel, das die Aufgabe hat, den Gang der Uhr zu steuern. Dies geschieht in der Weise (Huygens 1650), dass ein mit der Pendelstange verbundener Sperrhaken oder Anker bei jedem Hin- und Hergang des Pendels in ein vom Uhrwerk angetriebenes Zahnrad (Sperr- oder Steigrad) eingreift und das Zahnrad dabei stets um einen Zahn weiterrücken lässt. Dabei erfährt das Pendel selbst von den Zähnen des Steigrades immer wieder einen kleinen Anstoß, so dass der durch Reibung verursachte Energieverlust bei jeder Schwingung ausgeglichen wird und das Pendel mit gleichbleibender Amplitude weiterschwingt. Damit durch die Stöße des Steigrades die Schwingungsdauer des Pendels nicht beeinflusst wird, müssen sie gerade in dem Augenblick erfolgen, in dem das Pendel die Ruhelage passiert (s. Abschn. 5.4).

Waage. Auch jede Balkenwaage stellt ein physikalisches Pendel dar und besitzt demzufolge eine bestimmte Schwingungsdauer. Wie man aus Gl. (5.6) abliest, ist die Schwingungsdauer umso größer, je kleiner s ist, d. h. je näher man den Schwerpunkt an den Drehpunkt heranbringt. Dies dient zur Erhöhung der Empfindlichkeit der Waage, die also stets mit einer Vergrößerung der Schwingungsdauer verbunden ist und bei einer guten Waage 20 s nicht übersteigen soll.

Zykloidenpendel. In den Ableitungen für die Schwingungsdauer des Pendels (Gl. (5.6)) wurde der Zusatz gemacht „für kleine Winkel". Diese Bemerkung ist wichtig; denn bei größeren Ausschlägen ist die Schwingungsdauer eines Pendels größer. In diesem Zusammenhang ist die Frage interessant, ob man nicht ein amplitudenunabhängiges Pendel konstruieren kann, das also gleiche Schwingungsdauer für kleine und große Ausschläge besitzt. Chr. Huygens hat bereits 1658 das Problem erkannt (Steuerung des Ganges von Pendeluhren). Das *Zykloidenpendel* hat diese Eigenschaft. Seine Schwingungsdauer ist in aller Strenge unabhängig von der Anfangsauslenkung bzw. von der Amplitude. Die Bahnkurve des Zykloidenpendels ist statt eines Kreises eine Zykloide. Doch was ist eine Zykloide?

Rollt ein Kreis vom Radius r auf einer Geraden ab, so heißen die Bahnen aller mit dem Kreis fest verbundenen Punkte *Trochoiden* (Radlinien); im Besonderen heißen die Bahnen derjenigen Punkte, die auf seinem Umfang liegen, *Zykloiden* (Abb. 5.8). Der Punkt des Kreisumfanges, der die Zykloide beschreiben soll, wird gelegentlich die gerade Basis berühren. Diese Stelle wählt man als Anfangspunkt 0 und die gerade Basis als positive x-Achse nach der Seite hin, nach der der Kreis rollt. Ist der Kreis aus der Anfangslage k_0 beim Abrollen in eine Lage k übergegangen, so wird derjenige Punkt, der zuerst in 0 lag, an einer Stelle P des Kreises k so liegen, dass die Basisstrecke von 0 bis Q gleich dem Bogen von P bis Q ist. Q bedeutet den Punkt, in dem k die x-Achse berührt. Bezeichnet man mit M den Mittelpunkt des Kreises k und setzt man den Winkel $QMP = \varphi$, so ist der Bogen $PQ = r\varphi$ (φ im Bogenmaß), also ist auch die Strecke $0Q = r\varphi$. Die Projektion von

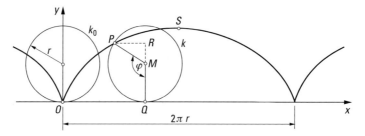

Abb. 5.8   Entstehung einer Zykloide durch Abrollen eines Kreises auf einer Geraden

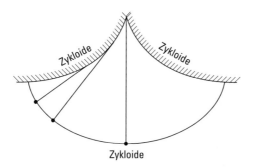

Abb. 5.9   Zykloidenpendel: Der Pendelkörper beschreibt statt eines Kreises eine Zykloide. Die Schwingungsdauer ist unabhängig von der Auslenkung, wenn punktförmige Masse und masseloser Faden vorhanden sind. Beide Bedingungen sind aber kaum zu erfüllen.

$MP = r$ auf die x-Achse ist $PR = r \sin \varphi$, die Projektion auf die y-Achse $RM = -r \cos \varphi$; daraus ergeben sich die Koordinaten von P:

$$x = r\varphi - r \sin \varphi \quad \text{und} \quad y = r - r \cos \varphi.$$

Diese beiden Gleichungen stellen die Zykloide mittels des Parameters φ dar. Diese Hilfsgröße bedeutet einen Winkel, den sogenannten Wälzungswinkel. Wächst nun φ um 2π, so nimmt x um $2\pi r$ zu, während y den alten Wert wieder erreicht. Das zu den Werten φ von 0 bis 2π gehörige Stück der Kurve ist daher kongruent mit dem zu den Werten von 2π bis 4π gehörigen Stück, indem es in dieses durch Verschiebung längs der x-Achse um die Strecke $2\pi r$ (gleich dem Kreisumfang) übergeht. Dasselbe gilt für die folgenden Stücke, so dass die Zykloide eine periodische Kurve ist, deren Periode gleich dem Umfang des rollenden Kreises, also gleich $2\pi r$ ist. Man darf sich also auf die Werte des Wälzungswinkels von 0 bis 2π beschränken. Man kann nun durch Abrollen auf einer Zykloide eine neue Kurve erhalten. Diese heißt Evolvente der ursprünglichen Kurve und ist eine mit ihr kongruente Zykloide. Da also die Evolvente einer Zykloide wieder eine Zykloide ist, lässt sich nach Abb. 5.9 die Zykloidenbahn erzwingen.

Reifenpendel. Besonders interessant ist auch das Reifenpendel. Es besteht aus einem Reifen (kreisförmiger Ring aus Metall oder Kinderreifen aus Holz bzw. Kunststoff), der um irgendeinen Punkt seiner Peripherie schwingen kann. Man hängt also den Reifen einfach an einem längeren Nagel auf und lässt ihn in der Kreisebene schwingen. Die reduzierte Pendellänge ist $l_{\mathrm{r}} = 2\,r$. Überraschend ist die Tatsache, dass man einen Teil des Reifens,

z. B. die untere Hälfte, entfernen, also abschneiden kann, ohne die Schwingungsdauer zu verändern. Beschwert man den Reifen an beliebiger Stelle mit Gewichten oder macht man eine beliebige Drahtkonstruktion derart, dass die Gewichte auf dem Kreis liegen und dass der Schwerpunkt auf dem Durchmesser unter dem Aufhängepunkt liegt, dann bleibt die reduzierte Pendellänge $l_r = 2r$ und damit die Schwingungsdauer erhalten. Ist dagegen die Massenverteilung so, dass der Schwerpunkt nicht auf einem Durchmesser, sondern auf einer Kreissehne liegt, dann ist die reduzierte Pendellänge gleich der Länge der Kreissehne, die durch den Aufhängepunkt und durch den Schwerpunkt geht. Das Kreisreifenpendel ist nach M. Schuler ein *Minimumpendel*. Bei einem Durchmesser von 1 m würde eine Änderung des Abstandes zwischen Aufhängepunkt und Schwerpunkt um 1 cm eine Änderung der Schwingungszeit von nur 0.01 % zur Folge haben!

5.2 Harmonische Schwingung

Mit den Pendelbewegungen in Abschn. 5.1 haben wir einen ungleichförmig beschleunigten Bewegungsvorgang kennengelernt, dessen besonderes Merkmal ist, dass er sich in regelmäßigen Zeitabschnitten wiederholt. Man nennt bekanntlich einen solchen Bewegungsvorgang eine *Schwingung*. Die Zeit, die der schwingende Körper braucht, um zum Ausgangspunkt der Bewegung zurückzugelangen, ist die *Schwingungsdauer T*. Die Anzahl der Schwingungen pro Zeit heißt die *Frequenz* $\nu = 1/T$. Es ist üblich, für die Einheit der Frequenz die aus der Elektrotechnik herrührende Bezeichnung „Hertz" (Hz) = l/s zu gebrauchen. Die Dimension der Frequenz ist also dim $\nu = T^{-1}$. Die größte Entfernung b des schwingenden Körpers von der Ruhelage heißt die *Schwingungsweite* oder *Amplitude* der Schwingung, die Entfernung von der Ruhelage in einem willkürlichen Zeitpunkt *Elongation* oder *Auslenkung*.

Die einfachste Form einer Schwingung stellt die geradlinige Schwingung eines Massenpunktes dar, die wir beispielsweise erhalten, wenn wir eine an einer Schraubenfeder aufgehängte Kugel aus ihrer Ruhelage (in der sich Federkraft und Schwerkraft kompensieren) nach unten ziehen und dann loslassen. Die Kugel wird von der Feder zurückgezogen, schwingt über ihre Ruhelage nach oben hinaus, drückt dabei die Feder zusammen, wird infolgedessen nach unten beschleunigt und vollführt diese hin- und hergehende Bewegung in regelmäßiger Folge so lange, bis die Schwingungsenergie durch Reibungswiderstände aufgezehrt ist. Da infolge der Reibung die Amplituden im Laufe der Zeit kleiner werden, spricht man von einer *gedämpften* Schwingung im Gegensatz zu einem Schwingungsvorgang von gleichbleibender Amplitude, den man als *ungedämpft* bezeichnet.

Bewegungsgesetz der harmonischen Schwingung. Um das Bewegungsgesetz einer harmonischen Schwingung kennen zu lernen, projiziert man die Bewegung eines auf einem Kreis mit gleichbleibender Geschwindigkeit umlaufenden Massenpunktes auf eine in der Ebene des Kreises liegende Gerade, z. B. die vertikale Gerade G in Abb. 5.10. Eine experimentelle Anordnung hierfür wurde bereits in Abschn. 5.1 besprochen und in Abb. 5.3 dargestellt. Durchläuft der Massenpunkt den Kreis (Abb. 5.10) von A nach B, so bewegt sich seine Projektion von A' nach B' auf einer Geraden; läuft der Punkt von B nach C, so bewegt sich seine Projektion auf der Geraden von B' nach A' zurück usw. Nennen wir den

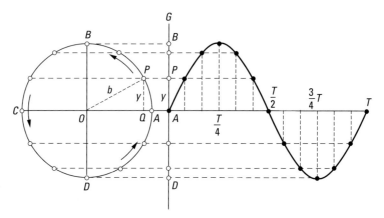

Abb. 5.10   Entstehung harmonischer Schwingungen

Kreisradius b und die Bahngeschwindigkeit des Punktes auf dem Kreis v, so ist die Umlaufszeit $T = 2\pi b/v$ und die Winkelgeschwindigkeit $\omega = v/b$. In Richtung des Radius zum Kreismittelpunkt O wirkt ferner auf den umlaufenden Massenpunkt m die Zentripetalkraft $F = mb\omega^2$; bei der projizierten Bewegung des Punktes auf der Geraden G wirkt also stets eine nach A' gerichtete Kraft, die die Projektion F' von F auf die Richtung der Geraden ist. Bezeichnen wir die Elongation des Punktes auf der Geraden mit y, so gilt mit Bezug auf das Dreieck PQO für die im Punkt P' auf den Massenpunkt wirkende Kraft:

$$F : b = F' : y, \quad \text{also} \quad F' = F\frac{y}{b} = m\omega^2 y;$$

d. h., *bei der hier betrachteten geradlinigen Schwingung ist die auf den schwingenden Massenpunkt wirkende Kraft zum Abstand des Massenpunktes von der Ruhelage A' proportional.* Da die Kraft F als Zentripetalkraft von P nach O gerichtet ist, ist die Komponente F' nach A' hin gerichtet; man nennt sie daher eine (den Massenpunkt in die Anfangslage A') zurücktreibende Kraft, die der Bewegung des Massenpunktes von A' nach B' also entgegengesetzt ist. Eine Schwingung unter dem Einfluss so beschaffener Kräfte nennt man eine *harmonische* Schwingung. Wir bezeichnen den Winkel α, den der Leitstrahl des auf dem Kreis umlaufenden Punktes in der Zeit t bei der Bewegung von A nach P zurücklegt, als *Phasenwinkel*; messen wir α im Bogenmaß, so besteht die Beziehung $\alpha : 2\pi = t : T$, so dass $\alpha = 2\pi t/T$ ist. Ersetzen wir T durch die Frequenz ν, so wird $\alpha = 2\pi\nu t$. Die Größe $2\pi\nu$ bezeichnet man häufig als *Kreisfrequenz* ω.

Aus dem Dreieck PQO in Abb. 5.10 folgt weiter:

$$y = b\sin\alpha = b\sin\frac{2\pi}{T}t = b\sin 2\pi\nu t = b\sin\omega t, \tag{5.10}$$

d. h., die Elongation des längs der Geraden G schwingenden Massenpunktes ist zum Sinus des Phasenwinkels proportional. Man nennt daher eine harmonische Schwingung auch *Sinusschwingung*. Trägt man die Elongation der Schwingung als Ordinate und die Zeit als Abszisse auf, so erhält man eine Sinuslinie, die den zeitlichen Verlauf der Schwingung darstellt. Experimentell lässt sich eine solche Sinuslinie darstellen, indem man die Bewegung des schwingenden Massenpunktes auf einem senkrecht zu seiner Bewegungsrichtung vorbeilaufenden Papier aufzeichnen lässt. Dies gelingt z. B. mit dem in Abb. 5.11

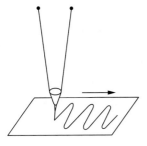

Abb. 5.11   Pendel zum Aufzeichnen von Schwingungen

gezeichneten Pendel, das an seinem unteren Ende einen kleinen mit Sand gefüllten Trichter trägt. Der Sand, der auf die senkrecht zur Schwingungsrichtung vorbeigezogene Unterlage ausfließt, schreibt die Sinuslinie auf.

Die größte Elongation, d. h. die Schwingungsamplitude b, erreicht der schwingende Punkt zu den Zeiten $t = \frac{1}{4}T, \frac{3}{4}T, \frac{5}{4}T, \ldots$; in den dazwischenliegenden Zeiten $t = 0, \frac{1}{2}T$, $\frac{2}{2}T, \frac{3}{2}T, \ldots$ geht der Punkt durch die Ruhelage.

In Gl. (5.10) ist die Zeit von dem Zeitpunkt aus gerechnet, in dem die Elongation $y = 0$ ist. Dies braucht nicht der Fall zu sein; wir können vielmehr die Zeitrechnung auch in einem Augenblick beginnen, wo y einen bestimmten, von null verschiedenen Wert besitzt. Um dies in Gl. (5.10) zum Ausdruck zu bringen, müssen wir eine weitere Konstante, die sogenannte *Phasenkonstante* φ, einführen, indem wir schreiben:

$$y = b \sin\left(\frac{2\pi}{T}t + \varphi\right) = b\sin(2\pi\nu t + \varphi) = b\sin(\omega t + \varphi). \tag{5.11}$$

Für $t = 0$ ist demnach $y = b\sin\varphi$; y wird null für

$$t = \frac{(n\pi - \varphi)T}{2\pi} = \frac{(n\pi - \varphi)}{2\pi\nu} = \frac{(n\pi - \varphi)}{\omega}; \quad n = 0, 1, 2, \ldots$$

Die Einführung einer derartigen Phasenkonstanten ist immer dann nötig, wenn mehrere Schwingungen vorliegen, deren Durchgänge durch die Nulllage nicht gleichzeitig erfolgen.

Statt eine Sinusschwingung nach Gl. (5.10) zu betrachten, hätte man ebenso gut auch den Ansatz $y = b\cos\omega t$, d. h. eine Kosinusschwingung nehmen können. Da aber $\cos\omega t = \sin(\omega t + \pi/2)$ ist, läuft die Kosinusschwingung einfach darauf hinaus, dass man die Zeitrechnung in einem um $\pi/2$ früheren Zeitpunkt beginnt. Sie liefert also gegenüber der Sinusschwingung nichts Neues.

Aus Gl. (5.10) erhalten wir die Geschwindigkeit des schwingenden Massenpunktes durch Differentiation nach t. Dies liefert:

$$v = \frac{dy}{dt} = b\frac{2\pi}{T}\cos\frac{2\pi}{T}t = b2\pi\nu\cos 2\pi\nu t = b\omega\cos\omega t, \tag{5.12}$$

d. h., die Geschwindigkeit erreicht ihren größten Wert $2\pi b/T = 2\pi\nu b$ zu den Zeiten $t = 0, \frac{1}{2}T, \frac{2}{2}T, \frac{3}{2}T, \ldots$, wenn die Amplitude der Schwingung null ist, der Massenpunkt also durch die Ruhelage hindurchgeht. Die Geschwindigkeit ist dagegen null für $t = \frac{1}{4}T, \frac{3}{4}T, \ldots$, wenn die Elongation ihr Maximum erreicht, der schwingende Punkt also seine Bewegungsrichtung umkehrt.

Durch eine nochmalige Differentiation kommen wir zur Beschleunigung a des schwingenden Massenpunktes:

$$a = \frac{\mathrm{d}v}{\mathrm{d}t} = \frac{\mathrm{d}^2 y}{\mathrm{d}t^2} = -\frac{4\pi^2}{T^2} b \sin \frac{2\pi}{T} t = -4\pi^2 v^2 b \sin 2\pi v t = -\omega^2 b \sin \omega t,$$

(5.13)

wofür wir auch nach Gl. (5.10) schreiben können:

$$a = \frac{\mathrm{d}^2 y}{\mathrm{d}t^2} = -\frac{4\pi^2}{T^2} y = -4\pi^2 v^2 y = -\omega^2 y,$$

(5.14)

d. h., die Beschleunigung des schwingenden Punktes ist zur Elongation, d. h. der Entfernung vom Ruhepunkt, direkt proportional, ihr aber stets entgegengesetzt. Das stimmt mit der früheren Feststellung überein, dass eine rücktreibende Kraft proportional zur Auslenkung wirksam ist, und dies ist gerade das bereits oben erwähnte Kennzeichen der harmonischen oder sinusförmigen Schwingungen. Der größte Wert der Beschleunigung

$$\frac{4\pi^2}{T^2} b = 4\pi^2 v^2 b$$

wird erreicht zu den Zeiten $t = \frac{1}{4}T$, $\frac{3}{4}T$, wenn der Massenpunkt im Endpunkt seiner Bewegung zur Ruhe kommt und seine Bewegungsrichtung umkehrt.

Beispiele. Beispiele für eine harmonische Schwingung sind ein an einer Schraubenfeder schwingender Körper, das Pendel oder die Biegeschwingungen einer einseitig eingeklemmten Bandfeder. Auch eine in einer U-förmigen Röhre auf- und abschwingende Wassersäule vollführt eine harmonische Schwingung, denn die Kraft, die das Wasser in seine Ruhelage zurücktreibt, ist stets zur Elongation y proportional. Wie Abb. 5.12a erkennen lässt, ist das Übergewicht der im linken Schenkel um die Strecke y über der Nulllinie stehenden Wassersäule gleich $2q\varrho g y = \text{const} \cdot y$ (q = Querschnittsfläche der Röhre, ϱ = Dichte der Flüssigkeit). Ersetzt man die Flüssigkeit durch eine nicht zu leichte Kette, die entsprechend Abb. 5.12b mittels einer angebundenen Schnur über ein drehbares leichtes Rad gehängt wird, so führt die Kette ebenfalls eine harmonische Schwingung aus, wenn sie durch Anheben auf einer Seite aus der Ruhelage entfernt wird.

Wir berechnen die Schwingungsdauer einer an einer Schraubenfeder harmonisch schwingenden Kugel der Masse m. Die potentielle Energie, die sie in einem ihrer Umkehrpunkte ($y = b$) besitzt, ist gleich der Arbeit, die man aufbringen muss, um die Kugel aus der

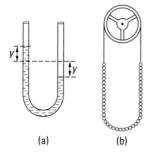

(a)   (b)

Abb. 5.12 Schwingung einer Wassersäule in einem U-Rohr (a) und einer an einem Rad aufgehängten Kette (b)

Ruhelage an diesen Punkt zu bringen. Da die dazu notwendige Kraft F zur Elongation y proportional ist, also $F = ky$, erhält man für die Arbeit nach Abschn. 6.1 den Wert $\frac{1}{2}kb^2$. Beim Durchgang durch die Ruhelage hat die Kugel die größte Geschwindigkeit $v_{max} = 2\pi b/T$ und demnach die maximale kinetische Energie

$$\frac{1}{2}mv_{max}^2 = \frac{1}{2}m\frac{4\pi^2}{T^2}b^2.$$

Da nach dem Energiesatz in der Ruhelage die potentielle Energie sich vollständig in kinetische umgewandelt hat, also maximale potentielle und maximale kinetische Energie gleich sein müssen, folgt:

$$\frac{1}{2}kb^2 = \frac{1}{2}mv_{max}^2 = \frac{1}{2}m\frac{4\pi^2}{T^2}b^2$$

und hieraus

$$T = 2\pi\sqrt{\frac{m}{k}} \quad \text{bzw.} \quad v = \frac{1}{2\pi}\sqrt{\frac{k}{m}} \quad \text{bzw.} \quad \omega = \sqrt{\frac{k}{m}}. \tag{5.15}$$

Gl. (5.15) sagt zunächst aus, dass bei der Pendelschwingung die Schwingungsdauer bzw. Frequenz von der Amplitude der Schwingung unabhängig ist. Die elastische Konstante k ist von der Feder abhängig und heißt deshalb auch *Federkonstante*. Die für die Auslenkung erforderliche Kraft ist bis auf das Vorzeichen gleich der rücktreibenden Kraft $F = ky$.

Die Abhängigkeit der Schwingungsdauer von der Masse zeigt man, indem man an einer Schraubenfeder nacheinander Körper mit Massen von 100 g, 400 g und 900 g schwingen lässt. Dann verhalten sich die Schwingungsdauern wie $1 : 2 : 3$. Ersetzt man dann die Feder durch eine aus stärkerem Draht gewickelte, die bei gleicher Belastung weniger gedehnt wird, also eine größere Federkonstante k als die erste Feder besitzt, so wird die Schwingungsdauer bei der gleichen Masse entsprechend kleiner.

Bei der in Abb. 5.12b gezeichneten Kette, deren Länge l und deren Gesamtmasse M betrage, ist die Federkonstante, wie man leicht findet, $k = 2Mg/l$. Die Schwingungsdauer wird also $T = 2\pi\sqrt{l/2g}$. Sie ist demnach unabhängig von dem Gewicht der Kette und nur von ihrer Länge abhängig; sie stimmt überein mit der Schwingungsdauer eines mathematischen Pendels von der halben Kettenlänge. Man kann dies leicht zeigen, indem man statt einer Kette zwei Ketten nebeneinander an den Faden anhängt; die Schwingungsdauer ändert sich dabei nicht. Hängt man aber die beiden Ketten hintereinander an, so erhöht sich die Schwingungsdauer auf den $\sqrt{2} = 1.41$-fachen Wert. Das Gleiche gilt auch für die im U-Rohr schwingende Flüssigkeit: Ihre Schwingungsdauer ist unabhängig vom Querschnitt der Flüssigkeitssäule und der Dichte der benutzten Flüssigkeit und nur abhängig von der Gesamtlänge der Flüssigkeitssäule, was sich durch entsprechende Versuche ohne Weiteres zeigen lässt.

Drehschwingung. Eine besondere Art von Schwingungen stellen die *Drehschwingungen* dar. Wenn an der vertikalen Achse A einer drehbaren Scheibe der Masse M (Abb. 5.13) eine Schneckenfeder so angebracht wird, dass ihr inneres Ende mit der Achse verbunden ist, während das äußere Ende am Lagergestell G befestigt ist, so gerät die Scheibe, wenn wir sie aus der Ruhelage herausdrehen und dann loslassen, in Drehschwingungen. Derartige Schwingungen führt z. B. die Unruh in der Taschenuhr aus. Drehbewegungen werden in Kap. 8 ausführlich behandelt. Statt der bei linearen Schwingungen auftretenden Größen

Kraft, Masse und *Auslenkung* kommt es bei Drehschwingungen auf die Größen *Drehmoment, Trägheitsmoment* und *Drehwinkel* an. Man kann zeigen, dass bei genügender Länge der Schneckenfeder das zu einer Verdrehung der Achse notwendige Drehmoment zum Drehwinkel α proportional ist, so dass man schreiben kann: $|T| = D\alpha$. Analog nennt man D das Richtmoment der Spiralfeder. Wir können es z. B. dadurch bestimmen, dass wir am Rand der auf die Achse aufgesetzten Scheibe M in Abb. 5.13 einen Faden befestigen, diesen um den Scheibenrand herumlegen und dann durch angehängte Gewichte das Drehmoment messen, das zur Verdrehung der Scheibe notwendig ist. Wenn wir uns wieder daran erinnern, dass bei Drehbewegungen anstelle der Masse das Trägheitsmoment J tritt, so finden wir für die Schwingungsdauer der Drehschwingung unter Beziehung auf Gl. (5.15):

$$T = 2\pi\sqrt{\frac{J}{D}} \quad \text{bzw.} \quad \nu = \frac{1}{2\pi}\sqrt{\frac{D}{J}} \quad \text{oder} \quad \omega = \sqrt{\frac{D}{J}}. \tag{5.16}$$

Die Schwingungsdauer ist auch hier wieder von der Amplitude unabhängig, sogar für große Amplituden. Deshalb stellt die Unruh in der mechanischen Taschenuhr ein einfaches Mittel zur Erhaltung der Konstanz der Zeitanzeige dar.

Die Abhängigkeit der Schwingungsdauer vom Trägheitsmoment kann man mit dem in Abb. 5.13 dargestellten Apparat zeigen, indem man die Scheibe M statt in der gezeichneten Lage so auf der Achse befestigt, dass diese mit einem Scheibendurchmesser zusammenfällt. Die schwingende Masse bleibt dann die gleiche, doch wird die Schwingungsdauer kleiner, da jetzt das äquatoriale Trägheitsmoment der Scheibe ($\frac{1}{4}Mr^2$) anstelle des polaren ($\frac{1}{2}Mr^2$) tritt. – Man kann das Trägheitsmoment und damit die Schwingungsdauer leicht auch dadurch verändern, dass man zusätzliche Gewichtsstücke in einem bestimmten Abstand von der Drehachse an der Scheibe befestigt.

Die Drehschwingungen bilden ein wichtiges Hilfsmittel zur Bestimmung von Trägheitsmomenten (s. Abschn. 8.2). Hat man auf die oben beschriebene Art das Richtmoment D der in Abb. 5.13 dargestellten Anordnung bestimmt, so kann man aus der Beobachtung der Schwingungsdauer mit Gl. (5.16) Trägheitsmomente von Körpern ermitteln, die auf die Achse aufgesetzt werden.

Es wird später noch ausführlicher erläutert, dass zur Verdrillung des freien Endes eines einseitig eingeklemmten freien Stabes oder Drahtes ein Drehmoment notwendig ist, das von der Länge, dem Durchmesser des Drahtes und einer Materialkonstanten (Torsionsmodul) abhängig ist. Hängt man daher an das freie untere Ende eines am oberen Ende fest eingeklemmten Drahtes einen Körper mit dem Trägheitsmoment J und verdreht den Draht aus seiner Ruhelage, so führt er, losgelassen, Drehschwingungen aus, die als *Torsionsschwingungen* bezeichnet werden und deren Schwingungsdauer ebenfalls durch Gl. (5.16) bestimmt ist.

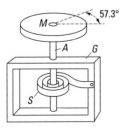

Abb. 5.13   Erzeugung von Drehschwingungen

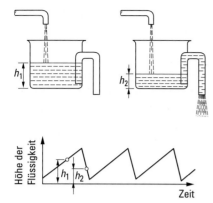

Abb. 5.14 Anordnung zur Erzeugung einer Kippschwingung und Verlauf einer Kippschwingung

Kippschwingung. Neben den bisher behandelten harmonischen Schwingungen, deren Schwingungskurve eine Sinuslinie darstellt, gibt es in der Natur auch periodische Vorgänge, die wir ebenfalls Schwingungen nennen, deren Ablauf jedoch nicht harmonisch, d. h. nicht sinusförmig, ist. Als Beispiel sei die sogenannte *Kippschwingung* erwähnt, die eine sägezahnartige Schwingungskurve hat. Man kann eine solche Kippschwingung etwa in folgender Weise erzeugen (Abb. 5.14): Ein Wasserbehälter erhält einen geringen Zufluss von Wasser. Sobald der Wasserspiegel eine solche Höhe erreicht hat, dass das Ausflussrohr ganz gefüllt ist, wirkt dieses als Heber, und das Gefäß entleert sich schnell. Die sägezahnförmige Kippschwingungskurve gibt die Höhe des Wasserspiegels im Gefäß in Abhängigkeit von der Zeit wieder.

Diese Kippschwingungen spielen in der Mechanik eine untergeordnete Rolle, sind aber in der Elektrotechnik für viele Zwecke sehr wichtig.

5.3 Superposition von Schwingungen

Häufig kommt es vor, dass ein Massenpunkt nicht nur eine Schwingung, sondern gleichzeitig zwei oder mehrere Schwingungen ausführt. Dabei sind zwei Hauptfälle zu unterscheiden:

1. Die Schwingungsrichtungen liegen parallel oder antiparallel.
2. Die Schwingungsrichtungen liegen senkrecht zueinander.

In beiden Fällen können die Schwingungen gleiche oder verschiedene Frequenz ν haben.

Schwingungen gleicher Richtung und Frequenz. Die Schwingungen seien dargestellt durch die Gleichungen:

$$y_\mathrm{I} = b_\mathrm{I} \sin(\omega t + \varphi_\mathrm{I}),$$
$$y_\mathrm{II} = b_\mathrm{II} \sin(\omega t + \varphi_\mathrm{II});$$

$\varphi_\mathrm{I} - \varphi_\mathrm{II} = \Delta\varphi$ ist dann der Phasenunterschied beider Schwingungen. Ist insbesondere $\Delta\varphi = 0$, so gehen die Bewegungen beider Schwingungen zu gleichen Zeiten und in gleicher Richtung durch die Nulllage und erreichen zu gleichen Zeiten auch die größte Elon-

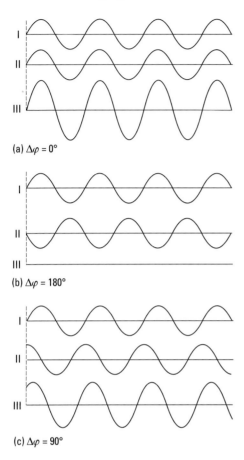

(a) $\Delta\varphi = 0°$

(b) $\Delta\varphi = 180°$

(c) $\Delta\varphi = 90°$

Abb. 5.15 Zusammensetzung zweier Sinusschwingungen I und II gleicher Frequenz und Amplitude zu einer resultierenden Schwingung III bei verschiedener Phasendifferenz $\Delta\varphi$

gation (Abb. 5.15a). Ist $\Delta\varphi = \pi = 180°$, so gehen beide Schwingungen zwar zu gleichen Zeiten durch die Nulllage, jedoch in verschiedener Richtung; sie erreichen auch zu gleichen Zeiten die größten Ausschläge, aber nach verschiedenen Seiten (Abb. 5.15b). Dazwischen sind alle anderen Fälle möglich; Abb. 5.15c zeigt den Fall, dass $\Delta\varphi = \pi/2 = 90°$ ist.

Wie erhält man nun die resultierende Schwingung? Im einfachsten und zugleich wichtigsten Fall verhält sich jede Schwingung so, als ob die andere (bzw. die anderen) nicht da wäre: *Die zusammenzusetzenden Schwingungen stören sich also gegenseitig nicht*; es handelt sich um ungestörte Überlagerung (*Superposition*); und in diesem Fall addieren sich die Amplituden der Einzelschwingungen einfach.

Es gibt indessen bei mechanischen (elastischen) Schwingungen Fälle, wo eine ungestörte Überlagerung nicht stattfindet, sondern jede Einzelschwingung die andere verändert, so dass die resultierende Schwingung nicht durch einfache Addition gefunden werden kann. Gewisse Erscheinungen in der Akustik z. B. beruhen hierauf (Kombinationstöne, Schallstrahlungsdruck).

Im Folgenden setzen wir stets ungestörte Überlagerung voraus; die resultierende Schwingung erhalten wir dann durch Addition der Einzelschwingungen:

$$y = y_I + y_{II} = b_I \sin(\omega t + \varphi_I) + b_{II} \sin(\omega t + \varphi_{II}). \qquad (5.17)$$

Durch Umformung ergibt sich:

$$y = y_I + y_{II} = b_I(\sin \omega t \cos \varphi_I + \cos \omega t \sin \varphi_I) + b_{II}(\sin \omega t \cos \varphi_{II} + \cos \omega t \sin \varphi_{II}).$$

Ordnet man rechts nach $\sin \omega t$ und $\cos \omega t$, so folgt:

$$y = \sin \omega t \{b_I \cos \varphi_I + b_{II} \cos \varphi_{II}\} + \cos \omega t \{b_I \sin \varphi_I + b_{II} \sin \varphi_{II}\}.$$

Für die geschweiften Klammern führen wir eine abkürzende Bezeichnung ein:

$$b_I \cos \varphi_I + b_{II} \cos \varphi_{II} = b_r \cos \varphi_r,$$

$$b_I \sin \varphi_I + b_{II} \sin \varphi_{II} = b_r \sin \varphi_r, \tag{5.18}$$

wo b_r und φ_r andere Konstanten sind, die man durch Dividieren bzw. Quadrieren und Addieren der Gl. (5.17) gewinnt. Division liefert für φ_r:

$$\tan \varphi_r = \frac{b_I \sin \varphi_I + b_{II} \sin \varphi_{II}}{b_I \cos \varphi_I + b_{II} \cos \varphi_{II}}, \tag{5.19}$$

Quadrieren und Addieren dagegen für b_r die Beziehung:

$$b_r^2 = b_I^2 + b_{II}^2 + 2b_I b_{II} \cos(\varphi_I - \varphi_{II})$$

$$= b_I^2 + b_{II}^2 + 2b_I b_{II} \cos \Delta\varphi. \tag{5.20}$$

b_r und φ_r sind also eindeutig bestimmt. Setzt man nun Gl. (5.18) in Gl. (5.17) ein, so folgt:

$$y = y_I + y_{II} = b_r(\sin \omega t \cos \varphi_r + \cos \omega t \sin \varphi_r) = b_r \sin(\omega t + \varphi_r),$$

d. h., die resultierende Schwingung hat die gleiche Frequenz ω, wie die bei den primären Schwingungen, aber eine andere Amplitude (b_r) und Phase (φ_r).

Wir können nach Gl. (5.20) die Amplitude b_r der resultierenden Schwingung durch die in Abb. 5.16 dargestellte geometrische Konstruktion finden: b_I wird unter dem Winkel φ_I gegen eine feste Richtung OX als Vektor eingezeichnet und ebenso b_{II} unter dem Winkel φ_{II} gegen OX von demselben Punkt O aus. Dann ergibt sich b_r als Diagonale des von b_I und b_{II} gebildeten Parallelogramms, ihr Winkel gegen OX ist gleich φ_r.

Wir betrachten folgende in Abb. 5.15 dargestellten Spezialfälle:

1. $\varphi_I = \varphi_{II}, \quad \Delta\varphi = 0, \quad b_I = b_{II} = b.$
   Gl. (5.20) liefert $b_r = 2b$, Gl. (5.18) ergibt $\varphi_r = \varphi_I = \varphi_{II}$, so dass wir erhalten:

$$y = y_I + y_{II} = 2b \sin(\omega t + \varphi_I).$$

Die resultierende Schwingung hat die gleiche Frequenz und Phasenkonstante wie die primären Schwingungen, aber die doppelte Amplitude (Abb. 5.15a).

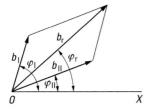

Abb. 5.16 Geometrische Konstruktion der resultierenden Amplitude und Phase zweier sich additiv zusammensetzender Schwingungen

2. $\varphi_I - \varphi_{II} = \Delta\varphi = \pi = 180°$, $b_I = b_{II} = b$.

Aus Gl. (5.20) folgt $b_r = 0$. Beide Einzelschwingungen heben sich also in jedem Augenblick vollständig auf (Abb. 5.15b).

3. $\varphi_I - \varphi_{II} = \Delta\varphi = \dfrac{\pi}{2} = 90°$, $b_I = b_{II} = b$.

Gl. (5.20) ergibt $b_r = b\sqrt{2}$; aus Gl. (5.18) folgt:

$$\sqrt{2}\sin\varphi_r = \sin\varphi_{II} + \cos\varphi_{II},$$

$$\sqrt{2}\cos\varphi_r = -\sin\varphi_{II} + \cos\varphi_{II},$$

d. h.

$$2\sin\varphi_r\cos\varphi_r = \cos^2\varphi_{II} - \sin^2\varphi_{II}$$

oder

$$\sin 2\varphi_r = \cos 2\varphi_{II} = \sin\left(2\varphi_{II} + \frac{\pi}{2}\right),$$

d. h. schließlich

$$\varphi_r = \varphi_{II} + \frac{\pi}{4},$$

also

$$y = y_I + y_{II} = b\sqrt{2}\sin\left(\omega t + \varphi_{II} + \frac{\pi}{4}\right);$$

die resultierende Schwingung ist also wieder eine harmonische Schwingung derselben Frequenz mit der Amplitude $b\sqrt{2}$, in der Phase ist sie gegen beide Primärschwingungen um $\pm 45°$ verschoben (Abb. 5.15c).

Zusammenfassend kann man sagen:

• Die Überlagerung zweier harmonischer Schwingungen gleicher Schwingungsrichtung und Frequenz ergibt stets wieder eine harmonische Schwingung derselben Schwingungsrichtung und Frequenz, aber anderer Amplitude, die von den Amplituden der Primärschwingung und ihrer Phasendifferenz abhängt. – In einem speziellen Fall kann die resultierende Amplitude auch gleich null werden; dann heben sich die beiden Schwingungen auf.

Schwingungen gleicher Richtung, aber verschiedener Frequenz. Nicht ganz so einfach liegen die Verhältnisse bei der Überlagerung zweier Schwingungen mit verschiedener Frequenz. Wir betrachten die beiden Abb. 5.17a und 5.17b, in denen zwei Schwingungen I und II, deren Schwingungsdauern sich wie 1 : 2 bzw. deren Frequenzen sich wie 2 : 1 verhalten, zu einer resultierenden Schwingung zusammengesetzt sind. In Abb. 5.17a beträgt die Phasendifferenz zwischen beiden Schwingungen null, in Abb. 5.17b hat sie einen beliebigen Wert $\Delta\varphi$. Das Ergebnis ist wieder ein periodischer Bewegungsvorgang, also eine Schwingung mit der neuen Periodendauer T_r; die Schwingung ist aber nicht mehr sinusförmig, und die Schwingungsform ändert sich unter sonst gleichen Bedingungen mit der Phasendifferenz zwischen den einzelnen Schwingungen. Schließlich ist in Abb. 5.18 noch die Zusammensetzung zweier Schwingungen gezeichnet, deren Frequenzen sich wie 9 : 2 verhalten. Auch hier ergibt die Resultierende wieder eine nicht sinusförmige,

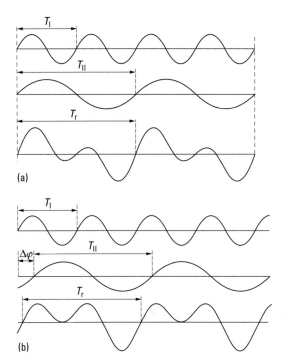

Abb. 5.17 Zusammensetzung zweier Sinusschwingungen mit dem Frequenzverhältnis 2 : 1: (a) Phasendifferenz null, (b) Phasendifferenz $\Delta\varphi$

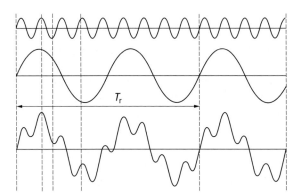

Abb. 5.18 Zusammensetzung zweier Sinusschwingungen mit dem Frequenzverhältnis 9 : 2

aber periodische Schwingung. Dies ist nur möglich, wenn die Schwingungsdauern bzw. Frequenzen der Einzelschwingungen in einem ganzzahligen Verhältnis stehen; die Frequenz der resultierenden Schwingung ist dann stets der größte gemeinschaftliche Teiler der Einzelfrequenzen. Sind dagegen die Schwingungsdauern bzw. Frequenzen der Einzelschwingungen inkommensurabel, so ist die resultierende Bewegung überhaupt nicht mehr periodisch.

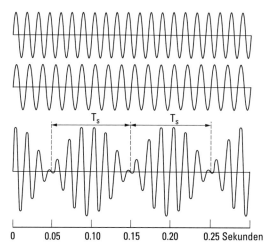

Abb. 5.19 Zusammensetzung zweier Sinusschwingungen mit wenig voneinander verschiedenen Frequenzen: Schwebungen

Ein besonderer Fall liegt vor, wenn sich zwei harmonische Schwingungen überlagern, deren Frequenzen ν_1 und ν_2 sich nur wenig voneinander unterscheiden. Dieser Fall ist in Abb. 5.19 für $\nu_1 = 60\,\text{Hz}$ und $\nu_2 = 70\,\text{Hz}$ wiedergegeben. Die beiden Schwingungen seien durch die Gleichungen $y_\mathrm{I} = b\sin\omega_\mathrm{I} t$ und $y_\mathrm{II} = b\sin\omega_\mathrm{II} t$ dargestellt. Die resultierende Schwingung ist dann nach dem Additionstheorem der trigonometrischen Funktionen:

$$y = y_\mathrm{I} + y_\mathrm{II} = b(\sin\omega_\mathrm{I} t + \sin\omega_\mathrm{II} t) = 2b\cos\frac{\omega_\mathrm{I} - \omega_\mathrm{II}}{2}t \cdot \sin\frac{\omega_\mathrm{I} + \omega_\mathrm{II}}{2}t. \quad (5.21)$$

Der Einfachheit halber haben wir von der Hinzufügung von Phasenkonstanten abgesehen; das wesentliche Resultat wird dadurch nicht beeinflusst. Sind ω_I und ω_II nur wenig voneinander verschieden, so ist $\frac{1}{2}(\omega_\mathrm{I} - \omega_\mathrm{II})$ klein gegen $\frac{1}{2}(\omega_\mathrm{I} + \omega_\mathrm{II})$, so dass sich der Faktor $\cos\frac{1}{2}(\omega_\mathrm{I} - \omega_\mathrm{II})t$ mit der Zeit sehr viel langsamer ändert als der Faktor $\sin\frac{1}{2}(\omega_\mathrm{I} + \omega_\mathrm{II})t$. Den resultierenden Bewegungsvorgang können wir daher angenähert als eine harmonische Schwingung mit der Kreisfrequenz $\frac{1}{2}(\omega_\mathrm{I} + \omega_\mathrm{II})$ ansehen, deren Amplitude $2b\cos\frac{1}{2}(\omega_\mathrm{I} - \omega_\mathrm{II})$ sich mit der Kreisfrequenz $\frac{1}{2}(\omega_\mathrm{I} - \omega_\mathrm{II})$ periodisch ändert. Die Amplitude der resultierenden Schwingung wächst also von null zu einem Maximum $2b$, wird wieder null usw. Dieser Vorgang heißt *Schwebung*. Die Zeit zwischen zwei aufeinanderfolgenden maximalen Amplituden nennt man die Schwebungsdauer T_s; es ist die Zeit, die vergeht, wenn $\cos\frac{1}{2}(\omega_\mathrm{I} - \omega_\mathrm{II})t$ von $+1$ nach -1 abnimmt; d. h. wenn sich das Argument des Kosinus um π ändert. Es gilt also die Gleichung:

$$\frac{\omega_\mathrm{I} - \omega_\mathrm{II}}{2}T_\mathrm{s} = \pi,$$

woraus folgt:

$$T_\mathrm{s} = \frac{2\pi}{\omega_\mathrm{I} - \omega_\mathrm{II}} = \frac{1}{\nu_\mathrm{I} - \nu_\mathrm{II}} = \frac{T_\mathrm{I}T_\mathrm{II}}{T_\mathrm{II} - T_\mathrm{I}}.$$

Die Schwebungsfrequenz ν_s beträgt demnach $\nu_\mathrm{s} = \nu_\mathrm{I} - \nu_\mathrm{II}$.

Je weniger die Frequenzen der Einzelschwingungen voneinander abweichen, desto kleiner ist die Schwebungsfrequenz. Die Amplitude der Schwebung geht nur dann auf null herunter, wenn die Amplituden der Einzelschwingungen gleich sind. Wir sprechen in diesem Fall von einer *reinen Schwebung*, im Gegensatz zur *unreinen Schwebung*, die dann vorliegt, wenn die beiden Einzelschwingungen verschiedene Amplituden haben. Eine besonders große Rolle spielen die Schwebungen in der Akustik und bei genauen Frequenzmessungen.

Bis jetzt wurden die Schwingungen in den Zeichnungen aus Gründen der Vollständigkeit und der Anschaulichkeit stets so dargestellt, dass die Amplitude in Abhängigkeit von der Zeit aufgetragen war. Diese Art soll auch beibehalten werden, wenn sie notwendig oder für das Verständnis zweckmäßig ist. Es ist jedoch vielfach praktischer, wenn die Amplitude in Abhängigkeit von der Frequenz ν oder von der Kreisfrequenz $\omega = 2\pi\nu$ aufgetragen wird. Diese *Spektraldarstellung* hat insbesondere wegen ihrer Übersichtlichkeit manche Vorteile. Eine rein sinusförmige Schwingung ergibt ein Linienspektrum und besteht nur aus einem vertikalen Strich. Seine Länge gibt die Amplitude an und seine Lage auf der Abszisse die Frequenz der Schwingung. Ist die Schwingung aus mehreren Einzelschwingungen zusammengesetzt, dann erscheint für jede einzelne Teilschwingung ein vertikaler Strich bei der betreffenden Frequenz. Ein wesentlicher Nachteil dieser Spektraldarstellung ist, dass sie keine Information über die Phasen enthält. Doch ist die Kenntnis der Phasen in vielen Fällen nicht erforderlich. Die Spektraldarstellung ist auch dann vorteilhaft, wenn es sich nicht mehr um ungestörte Überlagerungen von Einzelschwingungen handelt. Dann treten Kombinationsfrequenzen auf, und zwar in erster Linie die Differenzfrequenz und die Summationsfrequenz zweier Einzelschwingungen. Ist z. B. eine Schwingung mit einer zweiten zusammengesetzt und sind die beiden Frequenzen 900 Hz und 200 Hz, dann ergeben sich im Fall einer gestörten Überlagerung in der Spektraldarstellung im Wesentlichen 4 vertikale Striche. Diese liegen bei 900 Hz und bei 200 Hz, sowie bei der Summe und Differenz der beiden Frequenzen. Die Frequenz bei 900 Hz ist von den beiden Frequenzen 900 Hz − 200 Hz = 700 Hz und 900 Hz + 200 Hz = 1100 Hz eingerahmt. Die *Bandbreite* dieser Überlagerungsschwingung beträgt 400 Hz.

Die Schwebung der Abb. 5.19 ist als Linienspektrum in Abb. 5.20 dargestellt. Die Schwebungsfrequenz von 10 Hz erscheint gleichzeitig mit den beiden Ausgangsfrequenzen nur dann als Differenzfrequenz, wenn das schwingende System ein nichtlineares Glied enthält. Dieses ist z. B. im Ohr der Fall (vgl. Akustik).

Es hat sich eingebürgert, die Frequenz in der Optik ausschließlich mit ν, in der Technik dagegen mit f zu kennzeichnen. Für die Spektraldarstellung wurde in der Abb. 5.20 auch der Buchstabe f gewählt.

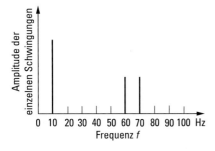

Abb. 5.20 Spektraldarstellung der Schwingungen der Abb. 5.19

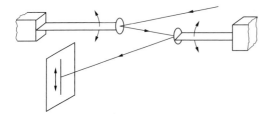

Abb. 5.21 Zusammensetzung der
Schwingungen zweier Federn

Die Zusammensetzung zweier Schwingungen mit gleicher oder verschiedener Frequenz lässt sich experimentell auf verschiedene Weise zeigen. Wir geben folgende zwei Versuchsanordnungen dafür an. In Abb. 5.21 sind zwei einseitig eingeklemmte Bandfedern dargestellt, die in der Vertikalen Biegungsschwingungen ausführen können und am freien Ende einen kleinen Spiegel tragen. Bildet man über beide Spiegel einen hellen Lichtpunkt auf einem Schirm ab, so beschreibt dieser Punkt auf dem Schirm beim Schwingen beider Federn ihre resultierende Schwingung. Lässt man den Lichtstrahl, bevor er auf den Schirm fällt, über einen Drehspiegel mit vertikaler Achse gehen, so dass er bei Rotation dieses Spiegels in eine horizontale Linie auseinandergezogen wird, so erhält man auf dem Schirm die Schwingungskurve der resultierenden Schwingung. Die Frequenzen der einzelnen Schwingungen lassen sich durch Verändern der Längen der Federn variieren.

Ein zweiter Vorführungsapparat für die Überlagerung zweier Sinusschwingungen, der im Gegensatz zu der soeben beschriebenen Versuchsanordnung auch die Einstellung jeder Phasendifferenz zwischen den beiden Schwingungen ermöglicht, ist in Abb. 5.22 dargestellt. Vor einem vertikalen Spalt befindet sich ein kleines Stäbchen, das mit seinen Enden am Rand zweier Kreisscheiben in Löchern drehbar gelagert ist. Die beiden Scheiben sitzen an den Enden zweier Achsen 1 und 2, die unabhängig voneinander gedreht werden können. Befindet sich z. B. die Achse 2 in Ruhe und rotiert die Achse 1 mit der Frequenz ν_1, so beschreibt das Stäbchen einen Kegelmantel vor dem Spalt; bildet man das Stäbchen auf einem Schirm über einen Drehspiegel mit vertikaler Achse ab, so erhält man auf dem Schirm eine Sinuslinie mit der Frequenz ν_1. Durch Verschieben des Spaltes in horizontaler Richtung kann man jede Amplitude zwischen null und der größten durch den Radius der Kreisscheibe gegebenen einstellen. Steht die Achse 1 still und dreht sich die Achse 2 mit der Frequenz ν_2, so erhält man auf dem Schirm eine zweite Schwingung mit der Frequenz ν_2. Bei gleichzeitiger Drehung beider Achsen erhält man dann die Überlagerung der beiden Einzelschwingungen und zwar für den Fall gleicher Amplituden, wenn der Spalt genau in der Mitte steht. Durch Verschieben des Spaltes kann man jedes Amplitudenverhältnis

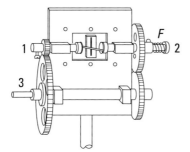

Abb. 5.22 Apparat zur Vorführung der Zusammensetzung zweier Sinusschwingungen gleicher Richtung

einstellen. Damit die beiden Schwingungen ein festes Frequenzverhältnis haben, erfolgt der Antrieb der beiden Achsen 1 und 2 über Zahnräder mit entsprechendem Übersetzungsverhältnis von einer dritten Achse 3. Dabei kann man durch Verdrehen des bei F angebrachten Rades die Phase zwischen den beiden Schwingungen beliebig einstellen und auf diese Weise z. B. die in Abb. 5.15 und 5.17 – 5.19 dargestellten Schwingungskurven erhalten.

Spektrale Zerlegung periodischer Bewegungen. Ebenso wichtig wie die Zusammensetzung mehrerer harmonischer Schwingungen zu einer resultierenden Schwingung ist die Zerlegung einer gegebenen beliebigen periodischen Bewegung $f(t)$ in eine Summe von harmonischen Teilschwingungen. Dies ist, wie J. Fourier (1768 – 1830) gezeigt hat, stets, und zwar nur auf eine Weise, möglich:

$$f(t) = A_0 + A_1 \cos \omega t + A_2 \cos 2\omega t + A_3 \cos 3\omega t + \ldots$$

$$+ B_1 \sin \omega t + B_2 \sin 2\omega t + B_3 \sin 3\omega t + \ldots \tag{5.22}$$

wobei $\omega = 2\pi/T$ die Kreisfrequenz und T die Schwingungsdauer des periodischen Vorgangs ist. Außer der *Grundfrequenz* ω treten in der *Fourier-Entwicklung* (5.22) im Allgemeinen alle ganzzahligen Vielfachen 2ω, 3ω, ..., die sogenannten *harmonischen Oberschwingungen* auf. In besonderen Fällen können einzelne Glieder fortfallen; für die Praxis genügt es meistens, wenn man die Entwicklung nach den ersten Gliedern abbricht. Man nennt eine solche Zerlegung eine *Fourier-Analyse*; auf das Rechenverfahren gehen wir nicht ein. Lediglich als Beispiel für die Zerlegung einer beliebigen periodischen Bewegung $f(t)$ ist in Abb. 5.23a eine periodische Dreieckskurve gezeichnet, von der Amplitude b und der Periode T bzw. der Kreisfrequenz $\omega = 2\pi/T$.

Die Fourier-Analyse ergibt folgende Zerlegung dieser Schwingung:

$$f(t) = \frac{8b}{\pi^2} \left[\sin \omega t - \frac{1}{3^2} \sin 3\omega t + \frac{1}{5^2} \sin 5\omega t - \frac{1}{7^2} \sin 7\omega t + \ldots \right]. \tag{5.23}$$

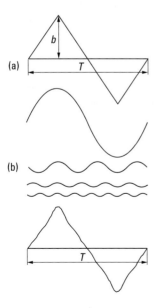

(a)

(b)

Abb. 5.23 Fourier-Zerlegung einer periodischen Dreieckskurve

Das Bildungsgesetz für die höheren Glieder der Reihe ist danach leicht erkennbar; insbesondere sieht man, dass alle Kosinusglieder und die geradzahligen Vielfachen der Grundfrequenz ω fehlen. Beschränkt man sich auf die angeschriebenen vier ersten Glieder der Reihe, die im oberen Teil der Abb. 5.23b einzeln dargestellt sind, so erhält man durch Überlagerung derselben die unterste Kurve dieser Figur, die – abgesehen von einigen Kräuselungen – die Dreieckskurve der Abb. 5.23a schon recht gut darstellt; durch Hinzunahme von noch mehr Gliedern kann die Annäherung entsprechend weiter getrieben werden.

Es sei bemerkt, dass man die Fourier-Analyse einer gegebenen periodischen Funktion auch auf rein mechanischem Weg vollziehen kann; solche Apparate heißen *harmonische Analysatoren*. Es ist interessant, dass das Ohr einen solchen harmonischen Analysator nach der Hörtheorie von Helmholtz besitzen soll, worauf wir in der Akustik näher einzugehen haben.

Fourier-Analyse aperiodischer Bewegungen. Die Fourier-Darstellung ist nicht auf periodische Vorgänge beschränkt. Auch aperiodische Ereignisse, wie z. B. das Anstoßen eines schwingungsfähigen Systems (Anzupfen einer Saite, Anschlagen einer Glocke, Erzeugung eines Knalls; allgemein Stoßanregungen genannt), lassen sich auf diese Weise analysieren. Allerdings tritt dann an die Stelle der Summe von diskreten Teilschwingungen das Fourier-Integral. Es liefert dementsprechend als Ergebnis ein Frequenzkontinuum. Ein System, das nur zu bestimmten Schwingungen fähig ist, wählt aus diesem Kontinuum die passenden Frequenzen aus. Das ist der Grund dafür, dass man Schwingungen durch Stoß überhaupt erzeugen kann.

Schwingungen verschiedener Richtung. Wir kommen jetzt zu dem zweiten Fall der Zusammensetzung zweier Schwingungen, deren Richtungen gegeneinander geneigt sind. Es sei nur der wichtigste Fall behandelt, dass die beiden Schwingungsrichtungen senkrecht aufeinander stehen, also z. B. parallel zur x- und y-Richtung eines Koordinatensystems. Für die beiden Schwingungen, die zunächst gleiche Frequenz haben mögen, gilt:

$$x = a \sin \omega t \quad \text{und} \quad y = b \sin(\omega t + \varphi).$$

Der Massenpunkt beschreibt eine Bahn, die in jedem Augenblick durch Vektoraddition aus den Einzelverrückungen zusammengesetzt ist; wegen der Phasendifferenz φ zwischen den beiden Schwingungen ist sie im Allgemeinen gekrümmt und von der Größe der Phasendifferenz abhängig. Um die Bahnkurve zu finden, eliminieren wir aus den beiden Gleichungen die Zeit t und schreiben dazu y in der Form:

$$y = b \sin \omega t \cos \varphi + b \cos \omega t \sin \varphi.$$

Aus der ersten Gleichung findet man

$$\sin \omega t = \frac{x}{a}, \quad \cos \omega t = \sqrt{1 - \frac{x^2}{a^2}};$$

dies ergibt, in die vorstehende Gleichung eingesetzt:

$$y = \frac{bx}{a} \cos \varphi + b \sqrt{1 - \frac{x^2}{a^2}} \sin \varphi,$$

oder anders geschrieben:

$$\frac{x^2}{a^2} + \frac{y^2}{b^2} - \frac{2xy}{ab} \cos\varphi = \sin^2\varphi.$$

Dies ist aber die Gleichung eines Kegelschnittes, und da die Kurve ganz im Endlichen verläuft, kann es nur eine Ellipse sein, deren Mittelpunkt mit dem Koordinatenanfangspunkt zusammenfällt, die aber – wie das Auftreten des Gliedes mit xy anzeigt – nicht die Koordinatenachsen als Hauptachsen besitzt; die Ellipsenachsen sind vielmehr gegen die Koordinatenachsen gedreht, um einen Winkel ψ, dessen Größe wiederum von der Phasendifferenz φ abhängt. Um einen Überblick über die möglichen Bahnformen und ihre Orientierung zu erhalten, betrachten wir verschiedene Spezialfälle.

1. $\varphi = 0$. Die Ellipsengleichung geht dann über in die Form:

$$\frac{x}{a} = \frac{y}{b} \quad \text{oder} \quad y = \frac{b}{a}x.$$

In diesem Fall entartet die Ellipse in eine Gerade im 1. und 3. Quadranten, deren Neigung gegen die x-Achse durch $\tan\psi = b/a$ gegeben ist. Wir haben also eine lineare Schwingung vor uns, deren Amplitude gleich $\sqrt{a^2 + b^2}$ ist. (Man kann die Gerade als den Grenzfall einer Ellipse betrachten, deren große Achse gleich $\sqrt{a^2 + b^2}$, deren kleine Achse gleich null ist.)

2. $0 \le \varphi \le \pi/2$. Lässt man φ allmählich von 0 an bis zum Wert $\pi/2$ wachsen, so entwickelt sich die Gerade zu einer Ellipse, deren kleine Halbachse vom Wert null an zu wachsen beginnt und deren große vom Wert $\sqrt{a^2 + b^2}$ abnimmt; gleichzeitig nähert sich die große Achse der y-Achse an, indem der Winkel ψ zunimmt. Für $\varphi = \pi/2$ selbst geht die Ellipsengleichung über in die auf die Hauptachsen bezogene Form:

$$\frac{x^2}{a^2} + \frac{y^2}{b^2} = 1;$$

jetzt fällt die große Achse mit der y-Richtung (die kleine mit der x-Richtung) zusammen; die große Halbachse hat bis zum Wert b ab-, die kleine bis zum Wert a zugenommen.

3. $\pi/2 \le \varphi \le \pi$. Nimmt die Phasendifferenz φ weiter zu, so wird die Ellipse allmählich wieder schmaler: Die kleine Achse schrumpft ein, die große wächst über b hinaus. Gleichzeitig entfernt sich die große Halbachse wieder von der y-Richtung zur anderen Seite, indem ψ jetzt Werte $> \pi/2$ annimmt. Im Grenzfall $\varphi = \pi$ geht die allgemeine Ellipsengleichung über in:

$$\frac{x}{a} + \frac{y}{b} = 0 \quad \text{oder} \quad y = -\frac{b}{a}x,$$

d. h., die Ellipse ist wieder in eine Gerade ausgeartet, diesmal mit der Neigung $\tan\psi = -b/a$ gegen die x-Achse; sie liegt also im 2. und 4. Quadranten. (Anders ausgedrückt: Die kleine Halbachse der Ellipse ist wieder gleich null, die große wieder $\sqrt{a^2 + b^2}$ geworden.)

Allen Ellipsen, die im Intervall $0 \le \varphi \le \pi$ auftreten, ist die Eigenschaft gemeinsam, dass sie von dem Massenpunkt entgegen dem Uhrzeigersinn durchlaufen werden, wie man leicht feststellt.

4. $\pi \leqq \varphi \leqq 2\pi$. Wächst φ weiter bis zum Wert 2π, so treten die gleichen Ellipsenbahnen in umgekehrter Reihenfolge noch einmal auf: Zunächst entfaltet sich aus der Geraden wieder eine Ellipse, mit von null an wachsender kleiner, und von $\sqrt{a^2 + b^2}$ an abnehmender großer Achse, wobei diese sich der y-Richtung wieder annähert. Für $\varphi = 3\pi/2$ hat sie diese erreicht; die kleine Achse ist gleich a, die große gleich b geworden; kurz, wir haben die Ellipse

$$\frac{x^2}{a^2} + \frac{y^2}{b^2} = 1$$

vor uns, die auf die Koordinatenachsen als Hauptachsen bezogen ist. Von da bis zum Wert $\varphi = 2\pi$ wird die Ellipse wieder schmaler, die kleine Achse nähert sich dem Wert null, die große dem Wert $\sqrt{a^2 + b^2}$, indem sich diese gleichzeitig wieder unter positivem Winkel ψ der x-Achse nähert. Für $\varphi = 2\pi$ endlich ist der Zyklus vollendet: Wir haben dieselbe Konfiguration wie für $\varphi = 0$ vor uns, d. h. eine gegen die x-Achse unter $\tan \psi = b/a$ geneigte Gerade durch den 1. und 3. Quadranten.

Die hier auftretenden Ellipsenbahnen werden, umgekehrt wie vorhin, im Uhrzeigersinn vom Massenpunkt durchlaufen. Abbildung 5.24a stellt die möglichen Bahnen dar; sie sind sämtlich dem Rechteck mit den Seiten $2a$ und $2b$ einbeschrieben. Man kann also als Ergebnis aussprechen:

- Zwei senkrecht zueinander erfolgende Schwingungen gleicher Frequenz, aber verschiedener Amplitude ergeben im Allgemeinen eine elliptische Schwingung, die unter besonderen Umständen (Phasendifferenz $\varphi = 0$ oder $= \pi$) in eine geradlinige Schwingung ausartet. Mit der Phasendifferenz ändert sich sowohl die Richtung der großen Achse als auch das Achsenverhältnis der Ellipsen.

Wir wollen nun weiter spezialisieren, indem wir noch die Amplituden beider Schwingungen gleich groß ($= a$) machen. Dann wird die allgemeine Ellipsengleichung:

$$x^2 + y^2 - 2xy \cos \varphi = a^2 \sin^2 \varphi.$$

Für $\varphi = 0$ und $\varphi = \pi$ artet die Ellipse wieder in eine Gerade durch den 1. und 3. bzw. 2. und 4. Quadranten aus, die unter $45°$ bzw. $-45°$ gegen die Abszissenachse geneigt sind; die Amplitude dieser geradlinigen Schwingungen ist $a\sqrt{2}$. Betrachtet man die Gerade wieder als entartete Ellipse, so kann man auch sagen, dass die große Achse der Ellipse ihren maximalen Wert $a\sqrt{2}$, die kleine den Minimalwert null habe. Wächst φ von 0 an bis $\pi/2$, so nimmt die große Achse ab, die kleine zu, wobei aber die große Achse mit der

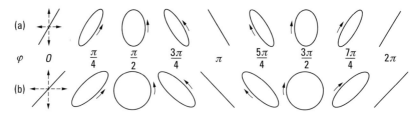

Abb. 5.24 Zusammensetzung zweier aufeinander senkrecht stehender Schwingungen gleicher Frequenz bei verschiedenen Phasendifferenzen φ, (a) bei verschiedener Amplitude, (b) bei gleicher Amplitude

x-Richtung jetzt dauernd den Winkel $45°$ bildet; bei $\varphi = \pi/2$ werden beide Achsen gleich groß, nämlich gleich a, d. h., die Ellipse wird ein Kreis vom Radius a, die Schwingung wird zirkular. Wächst φ weiter, so nimmt die bisher große Achse weiter ab bis zum Wert null; die kleine wächst bis zum Wert $a\sqrt{2}$. Diese Werte werden bei $\varphi = \pi/2$ erreicht. Die Schwingung ist nun in die bereits erwähnte geradlinige unter $-45°$ gegen die Achse geneigte Schwingung übergegangen. Alle Ellipsen (mit Einschluss des Kreises) werden entgegen dem Uhrzeigersinn durchlaufen. Wächst φ von π bis 2π, so wiederholt sich alles in umgekehrter Reihenfolge, bis nach Erreichen des Wertes $\varphi = 2\pi$ der Anfangszustand wieder hergestellt ist; diese Ellipsen (mit Einschluss des Kreises) werden aber im Uhrzeigersinn durchlaufen. Abgesehen vom Auftreten der zirkularen Schwingungen liegt der wesentliche Unterschied dieses Falles gegen den vorher erörterten allgemeinen darin, dass die Neigung der Ellipse gegen die Abszissenachse hier die festen Werte $\pm45°$ besitzt. Die Schwingungsformen sind in Abb. 5.24b dargestellt. Alle Kurven liegen in einem Quadrat von der Seitenlänge $2a$. Zusammenfassend kann man sagen:

- Zwei senkrecht zueinander erfolgende Schwingungen gleicher Frequenz und Amplitude ergeben im Allgemeinen eine elliptische Schwingung, die unter besonderen Umständen ($\varphi = \pi/2$ oder $3\pi/2$) in eine kreisförmige oder (für $\varphi = 0$ oder π) in eine geradlinige Schwingung übergeben kann. Mit der Phasendifferenz zwischen beiden Schwingungen ändert sich das Achsenverhältnis der Ellipsen, während ihre großen Achsen gegen die x-Achse stets unter $\pm45°$ geneigt sind.

Die bisher besprochenen Schwingungskurven kann man mit einem Fadenpendel verwirklichen: Ein solches Pendel kann ja in allen möglichen Richtungen ebene Schwingungen ausführen. Lässt man das Pendel in einer bestimmten Richtung schwingen und versetzt der Pendelkugel in dem Augenblick, in dem sie durch die Ruhelage hindurchgeht, einen Stoß senkrecht zu ihrer Schwingungsrichtung, so führt das Pendel wieder eine geradlinige Schwingung in einer zur ursprünglichen Schwingungsrichtung geneigten Ebene aus. Erteilt man dagegen der Pendelkugel den Stoß senkrecht zur Schwingungsrichtung, wenn sie sich gerade im Umkehrpunkt der Schwingungsbewegung befindet, so entsteht als resultierende Schwingung eine Ellipse oder ein Kreis, je nach der Stärke des Stoßes. Befestigt man unten am Pendel einen mit Sand gefüllten Trichter, so schreibt der aus dem Trichter fließende Sand auf einer Unterlage die betreffende Schwingungskurve auf.

In der Optik und in der Lehre von den elektrischen Wechselströmen ist besonders die Zusammensetzung zweier zueinander senkrechter Schwingungen gleicher Amplitude bei einer Phasendifferenz von $\pi/2$ zu einer Kreis- oder zirkularen Schwingung wichtig. Umgekehrt können wir auch jede Kreisschwingung in zwei zueinander senkrechte lineare Schwingungen gleicher Amplitude und gleicher Frequenz zerlegen, wobei der Phasenunterschied $90°$ beträgt.

Denken wir uns schließlich, dass der Massenpunkt gleichzeitig zwei entgegengesetzt gerichtete zirkulare Schwingungen gleicher Amplitude und gleicher Frequenz ausführt, so ist die Resultierende eine geradlinige Schwingung derselben Frequenz, aber mit doppelter Amplitude. Wir können nämlich jede der beiden Kreisschwingungen in zwei zueinander senkrechte lineare Schwingungen zerlegen, für die die Gleichungen gelten:

$$x_1 = a \sin \omega t; \quad y_1 = a \sin \left(\omega t + \frac{\pi}{2} \right);$$

$$x_2 = a \sin \omega t; \quad y_2 = a \sin \left(\omega t - \frac{\pi}{2} \right).$$

Addieren wir die in gleicher Richtung verlaufenden Schwingungen, so erhalten wir:

$$x = x_1 + x_2 = 2a \sin \omega t; \quad y = y_1 + y_2 = 0.$$

Umgekehrt kann jede geradlinige Schwingung angesehen werden als zusammengesetzt aus zwei entgegengesetzt umlaufenden Kreisschwingungen mit halber Amplitude und gleicher Frequenz. Auf diese Ergebnisse kommen wir in der Optik (Bd. 3) noch verschiedentlich zurück.

Lissajous-Kurven. Sind die Frequenzen der beiden senkrecht zueinander verlaufenden Schwingungen verschieden, so hat die resultierende Schwingung eine umso kompliziertere Form, je mehr das Verhältnis der beiden Frequenzen von eins abweicht. Wir verzichten auf die etwas schwierigere mathematische Berechnung der Schwingungskurven und bringen in Abb. 5.25 eine Anzahl solcher Kurven, die man nach ihrem Erforscher und ersten Beobachter Jules Antoine Lissajous (1822 – 1880) *Lissajous-Kurven* nennt; sie liegen sämtlich in einem Quadrat von der Seitenlänge der doppelten Amplitude. Man kann solche Schwingungskurven mit einem Pendel nach Abb. 5.26 erhalten. Zwei an den Haken A und B befestigte Fäden sind durch einen Ring R geführt und tragen an ihrem gemeinsamen unteren Ende einen mit Sand gefüllten Trichter. Senkrecht zur Zeichenebene kann ein solches Pendel nur Schwingungen mit einer Frequenz ausführen, die durch seine Gesamtlänge L gegeben ist, während in der Zeichenebene nur Schwingungen mit einer durch l gegebenen Frequenz möglich sind. Das Frequenzverhältnis dieser beiden Schwingungen ist somit durch die Größe $\sqrt{l/L}$ gegeben. Durch Verschieben des Ringes R lässt sich jedes Frequenzverhältnis einstellen; je nachdem wie man dabei das Pendel anstößt, erhält man die den verschiedenen Phasen entsprechenden Figuren. In Abb. 5.27 ist die Lissajous-Figur für das Frequenzverhältnis 8 : 9 und eine Phasendifferenz $\pi/2$ für den Fall dargestellt, dass beide Schwingungen gleiche Amplituden haben.

Man kann den Versuch auch mit der Anordnung der Abb. 5.21 machen, bei der man nur eine der beiden Federn um ihre Längsrichtung um 90° zu drehen braucht, damit beide Federn in zueinander senkrechten Richtungen schwingen. Der von den Schwingungen gesteuerte Lichtstrahl beschreibt dann die Lissajous-Kurve; diese Anordnung hat den Vorteil, dass die Schwingungen hier viel rascher vor sich gehen als bei dem oben beschriebenen Doppelpendel.

Wenn die Frequenzen (oder Schwingungsdauern) der Einzelschwingungen in einem rationalen Verhältnis, d. h. im Verhältnis ganzer Zahlen zueinander stehen, so ist der Vorgang periodisch. Zum Beispiel ist beim Frequenzverhältnis 8 : 9 nach Ablauf von 8 Schwingungen der kleineren (= 9 Schwingungen der größeren Frequenz) wieder der Ausgangszustand erreicht. Demzufolge ist die zugehörige Lissajous-Kurve geschlossen; sie wird z. B. von dem Lichtstrahl oder dem Doppelpendel in jeder neuen Periode in genau gleicher Weise wieder aufgezeichnet.

Ist die Gesamtperiode bei Benutzung des Apparates in Abb. 5.21 hinreichend kurz, so erblickt man infolge der Dauer des Lichteindrucks die ganze Kurve auf einmal, und zwar stillstehend. Dies ist der Fall, wenn die das Frequenzverhältnis darstellenden ganzen Zahlen klein sind, z. B. 1 : 2 oder 3 : 4. Auf dieser Erscheinung beruht die Möglichkeit, die genannten Figuren genau herzustellen. Denn wäre z. B. das Frequenzverhältnis statt genau 1 : 2 zu sein, etwa 1 : 2.0001 = 10 000 : 20 001, so ist die Dauer der Gesamtperiode so groß, dass man die einzelnen Teile der Kurve nacheinander sieht. Es macht dann den Eindruck, als ob man das Frequenzverhältnis 1 : 2, aber mit variabler Phasendifferenz vor sich hätte.

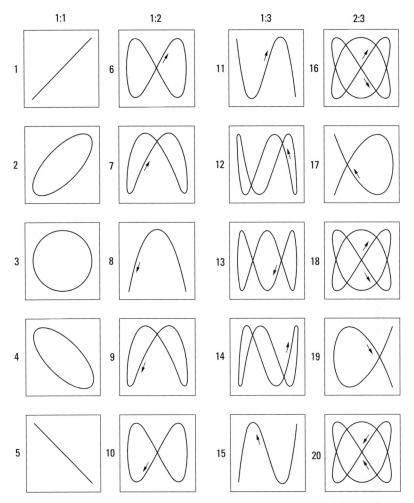

Abb. 5.25   Lissajous-Kurven. In der ersten vertikalen Reihe ist das Verhältnis der beiden Frequenzen 1 : 1, in der zweiten 1 : 2, in der dritten 1 : 3 und in der vierten 2 : 3; in der ersten Horizontalreihe beträgt die Phasendifferenz zwischen den beiden Schwingungen 0, in der zweiten $\pi/4$, in der dritten $\pi/2$, in der vierten $3\pi/4$ und in der fünften π.

Erst wenn man die Figur durch leichte Änderung einer Frequenz zum Stehen gebracht hat, hat man das gewünschte Frequenzverhältnis 1 : 2 genau erhalten. – Ändert sich die Figur übrigens mit einer bestimmten Frequenz, so gibt diese direkt den Unterschied der Frequenzen der beiden Einzelschwingungen an.

Grundsätzlich anders liegen die Verhältnisse, wenn die beiden primären Frequenzen inkommensurabel sind. Dann ist die Bewegung nicht mehr periodisch, die Lissajous-Kurve nicht mehr geschlossen, weil sie in endlicher Zeit nie mehr zu ihrem Ausgangspunkt zurückkehrt. Haben die beiden Schwingungen gleiche Amplitude a, so liegt die Kurve zwar nach wie vor in dem Quadrat von der Seitenlänge $2a$; aber nun wird jeder Punkt des Quadrates einmal vom Lichtstrahl überstrichen; die Kurve bedeckt dieses zweidimensio-

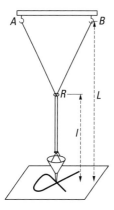

Abb. 5.26 Doppelpendel zur Erzeugung von Lissajous-Kurven

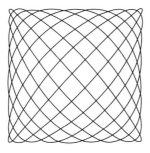

Abb. 5.27 Lissajous-Kurve: Frequenzverhältnis 8 : 9, Phasendifferenz $\pi/2$

Abb. 5.28 Lissajous-Kurve: Frequenzverhältnis 3 : 5, Phasendifferenz 0 (fotografische Aufnahme des Leuchtschirms eines Elektronenstrahloszillographen)

nale Gebilde „überall dicht", während bei rationalem Frequenzverhältnis nur eine in sich geschlossene Kurve im Inneren des Quadrates bedeckt wird.

Steht ein Elektronenstrahloszillograph zur Verfügung, so kann man die Lissajous-Figuren leicht auf dem Leuchtschirm der Braun'schen Röhre zeigen (Abb. 5.28). Eine hell beleuchtete weiße Kugel, an einem oder an mehreren Gummibändern aufgehängt, zeigt Schwingungen und Lissajous-Figuren in einfacher und sehr anschaulicher Weise (Abb. 5.29).

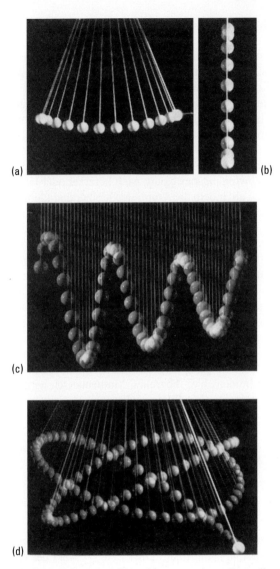

(a)

(b)

(c)

(d)

Abb. 5.29   Eine weiße Kunststoffkugel hängt an einem Gummiband und wird mit einer Folge kurzer Lichtblitze beleuchtet:
(a) Pendelschwingung
(b) Vertikalschwingung, möglich infolge der Elastizität des Gummibandes und einmaliger Auslenkung nach unten
(c) Vertikalschwingung nach (b) bei horizontal und gleichmäßig vorbeibewegter Kamera
(d) Lissajous-Kurve, Frequenzverhältnis 4 : 5, Phasendifferenz 0

5.4 Gedämpfte und erzwungene Schwingungen

Die bisher betrachteten Schwingungen können durch das Beiwort *freie* charakterisiert werden, da sie – einmal von außen angeregt – nur unter dem Einfluss der zurücktreibenden Kraft (elastische Kraft bei der Feder, Schwerkraft beim Pendel usw.) vor sich gehen. Dabei findet eine dauernde Umsetzung von potentieller in kinetische Energie und umgekehrt statt. Dieses Spiel müsste eigentlich immer fortdauern, d. h., die Amplitude der Schwingung dürfte sich nicht mit der Zeit ändern.

Dämpfung. Bei den Schwingungen, die wir in der Natur beobachten, ist dies aber nicht der Fall; vielmehr kommt die Schwingungsbewegung nach kürzerer oder länger Zeit zur Ruhe: Die Schwingungen klingen ab, indem die Amplitude kleiner und kleiner wird. Wir können dies an jedem gewöhnlichen Pendel beobachten. Solche Schwingungen nennen wir *gedämpfte Schwingungen*. Der Grund für die Dämpfung liegt in einem dauernden Energieverlust, der bei der Schwingungsbewegung wie bei jeder mechanischen Bewegung durch Reibungskräfte verursacht wird. Beim Vorgang der Reibung wird Arbeit in Wärme umgewandelt (s. Abschn. 9.2 und Kap. 17). Reibungsprozesse können daher nicht im Rahmen der reinen Mechanik erklärt werden. Experimentelle Untersuchungen haben ergeben, dass sich die Abnahme der Schwingungsamplituden durch eine *Reibungskraft* F_R beschreiben lässt, die der Schwingungsbewegung entgegen wirkt und zur Geschwindigkeit der Bewegung proportional ist (lineare Dämpfung), d. h. $F_R = -f \cdot v$; der Proportionalitätsfaktor f heißt Reibungskoeffizient. In Abb. 5.30 ist der zeitliche Verlauf einer gedämpften, harmonischen Schwingung dargestellt. Die Amplituden werden durch eine Exponentialkurve, die Amplitudenkurve, begrenzt. Mathematisch wird ein solcher Schwingungsverlauf durch folgende Gleichung dargestellt:

$$y = be^{-\delta t} \sin \omega t. \tag{5.24}$$

Die im Exponenten auftretende Größe δ nennt man die Abklingkonstante (auch Dämpfungsfaktor). Es ergibt sich die folgende Beziehung für die Abklingkonstante δ, wenn der Reibungskoeffizient f und die schwingende Masse m ist:

$$\delta = \frac{f}{2m}.$$

Je größer die Abklingkonstante δ ist, umso schneller nähern sich die Amplituden der Schwingung dem Wert null. Jedesmal nach Ablauf einer Zeit $1/\delta$ sinkt der Amplitudenfaktor $e^{-\delta t}$ auf $1/e = 0.37$ seiner ursprünglichen Größe ab. Für $\delta = 1\,s^{-1}$ ist z. B. die Amplitude die Schwingung nach 1 s auf $1/e = 0.37$, nach 2 s auf $1/e^2 = 0.14$, nach 3 s auf $1/e^3 = 0.05$ usw. des ursprünglichen Wertes abgesunken. Die Zeit, in der die Amplitude auf die Hälfte abgesunken ist, nennt man die *Halbwertszeit*. Da $e^{-0.7} \approx 1/2$ ist, beträgt die Halbwertszeit $0.7/\delta$.

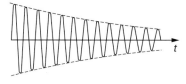

Abb. 5.30 Gedämpfte Schwingung (siehe auch Abb. 5.29c)

Die Frequenz einer gedämpften Schwingung ist gegenüber einer gleichen ungedämpften Schwingung verlangsamt. Die Rechnung liefert, wenn ω_d die Kreisfrequenz im Fall mit Dämpfung und ω_0 die Kreisfrequenz ohne Dämpfung bedeuten:

$$\omega_\mathrm{d} = \sqrt{\omega_0^2 - \delta^2}. \tag{5.25}$$

Bildet man das Verhältnis zweier aufeinanderfolgender Amplituden b_t und $b_\mathrm{t+T}$, deren zeitlicher Abstand gleich der Schwingungsdauer T der gedämpften Schwingung ist, so ergibt dieses Verhältnis nach Gl. (5.24) den Wert

$$\frac{b_\mathrm{t}}{b_\mathrm{t+T}} = \frac{e^{-\delta t}}{e^{-\delta(t+T)}} = e^{\delta \cdot T}. \tag{5.26}$$

Dieses Amplitudenverhältnis ist also konstant. Man nennt die Größe

$$\delta \cdot T = \ln\left(\frac{b_\mathrm{t}}{b_\mathrm{t+T}}\right)$$

das *logarithmische Dekrement* Λ; es charakterisiert die Dämpfung. Da man die Amplituden und Schwingungsdauern gut messen kann, ist die Bestimmung von Λ mit großer Genauigkeit möglich; daraus erhält man die Abklingkonstante δ.

Wird die Dämpfung sehr groß, so dass schließlich in Gl. (5.25) der Ausdruck unter der Wurzel gleich null oder sogar negativ wird, so kann das betreffende System keine Schwingungen mehr ausführen, seine Bewegung wird *aperiodisch*. Dies kann man z. B. mit einem Pendel zeigen, das man statt in Luft in Wasser oder besser noch in einer zähen Flüssigkeit schwingen lässt. Wird das Pendel aus seiner abgelenkten Lage losgelassen, so bewegt es sich langsam in die Ruhelage zurück, die höchstens einmal überschritten wird.

Es ist üblich, Zahlenwerte für die Dämpfung in folgenden zwei arithmetischen Zählungseinheiten anzugeben:

a) Ein *Neper* (Np) ist der natürliche Logarithmus eines (dimensionslosen) Verhältnisses zweier Größen, die für den Dämpfungsvorgang charakteristisch sind (z. B. Intensitätsverhältnis, Druckverhältnis). Eine Dämpfung von 3 Np bedeutet somit für die obige Schwingung, dass $\ln b_\mathrm{t}/b_\mathrm{t+T} = 3$ ist, bzw. dass die Amplitude $b_\mathrm{t+T} = e^{-3}$ der Amplitude b_t ist.

b) Ein *Bel* ist der dekadische Logarithmus des Verhältnisses: 1 Bel $= {}_{10}\log(b_\mathrm{t}/b_\mathrm{t+T})$. Wenn also eine Schwingungsamplitude auf den 10. Teil abgeklungen ist, ist das Verhältnis $\frac{1}{1/10} = 10$; ${}_{10}\log 10 = 1$. Die Dämpfung ist 1 Bel. Meist wird, da praktischer, das *Dezibel* $= 0.1$ Bel benutzt.

Selbststeuerung. Alle freien Schwingungen sind *gedämpft*. Soll ein System ungedämpfte Schwingungen ausführen, so ist dies nur dadurch zu erreichen, dass man dem System die in jeder Halbperiode durch Reibung verloren gegangene Schwingungsenergie ständig wieder zuführt. Dies ist mit der sogenannten *Selbststeuerung* möglich. Sie hat sehr große Bedeutung. Das erste Beispiel hat Chr. Huygens (1656) bei der Erfindung der Pendeluhr angegeben.

Das Prinzip einer solchen Selbststeuerung zeigt Abb. 5.31. Auf der Achse A des Uhrwerkes sitzt das Steigrad S, ein Zahnrad mit besonders geschnittenen Zähnen; seine Drehung erfolgt im Uhrzeigersinn. Mit dem um die Achse B drehbaren Pendel ist der Anker G starr verbunden. Dieser trägt an seinem Ende zwei Zähne C und E mit entsprechend geschnit-

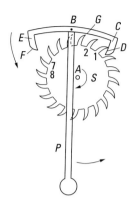

Abb. 5.31 Selbststeuerung eines Pendels zur Erzeugung ungedämpfter Schwingungen

tenen, schrägen Gleitflächen D und F. Bei der gezeichneten Pendelstellung kann sich das Steigrad nicht weiterdrehen, da Zahn 1 an C anliegt. Schwingt das Pendel nach rechts, so gleitet der Zahn 1 an C herunter, kommt schließlich auf die schräge Fläche D, so dass eine Drehung des Steigrades ermöglicht wird. Dabei übt der Zahn 1 des Steigrades eine Kraft gegen D aus und beschleunigt so das Pendel. Bevor der Zahn 1 schließlich frei wird, senkt sich auf der anderen Seite der linke Teil des Ankers vor dem Zahn 7 des Steigrades und hemmt dieses erneut in seiner Bewegung. Wenn dann das Pendel seine Bewegungsrichtung umkehrt, gleitet der Zahn 7 auf der Fläche F entlang und übt dabei eine Kraft auf das Pendel aus, die es jetzt in umgekehrter Richtung wie vorher durch die Ruhelage hindurch beschleunigt. Indem sich so das Zahnrad bei jedem Hin- und Hergang des Pendels um einen Zahn weiterdreht, erteilt es in gleichmäßiger Folge dem Pendel immer im richtigen Sinn neue Anstöße, so dass dieses ungedämpfte Schwingungen ausführt. Ähnliche Selbststeuerungen werden in der Akustik und in der Elektrizität mehrfach behandelt.

Es sei noch erwähnt, dass die Eigenfrequenz des Pendels nur dann durch die Selbststeuerung nicht wesentlich verändert wird, wenn der Dämpfungsfaktor klein im Vergleich zur Eigenfrequenz ist und wenn das Pendel genügend kinetische und potentielle Energie speichern kann. Beim Pendel ist dies immer der Fall, wenn die Masse des Pendels groß genug ist.

Erzwungene Schwingungen. Oftmals werden die Verluste nicht sofort nach jeder Halbschwingung wieder zugeführt. Man erhält dann eine gedämpfte Schwingung, deren Amplitude meist in regelmäßigen Zeitabständen, also durch stoßweise Energiezufuhr, wieder auf den Anfangswert gebracht wird. Ein bekanntes Beispiel für eine solche Stoßerregung ist der Glockenschlag. Noch während des Klingens, z. B. nach etwa 50 bis 100 Schwingungen, erhält die Glocke einen neuen Schlag. Diese Stoßanregung kann natürlich noch seltener, aber auch viel häufiger erfolgen. Beim Vibrafon kann ein geschickter Spieler einen Ton so oft in der Sekunde anschlagen, dass man bei Verwendung eines weichen Klöppels das Anschlagen kaum hört und man fast den Eindruck eines kontinuierlichen Tons hat. Auch ein guter Pianist kann die Saiten eines Flügels so schnell nacheinander anschlagen, dass man fast einen Dauerton hört. Die Kreissäge ist ein weiteres Beispiel. So gibt es eine kontinuierliche Folge von Schwingungen, die selten angestoßen werden, bis zu solchen, die nach jeder halben Schwingung angestoßen werden und dann keine stoßerregten Schwingungen mehr, sondern ungedämpfte Schwingungen darstellen. In allen

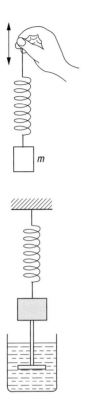

Abb. 5.32 Erzeugung erzwungener Schwingungen

Abb. 5.33 Aperiodische Bewegung durch starke Dämpfung

Fällen der Stoßanregung schwingt der schwingungsfähige Körper frei in seiner Eigenfrequenz. Es können nun aber auch Schwingungen angeregt werden, die eine von der Eigenfrequenz abweichende Frequenz haben. Diese *erzwungenen Schwingungen* werden in den folgenden Absätzen behandelt.

Wir wollen jetzt ein schwingungsfähiges System, z. B. einen an einer Schraubenfeder oder an einem Gummiband hängenden Körper der Masse m, von außen her in Schwingungen versetzen, indem wir das obere Ende der Feder in die Hand nehmen und mit einer bestimmten Frequenz v auf und ab bewegen (Abb. 5.32). Hält man die Hand ruhig, zieht man den Körper mit der anderen Hand nach unten und lässt wieder los, so führt der Körper gedämpfte *freie* Schwingungen aus in der durch die Stärke der Feder und die Größe der Masse m bedingten *Eigenfrequenz* v_0. (Lässt man den Körper im Wasser schwingen, nach Abb. 5.33, dann ist die Dämpfung so stark, dass die Bewegung nur wenige Schwingungen ausführt oder gar aperiodisch ist.) Vollführt man aber jetzt Auf- und Abwärtsbewegungen der Hand mit einer Frequenz v, die der Eigenfrequenz v_0 entspricht, so beobachtet man ein schnelles Anwachsen der Schwingungsamplitude. Dies erfolgt allerdings nur dann, wenn man die Hand immer im richtigen Zeitpunkt, also in der richtigen Phase, senkt. Dies ist der Fall, wenn der schwingende Körper sich gerade im oberen Umkehrpunkt befindet. Dann überträgt die zusätzliche Spannung der Feder ihre Energie vollständig auf den Körper. Man führt auf diese Weise mehr Energie zu als durch Reibung verloren geht. Dieses einfache Experiment, das man selbst erleben muss, zeigt deutlich den großen Einfluss der Erregerfrequenz v und der Phasenlage. Weicht die erregende Frequenz v von der

Abb. 5.34   Drehpendel nach R. W. Pohl

Eigenfrequenz ν_0 des schwingenden Systems ab oder ist die Phase nicht richtig, dann ist die Amplitude der Schwingung sehr viel kleiner.

Wenn ein schwingungsfähiges System derart von außen zu Schwingungen erregt wird, spricht man von *erzwungenen Schwingungen*. Ist die Frequenz ν des *Erregers* gleich der Frequenz ν_0 des *Resonators* und liegt die *Phase des Erregers 90° vor der Phase des Resonators*, tritt *Resonanz* ein. Die Amplitude des Resonators erreicht ein Maximum. Je größer die Dämpfung ist, desto kleiner ist das Maximum der Amplitude.

Obgleich man mit dem einfachen Versuch die erzwungenen Schwingungen gut beobachten kann, braucht man für quantitative Messungen eine Apparatur, die die erforderlichen Größen abzulesen gestattet. Als Beispiel zeigt Abb. 5.34 ein Drehpendel von R. W. Pohl (1884 – 1976). Auf einer horizontalen Achse sitzt ein kupfernes Rad, das mit dem inneren Ende einer Schneckenfeder verbunden ist. Das äußere Ende der Schneckenfeder kann durch eine Stange, die exzentrisch an der Achse eines Motors befestigt ist, hin und her bewegt werden. Dadurch wird das schwingungsfähige System, nämlich die Schneckenfeder und das kupferne Rad mit dem Trägheitsmoment J, zu erzwungenen Schwingungen angeregt. Frequenz und Amplitude der Anregung können leicht gemessen werden. Das kupferne Rad trägt einen Zeiger, der auf eine kreisförmige Skala und auf das Ende der Schneckenfeder weist. Die Schwingungen des Rades können durch eine elektrische Wirbelstrombremse messbar gedämpft werden, indem der Strom eines Elektromagneten verschieden stark eingestellt wird. Das kupferne Rad schwingt durch einen Luftspalt des Magneten und wird durch Wirbelströme im Kupfer umso stärker gebremst, je stärker der Strom im Elektromagneten ist. – Vor einem Versuch müssen die für jedes schwingungsfähige System charakteristischen Eigenwerte bestimmt werden. Es sind dies die Eigenfrequenz ν_0 und das Verhältnis zweier aufeinanderfolgender Amplituden, dessen natürlicher Logarithmus ja das logarithmische Dekrement Λ ist. Beim Versuch stellt man eine bestimmte Erregerfrequenz ein und wartet so lange, bis das Rad eine maximale Amplitude erreicht hat, die dann abgelesen wird.

Resonanz. Trägt man die Amplitude des Resonators als Funktion der Anregungsfrequenz auf, so erhält man die in Abb. 5.35 dargestellte *Resonanzkurve*. Die Form dieser Kurve wird dabei wesentlich durch die Dämpfung des Resonators bestimmt: Je kleiner die Dämpfung

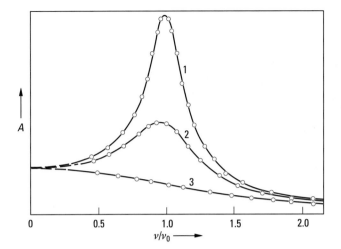

Abb. 5.35   Resonanzkurven bei verschiedener Dämpfung

ist, umso spitzer ist die Resonanzkurve, d. h. umso schärfer ist die Resonanzfrequenz $\nu = \nu_0$ bestimmt, bei der die Amplitude des Resonators ein Maximum wird.

In Abb. 5.35 beziehen sich die drei Kurven 1, 2 und 3 auf eine kleine, eine mittlere und eine große Dämpfung des Resonators. Bei Aufnahme der Kurve 1 war die Wirbelstrombremse, also der Elektromagnet, ganz ausgeschaltet. Die Dämpfung wurde also im Wesentlichen durch die Lagerreibung verursacht.

Die Phasendifferenz zwischen Erreger (hier Schubstange) und Resonator (hier Schneckenfeder und Kupferrad) ist in Abb. 5.36 aufgetragen. Man kann sie ungefähr mit dem Auge beobachten. Für genauere Bestimmungen macht man zweckmäßig fotografische Blitzaufnahmen. Man sieht deutlich, dass im Resonanzfall der Erreger dem Resonator immer um 90° vorauseilt.

Wirkt an einem schwingungsfähigen, gedämpften System (schwingende Masse m, Eigenfrequenz ν_0, Abklingkonstante δ) eine periodische Kraft $F_0 \sin \omega t$ und ist φ die Phasendifferenz zwischen erregender und erzwungener Schwingung, so liefert die Theorie für die Amplitude des schwingenden Systems den Ausdruck:

$$x = \frac{F_0 \sin(\omega t - \varphi)}{m\sqrt{(\omega_0^2 - \omega^2)^2 + 4\delta^2\omega^2}} \; ; \quad \tan\varphi = \frac{2\delta\omega}{\omega_0^2 - \omega^2}. \tag{5.27}$$

Im Fall der Resonanz, d. h. für $\omega = \omega_0$, wird

$$x = \frac{F_0}{2m\delta\omega_0} \sin\left(\omega_0 t - \frac{\pi}{2}\right); \quad \tan\varphi = \infty, \quad \varphi = \frac{\pi}{2}. \tag{5.28}$$

Unter sonst gleichen Bedingungen wird die Amplitude der Resonanzschwingung umso größer, je kleiner die Dämpfung δ des Resonators ist. Man erkennt in Gl. (5.27) übrigens deutlich, dass die erzwungene Schwingung erstens ungedämpft ist und zweitens mit der Frequenz ν (bzw. der Kreisfrequenz ω) des Erregers vor sich geht. *Im Fall der Resonanz ist die Energiezufuhr vom Erreger auf den Resonator maximal.*

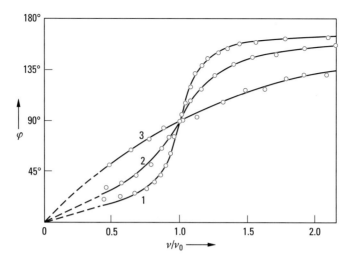

Abb. 5.36 Abhängigkeit der Phasenverschiebung zwischen Resonator und Erreger von der Verstimmung bei verschiedener Dämpfung

Man benutzt die Erscheinung der Resonanz einmal, wie schon erwähnt, um bestimmte Frequenzen auszusieben. Ferner wird sie benutzt, um bestimmte Frequenzen zu verstärken. Der römische Baumeister Vitruvius beschreibt schon Tongefäße, die in alten Theatern auf den Bühnen zur Verstärkung bestimmter Töne aufgestellt wurden. Die Luft in diesen Hohlräumen wird durch die ankommenden Schallwellen zu erzwungenen Schwingungen angeregt. Für einen bestimmten Ton gibt es Resonanz. Diese Resonatoren werden auch heute noch (oder wieder) in Theatern und Konzertsälen verwendet (z. B. in der Berliner Philharmonie). Es sind aber keine Tongefäße mehr, sondern kasten- oder pyramidenförmige Hohlraumresonatoren, die in großer Zahl unauffällig an den Wänden oder an den Decken der Säle angebracht sind.

Es gibt auch einige Musikinstrumente, bei denen eine Verstärkung des Tons durch Resonanz erreicht wird: Die Töne des Vibrafons werden durch das Anschlagen klingender Metallscheiben erzeugt. Unter den Metallscheiben hängen Metallröhren. Die in diesen Röhren befindlichen Luftsäulen werden zu Resonanzschwingungen angeregt. Die Länge der Luftsäulen bestimmt die Eigenfrequenz. Gleichzeitig übertragen die Luftsäulen ihre Schwingungsenergie gut nach außen.

Wenn auch die Resonanz in der Akustik eine sehr große Rolle spielt, wird oft fälschlicherweise manche Lautverstärkung auf Resonanz zurückgeführt. Wenn z. B. eine schwingende Stimmgabel auf eine Tischplatte gesetzt wird, dann hört man den leisen Ton der Stimmgabel sofort laut. Dies hat mit Resonanz nichts zu tun. Die Schwingungen der Stimmgabel werden auf die Tischplatte übertragen. Es wäre aber ein großer Zufall, wenn jede Tischplatte, jede Tür, überhaupt jede größere Fläche die Eigenfrequenz dieser Stimmgabel hätte. Die Schwingungen einer anderen Stimmgabel von ganz anderer Frequenz werden auf der gleichen Tischplatte auch laut. Es kann also keine Verstärkung durch Resonanz sein. Vielmehr können die Schwingungen einer Stimmgabel nur sehr schlecht an die Luft übertragen werden. Deshalb und wegen des Ausgleichs der gegenläufigen Bewegung der beiden Zinken ist die Stimmgabel so leise. Setzt man die Stimmgabel auf den Tisch, so fallen beide Nachteile fort. Die große Fläche der Tischplatte kann wie auch jede andere Fläche die Schwingungen gut abstrahlen. Diese Schallabstrahlung ist in der Akustik ebenso wichtig wie die Resonanz.

Rückkopplung. Oft wird die (durch Resonanz) verstärkte Schwingungsenergie teilweise zum Erreger zurückgegeben. Diese *Rückkopplung* spielt in der Akustik und in der Elektrizität eine bedeutsame Rolle. Bei der Flöte und bei der Orgelpfeife wirkt die abgestimmte, in Resonanz schwingende Luftsäule zurück auf die Entstehung der Schwingungen. Man merkt dies am Einschwingvorgang, d. h. am allmählichen Anwachsen der Schwingung. – In der Hochfrequenztechnik wird die Resonanz von Schwingkreisen benutzt, um ganz bestimmte Frequenzen zu erzeugen und zu verstärken. Auch hier wird oft die verstärkte Schwingung durch Rückkopplung teilweise an den Eingang zurückgegeben, wodurch ungedämpfte Schwingungen erzeugt werden.

Ein mechanisches Analogon einer solchen Verstärkung und Rückkopplung zeigt Abb. 5.37. Aus einer Düse tritt ein dünner Wasserstrahl derart heraus, dass die Strömung auf einer größeren Strecke (20 cm) in Luft noch laminar ist. Die einzelnen Wasserfäden werden erst am Ende der Strecke zerteilt und durcheinander gewirbelt, nämlich dort, wo die Strömung nicht mehr laminar, sondern turbulent ist. Man kann diese beiden Arten der Strömung an jedem Wasserhahn beobachten, indem man ihn weit öffnet (turbulente Strömung) oder wenig öffnet, so dass ein zusammenhängender Wasserfaden austritt (laminare Strömung). Wesentlich ist die Stelle, an der der Wasserstrahl gerade noch nicht turbulent ist. Bringt man an diese Stelle einen Gong oder die Membran eines Tamburins, so hört man fast nichts, da der Wasserstrahl noch laminar und völlig geräuschlos ist. Man hört aber den Gong oder die Membran ertönen, sobald statt des laminaren Wasserstrahls der turbulente dagegen prasselt, d. h. einzelne Tropfen auf die Membran auftreffen. Durch kleine Erschütterungen wird der Wasserstrahl früher turbulent. Dies kann dadurch geschehen, dass man mit dem Finger gegen die Düse klopft, oder dass man auch eine Uhr daran hält. Man hört dann den Gong im Rhythmus des Uhrtickens tönen. Man kann sogar eine Stimmgabel an die Düse halten und hört verstärkt die Schwingungen wieder. Verbindet man nun Düse und Gong, indem man z. B. ein Lineal darauf legt, dann wird ein Teil der verstärkten Schwingungen zur Düse zurückgeführt. Durch diese Rückkopplung wird die Düse ständig in Schwingungen versetzt. Das Ganze fängt an zu tönen, ebenso wie wenn ein Mikrophon in der Nähe eines Lautsprechers steht, wodurch akustische Rückkopplung entsteht. Irgendein kleines Geräusch wird aufgenommen, verstärkt und ein Teil davon wieder dem Mikrophon oder der Wasserdüse zugeführt, usw. So schaukelt sich die Schwingung auf.

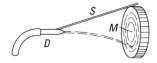

Abb. 5.37   Durch einen Wasserstrahl zu ungedämpften Schwingungen angeregte Membran

Parametrische Verstärkung. Unter dieser Bezeichnung wird eine besondere Art von Verstärkung verstanden, die heute in der Elektrotechnik eine große Bedeutung besitzt. Verstärkung einer Schwingung bedeutet ja, dass dem schwingungsfähigen System (Pendel, Schwingkreis usw.) mehr Energie zugeführt wird als zur Aufrechterhaltung der Schwin-

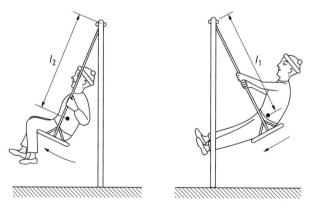

Abb. 5.38   Kinderschaukel: Vergrößerung der Amplitude durch Änderung der Pendellänge; parametrische Verstärkung

gung notwendig ist. Denn dann schaukelt sich die Schwingung von kleinen zu großen Amplituden auf. Das Prinzip der parametrischen Verstärkung gilt für jedes schwingungsfähige Gebilde. Es ist daher nicht verwunderlich, dass es schon relativ früh auf dem Gebiet der Mechanik erkannt wurde. Die ersten Hinweise findet man bei M. Faraday (1830) und bei dem Marburger Professor Melde (1860).

Man versteht es leicht am Beispiel der Kinderschaukel (Abb. 5.38). Die Schaukel ist ein Pendel. Ein Kind vergrößert die Amplitude, verstärkt also die Schwingung ganz allein, indem es die Pendellänge l ändert. Das kann durch Wechsel von geradem Sitzen und Liegen geschehen, sehr viel stärker aber noch durch Wechsel von Stand und tiefer Kniebeuge. Im tiefsten Punkt hat das Pendel stets die größte kinetische Energie und die potentielle Energie ist null, während es in den oberen beiden Wendepunkten umgekehrt ist. Bei Beginn der Abwärtsbewegung macht das Kind die Pendellänge groß: Es legt sich flach oder geht vom Stand in die Kniebeuge. Damit wird potentielle Energie des Kindes an die Schaukel abgegeben. Die Schaukel erhält ein größeres Trägheitsmoment und hat beim Durchgang durch den tiefsten Punkt eine größere kinetische Energie. In diesem Augenblick erhebt sich das Kind und erhöht dabei seine potentielle Energie durch Muskelkraft, ohne dass der Schaukel kinetische Energie entzogen wird. Dadurch wird die Winkelgeschwindigkeit größer und die Schaukel erreicht eine größere Höhe. Das Spiel wiederholt sich; während einer Schwingungsperiode wird zweimal Energie zugeführt. Es wird periodisch ein Parameter des schwingungsfähigen Gebildes verändert, in diesem Fall die Länge der Schaukel. Daher der Name *parametrische Verstärkung*.

In der Elektrotechnik wurde die parametrische Verstärkung schon 1890 von Rayleigh (1842–1919) gedanklich vorgeschlagen. Ein elektrischer Schwingkreis besteht aus Kapazität (Kondensator) und Induktivität (Spule). Die Energie pendelt zwischen beiden hin und her. Die Spannung am Kondensator entspricht der potentiellen Energie und der Strom in der Spule der kinetischen Energie der Schaukel. Der Kondensator sei so beschaffen, dass seine Kapazität geändert werden kann, etwa durch Veränderung des Plattenabstandes. Zieht man die Platten in dem Zeitpunkt auseinander, in dem Spannung am Kondensator liegt, muss Arbeit gegen die Feldkräfte verrichtet werden, die dem Schwingkreis zugute kommt. Ist die Spannung am Kondensator null, so werden die Platten wieder näher zusammengebracht. Dies geht ohne Energieaustausch vor sich, da ja in diesem Augenblick keine

Kräfte wirken. Durch Verändern eines Parameters des Schwingkreises kann man also eine Verstärkung erzielen. Bei hohen Frequenzen kann man natürlich nicht den Abstand der Kondensatorplatten mechanisch verändern. Deshalb wählt man solche Kondensatoren, bei denen die Kapazität spannungsabhängig ist. Solche Kapazitätsdioden können aus Halbleitern hergestellt werden. Man erhält Kapazitätsänderungen von 1 : 10, d. h. von 0.2 bis 2 pF.

Resonanzerscheinungen. Die Resonanz spielt in der Physik und Technik eine außerordentlich große Rolle. Es ist sehr schwer, große Maschinen ideal auszuwuchten, so dass also die Massenverteilung vollkommen rotationssymmetrisch ist. Kommt dann die Drehfrequenz der Maschine mit der Eigenfrequenz des Fundamentes oder benachbarter Gebäudeteile in Resonanz, so vollführen diese Teile Resonanzschwingungen, die unter Umständen zu einem Bruch der betreffenden Teile infolge zu großer mechanischer Beanspruchung führen können. Man kann dies z. B. mit einem Elektromotor zeigen, an dessen Achse man ein kleines Stück Blei exzentrisch anbringt. Steigert man die Drehfrequenz des auf dem Tisch stehenden Motors von null an aufwärts, so findet bei bestimmter Drehfrequenz ein Mitschwingen der Tischplatte oder des ganzen Tisches statt. – Das Überschreiten von Brücken durch marschierende Kolonnen im Marschtritt ist verboten, weil dadurch eine Eigenschwingung der Brücke angeregt werden und die Brücke unter Umständen Beschädigungen erleiden kann.

In Fahrzeugen mit einem Motor, z. B. in einem Auto, beobachtet man, dass bestimmte schwingungsfähige Teile, z. B. Bremshebel, Schalthebel, Fensterscheiben, Türen usw., bei einer bestimmten Drehfrequenz des Motors in starke, oft störende Schwingungen geraten.

Die Resonanzschwingungen von Blattfedern lassen sich mit der in Abb. 5.39 gezeichneten Anordnung zeigen. Auf einer Holzleiste sind drei verschieden lange, an den Enden mit kleinen Kugeln beschwerte Stahlfedern angebracht. Sie stellen drei Resonatoren mit verschiedenen Eigenfrequenzen dar. Versetzt man die Leiste um ihre Längsachse in Schwingungen, indem man die Enden der Querleiste abwechselnd niederdrückt, und steigert man die Frequenz dieser Schwingungen, so kommen die einzelnen Stahlfedern nacheinander in kräftige Resonanzschwingungen. Kennt man die Eigenfrequenz der einzelnen Federn, so kann man aus dem Auftreten ihrer Resonanzschwingungen auf die Frequenz der erregenden Schwingung zurückschließen. Auf diesem Prinzip beruht der *Zungenfrequenzmesser*; er besteht aus einer größeren Anzahl dicht nebeneinander angebrachter Blattfedern, deren Eigenfrequenzen durch entsprechende Längen oder Beschwerung so abgeglichen sind, dass in fortlaufender Reihenfolge ihre Eigenfrequenz zunimmt. Verbindet man ein solches Blattfedernsystem mit dem Gehäuse eines Motors, so wird durch periodische Erschütterungen des Gehäuses des Motors nur diejenige Feder zu Resonanzschwingungen angeregt, deren Eigenfrequenz mit der Anregungsfrequenz übereinstimmt. Man kann so an dem Frequenzmesser die Drehfrequenz des Motors ablesen (*Vibrationstachometer*).

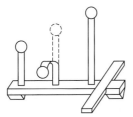

Abb. 5.39 Anordnung zur Vorführung von Resonanzschwingungen

Abb. 5.40   Frequenzmesser (aufgeschnitten)

Regt man die Federschwingungen mit einem Elektromagnet an, durch den man einen Wechselstrom bestimmter Frequenz schickt, so zeigt die zur Resonanz angeregte Feder die Frequenz des Wechselstromes an (*elektrischer Frequenzmesser*). Ist die Kurvenform des Wechselstroms nicht sinusförmig, sondern besteht der Wechselstrom aus einer Überlagerung mehrerer harmonischer Wechselströme verschiedener Frequenz, so werden die entsprechenden Blattfedern des Frequenzmessers zu Schwingungen angeregt und ergeben die Möglichkeit, die Frequenzkurve des Wechselstromes zu analysieren. Man kann dies anschaulich in folgender Weise zeigen: Erregt man den Frequenzmesser mit technischem Wechselstrom der Frequenz 50 Hz und unterbricht den Strom mit einer Taste regelmäßig etwa zweimal in der Sekunde, so ähnelt die Schwingungskurve des durch den Frequenzmesser fließenden Stromes der Schwingungskurve von Abb. 5.19. Die Schwebungsdauer T_r ist gleich 1/2 s und die Schwebungsfrequenz $\nu_r = 1/T_r = 2\,Hz$. Das bedeutet aber, dass sich die Schwingungen des unterbrochenen Wechselstromes im Wesentlichen aus den beiden Frequenzen 49 Hz und 51 Hz zusammensetzen. In der Tat werden beim Versuch auch nur diese beiden Schwingungen vom Frequenzmesser angezeigt. Abb. 5.40 zeigt die Ausführung eines elektrischen Frequenzmessers.

Oft ist es wichtig, Schwingungen an Maschinen, Fahrzeugen und Bauwerken schnell und einfach zu messen zur Vermeidung von Überlastung, Störung und Lärm. Ein für diese Messaufgaben entwickeltes Gerät ist der *Tastschwingungsschreiber*. Er arbeitet folgendermaßen: Das Gerät einschließlich einer Schreibvorrichtung mit Uhrwerk besitzt eine Masse von etwa 1 kg. Man nimmt es fest in die Hand und drückt einen Taststift, der aus dem Gerät herausragt, fest gegen die schwingende Maschine. Zwischen Gerät und Taststift befindet sich eine Feder. Der Taststift folgt also den Schwingungen der Maschine, während das Gerät in Ruhe bleibt. Der Taststift ist mit einem leichten Schreibhebel verbunden, dessen vergrößerte Bewegungen auf laufendem Papier aufgezeichnet werden. Amplitude und Frequenz können auf diese Weise leicht gemessen werden.

Gekoppelte Pendel. Ein besonderer Fall liegt vor, wenn das anzuregende System von einem zweiten Schwingungssystem zu erzwungenen Schwingungen angeregt wird, das die gleiche Eigenfrequenz besitzt. Dies ist z. B. bei zwei gleichen Pendeln der Fall, die

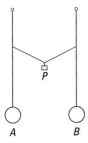

Abb. 5.41 Gekoppelte Pendel

entsprechend Abb. 5.41 durch einen Faden verbunden sind, der in seiner Mitte durch ein kleines Gewicht *P* belastet ist: *gekoppelte Pendel*. Lässt man das Pendel *A* in der Papierebene oder senkrecht dazu schwingen, so regt es das Pendel *B* zu Schwingungen an; dabei beobachtet man, dass sich nach einer gewissen Zeit die gesamte Schwingungsenergie von *A* auf *B* übertragen hat. Das Pendel *A* kommt zur Ruhe, wenn das Pendel *B* seine größte Schwingungsamplitude erreicht. Dann wiederholt sich derselbe Vorgang im umgekehrten Sinn: Das Pendel *B* stößt das Pendel *A* zu erneuten Schwingungen an und überträgt jetzt seine Energie auf *A*. Die Übertragung der Schwingungen erfolgt dadurch, dass das schwingende Pendel das Kopplungsgewicht etwas anhebt, wodurch dieses auf das andere Pendel einen Zug ausübt. Die Kopplung wird umso fester, je größer das Kopplungsgewicht ist; je fester die Kopplung ist, desto rascher erfolgt die Übertragung der Schwingungsenergie von einem System auf das andere.

In Abb. 5.42 ist die soeben beschriebene Schwingungsbewegung für beide Pendel in Abhängigkeit von der Zeit dargestellt. Man erkennt, dass jede dieser beiden Schwingungen eine Schwebungskurve darstellt. Das bedeutet aber, dass das ganze System zwei verschiedene Eigenschwingungen haben muss, die durch Überlagerung zu der beobachteten Schwebung führen. Diese beiden Eigenschwingungen lassen sich auch einzeln leicht verwirklichen. Lässt man nämlich beide Pendel im Gleichtakt schwingen, so spielt die Kopplung zwischen ihnen praktisch keine Rolle, da die Entfernung beider Pendel in jedem Augenblick die gleiche ist. Die dabei auftretende Frequenz entspricht der einen Eigenschwingung. Die zweite erhalten wir, wenn beide Pendel gegeneinander schwingen; dann tritt für jedes Pendel zu der rücktreibenden Kraft der Schwere noch die durch das Kopp-

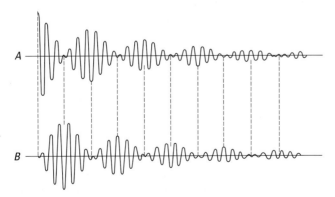

Abb. 5.42 Kopplungsschwingungen

lungsgewicht bedingte Zusatzkraft hinzu. Die Schwingungen erfolgen dadurch rascher als im ersten Fall. (Mit fester werdender Kopplung vergrößert sich der Unterschied zwischen den beiden Eigenfrequenzen und damit auch die Schwebungsfrequenz der Kopplungsschwingung.) Denkt man sich die beiden Pendel statt durch ein Gewicht durch eine Feder (Federkonstante k) gekoppelt, die an den Kugeln der Pendel angreift, so lässt sich im Fall kleiner Ausschläge die zweite Eigenfrequenz ω_2 leicht bestimmen. Die Entfernung jeder Pendelmasse m aus der Ruhelage sei x. Da in diesem Sonderfall die Pendel entgegengesetzt schwingen, beträgt die Auslenkung der Feder $2x$. Ist g die Erdbeschleunigung, so gilt für die rücktreibende Kraft:

$$ F = -\frac{mg}{l} \cdot x - 2kx = -\left(\frac{mg}{l} + 2k\right)x. $$

Die Eigenfrequenz ω_2 ist also die gleiche wie die eines einfachen Feder-Masse-Systems mit der Federkonstanten

$$ k' = \frac{mg}{l} + 2k. $$

Es gilt also:

$$ \omega_2 = \sqrt{\frac{k'}{m}} = \sqrt{\frac{g}{l} + \frac{2k}{m}} $$

zum Unterschied von der ersten Eigenfrequenz $\omega_1 = \sqrt{g/l}$.

Nun zurück zum Fall der Schwebung. Wenn das Pendel B in Resonanz mit dem anstoßenden Pendel A ist, hat es hinsichtlich seiner Bewegung eine Phasenverzögerung von $\frac{1}{2}\pi$ gegenüber den Bewegungen des Pendels A. Infolgedessen beginnt das Pendel A, nachdem es zum Stillstand gekommen ist, seine neuen, von B angeregten Schwingungen mit einem Phasensprung von π. Man kann dies sehr bequem beobachten, wenn man mit dem Pendel A den Zeiger eines entsprechend eingestellten Metronoms im Gleichtakt schwingen lässt. Wenn dann das Pendel A nach seinem Stillstand von neuem zu schwingen anfängt, hat es gegenüber dem Metronom eine Phasenverschiebung von π; nach seinem zweiten Stillstand ist es dann schließlich wieder in Phase mit dem Metronom usw. Dasselbe gilt natürlich auch für das Pendel B. In dem Fall von zwei gekoppelten Pendeln handelt es sich um ein System von zwei Freiheitsgraden; aber es gilt auch allgemein für ein System von n Freiheitsgraden, dass es n Eigenschwingungen hat.

Kopplungserscheinungen spielen in dem Gesamtgebiet der Physik eine große Rolle. Sie treten überall auf, wo zwei schwingungsfähige Systeme sich in irgendeiner Weise beeinflussen können. Beispiele: Hängt man, wie Abb. 5.43 zeigt, an das untere Ende einer Schraubenfeder eine Querstange, die zwei auf ihr verschiebbare Gewichte trägt, so kann auch dieses System zwei Schwingungen ausführen: eine elastische Längsschwingung, bei der die Feder gedehnt wird, und eine Torsionsschwingung, bei der die Feder eine Torsion erfährt. Die Eigenfrequenz der Längsschwingung ist durch die Masse des angehängten Körpers und die Federkonstante der Feder bestimmt, während die Torsionsschwingung durch das Trägheitsmoment des angehängten Körpers und das Richtmoment der Feder festgelegt wird. Da man das Trägheitsmoment durch Verschieben der Massen auf der Querstange verändern kann, ohne die Größe der Massen selbst zu verändern, kann man beide Eigenschwingungen aufeinander abstimmen. Versetzt man das System in Längsschwingungen, so regen diese die Torsionsschwingungen an, da bei der Dehnung die

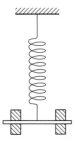

Abb. 5.43 Anordnung zur Vorführung miteinander gekoppelter Längs- und Torsionsschwingungen

Feder etwas tordiert wird; nach kurzer Zeit führt das System nur noch Torsionsschwingungen aus, während die Längsschwingungen abgeklungen sind. Dann wiederholt sich der Vorgang im umgekehrten Sinn, indem die Torsionsschwingungen die Längsschwingungen anregen, da bei der Torsion der Feder ihre Länge stets etwas geändert wird. Wir haben also auch hier das Bild einer Schwebung, bei der jetzt zwei verschiedene Schwingungsarten miteinander abwechseln.

Hängt man eine mechanische Taschenuhr mit ihrer Öse an einem Nagel auf, so kann sie wie ein gewöhnliches Pendel Schwingungen um den Nagel als Achse ausführen; diese Schwingungen können durch die Drehschwingungen der in der Uhr befindlichen Unruh zu beträchtlichen Amplituden angeregt werden, wenn zufällig die Frequenzen der beiden Schwingungen übereinstimmen. Die pendelnde Uhr wirkt dann selbst wieder auf die Schwingungen der Unruh zurück, so dass der Gang der Uhr dadurch erheblich gestört wird. Es ist deshalb unzweckmäßig, eine mechanische Taschenuhr mit Unruh so aufzuhängen, dass sie Pendelschwingungen ausführen kann.

Schlingertank. Eine Anwendung finden die Kopplungsschwingungen beim *Frahm'schen Schlingertank*. Durch die Wasserwellen wird ein Schiff zu Schwingungen um seine Längsachse (Rollen) und um seine Querachse (Stampfen) angeregt. Dabei können die Schiffsschwingungen recht beträchtliche Amplituden annehmen, wenn die Periode der Wasserwellen mit der Eigenschwingungsdauer des Schiffskörpers übereinstimmt oder in deren Nähe kommt. Da es sich hierbei um erzwungene Schwingungen handelt, ist die Schiffsbewegung um $\frac{1}{2}\pi$ gegen die Bewegung der Wellen verzögert. Um nun die Schwingungen des Schiffes um seine Längsachse zu dämpfen, baut man in das Schiff einen Wassertank ein, der aus zwei an den Seiten des Schiffes angebrachten Wasserbehältern I und II (Abb. 5.44) besteht, die durch eine Rohrleitung R miteinander verbunden sind. Das in dem Tank befindliche Wasser kann ähnlich wie das in einem U-Rohr befindliche Wasser Schwingungen ausführen. Man bemisst nun die Wassermenge so, dass ihre Eigenfrequenz mit der Frequenz der Schiffsschwingungen um die Längsachse übereinstimmt. Schiff und Tankwasser stellen dann zwei miteinander gekoppelte Schwingungssysteme gleicher Frequenz

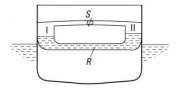

Abb. 5.44 Frahm'scher Schlingertank als Schiffsstabilisator

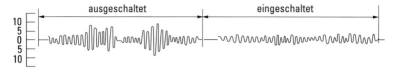

Abb. 5.45   Wirkung des Schlingertanks

dar. Gerät das Schiff in Schwingungen, so stößt es das Wasser im Tank zu erzwungenen Schwingungen an, die gegen die Schiffsschwingungen um $\frac{1}{2}\pi$ in der Phase verschoben sind. Da andererseits die Schiffsbewegungen gegen die Bewegungen der Meereswellen ebenfalls um $\frac{1}{2}\pi$ in der Phase verzögert sind, schwingt das Tankwasser mit einer Phasenverschiebung von π gegen die Meereswellen und wirkt dabei den Stößen dieser Wellen gerade entgegen. Dadurch wird das Schiff vor zu starkem Rollen geschützt.

Abb. 5.45 zeigt die Schlingerbewegung eines Schiffes ohne und mit Tankeinrichtung. Durch ein Ventil S kann der Luftausgleich zwischen den beiden Tankbehältern reguliert und damit die Bewegung der Wassermenge im Tank an den jeweils herrschenden Seegang angeglichen werden.

Neuerdings werden zur Dämpfung von Schlingerbewegungen bei Schiffen auch Flossenstabilisatoren verwendet. Aus dem unter der Wasseroberfläche liegenden Schiffskörper können seitlich kleine Tragflügel ausgefahren werden. Durch eine elektronische Steuerung werden die Anstellwinkel während der Fahrt geändert und so aufrichtende hydrodynamische Kräfte erzeugt.

Die bei Flossenstabilisatoren auftretende unvermeidliche Bremsung der Fahrt wird bei dem Schlingertank und auch bei den folgenden Stabilisierungsarten vermieden:

a) Ein elektronisch gesteuerter, motorgetriebener schwerer Wagen läuft auf Schienen senkrecht zur Fahrtrichtung über die ganze Schiffsbreite. Dies Verfahren ist nur dann wirksam, wenn das Gewicht des Wagens die Auftriebskräfte, die das Schlingern verursachen, ausgleichen kann.

b) Mehrere große Kreisel stabilisieren die Lage des Schiffes. Hierbei werden allerdings die Lager der Kreisel außerordentlich stark beansprucht.

6 Arbeit und Energie

Die Begriffe Kraft, Arbeit, Energie und Leistung werden auch im täglichen Leben viel verwendet. Die Bedeutung ist aber jeweils uneinheitlich und nicht immer klar. Man denke z. B. an Kraftwerke, Energieversorgung, Leistungssport, geistige Arbeit usw. In der Physik ist die genaue und klare Definition dieser Begriffe unbedingt notwendig. Die Kraft wurde bereits in Kap. 3 behandelt. Hier werden wir zwischen konservativen und dissipativen Kräften unterscheiden. Diese Unterscheidung ist die Grundlage für die Definition der Energie in der Mechanik. Um konservative und dissipative Kräfte zu definieren, brauchen wir zunächst den Begriff der Arbeit und, damit verbunden, den Begriff der Leistung.

6.1 Arbeit

Arbeit an Massenpunkten. Wir betrachten zunächst einen Körper, der als Massenpunkt gedacht werden kann. Unter der Einwirkung einer äußeren Kraft kann der Massenpunkt im Raum verschoben oder beschleunigt werden. In beiden Fällen wird im Sinn der Physik eine Arbeit verrichtet; denn in der Physik ist die Arbeit definiert als das Produkt aus der auf einen Massenpunkt einwirkenden Kraft und dem dabei von dem Massenpunkt zurückgelegten Weg:

$$\text{Arbeit} = \text{Kraft} \cdot \text{Weg}: \quad A = F \cdot s. \tag{6.1}$$

Ohne Kraft F gibt es ebenso wenig eine Arbeit wie ohne Verschiebung s eines Körpers. Wenn z. B. eine Kraft durch eine Gegenkraft aufgehoben wird und keine Bewegung eintritt, dann ist der Weg null und damit wird keine Arbeit verrichtet. Dies ist auch sofort verständlich, wenn man daran denkt, dass ja alle Gegenstände, Häuser usw. durch ihr Gewicht ständig eine Kraft auf den Erdboden ausüben. Deshalb verrichten sie aber noch keine Arbeit.

Die Dimension der Arbeit ist: $\dim A = ML^2T^{-2}$. Die SI-Einheit der Arbeit ist das Joule:

$$1 \text{ Joule} = 1 \text{ Newton} \cdot \text{Meter}: \quad 1\,\text{J} = 1\,\text{N} \cdot \text{m} = 1\,\text{kg}\,\text{m}^2\,\text{s}^{-2}. \tag{6.2}$$

Es sind aber auch andere Einheiten in Gebrauch:

Wattsekunde	$1\,\text{W} \cdot \text{s} = 1\,\text{J}$
Kilowattstunde	$1\,\text{kW}\,\text{h} = 3.6 \cdot 10^6\,\text{J}$
cgs-Einheit der Arbeit	$1\,\text{erg} \; = 1\,\text{g}\,\text{cm}^2\,\text{s}^{-2} = 10^{-7}\,\text{J}$
Elektronenvolt	$1\,\text{eV} \; = 1.6 \cdot 10^{-19}\,\text{J}$

Bislang wurde angenommen, dass der Massenpunkt in Richtung der Kraft verschoben wird. Es kommt aber häufig vor, dass die Kraft in eine Richtung wirkt, in die der Massen-

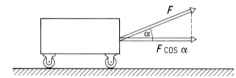

Abb. 6.1   Kraftkomponente in Richtung der Bewegung

punkt nicht bewegt werden kann. Zieht man z. B. (Abb. 6.1) mit einem Strick schräg an einem Wagen, so bilden Kraftrichtung und Bewegungsrichtung einen Winkel α miteinander. In diesem allgemeinen Fall definiert man die Arbeit als das Produkt aus *Kraft mal Weg in Richtung der Kraft* oder *Kraft in Richtung des Weges mal Weg*.

Gl. (6.1) ist also hier zu ersetzen durch:

$$A = Fs \cos \alpha. \tag{6.3}$$

Die Arbeit ist also ein Maximum, wenn $\alpha = 0$, d. h. wenn F und s gleichgerichtet sind. Für $\alpha = 90°$ wird die Arbeit null; z. B. verrichtet die Schwerkraft keine Arbeit, wenn sich ein Körper auf einem horizontalen glatten Tisch bewegt. Die Arbeit einer Kraft kann auch negativ werden, wenn nämlich der Winkel $\alpha > 90°$ ist. Diese Ausführungen zeigen, dass die Arbeit mathematisch einfach das Skalarprodukt der beiden Vektoren Kraft F und Verschiebung s ist (s. Abschn. 2.1):

$$A = (F \cdot s).$$

Als Beispiel nehmen wir einen Körper, der gegen die Schwerkraft auf eine Höhe h gehoben wird. In diesem Fall wird eine aufwärts gerichtete Kraft $F_1 = -mg$ benötigt, um den Körper unbeschleunigt nach oben zu bewegen. Die verrichtete *Hubarbeit* ist dann $A = mgh$.

Betrachten wir andererseits die Hubarbeit, die man aufbringen muss, um auf einer schiefen Ebene eine Last vom Gewicht G um die Höhe h (unbeschleunigt) emporzuschaffen. Nach Abb. 6.2 ist bei einem Neigungswinkel α die parallel zur schiefen Ebene wirkende Kraft, die das Gewicht G im Gleichgewicht hält, $G \sin \alpha$; für die Länge l der schiefen Ebene gilt die Beziehung $l = h/\sin \alpha$, mithin ist die aufzuwendende Arbeit

$$A = \frac{G \sin \alpha \cdot h}{\sin \alpha} = Gh.$$

Daraus sieht man, dass die Hubarbeit Gh unabhängig vom Weg ist, auf dem sie verrichtet wird. Der Vorteil der schiefen Ebene liegt lediglich darin, dass man die Hubarbeit mit um so kleinerer Kraft verrichten kann, je flacher die Neigung der Ebene ist. Dafür wird aber der Weg, längs dessen die Arbeit verrichtet werden muss, entsprechend größer.

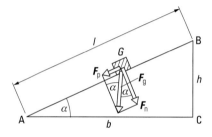

Abb. 6.2   Zerlegung einer Kraft auf der schiefen Ebene

Wenn ein Mensch der Masse 72 kg, also mit dem Gewicht, d. h. der Gewichtskraft, von 72 mal $9.81\,\mathrm{kg\cdot m\cdot s^{-2}} = 706\,\mathrm{N}$, einen 5000 m hohen Berg besteigt, so verrichtet er eine Hubarbeit (= Gewicht mal Höhe) von 706 mal 5000 Nm $= 3.53\cdot10^6$ Nm $=$ rund 1 kWh. Dieses Beispiel zeigt besonders deutlich, dass eine Kilowattstunde sehr viel Arbeit ist, wenn man sie mit der Fähigkeit des Menschen vergleicht, eine Kilowattstunde Arbeit zu verrichten. Ein Mensch kann in 24 Stunden etwa 3 kWh verrichten; er lässt jedoch in den Industrieländern in 24 Stunden im Mittel bis zu 240 kWh Arbeit durch Elektrizität und Verbrennungsmotoren verrichten. In menschlicher Arbeitsfähigkeit ausgedrückt bedeutet dies, dass im Mittel jeder Mensch in den Industrieländern etwa 80 „Sklaven" für sich arbeiten lässt.

Die oben gegebene Definition der Arbeit ist nur dann richtig, wenn die wirkende Kraft $\boldsymbol{F}$ längs des ganzen Weges s vom Anfangspunkt $\boldsymbol{r}_1$ zum Endpunkt $\boldsymbol{r}_2$ konstant ist; dies ist natürlich nicht immer der Fall. Zieht z. B. ein Pferd einen Wagen, so ist die Zugkraft umso größer, je steiler die Straße ansteigt und je größer der Widerstand des Wagens auf der Straße ist, d. h., die vom Pferd verrichtete Arbeit wird sich von Ort zu Ort mit der Neigung und Beschaffenheit der Straße ändern. Dem können wir dadurch Rechnung tragen, dass wir die Arbeit dA für ein Wegelement d$\boldsymbol{r}$ betrachten. Wir können dann schreiben:

$$\mathrm{d}A = \boldsymbol{F}\cdot\mathrm{d}\boldsymbol{r}, \tag{6.4}$$

wobei F die Größe der Kraft längs des Wegelementes d$\boldsymbol{r}$ ist. Die auf einem endlichen Weg verrichtete Arbeit findet man durch Integration:

$$A = \int_{r_1}^{r_2} \boldsymbol{F}\cdot\mathrm{d}\boldsymbol{r}. \tag{6.5}$$

Man kann daher auch kurz sagen: *Die Arbeit ist das Wegintegral der Kraft.* Der Wert des Arbeitsintegrals hängt dabei gewöhnlich von der Wahl des Weges ab. Um beispielsweise mit wenig Arbeitsaufwand einen Wagen vom Ort $\boldsymbol{r}_1$ zum Ort $\boldsymbol{r}_2$ zu bewegen, wird man tunlichst Umwege vermeiden und einen möglichst direkten Weg wählen.

Entsprechend den Gln. (6.4) und (6.5) kann man die durch eine Kraft $\boldsymbol{F}$ beliebiger Richtung auf einem Wege s von $\boldsymbol{r}_1$ nach $\boldsymbol{r}_2$ verrichtete Arbeit graphisch durch eine Fläche darstellen, die man erhält, wenn man als Abszisse die Weglänge s und als Ordinate die wirkende Kraftkomponente $F\cos\angle(\boldsymbol{F}s)$ aufträgt (Abb. 6.3). Die von der Kurve, der Abszisse und den Ordinaten von Anfangs- und Endpunkt umrandete Fläche nennt man ein *Arbeitsdiagramm*. Bei einer konstanten Kraft ist dieses Arbeitsdiagramm ein Rechteck, dessen Seiten durch die Kraftkomponente und die zurückgelegte Wegstrecke gebildet werden.

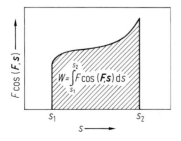

Abb. 6.3 Arbeitsdiagramm

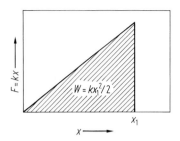

Abb. 6.4 Arbeitsdiagramm bei Dehnung einer Feder

Als Beispiel für den allgemeineren Fall einer variablen Kraft soll die Arbeit berechnet werden, die zum Spannen, also zur Dehnung einer Spiralfeder aufgewendet werden muss. Der Winkel zwischen Kraft und Weg sei null. Die Kraft, die zur Dehnung der Feder notwendig ist, steigt proportional mit der Dehnung x, also $F = kx$, wobei k die Federkonstante ist. Sie gibt die Kraft an, die am Ende der Dehnung um eine Längeneinheit herrscht. Die Arbeit ist also

$$A = \int F \, \mathrm{d}x = \int kx \, \mathrm{d}x = \frac{1}{2} kx^2.$$

Das Arbeitsdiagramm wird in diesem Fall durch die Fläche eines rechtwinkligen Dreiecks dargestellt (Abb. 6.4).

Als letztes Beispiel soll behandelt werden, welche Arbeit bei der Beschleunigung eines Körpers der Masse m zu verrichten ist. Der Winkel zwischen Kraft und Weg ist wieder null. Für die Kraft gilt Masse mal Beschleunigung. Die Arbeit ist

$$A = \int F \, \mathrm{d}x = \int m \cdot a \cdot \mathrm{d}x = \int m \cdot v \cdot \mathrm{d}v = \frac{mv^2}{2}.$$

Man kann also die für die Beschleunigung des Körpers insgesamt aufgewendete Arbeit leicht aus der Masse und der Endgeschwindigkeit errechnen. Ein Eisenbahnzug der Masse 10^6 kg erfordert für eine Beschleunigung aus der Ruhe (z. B. Stillstand vor dem Signal) bis zur Geschwindigkeit von 72 km/h ($= 20$ m/s) eine Arbeit von

$$A = \frac{mv^2}{2} = \frac{10^6 \,\mathrm{kg}}{2} \cdot 400 \frac{m^2}{s^2} = 2 \cdot 10^8 \,\mathrm{Nm} \approx 60 \,\mathrm{kWh}.$$

Systeme von Massenpunkten und makroskopische Körper. Ebenso wie an einem Massenpunkt kann auch an einem System von Massenpunkten Arbeit verrichtet werden. Ein solches mechanisches System ändert dabei seinen Zustand von einem Anfangszustand A in einen Endzustand Z. Da unter der Einwirkung von Kräften sowohl der Ort als auch die Geschwindigkeit der Massenpunkte verändert werden kann, wird der *Zustand* eines mechanischen Systems durch Angabe der Orte und Geschwindigkeiten aller Massenpunkte definiert. Die Arbeit, die an einem System von Massenpunkten verrichtet wird, ist gleich der Summe aller Arbeiten, die an den einzelnen Massenpunkten verrichtet wird.

In der Mechanik geht man gewöhnlich von der Annahme aus, dass auch makroskopische Körper als Systeme von Massenpunkten betrachtet werden dürfen, die den deterministischen Gesetzen der Mechanik gehorchen. Diese Annahme ist aber nur bedingt gerechtfertigt. Makroskopische Körper bestehen nicht aus Massenpunkten, sondern aus Atomen, die den Gesetzen der Quantenphysik unterliegen. Atome sind im Gegensatz zu der Idealisierung des Massenpunkts nicht kontinuierlich beobachtbar (s. Kap. 2). Daher ist ihre Bewegung im Raum prinzipiell nicht kontinuierlich kontrollierbar. Sie folgt dementsprechend nicht allein den deterministischen Gesetzen der Mechanik, sondern auch den statistischen Gesetzen des Zufalls. Einen Eindruck von der *Zufallsbewegung* (engl.: *random walk*) atomarer Teilchen gibt die Brown'sche Molekularbewegung (s. Kap. 17).

Ein Maß für die Zufallsbewegung der Atome ist die Temperatur (s. Kap. 16). Der Zustand eines makroskopischen Körpers kann dementsprechend nicht allein durch Angabe der messbaren Orts- und Geschwindigkeitsvektoren seiner Massenelemente erfasst werden, sondern es werden auch Temperaturangaben zur vollständigen Kennzeichnung des Zustands makroskopischer Körper benötigt. Hier werden wir die Temperatur der Körper unberücksichtigt lassen und nur die mechanischen Variablen *Ort* und *Geschwindigkeit* beachten.

Leistung. Bei der Definition der Arbeit spielt die Zeit, während der die Arbeit verrichtet wird, keine Rolle. Es ist aber häufig wichtig, dass eine vorgeschriebene Arbeit in einer bestimmten Zeit verrichtet wird. Um 1000 Ziegelsteine für einen Neubau 6 m hoch zu tragen, brauche ein Arbeiter 2 Stunden, indem er jedesmal 12 Steine trägt, während ein anderer Arbeiter 3 Stunden benötigen mag, indem er bei jedem Gang nur 8 Steine trägt. Beide verrichten zwar dieselbe Arbeit, nämlich das Hochbringen einer bestimmten Anzahl Steine, aber ihre *Leistung* ist verschieden.

Daher versteht man unter der Leistung P die in einer Zeit geleistete Arbeit, also den Differentialquotienten Arbeit/Zeit:

$$P = \frac{\mathrm{d}A}{\mathrm{d}t}. \qquad (6.6)$$

In dem speziellen Fall, dass die Arbeit während der Zeit t konstant bleibt, geht diese Gleichung in die einfachere über:

$$P = \frac{A}{t}. \qquad (6.7)$$

Die SI-Einheit der Leistung ist:

1 Watt (W) $=$ 1 Joule/Sekunde (J/s).

Früher wurde als Einheit der Leistung auch die *Pferdestärke* benutzt:

1 Pferdestärke (PS) $=$ 736 Watt.

Kreisprozesse. Wir betrachten im Folgenden Prozesse, bei denen das System in seinen Ausgangszustand zurückkehrt. Man spricht dann von einem *Kreisprozess*. Man denke beispielsweise an die Rundfahrt mit einem Fahrrad. Man startet aus einem Zustand der Ruhe und kehrt zum Ausgangsort in einen Zustand der Ruhe zurück. Dabei verrichtet man Arbeit – einerseits, um das Rad zu beschleunigen und andererseits, wenn es bergauf geht. Das Gesamtsystem von Rad und Radler kann aber auch Arbeit an die Umgebung abgeben, wenn es bergab geht. Die Arbeit ist dann negativ zu werten. Es stellt sich die Frage: Welche Arbeit muss der Radler insgesamt auf der Rundfahrt verrichten? Ist es insbesondere möglich, dass er weniger Arbeit aufwendet als er abgibt?

Viele geistreiche Erfinder haben sich insbesondere im 18. und 19. Jahrhundert bemüht, Maschinen zu erfinden, die periodisch immer wieder den gleichen Kreisprozess durchlaufen und dabei weniger Arbeit aufnehmen als abgeben. Alle Bemühungen, ein solches *perpetuum mobile* zu bauen, waren aber erfolglos. Ganz gleich, wie ausgeklügelt das System war, es musste stets mehr Arbeit verrichtet werden als abgegeben wird.

Aus dem Scheitern dieser Bemühungen ergibt sich der wichtige Erfahrungssatz: *Bei allen Kreisprozessen wird mehr Arbeit verrichtet als an die Umgebung abgegeben.* Nur in idealisierten Grenzfällen, bei denen insbesondere Reibungskräfte unberücksichtigt bleiben, ist es denkbar, dass genauso viel Arbeit abgegeben wie verrichtet wird. Beispielsweise kann günstigstenfalls beim Absenken eines Gewichts von einem Tisch auf den Fußboden dieselbe Arbeit freigesetzt werden, die zum Heben des Gewichts auf den Tisch benötigt wurde. In keinem Fall wird aber bei einem Kreisprozess mehr Arbeit abgeben als verrichtet, d. h., das Arbeitsintegral ist für einen Kreisprozess niemals negativ:

$$A = \oint \boldsymbol{F} \cdot \mathrm{d}\boldsymbol{s} \geq 0. \tag{6.8}$$

Da ein Kreisprozess nur ablaufen kann, wenn dem mechanischen System Arbeit zugeführt wird, lassen sich Probleme der Statik mit diesem Erfahrungssatz lösen. Die Statik, das ist die Lehre vom Gleichgewicht der Kräfte ohne Bewegung der Körper, hat sich historisch in der Physik zuerst entwickelt. Von Archimedes (um 250 v. Chr.) stammt die Lehre über den Auftrieb eines festen Körpers in einer Flüssigkeit. Dieser nach oben gerichtete Auftrieb und das nach unten gerichtete Gewicht des Körpers sind gleich, wenn der Körper in der Flüssigkeit schwebt. – Fast zweitausend Jahre später hat Simon Stevin (um 1600) in Holland die Studien über die Statik fortgesetzt. Er verwendete als erster das Kräfteparallelogramm. Besonders interessant ist das von ihm zuerst in der Statik verwendete *Gedankenexperiment*. Es handelt sich um einen Versuch, der in Wirklichkeit nicht ausgeführt wird, weil das Ergebnis aufgrund der Erfahrung und zwingend logischer Schlüsse vorausgesagt werden kann. In diesem Gedankenexperiment von Simon Stevin (Abb. 6.5) war es das Ziel zu erfahren, wie die Gleichgewichtsverhältnisse auf schiefen Ebenen sind.

Abb. 6.5 Titelblatt eines Buches von Simon Stevin (1548–1620). Das Bild zeigt einen wichtigen Gedankenversuch.

Stevin denkt sich ein Dreieck mit zwei schiefen Ebenen (Seiten) verschiedener Neigung. Darüber wird eine Kette mit Kugeln gelegt. Aufgrund des oben angegebenen Erfahrungssatzes muss man sagen: Es ist ausgeschlossen, dass die Kette von selbst rotiert; sie bleibt also in Ruhe. Da der unten hängende Teil symmetrisch ist, muss man ihn auch abschneiden können, ohne das Gleichgewicht zu stören. Dann folgt aber, dass die Gewichte der Kette auf den schiefen Ebenen sich so verhalten wie die Längen der beiden Seiten. Abb. 6.5 ist das Titelblatt des Werkes „Hypomnemata mathematica" von Simon Stevin. Er schrieb in das Bild die Worte: „Wunder und ist kein Wunder".

Konservative und dissipative Kräfte. In der klassischen Mechanik wird vorzugsweise der idealisierte Grenzfall betrachtet, bei dem die Arbeitsintegrale von Kreisprozessen den Wert *null* haben:

$$A = \oint F \cdot ds = 0. \tag{6.9}$$

Mechanische Systeme, für die diese Bedingung erfüllt ist, heißen *konservative Systeme*. Beispiele für konservative Systeme sind Massenpunkte, die gegen die Schwerkraft der Erde bewegt werden. Denn unter der Annahme, dass Reibungskräfte vernachlässigt werden können, wird beim Absenken eines Gewichts genauso viel Arbeit abgegeben, wie zum Heben des Gewichts benötigt wird. Die Gleichheit von abgegebener und zugeführter Arbeit gilt unabhängig davon, auf welchem Weg das Gewicht wieder auf die ursprüngliche Höhe gebracht wird, da bei einer horizontalen Bewegung keine Arbeit verrichtet wird. Dank dieser Gleichheit konnten wir in Kap. 4 die potentielle Energie eines Massenpunkts im Bereich der Schwerkraft definieren.

Andere Beispiele sind Massenpunkte an elastischen Federn. Die auf die Massenpunkte wirkenden Kräfte sind in diesem Fall nur von der Dehnung (oder Stauchung) der Federn abhängig. Im einfachsten Fall gilt das *Hooke'sche Gesetz*: Die Kraft ist proportional zur Dehnung der Feder.

Auch das Planetensystem der Sonne ist im fast idealen Sinn konservativ. Denn die Planetenbewegung ergibt sich aus der zwischen den Gestirnen wirkenden Gravitationskraft. Auch für Massenpunkte im Bereich der Gravitationskraft haben wir in Kap. 4 bereits die potentielle Energie definiert.

Allgemein nennt man alle Kräfte, die in konservativen mechanischen Systemen wirken, auch *konservativ*. Die konservativen mechanischen Systeme verlieren ihre Eigenschaft, konservativ zu sein, wenn auch *dissipative* Kräfte wirken. Insbesondere zählen dazu die Reibungskräfte und Kräfte, die bei plastischer Verformung auftreten.

Das Auftreten dissipativer Kräfte ist verknüpft mit der Umwandlung von Arbeit in Wärme (s. Kap. 17). Dabei geht die im Sinn der klassischen Mechanik beschreibbare Bewegung der Masseelemente eines Körpers über in die prinzipiell unkontrollierbare thermische Bewegung der Atome des Körpers. Das Auftreten dissipativer Kräfte ist also mit Prozessen verbunden, die nicht nur den deterministischen Gesetzen der Mechanik unterliegen, sondern auch den für die Wärmelehre typischen statistischen Gesetzen des Zufalls.

Im folgenden Abschnitt werden wir uns auf die Betrachtung streng konservativer Systeme beschränken. Diese Systeme sind eine Idealisierung realer mechanischer Objekte und Maschinen. Alle Messungen an realen Objekten zeigen, dass die Naturgesetze nicht wie die Gesetze der Mechanik streng deterministisch sind. Tatsächlich sind alle Messwerte mit Messunsicherheiten behaftet, die letztlich mit der Spontaneität und diskreten Struktur des Messprozesses verknüpft sind (s. Abschn. 1.2). Die in den Messunsicherheiten sichtbar werdende Zufallskomponente im Naturgeschehen bleibt bei der Betrachtung streng konservativer Systeme unberücksichtigt.

6.2 Potentielle und kinetische Energie

Wegunabhängigkeit der Arbeit. Ein konservatives mechanisches System gibt bei einem Kreisprozess genau soviel Arbeit an die Umgebung ab, wie es von der Umgebung aufnimmt. Dementsprechend ist das Arbeitsintegral, bei dem zugeführte Arbeit positiv und abgegebene Arbeit negativ gewertet wird, gleich null, wenn das System bei dem betrachteten Prozess in den Ausgangszustand zurückkehrt (s. Gl. (6.9)). Kehrt es nicht in den Ausgangszustand zurück, sondern bewegt sich von einem Anfangszustand A zu einem Endzustand Z, so folgt für das Arbeitsintegral des Prozesses von A nach Z, dass sein Wert unabhängig davon ist, auf welchem Weg das System von A nach Z gelangte, d. h. welche Zustände das System dabei durchlaufen hat. Denn statt zwei verschiedene Prozesse von A nach Z zu betrachten, kann man auch zwei Prozesse betrachten, von denen der erste von A nach Z und der zweite zurück von Z nach A führt. Beide Prozesse zusammen bilden dann einen Kreisprozess, für den das Arbeitsintegral gleich null ist. Daraus folgt, dass die Arbeitsintegrale der beiden Prozesse von A nach Z denselben Wert haben.

Dank der Wegunabhängigkeit der Arbeit kann jedem Zustand eines konservativen mechanischen Systems eine *Energie* zugeschrieben werden. Man wählt dazu einen bestimmten Zustand A_0 des Systems aus und setzt seine Energie $E = 0$. Gewöhnlich ist das ein Zustand, bei dem alle Massenpunkte des mechanischen Systems in Ruhe sind, also die Geschwindigkeit $v = 0$ haben. Die Energie $E(Z)$ eines beliebigen anderen Zustands Z, der durch Angabe der Orts- und Geschwindigkeitsvektoren aller Massenpunkte des Systems gekennzeichnet ist, wird dann definiert, indem man $E(Z)$ gleich dem Arbeitsintegral eines Prozesses, der von A_0 nach Z führt, setzt:

$$E(Z) = \int_{A_0}^{Z} \boldsymbol{F} \cdot \mathrm{d}\boldsymbol{s}. \tag{6.10}$$

Die Gesamtenergie $E(Z)$ eines Körpers kann gewöhnlich aufgeteilt werden in eine Energie der Lage, die *potentielle Energie* genannt wird, und eine Energie der Bewegung, die *kinetische Energie* heißt. Die potentielle Energie hängt nur von den Ortsvektoren der Massenpunkte des Systems ab und die kinetische Energie nur von den Geschwindigkeitsvektoren. Zur Berechnung der potentiellen Energie ist also die Arbeit für Prozesse zu berechnen, bei denen sich die Lage, aber nicht die Geschwindigkeit der Massenpunkte ändert, während sich die kinetische Energie aus der bei einer Beschleunigung der Massenpunkte verrichteten Arbeit ergibt. Zur Berechnung der potentiellen Energie im Bereich der Schwerkraft $\boldsymbol{F}_\mathrm{S} = m\boldsymbol{g}$ ist also die Kraft $\boldsymbol{F} = -m\boldsymbol{g}$ in Gl. (6.10) einzusetzen. Entsprechend ist bei der Berechnung der potentiellen und kinetischen Energie von Körpern vorzugehen, auf die andere konservative Kräfte wirken. Im Fall der Gravitationskraft $\boldsymbol{F}_\mathrm{G}$ ist $\boldsymbol{F} = -\boldsymbol{F}_\mathrm{G}$ in Gl. (6.10) einzusetzen und zur Berechnung der kinetischen Energie die zur Beschleunigung des Körpers erforderliche Kraft $\boldsymbol{F} = m\boldsymbol{a}$. Sie ist die Gegenkraft zur d'Alembert'schen Trägheitskraft $-m\boldsymbol{a}$ (s. Abschn. 3.3). Wir illustrieren das Energiekonzept anhand einiger Beispiele.

Potentielle Energie. Wenn wir einen Körper der Masse m entgegen der Schwerkraft ohne Beschleunigung auf die Höhe h heben, so haben wir eine Arbeit mgh in ihn hineingesteckt. Ist diese Arbeit verloren? Das ist nicht der Fall. Denn lassen wir den Körper herabfallen, so gewinnt er dabei Geschwindigkeit, – nach den Fallgesetzen ist $v_h = \sqrt{2gh}$ – und vermöge dieser Geschwindigkeit kann er die gleiche Arbeit mgh wieder abgeben, die in ihn hineingesteckt worden ist. Man kann ihn z. B. auf das eine Ende eines sehr leichten gleicharmigen Hebels fallen lassen, auf dessen anderem Ende ein Körper gleicher Masse ruht: Dieser wird dann mit der gleichen Geschwindigkeit $v_h = \sqrt{2gh}$ in die Höhe geschleudert, so dass er wieder zur gleichen Höhe h aufsteigt.

Wir stellen also fest, dass der auf die Höhe h gehobene Körper der Masse m eine gewisse *Arbeitsfähigkeit* besitzt, die unter geeigneten Umständen realisiert, d. h. wirklich in Arbeit umgesetzt werden kann. In der Physik bezeichnet man eine solche Arbeitsfähigkeit allgemein als *Energie*, und so können wir sagen, jeder gehobene Körper der Masse m besitzt die Energie mgh, weil er um das Stück h relativ zur Erde gehoben ist. Er verdankt diese Energie also seiner speziellen *Lage* relativ zur Erde, weswegen man in diesem und in analogen Fällen auch von *Energie der Lage* spricht. Meistens benutzt man die dem Sprachgebrauch der mittelalterlichen Philosophie entstammende Bezeichnung *potentielle* Energie, d. h. *mögliche*, unter gewissen Umständen in Arbeit umsetzbare Energie.

Potentielle Energie vom Betrag $\frac{1}{2}kx^2$ besitzt z. B. eine Feder mit der Federkonstanten k, die gegenüber ihrer Normallänge um das Stück x gedehnt ist. Um sie zu dehnen, muss man von außen mit einer Kraft $F = kx$, die der Federkraft $F_k = -kx$ entgegengerichtet ist, ihr aber betragsmäßig gleich ist, auf sie einwirken. Dabei wird also die Arbeit $A = kx^2/2$ verrichtet. Wird die Feder entspannt, so kann die hineingesteckte Dehnungsarbeit, die in ihr als potentielle Energie im gespannten Zustand gespeichert ist, wiedergewonnen werden. Diese Beispiele lassen sich leicht vermehren: Der komprimierte Wasserdampf im Kessel einer Dampfmaschine, die Pulvergase im Gewehrlauf, ein komprimiertes Gas – alle diese Körper besitzen infolge ihres besonderen Zustandes eine ganz bestimmte Arbeitsfähigkeit, d. h. eine ganz bestimmte potentielle Energie. Im Folgenden wird die potentielle Energie stets mit E_p bezeichnet.

Kinetische Energie. Neben der potentiellen Energie, die ein ruhender Körper infolge seiner Masse und Lage hat, kann ein Körper aber auch dadurch Energie (d. h. Arbeitsfähigkeit) besitzen, dass er eine bestimmte Geschwindigkeit hat. Eine ruhende Pistolenkugel ist ein harmloses Ding; eine abgeschossene kann erhebliche Wirkungen ausüben. Ein in Bewegung befindlicher Körper besitzt daher *Energie der Bewegung* oder *kinetische Energie*, die mit E_k bezeichnet wird. Die Bestimmung des Wertes der kinetischen Energie ist im Beispiel des freien Falls leicht. Denn der Körper, der um das Stück h herabgesunken ist, hat die Geschwindigkeit $v_h = \sqrt{2gh}$, und er vermag – bei geeigneter Anordnung, wie vorhin gezeigt, – einen anderen Körper gleicher Masse wieder bis zur Höhe h emporzuschleudern, d. h. die Arbeit mgh zu verrichten. Da also $h = v_h^2/2g$ ist, so ist die Arbeitsfähigkeit dieses Körpers der Masse m und der Geschwindigkeit v_h offenbar

$$ mgh = \frac{mgv_h^2}{2g} = \frac{m}{2}v_h^2. $$

Diesen Wert müssen wir aber ganz allgemein als den Ausdruck für die kinetische Energie betrachten, da es natürlich ganz gleichgültig ist, wie der Körper seine Geschwindigkeit erhalten hat. Also beträgt die kinetische Energie:

$$E_k = \frac{m}{2} v^2. \tag{6.11}$$

- Die kinetische Energie ist gleich dem halben Produkt aus der Masse und dem Quadrat der Geschwindigkeit eines Körpers.

Die Einheiten der Energie sind naturgemäß die gleichen wie die Einheiten der Arbeit.

Eine Pistolenkugel der Masse $m = 3\,\text{g}$ habe eine Geschwindigkeit von $v = 250\,\text{m/s}$. Die kinetische Energie beträgt:

$$E_k = \frac{m}{2} v^2 = 93.75\,\text{Nm}.$$

Ein Eisenbahnzug der Masse $10^6\,\text{kg}$ hat bei einer Geschwindigkeit $v = 72\,\text{km/h} = 20\,\text{m/s}$ eine kinetische Energie von

$$E_k = \frac{m}{2} v^2 = 2 \cdot 10^8\,\text{Nm} \approx 60\,\text{kWh}.$$

Ein vollbesetzter Personenwagen habe die Masse 1200 kg. Bei einer Geschwindigkeit von 108 km/h ($= 30\,\text{m/s}$) hat er eine kinetische Energie von

$$E_k = \frac{m}{2} v^2 = 54 \cdot 10^4\,\text{Nm} = 0.15\,\text{kWh}.$$

Energieumwandlung. Wenn man einen Körper von einer Höhe h zur Erde herabfallen lässt, hat er im Moment vor dem Aufschlagen seine gesamte potentielle Energie mgh verloren, dafür aber die gleich große kinetische Energie $\frac{1}{2} m v_h^2$ gewonnen, so dass also seine Arbeitsfähigkeit oder Energie nicht verloren geht. Wie steht es nun mit den Zwischenzuständen der Bewegung? Betrachten wir den Körper etwa in dem Moment, in dem er von der ursprünglichen Höhe h um das Stück s herabgesunken ist; seine augenblickliche Höhe ist also $(h - s)$, der Rest der ihm verbliebenen potentiellen Energie $mg(h - s)$; verloren hat er die potentielle Energie mgs. Dafür hat er nach den Fallgesetzen die Geschwindigkeit $v_s = \sqrt{2gs}$ gewonnen, und es ist demgemäß die verlorene potentielle Energie $mgs = \frac{1}{2} m v_s^2$. Man kann also schreiben:

$$mgh = mg(h - s) + mgs = mg(h - s) + \frac{1}{2} m v_s^2.$$

Die linke Seite stellt hierin den ursprünglichen Betrag der Energie dar, den der Körper hatte. Das erste Glied der rechten Seite ist diejenige potentielle Energie, die ihm nach Herabsinken um das Stück s noch verblieben ist, und das zweite Glied der rechten Seite $\frac{1}{2} m v_s^2$ ist der Betrag gewonnener kinetischer Energie. Wir sehen also, dass beim freien Fall die Summe aus potentieller und kinetischer Energie in jedem Augenblick der Bewegung konstant, und zwar gleich der zu Beginn vorhandenen Energie ist. Es gilt also:

$$E_p + E_k = E = \text{const.} \tag{6.12}$$

Hier haben wir den ersten Fall eines allgemeinen Naturgesetzes, des *Gesetzes von der Erhaltung der Energie*, vor uns, das mit Bezug auf die reine Mechanik folgendermaßen ausgedrückt werden kann:

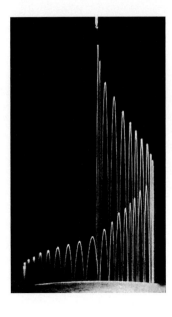

Abb. 6.6   Auf einer Stahlplatte tanzende
Stahlkugel

• Die Summe aus potentieller und kinetischer Energie eines abgeschlossenen mechanischen Systems bleibt erhalten.

Dabei heißt ein System *mechanisch abgeschlossen*, wenn keine äußeren Kräfte auf das System einwirken und dabei Arbeit verrichten. Vom energetischen Standpunkt aus bestehen demnach die Vorgänge der reinen Mechanik stets in Umwandlungen von potentieller in kinetische Energie und umgekehrt. Diese Umwandlung lässt sich experimentell z. B. dadurch zeigen, dass man eine kleine Stahlkugel auf eine gut polierte und völlig ebene Glas- oder Stahlplatte aus einer bestimmten Höhe fallen lässt. Dabei setzt sich zunächst die potentielle Energie in kinetische um. Beim Auftreffen der Kugel auf die Platte wird diese etwas eingedrückt und die Kugel ein klein wenig abgeplattet, wodurch in beiden Teilen ein Spannungszustand hergestellt wird. Das bedeutet, dass Platte und Kugel in einen Zustand versetzt werden, der es ihnen ermöglicht, Arbeit zu verrichten; mit anderen Worten: Die kinetische Energie der fallenden Kugel hat sich in potentielle Energie umgewandelt. Nun gleichen sich die Spannungen in Platte und Kugel sofort wieder aus; dadurch wird die Kugel nach oben beschleunigt; sie erhält Bewegungsenergie und erreicht praktisch die ursprüngliche Höhe und demnach die alte Energie der Lage. Das Spiel der springenden Kugel wiederholt sich viele Male, wie man aus Abb. 6.6 erkennen kann. Es ist eine fotografische Aufnahme einer auf einer Stahlplatte tanzenden Stahlkugel. Die Kugel wurde während des Auf-und-ab-Tanzens mit einer hellen Lampe beleuchtet, so dass sich ihr Weg auf der fotografischen Platte als feine Linie aufzeichnete.

Dissipation. Die Aufnahme lässt noch mehr erkennen. Nach jedem Aufschlag auf die Platte erreicht nämlich die Kugel die alte Höhe nicht mehr vollständig, d. h., die Umwandlung von kinetischer Energie in potentielle erfolgt nicht vollständig, und es scheint demnach so, als ob die Energie der Kugel nicht konstant bliebe, sondern ein Teil von ihr verloren ginge. In Wirklichkeit ist dies aber nicht der Fall; es findet vielmehr eine Umwandlung eines Teiles der mechanischen Energie in *thermische Energie* durch Rei-

4

1

3

2

Abb. 6.7   Die elastische Verformung eines Gummiballs während des Aufschlags. Die Ziffern neben dem Bild bedeuten die Reihenfolge der Aufnahmen, zwischen denen gleiche Zeiten liegen.

bung der Kugel in der Luft und beim Verformen von Platte und Kugel statt. Wir werden später sehen, dass die Energie eines Systems nicht nur durch Arbeit sondern auch durch Wärmeaustausch verändert werden kann.

Die Einbeulung der Platte bzw. die Abplattung der Kugel kann man z. B. dadurch nachweisen, dass man die Kugel auf eine berußte Platte aufschlagen lässt. Dort, wo die Kugel die Platte berührt, wird der lockere Ruß zusammengedrückt und glänzt. So kann man die Größe der Berührungsfläche erkennen. Diese stellt eine umso größere Kreisfläche dar, je größer die Höhe ist, aus der die Kugel fällt. – Abb. 6.7 zeigt einen Gummiball beim Aufschlag auf einer harten, spiegelnden Unterlage. Man sieht, dass der sonst runde Ball während des Aufschlages stark abgeplattet ist. Die potentielle Energie wird durch den gespannten Zustand des Balls sichtbar.

Auch die Schwingung eines Pendels bietet ein Beispiel für einen Bewegungsvorgang, bei dem die gegenseitige Umwandlung von kinetischer und potentieller Energie in regelmäßigem Wechsel erfolgt. Um das Pendel in Bewegung zu setzen, heben wir seine Kugel der Masse m (Abb. 6.8) bis zum Punkt A an, der um die Strecke h höher als der Ruhepunkt B liegen möge. Das Pendel hat dann die potentielle Energie mgh. Nach dem Loslassen durchfällt seine Kugel die Höhe h auf einem Kreisbogen; im tiefsten Punkt B hat die Kugel die Geschwindigkeit $v = \sqrt{2gh}$ und die kinetische Energie $\frac{1}{2}mv^2$, die gleich

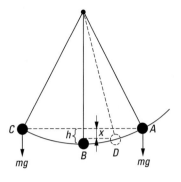

Abb. 6.8 Umwandlung von potentieller Energie in kinetische und umgekehrt beim Pendel

mgh ist, wie man ohne Weiteres durch Einsetzen von $v = \sqrt{2gh}$ erkennt. Die kinetische Energie setzt sich dann wieder in potentielle Energie um: Das Pendel schwingt über seine Ruhelage hinaus bis zum Punkt C, der wieder um dieselbe Strecke h höher als B liegt. Diese Höhe erreicht das Pendel auch dann, wenn man, wie es Abb. 6.9 zeigt, die Länge des wirksamen Pendelfadens dadurch verkürzt, dass man den Faden gegen einen Stift S anschlagen lässt, der sich vertikal unter dem Aufhängepunkt des Pendels befindet. Die Pendelkugel erreicht dann das Niveau der Ausgangslage auf einem anderen Kreisbogen. Setzt man den Stift so tief (S_3 in Abb. 6.9), dass die Pendelkugel beim Herumschwingen die Ausgangshöhe nicht mehr erreichen kann, so besitzt sie im höchsten Punkt über S_3 noch einen gewissen Betrag an kinetischer Energie, so dass sie dort nicht zum Stillstand kommt, sondern weiter herumschlägt.

In allen Punkten zwischen A und B bzw. C und B in Abb. 6.8 hat die Pendelkugel sowohl potentielle als auch kinetische Energie. Für den Punkt D, der um die Strecke x tiefer liegt als A, ist die potentielle Energie $mg(h - x)$; die Geschwindigkeit der Kugel ist in D gleich $\sqrt{2gx}$, daher ist ihre kinetische Energie an dieser Stelle $\frac{1}{2}m2gx$ $= m \cdot g \cdot x$. Die Summe von potentieller und kinetischer Energie ist demnach für den Punkt D gleich $mg(h - x) + mgx = mgh$. Da die Lage des ins Auge gefassten Punktes aus dieser Gleichung herausfällt, ist demnach die Summe von potentieller und kinetischer Energie für alle Punkte der Bahn die gleiche und somit konstant. Es wird also weder Energie gewonnen, noch geht solche verloren. Letzterem scheint allerdings die Erfahrungstatsache zu widersprechen, dass das Pendel nach einiger Zeit zur Ruhe kommt. Der Grund hierfür liegt aber wiederum (wie bei der Abnahme der Sprunghöhe der tanzenden Stahlkugel) darin, dass fortlaufend bei der Bewegung ein Teil der mechanischen Energie durch die Überwindung von Reibungswiderständen in thermische Energie umgewandelt wird.

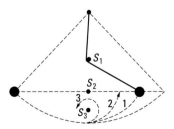

Abb. 6.9 Hemmungspendel nach Galilei

Energiespeicherung. Potentielle Energie ist gespeicherte Energie. In den Umkehrpunkten des schwingenden Pendels ist die Energie für eine kurze Zeit gespeichert. Das Gleiche gilt für die springende Kugel im oberen und im unteren Umkehrpunkt. – In der Technik interessiert man sich für *Energiespeicher*, in denen ein Vorrat an Energie über längere Zeit aufgehoben und aus denen zu beliebig späterer Zeit Energie entnommen werden kann. Eine gespannte Stahlfeder (Uhrfeder) erfüllt diese Forderung; ebenso ein Schwungrad, das allerdings durch die unvermeidliche Lagerreibung dauernd Energie verliert. Auch der Akkumulator ist ein solcher Speicher, bei welchem allerdings die elektrische Energie zur Speicherung in chemische Energie umgewandelt wird. Der elektrische Kondensator speichert dagegen elektrische Energie ohne Umwandlung.

Große Energiespeicher sind gefüllte Stauseen und Pump-Speicherwerke. Wenn ein Elektrizitätswerk zuviel elektrische Energie aus Kohle, Öl oder Kernenergie erzeugt, pumpt es Wasser in den höher gelegenen See, um zur Zeit der Spitzenbelastung das Wasser über Turbinen wieder abzulassen und zusätzlich elektrische Energie zu erzeugen. – Energiespeicher sind auch Vorräte an Explosionsstoffen, Kohle, Erdöl sowie Material, aus dem Kernenergie gewonnen werden kann.

6.3 Energieerhaltung bei einfachen mechanischen Geräten

Die Größe der Arbeit ist durch das Produkt aus der wirkenden Kraft und der Wegstrecke, längs der sie wirkt, gegeben. Die sogenannten *einfachen Maschinen der Mechanik* beruhen auf der Möglichkeit, die beiden Faktoren des (die Arbeit darstellenden) Produktes zu ändern, ohne dass das Produkt selbst eine Änderung erfährt.

Die Bedeutung des Ausdrucks Maschine hat sich gewandelt: Eine Maschine bewegt sich, sie „läuft". Deshalb werden im Folgenden Rolle, Hebel, Wellrad, schiefe Ebene, Keil, Schraube entweder als *einfache Maschinen* oder als *Geräte* bezeichnet.

Prinzip der virtuellen Verrückungen. Da es sich beim Gleichgewicht – die einfachen Maschinen werden im Gleichgewichtszustand betrachtet – nicht um kinetische, sondern nur um potentielle Energie handelt, könnte diese nur geändert werden, wenn Arbeit von den einfachen Maschinen gewonnen oder verloren würde. Letzteres ist bei den wirklichen Ausführungsformen tatsächlich der Fall, weil wir Reibung niemals ausschließen können; nur im Idealfall geht nichts verloren. Auf keinen Fall wird Arbeit gewonnen; das widerspräche dem Energiesatz. Für die einfachen Maschinen muss also die Aussage gelten, dass die gesamte Arbeit der an ihr angreifenden Kräfte gleich null ist. Um diese Aussage mathematisch zu formulieren, denken wir uns, dass das im Gleichgewicht befindliche Gerät eine kleine Bewegung ausführt; dadurch verschieben sich die Angriffspunkte der Kräfte F um gewisse kleine Strecken, die wir δs nennen wollen; wir benutzen das Zeichen δ, um hervorzuheben, dass es sich nicht um wirkliche, sondern um gedachte, *virtuelle* (im Sprachgebrauch der mittelalterlichen Philosophie) *Verschiebungen* handelt. Dann ist die unendlich kleine *virtuelle Arbeit*, die eine Kraft F durch Verschiebung ihres Angriffspunktes um das Stück δs verrichtet, offenbar gleich $F\cos(F, \delta s)\delta s$, oder wenn man die Komponente von F in Richtung von δs mit F_s bezeichnet, gleich $F_s \delta s$. Die Summe der virtuellen Arbeiten aller an der einfachen Maschine angreifenden Kräfte muss gleich null sein, damit die einfache Maschine im Gleichgewicht ist. Daraus erkennen wir, welche Beziehungen zwischen den Kräften bestehen müssen, um das Gleichgewicht zu halten. Es gilt also:

$$\sum F_s \delta s = 0. \tag{6.13}$$

Diese Gleichung nennt man *das Prinzip der virtuellen Verrückungen* oder *der virtuellen Arbeit*; es wurde in voller Erkenntnis seiner Tragweite 1717 von Johann Bernoulli (1667– 1748) aufgestellt, obwohl seine Anfänge bis ins Altertum zurückgehen. Es ist eine der Wurzeln, aus denen später der Energiesatz entstanden ist.

Eine besonders einfache Formulierung ist möglich, wenn nur zwei Kräfte an dem Gerät angreifen, was häufig der Fall ist. Dann hat man:

$$F_{1s_1} \delta s_1 + F_{2s_2} \delta s_2 = 0 \tag{6.14}$$

oder

$$\frac{F_{1s_1}}{F_{2s_2}} = \left| \frac{\delta s_2}{\delta s_1} \right|.$$

Die Verrückungen verhalten sich also umgekehrt wie die Kräfte; einer großen Kraft F entspricht eine kleine Verrückung δs und umgekehrt; das Produkt aber, die Arbeit, ist für die erste Kraft, absolut genommen, ebenso groß wie für die zweite. Es kann also durch keine einfache Maschine Arbeit gewonnen, wohl aber an Kraft gespart werden. Infolgedessen gilt die *goldene Regel der Mechanik*:

• Was an Kraft gewonnen wird, geht an Weg verloren.

Diese Aussage findet man bei allen im Folgenden erörterten Geräten bestätigt.

Feste Rolle. Um nur die Richtung der Kraft zu ändern, benutzt man die feste Rolle, über die ein Seil geführt ist, an dessen beiden Enden die Kräfte angebracht sind; es ist üblich, die eine Kraft als *Last* zu bezeichnen, und man sagt dann, dass an dem einen Ende des Seiles die Last Q und am anderen Ende (E) die Kraft F angreife. Die Rolle besteht aus einer kreisförmigen Scheibe, in deren Rand eine Rille gedreht ist; diese soll verhindern, dass das Seil von der Rolle abgleitet. Durch den Mittelpunkt der Rolle geht eine Achse, die in einer Schere gelagert ist. Abb. 6.10 zeigt eine feste Rolle, die dazu dient, eine Last Q durch eine nach unten wirkende Kraft F zu heben. Wird die Last Q um die Strecke h gehoben, so wird die Arbeit Qh verrichtet; man nennt diese Arbeit die *gewonnene*. Der

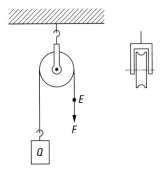

Abb. 6.10   Feste Rolle

Angriffspunkt E der Kraft senkt sich dann offenbar um das gleiche Stück h, so dass F die Arbeit Fh verrichtet. Im Gleichgewicht muss die verrichtete gleich der gewonnenen Arbeit sein. Es ist also $Fh - Qh = 0$, d. h. $F = Q$.

• Bei der festen Rolle herrscht Gleichgewicht, wenn die Kraft gleich der Last ist.

Lose Rolle. Bei der losen Rolle geht ein an einem festen Punkt befestigtes Seil über die lose Rolle A, an deren Schere die Last Q hängt (Abb. 6.11). Das in die Höhe gehende Seil geht dann nochmals über eine feste Rolle B, die nur den Zweck hat, die Richtung des Seiles zu ändern. Am Seilende E greift die Kraft F an. Die an A hängende Last wird von den Seilabschnitten a und b zu gleichen Teilen getragen. Daher ist die am Seilende angreifende Kraft F im Fall des Gleichgewichtes gleich $Q/2$.

• An der losen Rolle herrscht Gleichgewicht, wenn die Kraft halb so groß ist wie die Last.

Mit einer solchen Vorrichtung kann ein Mensch also eine Last heben, die doppelt so schwer ist wie sein eigenes Gewicht. Betrachten wir die Arbeit, die die Kraft F verrichtet, wenn sie das Seilende um die Strecke h nach unten zieht: die beiden Seilstücke a und b werden um die gleiche Strecke $\frac{1}{2}h$ verkürzt und somit wird die Last Q um $\frac{1}{2}h$ gehoben. Die von der Kraft verrichtete Arbeit ist demnach Fh und die an der Last gewonnene Arbeit ist $\frac{1}{2}Qh$. Da die beiden Arbeitsbeträge gleich sein müssen, so ist $F = \frac{1}{2}Q$, was schon durch direkte Betrachtung gefunden wurde.

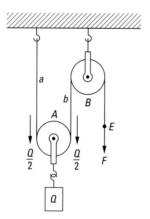

Abb. 6.11   Lose Rolle

Flaschenzug. Befestigt man mehrere Rollen in einer Schere (oder „Flasche") und verbindet zwei Scheren nach Abb. 6.12 durch ein über die Rollen geführtes Seil, dessen eines Ende an der festen Schere befestigt ist, so erhält man einen *Flaschenzug*. Das Gewicht der am unteren Ende der losen Schere aufgehängten Last Q wird bei n Rollen von n Seilabschnitten getragen. Um daher die Last Q durch eine am freien Seilende wirkende Kraft F im Gleichgewicht zu halten, genügt es, wenn F gleich dem n-ten Teil von Q ist.

• Bei einem gewöhnlichen Flaschenzug mit n Rollen herrscht Gleichgewicht, wenn die Kraft $1/n$ der Last beträgt.

Um die Last um eine Strecke h zu heben, muss in diesem Fall die Kraft den Weg nh zurücklegen, so dass also wieder die verrichtete und die gewonnene Arbeit gleich sind.

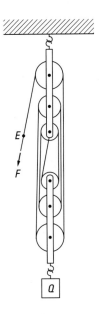

Abb. 6.12 Flaschenzug mit drei festen und drei losen Rollen

Bei vielen Flaschenzügen sind die einzelnen Rollen einer jeden Schere nicht untereinander, sondern nebeneinander auf einer Achse angebracht.

Nach diesen Erörterungen könnte man den Schluss ziehen, dass man durch Verwendung von beliebig vielen Rollen eine große Last mit einer beliebig kleinen Kraft heben könnte. Tatsächlich ist dies nicht möglich, weil die mit wachsender Rollenzahl ebenfalls wachsende Reibung den durch die Maschine gewonnenen mechanischen Vorteil wieder zunichte macht. Man geht deshalb in der Praxis über eine bestimmte Rollenzahl nicht hinaus.

Eine besondere Form dieses Flaschenzuges stellt der in Abb. 6.13 gezeigte Klobenzug dar, der z. B. zum Spannen der Wanten auf Segelschiffen benutzt wurde. Anstelle der Rollen dienen runde Löcher in zwei Holzstücken zur Führung des Seiles. Hier ist die große Reibung von Vorteil.

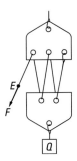

Abb. 6.13 Klobenzug

Differentialflaschenzug. Eine weitere, viel benutzte Form eines Flaschenzuges ist der *Differentialflaschenzug* (Abb. 6.14), der aus einer festen Doppelrolle mit zwei verschiedenen Radien R und r und einer losen Rolle besteht. Eine an beiden Enden zusammen-

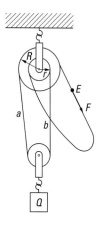

Abb. 6.14   Differentialflaschenzug

gefügte Kette ist in der gezeichneten Weise um die Rollen herumgelegt. Damit die Kette am Gleiten gehindert wird, sind die Rollen meist als Zahnräder ausgebildet. Die Last Q hängt an der losen Rolle, während die Kraft F an dem Kettenstück (Punkt E) angreift, das von dem größeren Teil der festen Rolle kommt. Wenn die Kraft F die Kette so weit herunterzieht, dass sich die feste Rolle einmal herumdreht, geht das Stück a an der Kette um den Betrag $2R\pi$ (= Umfang der großen festen Rolle) in die Höhe und das Stück b der Kette um den Betrag $2r\pi$ (Umfang der kleinen festen Rolle) herunter. Die Last Q wird also um die halbe Differenz dieser beiden Stücke, d. h. um den Betrag $\pi(R-r)$ gehoben. Da nun nach dem Energiesatz die verrichtete und die gewonnene Arbeit gleich sind, gilt die Gleichung:

$$F\,2\pi R = Q\pi(R-r),$$

woraus für die Größe der Kraft F folgt:

$$F = \frac{1}{2}\left(1 - \frac{r}{R}\right)Q.$$

Ist z. B. $R = 10$ cm und $r = 9$ cm, so wird $F = \frac{1}{20}Q$, d. h., es lässt sich mit einer gegebenen Kraft eine zwanzigmal so große Last im Gleichgewicht halten. Um diese Last um 1 cm zu heben, muss der Angriffspunkt E der Kraft einen Weg von 20 cm zurücklegen.

Hebel. Eine weitere wichtige einfache Maschine ist der Hebel. Im einfachsten Fall ist der Hebel eine gerade starre Stange, die um einen ihrer Punkte drehbar ist und an der zwei oder mehrere parallele Kräfte angreifen. Wirken diese Kräfte auf verschiedenen Seiten des Drehpunktes, so spricht man von einem *zweiarmigen Hebel*. Beim *einarmigen Hebel* wirken die Kräfte auf der gleichen Seite des Drehpunktes. Nun befindet sich ein um eine feste Achse drehbarer Körper im Gleichgewicht, wenn die Summe der Drehmomente der an ihm angreifenden Kräfte in Bezug auf den Drehpunkt null ist. Greifen an einem Hebel (Abb. 6.15) nur zwei Kräfte F und Q an und bezeichnen wir letztere, wie üblich, als die *Last* und dementsprechend die senkrechten Abstände ihrer Wirkungslinien vom Drehpunkt als Kraft- bzw. Lastarm, so gilt das Hebelgesetz:

- Am Hebel herrscht Gleichgewicht, wenn das Drehmoment der Kraft entgegengesetzt gleich dem Drehmoment der Last ist.

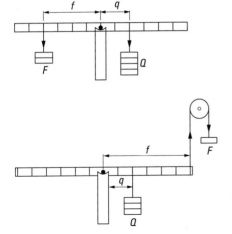

Abb. 6.15 Gleichgewicht am zweiarmigen Hebel

Abb. 6.16 Gleichgewicht am einarmigen Hebel

Bezeichnen wir die Länge des Kraftarmes mit f und die Länge des Lastarmes mit q, so gilt die Gleichung $Ff = Qq$ (Abb. 6.16). Da die kleinere Kraft am längeren Arm, die größere am kürzeren angreift, so gilt auch hier wieder, dass die Arbeit der Kraft gleich der Arbeit der Last ist, d. h., dass die kleinere Kraft längs des größeren Weges wirken muss.

Zweiarmige Hebel finden bei allen *Waagen* als Waagebalken Anwendung. Abb. 6.17 zeigt die römische Schnellwaage. Die beiden Arme des Waagebalkens sind verschieden lang, die zu wägende Last wird am kurzen Waagebalken aufgehängt. Am langen Arm des Waagebalkens ist ein Gewicht P verschiebbar, das so eingestellt wird, dass die Waage im Gleichgewicht ist. Die Größe des gesuchten Gewichtes lässt sich dann an einer Teilung am langen Waagebalken ablesen.

Bei der meistgebrauchten Waage (Abb. 6.18) ist der Waagebalken ein gleicharmiger Hebel, dessen in der Mitte liegender Drehpunkt aus einer Stahlschneide besteht, die auf einer ebenen Unterlage aus Stahl oder Achat ruht. Die beiden gleich schweren Waagschalen

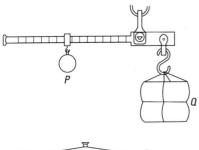

Abb. 6.17 Römische Schnellwaage

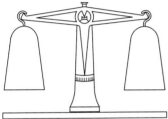

Abb. 6.18 Zweiarmige Waage

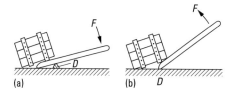

(a)   (b) D

Abb. 6.19 Hebebaum als zweiarmiger (a) und einarmiger (b) Hebel

hängen an den beiden Enden des Waagebalkens ebenfalls auf Stahlschneiden, um die bei der Drehung auftretende Reibung so klein wie möglich zu halten.

Die Konstruktion des Waagebalkens und die genaue Lage des Drehpunkts sind wesentlich für die Empfindlichkeit der Waage, wie in Abschn. 7.5 ausgeführt wird.

Viele im täglichen Leben benutzte Werkzeuge sind Hebel oder Kombinationen mehrerer Hebel. Wie z. B. Abb. 6.19 zeigt, kann der Hebebaum oder eine Brechstange je nach Lage des Drehpunktes D sowohl ein zweiarmiger als auch ein einarmiger Hebel sein. Das Ruder ist ein einarmiger Hebel; der Drehpunkt liegt im Ruderblatt im Wasser, die Last greift an der Dolle, die Kraft am anderen Ende des Ruders an. Die Zange ist eine Kombination von zweiarmigen Hebeln (Abb. 6.20), das Gleiche gilt von der Schere. Der Nussknacker (Abb. 6.21) besteht aus zwei einarmigen Hebeln. Auch die Knochen der beweglichen Gliedmaßen eines Körpers stellen Hebel dar, die um die Gelenke drehbar sind. Der Unterarm wirkt z. B., wie es Abb. 6.22 schematisch andeutet, beim Heben einer Last als einarmiger Hebel, der sich im Armgelenk dreht und durch eine Verkürzung des am Schulterblatt befestigten Beugemuskels (Bizeps) bewegt wird; dabei ist der Kraftarm kleiner als der Lastarm, der vom ganzen Unterarm gebildet wird.

Schiefe Ebene und Keil. Die schiefe Ebene, die z. B. in Form der Rampe zum Hochbringen schwerer Lasten dient, wurde, wie auch Hebel und Keil, schon von den Ägyptern zum

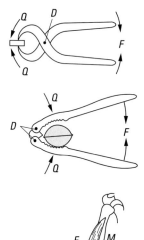

Abb. 6.20   Zange als zweiarmiger Hebel

Abb. 6.21   Nussknacker als einarmiger Hebel

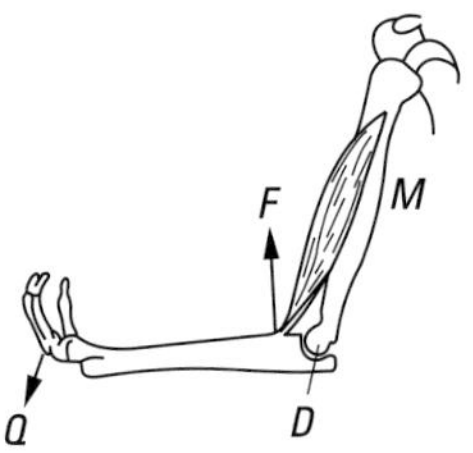

Abb. 6.22   Unterarm als einarmiger Hebel

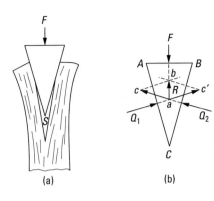

(a)   (b)   **Abb. 6.23**   Wirkung des Keils

Bau der Pyramiden benutzt. Der Keil ist ein aus hartem Material (heute meistens Stahl) gefertigtes Prisma mit spitzem Winkel. Er dient dazu, wie es Abb. 6.23a andeutet, mit einer Kraft F, die auf die der Schneide S gegenüberliegende Fläche, den Keilrücken, einwirkt, senkrecht zu den Seitenflächen größere Druckkräfte hervorzubringen, um damit ein Stück Holz zu spalten. Der Keil lässt sich als Kombination zweier mit ihrer Grundfläche aufeinandergesetzter schiefer Ebenen auffassen. Um die Gleichgewichtsbedingung für die am Keil wirkenden Kräfte zu finden, setzt man die auf die Seitenflächen des Keils wirkenden beiden gleich großen Kräfte $Q_1 = Q_2 = Q$ zu einer Resultierenden R zusammen (Abb. 6.23b), die im Schnittpunkt a der Wirkungslinien von Q_1 und Q_2 angreift. Damit der Keil im Gleichgewicht ist, muss die auf seinen Rücken wirkende Kraft F entgegengesetzt gleich R sein. Aus der Ähnlichkeit der beiden Dreiecke abc und ABC – letzteres stellt den Keilquerschnitt dar – folgt dann:

$$R : Q = \overline{AB} : \overline{AC}$$

und da $R = F$:

$$F = Q \frac{\overline{AB}}{\overline{AC}}.$$

Versteht man also unter $\overline{AB}$ die Breite des Keilrückens, unter $\overline{AC}$ bzw. $\overline{BC}$ die Seitenlänge des Keils, dann gilt:

- Am Keil herrscht Gleichgewicht, wenn die senkrecht auf seinen Rücken wirkende Kraft sich zu der senkrecht zu seinen Seitenflächen wirkenden Last verhält wie die Breite des Rückens zur Seitenlänge des Keils.

Alle spaltenden und schneidenden Werkzeuge, wie Messer, Beil, Hobel, Meißel, Schere, usw. beruhen auf dieser Keilwirkung wie auch die Stichwerkzeuge Nadel, Ahle, Dorn usw. Je schmäler oder spitzer der Keil ist, desto größere Kraftwirkungen lassen sich mit ihm ausüben. Es gelingt z. B. ohne Schwierigkeit, mit einer gewöhnlichen Nähnadel eine Kupfermünze zu durchbohren, wenn man die Nähnadel in einem Stück Kork hält und sie mit einem kräftigen Hammerschlag in die Kupfermünze treibt.

Als einen besonderen Fall der schiefen Ebene kann man die Schraube betrachten. Wickelt man um einen Zylinder (Abb. 6.24) eine schiefe Ebene herum, so bildet diese auf dem Zylindermantel eine Schraubenlinie. Wählt man die Basis $\overline{AB}$ der schiefen Ebene gleich dem Zylinderumfang, so ist die Höhe $\overline{AC}$ die Ganghöhe der Schraubenlinie. Erhöht

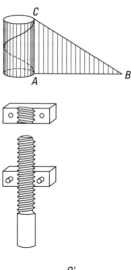

Abb. 6.24   Entstehung der Schraubenlinie

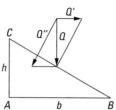

Abb. 6.25   Schraubenspindel mit aufgeschnittener Schraubenmutter

Abb. 6.26   Wirkung der Schraube

man den Zylinder längs dieser Schraubenlinie, so erhält man eine Schraubenspindel (Abb. 6.25). Ein auf diese Schraubenspindel passender, mit einer Nut versehener Hohlzylinder heißt Schraubenmutter, die aufgeschnitten ebenfalls in Abb. 6.25 zu erkennen ist. Dreht sich die Schraubenspindel in der feststehenden Mutter, so bewegt sie sich in Richtung der Zylinderachse bei einer ganzen Umdrehung um eine Ganghöhe weiter und kann in dieser Richtung eine Kraft Q ausüben. Die Kraft, die die Schraubenspindel dreht, greift tangential an der Peripherie der Spindel an. Wir denken uns für einen Augenblick die Schraubenlinie für eine Umdrehung in eine Ebene abgerollt (Abb. 6.26) und können dann die in Richtung der Schraubenachse wirkende Last Q in zwei Komponenten Q' und Q'' zerlegen, von denen Q'' senkrecht auf der aufgerollten Schraubenlinie steht und von der Mutter abgefangen wird. Q' ist dann derjenige Anteil von Q, dem von der Kraft F das Gleichgewicht gehalten werden muss. Es gilt die Proportion $F : Q = h : b$ oder, da b gleich dem Umfang U der Schraubenspindel ist, wird:

$$Q = (U/h)F,$$

d. h. in Worten: Die an der Peripherie einer Schraube angreifende Kraft erzeugt in Richtung der Schraubenspindel eine Kraft, die umso größer ist, je größer der Umfang der Schraubenspindel und je kleiner ihre Ganghöhe ist. Für gewöhnlich lässt man die Kraft nicht direkt am Schraubenumfang, sondern an einem Hebelarm im Abstand R von der Schraubenachse angreifen. Dann tritt anstelle von U der Wert $2\pi R$, und es ist

$$Q = \frac{2\pi R}{h}F.$$

6.4 Kraftfeld und Potential

Der Feldbegriff. Zwischen zwei Körpern, die eine Masse besitzen, wirkt eine anziehende Kraft. Das Newton'sche Gravitationsgesetz gibt Auskunft über ihre Größe. Diese Kraft wirkt durch den leeren Raum hindurch. Eine Veränderung des leeren Raumes kann man nicht feststellen. Ein Stein zeigt durch sein Gewicht oder durch sein Fallen, dass er sich in der Nähe eines Körpers von sehr großer Masse befindet. Den Raum zwischen dem Stein und der Erde findet man aber unverändert. Man kann die anziehende Kraft zwischen den Körpern, die eine Masse besitzen, auch nicht abschirmen, z. B. weder durch eine sehr schwere Bleiplatte noch durch eine Schicht allerhöchsten Vakuums.

Wirken in einem Raum Kräfte, die nicht durch Materie übertragen werden, so spricht man von einem *Kraftfeld*. Man spricht von einem *Gravitationsfeld*, von einem *elektrischen Feld* und von einem *Magnetfeld*. Ein spezielles Gravitationsfeld ist z. B. das Schwerefeld der Erde. Alle Kraftfelder sind Vektorfelder.

- Ein Feld ist dadurch ausgezeichnet, dass jedem Punkt des Raumes, den das Feld ausfüllt, eine bestimmte physikalische Größe zugeordnet ist.

Der Begriff des *Feldes* ist durchaus nicht auf Kräfte beschränkt. Betrachtet man z. B. eine strömende Flüssigkeit, so befindet sich in einem bestimmten Augenblick an jedem Punkt ein Flüssigkeitsteilchen von bestimmter Geschwindigkeit; hier spricht man sinngemäß von einem Geschwindigkeitsfeld, wenn man die Geschwindigkeitsverteilung charakterisieren will. Ebenso kann man von einem Temperaturfeld in der Umgebung eines erhitzten Körpers sprechen, da jedem Punkt eine bestimmte Temperatur zukommt. Ein Temperaturfeld ist ein Skalarfeld.

Das Gravitationsfeld. Um die Größe und Richtung der Kraft in einem Gravitationsfeld zu untersuchen, denke man sich zunächst eine einzige Kugel großer Masse M in einem großen, leeren Raum. Bringt man dann eine bewegliche Probekugel von kleiner Masse m an verschiedene Punkte in die Nähe der großen Kugel, so wird man feststellen, dass auf die kleine Kugel eine Kraft wirkt, die zum Schwerpunkt der großen Kugel gerichtet ist. Nach dem Newton'schen Gravitationsgesetz ist die Größe dieser Kraft $F = Gm \cdot M/r^2$ (r ist der Abstand der Schwerpunkte der beiden Kugeln; G = Gravitationskonstante). Man kann also mit der kleinen Probekugel den Raum abtasten und die Richtung und Größe der Kraft messen. Um den Versuch wirklich auszuführen, braucht man eine Kugel von sehr großer Masse, wie sie uns die Erdkugel bietet. Als Probekörper können an der Erdoberfläche Gewichtsstücke und als Kraftmesser Federwaagen verwendet werden. In größerer Entfernung von der Erde dienen als Probekörper Satelliten und der Mond. Die anziehende Kraft ist hierbei die als Zentripetalkraft wirkende Gravitationskraft. Selbstverständlich muss man bei diesem Versuch davon absehen, dass die Erde sich nicht allein im leeren Raum befindet und dass die Nähe des Mondes und der Sonne von Einfluss ist. Man kann aber diesen Versuch idealisieren und erhält so eindeutig das Ergebnis, dass ein Kraftfeld, nämlich ein Gravitationsfeld, einen Körper, der eine Masse besitzt, umgibt (Abb. 6.27). Man sieht, dass die Größe der Kraft, in der Zeichnung gekennzeichnet durch die Länge der Pfeile, nach außen hin abnimmt. Und zwar erfolgt diese Abnahme nach dem Newton'schen Gravitationsgesetz mit dem Quadrat des Abstandes. Um eine bessere Vorstellung des Feldes zu ermöglichen, zeichnet man ein *Feldlinienbild*. Die Feld- oder Kraftlinien erfüllen dabei folgende Bedingungen:

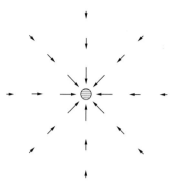

Abb. 6.27   Gravitationsfeld eines einzelnen Körpers

1. Jede Feldlinie endet an der Masse.
2. Die Richtung der Feldlinie stimmt in jedem Punkt mit der Richtung der Kraft in diesem Punkt überein.
3. Die Dichte der Feldlinien ist proportional zur Größe der Kraft. Dabei ist die Feldliniendichte die Zahl der Feldlinien pro Querschnittsfläche.

In unserem Beispiel sind die Feldlinien Geraden durch den Schwerpunkt des Körpers. Die senkrecht durchstoßenen Flächen sind konzentrische Kugeln um den Schwerpunkt.

Jede dieser konzentrischen Kugeln wird von der gleichen Zahl Feldlinien durchstoßen; ihre Oberfläche ist proportional zum Quadrat ihres Abstandes r vom Schwerpunkt. Die Feldliniendichte (Zahl der Feldlinien/Fläche) nimmt daher mit $1/r^2$ ab, ist also, wie die dritte Bedingung fordert, proportional zur Kraft. Feldlinienbilder können – auch für komplizierte Massenverteilungen – berechnet werden. Zum Beispiel zeigt Abb. 6.28 das Feldlinienbild für zwei Körper gleich großer Masse.

Nun soll die Frage behandelt werden: Wie viel Arbeit muss aufgewendet werden, wenn man einen Probekörper der Masse m in einem Gravitationsfeld von einem Ort zum anderen bewegt? Oder mit anderen Worten: Wie ändert sich die potentielle Energie bei dieser Bewegung?

Man kann die Bewegung des Probekörpers, den man idealisiert *Massenpunkt* nennt, auf zwei grundsätzlich verschiedene Weisen vornehmen:

a) Entlang einer Feldlinie,
b) auf einer der eben beschriebenen Flächen, also senkrecht zu den Feldlinien.

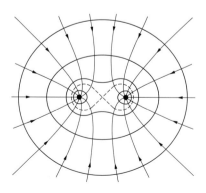

Abb. 6.28   Feldlinienbild für zwei Körper gleich großer Masse

Fall a) Bewegt man den Probekörper auf einer Feldlinie, so stimmt die Richtung der Kraft genau mit der Bewegungsrichtung überein oder ist ihr entgegengesetzt. Bewegt sich der Probekörper in Richtung der Kraft so, dass der Abstand von dem großen Körper kleiner wird, dann wird kinetische Energie gewonnen: Der Probekörper fällt auf die große Kugel oder der Stein fällt auf die Erde und kann dabei Arbeit verrichten. Bei Bewegung in umgekehrter Richtung muss bekanntlich Arbeit aufgewendet werden, wenn z. B. ein Stein von der Erde angehoben wird. In diesem Fall wird, weil der Abstand vergrößert und Arbeit aufgewendet wird, die potentielle Energie entsprechend größer. Umgekehrt wird die potentielle Energie kleiner, wenn der Abstand kleiner wird unter Vergrößerung der kinetischen Energie: Es kann Arbeit gewonnen werden.

Fall b) Bei einer Bewegung des Probekörpers senkrecht zu den Feldlinien ist die aufzuwendende Arbeit null, da Kraft und Weg senkrecht zueinander stehen. Die potentielle Energie des Probekörpers bleibt unverändert. Man nennt daher eine solche Fläche im Raum eine *Äquipotentialfläche* oder Niveaufläche. Bei entsprechender Betrachtung in einer Ebene gibt es *Äquipotentiallinien* oder Niveaulinien.

Bewegt sich der Probekörper nun in anderer Weise, also weder auf einer Äquipotentialfläche noch längs einer Feldlinie, dann gilt folgende Überlegung: Jede Bewegung kann zerlegt werden, und zwar einmal tangential zur Äquipotentialfläche und ferner in Richtung der Feldlinie. Für die Arbeit ist nur die Komponente in Richtung einer Feldlinie von Bedeutung. Denn die Komponenten tangential zur Äquipotentialfläche stehen senkrecht zur Kraft, und die Arbeit ist null. Im Fall einer beliebigen Bewegung im Gravitationsfeld braucht man somit zur Ermittlung der aufgewendeten oder abgegebenen Arbeit nur die Projektion der Bewegung auf die Feldlinie mit der Kraft zu multiplizieren. Bei einer Bewegung im Gravitationsfeld der Erde ist die aufzuwendende oder verrichtete Arbeit unabhängig von der Art des Weges. Die zu verrichtende Arbeit ist gleich, ob man mehr oder weniger steil einen Berg hinauffährt. Hierbei bleibt selbstverständlich die Reibung immer unberücksichtigt. In dem beschriebenen, kugelsymmetrischen Kraftfeld wird also die potentielle Energie nur durch den Radius bestimmt.

Potential. Die gesamte Arbeit, die aufzuwenden ist, um einen Massenpunkt aus dem kugelsymmetrischen Gravitationsfeld eines Körpers zu entfernen, ist proportional zu $1/r$. Damit erhalten die kugelförmigen Äquipotentialflächen ihre einfachen Kennzeichen: Es genügt die Angabe des Abstandes vom Mittelpunkt der Kugel, wenn man die potentielle Energie einer kleinen Kugel der Masse m im Gravitationsfeld einer großen Kugel der Masse M wissen will.

Geht man mit der Probekugel von einer Niveaufläche zur anderen (Abstand dr), so bedeutet dies, dass eine Arbeit dA gegen die Gravitationskraft F_G verrichtet wird und damit die potentielle Energie um dV erhöht wird:

$$dA = -F_G \cdot dr = dV = \operatorname{grad} V \cdot dr.$$

Darin bedeutet

$$\operatorname{grad} V = i\,\frac{\partial V}{\partial x} + j\,\frac{\partial V}{\partial y} + k\,\frac{\partial V}{\partial z}$$

(i, j, k sind die Einheitsvektoren in Richtung der x-, y- und z-Achse).

Die Differentialoperation ‚grad‘ ordnet also einer ortsabhängigen skalaren Größe (einem Skalarfeld) eine ortsabhängige Vektorgröße (ein Vektorfeld) zu. Und zwar stimmt die

Richtung des Vektors grad$V$ überein mit der Richtung der stärksten Änderung von V. Der Betrag von grad$V$ ist gleich der differentiellen Änderung von V in dieser Richtung. Das Kraftfeld kann so durch das Skalarfeld der potentiellen Energie beschrieben werden. Dabei stört noch, dass diese potentielle Energie abhängig ist von der kleinen Masse m. Es soll jetzt versucht werden, einen Ausdruck zu finden, der die Potentialflächen kennzeichnet, aber von der Probemasse unabhängig ist. Dazu braucht man nur die potentielle Energie durch m zu dividieren. Den dann erhaltenen Ausdruck $U = V/m = -GM/r$ nennt man *Potential* des Kraftfeldes und $F/m = -\text{grad}\,U$ den *Feldstärkevektor*. In vielen Lehrbüchern wird die potentielle Energie als Potential bezeichnet. Diese Festsetzung kann aber leicht zu Verwechslungen führen, weil sie von der physikalischen Definition des Potentials bei elektrischen und magnetischen Feldern abweicht (nicht von der mathematischen).

Der Nullpunkt des Potentials wird üblicherweise in die Entfernung $r = \infty$ gelegt. Man kann ihn aber auch anders festsetzen, da das Potential $U' = U + \text{const}$ (wegen grad const $= 0$) dasselbe Feld beschreibt wie U.

Auf der Erde sind horizontale Niveauflächen sehr gut bekannt als Wasseroberflächen. Man bezieht sich meist auf ein festgelegtes „Normal-Niveau" der Meeresoberfläche. Auf Landkarten sind oft Punkte gleicher Höhe verbunden (Höhenlinien). Es sind gleichzeitig Äquipotentiallinien; denn die potentielle Energie im Schwerefeld der Erde ist *mgh*.

Potential einer Hohlkugel. Nun soll das Potential einer Hohlkugel berechnet werden, deren Oberfläche eine homogene Massenverteilung hat. Im Außenraum ergibt sich ein Potential $U_a = -GM/r$ (M = Gesamtmasse der Hohlkugel), d. h., die Hohlkugel wirkt auf einen äußeren Massenpunkt so, als ob ihre Gesamtmasse im Zentrum konzentriert wäre. Das Potential im Innern der Hohlkugel ist $U_i = -GM/R = \text{const}$ (R = Radius der Hohlkugel). Daraus ergibt sich, dass eine Hohlkugel auf einen Probekörper in ihrem Innern keine Kraft ausübt. Dies lässt sich auch mit einer relativ einfachen Überlegung beweisen. Man betrachte Abb. 6.29. Durch den inneren Punkt P ist eine gedachte konzentrische Kugelfläche gezeichnet (in der Abbildung gestrichelt). Beachtet man nun, dass Feldlinien nur an Massen enden, so erkennt man, dass durch die gedachte Fläche genauso viele Feldlinien hineingehen wie herauskommen müssen, da sich in ihrem Innern keine Massen befinden. Aus der Kugelsymmetrie folgt weiter, dass die Kräfte in jedem Punkt der gedachten Fläche gleich sein müssen. Beide Forderungen sind nur erfüllbar, wenn gar keine Feldlinien die Fläche durchstoßen, also die Kraft auf ihr und damit auch im Punkt P null ist. Da P innerhalb der Hohlkugel willkürlich gewählt wurde, ist der Satz bewiesen: Eine homogen mit Masse belegte Hohlkugel übt auf Massen in ihrem Innern keine Kräfte aus. Mit dieser Überlegung, bei der nur die Quellenfreiheit des Gravitationsfeldes im leeren Raum und eine Symmetriebetrachtung benutzt wurden, kann das Problem wesentlich einfacher durchschaut werden als durch eine mathematische Ableitung. Sym-

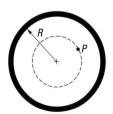

Abb. 6.29   Gravitationsfeld im Innern einer Kugel bzw. Hohlkugel

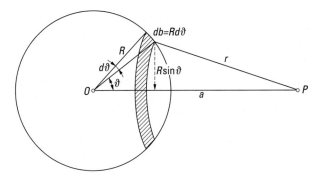

Abb. 6.30 Ableitung des Potentials einer Kugel

metriebetrachtungen geben sehr oft eine tiefe Einsicht in Naturgesetze; sie spielen in der modernen Physik eine große Rolle.

Nach dieser anschaulichen Betrachtung des Potentials im Innern einer Hohlkugel soll wegen der besonderen Wichtigkeit nun eine exakte Ableitung des Potentials einer Kugel folgen.

Man betrachtet zunächst keine Vollkugel, sondern eine Hohlkugel vom Radius R und der kleinen Dicke h (Abb. 6.30); das Potential U_a dieser Hohlkugel ist in einem äußeren Punkt P im Abstand a vom Kugelmittelpunkt O zu berechnen. Man schlägt zu diesem Zweck um P zwei Kugeln mit den Radien r und $r + dr$, die aus der Hohlkugel eine Kugelzone der Breite $db = Rd\vartheta$ ausschneiden; ϑ selbst ist der Winkel zwischen dem nach db gezogenen Kugelradius R und der Richtung OP. Nach dem Cosinussatz ist die Größe von r:

$$r = \sqrt{a^2 + R^2 - 2aR\cos\vartheta}, \tag{6.15}$$

und durch Differentiation folgt daraus für dr, da a und R Konstanten sind:

$$dr = \frac{aR\sin\vartheta\,d\vartheta}{\sqrt{a^2 + R^2 - 2aR\cos\vartheta}} = \frac{aR}{r}\sin\vartheta\,d\vartheta. \tag{6.16}$$

Alle Massenelemente der Kugelzone haben von P nach Konstruktion die gleiche Entfernung r; der Flächeninhalt der Zone ist offenbar $2\pi R\sin\vartheta \cdot Rd\vartheta$; wenn man sie nämlich auf die Ebene abwickelt, kann man sie auffassen als ein Rechteck der Höhe $db = R\,d\vartheta$ und der Länge $2\pi R\sin\vartheta$. Denn der Umfang der Zone ist ein Kreis mit dem Radius $R\sin\vartheta$. Da die Hohlkugel die Dicke h hat, ergibt sich das Volumen der Zone zu $2R^2\pi h\sin\vartheta\,d\vartheta$. Durch Multiplikation mit der Dichte ϱ folgt für die in ihr enthaltene Masse dm:

$$dm = 2R^2\pi h\varrho\sin\vartheta\,d\vartheta. \tag{6.17}$$

In die Gleichung $U = -G\int dm/r$ ist dieser Wert von dm einzusetzen; daher folgt für U_a der Ausdruck:

$$U_a = -G2R^2\pi h\varrho \int_0^\pi \frac{\sin\vartheta\,d\vartheta}{r}. \tag{6.18}$$

Das Integral ist für alle Werte des Winkels ϑ zwischen 0 und π zu bilden; denn dann bestreicht die Zone die ganze Kugeloberfläche. Mit Gl. (6.16) können wir den Ausdruck für U_a vereinfachen, indem wir $\mathrm{d}\vartheta$ durch $\mathrm{d}r$ ausdrücken. Das liefert dann:

$$U_\mathrm{a} = -\frac{G\,2\,R\pi\,h\varrho}{a} \int\limits_{a-R}^{a+R} \mathrm{d}r. \tag{6.19}$$

Die Grenzen des Integrals ergeben sich durch folgende Überlegung: Ist $\vartheta = 0$, so wird $r = a - R$; ist $\vartheta = \pi$, so nimmt r den Wert $a + R$ an. Daher liefert die Ausführung des Integrals:

$$U_\mathrm{a} = -\frac{G\,2\,R\pi\,h\varrho}{a}(a + R - a + R) = -\frac{4\,GR^2\pi\,h\varrho}{a}.$$

$4R^2\pi h$ ist aber das ganze Volumen der Hohlkugel, $4R^2\pi h\varrho$ also die ganze Masse M derselben; folglich liefert die letzte Gleichung für das Potential U_a der Hohlkugel:

$$U_\mathrm{a} = -GM/a, \tag{6.20}$$

d. h., die Hohlkugel wirkt auf einen äußeren Punkt so, als ob ihre Gesamtmasse im Zentrum konzentriert wäre. Da man eine Vollkugel in eine Anzahl ineinander gesteckter Hohlkugeln zerlegen kann, so gilt dasselbe für eine Vollkugel, und damit ist der behauptete Satz bewiesen. Der Gradient des Potentials U_a ist $\mathrm{d}U_\mathrm{a}/\mathrm{d}a$ und hat den Wert $+GM/a^2$, und dieser Betrag ist gleich der Feldstärke, die demnach ebenfalls so berechnet werden kann, als ob die ganze Masse der Hohlkugel in ihrem Mittelpunkt vereinigt wäre.

In genau der gleichen Weise kann man nun auch zeigen, dass das Potential U_i einer homogenen Hohlkugel vom Radius R in einem inneren Punkt konstant ist:

$$U_\mathrm{i} = -GM/R = \text{const.}$$

Daraus ergibt sich, da in diesem Fall grad $U_\mathrm{i} = \mathrm{d}U_\mathrm{i}/\mathrm{d}a = 0$ ist, dass eine homogen mit Masse belegte Hohlkugel auf einen inneren Massenpunkt überhaupt keine Gravitationskraft ausübt. Die einzelnen Massenelemente tun dies freilich, aber die Resultierende aller Kräfte verschwindet.

Potential einer Vollkugel. Betrachten wir jetzt eine Vollkugel mit dem Radius R und fragen nach dem Potential in einem inneren Punkt P im Abstand a vom Kugelzentrum (Abb. 6.29), so können wir die Kugel in zwei Teile zerlegen: in eine Vollkugel mit dem Radius a durch den Punkt P und eine Hohlkugel von der Dicke $R - a$. Die letztere übt nach dem soeben bewiesenen Satz auf den Massenpunkt in P keinerlei Wirkung aus, sondern nur die kleinere Vollkugel, für die P ein äußerer Punkt ist. Da man deren Potential U'_a auf P so berechnet, als ob die Gesamtmasse $M' = (4/3)a^3\pi\varrho$ in O konzentriert wäre, so erhält man für U'_a unter Berücksichtigung des konstanten Zusatzpotentials der Hohlkugel von der Dicke $R - a$:

$$U'_\mathrm{a} = -\frac{2\pi}{3}G\varrho(3R^2 - a^2);$$

d. h., das Potential und auch die Kräfte werden immer kleiner, je näher P dem Kugelmittelpunkt O kommt. Denn der Gradient von U_a' ist gleich

$$\frac{dU_a'}{da} = \frac{4}{3} G \pi \varrho a = -\frac{F}{m}.$$

Die Feldstärke im Punkt P ist also direkt proportional zum Abstand a vom Kugelmittelpunkt, nicht mehr proportional zu $1/a^2$! – Die Erde ist keine homogene Vollkugel; daher nimmt beim Eindringen ins Erdinnere die Schwerkraft zunächst zu statt ab, wie es bei einer homogenen Vollkugel der Fall sein müsste.

Erdpotential. Nun kann man zur Berechnung des Erdpotentials an der Erdoberfläche so vorgehen, als ob ihre Gesamtmasse $M = 5.99 \cdot 10^{24}$ kg im Mittelpunkt der Erde vereinigt wäre. Da der Erdradius $R = 6.37 \cdot 10^6$ m ist, erhält man für das Erdpotential:

$$-U_{\text{Erde}} = \frac{6.67 \cdot 10^{-11} \cdot 5.99 \cdot 10^{24}}{6.37 \cdot 10^6} = 6.28 \cdot 10^7 \, \text{J/kg}$$
$$= 17.4 \, \text{kWh/kg},$$

da, wie vorher festgestellt, U eine Energie pro Masse ist. Es muss also eine Arbeit von $6.28 \cdot 10^7$ Joule aufgewendet werden, um eine 1-kg-Masse von der Oberfläche der Erde bis ins Unendliche zu transportieren, wobei ein entsprechender Betrag potentieller Energie in der Masse gespeichert wird. Umgekehrt verliert beim Übergang aus dem Unendlichen bis zur Erdoberfläche eine 1-kg-Masse die potentielle Energie $6.28 \cdot 10^7$ J und gewinnt den gleichen Betrag an kinetischer Energie $\frac{1}{2}mv^2$. Daraus folgt für die Endgeschwindigkeit v der Betrag 11.2 km/s. Umgekehrt müsste ein Körper mit dieser Geschwindigkeit von der Erdoberfläche abgeschossen werden, damit er aus ihrem Anziehungsbereich ins Unendliche gelangt.

7 Starre Körper

7.1 Bewegung starrer Körper

Begriff des starren Körpers. In den vorangegangenen Kapiteln haben wir Körper gewöhnlich als Systeme von Massenpunkten betrachtet. Insbesondere kann ein physikalischer Körper als ein einzelner Massenpunkt idealisiert werden, wenn wir den Körper aus einer Entfernung betrachten, die sehr groß gegenüber seinen eigenen Abmessungen ist. Dann spielt die räumliche Verteilung der Masse innerhalb des Körpers kaum eine Rolle, sowohl für seine Bewegung als Ganzes als auch für seine Wechselwirkung mit anderen Körpern, die ebenfalls weit von ihm entfernt sind. Nun wollen wir diesen Standpunkt aufgeben und uns die Körper aus der Nähe ansehen. Dabei werden wir als wesentliches neues Phänomen die *Eigenrotation* der Körper kennenlernen, das heißt die Drehung des Körpers relativ zu einem äußeren Bezugssystem, oder anders ausgedrückt, die Änderung seiner Orientierung im Raum. Wir lassen aber weiterhin unberücksichtigt, dass sich die Massenverteilung innerhalb des Körpers unter dem Einfluss äußerer Kräfte zeitlich ändern kann, d. h., wir betrachten das Ideal des *starren Körpers*. Dabei wird natürlich auch von der thermischen Bewegung der Atome abgesehen.

Ein *starrer* Körper ist also dadurch ausgezeichnet, dass er sein Volumen und seine Form unter dem Einfluss äußerer Kräfte überhaupt nicht verändert. Ein starrer Körper kann nicht komprimiert, verbogen, verdrillt werden usw. Seine Massenelemente dm behalten gegenüber einem körperfesten Bezugssystem nicht nur ihre relativen Positionen bei, sondern auch ihre absoluten. Das heißt, die Abstände der Massenelemente und die Winkel zwischen diesen Abständen sind nicht durch äußere Kräfte beeinflussbar. Diesem Idealbild des starren Körpers kommt von allen bekannten Stoffen der Diamant am nächsten. Um einen perfekten Diamant um 1 % zu dehnen, braucht man eine Zugspannung von 10^4 N/mm^2 (Querschnittsfläche senkrecht zur Zugrichtung); das entspricht etwa dem Gewicht einer 1000-kg-Masse pro mm^2.

Translation und Rotation. Um die Dynamik eines Massenpunkts zu beschreiben, hat es genügt, alle wirksamen Kräfte an dem einen Punkt angreifen zu lassen, der den Ort des Teilchens charakterisiert. Bei einem starren Körper wird das komplizierter.

Einen Eindruck davon, wie kompliziert das Verhalten eines ausgedehnten starren Körpers sein kann, liefert Abb. 7.1. Ähnliche Beispiele für Bewegungen unter dem Einfluss der Schwerkraft sind das Fallen eines Blattes, der Flug eines Bumerangs, die Bewegungen eines Kunstturners (idealisiert als starrer Körper mit Gelenken) usw. Allen diesen Beispielen ist gemeinsam, dass sich nicht nur der Körper als Ganzes im Raum fortbewegt, sondern dass er sich gleichzeitig auch um eine Achse dreht, deren Lage im Körper sich im Lauf der Zeit ändern kann. Dieses Verhalten ist charakteristisch für die Bewegung eines ausgedehnten Körpers, der nicht an irgendeiner Stelle festgehalten wird.

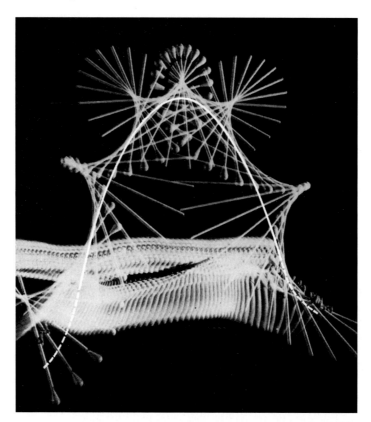

Abb. 7.1   Bewegungen ausgedehnter Körper. Stroboskopische Aufnahme eines in die Luft geworfenen Trommelschlegels (Bildfolgefrequenz 1/60 s). Die durchgezogene parabolische Kurve bezeichnet die Bahn des Schwerpunkts, während der Schlegel frei durch die Luft fliegt. Auf den gestrichelten Kurventeilen wird er noch bzw. wieder in der Hand gehalten. (Photo: H. E. Edgerton, MIT; aus: A. P. French, Newtonsche Mechanik, Verlag de Gruyter, Berlin, New York, 1995)

Um einen *Überblick* über die *Bewegungsmöglichkeiten* starrer Körper zu gewinnen, untersuchen wir ein einfaches Beispiel. In Abb. 7.2 sieht man eine Kreisscheibe, die auf einem Lufttisch reibungsfrei gleiten kann. An dieser Scheibe sollen *kurzzeitig* Kräfte F in der Scheibenebene angreifen. Das lässt sich am einfachsten durch an der Scheibe passend befestigte Magnete realisieren, auf die man mit anderen Magneten Kräfte ausübt. Die von der Kraft verursachte Bewegung hängt in charakteristischer Weise von der Richtung *und* vom Angriffspunkt der Kraft ab. Wirkt sie in Richtung eines Radiusvektors r vom Mittelpunkt zum Angriffspunkt der Kraft oder antiparallel zu r, so wird die Scheibe nur translatorisch beschleunigt (Abb. 7.2a). Wenn die Kraft jedoch eine Komponente senkrecht zu r besitzt, wird die Scheibe außerdem noch in Rotation mit einer Winkelbeschleunigung $\dot{\omega}$ versetzt (Abb. 7.2b). Durch Probieren findet man heraus, dass sich die Scheibe in reine Rotation ohne Translation versetzen lässt ($a = 0$, $\dot{\omega} \neq 0$), wenn man zwei Kräfte gleicher Größe, aber mit entgegengesetzter Richtung und mit gleichem Abstand vom Mittelpunkt anwendet, die nicht parallel zu einem Radiusvektor sind (Abb. 7.2c). Eine solche Kräftekombination nennt man *Kräftepaar*.

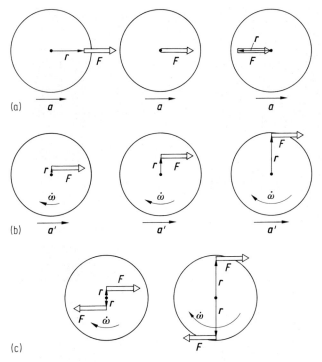

Abb. 7.2   Bewegungsformen einer Kreisscheibe auf dem Lufttisch unter dem Einfluss von Kräften (Aufsicht, r Ortsvektor vom Mittelpunkt zum Angriffspunkt der Kraft F): (a) Nur Translation mit Linearbeschleunigung a; (b) Translation mit a' und gleichzeitige Rotation mit Winkelbeschleunigung $\dot\omega$; (c) nur Rotation mit $\dot\omega$

Bei den Versuchen in Abb. 7.2b und 7.2c ist vorausgesetzt, dass die Kräfte nur für eine ganz kurze Zeit wirken, die klein ist im Vergleich zur Umdrehungszeit der Scheibe. Sie dreht sich dann während der Krafteinwirkung nur um einen kleinen Winkel ($\Delta\varphi \ll \pi$), so dass der Winkel φ zwischen F und r währenddessen praktisch unverändert bleibt.

Linienflüchtigkeit der Kräfte. Um die Beobachtungen in Abb. 7.2 auf eine quantitative Basis zu stellen, werden wir zwei neue Begriffe einführen, nämlich die *Linienflüchtigkeit* einer Kraft und, im nächsten Abschnitt, das *Drehmoment*. Mit Linienflüchtigkeit ist gemeint, dass die an einem starren Körper angreifende Kraft in ihrer eigenen Richtung beliebig vorwärts oder rückwärts verschoben werden kann, ohne dass sich an der Wirkung der Kraft auf den Bewegungszustand des Körpers etwas ändert. Das sieht man anhand von Abb. 7.3a ein. Dort soll an einem starren Körper im Punkt P_1 die Kraft F_1 wirken. In einem beliebigen Punkt P_2, der auf der Geraden liegt, die durch P_1 geht und die Richtung des Vektors F_1 besitzt, lässt man zusätzlich die gleichgroßen Kräfte F_1' und $-F_1'$ wirken. Diese beiden Kräfte kompensieren sich, da sie am gleichen Punkt P_2 angreifen. Sie ändern daher die Bewegung des starren Körpers nicht. Nun fassen wir in Gedanken die Kraft F_1 im Punkt P_1 und die Kraft $-F_1'$ im Punkt P_2 zusammen. Wäre der Körper nicht starr, so würden diese beiden Kräfte die Entfernung $\overline{P_1P_2}$ vergrößern. Wegen seiner Starrheit erleidet der Körper durch die beiden Kräfte aber keinerlei Veränderung. Damit

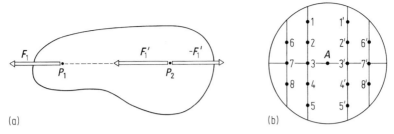

(a)   (b)

Abb. 7.3   Zur Linienflüchtigkeit einer Kraft, (a) Prinzip, (b) Nachweis der Linienflüchtigkeit von Kräften

heben die Wirkungen dieser beiden Kräfte sich auch gegenseitig auf, und es bleibt als einzige wirksame Kraft F_1' am Punkt P_2 übrig. Sie hat demnach die gleiche Wirkung wie die Kraft F_1 am Punkt P_1. Man kann das auch folgendermaßen ausdrücken: Eine Kraft besitzt am starren Körper keinen festen Angriffspunkt, sondern eine *Angriffslinie*, und jeder Punkt dieser Linie kann mit gleichem Recht als Angriffspunkt betrachtet werden. Diese Eigenschaft der Kräfte am starren Körper nennt man Linienflüchtigkeit.

Mit der in Abb. 7.3b skizzierten Vorrichtung lässt sich das Phänomen der Linienflüchtigkeit experimentell prüfen. Eine runde Metallscheibe ist um eine zu ihr senkrechte, horizontal liegende Achse A leicht drehbar und besitzt eine Anzahl Löcher 1, 2, …, 1′, 2′, …, die auf parallelen, vertikalen Reihen angebracht sind. Diese Reihen haben paarweise gleichen Abstand von der Achse A. In die Löcher können gleich große Metallgewichte eingesteckt werden. Steckt man zum Beispiel ein solches Gewicht in die Öffnung 1, so versucht es, die Scheibe linksherum zu drehen. Einstecken eines gleich großen Gewichts in 1′ dreht sie entsprechend in die entgegengesetzte Richtung. Beide Gewichte gleichzeitig in 1 und 1′ belassen die Scheibe in ihrer Ruhelage. Dieser Zustand ändert sich nicht, wenn man das eine Gewicht aus der Öffnung 1 in die Löcher 2, 3, 4, 5 umsteckt. Dabei verschiebt sich nämlich nur der Angriffspunkt der vertikal nach unten wirkenden Kraft in der Kraftrichtung. Man sieht ohne Weiteres, dass die Scheibe ebenfalls im Gleichgewicht bleibt, wenn man etwa gleiche Gewichte in die Öffnungen 7 und 7′ oder 7 und 8′ oder in 8 und 7′ bzw. 6′ hineinsteckt.

7.2 Drehmoment

In Abschn. 4.4 wurde das Drehmoment für Zentralbewegungen von Massenpunkten definiert. Unter der Einwirkung eines Drehmoments ändert sich der Bahndrehimpuls des Massenpunkts. Für die Drehbewegungen starrer Körper können entsprechende Gesetzmäßigkeiten formuliert werden.

Definition des Drehmoments. Wir wollen zunächst ein quantitatives Maß für das Zustandekommen der Drehbewegung eines starren Körpers unter der Wirkung einer Kraft finden. Dazu betrachten wir noch einmal eine Kreisscheibe (Abb. 7.2b). Das Experiment wird übersichtlicher, wenn wir die in diesen Beispielen auftretende Translation unterbinden, indem wir die Scheibe drehbar auf eine feste Achse stecken, die senkrecht zur Scheiben-

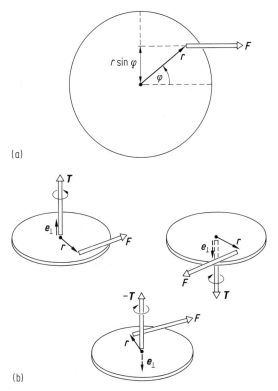

Abb. 7.4   Zur Definition des Drehmoments (a), Vektorcharakter des Drehmoments (b)

ebene durch ihren Mittelpunkt geht. Dann ergibt die Beobachtung Folgendes: Durch eine im zuvor erklärten Sinn ($\Delta\varphi \ll \pi$) kurzzeitig einwirkende Kraft erzeugt man eine Winkelbeschleunigung $\dot{\omega} = \mathrm{d}\omega/\mathrm{d}t$. Diese wird umso größer, je größer das Produkt aus dem Betrag F der Kraft und der Projektion $r\sin\varphi$ des Ortsvektors r ihres Angriffspunkts auf einen zu F senkrechten Durchmesser ist (Abb. 7.4a). Die Größe $r\sin\varphi$ bezeichnet man als *Hebelarm* der Kraft F. Was hier am Beispiel einer Kreisscheibe erläutert wurde, gilt auch für beliebig geformte Körper. Dann ist r der senkrecht auf der Drehachse stehende Vektor von dort zum Angriffspunkt der Kraft. Das Produkt $T = rF\sin\varphi$ wird *Drehmoment* genannt.

Das *Drehmoment hat Vektorcharakter*, weil sich mit der Umkehrung der Kraftrichtung oder der Richtung des Vektors r auch der Drehsinn umkehrt. Es liegt daher nahe, die Beziehung $T = rF\sin\varphi$ als Vektorprodukt zu schreiben,

$$T = r \times F. \tag{7.1}$$

Das Drehmoment T ist also ein Vektor der (im Sinn einer Rechtsschraube) senkrecht auf der von r und F aufgespannten Ebene steht (Abb. 7.4b). Die durch ein Drehmoment erzeugte Winkelbeschleunigung $\dot{\omega}$ ist ebenfalls ein Vektor. Er zeigt im Rechtsschraubensinn in Richtung der Drehachse. Das Drehmoment hat dieselbe Einheit wie die Energie, nämlich Nm. Man verwendet hier zweckmäßigerweise nicht die Einheit J als Abkürzung für Nm, um auf diese Weise das Drehmoment deutlich von der Energie zu unterscheiden.

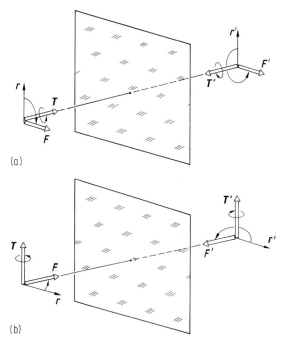

Abb. 7.5　Spiegelung von polaren (r, F) und axialen ($T = r \times F$) Vektoren. T ergibt sich durch Drehen von r nach F im Rechtsschraubensinn, (a) $T \perp$ Spiegel; (b) $T \parallel$ Spiegel.

Der Vektor T des Drehmoments hat einen anderen Charakter als der Ortsvektor r oder der Kraftvektor F. Im Gegensatz zu diesen kehrt sich nämlich bei einer *einmaligen* Spiegelung an einer Ebene der Drehsinn von T um. Aus einer Rechtsschraube beim Drehen von r in die Richtung von F wird dabei eine Linksschraube beim Drehen von r' nach F' (Abb. 7.5). Dasselbe gilt bei der Inversion eines (kartesischen) Koordinatensystems am Ursprung ($x \rightarrow -x, y \rightarrow -y, z \rightarrow -z$), was einer dreifachen Spiegelung an den drei Koordinatenebenen yz, zx und xy entspricht. (Bitte machen Sie sich das durch eine Zeichnung klar.)

Vektoren, deren Drehsinn sich bei *einmaliger* Spiegelung oder Inversion umkehrt, nennt man *axiale Vektoren*. Andere, bei denen das nicht geschieht, bzw. solche, die keinen Drehsinn haben, heißen *polare Vektoren*. Polare Vektoren sind zum Beispiel Ortsvektoren, Geschwindigkeit, Beschleunigung, Kraft, Impuls, elektrisches Feld, Gravitationsfeld. Axiale Vektoren sind Winkelgeschwindigkeit, Drehimpuls, magnetisches Feld (s. Bd. 2) usw. Um axiale von polaren Vektoren zu unterscheiden, kennzeichnen wir sie, wenn irgend möglich, in graphischen Darstellungen mit ihrem Drehsinn ⟳ von der Seite, ⊙ von der Spitze und ⊗ vom Ende her gesehen. Manchmal benutzen wir hierfür auch nur einen gebogenen Pfeil (z. B. Abb. 7.2).

Messung von Drehmomenten. Die Messung von Drehmomenten geschieht normalerweise durch Bestimmung des Kraftvektors F und des senkrecht auf der Drehachse stehenden Ortsvektors r seines Angriffspunkts sowie des Winkels zwischen beiden Vektoren

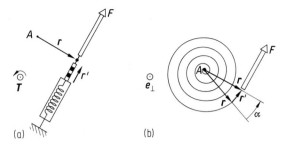

Abb. 7.6   Zur Drehmoment-Messung, (a) mit Federwaage, (b) mit Spiralfeder (F Kraft, r Hebelarm, r' Federauslenkung, A Drehachse)

(Abb. 7.6a). Dann erhält man T nach Gl. (7.1). Es gibt aber auch sogenannte *Drehmoment-Aufnehmer*. Anstelle der Anzeige (r') einer Federwaage mit der Federkonstante k nach Abb. 7.6a benutzt man die Verdrillung (Winkel α) einer Spiralfeder als Messgröße für T (Abb. 7.6b). In diesem Fall ergibt sich für das Drehmoment

$$ r \times F = r \times kr' = rkr' \sin \angle(r, r')\, e_\perp. $$

Dabei ist $e_\perp$ der Einheitsvektor in Richtung des Drehmoments. Da für $r' \ll r$ die Näherung $r' = r \sin \alpha$ gilt, ergibt sich bei kleinen Verdrillungswinkeln ($\sin \alpha \approx \alpha$) und mit $\sin \angle(r, r') \approx 1$ (s. Abb. 7.6b)

$$ |T| = kr^2 \alpha. $$

Mit dem Richtmoment (s. Kap. 5) $D = kr^2$ folgt für kleine Verdrillungswinkel

$$ |T| = D\alpha. \tag{7.2} $$

Das Richtmoment D wird häufig auch *Direktionsmoment* oder auch Winkelrichtgröße oder Torsionskonstante (Einheit Nm/rad) genannt. Anstelle der in Abb. 7.6b dargestellten Spiralfeder verwendet man oft auch einen Torsionsdraht oder Torsionszylinder (Näheres in Kap. 9).

Den Vektorcharakter des Drehmoments erkennt man sehr gut an dem bekannten Versuch mit einer Garnrolle (Abb. 7.7). Zieht man am Faden in horizontaler Richtung, so bewegt sie sich auf die ziehende Hand zu. Zieht man dagegen am Faden hinreichend steil nach oben, so läuft die Rolle in der umgekehrten Richtung fort. Die Drehachse ist bei einer so gelagerten Rolle nicht ihre Symmetrieachse, sondern ihre Berührungslinie mit der Auflagefläche. Das Drehmoment ist, wie man in der Figur sieht, in beiden Fällen entgegengesetzt gerichtet. Bei einer ganz bestimmten schrägen Richtung des Fadens kommt überhaupt kein Drehmoment zustande, da die Richtung der Kraft dann durch die Drehachse geht. Dieser Fall stellt den Übergang zwischen Rechts- und Linksdrehung der Rolle dar, die sich jetzt überhaupt nicht dreht, sondern nur rutscht. Berechnen Sie für diesen Fall zur Übung den Winkel β zwischen F und der Vertikalen als Funktion des inneren und äußeren Radius der Garnrolle (Ergebnis: $\beta = \arcsin(R_i/R_a)$). Das für den Laien verblüffende Verhalten einer Garnrolle zeigt sehr anschaulich den qualitativen Unterschied zwischen einer Kraft und einem Drehmoment. Bei der Kraft wissen wir aus Newtons Grundgesetz der Mechanik, dass die durch sie erzeugte Beschleunigung immer in Richtung der Kraft erfolgt. Beim Drehmoment hingegen hängt der Drehsinn der auftretenden Rotation von der *re-*

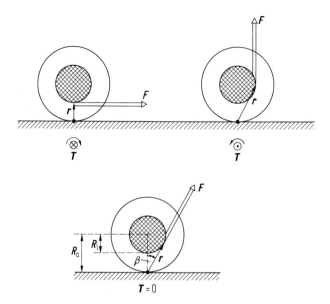

Abb. 7.7   Drehmomente beim Ziehen einer Garnrolle

lativen Orientierung zwischen *r* und *F* ab. Der Betrag von *T* ist außerdem proportional zum Abstand zwischen der Drehachse und der Angriffslinie der Kraft. Den Zusammenhang zwischen *T* und der dadurch bewirkten Winkelbeschleunigung $\dot{\omega}$ besprechen wir in Kap. 8.

7.3 Massenmittelpunkt und Schwerpunkt

Grundgesetz der Mechanik für starre Körper. Die Definition des Drehmoments in Gl. (7.1) zeigt, dass es für bestimmte Winkel zwischen *r* und *F*, nämlich für $\varphi = 0$ und $\varphi = \pi$ verschwindet. Dann erfährt der Körper gemäß Abb. 7.2a nur eine Translation, aber keine Rotation. Untersucht man bei einem beliebig geformten Körper, in welchen Richtungen eine Kraft an verschiedenen Angriffspunkten angreifen muss, um nur eine Translation ohne Rotation zu erzeugen, so findet man, dass die Fluchtlinien dieser Kräfte sich alle in einem Punkt S schneiden (Abb. 7.8). Das gilt auch für dreidimensionale Körper, wie sich leicht experimentell verifizieren lässt. Wir wollen untersuchen, was diesen Punkt S auszeichnet.

Es liegt nahe, hier Newtons Grundgesetz *F* = *ma* auf den Körper als Ganzes anzuwenden. Bei einer reinen Translation sind nämlich die Beschleunigungsvektoren aller Punkte eines starren Körpers nach Größe und Richtung einander gleich. Wir denken uns den Körper aus lauter Massenpunkten mit Massen m_i an den Orten r_i zusammengesetzt, auf die jeweils eine Kraft F_i wirkt. Dann gilt für jeden dieser Massenpunkte

$$F_i = m_i \frac{\mathrm{d}^2 r_i}{\mathrm{d}t^2}.$$

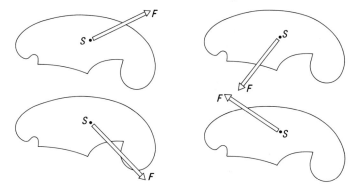

Abb. 7.8   Definition des Massenmittelpunkts. Jeder der gezeichneten Kraftvektoren erzeugt eine rotationsfreie Translation.

Summation über alle diese Kräfte ergibt eine resultierende Kraft

$$F_{\text{ges}} = \sum_i F_i = \sum_i m_i \frac{\mathrm{d}^2 r_i}{\mathrm{d}t^2}.$$

Für zeitlich unveränderliche Massen m_i können wir stattdessen auch schreiben

$$F_{\text{ges}} = \frac{\mathrm{d}^2}{\mathrm{d}t^2} \sum_i m_i r_i. \tag{7.3}$$

Diese Gesamtkraft ist gleich der von außen auf den Körper wirkenden Kraft F_a, da nach dem Reaktionsgesetz $F_{ij} = -F_{ji}$ die Kräfte zwischen je zwei Teilchen i und j des Körpers sich paarweise zu null addieren. Für F_{ges} bleiben daher nur die Kräfte F_{ai} übrig, die von außen auf die Teilchen wirken. Die Summe dieser Kräfte ist also gleich der äußeren Kraft F_a. Wenn man Newtons Grundgesetz der Mechanik für die Gesamtmasse $M = \sum_i m_i$ des Körpers in der Form

$$F_a = M \frac{\mathrm{d}^2 r_S}{\mathrm{d}t^2} = M a_S \tag{7.4}$$

schreibt und dies mit Gl. (7.3) vergleicht, so folgt für den hierdurch definierten Vektor r_S

$$r_S = \frac{\sum_i m_i r_i}{\sum_i m_i} = \frac{\sum_i m_i r_i}{M}. \tag{7.5}$$

Es ist der Ortsvektor des Punktes S.

Massenmittelpunkt. Die reine Translationsbewegung eines starren Körpers unter dem Einfluss einer äußeren Kraft F_a lässt sich also mit einer einheitlichen Beschleunigung a_S eines Punktes am Ort r_S beschreiben, in dem die gesamte Masse M des Körpers vereinigt gedacht wird. Dieser Punkt heißt *Massenmittelpunkt* (englisch: center of mass). Man kann ihn berechnen, indem man nach Gl. (7.5) ein gewichtetes Mittel der Orte r_i aller Massenelemente m_i des Körpers bildet. Der Massenmittelpunkt wird oft auch *Schwerpunkt* genannt. Hierauf kommen wir gleich noch zurück. Abb. 7.9 zeigt einige Beispiele

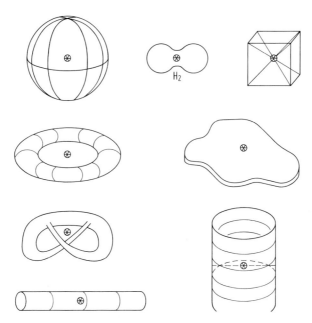

Abb. 7.9   Massenmittelpunkte ⊛ einiger Körper

für die Lage von Massenmittelpunkten. Sie können in manchen Fällen auch außerhalb des Körpers liegen wie beim Ring, bei der Brezel oder beim Becher. Will man die Lage des Massenmittelpunkts berechnen, so verwendet man die Definitionsgleichung (7.5) und ersetzt bei einem ausgedehnten Körper die Summe durch ein Integral über dessen Volumen V

$$r_S = \frac{1}{M} \int_V r \, dm \qquad (7.6)$$

bzw. bei konstanter Dichte mit $dm = \rho \, dV$

$$r_S = \frac{\varrho}{M} \int_V r \, dV. \qquad (7.7)$$

Das Integral lässt sich nur in wenigen Fällen analytisch ausrechnen. Für bestimmte, geometrisch einfache Körper kann man den Massenmittelpunkt auch durch Symmetriebetrachtungen finden. Wie man ihn experimentell bestimmt, werden wir gleich noch besprechen.

Der Vollständigkeit halber seien hier auch die Ausdrücke für Geschwindigkeit v_S und Beschleunigung a_S des Massenmittelpunkts angegeben. Man erhält sie durch Differenzieren des Ortsvektors (Gl. (7.5)) nach der Zeit:

$$v_S = \frac{dr_S}{dt} = \frac{\sum_i m_i dr_i/dt}{M} = \frac{\sum_i m_i v_i}{M}, \qquad (7.8)$$

$$a_S = \frac{d^2 r_S}{dt^2} = \frac{\sum_i m_i d^2 r_i/dt^2}{M} = \frac{\sum_i m_i a_i}{M}. \qquad (7.9)$$

Auch hier kann man wie in Gl. (7.6) von der Summe zum Integral übergehen.

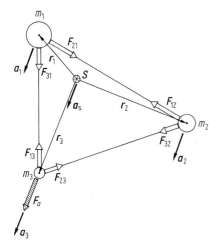

Abb. 7.10   Grundgesetz der Mechanik für einen starren Körper

Als Nächstes verdeutlichen wir uns die Aussage der Gl. (7.4), $F_a = M a_S$, an demselben einfachen Beispiel. In Abb. 7.10 wirke eine äußere Kraft F_a auf die Masse m_3 in Richtung ihrer Verbindungslinie mit dem Massenmittelpunkt S. Diese Kraft bewirkt nach unseren Beobachtungen (s. Abb. 7.2a und 7.8) eine reine Translation des gesamten aus m_1, m_2 und m_3 bestehenden starren Körpers. An jeder der drei Teilmassen sind alle wirkenden Kräfte eingezeichnet. Wie bei der Ableitung von Gl. (7.3) erläutert wurde, kompensieren sich die inneren Kräfte F_{ij} wegen Newtons Reaktionsgesetz jeweils paarweise. Man stelle sich vor, die drei Massen seien durch Federn verbunden, die bei Kompression oder Dilatation an ihren Enden entgegengesetzt gleiche Kräfte ausüben. (Allerdings erfordert unser Modell des *starren* Körpers sehr harte Federn, die praktisch keine Verformungen erlauben.) Newtons Grundgesetz der Mechanik (7.3) lautet für unser Beispiel bei zeitlich konstanten Massen

$$F_a = (m_1 + m_2 + m_3) \frac{\mathrm{d}^2}{\mathrm{d}t^2} \frac{(m_1 r_1 + m_2 r_2 + m_3 r_3)}{(m_1 + m_2 + m_3)}$$

$$= m_1 \frac{\mathrm{d}^2 r_1}{\mathrm{d}t^2} + m_2 \frac{\mathrm{d}^2 r_2}{\mathrm{d}t^2} + m_3 \frac{\mathrm{d}^2 r_3}{\mathrm{d}t^2} = m_1 a_1 + m_2 a_2 + m_3 a_3.$$

Da bei einem starren Körper die Beschleunigungen für alle seine Teile gleich sein müssen, nämlich $a_1 = a_2 = a_3 = a_S$, können wir a_S ausklammern und erhalten dann $F_a = (m_1 + m_2 + m_3)\, a_S = M a_S$.

Der Begriff des Massenmittelpunkts erlaubt es also, das Grundgesetz in der Form $F_a = M a_S$ für die Translationsbewegung eines ausgedehnten starren Körpers als Ganzes zu verwenden. Auch sei daran erinnert, dass der Begriff des Massenmittelpunkts bzw. des gleich anschließend zu besprechenden Schwerpunkts bei der Beschreibung von Stoßprozessen zwischen Körpern eine große Rolle spielt. Sie lassen sich im Schwerpunktsystem einfacher beschreiben als in anderen Koordinatensystemen.

Schwerpunkt. Wir wollen jetzt verstehen lernen, warum der Massenmittelpunkt oft auch *Schwerpunkt* (englisch: center of gravity) genannt wird. Damit sei derjenige Punkt bezeichnet, an dem man einen ausgedehnten Körper aufhängen oder unterstützen muss, so dass er sich anschließend nicht bewegt oder dreht. Dabei soll nur die Schwerkraft auf den

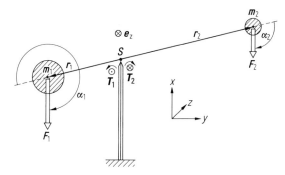

Abb. 7.11   Zur Lage des Schwerpunkts einer Massenverteilung

Körper wirken, aber keine sonstigen Kräfte. Wir wollen jetzt zeigen, dass der *Schwerpunkt* in einem *homogenen Gravitationsfeld* mit dem *Massenmittelpunkt* identisch ist.

Dazu betrachten wir in Abb. 7.11 einen einfachen Körper aus zwei kugelförmigen Massen, die durch eine masselose starre Stange verbunden seien. Die Anordnung befinde sich nahe der Erdoberfläche, wo wir Betrag und Richtung der Schwerebeschleunigung g in guter Näherung als konstant annehmen können. Gesucht ist der Punkt S, an dem die Anordnung aufgehängt oder unterstützt werden kann, ohne dass sie sich dreht. Das ist offenbar dann der Fall, wenn keine resultierenden Drehmomente auf den Körper wirken. Die Kraft F_1 auf die Masse m_1 greift in ihrem Mittelpunkt an und ist gleich $m_1 g$; entsprechend gilt $F_2 = m_2 g$. Die Drehmomente um einen zunächst noch beliebigen Punkt S auf der Verbindungsgerade sind nach Gl. (7.1)

$$T_1 = r_1 \times F_1 \quad \text{und} \quad T_2 = r_2 \times F_2.$$

Einsetzen von F_1 und F_2 ergibt

$$T_1 = r_1 m_1 g (\sin \alpha_1) e_z, \quad T_2 = r_2 m_2 g (\sin \alpha_2) e_z$$

(s. Abb. 7.11), wobei e_z ein senkrecht zur Zeichenebene nach hinten gerichteter Einheitsvektor ist. Da $\sin \alpha_2 = -\sin \alpha_1$ ist, gilt für die Summe der Drehmomente

$$T_{\text{ges}} = (r_1 m_1 - r_2 m_2)(\sin \alpha_1) g e_z.$$

Dieser Ausdruck und damit jede resultierende Drehbewegung verschwindet genau dann, wenn $r_1 m_1 = r_2 m_2$ bzw. $r_1/r_2 = m_2/m_1$ wird. In diesem Fall wird die Verbindungslinie durch den Punkt S im umgekehrten Verhältnis der beiden Massen geteilt. Das gilt für jede beliebige Winkellage der Anordnung, denn es ist stets $\alpha_1 - \alpha_2 = 180°$, also $\sin \alpha_1 = -\sin \alpha_2$. Die Bedingung $r_1 m_1 g - r_2 m_2 g = 0$ bzw. $m_1 g r_1 + m_2 g r_2 = 0$, die auch *Hebelgesetz* genannt wird, ist äquivalent zu unserer Definitionsgleichung (7.5) für die Lage r_S des Massenmittelpunkts. Verschwindet das resultierende Drehmoment, so ist der Unterstützungspunkt der Schwerpunkt S in einem homogenen Gravitationsfeld, und dieser stimmt mit dem Massenmittelpunkt überein.

Bisher haben wir bei der Anordnung in Abb. 7.11 nur die Drehmomente diskutiert. Wie sieht es mit den Kräften aus? Die resultierende Kraft $F_{\text{ges}} = (m_1 + m_2) g$ wird durch eine gleich große Gegenkraft in der Aufhängung oder der Unterstützung kompensiert,

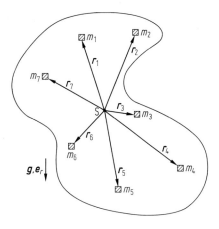

Abb. 7.12 Die Lage des Schwerpunkts vieler Massenelemente

wenn sich der Körper nicht bewegt. Die Addition von Kräften an einem starren Körper besprechen wir ausführlich im nächsten Abschnitt.

Die Übereinstimmung von Massenmittelpunkt und Schwerpunkt bei der Anordnung in Abb. 7.11 gilt natürlich nur, wenn die Schwerebeschleunigung g homogen ist. Würde am Ort der Masse m_1 eine nach Größe oder Richtung andere Schwerebeschleunigung wirken als an der Masse m_2, so verliert die oben durchgeführte Betrachtung ihre Gültigkeit. Dann liegen der durch $r_S = (m_1 r_1 + m_2 r_2)/M$ definierte Massenmittelpunkt und der durch $r_1 \times m_1 g_1 + r_2 \times m_2 g_2 = 0$ bestimmte Schwerpunkt an verschiedenen Stellen. Wie in Kap. 6 besprochen wurde, sind die Änderungen von Betrag und Richtung von g auf der Erdoberfläche von der Größenordnung 10^{-7} und fallen somit nur bei sehr genauen Messungen ins Gewicht. Wir wollen uns daher dem üblichen Sprachgebrauch anschließen und auf der Erde die Begriffe Massenmittelpunkt und Schwerpunkt synonym verwenden.

Die Betrachtung der Abb. 7.11 lässt sich leicht auf mehr als zwei Einzelmassen erweitern. Dann lautet die Bedingung verschwindenden Gesamtdrehmoments

$$\sum_i T_i = \sum_i m_i r_i \times g_i = 0,$$

wobei r_i der Ortsvektor vom Schwerpunkt zum Massenelement m_i ist und g_i die Schwerebeschleunigung am Ort r_i. Für $g_i = g e_r = $ const mit dem Einheitsvektor e_r in Richtung zum Erdmittelpunkt erhält man (Abb. 7.12)

$$\sum_i T_i = g \sum_i m_i r_i \times e_r = 0.$$

Bei einer kontinuierlichen Massenverteilung mit der Dichte ϱ kann man über das Volumen V integrieren und erhält als *Definitionsgleichung für den Schwerpunkt*

$$T_{\text{ges}} = \frac{1}{V} \int\limits_V \varrho (r \times g) \mathrm{d}V = 0. \tag{7.7}$$

Dieses Integral lässt sich allerdings nur in besonders einfachen Fällen analytisch ausrechnen.

Als Beispiel sei die *Berechnung des Schwerpunkts* eines homogenen geraden Kreiskegels angeführt. Wir machen die Achse des Kegels, dessen Höhe h sei, zur x-Achse

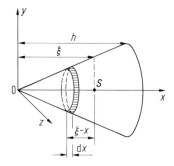

Abb. 7.13   Zur Berechnung des Schwerpunkts eines Kegels

eines kartesischen Koordinatensystems (Abb. 7.13) und zerlegen den Kegel in eine Anzahl dünner, zur Grundfläche paralleler Scheiben der Dicke dx. Die im Abstand x von der Kegelspitze gelegene Scheibe hat die Masse $dm = \varrho \pi y^2 dx$, wenn ϱ die Dichte und y den Radius der Scheibe bedeuten. Der Schwerpunkt S, der aus Symmetriegründen auf der Achse des Kegels liegen muss, habe von der Spitze 0 den Abstand ξ. Die betrachtete Kreisscheibe übt dann in Bezug auf den Schwerpunkt das Drehmoment $\varrho g \pi y^2 (\xi - x) dx$ aus, wobei $(\xi - x)$ der *Kraftarm* ist. Das Integral dieses Ausdrucks, erstreckt über den ganzen Kegel, liefert dann die Summe der Drehmomente aller Kreisscheiben, die wir nach Gl. (7.7) gleich null zu setzen haben:

$$\varrho \pi g \int\limits_0^h y^2 (\xi - x) dx = 0 \quad \text{oder} \quad \int\limits_0^h \xi y^2 dx - \int\limits_0^h x y^2 dx = 0.$$

Nun ist beim Kegel $y = \text{const} \cdot x$, und damit wird

$$\xi \int\limits_0^h x^2 dx - \int\limits_0^h x^3 dx = 0$$

oder nach Ausführung der Integration $\xi h^3/3 = h^4/4$, woraus $\xi = 3h/4$ folgt. Der Schwerpunkt des Kreiskegels liegt also auf seiner Achse, ein Viertel der Höhe über seiner Grundfläche. Dieses Ergebnis gilt auch für den Schwerpunkt einer geraden Pyramide der Höhe h. In ähnlicher Weise findet man, dass der Schwerpunkt einer Halbkugel um drei Achtel des Radius vom Kugelmittelpunkt entfernt ist (zur Übung empfohlen).

Die *experimentelle Bestimmung des Schwerpunkts* eines beliebig geformten Körpers ist relativ einfach. Man hängt den Körper, zum Beispiel eine Birne, an einem beliebigen Punkt P auf (Abb. 7.14). Die Kraft $\boldsymbol{F}_g$ der Erdanziehung können wir uns nach Gl. (7.4), $\boldsymbol{F}_g = M\boldsymbol{a}_S$, im Schwerpunkt S konzentriert denken. Liegt dieser nicht senkrecht unter P (Abb. 7.14a), so übt $\boldsymbol{F}_g$ ein Drehmoment $\boldsymbol{T}_g = \boldsymbol{r} \times \boldsymbol{F}_g$ um eine horizontale Achse durch P aus ($\boldsymbol{r} = \overrightarrow{PS}$). Dieses Drehmoment verschwindet, sobald sich der Körper so weit gedreht hat, dass S senkrecht unter P liegt bzw. $\boldsymbol{F}_g$ in der Verlängerung von $\boldsymbol{r}$ (Abb. 7.14b). Man kennt somit eine Strecke ($\overline{PP'}$) im Körper, auf der S liegen muss. Hängt man ihn jetzt nochmal an einem anderen Punkt R auf, so gilt die gleiche Überlegung (Abb. 7.14c). Der Schwerpunkt S ist der Schnittpunkt der beiden Strecken $\overline{PP'}$ und $\overline{RR'}$. Bei kompakten und unregelmäßig geformten Körpern muss man Schnittzeichnungen anfertigen, um die Lage des Schwerpunkts im Inneren zu bestimmen, wie es in Abb. 7.14 angedeutet ist.

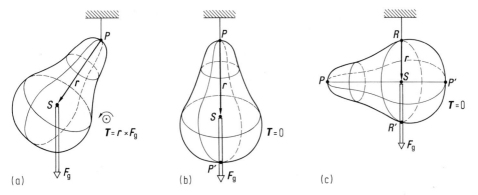

Abb. 7.14   Experimentelle Bestimmung des Schwerpunkts einer Birne

Die Schnittebenen müssen die Strecken $\overline{PP'}$ bzw. $\overline{RR'}$ enthalten, können aber im Übrigen beliebig orientiert sein. Ihre Schnittgerade geht stets durch S.

7.4 Hauptsatz der Statik starrer Körper

Addition von Kräften. Wir wollen uns jetzt der Frage zuwenden, welche Bewegung ein starrer Körper unter dem Einfluss mehrerer, in beliebigen Punkten und Richtungen angreifender Kräfte ausführt. Wie wir sehen werden, hat dieses Problem eine sehr einfache Lösung:

- Die Bewegung eines starren Körpers unter dem Einfluss von beliebigen Kräften lässt sich zurückführen auf eine Translation seines Schwerpunkts durch eine resultierende Kraft F_{ges} und eine Rotation um seinen Schwerpunkt durch ein resultierendes Drehmoment T_{ges}.

Wir beweisen diesen *Hauptsatz der Statik starrer Körper* zunächst für Kräfte, die in einer Ebene liegen wie in Abb. 7.2. Später wird das Ergebnis auf beliebig im Raum orientierte Kräfte verallgemeinert.

Wir betrachten zunächst zwei an verschiedenen Punkten A und B in verschiedener Richtung angreifende Kräfte F_1 und F_2 (Abb. 7.15a). Nach dem in Abb. 7.3a erläuterten Prinzip der Linienflüchtigkeit von Kräften kann man diese bis zu ihrem Schnittpunkt P' zurückverschieben (F_1', F_2'), ohne dass sich an der durch die Kräfte bestimmten Bewegungsmöglichkeit des Körpers etwas ändert. Sodann lassen sich die beiden Kräfte nach dem in Abschn. 3.2 besprochenen Kräfteparallelogramm zu einer resultierenden Kraft F_{1+2}' zusammensetzen. Deren Angriffspunkt kann wieder längs ihrer Richtung beliebig verschoben werden, zum Beispiel bis zum Punkt P auf der Verbindungslinie $\overline{AB}$ der Angriffspunkte von F_1 und F_2. Dann erhält man in Abb. 7.15a die Kraft F_{1+2}. Wirken mehr als zwei Kräfte auf den Körper, so lässt sich mit ihnen paarweise nach diesem Rezept verfahren, bis man nur noch eine einzige resultierende Kraft übrig behält. Falls dabei der Schnittpunkt P' außerhalb des Körpers liegt, spielt es für das Ergebnis keine Rolle. Dies ist in Abb. 7.15a durch den gestrichelten Umriss des kleineren Körpers angedeutet.

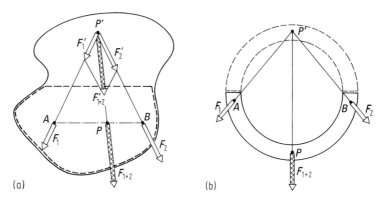

(a)   (b)

Abb. 7.15 Addition zweier nicht paralleler Kräfte an einem starren Körper

Sofern es nämlich irgendeine materielle Verbindung zwischen den Punkten A und B gibt, lässt sich immer ein Angriffspunkt der Kraft F_{1+2} finden, der innerhalb dieser Verbindung liegt. Das erkennt man auch in Abb. 7.15b: Größe und Richtung der Gesamtkraft F_{1+2} sind unabhängig davon, ob die obere gestrichelte Hälfte des Kreisrings vorhanden ist oder nicht. (Dagegen hängt die von F_{1+2} dem Körper erteilte Beschleunigung natürlich von seiner Masse ab und damit vom Vorhandensein oder Fehlen der gestrichelten Hälfte.)

Das soeben erläuterte Verfahren zur Kräfteaddition versagt, wenn die Kräfte parallel oder antiparallel gerichtet sind. Dann liegt der Schnittpunkt ihrer Verlängerungslinien im Unendlichen. In diesen Fällen behilft man sich mit dem in Abb. 7.16 erläuterten Trick. Man addiert in den Punkten A und B zwei beliebige entgegengesetzt gerichtete gleich große Hilfskräfte f_1 und f_2. Diese kompensieren sich in ihrer Wirkung und ändern am Bewegungszustand des starren Körpers nichts. Mit den resultierenden Kräften $F_1^* = F_1 + f_1$, und $F_2^* = F_2 + f_2$ lässt sich dann wieder so verfahren wie in Abb. 7.15. Wegen $f_1 = -f_2$ heben sich die Hilfskräfte bei der Gesamtkraft $F_{1+2} = F_1^* + F_2^* = F_1 + F_2$ wieder heraus.

Auch dieses Verfahren mit den Hilfskräften versagt, wenn die wirksamen Kräfte antiparallel *und* gleich groß sind. Dann rückt der Schnittpunkt der Verlängerungen von F_1^* und F_2^* ins Unendliche. In diesem Fall *und nur in diesem* lassen sich die beiden Kräfte nicht zu einer Resultierenden vereinigen. Sie stellen ein *Kräftepaar* dar, das, wie wir aus dem Experiment (Abb. 7.2c) wissen, eine reine Drehung bewirkt. Diese erfolgt um eine Achse, die senkrecht zur Ebene der beiden Kräfte steht (Abb. 7.17). Das Drehmoment T_{kp} des Kräftepaares setzt sich additiv aus den Drehmomenten der beiden Einzelkräfte gemäß Gl. (7.1) zusammen:

$$T_{kp} = T_{F_1} + T_{F_2} = \frac{l}{2} \times F_1 - \frac{l}{2} \times F_2.$$

Mit $F_1 = -F_2$ und $|F_2| = |F_1| = F$ folgt hieraus

$$T_{kp} = l \times F_2 = lF \sin \angle (l, F_2) e_\perp,$$

wobei $e_\perp$ ein Einheitsvektor im Rechtsschraubensinn ($l \to F_2$) senkrecht zur von F_1 und F_2 bestimmten Ebene ist. Um welche Achse das Kräftepaar den Körper dreht, werden wir gleich noch besprechen.

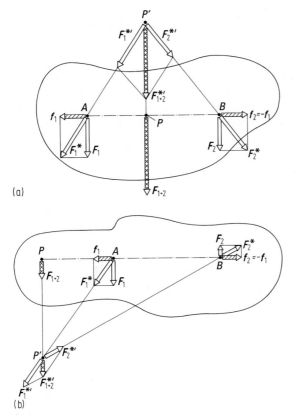

(a)

(b)

Abb. 7.16   Addition paralleler Kräfte am starren Körper, (a) gleichgerichtete, (b) entgegengerichtete Kräfte

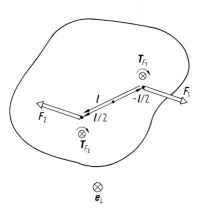

Abb. 7.17   Drehmoment eines Kräftepaares

Wir haben bisher gezeigt, dass sich in einer Ebene mehrere auf einen starren Körper wirkende Kräfte zu einer resultierenden Gesamtkraft zusammensetzen lassen. Dabei bleibt eventuell ein Kräftepaar übrig, das ein Drehmoment erzeugt.

Addition und Verschiebung von Drehmomenten. Als nächsten Schritt zum Beweis des *Hauptsatzes der Statik starrer Körper* wollen wir die Zusammensetzung von Drehmomenten besprechen, die durch Kräftepaare erzeugt werden. Zunächst wird gezeigt, dass sich Kräftepaare und die mit ihnen verbundenen Drehmomente in der Ebene beliebig verschieben lassen, ohne am Bewegungszustand des Körpers etwas zu ändern. In Abb. 7.18 betrachten wir die Drehung eines starren Körpers durch ein Kräftepaar (F_1, F_2) um den Mittelpunkt M seiner Verbindungslinie $\overline{AB}$. Wir drehen den Körper in Gedanken um den Winkel α, wobei die Strecke $\overline{AB}$ nach $\overline{A'B'}$ gelangt. An diesen Punkten des Körpers bringen wir die entgegengesetzt gleich großen Kräfte F_1' und F_1'' sowie F_2' und F_2'' an, deren Wirkungen sich paarweise aufheben. Dann addieren wir F_1 und F_1'' zu F_1^* sowie F_2 und F_2'' zu F_2^*. Die Kräfte F_1^* und F_2^* liegen in Richtung der Winkelhalbierenden von α und kompensieren sich gegenseitig. Übrig bleiben F_1' und F_2', die ein gegenüber dem ursprünglichen Kräftepaar gedrehtes Paar bilden und dasselbe Drehmoment $T' = \vec{A'B'} \times F_2'$ um dieselbe Achse wie das ursprüngliche Drehmoment $T = \vec{AB} \times F_2$. Die Drehung eines Kräftepaares um seinen Mittelpunkt ändert also nichts an seiner Wirkung auf die Bewegungsmöglichkeiten des Körpers.

Nach der Drehung eines Kräftepaares um seinen Mittelpunkt besprechen wir nun seine Verschiebung in der Ebene. In Abb. 7.19 sei das Kräftepaar (F_1, F_1') mit dem Abstand $\overline{AB}$ seiner Angriffspunkte gegeben. Wir wollen es durch ein anderes Kräftepaar (F_B, F_C') ersetzen, das in den Punkten B und C angreift. Dazu denken wir uns in B die Kräfte F_B und F_B' hinzugefügt, in C die Kräfte F_C und F_C'. Diese sollen alle vier gleich groß und paarweise einander entgegengerichtet sein, so dass ihre Wirkung auf die Bewegungsmöglichkeiten des Körpers verschwindet. Wenn wir $|F_C|/|F_1| = \overline{AB}/\overline{BC}$ wählen, so kompensieren sich die Drehmomente von F_C und F_1 um B gemäß dem in Abb. 7.11 erläuterten Hebelgesetz.

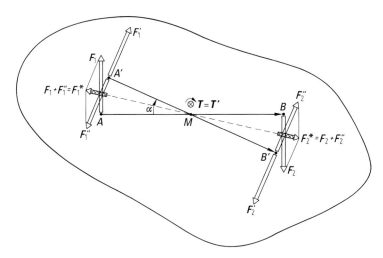

Abb. 7.18 Drehung eines starren Körpers durch ein Kräftepaar

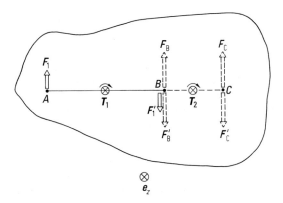

Abb. 7.19   Verschiebung eines Kräftepaares in der Ebene

Außerdem sind die Kräfte $(F_1' + F_B')$ sowie $(F_1 + F_C)$ gleich groß, so dass der Körper als Ganzes durch sie keine Kraft erfährt. Es bleiben also nur noch die Kräfte F_B und F_C' als wirksam übrig. Damit haben wir das Drehmoment $T_1 = \overline{AB}F_1'e_z$ in das Drehmoment T_z $= \overline{BC}F_C'e_z = \overline{BC}F_Be_z$ umgewandelt, ohne an der Bewegungsmöglichkeit des Körpers etwas zu ändern. Der Mittelpunkt der Strecke $\overline{BC}$ in Abb. 7.19 hängt von der freien Wahl des Punktes C ab. Wir können es daher auch so einrichten, dass er der Schwerpunkt S des Körpers ist.

Mit Hilfe der in den Abb. 7.18 und 7.19 beschriebenen Verfahren können wir jedes an einer beliebigen Strecke eines Körpers angreifende Kräftepaar durch ein in derselben Ebene liegendes äquivalentes ersetzen, dessen Mittelpunkt der Schwerpunkt des Körpers ist. Man könnte nun folgende Vermutung haben: Unter dem Einfluss eines an zwei beliebigen Punkten angreifenden Kräftepaares erfährt ein Körper immer eine Drehung um seinen Schwerpunkt. Aufgrund mangelnder Alltagserfahrung sind wir geneigt, diese Vermutung anzuzweifeln. Sie lässt sich jedoch mit einem beliebig geformten ebenen Körper auf dem Lufttisch leicht beweisen (Abb. 7.20a). Auf einer Grundplatte GP ist eine vertikale Glasscheibe GS fest montiert. Durch zwei gegenüberliegende versetzt angeordnete Düsen DU wird Pressluft senkrecht auf die Platte geblasen. Die Düsen sind relativ zueinander durch einen Bügel B fixiert, der sie immer im gleichen senkrechten Abstand von der Platte hält, der aber parallel zur jeweiligen Lage ihrer Ebene verschiebbar ist. Schaltet man den Luftstrom ein, so beginnt sich die Anordnung $(GP + GS)$ um ihren Schwerpunkt S zu drehen, unabhängig davon, wo die Luft aus dem Düsenpaar auf die Glasscheibe trifft. Man kann das Düsenpaar beliebig längs der Glasscheibe verschieben oder um eine zu ihr senkrechte Achse drehen, ohne dass die Rotationsachse der Anordnung von der Vertikalen durch S abweicht. In Abb. 7.20b ist die Glasscheibe von oben gesehen skizziert. Das Kräftepaar der Luft aus den Düsen ist mit (F_1, F_1') bezeichnet. Rechnerisch ergibt sich, dass die Summe der Drehmomente $T^{(T)}$ der gleichgroßen Kräfte F_1 und F_1' um den Punkt T gleich der Summe ihrer Drehmomente $T^{(S)}$ um den Schwerpunkt S ist:

$$T_{F_1}^{(T)} + T_{F_i}^{(T)} = \frac{r_1 - r_1'}{2}F_1e_z + \frac{r_1 - r_1'}{2}F_1'e_z = (r_1 - r_1')F_1e_z,$$

$$T_{F_1}^{(S)} + T_{F_i}^{(S)} = r_1F_1e_z + r_1'F_1'(-e_z) = (r_1 - r_1')F_1e_z.$$

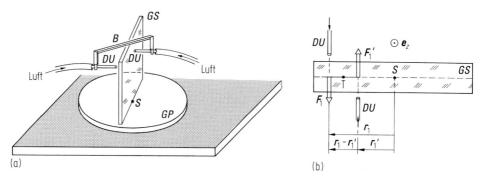

Abb. 7.20   Zur Wirkung eines exzentrischen Kräftepaares, (a) Versuch auf dem Lufttisch, (b) Berechnung der Drehmomente (Aufsicht)

Würde die Drehung des Körpers in Abb. 7.20b nicht um S, sondern um den Mittelpunkt T des Kräftepaares erfolgen, so müsste sich dabei der Schwerpunkt S selbst um T drehen. Auf S wirkt aber keine Kraft. Daher kann S nach Newtons Grundgesetz der Mechanik auch nicht beschleunigt, also nicht in Bewegung gesetzt werden.

Wir haben jetzt gezeigt, dass sich jedes an einer beliebigen Strecke eines starren Körpers angreifende Kräftepaar durch ein äquivalentes Kräftepaar in derselben Ebene mit dem Schwerpunkt des Körpers als Mittelpunkt ersetzen lässt. Wirken mehrere Kräftepaare an verschiedenen Stellen, so können wir sie demnach alle mit ihren Mittelpunkten in den Schwerpunkt transformieren. Da sie nach Abb. 7.18 auch um ihren Mittelpunkt gedreht werden können, lassen sie sich dann alle parallel stellen. Schließlich kann man die Kräfte aller dieser Paare seitenweise addieren und kommt zu folgendem Resultat:

- Die Wirkung aller in einer Ebene an einem Körper angreifenden Kräftepaare lässt sich durch ein einziges Kräftepaar mit S als Mittelpunkt ersetzen.

Hauptsatz der Statik starrer Körper. Als letzten Schritt für den Beweis dieses Satzes betrachten wir jetzt die Wirkung einer einzelnen nicht im Schwerpunkt angreifenden Kraft F und ihr Drehmoment (Abb. 7.21). Ohne die Bewegungsmöglichkeit des Körpers zu ändern, können wir im Schwerpunkt S zwei gleich große, entgegengesetzte Kräfte F' und F'' anbringen. Dann fassen wir F und F' zu einem Kräftepaar zusammen. Nach den Abb. 7.17 und 7.19 entspricht dieses einem Drehmoment $T = l \times F = lF \sin \angle(l, F)e_\perp$ und bewirkt eine Drehung um S. Außer diesem Drehmoment liefert die Kräftebilanz noch eine unkompensierte Kraft F'', die am Schwerpunkt angreift und dadurch seine Translation bewirkt.

Wir haben damit den *Hauptsatz der Statik starrer Körper* für beliebige *in einer Ebene* liegende Kräfte vollständig bewiesen und geben hier noch einmal das „Rezept" an: Man fasse alle am Körper angreifenden Kräfte nach dem Verfahren der Abb. 7.15 und 7.16 paarweise zusammen:

- Es resultiert eine Einzelkraft F_{ges} und ein oder mehrere Kräftepaare.
- Die Einzelkraft F_{ges} wird nach Abb. 7.21 in den Schwerpunkt transformiert.
- Die Kräftepaare werden nach Abb. 7.18 so gedreht, dass die Verlängerung ihrer Hebelarme l durch den Schwerpunkt S geht. Dann werden sie nach Abb. 7.19 verschoben, so dass l von S halbiert wird. Schließlich werden sie in dieser Lage wieder nach Abb. 7.18 gedreht, so dass alle ihre Hebelarme auf einer Linie liegen.

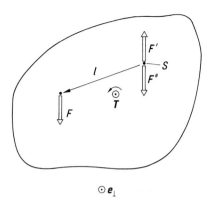

⊙ $e_{\perp}$

Abb. 7.21   Zur Wirkung einer nicht am Schwerpunkt angreifenden Einzelkraft

- Die jeweils parallel gerichteten Einzelkräfte der verschiedenen Kräftepaare werden dann wieder paarweise addiert, für jede Hälfte der Kräftepaare getrennt.
- Es resultiert ein einzelnes Kräftepaar mit dem Drehmoment T_{ges} und dem Schwerpunkt als Mittelpunkt.

Damit ist die Wirkung aller an einem Körper *in einer Ebene* angreifenden *Kräfte* auf eine im Schwerpunkt S angreifende Gesamtkraft F_{ges} und ein Kräftepaar (F, F') mit dem Mittelpunkt S und dem Drehmoment T_{ges} zurückgeführt.

Es bleibt noch übrig zu zeigen, dass dieses Verfahren auch für *Kräfte* mit *beliebiger Orientierung* im Raum anwendbar ist: Die Addition von nicht koplanaren Kräften stellt kein besonderes Problem dar. Zunächst transformieren wir alle Kräfte nach Abb. 7.21 in den Schwerpunkt des Körpers. Die schon in Abschn. 4.4 erläuterte Zusammensetzung von Kraftvektoren, die von einem Punkt ausgehen, lässt sich selbstverständlich auch für nicht in einer Ebene liegende Kräfte durchführen. So erhalten wir die im Schwerpunkt angreifende Gesamtkraft F_{ges} (Abb. 7.22a).

Auch alle Kräftepaare kann man nach Abb. 7.18 und 7.19 mit ihren Mittelpunkten in den Schwerpunkt verschieben (Abb. 7.22b). Dort lassen auch sie sich zu einem einzigen resultierenden Kräftepaar zusammenfassen. Das machen wir uns in Abb. 7.23 klar. Das in der x-y-Ebene liegende Kräftepaar (F_1, F'_1) mit Hebelarm l_1 und Drehmoment T_1 in z-Richtung soll zu dem in der y-z-Ebene liegenden Paar (F_2, F'_2) addiert werden, dessen

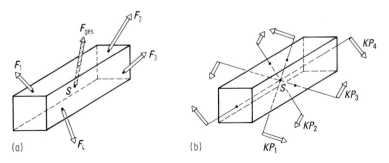

Abb. 7.22   Zusammensetzung von nicht in einer Ebene liegenden Kräften, (a) resultierende Gesamtkraft $F_{ges} = \sum F_i$, (b) mehrere mit ihren Mittelpunkten in den Schwerpunkt S verschobene Kräftepaare

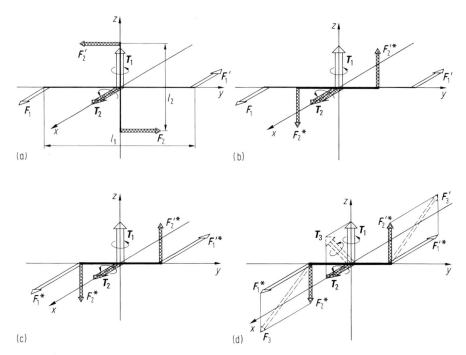

Abb. 7.23 Addition von Kräftepaaren, die in verschiedenen Ebenen liegen, (a) → (b) Drehung, (b) → (c) Reduktion, (c) → (d) Addition

Hebelarm l_2 beträgt und dessen Drehmoment T_2 in x-Richtung liegt (Abb. 7.23a). Wir führen die Addition der beiden Kräftepaare in drei Schritten durch:

– Zunächst drehen wir das Kräftepaar (F_2, F_2') gemäß Abb. 7.18 um die x-Achse nach $(F_2^*, F_2'^*)$, so dass auch l_2 parallel zur y-Achse liegt (Abb. 7.23b).

– Dann „reduzieren" wir das Kräftepaar (F_1, F_1'), so dass sein Hebelarm l_1 gleich l_2 wird (Abb. 7.23c). Dies erreicht man durch Verkürzen von l_1 auf l_2 bei gleichzeitiger Vergrößerung von F_1 und F_1' um den Faktor l_1/l_2 auf F_1^* und $F_1'^*$. Dabei bleibt nämlich das Drehmoment des Kräftepaares unverändert: $T_1^{\text{vor}} = l_1 F_1 e_z$, $T_1^{\text{nach}} = l_2 F_1^* e_z$ $= l_2(l_1/l_2)F_1 e_z$.

– Schließlich addiert man die Kräfte: $F_1^* + F_2^* = F_3$ und $F_1'^* + F_2'^* = F_3'$ (Abb. 7.23d). Das Kräftepaar (F_3, F_3') ist nun äquivalent zur Summe von (F_1, F_1') und (F_2, F_2'). Sein Drehmoment T_3 ist die vektorielle Summe aus T_1 und T_2.

Nach diesem Rezept können wir alle Kräftepaare in Abb. 7.22b paarweise addieren.

Wir haben somit in den Abb. 7.15 bis 7.23 ein graphisches Verfahren zur Beschreibung der Wirkungen von Kräften entwickelt, die in beliebiger Zahl, Größe und Richtung an einem starren Körper angreifen. Wenn der Körper frei ist, so erfolgt eine Beschleunigung seines Schwerpunkts unter der Wirkung der resultierenden Gesamtkraft sowie eine Winkelbeschleunigung um den Schwerpunkt unter der Wirkung des resultierenden Gesamtdrehmoments. Dieses Verfahren leistet bei vielen Problemen der Festkörpermechanik gute Dienste. Wir werden es unter anderem im nächsten Abschnitt bei der Behandlung des mechanischen Gleichgewichts benutzen.

7.5 Mechanisches Gleichgewicht

Definition des Gleichgewichtszustandes. In Abschn. 6.3 haben wir den Gleichgewichtszustand einfacher mechanischer Geräte, wie z. B. einer Waage oder eines Hebels mit dem Prinzip der virtuellen Verrückungen diskutiert. Dabei sprachen wir von Gleichgewicht, wenn die Kräfte so verteilt sind, dass der Waagebalken oder der Hebelarm sich nicht bewegt. Die physikalische Definition des *Gleichgewichts starrer Körper* beruht ebenfalls auf den Kräften, die an einem Körper angreifen, ist aber etwas weitergehend als die Charakterisierung der Umgangssprache: „Keine Bewegung". Die physikalische Definition lautet:

- Ein starrer Körper befindet sich im mechanischen Gleichgewicht, wenn keine Kräfte *und* keine Drehmomente auf ihn wirken.

In Formeln ausgedrückt:

$$\sum_i F_i = 0 \tag{7.8}$$

und

$$\sum_i T_i = \sum_i r_i \times F_i = 0. \tag{7.9}$$

Die erste dieser Gleichgewichtsbedingungen besagt nach Newtons Grundgesetz der Mechanik in der Form (7.3), dass die Beschleunigung des Schwerpunkts eines Körpers unter der Wirkung aller an ihm angreifenden Kräfte verschwindet. Das heißt aber nicht, dass er in Ruhe bleiben muss. Er kann sich durchaus mit gleichförmiger Geschwindigkeit gegenüber einem Inertialsystem bewegen. Insofern geht die physikalische Definition über die alltägliche hinaus. So befindet sich zum Beispiel ein im intergalaktischen Raum frei fliegender Körper physikalisch gesprochen praktisch im Gleichgewicht; denn es wirken nur sehr schwache Kräfte auf ihn.

Die zweite Gleichgewichtsbedingung (7.9), $\sum_i T_i = 0$, besagt, dass auch die Rotation des Körpers um seinen Schwerpunkt oder um irgendeine andere feste Achse gleichförmig sein muss. Das heißt, seine Winkelbeschleunigung muss verschwinden; er kann aber trotzdem mit konstanter Winkelgeschwindigkeit rotieren.

Verschiedene Arten des Gleichgewichts. Die Gleichgewichtsbedingungen (7.8) und (7.9) bedürfen noch einer Ergänzung. Sowohl die Kräfte, die an einem Körper angreifen, als auch die Drehmomente sind im Allgemeinen ortsabhängig. Ob ein Körper im Gleichgewicht ist oder nicht, kann also von seiner Lage im Raum relativ zu seiner Umgebung abhängen; genauer gesagt, von der Lage seines Schwerpunkts, wie wir im Abschn. 7.3 gesehen haben. In Abb. 7.24 ist das am Beispiel eines um eine horizontale Achse drehbar aufgehängten Quaders erläutert. Im Teilbild (a) geht die Achse durch den Schwerpunkt S, in Teilbild (b) liegt sie oberhalb, in Teilbild (c) unterhalb von ihm. Im ersten Fall ist der Körper in jeder Lage im Gleichgewicht, denn die resultierende Schwerkraft F_g greift in S an und erzeugt daher kein Drehmoment um den Schwerpunkt bzw. um die Achse. Die Kraft F_g wird in diesem Fall nach Newtons Reaktionsprinzip durch die Gegenkräfte F_r in den Lagern der Achse kompensiert: $F_g + 2F_r = 0$.

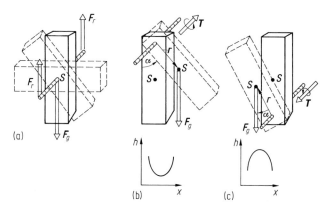

Abb. 7.24 Verschiedene Arten des Gleichgewichts, (a) indifferent, (b) stabil, (c) labil bzw. instabil. In Teilbild (b) und (c) ist unten die Lage des Schwerpunkts als Funktion von x skizziert.

In Abb. 7.24b herrschen die gleichen Verhältnisse wie im Teilbild (a), wenn S senkrecht unter der Achse liegt. Wegen der Linienflüchtigkeit von $\boldsymbol{F}_g$ kann man dann ihren Angriffspunkt von S in die Achse verschieben (s. Abb. 7.3a). Kippt man den Körper jedoch um einen Winkel α aus dieser Ruhelage heraus in die gestrichelte Position, so liegt S nicht mehr senkrecht unter der Achse. Dann lässt sich $\boldsymbol{F}_g$ gemäß Abb. 7.21 durch eine gleich große, an der Achse angreifende Kraft und durch ein Drehmoment um die Achse ersetzen. Dieses dreht den Körper, wenn man ihn sich selbst überlässt, aus der gestrichelten Lage in die Gleichgewichtslage zurück. Schließlich ist noch der Fall (c) der Abb. 7.24 denkbar, in dem S genau senkrecht über der Achse liegt. Auch dann wirkt kein Drehmoment auf den Körper. Wenn man Glück hat oder geschickt ist, lässt er sich eine Zeitlang in dieser Lage halten. Jede Abweichung von S nach der Seite erzeugt jedoch ein Drehmoment, dessen Größe mit dieser Abweichung zunimmt, und der Körper kippt (gestrichelt) in die Gleichgewichtslage des Teilbilds (b) zurück. In den Fällen (b) und (c) wächst $|\boldsymbol{T}| = rF_g \sin \alpha$ mit zunehmendem Winkel $\alpha\,(<\pi/2)$ an. Die Richtung von $\boldsymbol{T}$ wirkt jedoch in (b) stabilisierend, in (c) destabilisierend bezüglich der jeweils mit durchgezogenen Linien dargestellten Lage des Körpers. Man nennt daher diese Position in (b) eine *stabile Gleichgewichtslage*, in (c) eine *labile* oder *instabile*; im Fall (a) spricht man von *indifferentem Gleichgewicht*.

Offensichtlich besteht ein Zusammenhang zwischen der Art des Gleichgewichts und der potentiellen Energie E_p des Körpers. Auf der Erde gilt $E_p = mgh$, wobei h die Höhe des Schwerpunkts über der Erdoberfläche ist. Diese in Kap. 6 für einen Massenpunkt abgeleitete Beziehung können wir nach den Ausführungen im Abschn. 7.3 auf die im Schwerpunkt vereinigt gedachte Gesamtmasse des Körpers übertragen. Beim indifferenten Gleichgewicht (Abb. 7.24a) ist die Höhe h des Schwerpunkts und damit die potentielle Energie des Körpers unabhängig von seiner Winkelposition. Die horizontale Koordinate des Schwerpunkts sei x. Beim stabilen Gleichgewicht nimmt h einen Minimalwert an, und es gilt $dE_p/dx = 0$, $d^2E_p/dx^2 > 0$. Beim labilen Gleichgewicht ist h maximal: $dE_p/dx = 0$, $d^2E_p/dx^2 < 0$.

Die Erfahrung lehrt, dass ein Körper nach einer kleinen Störung seiner Lage immer von selbst in den stabilen Gleichgewichtszustand übergeht, sofern er sich nicht im indifferenten Gleichgewicht befindet. Abb. 7.25 zeigt ein Beispiel dazu. Das stabile Gleichgewicht entspricht, wie gesagt, immer einem lokalen Minimum der potentiellen Energie.

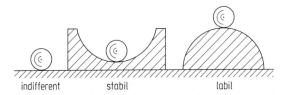

Abb. 7.25   Beispiele zu den verschiedenen Arten des Gleichgewichts

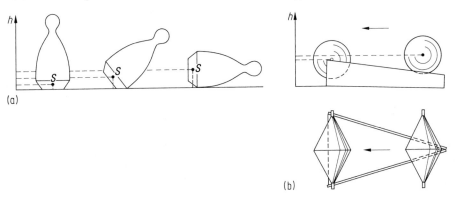

Abb. 7.26   Zum Minimalprinzip der potentiellen Energie, (a) Stehaufmännchen, (b) bergauf laufender Doppelkegel in Seitenansicht und in Aufsicht (h ist die Höhe des Schwerpunkts S über der horizontalen Unterlage.)

Von diesem Bestreben aller Körper, ein Minimum von E_p bezüglich der Erdoberfläche anzunehmen, wird beim Stehaufmännchen und bei der bergauf laufenden Rolle Gebrauch gemacht (Abb. 7.26). Auch die Standfestigkeit von Körpern ist eine Folge des Minimalprinzips. In Abb. 7.27a steht ein Quader stabil, weil die Höhe h seines Schwerpunkts S über der Unterlage etwas kleiner ist als in der gekippten Position (b). Um ihn in diese Lage zu bringen, ist eine Kraft F mit einem Drehmoment $T_F = r \times F$ notwendig, dessen Größe sich folgendermaßen berechnen lässt. Wenn die Kraft F am Schwerpunkt angreift, gelingt es ihr, den Körper in die Lage (b) mit der größten Höhe h von S zu kippen, sofern $|T_F| = |r \times F| = r_\perp F$ mindestens gleich dem Betrag des Drehmoments der Gewichtskraft $|T_{F_g}| = |r \times F_g| = r_\| F_g$ um die rechte untere Kante ist. Daraus folgt, dass F mindestens gleich $(r_\|/r_\perp)F_g$ sein muss. Je kleiner also das Verhältnis von Breite B zu Höhe H des Quaders ist, desto leichter kippt er in die Lage (c) um; das ist eine Alltagserfahrung. Man bezeichnet das Gleichgewicht in der Lage (a) daher als *metastabil*. Die Kraft verrichtet beim Kippen von der Stellung (a) in die Stellung (b) die Arbeit $F_g \Delta h = mg \left(\sqrt{H^2 + B^2} - H \right)/2$. Sobald der Körper dabei über die Stellung (b) hinausgekippt ist, wirkt das Drehmoment der Gewichtskraft rechtsdrehend anstatt linksdrehend. Ein Quader der in Abb. 7.27d gezeigten Art fällt daher von selbst um, weil sein Schwerpunkt nicht über seiner Grundfläche liegt.

Beispiele zu den Gleichgewichtsbedingungen. Wir besprechen jetzt einige quantitative Beispiele, die den Nutzen der Gleichgewichtsbedingungen (7.8) und (7.9), $\sum_i F_i = 0$ und $\sum_i T_i = 0$, zeigen. Deren Hauptanwendungsgebiete finden sich im Hoch-, Tief- und Maschinenbau, wo es um die Stabilität von Konstruktionselementen geht. Dabei spielt

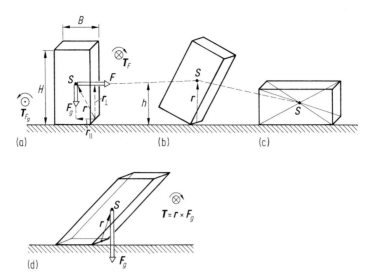

Abb. 7.27   Zur Standfestigkeit von Quadern, metastabiles (a), labiles (b) und stabiles (c) Gleichgewicht; instabil (d)

auch die im vorigen Abschnitt besprochene Addition von Kräften und Drehmomenten eine große Rolle.

Als erstes Beispiel untersuchen wir die Kraftwirkung einer *Zange*, eines einfachen Gerätes (Abb. 7.28a), das hier als eine Vorrichtung zum Festhalten eines Werkstücks betrachtet wird, das aber auch, wie in Abschn. 6.3 als Werkzeug zur Verrichtung von Arbeit genutzt werden kann. Welche Kräfte $F_B = -F'_B$ wirken auf das eingeklemmte Objekt, wenn an den Griffen die Kräfte $F_A = -F'_A$ angreifen? Im Gleichgewicht gilt für *einen* Zangenarm (Abb. 7.28b) $F_A + F_B + F_C = 0$ beziehungsweise $F_A + F_B - F_C = 0$ und $T_A + T_B = a \times F_A + b \times F_B = 0$ bzw. $aF_A - bF_B = 0$. Daraus folgt $F_B = (a/b)F_A$ und $F_C = F_A(1 + a/b)$. Die am Objekt wirksame Kraft F_B steigt also proportional zum *Übersetzungsverhältnis* a/b. Seiner beliebigen Vergrößerung steht

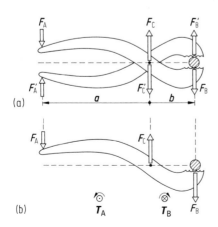

Abb. 7.28   Kräfteverhältnisse an einer Zange, (a) Kräfte, (b) Drehmomente

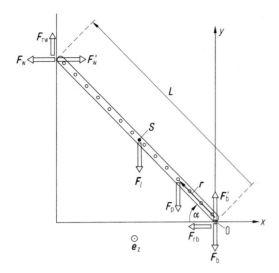

Abb. 7.29   Steighöhe und Anstellwinkel einer Leiter

jedoch das entsprechende Anwachsen der Reaktionskraft F_C entgegen. Diese muss kleiner bleiben als die Belastungsgrenze des Materials am Gelenk der Zange.

Im nächsten Beispiel betrachten wir die Gleichgewichtsbedingungen für eine *Leiter*. In Abb. 7.29 ist eine Leiter der Länge L und der Masse m_1 (Gewichtskraft $F_1 = m_1 g$) schräg gegen eine Wand gelehnt. Sie wird durch Reibungskräfte F_{rw} und F_{rb} an Wand bzw. Boden am Rutschen gehindert. Wir fragen, wie hoch eine Person der Masse m_p (Gewichtskraft $F_p = m_p g$) steigen kann, bevor die Leiter zu rutschen beginnt. Diese Strecke nennen wir $|r_{max}|$; der Schwerpunkt der Leiter liege bei S. Der Schwerpunkt der Person wird zur Vereinfachung der Rechnung in die Ebene der Leiter gelegt, das heißt, die Person soll sich der Leiter praktisch vollständig anschmiegen. Die Reibungskräfte werden bestimmt durch die Kräfte F_w und F_b von Leiter plus Person auf die Wand bzw. den Boden. Es gilt (s. Kap. 9) $F_{rw} = \mu_w F_w$ und $F_{rb} = \mu_b F_b$ mit den Haftreibungskoeffizienten μ_w bzw. μ_b, deren Größe jeweils etwa 0.5 beträgt. Für die Reaktionskräfte, die Wand bzw. Boden auf die Leiter ausüben, gilt $F'_w = -F_w$ und $F'_b = -F_b$. Das Koordinatensystem soll so gewählt werden, dass die Rechnung möglichst einfach wird. Dazu wird der Nullpunkt in den Fußpunkt der Leiter gelegt.

Nun können wir die Kraftkomponenten in x- und y-Richtung sowie die Drehmomentbeträge (nur in z-Richtung, aus der Zeichenebene senkrecht *nach vorn)* um den Fußpunkt der Leiter addieren:

$$F_x = -F_{rb} + F'_w = -\mu_b F_b + F'_w = -\mu_b F'_b + F'_w,$$

$$F_y = F_{rw} - F_1 - F_p + F'_b = \mu_w F_w - F_1 - F_p + F'_b$$

$$= \mu_w F'_w - F_1 - F_p + F'_b,$$

$$T_z = L F_{rw} \sin(270° + \alpha) + L F'_w \sin(180° + \alpha) + (L/2) F_1 \sin(90° + \alpha)$$

$$+ r F_p \sin(90° + \alpha)$$

$$= -L \mu_w F'_w \cos\alpha - L F'_w \sin\alpha + (L/2) F_t \cos\alpha + r F_p \cos\alpha.$$

Wenn die Person über die maximale Strecke r_{max} hinaus steigt, beginnt die Leiter zu rutschen. Das Drehmoment T_z wirkt dann von vorn gesehen linksdrehend. Dabei sinkt der gemeinsame Schwerpunkt von Person und Leiter. Befindet sich die Person noch unterhalb r_{max}, so wirkt das Drehmoment T_z rechtsdrehend. Durch eine solche Drehung würde der gemeinsame Schwerpunkt angehoben; es müsste Arbeit verrichtet werden. Diese Situation entspricht stabilem Gleichgewicht (s. Abb. 7.25 und 7.27). Befindet sich die Person gerade bei r_{max}, so ist das Drehmoment null. Außerdem müssen im Gleichgewicht natürlich F_x und F_y verschwinden.

Mit diesen Bedingungen ($F_x = F_y = T_z = 0$) kann man die unbekannten Reaktionskräfte F'_w und F'_b aus den obigen Gleichungen eliminieren und erhält eine Bestimmungsgleichung für r_{max}, nämlich

$$r_{max} = \frac{L}{F_p} \left[\frac{\mu_b(F_1 + F_p)}{1 + \mu_b\mu_w}(\mu_w + \tan\alpha) - \frac{F_1}{2} \right] .$$

Um eine große Steighöhe zu erreichen, muss man also den Fußpunkt der Leiter dicht an die Wand stellen. Das geht jedoch nur so lange gut, wie der Schwerpunkt von Person und Leiter gemäß unserer Voraussetzung links vom Fußpunkt der Leiter bleibt. Andernfalls ändert sich das Vorzeichen des entsprechenden Terms in T_z und die Leiter kippt bei kleiner Steighöhe nach rechts. Setzt man in den obigen Ausdrücken für F_y und T_z die Kraft F_p gleich null, so ergibt sich eine Bedingung für den größten Winkel α_{max}, bei dem die Leiter schon unter ihrem eigenen Gewicht rutscht, $\tan\alpha_{max} = (1 - \mu_b\mu_w)/2\mu_b$.

Als weiteres Beispiel für die Anwendung der Gleichgewichtsbedingungen betrachten wir ein beliebtes Kinderspiel: Wie weit kann man auf dem in Abb. 7.30 skizzierten und an den Punkten $x = a$ und $x = 0$ unterstützten *Balken* von $x = 0$ aus nach rechts gehen, ohne dass er kippt? Wir betrachten die Drehmomentbilanz um den Auflagepunkt bei $x = 0$. Linksdrehend wirkt $T_a = aF_a/2$, rechtsdrehend $T_b = bF_b/2 + x_pF_p$. Dabei sind a und b die Längen der Balkenteile links bzw. rechts vom Nullpunkt, F_a und F_b die Gewichtskräfte der beiden Balkenteile, x_p und $F_p = m_p g$ Ort bzw. Gewichtskraft der Person rechts vom Nullpunkt. Für die Kräfte F_a und F_b gilt bei homogener Massenverteilung im Balken (Masse m_B) $F_a/F_b = a/b$ und $F_a + F_b = F_B = m_B g$. Der Balken kippt nach rechts, sobald T_b größer als T_a wird. Die maximale Entfernung x_{max} der Person vom Nullpunkt

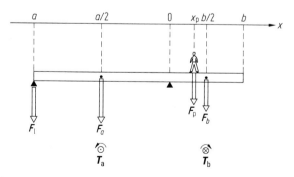

Abb. 7.30 Zur Gleichgewichtsbedingung an einem Balken. Die Schwerpunkte der beiden Balkenteile liegen bei $a/2$ und $b/2$. F_1 ist die Auflagekraft links.

erhält man durch Gleichsetzen von T_a und T_b :

$$\frac{a}{2}F_a = \frac{b}{2}F_b + x_{max}F_p.$$

Die Rechnung liefert

$$x_{max} = \frac{m_B}{2m_p}(a - b).$$

Das gleiche Ergebnis folgt aus der Kräftebilanz mit der Bedingung $F_1 = 0$ (s. Abb. 7.30).

Eines der ältesten Beispiele für die Anwendung der Gleichgewichtsbedingungen ist die *Balkenwaage*. Zwar wird sie heute im Alltag mehr und mehr durch Federwagen mit elektrischer Kompensation und Anzeige ersetzt, für die Präzisionsmessung von Massen bzw. Gewichtskräften oder anderen Kräften verwendet man jedoch häufig eine der Balkenwaage entsprechende Anordnung mit drei Drehpunkten. Dabei greifen die Kräfte an einem starren Körper an, dem Waagebalken. Als Maß für ihre Größe werden die Drehmomente benutzt, die die Kräfte auf den Waagebalken ausüben. In Abb. 7.31a ist das Prinzip erläutert.

Der schraffiert gezeichnete Waagebalken trägt drei Schneiden (A, B, C), deren Kanten senkrecht zur Zeichenebene orientiert sind. Mit der mittleren ruht er auf einem festen Gegenlager, an den beiden äußeren hängen die Waagschalen. Der Schwerpunkt S des

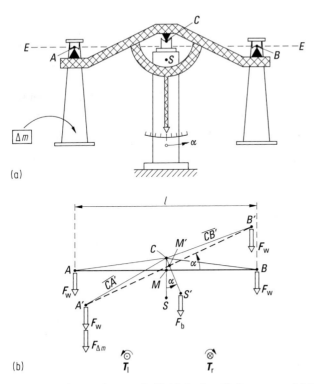

Abb. 7.31 Zur Berechnung der Empfindlichkeit einer Balkenwaage, (a) Vorderansicht, (b) Prinzipzeichnung bei Übergewicht Δm links

Waagebalkens (ohne Schalen und Gewichte) muss unterhalb der Mittelschneide liegen, sonst wäre der Balken allein instabil. Am Waagebalken ist ein Zeiger befestigt, dessen Stellung auf einer Skala abzulesen ist. Nun wollen wir den Winkel α des Zeigers mit der Vertikalen berechnen, der bei einem kleinen Übergewicht der Masse Δm auf einer der beiden Waagschalen entsteht. Die Größe $\varepsilon = \alpha/\Delta m$ bezeichnet man *als Empfindlichkeit der Waage*.

In Abb. 7.31b ist der Waagebalken mit den Drehpunkten der Schneiden A, C und B skizziert. Sein geometrischer Mittelpunkt (Mittelpunkt der Strecke $\overline{AB}$) liegt bei M, sein Schwerpunkt bei S, seine Gewichtskraft beträgt $\boldsymbol{F}_b = m_b\boldsymbol{g}$, diejenige der Waagschalen je $\boldsymbol{F}_w = m_w\boldsymbol{g}$. Zunächst sei die Waage im Gleichgewicht, das heißt der Balken stehe waagrecht und der Zeigerausschlag sei null. Durch Hinzufügen der Masse Δm steigt die Gewichtskraft der linken Schale um $\boldsymbol{F}_{\Delta m}$. Der Waagebalken wird sich dadurch um C um einen solchen Winkel α drehen (nach A', M', B' in die gestrichelt gezeichnete Lage), dass die Drehmomente $\boldsymbol{T}_1$ und $\boldsymbol{T}_r$ der Kräfte $(\boldsymbol{F}_w + \boldsymbol{F}_{\Delta m})$ bzw. $(\boldsymbol{F}_w + \boldsymbol{F}_b)$ um den Aufhängepunkt C der Mittelschneide entgegengesetzt gleich groß werden. Zur Kompensation des Drehmoments der Zusatzmasse dient also dasjenige der Waagebalkenmasse. Um α als Funktion von Δm zu berechnen, müssen wir die Beträge dieser Drehmomente einander gleichsetzen. Aus der Zeichnung entnimmt man die folgenden Beziehungen:

$$\boldsymbol{T}_1 = \vec{CA'} \times (\boldsymbol{F}_w + \boldsymbol{F}_{\Delta m}),$$
$$\boldsymbol{T}_r = \vec{CB'} \times \boldsymbol{F}_w + \vec{CS'} \times \boldsymbol{F}_b.$$

Durch Gleichsetzen von T_1 und T_r erhält man nach einiger Rechnung für $\alpha \ll \pi/2$ und $\Delta m \ll m_w$

$$\alpha = \frac{l}{2}\,\frac{\Delta m}{2\overline{CM}\,m_w + \overline{CS'}\,m_b}.$$

(Bitte prüfen Sie dies zur Übung nach. Man projiziert dazu am besten die Strecken $\vec{CA'}$, $\vec{CB'}$ und $\vec{CS'}$ auf eine horizontale Gerade.) An dieser Beziehung zwischen α und Δm ist zu erkennen, dass die Empfindlichkeit groß wird, wenn der Abstand $\overline{CM}$ des Waagebalken-Mittelpunkts von seinem Aufhängepunkt sowie $\overline{CS'}$ und m_b möglichst klein werden; außerdem sollte l möglichst groß sein. Diesen einander teilweise widersprechenden Forderungen sind jedoch konstruktive Grenzen gesetzt. Wählt man $\overline{CM} = 0$, lässt also C mit M zusammenfallen, so wird α außerdem unabhängig von der Belastung m_w, was vorteilhaft ist. Es gilt dann $\alpha = l\Delta m/(2\overline{CS'}m_b)$. Damit sich der Balken bei Belastung nicht biegt und die Bedingung $\overline{CM} = 0$ eingehalten wird, darf das Verhältnis l/m_b aber nicht zu groß werden. Besonders empfindliche belastungsunabhängige Waagen haben daher relativ kurze Waagebalken.

8 Dynamik starrer Körper; Drehbewegungen

8.1 Drehimpuls

Drehimpuls eines Massenpunkts. In Kap. 4 haben wir die Zentralbewegungen eines Massenpunkts diskutiert und gezeigt, dass der Bahndrehimpuls $L = r \times p$ des Massenpunkts eine Konstante der Bewegung ist, wenn nur Zentralkräfte auf den Massenpunkt wirken. Eine Änderung des Bahndrehimpulses ist nur möglich, wenn ein Drehmoment $T = r \times F$ auf den Massenpunkt wirkt. In diesem Fall gilt der Drehimpulssatz

$$T = \frac{\mathrm{d}L}{\mathrm{d}t}. \tag{8.1}$$

• Die zeitliche Änderung des Drehimpulses ist gleich dem wirksamen Drehmoment.

Der Drehimpulssatz ergibt sich formal aus dem Grundgesetz der Mechanik $F = ma$ und gilt deshalb nicht nur für Zentralbewegungen. Wir können dieses Gesetz bei unveränderlicher Masse m auch in der Form

$$F = m \cdot \frac{\mathrm{d}v}{\mathrm{d}t} = \frac{\mathrm{d}p}{\mathrm{d}t} \tag{8.2}$$

schreiben mit der Geschwindigkeit v und dem Impuls $p = mv$. Wenn man das Grundgesetz der Mechanik von links vektoriell mit r multipliziert, so ergibt sich

$$r \times F = r \times \frac{\mathrm{d}p}{\mathrm{d}t}. \tag{8.3}$$

Die rechte Seite kann man nach den Regeln der Produktdifferentiation umformen:

$$\frac{\mathrm{d}}{\mathrm{d}t}(r \times p) = \frac{\mathrm{d}r}{\mathrm{d}t} \times p + r \times \frac{\mathrm{d}p}{\mathrm{d}t}. \tag{8.4}$$

Hier verschwindet das erste Glied auf der rechten Seite, weil

$$\frac{\mathrm{d}r}{\mathrm{d}t} \times p = v \times (mv) = m(v \times v) = 0.$$

Wir erhalten damit aus Gl. (8.3) die Beziehung (8.1).

Der Begriff des Drehimpulses ist in Abb. 8.1 für ein Teilchen der Masse m erläutert. Offenbar hängen Größe und Richtung von L von der Wahl des Ursprungs 0 des Ortsvektors r ab. Der *Drehimpuls auf einer Bahn* ist demnach keine Eigenschaft des Objekts allein, sondern eine *zusammengesetzte Größe*. Sie besteht aus der Eigenschaft $p = mv$ des Teilchens selbst und der Lage des Bezugspunkts im Raum, von dem aus man das Teilchen betrachtet. In dieser Hinsicht gleicht der Drehimpuls dem Drehmoment, das als Produkt aus einem Ortsvektor r und einer Kraft F ebenfalls von der Größe und Orientierung von r abhängt, das heißt von der Wahl der Achse, um die die Drehung erfolgt. Für die in Abb. 8.1

dargestellte Kreisbahn (Radius r_1) eines Teilchens ist sein Drehimpuls L_1 bezüglich des Kreismittelpunkts $L_1 = r_1 m v e_z$ bzw. mit $v = \omega r_1$: $L_1 = m \omega r_1^2 e_z$. Man beachte, dass die Vektoren L und ω im Allgemeinen nicht parallel zueinander stehen sondern nur für den Spezialfall $r_1 \perp \omega$! Dann gilt offensichtlich

$$L = m r^2 \cdot \omega. \tag{8.5}$$

Die Größe $J = m r^2$ ist in diesem Fall das *Trägheitsmoment* des Massenpunkts auf der Kreisbahn (s. Abschn. 8.2). Im Allgemeinen gilt hingegen eine kompliziertere Beziehung zwischen L und ω. Sie ergibt sich aus der Definition $L = r \times p$ des Drehimpulsvektors L, wenn man berücksichtigt, dass der Geschwindigkeitsvektor v gleich dem Vektorprodukt von Winkelgeschwindigkeit ω und Ortsvektor r ist:

$$v = \omega \times r. \tag{8.6}$$

Da $p = mv$, folgt:

$$L = mr \times (\omega \times r). \tag{8.7}$$

Setzt man hier die Vektorkomponenten für $L = (L_x, L_y, L_z)$, $r = (x, y, z)$ und $\omega = (\omega_x, \omega_y, \omega_z)$ ein, so ergibt sich als Beziehung zwischen L und ω die Matrizengleichung

$$\begin{pmatrix} L_x \\ L_y \\ L_z \end{pmatrix} = m \cdot \begin{pmatrix} r^2 - x^2 & -xy & -xz \\ -xy & r^2 - y^2 & -yz \\ -xz & -yz & r^2 - z^2 \end{pmatrix} \cdot \begin{pmatrix} \omega_x \\ \omega_y \\ \omega_z \end{pmatrix}. \tag{8.8}$$

Die symmetrische 3×3-Matrix, multipliziert mit der Masse m, ist der *Trägheitstensor* $\overset{\leftrightarrow}{J}$ (vgl. Abschn. 8.2). Sie stellt eine lineare Abbildung dar, die ω auf einen Vektor mit der (gewöhnlich nicht zur Drehachse parallelen) Richtung von L abbildet. Abgesehen von der Richtungsänderung, zeigt diese Gleichung, ebenso wie Gl. (8.5), dass bei konstanter Winkelgeschwindigkeit der Drehimpuls mit dem Quadrat des Abstandes von der Drehachse zunimmt.

Natürlich ist die Definition $L = r \times p$ des Drehimpulses nicht auf Kreisbewegungen beschränkt. Auch die *geradlinige Bewegung* eines Teilchens hat bezüglich jedes außerhalb der Geraden durch p liegenden Punktes *einen Drehimpuls*, wovon man sich in Abb. 8.2 überzeugen kann. Ein Drehimpuls muss so nicht mit einer unmittelbar ins Auge fallenden Rotation verbunden sein, wie man naiverweise annehmen könnte. Der drehende Charakter der Bewegung wird jedoch deutlich, wenn man von einem der Bezugspunkte 0_1 oder 0_2 aus die Bahn des Teilchens verfolgt.

Drehimpuls starrer Körper. Der Drehimpuls L_{ges} eines starren Körpers setzt sich additiv aus den Drehimpulsen L_i seiner Bestandteile zusammen,

$$L_{ges} = \sum_i L_i = \sum_i r_i \times p_i = \sum_i r_i \times (m_i v_i). \tag{8.9}$$

Dies folgt aus den Vektoreigenschaften des Drehimpulses und wird in Lehrbüchern der theoretischen Mechanik auch formal bewiesen. Wir wollen hier zunächst nur den einfachsten starren Körper betrachten, der aus zwei Massenpunkten besteht, die durch eine masselose starre Stange verbunden sind (Abb. 8.3a). Die Massenpunkte sollen um ihren

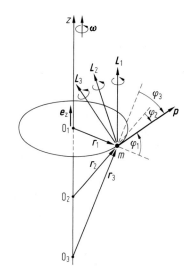

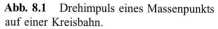

Abb. 8.1 Drehimpuls eines Massenpunkts auf einer Kreisbahn.
$L_i = r_i \times p = r_i p (\sin \varphi_i) e_{\perp i}$ bezüglich verschiedener Koordinatenursprünge 0_i. $e_{\perp i}$ ist ein auf r_i und p senkrecht stehender Einheitsvektor, der aus Gründen der Übersichtlichkeit nicht eingezeichnet wurde.

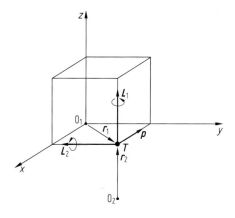

Abb. 8.2 Drehimpuls bei geradliniger Bewegung. Der Impuls p des Massenpunkts T ist zeitlich konstant. Zu den Bezugspunkten 0_1, und 0_2 gehören die Drehimpulse L_1 bzw. L_2.

gemeinsamen Schwerpunkt S rotieren, während S selbst in Ruhe bleibt ($v_s = 0$). Wir berechnen den Drehimpuls des Systems (m_1, m_2) um einen beliebigen Bezugspunkt 0:

$$L_{\text{ges}} = r_1 \times (m_1 v_1) + r_2 \times (m_2 v_2).$$

Nun ersetzen wir r_1 und r_2 durch die (gestrichenen) Schwerpunktkoordinaten $r_1 = r_s + r'_1, r_2 = r_s + r'_2$. Das liefert

$$L_{\text{ges}} = m_1(r'_1 \times v_1) + m_2(r'_2 \times v_2) + r_s \times (m_1 v_1 + m_2 v_2).$$

Da der Schwerpunkt in Ruhe bleiben soll, das heißt $v_s = (m_1 v_1 + m_2 v_2)/(m_1 + m_2) = 0$, verschwindet der letzte Term. Der Gesamtdrehimpuls des Körpers um den Punkt 0 setzt sich also *additiv* aus den beiden Einzeldrehimpulsen $L_i = m_i(r'_i \times v_i) = r'_i \times p_i$ der Massenpunkte um den Schwerpunkt zusammen und ist *unabhängig* von der speziellen Wahl des Bezugspunkts. Dies ist aber nur richtig, wenn der Schwerpunkt selbst in Ruhe bleibt, was wir vorausgesetzt hatten.

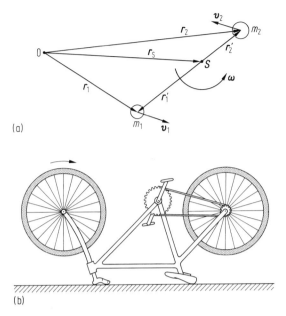

(a)

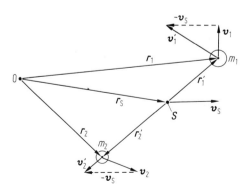

(b)

Abb. 8.3 Zum Drehimpuls eines um seinen ruhenden Schwerpunkt rotierenden starren Körpers, (a) Prinzip, (b) Drehimpuls eines Fahrrad-Vorderrads

Die Berechnung lässt sich ohne Weiteres auf mehr als zwei Massenpunkte übertragen und gilt daher für jeden starren Körper. Als Beispiel betrachten wir den Drehimpuls eines Fahrrads, das als Ganzes ruht, aber dessen Vorderrad rotiert (Abb. 8.3b). Der Drehimpuls des Vorderrads um die eigene Achse hat dieselbe Größe und Richtung wie zum Beispiel um die Achse des Tretlagers oder des Hinterrads, solange nur der Schwerpunkt des Vorderrads ruht. Diese Feststellung widerspricht der naiven Anschauung, der Drehimpuls müsse in der Drehachse des rotierenden Objekts liegen. Darin zeigt sich jedoch nur, wie wenig vertraut uns der Begriff des Drehimpulses aus dem täglichen Leben ist.

Als Nächstes betrachten wir wieder unseren einfachen, aus zwei Massenpunkten bestehenden *starren Körper*, nun aber *mit bewegtem Schwerpunkt* ($v_\mathrm{s} \neq 0$, Abb. 8.4). Es gilt

Abb. 8.4 Zum Drehimpuls eines Körpers, dessen Schwerpunkt sich bewegt

wieder

$$L_{\text{ges}} = L_1 + L_2 = r_1 \times (m_1 v_1) + r_2 \times (m_2 v_2).$$

Wir ersetzen r_i und v_i durch die (gestrichenen) Schwerpunktsgrößen $r_i = r_s + r_i'$, $v_i = v_s + v_i'$. Dann ergibt sich

$$\begin{aligned}
L_{\text{ges}} &= (r_s + r_1') \times m_1(v_s + v_1') + (r_s + r_2') \times m_2(v_s + v_2') \\
&= r_1' \times m_1 v_1' + r_2' \times m_2 v_2' + (m_1 r_1' + m_2 r_2') \times v_s \\
&\quad + r_s \times (m_1 v_1' + m_2 v_2') + r_s \times (m_1 + m_2) v_s.
\end{aligned}$$

Im letzten Ausdruck verschwindet die erste Klammer $(m_1 r_1' + m_2 r_2')$, weil gemäß der Definition des Schwerpunkts in Abschn. 7.3 $(m_1 r_1' + m_2 r_2')/M = r_s' = 0$ gilt. Auch die zweite Klammer verschwindet, denn $(m_1 v_1' + m_2 v_2')$ ist die Zeitableitung der Schwerpunktskoordinate r_s' in seinem eigenen Ruhesystem. Es bleiben nur die beiden ersten und das vierte Glied übrig, also

$$L_{\text{ges}} = r_1' \times p_1' + r_2' \times p_2' + r_s \times (m_1 + m_2) v_s.$$

Hier beschreiben die beiden ersten Glieder die Drehimpulse L_i' der beiden Teilchen um ihren gemeinsamen Schwerpunkt in seinem Bezugssystem. Das dritte Glied ist nichts anderes als der Drehimpuls $L_s = r_s \times M v_s$ des Schwerpunkts bezüglich des Bezugspunkts 0 im („ruhenden") Laborsystem. Unser Ergebnis lautet also

$$L_{\text{ges}} = \sum L_i' + L_s. \tag{8.10}$$

Auch hier steht der Verallgemeinerung auf mehr als zwei Massenpunkte, das heißt auf einen ausgedehnten starren Körper nichts im Weg, was durch das Summenzeichen schon angedeutet ist.

Gl. (8.10) ist ein bemerkenswertes Ergebnis, weil der Gesamtdrehimpuls sich in zwei Teile aufspalten lässt, von denen der eine, nämlich $\sum L_i'$, um den Schwerpunkt *unabhängig* von der Wahl des Koordinatensystems ist. Er enthält nur die gestrichenen Größen des Schwerpunktsystems und wird auch *Eigendrehimpuls* L_e des Körpers genannt. Dagegen ist der zweite Teil L_s, der die Bewegung des Schwerpunkts im Laborsystem beschreibt, von der Wahl des Bezugspunkts 0 abhängig; er heißt *Bahndrehimpuls* L_b. Die Beziehung (8.10) lautet dann

$$L_{\text{ges}} = L_e + L_b. \tag{8.11}$$

Wir veranschaulichen uns die Bedeutung von Eigen- bzw. Bahndrehimpuls an der Bewegung einer Hantel in Abb. 8.5. Bitte verifizieren Sie zur Übung die angegebenen Ausdrücke für Eigen- und Bahndrehimpuls. Mit diesem Wissen sind wir jetzt schon bald in der Lage, die komplizierte Bewegung des Trommelschlegels in Kap. 7 (Abb. 7.1) zu verstehen, mit der wir unsere Betrachtungen zur Dynamik starrer Körper begonnen hatten. Erfahrungen, die zum rechten unteren Teilbild der Abb. 8.5 passen, kann man beim Tanz auf einem Karussell machen oder in entsprechenden anderen „Volksfestmaschinen". Aus der Abbildung wird deutlich: Der Eigendrehimpuls ändert die Orientierung eines Körpers im Raum, der Bahndrehimpuls nicht.

Drehimpulserhaltung. Für einen Massenpunkt hatten wir die Beziehung (Gl. (8.1))

$$T = \frac{dL}{dt}$$

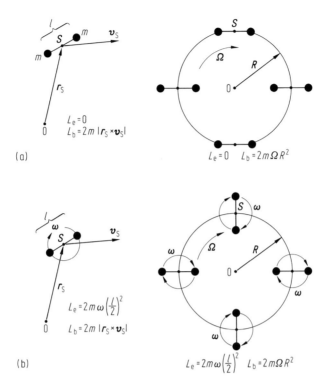

(a)

(b)

Abb. 8.5   Gesamtdrehimpuls einer Hantel, (a) Eigendrehimpuls $L_e = 0$, Bahndrehimpuls $L_b \neq 0$, (b) $L_e \neq 0$ und $L_b \neq 0$. Links geradlinige, rechts Kreisbewegung des Schwerpunkts S. Im rechten unteren Bild sind vier Momentaufnahmen für $\omega = \Omega$ gezeigt.

hergeleitet. Wie jetzt gezeigt wird, gilt Gl. (8.1) in derselben Form auch für einen starren Körper, wenn man für L die Summe aus seinem Eigendrehimpuls L_e und seinem Bahndrehimpuls L_b einsetzt. Für einen einzelnen Massenpunkt war T das Drehmoment der von außen auf diesen Massenpunkt wirkenden Kraft. Bei einem starren Körper üben auch seine Bestandteile gegenseitig Kräfte aufeinander aus, z. B. solche, die ihn zusammenhalten, oder auch jene Kräfte, die aufgrund der äußeren Kraft auf einen Massenpunkt von diesem auf andere Massenpunkte des Körpers übertragen werden. Solche *inneren* Kräfte können im Prinzip auch Drehmomente erzeugen, die den Drehimpuls des Körpers nach Gl. (8.1) ändern würden. Nun existiert aber zu jeder Kraft F_{ij} eines Massenpunkts i auf einen Massenpunkt j eine gleich große Gegenkraft F_{ji} des Massenpunkts j auf den Massenpunkt i. Die Drehmomente dieser inneren Kräfte heben sich daher paarweise auf. Es kommt also nur auf das Drehmoment T_a der von außen auf den Körper wirkenden Kräfte an. Für den starren Körper können wir folglich den Drehimpulssatz in der folgenden Form schreiben:

$$T_a = \frac{d}{dt}(L_e + L_b). \tag{8.12}$$

Falls von außen keine Drehmomente auf den Körper einwirken, ändert sich der Gesamtdrehimpuls $L = L_e + L_b$ nicht mit der Zeit. In diesem Fall bleibt also der Gesamtdrehimpuls zeitlich konstant:

$$L_e + L_b = \text{const.} \tag{8.13}$$

Experimente zur Drehimpulserhaltung. Von der Gültigkeit des Erhaltungssatzes des Drehimpulses überzeugt man sich durch folgende Versuche: Wir setzen uns auf einen möglichst reibungsfreien Drehschemel und bringen uns durch Abstoßen in Rotation um eine vertikale Achse. Strecken wir während dieser Drehung die Arme in horizontaler Richtung aus, so vergrößern wir den Abstand einiger Körperteile von der Drehachse. Da der Drehimpuls erhalten bleibt, verringert sich gemäß Gl. (8.5) die Winkelgeschwindigkeit unseres Körpers. Werden die Arme an den Körper herangezogen, so erhöht sich die Winkelgeschwindigkeit wieder auf den anfänglichen Wert (Abb. 8.6). Man verwendet für dieses Experiment einen Drehschemel mit möglichst geringer Reibung. Noch auffälliger wirkt der Versuch, wenn man in jede Hand ein Gewichtsstück der Masse 1 bis 2 kg nimmt. In ähnlicher Weise verlangsamt eine Tänzerin oder Schlittschuhläuferin ihre Winkelgeschwindigkeit durch Ausstrecken der Arme bzw. des freien Beines. Auch beim Sport spielt die richtige Veränderung des Trägheitsmoments überall da eine Rolle, wo es sich um Drehbewegungen des Körpers handelt. Wenn der Reckturner bei der Kippe den Schwerpunkt des Körpers näher an die Reckstange als Drehachse bringt, erhöht er die Winkelgeschwindigkeit um die Stange und erreicht dadurch den notwendigen Schwung zum Einnehmen des Stützes. Führt ein Springer einen Salto aus, so springt er in gestreckter Haltung ab und zieht während des Sprunges den Körper zusammen. Durch diese Verkleinerung seines Trägheitsmoments erhöht sich seine Winkelgeschwindigkeit so stark, dass der Körper eine oder mehrere volle Umdrehungen ausführt. Wenn der Springer sich im geeigneten Augenblick wieder streckt, landet er mit entsprechend verringerter Winkelgeschwindigkeit auf dem Boden.

Wir setzen uns nun wieder auf einen Drehschemel und nehmen in die linke Hand die Achse eines einzelnen Rades von einem Fahrrad, dessen Felge mit einer Bleieinlage versehen ist. Die Achse halten wir, wie es Abb. 8.7a zeigt, vertikal. Rad und Schemel, die nebst der darauf befindlichen Person ein annähernd – in Bezug auf Drehungen um die Schemelachse (z-Richtung) – abgeschlossenes System bilden, also ein System, auf das von außen keine Drehmomente in z-Richtung wirken, sind zunächst in Ruhe; ihr gesamter Drehimpuls ist also null. Versetzt nun die auf dem Schemel sitzende Person mit der Hand das Rad in eine rasche Umdrehung, so dass seine Winkelgeschwindigkeit ω_1 ist, so erhält das Rad einen Drehimpuls L_1. Dieser Drehimpuls habe die in Abb. 8.7a eingezeichnete Richtung. Das Rad dreht sich für einen von oben blickenden Beobachter gegen den Uhrzeigersinn. Es dreht sich jetzt aber nicht nur das Rad, sondern auch die Person mit dem Schemel, und zwar in umgekehrtem Sinn mit einer Winkelgeschwindigkeit ω_2 und einem Drehimpuls L_2. Schemel und Rad haben gemeinsam einen Drehimpuls der

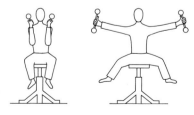

Abb. 8.6 Veränderung der Winkelgeschwindigkeit durch Änderung des Trägheitsmoments (links: J_1, ω_1; rechts: $J_2 > J_1$, $\omega_2 < \omega_1$)

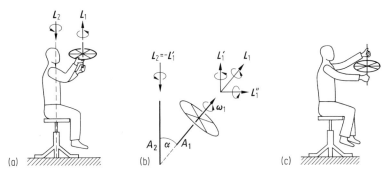

Abb. 8.7   Zur Erhaltung des Drehimpulses

Größe $L_1 + L_2$. Nach dem Satz von der Erhaltung des Drehimpulses muss $L_1 + L_2 = 0$ sein. Der Vektor $L_2 = I_2\omega_2$ ist in Abb. 8.7a ebenfalls eingezeichnet. Bremst die Person auf dem Schemel das Rad ab, so bleiben Rad und Schemel gleichzeitig stehen. Beide Drehimpulse müssen null werden, da der Gesamtdrehimpuls des Systems, der vor dem Versuch null war, konstant bleiben muss.

Hält die Person auf dem Drehschemel die Achse A_1 des Rades unter einem Winkel α gegen die Achse A_2 des Schemels geneigt (Abb. 8.7b), so dreht sich bei betragsmäßig gleicher Winkelgeschwindigkeit ω_1 des Rades der Drehschemel langsamer als im vorhergehenden Versuch. In diesem Fall können wir nämlich den Drehimpuls L_1 des Rades in eine Komponente L_1' parallel zur Achse A_2 und in eine dazu senkrechte Komponente L_1'' zerlegen. Da der Drehschemel nicht auf eine Bewegung um die Achse von L_1'' reagieren kann, erfährt er nur einen Drehimpuls von der Größe $L_2 = -L_1'$. Macht man schließlich $\alpha = 90°$, das heißt, hält man die Achse des Rades senkrecht zur Drehschemelachse, so bleibt dieser trotz Rotation des Rades in Ruhe, da er eine Drehbewegung um eine horizontale Achse nicht ausführen kann. An diesem Beispiel erkennt man, dass sich Drehimpulse wie normale Vektoren addieren und in Komponenten zerlegen lassen.

Gibt man schließlich der auf dem ruhenden Schemel sitzenden Person das bereits in Rotation versetzte Rad mit Drehimpuls L_1 um eine vertikale Achse in die Hand, so bleiben Drehschemel und Person zunächst in Ruhe (Abb. 8.7c). Dreht jetzt die Person auf dem Schemel die Achse des Rades in eine zur Schemelachse senkrechte Stellung, so wird der Drehimpuls des Rades in Bezug auf die Schemelachse null. Da aber das ganze System (Schemel, Person und Rad) vorher den Drehimpuls L_1 besaß, müssen jetzt wegen der Erhaltung des Drehimpulses Schemel und Person den Drehimpuls L_1 beibehalten, das heißt sich in dieselbe Richtung drehen wie vorher das Rad. Dreht die Versuchsperson die Achse des Rades in derselben Richtung noch weiter, so dass diese schließlich wieder zur Achse des Schemels parallel steht, aber gegen ihre Anfangsstellung um $180°$ verdreht ist, so ist der Drehimpuls des Rades $-L_1$ geworden. Er hat sich also insgesamt um $2L_1$ geändert, so dass jetzt nach dem Erhaltungssatz des Drehimpulses der Schemel mit der Person mit dem Drehimpuls $2L_1$ in derselben Richtung wie das Rad bei Beginn des Versuches rotiert. Wird das Rad schließlich in seine Anfangsstellung zurückgedreht, so kommen Drehschemel und Person gleichzeitig wieder zur Ruhe.

Versucht man sich, auf dem Drehschemel sitzend, durch Herumschwingen eines Armes in eine Drehung zu versetzen, so führt man zum Beispiel bei einer Rechtsschwingung des Armes selbst eine Linksdrehung aus, die zur Ruhe kommt, wenn die Armbewegung aufhört; und beim Zurückschwingen des Armes vollführt man wieder eine Rechtsdrehung in die ursprüngliche Anfangslage. Bei jeder dieser Bewegungen müssen die Drehimpulse von Arm bzw. Körper und Schemel gleich und entgegensetzt gerichtet sein. In ähnlicher Weise erklärt man auch die Tatsache, dass sich eine fallende Katze in der Luft herumdrehen kann und stets auf die Füße fällt. Das Tier vollführt während des Falles eine kreisende Bewegung mit Schwanz und Hinterbeinen und erreicht dadurch eine entgegengesetzte Drehung des Körpers um seine Längsachse. Es lohnt sich wirklich, die Versuche mit dem Drehschemel einmal selbst durchzuführen. Man bekommt dabei ein gutes Gefühl für das Verhalten von Drehimpulsen und auch für den Einfluss der Schemelreibung, den wir hier vernachlässigt hatten.

Keplers zweites Gesetz. Eine Folge der Drehimpulserhaltung ist auch Keplers zweites Gesetz, das wir in Kap. 3 behandelten. Die Gravitationskraft ist eine *Zentralkraft* und wirkt zwischen der Sonne und einem Planeten immer in Richtung ihrer Verbindungslinie ($F_s \| r$, s. Gl. (3.14)). Diese Kraft übt daher *kein* Drehmoment auf den Planeten aus. Nach dem Erhaltungssatz für den Drehimpuls (Gl. (8.13)) gilt $L_e + L_b = $ const. Die Eigendrehimpulse der Sonne und der Planeten sind zeitlich nahezu konstant. Daher können wir schreiben

$$L_b = mr \times v = \text{const.}$$

Die Größe $r \times v$ ist aber gerade gleich der Hälfte der Fläche A, die vom Radiusvektor r pro Zeit überstrichen wird. Ein Experiment hierzu wurde in Abschn. 4.4 diskutiert. Am Ende einer durch ein vertikales Rohr gezogenen Schnur ist eine Kugel befestigt (Abb. 4.9). Ihr unteres Ende wird mit der Hand festgehalten. Bewegt man die Kugel auf einem horizontalen Kreis und verkürzt langsam durch Ziehen an der Schnur den Radius R, so stellt man fest, dass sich die Winkelgeschwindigkeit der Kugel proportional zu $1/R^2$ ändert. Durchläuft sie die Kreisbahn bei einem bestimmten Radius zum Beispiel einmal in der Sekunde, so vollführt sie bei Verkürzung von R auf die Hälfte vier Umläufe in der Sekunde, da die von R überstrichene Fläche auf den vierten Teil verkleinert wurde.

Auch der Drehimpuls eines gleichförmig und geradlinig bewegten Massenpunkts (vgl. Abb. 8.2) liefert ein anschauliches Beispiel für die Drehimpulserhaltung. In Abb. 8.8 fliege ein Massenpunkt mit der konstanten Geschwindigkeit v von links nach rechts. Da bei dieser Bewegung keine Kraft auf den Massenpunkt wirkt, existiert auch kein Drehmoment. Der Drehimpuls bezüglich des Punktes P beträgt zu den verschiedenen Zeiten t_i jeweils $L_i = mr_i \times v = mr_i v \sin \varphi_i e_\perp$. Die Größe $r_i \sin \varphi_i$ ist die Projektion von r_i auf eine senkrecht zu v orientierte Achse und gleich dem senkrechten Abstand r_2 des Punktes P

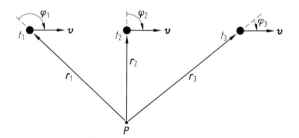

Abb. 8.8   Drehimpulserhaltung bei gleichförmig geradliniger Bewegung

von der Geraden durch v. Der Drehimpuls des Massenpunkts ist also zeitunabhängig, $dL/dt = 0$, was mit $T = 0$ in Einklang ist.

Wir kommen nun zurück auf Gl. (8.13), den Drehimpulserhaltungssatz in der Form $L_{\text{ges}} = L_e + L_b =$const. Wir hatten den Drehimpuls ursprünglich durch vektorielle Multiplikation mit dem Ortsvektor aus dem Grundgesetz der Mechanik erhalten (s. Gl. (8.3)). Andererseits ist dieses Gesetz im Einklang mit dem Energieerhaltungssatz, wie wir in Kap. 4 gesehen hatten. Ist somit der Drehimpulssatz nichts weiter als eine andere Form des Energiesatzes? Das kann schon aus formalen Gründen nicht sein, denn die Energie ist ein Skalar und der Drehimpuls ein Vektor, dessen Betrag *und* Richtung bei $T_a = 0$ konstant sein müssen.

Der Drehimpulssatz ist daher als Grundgesetz vom Energiesatz völlig unabhängig. Das erkennt man leicht an folgendem Versuch, bei dem sich zwar die Energie des Systems, nicht aber sein Drehimpuls ändert. Wir betrachten nochmal die an einer Schnur herumgeschwungene Kugel in Abb. 4.9. Beim Verkürzen der Schnur von $R_1 = R$ auf $R_2 = R/2$ steigt die Winkelgeschwindigkeit von $\omega_1 = \omega$ auf $\omega_2 = 4\omega$, weil dabei der Drehimpuls konstant bleibt: $L_1 = J_1\omega_1 = mR^2\omega$, $L_2 = J_2\omega_2 = m(R/2)^2\omega_2 = mR^2\omega$. Die kinetische Energie steigt jedoch von $E_1 = mv_1^2/2$ auf $E_2 = mv_2^2/2$. Mit $v_{1,2} = \omega_{1,2}R_{1,2}$ folgt $E_1 = m\omega^2R^2/2$, $E_2 = m(4\omega)^2(R/2)^2/2 = 4m\omega^2R^2/2$, also ist $E_2 = 4E_1$. Bezüglich der Energie war unser System also nicht abgeschlossen. Selbstverständlich gilt der Energieerhaltungssatz aber für das Gesamtsystem: die Kugel an der Schnur und die daran ziehende Person oder einen entsprechenden Mechanismus. Die Energiezunahme auf das Vierfache beim Verkürzen der Schnur folgt aus der Arbeit W, die dabei von der Zentripetalkraft an der Kugel verrichtet werden muss (Ergebnis: $W = 3m\omega^2R^2/2$). Man kann diese Arbeit zum Beispiel von einer Masse M verrichten lassen, die am unteren Ende der Schnur hängt und im Schwerefeld der Erde sinkt. Die potentielle Energie des Gesamtsystems (rotierende Kugel, Masse M, Erde) nimmt dabei um W ab, sein Drehimpuls bleibt jedoch konstant.

8.2 Trägheitsmoment starrer Körper

Im Folgenden sollen die charakteristischen Unterschiede im Verhalten des starren Körpers bei Translation und Rotation behandelt werden.

Kinetische Energie starrer Körper. Wir betrachten z. B. die kinetische Energie eines in Translation begriffenen starren Körpers. Da die Translationsgeschwindigkeit für jeden Punkt des Körpers die gleiche ist, ist die gesamte kinetische Energie E_k offenbar:

$$E_k^{\text{trans}} = \frac{1}{2}v^2 \sum_{\nu} m_\nu = \frac{1}{2}Mv^2. \tag{8.14}$$

Dabei ist m_ν die Masse des ν-ten Massenpunkts, und die Summation ist über den gesamten starren Körper zu erstrecken, dessen Gesamtmasse M ist. Das ist der gleiche Ausdruck wie bei einem Massenpunkt, und der Grund dafür ist eben die Gleichheit der Geschwindigkeit für alle Punkte.

Bei einer Rotation ist dies nicht mehr der Fall. Die Punkte der Achse sind sämtlich in Ruhe, und die außerhalb der Achse gelegenen Punkte haben umso größere Geschwindigkeiten, je größer ihr Abstand r von der Achse ist. Bezeichnet man den Vektor der

Winkelgeschwindigkeit mit $\boldsymbol{\omega}$, seinen Betrag entsprechend mit ω, so ist der Betrag v der Geschwindigkeit eines Massenpunkts m_ν mit dem Abstand $r_\perp = r_\nu$ von der Achse:

$$v = \omega r_\nu.$$

Damit ist nun der Ausdruck für die kinetische Energie E_k^{rot} bei der Rotation (Rotationsenergie) zu bilden:

$$E_k^{\text{rot}} = \frac{1}{2} \sum v_\nu^2 m_\nu = \frac{1}{2}\omega^2 \sum m_\nu r_\nu^2; \tag{8.15}$$

denn die Winkelgeschwindigkeit ist im ganzen Körper konstant. Man benutzt zur Abkürzung den Ausdruck

$$\sum m_\nu r_\nu^2 = J, \tag{8.16}$$

und nennt ihn das *Trägheitsmoment* des starren Körpers bezüglich der gewählten Rotationsachse. Man kann also für die Rotationsenergie schreiben:

$$E_k^{\text{rot}} = \frac{1}{2}J\omega^2. \tag{8.17}$$

Das Trägheitsmoment $J = \Sigma m_\nu r_\nu^2$ ist stets positiv (wegen r^2). Die Einheit ist: kg m^2.

Das Trägheitsmoment ist kein Vektor (bei Umkehr der Drehrichtung ändert sich sein Vorzeichen nicht), aber auch kein Skalar (mit der Richtungsänderung der Drehachse im festgehaltenen Körper ändert sich gesetzmäßig die Größe des Trägheitsmomentes). Das Trägheitsmoment ist eine Tensorgröße $\overset{\leftrightarrow}{\boldsymbol{J}}$. Es kann für Drehachsen, die alle durch einen Punkt, z. B. den Schwerpunkt S des starren Körpers gehen, als 3×3-Matrix dargestellt werden (vgl. Gl. (8.8)). Die Rotationsenergie ergibt sich dann als Matrizenprodukt $E_k^{\text{rot}} = \boldsymbol{\omega}^T \cdot \overset{\leftrightarrow}{\boldsymbol{J}} \cdot \boldsymbol{\omega}/2$. Dabei ist $\boldsymbol{\omega}^T$ der zum Spaltenvektor $\boldsymbol{\omega}$ transponierte Zeilenvektor. – Nur Trägheitsmomente, die sich auf dieselbe Achse beziehen, sind additive Größen.

Bereits bei Betrachtung eines Massenpunkts hatten wir erkannt, dass seine Masse m als das Maß für das Beharrungsvermögen betrachtet werden muss. Das Gleiche gilt nach Gl. (8.14) für die Translationsbewegung eines starren Körpers: Auch hier ist die Masse M der Ausdruck für seine Trägheit. Anders aber bei der Rotationsbewegung; Gl. (8.17) zeigt, dass anstelle der Masse M der Ausdruck $J = \Sigma m_\nu r_\nu^2$ tritt, der wesentlich davon abhängt, wie die Massen um die Rotationsachse verteilt sind. Der gleiche Körper kann sehr verschiedene Trägheitsmomente besitzen, je nachdem ob sie sich in kleinerem oder größerem Abstand von der Achse befinden. *Für die Rotationsbewegung ist daher nicht die Masse, sondern das Trägheitsmoment das geeignete Maß für das Beharrungsvermögen.*

Rotationsbewegung. Man erkennt bereits hier, dass bei der Rotationsbewegung die Winkelgeschwindigkeit $\boldsymbol{\omega}$ und der Trägheitstensor $\overset{\leftrightarrow}{\boldsymbol{J}}$ die Rollen der Translationsgeschwindigkeit $\boldsymbol{v}$ und der Masse M übernehmen; an die Stelle des Impulses $M\boldsymbol{v}$ tritt bei der Rotation um eine Schwerpunktsachse der Ausdruck $\overset{\leftrightarrow}{\boldsymbol{J}}\boldsymbol{\omega}$, der als *Drehimpuls* $\boldsymbol{L}$ bezeichnet wird:

$$\boldsymbol{L} = \overset{\leftrightarrow}{\boldsymbol{J}}\boldsymbol{\omega}. \tag{8.18}$$

Dabei ist aber zu beachten, dass $\overset{\leftrightarrow}{\boldsymbol{J}}$ ein Tensor ist und wie in Gl. (8.8) als Matrix dargestellt wird. Dementsprechend haben $\boldsymbol{\omega}$ und $\boldsymbol{L}$ gewöhnlich verschiedene Richtungen. Nur wenn

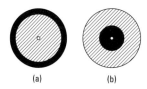

Abb. 8.9   Zwei Zylinder von gleichem Querschnitt und gleicher Masse, aber verschiedenem Trägheitsmoment, (a) Holzzylinder mit Bleimantel, (b) Holzzylinder mit Bleikern

ω parallel zu einer Hauptträgheitsachse (s. Abschn. 8.3) ist, ist $L \parallel \omega$ und ergibt sich durch skalare Multiplikation von ω mit dem entsprechenden Hauptträgheitsmoment J:

$$L = J\omega. \tag{8.19}$$

An die Stelle der Kraft im Grundgesetz der Mechanik, tritt bei der Rotation das Drehmoment.

Jetzt soll die Rolle des Trägheitsmomentes als Maß des „Widerstandes" gegen eine Änderung der Rotationsgeschwindigkeit experimentell nachgewiesen werden. Man überzeugt sich davon, wenn man ein größeres Schwungrad in Rotation versetzt. Es sind nicht unbeträchtliche Kräfte notwendig, um den Trägheitswiderstand des Rades zu überwinden. Wenn dann das Rad rotiert, besitzt es die durch Gl. (8.17) bestimmte Rotationsenergie, was wir z. B. daran feststellen können, dass das Rad lange Zeit weiterläuft, bevor es (durch die Reibungskräfte) zur Ruhe gebracht wird.

In Abb. 8.9 sind zwei Zylinder von gleichem Durchmesser im Querschnitt gezeichnet. Der Zylinder a besteht aus einem Bleimantel, der um einen Holzzylinder gelegt ist; bei dem Zylinder b ist der innere Teil aus Blei, der äußere aus Holz hergestellt. Die Verteilung der Blei- und Holzmassen ist bei beiden Zylindern so gewählt, dass die Massen beider Zylinder gleich sind. Da beim Zylinder a das schwerere Blei in größerer Entfernung von der Zylinderachse angebracht ist als beim Zylinder b, besitzt a nach Gl. (8.16) ein wesentlich größeres Trägheitsmoment als b. Lässt man nun diese beiden Zylinder auf einer schiefen Ebene herunter rollen, so beobachtet man sofort, dass der Zylinder a wegen seines größeren Trägheitsmomentes langsamer ins Rollen gerät. Der Zylinder b kommt also viel früher unten an. – Setzt man die beiden Zylinder nacheinander auf die Achse eines kleinen Elektromotors, den man mit einer konstanten Spannung anlaufen lässt, so beobachtet man deutlich, dass der Zylinder a mit dem großen Trägheitsmoment wesentlich längere Zeit braucht, bis er auf Touren kommt, als der Zylinder b mit dem kleineren Trägheitsmoment. Beim Abschalten der Motorspannung kommt umgekehrt der Zylinder b merklich rascher zum Stillstand als der Zylinder a, da die Rotationsenergie im letzteren Fall wesentlich größer ist. In der Technik macht man von großen Trägheitsmomenten vielfach Gebrauch, indem man auf die Achsen rotierender Systeme Schwungräder setzt, die wegen ihres großen Trägheitsmomentes bei der Drehung einen erheblichen Vorrat an Rotationsenergie aufnehmen, der dann zur Überwindung plötzlich auftretender Widerstände am drehenden System, z. B. beim Einschalten eines Arbeitsvorganges Verwendung findet (Dampfmaschine, Walzwerk usw.).

Berechnung von Trägheitsmomenten. Nach Gl. (8.16) hat man zur Berechnung von J bei homogenen Körpern jedes Massenelement dm mit dem Quadrat seines Abstandes $r_\perp$ von der Achse zu multiplizieren und dann die in eine Integration übergehende Summierung auszuführen:

$$J = \int r_\perp^2 \, dm. \tag{8.20}$$

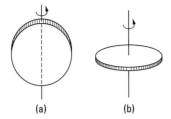

(a)   (b)

Abb. 8.10 Äquatoriales (a) und polares (b) Trägheitsmoment einer Kreisscheibe

Natürlich kann die Rechnung nur für einfach gestaltete Körper ausgeführt werden. Der Zahlenwert ist wegen $r_\perp^2$ stets positiv. – In schwierigen Fällen kann man das Trägheitsmoment eines Körpers oder eines maßstäblichen Modells aus Messungen an Drehschwingungen bestimmen (s. Abschn. 5.2). Bei beliebig gestalteten rotationssymmetrischen Körpern lässt sich das Trägheitsmoment zeichnerisch ermitteln[1].

Bei flächenhaften Körpern, wie Platten usw., unterscheidet man zwischen dem *äquatorialen* Trägheitsmoment, wenn die Achse in der Ebene des Körpers (Abb. 8.10a) liegt, und dem *polaren* Trägheitsmoment, wenn die Achse auf der Ebene des Körpers senkrecht steht (Abb. 8.10b). Zwischen diesen beiden Trägheitsmomenten besteht eine einfache Beziehung. Bei der in Abb. 8.11 abgebildeten Scheibe findet man für das äquatoriale Trägheitsmoment in Bezug auf die x-Achse: $J_x = \int y^2 \mathrm{d}m$, und für das äquatoriale Trägheitsmoment in Bezug auf die y-Achse $J_y = \int x^2 \mathrm{d}m$. Für das polare Trägheitsmoment bezogen auf die zur x-y-Ebene senkrechte z-Achse ist: $J_z = \int r^2 \mathrm{d}m$. Nun ist aber für jedes Massenelement $r_\perp^2 = x^2 + y^2$, und demnach:

$$\int r_\perp^2 \,\mathrm{d}m = \int x^2 \,\mathrm{d}m + \int y^2 \,\mathrm{d}m,$$

d. h.

$$J_z = J_x + J_y. \tag{8.21}$$

In Worten:

- Das polare Trägheitsmoment eines flächenhaften Körpers ist gleich der Summe zweier äquatorialer Trägheitsmomente um senkrecht aufeinanderstehende Achsen.

Mit Hilfe der Gl. (8.20) $J = \int r_\perp^2 \,\mathrm{d}m$ ist die Berechnung der Trägheitsmomente einfacher Körper ohne Schwierigkeiten möglich. Einige besonders wichtige Fälle:

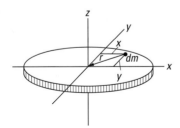

Abb. 8.11 Zusammenhang zwischen äquatorialem und polarem Trägheitsmoment einer Kreisscheibe

---

[1] Rötscher, F.: Einfache Verfahren zur Ermittlung des Schwerpunktes, des Rauminhaltes und der Momente höherer Ordnung. Z. VDI Bd. 80 (1936), p. 1352.

1. Polares Trägheitsmoment einer Kreisscheibe vom Radius R, der Dicke h und der Masse M.

Wir zerlegen die Scheibe (Abb. 8.12) in eine Anzahl konzentrischer Ringe; das gezeichnete Ringelement habe von der Achse den Abstand r und die Breite dr; seine Masse dm ist dann

$$dm = 2\pi r_\perp \, dr_\perp \, h\varrho,$$

wenn ϱ die Dichte des Scheibenmaterials ist. Das Trägheitsmoment dieses Ringelementes ist dann:

$$dJ = dm\, r_\perp^2 = 2\pi h\varrho r_\perp^3 \, dr_\perp.$$

Integrieren wir diesen Ausdruck zwischen den Grenzen $r_\perp = 0$ und $r_\perp = R$, so erhalten wir als Trägheitsmoment der Scheibe:

$$J = 2\pi h\varrho \int\limits_0^R r_\perp^3 \, dr_\perp = \frac{2\pi h\varrho}{4} r_\perp^4 \Big|_0^R = R^2 \pi h\varrho \frac{R^2}{2}.$$

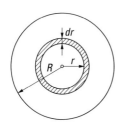

Abb. 8.12   Berechnung des polaren Trägheitsmomentes einer Kreisscheibe

Der Ausdruck $R^2 \pi h\varrho$ stellt die Masse M der Scheibe dar, so dass wir schreiben können:

$$J = \frac{1}{2} M R^2. \tag{8.22}$$

Da die Dicke h der Scheibe herausfällt, gilt Gl. (8.22) auch für das Trägheitsmoment eines Zylinders in Bezug auf die Zylinderachse als Trägheitsachse (Abb. 8.13).

2. Polares Trägheitsmoment eines Hohlzylinders vom äußeren Radius R_a, dem inneren Radius R_i, der Höhe h und der Masse M.

Es sind nur die Grenzen des Integrals für den Vollzylinder statt von 0 bis R, von R_i bis R_a zu ändern:

$$J = 2\pi h\varrho \int\limits_{R_i}^{R_a} r_\perp^3 \, dr_\perp = \frac{\pi h\varrho}{2} (R_a^4 - R_i^4)$$

$$= \frac{\pi h\varrho}{2} (R_a^2 - R_i^2) \cdot (R_a^2 + R_i^2).$$

Die Masse des Hohlzylinders ist

$$M = \pi h\varrho (R_a^2 - R_i^2),$$

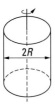

Abb. 8.13   Zur Berechnung des Trägheitsmomentes eines Zylinders

also

$$J = \frac{M}{2}(R_a^2 + R_i^2).$$ (8.23)

(Masse mal arithmetisches Mittel der Radienquadrate. Anwendung: Schwungrad!)

3. Äquatoriales Trägheitsmoment einer dünnen Kreisscheibe bezogen auf einen Durchmesser als Drehachse (Abb. 8.14a).

Nach Gl. (8.21) muss $J_{pol} = 2J_{äqu}$ sein und demnach

$$J_{äqu} = \frac{1}{4}MR^2; \text{ denn aus Symmetriegründen muss } J_x = J_y \text{ sein.}$$ (8.24)

4. Äquatoriales Trägheitsmoment eines flachen Kreisringes bezogen auf einen Durchmesser als Drehachse (Abb. 8.14b).

$$J = \frac{M}{4}(R_a^2 + R_i^2).$$ (8.25)

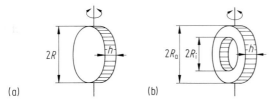

(a)   (b)

Abb. 8.14   Zur Berechnung des äquatorialen Trägheitsmomentes einer dünnen Kreisscheibe (a) und eines flachen Kreisringes (b), bezogen auf einen Durchmesser

5. Trägheitsmoment einer Kugel in Bezug auf eine durch den Mittelpunkt gehende Drehachse.

Wir zerlegen die Kugel entsprechend Abb. 8.15 in eine Reihe von dünnen Scheiben, deren Ebenen senkrecht zur Drehachse stehen. Den von Scheibe zu Scheibe variierenden Radius bezeichnen wir mit y, die Dicke der Scheibe in der dazu senkrechten Richtung mit dx; dann ist nach Gl. (8.22) das polare Trägheitsmoment einer solchen Scheibe mit der Masse dm:

$$dJ = \frac{1}{2}y^2 dm = \frac{1}{2}\pi \varrho y^4 dx.$$

Nun ist $y^2 = R^2 - x^2$; setzt man dies in die obige Gleichung ein, so ergibt sich:

$$dJ = \frac{1}{2}\pi \varrho (R^2 - x^2)^2 dx.$$

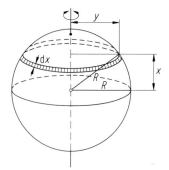

Abb. 8.15 Berechnung des Trägheitsmomentes einer Kugel (Die dx kennzeichnenden Pfeile sind parallel zur Drehachse zu denken.)

Da x alle Werte von $-R$ bis $+R$ annimmt, folgt für das Trägheitsmoment der Kugel:

$$\mathrm{d}J = \frac{1}{2}\pi\varrho\int\limits_{-R}^{+R}(R^2 - x^2)^2\mathrm{d}x = \frac{1}{2}\pi\varrho\int\limits_{-R}^{+R}[R^4 - 2R^2x^2 + x^4]\mathrm{d}x$$

$$= \frac{2}{5}\cdot\frac{4}{3}R^3\pi\varrho\cdot R^2.$$

Für $\frac{4}{3}R^3\pi\varrho$ kann man die Masse M der Kugel setzen und hat damit

$$J = \frac{2}{5}\cdot MR^2. \tag{8.26}$$

6. Trägheitsmoment einer Hohlkugel in Bezug auf eine durch den Mittelpunkt gehende Drehachse.

$$J = \frac{2}{5}\cdot M\cdot\frac{R_a^5 - R_i^5}{R_a^3 - R_a^3}. \tag{8.27}$$

7. Trägheitsmoment eines geradlinigen zylindrischen Stabes der Länge l und dem im Verhältnis zu l kleinen Durchmesser in Bezug auf eine zum Stab senkrechte, durch einen Endpunkt des Stabes gehende Achse.
Wir zerlegen den Stab (Abb. 8.16) in kleine Massenelemente dm von der Länge dx und der Querschnittsfläche q. Das Trägheitsmoment eines solchen Elementes ist in Bezug auf die gewählte Achse

$$\mathrm{d}J = x^2\,\mathrm{d}m = \varrho q x^2\,\mathrm{d}x.$$

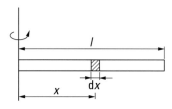

Abb. 8.16 Zur Berechnung des Trägheitsmomentes eines Stabes

Dieser Ausdruck ist zwischen den Grenzen $x = 0$ und $x = l$ zu integrieren. Wir erhalten

$$J = \varrho q \int_0^l x^2 \mathrm{d}x = \frac{\varrho q}{3} x^3 \Big|_0^l = \frac{\varrho q}{3} l^3 .$$

Nun ist $\varrho q l$ die Masse M des ganzen Stabes, und es folgt damit:

$$J = \frac{1}{3} M l^2 . \tag{8.28}$$

Geht die Drehachse durch die Stabmitte, so haben wir die Gleichung $\mathrm{d}J = \varrho q x^2 \,\mathrm{d}x$ von $-l/2$ bis $+l/2$ zu integrieren; dies liefert:

$$J' = \frac{1}{12} M l^2 . \tag{8.29}$$

8. Trägheitsmoment eines geraden Kreiskegels vom Radius R und der Höhe h bezogen auf die Symmetrieachse als Drehachse.
Bei einem rotationssymmetrischen Körper wählt man als Massenelement $\mathrm{d}m$ zweckmäßig zylindrische Scheiben von der Dicke $\mathrm{d}y$ und dem Radius x; es ist dann

$$J = \int \mathrm{d}J = \int \frac{\mathrm{d}m}{2} x^2 = \frac{\varrho \pi}{2} x^2 \,\mathrm{d}x \cdot x^2$$

$$J = \frac{\varrho \pi}{2} \int x^4 \,\mathrm{d}x . \tag{8.30}$$

Dieser Ausdruck gilt allgemein für jeden rotationssymmetrischen Körper. Durch Einführung der jeweils für einen gewählten Sonderfall geltenden Beziehung $x = f(y)$ lässt sich das Integral lösen, z. B. für die Kugel mit $x = \sqrt{R^2 - y^2}$.
Für den Kegel (Abb. 8.17) gilt mit $x = y R/h$

$$J = \frac{1}{2} \varrho \pi \left(\frac{R}{h} \right)^4 \int_0^h y^4 \,\mathrm{d}y$$

$$= \frac{1}{2} \varrho \pi \left(\frac{R}{h} \right)^4 \cdot \frac{1}{5} h^5 = \frac{1}{10} \varrho \pi R^2 h \cdot R^2 .$$

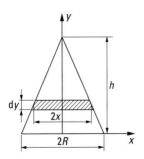

Abb. 8.17   Zur Berechnung des Trägheitsmomentes eines geraden Kreiskegels

Es ist

$$M_{\text{Kegel}} = \frac{1}{3}\varrho\pi R^2 h$$

und damit

$$J_{\text{Kegel}} = \frac{3}{10}MR^2. \tag{8.31}$$

Satz von Steiner. Die hier berechneten Trägheitsmomente beziehen sich überwiegend auf Achsen, die durch den Schwerpunkt gehen. Es ist indessen häufig notwendig, das Trägheitsmoment eines Körpers auch in Bezug auf eine nicht durch den Schwerpunkt gehende Achse zu kennen. Bezeichnet J_S das Trägheitsmoment um eine durch den Schwerpunkt gehende Achse und J_A das Trägheitsmoment desselben Körpers um eine zu dieser Schwerpunktsachse parallele Achse, so gilt der *Steiner'sche Satz*:

$$J_A = J_S + Ma^2, \tag{8.32}$$

wenn M die Gesamtmasse und a den Abstand der beiden Achsen bedeuten. Der in Abb. 8.18 skizzierte Körper drehe sich um eine senkrecht zur Papierebene stehende Achse A, die vom Schwerpunkt S des Körpers den Abstand a habe. Bezeichnen wir den Abstand eines in P befindlichen Massenelements dm von A mit r_a und von S mit r_s, so ist $r_s^2 = x^2 + y^2$ und $r_a^2 = (a + x)^2 + y^2$ und folglich $r_a^2 = a^2 + r_s^2 + 2ax$. Für das Trägheitsmoment J_A ergibt sich damit:

$$J_A = \int r_a^2 dm = J_S + a^2 \int dm + 2a \int x\, dm.$$

Die Definition des Schwerpunkts hat zur Folge, dass das letzte Integral auf der rechten Seite verschwindet. Da ferner $\int dm = M$, folgt hieraus der Steiner'sche Satz.

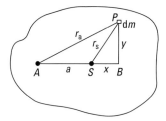

Abb. 8.18   Zur Ableitung des Steiner'schen Satzes

8.3 Bewegungen um freie Achsen

Körperfeste und freie Drehachsen. Wenn ein starrer Körper sich um eine körperfeste Achse dreht, so muss diese, wenn sie auch im Raum eine feste Lage haben soll, im Allgemeinen in zwei Punkten festgehalten werden, was durch ein sogenanntes *Lager* geschieht. Denn es ist klar, dass im Allgemeinen Kräfte und Drehmomente auf die Punkte der Achse wirken, die durch das feste Lager unwirksam gemacht werden müssen. Selbst in dem Fall, dass gar keine eigentlichen äußeren Kräfte vorhanden sind, wirken schon die Zentrifugalkräfte (Trägheitskräfte) und ihre Momente in diesem Sinn. Dennoch gibt es Fälle, in denen die Rotationsachse gar nicht beansprucht wird, also kräftefrei (permanent) ist. Das ist von größter Wichtigkeit für alle Maschinen mit rotierenden Teilen, z. B. Elektromotoren und Dynamomaschinen. Wären bei solchen Maschinen die Achsen nicht kräftefrei, so würden bei den großen Umdrehungsfrequenzen und Trägheitsmomenten außerordentlich große Beanspruchungen der Lager auftreten, was sowohl den ruhigen Lauf als auch die Haltbarkeit der Maschinen empfindlich gefährden würde.

Als Beispiele für Körper mit kräftefreien Achsen seien z. B. die Erde und der sogenannte Kinderkreisel genannt. Die Erde dreht sich in 24 Stunden um eine Achse, die ihre Lage in der Erde und im Raum in erster Näherung beibehält. Hier sind keine äußeren Kräfte vorhanden, denn die Anziehungskraft der Sonne wird gerade durch die vom Umlauf der Erde um die Sonne erzeugte Zentrifugalkraft kompensiert. Die von der Rotation herrührenden Zentrifugalkräfte sind offenbar so beschaffen, dass sie die Achse nicht beeinflussen[2]. Ganz ähnlich ist es bei dem Kinderkreisel. Auch hier haben wir eine kräftefreie Achse, die freilich in einem Punkt, dem Berührungspunkt des Kreisels mit der Unterlage, festgehalten ist, aber eben nur in einem Punkt. Auch hier müssen also Bedingungen vorliegen, unter denen die aus den Zentrifugalkräften resultierenden Drehmomente sich kompensieren.

Es fragt sich, welche Bedingungen dies sind. Um diese Frage zu beantworten, bedürfen wir einer kurzen Untersuchung über Trägheitsmomente um gegeneinander geneigte, aber durch denselben Punkt gehende Achsen. Wenn ein Körper um eine durch einen festen Punkt gehende Achse rotiert, so hat er ein bestimmtes Trägheitsmoment J um diese Achse. Jetzt lassen wir die Achse nacheinander alle möglichen Richtungen durch diesen Punkt annehmen und bestimmen für jede Achsenrichtung das jeweilige Trägheitsmoment J. Wenn die Neigung der Achse stetig verändert wird, so ändert sich auch das Trägheitsmoment stetig, und zwar besteht, was wir hier nicht beweisen wollen, eine relativ einfache Gesetzmäßigkeit, die sich geometrisch so ausdrücken lässt: Wenn wir auf jeder der unendlich vielen Achsen vom festen Punkt aus nach beiden Seiten Strecken auftragen, die zur Wurzel aus dem zugehörigen Trägheitsmoment umgekehrt proportional, d. h. gleich const/$\sqrt{J}$ sind, so liegen die Endpunkte dieser Strecken nach dem Vorhergehenden auf einer stetig gekrümmten Oberfläche; und diese Oberfläche ist ein Ellipsoid, das sogenannte *Trägheitsellipsoid*. Im Allgemeinen ist es dreiachsig; dann entspricht der kleinsten Ellipsoidachse das größte, der größten Ellipsoidachse das kleinste Trägheitsmoment. Die Achsen, denen diese drei Extremwerte des Trägheitsmomentes zukommen, stehen – als Hauptachsen des Ellipsoids – senkrecht aufeinander; man nennt sie daher die *Hauptträgheitsachsen* durch den betreffenden festgehaltenen Punkt des starren Körpers. Folglich gibt es durch jeden Punkt eines starren Körpers, insbesondere also auch durch seinen Schwerpunkt, drei zueinander senkrechte Achsen, um die das Trägheitsmoment Extremwerte (Maximum, Minimum, Sattelwert) besitzt. In speziellen Fällen kann das Trägheitsellipsoid zu einem Rotationsellipsoid und sogar zu einer Kugel entarten. Bei einem verlängerten Rotationsellipsoid ist die große Hauptachse des Ellipsoids die des kleinsten Trägheitsmomentes. In der dazu senkrechten Ebene sind jetzt alle Achsenrichtungen einander gleichwertig, ihnen allen kommt das gleiche (größte) Trägheitsmoment zu. Bei einem abgeplatteten Rotationsellipsoid ist es analog; nur entspricht die kleinste Hauptachse des Ellipsoids hier dem größten Trägheitsmoment. Dieser Fall des Rotationsellipsoids tritt auf, wenn bezüglich des festen Punktes der starre Körper bestimmte

---

[2] Tatsächlich ist infolge der Abplattung die Erde nicht vollkommen kräftefrei; vgl. hierzu Abschn. 3.7.

Symmetrien aufweist. Zum Beispiel wenn wir die Gesamtheit der Achsen durch den – mit dem geometrischen Mittelpunkt zusammenfallenden – Schwerpunkt eines homogenen, langen Kreiszylinders betrachten, so ist das Trägheitsmoment um die Zylinderachse offenbar das kleinste; dagegen haben alle durch den Schwerpunkt senkrecht zur Zylinderachse gehenden Achsen das gleiche (größte) Trägheitsmoment. Das gilt offenbar für alle Körper, die eine Symmetrieachse durch den Schwerpunkt besitzen, z. B. Scheibe oder Ring. Im Fall eines kugelförmigen starren Körpers, aber auch eines Würfels, Oktaeders usw., sind alle Achsen durch den Schwerpunkt gleichberechtigt, weil dieser ein Symmetriezentrum ist: Hier wird das Trägheitsellipsoid zur Trägheitskugel, und der Körper besitzt nur noch ein Trägheitsmoment um alle durch den Schwerpunkt gehenden Achsen.

Der Versuch zeigt nun – und das ist der Grund, weswegen wir diese Untersuchungen machen mussten –, dass bei Rotation um eine der drei Hauptträgheitsachsen durch den festgehaltenen Punkt des starren Körpers diese Achsen permanente oder freie Achsen sind; d. h., außer dem festen Punkt des starren Körpers braucht kein weiterer Punkt der Achse festgehalten zu werden. Die Symmetrie der Massenverteilung um eine Hauptträgheitsachse bewirkt, dass die Zentrifugalkräfte sich bezüglich dieser drei Achsen so kompensieren, dass keine Drehmomente auf sie ausgeübt werden; die Kräfte selbst werden durch den festgehaltenen Punkt unwirksam gemacht. Liegen insbesondere – bei völlig frei beweglichem starrem Körper, auf den auch keine äußeren Kräfte wirken – Rotationen um eine Hauptträgheitsachse durch den Schwerpunkt vor, so braucht diese in keinem Punkt festgehalten zu werden, weil weder Kräfte noch Drehmomente auf die Achse wirken.

Im Allgemeinen hat man es mit freien Achsen durch den Schwerpunkt zu tun. Darauf beziehen sich auch alle im Folgenden besprochenen Beispiele und Versuche.

Rotation um Hauptträgheitsachsen. Zwischen den drei ausgezeichneten freien Achsen besteht ein Unterschied bezüglich des Charakters der Bewegung. Rotiert nämlich der Körper um die Achse des größten oder kleinsten Trägheitsmomentes, so ändert ein kleiner Stoß sämtliche Bestimmungsstücke der Bewegung (Achse, Geschwindigkeit usw.) umso weniger, je kleiner er ist; in Analogie zu den verschiedenen Arten des Gleichgewichtes nennt man daher eine Rotation um diese Achsen *stabil*. Anders verhalten sich die Körper bei Rotationen um die Achse des mittleren Trägheitsmomentes: Hier ruft der kleinste Stoß eine radikale Änderung des Bewegungscharakters hervor; man nennt diese Rotation daher *labil*. Am stabilsten ist die Rotation um die Achse des größten Trägheitsmomentes; man kann daher durch einen hinreichend starken Stoß (nicht durch einen beliebig kleinen!) einen an sich stabil um die Achse des kleinsten Trägheitsmomentes rotierenden Körper dazu bringen, sich um die Achse des größten Trägheitsmomentes zu drehen. Diese Tatsache hat vielfach die unrichtige Behauptung hervorgerufen, dass eine Rotation um die Achse des kleinsten Trägheitsmomentes auch labil wäre.

Experimentell kann man sich von dem Vorhandensein freier Achsen durch folgende Versuche überzeugen: Die drei Hauptträgheitsachsen durch den Schwerpunkt einer Zigarrenkiste sind in Abb. 8.19 mit A, B, C bezeichnet; A ist die Achse des größten, C die des kleinsten, B die des mittleren Trägheitsmomentes. Bringt man in den Flächenmitten Ösen an, hängt die Kiste dann an einem vertikalen Stab auf, der mit einem Motor in rasche Rotation versetzt wird, so rotiert die Kiste vollkommen ruhig um die Achsen A und C. Wegen der unvermeidlichen Störungen ist dies bei der labilen Rotation um die Achse B nicht der Fall; die Kiste torkelt jetzt hin und her. Dass wir hier – ebenso bei dem vorhin erwähnten Kinderkreisel – einen Punkt der Achse festhalten, obwohl sie durch den

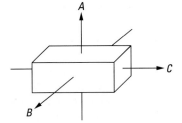

Abb. 8.19   Hauptträgheitsachsen eines Quaders

Schwerpunkt geht, hat nur den Grund, dass wir die Schwerkraft auf diese Weise aufheben müssen. Übrigens können wir uns ganz frei von der Wirkung der Schwerkraft machen, indem wir die Kiste werfen und ihr gleichzeitig mit der Hand eine Rotation um eine der drei Achsen erteilen. Während des Fliegens der Kiste (d. h. während sie einen freien Fall ausführt!) kompensiert die d'Alembert'sche Trägheitskraft gerade die Schwere. Auch hier beobachtet man, dass die Kiste um eine der Achsen *A* oder *C* ganz ruhig rotiert, d. h., dass die genannten Achsen ihre Richtung im Raum unverändert beibehalten. Gibt man aber der Kiste beim Hochwerfen eine Drehung um die *B*-Achse, so schwankt sie hin und her; d. h., die Achse verändert dauernd ihre Richtung im Raum.

Wir zeigen die Rotation um eine freie Achse für eine Scheibe, indem wir diese mit einer Schnur an das Ende einer vertikal nach unten gerichteten Achse eines Motors anhängen, wie es Abb. 8.20a zeigt. Läuft der Motor, so gerät die Scheibe um die gestrichelt gezeichnete Achse ihres kleinsten Trägheitsmomentes in stabile Rotation. Bei hinreichend großer Störung aber geht die Scheibe in die Lage (b) über, in der sie um die Achse ihres größten Trägheitsmomentes rotiert und die größte Bewegungsstabilität besitzt. Die Scheibe behält diese stabilste Rotation um die vertikal verlaufende Achse auch noch bei, wenn man den Motor abstellt, die Schnur in die Hand nimmt und die rotierende Scheibe hin- und herbewegt. Die bei einer solchen Rotation auftretenden zentrifugalen Kräfte zeigen sehr schön eine in sich geschlossene Kette, die man nach Abb. 8.20c anstelle der Scheibe an die Motorachse hängt. Bei der Rotation ziehen die Zentrifugalkräfte die Kette zu einem

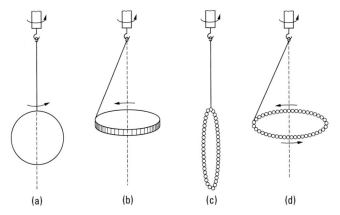

(a)   (b)   (c)   (d)

Abb. 8.20   Rotation einer Scheibe und eines Kettenringes um die Achsen ihres größten Trägheitsmomentes

starren Ring auseinander, der schließlich wegen der großen unvermeidlichen Störungen die in Abb. 8.20d gezeichnete stabile Lage einnimmt.

Hier noch einige Beispiele von Rotationen um freie Achsen: Beim Sprung vom Turm ins Schwimmbad macht der Springer einen oder mehrere Saltos um eine horizontale, freie Achse. Dabei erhöht er zunächst seine Winkelgeschwindigkeit dadurch, dass er sein Trägheitsmoment verkleinert. Vor dem Eintritt ins Wasser stoppt er die Drehbewegung dadurch, dass er sein Trägheitsmoment stark vergrößert. – Eine Eiskunstläuferin dreht sich wie ein Kreisel um eine vertikale, freie Achse. Am Ende vergrößert sie ihr Trägheitsmoment wieder durch Ausbreiten der Arme und bleibt dadurch stehen. – Im Zirkus sieht man manchmal einen Artisten einen flachen Teller in der Luft drehen, den er mit einem Holzstab exzentrisch unterstützt. Der Teller dreht sich dabei um seine Symmetrieachse.

8.4 Rollende Bewegung

Wir geben jetzt unsere Einschränkung auf, die wir von Abschn. 8.2 an für alle bisher besprochenen Drehbewegungen gemacht hatten, nämlich die Beschränkung auf Rotationen um eine im Raum *feste Achse*. Wenn ein Rad oder ein Kreiszylinder auf einer ebenen Fläche rollt, so bewegt sich seine Rotationsachse längs einer zu ihr parallelen geraden Linie (Abb. 8.21a). Dasselbe gilt für eine Kugel mit konstantem Drehimpuls L. Die Achse aber, um die der Körper in einem gegebenen Zeitpunkt rotiert, ist die Verbindungslinie seiner Berührungspunkte mit der Unterlage. Da Räder und rotierende Zylinder wichtige Bestandteile fast aller technischen Maschinen sind, wollen wir Kinematik und Dynamik von Rollbewegung im Folgenden ausführlich besprechen.

Kinematik des Rollens. Wenn ein Rotationskörper rollt, ohne dabei zu rutschen bzw. zu gleiten, so besteht eine feste Beziehung zwischen der Orientierung einer im Körper festliegenden Strecke und dem von seinem Schwerpunkt S zurückgelegten Weg. Dies ist in Abb. 8.21 erläutert. Hat der dort skizzierte Zylinder sich um den Winkel φ gedreht, von der Ausgangslage $\varphi = 0$ an gerechnet, so sind sowohl sein Berührungspunkt mit der Unterlage als auch sein Mittelpunkt um die Strecke $s = R\varphi$ gewandert. Aus $ds/dt = Rd\varphi/dt$ folgt für die Schwerpunktsgeschwindigkeit v_s eines homogenen Zylinders die Beziehung *(Rollbedingung)*

$$v_s = \frac{ds}{dt} = \frac{d\varphi}{dt}R = \omega R. \tag{8.33}$$

Mit Hilfe der Gl. (3.16), $v = \omega \times r$, erhalten wir die Geschwindigkeit eines beliebigen Punkts P des Körpers

$$v_P = v_s + \omega \times r_P. \tag{8.34}$$

Dabei ist r_P der Ortsvektor vom Mittel- bzw. Schwerpunkt zum Punkt P. Diese Beziehung ist in Abb. 8.21b für verschiedene Punkte $(A, \ldots, D)$ auf dem Umfang des Zylinders erläutert. Es handelt sich hierbei um eine Momentaufnahme der Geschwindigkeitsverteilung in einem bestimmten Zeitpunkt. Man sieht, dass der Berührungspunkt mit der Unterlage (A) die Geschwindigkeit null hat, und der oberste (C) die doppelte Schwerpunktsgeschwindigkeit $2v_s$. Das gilt natürlich nur für den dargestellten Zeitpunkt. Kurz

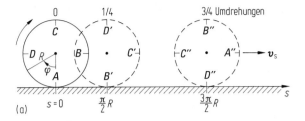

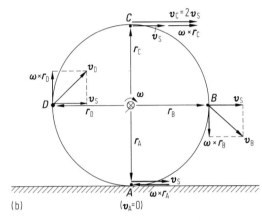

Abb. 8.21   Zur Kinematik des Rollens, (a) fortschreitende Bewegung eines Zylinders, (b) momentane Geschwindigkeitsverteilung

danach sind die Punkte A und C nicht mehr Berührungspunkt bzw. höchster Punkt und haben dementsprechend andere Geschwindigkeiten. Der momentan in Ruhe befindliche Berührungspunkt ist also in jedem Zeitpunkt ein anderer.

Man kann die Rollbewegung genauso gut als Rotation des Körpers um eine Achse durch den momentanen Berührungspunkt A beschreiben. Diese Tatsache ist bei der Lösung von Rollproblemen oft nützlich. Um eine Achse durch A hat der Zylinder ein anderes Trägheitsmoment und einen anderen Drehimpuls als um die Figurenachse durch seinen Schwerpunkt S. Aber die Winkelgeschwindigkeit ist aus Symmetriegründen dieselbe wie um S. Das lässt sich ebenfalls in Abb. 8.21b ablesen: Der Punkt A hat bezüglich S die entgegengesetzt gleiche Geschwindigkeit $v_{AS} = \omega \times r_A$ wie S bezüglich A, nämlich $v_S = -v_{AS}$, und der Abstand $\overline{AS}$ ist derselbe wie $\overline{SA}$. Also gilt $\omega_S = v_{AS}/\overline{AS} = v_S/\overline{SA} = \omega_A$.

Dynamik des Rollens. Wir betrachten jetzt die Kräfteverhältnisse bei der Rollbewegung. Hierfür ist die Reibung von großer Bedeutung. Das Rollen ohne Reibung ist praktisch unmöglich, wie man vom Auto- oder Radfahren bei Glatteis weiß. Als erstes Beispiel besprechen wir die *Rollbewegung eines Zylinders* unter dem Einfluss einer konstanten Kraft. Ein solcher Vorgang lässt sich bequem auf einer schiefen Ebene durch die Wirkung der Schwerkraft realisieren. In Abb. 8.22 rollt ein Zylinder der Masse m mit dem Radius R eine Ebene mit dem Neigungswinkel α hinunter. Wir wollen seine Geschwindigkeit $v_s(t)$, seine Beschleunigung a_s und die Reibungskraft F_r berechnen, die alle parallel

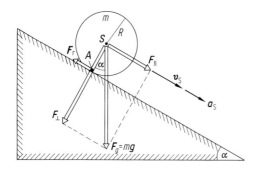

Abb. 8.22   Zur Dynamik des Rollens

zur geneigten Fläche liegen. Zunächst zerlegen wir die Schwerkraft F_g in Komponenten parallel und senkrecht zur Ebene: $F_\parallel = mg \sin \alpha$ und $F_\perp = mg \cos \alpha$. Das Drehmoment von F_g um den Auflagepunkt A beträgt $T = RF_\parallel = Rmg \sin \alpha$. Mit Gl. (8.1) und der Beziehung $L = J \cdot \omega$ (Gl. (8.19)) erhalten wir die Winkelbeschleunigung $\dot\omega = T/J$. Wir dürfen diese, für die Rotation um eine feste Achse ($\omega \| L$) gültige Beziehung hier benutzen, obwohl die momentane Drehachse durch A parallel verschoben wird, weil in unserem Beispiel L und ω ebenfalls parallel zueinander sind. Beide stehen senkrecht zur Zeichenebene. Das Trägheitsmoment um A ist nach dem Satz von Steiner (Gl. (8.32)) $J_A = J_s + mR^2 = mR^2/2 + mR^2 = 3mR^2/2$. Damit ergibt sich

$$\dot\omega = \frac{D}{J_A} = \frac{Rmg \sin \alpha}{\frac{3}{2}mR^2} = \frac{2}{3}\frac{g}{R} \sin \alpha.$$

Aus der Rollbedingung $v_s = R\omega$ (Gl. (8.33)) erhält man durch Differenzieren $a_s = R\dot\omega$ und somit die Linearbeschleunigung des Schwerpunkts S

$$a_s = \frac{2}{3}g \sin \alpha.$$

Im Zusammenhang mit Abb. 3.8 hatten wir die Beschleunigung beim reibungsfreien Gleiten eines Körpers auf der schiefen Ebene berechnet, nämlich $a = g \sin \alpha$. Ein rollender Körper wird demnach bei Vernachlässigung der Gleitreibung durch eine gegebene Kraft weniger stark linear beschleunigt als ein gleitender. Dafür erhält der rollende Körper zusätzlich eine Winkelbeschleunigung, der gleitende nicht. Aus der Linearbeschleunigung a_s ergibt sich durch Integration über die Zeit die Geschwindigkeit v_s des Schwerpunkts und der zurückgelegte Weg l_s:

$$v_s(t) = \int_0^t a_s \, \mathrm{d}t = \frac{2}{3}g \, t \sin \alpha,$$

$$l_s(t) = \int_0^t v_s \, \mathrm{d}t = \frac{1}{3}g \, t^2 \sin \alpha.$$

Es ist bemerkenswert, dass die Beziehungen für a_s, v_s und l_s nicht vom Radius und der Masse des Zylinders abhängen, sondern nur von der Massenverteilung bzw. dem Trägheitsmoment, nämlich über die Zahlenfaktoren 2/3 und 1/3.

Die Beziehung $a_s = (2/3)g \sin \alpha$ lässt sich auch direkt aus dem Energieerhaltungssatz ableiten: Die Änderung dE_p der potentiellen Energie des Schwerpunkts in der Zeit dt beträgt $dE_p = -mg \, dl_s \cdot \sin \alpha = -mgv_s \, dt \cdot \sin \alpha$. Die kinetische Energie der Translation und Rotation ist $E_k = mv_s^2/2 + J_s\omega^2/2 = mv_s^2/2 + (mR^2/2)v_s^2/2R^2 = 3mv_s^2/4$, ihre Änderung $dE_k = 3mv_s dv_s/2$. Der Energiesatz lautet somit

$$dE_p + dE_k = -mgv_s \, dt \cdot \sin \alpha + 3mv_s \, dv_s/2 = 0.$$

Daraus folgt $a_s = dv_s/dt = (2/3)g \sin \alpha$ in Übereinstimmung mit dem oben erhaltenen Ergebnis.

Wir berechnen jetzt noch die Größe der Reibungskraft F_r, die auf den Zylinder wirkt und zur Einhaltung der Rollbedingung (Gl. (8.33)), $v_s = \omega R$, notwendig ist. Wenn nämlich die schiefe Ebene zu glatt ist, so rollt der Körper nicht nur, sondern gleitet auch gleichzeitig. Die Bewegungsgleichung lautet für die in Abb. 8.22 dargestellte Situation

$$\boldsymbol{F}_\| + \boldsymbol{F}_r = m\boldsymbol{a}_s \quad \text{bzw.} \quad mg \sin \alpha - F_r = \frac{2}{3}mg \sin \alpha,$$

und daraus folgt

$$F_r = \frac{1}{3}mg \sin \alpha.$$

Diese Reibungskraft ist andererseits proportional zur Auflagekraft (Normalkraft) $F_\perp mg \cos \alpha$, $F_r = \mu F_\perp$. Da der Zylinder rollen soll, ohne zu gleiten, ist für μ der Koeffizient μ_h der Haftreibung einzusetzen (s. Kap. 12). Somit ergibt sich für die minimale Größe von μ_h

$$\mu_h = \frac{F_r}{F_\perp} = \frac{\frac{1}{3}mg \sin \alpha}{mg \cos \alpha} = \frac{1}{3}\tan \alpha.$$

Wird μ_h bei gegebenem α kleiner oder α bei gegebenem μ_h größer als dieser Wert, so beginnt der Körper zu gleiten. Bei einem repräsentativen Wert $\mu_h = 0.5$ ergibt sich $\alpha = 56.3° \approx 1$ rad, unabhängig von Masse und Radius des Zylinders. Für Rotationskörper mit anderer Massenverteilung, z. B. für Hohlzylinder bzw. Reifen, Kugeln, Hohlkugeln, bleiben alle hier abgeleiteten Beziehungen gültig bis auf die vom Trägheitsmoment bestimmten Zahlenfaktoren (2/3, 1/3 usw.).

Beispiele zur Rollbewegung. Lehrreiche Anwendungen der Rolldynamik finden sich beim *Billardspiel* oder auch beim *Anfahren* und *Bremsen von Fahrzeugen*. Wir betrachten in Abb. 8.23a eine zunächst ruhende Billardkugel (Masse m, Radius R), die zentral waagrecht angestoßen wird. Billardspieler wissen, dass sie zunächst ein Stück verzögert gleitet, dabei zu rollen beginnt und schließlich, ohne zu gleiten, weiter rollt. Wir fragen nach der Translationsgeschwindigkeit $v(t)$, der Winkelgeschwindigkeit $\omega(t)$, der Zeit t_r bis zum Beginn des reinen Rollens und dem bis dahin zurückgelegten Weg s_r. Gegeben seien die Anfangsgeschwindigkeit v_0 unmittelbar nach dem Stoß und der Gleitreibungskoeffizient μ_g. Die Reibungskraft $F_r = \mu_g mg$ (s. Kap. 12) übt an der Kugel ein Drehmoment um den Schwerpunkt S vom Betrag $T = \mu_g mgR$ aus. Dieses bewirkt eine Winkelbeschleunigung $\dot{\omega} = T/J = \mu_g mgR/(2mR^2/5) = 5\mu_g g/2R$. Außerdem erzeugt die Reibungskraft eine Linearverzögerung vom Betrag $a = F_r/m = \mu_g mg/m = \mu_g g$. Durch Integration von $\dot{\omega}$

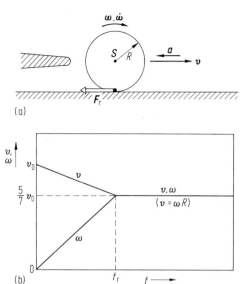

Abb. 8.23 Zur Bewegung einer angestoßenen Billardkugel, (a) Prinzip, (b) zeitlicher Verlauf von v und ω

und a erhält man $\omega(t)$ und $v(t)$:

$$\omega(t) = \int_0^t \dot{\omega}\,\mathrm{d}t = \frac{5}{2}\frac{\mu_\mathrm{g}g}{R}t,$$

$$v(t) = -\int_0^t a\,\mathrm{d}t = v_0 - \mu_\mathrm{g}gt$$

(negatives Vorzeichen, weil a und v einander entgegengerichtet sind).

Die reine Rollbewegung beginnt zum Zeitpunkt t_r, wenn die Rollbedingung $v = \omega R$ erreicht ist:

$$v_0 - \mu_\mathrm{g}gt_\mathrm{r} = \frac{5}{2}\mu_\mathrm{g}\,gt_\mathrm{r},$$

woraus

$$t_\mathrm{r} = \frac{2}{7}\frac{v_0}{\mu_\mathrm{g}g}$$

folgt. Den bis zur Zeit t_r zurückgelegten Weg s_r erhält man durch nochmalige Integration von $v(t)$ und Einsetzen von t_r in das Ergebnis:

$$s(t) = \int_0^t v\,\mathrm{d}t = v_0 t - \frac{\mu_\mathrm{g}}{2}gt^2,$$

$$s_\mathrm{r}(t_\mathrm{r}) = \frac{12}{49}\frac{v_0^2}{\mu_\mathrm{g}g}.$$

In Abb. 8.23b ist das Resultat dieser Rechnung dargestellt. In ganz ähnlicher Weise lässt sich die Dynamik von Fahrrad- oder Autorädern beim Anfahren oder Bremsen behandeln, wobei ebenfalls oft Übergänge vom Gleiten zum Rollen und umgekehrt stattfinden. Ein guter Fahrer vermeidet dabei das Gleiten; er hält immer die Rollbedingung ein.

Eine einfache Art der Rollbewegung kennen wir auch vom *Jo-Jo-Spiel*. Zwei runde Scheiben sind auf einer gemeinsamen Achse befestigt, um die eine Schnur gewickelt wird (Abb. 8.24a). Die Physiker bezeichnen ein *inverses* Jo-Jo als *Maxwell-Rad* (Abb. 8.24b). Das amüsante Verhalten dieses Spielzeugs beruht auf der periodischen Umwandlung von potentieller Energie in Translations- und Rotationsenergie. Wir wollen die lineare Beschleunigung und die Winkelbeschleunigung während seiner stationären Auf-und-ab-Bewegung berechnen. Dazu betrachten wird die Kräftebilanz und das wirksame Drehmoment (Abb. 8.24c).

Am Rad wirken zwei Kräfte: die Gewichtskraft $F_g = mg$ an seinem Schwerpunkt ist nach unten gerichtet, die Zugkraft F_f im Faden am Punkt A auf dem Umfang der Achse nach oben. Nach dem Verfahren aus Abschn. 7.4 addieren wir hierzu in Gedanken die beiden entgegengesetzt gleichgroßen Kräfte F_f' und $-F_f'$, die im Schwerpunkt angreifen. Sie ändern am Bewegungszustand des Körpers nichts. Die Bewegungsgleichung lautet mit der Masse m, der Linearbeschleunigung a, der Winkelbeschleunigung $\dot{\omega}$ und dem Radiusvektor r

$$F_{\text{ges}} = F_g + F_f' = ma = m\dot{\omega} \times r.$$

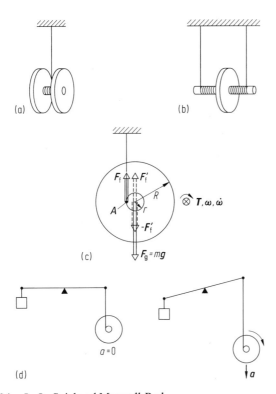

Abb. 8.24   Jo-Jo-Spiel und Maxwell-Rad

Das Drehmoment T wird durch die Kräfte F_f und $-F'_f$ bestimmt:

$$T = \frac{r}{2} \times F_f - \frac{r}{2} \times \left(-F'_f\right) = r \times F_f = J\dot{\omega} = \frac{m}{2}R^2\dot{\omega}.$$

Dabei ist J das Trägheitsmoment der Scheibe vom Radius R; dasjenige der Achse werde vernachlässigt. Aus den beiden Gleichungen für F_{ges} und T können wir a und $\dot{\omega}$ ausrechnen. Da $\dot{\omega} \perp r \perp F_f$ und $F_g \downarrow\uparrow F'_f$, rechnet man mit den Beträgen weiter. Zunächst eliminieren wir F_f aus

$$F_g - F'_f = mg - F_f = m\dot{\omega}r, \quad F_f = mg - m\dot{\omega}r$$

und

$$T = rF_f = \frac{m}{2}R^2\dot{\omega}, \quad F_f = \frac{m}{2}\frac{R^2}{r}\dot{\omega}.$$

Gleichsetzen der beiden Ausdrücke für F_f liefert die Winkelbeschleunigung

$$\dot{\omega} = \frac{2r}{R^2 + 2r^2}g.$$

Daraus folgt für die Linearbeschleunigung

$$a = \dot{\omega}r = \frac{2r^2}{R^2 + 2r^2}g.$$

Die resultierende beschleunigende Kraft ist

$$F_{ges} = ma = mg\frac{2r^2}{R^2 + 2r^2}.$$

Für $r = R/10$ beträgt sie $0.02\,mg$. Das Rad fällt dann 50-mal langsamer als im freien Fall und wiegt 1/50 weniger als in Ruhe (Abb. 8.24d), nämlich $m(g - a)$. Im Experiment beobachtet man auch bei der Aufwärtsbewegung des Rades eine Gewichtsverminderung derselben Größe. Können Sie das erklären? Für $R = r$, das heißt für einen einfachen Zylinder, stimmt der Wert von $a = (2/3)g$ mit dem weiter oben für einen Zylinder auf einer schiefen Ebene mit der Steigung $\alpha = 90°$ abgeleiteten Ausdruck überein.

8.5 Kreiselbewegung

Wir besprechen in diesem Abschnitt Rotationsbewegungen von Körpern, deren Drehachse ihre Lage im Raum frei verändern kann. Solche Bewegungen verlaufen oft in erstaunlich ungewohnter, ja geradezu paradoxer Weise. Jeder kennt den Kinderkreisel, einen auf seiner Spitze rotierenden Kegel aus Holz oder Kunststoff. Stößt man ihn seitlich an, so weicht er der Kraft unter einem rechten Winkel dazu aus. Manchmal richtet er sich während der Rotation von selbst auf, manchmal führt er unvorhergesehene Taumelbewegungen aus. Bei allen diesen Vorgängen verändert sich ständig die Lage seiner Drehachse im Raum. Solche Bewegungsformen lassen sich mit Hilfe der bisher abgeleiteten Gleichungen vollständig beschreiben. Man braucht dazu insbesondere die Bewegungsgleichung für

Drehbewegungen $T = \mathrm{d}L/\mathrm{d}t$ (Gl. (8.1)), die Trägheitsmomente $J = \int r_\perp^2\,\mathrm{d}m$ (Gl. (8.20)) um verschiedene Achsen und die Rotationsenergie Gl. (8.17).

Die quantitative Behandlung der Rotation um sich zeitlich verändernde Achsen ist damit zwar elementar durchführbar, aber im Detail relativ kompliziert. Man kann nämlich die Vereinfachung der Gleichung $T = J\,\mathrm{d}\omega/\mathrm{d}t$ für die Rotation um eine Hauptträgheitsachse, wo $L = J\omega$ (Gl. (8.19)) ist, nur für Momentanzustände der Bewegung benutzen, aber nicht für ihren zeitlichen Verlauf. Wir beschränken uns im Folgenden auf einige besonders markante Beispiele. Die vollständige Behandlung der Bewegung eines starren Körpers unter dem Einfluss beliebiger auf ihn wirkender Kräfte und Drehmomente findet man in den Lehrbüchern der theoretischen Mechanik.

Merkmale der Kreiselbewegung. Am einfachsten zu verstehen sind Drehbewegungen von Rotationskörpern um ihre Figurenachse. Diese geht bei homogener Dichte durch den Schwerpunkt. Solche Körper bezeichnet man allgemein als Kreisel. Kreiselbewegungen sind in Natur und Technik weit verbreitet. Beispiele sind die Rotation von Himmelskörpern, Räder mit beweglichen Achsen oder der Kreiselkompass. Daher lohnt es sich, die wichtigsten Eigenschaften der Kreiselbewegung an einem möglichst einfachen Beispiel zu diskutieren. Wir wählen dazu eine ringförmig angeordnete Massenverteilung, einen Reifen. Man realisiert ihn am einfachsten durch die Felge eines Fahrrads, die zur Vergrößerung ihres Trägheitsmoments gleichmäßig mit Kupferdraht bewickelt ist (Abb. 8.25). Teilbild (a) zeigt den *nicht rotierenden Reifen*, dessen waagrechte Achse zunächst an den Punkten 0 und P unterstützt ist. Um den Punkt 0 ist die Achse durch ein Kugelgelenk in jeder Richtung frei beweglich. Wird die Unterstützung bei P entfernt, so fällt der Reifen unter dem Einfluss der Schwerkraft F_g herunter (Abb. 8.25b), bis seine Achse in der vertikalen z-Richtung liegt.

Ein ganz anderes Verhalten zeigt der mit der Winkelgeschwindigkeit ω um seine Achse *rotierende Reifen* (Abb. 8.26). Entfernt man bei ihm die Unterstützung in P, so beginnt er sich unter dem Einfluss der Schwerkraft $F_g = mg$ *um die z-Achse* zu drehen. Diese Bewegung nennt man *Präzession*. Sie erfolgt mit einer Winkelgeschwindigkeit Ω, die klein gegen ω ist. Das scheinbar paradoxe Verhalten des Reifens ist eine Folge der Bewegungsgleichung und der Orientierung des Drehmoments T, das die Kraft F_g um den

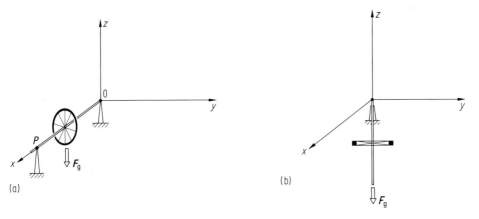

Abb. 8.25 Ein nicht rotierender Reifen (a) fällt bei Entfernung der Stütze in P herunter (b).

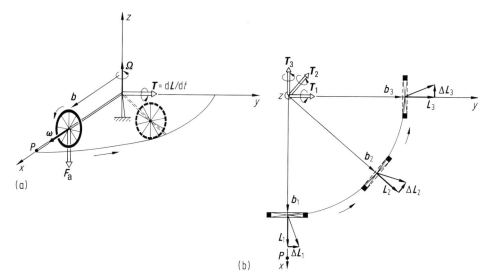

Abb. 8.26   Ein rotierender Reifen präzediert unter dem Einfluss der Schwerkraft, (a) Seitenansicht, (b) Aufsicht aus Richtung des positiven z-Achse

Punkt 0 ausübt, nämlich $T = b \times F_g$. Es steht senkrecht auf der von ω und der positiven z-Achse aufgespannten Ebene und bewirkt eine zeitliche Änderung des Drehimpulses $dL/dt = T$. In Abb. 8.26b ist die Lage des Reifens in der x-y-Ebene zu verschiedenen Zeiten t_i ($i = 1, 2, 3$) dargestellt. Das Drehmoment erzeugt jeweils in einer kleinen Zeitspanne Δt eine Änderung $\Delta L_i = T_i \Delta t = (b_i \times F_g) \Delta t$, die sich zu L_i addiert und die Achse des Rades entsprechend umorientiert.

Beobachtet man den Beginn der Präzessionsbewegung etwas genauer, so bemerkt man nach dem Entfernen der Unterstützung in P im ersten Augenblick auch ein leichtes Absinken der Reifenachse um einen Winkel φ relativ zur x-Achse (Abb. 8.27). Dadurch erhält der zunächst horizontale Drehimpuls L_h eine Vertikalkomponente hinzu, nämlich $-L_z$. Weil aber während des Absinkens kein Drehmoment um die z-Achse wirkt, muss der gesamte Drehimpuls um diese Achse null bleiben. Das heißt, es muss ein zu $-L_z$ entge-

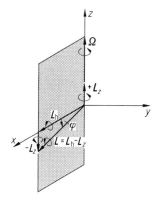

Abb. 8.27   Zur Entstehung des Drehimpulses $+L_z$ der Präzessionsbewegung eines Kreisels

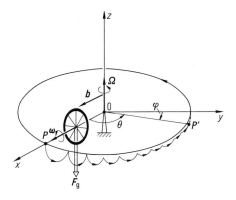

Abb. 8.28 Nutationsbewegung eines Kreisels

gengesetzter Drehimpuls $+\boldsymbol{L}_z$ entstehen. Dieser treibt die Präzessionsbewegung mit der Winkelgeschwindigkeit Ω um die z-Achse an. Damit ist der Drehimpulserhaltungssatz für die Vertikalkomponente während des Absinkens der Reifenachse erfüllt. Auch die Energieerhaltung ist gewährleistet. Die Abnahme der potentiellen Energie beim anfänglichen Absinken des Reifenschwerpunkts, $\Delta E_{\mathrm{p}} = -mgb \sin\varphi$, ist dem Betrag nach gleich der Zunahme der Rotationsenergie $\Delta E_{\mathrm{k}}^{\mathrm{rot}} = J_z \Omega^2/2$ infolge der Präzessionsbewegung um die z-Achse mit dem Trägheitsmoment J_z.

Aber die Kreiselbewegung ist *noch* etwas komplizierter: Betrachten wir den Beginn der Präzession ein bisschen genauer als vorher, so sehen wir, dass der Schwerpunkt des Reifens nicht genau auf der Höhe bleibt, um die er zuerst abgesunken war. Vielmehr vollführt er eine zykloidenförmige Bewegung (Abb. 8.28), die *Nutation* genannt wird (lateinisch: nutare, schwanken, wackeln). Sie ist im Allgemeinen durch Reibung im Auflagepunkt 0 gedämpft und geht langsam in die stationäre Präzession mit einem konstanten Neigungswinkel $\bar\varphi$ über. Die Ursache der Nutationsbewegung ist eine Schwingung der Neigung der Reifenachse um ihren mittleren Wert $\bar\varphi$. Diese Schwingung wird durch das anfängliche Absinken ausgelöst, das aufgrund der Trägheit bis zu einem etwas größeren Winkel als $\bar\varphi$ reicht. Die quantitative Rechnung dazu findet man in den Lehrbüchern der theoretischen Physik. Man hat je eine Differentialgleichung für den vertikalen Drehimpuls und für die Gesamtenergie zu lösen und erhält daraus die Zeitabhängigkeit des Neigungswinkels $\varphi(t) = \bar\varphi(1 - \cos kt)$ und diejenige des Azimutwinkels (s. Abb. 8.28) $\theta(t) = \bar\varphi(kt - \sin kt)$. Diese beiden Gleichungen bilden die Parameterdarstellung einer Zykloide. Dabei ist $k = J_1\omega/J_3$ und $\bar\varphi = mgb J_3/(J_1\omega)^2$ mit dem Trägheitsmoment J_1 des Reifens um die Figurenachse (parallel zu $\boldsymbol{b}$) und J_3 um die vertikale z-Achse.

Wir wollen jetzt die *Präzessions-Kreisfrequenz* Ω eines Kreisels *berechnen*. Dazu betrachten wir in Abb. 8.29a einen Reifen, der unter einem beliebigen konstanten Winkel φ gegenüber der Vertikalen unter dem Einfluss der Schwerkraft präzediert. Die Nutationsbewegung sei gemäß Abb. 8.28 bereits durch Dämpfung abgeklungen. Eine kleine Änderung $\Delta\boldsymbol{L}$ des Drehimpulses $\boldsymbol{L}$ sei gegeben durch seine horizontale Komponente $L \sin\varphi$, multipliziert mit $\Delta\theta$ (Abb. 8.29b). Die zeitliche Änderung von $\boldsymbol{L}$ beträgt dann

$$\frac{\Delta\boldsymbol{L}}{\Delta t} = (L \sin\varphi)\frac{\Delta\theta}{\Delta t}\boldsymbol{e}_\theta.$$

Dabei ist $\boldsymbol{e}_\theta$ der Einheitsvektor in θ-Richtung, der stets tangential zum Kreis liegt, welchen der Endpunkt von $\boldsymbol{L}$ beschreibt. Im Grenzfall $\Delta t \to 0$ ist $\Delta\theta/\Delta t = \mathrm{d}\theta/\mathrm{d}t$ gleich

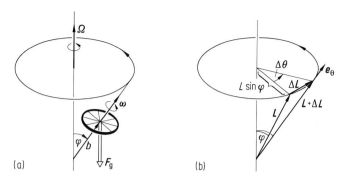

Abb. 8.29   Zur Berechnung der Präzessions-Kreisfrequenz Ω eines Kreisels

dem Betrag Ω der Präzessionsfrequenz, und die obige Gleichung lautet in Vektorschreibweise

$$\frac{\mathrm{d}\boldsymbol{L}}{\mathrm{d}t} = \Omega \times \boldsymbol{L}. \tag{8.35}$$

Diese Beziehung wird auch *Kreiselgleichung* genannt. Wenn man sie mit der Grundgleichung $\boldsymbol{T} = \mathrm{d}\boldsymbol{L}/\mathrm{d}t$ (Gl. (8.1)) kombiniert, ergibt sich $\boldsymbol{T} = \Omega \times \boldsymbol{L}$, und Ω lässt sich leicht ausrechnen:

Für das Drehmoment der Schwerkraft können wir $\boldsymbol{T} = \boldsymbol{b} \times m\boldsymbol{g}$ (Abb. 8.29a) setzen und erhalten aus Gl. (8.35) $bmg \sin \varphi = \Omega L \sin \varphi$ und damit

$$\Omega = \frac{bmg}{L}. \tag{8.36}$$

Der Drehimpuls L um die Figurenachse ist gleich $J\omega$ und somit folgt

$$\Omega = \frac{bmg}{J\omega}. \tag{8.37}$$

Je größer Trägheitsmoment und Winkelgeschwindigkeit des Kreisels sind, umso kleiner wird seine Präzessionsfrequenz unter der Wirkung eines gegebenen Drehmoments. Dies ist für viele Anwendungen wichtig, z. B. beim Kreiselkompass.

Kreisel in Fahrzeugen. Kreiselbewegungen spielen eine große Rolle für die Stabilität von Fahrzeugen, in denen sich rotierende Massen befinden. Das ist bei fast jeder Art von Motoren und Triebwerken der Fall. Auf die Achse des rotierenden Teils wird bei einer Richtungsänderung des Fahrzeugs in vielen Fällen ein Drehmoment T_0 ausgeübt. Dieses erzeugt eine Änderung des Drehimpulses der Achse in Richtung von T_0. Die Achse sucht dann ihre Orientierung zu verändern und übt dabei ein Drehmoment T_r auf ihre Lager bzw. auf das Fahrzeug aus. So wird zum Beispiel ein Flugzeug am Bug bzw. Heck gehoben oder gesenkt, wenn es einen um seine Längsachse rotierenden Kreisel enthält und eine Rechts- oder Linkskurve fliegt (Abb. 8.30). Ähnlich ist es bei einem Schiff. Geht das Flugzeug zum Steig- oder Sinkflug über, so wird es nach rechts oder links abgelenkt.

Man überlege sich anhand von Skizzen ähnlich zu Abb. 8.30 die Wirkungen der Kräfte $\boldsymbol{F}$ und $\boldsymbol{F}'$, die bei verschiedenen Richtungsänderungen des Flugzeugs auf die Lager des Rotors übertragen werden. Diese Kräfte können recht beträchtlich sein und müssen bei der

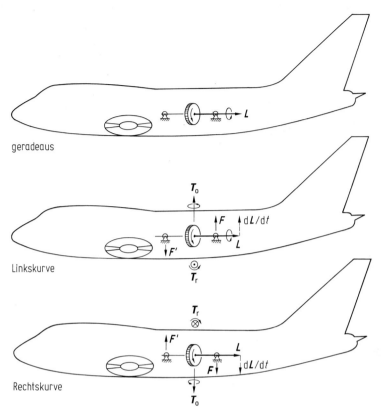

Abb. 8.30 Resultierendes Drehmoment T_r auf die Lager eines Triebwerkrotors in einem Flugzeug bei Kurvenflug. Die Rotorachse ist an den beiden markierten Stellen fest im Flugzeug gelagert.

Navigation von Flugzeugen und Schiffen, aber auch von Straßen- und Schienenfahrzeugen berücksichtigt werden. Man versucht sie zu vermeiden, indem rotierende Massen so angeordnet werden, dass sich ihre Drehimpulse gegenseitig weitgehend kompensieren. Die *Kreiselmomente* T_r lassen sich bei Landfahrzeugen auch dadurch vermeiden, dass man die Rotorachse vertikal stellt. Dann werden bei nicht überhöhten Kurven keine Kräfte auf die Lager ausgeübt; ebenso wenig wie bei dem in Abb. 8.30 skizzierten Flugzeug, wenn es um seine Längsachse gedreht wird. In diesen Fällen wird nur die Rotationsfrequenz des Kreisels gegenüber dem Fahrzeug erhöht oder gesenkt.

Kreiselkompass. Ein rotierender Kreisel, auf den kein Drehmoment wirkt, behält die Orientierung seines Drehimpulses im Raum bei. Man kann ihn daher als Kompass benutzen. Um einen Kreisel drehmomentfrei zu lagern (*kräftefreier* Kreisel), verwendet man eine sogenannte *Cardano-Aufhängung* (Geronimo Cardano 1501 – 1576), wie sie in Abb. 8.31 skizziert ist. Der Kreisel ist durch zwei zueinander senkrechte Achsen, die sich in seinem Schwerpunkt schneiden, möglichst reibungsfrei gelagert. Auf diese Weise kann auch die allgegenwärtige Schwerkraft kein Drehmoment ausüben. Wird der Kreisel in genügend schnelle Rotation versetzt, so behält er die Lage seiner Drehachse im Raum bei. Da durch die Aufhängung kein Drehmoment auf ihn wirken kann, bleibt diese Richtung auch dann

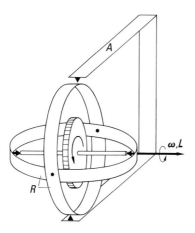

Abb. 8.31   Kräftefreie Aufhängung eines
Kreisels

erhalten, wenn man die Aufhängevorrichtung A bewegt oder dreht. Dabei dreht sich dann
ein Lagerring R oder beide. Ein solcher Kreisel stellt einen *Kompass* dar, dessen Achse immer auf dieselbe Stelle im Inertialsystem der fernen Galaxien zeigt. Er ist zur Navigation
in der Raumfahrt geeignet und wird in Satelliten und Raumsonden verwendet.

Will man einen Kreiselkompass zur Navigation auf der Erde haben, der immer in Richtung der Erdachse zeigt, so benutzt man dazu das Drehmoment, das die Erdrotation auf
ihn ausübt. Dann muss allerdings die kräftefreie Aufhängung eingeschränkt werden. Der
äußere und der innere Ring der Cardano-Anordnung in Abb. 8.31 werden starr miteinander
verbunden, und die Kreiselachse wird horizontal gestellt. Sie kann dann nur noch um die
Vertikale im Rahmen A (Abb. 8.31) präzedieren. In Abb. 8.32 ist erläutert, wie sich ein
solcher Kreisel verhält, wenn er zum Beispiel am Äquator aufgestellt wird. Das Drehmoment T, das durch die Rotation der Erde auf seine Aufhängung A ausgeübt wird, ist immer
parallel zur Erdachse gerichtet. Es bestimmt die Änderung dL/dt des Drehimpulses L des

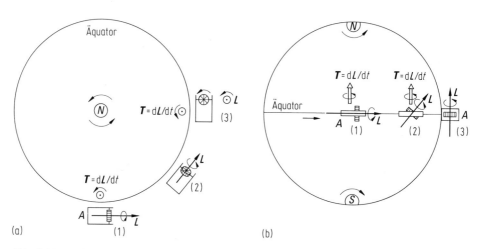

Abb. 8.32   Orientierung eines Kreiselkompasses mit fixierten äußeren Lagerringen, (a) parallel,
(b) senkrecht zur Erdachse gesehen

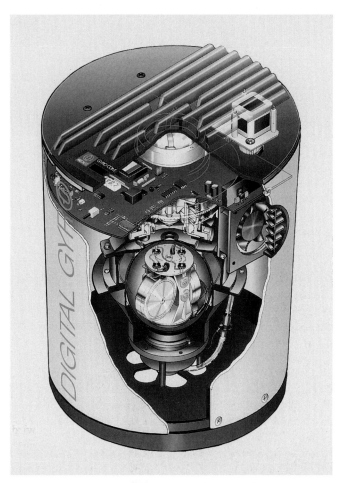

Abb. 8.33 Kreiselkompass. In der schwimmend aufgehängten Kugelschale in der Bildmitte sind zwei Kreisel zu sehen, deren Achsen um 90° gegeneinander orientiert sind. Dadurch können Schlingerbewegungen des Schiffes kompensiert werden (Foto: Raytheon Anschütz GmbH, Kiel).

Kreisels. Sobald aber L parallel zur Erdachse und damit parallel zu T steht, kann sich nur noch der Betrag von L ändern, nicht mehr seine Richtung. Diese Überlegung gilt nicht nur für den Äquator sondern auch für jeden anderen Breitenkreis. Man hat also einen Kompass, der unabhängig vom Magnetfeld der Erde ist.

Moderne Kreiselkompasse sind Wunderwerke der Technik (Abb. 8.33). Die Kreisel sind in einer Flüssigkeit gelagert und werden mit Elektromotoren angetrieben. Ihre Drehfrequenz beträgt bis zu 40 000/min. Die besten Geräte haben eine Orientierungsschwankung von weniger als 100 Winkelsekunden pro Tag. Die Einstellzeit auf die Nordrichtung beträgt etwa 3 Stunden; man muss den Kompass also rechtzeitig vor Beginn der Reise starten.

Präzession der Erdachse. Schon der griechische Astronom Hipparchos von Nicäa ($\approx 190 - 125$ v. Chr.) hat festgestellt, dass die Erdachse präzediert, und zwar mit einer

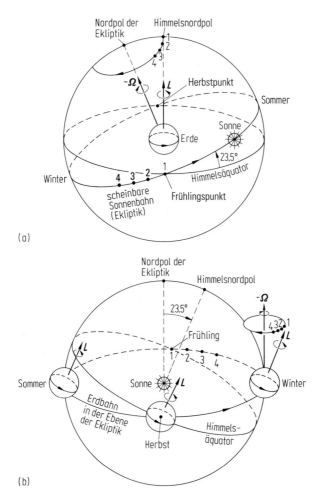

Abb. 8.34 Präzession der Erdachse, (a) im geozentrischen, (b) im heliozentrischen Bezugssystem. Die Punkte 1, 2, 3, 4 zeigen aufeinanderfolgende Schnittpunkte von Himmelsäquator und Ekliptik bzw. die Richtungen von L im Abstand von ca. 1000 Jahren an. Die Jahreszeitenangaben beziehen sich auf die Nordhalbkugel der Erde.

Geschwindigkeit von etwa 50 Winkelsekunden pro Jahr. Das entspricht einer Präzessionsperiode von 26 000 Jahren. Hipparchos konnte dies aus der allmählichen Verschiebung der Stellung der Sonne gegenüber dem Fixsternhimmel zum Zeitpunkt der Tag-und Nacht-Gleiche (Äquinoxien) schließen. Abb. 8.34 zeigt, was damit gemeint ist. Die Ebene der scheinbaren Sonnenbahn am Himmel, die *Ekliptik* (griechisch: ἐκλείπειν, sich verfinstern), liegt im Fixsternsystem fest. Die Schnittpunkte (Frühlingspunkt, Herbstpunkt) der Ekliptik mit dem im Fixsternsystem festliegenden Himmelsäquator verschieben sich dadurch jährlich um etwa 50 Winkelsekunden. Das entspricht auf einem Kreis vom Radius der Erdbahn einer Strecke von etwa 36 000 km.

Die Ursache der Präzessionsbewegung sind Drehmomente, die Sonne und Mond auf die Erde ausüben. Wäre die Erde eine perfekte Kugel, so gäbe es kein solches Drehmoment,

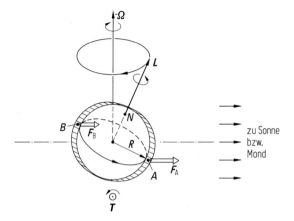

Abb. 8.35   Zur Präzession der Erdachse

denn die Gravitationskraft greift, wie wir aus Kap. 6 wissen, bei einer Kugel mit isotroper Dichteverteilung genau im Zentrum an. Die Erde ist jedoch keine perfekte Kugel, sondern infolge der Zentrifugalkraft näherungsweise ein abgeplattetes Rotationsellipsoid (s. Abschn. 2.5 und 3.5). Ihr Äquatordurchmesser ist um etwa 1/300 oder 21 km größer als ihr Poldurchmesser. Ein solches Ellipsoid können wir uns gemäß Abb. 8.35 aus einer Kugel und einer ellipsoidischen Hülle zusammengesetzt denken. Die Kraftwirkung eines anderen Himmelskörpers auf ein solches Gebilde lässt sich ähnlich wie bei den Gezeiten beschreiben (s. Abschn. 6.3). Die Kraft auf die zentrale Kugel greift im Zentrum an und erzeugt kein Drehmoment. Die Kraft F_A im Punkt A der Hülle ist aber größer als F_B im Punkt B. Diese beiden Kräfte erzeugen nach Abschn. 9.4 ein Drehmoment T vom Betrag $R(F_A - F_B)\sin(R, F_A)$ um eine Achse senkrecht zur Ebene, in der $F_{A,B}$ und der Eigendrehimpuls L der Erde liegen. Daraus resultiert eine Präzession um eine Achse senkrecht zur durch Erde, Sonne (bzw. Mond) und T bestimmten Ebene. Der Betrag Ω der Präzessionsfrequenz lässt sich nicht ganz einfach berechnen, weil man die Einflüsse von Mond und Sonne addieren muss, die von gleicher Größenordnung sind.

9 Reibung und Elastizität fester Stoffe

Bisher wurden in der Mechanik die Körper entweder als Massenpunkte behandelt oder als vollkommen starr vorausgesetzt. Beide Abstraktionen wurden gemacht, um die komplizierten Probleme der Mechanik zu vereinfachen. Bei den Massenpunkten braucht man nur Translationen zu betrachten. Bei den starren Körpern kommen Rotationsbewegungen hinzu. Dabei wurde gewöhnlich vorausgesetzt, dass die zwischen den Körpern wirkenden Kräfte konservativ sind, d. h., der Energiesatz der Mechanik gilt.

In diesem Kapitel werden wir beachten, dass Körper deformiert werden und zwischen den Körpern auch dissipative Kräfte wirken können. Man nennt die deformierbaren Körper elastisch, wenn sie nach Beendigung der Krafteinwirkung ihre ursprüngliche Gestalt wieder annehmen. Elastische Verformungen sind also reversibel. Bei elastischen Verformungen gilt der Energiesatz der Mechanik.

Erhält ein Körper unter der Wirkung einer Kraft eine bleibende Formänderung, ohne dass ein Bruch erfolgt, so ist er plastisch und man spricht von *Plastizität*. Bei plastischen Verformungen wird mechanische Energie in Wärme umgewandelt. Das Gleiche gilt beim Auftreten dissipativer Kräfte. Wir werden daher ansatzweise auf die Gesetze der Wärmelehre Bezug nehmen, die ausführlich erst im Teil III des Buches behandelt werden.

9.1 Der feste Aggregatzustand

Materielle Körper. Die Überlegungen werden zunächst auf feste Körper beschränkt. Bekanntlich gibt es neben dem *festen* Aggregatzustand eines Stoffes noch den *flüssigen* und den *gasförmigen* Zustand. Die verschiedenen Aggregatzustände sind nicht für bestimmte Stoffe charakteristisch, sondern derselbe Stoff kann, je nach den äußeren Umständen, in jedem der drei Aggregatzustände vorkommen (z. B. Eis, Wasser, Wasserdampf). In welchem Zustand sich ein Stoff gerade befindet, hängt außer von den auf ihn einwirkenden äußeren Kräften wesentlich von seiner Temperatur ab.

Man kann die verschiedenen Aggregatzustände ganz grob etwa folgendermaßen kennzeichnen: Im festen Aggregatzustand hat jeder Körper ein bestimmtes Volumen und eine bestimmte Gestalt, die beide einer Veränderung sehr große Kräfte entgegensetzen. Im flüssigen Zustand ist zwar der Widerstand gegen eine Volumenveränderung ebenfalls sehr groß, aber der Widerstand gegen eine Gestaltsveränderung verschwindend klein: Flüssigkeiten besitzen im Allgemeinen keine bestimmte Gestalt, sondern passen sich der Form ihres Behälters an. Gase setzen weder einer Volumenveränderung noch einer Gestaltsveränderung erhebliche Kräfte entgegen: Ein gasförmiger Stoff hat kein bestimmtes Volumen und keine bestimmte Gestalt, sondern füllt jeden noch so großen Raum beliebiger Gestalt vollkommen aus.

Die Feststellung des Aggregatzustandes macht im Allgemeinen keine Schwierigkeiten. Bei dem Übergang fest–flüssig treten allerdings häufiger Grenzfälle auf. Die Entscheidung, ob Stoffe wie Wachs, Siegellack, Teer, Glas fest oder flüssig sind, fällt nur scheinbar leicht; wir stufen sie zunächst in den festen Aggregatzustand ein. Andererseits lässt sich beobachten, dass zum Beispiel eine Stange Siegellack, wenn sie längere Zeit nur an den Enden aufliegt, sich allmählich durchbiegt.

Teer fließt, wenn auch sehr langsam, durch einen Trichter. Eine Kugel aus Blei sinkt allmählich auf den Boden eines Behälters, der mit Wachs gefüllt ist. Ein Stück Kork bewegt sich im gleichen Behälter langsam vom Boden an die Oberfläche des Wachses. Das sind Erscheinungen, die wir sonst nur von Flüssigkeiten gewohnt sind; und in der Tat muss man die eben genannten Stoffe als bei Zimmertemperatur sehr zähe Flüssigkeiten betrachten. Ganz anders verhalten sich Kristalle, die unter dem Einfluss äußerer Kräfte bestimmte Deformationen annehmen. Mit dem Nachlassen der Kräfte gehen diese Deformationen teilweise oder ganz wieder zurück. Die Kristalle und damit auch die festen Metalle, die aus kleinen Kristallen bestehen, werden also zu den festen Körpern gerechnet, obgleich auch bei ihnen unter bestimmten Bedingungen (z. B. Druck) ein Fließen beobachtbar ist. Ein charakteristischer Unterschied zwischen diesen und den zuerst genannten Stoffen ist der, dass die wirklich festen Körper, z. B. die Kristalle, bei einer scharf definierten Temperatur vom festen in den flüssigen Zustand übergehen, während Wachs, Siegellack, Teer, Glas usw. mit steigender Temperatur einen stetigen Übergang vom festen in den flüssigen Zustand zeigen, indem sie allmählich weich, dann zäh- und schließlich dünnflüssig werden. Der Grund hierfür liegt im atomaren Aufbau der einzelnen Stoffe.

Atomare Struktur. Schon die Tatsache, dass ein bestimmter Stoff in verschiedenen Aggregatzuständen bestehen kann und dabei im Allgemeinen beim Übergang von einem zum anderen Zustand sein Volumen ändert, legt die Hypothese nahe, dass die Materie nicht aus einem Kontinuum besteht, das den Raum vollständig und stetig erfüllt, sondern sich vielmehr aus einzelnen gleichartigen Teilchen aufbaut. Die Volumenänderung eines Körpers etwa beim Übergang vom flüssigen in den gasförmigen Zustand würde dann in einer Änderung der Abstände der kleinsten Teilchen voneinander bestehen.

Die kleinsten Bausteine können – je nach Stoff – *Atome*, *Ionen* oder *Moleküle* sein. Die Struktur der festen Körper wird entsprechend Atom-, Ionen- oder Molekülstruktur genannt. Sie ist wegen der geringen Größe der Bausteine nicht ohne Weiteres erkennbar. Selbst wenn man Platindrähte mit einem Durchmesser kleiner als 0.8 μm zieht oder Goldfolien der Dicke kleiner als 0.01 μm (die bereits lichtdurchlässig sind!) herstellt, lässt sich noch keine Atomstruktur erkennen. Erst mit Hilfe der Röntgenbeugung gelang es, den Abstand zwischen benachbarten Atomen zu messen. Er beträgt z. B. bei Silber $4.086 \cdot 10^{-10}$ m. Atome haben also einen Radius in der Größenordnung von 10^{-10} m. Sehr einfach kann der Moleküldurchmesser organischer Stoffe bestimmt werden. Um z. B. den Durchmesser von Fettsäuremolekülen zu bestimmen, löst man die Säure in Benzol. Man stellt so eine stark verdünnte Lösung mit bekannter Konzentration her. Dann zählt man die Tropfen eines bestimmten Volumens einer Tropfflasche aus, damit man weiß, wie viel Fettsäure sich in einem Tropfen befindet. Einen solchen Tropfen lässt man dann auf eine Wasseroberfläche fallen, die zuvor mit Talkum bestäubt war. Die Fettsäuremoleküle breiten sich auf der Wasseroberfläche aus und schieben das Talkum vor sich her, während das Benzol verdampft. Dadurch kann man die Größe der Fläche sehen, die nun mit einer monomolekularen Schicht von Fettsäure bedeckt ist Die Moleküle, die bei den Fettsäuren aus längeren Ketten von Atomen bestehen, stehen wie Schilf senkrecht auf der Wasseroberfläche (vgl. Kap. 10). Da man die Menge der Moleküle kennt und die Fläche, auf der sie stehen, ergibt sich z. B. für Stearinsäure ein Moleküldurchmesser auf der Wasseroberfläche von etwa $5 \cdot 10^{-10}$ m.

In letzter Zeit ist es immer besser gelungen, Atomstrukturen sichtbar zu machen. Zunächst konnte man mit dem Feldionenmikroskop die feine Spitze eines Wolframdrahtes so stark vergrößert abbilden, dass die einzelnen Wolframatome sichtbar wurden. Mit sehr hochauflösenden Elektronenmikroskopen ist es möglich, die Atomstruktur abzubilden. Auch mit dem Elektronen-Raster-Tunnelmikroskop (STM) können die obersten Atome einer Oberfläche gut sichtbar gemacht werden.

Die mikroskopischen Bilder atomarer Strukturen legen nahe, makroskopische Körper als ein Ensemble von Massenpunkten zu betrachten, deren Bewegung den Gesetzen der Mechanik folgt. Dieses mechanistische Weltbild entspricht aber nur sehr bedingt den experimentellen Gegebenheiten. Denn der Zustand eines materiellen Körpers kann nicht allein durch die Angabe von Orts- und Impulskoordinaten gekennzeichnet werden, sondern man muss auch seine Temperatur angeben; und eine Veränderung des Zustands wird nicht nur durch Zufuhr oder Abgabe von Arbeit erreicht, sondern auch durch einen Austausch von Wärme. Es kommt also nicht nur auf die mechanischen, sondern auch auf die thermischen Eigenschaften des Körpers an. Neben den deterministischen Gesetzen der Mechanik sind deshalb auch die statistischen Gesetze der Thermodynamik zu beachten. Insbesondere hängt die Temperatur eines Körpers von der Zufallsbewegung der Atome ab. Im statistischen Mittel haben die Atome eine kinetische Energie, die mit wachsender Temperatur zunimmt. Bezieht man sich auf die absolute Temperatur T, gemessen in *Kelvin* (K), so ist die mittlere kinetische Energie $\langle E_{\mathrm{kin}} \rangle$ eines Atoms proportional zur Temperatur:

$$\langle E_{\mathrm{kin}} \rangle = \frac{3}{2} k_{\mathrm{B}} T. \tag{9.1}$$

Dabei ist $k_{\mathrm{B}} = 1.38 \cdot 10^{-23}$ J/K die *Boltzmann-Konstante*.

Vom Aufbau der Atome eines jeden Elements (gekennzeichnet durch Protonenzahl, Elektronenzahl und Elektronenkonfiguration) und den Bindungskräften zwischen den Atomen hängt es ab, ob ein Stoff aus Atomen, Ionen oder Molekülen besteht und ob er ein regelmäßiges Kristallgitter oder eine unregelmäßige – amorphe – Struktur besitzt. *Metalle* beispielsweise zeichnen sich durch eine regelmäßige atomare Struktur aus, sie sind *kristallin*. Die Atome metallischer Elemente (80 % der rund 90 natürlichen Elemente des Periodensystems sind Metalle) besitzen nur wenige, leicht vom Atom trennbare Elektronen auf äußeren Elektronenschalen. Diese überwiegend frei beweglichen Elektronen sind der Grund für die gute elektrische Leitfähigkeit der Metalle, aber auch für ihre Lichtundurchlässigkeit. Die *Bindungskraft* zwischen den Metallatomen beruht auf Anziehungskräften zwischen den positiv geladenen Atomrümpfen und den sie umgebenden negativen freien Elektronen (*Metallbindung*).

Ionenstrukturen entstehen bei der Kombination von Metallatomen mit Elementen, die leicht Elektronen aufnehmen können. Beispiel sei der Kochsalzkristall, aufgebaut aus positiven Natriumionen (das metallische Natrium hat ein Elektron abgegeben) und negativen Chlorionen (das nichtmetallische Chlor hat ein Elektron aufgenommen). Die Bindungskräfte entstehen durch die entgegengesetzte Ladung der Ionen.

Organische Stoffe sind überwiegend aus Molekülen aufgebaut. Die Moleküle können aus langen Ketten sehr vieler Atome bestehen (*Makromoleküle*). Während die Bindungskräfte der Atome innerhalb eines Moleküls durch Elektronenpaare verursacht werden (*Elektronenpaarbindung* oder *kovalente Bindung*), halten die Moleküle untereinander häufig allein durch Kohäsionskräfte zusammen.

Kristalle. Die ideale Grundform des festen Körpers ist der *Kristall*. Bei ihm besteht eine regelmäßige Anordnung der Atome bzw. Moleküle in geometrisch genau definierten räumlichen *Gittern*. Ganz grob können wir uns diesen kristallinen Zustand so veranschaulichen, dass die einzelnen Moleküle bzw. Atome, die wir der Einfachheit halber durch Kugeln darstellen, durch Schraubenfedern miteinander verbunden sind, wie es Abb. 9.1 in einem ebenen Schnitt zeigt. Jedes Atom oder Molekül kann dann um seine Ruhelage Schwingungen ausführen; die dazu notwendige Schwingungsenergie rührt von der dem Körper innewohnenden Wärmeenergie her. Bei steigender Temperatur wird die kinetische Energie der einzelnen Teilchen immer größer, und die Schwingungsweite nimmt immer größere Werte an. Schließlich werden bei einer bestimmten Temperatur die Amplituden der Schwingungen so groß, dass die gegenseitigen Anziehungskräfte zwischen den Teilchen überwunden werden und der geordnete Aufbau des Kristalls zerstört wird: Der Körper ist in den flüssigen Zustand übergegangen. In der Flüssigkeit sind die Atome bzw. Moleküle nicht mehr fest an eine bestimmte Ruhelage gebunden, sondern können sich aneinander, wenn auch nicht ungehindert, vorbeibewegen. Die zwischen ihnen wirkenden Kräfte sind wesentlich kleiner als im festen Zustand. Die Dichte des Stoffes ist dabei im Allgemeinen nur unwesentlich geringer als im festen Zustand. Bei weiterer Erhöhung der Temperatur wird schließlich die kinetische Energie der einzelnen, sich unregelmäßig bewegenden Teilchen noch größer, so dass sich die gegenseitigen Abstände weiter vergrößern und die Kräfte entsprechend verringern: Der Körper ist in den gasförmigen Zustand übergegangen.

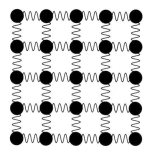

Abb. 9.1   Modell des kristallinen Zustandes

Im Folgenden interessieren uns die festen Körper. Wie schon erwähnt, ist der Kristall mit seiner ganz regelmäßigen Anordnung der Bausteine der ideale feste Körper. Zeigt sich diese Regelmäßigkeit durch den ganzen Körper hindurch, so sprechen wir von einem (idealen) *Einkristall*; sind dagegen viele, meist mikroskopisch kleine Kristalle in verschiedener Orientierung nebeneinander gelagert, so haben wir es mit einem *polykristallinen* Gefüge des festen Körpers zu tun. Letzterer Fall liegt bei den vorhin besonders erwähnten Metallen in ihrem gewöhnlichen Zustand vor. Man kann sich leicht davon überzeugen, wenn man eine Bruchfläche unter dem Mikroskop betrachtet. Abb. 9.2 zeigt, dass man in Sonderfällen auch auf ein Mikroskop verzichten kann.

Abb. 9.2   Fotografische Aufnahme der Oberfläche von Aluminium in natürlicher Größe. Durch längeres Erwärmen dicht unterhalb des Schmelzpunktes sind größere Kristalle (technischer Begriff: *Körner*) gewachsen. Die beiden Bildhälften unterscheiden sich nur durch verschiedene Richtungen der Beleuchtung; die jeweilige Lage (*Orientierung*) der Kristalle führt zu unterschiedlicher optischer Reflexion.

Nicht-kristalline Stoffe. Den Gegensatz zu den kristallinen Körpern bilden die *amorphen Stoffe* wie Ruß, Wachs, Siegellack, Glas usw. Ihr Aufbau ist im Wesentlichen wie der der Flüssigkeiten; sie haben keinen wohldefinierten Schmelzpunkt. *Glas* wird treffend auch als *unterkühlte Flüssigkeit* bezeichnet. Beim raschen Abkühlen steigt die *Viskosität* (Zähigkeit, s. Abschn. 11.5) so sehr, dass die Moleküle sich nicht zum Kristallgitter anordnen können. Beim sehr langsamen Abkühlen ist dies aber möglich: Das Glas kristallisiert und zerspringt leicht in kleine Stücke. Andererseits gelingt es, Metalle so rasch aus der Schmelze abzukühlen, dass sie auch im festen Zustand ihre amorphe Struktur behalten. Diese *metallischen Gläser* haben zunehmende technische Bedeutung, z. B. als Transformatorenbleche.

Es gibt noch mehr Stoffe (Schwefel, Selen, Quarz usw.), die sowohl im amorphen als auch im kristallisierten Zustand existieren können. Beim plötzlichen Erkalten flüssigen Schwefels bildet sich z. B. amorpher Schwefel, eine knetbare Masse; während beim langsamen Abkühlen oder beim Abscheiden aus einer Lösung sich Schwefel in kristalliner Form bildet.

Kunststoffe können eine Zwischenstellung einnehmen. Die durch chemische Reaktionen (beispielsweise Polymerisation) entstehenden Makromoleküle bilden häufig eine Struktur, die nicht kristallin und nicht völlig amorph genannt werden kann.

Besitzt ein Körper an allen Stellen die gleichen physikalischen Eigenschaften (Dichte, Härte, Elastizität, Farbe usw.), so nennt man ihn *homogen* im Gegensatz zu den *inhomogenen* oder *heterogenen* Stoffen, deren Eigenschaften von Stelle zu Stelle variieren. Diese Einteilung gilt nur in makroskopischen Bereichen; denn vom atomistischen Standpunkt aus kann es keinen völlig homogenen Körper geben, da sich die Eigenschaften der Moleküle und Atome von denen der Zwischenräume unterscheiden. Betrachtet man die gleichförmige Anordnung der Atome eines Kristallgitters (s. Bd. 6), so wird deutlich, dass eine Richtungsabhängigkeit der physikalischen und mechanischen Eigenschaften bestehen muss. Man nennt dieses Verhalten *anisotrop*. Den Gegensatz bilden die *isotropen* Stoffe; hierzu gehören die amorph-festen Körper, ferner die Flüssigkeiten und Gase. (Wir sehen davon ab, dass es unter besonderen Bedingungen auch anisotrope Flüssigkeiten, sogenannte *flüssige Kristalle*, gibt.) Aber auch vielkristalline Körper mit völlig ungeordneten Mikrokristallen („regellose Kornorientierung") zeigen nach außen isotropes Verhalten. Die Körper sind *quasi-isotrop* oder „statistisch-isotrop". Dabei ist zu beachten, dass diese Unterscheidung wieder nur im makroskopischen Sinn gilt; streng isotrop kann nur ein Kontinuum sein, nicht eine sich aus einzelnen Atomen oder Molekülen aufbauende Materie.

9.2 Reibung fester Körper

Die bisher aufgestellten und angewendeten Gesetze der Mechanik beziehen sich auf eine idealisierte Natur. In Wirklichkeit zeigen sich auf der Erde – selbst bei allen experimentellen Vorsichtsmaßregeln – stets Abweichungen von ihnen. Einige Beispiele: Eine sich selbst überlassene Kugel, die sich auf spiegelnd glatter und horizontaler Unterlage bewegt und auf die keine Kräfte wirken, soll die Größe und Richtung ihrer Geschwindigkeit bewahren. Tatsächlich beobachtet man dies auf der Erde niemals. Man kann die betreffende Kugel zwar weitgehend vor allen äußeren Einwirkungen schützen, aber niemals vollständig. Stets kommt ein sich bewegender und sich selbst überlassener Körper zur Ruhe. Das Trägheitsgesetz ist also nicht eigentlich ein Erfahrungssatz im engen Sinn des Wortes, sondern eine Extrapolation auf eine idealisierte Wirklichkeit. – Der Energiesatz der Mechanik verlangt, dass die Summe von kinetischer und potentieller Energie konstant bleibt: Ein einmal angestoßenes Pendel z. B. sollte unendlich lange Zeit Schwingungen ausführen. Und doch beobachtet man immer, dass es allmählich zur Ruhe kommt. Man kann zwar durch Verbesserung der Aufhängung des Pendels, durch Entfernung der Luft aus dem Raum, in dem es schwingt, und ähnliche Maßnahmen die Zahl der von ihm ausgeführten Schwingungen recht erheblich steigern. Aber es gelingt nie, die Schwingungen dauernd aufrechtzuerhalten.

Von physikalischen Gesetzen verlangt man Übereinstimmung mit der Wirklichkeit. Es müssen daher zur „reinen" Mechanik Ergänzungen hinzutreten, die in der Berücksichtigung von bisher ausgeschlossenen Wirkungen bestehen. Dies erweist sich in der Tat als möglich. Dadurch erst rechtfertigt sich unser Verfahren, zunächst das Problem weitgehend zu idealisieren und erst nach Gewinnung der Gesetze für diesen Idealfall die Korrekturen anzubringen, die die Wirklichkeit erfordert.

Galilei hat dieses Verfahren begründet, indem er beim freien Fall von den Einwirkungen der Luft auf die fallenden Körper, dem sogenannten *Luftwiderstand*, abstrahierte. Nur unter dieser Voraussetzung gilt seine Behauptung, dass alle Körper gleich schnell fallen. Nur so war er aber auch imstande, die Gesetze des freien Falls zu finden und damit die Fundamente der Mechanik zu legen. Nicht zu Unrecht behaupteten seine Gegner, die Tatsachen sprächen gegen Galilei; denn ein Stück Blei falle rascher als eine Flaumfeder. Aber diese Gegner hätten (und haben) die Mechanik auch nicht begründet. Dass Galilei erkannte, dass man von gewissen Nebenumständen absehen müsse und könne, ist ein Schritt von geradezu unermesslicher Bedeutung für die gesamte Physik gewesen.

Innere und äußere Reibung. Diese Ergänzungen zur reinen Mechanik, von denen hier die Rede ist, fasst man unter dem Begriff *Reibung* zusammen. Die Reibung kann durch eine Kraft beschrieben werden, die die Bewegung zu hemmen sucht. Wirkt diese Reibungskraft längs eines bestimmten Weges, so geht dem System mechanische Energie verloren. Sie tritt überwiegend als Wärme auf. Heißlaufen von Bremsen, Erhitzen von in die Erdatmosphäre eintauchenden Meteoriten oder Satelliten, Funkenschlagen mit einem Feuerstein sind Beispiele für die Reibungswärme.

Man unterscheidet die *innere* von der *äußeren Reibung*. Innere Reibung ergibt sich, wenn die kinetische Energie makroskopischer Bereiche von Flüssigkeiten und Gasen in die kinetische Energie der thermischen Zufallsbewegung der Atome umgesetzt wird, z. B. bei der Ausbreitung von Schallwellen oder bei Strömungen. Die äußere Reibung hingegen ist ein Energieverlust bei Bewegungen *zweier verschiedener Körper* relativ zueinander.

Die Bewegung einer Kugel erfährt beispielsweise in Wasser einen Widerstand. Wird das Kugelmaterial vom Wasser benetzt, dann bedeckt sich die Kugel mit einer festen Wasserhaut, so dass sich nur die Wassermoleküle gegeneinander bewegen. Der Widerstand kommt also durch innere Reibung im Wasser zustande. Wird das Material jedoch nicht benetzt, indem die Kugel z. B. mit einer Fett- oder Paraffinschicht versehen ist, so können die Moleküle der Oberfläche der Kugel und die unmittelbar benachbarten Wassermoleküle eine Relativgeschwindigkeit besitzen, so dass äußere Reibung an der Grenzfläche auftritt.

Die innere Reibung in Gasen und Flüssigkeiten wird im Kap. 10 behandelt. Hier soll jedoch jetzt die für praktische Anwendungen wichtige äußere Reibung zwischen zwei festen Körpern beschrieben werden. Man muss unterscheiden zwischen *Haftreibung, Gleitreibung, Rollreibung* und *Bohrreibung*. Für alle Arten ist die Rauigkeit der Oberfläche von Bedeutung. Man betrachte vergrößert die Rauigkeit einer spiegelnden Metalloberfläche (Abb. 9.3). Die Kurve erinnert an das Profil einer wilden, zerklüfteten Gebirgslandschaft. Ein solches Bild muss man stets vor Augen haben, wenn man die Reibung zwischen festen Körpern verstehen will. Dazu spielen auch noch die Anziehungskräfte zwischen den Molekülen eine Rolle.

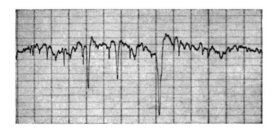

Abb. 9.3 Registrierkurve einer Messung der Oberflächenrauigkeit (1 cm vertikal entspricht 0.25 μm, 1 cm horizontal 250 μm)

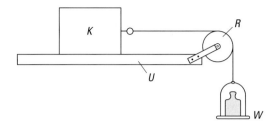

Abb. 9.4 Anordnung zur Messung des Reibungswiderstandes

Haft- und Gleitreibung. Zunächst ein einfacher Versuch (Abb. 9.4), der schon von Coulomb gemacht wurde: Auf der waagerechten Unterlage U liegt der Körper K. Er wird von einer Kraft, nämlich dem Gewicht auf der Waagschale W, gezogen. Damit die Kraft parallel zur Unterlage wirkt, wird die Schnur über eine Rolle R geführt. Man kann die Waagschale, die selbst ein Gewicht hat, noch mit weiteren Gewichten belasten, ohne dass der Körper K in Bewegung gerät. (Nach der „reinen Mechanik" sollte schon das kleinste Gewicht genügen, um K in eine beschleunigte Bewegung zu bringen!) Das größte Gewicht, das den Körper K gerade noch nicht in Bewegung versetzt, ist die *Haftreibungskraft* (oder der sogenannte *Haftreibungswiderstand*).

Vergrößert man die Kraft, die der Körper K auf die Unterlage U ausübt, etwa durch Aufsetzen von Gewichten auf K, so steigt im gleichen Maß die Haftreibungskraft, die also proportional zur *Normalkraft* ist. Stellt man dagegen den als Quader ausgebildeten Körper K auf seine verschieden großen Flächen, so ergibt sich, dass bei gleichem Gewicht die Reibungskraft unabhängig von der Größe der Berührungsfläche ist. Dieses seltsame Ergebnis erklärt sich sehr einfach dadurch, dass zwei im technischen Sinn ebene Flächen natürlich in Wirklichkeit keine ebenen Flächen sind. Sie berühren sich daher im Allgemeinen nur in drei Punkten, wie groß die Flächen auch seien. Nennt man F_H die durch die Gewichte einschließlich Waagschale gemessene Haftreibungskraft und F_N die vom Körper senkrecht auf die Unterlage ausgeübte Normalkraft, so erhält man als Versuchsergebnis, dass F_H proportional zu F_N ist, also

$$F_H = \mu_H F_N. \tag{9.2}$$

Die Proportionalitätskonstante $\mu_H = F_H/F_N$ hängt nur von der Art der beiden einander berührenden Stoffe ab und heißt *Haftreibungskoeffizient*. μ_H ist eine Verhältnisgröße (Kraft/Kraft), hat also die Dimension eins.

Die Haftreibungskraft F_H ist also abhängig von der Normalkraft F_N und von dem Haftreibungskoeffizient μ_H, dagegen unabhängig von der Größe der Berührungsfläche. Der Haftreibungskoeffizient μ_H ist bestimmt durch die Rauigkeit und durch die Stoffarten der reibenden Flächen.

Die *Gleitreibung* ist stets kleiner als die Haftreibung. Um sie zu messen, muss ein Kraftmesser (Federwaage) zwischen dem Seil und dem Körper K (Abb. 9.4) eingebaut werden. Durch Dehnung der Feder steigt die Kraft mit der Zeit an. Ist der Wert der Haftreibungskraft erreicht, wird der Körper beschleunigt, und die kleinere Gleitreibungskraft ist maßgebend. Man erhält dann etwa den in Abb. 9.5 gezeichneten Verlauf der Kraft. Die Gleitreibung ist praktisch unabhängig von der Geschwindigkeit, mit der die reibenden Flächen sich relativ zueinander bewegen. (Sie nimmt sogar etwas ab mit zunehmender Geschwindigkeit.) Sie ist ebenfalls – wie die Haftreibung – abhängig von der Normal-

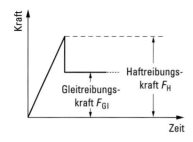

Abb. 9.5 Die Behinderung einer Bewegung durch Reibungskräfte

kraft und unabhängig von der Größe der reibenden Fläche. So ergibt sich die analoge Beziehung für die Gleitreibungskraft:

$$F_{Gl} = \mu_{Gl} F_N. \tag{9.3}$$

Der Gleitreibungskoeffizient μ_{Gl} ist stets kleiner als der Haftreibungskoeffizient μ_H bei gleichen Stoffpaaren.

Von besonderem Interesse ist Folgendes: Die Gleitreibungskraft ist ja immer der wirkenden Kraft entgegengerichtet. Sind beide Kräfte gleich, dann kann keine beschleunigte Bewegung entstehen. Eine Bewegung kann nur eine konstante Geschwindigkeit haben, da die Kraft von der Gleitreibungskraft gerade aufgezehrt wird und somit keine Kraft für die Beschleunigung übrig bleibt.

In Tab. 9.1 sind für einige Stoffpaare die Werte der Reibungskoeffizienten μ_H und μ_{Gl} zusammengestellt. Sie sind nur als Mittelwerte zu betrachten, da sie von der Beschaffenheit der Oberfläche, der umgebenden Atmosphäre, der genauen Zusammensetzung der Materialien, der geometrischen Form der Reibpartner, der Temperatur, also von den Betriebsbedingungen schlechthin abhängen. Schon monomolekulare Fremdschichten auf den Oberflächen können die Reibungskoeffizienten wesentlich verändern.

Ein einfaches Verfahren zur Bestimmung der Reibungskoeffizienten μ_H und μ_{Gl} bietet auch die schiefe Ebene. Ruht entsprechend Abb. 9.6 ein Körper K auf der unter dem Winkel α geneigten Bahn einer schiefen Ebene, so kann man das vertikal nach unten gerichtete Gewicht G von K in die beiden Komponenten $N = G \cos \alpha$ und $P = G \sin \alpha$ zerlegen, von denen N die Normalkraft des Körpers auf die Bahnebene und P die Kraft dar-

Tab. 9.1 Reibungskoeffizienten

Stoffpaar	μ_H	μ_{Gl}
Stahl auf Stahl	0.15	0.10 – 0.05
Stahl auf Messing	–	0.18 – 0.29
Stahl auf Eis	0.027	0.014
Leder auf Metall	0.6	0.4
Messing auf Holz	0.62	0.6
Eichenholz auf Eichenholz parallel zu den Fasern	0.58	0.48
Mauerwerk auf Beton	0.76	–
Bremsbelag auf Stahl	–	0.45
Blockierter Autoreifen		
bei 50 km/h auf Gussasphalt trocken	–	0.8
nass	–	0.5
Glatteis	–	0.05

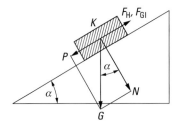

Abb. 9.6   Bestimmung des Reibungskoeffizienten

stellt, die den Körper längs der schiefen Ebene entgegen der Haftreibungskraft $F_H = \mu_H \cdot N$ in Bewegung zu versetzen sucht. Vergrößert man nun allmählich den Winkel so lange, dass gerade eben eine Bewegung eintritt, so ist $P = F_H$ oder $G \sin \alpha = \mu_H G \cos \alpha$, woraus folgt:

$$\mu_H = \tan \alpha. \tag{9.4}$$

Man nennt diesen Winkel den *Haftreibungswinkel*.

Um den Gleitreibungskoeffizienten μ_{Gl} zu bestimmen, muss man nach eingetretener Bewegung sofort den Winkel α verkleinern, und zwar so weit, dass der Körper gerade mit konstanter Geschwindigkeit abwärts gleitet. Dann ist $P = F_{Gl}$. Jetzt ist F_{Gl} die Gleitreibungskraft, also ist $G \sin \alpha' = \mu_{Gl} G \cos \alpha'$ und

$$\mu_{Gl} = \tan \alpha'. \tag{9.5}$$

Der Gleitreibungskoeffizient wird heute oft mit einer Stift-Walzen-Maschine nach Abb. 9.7 gemessen. Die mit einer konstanten Winkelgeschwindigkeit ω rotierende Walze W mit dem Radius r drückt mit der Normalkraft N, die an ihrer Achse angreifen möge, gegen einen Stift der Länge l. Dieser Stift ist der eine Schenkel eines Winkels, der in der Achse A gelagert ist und dessen anderer Schenkel als Messarm ausgebildet ist. Über diesem lässt sich ein Gewicht verschieben. Die Walze gleitet mit der Geschwindigkeit ωr auf dem Stift. Dabei entsteht eine Reibungskraft R, also ein Drehmoment lR um A. Dieses Drehmoment wird durch Verschieben des Gewichtes G auf dem Messarm ausgeglichen, wobei zwei Anschläge die seitliche Bewegung des Stiftes begrenzen. Bei Gleichheit der Drehmomente ist dann:

$$lR = l'G$$

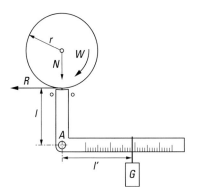

Abb. 9.7   Stift-Walzen-Maschine zur Messung des Gleitreibungskoeffizienten

Tab. 9.2 Böschungswinkel

Stoff	Böschungswinkel
Trockene Erbsen	28°
Hirsekörner	31°
Trockener Sand	34°
Braunkohle	35°
Viehsalz	39°
Gips	45°

und der Gleitreibungskoeffizient ist:

$$\mu_{Gl} = \frac{R}{N} = \frac{G}{N} \cdot \frac{l'}{l}.$$

Der Haftreibungswinkel α ist identisch mit dem sogenannten *Böschungswinkel* von lose aufgeschichteten Sandhaufen, Haufen von Getreidekörnern usw. Hierunter versteht man den Neigungswinkel (gegen die Horizontale) der Böschungsfläche, die nach Eintritt des Gleichgewichtes eine derartige Substanz begrenzt. Man kann den Versuch leicht machen, indem man aus einem Trichter Sand auslaufen lässt. Unter ihm bildet sich ein Bergkegel, dessen Kegelwinkel nach Erreichen des Gleichgewichtes stets gleich bleibt, ebenso wie die Neigung der Böschungsfläche, wie hoch auch den Berg aufschüttet. In Tab. 9.2 sind die Böschungswinkel für einige Stoffe angegeben. Hierbei wird der Leser den wegen der Lawinengefahr so wichtigen Wert für Schnee vermissen. Die Werte streuen aber zu sehr, da wegen verschieden hohen Wassergehalts und wegen der Nähe des Gefrierpunktes die einzelnen Schneekristalle entweder lose aufeinanderliegen oder zusammengefroren sein können. Natürlich sind auch diese Zahlen rohe Näherungswerte, da die Gestalt und die Größe der Körner einen wesentlichen Einfluss haben.

Abb. 9.8 zeigt, wie sich der Unterschied zwischen Haft- und Gleitreibung nachweisen lässt. Ein glatter runder Eisenstab S ist in zwei Lagern L_1 und L_2 drehbar horizontal gelagert. An dem Eisenstab hängt an einem lose darüber greifenden Haken H ein Gewicht G. An dem oberen Teil des Hakens ist eine Schnur befestigt, die parallel zum Eisenstab zu einer Rolle R führt, die die Schnur nach unten umlenkt. Das Ende der Schnur trägt eine Waagschale, auf die Gewichte G' aufgelegt werden können. Man wählt das Gewicht G' etwas kleiner, als der Haftreibungswiderstand des Hakens H auf der Stange beträgt, so dass der Haken von dem Gewicht G' nicht zur Seite bewegt wird. Dreht man jetzt den Stab S mit der am rechten Ende angebrachten Kurbel, so dass der Haken H relativ zur Stange nicht mehr ruht, sondern gleitet, so rutscht der Haken mit seinem Gewicht G auf der Stange nach links. Die Haftreibung ist in die kleinere Gleitreibung übergegangen, die

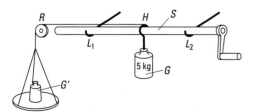

Abb. 9.8 Nachweis des Unterschiedes zwischen Haft- und Gleitreibung

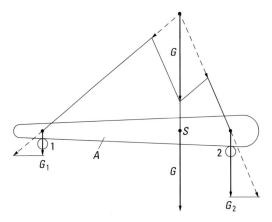

Abb. 9.9   Bestimmung des Schwerpunktes eines Stabes unter Benutzung der Reibung

jetzt von dem Gewicht G' überwunden wird. Der Haken kommt auch dann nicht zur Ruhe, wenn die Drehbewegung der Stange aufhört, da G' größer ist als die Gleitreibung.

Auch bei dem folgenden Versuch, den Schwerpunkt eines Stabes (Spazierstock oder dergleichen) zu bestimmen, spielt die Reibung und im Besonderen der Unterschied zwischen Haftreibung und Gleitreibung die entscheidende Rolle. Man legt den Stock waagerecht auf die in einiger Entfernung gehaltenen Zeigefinger und versucht, diese einander zu nähern. Dabei stellt man fest, dass die Finger nicht gleichmäßig unter dem Stock entlang gleiten, sondern abwechselnd bald der eine, bald der andere. Dort, wo die beiden Finger sich treffen, liegt der gesuchte Schwerpunkt des Stabes. Um diesen Vorgang zu verstehen, betrachten wir Abb. 9.9, in der 1 und 2 die beiden Finger bedeuten, auf denen der Stab A waagerecht aufliegt. Das nach unten ziehende Gewicht G des Stabes greift im Schwerpunkt S an. Wir zerlegen unter Benutzung der früher erörterten Zusammensetzung zweier paralleler Kräfte die Kraft G in die beiden in 1 und 2 angreifenden Kräfte G_1 und G_2, wobei $G_1 + G_2 = G$ ist. Man findet, dass $G_1 < G_2$ ist, wenn entsprechend der Figur die Finger sich an den Enden des Stabes befinden. Infolgedessen ist auch die Reibung des Stabes auf dem Finger 1 kleiner als die auf 2, und bei dem Versuch, die Finger einander zu nähern, verschiebt sich 1 allein. Diese Verschiebung würde so lange vor sich gehen, bis $G_1 = G_2$ geworden ist, wenn nicht noch zu beachten wäre, dass wir bei 2 Haftreibung, bei 1 dagegen die kleinere Gleitreibung haben. Infolgedessen verschiebt sich der Finger 1 etwas weiter, bis G_1 um so viel größer als G_2 geworden ist, dass die Gleitreibung bei 1 gleich der Haftreibung bei 2 ist. Ist nun aber 1 zur Ruhe gekommen, so herrscht in 1 und 2 Haftreibung, und nun ist sie rechts, bei 2, kleiner geworden als links, bei 1. Nun setzt sich daher 2 in Bewegung und das ganze Spiel wiederholt sich, wobei nur 1 und 2 vertauscht sind. In einer gewissen Stellung bleibt 2 wieder stehen, 1 setzt sich wieder in Bewegung und so fort, bis beide Finger sich im Schwerpunkt treffen. Dieser Versuch ist daher sehr geeignet, namentlich dem Anfänger den Unterschied zwischen Haft- und Gleitreibung nachdrücklich vor Augen zu führen.

Setzt man nach Abb. 9.10 zwei aus Holz hergestellte, schiefe Ebenen mit ihren Hypotenusenflächen aufeinander, so gleitet bei Belastung durch ein größeres Gewicht G die obere an der unteren herunter. Beklebt man aber die Hypotenusenflächen mit Samt, so tritt infolge der Rauigkeit eine so starke Verhakung beider Flächen miteinander ein, dass

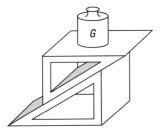

Abb. 9.10 Durch Anwendung der Haftreibung in der Höhe verstellbarer Tisch

man die Anordnung mit Gewichten von 500 N und mehr belasten kann, ohne dass eine Gleitung eintritt (Anwendung als in der Höhe leicht verstellbarer Tisch).

Ein um einen Pfosten geschlungenes Seil hält infolge der Reibung einen beträchtlichen Zug aus. Dabei wird der Reibungswiderstand durch Vergrößerung der Berührungsfläche zwischen Seil und Pfosten durch mehrmaliges Umschlingen vergrößert. Diese *Seilreibung* lässt sich anschaulich mit der Versuchsanordnung von Abb. 9.11 zeigen. Eine bei *A* unter Zwischenschaltung einer Spiralfeder *F* befestigte Schnur hängt über einem runden Stab *S* und trägt an dem anderen Ende eine Waagschale mit einem Gewicht. Dadurch wird die Feder *F* um eine an einer Teilung ablesbare Strecke gedehnt. Schlingt man zur Vergrößerung der Reibung die Schnur einmal vollkommen um den Stab *S* herum, so muss man das Gewicht auf der Waagschale um ein Vielfaches vergrößern, um die Feder um den gleichen Betrag zu dehnen.

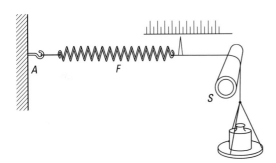

Abb. 9.11 Nachweis der Seilreibung

Auf der Anwendung der Gleitreibung beruht der von Prony (1822) angegebene *Bremskraftmesser* (Prony'scher Zaum), der zur Messung der Leistung rotierender Maschinen dient. Bei diesem in Abb. 9.12a dargestellten Gerät befindet sich auf der Achse der Maschine ein Zylinder *Z*, gegen den von oben und unten zwei kreisförmig ausgeschnittene

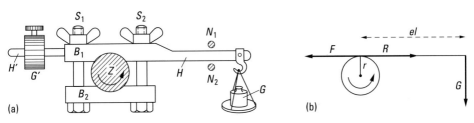

Abb. 9.12 Bremskraftmesser, (a) Anordnung, (b) Zusammensetzung der Kräfte

Bremsbacken B_1 und B_2 mit den Schrauben S_1 und S_2 angepresst werden können. An der oberen Bremsbacke ist ein Hebelarm H angebracht, der an seinem Ende eine Waagschale trägt; der Hebelarm H' mit dem verstellbaren Gewicht G' dient zum Ausbalancieren der Anordnung bei ruhender Achse. Zieht man bei rotierendem Zylinder Z die Klemmbacken mit den Schrauben S_1 und S_2 an, so wird durch die Reibung die ganze Anordnung in dem eingezeichneten Drehsinn mitgenommen, so dass der Hebelarm H an den Anschlag N_1 kommt; durch Aufsetzen von Gewichten G auf die Waagschale lässt es sich erreichen, dass der Hebelarm frei zwischen den Anschlägen N_1 und N_2 spielt. In diesem Fall ist der an dem Rand des Zylinders Z wirkende Reibungswiderstand R gleich der von der Maschine ebenfalls am Zylinderrand ausgeübten Kraft F (Abb. 9.12b).

Nun wird dem Drehmoment Fr der äußeren Kraft F von dem Drehmoment Gl des am Ende des Hebelarms l wirkenden Gewichtes G das Gleichgewicht gehalten, so dass gilt:

$$Fr = Gl \quad \text{oder} \quad F = G\frac{l}{r}.$$

Die Leistung L der Maschine ist Arbeit/Zeit; also Kraft · Weg/Zeit. Legt also der Zylindermantel in der Zeit t die Strecke s zurück, so ist

$$L = \frac{Fs}{t} = \frac{Gls}{rt}.$$

Macht der Zylinder in der Zeit t N Umdrehungen, so ist mit $n = N/t$ die Strecke $s = 2\pi rnt$ und somit

$$L = 2\pi nGl.$$

Gleitreibung tritt auch überall dort auf, wo sich Achsen in gewöhnlichen Lagern drehen. Um die Lagerreibung, die einen unerwünschten Verlust von mechanischer Energie darstellt, möglichst zu vermindern, wendet man *Schmiermittel* an, die man meistens in der Form von Öl oder Fett zwischen die aufeinander gleitenden Flächen bringt. Bei der Bewegung gleiten dann die an den beiden sich gegeneinander bewegenden Körpern haftenden Ölschichten aufeinander, und der Reibungskoeffizient z. B. für Schmiedeeisen auf Gusseisen sinkt dadurch von 0.2 auf etwa 0.06. Zu beachten ist, dass bei Anwendung eines Schmiermittels der Reibungswiderstand nicht mehr von der Größe der sich berührenden Flächen unabhängig ist, da es sich um die Reibung von Flüssigkeitsschichten handelt, die sich nicht nur in drei, sondern in allen Punkten berühren. Die Schmiermittelreibung gehört deshalb streng genommen nicht hierher, da ein hydrodynamischer Vorgang vorliegt. Es handelt sich dabei um die *innere Reibung* der Flüssigkeitsteilchen untereinander, da die Flüssigkeit an den Wänden der Achse und des Lagers fest haftet.

Dies gilt in gleicher Weise auch für *Luftlager*, also für Lager mit Luft als Schmiermittel. Sie werden zunehmend verwendet und haben große Bedeutung. Bei ihnen bildet sich infolge sehr schneller Rotation eine dünne Luftschicht zwischen den festen Lagerteilen. Diese Luftschicht wird dadurch ständig aufrechterhalten, dass durch spiralförmige Kanäle immer neue Luft von außen nach innen geführt wird. Eine Schwierigkeit besteht aber darin, dass bei Beginn und Ende der Rotation nicht genügend Luft zugeführt werden kann und dann die festen Teile des Lagers, wenn auch unter Verwendung eines festen Schmiermittels wie Graphit, Molybdändisulfid oder Wolframdiselenid, aufeinanderreiben.

Auch sogenannte *wartungsfreie Lager* werden vielfach verwendet. Bei ihnen besteht z. B. das Lager aus einem porösen Sintermetall (Cu + 11 % Sn), das mit Öl oder Fett

Tab. 9.3 Parameter für Reibpartner auf Schnee

Reibpartner auf Schnee bei $-5\,°C$	μ_{Gl}	Benetzungswinkel ($°$)
blankes Aluminium	0.35	0
Polymethylmethacrylat	0.30	0
Nylon	0.28	0
Lacke, Wachse	~ 0.1	~ 60
Polytetrafluoräthylen	0.04	126

getränkt ist oder Graphit enthält. Ein weiteres Schmieren ist nicht notwendig. Oder die Achse besteht aus einem geeigneten Kunststoff. Dieser hat einerseits einen sehr kleinen Gleitreibungskoeffizienten mit dem Lagermaterial, andererseits aber auch eine geringe Härte. So bestehen die unvermeidbaren kleinen Späne aus diesem weichen Kunststoff und stören nicht, sondern schmieren sogar noch, jedoch immer unter Mitwirkung eines größeren Vorrats an Fett oder an anderen schmierfähigen Stoffen.

Beim Skilaufen verwendet man Kunstgriffe, um die Reibung zwischen Ski und Schnee besonders klein zu machen. Die Skier werden gelackt, gewachst oder mit einem Kunststoff belegt, da die Gleitreibungskoeffizienten dieser Materialien gegen Schnee klein sind. Sie hängen eng mit der Benetzbarkeit für Wasser zusammen. Die Belastung lässt den Schnee in einzelnen kleinen Kontaktflächen schmelzen, so dass man auf einem Wasserfilm zu Tal fährt. Je stärker der Kunststoff das Wasser abstößt, je größer also der Benetzungswinkel (vgl. Abschn. 10.7) des Materials ist, desto mehr tritt die innere Reibung des Wassers zugunsten der kleineren äußeren Reibung zwischen Kunststoff und Wasser zurück. In Tab. 9.3 sind die Reibungskoeffizienten bei $-5\,°C$ und kleinen Geschwindigkeiten (einige km/h) einiger Materialien zusammen mit den Benetzungswinkeln angegeben.

Während die Gleitreibung im Allgemeinen eine lästige Nebenerscheinung ist (Lagerreibung), ist die Haftreibung jedoch von grundsätzlicher Bedeutung. Sie tritt im täglichen Leben so oft in Erscheinung, dass sie meist als Selbstverständlichkeit gar nicht beachtet wird, zumal man sie seit den ältesten Zeiten ausnutzt: Die dünnen und kurzen Fasern von Wolle und Baumwolle werden zu langen Fäden versponnen und durch die Haftreibung zusammengehalten. Unsere Kleidung ist aus solchen Fäden gewebt und gewirkt und fällt nur wegen der bestehenden Haftreibung nicht auseinander. Auch beim Knoten und beim Nagel in der Wand wird die Reibung ausgenutzt. Ohne die Reibung unseres Fußes auf dem Erdboden, der Räder auf den Straßen und Schienen usw. ist eine Fortbewegung nicht möglich. Man denke nur an Glatteis! Wer jemals versucht hat, aus dem Wasser in ein kleines Schlauchboot zu steigen, dessen Seite sich neigt, auf die man sich stützen will, kann den Raumfahrer verstehen, der in seine Kapsel zurückkehren will und dem keine Reibung hilft.

Rollreibung. Diese liegt vor, wenn ein runder Körper, z. B. ein Rad oder eine Walze, auf der Unterlage abrollt. In Abb. 9.13 ist der Querschnitt eines auf der schiefen Ebene U liegenden Zylinders Z gezeichnet, an dessen Achse (im Schwerpunkt S) die Schwerkraft G angreift. Der Winkel der schiefen Ebene sei α. Wäre keine rollende Reibung vorhanden, so würde der Zylinder Z schon bei der kleinsten Neigung α der schiefen Ebene herabrollen. Er würde sich um die jeweilige Berührungslinie drehen, die in der Abbildung als Punkt B sichtbar ist; denn diese Berührungslinie haftet infolge der Haftreibung an der Unterlage. In Wirklichkeit jedoch muss man einen endlichen Winkel α einstellen, bevor sich der Zylinder

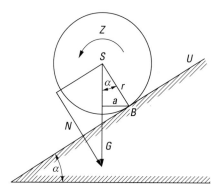

Abb. 9.13 Zur Erklärung der Rollreibung (Die Normalkraft N ist aus Gründen der Übersichtlichkeit außerhalb des Zylinders, also nicht im Schwerpunkt S angreifend, gezeichnet.)

in gleichförmige Bewegung setzt. Es muss also dem Drehmoment infolge der Schwerkraft, das gleich $Ga = Gr \sin \alpha$ ist, ein anderes Drehmoment, nämlich das der Rollreibung, entgegenwirken und das Gleichgewicht halten. Da die Reibungskraft proportional zur Normalkraft $N = G \cos \alpha$ ist, kann man also schreiben:

$$Gr \sin \alpha = \mu_{RO} G \cos \alpha,$$

d. h., der *Koeffizient der Rollreibung* ist gegeben durch

$$\mu_{RO} = r \tan \alpha. \qquad (9.6)$$

Die hier auftretende Reibung ist viel kleiner als beim Gleiten. Beim Rollen kommen nach und nach andere Mantellinien der Walze mit immer anderen Stellen der Unterlage in Berührung. Es werden die vorhandenen Unebenheiten „übersprungen", ähnlich wie die Zähne eines Zahnrades in entsprechende Lücken eingreifen.

Ein Vergleich des Rollreibungskoeffizienten mit den Koeffizienten für die Haft- und Gleitreibung ist nicht ohne weiteres möglich, da Ersterer die Dimension einer Länge und die beiden anderen die Dimension eins haben. Man kann aber die Kräfte vergleichen, die z. B. zum Ziehen eines Schlittens und zum Ziehen eines Wagens mit Rädern erforderlich sind. Die Normalkraft F_N, also die Belastung, sei in beiden Fällen gleich. Die Kraft zum Ziehen des Schlittens zur Überwindung der Reibungskraft ist also wenigstens $F_{SCH} = \mu_{Gl} \cdot F_N$. Die Kraft zum Ziehen des Wagens mit dem Raddurchmesser $2r$ ist $F_W = $ Drehmoment $T/r = \mu_{RO} \cdot F_N/r$. Das Verhältnis ist also:

$$\frac{F_W}{F_{SCH}} = \frac{\mu_{RO}}{r \cdot \mu_{Gl}}.$$

Das Verhältnis ist also umso günstiger für den Wagen, je größer der Radius des Rades ist. Die Zahl der Räder eines Wagens ist in erster Näherung ohne Einfluss, da die gesamte Normalkraft F_N gleich bleibt.

Einen Schlitten im Schnee zu ziehen ist allerdings gleich günstig oder gar noch günstiger, als einen Wagen mit Rädern zu ziehen. Durch Druck und Reibung schmilzt der Schnee an einigen Stellen unter den Kufen und die Gleitreibung ist außerordentlich gering. Man spürt dagegen den Nachteil des Schlittens gegenüber einem Wagen mit Rädern, wenn man den belasteten Schlitten aus dem Schnee über eine schneefreie Straße ziehen will.

In Tab. 9.4 sind einige Rollreibungskoeffizienten angegeben. Genaue Werte gibt es nicht. Sie sind nur Anhaltspunkte.

Tab. 9.4   Koeffizienten der Rollreibung

Kugel oder Walze auf Unterlage	Rollreibungskoeffizient μ_{RO} (cm)
Stahl auf Stahl	10^{-4}
auf Duraluminium	$3 \cdot 10^{-4}$
auf Bronze	$5 \cdot 10^{-4}$
auf gehärtetem Kupfer	10^{-3}
Eichenholz auf Eichenholz	$2 \cdot 10^{-2}$
Gummireifen auf Asphalt	0.7

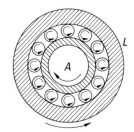

Abb. 9.14   Querschnitt durch ein Kugellager

Abb. 9.15   Kugellager (aufgeschnitten)

Die Erfindung des Rades und damit die Anwendung der Rollreibung unter Vermeidung der Gleitreibung gilt als eine der größten Kulturleistungen der Menschheit. Um auch die noch in den Achsenlagern der Räder vorhandene Gleitreibung zu vermeiden, hat man sie in eine Rollreibung umgewandelt. Man verwendet *Wälzlager* (Kugel- und Rollenlager), in denen zwischen Achse A und Lagerschale L eine größere Zahl von Stahlkugeln oder Stahlwalzen rollt (Abb. 9.14 und 9.15). Auf diese Weise erniedrigt sich der Reibungswiderstand auf etwa 2 %.

Die Reibung ist der Grund dafür, dass eine Lokomotive einen langen Eisenbahnzug in Bewegung setzen kann. Gelegentlich liegt etwas Öl auf den Schienen: Die Reibungskraft reicht dann nicht aus und die Räder der Lokomotive drehen sich schnell, während der ganze Zug stehen bleibt. In solchen Fällen wird Sand auf die Schienen gestreut. Der Sandkasten der Lokomotive und die fest installierten Röhren, durch die der Sand fällt, zeigen schon, welche Bedeutung die Reibung bei der Eisenbahn hat. Um die Reibungskraft groß zu machen, bekommt jede Lokomotive ein besonders großes Gewicht. Die Reibungskraft allein entscheidet, wie lang ein Zug und wie groß die Steigung sein darf. Ohne Reibung würde ein Zug also stehen bleiben. Die Räder drehen sich dann trotzdem auf den Schienen. Eine große Reibungskraft hält sie dagegen fest. Diese Reibungskraft bleibt als einzige äußere Kraft übrig, die auf die Lokomotive wirkt. Sie ist nach vorn gerichtet. Die normalen Eisenbahnen heißen in der Technik daher auch „Reibungsbahnen". Die maximale „Zugkraft" einer Lokomotive wird allein aus der Reibungskraft berechnet.

Bohrreibung. Dreht sich eine Kugel um eine vertikale Achse auf einer horizontalen Ebene, dann erfährt sie einen Reibungswiderstand, der nicht in die drei vorher beschriebenen Arten einzuordnen ist. Ebenso wie bei der Rollreibung besteht Gleichgewicht zwischen dem Reibungswiderstand und dem Drehmoment T. Auch hier ist der Reibungswiderstand proportional der Normalkraft F_N. Hieraus ergibt sich, ebenso wie bei der Rollreibung, dass der *Koeffizient der Bohrreibung* aus dem Quotienten Drehmoment/Kraft gebildet wird und daher die Dimension einer Länge hat:

$$\mu_{BO} = \text{Drehmoment } T / \text{Normalkraft } F_N. \tag{9.7}$$

Die Vorgänge bei der Reibung sind noch nicht vollständig geklärt. Während für die Haftreibung die Ursachen im Wesentlichen die Verzahnung der „Gebirge" beider Oberflächen und die molekularen Anziehungskräfte sind, müssen bei der Gleitreibung Teile des einen Reibungspartners über das „Gebirge" des anderen Partners gehoben werden. Die beiden Flächen müssen hierzu etwas voneinander entfernt werden. Man versteht so, dass die Reibung umso größer ist, je größer die Normalkraft ist. Dass dabei Spitzen und andere Partikel der Oberfläche abgebrochen werden, erklärt den *Verschleiß*. Die Rollreibung ist weitgehend unabhängig von der Oberflächenrauigkeit, was auch zu verstehen ist. Das Rad muss zwar auch über „Berge" der Oberfläche fahren, jedoch wird die zum Anheben aufgewendete Energie beim Herunterfahren zum Teil wieder gewonnen, während sie bei der Gleitreibung zum großen Teil über Deformationen in Wärme (*Reibungswärme!*) umgewandelt wird und so verloren geht. Die Deformationen der festen Materie würden keine Verluste bedeuten, wenn sie vollkommen elastisch wären. Das sind sie aber nicht. Bei einem Rad wird ein Teil der Energie beim „Abwärtsfahren" über einen mikroskopischen Berg wieder an das Rad gegeben, ein Teil wird in *elastische Deformationen* verwandelt und wird auch an das Rad zurückgegeben. Ein dritter Teil ist aber endgültig verloren, nämlich die Energie, die *unelastische (plastische) Deformationen* verursacht und in Wärme umgewandelt wird.

Durch die plastischen Deformationen, durch andauernde hohe Wechselbeanspruchungen wird das Kristallgefüge der Reibungspartner gelockert, so dass die Festigkeitswerte abnehmen. Diese Erscheinung bezeichnet man als *Ermüdung*. Verschleiß und Ermüdung lassen ein Maschinenteil nach einer gewissen Laufzeit für seinen Zweck unbrauchbar werden.

9.3 Elastische Spannungen

Die äußeren Kräfte, die auf einen festen Körper wirken, können von zweierlei Art sein: Es können einmal sogenannte *Massenkräfte* sein. Von dieser Art sind die Gravitations- und die Trägheitskräfte, die ja zur Masse proportional sind und die an den einzelnen Volumenelementen angreifen. Ferner können es sogenannte *Oberflächenkräfte* sein, die an den einzelnen Oberflächenelementen angreifen. Nur diese sollen im Folgenden behandelt werden. Es wird jetzt also immer von der Wirkung der Schwerkraft und von Trägheitskräften abgesehen.

Druck und Spannung. Die auf eine Fläche wirkende Kraft kann verschiedene Richtungen haben. Man kann sie daher in zwei Komponenten zerlegen:

a) Die Kraft ist senkrecht zur Fläche gerichtet. Man spricht von einer

$$\left.\begin{array}{l} \textit{Normal-(Zug-)Spannung} \\ \text{bzw. von einer} \\ \textit{Normal-(Druck-)Spannung} \end{array}\right\} \sigma = \frac{\text{Normalkraft } F_\text{N}}{\text{Fläche } A}. \qquad (9.8)$$

Beide unterscheiden sich nur durch das Vorzeichen ihrer Richtung. Erstere wird auch oft kurz *Zug*, letztere meist *Druck* genannt. Es ist üblich, das Wort „Druck" statt „Normal-Druck-Spannung" und den Buchstaben p statt σ immer dann zu verwenden, wenn wie z. B. bei Gasen die Normalspannung unabhängig von der Richtung der Flächennormalen ist.

b) Die Kraft ist parallel zur Fläche gerichtet. Man spricht von einer

$$\left.\begin{array}{l} \textit{Tangentialspannung} \\ \text{oder} \\ \textit{Schubspannung} \end{array}\right\} \sigma = \frac{\text{Tangentialkraft } F_\text{T}}{\text{Fläche } A}. \qquad (9.9)$$

Als Einheiten von Druck und Spannung werden verwendet:

1 Pascal (Pa) $= 1 \text{ Newton/m}^2 = 10^{-5}$ bar.

In der Technik ist üblich:

1 Megapascal (MPa) $= 1 \text{ N/mm}^2$.

Hohe Drücke, also Druck- oder Zug-Spannungen, lassen sich verhältnismäßig leicht erzeugen, wenn man die Fläche, auf die eine Kraft wirkt, hinreichend klein macht. Dass man z. B. eine Reißzwecke mit der von einem Finger ausgeübten Kraft, die in der Größenordnung von 10 N liegt, in ein Brett eindrücken kann, hat seinen Grund in der feinen Spitze der Reißzwecke. Nehmen wir an, dass der Durchmesser dieser Spitze etwa 0.1 mm betrage, so ist ihre Querschnittsfläche rund 10^{-8} m^2, so dass der von der Spitze auf das Brett ausgeübte Druck

$$\sigma = \frac{F_\text{N}}{A} = \frac{10 \text{ N}}{10^{-8} \text{ m}^2} = 10^9 \text{ Pa}$$

beträgt.

Innere Spannungen. Es könnte nach der obigen Darlegung so scheinen, als ob die Bedeutung der Spannungen auf die Oberfläche der Körper beschränkt sei. Allein eine einfache Überlegung zeigt, dass man das Vorhandensein solcher Spannungen auch im Inneren jedes elastischen Körpers annehmen kann, ja annehmen muss. Denken wir uns nämlich aus einem elastischen Körper, der unter dem Einfluss äußerer Kräfte im Gleichgewicht ist, einen Teil (z. B. eine Kugel) herausgeschnitten (Abb. 9.16). Dann wird, wenn der schraffierte Bereich plötzlich fortgenommen ist, der übrige Teil des Körpers nicht mehr im Gleichgewicht sein, sondern eine neue Gleichgewichtslage aufsuchen, bei der die Gestalt und das Volumen des entstandenen Hohlraumes sich ändern. Daraus folgt, dass der herausgeschnittene Teil des Körpers, solange er noch an Ort und Stelle war, Kräfte auf den umgebenden Körperteil ausübte. Soll dieser also nach Fortnahme jenes Stückes unverändert im alten Gleichgewichtszustand bleiben, so müssen geeignete Kräfte auf der Oberfläche des Hohlraumes angebracht werden, nämlich die gleichen Kräfte, die der herausgenommene Teil vorher auf seine Umgebung ausgeübt hatte.

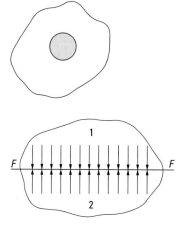

Abb. 9.16   Zum Nachweis elastischer Spannungen im Inneren eines festen Körpers

Abb. 9.17   Gültigkeit des Reaktionsprinzips bei inneren Spannungen

Auch der herausgenommene Teil kann nicht in seinem ursprünglichen Gleichgewichtszustand verharren, aus demselben Grund: Der umgebende Körper übte auch auf ihn Kräfte aus, die wir nach Entfernung des Stückes wieder durch geeignete Oberflächenkräfte ersetzen müssen, wenn wir den Gleichgewichtszustand unverändert erhalten wollen. *Es sind also in jedem Punkt des elastischen Körpers Kräfte wirkend zu denken*, wenn äußere Kräfte am Körper angreifen, und zwar sind nach dem Vorhergehenden diese inneren Kräfte offenbar Flächenkräfte. Denn wenn wir durch eine gedachte Fläche *FF* einen Teil (1) des Körpers gegen den Rest (2) abgrenzen (Abb. 9.17), so üben beide Teile durch die Trennungsfläche hindurch Kräfte aufeinander aus. Diese Kräfte gehorchen natürlich dem Reaktionsprinzip. Sie heben sich daher in ihrer Wirkung nach außen auf, da sowohl die resultierende Kraft als auch das resultierende Drehmoment gleich null sind. Durch sie kann weder der Schwerpunkt des Körpers eine Veränderung seiner Bewegung erfahren noch eine Drehung um ihn eintreten. Sie scheinen deshalb bei flüchtiger Betrachtung nicht vorhanden zu sein. In Wirklichkeit sind jedoch diese *inneren Spannungen* stets wirksam und verlangen Berücksichtigung, da sie im Grunde die unmittelbare Ursache der Deformation sind. Man kann sich ja den Vorgang einer elastischen Beanspruchung so denken: Die auf den Körper wirkenden Oberflächenkräfte rufen in seinem Inneren die erörterten Spannungen hervor, diese wiederum die lokalen Verzerrungen. Das elastische Problem besteht also darin, aus den äußeren Kräften zunächst die inneren Spannungen und aus diesen die Verzerrungen zu finden – eine im Allgemeinen höchst schwierige Aufgabe, weswegen wir uns auf die einfachsten Fälle beschränken werden.

Hooke'sches Gesetz. Glücklicherweise gilt für den zweiten Teil der Aufgabe, den Zusammenhang zwischen den Spannungen und den Verzerrungen, ein sehr einfaches Gesetz, das R. Hooke (1635 – 1703) ausgesprochen hat:

• Die Verzerrungen sind proportional zu den Spannungen (ut tensio sic vis).

Freilich gilt dieses *Hooke'sche Gesetz* nur für sehr kleine Deformationen; wie weit es im einzelnen Fall zutrifft, müssen die Beobachtungen selbst ergeben. Man nennt die Grenze, bis zu der es Gültigkeit besitzt, die Proportionalitätsgrenze. Wird sie überschritten, so ist die Deformation nicht mehr proportional zur Spannung, sondern es treten höhere Potenzen

(z. B. Quadrate) der Spannungen auf. Solange indessen auch diese Verzerrungen eine gewisse Grenze nicht überschreiten, haben sie immer noch die Eigenschaft, sofort wieder zu verschwinden, wenn man die äußeren Kräfte und damit die Spannungen fortnimmt: Der Körper ist immer noch im eigentlichen Sinn des Wortes *elastisch*. Geht man aber mit den Verzerrungen noch über diese *Elastizitätsgrenze* hinaus, so bildet sich die Verzerrung nicht mehr vollständig zurück, wenn die Kräfte aufgehoben werden, sondern der Körper erfährt eine dauernde Deformation, d. h., es verbleibt ein plastischer Verformungsanteil, eine dauernde Veränderung seiner Gestalt. So wichtig die dauernden Verformungen des Materials für die Praxis sind – alles Walzen, Pressen, Ziehen, Biegen usw. beruht ja auf diesem Vorgang –, so sehen wir doch hier davon vollständig ab, weil es keine elastischen Vorgänge im eigentlichen Sinn des Wortes mehr sind. Wie bereits erwähnt, setzen wir im Folgenden immer die strenge Gültigkeit des Hooke'schen Gesetzes voraus, bleiben also stets unterhalb der Proportionalitätsgrenze.

9.4 Volumen- und Gestaltselastizität

Im Allgemeinen ändern sich bei elastischen Verformungen sowohl das Volumen als auch die Gestalt der festen Körper. Nur in besonders einfachen Fällen tritt die eine oder die andere Verzerrung isoliert auf; mit solchen wollen wir uns zunächst befassen.

Volumenelastizität. Wir betrachten einen Festkörper beliebiger Gestalt, auf dessen Oberfläche ein überall konstanter Druck p wirken möge (Abb. 9.18). Das kann dadurch geschehen, dass man den Körper in eine Flüssigkeit einbettet, die in einem Gefäß mit beweglichem Stempel eingeschlossen ist, und nun durch Belastung des Stempels auf die Flüssigkeitsoberfläche den gewünschten Druck wirken lässt. Wie wir in Kap. 10 sehen werden, wirkt dann dieser Druck an allen Stellen der Flüssigkeit und überträgt sich durch sie auf den eingelagerten Festkörper. Dann wird einfach dessen Volumen verkleinert, wie es Abb. 9.18 andeutet, ohne dass eine Gestaltsänderung auftritt. Statt den Körper durch gleichmäßigen Druck zu komprimieren, kann man ihn auch durch Zug dehnen, etwa, indem man ihn vom Atmosphärendruck in ein Vakuum bringt; auch in diesem Fall ändert sich nur das Volumen. Greift man im Inneren des Körpers irgendwie gelegene Teilvolumina gleicher Größe heraus, so erfährt jedes von ihnen die gleiche Volumenänderung, ein Beweis dafür, dass in jedem Punkt des Körperinneren gleichfalls der Druck p herrscht. Natürlich ist die absolute Volumenänderung umso größer, je größer das Ausgangsvolumen ist; d. h., es kommt immer nur auf die sogenannte „relative" Volumenänderung, an.

Das Hooke'sche Gesetz verlangt nun in Übereinstimmung mit dem Experiment, dass die relative Volumenänderung proportional zum wirkenden Druck p ist. Hat also das Volumen beim Druck null den Anfangswert V_0 und ändert es sich beim Druck p auf $V_0 + \Delta V$, so ist

$$-\frac{\Delta V}{V_0} = \frac{1}{K} \cdot p. \tag{9.10}$$

Diese experimentell gefundene Beziehung spricht eben aus, dass die relative Volumenverminderung $-\Delta V / V_0$ proportional zum wirkenden Druck p, d. h. zur Normal-(Druck-)

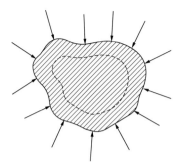

Abb. 9.18 Volumenelastizität eines festen Körpers

Spannung σ, ist; der Proportionalitätsfaktor $1/K$, der von Material zu Material verschieden ist, heißt (kubische) *Kompressibilität* des Festkörpers; der reziproke Wert K ist der *Kompressionsmodul*. Die Dimension von K ist die eines Druckes.

Die Kompressibilität ist bei den festen Körpern im Allgemeinen sehr klein, ihr Kehrwert K also sehr groß. Das heißt: Es bedarf sehr großer Drücke, um eine kleine relative Volumenverminderung zu erzielen. Zum Beispiel liegt die Kompressibilität von Gläsern zwischen $1.7 \cdot 10^{-11}$ und $3.3 \cdot 10^{-11}$ Pa^{-1}, d. h., bei einer Drucksteigerung um 10^5 Pa (1 bar) verringert sich das Volumen nur um wenige ppm. Der Kompressionsmodul der Gläser hat also Werte zwischen $3 \cdot 10^{10}$ und $6 \cdot 10^{10}$ Pa. Da diese Zahlen sehr groß sind, pflegt man den Kompressionsmodul nicht auf Quadratmeter, sondern auf Quadratmillimeter zu beziehen, so dass wir hier 30 kN/mm^2 bzw. 60 kN/mm^2 erhalten (s. Tab. 9.6, Abschn. 9.6).

Noch größer ist der Kompressionsmodul von Metallen wie Kupfer oder Eisen, nämlich 140 bzw. 170 kN/mm^2, was einer Kompressibilität von weniger als 10^{-11} Pa^{-1} entspricht. Wasser hat bei 20 °C die Kompressibilität $46 \cdot 10^{-11}$ Pa^{-1} (für Drücke bis zu 5 MPa).

Übrigens ist die hier geschilderte Methode zur Bestimmung von K umständlich und daher nur selten angewendet worden; in Abschn. 9.5 werden geeignetere Anordnungen behandelt, bei denen es sich allerdings nicht um reine Volumenänderung handelt.

Gestaltselastizität. Das Gegenstück zu dem hier betrachteten Fall haben wir dann, wenn wir auf die Oberseite eines Würfels der Kantenlänge a eine tangentiale Kraft F wirken lassen, während die Unterfläche festgehalten wird (Abb. 9.19). Der Würfel wird dann in der aus der Figur ersichtlichen Weise deformiert (*Scherung* des Würfels): Die Ebene parallel zur Grundfläche des Würfels bleibt ein Quadrat; sie wird nur nach rechts um einen gewissen Betrag verschoben, so dass die parallel zur Zeichenebene liegenden Flächen Parallelogramme werden; die beiden letzten Flächen werden Rechtecke. Man erkennt

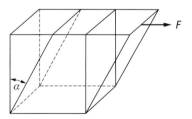

Abb. 9.19 Gestaltselastizität eines festen Körpers, als Beispiel: Scherung eines Würfels

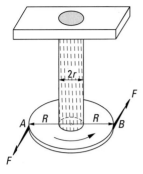

Abb. 9.20   Torsion eines Stabes

sofort, dass das Volumen des Würfels erhalten bleibt; wir haben es also wirklich mit einer reinen Gestaltsänderung zu tun, die durch die Größe des Winkels α charakterisiert wird. Da die Kraft F sich auf eine Fläche vom Inhalt a^2 verteilt, ist die Schubspannung $\tau = F/a^2$, die auch an jeder Stelle im Inneren des Würfels wirksam ist. In Übereinstimmung mit dem Experiment und dem Hooke'schen Gesetz ist die Schubspannung τ proportional zu diesem Winkel α (genauer $\tan \alpha$):

$$\tau = G\alpha. \tag{9.11}$$

G, der vom Material abhängende Proportionalitätsfaktor, wird als *Schubmodul* oder, aus einem gleich ersichtlichen Grund, als *Torsionsmodul* bezeichnet. Hier haben wir es also mit einer zweiten elastischen Materialkonstanten zu tun, die erfahrungsgemäß völlig unabhängig vom Kompressionsmodul K ist:

• Volumenelastizität und Gestaltselastizität sind zwei voneinander verschiedene, sich gegenseitig nicht beeinflussende Wirkungen der atomaren Bindungskräfte.

Nach Gl. (9.11) ist die Dimension des Torsionsmoduls identisch mit der der Schubspannung τ, da der Winkel α dimensionslos ist; er wird also, wie der Kompressionsmodul, z. B. in N/mm^2 ($=$ MPa) angegeben.

Die einfache Anordnung der Abb. 9.19 sollte nur dazu dienen, den Vorgang bei einer reinen Beanspruchung auf Gestaltsänderung deutlich zu machen; zur Bestimmung des Torsionsmoduls wäre sie zwar im Prinzip verwertbar, ist tatsächlich jedoch nie benutzt worden. Dagegen ergeben sich Methoden zur Bestimmung des Torsionsmoduls durch Betrachtung der *Torsion* oder *Drillung* eines Stabes (Abb. 9.20).

Das obere Ende eines Stabes der Länge L und vom Durchmesser $2r$ sei fest eingeklemmt. Am unteren Ende ist eine Scheibe vom Radius R mit dem Stab starr verbunden. An dieser Scheibe greifen an zwei diametral gegenüberliegenden Punkten A und B zwei entgegengesetzt gleiche Kräfte vom Betrag F in tangentialer Richtung an. Dadurch erfährt das untere Stabende ein Drehmoment und wird um den Winkel φ verdreht. An dieser Drehung nehmen alle anderen Stabquerschnitte mit einem Betrag teil, der proportional zum Abstand dieser Querschnitte vom oberen eingeklemmten Stabende ist. Dabei bleibt, wie auch bei der schematischen Anordnung in Abb. 9.19, jeder Querschnitt, für sich betrachtet, starr und wird nur gegen die benachbarten Querschnitte um einen kleinen Winkel verdreht. Dadurch treten zwischen den einzelnen Querschnitten Schubspannungen auf. Denken wir uns auf dem Stabmantel eine Anzahl zur Stabachse paralleler Linien gezogen, so werden diese nach der Drillung die Form von Schraubenlinien haben, die gegen die

Vertikale die Neigung α haben mögen; so lässt sich auch die Drillung des Stabes sichtbar machen. Bei einem kreisförmigen Querschnitt bleibt während der Torsion das Volumen konstant; auch die Gestalt des Stabes erfährt – äußerlich! – keine Veränderung, wenn man von der schraubenförmigen Verzerrung der Oberfläche absieht (*latente* Gestaltsänderung). Solche Verdrillungen treten z. B. bei jeder Transmissionswelle auf, an deren einem Ende der Motor und an deren anderem die zu treibende Maschine mit ihren Drehmomenten angreift.

Wir denken uns zunächst statt des massiven Zylinders einen Hohlzylinder vom Radius r und der Wandstärke dr (Abb. 9.21). Er sei am unteren Ende durch eine am Zylinderquerschnitt angreifende unendlich kleine Kraft vom Betrag dF um den Winkel φ verdreht. Ist die Zylinderlänge L, so wird jede der Zylinderachse ursprünglich parallele Gerade um den Winkel $\alpha = r\varphi/L$ gegen sie geneigt. Nach dem Hooke'schen Gesetz muss nun die am unteren Querschnitt des Zylinders angreifende Schubspannung zum Drillungswinkel proportional sein. Da die Querschnittsfläche $dA = 2\pi r\, dr$ ist, wird die Schubspannung:

$$\tau = \frac{dF}{dA} = \frac{dF}{2\pi r\, dr}$$

und wir erhalten nach Gl. (9.11):

$$\tau = G\alpha = G\frac{r}{L}\varphi$$

oder, wenn wir wieder die Kraft dF einführen:

$$dF = G\, 2\pi r^2\, dr\frac{\varphi}{L}.$$

Durch Multiplikation mit dem Abstand r von der Drehachse erhalten wir den Betrag dT des (infinitesimalen) Drehmoments:

$$dT = \frac{2\pi\varphi}{L}Gr^3\, dr.$$

Gehen wir nun vom Hohlzylinder auf einen Vollzylinder über, den wir uns aus einer Reihe ineinandergeschobener Hohlzylinder zusammengesetzt denken können, so finden wir das

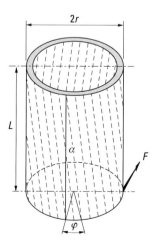

Abb. 9.21   Drillung eines Hohlzylinders

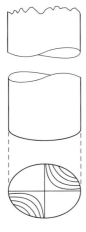

Abb. 9.22   Querschnittsverwölbung bei Torsion eines Stabes mit elliptischem Querschnitt

gesamte Drehmoment seinem Betrag nach durch eine Integration über r zwischen den Grenzen 0 und r. Das liefert:

$$T = 2\pi \frac{\varphi}{L} G \int_0^r r^3 \, \mathrm{d}r = \frac{\pi}{2} \frac{\varphi}{L} G r^4. \tag{9.12}$$

Daraus ergibt sich für den Torsionsmodul G die Gleichung

$$G = \frac{2}{\pi} \frac{L}{r^4 \varphi} T. \tag{9.13}$$

Lässt man die den Zylinder verdrehenden Kräfte F nicht am Mantel des Zylinders selbst angreifen, sondern (Abb. 9.20) an zwei diametral gegenüberliegenden Punkten des Umfanges einer größeren Scheibe mit dem Radius R, so ist $T = 2RF$. Damit wird:

$$G = \frac{2}{\pi} \frac{L}{r^4 \varphi} 2RF. \tag{9.14}$$

Diese Gleichungen (9.13) oder (9.14) können zu einer bequemen und genauen Bestimmung des Torsionsmoduls dienen, da man die Länge L und den Radius r messen kann, ebenso wie das Drehmoment T; der Torsionswinkel φ ergibt sich unter Benutzung einer Spiegelablesung. Zahlenwerte für G finden sich in Tab. 9.6, Abschn. 9.6. Sie liegen etwa in der Größenordnung von 1 bis 100 N/mm^2.

Nur bei der Torsion eines Stabes von kreisförmigem Querschnitt bleiben die einzelnen Querschnitte eben, wie wir es vorausgesetzt haben. Bei Stäben von quadratischem, rechteckigem oder elliptischem Querschnitt erfahren dagegen bei jeder Verdrillung die Querschnitte eine Verwölbung, wie Abb. 9.22 für einen Stab elliptischen Querschnittes zeigt. Diese Komplikation erschwert die exakte Berechnung der Torsion solcher Stäbe erheblich.

Dynamische Messung des Torsionsmoduls. Die soeben besprochene Methode zur Bestimmung des Torsionsmoduls ist eine statische; vielfach wird auch die folgende dynamische benutzt, die gewisse Vorzüge vor jener besitzt. Befestigt man am unteren Ende eines oben eingeklemmten Drahtes einen Körper mit dem Trägheitsmoment J und verdrillt man den Draht, so wirkt das in Gl. (9.12) angegebene Drehmoment rücktreibend auf den angehängten Körper ein. Der Draht führt infolgedessen Torsionsschwingungen um die Drahtachse aus, deren Schwingungsdauer τ durch die Gleichung für das physikalische Pendel

$$\tau = 2\pi \sqrt{\frac{J}{D}} \tag{9.15}$$

gegeben ist. Hierin bedeutet D das Richtmoment, d. h. das – sich aus Gl. (9.12) ergebende – Drehmoment pro Winkel:

$$D = \frac{T}{\varphi} = \frac{\pi}{2} \frac{r^4}{L} G.$$

Diese Torsionsschwingungen stellen ein bequemes Verfahren sowohl zur Bestimmung von Trägheitsmomenten als auch zur Ermittlung des Torsionsmoduls dar.

Torsionsschwingungen spielen bei verschiedenen Messinstrumenten, z. B. bei Galvanometern, eine große Rolle. Das System, auf das eine magnetische oder elektrostatische Anziehungs- und Abstoßungskraft wirkt, hängt an einem sehr dünnen Faden, der tordiert wird. Man verwendet meist Quarzfäden, die „geschossen" werden; d. h., man zieht einen Tropfen von geschmolzenem Quarzglas im Gebläse mit Hilfe von Pfeil und Bogen sehr schnell auseinander. Solche sehr dünnen Fäden sieht man nur bei starker seitlicher Beleuchtung auf schwarzem (Samt-)Untergrund. – In besonderen Fällen verwendet man natürliche Spinnenfäden, die man leicht dadurch erhält, indem man eine Spinne durch ein vertikal aufgestelltes Glasrohr fallen lässt. – Eine wichtige Anwendung findet die Torsion auch bei den Torsionswaagen. Ein horizontal liegender Faden ist an beiden Enden fest eingespannt. In der Mitte dieses Fadens ist ein ebenfalls horizontal liegender dünner Stab befestigt, dessen Richtung aber senkrecht zum Torsionsfaden liegt. Wird der Stab nun auf einer Seite belastet, so wird der Faden tordiert. Sehr genaue, käufliche Torsionswaagen haben z. B. Messbereiche von 0.002 mg bis zu 10 mg.

9.5 Dehnung und Biegung

Bei den bisher besprochenen Deformationen hatten wir es entweder nur mit einer reinen Volumenänderung unter Beibehaltung der Gestalt (Volumenelastizität) oder mit einer reinen Gestaltsänderung unter Beibehaltung des Volumens (Scherung bzw. Torsion eines Kreiszylinders) zu tun. Wir wenden uns jetzt solchen Verzerrungen zu, bei denen sowohl das Volumen als auch die Gestalt des betreffenden Körpers verändert wird. Dies ist z. B. der Fall, wenn wir einen Körper nur in einer einzigen Richtung dehnen oder zusammendrücken. Wie Abb. 9.23 in übertriebenem Maßstab zeigt, geht ein Würfel, der in der Vertikalen gedehnt wird, in die Form eines Quaders über, dessen Volumen größer als das des Würfels ist, und umgekehrt kann ein Quader von quadratischer Grundfläche bei einer bestimmten Stauchung in der Längsrichtung zu einem Würfel von kleinerem Volumen verformt werden. Es findet also eine Vergrößerung der Linearausdehnung in Richtung des Zuges statt, aber gleichzeitig eine Verkürzung der Querausdehnungen; beide zusammen bestimmen neben der Volumenänderung die Gestaltsänderung.

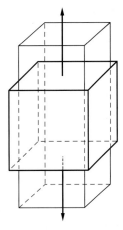

Abb. 9.23   Zur Erklärung der Querkontraktion

Querkontraktion isotroper Körper. Dass bei einer einseitigen Dehnung stets auch eine *Querkontraktion* auftritt, kann man durch folgenden Versuch von Wilhelm Conrad Röntgen (1845 – 1923) zeigen: Auf ein ungespanntes Gummiband wird mit Tusche ein Kreis vom Radius R aufgezeichnet; dehnt man das Band, so wird aus dem Kreis eine Ellipse, deren kleine Achse b kleiner und deren große Achse a größer als R ist (Abb. 9.24).

Eine solche einseitige Dehnung liegt z. B. vor, wenn wir einen an einem Ende fest aufgehängten Draht am anderen Ende durch ein angehängtes Gewicht belasten: Wir können dann mit einem Mikroskop, das wir auf eine am unteren Ende des Drahtes angebrachte Marke einstellen, eine Verlängerung des Drahtes beobachten. Gleichzeitig nehmen seine Querabmessungen ab. Bei einem Metalldraht ist dies freilich nicht ohne Weiteres zu sehen; nimmt man aber einen dickwandigen Gummischlauch (Vakuumschlauch), über den eng passend ein Ring geschoben ist, so zieht sich der Schlauchquerschnitt bei Dehnung so stark zusammen, dass der Ring vollkommen frei beweglich wird, z. B. herabfällt, wenn der Schlauch vertikal gehalten wird. Verändern wir die Größe des am Draht angehängten Gewichtes, so finden wir im Einklang mit dem Hooke'schen Gesetz, dass die Verlängerung ΔL zur wirkenden Kraft proportional ist. Variieren wir ferner die Länge L und die Querschnittsfläche A des Drahtes, so ergibt sich weiter, dass die Verlängerung zur Länge L

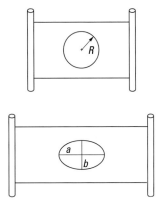

Abb. 9.24   Nachweis der Querkontraktion bei einem gespannten Gummiband

direkt und zur Querschnittsfläche des Drahtes umgekehrt proportional ist. Das muss nach dem Hooke'schen Gesetz so sein; denn die Dehnung ε soll ja zur Spannung proportional sein. Bei der Belastung des Drahtes oder des Gummischlauchs durch ein Gewicht kommt selbstverständlich nur eine senkrecht zur Querschnittsfläche A gerichtete Normalkraft F_N in Betracht. Die Normal-(Zug-)Spannung σ ist nach Gl. (9.8) gleich dem Quotienten Normalkraft F_N/Fläche A. Also ist die Dehnung ε oder die relative Längenänderung $\Delta L/L$:

$$\varepsilon = \frac{\Delta L}{L} = \frac{1}{E} \cdot \sigma = \frac{1}{E} \cdot \frac{F_N}{A} \tag{9.16}$$

oder

$$\sigma = E \cdot \varepsilon. \tag{9.17}$$

Die Proportionalitätskonstante ist der *Elastizitätsmodul E*, eine Materialkonstante. Der Elastizitätsmodul E ist also das Verhältnis von Normal-Spannung σ zur relativen Längenänderung $\Delta L/L$. E wird gleich σ, wenn $\Delta L/L$ gleich 1 ist. Dies ist dann der Fall, wenn das Gummiband auf die doppelte Länge gedehnt wird.

Gemessen wird die Dehnung z. B. einfach dadurch, dass ein an einem festen Punkt aufgehängter Draht mit einem Gewicht belastet wird. Ein markierter Strich am unteren Ende des Drahtes wird mit dem Mikroskop beobachtet. Man kennt die Länge des Drahtes L, die Querschnittsfläche A und die Kraft, nämlich das angehängte Gewicht G. Man misst die Verlängerung ΔL und erhält so den Elastizitätsmodul E.

Eine andere Methode zur Messung der Dehnung benutzt die Änderung des elektrischen Widerstandes eines dünnen, belasteten Drahtes. Diese *Dehnungsmessstreifen* werden fest auf die Probe geklebt, deren Dehnung gemessen werden soll. Bei der Dehnung wird der dünne Messdraht ebenfalls mitgedehnt. Infolge der Verlängerung und der Querkontraktion vergrößert sich der elektrische Widerstand, der gemessen wird. Um die Wirkung zu erhöhen, ist der dünne Messdraht etwa 50-mal in der Messrichtung hin und her gelegt. Er ist fest in einem Kunststoff eingebettet. Diese Dehnungsmessstreifen werden hauptsächlich dazu benutzt, aus der gemessenen Dehnung bei bekanntem Elastizitätsmodul die Zugspannung zu bestimmen, die in Baukonstruktionen (Brücken, Hochhäuser) wegen etwaiger Überbeanspruchung laufend geprüft werden sollten. Man kann nach dieser Methode noch Dehnungen bis herab zu $\Delta L/L = 10^{-6}$, d. h. Spannungen z. B. in Stahl bis herab zu $0.2\,\text{N/mm}^2$, messen.

Die Dimension von E ist die eines Druckes. Um zu große Zahlen zu vermeiden, misst man E in N/mm^2. Die Zahlenwerte von E sind etwa in der Größenordnung von 3 bis $300\,\text{N/mm}^2$ (s. Tab. 9.6, Abschn. 9.6).

Wie wir bereits in Abb. 9.23 und 9.24 sahen, ist jede elastische Dehnung eines Körpers in der zur Dehnung senkrechten Richtung mit einer Kontraktion verbunden. Diese muss nach dem Hooke'schen Gesetz zur relativen Dehnung proportional sein. Das Verhältnis von Querkontraktion ε_S zur Längsdehnung ε_N wird gekennzeichnet durch die *Poisson-Zahl*

$$\mu = -\frac{\varepsilon_S}{\varepsilon_N} = -\frac{(\Delta L/L)_{\text{quer}}}{(\Delta L/L)_{\text{längs}}}. \tag{9.18}$$

μ ist also eine reine Zahl; sie ist kleiner als $\frac{1}{2}$. Danach hat der aus dem Würfel der Kantenlänge L entstandene Quader die Kantenlängen:

$$L\left(1 + \frac{\sigma}{E}\right); \quad L\left(1 - \frac{\mu\sigma}{E}\right); \quad L\left(1 - \frac{\mu\sigma}{E}\right);$$

das ursprüngliche Volumen des Würfels $V_0 = L^3$ hat sich verändert in:

$$V_0 + \Delta V = L^3 \left(1 + \frac{\sigma}{E}\right)\left(1 - \frac{\mu\sigma}{E}\right)\left(1 - \frac{\mu\sigma}{E}\right),$$

oder, da σ/E und $\mu\sigma/E$ klein gegen 1 sind und ihre Quadrate bzw. Produkte untereinander vernachlässigt werden dürfen, angenähert:

$$V_0 + \Delta V = L^3 \left[1 + \frac{\sigma}{E}(1 - 2\mu)\right].$$

Die relative Volumenänderung ist also:

$$\frac{\Delta V}{V_0} = \frac{\sigma}{E}(1 - 2\mu). \tag{9.19}$$

Da bei einem Zug das Volumen V_0 sich natürlich vergrößern muss, muss nach Gl. (9.19) $1 - 2\mu > 0$ sein, d. h., μ unterliegt im Einklang mit der Erfahrung der Bedingung:

$$0 \leq \mu \leq \frac{1}{2}. \tag{9.20}$$

Für feste Stoffe ergibt sich: $0.2 < \mu < 0.5$ und für Flüssigkeiten in etwa der Grenzfall $\mu = 0.5$, d. h., Flüssigkeiten sind praktisch inkompressibel.

Die Konstanten der Elastizität. Mit der Größe μ haben wir nun im Ganzen vier elastische Konstanten: Kompressionsmodul K, Torsionsmodul G, Elastizitätsmodul E und Poisson-Zahl μ. Sie sind nicht unabhängig voneinander; vielmehr lassen sich zwei von ihnen durch die beiden anderen ausdrücken, so dass ein isotroper Festkörper durch zwei Moduln vollkommen in seinem elastischen Verhalten charakterisiert ist.

Den Zusammenhang zwischen K, E und μ wollen wir zunächst ableiten. Zu dem Zweck denken wir uns in Abb. 9.23 statt des Zuges σ zunächst einen einseitigen Druck σ wirkend; dieser verkürzt die Kantenlänge L in seiner Richtung und dehnt diejenigen senkrecht zu ihm. Statt einer Volumenvergrößerung erhalten wir eine Volumenverminderung, die durch die gleiche Formel (9.19) ausgedrückt wird, nur dass links ein Minuszeichen hinzuzufügen ist.

Wenn man jetzt nach Abb. 9.23 auch auf die anderen Seitenflächen des Würfels den Druck σ wirken lässt, so bewirkt dieser genau dasselbe wie vorher der einseitige Druck: Die Kanten in Richtung des Druckes werden verkürzt, die dazu senkrechten Kanten werden verlängert. Während einseitiger Druck die parallele Kante um $L\sigma/E$ verkürzt, erzeugen die dazu senkrechten Drücke eine Verlängerung um $2\mu L\sigma/E$, so dass jede Kantenlänge L übergeht in:

$$L\left[1 - \frac{\sigma}{E}(1 - 2\mu)\right];$$

das Volumen $V_0 = L^3$ ändert sich also in:

$$V_0 + \Delta V = L^3 \left[1 - \frac{\sigma}{E}(1 - 2\mu)\right]^3 = L^3 \left[1 - \frac{3\sigma}{E}(1 - 2\mu)\right],$$

d. h., die relative Volumenverminderung unter allseitigem Druck σ hat den Wert:

$$-\frac{\Delta V}{V_0} = \frac{3\sigma}{E}(1 - 2\mu). \tag{9.21}$$

Das muss aber übereinstimmen mit Gl. (9.10): $-\Delta V/V_0 = \sigma/K$, wobei K der Kompressionsmodul ist. Der Vergleich ergibt also:

$$K = \frac{E}{3(1 - 2\mu)}. \tag{9.22}$$

Damit ist der Kompressionsmodul K durch E und μ ausgedrückt; für die Kompressibilität $1/K$ ergibt sich also:

$$\frac{1}{K} = \frac{3(1 - 2\mu)}{E}. \tag{9.23}$$

Die meisten K-Bestimmungen fester Körper sind so auf indirektem Weg gemacht worden: Sie wurden aus E und μ berechnet. Die gewonnenen Zahlenwerte sind in Tab. 9.6 (Abschn. 9.6) angegeben.

Eine weitere Beziehung besteht zwischen E, G und μ. Wir betrachten wieder den Würfel der Abb. 9.19 der Kantenlänge a auf dessen oberer Fläche a^2 eine tangentiale Kraft F wirkt, während die Grundfläche festgehalten wird; die Schubspannung τ ist gleich F/a^2; diese bewirkt wie in Abb. 9.19 eine Scherung, d. h., die beiden parallel zur Zeichenebene liegenden Quadrate werden Parallelogramme.

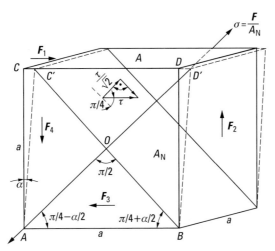

Abb. 9.25   Zur Ableitung der Beziehung: $\frac{E}{2G} = 1 + \mu$

In Abb. 9.25 zeigen wir nur die Vorderfläche des Würfels im unverzerrten und verzerrten Zustand. Es ist dann gemäß Gl. (9.11): $\alpha = \tau/G$. Die ursprünglichen Diagonalen AD und BC werden durch diese Verzerrung übergeführt in die neuen AD' und BC', von denen die erstere verlängert und die letztere verkürzt ist. Sie schneiden sich zwar immer noch unter einem rechten Winkel, aber der rechte Winkel BAC ist übergegangen in Winkel $BAC' = \pi/2 - \alpha$, und da dieser Winkel durch die Diagonale AD' halbiert wird, wird der Winkel $BAD' = \pi/4 - \alpha/2$, wie in Abb. 9.25 eingetragen; der entsprechende Winkel bei B ist $C'BA = \pi/4 + \alpha/2$. Die Schubspannung τ herrscht nun in jedem Punkt des Würfelinneren, und wir wollen diejenige, die in den Punkten der in Abb. 9.25 zu $C'B$ verkürzten Diagonalfläche herrscht, in zwei Komponenten, parallel und senkrecht zur

Diagonalfläche zerlegen; beide Komponenten sind bei geringen Scherungen gleich $\tau/\sqrt{2}$, da τ einen Winkel von $45°$ mit der Diagonale bildet.

Die Schubspannungskomponente $\tau/\sqrt{2}$ ergibt, mit der Würfelfläche a^2 multipliziert, den Teilbetrag der Kraft F_1, der in Richtung AD' wirkt. Im Kräftegleichgewicht wirkt in der Fläche von BD' (nach hinten weisend) ebenfalls die Schubspannung τ und damit in Richtung AD' der Teilbetrag der Kraft $F_2 = a^2 \cdot \tau/\sqrt{2}$. Beide Teilbeträge sind gleich groß und addieren sich zu der Kraft F, die die Zugspannung in Richtung AD' hervorruft. (Dabei ist zu berücksichtigen, dass die Fläche A_N senkrecht zur Zugspannung gleich $a^2\sqrt{2}$ ist.) Die Gleichgewichtsbedingung lautet somit

$$2(\tau/\sqrt{2})a^2 = \sigma \cdot a^2 \cdot \sqrt{2}$$

$$\tau = \sigma.$$

Längs der Diagonalen AD' wirkt also eine der Größe τ entsprechende Zugspannung, die Diagonale AD vergrößernd; längs BC wirkt eine Druckspannung, die, wie genauso abzuleiten ist, ebenfalls τ entspricht und die Diagonale BC verkürzt. Die Verlängerung von AD in AD' wird nun nicht allein durch den Zug in Richtung AD, sondern – über die negative Querkontraktion – auch durch den Druck in Richtung BC hervorgerufen. Gleiches gilt für die Verkürzung von BC. Das liefert, wie schon vorher berechnet:

$$AD' = AD + \Delta AD$$

$$= a\sqrt{2} + a\sqrt{2} \cdot \frac{\tau}{E} + a\sqrt{2} \cdot \frac{\mu \cdot \tau}{E}$$

$$= a\sqrt{2} \cdot \left\{ 1 + \frac{\tau}{E}(1 + \mu) \right\}$$

$$BC' = a\sqrt{2} \cdot \left\{ 1 - \frac{\tau}{E}(1 + \mu) \right\}. \tag{9.24}$$

Die eine Diagonale wird also um ebenso viel verlängert, wie die andere verkürzt. Was wir hier gemacht haben, ist einfach eine andere Auffassung der Wirkung der Schubspannung τ, die parallel zur Fläche CD wirkt: Statt zu sagen, τ deformiere das Quadrat $ABDC$ in das Parallelogramm $ABD'C'$, wobei der ursprünglich rechte Winkel bei A in $\pi/2 - \alpha$ übergeht, können wir auch sagen, dass die beiden Diagonalen in der durch Gl. (9.24) angegebenen Weise verlängert bzw. verkürzt werden. Nun ist im Dreieck AOB:

$$\tan\left(\frac{\pi}{4} - \frac{\alpha}{2}\right) = \frac{a\sqrt{2}\left[1 - \frac{\tau}{E}(1+\mu)\right]}{a\sqrt{2}\left[1 + \frac{\tau}{E}(1+\mu)\right]} = \frac{1 - \frac{\tau}{E}(1+\mu)}{1 + \frac{\tau}{E}(1+\mu)}.$$

Berücksichtigt man nun, dass $\alpha/2$ und $\tan(1 + \mu)/E$ kleine Größen sind, so kann man schreiben:

$$\tan\left(\frac{\pi}{4} - \frac{\alpha}{2}\right) = \frac{\tan\frac{\pi}{4} - \tan\frac{\alpha}{2}}{1 + \tan\frac{\pi}{4}\tan\frac{\alpha}{2}} = \frac{1 - \frac{\alpha}{2}}{1 + \frac{\alpha}{2}} \approx 1 - \alpha;$$

$$\frac{1 - \frac{\tau}{E}(1+\mu)}{1 + \frac{\tau}{E}(1+\mu)} \approx \left[1 - \frac{\tau}{E}(1+\mu)\right]^2 \approx 1 - \frac{2\tau}{E}(1+\mu).$$

Durch Einsetzen folgt also:

$$\alpha = \frac{2}{E}(1 + \mu)\tau;$$

aber α ist, nach der ersten Methode als Scherung betrachtet, gleich τ/G; also folgt weiter:

$$\frac{1}{G} = \frac{2(1 + \mu)}{E},$$

oder endlich:

$$\frac{E}{2G} = (1 + \mu). \tag{9.25}$$

Dies ist die gesuchte Beziehung zwischen E, G und μ; sie dient dazu, aus den beiden ersten Moduln die Poisson-Zahl zu gewinnen (Zahlenwerte in Tab. 9.6, Abschn. 9.6).

Nebenbei sieht man, da $0 \leq \mu \leq \frac{1}{2}$ ist, dass der Torsionsmodul G zwischen $E/2$ und $E/3$ liegen muss.

Mit Hilfe der Gln. (9.22) und (9.25) kann man alle elastischen Konstanten isotroper Stoffe durch E und G ausdrücken; dies ist zweckmäßig, weil diese beiden Moduln sich leicht genau bestimmen lassen.

Hier noch einmal die drei Gleichungen:

$$\frac{E}{2G} = 1 + \mu, \quad \frac{E}{3K} = 1 - 2\mu, \quad \frac{2G}{3K} = \frac{1 - 2\mu}{1 + \mu}.$$

So tritt auch deutlich zutage, dass isotrope (und auch quasi-isotrope) Körper nur zwei elastische Konstanten besitzen.

Kristalline Körper. Im Gegensatz zur relativen Einfachheit des elastischen Verhaltens isotroper Festkörper steht der komplizierte Charakter der Kristalle, da hier viel mehr Konstanten benötigt werden, um die Verzerrungen zu charakterisieren; wie viele, das hängt von den Symmetrieverhältnissen des Kristalls ab. Im allgemeinsten Fall, dem asymmetrischen oder triklinen System (Kupfersulfat), sind nicht weniger als 21 elastische Moduln vorhanden; beim monoklinen System (Gips) sind es 13, beim rhombischen (Topas, Baryt) 9, beim trigonalen (Kalkspat, Quarz) 6, ebenso viele (6) beim tetragonalen System (Zirkon, Rutil), 5 beim hexagonalen (Beryll) und schließlich beim regulären System (Steinsalz, Sylvin, Flussspat) noch 3 elastische Konstanten.

Biegung. Unter die Rubrik *einseitige Dehnung* gehört auch ein zunächst ganz anders aussehender Vorgang, die *Biegung* von Stäben beliebigen, z. B. rechteckigen Querschnittes. Lässt man auf das freie Ende eines einseitig eingeklemmten Stabes der Länge L, der Breite b und der Dicke d ein Gewicht G senkrecht zur Stabachse wirken, so wird der Stab gebogen (Abb. 9.26a); die Senkung s des freien Endes heißt der *Biegungspfeil*. Durch die Biegung wird die Oberseite des Stabes länger und die Unterseite kürzer als die ursprüngliche Länge L des Stabes; mit anderen Worten: Der Stab ist auf der Oberseite gedehnt, auf der Unterseite gestaucht. Auf der Oberseite muss also eine Zugspannung, auf der Unterseite eine Druckspannung herrschen. Den Übergang bildet eine in der Mitte liegende Schicht des Stabes, in der keine Spannungen herrschen, die also ihre ursprüngliche Länge L bewahrt hat, die sogenannte *neutrale Faser* (Abb. 9.26b). Sie kann (bei durchsichtigen Stäben) mit optischen Verfahren direkt sichtbar gemacht werden. Die obige

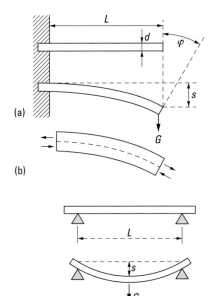

(a)

(b)

Abb. 9.26 Biegung eines einseitig eingeklemmten Stabes

Abb. 9.27 Durchbiegung eines an beiden
Enden aufliegenden Stabes

Analyse des Biegungsvorganges zeigt uns schon, dass die hier maßgebende elastische
Konstante der Elastizitätsmodul E ist; ferner folgt aus dem Hooke'schen Gesetz, dass
der Biegungspfeil (oder auch der Winkel φ) proportional zum Gewicht G sein muss. Die
Theorie liefert für den einseitig eingeklemmten Balken den folgenden Ausdruck für den
Biegungspfeil s:

$$s = \frac{4}{E}\frac{L^3}{bd^3}G \quad (G = \text{Gewicht}) \tag{9.26}$$

und für den in Abb. 9.27 dargestellten Fall der Biegung eines mit beiden Enden aufliegenden Stabes:

$$s = \frac{1}{4E}\frac{L^3}{bd^3}G \quad (G = \text{Gewicht}). \tag{9.27}$$

Beide Gleichungen können mit Vorteil benutzt werden, um den Elastizitätsmodul E zu
bestimmen.

Flächenträgheitsmoment. Zur Berechnung der Biegung eines Balkens betrachtet man
die auf den Balken wirkenden Drehmomente. An jeder Stelle y eines in y-Richtung liegenden Balkens wirkt einerseits ein Drehmoment $T_G = y \cdot G$, das durch die äußere Belastung
mit einem Gewicht G hervorgerufen wird. Andererseits ergibt sich aus der Spannung des
gebogenen Balkens ein Drehmoment T_y, das auf die in der x-y-Ebene liegende Querschnittsfläche A_y des Balkens wirkt. Im statischen Gleichgewicht kompensieren sich an
jedem Ort y die dort angreifenden Drehmomente.

Da mit zunehmendem Abstand z von der neutralen Faser die Dehnung (für $z > 0$) bzw.
Stauchung (für $z < 0$) linear wächst, führt die Berechnung des Drehmoments T_y auf das
Integral $I_y = \int z^2 \mathrm{d}A_y$. Für einen rechteckigen Querschnitt (Abb. 9.28) mit der Höhe h

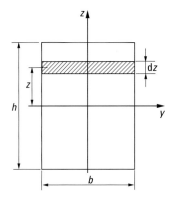

Abb. 9.28 Zur Berechnung des Flächenträgheitsmoments

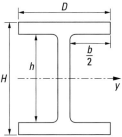

Abb. 9.29 Berechnung des Flächenträgheitsmoments für den Doppel-T-Träger

und der Breite b ist

$$I_y = 2 \int\limits_0^{h/2} bz^2 \cdot \mathrm{d}z = \frac{bh^3}{12}.$$

Für den Doppel-T-Träger (Abb. 9.29) erhält man

$$I_y = \frac{1}{12}(DH^3 - bd^3).$$

Die Größe I_y heißt *Flächenträgheitsmoment* (in Analogie zum Massenträgheitsmoment, Abschn. 8.2). Bei gleicher Belastung werden verschiedene Balken, wenn sie gleiche Flächenträgheitsmomente haben, in gleicher Weise gebogen. Bei Biegebeanspruchungen wird man demnach aus Gründen der Baustoffersparnis die Trägerquerschnittsfläche A so wählen, dass – bei gleichem Flächenträgheitsmoment $I = \int y^2 \mathrm{d}A$ – die Fläche A möglichst klein wird. Darin liegt der besondere Vorteil des Doppel-T-Trägers. So lässt sich auch eine flache Klinge, also ein Messer, leicht biegen, wie die tägliche Erfahrung lehrt, wenn man es über die flache Seite biegt; dagegen kann man es, hochkant gestellt, praktisch nicht biegen.

Messverfahren. Elastizitätsmodul und Torsionsmodul eines Materials können in einfacher Weise mit einer Wendelfeder gemessen werden. Wenn man eine Wendelfeder durch Zug verlängert, so wird das Material hauptsächlich auf Torsion (nur wenig auf Biegung) beansprucht; man sieht das leicht ein, wenn man den extremen Fall betrachtet, dass man die Feder vollkommen auszieht: Dann ist der Draht so oft um $360°$ tordiert, wie die Feder

Windungen hat. Umgekehrt: Tordiert man die Feder, so wird der Draht in der Hauptsache auf Biegung (nur wenig auf Torsion) beansprucht. Wären die Windungen der Feder streng zueinander parallel, so hätten wir es im ersten Fall nur mit Torsion, im zweiten nur mit Biegung zu tun; in Wirklichkeit sind beide Vorgänge miteinander gekoppelt. Da man jedoch die Kopplung annähernd vernachlässigen kann, lässt sich die Verlängerung einer Feder dazu benutzen, den Torsionsmodul G zu bestimmen. Eine Torsion der Feder liefert dagegen den Elastizitätsmodul E.

Erwähnenswert ist auch ein Verfahren zur Ermittlung des Elastizitätsmoduls E mit dem Kundt'schen Rohr (siehe Akustik), das sich für Stäbe und Rohre eignet. Aus der gemessenen Schallgeschwindigkeit c und der Dichte ϱ, die für das zu untersuchende Material bekannt sein muss, ergibt sich nach der von Newton angegebenen Beziehung der Elastizitätsmodul E aus $c = \sqrt{E/\varrho}$.

Den Zusammenhang zwischen der Schallgeschwindigkeit und den vier elastischen Konstanten geben die folgenden Gleichungen für feste, flüssige und gasförmige Stoffe (unendlich ausgedehntes Medium):

feste Stoffe:
$$c_{\text{long}} = \sqrt{\frac{E}{\varrho} \cdot \frac{1 - \mu}{(1 + \mu)(1 - 2\mu)}}; \qquad c_{\text{trans}} = \sqrt{\frac{G}{\varrho}};$$

c_{long} = Geschwindigkeit der Longitudinalwelle;

c_{trans} = Geschwindigkeit der Transversalwelle;

$$\text{mit} \quad G = \frac{E}{2(1+\mu)} \quad \text{ist} \quad \left(\frac{c_{\text{long}}}{c_{\text{trans}}}\right)^2 = \frac{2(1-\mu)}{1-2\mu};$$

Flüssigkeiten:
$$c = \sqrt{\frac{K}{\varrho}};$$

Gase:
$$c = \sqrt{\kappa\frac{p}{\varrho}}; \qquad \kappa = \frac{c_{\text{p}}}{c_{\text{V}}} \left\{ \begin{array}{l} \text{Verhältnis der spezifischen Wärme-} \\ \text{kapazitäten bei konstantem Druck } p \\ \text{bzw. konstantem Volumen } V. \end{array} \right.$$

9.6 Grenzen der Elastizität

Übersicht. Die Gültigkeit des Hooke'schen Gesetzes ist, wie mehrfach betont, auf sehr kleine Deformationen beschränkt; so lange es gilt, d. h. innerhalb der sogenannten *Proportionalitätsgrenze* (Abschn. 9.3), haben wir es mit den eigentlich elastischen Vorgängen zu tun. An die Proportionalitätsgrenze schließt sich ein Gebiet an, in dem die Verzerrungen nicht mehr proportional zu den Spannungen sind, sondern höhere Potenzen (z. B. das Quadrat) der Spannungen auftreten. Obwohl auch in diesem Gebiet zwischen Proportionalitätsgrenze und sogenannter *Elastizitätsgrenze* (Abschn. 9.3) die Verzerrungen im Allgemeinen nach dem Aufhören der deformierenden Kräfte wieder verschwinden, hat man es doch mit einem Nachlassen der elastischen Kräfte zu tun. Denn wenn wir z. B. einen Draht durch Gewichte so weit dehnen, dass die Verlängerungen auch vom Quadrat des Gewichtes abhängig werden, d. h. wenn im Gegensatz zu Gl. (9.16) gilt (relative

Längenänderung $\varepsilon = \Delta L/L$):

$$\frac{\Delta L}{L} = a\sigma + b\sigma^2, \tag{9.28}$$

wo b und a positive Konstanten sind, so heißt dies, dass die Verzerrungen größer sind, als sie nach dem Hooke'schen Gesetz sein sollten. Der Elastizitätsmodul scheint also mit zunehmendem ε kleiner zu werden – und das besagt eben, dass die elastischen Kräfte schwächer werden.

Ein wesentliches Merkmal des linearen Bereiches ist die ungestörte Überlagerung von Deformationen, die von zwei oder mehreren Kräften gleichzeitig in einem Körper erzeugt werden. Jede Deformation verhält sich so, als ob die andere nicht da wäre. Oberhalb der Proportionalitätsgrenze dagegen beeinflussen sie sich gegenseitig. Ungestörte Superposition ist stets an die Linearität der Hooke'schen Gleichung gebunden.

Belastet man den Körper noch stärker und erhöht damit die Spannung über die Elastizitätsgrenze hinaus, so geht – vorausgesetzt, der Werkstoff reißt nicht – beim Entspannen die Deformation nicht mehr vollständig zurück: Es ist eine bleibende Gestaltsänderung oder *plastische Verformung* eingetreten. Die exakte Elastizitätsgrenze, also die Spannung, bei der eine erste plastische Verformung auftritt, ist nur schwer feststellbar. Je genauer die bleibende Verformung gemessen werden kann (z. B. mit Messmikroskop an einer Probenmarkierung), desto niedriger wird der Wert der Elastizitätsgrenze gefunden werden.

Man kann sich auch gut vorstellen, dass in einem polykristallinen Körper die Elastizitätsgrenze nicht in allen Kristallen gleichzeitig überschritten wird. Wegen der beschriebenen Anisotropie setzt zunächst nur in solchen Kristallen plastische Verformung ein, die zur Verformungsrichtung günstig orientiert sind.

Infolge dieser Unsicherheit ist die Elastizitätsgrenze schlecht definiert und wird deshalb vielfach nicht angegeben. Man hilft sich, wie weiter unten erläutert, mit einem Ersatzwert, der *Fließgrenze*.

Im Folgenden sollen nun die Verhältnisse oberhalb der Elastizitätsgrenze beschrieben werden. Sie sind sehr kompliziert, da sie von der Gitterstruktur der Körper sowie den (in Bd. 6 beschriebenen) Gitterfehlern abhängen. Ihre genaue Kenntnis ist allerdings besonders für Metalle von großer Bedeutung. Zum einen ist es der Verformungsprozess selbst: Es müssen z. B. Walz- oder Ziehkräfte bei der Herstellung von Blechen oder Drähten vorausberechnet werden können. Zum anderen entscheidet das Verformungsverhalten über die Sicherheit von Bauteilen. Es gibt *duktile,* also gut verformbare Werkstoffe wie Stahl, Kupfer, Aluminium, sowie *spröde* Werkstoffe wie Glas, Keramik, nichtmetallische Kristalle oder auch einfache Gusseisensorten (Grauguss). Spröde Werkstoffe können zwar eine hohe Elastizitätsgrenze haben, nach Überschreiten derselben brechen sie jedoch sofort mit hoher Rissfortschrittsgeschwindigkeit („Sprödbruch"). Zähe Werkstoffe haben im Überlastungsfall hingegen „Reserven"; sie verformen sich plastisch, wobei ihre Belastbarkeit sogar noch zunimmt, bis schließlich der duktile Bruch eintritt. Es wird also im Schadensfall nicht zu einem katastrophalen Sprödbruch kommen und ein eventueller Anriss wird sich nur langsam ausbreiten.

Spannungs-Dehnungs-Diagramm. Der plastische Verformungsbereich vielkristalliner und amorpher fester Körper lässt sich mathematisch nicht beschreiben. Man hilft sich mit der experimentellen Ermittlung sogenannter *Spannungs-Dehnungs-Diagramme*. Eine Zugprobe des zu prüfenden Werkstoffes wird in einer Zerreißmaschine eingespannt und

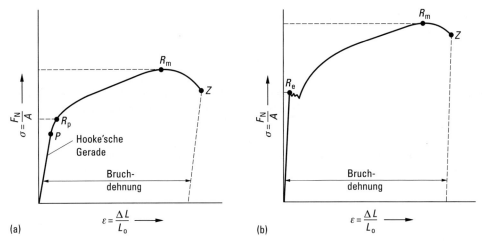

Abb. 9.30 Spannungs-Dehnungs-Diagramme (schematisch): (a) duktiler Werkstoff mit Dehn-grenze (z. B. Kupfer, Aluminium), (b) duktiler Werkstoff mit Streckgrenze (z. B. unlegierter Stahl). Die Symbole R_p = Dehngrenze, R_e = Streckgrenze und R_m = Zugfestigkeit sind international genormt (R steht für Resistance). L_0 ist die Anfangslänge der Zugprobe.

auf Zug belastet (einachsiger Zugversuch). Die von der Zerreißmaschine aufgezeichnete Kraft-Verlängerungs-Kurve kann, da die Probengeometrie bekannt ist, leicht in die gewünschte Spannungs-Dehnungs-Kurve umgerechnet werden. Für einen duktilen Werkstoff (wie z. B. Kupfer) ist ein solches Diagramm in Abb. 9.30a wiedergegeben.

Der erste geradlinige Anstieg zeigt das proportionale Anwachsen der Spannung mit zunehmender Dehnung im elastischen Bereich; hier ist das Hooke'sche Gesetz gültig; die Gerade wird als *Hooke'sche Gerade* bezeichnet. Ihr Anstieg ist nach Gl. (9.17) gleich dem Elastizitätsmodul des Werkstoffes. Der Punkt, an dem man (graphisch) die erste Abweichung von der Hooke'schen Geraden feststellen kann, ist die Proportionalitätsgrenze P; ab hier steigt die Spannung zunehmend langsamer. Deutliches und gut messbares plastisches Fließen setzt bei dem Punkt R_p ein. Er wird mit dem Oberbegriff *Fließgrenze* bezeichnet. Gut messbar sind z. B. 0.2 % bleibende Dehnung, also gibt man die Fließgrenze von Kupfer oder Aluminium als 0.2 %-*Dehngrenze* an ($R_{p0.2}$). Unlegierte Stähle weisen eine sogenannte *Streckgrenze* (R_e) auf: Am Ende der Hooke'schen Geraden ist kurzzeitig ein geringfügiger Abfall der Spannung zu beobachten (Abb. 9.30b).

Den Einfluss der Fließgrenze spüren wir sofort, wenn wir einen weichen Eisendraht, z. B. Blumendraht, und einen Federstahldraht biegen. Ersterer bleibt praktisch ohne elastische Rückfederung verbogen, Letzterer lässt sich nur elastisch biegen und federt immer wieder in seine ursprüngliche Form zurück. Die Streckgrenze des weichen Drahtes liegt bei 180 N/mm², die des Federdrahtes bei 1100 N/mm². Der Elastizitätsmodul ist bei beiden etwa gleich. Also lässt sich der Federdraht (bei gleichem Durchmesser) rund 6-mal so weit elastisch biegen, ehe er „verbiegt".

Nach Überschreitung der Fließgrenze erfolgt eine rein plastische Formänderung. Um die Verformung fortzuführen, muss die Zugspannung laufend erhöht werden: Der Werkstoff verfestigt sich. Die atomistische Deutung des Verfestigungsvorgangs bei Metallen ist weiter unten gegeben. Am Punkt R_m erreicht der Werkstoff seine höchste Festigkeit, die *Zugfestigkeit* oder allgemeiner *Bruchfestigkeit* genannt wird. (Die Verfestigungskurve lässt sich natürlich auch durch andere Verformungsarten, z. B. im Stauch-, Torsions- oder Biegeversuch ermitteln, wobei man dann nicht mehr von Zugfestigkeit, sondern Druck-, Schub- oder Biegefestigkeit spricht.) Werte der Zugfestigkeit verschiedener Werkstoffe sind in Tab. 9.6 aufgeführt. Nach Überschreiten der Zugfestigkeit beginnt sich die Probe, die bislang gleichmäßig länger und dünner geworden ist, an einer (nicht vorhersehbaren) Stelle einzuschnüren, es kommt zur Entfestigung. Kurz darauf folgt an der Einschnürstelle der Bruch (Punkt Z). Die gesamte plastische Dehnung, die die Probe erfahren hat, heißt *Bruchdehnung*. Sowohl Bruchdehnung als auch Einschnürung sind wichtige Kennwerte der Duktilität.

Zu der hier betrachteten und in der Technik gebräuchlichen Spannungs-Dehnungs-Kurve ist anzumerken, dass es sich nicht um die wahre Spannung handelt, da die an der Zerreißmaschine gemessene Zugkraft stets auf den Anfangsquerschnitt der Probe bezogen wird, d. h.

$$\sigma = \frac{F_N}{A_0} \quad (A_0 = \text{Querschnittsfläche der unverformten Probe}).$$

Tatsächlich wird die Probe während des Versuches dünner; die wahre, auf die jeweilige Querschnittsfläche bezogene Spannung ist größer als die – aus rein praktischen Gründen – üblicherweise ermittelte Spannung. „Wahre" Spannungs-Dehnungs-Kurven werden für die Berechnung von Verformungsprozessen (Walzen, Schmieden, Strangpressen) benötigt.

Elastische Konstanten, Dehn- oder Streckgrenze, Zugfestigkeit und Bruchdehnung sind die wichtigsten Werkstoffkennwerte, die dem Konstrukteur die Werkstoffauswahl und die Bauteildimensionierung ermöglichen. Daneben müssen allerdings meist weitere Werkstoffkriterien berücksichtigt werden, wie das dynamische Festigkeitsverhalten, die Härte und Verschleißfestigkeit, die Hoch- oder Tieftemperaturfestigkeit, das Korrosionsverhalten u.a.m.

Bauteiloptimierung. Optimale Bauteildimensionierung heißt hohe Sicherheit bei geringem Werkstoffverbrauch (und damit geringem Gewicht). Überdimensionierte Konstruktionen gehören weitgehend der Vergangenheit an. Die Werkstoffe werden bis zu etwa 2/3 ihrer Fließgrenze belastet (Sicherheitsfaktor 1.5).

Die Anpassung des Bauteilquerschnitts an die Belastung (bei gegebenen Werkstoffeigenschaften) kann konstruktiv unterschiedlich erfolgen. Da es z. B. unmöglich ist, einen Stab mit hoher Zugbelastbarkeit, also großem, massivem Querschnitt, über eine Rolle zu führen, hilft man sich seit alten Zeiten mit einem Kunstgriff: Der Stab wird in viele Drähte geteilt, die zu einem Seil verflochten sind. Der Querschnitt und damit die Tragfähigkeit können groß bleiben und das Biegevermögen ist ebenfalls groß; denn es hängt nicht mehr vom Gesamtdurchmesser, sondern vom Durchmesser der einzelnen „Fasern" ab. Die Reibung der einzelnen „Fasern" gegeneinander verhindert eine gegenseitige Verschiebung der „Fasern". Die Technik hat Erstaunliches geleistet. Hier ein Beispiel: Am Montblanc führt eine Seilbahn aus dem Tal von Chamonix steil nach oben zur Aiguille du Midi. Die Länge des Stahlseiles beträgt 3100 m, der Durchmesser 4.9 cm, das Gewicht des Seiles $410 \cdot 10^3$ N. Man glaubt, dass das eigene Gewicht des Seiles fast die Zerreißgrenze erreicht. Diese liegt aber weit höher. Sie beträgt $2600 \cdot 10^3$ N. Abb. 9.31 zeigt den Querschnitt eines ähnlichen, jedoch dünneren Seiles. Man erkennt, dass die inneren Drähte durch die geschlossene Form der äußeren geschützt sind, und zwar auch gegen Eindringen von Wasser.

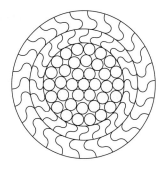

Abb. 9.31 Querschnitt eines Stahldrahtseiles. Sie werden in dieser Art bis zu 10 cm Durchmesser hergestellt.

Solche Seile werden mit viel Fett versetzt, so dass Wasser nicht in die schmalen Spalten eindringen kann. – Die stärksten Seile dieser Art haben einen Durchmesser von etwa 10 cm und eine Zerreißfestigkeit von etwa 10^7 N. Das Gewicht von 1 m Länge beträgt 500 N. Sie werden vor allem für große Brücken und zur Verankerung von Bohrinseln verwendet. Eine wichtige Größe ist die *Reißlänge*. Darunter versteht man den Quotienten

$$\text{Reißlänge} = \frac{\text{Zugfestigkeit } R_\text{m}}{\text{Dichte } \varrho \cdot \text{Erdbeschleunigung } g}.$$

Die Reißlänge ist die maximale Länge, die ein senkrecht über der Erde aufgehängter Stab oder Draht haben darf, ohne unter dem eigenen Gewicht zu reißen. Der Wert ist unabhängig vom Querschnitt! Die Reißlänge einer hochfesten Aluminiumlegierung (Zugfestigkeit 520 N/mm^2; Dichte $2.7 \cdot 10^{-3}$ kg/m^3) ist 19.6 km. Kohlenstofffasern besitzen eine Reißlänge von über 200 km, was das Interesse für kohlenstofffaserverstärkte Verbundstoffe deutlich macht (siehe auch Tab. 9.9, Abschn. 9.7).

Anelastizität und elastische Hysterese. Im Bereich der Proportionalitätsgrenze der Spannungs-Dehnungs-Kurve (Abb. 9.30) tritt häufig die Erscheinung auf, dass beim Verschwinden der äußeren Kräfte die Verzerrung nur zum Teil momentan zurückgeht, während der Rest sich langsam – in Stunden oder gar Tagen – zurückbildet. Diese Erscheinung nennt man *elastische Nachwirkung* oder *Anelastizität*. Sie tritt besonders dann auf, wenn spannungsinduzierte Diffusionsprozesse ablaufen, z. B. bei den niedrig-schmelzenden Metallen Zink oder Zinn. Während die Proportionalität zwischen Spannung und Dehnung bei rein elastischer Verformung zeitunabhängig ist, ist das anelastische Verhalten – wie auch alle Diffusionsprozesse – zeit- und temperaturabhängig. Anelastizität führt auch zur Dämpfung von mechanischen Schwingungen, beispielsweise einer Stahlfeder.

Die Anelastizität kann folgendermaßen beobachtet werden: Bestimmt man für einen Zugstab mit hoher Genauigkeit zuerst bei allmählicher Belastung und dann bei allmählicher Entlastung die Spannungs-Dehnungs-Kurve, so erhält man für den Vorgang der Entlastung ein anderes Kurvenstück *AB*, das nicht mit dem bei Belastung aufgenommenen Stück *OA* zusammenfällt (Abb. 9.32). Nach Entfernung der Belastung zeigt der Stab noch eine Dehnung *OB*, die sich erst durch eine Belastung in entgegengesetzter Richtung (z. B. Druck nach vorher ausgeübtem Zug) wieder rückgängig machen lässt; vergrößert man diese entgegengesetzte Belastung (Druck), so erreicht man den punktsymmetrisch zu *A* gelegenen Punkt *A'*. Nach allmählicher Entfernung dieser Belastung weist dann der Stab eine elastische Verkürzung *OB'* auf, die sich erst wieder nach einer positiven Be-

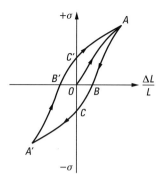

Abb. 9.32   Elastische Hystereseschleife

lastung (Zug) OC' beseitigen lässt Man nennt diese Erscheinung *elastische Hysterese* (Nachbleiben), weil die Deformation von der Vorbehandlung abhängt; die Kurve heißt *Hysterese-Schleife*; sie umschließt eine endliche Fläche. Denkt man sich in Abb. 9.32 auf der Ordinate die verformende Kraft, auf der Abszisse die Längenänderung ΔL aufgetragen, so stellt der Flächeninhalt der Schleife eine Arbeit dar. Die auf dem Weg $ABCA'$ zur Verkürzung aufgewendete Arbeit ist eine andere als die auf dem Rückweg $A'B'C'A$ zur Verlängerung notwendige. Die Differenz derselben ist eben der Inhalt der Schleife. Dieser Arbeitsbetrag wird während des elastischen Zyklus verbraucht, nämlich in Wärme umgewandelt; wir haben es hier mit einem sogenannten *irreversiblen Prozess* zu tun. Elastische Nachwirkung und elastische Hysterese stören häufig bei Anordnungen, bei denen Drücke oder andere Kräfte durch die elastische Verformung von Stahlfedern oder Membranen angezeigt und gemessen werden sollen.

Dynamische Belastungen. Das bisher beschriebene Festigkeitsverhalten der festen Körper galt für den *statischen* Belastungsfall, d. h. einmalige gleichförmige Belastung über beliebig lange Zeit. Viel häufiger treten jedoch *dynamische* Belastungen auf, also immer wiederkehrende gleichförmige oder ungleichförmige Spannungsspitzen. So wird das oben beschriebene Seil der Seilbahn zwar statisch durch sein Eigengewicht belastet, dynamisch überlagern sich jedoch Kräfte durch die auf- und abfahrende Gondel (gleichförmige dynamische Belastung) sowie Wind oder Sturm (ungleichförmige dynamische Belastung). Risseinleitung und Rissfortschrittsverhalten sind im dynamischen Belastungsfall grundsätzlich anders als bei statischer Belastung, der Bruch des Werkstoffes ist weniger gut vorhersehbar und kann – nach genügend häufigen Lastwechseln – bereits unterhalb der Elastizitätsgrenze erfolgen: Man spricht von *Ermüdung*. Beispielhaft sei ein Draht erwähnt, den man nach mehrmaligem Hin- und Herbiegen leicht zerbrechen kann. Die durch Werkstoffermüdung eingeleiteten Risse bedeuten in der Praxis eine große Gefahr, wie bekannte Schadensfälle z. B. der Luftfahrtindustrie zeigen. Ihre Entstehung und Ausbreitung zu klären, ist Aufgabe der modernen Bruchmechanik.

Härte. Als letzte Eigenschaft der festen Körper soll die *Härte* behandelt werden. Man interessiert sich überwiegend für die Härte der Oberfläche. Sie ist häufig zerstörungsfrei prüfbar, ermöglicht gewisse Aussagen über die Zugfestigkeit und ist insbesondere ein Maß für die Verschleißfestigkeit von Maschinenteilen. Auf Verschleiß beanspruchte Oberflächen werden oft durch werkstofftechnische Maßnahmen *gehärtet* oder mit Hartstoffen beschichtet.

Tab. 9.5   Härtezahlen einiger Mineralien

Mohs-Härte	Mineral	Vickers-Härte HV
1	Talkum	2.4
2	Gips	36
3	Kalkspat	110
4	Flussspat	190
5	Apatit	540
6	Feldspat	800
7	Quarz	1120
8	Topas	1430
9	Korund	2000
10	Diamant	(10 000)

Man kann die Härte als die Größe des Widerstandes definieren, den ein fester Körper dem Eindringen eines anderen entgegensetzt. Ein Körper ist demnach härter als ein anderer, wenn man diesen mit jenem ritzen kann. Das ist die sogenannte *Ritzhärte*. Dabei wird allerdings Material aus dem geritzten Körper entfernt. Die Furche entsteht also nicht nur durch das Eindrücken des härteren in den weicheren Körper. Auf dieser Methode beruht die Härteskala von Mohs, in der rein empirisch zehn Stoffe mit steigender Härte aufgeführt sind (Tab. 9.5). Die Nummer des einzelnen Stoffes gibt in ganz willkürlichen Einheiten den Grad der Ritzhärte an. Diese Skala wird gern in der Mineralogie benutzt, wo die Härte als ein Erkennungsmerkmal von Mineralien dient.

Dieses Verfahren ist zwar für viele Zwecke recht praktisch, von einer physikalischen Messung kann aber dabei keine Rede sein. In der Technik benutzt man daher im Anschluss an zuerst von H. Hertz angestellte Überlegungen sogenannte *Eindringverfahren* nach Brinell, nach Vickers oder nach Rockwell, die sich lediglich durch die Art des Eindringkörpers unterscheiden und in verschiedenen Ländern unterschiedliche Bedeutung erlangt haben.

Beim *Brinell-Härteprüfverfahren* wird eine gehärtete kleine Stahlkugel mit einer (genormten) Kraft F gegen die glatte, ebene Fläche des zu prüfenden Werkstoffes gedrückt, bis ein bleibender *Härteeindruck* der Fläche A entsteht. Die *Brinell-Härte HB* ergibt sich aus F/A, d. h., ein großer Härteeindruck bedeutet eine niedrige Härte. Brinellhärtewerte sind in Tab. 9.6 aufgeführt. (Da F heute in Newton gemessen wird, die Härtewerte der Werkstofftabellen jedoch nicht geändert werden sollten, wird F/A mit 0.102 multipliziert und der Härtewert ohne Einheit angegeben).

Die Härteprüfung nach *Vickers* erfolgt mit einer Diamantpyramide als Eindringkörper. Der stumpfe Pyramidenwinkel (136°) hat den Vorteil, dass der Quotient F/A, aus dem sich auch hier der *Vickers-Härtewert HV* errechnet, in gewissen Grenzen unabhängig von der Kraft F ist. Somit lassen sich verschiedenste Werkstoffe bis hin zu gehärteten Stählen prüfen. Man verwendet Prüfkräfte zwischen 50 und 1000 N: Die Fläche des Härteeindrucks wird aus den Eindruckdiagonalen ermittelt.

Zur Prüfung der Härte sehr kleiner Körper oder sehr kleiner Gefügebestandteile, also zur *Mikrohärteprüfung*, verwendet man ebenfalls eine kleine Vickers-Diamant-Pyramide, die bis zur Spitze sehr exakt geschliffen ist. Man verwendet kleine Kräfte und man misst die Länge der Diagonalen der Pyramide unter dem Mikroskop. Auch werden optische Interferenzverfahren benutzt (Abb. 9.33 und 9.34).

Tab. 9.6   Elastische Konstanten, Zugfestigkeit und Brinell-Härte einiger Stoffe

	K (kN/mm^2)	E (kN/mm^2)	G (kN/mm^2)	μ	R_m (N/mm^2)	HB
Aluminium 99.99						
weich	75	67	25	0.34	35 – 100	12 – 15
kalt verfestigt	[1]	[1]	[1]	[1]	110 – 160	25 – 36
Aluminium-Knetlegierung						
AlCuMg2,						
kaltausgehärtet	77	74	28	0.32	440 – 480	110 – 130
Kupfer 99.90%	139	125	46	0.35	200 – 360	130
Eisen, reinst	173	215	84	0.28	180 – 250	45 – 55
Baustahl St 37, 0.2%C	[2]	[2]	[2]	[2]	360 – 510	110 – 150
hart gewalzt	[2]	[2]	[2]	[2]	590 – 740	170 – 220
Federstahldraht	[2]	[2]	[2]	[2]	bis 2900	
Blei	42	17	6	0.44	10 – 15	3
Gold	176	81	28	0.42	140	19
Platin	278	170	62	0.39	200	50
Wolfram, weich	310	400	150	0.29	1100	250
hart gezogen					4000	
Quarzglas	38	76	33	0.17	90	
Technische Gläser (Schott)	66 – 27	40 – 90	16 – 36	0.19 – 0.28	30 – 90	
Polyvinylchlorid (PVC)		3	0.5 – 1	~ 0.3	50 – 60	

K = Kompressionsmodul; E = Elastizitätsmodul; G = Schub- oder Torsionsmodul; μ = Poisson-Zahl;
R_m = Zugfestigkeit (max. Zugspannung vor dem Reißen); HB = Brinell-Härte

[1] Der Wert unterscheidet sich nicht wesentlich von dem darüber stehenden.

[2] Die elastischen Konstanten unterscheiden sich nicht wesentlich von denen des Reinsteisens.

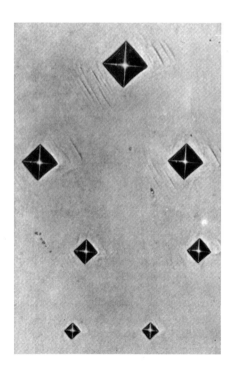

Abb. 9.33   Mikrohärteprüfung nach Vickers. Die Oberfläche von Aluminium zeigt nach verschiedenartigem Polieren verschiedene Härtegrade. Man erkennt dies an der Eindringtiefe der Diamant-Pyramide. Vergrößerung 500-fach (Herkunft des Bildes wie Abb. 9.34).

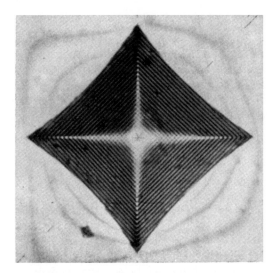

Abb. 9.34 Mikrohärteprüfung nach Vickers. Man misst unter dem Mikroskop entweder die Länge der Diagonalen des Eindrucks oder die Zahl der Lichtinterferenzen. Vergrößerung 1200-fach (nach H. Bückle, Mikrohärteprüfung, Berliner Union, Stuttgart 1965).

Weitere Härteprüfverfahren, auf die hier nur am Rande eingegangen werden kann, beruhen auf der Messung der Eindringtiefe des Prüfkörpers in den zu prüfenden Werkstoff. Zu ihnen gehört das *Rockwell-Verfahren*. Auch bei elastischen Werkstoffen wie Kunststoffen oder Gummi wird die Eindringtiefe – und zwar unter bleibender Belastung – gemessen. Sehr schnell und daher wirtschaftlich sind die Verfahren der Rücksprung-Härteprüfung (*Shore-Härte*). Hierbei wird der Verlust an Rücksprunghöhe eines mit bekannter Geschwindigkeit auf die Werkstückoberfläche aufschlagenden Prüfkörpers (z. B. Hartmetallkugel) gemessen. Bei unveränderten elastischen Konstanten ist die Differenz zwischen Fallgeschwindigkeit und Rückprallgeschwindigkeit proportional zum plastisch verformten Anteil auf der zu prüfenden Oberfläche und damit ein Maß für seine Härte. Bei genauerer Betrachtung des teils elastischen, teils unelastischen Stoßes (s. Abschn. 5.1) wird deutlich, dass das Maß der Rückprallgeschwindigkeit sehr empfindlich von der Oberflächenbeschaffenheit und den Probenabmessungen abhängt, so dass derartige Verfahren nur begrenzt anwendbar sind.

Das von Hertz erstrebte Ziel einer absoluten Härtemessung hat sich bis heute nicht erreichen lassen. Die verschiedenen Härteprüfverfahren sind rein technologischer Art, ihre Ergebnisse kaum untereinander vergleichbar. Auch Härtewerte ein- und desselben Prüfverfahrens sind nur dann vergleichbar, wenn sie unter genormten Bedingungen ermittelt wurden (siehe z. B. DIN 51200, Härteprüfung).

9.7 Werkstoffe

Die mechanischen Eigenschaften der Werkstoffe sind für die industrielle Entwicklung von größter Bedeutung. Neue Projekte der Luft- und Raumfahrt, des Fahrzeugbaus, des Reaktorbaus, auch der Elektrotechnik, sind stets einhergegangen mit dem Einsatz neuer, höherfester Werkstoffe. Zwar sind weitere Eigenschaften wie das Korrosions- oder Verschleißverhalten, die elektrische oder Wärmeleitfähigkeit in bestimmten Anwendungsfällen genau so wichtig oder sogar bedeutender. Die hohe Priorität der Festigkeit aber ist prinzipiell gegeben, um Material einzusparen, wobei neben Kosten vor allem die Masse reduziert werden kann.

Dieser Abschnitt soll das Verständnis über den Einfluss der atomaren Struktur auf die mechanischen Eigenschaften vertiefen und einen kleinen Einblick in Entwicklungstendenzen bei neuen Werkstoffen geben. Hierzu wurden beispielhaft Konstruktionswerkstoffe ausgewählt. Unter dem Begriff „mechanische Eigenschaften" sind neben der Festigkeit das elastische Verhalten, die Plastizität, die Verfestigung, die Härte und die Zähigkeit zusammengefasst.

Wie gezeigt wurde, liegen die Gründe für das verschiedenartige Verhalten der festen Körper in Bezug auf Festigkeit, Härte usw. im atomaren Aufbau. Obgleich man seit dem Bronzezeitalter weiß, dass das weiche, duktile Kupfer durch Zusatz von etwas weichem Zinn leicht in die viel härtere, feste Bronze umgewandelt werden kann, konnte man dies im ersten Drittel des 20. Jahrhunderts noch nicht verstehen. Erst die neue Entwicklung der Festkörperphysik hat Klarheit in die dunklen Zusammenhänge und geheimnisvollen Rezepte, z. B. Bronze und Stahl für Schwerter gebracht, die jahrtausendelang in der Handwerkskunst durch Erfahrung gesammelt und mit viel Mystik vermischt worden sind.

Es ist sinnvoll, die Werkstoffe entsprechend ihrer atomaren Struktur in drei Gruppen aufzuteilen: *Metalle*, *anorganische* und *organische Nichtmetalle*. Übergänge dazwischen sind möglich, z. B. Halbmetalle wie das Silizium. Tab. 9.7 enthält vereinfacht die Bindungsart, atomare Struktur sowie Festigkeitseigenschaften der drei Gruppen.

Metalle. Wir beschäftigen uns zunächst mit den Metallen. Ihre Atomstrukturen sind – wegen der Ähnlichkeit aller Metallatome – einfach und hochsymmetrisch. Die Unterschiede der Elementarzellen (kubisch raumzentriert: Beispiel Eisen; kubisch flächenzentriert: Beispiel Aluminium; oder hexagonal: Beispiel Magnesium) sind nicht groß, verglichen mit den beiden anderen Werkstoffgruppen. Sie weisen Atomebenen sehr dichter Packung auf, in denen sich die äußeren Elektronenschalen fast berühren. Erstaunlicherweise sind es nun die Kristallbaufehler (nachfolgend *Gitterfehler* genannt), die die Festigkeit am stärksten beeinflussen. Ein polykristallines Metallstück, wie wir es aus dem täglichen Leben kennen, enthält sehr viele Gitterfehler, was sich leicht mit dem Licht- und Elektronenmikroskop nachweisen lässt. Abb. 9.35 zeigt einige Gitterfehler schematisch. Die Erfahrung beweist, dass ein derartig „fehlerhafter" Werkstoff sehr gute Festigkeitseigenschaften besitzt. Wir wollen uns nun ein Metall vorstellen, das keine oder nur wenige Gitterfehler aufweist, und die Frage stellen, ob seine Festigkeit steigt oder fällt.

Am leichtesten ist es, Metalle ohne Korngrenzen herzustellen: *Einkristalle*. Sie werden aus der Schmelze gezüchtet (man muss dafür sorgen, dass die Kristallisation ausschließlich an der dafür vorgesehenen Keimstelle erfolgt). Industriell werden Einkristalle in großen Mengen für die Halbleiterchip-Produktion hergestellt. Die Siliciumeinkristalle, aus denen

Tab. 9.7 Einteilung der Werkstoffe

	Metalle	anorganische Nicht-metalle	organische Nichtme-talle
Beispiele	Stahl, Aluminium, Kupfer, Silber	Ton, Zement, Keramik,Glas	Holz, Zellulose, Kunststoffe
Bindungsart (vereinfacht)	Metallbindung (freie Elektronen)	Elektronenpaar-bindung, Ionen-bindung	überwiegend Elektronenpaar-bindung, Van-der-Waals-Bindung
atomare Struktur	Kristallin, einfache Atomanordnung (ku-bisch oder hexago-nal)	überwiegend kris-tallin, auch amorph; komplizierte Atom-anordnung	überwiegend amorph, auch teil-kristallin; Mole-külstrukturen, Makromoleküle
Festigkeit bei Zimmer-temperatur	sehr gut	gut	gut bis mäßig
bei höherer Temperatur	mäßig, nur in Ausnah-mefällen gut	gut	schlecht
Zähigkeit	überwiegend gut	schlecht	sehr gut bis mäßig

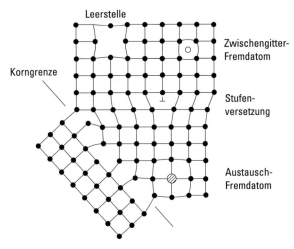

Abb. 9.35 Die wichtigsten Gitterfehler, schematisch dargestellt in einem kubisch primitiven Atom-gitter

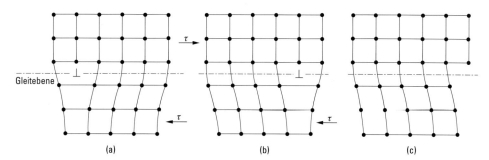

Abb. 9.36   Schubspannungsinduzierte Bewegung einer Stufenverletzung. Kubisch primitives Atomgitter, Ansicht einer Atomebene senkrecht zur Versetzungslinie (⊥). Bei (c) hat die Versetzung den Kristall verlassen, auf der Oberfläche ist eine Stufe entstanden.

sogenannte Wafer geschnitten werden, haben bis 200 mm Durchmesser und sind rund einen halben Meter lang.

Betrachten wir einen Kupfereinkristall, etwa der Abmessung 5 mm Durchmesser und 50 mm Länge, und stellen uns vor, wie er plastisch verformt, z. B. verbogen wird. Da der Kristall auch nach der Verformung kristallin ist (er würde selbst durch stärkstes Abwalzen nicht amorph), müssen vollständige Atomebenen, sogenannte *Gleitebenen*, gegeneinander abgleiten. Ihre Fläche muss mindestens $\pi \cdot d^2/4$ (d = Einkristalldurchmesser) einnehmen, denn alle Gleitebenen enden erst an der Oberfläche. Bei dichtester Atompackung enthält eine solche Gleitebene $2.9 \cdot 10^{14}$ Kupferatome, wie sich leicht aus dem Atomabstand berechnen lässt. Beim Abgleiten der Ebenen gegeneinander müssten alle $2.9 \cdot 10^{14}$ Atombindungen zur Nachbarebene gleichzeitig gelöst werden. Die hierfür erforderliche theoretische Schubspannung beträgt etwa $G/30$, was mit dem Schubmodul für Kupfer, $G = 46\,000$ N/mm^2, rund 1500 N/mm^2 ergäbe, ein Festigkeitswert, der nicht einmal von hochfestem Stahl erreicht wird. Tatsächlich können wir aber den Kupferkristall leicht mit bloßer Hand biegen! Der Abgleitvorgang der Atomebenen wird durch den Gitterfehler *Versetzung* wesentlich vereinfacht. Der Mechanismus ist folgendermaßen vorstellbar: Das Verschieben eines großen, schweren Teppichs gelingt am einfachsten durch das Vorantreiben mehrerer Teppichfalten. Die Versetzung ist die „Teppichfalte", die das Verschieben der Atomebenen gegeneinander erleichtert, wie in Abb. 9.36 für eine Stufenversetzung zeigt.

Jedes normal aus der Schmelze erstarrte Metall enthält 10^6 bis 10^8 Versetzungen pro cm^2 (die Versetzungsdichte wird, da es sich um einen Linienfehler handelt, in Anzahl pro Fläche angegeben). Die Zahl reicht aus, um den Kupfereinkristall leicht verbiegen zu können. Jede Versetzung trägt einen atomar kleinen Teilschritt zur Verformung bei, die Summe aller Versetzungsbewegungen ergibt die plastische, also bleibende Gesamtverformung.

Wir wollen jetzt den verbogenen Einkristall wieder gerade biegen – und stellen fest, dass dies nur noch mit großem Kraftaufwand gelingt. Während des Biegens sind neue Versetzungen entstanden: Plastische Verformung erzeugt Versetzungen. In stark verformtem Metall steigt die Versetzungsdichte auf 10^{12} pro cm^2 an. Zu viele Versetzungen wiederum blockieren sich gegenseitig, jede weitere Verformung wird erschwert, der Kristall hat sich verfestigt. Auf eben diesem Effekt beruht auch der Anstieg der Spannungs-Dehnungs-Kurve nach Überschreiten der Fließgrenze (siehe Abb. 9.30).

Zwei Wege bieten sich nun an, die Festigkeit der Metalle zu erhöhen: 1. Verringerung der Versetzungsdichte, möglichst auf null. 2. Behinderung der Versetzungen bei ihrer Bewegung auf den Gleitebenen. Der interessante erste Weg ist tatsächlich gelungen. Man hat fast versetzungsfreie Einkristalle, sogenannte *Whiskers*, gezüchtet. Ihre sehr hohe Zugfestigkeit hat die Versetzungstheorie bestätigt. Allerdings fehlt die breitere technische Anwendung, bisher konnten nur kurze, faserartige Formen hergestellt werden (Whisker (engl.) = Schnurrbarthaar). Zukünftige Bedeutung könnte in der Faserverstärkung von Verbundwerkstoffen liegen. Der zweite Weg wird – unbewusst – beschritten, seit es Metalle und Metalllegierungen wie die Jahrtausende alte Bronze gibt. Denn jeder Gitterfehler – Fremdatome, Fremdphasen, Korngrenzen, Versetzungen selbst – behindert die Versetzungsbewegung und erhöht damit die Festigkeit. Die Versetzungen stauen sich an dem Hindernis auf, die äußere Spannung muss so weit steigen, bis sie das Hindernis durchbrechen oder umgehen können. Reinstmetalle müssen demnach weicher sein als technisch reines Metall; eine Metalllegierung muss fester sein als das technisch reine Metall; ein kaltgewalztes Blech oder Schmiedestück (mit hoher Versetzungsdichte) ist härter als das unverformte Material. Auch lässt sich so leicht erklären, warum Korngrenzen den Werkstoff nicht schwächen, sondern ihn festigen, der Polykristall also fester als der Einkristall ist. Unser Kupfereinkristall war leicht zu biegen. Ein gleich großer, aber vielkristalliner, kaltgezogener Stab ließe sich schwerlich mit der Hand verformen. Ein legierter Kupferstab (Dehngrenze $500 \, N/mm^2$, Abmessungen wie oben, freie Biegelänge 40 mm) müsste zum Verbiegen mit über 600 N belastet werden. Mit beiden Daumen kann man etwa 200 N aufbringen.

Verfahren zur Festigkeitssteigerung. Im Folgenden sind die wichtigsten technischen Maßnahmen zusammengefasst, mit denen die Festigkeit von Metallen durch Versetzungsbehinderung erhöht wird.

Verformung (Walzen, Fließpressen, Schmieden u.a.m.). Während der Kaltverformung steigt die Versetzungsdichte; Versetzungen blockieren sich gegenseitig, und der Werkstoff erhält die gewünschte Verformungsfestigkeit. Der Effekt kann durch höhere Temperatur wieder rückgängig gemacht werden (Rekristallisation).

Feinkorn. Je kleiner die einzelnen Kristalle („Körner") im Metall sind, desto häufiger werden die Versetzungen von Korngrenzen aufgehalten. Beispiel: Feinkornbaustähle.

Fremdatome (Legierungsbildung). Durch Zugabe eines oder mehrerer Elemente zu einem Metall wird erreicht, dass Versetzungen durch Fremdatome bzw. die die Fremdatome umgebenden Gitterverzerrungen blockiert werden. Beispiel: Aluminium, mit 2 % Magnesium legiert (Mischkristallhärtung). Bei höherer Fremdatomkonzentration bilden sich neue Phasen mit besonders festigkeitssteigernder Wirkung (Cu + 10 % Sn = Bronze, Cu + 30 % Zn = Messing, Fe + 0.2 % C (bildet die Phase Fe_3C) = Stahl).

Wärmebehandlung. Während einzelne Fremdatome kein allzu großes Hindernis für Versetzungen bilden, so gilt dies umso mehr für Fremdatomanhäufungen (Ausscheidungen). Sie entstehen durch geeignete Wärmebehandlung von Legierungen. Beispiele: AlCuMg1 (Aluminiumlegierung mit 4 % Cu und 1 % Mg, früher Duralumin genannt), wird lösungsgeglüht, abgeschreckt und kalt oder warm ausgelagert. „Ausgelagert" bedeutet in der Fachsprache der Technik die Wärmebehandlung nach dem „Abschrecken" (= plötzliches Abkühlen). Beim „Kaltauslagern" bleibt der Werkstoff mehrere Tage bei Zimmertemperatur liegen. Beim „Warmauslagern" wird der Werkstoff mehrere Stunden lang auf höhere Temperatur gebracht (Aluminiumlegierungen 150 bis 200 °C). In beiden Fällen steigt die Festigkeit deutlich an.

In gehärtetem Stahl ist nach der Wärmebehandlung (Glühen und Abschrecken in Wasser oder Öl) das Fe-Gitter durch Übersättigung mit Kohlenstoff verspannt, eine Versetzungsbewegung ist kaum noch möglich (hohe Härte, geringe Zähigkeit). Das so entstandene Gefüge heißt Martensit.

Die große Bedeutung der festigkeitssteigernden Wärmebehandlung von Metalllegierungen entsteht aus der Forderung nach weichem Werkstoffzustand während der Fertigung und möglichst festem, hartem Gebrauchszustand. So werden alle Vergütungs-, Einsatz-, Werkzeugstähle usw. in weichem Zustand bearbeitet und anschließend gehärtet.

Optimierte Legierungstechnik und Wärmebehandlung haben zu höchstfesten Stählen mit Dehngrenzen von über 4000 N/mm² geführt.

Formgedächtnis-Legierungen. Ein ganz anderer Effekt entsteht bei Wärmebehandlung und Verformung sogenannter *Formgedächtnis-Legierungen* (*Memory-Metall*). Beispiel sei die Nickel-Titan-Legierung xNi $\cdot$ yTi ($x = 55-57$ Masse-%, $y = 100 - x$). Das Metall wird nach Herstellung seiner endgültigen Form (z. B. gerade gezogener Draht) wärmebehandelt. An diese Urform „erinnert" sich der Draht, wenn er etwa zu einem „U" gebogen wird, und anschließend über seine Umwandlungstemperatur T_u (je nach Zusammensetzung -50 bis $+150\,°$C) erwärmt wird. Die Erwärmung kann am einfachsten durch Stromdurchgang erreicht werden; das „U" würde dabei wieder ein gerade gestreckter Draht, wobei Drücke oder Spannungen von mehreren 100 N/mm² ausgeübt werden können und somit Arbeit verrichtet werden kann. Erste Anwendungen fanden sich in der Raumfahrt zum Entfalten von Satellitenantennen.

Die Erklärung ist mit der martensitischen Gefügeumwandlung bei T_u gegeben. Während der Verformung aus der Urform entsteht „Verformungsmartensit", der ein größeres Volumen als der kubische Kristall oberhalb der Umwandlungstemperatur hat. Überschreitet der verformte Draht T_u, müssen sich die martensitischen Bereiche wieder verkürzen, die ursprüngliche Form stellt sich wieder ein. Noch nicht vollständig geklärt ist die Erscheinung, dass nach mehrmaligen Verformungen, Erwärmungen und Abkühlungen auch die Zimmertemperaturgeometrie wieder entsteht, der gestreckte Draht also beim Abkühlen wieder zum „U" wird. Letztere Umkehrbarkeit der Gestaltänderung wird bereits praktisch genutzt, z. B. zum Öffnen und Schließen der Jalousie von Ventilatorgehäusen. Das Memory-Metall ersetzt dabei das früher verwendete Bi-Metall.

In Abb. 9.37 ist schematisch ein „Motor" nach Wang gezeigt, der seine Antriebskraft aus den unterschiedlichen Biegemomenten an dem kleinen Rad (in heißes Wasser halb eingetaucht) bezieht: An der Stelle a ist das Biegen des Drahtes leicht, er befindet sich in der

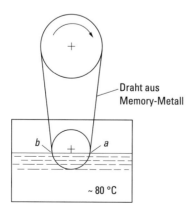

Abb. 9.37 Umwandlung von thermischer in mechanische Energie mit Memory-Metall nach einem Prinzip von F. E. Wang

gut verformbaren Zimmertemperatur-Struktur. Bei *b* ist der Draht über T_u warm geworden und versucht sich zu strecken, wobei ein Drehmoment auf das kleine Rad ausgeübt wird.

Hochwarmfeste Legierungen. Bisher haben wir das Festigkeitsverhalten bei niedriger Temperatur, also etwa Zimmertemperatur, betrachtet. Mit zunehmender Temperatur können die Versetzungen ihre Hindernisse immer leichter umgehen. Dabei hilft ihnen ein weiterer Typ von Gitterfehlern, die *Leerstellen*, deren Konzentration und Beweglichkeit (Diffusion!) mit der Temperatur ansteigt. Die *Warmfestigkeit* von Metallen kann demnach nicht besonders gut sein. Schon ab etwa $0.3\,t_s$ (t_s = Schmelztemperatur in °C) setzt das sogenannte *Kriechen* ein, das ist langsame Verformung unter Einwirkung der äußeren Spannung. Es hat daher insbesondere im Motoren- und Triebwerksbau nicht an Anstrengungen gefehlt, hochwarmfeste Legierungen zu entwickeln. Erwähnt seien die *Superlegierungen* auf Nickelbasis (z. B. NiCr15Co) mit relativ guter Festigkeit noch bis 1000 °C. Da im Hochtemperaturbereich erhebliches Korngrenzengleiten einsetzt, lässt man beispielsweise Turbinenschaufeln gerichtet erstarren. Wachsen alle Kristalle längs der Hauptachse der Turbinenschaufel, liegen die Korngrenzen nur noch in Beanspruchungsrichtung und wirken sich nicht mehr negativ auf die Festigkeit aus. Um nochmals 50 K lässt sich die Arbeitstemperatur steigern, wenn einkristalline Turbinenschaufeln gegossen werden. Man vermeidet dann die Ausscheidung bestimmter Phasen auf Korngrenzen, die während des Betriebes bei hoher Temperatur (und damit hoher Diffusionsgeschwindigkeit) zwangsläufig erfolgen würde.

Bei den Betrachtungen zur Festigkeit darf die *Zähigkeit* nicht außer Acht gelassen werden. Sicherheit gegen spröden Bruch ist elementare Forderung für viele Bauteile, z. B. im gesamten Verkehrsbereich, also bei Straßen-, Schienen- und Luftfahrzeugen, ebenso im Druckbehälter- und Reaktorbau. Spröder Bruch bedeutet katastrophales Werkstoffversagen. Leider nimmt mit zunehmender Festigkeit die Zähigkeit fast immer ab. Der Grund wird klar, wenn man sich die Vorgänge an der Spitze des Anrisses in einem Bauteil verdeutlicht. An der Rissspitze treten – unter Einwirkung einer rissaufweitenden Kraft – hohe *Kerbspannungen* auf. In weichen, *duktilen* Werkstoffen verformt sich der Bereich

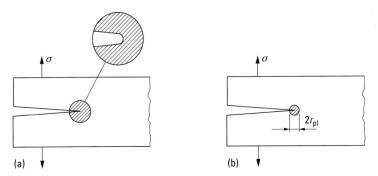

Abb. 9.38 Plastisch verformte Zone im Bereich der Spitze eines Anrisses, (a) duktiler Werkstoff, (b) spröder (metallischer) Werkstoff. Der Durchmesser der plastisch verformten Zone $2 \cdot r_{pl}$ ist zum Spannungsintensitätsfaktor K_I proportional, aber umgekehrt proportional zur Dehngrenze R_p:

$$r_{pl} = \frac{1}{2\pi} \cdot \left(\frac{K_I}{R_p}\right)^2.$$

um die Rissspitze, und zwar umso leichter, je weniger die Versetzungen blockiert sind. Damit werden die Kerbspannungen abgebaut, der Riss bleibt stehen (Abb. 9.38). Betrachten wir dagegen den *spröden* Werkstoff. Hier verformt sich der Bereich um die Rissspitze wenig, die Versetzungen sind blockiert, die Kerbspannungen können nicht abgebaut werden. Überschreiten letztere die Zugfestigkeit des Werkstoffes, läuft der Riss mit hoher Geschwindigkeit voran, das Bauteil bricht, u. U. mit gefährlicher Zersplitterung.

Glas und Keramik. Zu den bekannt spröden Materialien gehören *Glas* und *Keramik,* die bedeutendsten technischen Werkstoffe aus der Gruppe der anorganischen Nichtmetalle. Schon lange werden Keramiken im Haushalt, im Bauwesen und der Elektrotechnik (Isolatoren) eingesetzt. Neu sind Konstruktionswerkstoffe aus hochreinen, synthetisch hergestellten Stoffen, die man als technische Keramik, in der Halbleiterindustrie als elektronische Keramik (z. B. für Chip-Trägerplatten) bezeichnet. Als Abgrenzung zur Haushaltskeramik wird auch der Begriff Ingenieurkeramik verwendet. Bedeutende technische Keramiken sind das Aluminiumoxid (eventuell gemischt mit Silicium- oder Titanoxid), das Zirconiumoxid, das Siliciumnitrid und das Siliciumkarbid. Erstere werden als Oxidkeramik, letztere als nichtoxidische Keramik bezeichnet. Darüber hinaus gibt es eine große Zahl weiterer Metall- oder Halbmetallcarbide und -nitride, die vorwiegend als Schneid- und Schleifwerkstoffe zur spanabhebenden Bearbeitung harter Materialien dienen (Beispiel: Bornitrid). Hierzu gehört auch der Diamant, bekannt als polykristalliner Schneidwerkstoff PKD (= *polyk*ristalliner *D*iamant).

Die atomare Struktur der Keramik ist sehr viel komplizierter als die der Metalle. Als Beispiel diene das Atomgitter des Diamanten (s. Bd. 6). Hier können sich keine Gleitebenen mit dichtester Atompackung bilden; der Versetzungsmechanismus, der die gute Verformbarkeit der Metalle erklärt, kann in den Gitterstrukturen der Keramik nicht ablaufen. Diamant lässt sich nicht verformen, er ist spröde. Die hervorragende Warmfestigkeit der Keramik ergibt sich ebenfalls aus der Kristallstruktur: Leerstellendiffusion und Versetzungsbewegungen bei hoher Temperatur treten nicht auf. Tab. 9.8 gibt einige Eigenschaften keramischer Werkstoffe wieder.

Während *kristalline Gläser* (Quarzkristall, Glaskeramik) einen eindeutigen Bezug zur Keramik haben, stellen *amorphe Gläser,* z. B. das normale Fensterglas (Soda-Kalk-Glas mit 75 % SiO_2, 15 % N_2O/K_2O und 10 % CaO) oder Quarzglas (*Kieselglas*) eine spezielle Gruppe der anorganischen Nichtmetalle dar. Wie bereits früher erwähnt, entsteht der amorphe Zustand durch nicht zu langsames Abkühlen der Glasschmelze. Bei der Kristallisationstemperatur ist die Beweglichkeit der Moleküle bereits so gering, dass keine Kristallisation erfolgt, der ungeordnete, amorphe Zustand bleibt erhalten, das Glas wird zur unterkühlten Schmelze. Die Festigkeit der amorphen Gläser ist daher nur durch die

Tab. 9.8   Eigenschaften technischer Keramik

Sorte	Dichte (g/cm³)	E-Modul (kN/mm²)	Härte HV	Biegefestigkeit (N/mm²)	Druckfestigkeit (N/mm²)
Al_2O_3	3.8 – 3.9	350 – 420	1600 – 2000	280 – 350	2000 – 4000
SiC	3.1	380 – 400	2100 – 2500	310 – 360	2000 – 2500
Si_3N_4 (HPSN)*	3.2 – 3.3	280 – 300	1500 – 1700	660 – 800	3000

* HPSN = Heißisostatisch gepresstes Siliciumnitrid

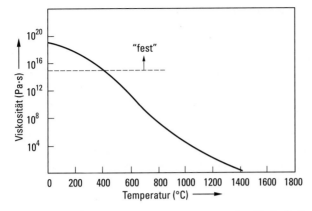

Abb. 9.39 Temperaturabhängigkeit der Viskosität von Glas (Soda-Kalk-Glas)

Viskosität der „Flüssigkeit" gegeben, die allerdings bei Zimmertemperatur sehr hoch ist, wie Abb. 9.39 zeigt. Die amorphe Molekülstruktur, die keinerlei Atomverschiebungen oder Abgleitprozesse erlaubt, führt zu dem bekannt spröden Verhalten der Gläser. Bei höherer Temperatur dagegen bietet die abnehmende Viskosität die Möglichkeit zu zahlreichen Formgebungsprozessen. Der Glasbläser kann sehr dünnwandige Glaskugeln blasen; aus Quarzglas können komplizierte Lampen geformt werden (sie sind für UV-Licht durchlässig!); oder es lassen sich dünnste *Fasern* ziehen, die für die Lichtwellenleitung in der Optik und Informationstechnik wichtig sind. Solche Lichtleitfasern für Glasfaserkabel bestehen im Kern und Mantel aus zwei Gläsern mit unterschiedlicher Brechzahl. Das Licht wird durch Totalreflexion am Mantel bei nur geringer Schwächung über weite Strecken transportiert.

Im Hinblick auf die am Schluss des Abschnitts beschriebenen Faserverbundwerkstoffe sei hier auf eine Besonderheit der Fasern hingewiesen. Prüft man ihre Festigkeit, stellt man eine mit abnehmendem Faserdurchmesser zunehmende Zugfestigkeit fest (Abb. 9.40), scheinbar im Widerspruch dazu, dass bisher die auf die Querschnittsfläche bezogenen Zugspannungen als unabhängig von der Probengeometrie betrachtet wurden. Ausgang

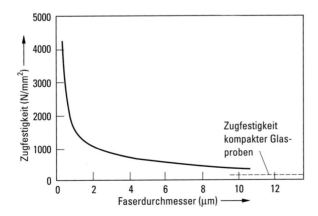

Abb. 9.40 Einfluss des Faserdurchmessers auf die Zugfestigkeit von Glasfasern

Tab. 9.9   Durchmesser und Eigenschaften von Fasern

Werkstoff	E-Glas	Kohlenstoff		Al_2O_3	Aramid („Kevlar")
Durchmesser (µm)	0.5 – 1	7	0.07	2	12
E-Modul (kN/mm^2)	72	360 – 700		350	130
Zugfestigkeit (N/mm^2)	1750 – 2600	2600	bis 4500	2000	2760
Reißlänge (km)	95	156	250	54	190

des spröden Bruches nichtmetallischer Werkstoffe sind kleinste Fehlstellen, meist auf der Oberfläche des Bauteils oder Prüfkörpers, an denen hohe Spannungskonzentrationen auftreten. An diesen Stellen tritt der Bruch ein. In dünnen Fasern wird mit abnehmendem Faserdurchmesser die Wahrscheinlichkeit geringer, dass Fehler auftreten. In fehlerfreien Fasern könnte die theoretische, sehr hohe Bruchfestigkeit, die durch die Bindungskräfte der Atome gegeben ist, erreicht werden. (Trotz anderer Atomstruktur und Bruchentstehung ist hier eine Parallelität zum metallischen Whisker, der aufgrund seiner geringen Gitterfehlerzahl hohe Festigkeit aufweist, zu sehen.)

In Tab. 9.9 sind handelsübliche Durchmesser und mechanische Kennwerte einiger Fasern wiedergegeben.

Organische Nichtmetalle. Zu den organischen nichtmetallischen Werkstoffen gehören die immer bedeutsamer werdenden *Kunststoffe* (allgemeiner *Polymere* oder auch *Plaste* genannt). Sie weisen molekulare Strukturen auf. Durch verschiedene chemische Prozesse (Polymerisation, Polykondensation, Polyaddition) gelingt es, aus kurzen Kohlenwasserstoff-Molekülen sogenannte *Makromoleküle* aufzubauen. Ohne die außerordentlich vielseitigen Molekülstrukturen im Einzelnen beschreiben zu können, sei hier nur der wesentliche Unterschied zu den vorher besprochenen Stoffgruppen genannt. Die Makromoleküle – ihre Länge kann mehrere µm betragen – sind im amorphen Zustand ziemlich regellos angeordnet (Beispiel: Polyvinylchlorid, PVC). Durch Recken im teilplastischen Zustand können die Moleküle in Verformungsrichtung gestreckt werden, wodurch sich die von Folien her bekannte Anisotropie der Festigkeit ergibt. Bei gleichartiger, teilweise paralleler Anordnung der Moleküle spricht man vom kristallinen oder besser *teilkristallinen* Zustand (Beispiel: Polyethylen, PE). Die Länge der Moleküle und ihre Ausrichtung bestimmen die Festigkeit der Polymere. Erstere kann durch den *Polymerisationsgrad* in gewissen Grenzen eingestellt werden. Unter *Vernetzung* versteht man die knotenförmige Bindung von Makromolekülen untereinander. An den Knotenstellen entstehen neue kovalente Bindungen (Beispiel: Epoxidharze, EP). Festigkeit und Zähigkeit hängen wesentlich vom Vernetzungsgrad ab. Allgemein gilt: Hohe Bindungskräfte innerhalb der Molekülketten (kovalente, d. h. Elektronenpaarbindung), aber schwache Kräfte zwischen den Molekülen (Dipolbindungen, Van-der-Waals-Kräfte). Bei höherer Temperatur tritt entweder die für viele amorphe Stoffe typische Erweichung (gleichmäßige Abnahme der Viskosität) ein, oder es erfolgt die chemische Zersetzung. Tab. 9.10 gibt einige Festigkeitseigenschaften von drei bekannten Polymeren wieder.

Das Verhalten bei höherer Temperatur entscheidet über die Fertigungsmethoden bei der Kunststoffteileherstellung. *Plastomere*, die allmählich erweichen, können im teilplastischen Zustand zu Hohlkörpern geblasen (Polyethylenflaschen), kontinuierlich extrudiert (PVC-Rohre, -Profile) oder im Spritzguss verarbeitet (Polyamid-Formteile) werden. *Duromere*, deren Festigkeit bis in die Nähe ihrer Zersetzungstemperatur kaum abnimmt,

Tab. 9.10   Festigkeitseigenschaften von Polymeren bei Zimmertemperatur

	E-Modul	Zugfestigkeit bzw. Streckspannung	Reißdehnung
	(N/mm^2)	(N/mm^2)	(%)
Polyvinylchlorid (PVC, hart)	3000 – 5000	50 – 60	30
Polyamid (PA 66)	2000 – 4000	65 – 90	150
Phenol-Formaldehyd-Harz (PF)	5000 – 15 000	20 – 50	–

können nur zum Zeitpunkt ihrer Herstellung durch Kalthärten oder Warmpressen verarbeitet werden (Beispiel: Polyesterharze, UP).

An der Verarbeitung ist bereits der Unterschied im Festigkeitsverhalten erkennbar: Plastomere verhalten sich zähelastisch; ein linearer Anstieg der Spannungs-Dehnungs-Kurve ist kaum festzustellen (Abb. 9.41). Duromere hingegen verhalten sich im elastischen Bereich eher wie Metalle, brechen aber spröde; es kommt nicht zu einer Verfestigung. Wegen des sehr viel geringeren Elastizitätsmoduls ist der Anstieg der elastischen Geraden viel flacher als bei Metallen oder Keramik. Die *Elastomere* schließlich haben ein gummiartiges Verhalten; ihr E-Modul liegt unter 100 N/mm^2; ihre Zugfestigkeit beträgt 10 – 20 N/mm^2 (Beispiel: Siliconkautschuk).

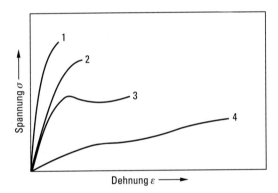

Abb. 9.41   Spannungs-Dehnungs-Kurven verschiedener Kunststofftypen (schematisch), (1) Duromer (Duroplast), (2) Plastomer, hart (Thermoplast, hart), (3) Plastomer, weich (Thermoplast, weich), (4) Elastomer (Elast)

Verbundwerkstoffe. Beim Vergleich des Festigkeitsverhaltens der drei beschriebenen Werkstofftypen Metall, Keramik, Kunststoff (s. Tab. 9.7) werden die spezifischen Unterschiede für jeden Typ deutlich. In der Praxis treten nun immer wieder Anforderungen auf, denen kein Werkstoff allein gerecht wird. So erfüllt beispielsweise keiner der genannten Typen für sich den Wunsch nach hoher Warmfestigkeit, guter Zähigkeit und geringem Gewicht. Es liegt daher nahe, die Werkstoffe zu *Verbundwerkstoffen* oder auch *Werkstoffverbunden* zu kombinieren. Je nach Form einer der beiden Werkstoffkomponenten unterscheidet man Kurz-, Lang- oder Endlosfaser-Verbundwerkstoffe, Kompakt- oder Schichtverbundwerkstoffe und Teilchenverbundwerkstoffe. Schließlich bezeichnet man als Durchdringungsverbundwerkstoffe solche, in die eine zweite Komponente flüssig infiltriert wird.

Ein relativ alter Verbundwerkstoff ist der *Stahlbeton*. Hier sind Stangen oder Matten aus Stahl eingebettet, die den Zug besser übernehmen können als der Beton. Der Beton hat dagegen die günstigere Druckfestigkeit. Im Spannbetonbau wird dem Stahl von vornherein eine Zugspannung vorgegeben, so dass der Beton stets unter Druck steht.

Faserverbundstoffe haben ihre größte Bedeutung durch die glasfaserverstärkten Kunststoffe erlangt. Neben der Verbesserung des Elastizitätsmoduls konnte in vielen Kunststoffen unter Ausnutzung der guten Zugfestigkeit dünner Fasern, auf die bereits hingewiesen wurde, die Festigkeit der Kunststoffbauteile beträchtlich erhöht werden. Entscheidend für den Festigkeitsgewinn ist die Orientierung der eingelagerten Faser zur Beanspruchungsrichtung, ihre Haftung mit der Matrix und das Volumenverhältnis Faser/Matrix. Sind die Fasern ideal ausgerichtet und ist ihre Haftung optimal, lässt sich der Elastizitätsmodul E_v des Verbunds (und auch die Festigkeit) einfach nach der Mischungsregel berechnen:

$$E_v = E_f \cdot x_f + E_m \cdot x_m \tag{9.29}$$

($x_{f,m}$ = Volumenanteile Faser und Matrix, $E_{f,m}$ = E-Modul von Faser und Matrix). Im elastischen Bereich ist mit $E = \sigma / \varepsilon$:

$$E_v = \frac{\sigma_f}{\varepsilon_f} \cdot x_f + \frac{\sigma_m}{\varepsilon_m} \cdot x_m.$$

Liegen die Fasern senkrecht zur Beanspruchungsrichtung oder ist die Haftung sehr schlecht, kann man vermuten, dass die Dehnungen in Matrix und Faser ungleich werden und schließlich die Faser nur die Spannung aufnimmt, die auch in der Matrix herrscht. Dann ist

$$\frac{1}{E_v} = \frac{1}{E_f} \cdot x_f + \frac{1}{E_m} \cdot x_m$$

$$E_v = \frac{E_f \cdot E_m}{E_f \cdot x_m + E_m \cdot x_f}. \tag{9.30}$$

Man erkennt sofort, dass die Verstärkungswirkung im Fall quer zur Hauptspannung orientierter Fasern bzw. sehr schlecht haftender Fasern gering ist. Ein Rechenbeispiel zeigt, dass der Elastizitätsmodul eines Kunststoffes ($E \approx 1000$ N/mm²) durch Verstärkung mit 50 % Glasfasern ($E \approx 80\,000$ N/mm²) auf 40 500 N/mm² steigt, wenn die Fasern parallel zur Zugrichtung liegen, aber nur auf 2000 N/mm², wenn sie senkrecht dazu liegen (s. Tab. 9.11) In der Praxis ist nicht immer bekannt, wie gut Ausrichtung und Haftung sind. Daher wird ein Faserwirkungsgrad η eingeführt und für die Festigkeit eines Verbundwerkstoffes, R_v, ergibt sich analog zu Gl. (9.29):

$$R_v = \eta \cdot R_f \cdot x_f + R_m \cdot x_m. \tag{9.31}$$

Bekannte Beispiele für faserverstärkte Bauteile sind:

- Polyamidfaserverstärkte Gürtelreifen
- Aramidfaserverstärkte Bootskörper, Karosserie- und Flugzeugteile
- Kurzglasfaserverstärkte Polyamidbauteile für Kraftfahrzeuge (Stoßfänger, Zahnräder)
- Langglasfaserverstärkte Epoxid- oder Polyesterharze für Sportgeräte und Fahrzeugteile
- Kohlenstofffaserverstärktes Epoxidharz für die Luftfahrt, z. B. Seitenleitwerkteile des Flugzeuges Airbus A310 (Abb. 9.42)

Bei höchster Beanspruchung, wie im letzten Beispiel, muss der Verstärkungseffekt optimal sein; es kommt nur noch die gerichtete Endlosfaser in Betracht. Die Fasern werden entwe-

Tab. 9.11   Eigenschaften faserverstärkter Kunststoffe

Matrix	Faser	Vol.-%	E-Modul (kN/mm^2)	Zugfestigkeit (N/mm^2)
Polyamid PA 66 (trocken)	–	–	3.5	90
	Glaskurzfaser	35	12	200
Polyesterharz	–	–	4	60
	Glasmatte	30–35	11	120
	Glasmatte	50–55	16	180
Epoxidharz	unidirektionale Glasfaser (Roving)	65	20–30	350–700
	Aramidfaser („Kevlar")	ca. 60	75	1380
	Kohlenstofffaser (Zugrichtung = Faserrichtung)	60	142	2200
	Kohlenstofffaser (Zugrichtung: 90° zur Faserrichtung)	60	9	62

der von Hand aufgelegt oder von Wickelmaschinen bzw. Robotern ausgerichtet, mit dem Harz getränkt und die Bauteile dann unter Druck bei höherer Temperatur ausgehärtet. Die Faserhersteller bieten Faserstränge (Rovings), Fasergewebe nahezu beliebiger Orientierung oder auch orientierte Fasermatten an. Tab. 9.11 enthält Eigenschaften einiger faserverstärkter Kunststoffe.

Besonders bedeutsam ist die Verbundbauweise im Hochtemperaturbereich (wobei jeder Werkstoff seinen eigenen *Hochtemperaturbereich* hat). Nicht nur Kunststoffe, auch Metalle wie Aluminium oder Magnesium verlieren bereits ab 200 °C deutlich an Festigkeit. Im Motorbau entwickelt man daher Aluminium-Keramik-Verbundkonstruktionen. Motorkolben werden mit Keramikfasern (Al_2O_3, SiC) im Pressgießverfahren verstärkt; Abgaskrümmer aus Keramik ($Al_2O_3 \cdot TiO_2$) werden in Aluminium-Zylinderköpfe eingegossen (Kompaktverbund).

Liegt der verstärkende Werkstoff in Form kleiner Teilchen in der Matrix vor, spricht man von *Teilchenverbundwerkstoffen* oder *Dispersionshärtung*. (Dispersionshärtung liegt auch vor, wenn in einer Metalllegierung aus der Schmelze grobe Ausscheidungen einer zweiten Phase entstehen, was nicht unbedingt unter den Begriff Verbundwerkstoff fällt.) Wichtigstes Fertigungsverfahren dispersionsgehärteter Verbundwerkstoffe ist die *Pulvermetallurgie*: Möglichst feinkörnige Pulver der jeweiligen Verbundpartner werden zu einem Rohling gepresst und bei hoher Temperatur gesintert. Typisches Beispiel sind die *Hartmetalle* (Markenname Widia = hart wie Diamant). Sie werden aus verschiedenen Carbiden (Wolfram-, Titan-, Tantalcarbid) mit Cobalt als Bindemittel gesintert und dienen aufgrund ihrer hohen Härte (ca. 1900 HV) und Warmfestigkeit vornehmlich als Schneidwerkstoff zum spanenden Bearbeiten. Auch sogenannte *Cermets* (ceramic + metal) gehören in diese Werkstoffgruppe. Sie enthalten außer den für Hartmetalle typischen Carbiden zusätzlich Nitride, meist TiN, die Matrix ist Nickel. Beim Sintern über 1400 °C schmilzt die Matrix etwas auf; es kommt zu weiteren intermetallischen Verbindungen. Ihre Härte beträgt 2000 HV, ihr Elastizitätsmodul 500 kN/mm^2.

(a)

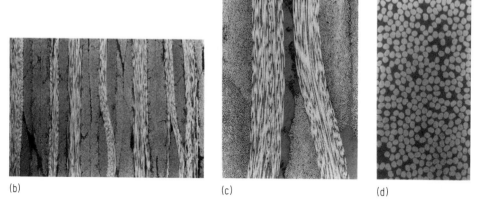

(b)   (c)   (d)

Abb. 9.42   (a) Seitenleitwerk für das Passagierflugzeug Airbus A310-300 und A320 aus kohlenstofffaserverstärktem Kunststoff (CFK), derzeit Europas größtes Primärstrukturteil aus Faserverbundwerkstoff für den Zivilflugzeugbau, (b)–(d) mikroskopische Gefügeaufnahmen des CFK in verschiedenen Vergrößerungen: hell: Kohlenstofffasern längs und quer zur Schliffebene, dunkel: Epoxidharz (Quelle: Messerschmitt-Bölkow-Blohm GmbH)

Dispersionshärtung liegt bereits vor, wenn die Pulverteilchen von Oxidhäuten umgeben sind. So besitzen Aluminium-Sinterteile aufgrund ihres Al_2O_3-Gehaltes eine bessere Warmfestigkeit als Aluminium-Knetwerkstoffe. Die Entwicklungen sehr feinkörniger Pulver (Korngröße $\ll 1\,\mu m$) und sehr schnell erstarrter Pulver (Erstarrungsgeschwindigkeit $> 10^6$ K/s) lassen für die Zukunft völlig neue Werkstoffeigenschaften erwarten.

10 Statik von Flüssigkeiten und Gasen

10.1 Atomare Struktur von Flüssigkeiten und Gasen

In diesem Kapitel geht es um flüssige und gasförmige Aggregatzustände (Phasen). Flüssigkeiten unterscheiden sich von festen Körpern dadurch, dass ihre einzelnen Moleküle keine feste, einander zugeordnete Lage besitzen, sondern sich relativ frei gegeneinander verschieben können. Die Folge davon ist, dass eine Flüssigkeit keine bestimmte Gestalt besitzt, sondern stets die Form des Behälters annimmt, in dem sie sich befindet.

Nur in dem besonderen Fall, dass es sich um sehr kleine Flüssigkeitsmengen handelt, nehmen diese Kugelgestalt an, scheinbar im Gegensatz zu dem Gesagten. Es zeigt sich, dass in diesem Fall Oberflächenkräfte (die *Oberflächenspannung*) wirksam sind, unter deren Einfluss die Flüssigkeit die Gestalt einer Kugel annimmt. Bei großen Flüssigkeitsmengen spielen diese Kräfte keine Rolle, weil dann die Oberfläche gegenüber dem Volumen zurücktritt. Bei kleinen Mengen aber ist es gerade umgekehrt: Dann überwiegen die Wirkungen, die von der Oberfläche ausgehen.

Im Gegensatz zu Flüssigkeiten haben Gase das Bestreben, jeden ihnen gebotenen noch so großen Raum vollkommen auszufüllen. Im gasförmigen Zustand sind die Anziehungskräfte zwischen den einzelnen Molekülen äußerst klein. Das zeigt z. B. die Tatsache, dass man ausströmendes Leuchtgas schon nach kurzer Zeit an einer weit entfernten Stelle des Raumes durch den Geruch wahrnehmen kann. Die Abstände zwischen den einzelnen Molekülen des Gases sind infolge der kleinen Anziehungskräfte sehr viel größer als die der Flüssigkeitsmoleküle; demzufolge haben alle Gase eine viel kleinere Dichte als Flüssigkeiten.

Ebenso wie bei festen Körpern sind auch bei Flüssigkeiten und Gasen die Moleküle keineswegs in Ruhe, sondern führen eine lebhafte Bewegung aus, die durch die in dem betreffenden Körper herrschende Temperatur bestimmt ist. Im flüssigen und gasförmigen Zustand führen aber die Moleküle keine schwingende Bewegung um eine feste Ruhelage aus wie beim festen Körper. Sie bewegen sich in einer ungeordneten Zickzackbewegung, die den Gesetzen des Zufalls unterliegt (s. Abschn. 2.1). Diese Bewegung wirkt den Anziehungskräften der Flüssigkeits- und Gasmoleküle entgegen. Da bei den Gasen diese Kräfte sehr klein sind, reichen sie im Allgemeinen nicht aus, um diese Bewegungen merklich zu beeinflussen; jedes Gasmolekül bewegt sich daher zwischen den Zusammenstößen mit anderen Molekülen im Wesentlichen frei und unabhängig von den übrigen. Darauf beruht der Expansionsdrang der Gase, d. h. die Fähigkeit, jedes Volumen völlig auszufüllen. Bei Flüssigkeiten sind die Bewegungen nicht vollkommen frei, da die molekularen Kräfte merklich größer sind; auch ist die Gestalt der Moleküle von erheblichem Einfluss. Daher bleibt bei Flüssigkeiten einerseits das Volumen gewahrt, während andererseits die gleichzeitig vorhandene Beweglichkeit die Anpassung an jede Gefäßgestalt ermöglicht.

Dass solche Bewegungen der Moleküle in Flüssigkeiten und Gasen existieren, wird experimentell durch die *Brown'sche Molekularbewegung* gezeigt, eine 1827 von dem Botaniker Brown entdeckte Erscheinung (s. Abschn. 12.1).

Bei Betrachtung verschiedener Flüssigkeiten, z. B. Wasser und Öl, fällt auf, dass die „Beweglichkeit", d. h. ihr Reagieren auf äußere Krafteinwirkung ganz verschieden ist. Wir sprechen von „dünnflüssigem" Wasser und „zähflüssigem" Öl. Im ersten Fall genügt bereits eine kleine Kraft, um die Form der Wassermenge zu verändern, im zweiten Fall muss sie größer sein. Diese Erscheinung erklärt sich durch die verschiedene Größe der Molekularkräfte. Jede Flüssigkeit hat eine *innere Reibung* oder *Viskosität* (s. Abschn. 11.5). Im Folgenden wollen wir eine solche Flüssigkeit voraussetzen, die keine innere Reibung besitzt, und die wir deshalb als *ideale Flüssigkeit* bezeichnen; bei ruhenden Flüssigkeiten machen sich diese Kräfte ohnehin nicht bemerkbar. In vielen Fällen können wir weiterhin annehmen, dass die Flüssigkeit inkompressibel ist, d. h. ihr Volumen unter der Einwirkung von äußeren Kräften sich nicht verändert. Dies ist zwar nicht streng erfüllt: Auch Flüssigkeiten sind elastisch; doch ist ihre Kompressibilität nur klein, so dass man sie in vielen Fällen vernachlässigen kann. Die idealisierende Annahme der Inkompressibilität ist natürlich in der gleichen Absicht gemacht, wie die Bildung des Begriffs „starrer Körper", nämlich um die Behandlung der Erscheinungen zu vereinfachen.

Im Gegensatz zu Flüssigkeiten sind alle Gase leicht komprimierbar. Sie besitzen eine große Kompressibilität. Dagegen ist die innere Reibung bei Gasen etwa 100-mal kleiner als bei Flüssigkeiten, so dass man bei Gasen von der inneren Reibung zunächst vollkommen absehen kann.

10.2 Druck und Druckmessung

Druck. Als *Druck p* bezeichnet man den Quotienten aus dem Betrag der senkrecht zu einer Fläche A wirkenden Kraft $F_\perp$ und dieser Fläche:

$$p = \frac{F_\perp}{A}.$$ (10.1)

Der Index $\perp$ wird oft weggelassen. Die Einheit des Drucks ist N/m². Dieser Einheit hat man den besonderen Namen *Pascal* gegeben (nach Blaise Pascal, 1623–1662) mit dem Einheitenzeichen Pa; 1 Pa $= 1$ N/m². Für 10^5 Pa kann auch die Bezeichnung Bar (Einheitenzeichen: bar, dementsprechend gilt: 1 mbar $=$ 1 hPa) verwendet werden. Der Druck hat gemäß seiner Definition skalaren Charakter. Wenn er in Zeichnungen trotzdem manchmal als Pfeil dargestellt wird, ist immer die entsprechende Kraft $F_\perp$ gemeint. In Abb. 10.1 sind einige Zahlenwerte für Drücke zusammengestellt.

Die bemerkenswerteste Eigenschaft des Drucks in Flüssigkeiten und Gasen ist seine *Isotropie*. Man kann das mit der Anordnung in Abb. 10.2 demonstrieren. Ein Modellversuch ist in Abb. 10.3 dargestellt. Beim Zusammendrücken eines Festkörpers *Fk* wird der Druck im Wesentlichen in der Kraftrichtung übertragen. Bei einem Flüssigkeitsmodell *Fl* aus Stahlkugeln wirkt der Druck gleichmäßig nach allen Seiten. Die leicht gegeneinander verschiebbaren Stahlkugeln repräsentieren die Flüssigkeitsmoleküle.

Die Isotropie des Drucks wurde schon von Pascal erkannt. Eine wichtige Anwendung dieser Beobachtung ist die *hydraulische Presse*, die wir vom Wagenheber bzw. von der

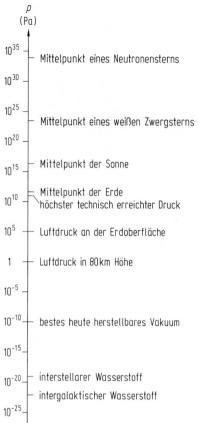

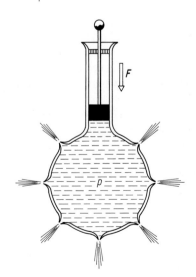

Abb. 10.1   Größenordnung von Drücken

Abb. 10.2   Nachweis der Isotropie des Drucks in einer Flüssigkeit

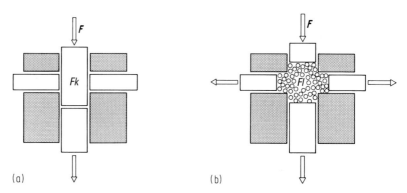

Abb. 10.3 Modellversuch zum Nachweis der Druckverteilung im Festkörper (a) und in einer Flüssigkeit (b)

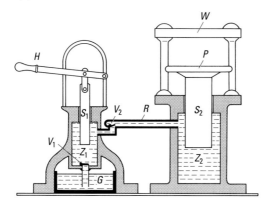

Abb. 10.4 Schnittzeichnung einer hydraulischen Presse

Flüssigkeitsbremse in Fahrzeugen her kennen. Eine hydraulische Presse besteht nach Abb. 10.4 aus zwei durch eine Rohrleitung R verbundenen zylindrischen Gefäßen Z_1 und Z_2, in denen sich zwei Kolben S_1 und S_2 von verschiedener Querschnittsfläche bewegen können. Beide Gefäße und die Rohrleitung sind mit einer Flüssigkeit (Wasser oder Öl) gefüllt. Die Querschnittsfläche des Kolbens S_1 sei 1 cm^2, der von S_2 100 cm^2. Drückt man den Kolben S_1 mit einer Kraft $F_1 = 10$ N in das Gefäß Z_1 hinein, so übt man auf die Flüssigkeit einen Druck von 10 N/cm^2 $= 10^5$ Pa aus. Dieser Druck herrscht dann auch im Zylinder Z_2, so dass der Kolben S_2 mit einer Kraft F_2 (Druck mal Fläche $= 10^5$ Pa $\cdot 10^{-2}$ m^2) von 1000 N nach oben gedrückt wird. Mit dieser Kraft drückt die auf dem oberen Ende des Kolbens S_2 befestigte Platte P auch gegen einen Körper, den man zwischen P und dem Widerlager W einsetzen kann. Die hydraulische Presse stellt also eine Maschine dar, die ähnlich wie der Hebel oder der Flaschenzug eine gegebene Kraft vergrößert. Das Übersetzungsverhältnis ist dabei durch das Verhältnis der Kolbenquerschnittsflächen gegeben. Arbeit wird indessen auch hier nicht gewonnen, denn wenn der Kolben S_1 um eine Strecke $s_1 = 1$ cm verschoben wird, hebt oder senkt sich S_2 nur um die Strecke $s_2 = 0.01$ cm, so dass die Produkte $F_1 s_1$ und $F_2 s_2$ gleich sind. Damit bei mehrmaligem Herunterdrücken des Kolbens S_1 die Flüssigkeit nicht zwischendurch wieder aus dem Gefäß Z_2 zurückfließt, sind zwei Ventile V_1 und

V_2 angebracht. V_2 lässt die Flüssigkeit nur nach Gefäß Z_2 hinübertreten, während V_1 beim Heben von Kolben S_1 Flüssigkeit aus dem Vorratsgefäß G in den Zylinder Z_1 hineinlässt.

In der Technik benutzt man hydraulische Pressen zur Hebung großer Lasten sowie zur Erzeugung sehr hoher Drücke (Schmiede- und Biegepressen, Kelterpressen usw.). Es werden heute Pressen gebaut, mit denen Drücke bis zu 1 Mbar = 10^{11} Pa ausgeübt werden können.

Eine weitere Anwendung findet die allseitige Druckverteilung in den Flüssigkeitsbremsen der Kraftfahrzeuge. Dabei wird durch einen Fußhebel ein Druck auf die Bremsflüssigkeit (meistens Öl) ausgeübt, der sich durch eine Rohrleitung auf die Bremsbacken der Räder überträgt und sie an die Bremstrommeln drückt.

Druckmessgeräte oder Manometer. Die Messung eines Drucks erfolgt über die Bestimmung der Kraft, die er auf eine Fläche von bekannter Größe ausübt. Diese Kraft lässt sich mit den in Kap. 3 besprochenen Methoden bestimmen: durch Vergleich mit einer Gewichtskraft oder einer Federkraft, einer elektrischen oder magnetischen Kraft. Bei Druckmessungen und Druckangaben muss man darauf achten, ob sie absolut gemeint sind, dass heißt auf vollständiges Vakuum ($p = 0$) bezogen, oder relativ, das heißt auf den Luftdruck p_0 der Umgebung bezogen sind. Im ersten Fall ist der Druck immer positiv, im zweiten Fall kann er positiv (Überdruck, $p > p_0$) oder negativ (Unterdruck, $p < p_0$) sein. (Im Englischen heißen relative Druckangaben *gage pressure*.)

Das einfachste Druckmessinstrument ist ein *Flüssigkeitsmanometer*. Es beruht auf dem von E. Torricelli (1608 – 1647) angegebenen Prinzip (vgl. Abb. 10.24). Die zu messende Druckkraft wird mit der Gewichtskraft einer Flüssigkeitsmenge verglichen. Man verwendet das sogenannte *U-Rohr-Manometer* in zwei Ausführungsformen: als geschlossenes oder als offenes Gerät (Abb. 10.5). Das Manometer wird bis zur Null-Linie mit Flüssigkeit der Dichte ϱ gefüllt. In der geschlossenen Form befindet sich in beiden Schenkeln über der Flüssigkeit zunächst Luft vom Atmosphärendruck p_0. Dann wird der Hahn H geschlossen und das Manometer über einen Dreiwegehahn D mit dem Gefäß G verbunden. Darin befindet sich das Gas der Dichte ϱ_G, dessen Druck p_x gemessen werden soll. Die Manometerflüssigkeit steigt dann im rechten oder linken Schenkel in die Höhe, je nachdem ob p_x größer oder kleiner als p_0 ist. Der Druck p_x ergibt sich aus der Druckbilanz im tiefsten Punkt des U-Rohrs. Kräftegleichgewicht herrscht, wenn die linksseitige

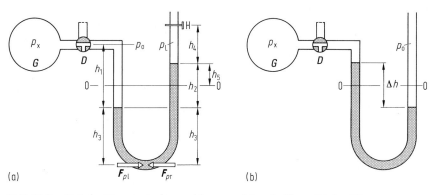

(a)   (b)

Abb. 10.5   U-Rohr-Manometer in geschlossener (a) und offener (b) Ausführung

Druckkraft F_{pl} gleich der rechtsseitigen F_{pr} ist. Es gilt

$$p_l = p_x + \varrho_G g h_1 + \varrho g h_3, \quad p_r = p_L + \varrho g (h_2 + h_3).$$

Der Druck p_L der im rechten Schenkel eingeschlossenen Luft folgt aus Gl. (10.5): $p_L = p_0(h_4 + h_5)/h_4$. Gleichsetzen von p_l und p_r liefert

$$p_x + \varrho_G g h_1 + \varrho g h_3 = p_0 \frac{h_4 + h_5}{h_4} + \varrho g (h_2 + h_3)$$

oder

$$p_x = p_0 \frac{h_4 + h_5}{h_4} + \varrho g h_2 - \varrho_G g h_1.$$

Das in Abb. 10.5b dargestellte offene U-Rohr-Manometer ist noch einfacher, denn hier herrscht rechts über der Flüssigkeit immer der Druck p_0. Ist im Gefäß G Luft, deren Druck gemessen werden soll, so gilt $p_x = p_0 \pm pg\Delta h$. Mit dem geschlossenen Manometer lassen sich relativ hohe Drücke messen, mit dem offenen kleinere Druckdifferenzen $|p_x - p_0|$. Die Empfindlichkeit beider Ausführungsformen kann man durch die Dichte der Manometerflüssigkeit verändern. Ein Wassermanometer ist empfindlicher als ein Quecksilbermanometer ($d\Delta h/dp_x \sim 1/\varrho$).

Auf der Messung elastischer Kräfte beruhen die in Abb. 10.6 skizzierten Geräte: *Dosen-Manometer* und *Bourdon-Manometer* (E. Bourdon, 1808 – 1884). Beim Dosen-Manometer verformt der zu messende Druck eine aus Stabilitätsgründen meist gewellte Membran M, beim Bourdon-Manometer eine kreisförmig gebogene einseitig geschlossene Röhre R. In beiden Fällen wird die Verformung durch einen Hebel H auf einen Zeiger Z übertragen. Das Prinzip zweier moderner Ausführungen von Dosen-Manometern zeigt Abb. 10.7. In Teilbild (a) ist ein elektromagnetischer Druckwandler skizziert. Die Durchbiegung der Membran M durch den Druck p_x wird über eine Stange St auf den Eisenkern K eines Spulensystems Sp übertragen. Die Position von K innerhalb der Spulen bestimmt deren Induktivität, und diese wird mit der in den äußeren Spulen induzierten

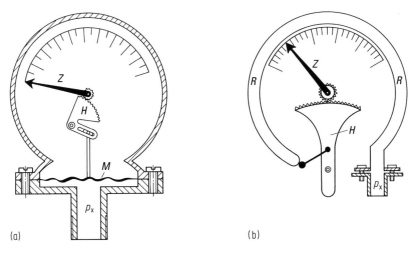

(a)   (b)

Abb. 10.6   Dosen-Manometer (a) und Bourdon-Manometer (b)

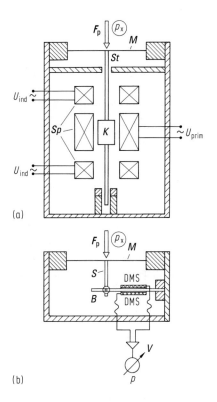

(a)

(b)

Abb. 10.7   Elektromagnetischer (a) und Widerstands-Druckwandler (b)

Spannung U_{ind} gemessen. Über die Primärspannung U_{prim} lässt sich die Empfindlichkeit regulieren. Beim Widerstandsdruckwandler (Abb. 10.7b) überträgt die Stange S die Durchbiegung von M auf einen einseitig fixierten Balken B. Seine Durchbiegung wird mit Dehnungsmessstreifen elektrisch gemessen und über einen Verstärker V der Druckanzeige (p) zugeführt.

Das *Ionisationsmanometer* ist wie die als Triode bekannte Elektronenröhre aufgebaut (Abb. 10.8) und besteht aus einer auf Nullpotential liegenden Kathode K, die von einer auf positivem Potential liegenden Anode A und einem auf negativem Potential liegenden Auffänger C umgeben ist. Die aus der Glühkathode austretenden Elektronen werden von

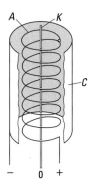

Abb. 10.8   Elektronenröhre als Ionisationsmanometer

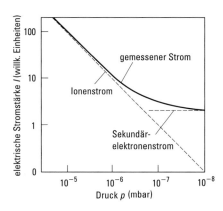

Abb. 10.9 Messgrenze beim Ionisationsmanometer

der positiven Anode angezogen. Sie treffen aber nicht gleich auf die Anode, sondern pendeln oft zwischen der Kathode und dem Auffänger, bis sie schließlich an die dünne Drahtwendel der Anode gelangen. Auf diesem langen Weg stoßen die Elektronen mit Gasatomen zusammen und ionisieren durch Stoß das zu messende Gas. Die positiven Gasionen wandern auf den Auffänger. Der dadurch hervorgerufene Strom ist proportional zum Gasdruck. Der Messbereich eines Ionisationsmanometers umfasst ca. 10^{-3} bis 10^{-7} mbar.

Einen Druck kleiner als 10^{-7} mbar kann man mit dieser Anordnung wegen der auftretenden Röntgenstrahlung nicht messen. Beim Auftreffen der von der Kathode emittierten Elektronen auf die Anode entsteht eine weiche Röntgenstrahlung, die aus dem Auffänger Sekundärelektronen auslöst. Der durch die wegfliegenden Sekundärelektronen entstehende Strom ist druckunabhängig. Er überlagert sich dem druckproportionalen Ionenstrom und täuscht so eine Messgrenze bei ca. 10^{-7} mbar vor (Abb. 10.9).

Bayard und Alpert konnten den Sekundärelektronenstrom durch Veränderung der Röhrengeometrie wesentlich verkleinern. Sie benutzten anstelle des zylinderförmigen Auffängers einen zentrisch angeordneten dünnen Wolframdraht. Die Kathode sitzt jetzt außen. Dadurch treffen nur noch wenige Röntgenstrahlen den Auffänger und entsprechend klein ist der Sekundärelektronenstrom. Mit dieser *Bayard-Alpert-Röhre* können Drücke bis zu 10^{-10} mbar gemessen werden.

Oft möchte man wissen, warum ein Ultrahochvakuum nicht besser wird; man möchte die Art der Moleküle kennen, die das Vakuum verschlechtern und vielleicht auf diese Weise das Leck finden. Hier hilft ein kleines Massenspektrometer, das *Omegatron* genannt wird. Es wird an den Vakuumraum angeschlossen. Das Prinzip ist folgendes: Ein von einer Glühkathode ausgehender Elektronenstrahl wird durch eine Anodenspannung beschleunigt und fliegt in einem parallel zum Strahl verlaufenden starken Magnetfeld zur Anode. Unterwegs ionisiert der Elektronenstrahl die getroffenen Moleküle. Senkrecht zum Elektronenstrahl und senkrecht zum Magnetfeld wirkt ein elektrisches Hochfrequenzfeld. Durch den Einfluss des Magnetfeldes und des Hochfrequenzfeldes bewegen sich die Ionen auf Spiralbahnen; die Ebene der Spiralen steht senkrecht zum Elektronenstrahl und senkrecht zum Magnetfeld. Die Ionen nehmen Energie aus dem Magnetfeld auf und der Radius ihrer Bahn wird immer größer. Schließlich treffen sie auf einen Empfänger; der Strom wird elektrisch gemessen. Durch Variation der Hochfrequenz können die Ionen nach ihrer Masse getrennt werden. Man erhält also ein Massenspektrum, aus dem man die Masse der noch vorhandenen Moleküle ablesen kann.

10.3 Vakuum und Pumpen

Vakuum. Ohne Vakuum würden viele physikalische und technische Geräte und Einrichtungen nicht funktionieren. Nur einige seien erwähnt: Senderöhren, Röntgenröhren, Massenspektrographen, Elektronenmikroskope, Aufdampfanlagen, Teilchenbeschleuniger und Weltraumsimulationskammern.

Seit den ersten berühmten Versuchen Otto von Guerickes (1602 – 1686) in der Mitte des 17. Jahrhunderts ist man bemüht, das Vakuum zu verbessern. Guericke hatte vielleicht den atmosphärischen Luftdruck auf etwa 10% erniedrigen können. Heute ist man in der Lage, den atmosphärischen Luftdruck in mehreren Stufen bis auf den 10^{-13}-ten Teil herabzusetzen. Es gelingt aber nicht, ein Gefäß ganz „luftleer" zu pumpen. Unter „Normalbedingungen" ($0\,^{\circ}$C und 1013 hPa) befinden sich in 22.4 Liter (das entspricht der Stoffmenge von 1 mol) Gas $6.02 \cdot 10^{23}$ Moleküle (Avogadro-Konstante). Das beste Vakuum, das man heute erreichen kann, enthält immer noch etwa 1 Milliarde Moleküle in einem Liter.

Wie weit ein Raum evakuiert ist, wird durch den Druck angegeben, den die im Vakuum verbleibende Luft bzw. das verbleibende Gas noch ausübt. Um den großen, als Vakuum bezeichneten Druckbereich von etwa 16 Zehnerpotenzen zu gliedern, unterscheidet man zwischen

Grobvakuum: 10^4 Pa (10^2 mbar) bis 10^2 Pa (1 mbar),
Feinvakuum: 10^2 Pa (1 mbar) bis 10^{-1} Pa (10^{-3} mbar),
Hochvakuum: 10^{-1} Pa (10^{-3} mbar) bis 10^{-5} Pa (10^{-7} mbar),
Ultrahochvakuum (UHV): unter 10^{-5} Pa (10^{-7} mbar).

Die einzelnen Vakuumbereiche unterscheiden sich auch physikalisch. So nimmt mit abnehmendem Druck die *mittlere freie Weglänge* der Gasteilchen zu. Während sie bei 1 bar nur etwa 10^{-7} m beträgt, erreicht sie bei 10^{-6} bar mit 0.1 m übliche Gefäßabmessungen und beträgt bei 10^{-13} bar bereits 1000 km. Daraus ergibt sich ein druckabhängiges Strömungsverhalten des Gases, was für den Auspumpvorgang von entscheidender Bedeutung ist. Während im Grobvakuum noch eine kontinuierliche laminare Gasströmung vorliegt, stoßen die Moleküle im Hochvakuum und Ultrahochvakuum erst viele Male gegen die Wände, bevor sie andere Teilchen treffen. Ferner ist für diesen Druckbereich charakteristisch, dass nicht mehr das Volumen des Gefäßes, sondern die Beschaffenheit seiner Oberfläche von entscheidender Bedeutung ist. Die Zahl der dort adsorbierten Teilchen übertrifft dann die Zahl der frei beweglichen beträchtlich. Da durch Desorption ständig Gas frei wird, bilden die Wände praktisch ein Leck.

Pumpen. Seit den Versuchen Guerickes, der eine *Kolbenpumpe* mit Dreiwegehahn benutzte, ist eine große Zahl von verschiedenartigen Vakuumpumpen konstruiert worden. Für die Erzeugung eines Grob- und Feinvakuums wird heute im Laboratorium und in der Technik fast ausschließlich die von Wolfgang Gaede (1878 – 1945) angegebene *Drehschieberpumpe* gebraucht. Abb. 10.10 zeigt ein Schnittbild. In einem metallischen Hohlzylinder *A* dreht sich in Pfeilrichtung ein exzentrisch gelagerter Vollzylinder *B*, der an der Stelle *G* den inneren Zylindermantel berührt. Zwei Metallschieber S_1 und S_2, die durch eine Feder auseinandergedrückt werden, gleiten entlang der Wandung. Dabei schieben sie die am Saugstutzen eingetretene Luft vor sich her und geben sie schließlich über

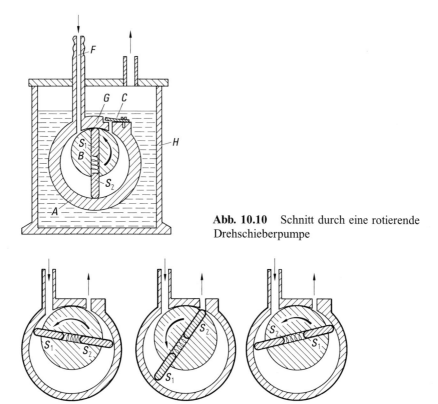

Abb. 10.10   Schnitt durch eine rotierende Drehschieberpumpe

Abb. 10.11   Drei aufeinanderfolgende Schieberstellungen einer rotierenden Drehschieberpumpe

das ölüberlagerte Ventil C nach außen ab. In Abb. 10.11 sind drei aufeinanderfolgende Stellungen des Rotors dargestellt.

Das erreichbare Endvakuum beträgt etwa 10^{-3} mbar. Schaltet man einige Pumpen dieser Art nacheinander, dann erreicht man ein Endvakuum von 10^{-7} mbar. Diese Pumpenart wird in der Technik und im Laboratorium meist als sogenannte „Vorvakuumpumpe" oder einfach als „Vorpumpe" verwendet. Denn die Pumpen, die ein höheres Vakuum erzeugen können, sind nicht fähig, gegen einen höheren Druck als 1 mbar zu arbeiten.

Für den Hochvakuumbereich bis herab zu 10^{-7} mbar verwendete man noch vor einigen Jahrzehnten anfangs die Quecksilberdiffusionspumpe und später die Öldiffusionspumpe. Heute sind diese Pumpen fast vollständig durch die Turbomolekularpumpen verdrängt. Diese eignen sich vorzüglich für den Hoch- und Ultrahochvakuum-Bereich. Man erreicht einen Druck von 10^{-7} mbar und kleiner.

Den Aufbau einer dreistufigen *Diffusionspumpe* zeigt Abb. 10.12. Die Pumpe besteht aus Stahl und hat einen Pumpenkörper A und ein herausnehmbares ringförmiges Düsensystem B. Ein Teil der Wand des Pumpenkörpers C wird mit Wasser gekühlt. Am Boden befindet sich eine Heizplatte D. Die Vorvakuumpumpe (z. B. eine Drehschieberpumpe) wird bei E angeschlossen und der zu evakuierende Rezipient auf den Flansch F montiert. Das Treibmittel G befindet sich über der Heizplatte. Bei der hier gezeigten Pumpe ist das Treibmittel Öl.

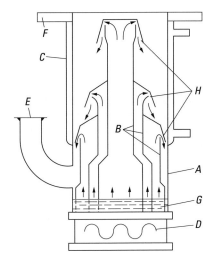

Abb. 10.12   Schnitt durch eine dreistufige Diffusionspumpe aus Stahl

Die Pumpe arbeitet folgendermaßen: Das Treibmittel wird erhitzt; der Dampf steigt in den Röhren B nach oben. Danach tritt er aus den Düsen H als Dampfstrahl mit hoher Geschwindigkeit aus und verbreitet sich schirmartig. Schließlich kondensiert er an der gekühlten Außenwand. Es sei zunächst die oberste Düse betrachtet. In dem aus ihr austretenden Dampfstrahl ist der Partialdruck des abzupumpenden Gases praktisch gleich null. Daher diffundiert das Gas in diesen hinein und wird mitgerissen. So bekommen die Gasmoleküle eine besonders große Geschwindigkeitskomponente in Richtung Vorvakuum (hier also nach unten). Dieser Vorgang wiederholt sich an der mittleren und unteren Düse, wobei das abzusaugende Gas immer weiter verdichtet wird. Die Größe dieser Kompression ist erstaunlich. Herrscht beispielsweise am Ansaugstutzen ein Vakuum von 10^{-7} mbar, so wird das Gas bei einem üblichen Vorvakuum von 10^{-2} mbar um den Faktor 10^{5} verdichtet.

Das Saugvermögen von Diffusionspumpen ist außer von ihrer Konstruktion wesentlich von der Art des abzupumpenden Gases abhängig. Zwischen der Pumpe und dem Rezipienten, also dem Gefäß, das ausgepumpt werden soll, wird eine Kühlfalle geschaltet, damit das Treibmittel nicht in den Rezipienten gelangt.

Heute werden überwiegend *Turbomolekularpumpen* benutzt. Als Vorpumpen dienen Drehschieberpumpen. Die Turbomolekularpumpen haben kreisförmig angeordnete Turbinenschaufeln, die mit sehr hoher Geschwindigkeit rotieren. Die Umdrehungsfrequenz beträgt bis zu $70\,000\ \text{min}^{-1}$. – Wenn Moleküle auf eine Wand treffen, werden sie stets adsorbiert und verlassen die Wand nach einer gewissen Verweilzeit wieder mit einer mittleren Geschwindigkeit, die der Wandtemperatur entspricht. Wird die Wand nun mit einer hohen Geschwindigkeit bewegt, dann überlagert sich der mittleren Geschwindigkeit der Moleküle eine Bewegung der Moleküle in Richtung der Wandbewegung. Wegen der hohen Umdrehungsfrequenz ist die Geschwindigkeit der Schaufeln außen von der Größenordnung der mittleren Geschwindigkeit der Moleküle. Die schnell bewegten Schaufeln der Turbine erzeugen damit eine Strömung des Gases. Auf der einen Seite wird die Zahl der Moleküle und damit der Druck verkleinert, auf der anderen Seite erhöht. Hier werden die Moleküle der Vorpumpe zugeführt. Das Kompressionsverhältnis beträgt bis zu 10^{10}!

Die rotierenden Schaufeln einer Turbomolekularpumpe sind flache Plättchen, die aus einem vollen Metallstück (eine hochfeste Aluminiumlegierung) geschnitten und danach

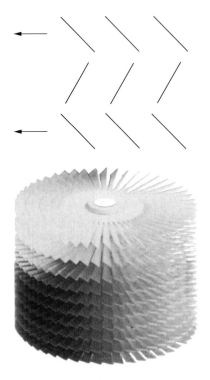

Abb. 10.13   Schaufeln einer Turbomolekularpumpe, oben und unten die schnell bewegten
Schaufeln des Rotors, in der Mitte die Leit-
schaufeln des Stators

Abb. 10.14   Rotoreinheit einer Turbomolekularpumpe (Typ Turbovac 50 der Firma
Leybold AG)

geschlitzt werden. Die Plättchen haben außen eine Breite von etwa 5 mm; sie werden so
verdreht, dass eine Schrägstellung der Plättchen entsteht (Abb. 10.13). Auf der Hochvaku-
umseite ist die Neigung der Plättchen größer als auf der Vorvakuumseite. Abb. 10.14 zeigt
den Rotor einer Turbomolekularpumpe: neun Schaufelkränze befinden sich übereinander.
(Andere Pumpen haben bis zu 20 Schaufelebenen des Rotors.) Der Durchmesser ist 6.5 cm,
die Höhe 5 cm. Die Plättchenkränze des ruhenden Stators liegen zwischen den Ebenen
der Schaufeln des Rotors und werden von außen gehalten. Sie sind halbkreisförmig angeordnet und werden von außen bei der Montage zwischen die Schaufelebenen des Rotors
geschoben. Bei Reparaturen können die beiden Statorpakete leicht wieder auseinandergezogen werden. – Der Enddruck liegt bei etwa 10^{-10} mbar. Der Antrieb erfolgt durch einen
Elektromotor. Zum Erreichen der hohen Drehfrequenz ist ein elektronischer Frequenz-
wandler erforderlich. Das Motorgehäuse muss gekühlt werden, entweder mit Luft oder
mit Wasser. Die Lager werden mit einem Spezialfett geschmiert. Um zu vermeiden, dass
Kohlenwasserstoffmoleküle in den Hochvakuumraum gelangen, gibt es auch schon Pum-
pen mit magnetischer Aufhängung des Rotors und auch solche mit Luftlagern. – Soll der
Druck kleiner als 10^{-8} mbar werden, muss die Turbomolekularpumpe ausgeheizt werden,
damit die an den Metallwänden adsorbierten Gase sich lösen und abgepumpt werden.
Zu diesem Zweck sind viele Pumpentypen mit einer Heizmanschette ausgerüstet. Die
Ausheiztemperatur beträgt bis zu 350 °C. – Turbomolekularpumpen besitzen eine lange
Lebensdauer; nur die Kugellager müssen alle zwei bis drei Jahre ausgewechselt werden,
wenn die Pumpe ununterbrochen läuft.

Für einige Anwendungsgebiete braucht man ein vollkommen treibmittel-, schmiermit-
tel- und dichtungsmittelfreies Ultrahochvakuum, so z. B. bei Teilchenbeschleunigern,

Speicherringen oder Molekularstrahlapparaturen. Hier haben sich *Getterpumpen* ausgezeichnet bewährt (Getter, von to get = erhalten, fangen, greifen). Das Prinzip besteht darin, dass frisch verdampfte Metalle, die sich an den Gefäßwänden als Metallspiegel niederschlagen, Gase in beträchtlicher Menge adsorbieren können. Als Gettermetall wird vor allem Titan, ferner auch eine Legierung von 85 % Zirkon und 15 % Aluminium, oder auch Barium, benutzt. Die Edelgase und andere chemisch inaktive Gase werden allerdings nicht adsorbiert. Verwendet man eine Turbomolekularpumpe in Kombination mit einer Getterpumpe, so erreicht man leicht einen Druck von 10^{-12} mbar.

Um auch die nicht adsorbierbaren Gase aus dem Vakuum zu entfernen, kann man *Ionengetterpumpen* verwenden. Die noch vorhandenen Gasmoleküle bzw. Atome werden durch Elektronen, die aus einer Glühkathode kommen und durch ein elektrisches Feld beschleunigt werden, ionisiert, also elektrisch positiv geladen. Die vorher aufgedampfte Getterschicht wird negativ geladen. Die positiven Gasionen werden im elektrischen Feld beschleunigt und treffen mit hoher Geschwindigkeit auf die Getterschicht. Dabei dringen sie in die Getterschicht ein (*Ionenimplantation*) und können nicht wieder hinaus.

Bei der *Ionenzerstäuberpumpe* wird das Gettermaterial durch Kathodenzerstäubung in einer Gasentladung verdampft. Die Kathodenzerstäubung beruht darauf, dass positive Ionen mit hoher Geschwindigkeit auf die metallische Kathode treffen und diese dabei zerstäuben, d. h. Metallatome herausschlagen. Handelt es sich um ein Gettermetall, z. B. Titan, entstehen überall an den Gefäßwänden neue, absorbierende Getterflächen. Hinzu kommt, dass auch die Gasatome (Edelgase), von denen der Vakuumraum befreit werden soll, ionisiert werden und im elektrischen Feld als positive Ionen mit hoher Geschwindigkeit auf die Kathode fliegen, tief in das Metall eindringen und unter etwa 10 Atomlagen steckenbleiben (Ionenimplantation). Diese zweifache Pumpwirkung durch Gettern und Ionenimplantation ist sehr wirksam. Allerdings können sehr große Molekülionen, z. B. von Kohlenwasserstoffen, nicht in das Kristallgitter des Metalls eindringen. Zur Erhöhung der Trefferwahrscheinlichkeit der Elektronen, die die Gasatome bzw. -moleküle ionisieren sollen, wird ein Magnetfeld angelegt, dessen Richtung senkrecht auf der Oberfläche des massiven Gettermetalls, also auf Kathode, steht. Dadurch beschreiben die Elektronen Kreise, und ihr Weg wird wesentlich länger, während die viel schwereren Ionen kaum beeinflusst werden.

Schematisch ist eine Ionenzerstäuberpumpe in Abb. 10.15 dargestellt. Sie besteht aus zwei massiven Titankathoden K und einer zwischen ihnen liegenden wabenähnlichen Anode A, an die eine elektrische Gleichspannung von einigen tausend Volt gelegt wird. Überlagert wird die Anordnung von einem konstanten starken Magnetfeld B, dessen Feld-

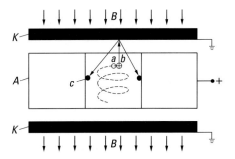

Abb. 10.15 Prinzip einer Ionenzerstäuberpumpe

linien senkrecht auf den Kathodenplatten stehen. In dem Gas, das sich in der Pumpe befindet, bildet sich infolge des hohen elektrischen Feldes eine Gasentladung aus. Dabei wandern die Elektronen *a*, vom Magnetfeld abgelenkt, auf langen Schraubenbahnen zur Anode. Dies ist wichtig, damit die Gasentladung bei niedrigen Drücken nicht abreißt. Die durch Stoß der Elektronen mit den Gasteilchen gebildeten positiven Gasionen *b* treffen, vom Magnetfeld wegen ihrer großen Masse kaum beeinflusst, mit einer Energie von etwa 1000 eV auf die Kathoden auf und zerstäuben dabei das Kathodenmaterial. Es schlägt sich anschließend auf der Anode *c* und im übrigen Pumpenraum nieder und bildet so immer neue adsorbierende Getterflächen.

Auch *Kryopumpen* (Kryo, griech. = Kälte) haben erheblich an Bedeutung gewonnen. Sie bestehen aus Metallflächen, die auf die Temperatur des flüssigen Stickstoffs bzw. Heliums abgekühlt werden. Die Temperatur des siedenden flüssigen Stickstoffs ist 77.3 K, die des siedenden flüssigen Heliums 4.2 K. Wegen der Explosionsgefahr wird flüssiger Wasserstoff – Siedetemperatur 20 K – nicht gern verwendet. Die abzupumpenden Gase kondensieren entweder auf gekühlten Metallflächen oder an besonders geeigneten Stoffen, die sich im Vakuumraum befinden. Solche Stoffe, also Adsorbenzien, sind vor allem sogenannte *Molekularsiebe*. Sie heißen so, weil sie wegen ihres molekularen Aufbaus geradlinige Moleküle eindringen lassen, also adsorbieren, während sie größere, vor allem verzweigte Moleküle zurückhalten. Daher der Ausdruck „Siebe". Für die Kryopumpen eignen sich besonders die synthetisch hergestellten Zeolithe. (Zeolithe sind M-Aluminiumsilikate, wobei M ein Metall wie Natrium, Calcium oder Lithium bedeutet.) Ein Zeolith kann eine sehr große Gasmenge aufnehmen. Zur Wiederverwendung wird es bei etwa 350 °C ausgeheizt; das vorher adsorbierte und durch die Erhitzung frei werdende Gas wird abgepumpt. An ein Vakuumgefäß sind zweckmäßig zwei getrennte Kryopumpen angeschlossen: während die eine gekühlt ist und pumpt, wird die andere ausgeheizt und das frei werdende Gas von der Vorpumpe abgesaugt. Zur Ausheizung sind außerhalb des Pumpenkörpers Heizmanschetten angebracht. Das Saugvermögen ist außerordentlich groß. Im Allgemeinen werden Kryopumpen im Bereich unterhalb von 10^{-4} mbar verwendet. Das Endvakuum (unter 10^{-11} mbar) ist dadurch begrenzt, dass Helium, das sich ja auch in sehr geringer Menge in der Luft befindet, bei der Temperatur des flüssigen Heliums nicht kondensieren kann. Es sei bemerkt, dass alle Gase bei Verwendung von flüssigem Helium für die Kryopumpe als feste Stoffe kondensieren, also als feste Luft, festes CO_2, usw.

Obwohl heute die Treibmittel, Dichtungsfette und Schmieröle bei Kühlwassertemperatur einen sehr niedrigen Dampfdruck haben, gelangen dennoch Moleküle dieser Stoffe leicht in den Vakuumraum. Um dies zu vermeiden, schaltet man zwischen Vakuumraum und Pumpe eine Dampfsperre (*Baffle*). Die Moleküle werden bei ihrer Diffusion zwischen Pumpe und Vakuumraum auf Umwegen so geführt, dass jedes Molekül im Mittel wenigstens einmal auf eine tief gekühlte Fläche trifft, wo es kondensiert und festgehalten wird.

10.4 Kompressibilität

Kompressibilität von Flüssigkeiten. Im Gegensatz zu festen Körpern besitzen Flüssigkeiten und Gase bei nicht zu schnellen Krafteinwirkungen nur eine einzige elastische Konstante, die *Kompressibilität.* „Nicht zu schnell" heißt hier: Die Kraft soll sich innerhalb der Zeit nicht merklich ändern, die eine Schallwelle braucht, um die Probe zu durchqueren ($v_{\text{Schall}} \approx 1000\,\text{m/s}$). Mit einer Druckzunahme ist in der Flüssigkeit stets eine Volumenabnahme verbunden. Proportionalitätsfaktor ist der *Kompressionsmodul K.* Dafür gilt die Definitionsgleichung

$$K = -V \frac{\mathrm{d}p}{\mathrm{d}V}. \tag{10.2}$$

Der Kehrwert des Kompressionsmoduls K wird *Kompressibilität κ* genannt:

$$\kappa = \frac{1}{K} = -\frac{1}{V}\frac{\mathrm{d}V}{\mathrm{d}p}. \tag{10.3}$$

Obwohl die Kompressibilität der Flüssigkeiten größer ist als die der Festkörper, hat sie absolut genommen doch noch so kleine Werte, dass es zu ihrem Nachweis besonders empfindlicher Apparate bedarf. Man nennt sie *Piezometer.* In Abb. 10.16 ist die von Hans Christian Oersted (1777 – 1851) angegebene Form dargestellt. Die zu untersuchende, vollkommen luftfreie Flüssigkeit befindet sich in einem Glasballon *G* mit einer Kapillare *K.* Die Flüssigkeit ist gegen den Außenraum dadurch abgeschlossen, dass die Kapillare nach unten in einem Gefäß *A* mit Quecksilber endet. Die ganze Anordnung ist in einem weiteren Gefäß *B* untergebracht, das vollkommen mit Wasser gefüllt ist. Das Gefäß *B* ist oben durch einen Stempel *S* abgeschlossen, der es ermöglicht, auf das Wasser einen Druck auszuüben. Dieser Druck breitet sich über das Quecksilber auch auf die im Gefäß *G* eingeschlossene Flüssigkeit aus und drückt sie zusammen. Ihre Volumenverminderung ist am Hochsteigen des Quecksilbers in der Kapillare zu erkennen und kann bei bekannter Querschnittsfläche der Kapillare aus der Steighöhe des Quecksilbers ermittelt werden.

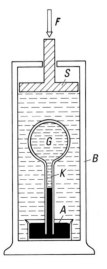

Abb. 10.16   Piezometer nach Oersted

Tab. 10.1   Kompressibilität einiger Flüssigkeiten bei 20 °C

Substanz	κ in 10^{-6} bar^{-1}*	Substanz	κ in 10^{-6} bar^{-1}*
Aceton	126	Öl	47
Benzol	90	Pentan	242
Cyclohexan	118	Quecksilber	4
Diethyläther	171	Schwefelkohlenstoff	90
Ethylalkohol	110	Terpentin	79
Glycerin	28	Tetrachlorkohlenstoff	111
Heptan	120	Wasser	46
Methanol	120		

*10^{-6}bar$^{-1} = 10^{-11}$ Pa^{-1}

Da der Glasballon G außen und innen unter dem gleichen Druck steht, ändert sich sein Volumen während der Kompression der Flüssigkeiten nicht. Dies war Oersteds Trick, um die Änderung des Gefäßvolumens bei der Kompression zu vermeiden.

In Tab. 10.1 sind Messwerte der Kompressibilität verschiedener Flüssigkeiten zusammengestellt. Für Wasser wäre demnach ein Druck von rund 1000 bar notwendig, um eine Volumenverringerung von nur 5 % zu bewirken. Man erkennt ferner aus der Tabelle, dass die Werte von κ für Flüssigkeiten etwa 20- bis 100-mal größer sind als für feste Stoffe (vgl. Tab. 9.6). Das beruht auf den etwas größeren Abständen der Moleküle in Flüssigkeiten; denn bei der Kompression wird der freie Raum zwischen den Molekülen verkleinert. Die Berechnung der Kompressibilität einer Flüssigkeit aus einer einfachen Zustandsgleichung $V(p)$ wie bei den Gasen ist bis heute nicht möglich, da es keine einfachen Zustandsgleichungen für Flüssigkeiten gibt (s. Bd. 5).

Eine moderne und bequeme Methode zur Bestimmung der Kompressibilität von Flüssigkeiten beruht auf der Messung der Schallgeschwindigkeit v. Schallwellen von nicht zu hoher Frequenz ($f \leq 100$ MHz) breiten sich in Flüssigkeiten als Dichtewellen aus (s. Kap. 13). Daher sind sie zur Messung der Kompressibilität gut geeignet. Es gilt die Beziehung

$$v = \sqrt{\frac{K}{\varrho}} \qquad (10.4)$$

mit der Massendichte ϱ. Beim Vergleich der Messwerte des Piezometers und einer Ultraschallanordnung ist Folgendes zu beachten: Mit jeder Kompression eines Stoffes ist eine Energiezufuhr $\Delta E = -p\Delta V$ verbunden ($\Delta E > 0$ für $\Delta V < 0$). Diese bewirkt in vielen Fällen eine Erwärmung. Erfolgt die Kompression so langsam, dass die entsprechende Temperaturerhöhung durch Wärmeaustausch mit der Umgebung ausgeglichen wird, so erhält man die „isotherme" Kompressibilität κ_T (Index T für konstante Temperatur). Das ist beim Piezometer meistens der Fall. Bei der Schallgeschwindigkeitsmessung erfolgen Kompression und Dilatation eines Flüssigkeitsvolumens aber so schnell, dass der Wärmetransport durch seine Oberfläche nicht mitkommt. Die Flüssigkeit erfährt dann lokal einen periodischen Temperaturwechsel im Rhythmus der Schallschwingungen. Auf diese Weise misst man eine „adiabatische" Kompressibilität κ_S (Index S für konstante Entropie). Die adiabatische Kompressibilität ist stets kleiner als die isotherme (s. Gln. (10.7) und (10.9)).

In diesem Zusammenhang sei noch ein Versuch angeführt, der zeigt, dass auch infolge starker gegenseitiger Anziehung von Flüssigkeitsmolekülen, also ohne äußeren Druck, eine erhebliche Volumenverminderung eintreten kann. Schichtet man z. B. in einem Messzylinder 50 cm³ Wasser und 50 cm³ Alkohol übereinander, so ergibt das zunächst ein Flüssigkeitsvolumen von 100 cm³. Mischt man nun beide Flüssigkeiten miteinander durch Schütteln, so geht das Volumen auf 96.3 cm³, also um 3.7 % zurück. Bei diesem Versuch werden die Anziehungskräfte zwischen den Molekülen des Wassers und des Alkohols sichtbar. Denn um eine Volumenverringerung von 3.7 % bei dem Wasser-Alkohol-Gemisch hervorzurufen, wäre ein äußerer Druck von rund 540 bar nötig.

Auf der sehr kleinen Kompressibilität des Wassers beruht auch folgender Versuch: Schießt man eine Gewehrkugel in eine oben offene, mit Wasser gefüllte Holzkiste, so wird die Kiste vollkommen zertrümmert. Da das Wasser infolge seiner Trägheit nicht schnell genug nach oben ausweichen kann, wird es durch die eingedrungene Kugel um deren Volumen zusammengepresst, wodurch es zur Bildung extrem hoher Drücke kommt, die den Behälter zerstören.

Kompressibilität von Gasen. Im Gegensatz zu Flüssigkeiten haben Gase eine sehr große Kompressibilität. Man kann in eine Stahlflasche von wenigen Litern Inhalt viele hundert Liter Luft von Atmosphärendruck hineinpressen. Den Zusammenhang zwischen Druck und Volumen einer gegebenen Gasmenge beschreibt folgender Versuch: In einem vertikalen Standzylinder S (Abb. 10.17a) ist ein Glaszylinder K mit ebenem Boden genau passend eingeschliffen, so dass er den Standzylinder luftdicht abschließt, wenn man die Wandungen etwas anfeuchtet oder einfettet. Das Volumen V der eingeschlossenen Gasmenge lässt sich an einer Teilung ablesen. Das Gas steht dann unter einem Druck p, der vom Gewicht des Kolbens K und dem darauf lastenden äußeren Luftdruck gebildet wird. Verdoppelt man nun den auf das Gasvolumen V ausgeübten Druck durch Aufsetzen von Gewichten m auf das obere Ende des Kolbens, so wird das Volumen des Gases auf die Hälfte verkleinert. Verdreifacht man den Druck, so geht es auf den dritten Teil zurück. Es gilt also $p_1 V_1 = p_2 V_2 = p_3 V_3$ usw. oder allgemein

$$pV = \text{const.} \tag{10.5}$$

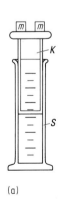
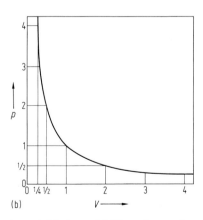

(a)   (b)

Abb. 10.17 Zum Gesetz von Boyle und Mariotte, (a) Versuchsanordnung, (b) Messkurve (in willkürlichen Einheiten)

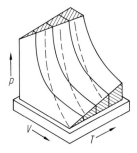

Abb. 10.18 Zustandsfläche $(p - V - T)$ eines idealen Gases (— Isothermen, - - - - Adiabaten)

Dieses Gesetz wurde von Robert Boyle (1627 – 1691) und von Edmé Mariotte (1620 – 1684) entdeckt; es heißt daher *Boyle-Mariotte'sches Gesetz*. Trägt man p über V auf, ergibt sich eine Hyperbel (Abb. 10.17b). Gl. (10.5) ist ein Spezialfall der „Zustandsgleichung" eines idealen Gases,

$$pV = Nk_{\mathrm{B}}T, \tag{10.6}$$

die in der Wärmelehre ausführlich behandelt wird (N = Anzahl der Moleküle, k_{B} = $1.38 \cdot 10^{-23}$ J/K = Boltzmann-Konstante, T = absolute Temperatur). Für konstante Temperatur folgt daraus Gl. (10.5). Es ist also wichtig, den in Abb. 10.17a skizzierten Versuch so langsam auszuführen, dass die Temperatur des Gases stets durch Wärmeleitung mit der Umgebung ausgeglichen wird und bei jeder Ablesung denselben Wert hat. Für verschiedene Temperaturen liefert die Zustandsgleichung eine Schar parallel zueinander verlaufender *Isothermen* wie in Abb. 10.18.

Aus Gl. (10.5) folgt durch Differenzieren

$$p \, \mathrm{d}V + V \mathrm{d}p = 0.$$

Damit ergibt sich für die isotherme Kompressibilität eines idealen Gases definitionsgemäß (s. Gl. (10.3))

$$\kappa_{\mathrm{T}} = \frac{1}{K_{\mathrm{T}}} = -\frac{1}{V}\left(\frac{\mathrm{d}V}{\mathrm{d}p}\right)_{\mathrm{T}} = \frac{1}{p}. \tag{10.7}$$

Der Index T beim Differentialquotienten ($\mathrm{d}V/\mathrm{d}p$) weist darauf hin, dass die Temperatur bei seiner Ermittlung konstant gehalten werden muss. Die Kompressibilität eines idealen Gases ist also gleich dem Kehrwert des Drucks, unter dem es steht. Für den isothermen Kompressionsmodul selbst findet man dann $K_{\mathrm{T}} = p$. Mit zunehmendem Druck wird κ_{T} kleiner und K_{T} größer. Für $p = 1$ bar ist $\kappa = 1\,\mathrm{bar}^{-1}$, das heißt etwa 20 000-mal größer als für Wasser (s. Tab. 10.1). Die hohe Kompressibilität der Gase findet ihre Erklärung in dem großen gegenseitigen Abstand der Gasmoleküle. Er beträgt in Luft bei Zimmertemperatur etwa das Zehnfache des Moleküldurchmessers. Bei einer Flüssigkeit sind die Moleküle dagegen dicht gepackt (Kugelmodell, Abb. 10.3b). Das hier beschriebene einfache Verhalten (Boyle-Mariotte) gilt, wie gesagt, nur für *ideale Gase*. In solchen ist der Abstand der Moleküle groß gegen ihre Durchmesser und ihre kinetische Energie groß gegen die potentielle Energie ihrer Wechselwirkung untereinander. Bei Zimmertemperatur verhalten sich fast alle leichten Gase annähernd ideal, z. B. H_2, O_2, N_2, F_2, alle Edelgase, Luft, CH_4, CO_2, NO, NO_2, HCl usw. (siehe Teil III und Bd. 5).

Wie bei den Flüssigkeiten gibt es auch bei Gasen einen Unterschied zwischen isothermer und adiabatischer Kompressibilität. In einer Schallwelle folgen Verdichtungen und Verdünnungen des Gases so schnell aufeinander, dass ein Temperaturausgleich mit der Umgebung durch Wärmeleitung nicht mehr möglich ist. Die Boyle-Mariotte-Gleichung (10.5) verliert dann ihre Gültigkeit, ebenso die Formel für die daraus abgeleitete isotherme Kompressibilität $\kappa_T = 1/p$. Im Gegensatz zu den Flüssigkeiten kann man für ideale Gase den Zusammenhang zwischen Druck und Volumen auch bei adiabatischen Vorgängen leicht berechnen. Wie in der Wärmelehre gezeigt wird, gilt dann statt Gl. (10.5)

$$pV^{\gamma} = \text{const.} \tag{10.8}$$

Dabei ist γ eine Zahl, die zwischen 1 und 5/3 liegt. Der Druck im Gas steigt demnach bei einer Volumenänderung im adiabatischen Fall um den Faktor γ stärker an als im isothermen Fall. In Abb. 10.18 sind die *Adiabaten* gestrichelt eingezeichnet. Die Zahl γ bezeichnet das Verhältnis der Wärmekapazitäten bei konstantem Druck und bei konstantem Volumen. Sie hängt vor allem von der Art des Gases, aber auch von der Temperatur ab. Aus Gl. (10.8) folgt durch Differenzieren

$$p\gamma V^{\gamma-1}\mathrm{d}V + V^{\gamma}\,\mathrm{d}p = 0$$

und die adiabatische Kompressibilität κ_S bzw. der adiabatische Kompressionsmodul K_S

$$\kappa_S = \frac{1}{K_S} = -\frac{1}{V}\left(\frac{\mathrm{d}V}{\mathrm{d}p}\right)_S = \frac{1}{\gamma p}. \tag{10.9}$$

Die Größe κ_S ist also stets kleiner als κ_T, weil $\gamma \geq 1$ ist.

Ähnliches gilt für die Kompressibilität „realer Gase", bei denen die Wechselwirkungskräfte zwischen den Molekülen wirksam werden. Die isotherme Kompressibilität ist bei ihnen um einen Faktor $(1 + A_1\,(p/Nk_BT) + A_2\,(p/Nk_BT)^2 + \cdots)^{-1}$ gegenüber dem idealen Gas erniedrigt, wobei die Größen A_1 und A_2 die anziehenden und abstoßenden Kräfte zwischen den Molekülen berücksichtigen.

10.5 Schweredruck in Flüssigkeiten, rotierende Flüssigkeiten

Schweredruck in Flüssigkeiten. Wir berechnen nun den *Schweredruck* in einer Flüssigkeit. Darunter versteht man den Druck in einer gewissen Tiefe, der von dem Gewicht der darüber befindlichen Flüssigkeit herrührt. In Abb. 10.19 sind die Verhältnisse genauer dargestellt. Wir betrachten ein scheibenförmiges Volumenelement der Flüssigkeit mit der kleinen Dicke $\mathrm{d}y$ und der horizontalen Oberfläche A in der Tiefe y unter der Flüssigkeitsoberfläche. Die Dichte der Flüssigkeit sei ϱ und damit die Masse der Scheibe $\varrho A\mathrm{d}y$ und ihr Gewicht $F_g = \varrho g A\mathrm{d}y$. Der Druck sei p in der Tiefe y und $p + \mathrm{d}p$ in der Tiefe $y + \mathrm{d}y$. Die entsprechenden Kräfte auf die Scheibe sind dann pA und $(p + \mathrm{d}p)A$. Damit das Flüssigkeitselement in Ruhe bleibt, müssen diese beiden Kräfte und das Gewicht im Gleichgewicht sein, das heißt

$$(p + \mathrm{d}p)A = pA + \varrho g A\mathrm{d}y.$$

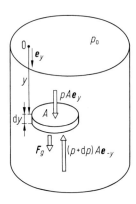

Abb. 10.19 Zur Berechnung des Schweredrucks in einer Flüssigkeit (e_y ist der Einheitsvektor in y-Richtung)

Daraus folgt eine Differentialgleichung für den Schweredruck

$$\frac{\mathrm{d}p}{\mathrm{d}y} = \varrho g. \tag{10.10}$$

Er nimmt wie erwartet mit wachsender Tiefe y zu, entsprechend dem Gewicht der über y befindlichen Flüssigkeit.

Gl. (10.10) lässt sich durch Variablentrennung integrieren:

$$\int_{p_0}^{p} \frac{\mathrm{d}p}{\varrho} = \int_{0}^{y} g \, \mathrm{d}y \tag{10.11}$$

(p_0 ist der Druck an der Oberfläche $y = 0$). Sofern ϱ nicht vom Druck abhängt und g nicht von der Tiefe, ist die Lösung sehr einfach, nämlich

$$p - p_0 = p_\mathrm{s} = \varrho g y. \tag{10.12}$$

Das ist der gesuchte Schweredruck p_s. In vielen Fällen sind die Annahmen $\varrho = $ const und $g = $ const zulässig. Bei einem Druck von 100 bar ändert sich die Dichte von Wasser nach Tab. 10.1 nur um etwa 0.5 %. Ein solcher Druck wird im Meer erst in einer Tiefe von 1000 m erreicht. Die Erdbeschleunigung g ändert sich mit der Tiefe näherungsweise linear im Verhältnis zum Erdradius (Abschn. 6.4), also auf 100 m um etwa $3 \cdot 10^{-5}$. Daher ist Gl. (10.12) für Verhältnisse in der Nähe der Erdoberfläche meistens eine sehr gute Näherung. Der Druck p_0 an der Oberfläche der Flüssigkeit ist entweder der atmosphärische Luftdruck oder er wird durch einen Stempel erzeugt wie in den Abb. 10.2 oder 10.16.

Die Größe des Schweredrucks ist für viele Unterwasseraktivitäten von Bedeutung, wie z. B. für den Tauchsport, die Bohrindustrie, die U-Boot-Technik oder den Betrieb einer Taucherglocke. Im Inneren von Himmelskörpern kann der Schweredruck beträchtliche Werte annehmen. An der Erdoberfläche erzeugt eine Wassersäule von 10 m Höhe einen Druck von 10^5 Pa = 1 bar. In einer Meerestiefe von 10 km herrscht ein Druck von 10^8 Pa = 1000 bar, im Mittelpunkt der Erde $3.5 \cdot 10^{11}$ Pa = $3.5 \cdot 10^6$ bar, im Mittelpunkt der Sonne etwa 10^{16} Pa = 10^{11} bar und im Mittelpunkt eines Neutronensterns etwa 10^{34} Pa = 10^{29} bar.

Wirkungen des Schweredrucks in Flüssigkeiten. Eine technisch wichtige Konsequenz des Schweredrucks ist der Flüssigkeitsspiegel in „kommunizierenden Röhren" (Abb.

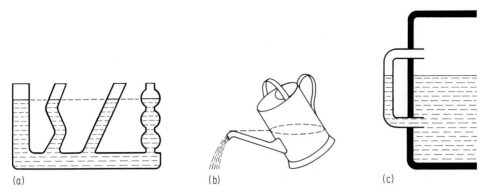

Abb. 10.20 Flüssigkeitsspiegel in kommunizierenden Gefäßen, (a) Prinzip, (b) Gießkanne, (c) Füllstandanzeiger

10.20a). Die Flüssigkeit muss in allen Röhren gleich hoch stehen. Andernfalls wäre der Druck in dem waagerechten Verbindungsrohr unter den Steigrohren an verschiedenen Stellen verschieden groß. Eine solche Druckdifferenz würde die Flüssigkeit in Bewegung setzen, bis sie in allen Steigrohren gleich hoch steht. Auf dem Prinzip der kommunizierenden Röhren beruhen z. B. die Gießkanne und der Füllstandanzeiger bei undurchsichtigen Behältern (Abb. 10.20b, c).

Der Schweredruck sowie die zu Anfang des vorigen Abschnitts erläuterte Isotropie des Drucks (s. Abb. 10.2) verursacht viele weitere Erscheinungen, die wir aus dem Alltag kennen: Die Ausströmungsgeschwindigkeit des Wassers aus einem Behälter hängt von der Füllhöhe ab. Eine lose Platte G haftet am Boden eines in eine Flüssigkeit eingetauchten unten offenen Rohres R (sogenannter „Aufdruck", Abb. 10.21a). Auch die Wirkungsweise von Wassertürmen und Springbrunnen (Abb. 10.21b, c) beruht auf dem Schweredruck. Die Stärke des Seitendrucks ist z. B. für die Dicke von Staumauern an Talsperren wichtig. So muss die Wandfläche einer Staumauer in 100 m Wassertiefe pro Quadratmeter einer Kraft von etwa 10^6 N standhalten, entsprechend dem Gewicht einer Masse von 100 t.

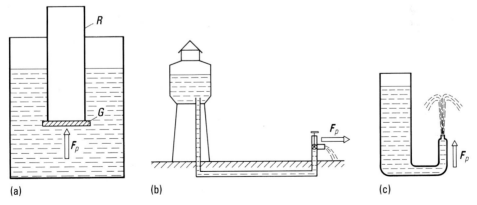

Abb. 10.21 Wirkungen des Schweredrucks, (a) Aufdruck, (b) Wasserturm und Wasserleitung, (c) Springbrunnen. F_p ist die Druckkraft.

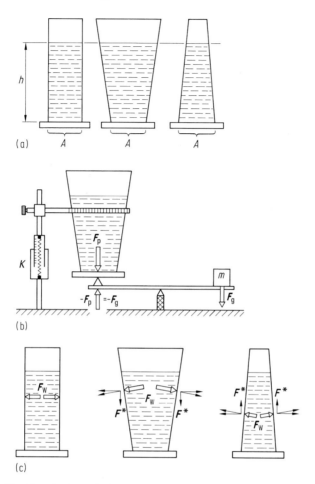

Abb. 10.22 Zum hydrostatischen Paradoxon, (a) drei Gefäße mit gleicher Grundfläche, aber verschiedener Füllmenge, (b) Kompensation der Bodendruckkraft F_p durch eine Gewichtskraft F_g, (c) Komponenten der Wandkraft F_w

Wenig bekannt aus dem Alltag, aber weit verbreitet in Lehrbüchern ist das „hydrostatische Paradoxon" (Abb. 10.22a). In Gefäßen mit gleicher Füllhöhe h, aber verschieden großem Inhalt übt die Flüssigkeit stets denselben Druck p auf den Boden der Gefäße aus („Bodendruck"). Davon kann man sich mit der in Abb. 10.22b skizzierten Anordnung überzeugen. Wenn die Bodenfläche A in allen drei Gefäßen gleich groß ist, braucht man in allen Fällen die gleiche Kraft vom Betrag pA, um der Druckkraft F_p das Gleichgewicht zu halten. Durch das Gewicht F_g einer Masse m lässt sich die Gegenkraft $-F_p = -F_g$ leicht realisieren (Abb. 10.22b). Dabei muss allerdings die Gefäßwand durch ein Stativ separat festgehalten werden. In dieses ist ein Kraftmesser K eingebaut (z. B. eine Federwaage). Selbstverständlich haben die drei Gefäße je nach Füllmenge verschiedenes Gewicht, wenn man sie als Ganzes ohne das Stativ auf die Waage stellt. Die Erklärung für diese scheinbar widersprüchlichen Beobachtungen – gleicher Bodendruck, aber verschiedenes Füllgewicht – liefern die Kräfte an den seitlichen Gefäßwänden. Diese Kräfte stehen in einer ruhenden Flüssigkeit ja immer senkrecht auf der Wand (vgl. Abb. 10.2). Nach Abb. 10.22c verschwindet beim Gefäß mit senkrechten Wänden die Resultierende der Wandkräfte F_w. Bei dem nach oben erweiterten Gefäß bleibt eine Nettokraft $2F^*$ nach unten übrig. Diese wirkt aber nur auf die Seitenwand. Sie wird bei der Bestimmung des Bodendrucks nach Abb. 10.22b durch das Stativ aufgefangen und kann an K abgelesen werden. Bei der Wägung des ganzen Gefäßes ohne Stativ trägt die abwärts gerichtete Wandkraft $2F^*$ dagegen zum Gewicht bei. Im nach oben verengten Gefäß liefern die Wandkräfte eine Resultierende $2F^*$ nach oben. Das Stativ muss eine aufwärts gerichtete Kraft kompensieren. Bei der Wägung ohne Stativ wird die Bodenkraft F_p dann um diese Komponente vermindert.

Rotierende Flüssigkeiten. Bei der Rotation von Flüssigkeiten bilden sich charakteristische Oberflächenformen aus. Lässt man ein mit Wasser gefülltes Gefäß um eine vertikale Achse mit der Winkelgeschwindigkeit ω rotieren, so wirken auf jedes Flüssigkeitsteilchen der Masse m zwei Kräfte: die senkrecht nach unten gerichtete Schwerkraft mg und die radial nach außen wirkende Zentrifugalkraft $mr\omega^2$. Dabei ist r der Abstand des betrachteten Teilchens von der Rotationsachse (Abb. 10.23). Beide Kräfte ergeben eine Resultierende F_r, zu der sich die Flüssigkeitsoberfläche senkrecht einstellt. Aus der Abbildung liest man folgende Beziehung für einen beliebigen Punkt P dieser Oberfläche ab:

$$\tan\alpha = \frac{mg}{mr\omega^2} = \frac{g}{r\omega^2},$$

wobei α die Neigung der Oberfläche in P gegen die Drehachse bedeutet. Andererseits ist die Neigung der Oberfläche gleich $\tan\alpha = \Delta r/\Delta z \approx \mathrm{d}r/\mathrm{d}z$, also

$$\frac{g}{\omega^2}\mathrm{d}z = r\,\mathrm{d}r.$$

Daraus folgt durch Integration

$$\frac{g}{\omega^2}z = \frac{1}{2}r^2 \quad \text{bzw.} \quad z = \frac{\omega^2}{2g}r^2. \tag{10.13}$$

Dies ist die Gleichung einer in Richtung der z-Achse geöffneten Parabel. Die Flüssigkeitsoberfläche nimmt also bei Rotation die Gestalt eines Rotationsparaboloids an.

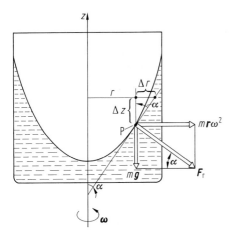

Abb. 10.23 Oberflächenform einer rotierenden Flüssigkeit

10.6 Schweredruck in Gasen

Schweredruck in Gasen. Das Gewicht einer Gasmenge, speziell von Luft, lässt sich mit dem folgenden aus der Schule bekannten Versuch bestimmen. Man verschließt einen Glaskolben mit einem Hahn und saugt oder pumpt einen Teil der Luft heraus. Dabei verringert sich das Gewicht des Kolbens. Das Volumen der entfernten Luft lässt sich feststellen, indem man den Hahn anschließend unter Wasser wieder öffnet. Es strömt so viel Wasser ein, wie vorher Luft herausgepumpt wurde. Auf diese Weise erhält man durch Präzisionsmessungen die Dichte der Luft bei $0\,°C$ und bei einem Druck von $1.01325\,bar$: $\varrho_L = 1.2931\,kg/m^3$; bei $20\,°C$ ergibt sich $1.2046\,kg/m^3$. Der Druck von $1.01325\,bar = 1.01325 \cdot 10^5\,Pa$ entspricht dem mittleren Luftdruck auf Meereshöhe (früher: 1 physikalische Atmosphäre (atm)).

Der Luftdruck in unserer Atmosphäre kommt genauso zustande wie der oben besprochene Schweredruck in Flüssigkeiten. Die Erde ist von einer mehrere $100\,km$ dicken Gashülle umgeben, deren Gewicht wir als Luftdruck spüren. Allerdings ist unser Körper an diesen Luftdruck von Geburt an gewöhnt und registriert im Allgemeinen nur seine Änderungen, z. B. bei Höhenveränderungen oder bei witterungsbedingten Druckschwankungen. Die Existenz des Luftdrucks wurde zum ersten Mal durch E. Torricelli (1608 – 1647) mit dem in Abb. 10.24 dargestellten Versuch nachgewiesen. Ein etwa 1 m langes und an einem Ende geschlossenes Glasrohr wird zunächst vollständig mit Quecksilber gefüllt, mit einem Stöpsel verschlossen und mit diesem Ende nach unten in eine Wanne mit Quecksilber eingetaucht. Dann wird der Stöpsel entfernt, woraufhin das Quecksilber im Rohr so weit absinkt, dass die Höhendifferenz h zwischen beiden Flüssigkeitsspiegeln etwa $760\,mm$ beträgt (Abb. 10.24a). Das Volumen V im Rohr oberhalb des Quecksilbers ist luftleer, denn beim vorherigen Umdrehen des Rohrs und Entfernen des Stöpsels beobachtet man keine Luftblasen, die nach oben steigen. Die Abwesenheit von Luft in V lässt sich auch durch Neigen des Rohres nachweisen (Abb. 10.24b). Dabei bleibt die Höhendifferenz h konstant, bis das Quecksilber das Rohr wieder ganz auffüllt. Wäre V nicht luftleer, so würde die Luft auf ein kleineres Volumen zusammengepresst, das vom Quecksilber nicht ausgefüllt werden könnte. (Die Löslichkeit von Luft in Quecksilber ist sehr gering.) Torricelli deutete seine Beobachtung so, dass der Luftdruck p_0 der Erdatmosphäre eine Kraft $F_{p_0} = p_0 A e_z$ liefert (Abb. 10.24a), die dem Gewicht F_g der Quecksilbersäule mit der Höhe h und der Querschnittsfläche A das Gleichgewicht hält: $F_g = \varrho_{Hg}gAh$. Aus $F_g = F_{p_0}$ folgt mit $\varrho_{Hg}(0\,°C) = 13.595\,g/cm^3$ der Wert

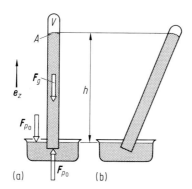

Abb. 10.24 Versuch von Torricelli zum Nachweis des Luftdrucks

$p_0 = \varrho_{Hg} g h = 1.013 \cdot 10^5$ Pa. Torricelli hätte übrigens den Versuch auch mit Wasser anstatt mit Quecksilber ausführen können. Doch wäre dann ein mindestens 10.33 m langes Rohr notwendig gewesen ($h = p_0/\varrho_{H_2O}\, g = 10.33$ m).

Das Gewicht der 760 mm hohen Quecksilbersäule entspricht also dem Gewicht einer Luftsäule gleicher Querschnittsfläche unserer Atmosphäre. Da man früher solche mit Quecksilber gefüllten Rohre zur Luftdruckmessung benutzte, wählte man als (heute veraltete) Druckeinheit: 1 mm Quecksilbersäule = 1 Torr (nach Torricelli). Ein Torr entspricht 133 Pa; die Einheit wird heute vor allem noch in der Medizin bei der Blutdruckmessung verwendet.

Ebenso wie der Schweredruck in einer Flüssigkeit nimmt auch der Luftdruck mit der Höhe ab, und zwar in den ersten 4 km, vom Erdboden an gerechnet, um etwa 1 % je 100 m. Die Abnahme erfolgt in größeren Höhen jedoch nicht mehr linear wie etwa in einer inkompressiblen Flüssigkeit. Da die Dichte eines Gases stark vom Druck abhängt, können wir sie nicht wie bei Gl. (10.11), $\int \mathrm{d}p/\varrho = \int g\,\mathrm{d}y$, vor das Integral ziehen. Stattdessen haben wir die Beziehung

$$\int_{p_0}^{p} \frac{\mathrm{d}p}{\varrho(p)} = -\int_{0}^{h} g\,\mathrm{d}y. \tag{10.14}$$

Dabei ist p_0 der Druck am Erdboden für $h = 0$. Das negative Vorzeichen auf der rechten Seite rührt daher, dass wir jetzt die Höhe nach oben positiv zählen; in Gl. (10.11) war es umgekehrt.

Den Zusammenhang zwischen ϱ und p erhält man aus dem Boyle-Mariotte'schen Gesetz (10.5), $pV = p_0V_0$, für eine bestimmte Luftmasse m, wobei $V = m/\varrho$ gesetzt wird:

$$\frac{pm}{\varrho} = \frac{p_0 m}{\varrho_0}, \quad \varrho = \varrho_0 \frac{p}{p_0}.$$

Das wird in Gl. (10.14) eingesetzt und ergibt mit konstantem g

$$\frac{p_0}{\varrho_0} \int_{p_0}^{p} \frac{\mathrm{d}p}{p} = -g \int_{0}^{h} \mathrm{d}y$$

und integriert

$$\ln \frac{p}{p_0} = -\frac{\varrho_0 g h}{p_0}, \quad \text{bzw.} \quad p(h) = p_0 e^{-\frac{\varrho_0}{p_0} g h}. \tag{10.15}$$

Diese Beziehung wird *barometrische Höhenformel* genannt. Sie ist in Abb. 10.25 dargestellt. In 5.5 km Höhe hat demnach der Luftdruck auf etwa die Hälfte seines Wertes am Erdboden abgenommen, in 11 km Höhe auf ein Viertel.

Wirkungen des Luftdrucks. Die Kraft des Luftdrucks gibt Anlass zu einer Reihe amüsanter Erscheinungen und nützlicher Anwendungen: Ein bis zum Rand gefülltes Wasserglas wird mit nicht zu dünnem Papier, z. B. mit einer Postkarte, bedeckt und umgedreht. Lässt man die Karte vorsichtig los, so fließt kein Wasser heraus. Der von unten wirkende Luftdruck verhindert dies (sofern die Wassersäule nicht höher als 10.33 m ist). Ganz ähnlich funktioniert die *Pipette* (Abb. 10.26). Man taucht sie ein Stück weit in eine Flüssigkeit

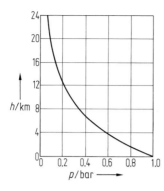

Abb. 10.25 Abnahme des Luftdrucks mit der Höhe über dem Erdboden

Abb. 10.26 Pipette

ein, verschließt das obere Ende mit dem Finger und zieht sie heraus. Der Flüssigkeitsspiegel in der Pipette sinkt dann so weit, bis der äußere, an ihrer unteren Öffnung wirkende Luftdruck dem Druck der Flüssigkeit und der darüber eingeschlossenen Luft das Gleichgewicht hält. Lässt man etwas Luft am oberen Ende eintreten, läuft dafür unten etwas Flüssigkeit heraus.

Auch der viel verwendete *Heber* beruht auf dem Zusammenwirken von Luftdruck p_0 und Schweredruck in einer Flüssigkeit (Abb. 10.27). Zunächst füllt man das Rohr H durch Saugen bei 0 mit der Flüssigkeit aus dem Vorratsgefäß G. Sobald der rechte Schenkel des Rohres weiter herunter als bis zur Höhe h_1 des Spiegels in G gefüllt ist, fließt die Flüssigkeit von selbst weiter. Am linken Ende des horizontalen Teils von H wirkt dann nämlich der Druck $p_1 = p_0 - \varrho g h_1$, am rechten Ende $p_r = p_0 - \varrho g h_2$. Für $h_2 > h_1$ wird $p_1 > p_r$, und diese Druckdifferenz treibt die Flüssigkeit nach rechts. Man kann auch sagen: Das Gewicht der Flüssigkeitssäule ($h_2 - h_1$) zieht die darüber befindliche Flüssigkeit nach unten. Mit dem Heberprinzip lassen sich allerdings bei Wasser keine größeren Strecken h_1 als 10.33 m überwinden. Würde nämlich diese Höhe im linken Schenkel des Hebers überschritten, so wäre das Gewicht der darin befindlichen Flüssigkeitssäule größer als die Druckkraft F_{p_0} von p_0. Versucht man, Wasser mit einer Pumpe höher heraufzusaugen, so beginnt es bei $h_1 \approx 10.33$ m zu sieden, steigt aber nicht weiter aufwärts. Da der äußere Luftdruck p_0 an der Flüssigkeitsoberfläche im Gefäß und am unteren Ende 0 des Hebers praktisch gleich ist, spielt er für seine Funktion keine Rolle. Ein Heber arbeitet auch im Vakuum.

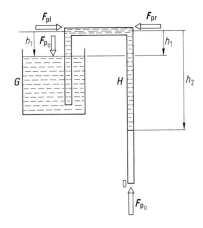

Abb. 10.27 Zum Prinzip des Hebers (F_{pl} bzw. F_{pr} linke bzw. rechte Druckkraft im horizontalen Teil)

10.7 Auftrieb und Schwimmen

Auftrieb, Archimedisches Prinzip. Wird entsprechend Abb. 10.28 ein Körper K ganz in eine Flüssigkeit eingetaucht, so wirkt auf ihn von oben der durch die Flüssigkeitshöhe h_2 bedingte Druck p_2 und von unten der durch die Höhe h_1 gegebene Druck p_1. Außerdem wirken von allen Seiten die Seitendruckkräfte auf ihn, die sich aber in jeder Höhe paarweise aufheben. Da $h_1 > h_2$ ist, erfährt der Körper in einer Flüssigkeit der Dichte ϱ_F eine resultierende Kraft F_a nach oben, die man als *Auftrieb* bezeichnet. Ihr Betrag ist

$$F_a = F_{p1} - F_{p2} = A(p_1 - p_2) = A\varrho_F g(h_1 - h_2) = \varrho_F g V_F. \tag{10.16}$$

Dabei wurde p nach Gl. (10.12) durch $\varrho_F g h$ ersetzt; A ist die Grundfläche des Körpers. Die rechte Seite von Gl. (10.16) stellt das Gewicht der vom Körper K verdrängten Flüssigkeit mit dem Volumen V_F dar. Diese Tatsache wird als *Prinzip des Archimedes* (um 287 – 212 v. Chr.) bezeichnet:

- Der Auftrieb eines Körpers in einer Flüssigkeit ist gleich dem Gewicht der von ihm verdrängten Flüssigkeit.

Die Aussage gilt für die Beträge der beiden entgegengesetzt gerichteten Kräfte.

Gl. (10.16) lässt sich noch in einer anderen Form schreiben. Nennen wir das Gewicht des Körpers F_K, seine Dichte ϱ_K, sein Volumen V_K und das Gewicht der verdrängten Flüssigkeit F_F, so ist das scheinbare Gewicht F' des Körpers in der Flüssigkeit

$$F' = F_K - F_a = F_K - F_F = (\varrho_K - \varrho_F)g V_K. \tag{10.17}$$

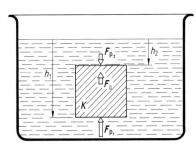

Abb. 10.28 Auftrieb eines Körpers in einer Flüssigkeit

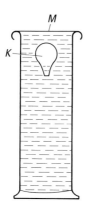

Abb. 10.29   Cartesianischer Taucher

Der Körper erleidet also in der Flüssigkeit einen scheinbaren Gewichtsverlust F_F, der gleich seinem Auftrieb, das heißt gleich dem Gewicht der verdrängten Flüssigkeit ist. Wenn das Gewicht des Körpers größer ist als das der von ihm verdrängten Flüssigkeit ($F_K > F_F$), sinkt er, ist $F_K < F_F$, steigt er an die Oberfläche. Im Grenzfall $F_K = F_F$ ist der Körper an jeder Stelle im Gleichgewicht, er schwebt.

Die Variation des Auftriebs mit dem Volumen der verdrängten Flüssigkeit kann man mit der in Abb. 10.29 dargestellten Anordnung demonstrieren, dem „Cartesianischen Taucher" (nach René Descartes, 1596–1650). In einem mit Wasser gefüllten Standzylinder, der oben durch eine Gummimembran M verschlossen ist, befindet sich ein hohler Glaskörper K mit einer Öffnung am unteren Ende. Das Gewicht dieses Körpers mit der darin eingeschlossenen Luft ist zunächst etwas kleiner als das Gewicht des von ihm verdrängten Wassers, so dass er zunächst oben schwimmt. Übt man durch die Gummimembran einen Druck auf das Wasser aus, so wird die im Körper befindliche Luft zusammengepresst, und es dringt Wasser ein. Dadurch wird der Auftrieb des Tauchers (Glas + Luft) kleiner, und er sinkt nach unten. Durch passend gewählten Druck kann man das eindringende Wasser so regulieren, dass der Taucher an jeder Stelle im Standzylinder schwebt. Allerdings ist das Gleichgewicht des Tauchers im Schwebezustand instabil. Sinkt er durch eine zufällige Druckzunahme ein kleines Stück, so steigt der Schweredruck, das Gas wird komprimiert, und der Auftrieb des Tauchers nimmt ab; er sinkt also weiter. Entsprechendes gilt für eine zufällige Druckabnahme. Man muss also ständig gegensteuern, um den Taucher auf einer bestimmten Höhe zu halten. – Die Höhensteuerung von U-Booten beruht auf einem ähnlichen Prinzip. Zum Sinken wird Ballastwasser ins Boot gepumpt, zum Steigen wird es wieder hinausgedrückt.

Die Aussagen der Gln. (10.16) und (10.17) sind nicht auf quaderförmige Körper wie in Abb. 10.28 beschränkt. Es lässt sich nämlich jeder beliebig geformte Körper gemäß Abb. 10.30a in prismatische Säulen der Höhe ($h_1 - h_2$) und der Grundfläche dA zerlegen. Für jede Säule gilt die zu Gl. (10.16) führende Überlegung ebenso. Man hat dann, wieder nur für Beträge formuliert,

$$F_A = \varrho_F g \int\limits_A (h_1 - h_2)\, dA = \varrho_F g V, \tag{10.18}$$

wobei die Integration über die obere oder untere Hälfte der Oberfläche des Körpers zu erstrecken ist. Mit unregelmäßig geformten Körpern hat man es z. B. bei Flüssigkeiten zu

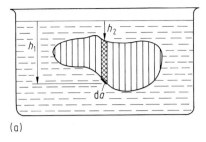

(a)

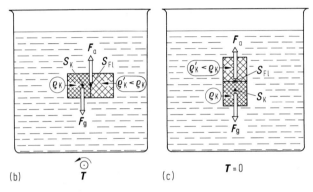

Abb. 10.30   Zum Auftrieb unregelmäßig geformter (a) und inhomogener Körper (b, c) mit den Dichten ϱ_K und ϱ'_K

tun, die sich in einer anderen, mit ihr nicht mischbaren Flüssigkeit befinden. So steigt Öl in Wasser nach oben, aber Wasser in Benzol sinkt nach unten.

Ist die Dichte in dem untergetauchten Körper nicht homogen, so erzeugen Gewicht und Auftrieb ein Drehmoment T. Das Gewicht F_g wirkt nämlich im Schwerpunkt S_K des Körpers nach unten, der Auftrieb F_a im Schwerpunkt S_{Fl} der verdrängten Flüssigkeit nach oben (Abb. 10.30b). Das Kräftepaar dreht den Körper so lange, bis S_K senkrecht unter S_{Fl} liegt und damit T verschwindet (Abb. 10.30c).

Zum quantitativen Nachweis des Archimedischen Prinzips benutzen wir die in Abb. 10.31 dargestellte Anordnung. Auf der linken Seite einer Waage steht ein Gefäß G mit einem Überlaufrohr, das in ein Gefäß G' auf der rechten Seite der Waage reicht. Das Gefäß G wird so weit mit Wasser gefüllt, dass gerade keine Flüssigkeit mehr nach G' überläuft. Dann wird die Waage durch Gewichte ins Gleichgewicht gebracht. Taucht man jetzt den an einem Faden hängenden Metallkörper K in das Gefäß G ein, so erfährt es infolge der zum Auftrieb entgegengesetzt wirkenden Reaktionskraft eine zusätzliche Kraft nach unten, und zwar gerade vom Betrag des Auftriebs. Gleichzeitig fließt aber das vom Körper verdrängte Wasser in das Gefäß G', und dadurch kommt die Waage wieder ins Gleichgewicht. Der Versuch zeigt also direkt, dass die Beträge von Auftrieb und Gewicht der verdrängten Flüssigkeit gleich sind.

Der Auftrieb liefert verschiedene Methoden zur *Bestimmung der Dichte* von festen Körpern, Flüssigkeiten und Gasen. Auch das Volumen unregelmäßig geformter Körper lässt sich damit bestimmen. Man wiegt den betreffenden Körper einmal in Luft ($F_K = \varrho_K g V_K$) und einmal in einer Flüssigkeit bekannter Dichte ϱ_F ($F' = (\varrho_K - \varrho_F) g V_K$,

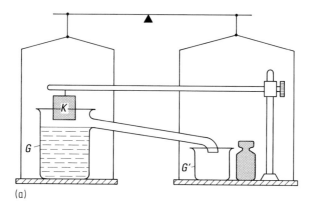

(a)

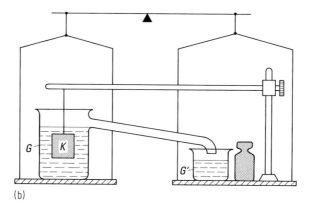

(b)

Abb. 10.31   Nachweis des Prinzips von Archimedes

Gl. (10.17)). Aus beiden Messungen und der Dichte der Flüssigkeit ergeben sich Volumen und Dichte des Körpers:

$$V_K = \frac{F_K - F'}{\varrho_F g} \quad \text{und} \quad \varrho_K = \frac{F_K \varrho_F}{F_K - F'}. \tag{10.19}$$

Die Dichte einer Flüssigkeit bestimmt man z. B. mit der *Mohr'schen Waage* (K. F. Mohr, 1806–1879), die in Abb. 10.32 skizziert ist. An einem Ende des zweiarmigen Waagebalkens hängt ein geschlossener Glaskörper K. Durch ein Gegengewicht G auf der anderen Seite wird der Waagebalken ausbalanciert, wenn sich der Körper K in Luft befindet. Der Waage sind eine Anzahl Reiter R beigegeben, deren Gewicht so bemessen ist, dass es am rechten Ende des Waagebalkens den Auftrieb des Körpers K gerade dann ausgleicht, wenn sich dieser in Wasser der Temperatur 4 °C befindet. Hängt der Körper K in einer Flüssigkeit mit unbekannter Dichte, so muss man zur Nulleinstellung der Waage entweder weitere Gewichte aufsetzen oder das Gewicht gegenüber dem Drehpunkt der Waage verschieben. Aus der Größe der aufgehängten Gewichte und der meistens in 10 Teile geteilten Skala des rechten Waagearms kann man direkt die Dichte ablesen. Ein noch bequemeres, aber weniger genaues Gerät ist das weiter unten besprochene *Aräometer* (Abb. 10.38).

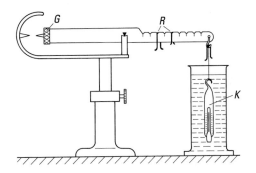

Abb. 10.32 Mohr'sche Waage zur Dichtebestimmung von Flüssigkeiten

Auftrieb in Gasen. Das bisher nur für Flüssigkeiten ausgesprochene Archimedische Prinzip gilt ebenso auch für Gase. In ihnen herrscht infolge der Schwerkraft ebenfalls ein nach unten zunehmender Druck. Daher erfährt jeder im Schwerefeld von einem Gas umgebene Körper einen Auftrieb, dessen Betrag gleich dem Gewichtsbetrag des von ihm verdrängten Gases ist.

Wir zeigen diesen Auftrieb mit der in Abb. 10.33 dargestellten *Gaswaage*. An einem leichten Waagebalken hängt ein luftgefüllter Hohlkörper K aus Glas. Er wird durch ein Metallgewicht G am anderen Ende des Waagebalkens im Gleichgewicht gehalten, wenn sich der Apparat im lufterfüllten Raum befindet. Kugel und Gegengewicht erfahren beide einen Auftrieb. Der Auftrieb der Kugel ist aber infolge ihres größeren Volumens größer als der des Gegengewichts. In Wirklichkeit ist also die Kugel schwerer als das Gegengewicht. Dies erkennt man sofort, wenn man den Apparat unter eine Glasglocke setzt und die Luft herauspumpt. Dann sinkt die Kugel nach unten, um beim Einlassen von Luft wieder mit dem Gegengewicht ins Gleichgewicht zu kommen. Setzt man andererseits die Gaswaage in ein mit Kohlendioxid gefülltes Becherglas, so erscheint die Kugel leichter als das Gegengewicht, da sie aufgrund der größeren Dichte des Kohlendioxids einen größeren Auftrieb als das Metallgewicht G erfährt. Mit der Gaswaage lässt sich also die Dichte eines Gases bestimmen. Sie heißt deswegen auch *Dichtewaage*.

Durch den Auftrieb der Körper in der Luft werden alle Wägungen etwas verfälscht, sofern die Volumina des gewogenen Körpers und der Gewichtsstücke nicht gleich groß sind. Da die Dichte der Luft relativ klein ist, $\varrho_L = 1.293 \, \text{mg/cm}^3$ bei $0\,^\circ\text{C}$, kann man den Luftauftrieb oft vernachlässigen, denn er beträgt meist nur etwa 1 ‰ des Gewichts. Bei Präzisionsmessungen ist jedoch eine Auftriebskorrektur notwendig.

Eine nützliche Anwendung des Auftriebs in Gasen findet beim *Ballonflug* statt. Wir betrachten in Abb. 10.34 das Verhalten eines gasgefüllten Ballons. Sein Eigengewicht

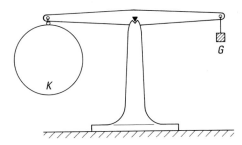

Abb. 10.33 Gaswaage (Dichtewaage)

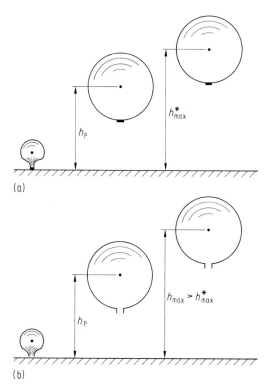

Abb. 10.34 Zum Ballonflug, (a) geschlossener, (b) offener Ballon

sei $m_B g$, dasjenige der Nutzlast $m_N g$ und das maximale Volumen des Ballons V_{max}. Er wird mit einem Gas gefüllt, dessen Dichte ϱ_G kleiner ist als die Luftdichte ϱ_L, und zwar wird er nur zum Teil gefüllt: $V_G^{(0)} < V_{max}$. Dann ist das Gewicht des Ballons am Boden $F_g = (m_B + m_N + \varrho_G V_G^{(0)})g$ und der Auftrieb nach Gl. (10.16) $F_a = \varrho_L g V_G^{(0)}$. (Das Volumen der Ballonhülle und der Nutzlast wird gegenüber $V_G^{(0)}$ vernachlässigt.) Der Ballon steigt, sobald $F_a > F_g$, also

$$\varrho_L V_G^{(0)} > m_B + m_N + \varrho_G V_G^{(0)},$$

das heißt

$$V_G^{(0)} > \frac{m_B + m_N}{\varrho_L - \varrho_G}.$$

Je größer die Dichtedifferenz zwischen Luft und Gas ist, desto weniger Gas braucht man.

Die Höhe h_{max}, die ein Ballon bei gegebener Nutzlast erreichen kann, hängt davon ab, ob er nach dem Füllen geschlossen wird oder ob der Füllstutzen offen bleibt. Die Drücke von Füllgas und umgebender Luft sind zunächst gleich groß. Wir nehmen an, dass während des Fluges keine Luft in den Ballon eindringt, das heißt, der nicht gefüllte Teil bleibt jeweils zusammengefaltet, wie ganz links in Abb. 10.34a angedeutet. Außerdem nehmen wir an, dass die Temperatur innen und außen während des ganzen Fluges denselben Wert hat. Steigt der Ballon in die Höhe, so sinkt der äußere Luftdruck gemäß Gl. (10.15),

$p(h) = p_0 e^{-\varrho_0 gh/p_0}$. Das Gas im Ballon dehnt sich daher aus, bis es sein Volumen ganz ausfüllt. In dieser Höhe ist $V_G(h) = V_{max}$; man nennt sie die *Prallhöhe* h_p. Sie lässt sich aus der Zustandsgleichung des idealen Gases (10.6), $pV = Nk_B T$, und aus der barometrischen Höhenformel (10.15) berechnen. Es gilt einerseits für die Luft

$$p(h_p) = p_0 e^{-\dfrac{\varrho_{0L}gh_p}{p_0}}$$

und andererseits für das Gas im Ballon

$$p(h_p) = \frac{N^{(0)}k_B T}{V_{max}},$$

wobei $N^{(0)}$ die Anzahl der Moleküle des Füllgases ist. Gleichsetzen beider Ausdrücke ergibt

$$e^{-\dfrac{\varrho_{0L}gh_p}{p_0}} = \frac{N^{(0)}k_B T}{p_0 V_{max}} = \frac{V_G^{(0)}}{V_{max}} \quad \text{und} \quad h_p = -\frac{p_0}{\varrho_{0L}g}\ln\frac{V_G^{(0)}}{V_{max}}.$$

Beweisen Sie zur Übung, dass für $h < h_p$ der Auftrieb unabhängig von der Höhe ist. Ein steigender Ballon ($F_a > F_g$) erreicht also immer mindestens die Prallhöhe.

Was oberhalb der Prallhöhe passiert, hängt davon ab, ob der Ballon offen oder geschlossen ist. Beim geschlossenen Ballon bleibt die Füllgasmenge jenseits der Prallhöhe konstant, ebenso das Gesamtgewicht $F_g = (m_B + m_N + \varrho_{0G}V_G^{(0)})g$. Der Auftrieb nimmt mit $h(> h_p)$ jetzt ab, weil die Luftdichte abnimmt, $F_a = \varrho_L(h)gV_{max}$. Die maximale Steighöhe h_{max}^* erhält man durch Gleichsetzen von F_a und F_g:

$$(m_B + m_N + \varrho_{0G}V_G^{(0)})g = \varrho_{0L}gV_{max}e^{-\dfrac{\varrho_{0L}gh_{max}^*}{\varrho_0}},$$

$$e^{-\dfrac{\varrho_{0L}gh_{max}^*}{p_0}} = \frac{m_B + m_N + \varrho_{0G}V_G^{(0)}}{\varrho_{0L}V_{max}},$$

$$h_{max}^* = -\frac{p_0}{\varrho_{0L}g}\ln\frac{m_B + m_N + \varrho_{0G}V_G^{(0)}}{\varrho_{0L}V_{max}}.$$

(Bei dieser Rechnung haben wir $p(h)/p_0 = \varrho(h)/\varrho_0$ gesetzt, was bei konstanter Temperatur aus der Zustandsgleichung (10.6) folgt.) Beim offenen Ballon sinkt der Gasdruck entsprechend dem äußeren Luftdruck weiter ab. Dabei strömt Gas aus, und seine im Ballon enthaltene Masse wird mit zunehmender Höhe kleiner. Der offene Ballon erreicht also eine größere Höhe. Berechnen Sie zur Übung, dass diese durch

$$h_{max} = -\frac{p_0}{\varrho_{0L}g}\ln\frac{m_B + m_N}{(\varrho_{0L} - \varrho_{0G})V_{max}}$$

gegeben ist.

Ein Zahlenbeispiel: $m_B = m_N = 400\,\text{kg}$, Wasserstoffgas ($\varrho_{0G} = 0.09\,\text{kg/m}^3$), $V_G^{(0)} = 2000\,\text{m}^3$, $V_{max} = 4000\,\text{m}^3$, liefert $h_p = 5530\,\text{m}$, $h_{max} = 14\,350\,\text{m}$, $h_{max}^* = 13\,310\,\text{m}$.

Auch die Zugwirkung von Kaminen und hohen Schornsteinen ist eine Folge des Auftriebs, da die im Inneren des Schornsteins erwärmte Luft eine geringere Dichte hat als die Luft im Außenraum. Da der Schornstein oben und unten offen ist, findet ein Ausströmen

Abb. 10.35   Behn'sches Rohr

der warmen Luft aus der oberen Öffnung heraus statt, was wiederum eine Zugwirkung an der unteren Öffnung ergibt, die dem Feuer die nötige Frischluft zuführt und umso größer ist, je höher der Schornstein ist.

Schließlich herrscht auch in den Gasleitungen der Häuser eine ähnliche Druckverteilung, die zur Folge hat, dass das Gas in den oberen Stockwerken stets mit einem größeren Druck ausströmt als in den tiefer gelegenen Kellerräumen. – Ein Glasrohr, dem in der Mitte Leuchtgas zugeführt wird, besitzt an seinen beiden Enden je eine kleine Brennöffnung (*Behn'sches Rohr*, nach U. Behn, 1903). Bei horizontaler Lage des Rohres brennen die an diesen Öffnungen entzündeten Flammen gleich groß; neigt man aber das Rohr, wie es Abb. 10.35 zeigt, so kann man bei geeignet eingestellter Gaszufuhr erreichen, dass an dem tieferen Ende die Flamme fast erlischt, an dem höher gelegenen Ende aber eine hell leuchtende große Flamme brennt. Während an der tieferen Stelle nur eine sehr kleine Druckdifferenz zwischen Luft und Leuchtgas vorhanden ist, besteht an der nur wenige Zentimeter höher gelegenen Stelle bereits eine genügend große Druckdifferenz, die ein kräftiges Ausströmen des Gases ermöglicht.

Schwimmen. Ist bei einem vollständig untergetauchten Körper der Auftrieb größer als das Gewicht, steigt er in der Flüssigkeit nach oben, bis ein Teil des Körpers über die Oberfläche hinausragt. Man sagt dann: der Körper schwimmt. Gleichgewicht ist erreicht, wenn der Körper noch so weit eintaucht, dass sein Gewicht vom Auftrieb des eingetauchten Teils kompensiert wird, das heißt vom Gewicht der durch den eingetauchten Teil verdrängten Flüssigkeit. Dies ist nach dem vorher Gesagten bei einem massiven Körper nur möglich, wenn seine Dichte kleiner als die Dichte der Flüssigkeit ist. Dann verhält sich bei einem homogenen Körper das Volumen des eingetauchten Teils zu seinem Gesamtvolumen wie die Dichte des Körpers zur Dichte der Flüssigkeit. (Beweisen Sie das.) Soll ein Körper höherer Dichte auf einer Flüssigkeit geringerer Dichte schwimmen, so muss man ihm eine geeignete Form geben, damit das von ihm verdrängte Wasser schwerer als sein Eigengewicht ist. Das ist z. B. bei metallischen Hohlkörpern, eisernen Schiffen usw. der Fall. Von den verschiedenen Schwimmlagen, die ein solcher Körper einnehmen kann, ist meistens nur eine einzige Lage stabil, während alle anderen Lagen instabil sind. So wissen wir, dass z. B. ein Holzbalken waagerecht im Wasser schwimmt, aber fast niemals aufrecht, und dass ein Brett nur dann stabil schwimmt, wenn es flach auf dem Wasser liegt.

In Abb. 10.36a ist ein quaderförmiger Holzklotz gezeichnet, der in aufrechter Stellung in einer Flüssigkeit schwimmt. An seinem Schwerpunkt S_K greift das nach unten wirkende Gewicht F_g an, während an dem Schwerpunkt S_F der verdrängten Flüssigkeit der nach oben gerichtete gleichgroße Auftrieb F_a wirkt. Dass diese Schwimmlage labil ist, erkennt man, wenn der Holzklotz etwas kippt, so dass er die in Abb. 10.36b gezeichnete Lage einnimmt. Während die Lage des Schwerpunkts S_K im Holzklotz unverändert bleibt, verschiebt sich der Schwerpunkt S_F der verdrängten Flüssigkeit gegenüber S_K etwas nach links. Die an beiden Punkten angreifenden Kräfte bilden jetzt ein Kräftepaar, das den

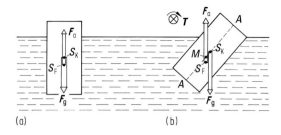

(a)   (b)

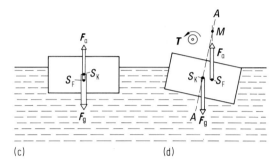

(c)   (d)

Abb. 10.36 Zur Stabilität von Schwimmkörpern

Holzklotz weiter kippt, bis er die in Abb. 10.36c gezeichnete Lage einnimmt. Obwohl auch jetzt wieder der Schwerpunkt des Holzklotzes senkrecht über dem Schwerpunkt der verdrängten Flüssigkeit liegt, ist diese Schwimmlage stabil. Kippen wir nämlich den Klotz etwa in die Lage der Abb. 10.36d, so tritt zwar wieder ein Kräftepaar auf, das aber jetzt den Klotz in die Lage von Teilbild (c) zurückdreht. Entscheidend für die Stabilität ist also der Drehsinn des Kräftepaares, das bei einer kleinen Verkippung des Körpers aus der Schwimmlage heraus entsteht.

Ziehen wir in Abb. 10.36a bzw. c die Verbindungslinie $A—A$ der beiden Schwerpunkte S_K und S_F, so wird sie bei der Kippung des Körpers von dem nach oben gerichteten Auftrieb F_a in einem Punkt M geschnitten, den man das *Metazentrum* nennt. Nur wenn dieses Metazentrum höher als der Schwerpunkt S_K des Körpers liegt (Abb. 10.36d), ist die betreffende Schwimmlage stabil, andernfalls instabil wie in Teilbild (b). Damit also ein Schiff im Wasser stabil schwimmt, muss man seinen Schwerpunkt möglichst tief legen. Zu diesem Zweck haben Schiffe häufig einen Bleikiel, und man bringt Schiffsmaschinen und schwere Ladungen möglichst tief im Schiffsinneren an. Durch eine zu große Decklast kann dagegen ein Schiff leicht zum Kentern kommen. Befestigt man an der Bodenfläche des Klotzes der Abb. 10.36a eine Eisenscheibe (Abb. 10.37a), so rückt dadurch der Punkt S_K unter den Punkt S_F, und bei der in Abb. 10.37b gezeichneten Situation liegt jetzt das Metazentrum über S_K, so dass der Klotz in der vertikalen Lage stabil schwimmt. Die Berechnung der Lage des Metazentrums relativ zum Schwerpunkt S_K ist für einfach geformte Körper zwar elementar durchführbar, aber langwierig. Sie hängt natürlich vom Kippwinkel zwischen der Vertikalen und der Linie $A—A$ ab.

Da die von einem schwimmenden Körper verdrängte Flüssigkeit genauso viel wiegt wie der Körper selbst, wird dieser umso tiefer in die Flüssigkeit eintauchen, je kleiner deren Dichte ist. Diese Tatsache benutzt man, um aus der Eintauchtiefe die Dichte einer Flüssigkeit zu bestimmen. Der dabei verwendete Schwimmer heißt *Aräometer* und hat die

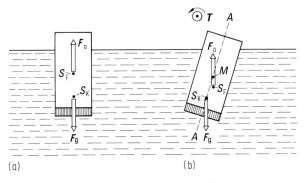

Abb. 10.37   Stabilität von Schwimmkörpern mit tiefliegendem Schwerpunkt

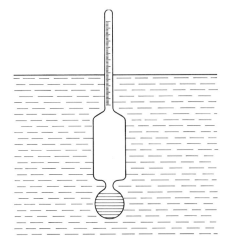

Abb. 10.38   Aräometer

in Abb. 10.38 dargestellte Gestalt. Damit er in der Flüssigkeit in aufrechter Lage stabil schwimmt, ist er in seinem unteren Teil mit Blei beschwert. Der röhrenförmige obere Teil trägt eine Skala, die die Dichte der Flüssigkeit für jede Eintauchtiefe angibt.

10.8 Oberflächenspannung

Oberflächenspannung und Oberflächenenergie. Besonders auffällig werden die Wirkungen von Molekularkräften in Flüssigkeiten bei den Erscheinungen der *Oberflächenspannung*. In Abb. 10.39 sind in einer Flüssigkeit drei Moleküle M_1, M_2 und M_3 mit ihren Wirkungssphären in verschiedener Entfernung von der Flüssigkeitsoberfläche gezeichnet. Auf das Molekül M_1, das sich mit seiner ganzen Wirkungssphäre innerhalb der Flüssigkeit befindet, wirken von allen Seiten die gleichen Kräfte der benachbarten Moleküle, so dass sich M_1 im Gleichgewicht befindet. Bei dem Molekül M_2 ragt der gestrichelt gezeichnete Teil der Wirkungssphäre aus der Flüssigkeit heraus. Die Entfernung des Moleküls von der Oberfläche ist kleiner als der Radius ϱ seiner Wirkungssphäre. Es fehlt

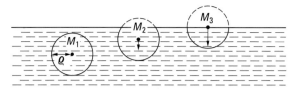

Abb. 10.39   Zur Erklärung der Oberflächenspannung

also für die durch die Flüssigkeitsoberfläche abgeschnittene Kugelkalotte die anziehende Wirkung benachbarter Flüssigkeitsteilchen, so dass M_2 eine resultierende Zugkraft in das Innere der Flüssigkeit hinein erfährt. Diese senkrecht zur Oberfläche in das Flüssigkeitsinnere gerichtete Kraft wird für die Moleküle maximal, die sich, wie M_3, gerade in der Oberfläche befinden. Es kommt hinzu, dass aufgrund von Verdampfung die Dichte der obersten Molekülschicht etwa 10% kleiner ist als im Inneren. Dadurch entsteht parallel zur Oberfläche eine etwas größere Anziehungskraft zwischen den Oberflächenmolekülen. Für etwas aus der Oberfläche herausragende Moleküle bzw. für gekrümmte Oberflächen führt dies ebenfalls zu einer resultierenden Zugkraft in das Innere der Flüssigkeit hinein.

Es erfahren demnach alle in der Flüssigkeitsoberfläche befindlichen Moleküle einen nach dem Flüssigkeitsinneren gerichteten Druck, den man als *Kohäsionsdruck* bezeichnet. Um ein Flüssigkeitsteilchen aus dem Inneren der Flüssigkeit an die Oberfläche zu bringen, ist also eine gewisse Arbeit nötig, während der umgekehrte Vorgang mit einem Gewinn von Energie verbunden ist. Dies heißt, dass alle an der Flüssigkeitsoberfläche liegenden Moleküle einen gewissen Vorrat an potentieller Energie besitzen, die man *Oberflächenenergie* nennt. Nun bedeutet aber das Hineinbringen eines Flüssigkeitsteilchens in die Oberfläche eine Vergrößerung der Oberfläche, während das Heraustreten eines Moleküls aus der Oberfläche ins Innere der Flüssigkeit eine Verkleinerung der Oberfläche bedingt. Da das stabile Gleichgewicht einem Minimum an potentieller Energie entspricht, wird die Oberfläche einer Flüssigkeit das Bestreben haben, einen möglichst kleinen Wert anzunehmen, d. h. sich zusammenzuziehen: Sie bildet eine sogenannte *Minimalfläche*.

Die zur Vergrößerung einer Oberfläche S um ΔS erforderliche Arbeit ist $\Delta W = \sigma \cdot \Delta S$. Diese Arbeit ist gleichbedeutend mit dem Zuwachs an Oberflächenenergie. Der Quotient

$$\sigma = \frac{\text{Arbeit zur Bildung von neuer Oberfläche } \Delta W}{\text{neue Oberfläche } \Delta S} \tag{10.20}$$

heißt *spezifische Oberflächenarbeit* oder *spezifische Oberflächenenergie*. Bei Flüssigkeitslamellen, die meistens zur Messung von σ verwendet werden (z. B. Abb. 10.40), ist der Oberflächenzuwachs ΔS auf beiden Seiten der Lamelle vorhanden, also doppelt so groß wie der Zuwachs der Lamellenfläche. Da Arbeit = Kraft mal Weg ist, also $\Delta W = F \cdot \Delta x$ und $\Delta S = 2 \cdot \Delta x \cdot l$, folgt

$$\sigma = \frac{\Delta W}{\Delta S} = \frac{F \cdot \Delta x}{2 \cdot \Delta x \cdot l} = \frac{F}{2 l}. \tag{10.21}$$

Dieser Ausdruck wird als *Oberflächenspannung* bezeichnet. Sie ist also der Quotient aus der zum Vergrößern der Oberfläche erforderlichen Kraft F, dividiert durch die Länge $2\,l$ der verschiebbaren Oberflächengrenze. Die Ausdrücke „spezifische Oberflächenarbeit" und „Oberflächenspannung" sind bei Flüssigkeiten gleichberechtigt. Sie haben die gleiche

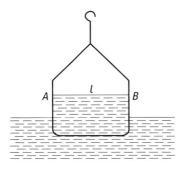

Abb. 10.40 Messung der Oberflächenspannung

Einheit, man benutzt z. B. $1\,\mathrm{Ws/m^2} = 1\,\mathrm{N/m}$. Nur in dem Fall, dass die Flüssigkeit an ein Vakuum grenzt, kann man korrekt von Oberflächenspannung sprechen. Man tut dies praktisch aber auch dann, wenn die Flüssigkeit an Luft grenzt. Dagegen spricht man von *Grenzflächenspannung*, wenn verschiedene Flüssigkeiten aneinandergrenzen.

Zur Messung der Oberflächenspannung werden verschiedene Methoden verwendet, die in diesem und im nächsten Abschnitt (Kapillarität) an geeigneter Stelle besprochen werden. Hier zunächst zwei Möglichkeiten:

1. Man taucht einen Drahtbügel (Abb. 10.40) in die Flüssigkeit. Der Drahtbügel hängt an einer Waage. Zwischen den Stellen A und B des Drahtes ist ein Platin-Faden gespannt, an dem die Flüssigkeit hängen bleibt, wenn die Schale mit der Flüssigkeit gesenkt wird. So wird eine Flüssigkeitslamelle im Drahtbügel gebildet; die Oberfläche wird vergrößert. Man misst mit der Waage die Kraft, bei der die Lamelle gerade zerreißt. Die Oberflächenspannung ist $\sigma = F/2\,l$; doppelte Länge $2\,l$ deshalb, weil die Oberfläche auf beiden Seiten der Lamelle vergrößert wird.

2. Etwas genauer kann man die Messung durchführen, wenn man statt des Drahtbügels einen Metallzylinder (Durchmesser ca. 5 cm) nimmt, dessen unteres Ende ein scharfkantiger, ebener Kreis ist. Die Länge l der verschiebbaren Oberflächengrenze ist dann der Kreisumfang. Senkt man die Schale mit der Flüssigkeit, so bildet sich eine röhrenförmige Flüssigkeitslamelle aus. Wieder ist $\sigma = F/2\,l$.

Es gibt zahlreiche Versuche, aus denen die Wirkung der Oberflächenspannung ersichtlich ist. Es gelingt z. B. mit einiger Vorsicht, eine Nähnadel auf einer Wasseroberfläche schwimmend zu erhalten (Abb. 10.41). Die Nadel liegt wie auf einer elastischen Membran, von der sie getragen wird. Drückt man auf das eine Ende der Nadel, so dass dieses durch die Oberfläche hindurchstößt, gleitet die Nadel durch das entstandene Loch durch die Flüssigkeitsoberfläche hindurch. – Insekten können auf einer Wasseroberfläche laufen, ohne unterzusinken. – Bestäubt man eine Wasseroberfläche mit einem feinen Pulver, z. B. Talkum, und taucht den Finger in die Flüssigkeit, so wird das Pul-

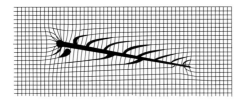

Abb. 10.41 Auf Wasser schwimmende Stecknadel (unter der ebenen Glasschale liegt Millimeterpapier)

Tab. 10.2   Oberflächenspannung einiger Substanzen (gegen Vakuum bzw. Luft)

Substanz	Temperatur ($°C$)	Oberflächenspannung (10^{-3} N/m)
Rhenium	3167	2700
Wolfram	3410	2700–2500
Platin	1773	1800
Silber	961	923
Quecksilber	25	484
Wasser	20	72.5
Glycerin	20	66
Olivenöl	20	32
Seifenlösung	20	ca. 30
Benzol	20	29
Petroleum	20	26
Äthylalkohol	20	22
Äthyläther	20	17
Flüssige Luft	− 190	12
Flüssiger Wasserstoff	− 254	2.5
Flüssiges Helium I	− 271	1.3

ver ganz in die sich um den Finger bildende Vertiefung hineingezogen, als ob die Wasseroberfläche mit einer Haut überzogen sei, die beim Eintauchen des Fingers eingedellt wird.

Die Oberflächenspannung von Wasser wird stark erniedrigt durch Cetylpyridinhydrochlorid (auf etwa $18 \cdot 10^{-3}$ N/m). Sie wird aber auch durch viele Stoffe erhöht: Ein Zusatz von 25 Gewichtsprozent Kochsalz erhöht die Oberflächenspannung des Wassers auf $82 \cdot 10^{-3}$ N/m.

Durch das Bestreben, eine Minimalfläche zu bilden, ist die Flüssigkeitsoberfläche in gewissem Sinn mit einer gespannten Gummimembran zu vergleichen, in der ebenfalls tangential zur Oberfläche eine Kraft wirkt, die sie zu verkleinern sucht. Die Oberflächenspannung ist von der Größe und der Gestalt der Oberfläche unabhängig, von der Molekülart aber sehr abhängig (Tab. 10.2).

Druck an gekrümmten Oberflächen. Bisher wurden ebene Flüssigkeitsoberflächen vorausgesetzt. Bei diesen wirkt die Oberflächenkraft auf ein in der Oberfläche (Abb. 10.42a) befindliches Molekül von allen Seiten gleich stark ein, so dass die Resultierende dieser Kräfte null ist. Ist die Oberfläche aber konvex gewölbt, so liefern die an einem Molekül in der Oberfläche angreifenden Oberflächenkräfte (Abb. 10.42b) eine nach dem Inneren gerichtete Komponente, die den Kohäsionsdruck vergrößert, während bei einer konkaven Oberfläche die Resultierende der Oberflächenkräfte nach außen gerichtet ist (Abb. 10.42c) und damit den Kohäsionsdruck verkleinert. Dies folgt übrigens auch aus einer Betrachtung des aus der Flüssigkeitsoberfläche herausragenden Teils der Wirkungssphäre. Wie Abb. 10.42 zeigt, ist dieser Teil am größten bei einer konvex gekrümmten Oberfläche und am kleinsten bei einer konkav gewölbten, so dass im ersten Fall die Resultierende der Anziehungskräfte aller das Molekül umgebenden Nachbarmoleküle am größten und im zweiten Fall am kleinsten ist.

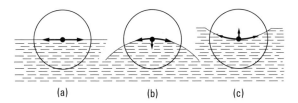

Abb. 10.42   Abhängigkeit der Oberflächenspannung von der Krümmung der Oberfläche, (a) ebene, (b) konvexe, (c) konkave Oberfläche

Über den absoluten Wert des Kohäsionsdrucks ist Folgendes zu sagen: Eine direkte Messung ist nicht möglich; man kann jedoch auf andere Weise auf seine Größenordnung schließen. In der van der Waals'schen Zustandsgleichung $(p + a/V^2) \cdot (V - b) = $ const (s. Teil III) gibt das Glied a/V^2 die Druckverminderung an, die ein Gas durch die Anziehungskräfte der Moleküle erfährt. Diese Zustandsgleichung gilt aber auch für Flüssigkeiten, so dass man die Größe a/V^2 ausrechnen kann, da die Volumenverminderung bei der Verflüssigung eines Gases bekannt ist. Man findet so für den Kohäsionsdruck für flüssiges Kohlendioxid 2180 bar; für Wasser 10 700 bar. Es wirken demnach im Inneren von Wasser Drücke von rund 10 000 bar.

Um den durch die Krümmung der Flüssigkeitsoberfläche bewirkten Druck zu berechnen, sei ein gekrümmtes Oberflächenelement dS betrachtet (Abb. 10.43). Auf seine Begrenzung wirken von den Nachbarelementen her Tangentialkräfte, deren Resultierende eine Kraft ergibt, die senkrecht zur Oberfläche ins Innere der Flüssigkeit gerichtet ist. Zur Berechnung dieser resultierenden Kraft in einem Punkt P der Oberfläche wird die Flächennormale in P errichtet. Es werden Ebenen durch sie gelegt. Diese Ebenen schneiden aus der Oberfläche Kurven aus, unter denen es zwei gibt, die in zueinander senkrechten Ebenen (in den Hauptebenen) liegen und von denen die eine den größten und die andere den kleinsten Krümmungsradius besitzt. Diese Radien sind die Hauptkrümmungsradien r_1 und r_2. Die zugehörigen Kurven in der Oberfläche nennt man Hauptkrümmungskreise; ihre Krümmungsmittelpunkte liegen auf der Flächennormalen in P. Das Oberflächenelement dS sei rechteckig und habe die Seiten dl_1 und dl_2, die parallel zu den beiden Hauptebenen verlaufen. Auf die beiden Seiten dl_1 wirken die Tangentialkräfte $\sigma\,\mathrm{d}l_1$, auf die Seiten dl_2 die Tangentialkräfte $\sigma\,\mathrm{d}l_2$. Die Resultierende der beiden Kräfte $\sigma\,\mathrm{d}l_2$ in Richtung der

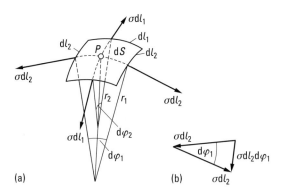

Abb. 10.43   Zur Berechnung des Drucks, der durch die Oberflächenspannung verursacht wird

Normalen hat den Betrag

$$\sigma \, dl_2 d\varphi_1 = \frac{\sigma}{r_1} dl_1 \, dl_2$$

(wegen $d\varphi_1 = dl_1/r_1$).

Analog ergibt sich für die Resultierende der beiden Kräfte $\sigma \, dl_1$ der Betrag $(\sigma/r_2) \, dl_1 \, dl_2$. Die Summe dieser beiden Ausdrücke

$$\sigma \left(\frac{1}{r_1} + \frac{1}{r_2} \right) dl_1 \, dl_2$$

ergibt die senkrecht zum Flächenelement dS wirkende Kraft, die stets zur konkaven Seite der Oberfläche gerichtet ist. Dividiert man sie durch $dS = dl_1 \cdot dl_2$, erhält man den Krümmungsdruck (Kapillardruck)

$$p = \sigma \left(\frac{1}{r_1} + \frac{1}{r_2} \right). \tag{10.22}$$

Man bezeichnet die Summe der reziproken Werte der Hauptkrümmungsradien als mittlere Krümmung der Fläche. Es gilt also:

- Der Druck der Oberflächenspannung ist gleich dem Produkt aus der Oberflächenspannung und der mittleren Krümmung der Oberfläche.

Für eine ebene Grenzfläche wird $r_1 = r_2 = \infty$ und damit der (zusätzliche) Druck $p = 0$. Für eine zylindrische Flüssigkeitsoberfläche (Flüssigkeit zwischen ebenen, parallelen Platten) ist $p = \sigma/r$ (wegen $r_2 = \infty$). Bei einer in Ruhe befindlichen Flüssigkeit, die nur dem Einfluss der Oberflächenspannung unterworfen und vor allem dem Einfluss der Schwere entzogen ist, muss der Druck an allen Stellen der Oberfläche der gleiche sein. Das heißt, dass die Flüssigkeit von einer Fläche konstanter Krümmung begrenzt sein muss. Im einfachsten Fall ist dies eine Kugelfläche; dann ist $r_1 = r_2 = r$, also

$$p = \frac{2\sigma}{r}. \tag{10.23}$$

Gl. (10.23) lässt sich auch an einem kugelförmigen Flüssigkeitstropfen oder an einer kugelförmigen Gasblase im Inneren einer Flüssigkeit ableiten: Im Inneren der Kugel herrscht infolge der Oberflächenspannung der Druck p. Vergrößert sich der Radius r der Kugel um dr, so vergrößert sich das Kugelvolumen um $dV = 4\pi r^2 \, dr$ und die Kugeloberfläche um $dS = 8\pi r dr$. Nach dem Energiesatz muss im Gleichgewicht bei einer Änderung des Kugelradius um dr die gesamte Energieänderung null sein. Die bei der Ausdehnung der Kugel um dr vom Druck p verrichtete Arbeit

$$dW_1 = p \, dV = p \cdot 4\pi r^2 \cdot dr$$

wird also gerade kompensiert durch die zur Vergrößerung der Oberfläche um dS erforderliche Arbeit

$$dW_2 = \sigma \, dS = \sigma \cdot 8\pi \, r \cdot dr.$$

Gleichsetzen dieser beiden Arbeitsbeträge liefert Gl. (10.23).

Bringt man Öltropfen in ein Alkohol-Wasser-Gemisch von gleicher Dichte, so dass die Tropfen darin schweben, d. h. dass die Schwere durch den Auftrieb kompensiert ist, so nehmen sie unter der alleinigen Wirkung der Oberflächenspannung Kugelgestalt an.

Abb. 10.44   Wassertropfen auf Vogelfeder

Kleine Tropfen von Wasser oder Quecksilber haben auf einer Unterlage, die nicht benetzt wird, etwa Kugelgestalt (vgl. Abb. 10.44). Man kann nämlich bei genügender Kleinheit der Tropfen den Einfluss der Schwerkraft gegenüber dem der Oberflächenspannung vernachlässigen, weil die Schwerkraft mit dem Volumen abnimmt, der Krümmungsdruck jedoch entsprechend anwächst.

Der nach innen wirkende Druck p steigt also mit zunehmender Oberflächenspannung σ und mit abnehmendem Radius r. Bei einem Quecksilberkügelchen vom Radius $r = 0.1\,\mu m$, das man unter dem Mikroskop noch sehen kann, beträgt dieser Druck $p = 10\,MPa$. Es gelingt daher nicht, diese flüssige Kugel zwischen zwei Glasplatten durch Zusammendrücken der Platten zu einer Scheibe zu verformen, eine für eine Flüssigkeit ungewohnte Aussage.

Auch das Austropfen einer Flüssigkeit aus einer Rohröffnung beruht auf der Wirkung der Oberflächenspannung. Die Flüssigkeit, die aus der Öffnung hervortritt, bleibt trotz ihrer Schwere zunächst an der Öffnung hängen und bildet einen Tropfen, der langsam größer wird und bei bestimmter Größe schließlich abreißt. Dies Spiel wiederholt sich dauernd. Abb. 10.45 zeigt im Längsschnitt die Form eines Wassertropfens kurz vor dem Abfallen; die gestrichelten Linien deuten seine allmähliche Ausbildung an. Man hat den Eindruck, als ob das Wasser in einem Gummibeutel an dem Rohrende hinge. Ist G das Gewicht des abreißenden Tropfens und r der Radius der horizontalen Querschnittsfläche an der Kontraktionsstelle, so gilt (angenähert) die Beziehung

$$G = 2\,\pi r\sigma, \tag{10.24}$$

so dass man durch Messen von G und r die Oberflächenspannung bestimmen kann. Tropfen aus einer Öffnung nacheinander Wasser und Alkohol, so findet man bei Alkohol eine wesentlich kleinere Tropfengröße. Da Alkohol leichter als Wasser ist, kann dies nur an der kleineren Oberflächenspannung des Alkohols liegen (s. Tab. 10.2). – Die Verschieden-

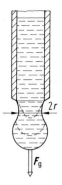

Abb. 10.45 Tropfenbildung

heit der Oberflächenspannungen von Wasser und Alkohol zeigt sich auch bei folgendem Versuch: Bedeckt man den Boden einer flachen Schale mit Wasser, so dass er gerade benetzt ist, und schüttet in die Mitte der Schale einige Tropfen Alkohol, so zieht an der Begrenzungslinie zwischen Alkohol und Wasser die Oberflächenspannung des Wassers nach außen, die des Alkohols nach innen. Da erstere größer ist, läuft das Wasser nach allen Seiten von der Mitte weg und zieht einen Teil des Alkohols mit fort, so dass die Mitte der Schale schließlich trocken wird. – Auf dieser Differenz der Oberflächenspannung von Wasser und Alkohol beruht auch das „Tränen des Weines". Darunter versteht man die bei stark alkoholhaltigen Weinen (Portwein) und Likören beobachtete Erscheinung, dass sich an der Wand des Glases der Wein in Tropfen sammelt, die langsam herabrinnen. Der Grund dafür ist folgender: Die dünne Weinschicht an der Glaswand verliert infolge Verdunstung den Alkohol schneller als der Wein im Glas. Mit geringer werdendem Alkoholgehalt wird die Oberflächenspannung größer und infolgedessen neuer Wein aus dem Glas nach oben gezogen, bis sich ein genügend großer Tropfen gebildet hat, der schließlich herabrinnt. In geschlossener Flasche tritt die Erscheinung nicht auf. Dort ist die Luft mit Alkoholdampf gesättigt, und es findet daher keine Verdampfung von Alkohol statt. – Auch das Entfernen eines Fettflecks aus einem Kleiderstück mittels Benzin beruht auf dem Unterschied der Oberflächenspannungen von reinem und von fetthaltigem Benzin. Gießt man zuerst rund um den Fettfleck einen Ring von Benzin und danach auf den Fettfleck ebenfalls Benzin, so zieht sich das fetthaltige Benzin, da es die größere Oberflächenspannung hat, von dem fettfreien nach innen zurück und häuft sich in der Mitte an, wo man es zum Schluss zusammen mit dem Fett abtupfen kann.

Veränderungen der Oberflächenspannung. Eine bekannte Erscheinung, die sich durch die Oberflächenspannung erklären lässt, ist die Beruhigung einer Wasseroberfläche durch einen auf ihr befindlichen Ölfilm. Wie wenig Öl zu einer Unterdrückung von Wellen oder Spritzern erforderlich ist, kann man beobachten, wenn auf einer vom Wind leicht gekräuselten Wasserfläche ein Motorboot fährt. Die kleinen Ölmengen, die durch den Motor auf die Wasseroberfläche gelangen, bewirken, dass der Weg des Bootes noch längere Zeit glatt und sichtbar bleibt. Die Oberflächenspannung des an die Luft grenzenden Wassers ist größer als seine Grenzflächenspannung gegen Öl. Das heißt, es muss Arbeit aufgewendet werden, um Teile der Oberfläche des Wassers vom Öl freizumachen. Auf die Größe der aufzuwendenden Arbeit ist die Dicke des auf dem Wasser befindlichen Ölfilms ohne Einfluss. Schon eine einmolekulare Ölschicht auf dem Wasser bewirkt die kleinere Grenzflächenspannung. Eine Wellenbewegung der Wasseroberfläche führt nun dazu, dass an einigen Stellen der dünne Ölfilm aufgerissen wird, wofür, wie wir gesehen haben, Energiezufuhr erforderlich ist. Diese Energie wird der Wellenbewegung entzogen. Die Wellenbewegung wird also gedämpft. – Bohrt man unten in ein Reagenzglas ein kleines Loch und füllt Wasser hinein, so läuft dieses nicht vollständig aus, da die Oberflächenspannung der sich am Loch bildenden freien Oberfläche ein bestimmtes Gewicht tragen kann. Solange dieser Gleichgewichtszustand noch nicht eingetreten ist, tropft das Wasser aus dem Reagenzröhrchen aus, bis die Wasserhöhe etwa noch 2 bis 3 cm beträgt. Das Austropfen beginnt aber sofort wieder, sobald man das Röhrchen über eine Schale mit Äther bringt, so dass Ätherdämpfe sich im Wasser lösen. Dadurch wird nämlich die Oberflächenspannung des Wassers stark erniedrigt, und sie ist nicht mehr imstande, das bisherige Wassergewicht zu tragen. – Bringt man auf eine reine Wasseroberfläche kleine Stückchen Kampfer, so vollführen diese unregelmäßige, rasche Bewegungen („Kampfertanz"). Sie kommen dadurch zustande, dass sich die Oberflächenspannung des Wassers dort, wo sich etwas Kampfer im Wasser löst, erniedrigt und infolgedessen eine Strömung in der entgegengesetzten Richtung eintritt, die das Kampferteilchen mitnimmt.

Die Verminderung der Oberflächenspannung durch gelöste Verunreinigungen ist damit zu erklären, dass die Van-der-Waals-Kräfte zwischen den Molekülen des gelösten Stoffes und denen des Lösungsmittels geringer sind als die Kräfte zwischen den Lösungsmittelmolekülen untereinander. Die Fremdmoleküle lassen sich daher mit einem geringeren Arbeitsaufwand an die Oberfläche schaffen als die Lösungsmittelmoleküle, was zur Folge hat, dass sie sich in der Oberfläche anreichern. Ihre nach innen gerichteten Van-der-Waals-Kräfte sind geringer als die der Oberflächenmoleküle des reinen Lösungsmittels. Die Oberflächenmoleküle der Lösung erfahren also im Vergleich zum reinen Lösungsmittel eine verminderte Anziehung. (Das ganze System hat ein Minimum an potentieller Energie, wenn sich die gelösten Moleküle in der Oberfläche befinden.) Daraus geht hervor, dass die Oberflächenspannung einer solchen Lösung geringer ist als die des reinen Lösungsmittels. Ganz allgemein kann man sagen, dass die Van-der-Waals-Kräfte zwischen den äußersten Molekülschichten einer Flüssigkeit für deren Oberflächenspannung verantwortlich sind.

Sind umgekehrt die Kräfte zwischen den Molekülen des gelösten Stoffes und denen des Lösungsmittels stärker als die der Lösungsmittelmoleküle untereinander, so bleibt die Oberfläche ärmer an gelöster Substanz als das Flüssigkeitsinnere. Durch die gesteigerte Anziehung auf die Oberflächenmoleküle des Lösungsmittels nach innen wird die Oberflächenspannung erhöht.

Für Reinigungszwecke (z. B. von Essgeschirr) ist es erforderlich, die Oberflächenspannung des Wassers herabzusetzen. Dies geschieht seit alten Zeiten durch Seife, Soda (Na_2CO_3) oder Pottasche (K_2CO_3). Heute verwendet man Cetylpyridinhydrochlorid, das in einer Konzentration von 10^{-6} die Oberflächenspannung des Wassers auf etwa ein Fünftel herabsetzt. Es bildet die wesentliche Grundlage der meisten Spülmittel im Haushalt.

Auch bei flüssigen Metallen wird die Oberflächenspannung durch Verunreinigung stark herabgesetzt. Hier ein Beispiel: Flüssiges Eisen (mit einem Gehalt von 4.0 % Kohlenstoff) hat eine Oberflächenspannung von $1250 \cdot 10^{-3}$ N/m. Bei einer Zugabe von nur 0.6 % Schwefel wird dieser Wert der Oberflächenspannung auf etwa die Hälfte gesenkt.

Ein in Luft hängender Flüssigkeitstropfen entspricht einer Luftblase in der Flüssigkeit. Bestimmt man also den Radius und den Gasdruck der Blase, dann kann man nach $p =$

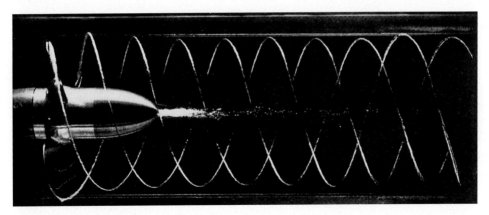

Abb. 10.46   Kavitationsblasen hinter einem rotierenden Schiffspropeller (Versuchsanstalt für Wasserbau und Schiffbau, Berlin)

$2\,\sigma/r$ die Oberflächenspannung der Flüssigkeit bestimmen (wieder genauer: Grenzflächenspannung gegen Luft). Man nennt dies Verfahren zur Bestimmung der Oberflächenspannung die *Blasendruckmethode*. Hierbei wird an einer Kapillardüse im Inneren der zu untersuchenden Flüssigkeit durch Überdruck ein Gasbläschen erzeugt. Der dazu benötigte Gasdruck setzt sich zusammen aus dem Kapillardruck $\sigma\,(1/r_1 \mp 1/r_2)$ und dem hydrostatischen Druck $\varrho g h$ ($h =$ Höhe der Flüssigkeitsoberfläche über der Kapillaröffnung). Bei hinreichender Kleinheit des Kapillardurchmessers ist die Gasblase kugelförmig, d. h., r_1 und r_2 sind konstant und gleich dem Radius der Gasblase, der gleich dem Kapillarradius r ist. Damit ergibt sich als Kapillardruck (oder Krümmungsdruck) $2\,\sigma/r$. Der Kapillardruck $2\,\sigma/r$ wird hier also durch den um $\varrho g h$ verminderten Gasdruck kompensiert, d. h., die Oberflächenspannung wird aus einer Druckmessung bestimmt:

$$\frac{2\,\sigma}{r} = P_{\text{Gas}} - \varrho g h. \tag{10.25}$$

Unter *Kavitation* versteht man die Bildung kleiner Hohlräume in Flüssigkeiten. Sie entstehen durch Einwirkung mechanischer Kräfte wie durch die Bewegung von Schiffspropellern, durch Ultraschall usw. Die Blasen enthalten eine potentielle Energie $= \sigma \cdot$ Oberfläche (vgl. die Definition der spezifischen Oberflächenenergie). Diese Energie wird z. B. durch den Schiffspropeller aufgebracht. Verschwindet die Blase wieder, wird auch die gespeicherte Energie wieder frei. Diese kann zu örtlichen Erhitzungen, zum Leuchten, zu chemischen Prozessen, zur Korrosion der Schiffspropeller usw. führen. Abb. 10.46 zeigt Kavitationsblasen hinter einem rotierenden Schiffspropeller. Die an den Enden der drei Flügel entstehenden Blasen folgen so dicht aufeinander, dass sie sich bald zu einem dünnen Kavitationsschlauch vereinigen.

Nach der Behandlung dünner Flüssigkeitslamellen einerseits und Tropfen bzw. Blasen andererseits sollen nunmehr dünne kugelförmige Flüssigkeitshäute betrachtet werden. Jedes Kind hat sie als „Seifenblasen" hergestellt. Der folgende Versuch ist einfach und überzeugend: An das trichterförmig erweiterte Ende eines nach Abb. 10.47 gebogenen Glasrohres wird eine Seifenblase vom Radius r geblasen. Am anderen Ende des Rohres ist ein kleines Flüssigkeitsmanometer angeschlossen. In der gleichmäßig gekrümmten Oberfläche der kugelförmigen Seifenblase erzeugen die Kräfte der Oberflächenspannun-

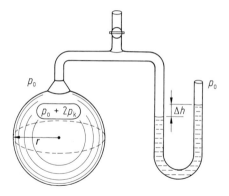

Abb. 10.47   Messung des Überdrucks in einer Seifenblase

gen einen Druck, der die Blase zu verkleinern sucht und durch die Beziehung

$$p = 2\,\sigma\left(\frac{1}{r} + \frac{1}{r}\right) = \frac{4\,\sigma}{r} \tag{10.26}$$

gegeben ist. Der Faktor 2 tritt auch hier wieder deshalb auf, weil die Haut der Seifenblase zwei Oberflächen besitzt. Aus Gl. (10.26) folgt:

$$\sigma = \frac{p\,r}{4}; \tag{10.27}$$

durch Messung von r und p lässt sich also σ ermitteln.

Gl. (10.26) ergibt weiter, dass p mit abnehmendem Blasendurchmesser wächst. Dies zeigt man mit der in Abb. 10.48 skizzierten Versuchseinrichtung. Bei zunächst geschlossenem Hahn 3 bläst man am Rohrstutzen A eine kleine und am Rohrende B eine größere Seifenblase an. Nachdem die Hähne 1 und 2 geschlossen sind, öffnet man den Hahn 3. Dann bewirkt der in der kleinen Blase herrschende größere Druck, dass die größere Blase bei B weiter aufgeblasen wird; dadurch wird der Druckunterschied immer größer, und die Blase bei A zieht sich immer weiter zusammen, bis sie ganz verschwunden ist.

Dass die Oberflächenspannung das Bestreben hat, die Flüssigkeitsoberfläche zu einer *Minimalfläche* zu machen, wurde schon oben erwähnt. Man kann dies durch folgende

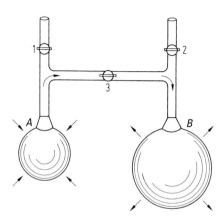

Abb. 10.48   Abhängigkeit des Drucks in einer Seifenblase von ihrem Durchmesser

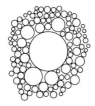

Abb. 10.49   Viele kleine Quecksilbertropfen vereinigen sich zu einem großen Tropfen

Versuche zeigen: In eine Uhrglasschale gibt man verdünnte Schwefelsäure und gießt dann Quecksilber aus einem Tropfglas hinzu: Es bilden sich zahlreiche (50 bis 100) kleine Quecksilberkugeln, die sich allmählich zu einer einzigen vereinigen (Abb. 10.49). Bei gegebener Quecksilbermenge ist es klar, dass eine einzige Kugel eine kleinere Oberfläche hat als viele Kugeln; außerdem ist bekannt, dass von allen Oberflächen, die ein gegebenes Volumen umschließen, die Kugeloberfläche die kleinste ist. – Bringt man ferner (Abb. 10.50a) auf eine in einem Drahtring erzeugte Seifenlamelle einen in sich geschlossenen Faden, so nimmt dieser, in der Lamelle schwimmend, eine ganz unregelmäßige Gestalt an. Zerstört man aber die Lamelle im Inneren des Fadens, so wird dieser zu einem vollkommen regelmäßigen Kreis ausgezogen (Abb. 10.50b). Da der Kreis von allen Kurven gegebenen Umfanges den größten Inhalt hat, wird der übrigbleibende Teil der Lamelle tatsächlich wieder eine Minimalfläche.

Versuche von A. F. Plateau (1801 – 1883) gestatten es, die Minimalflächen auch in komplizierten Fällen zu demonstrieren. Taucht man ein beliebig geformtes Drahtgestell in eine Seifenlösung, bildet sich nach dem Herausziehen an dem Drahtgestell ein System von Flüssigkeitshäutchen, die sich derart verteilen, dass die Summe ihrer Oberflächen ein Minimum darstellt. In Abb. 10.51 sind zwei Beispiele gebracht. An die Kanten des Tetraeders heften sich vier gleichseitige Dreiecke, die im Schwerpunkt des Tetraeders zusammenstoßen. Beim Würfel bilden sich vier Dreiecke und acht Trapeze, die ein kleines (krummliniges) Quadrat schwebend halten. Folgende allgemeine mathematische Sätze über Minimalflächen lassen sich experimentell leicht bestätigen:

1. An einer flüssigen Kante treffen nie mehr als drei Lamellen zusammen; sie bilden untereinander gleiche Winkel.
2. In einem Punkt im Inneren der Figur können stets nur vier Kanten zusammentreffen, die untereinander gleiche Winkel bilden.

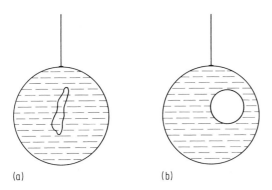

(a)   (b)

Abb. 10.50   Seifenlamelle mit darin schwimmender geschlossener Fadenschlinge

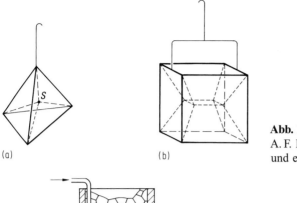

(a)   (b)

Abb. 10.51   Minimalflächen nach
A. F. Plateau an einem Tetraeder (a)
und einem Würfel (b)

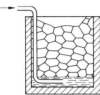

Abb. 10.52   Seifenlamellen in einem
schmalen Trog

Man überzeugt sich leicht, dass in den Beispielen der Abb. 10.51 beide Sätze zutreffen. Der erste Satz lässt sich noch durch folgenden Versuch demonstrieren: Erzeugt man in einem ebenen Glasgefäß, dessen Seitenwände einen Abstand von 1 bis 2 cm haben, durch Einblasen von Luft in eine auf dem Boden befindliche Seifenlösung eine größere Anzahl von Seifenblasen, die von einer Wand zur anderen reichen, so zeigt ein Blick auf Abb. 10.52, dass sich nie mehr als drei Lamellen an einer Kante schneiden und dass die Schnittwinkel einander gleich 120° sind.

Die Werte der Oberflächenspannung gelten nur für den Fall, dass die Flüssigkeitsoberfläche an das Vakuum bzw. an Luft grenzt. Steht dagegen die Flüssigkeitsoberfläche mit einer anderen Flüssigkeit in Berührung, so verändert sich der dort angegebene Wert der Oberflächenspannung je nach der Art der betreffenden Flüssigkeit; denn ein in der Trennfläche befindliches Molekül erfährt, wie schon vorher dargelegt, Kräfte von den Molekülen beider Flüssigkeiten. In Tab. 10.3 sind für eine Reihe von Flüssigkeitskombinationen die Werte der Grenzflächenspannungen angegeben.

Tab. 10.3   Grenzflächenspannungen

Kombination	Grenzflächenspannung $(10^{-3}$ N/m$)$
Quecksilber–Äther	379
Quecksilber–Wasser	375
Quecksilber–Alkohol	364
Quecksilber–Chloroform	357
Quecksilber–Olivenöl	335
Wasser–Petroleum	48
Wasser–Benzol	35
Wasser–Chloroform	25.8
Wasser–Olivenöl	18.2

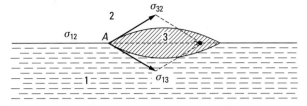

Abb. 10.53 Öltropfen auf Wasseroberfläche. Die Pfeile stellen die Kräfte der jeweiligen Oberflächenspannung dar.

Wir betrachten einen Tropfen Mineralöl auf einer Wasserfläche. Zunächst wird er die in Abb. 10.53 gezeichnete linsenförmige Gestalt annehmen. In seiner Randlinie stoßen die Berührungsflächen zwischen Öl und Luft (32), zwischen Wasser und Luft (12) und zwischen Öl und Wasser (31) zusammen. Infolgedessen greifen in der Berührungslinie drei verschiedene Tangentialkräfte an, die im Punkt A als Vektoren eingezeichnet sind und die Beträge $\sigma_{12}\, dl$, $\sigma_{13}\, dl$ und $\sigma_{23}\, dl$ besitzen. Damit nun der Tropfen in Ruhe bleibt, müssen sich die drei Kräfte das Gleichgewicht halten, d. h., jede von ihnen muss entgegengesetzt gleich der Resultierenden aus den beiden anderen sein. In Abb. 10.53 ist gerade dieser Fall gezeichnet. Ist aber eine der Oberflächenkräfte größer als die Vektorsumme der beiden anderen, kann Gleichgewicht nicht bestehen. Bei Öl und Wasser ist dies wegen des verschwindenden Winkels zwischen $\sigma_{32}\, dl$ und $\sigma_{13}\, dl$ immer der Fall: Die Oberflächenspannung ($\sigma_{12} = 72.5 \cdot 10^{-3}$ N/m) des Wassers gegen Luft ist viel größer als die Summe der Oberflächenspannungen von Öl gegen Luft ($\sigma_{32} = 32 \cdot 10^{-3}$ N/m) und von Öl gegen Wasser ($\sigma_{13} = 18.2 \cdot 10^{-3}$ N/m). Infolgedessen zieht die Oberflächenspannung σ_{12} Wasser–Luft den Öltropfen immer flacher auseinander. Daher breitet sich Öl auf Wasser in außerordentlich dünnen Schichten aus. Bestäubt man z. B. eine größere Wasserfläche mit Talkum und bringt in ihre Mitte nur eine Spur Öl, so breitet sich dieses momentan über einen großen Teil der Oberfläche aus und schiebt dabei das Talkum zum Rand hin (Abb. 10.54). Auch der oben beschriebene Kampfertanz hört sofort auf, wenn die Wasseroberfläche mit einem winzigen Tropfen Öl in Berührung kommt: Dieses schiebt sich bei der Ausbreitung unter die Kampferteilchen und hebt sie vom Wasser ab. Wie Öl auf Wasser, so verhält sich auch Wasser auf Quecksilber: Auf reiner Quecksilberoberfläche breitet sich Wasser vollständig aus.

Abb. 10.54 Auf eine mit Talkum bestäubte Wasseroberfläche wurde in der Mitte eine winzige Menge Fettsäure gegeben. Diese breitete sich aus, bildete eine monomolekulare Schicht und schob dabei das Talkum nach außen. Aus der Menge der Fettsäure und aus der Fläche der Schicht kann die Molekülgröße berechnet werden.

Die große Grenzflächenspannung von Wasser und Quecksilber bildet auch die Ursache dafür, dass die Oberflächen dieser Flüssigkeiten bereits durch Spuren anderer Stoffe „verunreinigt" werden: Letztere werden zu monomolekularen Schichten ausgezogen. Solche „Verunreinigungen" bilden sich z. B. durch Auflösen des Kohlendioxids der Luft in sehr kurzer Zeit nach Herstellung einer frischen Wasseroberfläche aus, in $^1/_{100}$ bis $^1/_{1000}$ Sekunde. Daher misst man bei allen „statischen" Methoden immer nur den schon verkleinerten Wert der Oberflächenspannung. Besondere „dynamische" Methoden, die es gestatten, die frisch gebildete Oberfläche im Lauf der ersten Hundertstelsekunde zu untersuchen, liefern für Wasser statt des statischen Wertes $72.5 \cdot 10^{-3}$ N/m einen Wert von etwa $80 \cdot 10^{-3}$ N/m.

Die Dicke einer gerade noch zusammenhängenden Ölschicht ist von der Größenordnung 10^{-9} m $= 1$ nm. Noch dünnere zusammenhängende Schichten bilden sich nicht, sondern sie zerreißen. Das beweist, dass die Schicht nur von der Dicke eines Moleküls ist.

Eine solche *monomolekulare Schicht* erlaubt also die Bestimmung der Molekülgröße: Man löst z. B. 100 mg Stearinsäure in 100 cm^3 Benzol und bestimmt das Volumen eines Tropfens (durch Abzählen vieler Tropfen und Messung des Gesamtvolumens). Gibt man einen Tropfen der Lösung auf eine Wasseroberfläche, die man vorher dünn mit Talkum bestäubt hat, so bildet sich der monomolekulare Film sofort aus (Abb. 10.54). Das Benzol verdampft. Die vom Talkum befreite Fläche wird ausgemessen. Mit der Avogadro-Konstante ergibt sich aus der Masse der Stearinsäure im Tropfen die Gesamtzahl der Moleküle auf der ausgemessenen Fläche. Daraus errechnet man die Fläche, die ein Molekül beansprucht. Sie ist $21.8 \cdot 10^{-20}$ m^2. Setzt man die unten beschriebene Ausrichtung der Moleküle voraus, dass sie also wie Schilfhalme auf dem Wasser stehen, dann ergibt sich ein Quader mit der Grundfläche $4.7 \cdot 4.7 \cdot 10^{-20}$ m^2. Setzt man noch voraus, dass die Dichte der Fettsäure in der monomolekularen Schicht die gleiche ist wie die in der festen Substanz, so kann man auch die Höhe h der Schicht und damit die Länge l eines Moleküls berechnen ($l = h$). Die Dichte der Stearinsäure ist $\varrho_{St} = 838$ kg/m^{-3}. Für die Länge eines Moleküls Stearinsäure ergibt sich $l = 27.4 \cdot 10^{-10}$ m $= 2.74$ nm. Da die Zahl der Kohlenstoffatome in diesem Ketten-Molekül 18 beträgt, entfällt auf ein Kohlenstoffatom die Länge von $1.5 \cdot 10^{-10}$ m $= 0.15$ nm, in Übereinstimmung mit den Ergebnissen der Röntgen-Strukturanalyse.

Die Oberflächenspannung einer Flüssigkeit ändert sich, wenn diese elektrisch aufgeladen wird. Man betrachte noch einmal Abb. 10.45. Legt man eine elektrische Spannung an das Wasser im Glasrohr, indem man einen Draht einer Spannungsquelle in das Wasser im Glasrohr steckt und den anderen Draht mit „Erde" verbindet, so sieht man, dass sich kein Tropfen bildet, sondern dass das Wasser ganz ausfließt. Die Oberflächenspannung ist durch die elektrische Spannung wesentlich herabgesetzt; die von außen angelegte elektrische Spannung verändert die Molekularkräfte.

10.9 Kapillarität

Randwinkel. Es wurde schon betont, dass sich die Oberflächenspannung nur auf die Phasengrenze Flüssigkeit–Vakuum bezieht. Berühren sich dagegen zwei Flüssigkeiten, so ergibt sich eine Grenzflächenspannung. Jetzt soll die Phasengrenze flüssig–fest be-

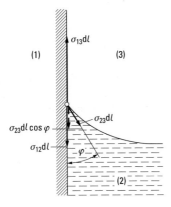

Abb. 10.55 Benetzende Flüssigkeit an einer Gefäßwand $\sigma_{13} > \sigma_{12}$

handelt werden. Es werden ähnliche Verhältnisse herrschen wie bei der Berührung zweier Flüssigkeiten, jedoch mit dem Unterschied, dass die Moleküle des festen Körpers nicht verschiebbar sind. Grenzt eine Flüssigkeit an einen festen Körper, z. B. an eine Gefäßwand, so erfahren die an der Wand liegenden Teilchen eine anziehende Kraft sowohl von den umgebenden Flüssigkeitsteilchen als auch von den Molekülen der festen Wand. Macht man die Annahme, dass auch in der Oberfläche fester Körper eine Oberflächenspannung herrscht, so kann man den Winkel, den die Oberfläche der Flüssigkeit mit der Gefäßwandung bildet, aus einer Gleichgewichtsbetrachtung ableiten. Man nennt diesen Winkel den *Randwinkel* der Flüssigkeit. Ist der Randwinkel ein spitzer Winkel, so sagt man, die Flüssigkeit benetzt die Wandung. Wenn der Winkel größer als 90° ist, wird die Wandung nicht benetzt.

An einem Linienelement der Länge d*l* der Flüssigkeitsgrenze greifen die Kräfte $\sigma_{13}\,\mathrm{d}l$, $\sigma_{23}\,\mathrm{d}l$ und $\sigma_{12}\,\mathrm{d}l$ an (Abb. 10.55 und 10.56). Die Flüssigkeitsgrenze, in der dieses Linienelement liegt, verläuft senkrecht zur Zeichenebene. Im Gleichgewichtsfall muss gelten:

$$\sigma_{12} + \sigma_{23}\cos\varphi = \sigma_{13}. \tag{10.28}$$

Aus dieser Gleichung folgt für den Randwinkel

$$\cos\varphi = \frac{\sigma_{13} - \sigma_{12}}{\sigma_{23}}. \tag{10.29}$$

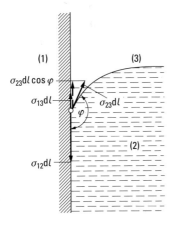

Abb. 10.56 Nichtbenetzende Flüssigkeit an einer Gefäßwand $\sigma_{13} < \sigma_{12}$

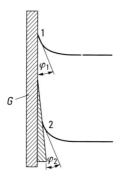

Abb. 10.57 Zur Bestimmung der Wirkungs-sphäre von Molekularkräften mit Hilfe des Randwinkels

Wir setzen zunächst, da $-1 \leq \cos \varphi \leq +1$ ist, voraus, dass $|\sigma_{13} - \sigma_{12}| < \sigma_{23}$ ist. Ist dabei $\sigma_{13} > \sigma_{12}$, so ist der Randwinkel φ spitz und die Flüssigkeitsoberfläche wie in Abb. 10.55 konkav gewölbt; ist dagegen $\sigma_{13} < \sigma_{12}$, so ist φ stumpf und die Oberfläche der Flüssigkeit wie in Abb. 10.56 konvex. Der Randwinkel wird gleich null, wenn im Grenzfall $\sigma_{13} - \sigma_{12} = \sigma_{23}$ wird. Ist aber schließlich $|\sigma_{13} - \sigma_{12}| > \sigma_{23}$, so ist offensichtlich der Gl. (10.28) die Grundlage entzogen, also kein Gleichgewicht mehr möglich. Man nimmt an, dass in diesem Fall der Randwinkel gleich null bleibt und wegen des nicht vorhandenen Gleichgewichts eine dünne Schicht der Flüssigkeit den festen Körper vollständig überzieht: Wir haben sogenannte „vollständige Benetzung" des festen Körpers vor uns. Man beobachtet oft, dass eine Flüssigkeit an der Gefäßwand hochkriecht, z. B. Wasser, Petroleum und gewisse Öle, wenn sie sich in einem Glasgefäß befinden. Die Wasserstoffatome dieser Flüssigkeiten werden von den Sauerstoffatomen des Glases angezogen und haften an der Glasoberfläche. Das Gewicht der Flüssigkeit setzt diesem Aufwärtskriechen ein Ende; denn die Anziehungskräfte zwischen den Flüssigkeitsmolekülen sind andererseits auch so groß, dass die Flüssigkeitsmoleküle zusammenhängend bleiben. In sehr engen Röhren („Kapillaren") ist die Glasoberfläche und damit die Anziehungskraft des Glases groß im Vergleich zum Gewicht der hängenden Flüssigkeit. Deshalb steigen verschiedene Flüssigkeiten wie Wasser in solchen Kapillaren besonders hoch. Auch superfluides Helium (He II) ist in diesem Zusammenhang zu erwähnen (s. Kap. 21).

Mit Hilfe des Randwinkels hat G. H. Quincke (1834–1924) die Wirkungssphäre der Molekularkräfte bestimmt. Er versah eine Glasplatte G (Abb. 10.57) mit einer keilförmigen Silberschicht. Wurde die Glasplatte in Wasser getaucht, trat bei 1 an der unversilberten Platte ein Randwinkel φ_1 und an der Stelle 2, wo die Silberschicht bereits so dick war, dass die Wirkung der Glasmoleküle nicht mehr durch sie hindurchreichte, ein anderer Randwinkel φ_2 auf. Durch Verschieben der Glasplatte ließ sich eine Stelle finden, an der φ_2 gerade anfing, sich zu ändern, woraus folgt, dass an dieser Stelle die Glasmoleküle bereits durch die Silberschicht hindurchwirken. Aus ihrer Dicke an dieser Stelle erhält man dann für den Radius der Wirkungssphäre der Moleküle des Glases etwa $5 \cdot 10^{-9}$ m.

Auch die Form von Flüssigkeitstropfen auf einer ebenen, festen Unterlage ist verschieden, je nachdem ob die Flüssigkeit die Unterlage mehr oder weniger stark benetzt: Abb. 10.58a zeigt die Gestalt eines Wassertropfens, Abb. 10.58b die eines Quecksilbertropfens auf einer (verunreinigten!) Glasplatte. Im ersten Fall ist der Randwinkel spitz, im zweiten stumpf.

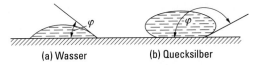

(a) Wasser   (b) Quecksilber

Abb. 10.58 Gestalt eines Wasser- (a) und Quecksilbertropfens (b) auf einer etwas verunreinigten Glasplatte

Steighöhe in Kapillaren. Besonders auffällig treten die Wirkungen der Grenzflächenspannung an der Grenze Flüssigkeit-Festkörper in engen Röhren, *Kapillaren* genannt, in Erscheinung. Taucht man ein Kapillarrohr vertikal in Wasser, so steigt die Flüssigkeitsoberfläche empor (Abb. 10.59), während beim Eintauchen derselben Röhre in Quecksilber die Quecksilberoberfläche unter das Niveau im Gefäß heruntergedrückt wird (Abb. 10.60). In beiden Fällen ist die Flüssigkeit in der Röhre von einem Meniskus begrenzt, der bei Wasser (benetzende Flüssigkeit) ein nach oben konkaves, bei Quecksilber (nicht benetzende Flüssigkeit) ein nach oben konvexes Stück einer Kugelfläche bildet. Die kapillare Erhebung bzw. Absenkung kommt folgendermaßen zustande: Bei einer sphärisch gekrümmten Flüssigkeitsoberfläche herrscht eine zum Krümmungsmittelpunkt hin gerichtete Kraft, die an der Oberfläche den Druck (Gl. (10.23))

$$p = \frac{2\,\sigma}{r'} \tag{10.30}$$

ergibt, wenn r' der Krümmungsradius – hier der Kugelradius des Meniskus – ist. Unter σ ist die Oberflächenspannung der Flüssigkeit gegen Luft zu verstehen (vorher mit σ_{23} bezeichnet). Dass in Gl. (10.30) der Wert des Drucks nur halb so groß ist wie in Gl. (10.26), liegt daran, dass wir hier im Gegensatz zu einer Seifenblase nur eine Oberfläche haben.

Abb. 10.59 Steighöhe gefärbten Wassers in fünf Glaskapillaren

Durchmesser in mm:	2.2	1.6	1.0	0.68	0.36
Steighöhe in mm:	9.5	14	22	31.5	60

Abb. 10.60   Absenkung der Oberfläche von Quecksilber. In der Kapillare von etwa 1 mm Durchmesser steht die Oberfläche des Quecksilbers 9.3 mm unterhalb des Flüssigkeitsspiegels.

Dieser Druck ist im Fall einer benetzenden Flüssigkeit nach oben, im Fall einer nicht
benetzenden nach unten gerichtet. Die Flüssigkeitssäule wirkt wie ein Manometer, das
die Druckdifferenz zwischen konkaver und konvexer Seite misst. Diese Drücke bzw. ihre
zur Rohrachse parallelen Komponenten addieren bzw. subtrahieren sich vom gewöhnlichen hydrostatischen Druck, der – allein für sich wirkend – gleiches Niveau (Gesetz der
kommunizierenden Röhren) erzeugen würde.

Abb. 10.61 zeigt die Verhältnisse für eine benetzende Flüssigkeit. 0 sei das Zentrum
des kugelförmigen Meniskus vom Radius r', während r der Rohrradius ist. Da φ der
Randwinkel ist, folgt aus der Figur, dass $r' = r / \cos \varphi$ ist. Damit ist nach Gl. (10.30) der
Druck:

$$p = \frac{2\,\sigma}{r} \cos \varphi;$$

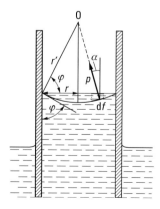

Abb. 10.61   Bestimmung der Steighöhe in
einer Kapillare. Der Pfeil gibt die Richtung
der Kraft $p\,\mathrm{d}f$ an.

er wirkt auf jedes Flächenelement df. Die Kraft auf das Flächenelement df ist also $p\,\mathrm{d}f$ und ihre vertikale Komponente $p\,\mathrm{d}f\cos\alpha$, wenn α der Winkel zwischen der Richtung von p und der Vertikalen ist. Ferner ist d$f\cos\alpha$ die Projektion von df auf die Horizontalebene, d. h. die Projektion von df auf die senkrechte Rohrquerschnittsfläche. Die Summe aller Vertikalkomponenten beträgt also offenbar

$$\sum \frac{2\sigma}{r}\cos\varphi\,\mathrm{d}f\cos\alpha = \frac{2\sigma}{r}\cos\varphi \sum \mathrm{d}f\cos\alpha,$$

und hierin ist $\sum \mathrm{d}f\cos\alpha$ gleich der Gesamtquerschnittsfläche $r^2\pi$ des Rohres. Damit folgt für die Gesamtkraft, die nach oben wirkt:

$$\frac{2\sigma}{r}\cos\varphi\, r^2\pi = 2\,\sigma r\pi\,\cos\varphi.$$

Diese Kraft hebt die Flüssigkeit so weit in die Höhe, bis ihr das Gewicht der gehobenen Flüssigkeit das Gleichgewicht hält. Ist h die Steighöhe, ϱ die Dichte der Flüssigkeit, so ist das Gewicht der gehobenen Flüssigkeit $r^2\pi h\varrho g$. Also gilt die Beziehung

$$2\,\sigma r\pi\,\cos\varphi = r^2\,\pi\,h\,\varrho\,g.$$

Nach Kürzung ergibt sich für die Steighöhe

$$h = \frac{2\,\sigma\cos\varphi}{r\,\varrho\,g}. \tag{10.31}$$

In dem speziellen Fall, dass die Flüssigkeit vollständig benetzt (z. B. Wasser auf Glas), ist $\varphi = 0$, und Gl. (10.31) geht über in

$$h = \frac{2\,\sigma}{r\,\varrho\,g}. \tag{10.32}$$

Beide Gleichungen dienen zur Bestimmung der Grenzflächenspannung.

Mit dem in Abb. 10.59 dargestellten System kommunizierender Röhren verschiedenen Durchmessers lässt sich die Abhängigkeit der Steighöhe vom Rohrradius zeigen. In einer Röhre von 0.1 mm Durchmesser beträgt die Steighöhe des Wassers sogar 30 cm; die Absenkung von Quecksilber beträgt in einer Glasröhre von 2 mm Durchmesser rund 4.5 mm. Beim Ablesen von Quecksilberbarometern muss dies berücksichtigt werden.

Gibt man dem unteren Teil der Kapillarröhre entsprechend Abb. 10.62b und c eine erweiterte Form, so bleibt die Flüssigkeit in dem oberen Teil der Röhre, wenn man sie einmal bis dorthin heraufgezogen hat, ebenso hoch stehen wie in einer einfachen Kapillarröhre (Abb. 10.62a) gleicher Weite. Auf den ersten Blick ist dies ein merkwürdiges Ergebnis, das sich indessen leicht auf die gleiche Weise durch Berücksichtigung der kapillaren Drücke erklärt: Die Niveauhöhe in einem System kommunizierender Röhren ist ja auch unabhängig von der Gestalt der einzelnen Röhren.

Taucht man in eine Flüssigkeit zwei parallele Glasplatten im Abstand d ein, so steigt zwischen den Platten die Flüssigkeit umso höher, je kleiner der Plattenabstand ist. Bei vollkommener Benetzung ist hier die Steighöhe durch die Gleichung

$$h = \frac{2\,\sigma}{d\,\varrho\,g} \tag{10.33}$$

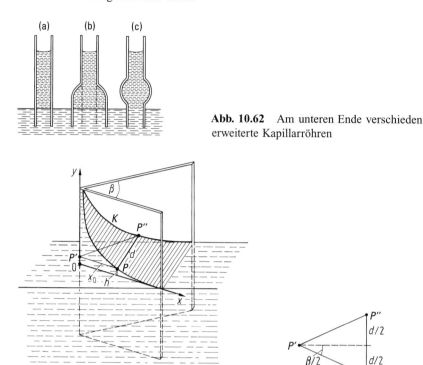

Abb. 10.62   Am unteren Ende verschieden erweiterte Kapillarröhren

Abb. 10.63   Emporsteigen einer Flüssigkeit zwischen zwei gegeneinander geneigte Platten

gegeben; sie ist also nur halb so groß wie in einer Röhre vom Durchmesser d. Bilden die beiden Platten, wie die Abb. 10.63 und 10.64 zeigen, einen spitzen Winkel β miteinander, so steigt zwischen ihnen die Flüssigkeit umso höher, je kleiner der Abstand ist. Die Gleichung der Kurve, die die Flüssigkeitsoberfläche begrenzt, ergibt sich folgendermaßen: Ein Kurvenpunkt habe die Koordinaten x und y, die Steighöhe ist durch Gl. (10.33) gegeben; ist d die Basis eines gleichschenkligen Dreiecks mit der Höhe x und dem Winkel β an der

Abb. 10.64   Gefärbtes Wasser in einer Küvette mit keilförmigem Querschnitt

Spitze, so ist

$$d = 2x \tan \frac{\beta}{2}.$$

Setzt man diesen Wert von d und $h = y$ in Gl. (10.33) ein, erhält man für die gesuchte Gleichung:

$$x y = \frac{\sigma}{\varrho \, g \, \tan \frac{\beta}{2}} = \text{const},$$

die eine gleichseitige Hyperbel darstellt.

   Eine große Rolle spielt die Kapillarwirkung in der Natur und im täglichen Leben. Man denke an das Aufsteigen der Pflanzensäfte in hohen Bäumen. Auch beim Blutkreislauf sind die Kapillaren von großer Bedeutung. Das Aufsteigen von Wasser im Schwamm, von Tinte im Löschblatt oder von Petroleum im Lampendocht sind nur einige Beispiele.

11 Dynamik von Flüssigkeiten und Gasen, Strömungslehre

11.1 Allgemeines über strömende Flüssigkeiten und Gase

Bisher wurden ruhende Flüssigkeiten betrachtet. Zur Untersuchung der Bewegung von Flüssigkeiten und Gasen müssen wir eine Betrachtung der Kräfte vornehmen, unter deren Einfluss die Strömung erfolgt. Es können zunächst äußere Kräfte, wie die Schwerkraft, auf jedes Flüssigkeitsteilchen wirken; ebenso können Druckdifferenzen eine Beschleunigung hervorrufen. Bei den wirklichen Flüssigkeiten kommen dazu noch innere Kräfte, die die Flüssigkeitsteilchen aufeinander ausüben: Diese Kräfte bewirken die *Viskosität* der Flüssigkeit und werden als *Reibungskräfte* bezeichnet.

Um die Bewegung von Flüssigkeitsteilchen zu beobachten, muss man sie kennzeichnen und sichtbar machen. Man kann z. B. die Oberfläche mit Talkum oder Korkpulver bestäuben. Jedes Staubpartikel bleibt an der gleichen Stelle der Flüssigkeit und wird von der strömenden Flüssigkeitsoberfläche mitgenommen. Für Bewegungen im Inneren der Flüssigkeit kann man kleine schwebende Kunststoff- oder Aluminiumteilchen nehmen. Man kann auch die Flüssigkeit teilweise färben (z. B. durch $KMnO_4$). In allen Fällen sieht man die *Bahnlinien* der Flüssigkeitsteilchen. Gasströmungen kann man durch Tabakrauch und durch Ammoniaknebel sichtbar machen.

Während sich die so sichtbar gemachte Bahnlinie auf die Geschichte, d. h. das zeitliche Nacheinander eines Teilchens bezieht, kann man sich einen Überblick über die momentanen Strömungsverhältnisse verschaffen, indem man Kurven konstruiert, deren Tangente in jedem Punkt die Richtung der im betrachteten Zeitpunkt vorhandenen Strömungsgeschwindigkeit hat, die sogenannten *Stromlinien*. Diese beziehen sich also auf das momentane Nebeneinander zahlreicher Teilchen, sind also im Allgemeinen von den Bahnlinien verschieden. Nur in dem allerdings besonders wichtigen Fall, dass die Strömung stationär ist, d. h. dass an die Stelle jedes Teilchens im nächsten Moment ein genau gleiches mit gleicher Geschwindigkeit tritt, gibt eine Stromlinie gleichzeitig auch die Bahn jedes Einzelteilchens wieder.

Navier-Stokes-Gleichung. Die Grundlage für jede quantitative Behandlung der Dynamik von Flüssigkeiten ist die Newton'sche Grundgleichung für die Bewegung von Massenpunkten, $dp/dt = F$ (Gl. (4.18), Abschn. 4.2). Dabei repräsentiert F die Summe aller Kräfte, die auf ein Volumenelement der Flüssigkeit wirken. Wir beschränken uns hier auf die wichtigsten Kraftbeiträge, nämlich die Druckkraft, die Reibungskraft und die Schwerkraft.

Wie in den Lehrbüchern der theoretischen Physik gezeigt wird, lässt sich die Newton'sche Grundgleichung für die Bewegung kontinuierlich im Raum verteilter Medien in folgender Form schreiben:

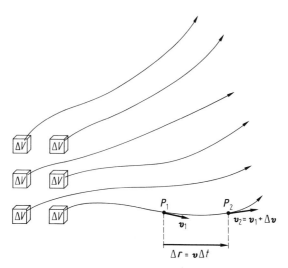

Abb. 11.1 Bahnkurven von Flüssigkeitselementen, wie sie durch die Navier-Stokes-Gleichung (11.1) beschrieben werden

$$\varrho\left[\frac{\partial \boldsymbol{v}}{\partial t} + (\boldsymbol{v}\cdot\nabla)\boldsymbol{v}\right] = -\nabla p + \eta\nabla^2\boldsymbol{v} + \varrho\,\boldsymbol{g}. \tag{11.1}$$

Dabei ist ϱ die Massendichte der Flüssigkeit, $v(r, t)$ ihre Geschwindigkeit, η ihre Viskosität (Abschn. 11.5), p der Druck und g die Erdbeschleunigung. Die Vektoroperatoren lauten in kartesischen Koordinaten

$$\nabla = \frac{\partial}{\partial x}\boldsymbol{e}_\text{x} + \frac{\partial}{\partial y}\boldsymbol{e}_\text{y} + \frac{\partial}{\partial z}\boldsymbol{e}_\text{z}$$

und

$$\nabla^2\boldsymbol{v} = \left(\frac{\partial^2 v_\text{x}}{\partial x^2} + \frac{\partial^2 v_\text{x}}{\partial y^2} + \frac{\partial^2 v_\text{x}}{\partial z^2}\right)\boldsymbol{e}_\text{x}$$

$$+ \left(\frac{\partial^2 v_\text{y}}{\partial x^2} + \frac{\partial^2 v_\text{y}}{\partial y^2} + \frac{\partial^2 v_\text{y}}{\partial z^2}\right)\boldsymbol{e}_\text{y} + \left(\frac{\partial^2 v_\text{z}}{\partial x^2} + \frac{\partial^2 v_\text{z}}{\partial y^2} + \frac{\partial^2 v_\text{z}}{\partial z^2}\right)\boldsymbol{e}_\text{z}.$$

Alle Terme der Gl. (11.1) sind volumenbezogen mit der Einheit $1\,\text{N/m}^3 = 1\,\text{kg}\,\text{s}^{-2}\,\text{m}^{-2}$. Die Viskosität η mit der Einheit $1\,\text{kg}/(\text{m}\,\text{s}) = 1\,\text{Pa}\,\text{s}$ beträgt für Gase etwa $10^{-5}\,\text{Pa}\,\text{s}$, für Wasser $10^{-3}\,\text{Pa}\,\text{s}$ und für Öle $1\,\text{Pa}\,\text{s}$. Sie wird in Abschn. 11.5 ausführlich besprochen.

Gl. (11.1) heißt *Navier-Stokes-Gleichung* nach C. L. M. H. Navier (1785–1836) und G. G. Stokes (1819–1903). Sie ist eine nichtlineare partielle Differentialgleichung für die Geschwindigkeit v des Flüssigkeitselements als Funktion von Ort und Zeit (Abb. 11.1). Ihre Lösung liefert die Beziehung $v = f(r, t)$. Die Navier-Stokes-Gleichung lässt sich nur in seltenen Fällen analytisch lösen; meistens muss man numerische Methoden benutzen.

Wir werden die Navier-Stokes-Gleichung im Folgenden nur selten zur theoretischen Herleitung experimenteller Befunde verwenden; das ginge über den Rahmen unserer Darstellung hinaus. Jedoch wollen wir uns die Bedeutung ihrer einzelnen Terme kurz vor Augen führen. Die Variable $v(r, t)$ ist die Geschwindigkeit der Flüssigkeit an einem festen Punkt im Raum, nicht aber die Geschwindigkeit eines bestimmten Volumenelements. Die linke Seite der Gleichung sieht auf den ersten Blick etwas kompliziert aus, stellt jedoch nichts anderes dar als die gesamte zeitliche Änderung des Impulses $dp/dt = m dv/dt = \varrho V dv/dt$ an einer bestimmten Stelle im Raum. Die Geschwindigkeit kann sich nämlich auf zweierlei Weise ändern: einmal weil sich v an einem festen Punkt im Raum im Lauf der Zeit verändert – das liefert den Beitrag $\partial v/\partial t$ – und zum anderen, weil sich die Flüssigkeit während der Zeit dt bewegt – das liefert den Beitrag $(v \cdot \nabla)v$. Dies lässt sich folgendermaßen einsehen: Wir betrachten noch einmal Abb. 11.1 und dort die kleine Verschiebung Δr eines Elements ΔV von P_1 nach P_2 in der Zeitspanne Δt. Es gilt $\Delta r = v \Delta t$ mit $\Delta r_x = v_x \Delta t$, $\Delta r_y = v_y \Delta t$ und $\Delta r_z = v_z \Delta t$. Für genügend kleine Zeitintervalle lässt sich $v(r, t)$ in eine Taylor-Reihe entwickeln:

$$v_2(x + \Delta x, y + \Delta y, z + \Delta z, t + \Delta t)$$
$$= v_2(x + v_x \Delta t, y + v_y \Delta t, z + v_z \Delta t, t + \Delta t) = v_1 + \Delta v$$
$$\approx v_1(x, y, z, t) + \frac{\partial v}{\partial x} v_x \Delta t + \frac{\partial v}{\partial y} v_y \Delta t + \frac{\partial v}{\partial z} v_z \Delta t + \frac{\partial v}{\partial t} \Delta t.$$

Die Gesamtbeschleunigung ist definiert als $a = \Delta v/\Delta t = (v_2 - v_1)/\Delta t$, und das ergibt

$$a = v_x \frac{\partial v}{\partial x} + v_y \frac{\partial v}{\partial y} + v_z \frac{\partial v}{\partial z} + \frac{\partial v}{\partial t}.$$

Mit der oben angegebenen Definition des Nabla-Operators ∇ kann man das folgendermaßen schreiben:

$$a = (v \cdot \nabla)v + \frac{\partial v}{\partial t}. \tag{11.2}$$

Damit ist die Form der linken Seite der Navier-Stokes-Gleichung verständlich. Auf der rechten Seite steht als erster Beitrag zur Kraftdichte der *Druckgradient*. Wir betrachten in Abb. 11.2a ein Volumenelement ΔV, auf das von links der Druck p_0 wirkt, von rechts der etwas größere Druck $p = p_0 + \frac{\partial p}{\partial x} \Delta x$. Die Kraft auf die linke Seitenfläche ist dann $F_{+x} = p_0 \Delta y \Delta z$, auf die rechte $F_{-x} = p \Delta y \Delta z$, ihre Resultierende $F_{+x} - F_{-x} = (p_0 - p) \Delta y \Delta z$, und die Kraftdichte wird $(F_{+x} - F_{-x})/\Delta V = (p_0 - p)/\Delta x \approx \partial p/\partial x$. Da sie in negativer x-Richtung wirkt, bekommt sie das negative Vorzeichen. Führt man dies auch für die y- und die z-Komponente durch, so folgt

$$\frac{F}{\Delta V} = -\frac{\partial p}{\partial x} e_x - \frac{\partial p}{\partial y} e_y - \frac{\partial p}{\partial z} e_z$$

oder

$$\frac{F}{\Delta V} = -\nabla p. \tag{11.3}$$

Die Druckkraft wirkt also immer in entgegengesetzter Richtung zum Druckgradienten, denn dieser zeigt in Richtung wachsenden Drucks.

Das zweite Glied auf der rechten Seite der Navier-Stokes-Gleichung ist die *Kraftdichte der inneren* (viskosen) *Reibung* der Flüssigkeit. Die Materialkonstante Viskosität wird in Abschn. 11.5 genauer erläutert. Sie ist definiert als das Verhältnis zwischen einer

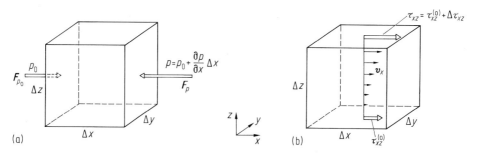

Abb. 11.2   Zur Kraftdichte in einer Flüssigkeit aufgrund eines Druckgradienten (a) und eines Schubspannungsgradienten (b)

Schubspannung τ_{xz} und der Geschwindigkeitsänderung $\partial v_x / \partial z$ senkrecht zur Fläche, an der diese Schubspannung angreift (Abb. 11.2b), $\eta = \tau_{xz} / (\partial v_x / \partial z)$. Die Geschwindigkeitsänderung aufgrund der Reibung ist aber ihrerseits proportional zur Größe der Schubspannungsdifferenz zwischen der bewegten Fläche und einer Referenzfläche (in Abb. 11.2b die Bodenfläche des Würfels), $\partial v_x / \partial z \sim \Delta \tau_{xz}$. Daher wird die Kraftdichte der inneren Reibung $F / \Delta V = F / (\Delta x \Delta y \Delta z) = \Delta \tau_{xz} / \Delta z$ proportional zur zweiten Ortsableitung von v,

$$\frac{F}{\Delta V} = \frac{\Delta \tau_{xz}}{\Delta z} = \eta \frac{\Delta}{\Delta z} \left(\frac{\partial v_x}{\partial z} \right) \approx \eta \frac{\partial^2 v_x}{\partial z^2}.$$

Eine entsprechende dreidimensionale Betrachtung liefert auf diese Weise den zweiten Term auf der rechten Seite von Gl. (11.1), die Reibungskraftdichte $\eta \nabla^2 v$.

Der dritte Term, die Schwerkraftdichte $\varrho g = F_g / \Delta V$, ergibt sich einfach aus der Definition des Gewichts $F_g = m g = \varrho g \Delta V$.

Wir wollen uns auch die Größenordnung der einzelnen Terme der Navier-Stokes-Gleichung an einem einfachen Beispiel überlegen, nämlich an Wasser, das aus einem Hahn strömt. Die Dichte des Wassers beträgt $\varrho_w = 10^3$ kg/m³ und seine Viskosität bei 20 °C $\eta_w \approx 10^{-3}$ Pa s (s. Tab. 11.1, S. 429). Die Druckkraft ergibt sich aus der Druckdifferenz ($\Delta p \approx 1$ bar) zwischen der vom Wasserwerk kommenden Hauptleitung und dem Luftdruck an der Ausflussöffnung. Für $\Delta x \approx 10$ m von der Hauptleitung zum Hahn ist $|\nabla p| = \Delta p / \Delta x \approx 10^4$ N/m³. Die Reibungskraft beträgt bei einer Geschwindigkeit des Wassers in der Mitte des Rohres (Radius $R \approx 1$ cm) von $v = 1$ m/s etwa $\eta \nabla^2 v = 20$ N/m³. Dabei haben wir in Rohrrichtung $\partial^2 v / \partial x^2 \approx 0$ angesetzt und radial $\partial^2 v / \partial y^2 = \partial^2 v / \partial z^2 = (1 \text{m/s}) / R^2$. Die Dichte der Gewichtskraft beträgt $\varrho g \approx 10^4$ N/m³. Auf der rechten Seite der Navier-Stokes-Gleichung haben wir daher folgende Situation:

Druckkraftdichte		Reibungskraftdichte		Schwerkraftdichte
$|\nabla p|$	$+$	$|\eta \nabla^2 v|$	$+$	$|\varrho g|$
10^4 N/m³	$+$	20 N/m³	$+$	10^4 N/m³.

Die Reibung ist also in diesem Beispiel gegenüber Druck und Schwerkraft zu vernachlässigen. (Ganz anders wird das bei Glyzerin oder zähen Ölen mit einer im Vergleich zu Wasser rund 1000-mal höheren Viskosität!) Die linke Seite der Navier-Stokes-Gleichung $\varrho (\partial v / \partial t + (v \cdot \nabla) v) = \varrho a$, die Zeitableitung der Impulsdichte, muss demnach ebenfalls von der Größenordnung 10^4 N/m^3 sein. Das ergibt für die Beschleunigung $a \approx 10$ m/s^2, etwa den Betrag der Erdbeschleunigung.

Gültigkeitsgrenzen der Navier-Stokes-Gleichung. Gl. (11.1) wurde, wie schon erwähnt, unter der Bedingung räumlich und zeitlich konstanter Dichte formuliert. Diese Bedingung ist bei vielen, häufig vorkommenden Strömungen gut erfüllt. Flüssigkeiten haben eine so kleine Kompressibilität ($\kappa \approx 10^{-4}$ bar^{-1}), dass ziemlich hohe Drücke notwendig sind, um ihre Dichte merklich zu erhöhen. Bei Wasser bewirkt ein Druck von 100 bar nur 0.5 % Dichtezunahme (s. Abschn. 10.4, Tab. 10.1). Derart hohe Drücke kommen in Strömungen nur selten vor. Bei Gasen erwartet man zunächst wegen ihrer 10 000-mal höheren Kompressibilität viel größere Dichteänderungen. Jedoch sind in den meisten Gasströmungen die Druckdifferenzen so klein (Größenordnung 10 mbar), dass die Dichteänderungen ebenfalls selten 1 % übersteigen. Das gilt z. B. für den Schweredruck bei Höhendifferenzen von weniger als 100 m und für den dynamischen Druck (s. Abschn. 11.2) bei Geschwindigkeiten unterhalb von etwa 50 m/s. Kommt v dagegen in die Größenordnung der Schallgeschwindigkeit, so wird die Dichte davon ganz erheblich beeinflusst. Dann muss die Navier-Stokes-Gleichung entsprechend ergänzt werden.

Neben der Dichte ϱ enthält die Navier-Stokes-Gleichung als zweite Materialkonstante die Viskosität η. Auch sie kann vom Ort und von der Zeit abhängen, sie kann sogar anisotrop sein. Hier muss die Navier-Stokes-Gleichung ebenfalls ergänzt werden.

Wie wir weiter oben gesehen hatten, ist die Reibungskraft bei Strömungen oft klein gegen die Druck- und Schwerkraft. Man kann dann das Reibungsglied $\eta \nabla^2 v$ in Gl. (11.1) vernachlässigen. Das vereinfacht die Berechnung der Geschwindigkeit ganz erheblich. Die Bewegungsgleichung heißt dann *Euler-Gleichung* (Leonhard Euler, 1707–1783). Wir werden im nächsten Abschnitt Beispiele dafür kennenlernen. – Zur weiteren Vereinfachung betrachtet man oft *stationäre* Strömungen. Das sind Bewegungen, bei denen v nicht explizit von der Zeit abhängt, also an einem bestimmten Ort zeitlich konstant bleibt. Dann ist $\partial v / \partial t = 0$, und Gl. (11.1) wird ebenfalls einfacher.

11.2 Kontinuitätsgleichung, Bernoulli'sche Gleichung

Kontinuitätsgleichung. Ein Rohr (Abb. 11.3) möge an zwei Stellen die Querschnittsflächen A_1 und A_2 besitzen. Strömt nun eine Flüssigkeit durch die Fläche A_1 mit der Geschwindigkeit v_1, so muss sie durch die Fläche A_2 mit einer solchen Geschwindigkeit v_2 strömen, dass bei Inkompressibilität

$$A_1 v_1 = A_2 v_2 \tag{11.4}$$

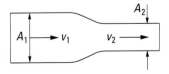

Abb. 11.3 Zur Ableitung der Kontinuitätsgleichung

ist; denn beide Ausdrücke stellen das Flüssigkeitsvolumen dar, das pro Zeit durch die beiden Querschnittsflächen hindurchtritt. Wären diese Ausdrücke nicht gleich, würde das bedeuten, dass eine Flüssigkeitsansammlung bzw. Flüssigkeitsverminderung an einem der beiden Querschnittsflächen erfolgte, was unmöglich ist. Gl. (11.4) besagt, dass die Strömungsgeschwindigkeiten sich umgekehrt proportional zu den Querschnittsflächen verhalten. Sie heißt *Kontinuitätsgleichung*. Das Produkt Querschnittsfläche A mal Geschwindigkeit v ist gleich $A \cdot \mathrm{d}s/\mathrm{d}t = \mathrm{d}V/\mathrm{d}t$. Man nennt diese Größe auch Stromstärke, in diesem Fall für den *Volumenstrom*. Die Kontinuitätsgleichung besagt also, dass der Volumenstrom in einem Rohr an allen Stellen den gleichen Wert hat.

In einem bestimmten, abgegrenzten Volumen befindet sich zur Zeit t die Flüssigkeitsmasse $\int \varrho \mathrm{d}V$, zur Zeit $t + \mathrm{d}t$ also die Masse $\int (\varrho + \partial \varrho / \partial t\, \mathrm{d}t) \mathrm{d}V$. Die in der Zeit $\mathrm{d}t$ zuströmende Flüssigkeit, d. h. der Massenstrom ist also $\int \partial \varrho / \partial t\, \mathrm{d}V$. Für die in der gleichen Zeit durch ein Flächenelement $\mathrm{d}A$ tretende Flüssigkeit erhält man aber – in der gewählten Normalenrichtung $\boldsymbol{n}$ – auf die gesamte Oberfläche bezogen $\int_A \varrho v_\mathrm{n} \cdot \mathrm{d}\boldsymbol{A}$, oder nach Umformung auf ein Volumenintegral mit Hilfe des Gauß'schen Satzes der Vektoranalysis $\int_V \nabla \cdot (\varrho \, \boldsymbol{v}) \, \mathrm{d}V$. Diese beiden Massenströme müssen gleich sein und für ein beliebiges Volumen gelten, so dass hieraus die Gleichheit der Integranden folgt. Man erhält also

$$\frac{\partial \varrho}{\partial t} + \nabla \cdot (\varrho \, \boldsymbol{v}) = 0. \tag{11.5}$$

Dies ist die allgemeine Form der für ein quellenfreies Gebiet geltenden Kontinuitätsgleichung. Sie ist ein Erhaltungssatz (Erhaltung der Masse). Sie ergibt sich auch aus der Navier-Stokes-Gleichung unter der Voraussetzung reibungsfreier und stationärer Strömung. Für konstantes ϱ, d. h. Inkompressibilität, vereinfacht sich Gl. (11.5) und es ergibt sich

$$\nabla \cdot \boldsymbol{v} = 0. \tag{11.6}$$

Nun soll die *Druckverteilung* in der strömenden Flüssigkeit behandelt werden. Wenn durch eine Querschnittsverkleinerung der Röhre die Geschwindigkeit zunimmt, so bedeutet dies, dass jedes Flüssigkeitsteilchen eine Beschleunigung erfährt, deren Ursache eine in Richtung der Beschleunigung wirkende Kraft sein muss. Beziehen wir diese Kraft auf die Querschnittsfläche, so erhalten wir den in der Flüssigkeit wirkenden Druck. *Es muss demnach in einer strömenden Flüssigkeit der Druck mit zunehmender Strömungsgeschwindigkeit abnehmen und mit abnehmender Geschwindigkeit zunehmen.*

Die Richtigkeit dieser zunächst qualitativen Überlegung kann man an der in Abb. 11.4 skizzierten Anordnung prüfen. Durch ein weites horizontales Rohr lassen wir aus der Wasserleitung Wasser strömen. Das Rohr der Abb. 11.4a ist an der Stelle 2 verengt, an der Stelle 3 erweitert und besitzt zur Messung des Drucks an den Stellen 1, 2, 3 und 4 vertikal angesetzte Glasrohre, die als Flüssigkeitsmanometer dienen. Am Ende des horizontalen Rohres wird die Strömung durch einen Hahn stark gedrosselt. Es ergeben sich dann in den Manometern die in Abb. 11.4a gezeichneten Einstellungen der Flüssigkeitssäulen, deren Höhen den an der jeweiligen Ansatzstelle herrschenden Druck zeigen. An der Stelle 2 (größere Geschwindigkeit) ist der Druck erniedrigt, an der Stelle 3 (kleinere Geschwindigkeit) erhöht gegenüber dem an den Stellen 1 und 4 herrschenden Druck.

In Wirklichkeit steht an der Stelle 4 das Wasser im Manometer niedriger als an der Stelle 1. Dies ist eine Folge der nicht zu vermeidenden Reibung. Um aber das Druckgefälle

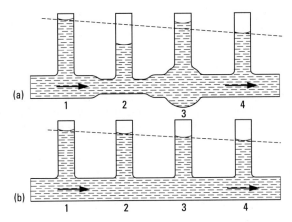

Abb. 11.4 Druckverteilung in einer durch ein Rohr strömenden Flüssigkeit, (a) Rohr mit veränderlicher Querschnittsfläche, (b) Rohr mit konstanter Querschnittsfläche

klein zu machen, haben wir den Rohrquerschnitt groß genommen. Zur experimentellen Elimination dieses Druckverlustes lassen wir das Wasser in einem zweiten Versuch durch ein Rohr von gleich großer und gleich bleibender Querschnittsfläche strömen und erhalten die in Abb. 11.4b wiedergegebene Druckverteilung, die einen gleichmäßig schwachen Abfall von 1 nach 4 zeigt.

Bernoulli'sche Gleichung. Um den Zusammenhang zwischen Druck und Geschwindigkeit bei idealen (= reibungsfreien) Flüssigkeiten quantitativ zu erfassen, werde der Energieerhaltungssatz auf ein Stück einer Stromröhre angewendet. Eine Flüssigkeitsmenge der Masse m, dem Volumen V und der Dichte ϱ muss in einem sich verengenden Rohr von der Geschwindigkeit v_0 auf v beschleunigt werden. Der statische Druck sinkt dabei von p_0 (vor der Verengung) auf p (in der Verengung). Das erfordert die Arbeit

$$V(p_0 - p) = \frac{m}{2}(v^2 - v_0^2) \quad \text{oder} \quad p_0 V + \frac{m}{2}v_0^2 = pV + \frac{m}{2}v^2.$$

Bei schräg stehendem Rohr kommt noch der jeweilige Anteil der potentiellen Energie mgh_0 bzw. mgh hinzu, wenn $h - h_0$ die Höhendifferenz zwischen den betrachteten beiden Rohrquerschnitten ist. Die Summe dieser drei Energien muss aber konstant sein, da diese Gleichung ja für jede beliebige Stelle des Rohres gilt, also

$$pV + \frac{m}{2}v^2 + mgh = \text{const.}$$

Mit $\varrho V = m$ erhält man daraus *die Bernoulli'sche Gleichung* (Daniel Bernoulli, 1700–1782) für eine Stromröhre:

$$\varrho gh + \frac{\varrho}{2}v^2 + p = \text{const.} \tag{11.7}$$

Dabei wird der numerische Wert der Konstante im Allgemeinen von Röhre zu Röhre wechseln. Nur in dem Fall, in dem die Bewegung durch einen Druck aus der Ruhe erzeugt wurde, d. h. für eine wirbelfreie Bewegung, muss die Konstante für die ganze Flüssigkeit die gleiche sein.

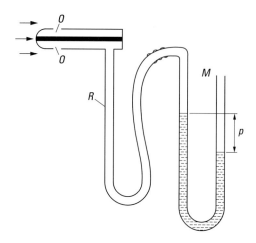

Abb. 11.5 Drucksonde mit Manometer zur Messung des statischen Drucks

In dem besonderen Fall, dass äußere Kräfte ausgeschaltet sind (Stromröhre horizontal, $h = $ const), nimmt die Bernoulli'sche Gleichung die Form an:

$$p + \frac{\varrho}{2} v^2 = \text{const.} \tag{11.8}$$

In dieser Gestalt beschreibt sie quantitativ, was wir qualitativ schon vorher erkannt hatten, dass der Druck in einer strömenden Flüssigkeit umso kleiner ist, je größer die Geschwindigkeit an der betreffenden Stelle ist. Bezeichnen wir insbesondere den Druck in der ruhenden Flüssigkeit ($v = 0$) mit p_0, so folgt aus Gl. (11.8):

$$p_0 = p + \frac{\varrho}{2} v^2, \tag{11.9}$$

p_0 wird als *Gesamtdruck*, p als *statischer Druck*, die Größe $(\varrho/2)\, v^2$, die ja von der Dimension eines Drucks ist, als *hydrodynamischer Druck*, auch kurz als dynamischer Druck oder *Staudruck* bezeichnet. In dieser Ausdrucksweise kann man die Bernoulli'sche Gleichung so schreiben: *Gesamtdruck = statischer Druck + dynamischer Druck (Staudruck)*. Die Bernoulli'sche Gleichung ist von großer Bedeutung für die ganze Hydrodynamik reibungsloser Flüssigkeiten, und soweit man die Reibung vernachlässigen kann, für die Hydrodynamik überhaupt.

Wie werden nun der statische Druck p und der Staudruck $\frac{1}{2}\varrho v^2$ gemessen? Die Messung der einzelnen Drücke geschieht zweckmäßig mit Hilfe besonderer *Drucksonden*, die man an die betreffende Stelle in die Flüssigkeitsströmung einführt. In Abb. 11.5 ist eine Drucksonde im Längsschnitt gezeichnet, die zur Messung des statischen Drucks p in der strömenden Flüssigkeit dient; sie ersetzt die bisher von uns in Abb. 11.4 benutzten, an der Rohrleitung fest angebrachten Flüssigkeitsmanometer. Die Öffnungen O befinden sich in dem Mantel der Sonde und liegen parallel zu den Stromlinien. Die Sonde steht durch das Rohr R über eine Schlauchleitung mit einem Flüssigkeitsmanometer M in Verbindung.

Zur Messung des Gesamtdrucks p_0 dient die in Abb. 11.6 dargestellte Sonde, die nach ihrem Erfinder *Pitot-Rohr* genannt wird (H. Pitot, 1695 – 1771). Sie besitzt eine axiale Bohrung B, die wieder über ein Rohr R und eine Schlauchleitung mit einem Flüssigkeitsmanometer M in Verbindung steht. Für die gegen das vordere Ende der Sonde ankommenden Strömungslinien bildet sich vor der Sonde ein Staugebiet, in dem die Flüssigkeit zur

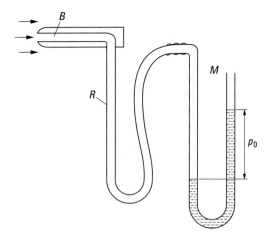

Abb. 11.6   Pitot-Rohr mit Manometer zur Messung des Gesamtdrucks

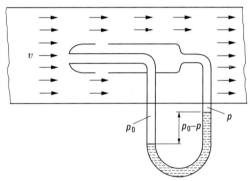

Abb. 11.7   Staurohr nach Prandtl

Ruhe kommt ($v = 0$), so dass der hier herrschende, vom Manometer gemessene statische Druck p gleich dem Gesamtdruck p_0 ist. Zu dem statischen Druck p tritt $\frac{1}{2}\varrho v^2$ hinzu, um als Summe beider p_0 zu liefern; so erklärt sich auch die Bezeichnung „Staudruck" für $\frac{1}{2}\varrho v^2$.

Die Differenz von Gesamtdruck p_0 und statischem Druck p liefert nach Gl. (11.9) den Staudruck $\frac{1}{2}\varrho v^2$. Er lässt sich mit einem von Ludwig Prandtl (1875 – 1953) angegebenen Staurohr messen, das eine Vereinigung von Drucksonde und Pitot-Rohr darstellt (Abb. 11.7). Das mit zwei Schlauchleitungen an das Staurohr angeschlossene Manometer gibt direkt den Staudruck als Differenz von Gesamtdruck p_0 und statischem Druck p an. Aus dem so gemessenen Druckunterschied $p_0 - p$ ergibt sich nach Gl. (11.9) die Strömungsgeschwindigkeit

$$v = \sqrt{\frac{2(p_0 - p)}{\varrho}}. \tag{11.10}$$

Das Staurohr stellt daher ein sehr bequemes Gerät zur Messung von Strömungsgeschwindigkeiten dar und wird z. B. beim Flugzeug zur Messung der Fluggeschwindigkeit relativ zur umgebenden Luft benutzt.

Mit der Bernoulli'schen Gleichung rechtfertigt man die Behauptung, dass wir im Allgemeinen von der Kompressibilität der Gase absehen dürfen, solange die Strömungsgeschwindigkeit nicht in die Größenordnung der Schallgeschwindigkeit (in Luft etwa 340 m/s) kommt. Nehmen wir z. B. eine Strömungsgeschwindigkeit von $v = 50$ m/s an, so erhält man mit einer Dichte von $\varrho = 1.293$ kg m^{-3} aus Gl. (11.9) für den statischen Druck der strömenden Luft: $p = 0.99\,p_0$, d. h. nur um 1 % abweichend vom Druck der ruhenden Luft. Bei einer Geschwindigkeit von $v = 100$ m/s würde sich ergeben: $p = 0.935\,p_0$, d. h. eine Druckänderung um ungefähr 6.5 %. Ebenso groß sind auch die Dichteänderungen nach dem Boyle-Mariotte'schen Gesetz. Man ist daher in der Tat berechtigt, von der Kompressibilität im Allgemeinen abzusehen. Allerdings wird bei Schallgeschwindigkeit ($v = 340$ m/s) $p = 0.26\,p_0$. Dies bedeutet eine Druck- bzw. Dichteänderung von 74 %!

Anwendungen der Bernoulli'schen Gleichung. Wenn ein kegelförmiger Körper in Richtung von der Spitze zur Basis angeströmt wird, findet eine Zusammendrängung der Strömung, d. h. eine Vergrößerung der Strömungsgeschwindigkeit am Rand der Kegelbasis statt; dort muss also der kleinste statische Druck p herrschen. Auf dieser Erscheinung beruht die Wirkung der *Schiffsentlüfter*. In Abb. 11.8 ist ein solcher Entlüfter im Längsschnitt gezeichnet; die Stromlinien der ihn umströmenden Luft sind ebenfalls angedeutet. In die Gebiete verminderten Drucks bei a strömt aus dem Inneren des Entlüfters Luft hinein, so dass eine Saugwirkung im Schacht zustande kommt. Auch auf Schornsteinen bringt man häufig derartige Aufsätze an, um einen besseren Zug zu erhalten. – Eine ganz persönliche Erfahrung mit dem dynamischen Druck hat wohl jeder schon einmal gemacht: Bei starkem Sturm empfindet man Atemnot, weil die den Kopf umströmende Luft einen niedrigeren statischen Druck hat als die vergleichsweise ruhende Luft in der Lunge. Mund und Nase wirken dann wie Schiffsentlüfter.

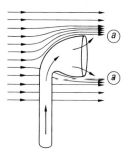

Abb. 11.8   Schiffsentlüfter

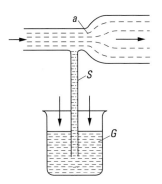

Abb. 11.9   Saugwirkung bei Flüssigkeitsströmung

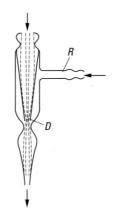

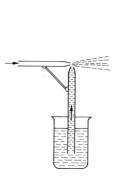

Abb. 11.10   Zerstäuber   **Abb. 11.11**   Wasserstrahlpumpe

In Abb. 11.9 ist eine Rohrleitung gezeichnet, die sich an der Stelle a auf einen größeren Querschnitt erweitert. Dicht vor der Erweiterung ist eine Steigleitung S in das enge Rohr eingeführt, die mit ihrem unteren Ende in das mit Wasser gefüllte Gefäß G mündet. Lässt man nun Wasser von dem engen in das weite Rohr einströmen, kann bei genügender Strömungsgeschwindigkeit der statische Druck in dem engen Rohr so klein werden, dass der von außen wirkende Luftdruck das im Gefäß G befindliche Wasser in dem Rohr S empordrückt. Man kann daher mit einer solchen an eine Wasserleitung angeschlossenen Vorrichtung Wasser aus einem Behälter saugen (Keller auspumpen). Nach dem gleichen Prinzip arbeitet auch der in Abb. 11.10 dargestellte *Zerstäuber*. Der aus der Düse austretende Luftstrom saugt das Wasser in dem Steigrohr empor und zerstäubt es.

Bei der in Abb. 11.11 dargestellten, von Robert Wilhelm Bunsen (1811 – 1899) zuerst angegebenen *Wasserstrahlpumpe* strömt das Wasser mit großer Geschwindigkeit durch die Düse D und saugt die in der Umgebung befindliche Luft an. Auf diese Weise kann ein an das Rohr R angeschlossenes Gefäß bis auf Drücke von 20 – 25 mbar evakuiert werden. In dem ebenfalls von Bunsen angegebenen *Bunsenbrenner* (Abb. 11.12) saugt das aus der Düse D mit großer Geschwindigkeit ausströmende Leuchtgas durch die in dem Brennerrohr B befindlichen seitlichen Öffnungen O Luft in den Gasstrahl hinein,

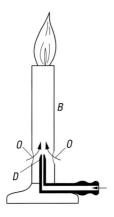

Abb. 11.12   Bunsenbrenner

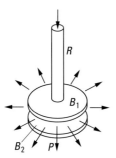

Abb. 11.13   Hydrodynamisches Paradoxon

so dass die Leuchtgasflamme den zur vollständigen Verbrennung der Kohlenstoffteilchen erforderlichen Sauerstoff erhält.

Besonders anschaulich lässt sich die Druckverminderung in einem Luftstrom hoher Geschwindigkeit mit einem von N. Clément (ca. 1770 – ca. 1842) und C. B. Désormes (1777 – 1862) angegebenen Apparat zeigen (Abb. 11.13). Am Ende eines etwa 1 cm starken Rohres R ist eine in der Mitte durchbohrte Platte B_1 von etwa 10 cm Durchmesser angebracht. Bläst man kräftig in das Rohr hinein, so wird eine unter B_1 befindliche zweite Platte B_2 gegen B_1 heftig angesaugt. Da sich der Luftstrom nach dem Austritt aus der Öffnung des Rohres R nach allen Seiten erweitert, ist seine Geschwindigkeit an der Öffnung wesentlich größer als am Rand der Scheibe B_1. Infolgedessen ist der statische Druck im Luftstrom in der Mitte zwischen den beiden Scheiben kleiner als der im Außenraum herrschende Atmosphärendruck. Dieser drückt daher die Platte B_2 von unten gegen B_1 (sogenanntes *hydrodynamisches Paradoxon*).

Lässt man aus einem Rohr D (Abb. 11.14) einen Luftstrom austreten und bringt von der Seite einen leichten Tischtennisball B an den Luftstrahl heran, so wird dieser von dem Strahl getragen. Der Ball klebt gewissermaßen an dem Luftstrahl. Die Erklärung dieses Versuchs ergibt sich sofort, wenn man den Verlauf der Stromlinien anhand der Abb. 11.14 betrachtet. Oberhalb des Balls tritt eine starke Zusammenschnürung der Stromlinien, d. h. größere Strömungsgeschwindigkeit, auf und demnach ein verminderter statischer Druck, während unterhalb des Balls ein größerer Druck herrscht, der den Ball nach oben drückt. Nähert man dem Ball von unten die Hand oder einen anderen Körper, so dass die Luft zwischen diesem und dem Ball hindurchströmen muss, so tritt auch unterhalb des Balls eine Zusammenschnürung der Stromlinien und damit eine Druckverminderung ein: Der Ball fällt herunter.

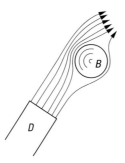

Abb. 11.14   Schweben eines Balls im Luftstrom

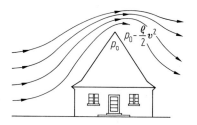

Abb. 11.15 Dynamischer Druck an einem Hausdach

Bei starkem Sturm werden bekanntlich nicht sorgfältig verankerte Hausdächer leicht abgedeckt (Abb. 11.15). Bei einer Windgeschwindigkeit von 100 km/h ist der statische Druck an der Dachoberfläche rund 0.5 % kleiner als im Inneren des Hauses. Das ergibt auf 1 m^2 bezogen eine aufwärts gerichtete Kraft von 50 N entsprechend dem Gewicht einer Masse von 50 kg. Sicherheitshalber muss ein Dach mindestens der vierfachen Belastung standhalten, weil die Windgeschwindigkeit in Böen bis zu 200 km/h betragen kann.

Zur Messung der Strömungsgeschwindigkeit von Flüssigkeiten oder Gasen in einer Rohrleitung dient die *Venturi-Düse* (G. B. Venturi, 1746–1822). Sie besteht im Wesentlichen nur aus einer in die Leitung eingebauten Querschnittsverringerung (Abb. 11.16). Man misst die Druckdifferenz $p - p_0$ zwischen einer Stelle mit der Querschnittsfläche A und der verengten Stelle mit der Querschnittsfläche A_0. Wenn v und v_0 die Geschwindigkeiten im Rohr an den beiden Stellen sind, liefert die Bernoulli'sche Gleichung die Beziehung

$$p + \frac{1}{2}\varrho v^2 = p_0 + \frac{1}{2}\varrho v_0^2.$$

Hieraus folgt

$$p - p_0 = \frac{1}{2}\varrho(v_0^2 - v^2).$$

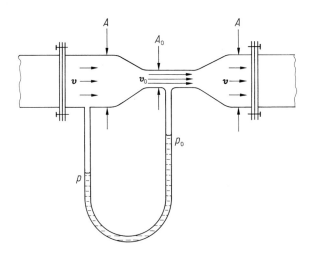

Abb. 11.16 Venturi-Düse zur Messung von Strömungsgeschwindigkeiten

Da nach der Kontinuitätsbedingung $Av = A_0 v_0$ ist, ergibt sich weiter

$$p - p_0 = \frac{1}{2} \varrho v^2 \left(\frac{A^2}{A_0^2} - 1 \right),$$

woraus für die gesuchte Geschwindigkeit v folgt:

$$v = \sqrt{\frac{2(p-p_0)}{\varrho \left(\frac{A^2}{A_0^2} - 1 \right)}}.$$

Mit der Bernoulli'schen Gleichung kann man auch die Geschwindigkeit v berechnen, mit der eine Flüssigkeit aus der Öffnung eines Behälters ausströmt, die sich in der Höhe h unterhalb des Flüssigkeitsspiegels, sei es im Boden, sei es in der Seitenwand des Behälters, befindet. Der am Flüssigkeitsspiegel sowie in der Austrittsöffnung herrschende statische Druck p sei gleich dem Atmosphärendruck p_0. Wir wenden die Bernoulli'sche Gleichung in der allgemeinen Form der Gl. (11.7) sowohl für den Flüssigkeitsspiegel als auch für die Austrittsöffnung an und erhalten unter der Annahme, dass der Behälter so weit sei, dass wir die Geschwindigkeit im Flüssigkeitsspiegel annähernd null setzen können:

$$p_0 + \varrho g h = p_0 + \frac{1}{2} \varrho v^2, \quad \text{d. h.}$$

$$v = \sqrt{2gh}. \tag{11.11}$$

Dieses zuerst 1646 von E. Torricelli (1608 – 1647) aufgestellte Gesetz sagt aus:

- Die Ausflussgeschwindigkeit einer reibungslosen Flüssigkeit ist gleich der Geschwindigkeit, die ein Körper erlangen würde, wenn er von der Oberfläche der Flüssigkeit zur Ausflussöffnung frei fallen würde.

Hält man im obigen Versuch die Ausflussöffnung zu, so ist in der ruhenden Flüssigkeit der Druck gleich $p_0 + \varrho g h$, strömt dagegen die Flüssigkeit aus, so wird der Druckanteil $\varrho g h$ umgewandelt in das Glied $\frac{1}{2} \varrho v^2$ (anders ausgedrückt: Die potentielle Energie $\varrho g h$ setzt sich vollständig in kinetische Energie um), d. h., der Druck an der Ausflussöffnung und innerhalb des Strahls ist dann gleich dem Atmosphärendruck p_0.

Strömt daher eine Flüssigkeit aus der Seitenöffnung eines Behälters aus, so bildet der Flüssigkeitsstrahl eine Parabel, die umso weiter geöffnet ist, je tiefer die Ausflussöffnung unter der Flüssigkeitsoberfläche liegt: In der Seitenwand eines Troges sind drei Öffnungen in verschiedener Tiefe h_1, h_2 und h_3 unter der Flüssigkeitsoberfläche angebracht, aus denen wir nacheinander die Flüssigkeit ausströmen lassen (Abb. 11.17). Neben dem Trog ist eine unter $45°$ geneigte Glasplatte an einem Stativ in Höhe der Ausflussöffnungen einstellbar. Fällt dann eine Stahlkugel senkrecht von oben aus der Höhe der Flüssigkeitsoberfläche auf die Glasplatte, so wird sie in horizontaler Richtung reflektiert und durchläuft eine Wurfparabel, die mit der betreffenden Ausflussparabel der Flüssigkeit übereinstimmt. Man muss den drei Flüssigkeitsstrahlen (ebenso wie den drei Kugelparabeln) gleiche Fallhöhen geben, um ihre Reichweiten vergleichen zu können. Die Auffangwanne muss also jeweils in ihrer Höhe verstellt werden, entsprechend dem Höhenunterschied der drei Ausflussöffnungen bzw. dem der drei Reflexionsplatten. Um die Flüssigkeit mit konstanten Geschwindigkeiten ausströmen zu lassen, muss man die

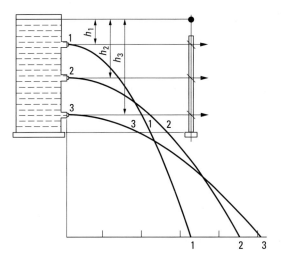

Abb. 11.17   Nachweis des Torricelli'schen Gesetzes. Die Reichweite der Ausflussparabeln hängt von der jeweiligen Fallhöhe ab. Befindet sich die Auffangwanne z. B. in gleicher Höhe wie der Boden des Wassergefäßes, so hat der Strahl aus Öffnung 2 die größte Reichweite.

Höhe der Flüssigkcitsoberfläche sehr genau durch Nachfüllen von Flüssigkeit konstant halten.

Misst man die Ausströmgeschwindigkeit und vergleicht den so erhaltenen Wert mit dem nach Gl. (11.11) berechneten, so findet man, dass der Wert stets kleiner ist. Der Grund hierfür liegt darin, dass der Flüssigkeitsstrahl beim Durchtritt durch die Öffnung eine Querschnittsverminderung dadurch erfährt, dass die Flüssigkeit im Inneren des Gefäßes von allen Seiten radial auf die Öffnung zuströmt und am Rand nicht plötzlich in die Richtung der Strahlachse umbiegen kann (Abb. 11.18). Diese Strahleinschnürung lässt sich vermeiden, wenn man die Austrittsöffnung entsprechend gestaltet.

Die Bernoulli'sche Gleichung in der Form (11.9), $p = p_0 - \varrho v^2/2$, für horizontale Strömung zeigt, dass der statische Druck p verschwindet und negativ wird, wenn v größer als $v_k = \sqrt{2p_0/\varrho}$ wird. Diese *kritische Geschwindigkeit* v_k beträgt bei $p_0 \approx 10^5$ Pa für Wasser 14.1 m/s und für Luft 393 m/s. Schon bei einer etwa 1 % kleineren Geschwindigkeit erreicht p für Wasser seinen Dampfdruck von $2.3 \cdot 10^3$ Pa bei 293 K. Dann setzt im strömenden Wasser an Fremdkörpern und Oberflächen die Bildung von Dampfblasen ein. Das führt zu den bereits in Abschn. 10.8 erwähnten Erscheinungen der *Kavitation*. An Schiffsschrauben, Turbinenschaufeln und Pumpenbauteilen wird die kritische Geschwindigkeit von 14.1 m/s häufig überschritten. Die in den Kavitationsblasen enthaltene Grenzflächenenergie geht dann einerseits für die beabsichtigte Umwandlung kinetischer Energie verloren. Andererseits verursacht die beim Wiederverschwinden der Blasen frei werdende thermische und mechanische Energie Korrosion an den betreffenden Bauteilen.

Die Bernoulli'sche Gleichung ist bei den Herstellern von Tee-, Milch- und Kaffeekannen offenbar noch weitgehend unbekannt. Sonst könnte man aus solchen Kannen besser gießen. Die meisten zeigen den „Teetopf-Effekt" (Abb. 11.19a). Das liegt nur zum geringen Teil am Verhältnis der Grenzflächenspannungen zwischen Kanne, Flüssigkeit und Luft, hauptsächlich aber am dynamischen Druck. Umströmt die Flüssigkeit nämlich eine Kante gemäß Abb. 11.19b, so werden die Stromlinien unter dem Einfluss der Schwer-

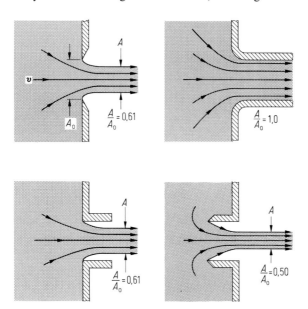

Abb. 11.18   Zur Strahleinschnürung bei verschiedenen Öffnungsprofilen. A_0 = Querschnittsfläche der Öffnung, A = Querschnittsfläche des Strahls, wenn die Radialkomponente von v verschwunden ist. Die Öffnungsprofile sind rotationssymmetrisch zur Strahlachse.

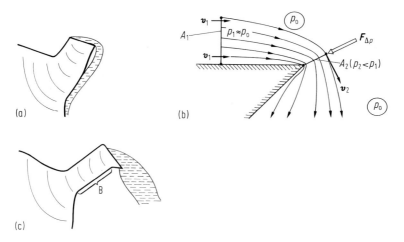

Abb. 11.19   Zum Teetopf-Effekt, (a) schlechte Kanne, (b) Strömungsverhältnisse bei (a), (c) gute Kanne

kraft nach unten gekrümmt, und es verkleinert sich die Querschnittsfläche der Strömung senkrecht zu v ($A_2 < A_1$). Die Kontinuitätsgleichung (11.4), $A_1 v_1 = A_2 v_2$, erfordert dann eine Geschwindigkeitszunahme ($v_2 > v_1$). Nach der Bernoulli'schen Gleichung $p_1 + \varrho v_1^2/2 = p_2 + \varrho v_2^2/2$ resultiert daraus ein verminderter statischer Druck ($p_2 < p_1$) in der Flüssigkeit an der Kante. Der äußere Luftdruck p_0 ist jedoch überall der gleiche. Die Druckdifferenz $p_0 - p_2$ verursacht eine Kraft $F_{\Delta p}$. Dadurch wird die Flüssigkeit an die Kante gedrückt und hat die Tendenz, sofern sie die Wand benetzt, an der Unterseite der Kante entlang zu strömen. Gute Kannen müssen daher so geformt sein, wie in Abb. 11.19c angedeutet. Auf diese Weise wird die Flüssigkeit gezwungen, nach dem Umrunden der Kante ein Stück weit horizontal oder aufwärts zu fließen. Dann wird die Flüssigkeit von der Schwerkraft zurückgezogen und gelangt nicht bis zu dem wieder abwärts geneigten Teil B der Oberfläche, an dem sie infolge Benetzung weiter herunterfließen könnte.

11.3 Umströmung fester Körper, Magnus-Effekt

Strömungswiderstand. In den bisher besprochenen Fällen von Strömung idealer Flüssigkeiten sind wir nicht auf Diskrepanzen mit der Erfahrung gestoßen. Im Gegenteil zeigten sich die Versuche, die doch mit wirklichen, d. h. reibenden Flüssigkeiten angestellt wurden, überall im Einklang mit den Forderungen der Bernoulli'schen Gleichung. Bisher machte sich die Reibung nicht störend bemerkbar. Wenn wir nun aber die Strömung um eingetauchte Körper untersuchen, werden wir dies nicht mehr allgemein erwarten können: Wir müssen vielmehr auf grobe Abweichungen zwischen den Behauptungen der Hydrodynamik idealer Flüssigkeiten und der Erfahrung gefasst sein. Zur Beschreibung der Phänomene in diesem Abschnitt nehmen wir allerdings weiterhin Reibungslosigkeit an. Reibung wird zwar notwendig sein, die Viskosität η erscheint aber nicht explizit in den entsprechenden Formeln. Darauf wird erst in Abschn. 11.5 eingegangen.

Es soll eine Kugel in eine Parallelströmung von reibungsloser Flüssigkeit gebracht werden. Das Stromlinienbild zeigt näherungsweise Abb. 11.20. Wie man sieht, trifft eine Stromlinie den Pol P der Kugel. In P wird die Geschwindigkeit der Flüssigkeit gleich null, P ist also ein „Staupunkt". Von P aus teilt sich die Stromlinie und vereinigt sich im hinteren Staupunkt P' wieder, wo die Geschwindigkeit ebenfalls gleich null ist. Dagegen erreicht die Geschwindigkeit ihre Maximalwerte in den Punkten des Äquators (C und D im Schnitt der Abb. 11.20). Die weiter außen liegenden Stromlinien weichen vor der Kugel aus und nähern sich hinter ihr wieder der Parallelströmung an. Man sieht an dem Zusammenrücken der Stromlinien zwischen P und C bzw. P und D, dass die Geschwindigkeit vom Wert null bei P nach C und D hin zu einem Maximalwert v_m anwächst, um nach P' hin wieder auf null zu sinken. Die weiter nach außen folgenden Stromlinien gehen allmählich wieder in die ungestörte Parallelströmung über. Das Stromlinienbild sieht den

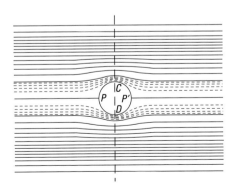

Abb. 11.20 Strömung einer idealen (reibungslosen) Flüssigkeit um eine Kugel

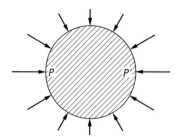

Abb. 11.21   Kraftverteilung auf eine von idealer Flüssigkeit umströmte Kugel

Verhältnissen in realen Flüssigkeiten sehr ähnlich, doch besteht ein fundamentaler Unterschied. Die Flüssigkeit haftet nicht an der Körperoberfläche, sondern strömt einfach an ihr vorbei. Es gilt die Bernoulli'sche Gleichung, die den Zusammenhang des Drucks p mit der Geschwindigkeit v liefert. Weil die Anordnung der Stromlinien bezüglich der Achsen PP' und CD vollkommen symmetrisch ist, ergibt sich hier Folgendes: Nach Gl. (11.9), $p_0 = p + \frac{1}{2}\varrho v^2$, ist an den Staupunkten P und $P'(v = 0)$ der Druck gleich p_0, d. h. hat den größten Wert, den er haben kann. Von P nimmt er nach C und D hin ab, weil die Geschwindigkeit bis dorthin anwächst ($v = v_\mathrm{m}$). In C und D hat der Druck den kleinsten Wert $p = p_0 - \frac{1}{2}\varrho v_\mathrm{m}^2$. Nach P' hin steigt er, da die Geschwindigkeit wieder abnimmt, erneut bis zum Maximalwert p_0 im hinteren Staupunkt P' an. Zeichnet man die Kraftverteilung, so erhält man etwa das Bild der Abb. 11.21.

Wie man den Druck an den verschiedenen Stellen der Kugel misst, zeigt Abb. 11.22: Die Kugel hat Bohrungen aa', bb', cc', dd', ee'; will man den Druck an der Stelle d messen, schließt man an d' mit einem Schlauch ein Manometer an. Dann herrscht im Manometer im Gleichgewicht der gleiche Druck wie in d usw. (Drucksonde, vgl. Abb. 11.5).

Die Druckverteilung (Abb. 11.21) ist also vollkommen anders als zu erwarten war. Der Druck ist nicht infolge der Reibung auf der linken Kugelhälfte größer als auf der rechten, sondern auf beiden Seiten gleich. Das bedeutet:

- Auf eine in eine Parallelströmung eingetauchte Kugel wirkt bei idealcr Flüssigkeit keinerlei Kraft. Oder umgekehrt: Eine mit konstanter Geschwindigkeit durch eine ruhende ideale Flüssigkeit sich bewegende Kugel erfährt keinen Strömungswiderstand.

Dieses Resultat widerspricht aber den Tatsachen, vor allem, da es nicht nur für die Kugel, sondern für jeden beliebigen eingetauchten Körper gilt. Uns kommt das insofern nicht

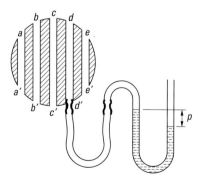

Abb. 11.22   Messung der Druckverteilung an einer umströmten Kugel

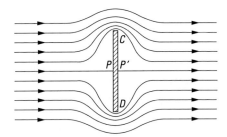

Abb. 11.23 Stromlinienverlauf um eine senk-recht zur Parallelströmung stehende Platte

überraschend, als wir schon vorher erkannt hatten, dass die Voraussetzung der Reibungs-losigkeit nicht bis dicht an die Oberfläche des Körpers heran gemacht werden darf. Von der Tatsache ausgehend, dass alle eingetauchten Körper einen Strömungswiderstand er-fahren, können wir also rückwärts schließen, dass z. B. hinter der Kugel die Strömung anders sein muss als vor ihr, dass also in Wirklichkeit keine Symmetrie der Strömung und Druckverteilung bezüglich der Achse CD bestehen kann.

Eine ganz ähnliche Stromlinienverteilung wie bei der Kugel liefert die Hydrodynamik reibungsloser Flüssigkeiten für einen Zylinder bei Umströmung senkrecht zu seiner Achse. Obwohl nicht vollkommen mit dem Stromlinienbild der Kugel identisch, können wir für qualitative Überlegungen doch Abb. 11.20 auch für einen Zylinder als maßgebend betrach-ten. Besonders charakteristisch ist die Strömung um eine senkrecht zur Parallelströmung stehende Platte (Abb. 11.23). Auch hier teilt sich die Stromlinie, die den Mittelpunkt P der Vorderseite der Platte trifft, um die ganze Platte zu umhüllen und sich bei P' wieder zu vereinigen, P ist der vordere, P' der hintere Staupunkt; in beiden hat der Druck seinen Ma-ximalwert. Umgekehrt erreicht in C und D die Geschwindigkeit ein Maximum, der Druck also ein Minimum. Links und rechts herrscht vollkommene Symmetrie der Strömung und des Drucks. Auch hier existiert also kein Strömungswiderstand in Übereinstimmung mit dem oben Gesagten.

Wie die Flüssigkeit wirklich strömt, wird später gezeigt (Abschn. 11.7). Hier genügt die Tatsache, dass infolge der Reibung in der Grenzschicht die Verhältnisse vor und hinter dem Körper nicht die Symmetrie besitzen, die nach der Behauptung der reibungslosen Hy-drodynamik vorhanden sein sollte. Der tatsächlich auftretende Strömungswiderstand hat seinen Grund in der Asymmetrie der Druckverteilung vor und hinter dem Körper. Er wird daher – im Gegensatz zum „Reibungswiderstand" bei der schleichenden Strömung (s. Ab-schn. 11.6) – als *Druckwiderstand* bezeichnet. Die Strömungs- und Druck-Unsymmetrien stellen sich insbesondere bei solchen Körpern ein, die beim Übergang von der Vorderseite zur Hinterseite eine starke Krümmung der Stromlinien verursachen wie z. B. die Platte. In der Grenzschicht dürfen die von der Viskosität ($\eta \neq 0$) herrührenden Schubkräfte nicht ignoriert werden. Der Gradient dv/dh ist in der dünnen, dem eingetauchten Körper anliegenden Grenzschicht stets sehr groß, umso größer, je kleiner η ist. Die Strömungs-und Druck-Unsymmetrien treten aber umso mehr zurück, je länger gestreckt der Körper ist. In diesen Fällen schließen sich die Stromlinien wenigstens in guter Näherung der Form der Körper an, so dass bei langgestreckten Körpern, wie sie die Natur etwa bei den Fischen zeigt, tatsächlich nahezu kein Druckwiderstand bei der Bewegung auftritt. Solche Körper, die von den Stromlinien vollkommen umhüllt werden (z. B. Abb. 11.24), nennt man *stromlinienförmig*. Bei ihnen ist der Druckwiderstand so klein, dass sich nur der infolge der Viskosität auftretende Reibungswiderstand bemerkbar macht. Das We-

Abb. 11.24 Stromlinienverlauf um einen Stromlinienkörper

sentliche ist also dies: Es gibt Körperformen, bei denen die Gesetze der reibungslosen Hydrodynamik annähernd zutreffen.

Für die Praxis ergibt sich daraus die Folgerung, dass man bewegten Körpern *Stromlinienform* gibt, wodurch man tatsächlich einen sehr geringen Strömungswiderstand erzielt. Wenn die Hinterseite der Körper durch geeignete Verkleidung so ausgebildet wird, dass die Stromlinien sich an diese anschmiegen, kann der Druckwiderstand erheblich reduziert werden. In diesem Sinn kann man sagen, dass für den Druckwiderstand die Hinterseite bewegter Körper wichtiger als die Vorderseite ist.

Von der Herabsetzung des Druckwiderstandes durch geeignete Formgebung kann man sich leicht experimentell überzeugen. Man bringt die zu untersuchenden Körper in einem Windkanal in eine Parallelströmung und hält sie mit einer Federwaage an einer bestimmten Stelle fest. Die Kraft, die die Strömung auf die Körper ausübt, wird durch die Spannung der Feder kompensiert und durch sie gemessen. Das Ergebnis zahlreicher solcher Messungen lässt sich durch folgende Beziehung zusammenfassen:

$$F_W = c_W \frac{\varrho}{2} v^2 \cdot A. \tag{11.12}$$

Man erkennt in der Gleichung sofort den Staudruck $\frac{\varrho}{2} v^2$. Der Staudruck multipliziert mit der Fläche A ergibt die Druckwiderstandskraft. Der Wert ist von der Form des angeströmten Gegenstandes abhängig. Der Formfaktor c_W wird *Widerstandsbeiwert* genannt. Er hat die Einheit eins. Widerstandsbeiwerte werden im Windkanal gemessen. Ein moderner Personenwagen hat z. B. einen Widerstandsbeiwert $c_W = 0.30$.

Bei einem gegebenen Widerstandskörper kann man einen Rückschluss auf die Strömungsgeschwindigkeit v und damit auf den Volumenstrom dV/dt einer strömenden Gasmenge ziehen. Auf diesem Prinzip beruht der Rota-Strömungsmesser, bei dem das Gas durch ein vertikales, sich nach oben konisch erweiterndes Glasrohr strömt, in dem sich ein passend geformter Widerstandskörper befindet. Aus der Höhe, in der sich der Körper in der Strömung einstellt, kann man den Volumenstrom ablesen.

In Abb. 11.25 sind sechs Widerstandskörper mit gleichen Querschnittsflächen, aber verschiedener Form gezeichnet, die von links angeströmt werden. Vergleicht man den ersten Körper (Halbhohlkugel) mit dem letzten (Stromlinienkörper), so erkennt man, dass bei letzterem der Strömungswiderstand auf den 26. Teil herabgesetzt ist! Von Interesse ist noch der Vergleich der beiden Halbhohlkugeln (1) und (4), deren Strömungswiderstände sich wie 5.2 zu 1 verhalten, je nachdem ob die konkave oder die konvexe Fläche dem Luftstrom zugewendet ist. Diese Verschiedenheit des Widerstandsbeiwertes wird bei der Konstruktion eines Windmessers, des sogenannten *Anemometers*, benutzt. Bei diesem ist ein mit vier Halbkugelschalen versehenes Kreuz um eine vertikale Achse drehbar. Im Windstrom dreht sich das Kreuz so, dass sich die Kugelschalen mit ihrer konvexen Seite voran bewegen. Die Drehung erfolgt umso schneller, je größer die Windgeschwindigkeit ist.

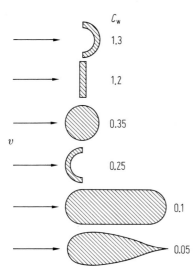

Abb. 11.25 Widerstandskörper gleicher Querschnittsfläche, aber verschiedener Form. Die angegebenen Zahlen bedeuten die Widerstandsbeiwerte c_W bei Anströmung von links.

Es könnte auffallen, dass die Formen der modernen Überschallflugzeuge keineswegs Stromlinienformen sind. Das liegt daran, dass man die Luft bei Überschallgeschwindigkeit nicht als inkompressibel betrachten darf. Die Luft wird vielmehr vor dem Körper stark komprimiert, während hinter ihm ein partielles Vakuum eintritt. Diese beiden Gebiete erhöhten und verminderten Drucks kann man sich von dem Körper mitgeschleppt denken. Sie stellen demnach eine Überschallströmung gegenüber der ruhenden Außenluft dar, von der sie durch scharfe Grenzen getrennt sind. Die Strömungsgeschwindigkeit v_1 springt in dieser Grenzfläche unstetig auf einen Wert v_2 unterhalb der Schallgeschwindigkeit. Nimmt man in vereinfachender Weise an, dass dabei Über- und Unterschallgeschwindigkeit die gleiche Richtung besitzen, so ergibt die Kontinuitätsgleichung (11.5) bei Berücksichtigung der Kompressibilität:

$$\varrho_1 v_1 = \varrho_2 v_2.$$

ϱ_1 und ϱ_2 sind die Dichten vor und nach Überschreiten der Grenzfläche. Die Gleichung besagt, dass mit dem spontanen Absinken der Geschwindigkeit ein ebenso spontaner Anstieg der Dichte und damit des Drucks verbunden ist. Diese Erscheinung heißt *Verdichtungsstoß*, wobei der „Stoß" kein einmaliges Ereignis, sondern ein Vorgang ist, der so lange anhält, wie sich der Körper mit Überschallgeschwindigkeit bewegt. Der Verdichtungsstoß ist die Ursache für die Kopf- und Schwanzknallwelle von Überschallflugkörpern. Er lässt sich durch geeignete Formgebung verringern, aber nicht völlig ausschalten. Dies ließe sich nur bei nahezu punktförmigen Flugkörpern erreichen.

Verdichtungsstöße treten auch bei Explosionen auf, sofern eine Überschallströmung mit der Expansion verbunden ist.

Zirkulationsströmung, Magnus-Effekt. In einer reibungslosen Flüssigkeit müssen auf eine in eine Parallelströmung eingetauchte Kugel oder einen Zylinder Druckkräfte auftreten, sobald es gelingt, die Symmetrie zu zerstören. Das kann in der Weise geschehen, dass man der Strömung z. B. um einen unendlich langen Zylinder noch eine *Zirkulations-*

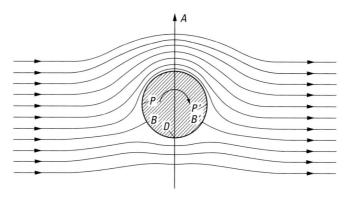

Abb. 11.26   Stromlinienverteilung um einen rotierenden Zylinder in Parallelströmung

strömung überlagert. Sie wird durch die

$$\text{Zirkulation } \Gamma = \oint v \cdot ds \qquad (11.13)$$

beschrieben (s. Abschn. 11.7).

Eine solche Zirkulationsströmung ergibt sich z. B. leicht dadurch, dass der Zylinder rotiert und infolge der Rauigkeit seiner Oberfläche gasförmige oder flüssige Materie mitnimmt. Die Geschwindigkeit der Strömung wird durch diese Zirkulationsströmung verändert: sie wird auf der einen Seite um diese vergrößert (in Abb. 11.26 oben) und auf der anderen Seite (in Abb. 11.26 unten) verkleinert. Entsprechend sind die Stromlinien oben dichter, unten weiter auseinander gegenüber der Strömung um den ruhenden Zylinder. Nach der Bernoulli'schen Gleichung ist also unten der Druck größer, oben geringer, so dass eine *Querkraft* resultiert, und zwar senkrecht zur Parallelströmung, hier nach oben gerichtet. Diese Kraft ist umso größer, je größer die Geschwindigkeit der ursprünglichen Parallelströmung v ist. Sie ist ferner proportional zur Zirkulation Γ und zur Dichte ϱ der Flüssigkeit. Die genaue Rechnung liefert die Gleichung

$$F_a = L \varrho v \Gamma \qquad (11.14)$$

(L = Länge des Zylinders), die nach ihren Begründern die *Kutta-Joukowski'sche Formel* genannt wird (W. M. Kutta, 1867 – 1944, N. J. Joukowski, 1847 – 1921).

Je größer die Zirkulation Γ ist, umso mehr rücken die Staupunkte, die vorher an den Polen P und P' lagen, nach unten (Abb. 11.26). Schließlich vereinigen sie sich am untersten Punkt D. Wird Γ noch größer, rückt der Staupunkt vom Zylinder nach unten in die Flüssigkeit hinein.

Die Zirkulation Γ hängt bei einem rotierenden Zylinder von dessen Rotationsgeschwindigkeit und Rauigkeit ab. Auch muss die Reibung in der Grenzschicht berücksichtigt werden, also muss von der idealen, reibungslosen Flüssigkeit schon abgewichen werden. Es wird später gezeigt, dass diese Zirkulationsströmung auch dann auftreten kann, wenn keine Rotation eines Körpers vorliegt. Sie ist beim Flugzeug von großer Bedeutung: Auch um den Tragflügel bildet sich eine Zirkulationsströmung aus (s. Abschn. 11.9).

Es sollen nun ein paar einfache Versuche beschrieben werden, in denen die Kraftwirkung bei überlagerter Parallel- und Zirkulationsströmung deutlich erkennbar ist. Man beachte,

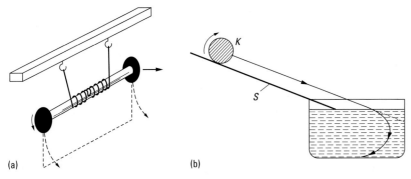

Abb. 11.27   Zwei Versuchsanordnungen zum Nachweis des Magnus-Effektes, (a) seitliche Ablenkung eines fallenden und gleichzeitig rotierenden Pappzylinders, (b) Ablenkung einer schräg ins Wasser rollenden Kugel

dass in allen Fällen die Flüssigkeit bzw. das Gas als ideal, also reibungslos, angenommen wird.

Ein leichter Pappzylinder mit seitlichen Randscheiben zur Verhinderung von Störungen (Abb. 11.27a) rollt an zwei Schnüren von oben nach unten ab und erfährt dabei eine Drehung (in der Zeichnung gegen den Uhrzeigersinn). Bei der Fallbewegung strömt die Luft relativ zu dem Zylinder von unten nach oben, und der Zylinder erfährt eine Querkraft (von links nach rechts), so dass er nicht senkrecht nach unten, sondern auf einer (nach rechts) gekrümmten Bahn herunterfällt. – Um den Einfluss der Dichte ϱ zu zeigen, kann man folgendermaßen verfahren: Rollt eine leichte Tonkugel K auf einer schiefen Ebene S (Abb. 11.27b) in einen mit Wasser gefüllten Trog, so beschreibt sie nach dem Eintritt in das Wasser eine abnorm gekrümmte Bahn. Da sich die Kugel um eine horizontale Achse dreht und beim Fallen das Wasser an ihr von unten nach oben vorbeiströmt, erfährt die Kugel eine Querkraft. Wegen der großen Dichte des Wassers (rund 1000-mal größer als die Dichte von Luft) ist hier die Abweichung von der gewöhnlichen parabolischen Bahn sehr beträchtlich. – Der gleiche Effekt macht sich bei „geschnittenen" (d. h. rotierenden) Tennisbällen dadurch bemerkbar, dass diese gekrümmte Bahnen durchfliegen. – Auch in der Ballistik hat die Erscheinung eine Rolle gespielt, indem die aus glatten Rohren abgefeuerten Geschosse infolge zufällig exzentrischer Lage des Schwerpunkts Rotationen ausführten und unerklärliche Abweichungen von der normalen Flugbahn aufwiesen. Diese Abweichungen fliegender Geschosse von ihrer ursprünglichen Flugrichtung waren der Anlass, dass sich 1853 H. G. Magnus (1802 – 1870) mit der experimentellen Untersuchung dieses Effektes befasste, der nach ihm *Magnus-Effekt* genannt wird. Er wurde 1879 von J. W. Rayleigh (1842 – 1919) theoretisch behandelt. Er berechnete für die Querkraft:

$$\boldsymbol{F}_{\mathrm{M}} = \varrho\,\Gamma\,(\boldsymbol{v} \times \boldsymbol{\omega})\frac{L}{\omega} = 2\pi\,\varrho L R^2\,(\boldsymbol{v} \times \boldsymbol{\omega}). \tag{11.15}$$

Dabei ist ϱ die Dichte der Flüssigkeit bzw. des Gases, $\Gamma = \oint \boldsymbol{u} \cdot \mathrm{d}\boldsymbol{s}$ die Zirkulation der Umfangsgeschwindigkeit $u = \omega R$ des Zylinders, L seine Länge und R sein Radius. Die für laminare Strömung abgeleitete Beziehung (11.15) gilt nur bei genügend kleinen Werten von ω. Wird ω größer als etwa v/R, so entstehen Wirbel (s. Abschn. 11.7).

Der Magnus-Effekt wurde 1926 versuchsweise zum Antrieb von Schiffen benutzt. Dazu wurden große rotierende Zylinder mit vertikaler Achse auf den Schiffen angebracht („Ro-

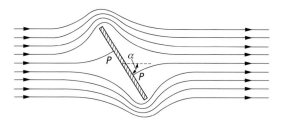

Abb. 11.28   Stromlinienverlauf um eine schräg zur Stromrichtung stehende Platte

torschiffe"). Jedoch waren die Ergebnisse unbefriedigend. – Von geübten Golf- und Tennisspielern wird der Magnus-Effekt dagegen mit großem Erfolg benutzt. Wenn ein Ball beim Anschlag in Rotation versetzt („geschnitten") wird, durchläuft er eine gekrümmte Bahn, ähnlich der des Zylinders in Abb. 11.27a.

Noch in einem anderen Fall bewährt sich die Annahme der Reibungslosigkeit wenigstens qualitativ. In Abb. 11.23 betrachteten wir die ideale Strömung um eine senkrecht zur Parallelströmung stehende Platte. Nun wollen wir die Platte unter einem Winkel α gegen die Strömungsrichtung neigen. Das Stromlinienbild wird dann durch Abb. 11.28 gegeben, aus dem man durch Vergleich mit Abb. 11.23 folgende Einzelheiten entnehmen kann: Die beiden Staupunkte P und P', die bei senkrechter Stellung in der Mitte der Platte liegen, verschieben sich bei schräger Lage der Platte, auf der Vorderseite nach oben, auf der Hinterseite nach unten. Die Lage von P und P' ist lediglich eine Funktion des Winkels α, wie man experimentell feststellen kann, bleibt dagegen die gleiche bei Umkehrung der Strömungsrichtung. In diesen Staupunkten herrscht also der Maximaldruck p_0. Die reibungslose Parallelströmung ergibt also zwar keine Kraft auf die Platte, wohl aber ein *Drehmoment*, das die Platte senkrecht zur Stromrichtung zu stellen versucht. Obwohl in Wirklichkeit die Strömung hinter der Platte anders als hier vorausgesetzt verläuft, ist das Ergebnis selbst richtig. Rayleigh hat danach eine Methode entwickelt, Schallintensitäten zu messen (vgl. Teil 2, Akustik). Eine Platte wird an einem torsionselastischen Faden unter 45° geneigt in ein Wechsel-Strömungsfeld (Schallfeld) gebracht. Dem Drehmoment, das dies Schallfeld ausübt, wird durch die Torsion des Fadens das Gleichgewicht gehalten, und der Ausschlag aus der Ruhelage ist proportional zur Intensität des Schallfeldes (*Rayleigh'sche Scheibe*).

Dass die obige Strömung, selbst unter der Voraussetzung der Reibungslosigkeit, gar nicht so existieren kann, geht aus folgender Überlegung hervor: Man sieht aus Abb. 11.28,

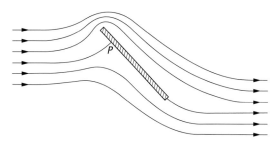

Abb. 11.29   Stromlinienverlauf um eine Platte bei gleichzeitig vorhandener Parallel- und Zirkulationsströmung

dass die Flüssigkeit den unteren scharfen Rand der Platte umströmen muss, um in P' zur Ruhe zu kommen. Sie müsste also am unteren Ende umbiegen und in entgegengesetzter Richtung fließen. Das bedeutet aber gerade an der Spitze sehr große Geschwindigkeit, und diese würde nach der Bernoulli'schen Gleichung $p = p_0 - \frac{1}{2}\varrho v^2$ bedeuten, dass der Druck p an dieser Stelle negativ werden kann. Eine Flüssigkeit kann aber normalerweise einem größeren negativen Druck ($=$ Zug) nicht standhalten; sie zerreißt an solchen Stellen. – Man kann die in Wirklichkeit auftretende Umströmung dadurch beschreiben, dass man sich dem Stromlinienverlauf der Abb. 11.28 eine Zirkulationsströmung im Uhrzeigersinn von geeigneter Stärke überlagert denkt. Man erhält dann das Stromlinienbild der Abb. 11.29. Nach der Bernoulli'schen Gleichung entsteht dann natürlich auch ein Auftrieb. Diese Betrachtungen sind für die Strömungsverhältnisse beim Tragflügel wichtig (Abschn. 11.9); die hier betrachtete Platte kann geradezu als einfaches Beispiel dafür gelten.

Die Darlegungen zeigen, inwiefern die Annahme der Reibungslosigkeit zulässig ist: Während die allgemeine Folgerung, dass in einer Parallelströmung kein eingetauchter Körper einen Strömungswiderstand erfahre, unrichtig ist, trifft sie für spezielle Körper-formen angenähert zu (Stromlinienkörper); auch das Auftreten von Drehmomenten und von Auftriebskräften lässt sich qualitativ verstehen. Die Umströmung fester Körper durch reale Flüssigkeiten wird in Abschn. 11.7 besprochen.

11.4 Strömungsbilder

Sichtbarmachen von Strömungen. Bisher haben wir nur sehr einfache, annähernd ge-radlinige und „glatte" Strömungen betrachtet. Oft sind die Bewegungen in strömenden Flüssigkeiten oder Gasen aber so kompliziert, dass unser Vorstellungsvermögen bei dem Versuch versagt, sie in Gedanken zu verfolgen. Die meisten Strömungen lassen sich nicht einmal mit den größten heute vorhandenen Rechenanlagen simulieren. Man sieht der Navier-Stokes-Gleichung wirklich nicht an, welche Fülle von Möglichkeiten in ihren Lösungen verborgen ist. Daher wurden verschiedene Verfahren entwickelt, um Strömun-gen sichtbar zu machen. Wir wollen einige der Wichtigsten kurz erläutern: In durchsich-tigen Flüssigkeiten ist es am einfachsten, ein bestimmtes Volumenelement bzw. „Flüssig-keitsteilchen" optisch zu markieren und dann seine Bahn zu verfolgen. Den von einem solchen Teilchen im Lauf der Zeit zurückgelegten Weg bezeichnet man als *Bahnlinie*. Die Verbindung der Geschwindigkeitsvektoren eines Teilchens zu verschiedenen Zeiten nennt man *Stromlinie*, wie im vorigen Abschnitt schon benutzt. In einer stationären Strömung ($\partial v / \partial t = 0$) fallen Bahnlinien und Stromlinien immer zusammen.

Zur Markierung eines Volumenelementes verwendet man z. B. feines Aluminiumpul-ver, dessen Teilchen in Wasser und in zäheren Flüssigkeiten nur sehr langsam sinken und einfallendes Licht gut reflektieren (Abb. 11.30). Man kann die Flüssigkeit aber auch durch Farbstoff markieren (Abb. 11.31). Für dessen Zufuhr müssen so feine Kapillaren verwendet werden, dass sie die Strömung möglichst wenig stören. Will man quantitative Messungen durchführen, benutzt man kleine Gasblasen, die in Wasser und in Lösungen durch Elektrolyse erzeugt werden (Abb. 11.32). Durch geeignete Oberflächenbehandlung der Elektroden und durch zeitlich gepulsten Strom lassen sich regelmäßige Muster von Gasblasen erzeugen, die mit der Strömung wandern. Sind die Blasen klein genug, steigen

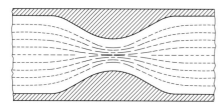

Abb. 11.30 Sichtbarmachung einer Flüssigkeitsströmung durch Aluminiumpulver (nach R. W. Pohl, Mechanik u. Akustik, Springer, Berlin, 1930)

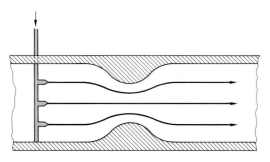

Abb. 11.31   Sichtbarmachung einer Flüssigkeitsströmung durch Farbstoff, der bei ↓ zugeführt wird

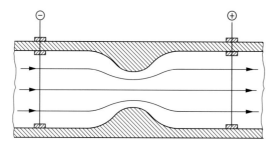

Abb. 11.32   Sichtbarmachung von Flüssigkeitsströmungen durch elektrolytisch erzeugte Gasblasen

sie während der Beobachtungszeit infolge ihres Auftriebs nicht wesentlich in die Höhe. In undurchsichtigen Flüssigkeiten ist man auf nichtoptische Methoden angewiesen wie den Ultraschall-Doppler-Effekt, den Mößbauer-Effekt oder Neutronenstreuung. In Gasen lassen sich unter bestimmten Bedingungen elektrische Funkenentladungen oder die Lumineszenz zum Markieren von Strömungen verwenden. Meistens macht man in Gasen jedoch von Dichteänderungen Gebrauch, die sich durch Änderungen der Brechzahl mit Hilfe der Schlieren-Methode, der Schattenmethode oder interferometrisch nachweisen lassen (s. Bd. 3). Das geht aber nur bei Strömungen, in denen sich die Dichte räumlich und zeitlich genügend stark ändert.

Abb. 11.33 zeigt auf diese Weise erhaltene Bilder turbulenter Strömung (Abschn. 11.8). Immer, wenn Wirbel auftreten, wird die Reibungskraftdichte $\eta \nabla^2 v$ in der Navier-Stokes-Gl. (11.1) wesentlich, die wir bisher vernachlässigt hatten. Und zwar entstehen umso stärkere Wirbel, je größer die Viskosität ist und je größer die zweite Ortsableitung der Geschwindigkeit wird. Diese Ortsableitung ist überall da groß, wo der umströmte Körper scharfe Kanten hat, denn dort muss v seine Richtung auf kleinen Strecken stark ändern.

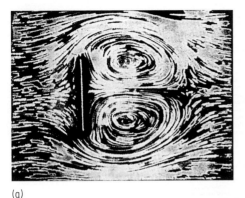
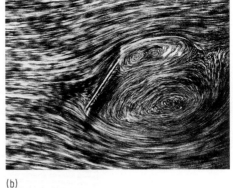

(a)   (b)

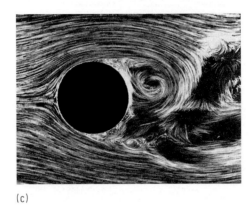

(c)

Abb. 11.33   Turbulente Umströmung fester Körper, Strömung von links nach rechts, sichtbar gemacht durch Schwebeteilchen in Wasser (Fotos: (b) und (c) aus: W. Wien u. F. Harms, Handb. d.
Experimentalphysik Bd. IV/1, Akadem. Verlagsges., Leipzig, 1931)

Bevor wir Wirbel und turbulente Strömungen weiter untersuchen, müssen wir uns daher zunächst die Viskosität und die Reibungskräfte in Flüssigkeiten und Gasen genauer
ansehen. Das geschieht in den nächsten Abschnitten.

Strömungsmodellversuche. Eine für Demonstrationszwecke gut geeignete Methode zur
Simulation von Strömungsbildern laminarer Strömung wurde von Robert Wichard Pohl
(1884 – 1976) angegeben. Zwischen zwei Glasplatten im Abstand von 1 mm strömt Wasser, das durch Löcher von zwei oben angebrachten Kammern kommt. Die Löcher beider Kammern sind um den halben Lochabstand gegeneinander versetzt. Das Wasser
der einen Kammer ist gefärbt (z. B. mit Tinte), so dass den Stromlinien entsprechende
Bilder entstehen, die in der Projektion durch Prismen um 90° gedreht werden können
(Abb. 11.34).

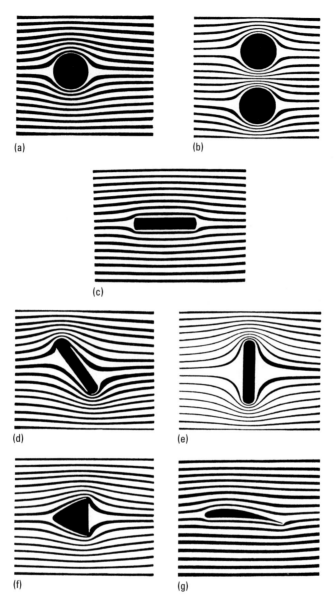

(a)   (b)

(c)

(d)   (e)

(f)   (g)

Abb. 11.34   Modellbilder zur laminaren Umströmung fester Körper (etwa halbe natürliche Größe, nach R. W. Pohl, Mechanik u. Akustik, Springer, Berlin, 1930)

11.5 Viskosität

Innere Reibung. Nachdem bisher nur die Strömungen idealer Flüssigkeiten betrachtet worden sind und dabei die Grenzen dieser Idealisierung deutlich wurden, wird es jetzt notwendig sein, zuerst die Natur der Reibungskräfte zu untersuchen, ehe auf die Verhältnisse in realen Flüssigkeiten im Einzelnen eingegangen werden kann. Dabei sei an einen bekannten Versuch erinnert: Wenn man ein mit Wasser gefülltes Glas um eine vertikale Achse rotieren lässt, wird nach einiger Zeit die gesamte Flüssigkeit mitrotieren. Das ist nur möglich, wenn zwischen den einzelnen koaxialen Schichten Kraftwirkungen bestehen, die die Rotation von der Glaswand allmählich auf die inneren Flüssigkeitsschichten übertragen.

Das Wesentliche an diesem Versuch erkennt man durch die Betrachtung des folgenden theoretisch einfacheren Falls (Abb. 11.35). Zwischen zwei parallelen ebenen Platten im Abstand h befinde sich Flüssigkeit. Die obere Platte wird festgehalten, die untere dagegen mit der Geschwindigkeit v_0 in ihrer Ebene bewegt. Denkt man sich die Flüssigkeit in zu den Platten parallele Schichten aufgeteilt, muss man annehmen, dass sie mit verschiedenen Geschwindigkeiten aneinander vorbeigleiten. Die Flüssigkeitsschicht, die der bewegten Platte unmittelbar anliegt, hat die volle Geschwindigkeit v_0. Sie „haftet" in einer dünnen Schicht fest an ihr. Das Gleiche gilt von der untersten Schicht; auch sie haftet, d. h., sie besitzt die Geschwindigkeit null. Von der unteren Platte bis zur oberen nimmt die Geschwindigkeit v der einzelnen Schichten zu, und zwar für kleine Abstände linear; sie wächst proportional zum Abstand von der ruhenden Platte. Der Vorgang findet also ausschließlich im Inneren der Flüssigkeit statt; man spricht von *innerer Reibung*. Sie erklärt sich folgendermaßen: Die oberste Flüssigkeitsschicht mit der Geschwindigkeit v_0 übt auf die zunächst folgende eine Tangentialkraft aus, die letztere gleichfalls in Bewegung setzt. Das Gleiche tut diese Schicht mit der nächsten nach unten folgenden und so fort. Jede Schicht übt auf die nach unten folgende eine beschleunigende Kraft aus und erfährt von ihr nach dem Reaktionsprinzip eine gleich große, aber verzögernde Reibungskraft. Diese ist nach der Erfahrung proportional zur Fläche A der aneinander vorbeigleitenden Schichten, zum Geschwindigkeitsunterschied Δv, zu einem von der Natur der Flüssigkeiten abhängenden Faktor η und schließlich umgekehrt proportional zum Abstand Δh der beiden ins Auge gefassten Schichten. Demnach folgt für die Tangentialkraft:

$$F = A\eta\frac{\Delta v}{\Delta h},$$

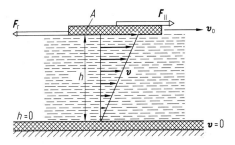

Abb. 11.35   Zur inneren Reibung in Flüssigkeiten

ein Ausdruck, der für verschwindend dünne Schichten in den folgenden übergeht:

$$F = A\eta \frac{\mathrm{d}v}{\mathrm{d}h}.$$

Die auf die Flächen bezogene Kraft $F/A = \tau$ ist also die Schubspannung (wie in Kap. 9):

$$\tau = \eta \frac{\mathrm{d}v}{\mathrm{d}h}. \tag{11.16}$$

Viskosität. In einer realen Flüssigkeit existiert also außer der allein betrachteten Normalspannung, d. h. dem Druck p, auch eine Tangentialspannung, die durch Gl. (11.16) gegeben ist. Die Normalspannung ist eine *elastische* Spannung; denn sie ist proportional zur Deformation, während die Schubspannung τ der Flüssigkeiten zur relativen Geschwindigkeit (zum Geschwindigkeitsgradienten) zweier Nachbarschichten proportional ist. Sie ist also keine elastische Kraft, die ja bestrebt wäre, die Deformation rückgängig zu machen. Sie hat vielmehr die Tendenz, die schnellere Schicht zu verlangsamen, die langsamere zu beschleunigen, d. h. den Geschwindigkeitsunterschied auszugleichen, mit anderen Worten so zu wirken, wie wir es von der Reibung fester Körper her kennen. Man nennt daher η auch den *Koeffizienten der inneren Reibung*. Allgemein ist es üblich, η als die *Viskosität* oder *Zähigkeit* zu bezeichnen. Der Quotient $\nu = \eta/\varrho$ wird als *kinematische Viskosität* bezeichnet (ϱ = Dichte); zur Unterscheidung heißt η dann *dynamische Viskosität*.

Die Einheit der Viskosität η ergibt sich aus Gl. (11.16): $1\,\mathrm{N\,s/m^2} = 1\,\mathrm{kg/m\,s} = 1\,\mathrm{Pa\,s}$. In älterer Literatur findet man noch die entsprechende cgs-Einheit Poise (P): $1\,\mathrm{P} = 1\,\mathrm{g/(cm\,s)} = 0.1\,\mathrm{Pa\,s}$. Für die Einheit der kinematischen Viskosität folgt: $1\,\mathrm{m^2/s}$. Zahlenwerte für beide Viskositäten enthält Tab. 11.1.

Abb. 11.36 zeigt am Beispiel des Wassers, dass die Viskosität η mit zunehmender Temperatur stark abnimmt. Das gilt für alle Flüssigkeiten. Gerade umgekehrt verhalten sich die Gase: Bei ihnen wächst die Viskosität mit zunehmender Temperatur (s. Bd. 5). Bei Messungen der Viskosität ist daher auf genaue Temperaturbestimmung und Temperaturkonstanz zu achten.

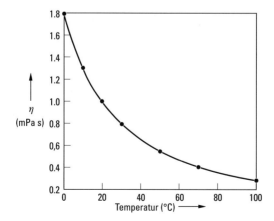

Abb. 11.36 Temperaturabhängigkeit der Viskosität von Wasser

Tab. 11.1 Dynamische und kinematische Viskosität einiger Flüssigkeiten und Gase bei 20 °C (wenn nicht anders angegeben) und Atmosphärendruck

Substanz	η in 10^{-3} Pa s	ν in 10^{-3} m^2/s
Glas (400 °C)	$\approx 10^{19}$	$\approx 10^{16}$
Eis (-20 °C)	$\approx 10^{17}$	$\approx 10^{14}$
Teer	$\approx 10^{11}$	$\approx 10^8$
Lava ($1300 \cdots 1600$ °C)	$10^6 \cdots 10^3$	$10^3 \cdots 10$
Honig	3000	3
Glyzerin (wasserfrei)	1500	1.19
Rizinusöl	990	1.03
Mineralöl (Mittelwert)	400	0.42
Olivenöl	84	0.092
Schwefelsäure	30	0.015
Quecksilber	1.55	0.000114
Ethylalkohol	1.21	0.00151
Wasser	1.002	0.001004
Tetrachlorkohlenstoff	0.96	0.000603
Benzol	0.65	0.00074
Ethyläther	0.24	0.00034
Argon	0.022	0.012
Sauerstoff	0.0204	0.0153
Helium	0.020	0.115
Luft	0.0179	0.0146
Stickstoff	0.0176	0.0152
Kohlendioxid	0.0147	0.0080
Methan	0.011	0.0165
Wasserstoff	0.0088	0.105

Bei Strömungen in Flüssigkeiten und Gasen ergibt sich die innere Reibung daraus, dass die kinetische Energie der makroskopischen Bewegung in solche der thermischen Bewegung übergeht. Quantitativ lässt sich dieser Übergang bei Gasen erklären, nämlich in gleicher Weise wie die Diffusion (s. Kap. 12). Kinematische Viskosität ν und Diffusionskonstante D haben dementsprechend gleiche Einheiten und sind in Gasen von gleicher Größenordnung, nämlich dem Produkt $v_{th}\, l$ aus mittlerer thermischer Geschwindigkeit v_{th} und der mittleren freien Weglänge l der Teilchen. Strömen zwei Gasschichten mit unterschiedlichen Geschwindigkeiten nebeneinander her, so werden – infolge der Brown'schen Molekularbewegung (s. Abschn. 12.1) – Moleküle mit höherer mittlerer Geschwindigkeit in den langsameren Gasstrom und umgekehrt übertreten. Die dabei übertragenen Impulse werden dem Betrag nach gleich, aber entgegengesetzt gerichtet sein. Sie werden damit eine Kraftwirkung ausüben, die für eine Angleichung der Geschwindigkeiten der Gasschichten sorgt.

Die Betrachtung der Zahlen in Tab. 11.1 zeigt, dass für Wasser und Luft, d. h. für die in der Praxis wichtigen Substanzen, die Viskosität η sehr klein ist. Wenn daher (s. Gl. (11.16)) dv/dh nicht sehr groß ist, ist man im Allgemeinen berechtigt, von der Reibung abzusehen und die Flüssigkeit als ideal zu betrachten. Allerdings gilt das nur, wenn wie oben betont, die Kleinheit von η nicht durch einen sehr großen Geschwindigkeitsgradienten dv/dh

kompensiert wird. In diesem Fall dürfen die von der Viskosität herrührenden Schubkräfte gemäß Gl. (11.16) nicht ignoriert werden. Wo ist dies der Fall? Stets an der Oberfläche eingetauchter Körper. Halten wir etwa den Körper fest und lassen die Flüssigkeit daran vorbeiströmen, so ist wegen des Haftens die Strömungsgeschwindigkeit am Körper selbst gleich null. In zunehmender Entfernung vom Körper aber steigt sie – wegen des kleinen Wertes von η – sehr rasch zu dem vollen Wert an, den sie für eine reibungslose Flüssigkeit hat. Der Gradient $\mathrm{d}v/\mathrm{d}h$ ist also in einer mehr oder weniger dünnen, dem Körper anliegenden Schicht immer groß, umso größer, je kleiner η ist. Daher muss in dieser „Grenzschicht", wie 1904 zuerst Ludwig Prandtl (1875 – 1953) erkannt hat, die Reibung stets berücksichtigt werden, wie klein auch η sei. Außerhalb der Grenzschicht jedoch darf die Flüssigkeit als ideal betrachtet werden. Man hat dies lange übersehen und irrigerweise die Reibung bis dicht an die Oberfläche des eingetauchten Körpers vernachlässigt. So kam es, dass die reibungslose Hydrodynamik in vielen Fällen nicht mit der Erfahrung übereinstimmte, obwohl η klein war.

11.6 Strömung realer Flüssigkeiten

Hagen-Poiseuille'sches Gesetz. Die Strömung von Flüssigkeiten durch Rohre wurde 1839/40 fast gleichzeitig von G. Hagen (1797 – 1884) und L. Poiseuille (1799 – 1869) untersucht. Hagen war Ingenieur und wurde durch naheliegende technische Fragen dazu geführt, während Poiseuille als Arzt von dem Wunsch geleitet wurde, die Art der Blutbewegung in den Arterien und Venen verstehen zu lernen. – Um die Schwerkraft auszuschließen, sei ein langes Rohr vom Radius r horizontal gelegt. Es ist an ein Vorratsgefäß angeschlossen, in dem die zu untersuchende Flüssigkeit bis zur Höhe h steht. Durch geeigneten Zufluss hält man diese Höhe und damit den Druck am Anfang des Rohres konstant (Abb. 11.37). Die Flüssigkeit fließt dann durch das Rohr aus, und zwar im stationären Zustand mit konstantem Volumenstrom $\mathrm{d}V/\mathrm{d}t = i = \mathrm{const}$.

Wie geht nun die Strömung in dem Rohr vor sich? Zunächst haftet an der kreisförmigen Rohrwand die Flüssigkeit in einer sehr dünnen Schicht fest, die die Gestalt eines Hohlzylinders hat. Die daran nach innen anschließende Schicht – ebenfalls ein Hohlzylinder von etwas kleinerem Radius – bewegt sich mit kleiner Geschwindigkeit, die dann folgende mit etwas größerer, und so fort, bis man in die Mitte des Rohres kommt, wo die größte Durchflussgeschwindigkeit herrscht. Entsprechend Abb. 11.35 gleiten die ge-

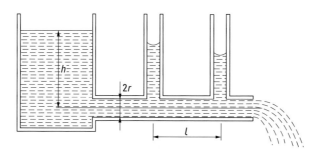

Abb. 11.37 Flüssigkeitsströmung durch ein Rohr

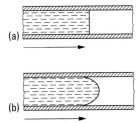

(a)

(b)

Abb. 11.38 Ausbildung des Geschwindig-keitsprofils bei einer Rohrströmung

dachten Flüssigkeitsschichten aneinander vorbei, ohne sich zu stören. Deshalb nennt man diese Strömung auch *Schicht-* oder *Laminarströmung.* Die Stromlinien, die in diesem Fall mit den Bahnlinien identisch sind, sind offenbar Geraden parallel zur Rohrachse. Diese einfachen Verhältnisse werden beim Einlauf vom Vorratsgefäß ins Rohr etwas gestört und sich erst in einiger Entfernung vom Anfang des Rohres rein ausbilden, wenn die „Einlaufstörungen" infolge der Reibung abgeklungen sind. Man kann sich auch durch folgenden Versuch davon überzeugen, dass die Geschwindigkeitsverteilung im Rohr der gegebenen Schilderung entspricht, wenn man nämlich gefärbte Flüssigkeit hinter der un-gefärbten einströmen lässt. Zu Beginn hat man dann eine scharfe vertikale Trennungs-ebene zwischen der gefärbten und ungefärbten Flüssigkeit (Abb. 11.38); nach einiger Zeit hat sich diese in eine gekrümmte Fläche deformiert. Das *Geschwindigkeitsprofil* ist, wie Versuch und Rechnung ergeben, parabolisch.

Die treibende Kraft für die Flüssigkeit besteht hier lediglich in einer Druckdifferenz, da andere äußere Kräfte ausgeschaltet sind, d. h., der Flüssigkeitsdruck muss in Abb. 11.37 von links nach rechts abnehmen. Wäre die Flüssigkeit ideal, d. h. reibungslos, würde zur Aufrechterhaltung dieser Strömung, die in jeder Schicht mit konstanter Geschwindigkeit vor sich geht, gar keine Kraft, d. h. keine Druckdifferenz erforderlich sein, und umgekehrt würde eine Druckdifferenz der reibungslosen Flüssigkeit eine beschleunigte Bewegung erteilen. Hier, bei der realen Flüssigkeit, wird der treibenden Druckdifferenz in jedem Zeitpunkt und an jedem Teilchen durch die innere Reibung das Gleichgewicht gehalten. Man kann sich in der Tat leicht überzeugen, dass der Druck längs des Rohres fällt. Man bohrt zu dem Zweck das Rohr an verschiedenen Stellen an und setzt vertikale Steigrohre ein, wie es Abb. 11.37 zeigt. In diesen Rohren steigt die Flüssigkeit so hoch, bis der Druck der Flüssigkeitssäule gerade so groß ist wie der Druck der im horizontalen Rohr strömen-den Flüssigkeit. Der Versuch zeigt, dass die Flüssigkeit in den Steigrohren umso tiefer steht, je weiter entfernt das Steigrohr vom Druckgefäß angesetzt ist. Für eine reibungslose Flüssigkeit würden die Druckhöhen gleich hoch sein, ebenso für ruhende Flüssigkeiten, weil dann die Anordnung der Abb. 11.37 ein System kommunizierender Röhren bildet.

Das in der Zeit t ausfließende Flüssigkeitsvolumen sei V. Die Drücke an zwei Steigroh-ren, die um die Strecke l voneinander entfernt sind (Abb. 11.37), seien p_1 und p_2. Ist die Druckabnahme pro Länge, das sogenannte Druckgefälle, gleich $(p_1 - p_2)/l$, so ergibt sich aus den Versuchen von Hagen und Poiseuille folgendes Gesetz für den Volumenstrom i:

$$i = \frac{V}{t} = \frac{\pi R^4 (p_1 - p_2)}{8\eta l}. \tag{11.17}$$

Es wird nach den beiden Entdeckern als das *Hagen-Poiseuille'sche Gesetz* bezeichnet. Der Volumenstrom V/t ist danach umso größer, je größer der Rohrradius R und das

Druckgefälle $(p_1 - p_2)/l$ sind. Es ist andererseits umgekehrt proportional zur Viskosität η der untersuchten Flüssigkeit. V, p_1, p_2, l, t und R sind leicht genau zu messen, Gl. (11.17) kann daher dazu dienen, η zu bestimmen.

Für die Strömung einer viskosen, inkompressiblen Flüssigkeit durch ein axiales Rohr mit kreisförmiger Querschnittsfläche vom Radius R lässt sich die Geschwindigkeitsverteilung aus der Navier-Stokcs'schen Gleichung direkt bestimmen. Unter der Voraussetzung, dass die Bewegung unbeschleunigt bleibt, d. h. keine Trägheitskräfte wirken und auch die Schwerkraft vernachlässigt werden kann, vereinfacht sich die Beziehung auf die Betrachtung der aus der Druckdifferenz herrührenden Kraft F_1 und der ihr entgegengesetzt gerichteten Reibungskraft F_2. Es muss gelten $F_1 + F_2 = 0$. Setzt man weiter voraus, dass R nicht zu groß und die Flüssigkeit dem Ausdruck für die Reibungsspannungen (Gl. (11.16)), also $\tau = -\eta\, dv/dr$ genügt, so erhält man unter der Randbedingung $v(r = R) = 0$ tatsächlich eine Geschwindigkeitsverteilung $v(r)$ der in Abb. 11.38b skizzierten Form. Für die an einem Flüssigkeitszylinder vom Radius r und der Länge l angreifende Kraft F_1 erhält man nämlich – bei einem Druckunterschied $\Delta p = p_1 - p_2$ $(p_1 > p_2)$ zwischen Anfang und Ende des Zylinders – $\Delta p \cdot \pi r^2$ und für die ihr entgegenwirkende, an der Mantelfläche angreifende Reibungskraft $2\pi r l \tau$. Nach Voraussetzung müssen die Beträge dieser Kräfte gleich sein, d. h., es muss gelten:

$$\Delta p \cdot \pi r^2 = 2\pi r l \cdot \eta \frac{dv}{dr}.$$

Daraus lässt sich durch Integration aber die Geschwindigkeitsverteilung bestimmen. Man erhält

$$v(r) = \int_r^R \frac{\Delta p}{2l\eta} r\, dr = \frac{1}{4\eta}\frac{\Delta p}{l}(R^2 - r^2). \tag{11.18}$$

Das Geschwindigkeitsprofil ist also, wie zuvor angenommen, wirklich parabolisch.

Aus dem pro Zeit durch ein Flächenelement $dA = 2\pi r\, dr$ strömenden Flüssigkeitsvolumen $v \cdot dA$ lässt sich nun mit diesem Ausdruck durch eine erneute Integration zwischen den Grenzen $0 \le r < R$ der Volumenstrom ermitteln:

$$i = \frac{V}{t} = \int_0^R 2\pi r \cdot v(r) \cdot dr = \frac{\pi}{8\eta} \cdot \frac{p_1 - p_2}{l} R^4. \tag{11.19}$$

Das ist aber das Gesetz von Hagen-Poiseuille.

Man beachte, dass der Volumenstrom proportional zu R^4 ist! Das ist ungeheuer viel. Verengt sich z. B. eine Ader auf $1/4$ des ursprünglichen Radius, was keineswegs selten ist, so kann bei gleicher Druckdifferenz in der gleichen Zeit nur $^1/_{256}$ des Volumens an Blut hindurchströmen. Andererseits verlangt z. B. eine Steigerung der Muskeltätigkeit eine Zunahme des Blutstroms. Das wird höchst wirksam durch eine Erweiterung der Kapillaren (wiederum R^4!) erreicht. Das erweiterte Rohrnetz muss nachgefüllt werden. Die erforderliche Blutmenge wird den „Blutspeichern" (Milz, Leber) entnommen. Das Kapillarsystem des Menschen hat eine Länge von etwa 10^5 km $= 2.5$-fachem Erdumfang! Gl. (11.19) kann nur gelten, wenn die Flüssigkeit am Rand haftet, wie bisher vorausgesetzt. Da Gl. (11.19) mit großer Genauigkeit (auch für Gase) zutrifft, enthält das Hagen-Poiseuille'sche Gesetz den experimentellen Beweis für die Tatsache des Haftens. Nur bei sehr verdünnten Gasen tritt ein Gleiten an der Rohrwand und damit eine Abweichung von Gl. (11.19) auf.

Man kann das Hagen-Poiseuille'sche Gesetz noch in eine andere Form bringen, wenn man statt der verschiedenen Geschwindigkeiten der einzelnen Schichten die mittlere Geschwindigkeit v der Strömung einführt. Das läuft offenbar darauf hinaus, das ganze Rohr als eine einzige Stromröhre, die durchfließende Flüssigkeit als einen Stromfaden zu betrachten. Dann gilt für den Volumenstrom

$$i = \frac{V}{t} = R^2 \pi v.$$

Führt man diesen Ausdruck für V/t in Gl. (11.19) ein, erhält man für das Druckgefälle $(p_1 - p_2)/l$, das bei gegebenem Rohrradius R zur Erzeugung der mittleren Strömungsgeschwindigkeit v erforderlich ist, den Ausdruck

$$\frac{p_1 - p_2}{l} = \frac{8\eta v}{R^2}. \tag{11.20}$$

Multipliziert man noch mit der Querschnittsfläche $R^2\pi$ und mit der Länge l, so ergibt $(p_1 - p_2)R^2\pi$ die Kraft, die in dem Rohr von der Länge l und dem Radius R die Durchflussgeschwindigkeit v erzeugt:

$$F = 8\pi \eta l v. \tag{11.21}$$

Dieser Kraft ist gleich und entgegengesetzt die Reibungskraft, d. h. der sogenannte *Reibungswiderstand* W, den das Rohr der Strömung entgegensetzt. Der Betrag des Reibungswiderstandes ist also auch:

$$W = 8\pi \eta l v, \tag{11.22}$$

und man erkennt, dass er verschwindet, wenn $\eta = 0$ ist, d. h. für eine ideale, d. h. reibungslose Flüssigkeit, wie es offenbar auch sein muss. Für einen sehr flachen Kanal aus zwei ebenen Glasplatten ist $F = (8/3)\pi \eta l v$.

Stoke'sches Gesetz. Eine zweite, ebenfalls sehr wichtige Formel für den Reibungswiderstand stammt von G. G. Stokes (1819–1903). Dabei bewegt sich eine Kugel vom Radius R unter dem Einfluss einer äußeren Kraft F in einer (unendlich ausgedehnten) viskosen Flüssigkeit. Wegen der Reibung stellt sich bald ein stationärer Zustand ein, in dem die Kugel sich mit konstanter Geschwindigkeit v bewegt. Umgekehrt kann man auch die Flüssigkeit stationär mit der konstanten Geschwindigkeit v strömen und auf die Kugel eine solche Kraft F wirken lassen, dass sie gerade in Ruhe bleibt. Nach dem von Stokes gefundenen und durch zahlreiche Versuche bestätigten Gesetz ist der Zusammenhang zwischen der Geschwindigkeit v und der Kraft F bzw. dem ihr gleich großen Reibungswiderstand W, den die Kugel bei der Bewegung erfährt, gegeben durch das *Stokes'sche Gesetz*:

$$W = 6\pi \eta R v. \tag{11.23}$$

Man kann sich leicht davon überzeugen, dass unter dem Einfluss einer konstanten Kraft eine in einer Flüssigkeit bewegte Kugel konstante Geschwindigkeit annimmt: Die kleinen Gasbläschen, die im Wasser aufsteigen, zeigen dies deutlich, solange ihr Radius konstant bleibt. Man kann auch eine kleine Stahlkugel in Wasser, Öl oder Glycerin (unter dem Einfluss der Schwerkraft) fallen lassen. Auch die Fallgeschwindigkeit der Regentropfen

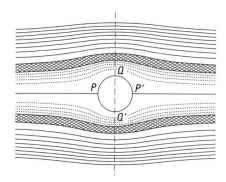

Abb. 11.39 Strömung um eine Kugel bei Berücksichtigung der Reibung (sehr kleine Strömungsgeschwindigkeit)

und Hagelkörner gehorcht dem Stokes'schen Gesetz. Aus Gl. (11.23) folgt auch hier, dass der Reibungswiderstand verschwindet, wenn $\eta = 0$, d. h. in einer reibungslosen Flüssigkeit.

Die Gestalt der Stromlinien ist hier schon recht kompliziert. Sie wird durch Abb. 11.39 wiedergegeben, und zwar in einem Meridianschnitt durch die Kugel; die Strömung erfolgt von links nach rechts. Man erkennt daraus Folgendes: Diejenige Stromröhre, die den Pol P der Kugel trifft, spaltet sich auf, umfließt die Kugel, um am Gegenpol P' wieder zusammenzufließen. Die benachbarten Stromlinien weichen in ähnlicher Weise vor der Kugel aus, um sich hinterher der Parallelströmung wieder anzunähern. Weiter außerhalb ist die Parallelströmung nicht mehr merklich gestört. Das Bild dieser Strömung ist also der Umströmung einer Kugel durch eine reibungsfreie Flüssigkeit sehr ähnlich (Abb. 11.20), jedoch mit einem entscheidenden Unterschied. Das Strömungsfeld zerfällt auch hier in einzelne Schichten, die mit verschiedener Geschwindigkeit unter Reibung aneinander vorbeiströmen, wobei die innerste Schicht fest an der Kugel haftet, d. h. die Geschwindigkeit null besitzt. Es handelt sich also auch hier um eine typische Laminarströmung. Das Strömungsbild ist bezüglich der Achse PP' (in Abb. 11.39 oben und unten) völlig symmetrisch, ebenso in Bezug auf die Achse QQ' (links und rechts in der Figur). Dagegen ist – wegen der Reibung! – der Druck auf die linke Kugelhälfte größer als auf die rechte: Die Resultierende der Druckkraft liefert eben den Widerstand nach Gl. (11.23). Man erkennt dies leicht, wenn man eine Stromröhre betrachtet; ein Schnitt ist in Abb. 11.39 schraffiert. Da durch die Wände der Stromröhre keine Flüssigkeit hindurchtritt, hat man in der Strömung durch eine Stromröhre das genaue Analogon zum Hagen-Poiseuille'schen Fall vor sich, nur dass hier die Querschnittsfläche der Stromröhre nicht überall die gleiche ist. Fasst man zwei Stellen einer Stromröhre ins Auge, eine vor, eine hinter der Kugel und symmetrisch gelegen, also Stellen von gleicher Querschnittsfläche, so nimmt hier wie dort der Druck in der Bewegungsrichtung (von links nach rechts) ab.

Eine Flüssigkeit ist nie unendlich ausgedehnt, sondern z. B. in einem zylindrischen Gefäß eingeschlossen. Das bedingt natürlich Korrekturen an der einfachen Form der Stokes'schen Formel (11.23).

Reynolds'sche Zahl. Man kann die Gln. (11.22) und (11.23) für den Widerstand eines durchströmten Rohres und einer umströmten Kugel noch etwas anders fassen. Man schreibt nämlich im Anschluss an ein ursprünglich von Newton aufgestelltes Widerstandsgesetz, in dem Druckwiderstand (Gl. (11.12) in Abschn. 11.3) und Reibungswiderstand im Flüssigkeitswiderstand zusammengefasst sind:

$$W = c_{\mathrm{W}} \cdot \frac{\varrho}{2} v^2 \cdot A, \tag{11.24}$$

wo A die angeströmte Fläche, $(\varrho/2)v^2$ die kinetische Energie pro Volumen und c_{W} der *Widerstandsbeiwert* ist (s. Abschn. 11.3). Er hat die Einheit eins, d. h. ist eine reine Zahl, und es ist vorteilhaft, alle Widerstände einfach durch diesen Beiwert zu charakterisieren. Wir wollen daher c_{W} für den Hagen-Poiseuille'schen und den Stokes'schen Fall bestimmen. Im durchströmten Rohr vom Radius R und der Länge l benutzt man zweckmäßigerweise die umströmte Fläche $A = 2R\pi l$, bei der Kugel jedoch die angeströmte Fläche $A = R^2\pi$. Wenn man die Widerstandsgleichungen (11.22) und (11.23) und die eben angegebenen Werte von A in Gl. (11.24) einsetzt, erhält man folgende Ausdrücke:

$$\text{Hagen-Poiseuille:} \quad c_{\mathrm{W}} = \frac{8}{\left(\dfrac{R\varrho v}{\eta}\right)}, \tag{11.25}$$

$$\text{Stokes :} \quad c_{\mathrm{W}} = \frac{12}{\left(\dfrac{R\varrho v}{\eta}\right)}. \tag{11.26}$$

Man erkennt, dass in beiden Fällen der Widerstandsbeiwert nur von dem Quotient $(R\varrho v/\eta)$ abhängt. Die Zusammenfassung

$$Re = \frac{2R\varrho v}{\eta} = \frac{d\varrho v}{\eta} \tag{11.27}$$

(d = Durchmesser) wird als *Reynolds'sche Zahl* bezeichnet, da O. Reynolds (1842 – 1912) ihre Bedeutung zuerst erkannt hat. Damit kann man den Strömungswiderstand im Hagen-Poiseuille'schen wie im Stokes'schen Fall schreiben:

$$W_{\mathrm{H-P}} = \frac{16}{Re} \cdot \frac{\varrho}{2} v^2 \cdot A \quad \text{und} \quad W_{\mathrm{St}} = \frac{24}{Re} \cdot \frac{\varrho}{2} v^2 \cdot A, \tag{11.28}$$

allgemein also:

$$W = f(Re) \cdot \frac{\varrho}{2} v^2 \cdot A, \tag{11.29}$$

womit zum Ausdruck gebracht wird, dass der Widerstandsbeiwert lediglich eine Funktion $f(Re)$ ist. Dies gilt für alle Arten hydrodynamischer Widerstände. Der Widerstandsbeiwert ist also – da das Produkt $(\varrho/2)v^2 A$ allen Widerständen gemeinsam ist – das eigentlich Charakteristische an dem Gesetz des Widerstandes, auf das sich daher das Interesse lenkt, da man leicht sehen kann, wie die Funktion $f(Re)$ von der Dichte ϱ der Flüssigkeit, ihrer Viskosität η, ihrer Geschwindigkeit v und einer linearen Abmessung d des umströmten Hindernisses abhängt. Sie ist von den genannten Größen eben nur in der Verbindung $Re = d\varrho v/\eta$ abhängig. Das bedeutet, dass man eine Veränderung des Widerstandsbeiwertes durch Übergang zu anderem η durch geeignete Wahl von d, ϱ oder v kompensieren kann, z. B. bei festgehaltener Abmessung d der Widerstandskörper und gleicher Dichte ϱ der Flüssigkeit durch geeignete Wahl der Geschwindigkeit v. Oder: Bei verkleinertem d – d. h. bei einem in kleinen Abmessungen ausgeführten Modellkörper – hat man bei gleichem ϱ und η die Geschwindigkeit v im gleichen Verhältnis zu vergrößern, in dem d verkleinert wurde usw. Solange nur *Re* konstant ist, ist es auch der Widerstandsbeiwert. Diese Erkenntnis, die als das *hydrodynamische Ähnlichkeitsgesetz* bezeichnet wird und von Reynolds zuerst betont wurde, ermöglicht es, aus Versuchen an kleinen Modellen und mit gegebener Flüssigkeit auf andere Dimensionen der Widerstandskörper und andere Flüssigkeiten zu schließen. Man sieht also, dass die Reynolds'sche Zahl *Re* für den Strömungszustand und damit für den Strömungswiderstand in jedem Fall charakteristisch ist.

Eine besondere Bedeutung hat die Reynolds'sche Zahl u. a. bei Strömungen durch Rohre. Nur unterhalb eines gewissen Wertes von *Re* tritt Hagen-Poiseuille'sche Strömung auf. Wird dieser kritische Wert von *Re* überschritten – er liegt bei etwa 2300 –, kann zwar bei hinreichender Vorsicht immer noch Hagen-Poiseuille'sche Strömung bestehen. Es kann aber auch eine total abweichende Art von Strömung auftreten, die im Gegensatz zur Laminarbewegung als *Turbulenz* bezeichnet wird. Dies gilt für alle Laminarbewegungen: Wird ein für die betreffende Strömung charakteristischer *Re*-Wert überschritten, kann eine turbulente Strömung eintreten. Mehr darüber in Abschn. 11.8.

Kleine Reynolds'sche Zahlen bedeuten nach Gl. (11.27) entweder großes η oder kleines $d\varrho v$. Man kann also in jeder Flüssigkeit, d. h. für jedes noch so kleine η und beliebiges ϱ, z. B. für Luft, einen vorgeschriebenen Wert *Re* durch geeignete Wahl von d oder durch geeignete Geschwindigkeit v erzielen, also mit jeder Flüssigkeit Hagen-Poiseuille'sche Strömung herstellen. Wegen des kleinen Wertes von *Re*, d. h. wegen der (im Allgemeinen) kleinen Geschwindigkeit v, nennt man eine solche Bewegung der Flüssigkeit auch *schleichende Strömung*. Geht man aber zu großen Werten von *Re* über, was z. B. bei beliebigem d, ϱ und v durch Verkleinerung von η d. h. durch Übergang zu weniger viskosen Flüssigkeiten geschehen kann, gelten andere Gesetze. So ist insbesondere die reibungslose Hydrodynamik durch $\eta = 0$, d. h. $Re = \infty$ charakterisiert.

11.7 Wirbelbewegungen

Rotationsströmung, Wirbel. Betrachtet man die Bewegung von Flüssigkeiten unter der Voraussetzung der Reibungsfreiheit, so zeigt sich, dass man eindeutig zwischen zwei Strömungsformen unterscheiden kann: Der *rotationsfreien (wirbelfreien)* Strömung und der *Rotationsströmung* (Strömung mit Wirbelbewegungen). Grundvoraussetzung der Reibungsfreiheit ist, dass die Flüssigkeitsteilchen keine Kräfte aufeinander ausüben. Hieraus ergibt sich sofort – wie erstmals von Hermann von Helmholtz (1821–1894) gezeigt wurde – dass Wirbel in einer Flüssigkeit überhaupt nur erzeugt werden können, wenn Reibung mit im Spiel ist, da sonst keine Drehmomente übertragen werden können. Wenn also weiter unten die Rotationsströmung einer idealen Flüssigkeit behandelt wird, so muss ausdrücklich die Entstehung der Wirbel ausgeklammert werden; sie ist unter diesen Voraussetzungen nicht zu verstehen.

Wirbelfrei ist z. B. eine stationäre Strömung, bei der alle Teilchen die gleiche Geschwindigkeit besitzen und geradlinige Bahnen beschreiben, bei der die Strom- und Bahnlinien daher Geraden sind. Man nennt dies kurz eine *Parallelströmung*. Man kann sie experimentell erzeugen, indem man Flüssigkeit in einem geschlossenen Kanal strömen lässt. Ein kleines Stück des Kanals darf als geradlinig betrachtet werden; mitgeführtes Aluminiumpulver lässt deutlich die konstante Geschwindigkeit und die geradlinigen Stromlinien erkennen. Auch mit Luft lässt sich Parallelströmung in sogenannten *Windkanälen* erzeugen. Man hat auf diese Weise Parallelströmungen mit Luftgeschwindigkeiten von 30 bis 5000 m/s (15-facher Betrag der Schallgeschwindigkeit) hergestellt. Die Strömung bleibt auch noch wirbelfrei, wenn die Stromlinien nicht geradlinig, sondern gekrümmt verlaufen, man denke z. B. an die Strömung in einem gekrümmten Rohr. Die Bedeutung der Parallelströmung liegt darin, dass man es mit einem besonders einfachen und wohldefinierten Fall zu tun hat: Die Geschwindigkeit ist an allen Stellen zeitlich konstant; es handelt sich um ein *homogenes* Geschwindigkeitsfeld.

Taucht ein Körper in eine solche Parallelströmung ein oder, was dasselbe ist, wird durch eine ruhende ideale Flüssigkeit ein Körper mit bestimmter Geschwindigkeit hindurch geführt, so wird der Körper von der idealen Flüssigkeit völlig umströmt, so dass die innersten Stromlinien sich der Form des Körpers vollkommen anschmiegen. Reale Flüssigkeiten strömen im Allgemeinen anders. Doch ist die ideale Umströmung in der Natur bei geeigneten Körperformen (z. B. Fischen) angenähert verwirklicht, und die Technik ahmt diese natürlichen Vorgänge bei der Bewegung von Fahrzeugen nach, indem sie diesen eine geeignete Form gibt. Bei realen Flüssigkeiten zeigt sich, wie betont, stets ein Einfluss der Reibung in der Grenzschicht. Ideale Flüssigkeiten haften nicht an der Wandung der umströmten Körper und verhalten sich daher ganz anders. Obwohl es also von vornherein sicher ist, starke Abweichungen der idealen von den realen Flüssigkeiten festzustellen, ist es doch zweckmäßig, sich erst die Vorgänge klarzumachen, wie sie in idealen Flüssigkeiten auftreten müssten.

Die Rotationsströmungen wurden erstmals von Helmholtz ausführlich untersucht. Seine 1858 aufgestellten Wirbelsätze – auf die weiter unten eingegangen werden soll – bildeten die entscheidenden Grundlagen für die Theorie der Wirbelbewegungen. Für die folgenden Betrachtungen ist jedoch im Augenblick nur wichtig, dass sich hierbei die Flüssigkeitsteilchen zum ersten Mal auf in sich geschlossenen Bahnen bewegen.

Lässt man z. B. ein mit Wasser gefülltes Becherglas um seine vertikale Mittelachse rotieren – wie in Abb. 10.23 (Abschn. 10.5) dargestellt – so wird das Wasser infolge der Viskosität ebenfalls in Rotation um die Mittelachse versetzt und bald die dort angegebene Flüssigkeitsverteilung einnehmen. Für einen Schnitt senkrecht zur Achse ergibt sich dann offensichtlich die in Abb. 11.40 skizzierte Geschwindigkeitsverteilung. Jedes Flüssigkeitsteilchen rotiert also mit der konstanten Winkelgeschwindigkeit ω auf einer Kreisbahn vom Radius r um die Mittelachse. Es verhält sich damit wie ein fester Körper, der mit der Winkelgeschwindigkeit ω um eine Achse rotiert. Markiert man innerhalb eines solchen Flüssigkeitsteilchens zwei kreuzförmig angeordnete „Flüssigkeitsstäbchen", so sieht man sofort, dass dieses Kreuz ebenfalls mit der Winkelgeschwindigkeit ω um seinen Mittelpunkt rotiert.

Offensichtlich ist jedoch infolge der leichten Verschiebbarkeit der Flüssigkeitsteilchen gegeneinander dieses Verhalten ein Ausnahmefall. Im Allgemeinen wird sich ein Flüssigkeitsteilchen während der Bewegung verformen.

Betrachtet man den Schnitt durch ein Flüssigkeitselement (Abb. 11.41), so ergibt sich für die Winkelgeschwindigkeit ω des Punktes B um 0 mit $\Delta x = \Delta r \cdot \cos \varphi$ und $\Delta y = \Delta r \cdot \sin \varphi$:

$$\omega \cdot \Delta r = \left(\frac{\partial v_y}{\partial x} \Delta x + \frac{\partial v_y}{\partial y} \Delta y \right) \cos \varphi - \left(\frac{\partial v_x}{\partial x} \Delta x + \frac{\partial v_x}{\partial y} \Delta y \right) \sin \varphi .$$

Betrachtet man die Winkelgeschwindigkeit des gesamten Flüssigkeitselements um den Punkt 0, so muss über alle Winkel von $\varphi = 0$ bis $\varphi = 2\pi$ gemittelt werden. Dann folgt

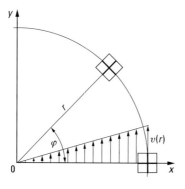

Abb. 11.40 Die Geschwindigkeitsverteilung und das Schema der Bewegung eines beliebigen, markierten Flüssigkeitsteilchens in einem Wirbel, wie er bei der Rotation eines mit Wasser gefüllten Becherglases um die vertikale vertikale Mittelachse (z-Achse) entsteht

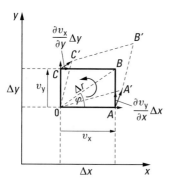

Abb. 11.41 Zur Ableitung der mittleren Winkelgeschwindigkeit (= der Rotation) eines bei der Bewegung verformten Flüssigkeitsteilchens

daraus für eine Drehachse parallel zur z-Achse:

$$\overline{\omega} = \frac{1}{2\pi} \int_0^{2\pi} \omega \, d\varphi = \frac{1}{2}\left(\frac{\partial v_y}{\partial x} - \frac{\partial v_x}{\partial y} \right). \tag{11.30}$$

Das ist jedoch definitionsgemäß gerade die z-Komponente des als „Rotation des Vektorfeldes $\boldsymbol{v}$" bezeichneten Ausdrucks, auch „Wirbelvektor" oder „Vortizität" genannt (mathematisch: rot $\boldsymbol{v}$ oder $\nabla \times \boldsymbol{v}$). Allgemein gilt also:

$$\nabla \times \boldsymbol{v} = 2\boldsymbol{\omega} = \left(\frac{\partial v_z}{\partial y} - \frac{\partial v_y}{\partial z} \right) \boldsymbol{e}_x + \left(\frac{\partial v_x}{\partial z} - \frac{\partial v_z}{\partial x} \right) \boldsymbol{e}_y + \left(\frac{\partial v_y}{\partial x} - \frac{\partial v_x}{\partial y} \right) \boldsymbol{e}_z, \tag{11.31}$$

wobei mit dieser Definition ein Maß für die mittlere Winkelgeschwindigkeit eines Flüssigkeitsteilchens gegeben ist.

Zu einer anderen Herleitung des Ausdrucks für die Rotation kommt man mit der Definition des Begriffs der *Zirkulation* längs einer beliebig geschlossenen Kurve. Die Zirkulation Γ ist dabei die Summe aller Längenelemente ds jeweils multipliziert mit der Komponente v_s der Bahngeschwindigkeit in Richtung ds, also integriert über die geschlossene Kurve C:

$$\Gamma = \oint_C v_s \, ds.$$

Betrachtet man nun ein Flüssigkeitselement der Fläche $\mathrm{d}A = \mathrm{d}x\,\mathrm{d}y$, wie in Abb. 11.41 dargestellt, so gilt offensichtlich

$$\mathrm{d}\Gamma = v_x \mathrm{d}x + \left(v_y + \frac{\partial v_y}{\partial x}\mathrm{d}x \right)\mathrm{d}y - \left(v_x + \frac{\partial v_x}{\partial y}\mathrm{d}y \right)\mathrm{d}x - v_y \mathrm{d}y$$

oder

$$\mathrm{d}\Gamma = \left(\frac{\partial v_y}{\partial x} - \frac{\partial v_x}{\partial y} \right)\mathrm{d}x\,\mathrm{d}y = (\nabla \times \boldsymbol{v})_z \mathrm{d}x\,\mathrm{d}y,$$

so dass sich schließlich

$$\frac{\mathrm{d}\Gamma}{\mathrm{d}A} = \left(\frac{\partial v_y}{\partial x} - \frac{\partial v_x}{\partial y} \right) = (\nabla \times \boldsymbol{v})_z \tag{11.32}$$

ergibt. Damit kann man den Begriff der Zirkulation noch weiter umformen, unter Verwendung des Integralsatzes von Stokes:

$$\Gamma = \oint_C \boldsymbol{v} \cdot \mathrm{d}\boldsymbol{s} = \int_A (\nabla \times \boldsymbol{v}) \cdot \mathrm{d}\boldsymbol{A}. \tag{11.33}$$

Im Allgemeinen werden sich die Flüssigkeitsteilchen auf gekrümmten Bahnen bewegen. Ein von null verschiedener Ausdruck für den Wirbelvektor ($\nabla \times \boldsymbol{v} \neq 0$) bedeutet also, dass es sich um eine Strömung mit Rotation handelt.

Ganz offensichtlich ist die Bedingung $\nabla \times \boldsymbol{v} = 0$ nicht nur erfüllt, wenn es sich um eine, ein Quellenfeld darstellende Parallelströmung handelt, in der in jedem Punkt alle Komponenten der Winkelgeschwindigkeit null sind, d. h. also in Gl. (11.30) alle Komponenten gleich null sind, sondern auch, wenn $\partial v_y / \partial x = \partial v_x / \partial y$ gilt. In einem beliebigen Flüssigkeitsteilchen führen zu irgendeinem Zeitpunkt zwei markierte „Stäbchen" eine Drehbewegung aus, aber so, dass die mittlere Winkelgeschwindigkeit für dieses Teilchen gerade null bleibt. Es handelt sich also nicht um eine Rotationsbewegung. Dieser Fall liegt bei dem folgenden Strömungsfeld vor: Alle Flüssigkeitsteilchen bewegen sich auf kreisförmigen Bahnen mit einer Geschwindigkeitsverteilung, für die $vr = \mathrm{const}$ gilt. Sie werden dabei in der in Abb. 11.42a skizzierten Form deformiert, wobei sich die Bestätigung für diese Aussage aus Abb. 11.42b gewinnen lässt. Sie zeigt die nach der Zeit Δt und der Verschiebung $\Delta \varphi \cdot r$ des Flüssigkeitsteilchens eingetretene Drehung (Winkel $\Delta \varphi$, $\Delta \varphi'$) zweier markierter „Stäbchen". Berücksichtigt man nun, dass bei einer kreisförmigen Bewegung v_y nur von x, und zwar linear abhängt, so kann man daraus für die vertikale Verschiebung des Punktes B' in Bezug auf M' ablesen:

$$\overline{FB'} = \frac{\partial v_y}{\partial x}\Delta x \Delta t.$$

Für kleine Werte $\Delta \varphi$ folgt daraus

$$\frac{\overline{FB'}}{\Delta x} = \frac{\partial v_y}{\partial x}\Delta t = \tan(\Delta \varphi') = \Delta \varphi',$$

also für $\lim \Delta t \to 0$

$$\frac{\partial v_y}{\partial x} = \frac{\partial \varphi'}{\partial t}.$$

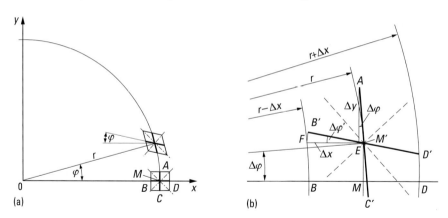

Abb. 11.42   Bewegung eines beliebigen markierten Flüssigkeitsteilchens in einem drehungsfreien Wirbelfeld, (a) Schema der Verformung, (b) Nachweis der Wirbelfreiheit ($\nabla \times \boldsymbol{v} = 0$) des Teilchens, wenn die Drehung der markierten „Stäbchen" innerhalb des Teilchens um entgegengesetzt gleiche Winkel ($\Delta\varphi = \Delta\varphi'$) erfolgt

Für die horizontale Verschiebung von A in Bezug auf M' ergibt sich entsprechend

$$\overline{EM'} = -\frac{\partial v_{\mathrm{x}}}{\partial y}\Delta y\Delta t, \quad \text{also} \quad -\frac{\partial v_{\mathrm{x}}}{\partial y} = \frac{\partial\varphi}{\partial t}.$$

Setzt man nun $\partial\varphi/\partial t = -\partial\varphi'/\partial t$, so ist tatsächlich die Bedingung $(\nabla \times \boldsymbol{v})_{\mathrm{z}} = 0$ erfüllt, d. h., wenn sich die „Stäbchen" bei der Verformung des Flüssigkeitsteilchens um entgegengesetzt gleiche Winkel drehen, handelt es sich um keine Wirbelbewegung. Obwohl sich die Flüssigkeitsteilchen auf geschlossenen Umlaufbahnen bewegen, ist es eine echte Potentialströmung. Man nennt diese Strömung auch ein *drehungsfreies Wirbelfeld* oder einen *Potentialwirbel*.

Dass sich die in Abb. 11.40 bzw. Abb. 11.42 skizzierten Strömungen tatsächlich unterscheiden, ist sofort anschaulich verständlich, wenn man die in den Abbildungen zu den „Flüssigkeitskreuzen" eingezeichneten Winkelhalbierenden betrachtet. Während diese in Abb. 11.40 ebenfalls rotieren, behalten sie in Abb. 11.42 ihre Orientierung im Raum bei, führen also keine Drehbewegung aus. Es zeigt sich allerdings, dass z. B. schon bei der vorher erwähnten Laminarströmung diese Winkelhalbierenden ihre Lage zueinander verändern, so dass die eben gemachte Zuordnung nicht allgemein möglich ist. Es muss deshalb betont werden, dass Gl. (11.32) allgemein nicht den Zustand eines Teilchens längs seiner Bahn, sondern nur den Strömungszustand in einem speziellen Raumpunkt beschreibt. Gerade hierin liegt auch die Leistung Eulers, dass er – entgegen den Vorstellungen der Newton'schen Mechanik eines diskreten Teilchens – jede Zuordnung zu einem bestimmten Teilchen aufgab und statt dessen den Begriff des *Strömungsfeldes* einführte.

Wie man aus der Gleichung des Potentialwirbels $vr = $ const sieht, nimmt die Geschwindigkeit zum Drehungszentrum hin zu. Im Mittelpunkt müsste sie unendlich groß sein, was wegen der Reibung nicht möglich ist. Man hat hier einen singulären Punkt der Strömung, in dem eine echte Wirbelbewegung herrscht. Man spricht von einem *Wirbelfaden* oder im idealisierten Grenzfall von einer *Wirbellinie*. Eine drehungsfreie (rotationsfreie) Wirbelströmung umschließt deshalb immer eine Rotationsbewegung, den sogenannten Wirbelkern. Ein bekanntes Beispiel dafür ist der Hohlwirbel über der Abflussöffnung einer Badewanne.

Für den Fall der speziellen Zirkulationsströmung (kreisförmige Stromlinien, $v = \text{const}/r$, $ds = r\,d\varphi$), ergibt sich für die Größe der Zirkulation längs einer Stromlinie:

$$\Gamma = \int_0^{2\pi} v \cdot r\,d\varphi = 2\pi \cdot \text{const}. \tag{11.34}$$

W. Kelvin (1824 – 1907) hat den wichtigen Satz bewiesen, dass die Größe der Zirkulation längst einer beliebigen „flüssigen" Linie (d. h. einer Linie, die stets aus denselben Flüssigkeitsteilchen besteht und im Strom mitschwimmt) konstant ist. Diese Konstante kann nur dann von null verschieden sein, wenn die Kurve C einen Wirbelkern umschließt, z. B. wie oben eine geschlossene Stromlinie ist.

Da an der Grenze ($r = R$) des Wirbels und der Zirkulationsströmung beide Geschwindigkeiten ωR und const/R gleich groß sind, ist $\text{const} = \omega R^2$. Für Γ erhält man also im obigen Fall:

$$\Gamma = 2\pi R^2 \omega.$$

$R^2 \pi \omega$ ist gleich dem Produkt aus der Querschnittsfläche des Wirbels und seiner Rotationsgeschwindigkeit; es wird als *Wirbelintensität I* bezeichnet. Einer der oben erwähnten Helmholtz'schen Sätze lehrt nun gerade, dass für einen bestimmten Wirbel die Wirbelintensität I eine konstante Größe ist. Daher ist die Größe der Zirkulation um einen Wirbel,

$$\Gamma = 2I, \tag{11.35}$$

für diesen charakteristisch.

Wo geschlossene Stromlinien vorliegen, haben wir es nicht mehr mit einem *Quellenfeld* zu tun, sondern mit einem *Wirbelfeld*. Man macht sich leicht klar, dass eine Strömung überhaupt nur durch Quellen oder Wirbel verursacht sein kann. Sind weder Quellen noch Wirbel vorhanden, kann keine Strömung existieren.

Wirbelbewegungen. Nun sollen die Gesetze der Wirbelbewegungen behandelt werden. Sie wurden von Helmholtz aufgestellt. Einige Kenntnisse darüber sind notwendig, bevor man untersuchen will, wie sich eine wirkliche Flüssigkeit beim Umströmen von solchen Körpern verhält, die keine Stromlinienform haben (Kugel, Zylinder, Platte). Diese Frage musste ja bis jetzt offengelassen werden.

Zunächst einige Versuche über derartige rotierende Flüssigkeits- oder Gasbewegungen, die man *Wirbel* nennt. Wenn man eine Platte im Wasser bewegt, entstehen hinter der Platte zwei entgegengesetzt rotierende Flüssigkeitswirbel, die man durch schwebende Kunststoffteilchen oder durch schwimmendes Korkpulver sichtbar machen kann (Abb. 11.33a, S. 425).

Bringt man auf den Boden eines Becherglases etwas gefärbtes und darüber klares Wasser und erwärmt die Flüssigkeit in der Mitte durch eine unter das Gefäß gestellte kleine Flamme, so beobachtet man, dass die farbige Flüssigkeit in der Mitte des Gefäßes infolge der Erwärmung hochsteigt, sich oben ausbreitet und an den Seiten wieder herabsinkt, so dass sich in dem Gefäß eine kreisende Strömung einstellt (Abb. 11.43). – Werden leichte Teilchen (z. B. Teeblätter oder Zuckerkriställchen) in ein Glas Tee oder Wasser geworfen,

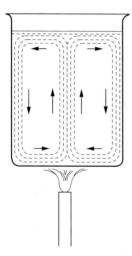

Abb. 11.43   Wirbelbildung bei Erwärmung von Wasser in einem Gefäß (schematisch)

sammeln sich diese, wenn mit einem Löffel umgerührt wird, im Zentrum der Bodenfläche an. Die Achse der kreisförmigen Flüssigkeitsbewegung steht senkrecht in der Mitte. Beim Umrühren fliegen die Flüssigkeitsteilchen mit den Teeblättern wegen der Zentrifugalkraft nach außen. Nimmt man den Löffel heraus, setzt sich die kreisförmige Bewegung aufgrund der Trägheit noch fort. Aber sie ist infolge der Reibung am Boden kleiner als an der Oberfläche. Die Folge ist eine Bewegung der Flüssigkeit an der Oberfläche radial nach außen, an der Wand abwärts und auf dem Boden radial nach innen, also ebenso, wie in Abb. 11.43 gezeichnet ist. Die Teeblätter und Zuckerkristalle sammeln sich im Zentrum auf dem Boden an, was dem Teetrinker verwunderlich erscheint, weil er erwartet, dass die schwereren Teilchen bei der Rotation nach außen fliegen sollten.

Geschickte Raucher verstehen es, den Tabakrauch stoßweise so aus dem Mund zu blasen, dass sich „Rauchringe" ergeben, die sich als Ganzes langsam durch den Raum bewegen und einen sogenannten *Wirbelring* darstellen. Man kann solche Wirbelringe auch mit einer Trommel erzeugen, bei der das eine Trommelfell durch eine feste Platte mit einem Loch in der Mitte ersetzt ist. Schlägt man mit dem Klöppel kräftig auf das andere Trommelfell, tritt aus dem Loch ein Wirbelring aus. Man kann damit leicht eine Kerze in 10 m Entfernung ausblasen (Abb. 11.44). – Auch in Flüssigkeiten kann man solche Wirbelringe erzeugen,

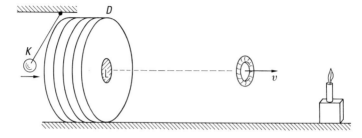

Abb. 11.44   Wirbelring-Generator. Mit der Fallhöhe der Kugel lässt sich der Impuls des Wirbelrings reproduzierbar verändern.

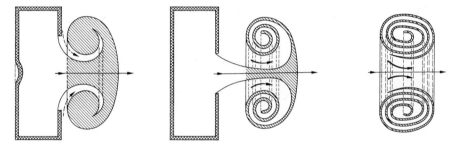

Abb. 11.45   Entstehung eines Wirbelrings

indem man z. B. in Wasser aus einem Rohr stoßartig etwas Farbflüssigkeit austreten lässt. Abb. 11.45 zeigt im Querschnitt wie die aus der Rohröffnung austretende Farbflüssigkeit zuerst Pilzgestalt annimmt und sich dann durch Einrollen ihrer Ränder allmählich in einen Wirbelring verwandelt. Wir betrachten diesen in Abb. 11.46 schematisch gezeichneten Wirbelring etwas näher. Die den Wirbelkern bildende Flüssigkeits- oder Gasmenge rotiert um eine innere Kreislinie, die sogenannte Wirbelachse. Die Flüssigkeitsteilchen des Wirbelkerns besitzen also die gleiche Winkelgeschwindigkeit. Infolgedessen ist die Bahngeschwindigkeit der äußeren Teilchen größer als die der inneren; sie nimmt proportional mit dem Radius des Wirbelkörpers zu. Die den Wirbelkern bildenden Teilchen vermischen sich nicht mit der sie umgebenden Flüssigkeit; sie versetzen aber (infolge der in jeder Flüssigkeit und in jedem Gas vorhandenen inneren Reibung) die ihn umgebende Flüssigkeit in eine strömende Bewegung. Es ist die schon erwähnte Zirkulationsströmung um den Wirbelkern. Diese Zirkulationsbewegung unterscheidet sich, wie noch einmal betont sei, wesentlich von der Wirbelbewegung, da die Geschwindigkeit der zirkulierenden Teilchen umso kleiner wird, je weiter diese Teilchen von der Wirbelachse entfernt sind. In Abb. 11.47 ist die Geschwindigkeitsverteilung in einem Wirbelkern und der ihn umgebenden Zirkulation graphisch wiedergegeben: Im Inneren des Wirbelkerns steigt sie an, im Außenraum sinkt sie allmählich auf null ab.

Wir haben einen kreisförmigen Wirbel, einen Wirbelring, wie er sich experimentell am leichtesten erzeugen lässt, betrachtet. Die Gestalt eines Wirbels kann jedoch auch gerad-

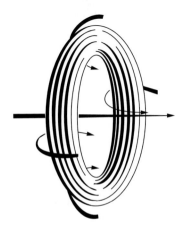

Abb. 11.46   Wirbelring

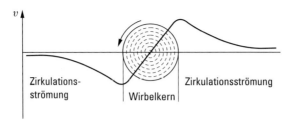

Abb. 11.47   Verteilung der Geschwindigkeit v innerhalb und außerhalb eines Wirbelkerns

linig sein. Geradlinige Wirbel erhält man z. B. hinter einem Stab beim Hindurchführen durch eine Flüssigkeit. Wenn wir die Querschnittsfläche dieses Wirbels mit A und die Winkelgeschwindigkeit der um die Wirbelachse rotierenden Teilchen mit ω bezeichnen, wird das Produkt $A \cdot \omega = I$ nach Helmholtz als *Wirbelintensität* (s. S. 441) bezeichnet. Ist ω nicht konstant über die ganze Querschnittsfläche, so tritt anstelle von $A \cdot \omega$ der Ausdruck $\int \omega \, dA = I$, wenn dA ein Flächenelement bedeutet.

Die Wirbelintensität I stellt nach einem *Helmholtz'schen Satz* eine unveränderliche und unzerstörbare Eigenschaft des Wirbels dar. Verändert sich die Querschnittsfläche, so ändert sich entsprechend die Wirbelgeschwindigkeit. Wenn z. B. der Durchmesser eines Wirbelrings größer wird, wird seine Querschnittsfläche kleiner und infolgedessen wirbelt der Ring schneller, was man bei Rauchringen leicht beobachten kann. Ein zweiter wichtiger Satz von Helmholtz besagt, dass ein Wirbel niemals innerhalb der Flüssigkeit enden kann. Die Wirbel können entweder nur an den Flüssigkeitsoberflächen enden – das ist z. B. bei den in Abb. 11.33 (S. 425) dargestellten Versuchen der Fall – oder sie müssen, wie im Fall der Wirbelringe, in sich geschlossen sein. Eine weitere wichtige Feststellung ist die Tatsache, dass in einen Wirbelfaden keine Flüssigkeit eindringen oder aus ihm heraustreten kann. Auch in einem bewegten Wirbelfaden befinden sich deshalb immer dieselben Flüssigkeitsteilchen.

Ein einzelner geradliniger Wirbelfaden nimmt von selbst niemals eine fortschreitende Bewegung in einer ruhenden Flüssigkeit an, sondern bleibt stets an demselben Ort. Dies folgt schon aus Symmetriegründen. Zwei oder mehrere parallele Wirbelfäden beeinflussen sich aber gegenseitig durch die sie umströmende Zirkulation. Jeder von ihnen wird durch die von den anderen herrührende Zirkulation fortbewegt. Infolgedessen drehen sich zwei gleich starke parallele Wirbelfäden (d. h. mit gleicher Wirbelintensität I) um eine zu ihrer Wirbelachse parallele Gerade, und zwar liegt diese in der Mitte zwischen den beiden Wirbelfäden, wenn die Wirbel im gleichen Sinn rotieren. Bei entgegengesetztem Drehsinn liegt dagegen die Achse im Unendlichen auf der durch die beiden Wirbelfäden hindurchgehenden Ebene, so dass sich hier die beiden Wirbelfäden senkrecht zu ihrer Verbindungsebene geradlinig fortbewegen (Abb. 11.48).

Im Gegensatz zu einem geradlinigen Wirbel kann ein Wirbelring nie in Ruhe sein. Wenn man durch seine Achse einen ebenen Schnitt legt, erhält man qualitativ das gleiche Strömungsbild wie in einer Ebene senkrecht zur Achse zweier gleich starker entgegengesetzt rotierender geradliniger Wirbel. Der Wirbelring bewegt sich aus dem gleichem Grund wie jenes geradlinige Wirbelsystem vorwärts.

Auf die gleiche Weise erklärt sich auch die gegenseitige Beeinflussung zweier Wirbelringe. Nehmen wir zunächst den Fall, dass sie in demselben Sinn von A nach B fortschreiten, wie Abb. 11.49a zeigt, in der von beiden Wirbelringen nur die Hälfte der Über-

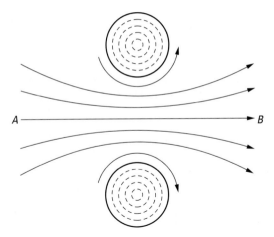

Abb. 11.48   Senkrechter Schnitt durch zwei entgegengesetzt rotierende Wirbelfäden, die sich in der Richtung *AB* bewegen

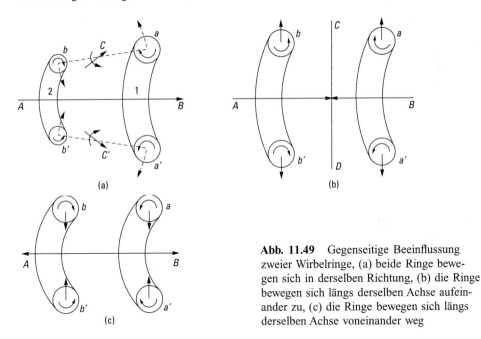

(a)

(b)

(c)

Abb. 11.49   Gegenseitige Beeinflussung zweier Wirbelringe, (a) beide Ringe bewegen sich in derselben Richtung, (b) die Ringe bewegen sich längs derselben Achse aufeinander zu, (c) die Ringe bewegen sich längs derselben Achse voneinander weg

sichtlichkeit halber gezeichnet ist. Es wirken nach dem vorher Gesagten der Teil *a* des Wirbelrings 1 auf den Teil *b* von Wirbelring 2, so dass eine allgemeine Drehung dieser Teile um die zwischen ihnen liegende Achse *C* in der eingezeichneten Richtung erfolgt. Dasselbe gilt für die beiden Teile *a'* und *b'*, die sich um die Achse *C'* im entgegengesetzten Sinn drehen. Das Gleiche gilt für alle anderen entsprechend liegenden Teile beider Ringe. Die Folge davon ist, dass sich der Ring 1 erweitert, seine Rotationsgeschwindigkeit wird größer, aber seine fortschreitende Geschwindigkeit in Richtung *AB* wird kleiner. Für den Ring 2 gilt das Umgekehrte, sein Durchmesser wird kleiner, seine Rotationsgeschwindigkeit nimmt ab und seine fortschreitende Geschwindigkeit zu, so dass er schließlich den Ring 1 einholt und durch ihn hindurchschlüpft. Dann wiederholt sich das Spiel von neuem. Der nun vordere kleinere Ring wird durch den Einfluss des hinter ihm herkommenden unter gleichzeitiger Verlangsamung seiner Translationsgeschwindigkeit erweitert, während der hintere unter gleichzeitiger Beschleunigung seiner Vorwärtsbewegung kleiner wird, um schließlich den vor ihm laufenden einzuholen und durch ihn durchzuschlüpfen. Versuche mit Rauchringen bestätigen diese Folgerungen.

Betrachten wir nun den Fall, dass zwei gleiche Wirbelringe auf derselben Achse sich aufeinander zubewegen (Abb. 11.49b). Dann ergeben die gleichen Überlegungen, dass sich z. B. die Teile a und b sowie a' und b' parallel zueinander in Richtung der Linie CD von der gemeinsamen Achse AB fortbewegen. Die beiden Ringe erweitern sich also immer mehr, und ihre aufeinander zugerichtete Bewegung wird immer langsamer, so dass sie sich niemals berühren können. Die beiden Wirbelringe nähern sich also von beiden Seiten einer zwischen ihnen befindlichen gedachten Ebene, ohne sie jemals zu erreichen. Man kann diese Ebene daher beim Versuch durch eine feste Wand ersetzen: Ein gegen diese anlaufender Wirbelring verhält sich genau so wie oben beschrieben.

Nehmen wir schließlich den letzten Fall, dass zwei gleiche Wirbelringe sich auf derselben Achse voneinander weg bewegen (Abb. 11.49c), so erhalten wir das theoretische Resultat, dass beide Ringe immer kleiner werden und sich mit zunehmender Geschwindigkeit voneinander entfernen. Infolge der Rotation besitzt ein Wirbelring eine verhältnismäßig große Steifigkeit und Energie. Trifft ein Wirbelring auf ein Hindernis, kann er dieses umwerfen, eine Kerzenflamme wird, wie schon erwähnt, von einem Luftring, der wenige Zentimeter im Durchmesser beträgt, ausgeblasen (Abb. 11.44, S. 442). Im Wasser auftretende Wirbelringe wirken auf Schwimmer wie ein festes Hindernis.

Wirbelentstehung. Damit eine Wirbelbewegung durch nicht drehende Kräfte überhaupt entstehen kann, muss die betreffende Flüssigkeit innere Reibung besitzen bzw. müssen Reibungskräfte zwischen Flüssigkeit und festen Körpern vorhanden sein. Bei den bisherigen Darlegungen wurde von der Reibung abgesehen. Der Satz von der Konstanz der Wirbelintensität gilt, wie alle Helmholtz'schen Wirbelsätze, auch nur für die ideale, reibungslose Flüssigkeit. Ein in einer solchen Flüssigkeit vorhandener Wirbel ist unzerstörbar, kann aber auch nicht erzeugt werden. Die Vorgänge bei den wirklichen in der Natur vorkommenden Wirbeln sind wesentlich komplizierter.

Was die Entstehung von Wirbeln angeht, so steht fest, dass sie sich stets hinter festen Körpern bilden, infolge der Reibungsvorgänge in der Grenzschicht. Darauf beruht jedenfalls die Entstehung der Wirbelringe beim Ausströmen einer Flüssigkeit oder eines Gases aus einer Rohröffnung. Wie Abb. 11.50 andeutet, kommt es am Rand des Rohres – infolge der Verzögerung der anliegenden Flüssigkeitspartien durch die Reibung – zu einer Aufrollung der Randpartien der ausströmenden Flüssigkeit und damit zur Bildung eines Wirbelrings. Auf die gleiche Weise bilden sich Wirbel beim Umströmen einer Schneide, wie die Aufnahme in Abb. 11.51 zeigt.

Eine zweite Möglichkeit der Wirbelentstehung ist die folgende: Lässt man zwei Flüssigkeitsströme mit verschiedener Geschwindigkeit aneinander vorbei oder eine bewegte Flüssigkeit über eine ruhende hinwegströmen, so bildet sich eine sogenannte *Unstetigkeitsfläche*, in der die tangentialen Komponenten der Geschwindigkeit einen Sprung machen. Wie Helmholtz zuerst erkannt hat, ist dies bei einer reibungslosen Flüssigkeit durchaus möglich. Diese „unstetige Potentialströmung" ist aber nichts anderes als ein Sys-

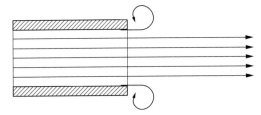

Abb. 11.50   Wirbelbildung beim Ausströmen einer Flüssigkeit oder eines Gases aus einem Rohr

Abb. 11.51   Wirbelbildung beim Umströmen einer Schneide

tem flächenhaft angeordneter Wirbel, wie man aus Abb. 11.52 erkennt. Denkt man sich die Querschnittsflächen der dort gezeichneten Wirbel immer kleiner werdend, die Wirbel selbst immer zahlreicher und enger aneinander, so bildet sich auf der Oberseite eine (in der Figur) von rechts nach links, auf der Unterseite eine von links nach rechts gerichtete Geschwindigkeit aus, die in der Trennfläche direkt aneinandergrenzen. Das ist aber eben eine unstetige Potentialströmung.

Solche Unstetigkeitsflächen sind nun, wie Helmholtz bemerkt hat, äußerst instabil, d. h., kleine zufällige Störungen wachsen mit der Zeit an und verändern die ganze Unstetigkeitsfläche radikal. Dies erkennt man aus Abb. 11.53a. Darin bedeutet die stark ausgezogene Linie eine Unstetigkeitsfläche, die durch irgendeinen Zufall eine Ausbuchtung erfahren hat. Darüber und darunter sind schwach ausgezogen die Stromlinien gezeichnet. Wir betrachten zuerst die Stromlinien oberhalb der Trennfläche: Sie drängen sich über dem konvexen Teil zusammen und treten über den konkaven Partien auseinander. Analoges gilt für die unterhalb befindlichen Stromlinien. Das heißt aber, dass die Geschwindigkeiten an der gleichen Stelle oberhalb und unterhalb der Trennfläche verschieden sind, und dies bedeutet nach der Bernoulli'schen Gleichung Druckverschiedenheiten. Die Kräfte sind durch Pfeile im Teilbild (a) angedeutet. Man erkennt nun, dass die Druckdifferenzen so geartet sind, dass sie die zufällige Ausbauchung zu verstärken bestrebt sind, d. h., die ur-

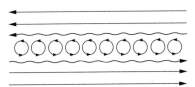

Abb. 11.52   Entstehung einer Wirbelschicht an einer Unstetigkeitsfläche

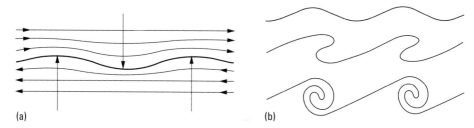

(a)   (b)

Abb. 11.53   (a) Labilität einer Unstetigkeitsfläche, (b) allmähliche Wirbelbildung

sprünglich ebene Unstetigkeitsfläche wird immer stärker verbogen: Sie ist instabil. Was weiter mit der Fläche geschieht, ist im Teilbild (b) angedeutet, die drei aufeinanderfolgende Stadien zeigt; im letzten Stadium hat die Fläche sich in einzelne Wirbel aufgelöst. Man erkennt, dass sich auch aus einer Unstetigkeitsfläche einzelne Wirbel bilden können, was gerade für die Tragflügel eines Flugzeugs eine Rolle spielt.

Auf der leichten Beweglichkeit und Deformierbarkeit einer Unstetigkeitsfläche beruht z. B. das Flattern der Fahnen; man kann in Abb. 11.53a die stark ausgezogene Kurve als das Fahnentuch betrachten. Ebenso entstehen die Wasserwellen, wenn Wind horizontal über eine Wasseroberfläche hinwegbläst. (Weiteres Beispiel: Zyklonenbildung.)

Schließlich sollen zwei fotografische Aufnahmen einen Einblick in die Experimentiertechnik beim Studium von Wirbeln geben. Das Prinzip der Anordnung zeigt bereits Abb. 11.50. Aus einem horizontalen Rohr, das in einen Wassertrog hineinragt, wird mit einem Stempel genau dosiert und ruckweise Wasser ausgestoßen. In Abb. 11.54 war das Rohr am Ende nur oben und unten mit je einem Farbstift versehen. Dadurch erhält man Bilder, die einen vertikalen Schnitt durch die Wirbelringe zeigen. Gibt man dem Stempel nacheinander zwei Impulse, von denen der zweite der größere ist, dann kann man das Hindurchschlüpfen des zweiten Wirbelrings durch den ersten sehr schön beobachten und

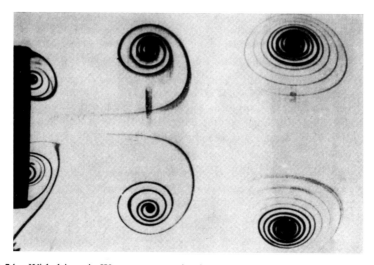

Abb. 11.54   Wirbelringe in Wasser, erzeugt durch Ausstoß von Wasser aus einem Rohr, sichtbar gemacht durch Farbstoff, der sich nur oben und unten am Rohrende befindet

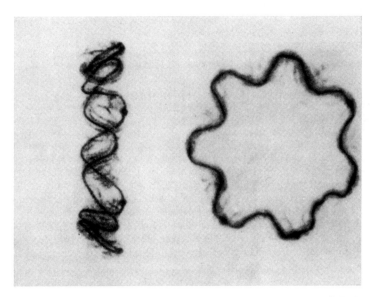

Abb. 11.55   Wirbelringe in Wasser nach einigen Sekunden Lebensdauer. Der linke ist von der Seite fotografiert und bewegt sich nach rechts, der rechte bewegt sich auf den Fotoapparat zu. Zu Beginn sind alle Wirbelringe kreisrund und verändern dann ihre Struktur.

studieren. In Abb. 11.55 war das Rohrende auf dem ganzen Umfang mit einem schmalen Ring von Farbstoff versehen. Der linke Teil des Bildes zeigt einen Wirbelring von der Seite, der rechte Teil einen Wirbelring, auf den Fotoapparat zukommend. Die beiden Wirbelringe hatten zur Zeit der Aufnahme eine längere Wegstrecke zurückgelegt. Obgleich alle Wirbelringe kurz nach dem Entstehen kreisrund sind, zeigen sie alle nach längerer Laufzeit das gleiche Bild, wie es Abb. 11.55 zeigt.

Umströmung fester Körper durch reale Flüssigkeiten. Nun lässt sich die Strömung realer Flüssigkeiten um feste Hindernisse erörtern, z. B. um einen Zylinder, an den die weiteren Betrachtungen anknüpfen. Im ersten Augenblick entsteht das bereits ausführlich geschilderte Stromlinienbild der Abb. 11.20 (S. 415): reine Potentialströmung. Aber dies bleibt nicht so, wie schon mehrfach betont, weil sich die Reibung in der Grenzschicht bemerkbar macht und das Stromlinienbild in der Folge total umgestaltet.

Wenn bei der Potentialströmung der Abb. 11.20 ein Teilchen den Punkt P erreicht hat, kommt es zur Ruhe: Dort ist Maximaldruck, in C und D Minimaldruck, da dort maximale Geschwindigkeit herrscht. In P' ist wieder Maximaldruck und die Geschwindigkeit gleich null. Betrachten wir die Oberseite PCP' des Zylinders (für die Unterseite gilt das Gleiche): Ein in P zur Ruhe gekommenes Flüssigkeitsteilchen unterliegt dem von P nach C wirkenden Druckgefälle, das die beschleunigende Kraft für dieses Teilchen bewirkt. Es bewegt sich also von P nach C in Richtung dieser Kraft und gewinnt schließlich in C seinen Maximalbetrag an kinetischer Energie. Durch diese wird es befähigt, sich von C nach P' entgegen der wirkenden Kraft zu bewegen, denn hier wirkt das Druckgefälle in der Richtung von P' nach C. Aber die aufgespeicherte kinetische Energie ist gerade so groß, dass das Teilchen bis zum Punkt P' strömen kann, in dem seine Geschwindigkeit völlig aufgezehrt ist. Das Flüssigkeitsteilchen verhält sich energetisch genau wie eine

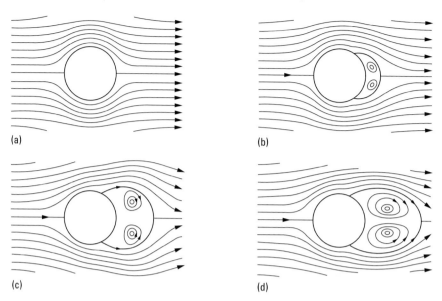

Abb. 11.56   Allmähliche Ausbildung und Ablösung eines Wirbelpaares hinter einem Zylinder

Pendelkugel. Wird sie gehoben und ohne Anfangsgeschwindigkeit losgelassen, gewinnt sie kinetische Energie, deren Maximum sie im tiefsten Punkt ihrer Bahn erreicht, wobei sie sich in Richtung der Schwerkraft (bzw. einer ihrer Komponenten) bewegt. Die erlangte Geschwindigkeit reicht – *bei fehlender Reibung*! – gerade aus, um die Pendelkugel gegen die Schwerkraft wieder bis zur alten Höhe zu heben.

Aber weder das Pendel erreicht seine alte Höhe, noch das Flüssigkeitsteilchen den hinteren Staupunkt P', wenn Reibung vorhanden ist. Vielmehr kommt das Teilchen zwischen C und P', also vor P' zur Ruhe und unterliegt dann auf der Innenseite der von P' nach C wirkenden Kraft und außen der von der äußeren Strömung ausgeübten (schwachen) Reibungskraft, die in umgekehrter Richtung wirkt. Das zur Ruhe gekommene Flüssigkeitsteilchen wird also zur Umkehr gezwungen. Mit anderen Worten: Es bildet sich – auf der Unterseite entsprechend – auf der Rückseite des Zylinders (auch der Kugel oder Platte) ein *Wirbelpaar* von gleichem, aber entgegengesetztem Rotationssinn, das die Strömung auf der Rückseite völlig anders gestaltet, als auf der Vorderseite. Abb. 11.56 zeigt die allmähliche Ausbildung und Ablösung des Wirbelpaares hinter einem Zylinder bei größerer Strömungsgeschwindigkeit.

Man beachte, dass für eine den Zylinder und das Wirbelpaar gleichzeitig umschließende Kurve die Zirkulation nach wie vor null ist: Vor der Wirbelablösung ist das selbstverständlich, da ja eine Potentialströmung ohne Zirkulation vorlag, nach der Ablösung kompensieren sich die Einzelzirkulationen der beiden Wirbel gerade: Der Kelvin'sche Satz von der Erhaltung der Zirkulation längs einer flüssigen Linie (s. S. 441) ist also in der Tat erfüllt.

Während die Flüssigkeit an dem Zylinder vorbeiströmt, nimmt sie auf der Hinterseite das Wirbelpaar mit, das sich immer weiter von seinem Entstehungsort entfernt. Dann lösen sich wieder neue Wirbelpaare vom Zylinder ab, und so setzt sich der Vorgang fort. Es werden also durch die Strömung dauernd neue Wirbel gebildet. Darauf beruht es, dass der Zylinder (Kugel, Platte) jetzt einen *Druckwiderstand* spürt. Man sieht das am bes-

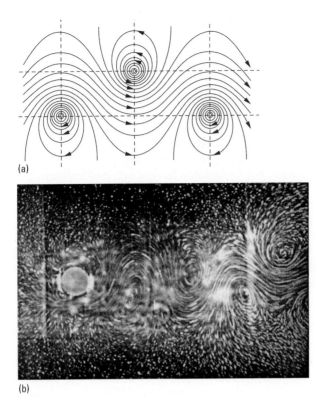

(a)

(b)

Abb. 11.57 Wirbelstraße hinter einem umströmten Zylinder (nach Prandtl-Tietjens), (a) theoretisch, (b) experimentell

ten ein, wenn man umgekehrt den Zylinder sich mit konstanter Geschwindigkeit durch eine ruhende Flüssigkeit hindurch bewegen lässt. Da stets neue Wirbel hinter dem Hindernis entstehen, die Energie besitzen, muss diese Energie auf Kosten der kinetischen Energie des Zylinders geliefert werden, d. h. dessen Geschwindigkeit abnehmen, falls sie nicht durch eine auf den Zylinder wirkende Kraft konstant gehalten wird. Dass aber eine Kraft notwendig ist, um die Geschwindigkeit konstant zu halten, heißt eben, dass ein Strömungswiderstand existiert.

Theoretisch hat sich der Fall des Strömungswiderstandes einer (unendlich langen) Platte berechnen lassen, die senkrecht gegen die Flüssigkeit geführt wird (Th. von Kármán, 1881–1963). Dabei hat sich herausgestellt, dass die sich ablösenden Wirbel – das gilt auch für Zylinder und Kugel –, die in ihrer Gesamtheit eine *Wirbelstraße* bilden, sich im stationären Zustand nicht gleichzeitig oben und unten, sondern abwechselnd, einer oben, dann einer unten, dann wieder einer oben usw. ablösen. In der Wirbelstraße sind daher die Wirbel gegeneinander versetzt, wie in Abb. 11.57a das theoretische und in Abb. 11.57b das experimentell gewonnene Stromlinienbild zeigen. Nach den Rechnungen von v. Kármán ergibt sich für den Strömungswiderstand einer unendlich langen Platte (auf eine bestimmte Länge bezogen) der Ausdruck (A = Fläche auf diese Länge bezogen):

$$W_{Pl} = c_{W,Pl} \cdot \frac{\varrho}{2} v^2 \cdot A = 1.60 \cdot \frac{\varrho}{2} v^2 \cdot A, \tag{11.36}$$

d. h. ein konstanter Widerstandsbeiwert $c_{\mathrm{W,Pl}} = 1.60$, während experimentell 1.56 gefunden wurde. Für einen Zylinder ergab sich theoretisch:

$$W_{\mathrm{Zyl}} = c_{\mathrm{W,Zyl}} \cdot \frac{\varrho}{2} v^2 \cdot A = 0.92 \cdot \frac{\varrho}{2} v^2 \cdot A, \tag{11.37}$$

d. h. ein theoretischer Widerstandsbeiwert $c_{\mathrm{W,Zyl}} = 0.92$, während experimentell 0.90 gefunden wurde. In beiden Fällen sind also Theorie und Experiment in bester Übereinstimmung.

Man kann sich in verschiedener Weise experimentell davon überzeugen, dass die sich ablösenden Wirbel zeitlich gegeneinander versetzt sind. Hält man in eine Wasserströmung eine Latte, so vibriert diese um ihre Längsachse hin und her, im Rhythmus der sich links und rechts nacheinander ablösenden Wirbel. Führt man einen Stab rasch durch die Luft, so vernimmt man einen Ton (Hiebton), dessen Frequenz gleich der Anzahl pro Zeit der sich ablösenden Wirbel ist. In ruhiger See kann man hinter fahrenden Schiffen kilometerlange Wirbelstraßen beobachten.

Man kann also nach allem nicht zweifeln, dass man hier den Mechanismus des hydrodynamischen Druckwiderstandes richtig erkannt hat. Besonders beachtenswert ist es, dass der Strömungswiderstand im vollen Einklang mit der Erfahrung proportional zur zweiten Potenz der Geschwindigkeit ist, während bei der schleichenden Bewegung – Gl. (11.22) und (11.23) (S. 433) – der Reibungswiderstand proportional zur Geschwindigkeit selbst ist. Ferner ist der Druckwiderstand völlig unabhängig von der Viskosität η, während der Reibungswiderstand proportional zu η ist.

Es tritt zwar in den Gln. (11.28) (S. 435) scheinbar auch die zweite Potenz der Geschwindigkeit im Strömungswiderstand auf, aber nur scheinbar, denn der Widerstandsbeiwert ist proportional zu $1/Re = \eta/d\varrho v$, wodurch sich die zweite Potenz von v wieder gegen die erste kürzt! Auf gleiche Weise erklärt sich bei der schleichenden Bewegung die Proportionalität von W und η, hier dagegen die Unabhängigkeit von η. Hier haben wir wirklich Proportionalität zu v^2 und Unabhängigkeit von η, dafür ist aber der Widerstandsbeiwert auch konstant (unabhängig von Re).

Durch einen Kunstgriff kann man (Prandtl) die Wirbelablösung z. B. hinter einem Zylinder beseitigen. Man nimmt einen Hohlzylinder, in dessen Wandung man an den kritischen Stellen der Rückseite, an denen die Wirbelablösung stattfindet, Öffnungen bohrt und nun von innen her die außen strömende Flüssigkeit (die „Grenzschicht") absaugt: Dann unterbleibt die Ablösung der Wirbel – und der Druckwiderstand verschwindet! Abb. 11.58 stellt schematisch den Vorgang dar.

Man kann auch durch Rotation des Zylinders – z. B. im Uhrzeigersinn – die Wirbelablösung (und zwar beim gewählten Rotationssinn auf der Oberseite) verhindern. Auf der Unterseite wird dann allerdings die Wirbelbildung noch verstärkt, so dass man um

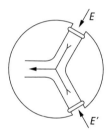

Abb. 11.58   Absaugen der Grenzschicht

Abb. 11.59   Strömung um einen im Uhrzeigersinn rotierenden Zylinder (nach Prandtl-Tietjens)

einen rotierenden Zylinder das Bild der Abb. 11.59 erhält. Damit ist nun aber die Symmetrie zwischen der unteren und oberen Hälfte zerstört, und nach der Bernoulli'schen Gleichung ergibt sich ein *Auftrieb*, senkrecht zur ursprünglichen Parallelströmung. Dies ist die Erklärung des Magnus-Effektes (s. Abschn. 11.3): Die Rotation des Zylinders erzeugt wegen der Reibung in der Grenzschicht eine Zirkulationsströmung. Um den auf der Unterseite abgelösten Wirbel erfolgt die Zirkulation im umgekehrten Sinn, so dass für eine Zylinder und Wirbel gleichzeitig umhüllende Kurve die Gesamtzirkulation gleich null ist, wie sie es auch vor dem Einsetzen der Rotation war. Der Kelvin'sche Satz über die Erhaltung der Zirkulation (S. 441) längs einer flüssigen Linie bleibt also auch hier erhalten.

Wenn die obige Erklärung der Wirbelablösung zutrifft, kann man fragen, wieso denn überhaupt „Stromlinienkörper" möglich sind. Denn auch bei diesen wirkt ja an der Hinterseite die Reibung in der Grenzschicht verzögernd, so dass man schließen sollte, dass die Flüssigkeitsteilchen vor dem hinteren Staupunkt zur Ruhe kommen, umkehren, und sich so ein Wirbel ablöst. Der Unterschied ist aber folgender: Bei Zylinder, Kugel, Platte und ähnlichen nicht stromlinienförmigen Körpern erfolgt der Druckanstieg auf einer sehr kurzen Strecke (in Abb. 11.20 zwischen C und P'), und die vom Druck herrührende Kraft ist daher groß. Anders beim Stromlinienkörper: Der gesamte Druckanstieg ist zwar ebenso groß, aber er verteilt sich auf eine längere Strecke. Die Kraft ist also im gleichen Verhältnis kleiner, wie der Weg länger ist. Nun wirkt auf die Flüssigkeitsteilchen auch die kleine Reibungskraft der außen vorbeiströmenden Flüssigkeit, und zwar im antreibenden Sinn. Diese kleine Reibungskraft ist bei Stromlinienkörpern imstande, die entgegengesetzte schwache Druckkraft zu kompensieren, nicht aber die starke, die hinter anders geformten Körpern vorhanden ist. Bei diesen erfolgt also Wirbelablösung, die bei Stromlinienkörpern vermieden werden kann.

11.8 Turbulenz

In Abschn. 11.6 wurde schon erwähnt, dass die Hagen-Poiseuille'sche Strömung durch Rohre sich nicht für alle Werte der Reynolds'schen Zahl einstellt, sondern oberhalb eines kritischen Wertes ($Re \approx 2300$) im Allgemeinen in eine andere Strömungsform umschlägt. Das Gleiche gilt – bei anderen kritischen Werten von Re – für alle Strömungsvorgänge (z. B. Umströmung von Kugel, Zylinder, Tragflügel).

Die Erscheinung ist schon über ein Jahrhundert lang bekannt durch die Untersuchungen von Hagen, der feststellte, dass in vielen – praktisch die Hauptrolle spielenden – Fällen das Poiseuille'sche Gesetz nicht gilt, z. B. für die Wasserströmung in unseren Wasserleitungen. Allerdings hat es dann lange gedauert, bis eine systematische Untersuchung einsetzte. Die Anregung dazu verdankt man Reynolds; dann ist vor allem Prandtl zu nennen. Bis heute werden solche Untersuchungen mit moderneren Messmethoden fortgesetzt.

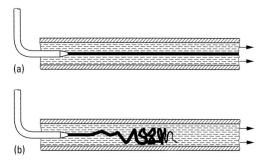

Abb. 11.60   Sichtbarmachung von laminarer (a) und turbulenter (b) Strömung

Reynolds konnte 1883 zeigen, dass bei dieser neuen Strömungsform die Stromlinien nicht mehr Geraden parallel zur Rohrachse sind, sondern höchst komplizierte, ineinander verschlungene Kurven darstellen. Reynolds färbte den mittleren Teil der durch ein Rohr strömenden Flüssigkeit und erhielt im Fall der Laminarströmung einen geradlinigen dünnen Faden längs der ganzen Ausdehnung des Rohres (Abb. 11.60a). Nachdem aber die andere Strömungsform eingetreten war, ergab sich das Bild der Abb. 11.60b, in dem die gefärbte Stromlinie an einer bestimmten Stelle des Rohres abbricht, es ganz erfüllt und dabei in unregelmäßige Wirbel zerfällt. Betrachtete Reynolds das Rohr beim kurzdauernden Licht eines elektrischen Funkens, so erschien der gefärbte Teil als ein unentwirrbares Knäuel verschlungener Stromfäden. Daher hat diese Strömung den Namen *turbulente Strömung* erhalten. Sie ist charakterisiert durch das Auftreten unregelmäßiger Wirbel, die dahin wirken, die im Rohr bei Laminarbewegung bestehenden Geschwindigkeitsunterschiede – nach Abb. 11.38b (S. 431) ist das Geschwindigkeitsprofil parabolisch – auszugleichen. In der Tat ist nun die Geschwindigkeit über den größten Teil der Querschnittsfläche nahezu konstant geworden (Abb. 11.61).

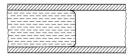

Abb. 11.61   Geschwindigkeitsprofil bei turbulenter Strömung

Auch hatte Reynolds bei seinen historischen Versuchen schon festgestellt, dass der Übergang zur Turbulenz sehr empfindlich von den Einströmbedingungen abhängt (Einlaufstörungen). Manchmal trat unter gleichen experimentellen Bedingungen Turbulenz auf und manchmal nicht. Tatsächlich können etliche Störungen die Stabilität der Strömungen beeinflussen, wie z. B. Wirbel im Vorratsbehälter, Abweichungen vom parabolischen Profil im Einströmbereich, mechanische Schwingungen des Rohrsystems oder thermische Fluktuationen. Neuere Experimente mit kontrolliert eingebrachten Störungen, z. B. durch einen senkrecht zur Strömungsrichtung injizierten Strömungspuls zeigten, dass die kritische Störamplitude, die zu Turbulenz führt, umgekehrt proportional zur Strömungsgeschwindigkeit, also zu Re, abnimmt. Wenn bei einer Reynolds-Zahl von 2000 eine Störung von etwa 1 % gerade noch gedämpft wird, fällt die Grenze bei 20 000 bereits auf 1 ‰ ab. Bei $Re = 100\,000$, dem derzeitigen Rekordwert, lösen schon Störungen von 0.2 ‰ Turbulenz aus.

Man kann also bei sehr großen Reynolds'schen Zahlen noch Laminarbewegung haben, aber nur bei sorgfältiger Vermeidung von Störungen. Treten sie aber auf, schlägt die Strömung in turbulente um. Andererseits kann für kurze Zeit auch für kleine Re-Zahlen Turbulenz auftreten, aber dann glättet sich die Strömung wieder und geht in die Hagen-Poiseuille'sche über. Dies kann man mit folgender Anordnung zeigen (Abb. 11.62): Ein Standzylinder hat an seinem unteren Ende eine seitliche Öffnung, in die horizontal ein Kapillarrohr R eingesetzt ist. Man füllt den Standzylinder mit Quecksilber und beobachtet den Strahl, der die Gestalt einer Parabel annimmt, die je nach der Ausflussgeschwindigkeit mehr oder weniger geöffnet ist. Wenn man das Quecksilber im Standglas etwa 15 cm hoch einfüllt und ein Kapillarrohr von etwa 1.5 mm Durchmesser und 30 cm Länge nimmt, bekommt man beim Ausfluss Turbulenz, die Reynolds'sche Zahl beträgt etwa 4000. Es muss eine hinreichende Störung vorhanden sein, was durch geeignete Formgebung des Mundstücks der Kapillare leicht gelingt (Einlaufstörung). Der Strahl fließt dann nach Kurve I mit relativ geringer Geschwindigkeit aus. Sinkt das Quecksilber im Standzylinder, nähert man sich von oben dem kritischen Wert von Re an. Wird dieser unterschritten, glättet sich der Strömungsverlauf im Rohr, und es tritt laminare Strömung ein: die Geschwindigkeit wird sprunghaft größer, der Strahl fließt nach Kurve II aus. Infolge der vergrößerten Geschwindigkeit steigt die Reynolds'sche Zahl wieder über den kritischen

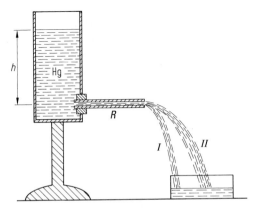

Abb. 11.62   Umschlagen von turbulenter (I) Strömung in laminare (II) und umgekehrt

Wert an und es erfolgt wieder ein Umschlag in Turbulenz mit Ausfluss nach Kurve *I*. So geht das Spiel weiter, bis der Druck im Standgefäß so weit abgesunken ist, dass der kritische Wert von *Re* nicht mehr überschritten werden kann. Dann herrscht dauernd Laminarströmung und Ausfluss nach Kurve *II*.

Eine quantitative Formulierung des Druckgesetzes der turbulenten Rohrströmung verdankt man P. R. H. Blasius (1883 – 1970). Er fand für die Druckdifferenz $p_1 - p_2$ an zwei um die Strecke *l* auseinanderliegenden Stellen des Rohres:

$$\frac{p_1 - p_2}{l} = 0.0665 \left(\frac{\eta \varrho^3 v^7}{R^5} \right)^{1/4}, \tag{11.38}$$

während sich für Laminarströmungen das Gesetz (Gl. (11.20), S. 433)

$$\frac{p_1 - p_2}{l} = \frac{8\eta v}{R^2}$$

ergeben hatte. Man sieht durch Vergleich die große Komplikation, die eingetreten ist. Aus Gl. (11.38) erhalten wir den turbulenten Strömungswiderstand eines Rohres vom Radius *R* und der Länge *l* durch Multiplikation mit *l* und $R^2\pi$:

$$W_{\text{turb}} = 0.0665\pi l (\eta \varrho^3 R^3 v^7)^{1/4}, \tag{11.39}$$

während sich für den laminaren Strömungswiderstand (Gl. (11.22), S. 433)

$$W_{\text{lam}} = 8l\pi \eta v$$

ergab. Bringen wir schließlich W_{turb} in die Form $c_{\text{turb}} \cdot (\varrho/2)v^2 \cdot A$ mit $A = 2R\pi l$ als umströmter Fläche, so folgt für den Widerstandsbeiwert bei turbulenter Strömung:

$$c_{\text{turb}} = 0.0665 \left(\frac{\eta}{R\varrho v} \right)^{1/4} = \frac{0.0791}{Re^{1/4}}, \tag{11.40}$$

während wir für c_{lam} (Gl. (11.25), S. 435)

$$c_{\text{lam}} = \frac{16}{Re}$$

gefunden hatten. Das Widerstandsverhältnis eines Rohres bei laminarer zu turbulenter Strömung ist also:

$$\frac{W_{\text{lam}}}{W_{\text{turb}}} = \frac{16 \cdot Re^{1/4}}{Re \cdot 0.0791} = \frac{202.3}{Re^{3/4}}. \tag{11.41}$$

Es hängt vom Wert der Reynolds'schen Zahl ab. Die Strömungswiderstände werden gleich, wenn

$$\frac{202.3}{(Re)^{3/4}} = 1$$

ist, was einem Wert von $Re = 1187$ entspricht. Im eigentlichen Turbulenzgebiet mit *Re*-Werten über etwa 2300 ist also der turbulente Strömungswiderstand immer größer als der laminare, was unmittelbar plausibel ist, in Anbetracht der Unordnung dieser Strömung.

Die Turbulenz spielt in der Praxis eine große Rolle, z. B. bei fast allen Wasserströmungen in Rohrleitungen. Man kann geradezu sagen, dass der laminaren Rohrströmung – abgesehen von Kapillaren – nur eine untergeordnete Bedeutung zukommt. Die Turbulenz ist auch nicht auf die Rohrströmung beschränkt. Die Erscheinungen sind im einzelnen von großer Mannigfaltigkeit und bisher noch keineswegs vollkommen erkannt. Zum Beispiel wird der Strömungswiderstand einer Kugel bei turbulenter Strömung nicht größer, sondern kleiner als bei laminarer Bewegung: Die Widerstandsbeiwerte sind für diesen Fall z. B. die folgenden: $c_{lam} = 0.44$, $c_{turb} = 0.176$, d. h., der turbulente Strömungswiderstand beträgt nur rund $\frac{2}{5}$ des laminaren. Durch Zusatz von bestimmten Chemikalien, die aus langen Molekülen bestehen, lässt sich z. B. die Wirbelbildung in Wasser und damit der Strömungswiderstand herabzusetzen. Dadurch wird der Wasserstrom erhöht, was u. a. in Feuerwehrschläuchen wichtig ist.

11.9 Umströmung der Tragflügel von Flugzeugen

Das Profil eines Tragflügels sieht ungefähr so aus wie in den Abb. 11.63, 11.64 oder 11.65 dargestellt. Die Oberseite ist stärker nach oben gewölbt als die Unterseite. Strömt von links Luft gegen den horizontal liegenden Tragflügel oder bewegt sich der Tragflügel in ruhender Luft nach links, so wird die Luft geteilt. Da der Weg der Luft oberhalb des Tragflügels größer ist, muss hier die Geschwindigkeit der Luft dicht an der Oberfläche des Tragflügels größer sein als dicht an der Oberfläche der Unterseite. Nach der Bernoulli'schen Gleichung (Gl. (11.8), S. 406) ist $p + \frac{\varrho}{2} v^2 = $ const, was bedeutet, dass dort, wo die Geschwindigkeit v größer ist, der Druck kleiner ist. Damit tritt sowohl an der Oberseite als auch an der Unterseite ein Unterdruck auf. Wegen der stärkeren Wölbung der Oberseite ist hier der Unterdruck größer als an der Unterseite. Dadurch wird das Flugzeug in der Luft getragen, sofern eine schnelle Bewegung zur ruhenden Luft vorhanden ist. Das

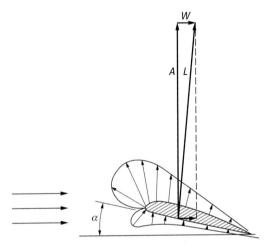

Abb. 11.63 Kraftverteilung am Tragflügel ($A = $ Auftrieb, $W = $ Strömungswiderstand, $L = $ resultierender Luftwiderstand)

Flugzeug „hängt" in der Luft, jedoch nur bei ausreichend hoher Geschwindigkeit. Die Geschwindigkeit der Luft an der Oberseite nimmt bei hoher Fluggeschwindigkeit Werte der Schallgeschwindigkeit und darüber an. Man kann sich leicht vorstellen, wie wichtig es ist, den Reibungswiderstand der Luft am Material des Tragflügels klein zu halten (z. B. durch Verzicht auf Nieten, geringe Rauigkeit der Oberflächen usw.). Außer der Reibung ergibt sich auch ein bedeutender aerodynamischer Widerstand durch Wirbel an der Hinterkante der Tragflügel und an den Flügelenden (s. weiter unten).

Beim Aufwärtsflug nach dem Start ist die Tragfähigkeit wegen der geringen Geschwindigkeit noch klein. Dann aber kommt eine Kraftkomponente hinzu, die sich einfach (wie beim Kinder-Drachen) dadurch ergibt, dass Luft gegen die Unterseite der Tragflügel strömt und das Flugzeug hebt. Das Höhensteuer am Flugzeugende verursacht die Schrägstellung nach oben und bestimmt den sogenannten Anstellwinkel (Neigung des Flugzeugs gegen die Horizontale). Abb. 11.63 zeigt, dass bei einer solchen Schrägstellung an der Unterseite kein Unterdruck, sondern ein Überdruck herrscht. Dadurch steigt das Flugzeug in die Höhe. – Bei den großen Verkehrsflugzeugen ist die Unterseite nur noch wenig gekrümmt, so dass bei Horizontalstellung kaum noch ein Unterdruck herrscht.

Den Druck an den verschiedenen Stellen eines Tragflügels misst man in bekannter Weise – siehe z. B. die Druckmessung an der Kugel (Abb. 11.22, S. 416). Wenn man das Flügelprofil der Abb. 11.63 zugrunde legt, erhält man die dort eingezeichnete Kraftverteilung für einen *Anstellwinkel* α von etwa 11°, die durch den Drucküberschuss bzw. Unterdruck gegen den statischen Druck der ungestörten Strömung entsteht. Unterdruck ist kenntlich daran, dass die Pfeile vom Körper fortzeigen; bei Drucküberschuss weisen sie auf ihn hin. Man erkennt aus der Figur, dass auf der Oberseite eine erhebliche Druckverminderung (ein *Sog*) vorhanden ist, im Mittel etwa doppelt so groß, wie der Drucküberschuss auf der Unterseite. Ein Zahlenbeispiel sei gegeben: Der mittlere Sog beträgt etwa 0.6 hPa, der Überdruck etwa 0.4 hPa, die Druckdifferenz zwischen unten und oben ergibt also 1 hPa. Im Übrigen hängt nicht nur dieser Zahlenwert erheblich vom Anstellwinkel ab, sondern auch der Angriffspunkt der Luftkraft. Jedenfalls ergibt sich aus solchen Messungen zwingend die Existenz einer *Zirkulationsströmung* (Abschn. 11.3), und es handelt sich jetzt darum, zu verstehen, wie sie entstehen kann.

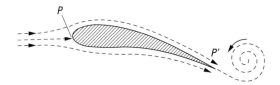

Abb. 11.64   Bildung des Anfahrwirbels beim Tragflügel

Denken wir uns einen Tragflügel zunächst in Ruhe. In Abb. 11.64 ist ein Schnitt durch einen als unendlich lang betrachteten Flügel dargestellt, damit in jedem Schnitt die gleichen Verhältnisse herrschen. Wird der Flügel in Bewegung versetzt, teilt sich in bekannter Weise die Stromlinie am vorderen Staupunkt P. Die Luft strömt teils auf der Ober-, teils auf der Unterseite, um sich am Hinterende P' wieder zu vereinigen. Wäre – auch in der Grenzschicht – keine Reibung vorhanden, kämen beide Luftströme in P' mit der gleichen Geschwindigkeit an. Da aber die Reibung gerade hier nicht vernachlässigt werden kann, ist die Geschwindigkeit der oberen Strömung in P' kleiner als die der unteren, weil die Oberseite länger ist als die Unterseite. Im Punkt P' bildet sich also im Moment des Anfahrens eine Unstetigkeitsfläche aus. Diese ist aber sehr labil und zerfällt in Einzelwirbel, wie in Abb. 11.53 (Abschn. 11.7) dargestellt. Es bildet sich also auch hier hinter dem anfahrenden Tragflügel ein Wirbel (*Anfahrwirbel*) mit dem aus Abb. 11.64 ersichtlichen Umlaufsinn aus, der um sich herum eine Zirkulationsströmung im gleichen Sinn hervorbringt. Ziehen wir nun eine Kurve, die sowohl den Tragflügel als auch den Wirbel umschließt, so hatte die Zirkulation Γ (Abschn. 11.3) vor dem Anfahren längs dieser Kurve den Wert $\Gamma = 0$. Nach dem Kelvin'schen Satz (S. 441) muss dieser Wert also auch nachher erhalten bleiben, mit anderen Worten: Es muss sich um den Tragflügel eine Zirkulationsströmung vom gleichen Wert wie um den Wirbel, aber mit umgekehrtem Vorzeichen bilden. Diese Zirkulation bildet sich in gleichem Maß allmählich aus wie der Wirbel, und ihr Effekt ist der, dass die obere Geschwindigkeit allmählich zunimmt, die untere allmählich abnimmt. Dies geht so lange vor sich, bis der Geschwindigkeitssprung in P' ausgeglichen ist. Nun ist sowohl der Wirbel als auch die Zirkulationsströmung um den Tragflügel fertig ausgebildet. Der Anfahrwirbel wird von der Strömung mit fortgeführt, die Zirkulation um den Tragflügel bleibt erhalten.

Im stationären Zustand fließt die Strömung an der Hinterkante glatt ab. Es ist praktisch eine Potentialströmung um einen gewölbten Stromlinienkörper, wenigstens wenn, wie hier, der Tragflügel als unendlich lang betrachtet wird, d. h. wenn in jedem Querschnitt gleiche Verhältnisse herrschen. Es existiert für den unendlich langen Tragflügel also kein nennenswerter Druckwiderstand (wie bei einem Stromlinienkörper). Lediglich der von der Viskosität der Luft herrührende Reibungswiderstand ist vorhanden. Diese einfachen Verhältnisse ändern sich allerdings bei den in der Praxis natürlich stets vorliegenden endlichen Tragflügeln. Hier existiert, auch abgesehen von dem kleinen Reibungswiderstand, ein Druckwiderstand infolge dauernder Wirbelablösung an den Enden des Flügels (sogenannter *Randwiderstand*). Ohne hier näher darauf einzugehen, kann man Folgendes sagen: Die Druckverteilung um den Tragflügel (z. B. gemäß Abb. 11.63) liefert einerseits den senkrecht nach oben gerichteten Auftrieb A, andererseits den nach hinten gerichteten Strömungswiderstand W und die Resultierende aus beiden, die sogenannte Luftkraft L. Diese ist also gegen die Vertikale nach rückwärts geneigt, ihre Vertikalprojektion ist gleich A und die Horizontalprojektion gleich W.

Es handelt sich nun um die Frage, welches Profil der Tragflügel haben muss, um möglichst großen Auftrieb A und möglichst kleinen Strömungswiderstand W zu liefern. Ferner muss bestimmt werden, wie beide Größen vom Anstellwinkel abhängen. Diese Aufgabe muss experimentell gelöst werden: Man hängt das zu untersuchende Tragflügelmodell frei beweglich im Windkanal unter verschiedenen Anstellwinkeln α auf und bestimmt mit einer sogenannten *Zweikomponentenwaage* die beiden Kraftanteile A und W als Funktion von α. Das Prinzip der Zweikomponentenwaage geht aus Abb. 11.65 hervor. Ein Waagebalken ist gleichzeitig um eine vertikale und eine horizontale Achse drehbar und trägt an seinem einen Ende den im Windkanal zu untersuchenden Körper, z. B. einen Tragflügel T. Auf der anderen Hälfte des Waagebalkens befindet sich ein verschiebbares Gewicht G, um die Waage mit dem zu untersuchenden Körper ins Gleichgewicht zu bringen, bevor sich der Körper im Luftstrom befindet. Außerdem sind an dem Ende des Waagebalkens zwei Federwaagen F_1 und F_2 in vertikaler und horizontaler Richtung angebracht, mit deren Hilfe sich die auf den Körper im Luftstrom ausgeübten Kräfte kompensieren und messen lassen.

Ähnlich wie man W in der Form $c_W \cdot (\varrho/2)v^2 \cdot S$ darstellt ($S =$ Fläche des Tragflügels), bringt man auch A auf die gleiche Form, so dass man mit zwei Beiwerten c_A (Auftriebs-

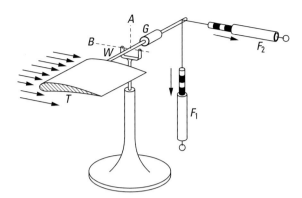

Abb. 11.65   Zweikomponentenwaage zur Bestimmung von Auftrieb und Strömungswiderstand

beiwert) und c_W (Widerstandsbeiwert) erhält:

$$A = c_A \cdot \frac{\varrho}{2} v^2 \cdot S,$$

$$W = c_W \cdot \frac{\varrho}{2} v^2 \cdot S. \tag{11.42}$$

Der Widerstand wird auf die Tragflügelfläche – nicht wie bisher auf die „angeströmte" Fläche – bezogen, was ja nur einen konstanten Faktor in c_W bedeutet. Aus den oben dargelegten Messungen gewinnt man c_A und c_W als Funktionen von α (Abb. 11.66a,b).

Eine gute Tragfläche soll einen möglichst großen Auftrieb bei einem möglichst kleinen Widerstand liefern, das heißt das Verhältnis c_A/c_W soll möglichst groß werden. Während bei den ersten Flugzeugen dieses Verhältnis bei etwa 5 lag, werden heute bei den besten bekannten Profilen Werte bis zu 100 erreicht. In Abb. 11.66c ist c_A/c_W über α aufgetragen. Man findet den optimalen Anstellwinkel α_0 in der Gegend von etwa 4°. Da α notwendigerweise beim Start größer und bei der Landung kleiner sein muss, sind dann die Verhältnisse ungünstiger. Um sie zu verbessern, verwendet man Start- und Landeklappen. Dadurch lässt sich das Verhältnis c_A/c_W nahezu verdoppeln. Der optimale Anstellwinkel α_0 ist gleichzeitig der kleinste Winkel zur Horizontale, unter dem das Flugzeug bei abgeschaltetem Triebwerk noch sicher zu Boden gleiten kann. Man bezeichnet ihn dann auch als *Gleitwinkel*. Ist er 4°, so beträgt bei einem totalen Triebwerksausfall in 10 km Höhe die maximale Flugstrecke noch $10\,\text{km}/\tan 4° = 143\,\text{km}$.

Man erkennt aus Abb. 11.66a, dass der Auftrieb mit wachsendem Anstellwinkel zunimmt und für α gleich 15° – 16° ein Maximum erreicht. Meistens kann man nicht so weit mit dem Anstellwinkel gehen, weil sich dann die Strömung von der Oberseite leicht ablöst und sich Wirbel bilden, die widerstandsvergrößernd wirken (sogenannter „überzogener" Zustand). Durch *Spaltflügel* kann man dies allerdings weitgehend vermeiden; Abb. 11.67 zeigt die Stromlinien für diesen Fall. Der Spalt wirkt so, wie das Ansaugen von Luft (vgl. Abb. 11.58). Eine ähnliche Rolle spielt beim Segelboot das Vorsegel.

Der Randwiderstand bei endlichen Tragflächen kommt auf folgende Weise zustande: Wegen der Zirkulationsströmung herrscht auf der Oberseite Unterdruck, auf der Unterseite Überdruck. Dieser Druckunterschied versucht sich über den Rand auszugleichen, d. h. die Luft umströmt diesen seitlich von unten nach oben, und da das Flugzeug sich fortbewegt, bilden sich Wirbel aus, die eine Art „Zopf" bilden (sogenannte *Wirbelzöpfe*). Abb. 11.68

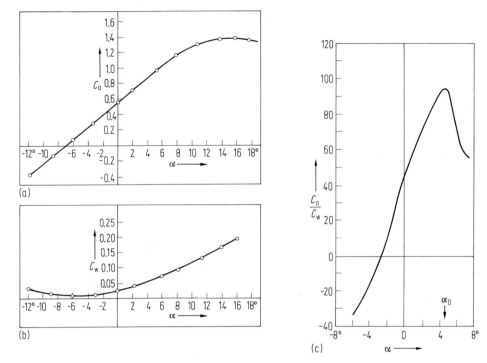

(a)

(b)

(c)

Abb. 11.66   Auftriebs- und Widerstandsbeiwert von Tragflächen als Funktion des Anstellwinkels. Die Kurve in Teilbild (c) wurde an einem optimierten Profil gemessen, (a) und (b) an einem einfachen.

gibt eine Vorstellung davon. Natürlich ist die obige Darstellung stark schematisiert. Das Wesentliche ist aber, dass dauernd neue Wirbel erzeugt werden, die hinter dem Flugzeug zurückbleiben, ihm also Energie entziehen, d. h. Strömungswiderstand verursachen. Die Gestalt der Flügel ist dabei für die Größe des Widerstandes sehr maßgeblich: Lange schmale Tragflügel sind in dieser Hinsicht besser als breite und kurze. Die Natur ist auch hier das Vorbild, indem die guten Flieger unter den Vögeln lange und schmale Flügel besitzen.

Ein besonderes Interesse beansprucht der *Segelflug*. Dies ist ein Gleitflug in einem aufsteigenden Luftstrom. Je nach Stärke des Aufwindes gleitet das Flugzeug langsamer

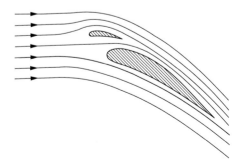

Abb. 11.67   Stromlinienbild eines Spaltflügels

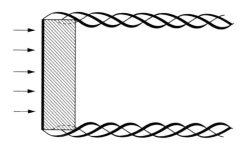

Abb. 11.68   Bildung von Wirbelzöpfen an den Rändern eines Tragflügels

zur Erde, hält seine Höhe oder steigt sogar an. Solche Aufwinde finden sich an Berghängen (z. B. Wasserkuppe der Rhön). Sie treten auch an begrenzten Stellen des ebenen Geländes (über Feldern, Sandstrecken, Städten) durch die Wirkung der Sonnenstrahlung auf und sind oft an einer Kumuluswolke zu erkennen (sogenannte *Thermik*). Der Segelflieger muss in einem Aufwindgebiet so viel Höhe wie möglich zu gewinnen versuchen. Dies gelingt ihm, wenn er innerhalb dieses Gebietes Schleifen und Kehren vollführt, um nicht aus dem Gebiet herauszukommen. Hat er die maximale Höhe erreicht, bleibt ihm nichts anderes übrig als ein abwärts gerichteter Gleitflug. Mit diesem muss er versuchen, die nächste Thermik zu erreichen, um den Höhenverlust wieder auszugleichen (Abb. 11.69). Auf diese Weise sind erstaunliche Höhen und Entfernungen erzielt worden. Dieses Segelfliegen (Beschreiben von Kehren und Schleifen im Aufwind unter Gewinn von Höhe) kann man bei großen Raubvögeln (Bussarden, Adlern usw.) beobachten, die oft viele Stunden lang in der Luft höher und höher steigen, ohne die Flügel zu bewegen. Die Arbeit verrichtet der Aufwind.

Personenwagen haben einen Widerstandsbeiwert von $c_W = 0.3$ bis 0.45, Rennwagen unter 0.2. Bei hohen Geschwindigkeiten ergibt sich ein Auftrieb. Dadurch verringert sich die Haftung der Reifen am Boden und das Fahrzeug wird leicht (durch Seitenwind, Aquaplaning usw.) aus der Bahn geworfen. Sogenannte Spoiler (engl. to spoil = vernichten) vernichten zum Teil den Auftrieb, setzen also das Abheben des Fahrzeugs vom Boden herab.

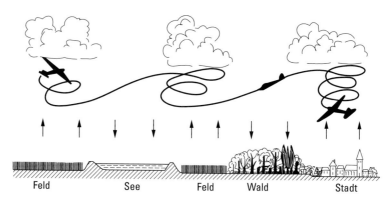

Abb. 11.69   Entstehung der Thermik

12 Ausgleichsprozesse

Vorbemerkung. In den Kapiteln 9 und 11 wurden Bewegungen behandelt, die wesentlich von den dissipativen Kräften der äußeren und inneren Reibung bestimmt werden. Diese Bewegungen sind irreversibel und stehen damit im Gegensatz zu allen Bewegungen, bei denen ausschließlich konservative Kräfte wirken.

Auch zwischen den elementaren Bausteinen der Materie, den Atomen und Molekülen, wirken ausschließlich konservative Kräfte. Es stellt sich daher die Frage, wie das Auftreten dissipativer Kräfte bei makroskopischen Körpern und damit die Irreversibilität im Naturgeschehen zu erklären ist. Einen ersten Hinweis gibt die Deutung der Ausgleichsprozesse, die bei Diffusion und Osmose stattfinden. Sie beruht auf der Annahme, dass die Bewegung der Atome und Moleküle nicht nur den Grundgesetzen der klassischen Mechanik unterliegt, sondern auch den Gesetzen des Zufalls. Diese Zufallsbewegung wurde experimentell erstmalig als *Brown'sche Molekularbewegung* beobachtet und theoretisch von Albert Einstein und M. v. Smoluchowski erklärt. Die Zufallshypothese ist Grundlage der statistischen Deutung der Thermodynamik und wird ausführlich in Kap. 17 diskutiert.

12.1 Brown'sche Molekularbewegung

Bereits früher wurde erwähnt, dass sich der feste Aggregatzustand vom flüssigen und gasförmigen dadurch unterscheidet, dass die einzelnen Moleküle bzw. Atome beim festen Körper an eine bestimmte Gleichgewichtslage gebunden sind, um die herum sie lediglich kleine Schwingungen ausführen, während in einem Gas die einzelnen Teilchen frei gegeneinander beweglich und an keine bestimmte Ruhelage gebunden sind. Das ist der Grund dafür, dass ein Gas kein bestimmtes Volumen besitzt, sondern stets jedes dargebotene Volumen ganz ausfüllt; auch die Flüssigkeitsmoleküle sind weitgehend beweglich.

Wir wollen uns von der Beweglichkeit der Flüssigkeits- und Gasmoleküle durch ein paar Versuche überzeugen. Bringt man unter ein Mikroskop in einen Tropfen Wasser kleine Teilchen eines sich in Wasser nicht lösenden Stoffes (Farbstoff, Tusche oder, was für die Beobachtung besonders günstig ist, Teilchen von möglichst hoher optischer Brechzahl (s. Bd. 3), z. B. Rutil), so beobachtet man bei hinreichender Vergrößerung, dass diese Teilchen keineswegs in Ruhe sind, sondern in lebhafter Bewegung ganz unregelmäßige Zickzackbahnen beschreiben. Man nennt diese Erscheinung nach ihrem Entdecker, dem Botaniker Robert Brown (1773 – 1858), die *Brown'sche Molekularbewegung*. Die Flüssigkeitsmoleküle stoßen bei ihren Bewegungen regellos auf die in der Flüssigkeit befindlichen Teilchen, und ihre resultierende Stoßkraft wird bald in der einen, bald in der anderen Richtung überwiegen und somit das Teilchen fortbewegen. Man beobachtet, dass ein Teilchen sich umso schneller bewegt, je kleiner es ist. In Abb. 12.1 sind die „Bahnen" eines einzelnen Teil-

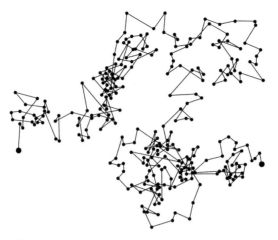

Abb. 12.1   Brown'sche Molekularbewegung eines in Wasser suspendierten Teilchens

chens in vergrößertem Maßstab aufgezeichnet; die einzelnen Punkte geben die Lage des Teilchens in Zeitintervallen τ von 30 s wieder, und zwei aufeinanderfolgende Lagen sind einfach durch eine gerade Linie miteinander verbunden. Die Dauer des in der Abbildung dargestellten Versuches betrug $2^{1}/_{4}$ Stunden $= 270 \cdot 30$ s. In Wirklichkeit ist die Bewegung noch viel komplizierter; würde man etwa in Abständen von $^{1}/_{9}$ s beobachten, würde jeder der geraden Striche wieder aus einer Zickzackkurve von 270 Teilstrecken bestehen usw.

Die regellose Bewegung eines solchen Teilchens gibt uns also indirekt Kenntnis von der Bewegung der Moleküle, die wir wegen ihrer Kleinheit nicht direkt sichtbar machen können. R. W. Pohl hat folgenden treffenden Vergleich gegeben: Bei Betrachtung eines Ameisenhaufens aus großer Entfernung wird man die Bewegungen der einzelnen durcheinander wimmelnden Tierchen nicht erkennen. Man sieht aber einige größere Körper, etwa Kiefernnadeln oder kleine Zweige, sich bewegen. Sie vollführen unregelmäßige Bewegungen, indem sie von den für unser Auge unsichtbaren Tierchen hin und her geschoben werden. – Rauch- oder Staubteilchen in Gasen zeigen ebenfalls die Brown'sche Molekularbewegung, und zwar schon bei kleinerer Vergrößerung, da die Gasteilchen infolge ihrer größeren gegenseitigen Abstände auch größere Bewegungen ausführen können.

Nicht nur qualitativ, sondern auch quantitativ beweist die Brown'sche Molekularbewegung Existenz und Bewegung der Moleküle. Die genauere Theorie erlaubt nämlich aus relativ einfachen Beobachtungen an solchen Teilchen die Avogadro-Konstante N_A mit erstaunlicher Genauigkeit zu bestimmen. Der vorher angegebene Wert $N_A = 6.02 \cdot 10^{23}$ mol^{-1} ist von mehreren Forschern an verschiedenen Teilchen genauer als auf 1 ‰ bestimmt worden. Gerade in dieser quantitativen Übereinstimmung liegt einer der stärksten Beweise für die Existenz der Moleküle. – Dass es überhaupt möglich ist, einen Schluss auf die Größe von N_A zu ziehen, kann man sich ohne Rechnung durch folgende Überlegung klarmachen: Die mittlere Größe der Verschiebung eines Brown'schen Teilchens, wie man sie durch Ausmessung der Abb. 12.1 (unter Berücksichtigung der Vergrößerung) gewinnen kann, hängt von der Anzahl der Stöße ab, die das Teilchen in dem Beobachtungsintervall τ (hier 30 s) erfährt: Je mehr Stöße, desto kleiner wird die Verschiebung sein. Die Anzahl der Stöße ist aber proportional zur Anzahl der vorhandenen Moleküle oder, was auf dasselbe hinauskommt, zur Avogadro-Konstante N_A, die die Anzahl der Moleküle pro Mol angibt.

Wir deuten nun diese Erscheinung so, dass wir annehmen, die Stöße seitens der umgebenden Gas- oder Flüssigkeitsmoleküle seien die Ursache für die ruckartigen Bewegungen des Teilchens. Unter dieser Voraussetzung haben Einstein und v. Smoluchowski fast gleichzeitig die Theorie dieser *thermodynamischen* Bewegung entwickelt (Albert Einstein, 1879–1955; M. v. Smoluchowski, 1872–1917). Nennt man den Abstand zweier benachbarter Fixierungspunkte (im Zeitabstand τ) Δs und projiziert man sie auf eine feste beliebige Richtung, so erhält man eine Strecke Δx. Wenn man dies für je zwei Punkte durchführt, die Projektionen Δx quadriert und daraus das Mittel nimmt, ergibt sich nach den genannten Autoren dafür folgende Gleichung:

$$\overline{(\Delta x)^2} = k_B T \frac{\tau}{3\pi \eta r}; \qquad (12.1)$$

dabei ist k_B die Boltzmann-Konstante, T die absolute Temperatur, η die Viskosität der umgebenden Flüssigkeit oder des Gases und r der Radius des Brown'schen Teilchens. Wird diese Gleichung experimentell bestätigt, ist sie umgekehrt ein Beweis für die Richtigkeit der zugrunde gelegten Voraussetzung, dass die Moleküle in lebhafter Bewegung begriffen sind. Tatsächlich wurde sie experimentell sehr gut bestätigt. Zum Beispiel ergab sich, dass $\overline{(\Delta x)^2}$ proportional zum Beobachtungsintervall τ ist, das der Experimentator frei wählen kann. Ferner soll nach Gl. (12.1) $\overline{(\Delta x)^2}$ unabhängig von der Masse der Teilchen sein, da sie in der Gleichung überhaupt nicht auftritt. J. B. Perrin (1870–1942) variierte die Masse in dem ungeheuren Bereich von 1 : 15 000, und dennoch ergab sich innerhalb der Fehlergrenzen tatsächlich völlige Unabhängigkeit davon. Schließlich kann man noch die Temperaturabhängigkeit von $\overline{(\Delta x)^2}$ bestimmen; diese steckt einmal direkt im Faktor T, zum anderen aber auch in der Viskosität η, die bei Flüssigkeiten bekanntlich mit der Temperatur stark abnimmt. Auch hier fand sich experimentell völlige Übereinstimmung mit Gl. (12.1).

Der Beweis für die Richtigkeit der Gl. (12.1) und damit für die kinetische Theorie der Wärme (s. Teil III) aber liegt darin, dass man die Boltzmann-Konstante k_B aus ihr mit außerordentlicher Genauigkeit bestimmen kann. So ergab sich der bereits früher mitgeteilte Wert $k_B = 1.38 \cdot 10^{-23} \,\mathrm{JK}^{-1}$, der genauer als ein Prozent ist. Zu bemerken ist übrigens, dass bei Gl. (12.1) auch die Richtigkeit des Gleichverteilungssatzes vorausgesetzt ist (Faktor $k_B T$), was ja bei Zimmertemperatur zulässig ist. Aus den bekannten Werten von R und k_B ergibt sich auch der Wert der Avogadro-Konstante: $N_A = R/k_B = 6.02 \cdot 10^{23} \,\mathrm{mol}^{-1}$.

Bei der Temperatur von $T = 273 \,\mathrm{K}$ ($0\,°\mathrm{C}$) beträgt also die kinetische Energie pro Freiheitsgrad $\frac{1}{2} \cdot 1.38 \cdot 10^{-23} \,\mathrm{J} \cdot \mathrm{K}^{-1} \cdot 273 \,\mathrm{K} = 188 \cdot 10^{-23} \,\mathrm{J}$. Diese Energie würde ausreichen, um ein Wassertröpfchen vom Radius $r = 1.66 \cdot 10^{-6}$ cm (das sind etwa 640 000 Wassermoleküle) um 1 cm hochzuheben. Die innere Energie von 1 mol eines einatomigen idealen Gases bei der gleichen Temperatur ist danach $3 \cdot 188 \cdot 10^{-23} \,\mathrm{J} \cdot 6.02 \cdot 10^{23} \,\mathrm{mol}^{-1} = 3395 \,\mathrm{J} \cdot \mathrm{mol}^{-1} = 3395 \,\mathrm{Nm} \cdot \mathrm{mol}^{-1}$; diese Energie würde also ausreichen, um ein Gewicht von 3395 N einen Meter hoch zu heben.

Die thermische Bewegung hat, wie bereits in Abschn. 1.2 betont, auch eine messtechnische Bedeutung, weil sie der Genauigkeit von Messungen eine unüberwindbare Grenze setzt. Das soll am Beispiel eines Lichtzeigersystems erläutert werden: Ein sehr kleiner Spiegel sei an einem sehr dünnen Quarzfaden aufgehängt und reflektiere einen Lichtstrahl auf eine Skala. Jede Drehung des Spiegels macht sich durch eine Verschiebung des Lichtzeigers auf der Skala bemerkbar. Es scheint zunächst, als ob durch Vergrößerung des

Abstandes Spiegel–Skala, d. h. der Länge des Lichtzeigers, die Genauigkeit der Ablesung beliebig vergrößert werden könne. Aber der Spiegel hat niemals eine feste Ruhelage, weil die unregelmäßigen Stöße der Luftmoleküle ihn in eine zitternde Bewegung versetzen, die auf der Skala umso größer erscheint, je länger der Lichtzeiger ist. Die dadurch bedingte Ungenauigkeit der Ablesung einer Spiegeldrehung kann offenbar auf keine Weise beseitigt werden. Ein solches Lichtzeigersystem benutzt man z. B. zur Messung von elektrischen Strömen in Galvanometern. Folglich kann die Genauigkeit der Strommessung nie über ein gewisses Maß gesteigert werden. – Übrigens verändert die Wärmebewegung grundsätzlich auch die Abmessungen fester Körper, so dass keine Möglichkeit besteht, Längenmessungen genauer zu machen, als der Betrag dieser Schwankungen ist.

12.2 Diffusion

Auch auf andere Weise lässt sich die Beweglichkeit der Flüssigkeits- und Gasmoleküle zeigen. Schichtet man vorsichtig zwei verschiedene Flüssigkeiten, z. B. Wasser und Kupfersulfatlösung, oder zwei verschiedene Gase, z. B. Bromdampf und Luft, in einem Standzylinder übereinander, so beobachtet man, dass nach einiger Zeit die beiden Substanzen sich vollkommen durchmischt haben: Die Teilchen des Kupfersulfats sind in das darüber befindliche Wasser und die Wasserteilchen in die darunter befindliche Kupfersulfatlösung eingedrungen; ebenso haben sich Bromdampf und Luft vollkommen durchmischt. Bei den Flüssigkeiten geht dieser Vorgang verhältnismäßig langsam, bei den Gasen wesentlich schneller vonstatten. Diese Erscheinung hängt offenbar mit der thermischen Bewegung der Moleküle aufs Engste zusammen; ebenso, wie ein „Brown'sches Teilchen" in Abb. 12.1 schließlich an eine andere Stelle des Raumes gelangt, so auch die Flüssigkeits- bzw. Gasmoleküle selbst.

Diesen Vorgang des Ortswechsels von Molekülen oder Atomen nennt man *Diffusion*. Die Diffusion kann in Gasen, Flüssigkeiten oder auch in Festkörpern stattfinden. Die Bewegung von Fremdteilchen in einem anderen Stoff nennt man *Fremddiffusion*; und die Bewegung von Teilchen in einem Stoff, der aus der gleichen Art von Teilchen besteht, nennt man *Selbst-* oder *Eigendiffusion*. Die oben beschriebenen Versuche, also das gegenseitige Eindringen von Kupfersulfat und Wasser bzw. von Bromdampf und Luft, sind Beispiele für die Fremddiffusion. Die Bewegung eines Gasmoleküls in seinem Gas oder eines Flüssigkeitsmoleküls in seiner Flüssigkeit, die durch die Brown'sche Molekularbewegung erkennbar ist, sind Beispiele für die Eigendiffusion. Da die Gasmoleküle im Allgemeinen eine größere Geschwindigkeit besitzen als die Flüssigkeitsmoleküle und in größeren Abständen voneinander befinden, diffundieren Gase wesentlich schneller als Flüssigkeiten. Die Diffusion in festen Körpern geht wesentlich langsamer vor sich und ist von anderer Art. Die Diffusion in allen Aggregatzuständen ist stark temperaturabhängig. Bei genügend tiefer Temperatur sind alle molekularen Bewegungsvorgänge eingefroren. Es kann daher auch keine Diffusion mehr stattfinden.

In einem horizontal liegenden Zylinder mögen zwei Gase verschiedener Dichte nebeneinander geschichtet sein. Solange die Diffusion noch nicht vollkommen beendet ist, werden sich an verschiedenen Stellen x des Zylinders Gasgemische mit verschiedenen Partialdrücken p_1 und p_2 dieser Gase befinden, wobei aber in jeder Schicht die Summe

$p_1 + p_2$ gleich dem konstanten Gesamtdruck ist. Statt der Partialdrücke kann man nach dem Boyle-Mariotte'schen Gesetz auch die zu ihnen proportionalen Partialdichten ϱ_1 und ϱ_2 betrachten. Oben wurde gezeigt, dass die Diffusion auf einer Bewegung einzelner Moleküle beruht. Für die quantitative Beschreibung der Diffusion führt man daher besser anstelle der Dichte $\varrho = m/V$ der Gase die Molekülanzahldichte n ein. Die Molekülanzahldichte oder allgemein die Teilchenzahldichte ist die Anzahl der Teilchen N pro Volumen V, also $n = N/V$. Sie ist bei Gasen ebenfalls proportional zum Partialdruck.

Die Fick'schen Gesetze. Es sollen jetzt zwei Gesetze behandelt werden, die den Ausgleich unterschiedlicher Teilchenzahldichten eines Gases quantitativ beschreiben. Um einen solchen Ausgleich muss es sich ja bei der oben erwähnten Diffusion zweier Gase ineinander handeln. Die Diffusion wird dann beendet sein, wenn die Teilchenzahldichte eines jeden Gases (Partialdichte) überall gleich ist.

Wir betrachten einen Querschnitt des Zylinders, der die Fläche A haben soll (Abb. 12.2). Durch diese Fläche bewegen sich Moleküle beider Gase. Da die folgenden Überlegungen in gleicher Weise für beide Gase gelten, genügt es, die Diffusion eines der Gase zu beschreiben. Wenn die Teilchenzahldichte dieses Gases auf beiden Seiten der Querschnittsfläche gleich groß ist, werden im zeitlichen Mittel gleich viel Moleküle von links und von rechts diese Querschnittsfläche passieren. Ist jedoch die Teilchenzahldichte links größer als rechts, treten sicher von links auch mehr Moleküle als von rechts durch die Fläche. Es fließt dann ein Teilchenstrom I von links nach rechts. Die Zahl der in der Zeit t durch die Fläche A hindurchdiffundierenden Teilchen (also der Teilchenstrom $I = N/t$) ist proportional zur Fläche A und zum Gefälle dn/dx der Teilchenzahldichte des Gases in der Strömungsrichtung. Es muss unterschieden werden, in welcher Richtung die Moleküle die betrachtete Querschnittsfläche passieren. Das bedeutet, dass der Teilchenstrom ein Vorzeichen haben muss. Er sei positiv, wenn sich die Moleküle in positiver x-Richtung durch die Querschnittsfläche bewegen. Wenn die Konzentration in positiver x-Richtung abnimmt, ist der Differentialquotient dn/dx, also das Gefälle, negativ. Man muss deshalb

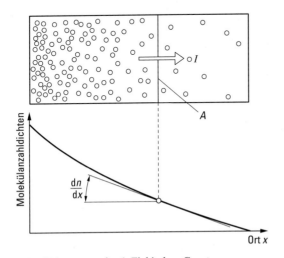

Abb. 12.2   Zur Erläuterung des 1. Fick'schen Gesetzes

für den Teilchenstrom schreiben:

$$I = -D \cdot A \cdot \frac{dn}{dx}.$$

Die Anzahl der Moleküle, die in der Zeit t durch die Fläche A treten, ist damit

$$N = -t \cdot D \cdot A \cdot \frac{dn}{dx}. \tag{12.2}$$

Diese Gleichung ist das *1. Fick'sche Gesetz*. Es wurde von Adolf Fick (1829–1901) im Jahr 1855 erkannt und formuliert. Die Gleichung bildet eine Analogie zu der Gleichung, mit der die Wärmeleitung beschrieben wird. Anstelle des Teilchenstroms wird dort der Wärmestrom betrachtet, der durch ein Temperaturgefälle entsteht (s. Abschn. 18.2).

Der Proportionalitätsfaktor D ist der *Diffusionskoeffizient* (Einheit: $1\,m^2/s$). Er hängt davon ab, wie oft die Moleküle bei ihrer Bewegung zusammenstoßen. Er ist deshalb proportional zur *mittleren freien Weglänge* l und zur thermischen Geschwindigkeit v_{th} der Moleküle. Für Gase ist $D = \frac{1}{3} v_{th} \cdot l$. Die mittlere Geschwindigkeit der Moleküle wird mit steigender Temperatur größer, so dass auch der Diffusionskoeffizient mit der Temperatur ansteigt. Der Diffusionskoeffizient ist umso kleiner, je größer die Masse der Moleküle ist und je größer ihre räumliche Ausdehnung ist, die durch die *Stoßquerschnittsfläche* σ gekennzeichnet wird. Beispielsweise ergibt sich für Luft mit $n = p/k_B T = 2.5 \cdot 10^{25}\,m^{-3}$ und $\sigma = 3 \cdot 10^{-19}\,m^2$ als mittlere freie Weglänge $l = 1/n\sigma \approx 0.1\,\mu m$ und mit $v_{th} = 500\,m/s$ als Diffusionskonstante $D = 0.2 \cdot 10^{-4}\,m^2/s$.

Man kann den Vorgang der Diffusion auch vom Standpunkt des Dalton'schen Gesetzes der Partialdrücke aus betrachten (John Dalton, 1766–1844). Dieses sagt aus, dass jedes Gas in einer Mischung sich so verhält, als ob es allein da wäre. Denken wir etwa an das obige Beispiel von den zwei in einem Zylinder nebeneinander geschichteten Gasen und nehmen wir nun das eine fort, so muss das übrig bleibende Gas den ganzen Zylinder gleichmäßig ausfüllen, damit überall gleicher Druck herrscht. Dies bleibt aber auch dann so, wenn das andere Gas vorhanden ist. Der Prozess vollzieht sich dann allerdings langsamer, da die Moleküle des ersten Gases mit denen des zweiten zusammenstoßen und dadurch eine gewisse Behinderung der Ausbreitung erfahren. So versteht man auch, dass der Diffusionskoeffizient umgekehrt proportional zum Druck ist; denn je geringer der Druck, desto geringer ist die Anzahl der Zusammenstöße der Moleküle untereinander, desto rascher also die Diffusion. Die treibende Kraft bei der Diffusion ist die zu Beginn des Versuches vorhandene ungleichmäßige Verteilung der Partialdrücke: Der Prozess geht so lange vor sich, bis überall räumliche Konstanz der Partialdrücke von beiden Gasen eingetreten ist.

Durch die Diffusion, die stets nach einem Ausgleich der bestehenden Dichte- bzw. Partialdruck-Unterschiede strebt, erklärt sich auch, dass in unserer Atmosphäre Sauerstoff und Stickstoff trotz Gegenwirkung der Gravitation in allen Höhen das gleiche Mischungsverhältnis besitzen (von ganz extremen Höhen abgesehen).

Das 1. Fick'sche Gesetz beschreibt die Teilchenstromdichte bei einem vorhandenen Konzentrationsgefälle an einer bestimmten Stelle x. Damit ist aber die Diffusionserscheinung noch nicht vollständig beschrieben. Es sei noch einmal das Beispiel der Durchmischung zweier Gase betrachtet. Oben wurde gesagt, dass die Diffusion dann beendet ist, wenn die Teilchenzahldichte im gesamten Volumen gleich ist. An jeder Stelle des Zylinders ist dann $dn/dx = 0$. Zu Beginn des Versuches war aber das Konzentrationsgefälle von null verschieden, denn sonst hätte überhaupt keine Diffusion stattfinden können. Die Teilchen-zahldichte und das Konzentrationsgefälle an einem bestimmten Ort x haben sich also mit der Zeit geändert. Die Beschreibung des Diffusionsvorganges ist erst vollständig, wenn die Teilchenzahldichte als Funktion des Ortes und der Zeit gegeben ist. In Gl. (12.2) müsste deshalb eigentlich ein partieller Differentialquotient stehen, da die Teilchenzahldichte n auch von der Zeit abhängt.

Ausgehend vom 1. Fick'schen Gesetz und unter Berücksichtigung der Tatsache, dass die Gesamtzahl der Teilchen konstant sein muss (das entspricht der Erhaltung der Masse), erhält man das *2. Fick'sche Gesetz*:

$$\frac{\partial n}{\partial t} = D \cdot \frac{\partial^2 n}{\partial x^2}. \tag{12.3}$$

Die Lösungen dieser Differentialgleichung ergeben die gesuchte Teilchenzahldichte als Funktion des Ortes und der Zeit. Will man konkrete physikalische Probleme mit Hilfe dieser Gleichung lösen, so muss man die Konzentrationsverteilung zu irgendeinem Zeit-punkt kennen (*Anfangsbedingung*); und man muss Aussagen machen können über die Konzentration an den Grenzen des betrachteten Gebietes (*Randbedingungen*). Im Allge-meinen kann man diese Bedingungen nicht angeben, so dass Lösungen für die Gleichung nur in einigen sehr einfachen, speziellen Fällen möglich sind. Es soll hier ein Beispiel angegeben werden, dessen experimentelle Anwendung unten bei der Beschreibung der Festkörperdiffusion gezeigt wird.

Der Stoff, in dem die Diffusion stattfinden kann, habe eine Begrenzung an der Stelle $x = 0$ und sei in positiver x-Richtung unendlich ausgedehnt. Im Fall der Festkörperdiffu-sion ist diese Begrenzung durch die Oberfläche des Körpers gegeben, in den Fremdatome hineindiffundieren sollen. Wie oben gesagt, müssen zur Lösung nun Anfangs- und Rand-bedingungen gegeben sein. Als Anfangsbedingung nehmen wir an, dass zu Beginn des Experiments nur an der Oberfläche eine dünne Schicht existiere, in der die diffundieren-den Fremdatome mit einer Flächendichte n_A (Anzahl der Atome/Fläche) vorliegen sollen. Überall im Festkörper soll zur Zeit $t = 0$ die Anzahldichte n der Fremdatome gleich null sein. Als Randbedingung soll gegeben sein, dass die Teilchenzahldichte in sehr großer Entfernung von der Oberfläche (also für $x \to \infty$) während des ganzen Versuches null sei. Dies sind auch experimentell realisierbare Bedingungen. Abb. 12.3 zeigt die Lösung der Differentialgleichung, nämlich den Verlauf der Teilchenzahldichte in Abhängigkeit von x. Die Kurvenschar zeigt den Verlauf zu verschiedenen Zeiten nach Beginn des Ver-

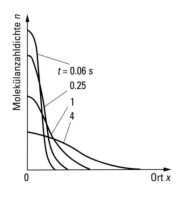

Abb. 12.3 Diffusion aus einer sehr dünnen Schicht in einen unendlich ausgedehnten Stoff

suches. Damit ist, wie gefordert, die Teilchenzahldichte als Funktion des Ortes und der Zeit bekannt. Misst man den Konzentrationsverlauf, kann man den für die Geschwindigkeit der Diffusion maßgebenden Diffusionskoeffizienten bestimmen. Aus diesem Grund werden auch meistens Diffusionsmessungen durchgeführt. Denn bei der Diffusion von Gasen zum Beispiel ist der Diffusionskoeffizient auch von den Moleküleigenschaften abhängig. Man erhält durch ihn Informationen über die Masse der Moleküle oder die Stoßquerschnittsfläche.

Wie das 1. Fick'sche Gesetz hat auch das 2. Fick'sche Gesetz eine Analogie zu der Differentialgleichung, mit der die Wärmeleitung beschrieben wird. Die physikalische Größe, die dort in ihrer Abhängigkeit von Ort und Zeit beschrieben wird, ist die Temperatur. Durch Bestimmung des dem Diffusionskoeffizienten analogen Wärmeleitvermögens können ebenfalls Festkörpereigenschaften untersucht werden.

Diffusion in Festkörpern. Durch die Untersuchung der Fremd- und Selbstdiffusionsvorgänge in Festkörpern können Auskünfte über das Strukturgefüge erhalten werden. Der Diffusionskoeffizient selbst ist von der Temperatur abhängig; es gilt die Arrhenius-Beziehung

$$D = D_0 \cdot \exp\left(-\frac{E}{k_\mathrm{B} T}\right),$$ (12.4)

in der D_0 eine Materialkonstante (der *Frequenzfaktor*) und E eine Energiegröße (die *Aktivierungsenergie*) ist, die beim Vorliegen reiner Gitterdiffusion zu gitterenergetischen Größen in Beziehung gebracht werden kann. Aus den experimentellen Daten können z. B. Gitterkonstanten, Aktivierungsenergie, Schwingungsfrequenzen oder Bindungskräfte direkt ermittelt werden.

Der langsame Ablauf von Diffusionsvorgängen in Festkörpern erfordert eine hohe Empfindlichkeit der Konzentrationsmessung. Hierbei versagen meist die herkömmlichen physikalisch-chemischen Analysemethoden. Die Methode der radioaktiven Leitisotope eröffnete neue Möglichkeiten zur Messung von Diffusionscharakteristiken. Durch sie wurde erst die direkte Bestimmung von Selbstdiffusionskoeffizienten möglich, und damit konnten direkt Auskünfte über die Diffusionsfähigkeit gittereigener Bausteine erhalten werden. Die ersten Diffusionsuntersuchungen mit Radioisotopen wurden 1920 von G. de Hevesy (1885 – 1966) an Blei durchgeführt. Mit der Erzeugung von künstlich-radioaktiven Isotopen (durch Beschleuniger oder Kernreaktoren) wurde der Anwendungsbereich der radioaktiven Methoden sehr erweitert. Die radioaktiven Isotope unterscheiden sich von dem inaktiven Element nur durch ihre Masse und durch ihre kernphysikalischen Eigenschaften. So kann das am Materietransport teilnehmende Radioisotop an seiner Strahlung (α-, β- oder γ-Strahlung) leicht nachgewiesen werden.

Materialwanderung innerhalb eines Kristallgitters ist an das Vorhandensein von Fehlordnungserscheinungen gebunden. Eine Abweichung (Fehlordnung) von der idealen Gitterplatzbesetzung ist immer vorhanden. Zu jeder Temperatur gehört eine gewisse atomare Fehlordnung, und die ideale Gitterbesetzung ist nur ein Sonderfall. Damit aber eine Ortsveränderung von Atomen eintreten kann, muss die Gitterstörung beweglich sein. Wie ein Diffusionsvorgang im Kristall erfolgen und gemessen werden kann, sei an der Bewegung einer Gitterlücke veranschaulicht (Abb. 12.4). Erhält ein Nachbaratom einer Gitterlücke bei einer Wärmeschwingung eine genügend große Schwingungsamplitude in Richtung auf die Leerstelle, so kann es in die freie Stelle springen und damit eine neue Gleich-

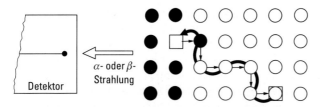

Abb. 12.4   Diffusion einer Gitterlücke in einem Kristall und Beobachtung mit radioaktiven Leitisotopen ($\square$ = Gitterlücke (Leerstelle), $\bigcirc$ = Atom auf einem Gitterplatz, $\bullet$ = radioaktives Isotop)

gewichtslage einnehmen. Das Atom ist nach rechts gewandert, und gleichzeitig entsteht eine neue Leerstelle. Bei Wiederholung dieses Vorgangs werden immer neue Atome beteiligt, und die Lücke wandert von rechts nach links, während die Materie von links nach rechts durch den Kristall wandert. Sind die von der Oberfläche aus einwandernden Atome Radioisotope, die α- oder β-Strahlung aussenden, so kann aufgrund der Absorption dieser Strahlung das Eindringen der Atome mit einem geeigneten Strahlendetektor messend verfolgt werden. Die mit wachsender Eindringtiefe zunehmende Strahlungsabsorption gestattet den direkten Nachweis der Konzentrationsverteilung. Je geringer die Weglänge, d. h. je stärker die Absorption der α- oder der β-Teilchen im Stoff ist, umso kleinere Eindringtiefen können gemessen und umso kleinere Diffusionskoeffizienten können bestimmt werden (bis $\approx 10^{-22}\,\mathrm{m^2/s}$). Die Bestimmung der Konzentrationsverteilung in der Diffusionsrichtung kann aber auch durch Zerlegung des Kristalls in viele Schichten und durch Messung der jeweiligen Schichtaktivität erfolgen. Dieses Verfahren wird besonders zur Ermittlung von nicht zu kleinen Diffusionskoeffizienten bei Anwendung von γ-Strahlern benutzt.

Wie langsam Diffusionsvorgänge in Festkörpern ablaufen können, kann durch einen Vergleich der Größenordnung von D in den verschiedenen Diffusionsmedien veranschaulicht werden:

In Gasen (0 °C, Atmosphärendruck) 10^{-5} bis $10^{-4}\,\mathrm{m^2/s}$,
in Flüssigkeiten (20 °C) $10^{-9}\,\mathrm{m^2/s}$,
in Festkörpern 10^{-9} bis $10^{-24}\,\mathrm{m^2/s}$.

Beispielsweise liegt der Koeffizient der Diffusion von Gold in Gold bei Zimmertemperatur zwischen 10^{-23} und $10^{-24}\,\mathrm{m^2/s}$. Ein Diffusionskoeffizient von $10^{-24}\,\mathrm{m^2/s}$ entspricht einer mittleren Eindringtiefe von $10^{-10}\,\mathrm{m/Tag}$, d. h. etwa 1 Gittersprung pro Tag.

Einfluss der mittleren freien Weglänge. Oben war das Wesen der Diffusion als eine Folge der ungeordneten Wärmebewegung der Moleküle erklärt worden, die im zeitlichen Mittel nach dem Durchfliegen einer gewissen Strecke, der *mittleren freien Weglänge*, zusammenstoßen. Der Ausgleich von Partialdruckunterschieden, um den es sich bei der Diffusion von Gasen handelt, ist aber von anderer Art, wenn man zu sehr niedrigen Drücken übergeht. In diesem Fall sind so wenig Moleküle in dem betrachteten Gefäß vorhanden, dass sie seltener mit anderen Molekülen als mit der Wand zusammenstoßen. Dies ist dann der Fall, wenn die mittlere freie Weglänge von der gleichen Größenordnung wie die Abmessungen des Gefäßes ist.

Welche Folgen sich daraus für die Diffusion ergeben, soll an der Ausströmung eines Gases aus einem Behälter durch eine enge Kapillare gezeigt werden. Der Durchmesser der Kapillare sei kleiner als die mittlere freie Weglänge der Gasmoleküle. Im Inneren des Gefäßes befinde sich das Gas auf einer Temperatur T unter dem Druck p; außen sei der Druck gleich null. Die Moleküle haben dann eine thermische Geschwindigkeit v_{th}, die von ihrer Masse m und der Temperatur T abhängt. Mit dieser Geschwindigkeit treffen sie auch auf die Öffnung der Kapillare und fliegen in diese hinein. Nach mehrfachen Reflexionen an den Wänden verlassen sie die Kapillare am anderen Ende. Wenn sie innerhalb der Kapillare nicht mit anderen Molekülen zusammenstoßen, ist die Zeit, die sie zum Passieren der Kapillare brauchen, proportional zur mittleren Geschwindigkeit der Moleküle im Behälter. Zum Unterschied von der Diffusion nennt man den Ausströmvorgang durch eine Kapillare *Effusion*.

Unter Anwendung der kinetischen Theorie der Wärme erhält man für die mittlere Geschwindigkeit der Moleküle

$$v_{th} = \sqrt{\frac{3\,pV}{mN}} = \sqrt{\frac{3\,k_B T}{m}} = \sqrt{\frac{3\,RT}{M_n}} \tag{12.5}$$

(p = Druck, V = Volumen, m = Masse eines Moleküls, N = Anzahl der Moleküle, k_B = Boltzmann-Konstante, T = Temperatur, R = allgemeine Gaskonstante, $M_n = mN_A$ = molare Masse). Die mittlere Geschwindigkeit der Stickstoffmoleküle beträgt bei einer Lufttemperatur von 0 °C rund 500 m/s.

Da die Dichte eines Gases $\varrho = mN/V$ ist, kann man für die thermische Geschwindigkeit auch

$$v_{th} = \sqrt{\frac{3\,p}{\varrho}} \tag{12.6}$$

schreiben. Zu dieser Geschwindigkeit ist die Ausströmgeschwindigkeit proportional. Lässt man daher zwei verschiedene Gase mit den Dichten ϱ_1 und ϱ_2 oder den molaren Massen $M_{n,1}$ und $M_{n,2}$ ausströmen, so verhalten sich die Ausströmgeschwindigkeiten umgekehrt wie die Wurzeln aus den Dichten oder aus den molaren Massen. Ist der Druck außerhalb des Gefäßes nicht gleich null, sondern gleich p_a, so gelten für die Ausströmgeschwindigkeiten die gleichen Gesetzmäßigkeiten wie oben. Es muss dann jedoch anstelle des Drucks p die Druckdifferenz $p - p_a$ eingesetzt werden. Auch das langsame Strömen von Gasen durch poröse Wände, das *Transfusion* genannt wird, kann mit den obigen Gleichungen beschrieben werden. Man kann die poröse Wand als eine Parallelschaltung von Kapillaren auffassen.

Zur Vorführung dieser Erscheinungen eignet sich der in Abb. 12.5 wiedergegebene Versuch. Ein poröses Tongefäß (ohne Glasur) T ist durch einen Stopfen gasdicht verschlossen, durch den das eine Rohrende eines Flüssigkeitsmanometers M führt. Stülpt man über das Tongefäß ein Becherglas B und lässt in dieses von unten Wasserstoff einströmen, so diffundiert dieses Gas schneller in die Tonzelle hinein als die Luft aus dieser heraus. Dadurch stellt sich im Inneren der Zelle ein Überdruck ein, den das Manometer M anzeigt. Bringt man dagegen die mit Luft gefüllte Tonzelle in eine Kohlendioxidatmosphäre, so diffundiert Luft aus der Zelle heraus, so dass sich in ihr ein Unterdruck bildet. Geräte nach diesem Prinzip dienen z. B. zur Anzeige von Grubengas in Kohlebergwerken.

Lässt man atmosphärische Luft (Gemisch von 21 % Sauerstoff und 79 % Stickstoff, deren Dichten bzw. Molekülmassen sich wie 16 : 14 verhalten) durch ein Tonrohr strömen, das außen von einem evakuierten Raum umgeben ist, so diffundiert vorzugsweise der

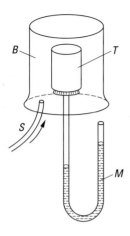

Abb. 12.5 Diffusion von Leuchtgas durch eine poröse Tonwand

Stickstoff durch die Rohrwandung, und man erhält am Ausgang des Rohres eine sauerstoffreichere Luft.

Die Trennung von Gasen verschiedener molarer Masse bzw. verschiedener Molekül- oder Atommassen durch Diffusion ist für die moderne Physik von großer Bedeutung. Ein Beispiel ist Trennung von *Isotopen*. Das sind Atome mit gleicher Kernladungszahl, also gleichem Aufbau der Elektronenhülle und damit gleichen chemischen Eigenschaften, aber mit verschiedener relativer Atommasse (das ist das Verhältnis der jeweiligen Atommasse zur Masse des Kohlenstoffisotops ^{14}C). Sie stehen im Periodensystem der Elemente am gleichen Platz. Fast alle Elemente sind aus Isotopen zusammengesetzt. Als Beispiel sei Chlor genannt. Es besteht aus den beiden Isotopen ^{35}Cl und ^{37}Cl im Verhältnis $3:1$, woraus sich die mittlere relative Atommasse $A_r = 35.46$ ergibt. Die Ursache für das Vorhandensein der Isotope ist der verschiedene Gehalt an Neutronen im Kern. Dadurch wird die Masse, nicht aber die Ladung verändert. Aufgrund der unterschiedlichen Massen liefert die Diffusion durch poröse Wände ein Mittel zu ihrer Trennung. Wohl das berühmteste Beispiel ist Wasserstoff: Dieser besteht in der Hauptsache aus zwei Isotopen der relativen Atommassen 1 und 2, die im Verhältnis $5000:1$ gemischt sind. Gustav Hertz (1887–1975) gelang 1932 die Trennung des *leichten* und *schweren Wasserstoffs* durch Diffusion. In seinem Apparat wird der Wasserstoff (bzw. allgemein das zu trennende gasförmige Isotopengemisch) durch die Wände poröser Tonzylinder in ein Vakuum abgesaugt. Durch Hintereinanderschaltung von 48 solcher Trennungsglieder gelang es Hertz, die beiden Wasserstoff-Isotope praktisch vollständig zu trennen.

Auch durch nichtporöse feste Körper sowie durch Flüssigkeitshäute kann eine Diffusion von Gasen stattfinden. Rotglühender Quarz, glühendes Platin, Eisen und besonders Palladium lassen Wasserstoff durchdiffundieren. – Eine auf Kohlendioxid (CO_2) schwimmende, lufterfüllte Seifenblase wird allmählich schwerer und nimmt an Volumen zu, da Kohlendioxid in sie eindringt. – Hält man eine an einen Glastrichter angeblasene Seifenblase kurze Zeit in ein Gefäß mit Ätherdampf, so diffundiert dieser in die Blase hinein. Nach dem Herausnehmen der Blase hängt die mit dem schweren Ätherdampf gefüllte Blase wie ein Sack am Trichter, und man kann an der Trichteröffnung den Ätherdampf anzünden. – CO_2 durchdringt auch in merklichem Maß dünne Kautschukschichten.

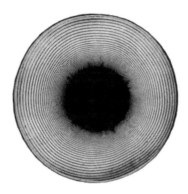

Abb. 12.6   Liesegang'sche Ringe

Diffusion in Flüssigkeiten. Die Diffusion zweier mischbarer Flüssigkeiten ist besonders wichtig, wenn eine Flüssigkeit ein reines Lösungsmittel, die andere aber die Lösung irgendeines Stoffes in diesem Lösungsmittel ist. Es findet eine allmähliche Verteilung der gelösten Substanz in dem überschüssigen Lösungsmittel statt, bis die ganze Flüssigkeit eine gleichmäßige Konzentration besitzt. Dieser Diffusionsvorgang verläuft ebenfalls nach den Gln. (12.2) und (12.3). Auch die Moleküle des Lösungsmittels diffundieren dabei ineinander. Dies ist jedoch für den Beobachter nicht sichtbar. Außerdem passieren die ursprüngliche Grenzfläche zwischen Lösung und reinem Lösungsmittel gleich viel Lösungsmittelmoleküle in der einen wie in der anderen Richtung. Der Teilchenstrom I ist daher null. Auch diese Selbstdiffusion in Flüssigkeiten wäre nur zu beobachten, wenn man einzelne Lösungsmittelmoleküle markieren könnte.

Ein interessantes Beispiel für die Diffusion einer konzentrierten Lösung ins Lösungsmittel bilden die *Liesegang'schen Ringe* (Abb. 12.6), die z. B. auf folgende Weise hergestellt werden können: Eine 10 %ige Gelatinelösung, der einige Tropfen konzentrierten Kaliumbichromats zugesetzt sind, wird auf eine warme Glasplatte ausgegossen; vor dem Erstarren führt man einem Punkt der Gallerte einen Tropfen Silbernitratlösung zu. Der Tropfen diffundiert langsam in die Gelatine hinein und bildet Niederschläge von Silberchromat, die periodisch sind und an die Streifung in Achaten erinnern. Die Periodizität entsteht dadurch, dass bei der Bildung des Niederschlages die dafür notwendige Konzentration des Silbernitrats vorübergehend unterschritten wird.

12.3 Osmose

Es gibt eine Anzahl poröser Stoffe mit der Eigenschaft, von einer Lösung nur das Lösungsmittel, nicht aber den gelösten Stoff hindurchzulassen. Scheidewände aus diesen Stoffen nennt man halbdurchlässige oder *semipermeable* Wände. Füllt man z. B. das mit einem Steigrohr R versehene Gefäß G (Abb. 12.7), dessen Boden von einer tierischen Membran (Schweineblase) M gebildet wird, mit einer Kupfersulfatlösung und bringt das Gefäß in Wasser, so diffundieren nur die Wassermoleküle durch die Haut hindurch. Es stellt sich nach einiger Zeit im Gefäß G ein Überdruck ein, der an dem Stand der Flüssigkeitssäule im Rohr R zu erkennen ist. Man bezeichnet den beschriebenen Vorgang der Diffusion durch eine semipermeable Wand als *Osmose*.

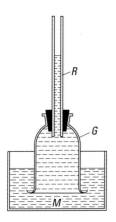

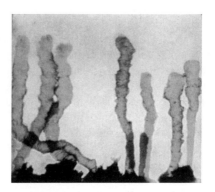

Abb. 12.7 Anordnung zur Messung des osmotischen Drucks

Abb. 12.8 Nachweis des osmotischen Drucks (s. Text)

Da der Konzentrationsausgleich nicht durch Diffusion der gelösten Moleküle stattfinden kann, diffundiert nur das Lösungsmittel in die Lösung. Die Lösung wird dadurch verdünnt. Ein vollständiger Ausgleich der Konzentration kann nicht eintreten, weil der Druck in der Lösung durch die eintretenden Lösungsmittelmoleküle ansteigt. Der sich dabei einstellende Druck, der mehrere Bar betragen kann und dem Diffusionsbestreben das Gleichgewicht hält, wird *osmotischer Druck* genannt. Beispielsweise erhält man bei einer 1 %igen Zuckerlösung einen osmotischen Druck von etwa 0.6 bar, bei einer 6 %igen einen Druck von rund 4 bar. Nach Traube (1867) und Pfeffer (1877) kann man sehr wirksame semipermeable Membranen künstlich dadurch herstellen, dass man eine poröse Tonzelle mit einer Kupfersulfatlösung füllt und sie dann in eine Lösung von Kaliumcyanoferrat(III) (rotes Blutlaugensalz) eintaucht. Dort, wo die beiden Flüssigkeiten in den Poren aufeinandertreffen, bilden sie einen dünnen Niederschlag von Kupfercyanoferrat(III), der semipermeabel ist. Die Tonzelle dient nur als Gerüst, um der Membran mechanische Haltbarkeit zu geben, da sie sonst unter den starken Drücken zerreißen würde.

Sehr einfach kann man den Vorgang der Osmose folgendermaßen zeigen: In eine verdünnte Kupfersulfatlösung wirft man ein paar Kristalle von Kaliumcyanoferrat(III). An deren Oberfläche bildet sich sofort die beschriebene semipermeable Membran von Ferricyankupfer, die im Inneren eine stark konzentrierte Lösung von Ferricyankalium umschließt. Daher dringt Lösungsmittel von außen hinein, die Membran erweitert sich, platzt an einigen Stellen, schließt sich aber sofort wieder usw. Man sieht aus den Kristallen schlauchartige Gebilde herauswachsen, die mit Algen eine gewisse Ähnlichkeit besitzen (Abb. 12.8).

Der osmotische Druck ist unabhängig von der Natur der semipermeablen Membran und bei der gleichen Temperatur für eine gegebene Lösung proportional zur Konzentration. Lösungen, die die gleiche Stoffmenge in demselben Volumen der Lösung enthalten, haben auch den gleichen osmotischen Druck; sie werden daher als *isotonisch* bezeichnet. J. H. van't Hoff (1852 – 1911) hat 1887 diese Ergebnisse im folgenden Satz zusammengefasst:

● Der osmotische Druck einer Lösung ist gleich dem Druck, den der gelöste Stoff ausüben würde, wenn seine Moleküle als Gas im gleichen Raum vorhanden wären, den die Lösung einnimmt. Der osmotische Druck spielt also bei Lösungen dieselbe Rolle wie der Gasdruck bei Gasen.

Während dieser unter gleichen Bedingungen proportional zur Dichte des Gases ist, ist jene proportional zur Konzentration der Lösung. Ebenso, wie man die Diffusion von Gasen auf das Bestreben der Einzelgase zurückführen kann, im ganzen Volumen räumlich konstante Partialdrücke beider Gase zu erzielen, kann man auch die Osmose auf das Bestreben zurückführen, überall den gleichen osmotischen Druck zu erzwingen; denn dann ist die Konzentration überall gleichmäßig.

Die Osmose spielt im Leben der Pflanzen und Tiere eine überaus wichtige Rolle; der Austausch der Säfte zwischen den rings geschlossenen Zellen und Blutgefäßen erfolgt osmotisch durch die Wände hindurch. Das Quellen von Bohnen, Erbsen usw., die man ins Wasser wirft, beruht auf Osmose, indem mehr Wasser durch die Zellwände in die Zellen hineindringt, als von dem Zellinhalt heraustritt. Höhlt man einen Rettich aus und streut in die Höhlung etwas Salz, so bildet sich darin nach einiger Zeit eine Salzlösung: Infolge Osmose tritt die in den Zellen des Rettichs enthaltene Flüssigkeit zu der konzentrierten Salzlösung heraus, die sich im ersten Augenblick bei der Berührung des Salzes mit den feuchten Wänden der Höhlung bildet.

Bereits Th. Graham (1805 – 1869) hat gezeigt, dass die kristallinen Stoffe, die echte Lösungen bilden, schneller durch poröse Stoffe hindurchdiffundieren als die sogenannten Kolloide, die mit Wasser infolge ihrer sehr großen Moleküle nur gallertartige Substanzen bilden. Man kann daher derartige Stoffe voneinander durch Osmose trennen, indem man ihr Gemisch in eine Schale gießt, deren Boden aus Pergamentpapier oder einer tierischen Membran besteht, und diese Schale auf einem Gefäß mit Wasser schwimmen lässt. Die Kristalloide gehen dann vollständig in das Wasser über, während die Kolloide in der Schale zurückbleiben. Man nennt diesen Vorgang Dialyse und benutzt ihn z. B. bei der Zuckerfabrikation zur Trennung des Zuckers von der Melasse.

Teil II Akustik

Hermann von Hemholtz (1821–1894) (Foto: Deutsches Museum, München)

13 Allgemeine Wellenlehre

13.1 Entstehung von Wellen aus Schwingungen

Die besondere Bedeutung der Wellen in allen Bereichen der Physik macht es erforderlich, ihnen ein eigenes Kapitel zu widmen. Darin sollen die für alle Wellenbewegungen charakteristischen Erscheinungen aufgeführt werden, die allgemeine Gültigkeit besitzen, auch wenn sie zunächst nur an mechanischen Modellen demonstriert werden. Viele Tatsachen, deren eigentliche Bedeutung erst in der Optik hervortritt, lassen sich in diesem Zusammenhang bereits jetzt sinnvoll behandeln.

Allgemein spricht man von einer *Welle*, wenn die Ausbreitung einer zeitlichen, in der Regel periodischen Zustandsänderung (Schwingung) in Materie oder im Raum gemeint ist. Die Frequenz der Welle, die in der Einheit Hertz (Hz) = 1/s (nach Heinrich Hertz, 1857 – 1894) angegeben wird, zeigt zunächst, wie rasch diese Zustandsänderungen erfolgen, und zwar unabhängig von der sich ändernden Größe.

In der Mechanik und Akustik beschäftigen wir uns mit den elastischen Wellen, die in Festkörpern auftreten, mit den Dichtewellen in Flüssigkeiten und Gasen und mit den Oberflächenwellen von Flüssigkeiten. Damit ist ein Frequenzbereich erfasst, der von etwa 10^{-2} Hz (Erdbebenwellen) bis zu den Hyperschallwellen (10^{10} Hz) reicht, die durch die Wärmebewegung der Atome im Kristallgitter entstehen (*akustische Phononen*). Das für irdische Phänomene relevante Spektrum der elektromagnetischen Wellen umfasst Frequenzen von etwa 10 Hz ($\lambda = 30\,000$ km) bis 10^{20} Hz (γ-Strahlen) und mehr.

Transversal- und Longitudinalwellen. Um die Entstehung irgendeiner Welle ganz allgemein zu untersuchen, sei das mechanische Modell der *linearen Kette* betrachtet. In Abschn. 5.4 wurde beschrieben, dass sich die Schwingungen eines Pendels auf ein zweites identisches übertragen, wenn beide Pendel miteinander gekoppelt, d. h. durch ein die Schwingung vermittelndes Glied (z. B. eine elastische Feder) verbunden sind. Wir denken uns jetzt eine größere Anzahl gleich langer Pendel nebeneinander aufgehängt und jede Pendelkugel mit der folgenden durch eine Schraubenfeder verbunden. Jedes Pendel soll bifilar aufgehängt sein (Abb. 13.1), so dass die Pendel nur in einer Ebene, in diesem Fall senkrecht zu ihrer Verbindungslinie schwingen können. Lässt man das erste Pendel schwingen, beobachtet man, dass nacheinander auch die übrigen Pendel dieselbe Schwingung ausführen, wobei jedes Pendel etwas später als das vor ihm befindliche mit der Schwingung beginnt. Es dauert eine bestimmte Zeit, bis das letzte Pendel zu schwingen anfängt; mit anderen Worten: Es breitet sich die dem ersten Pendel aufgezwungene Schwingung (allgemeiner gesagt: seine Gleichgewichtsstörung) durch die ganze Reihe der Pendel mit einer endlichen Geschwindigkeit aus.

Bei einer Welle schwingt jedes Teilchen stets nur um seine Ruhelage, entfernt sich also im Mittel nicht von seiner Stelle; *lediglich der Schwingungszustand breitet sich aus.* Den Abstand zweier Teilchen, die sich im gleichen Bewegungszustand (d. h. gleicher Phase)

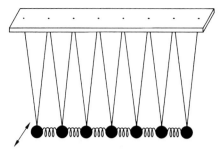

Abb. 13.1 Gekoppelte Pendel zur Erzeugung einer transversalen Welle

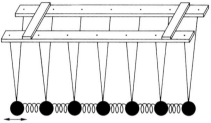

Abb. 13.2 Gekoppelte Pendel zur Erzeugung einer longitudinalen Welle

befinden, nennt man die *Wellenlänge* λ der Welle. Die Wellenlänge, die räumliche Periode, stellt also das Analogon zur zeitlichen Periode T dar. Zum Durchlaufen der Strecke λ braucht die Welle gerade die Zeit T einer Schwingungsdauer. Demnach ergibt sich als Ausbreitungsgeschwindigkeit c der Welle die wichtige Beziehung

$$c = \frac{\lambda}{T} = \nu\lambda. \tag{13.1}$$

Der letzte Ausdruck folgt, da die Frequenz ν gleich $1/T$ ist. Diese Beziehung zwischen Ausbreitungsgeschwindigkeit, Frequenz oder Schwingungsdauer und Wellenlänge gilt für alle Wellen, welcher Art sie auch immer sein mögen.

Bei der bisher betrachteten Wellenbewegung erfolgte die Schwingungsbewegung der einzelnen Teilchen (Pendel) senkrecht zur Ausbreitungsrichtung. Man nennt eine derartige Welle eine *Transversalwelle*. Man kann eine Transversalwelle auch an einem gespannten Seil oder Gummischlauch vorführen, indem man diesem einen Schlag versetzt, der das Seil an der Anschlagstelle aus der Ruhelage herausbringt. Dann sieht man deutlich, wie die entstandene Ausbuchtung längs des Seiles mit endlicher Geschwindigkeit fortschreitet. (Um den Vorgang bequem sichtbar zu machen, benutzt man zweckmäßig einen mit Sand gefüllten Gummischlauch. Durch die Beschwerung wird die Ausbreitungsgeschwindigkeit der Störung stark herabgesetzt.)

Wir ändern nun den Versuch von Abb. 13.1 ab, und zwar hängen wir die einzelnen Pendel jetzt so auf, dass sie nur in Richtung ihrer Verbindungslinie schwingen können (Abb. 13.2). Die Pendel sind wieder durch Schraubenfedern miteinander verbunden. Entfernt man das linke Pendel aus seiner Ruhelage und überlässt es sich selbst, so führt es Schwingungen um die Gleichgewichtslage aus. Auch jetzt stellt man fest, dass diese sich auf die anderen Pendel übertragen, die nacheinander in Schwingungen geraten: Der Schwingungszustand breitet sich auch in diesem Fall durch die ganze Reihe der nebeneinander hängenden Pendel hindurch aus.

Jedes einzelne Pendel schwingt dabei nur um seine Ruhelage. Dadurch kommt es dann an einzelnen Stellen zu einer Annäherung mehrerer Pendel („Verdichtung"), während sich an anderen Stellen die Pendel besonders weit voneinander entfernen („Verdünnung"). Diese Verdichtungen und Verdünnungen laufen in gleich bleibendem Abstand hintereinander her und stellen die Störung dar, die sich durch das System hindurch bewegt. Den Abstand zweier Teilchen, die sich im gleichen Bewegungszustand befinden, nennt man wieder die Wellenlänge λ, und es gilt auch hier für die Ausbreitungsgeschwindigkeit die Beziehung

$$c = \frac{\lambda}{T} = \nu \lambda. \tag{13.1}$$

Da jetzt die Schwingungsrichtung der einzelnen Teilchen mit der Ausbreitungsrichtung zusammenfällt, spricht man von einer *Longitudinalwelle*. Man kann eine Longitudinalwelle an einem gespannten Gummischlauch dadurch herstellen, dass man dessen Ende ruckartig in Längsrichtung in Bewegung setzt. Markiert man einige Stellen des Schlauches durch angeklebte Papierzeichen, so beobachtet man, wie diese nacheinander die schwingende Bewegung übernehmen.

Longitudinalwellen, bei denen also nur Verdichtungen und Verdünnungen, d. h. Volumenänderungen auftreten, können in allen Stoffen existieren, die Volumenelastizität besitzen, die also auf Volumenänderungen mit elastischen Gegenkräften reagieren. Volumenelastizität besitzen aber sowohl feste als auch flüssige und gasförmige Körper. Zum Beispiel sind die Schallwellen in Luft Longitudinalwellen. Bei den Transversalwellen dagegen findet eine Verschiebung der einzelnen Teilchen quer zur Ausbreitungsrichtung statt, und diese kann nur durch Schubkräfte erzeugt werden. Daher treten elastische Transversalwellen nur in festen Stoffen auf.

Eine besondere Art von Transversalwellen bilden die *Torsionswellen*, die z. B. entstehen, wenn man einen gespannten Stahldraht an einem Ende in Torsionsschwingungen versetzt (Abb. 13.3). Diese breiten sich dann längs des ganzen Drahtes mit endlicher Geschwindigkeit aus. An dem vertikal eingespannten Stahldraht sind in gleichen Abständen waagerechte Metallstäbchen befestigt, die an beiden Enden kleine Kugeln tragen. Jedes Stäbchen bildet ein um die Vertikale schwingendes System, dessen Schwingungsdauer

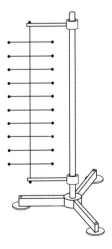

Abb. 13.3   Erzeugung von Torsionswellen

durch sein Trägheitsmoment um die Achse und das Richtmoment des Drahtes gegeben ist. Versetzt man das unterste Stäbchen in Torsionsschwingungen, so führen die übrigen die gleichen Schwingungen nacheinander aus, und man kann verfolgen, wie sich die Störung wellenförmig längs des Drahtes bewegt.

Wellen-Energie. Nachdem wir verschiedene Formen von Wellen kennengelernt haben, muss auf eine allen Wellen gemeinsame Eigenschaft hingewiesen werden. Zur Erzeugung einer Welle muss man eine bestimmte Arbeit aufwenden, die dann als Energie mit der Welle durch den Raum fortwandert, und zwar so, dass in jedem Punkt, über den die Welle hinwegläuft, diese Energie in periodischer Folge als kinetische und potentielle Energie auftritt, je nachdem ob das von der Welle erfasste Teilchen maximale Geschwindigkeit oder die Geschwindigkeit null besitzt. Man erkennt dies z. B. an den in Abb. 13.1 und 13.2 benutzten Pendeln: Die dem ersten Pendel zugeführte Energie überträgt sich auf die folgenden Pendel, wobei jedes einzelne sämtliche Schwingungsphasen durchläuft. Man kann daher sagen – und dies gilt auch für die in Bd. 2 behandelten elektromagnetischen Wellen –:

• Das allgemeine Merkmal einer Wellenbewegung ist der Transport von Energie, wobei sich die Form der Energie in periodischem Wechsel dauernd umwandelt.

Für die Schwingung eines Massenpunktes ergab sich in Abschn. 5.2 der analytische Ausdruck

$$\xi = \xi_0 \sin\left(\frac{2\pi}{T}t + \varphi\right) = \xi_0 \sin(2\pi\nu t + \varphi) = \xi_0 \sin(\omega t + \varphi), \tag{13.2}$$

wobei ξ die Verschiebung des Massenpunkts aus der Ruhelage, ξ_0 seine Amplitude und φ eine den Anfangszustand bestimmende Phasenkonstante bedeutet. Für eine (lineare) Welle lässt sich der formelmäßige Ausdruck durch folgende Überlegung finden: Der zeitliche Verlauf der Bewegung des ersten Teilchens der Welle möge durch die Gleichung $\xi = \xi_0 \sin\omega t$ dargestellt sein, die aus obiger Gleichung hervorgeht, wenn wir $\varphi = 0$ setzen, also annehmen, dass das schwingende Teilchen zur Zeit $t = 0$ gerade durch die Nulllage schwingt. Wenn sich nun die Welle mit der Geschwindigkeit c ausbreitet, wird ein in der Entfernung x vom Erregungsort befindliches Teilchen seine Schwingung zu einer um x/c späteren Zeit beginnen, d. h. sein Schwingungszustand wird durch die Gleichung $\xi = \xi_0 \sin\omega(t-x/c)$ gekennzeichnet. Seine Phase ist also gegenüber der Schwingung im Anregungspunkt verzögert. Da diese Gleichung für jede Entfernung x und für jede Zeit t gilt, stellt sie eine (in der positiven x-Richtung) fortschreitende Welle dar. Für eine sich in negativer x-Richtung ausbreitende Welle tritt anstelle des Minuszeichens das Pluszeichen. Man kann also allgemein mit Gl. (13.1) schreiben:

$$\xi(x,\,t) = \xi_0 \sin\omega\left(t \mp \frac{x}{c}\right) = \xi_0 \sin(\omega t \mp kx), \tag{13.3}$$

wobei $k = 2\pi/\lambda$ die *Wellenzahl* ist. Man erkennt sofort das Charakteristikum einer Welle, nämlich die zeitliche und räumliche Periodizität. Bei festgehaltener Ortskoordinate x geht Gl. (13.3) in Gl. (13.2) über, da dann $kx = $ const ist. Es besteht also am Ort x ein zeitlich periodischer Vorgang. Hält man umgekehrt die Zeit t fest, ist $\omega t = $ const, so dass Gl. (13.3) ein räumlich periodisches Phänomen mit der Wellenlänge λ als Periode darstellt.

• Während eine Schwingung nur zeitlich periodisch ist, ist also eine Welle zeitlich *und* räumlich periodisch.

Aus Gl. (13.3) findet man für die Geschwindigkeit eines schwingenden Teilchens den Ausdruck

$$\frac{\mathrm{d}\xi}{\mathrm{d}t} = \omega\xi_0 \cos(\omega t \mp kx).$$

Zur Unterscheidung von der Ausbreitungsgeschwindigkeit c wird die Größe $\mathrm{d}\xi/\mathrm{d}t$ auch *Schnelle* genannt.

Wellen breiten sich allgemein aber nicht nur in der Raumrichtung x aus, sondern auch in zwei (Wasserwellen) oder drei Raumrichtungen r (Schall). Ist ϱ die Dichte des Mediums, in dem sich die Welle bewegt (z. B. Luft bei Schallwellen), so gilt für die kinetische Energie pro Volumen

$$\frac{E_{\mathrm{kin}}}{V} = \frac{1}{2}\varrho \left(\frac{\mathrm{d}\xi}{\mathrm{d}t}\right)^2 = \frac{1}{2}\varrho\,\omega^2\xi_0{}^2 \cos^2(\omega t \mp kr).$$

Da der zeitliche Mittelwert des Kosinusquadrates gleich $\frac{1}{2}$ ist, ergibt sich als mittlere kinetische Energie pro Volumen

$$\frac{\overline{E}_{\mathrm{kin}}}{V} = \frac{1}{4}\varrho\,\omega^2\xi_0{}^2.$$

Da ferner der Mittelwert der potentiellen Energie pro Volumen, $\overline{E}_{\mathrm{pot}}/V$, den gleichen Wert hat, erhält man für die mittlere Gesamtenergie $\overline{E} = \overline{E}_{\mathrm{kin}} + \overline{E}_{\mathrm{pot}}$ und damit für die *Energiedichte* der Welle den Ausdruck

$$\frac{\overline{E}}{V} = \frac{1}{2}\varrho\,\omega^2\xi_0{}^2. \tag{13.4}$$

Die mittlere Energiedichte einer fortschreitenden elastischen Welle ist also proportional zur Dichte des Mediums, zum Quadrat der Amplitude und zum Quadrat der Frequenz.

Auch bei den in der Elektrodynamik, speziell der Optik, auftretenden elektromagnetischen Wellen, gilt Analoges: Die mittlere elektrische Energiedichte ist gleich der mittleren magnetischen Energiedichte. Diese beiden Energieformen treten an die Stelle der potentiellen und kinetischen Energie. Die gesamte Energiedichte ist gleichfalls proportional zum Quadrat der Amplitude. An die Stelle der Dichte ϱ tritt eine entsprechende elektrische Größe (s. Bd. 2).

Wenn wir Wasserwellen beobachten, die beim Hineinwerfen eines Steins in eine Wasserfläche entstehen, sehen wir, dass sich die Wellen von der Anregungsstelle gleichmäßig nach allen Seiten auf der Wasseroberfläche ausbreiten: Wellentäler und Wellenberge bilden immer größer werdende Kreise, außerhalb derer die Wasseroberfläche noch in Ruhe ist. Wird allgemein ein homogenes isotropes Medium an einer möglichst punktförmigen Anregungsstelle in Schwingungen versetzt, breiten sich die Wellen nach allen Richtungen gleichmäßig aus. Es lässt sich auch hier zu jeder Zeit in dem betreffenden Medium eine Fläche derart konstruieren, dass innerhalb dieser nur die Punkte eingeschlossen sind, die die Welle bereits erreicht hat, während außerhalb der Fläche sich alle Punkte befinden, die noch nicht in Schwingungen versetzt worden sind. Eine solche Fläche ist offenbar eine Fläche gleicher Phase und wird allgemein als *Wellenfläche* bezeichnet. Die Ausbreitung der Welle erfolgt also stets senkrecht zur Wellenfläche. Man kann die Wellenfläche auch so definieren, dass man sagt: Alle diejenigen Punkte liegen auf einer Wellenfläche, die von der Welle in gleichen Zeiten vom Anregungsort aus erreicht werden.

Nach der Form der Wellenfläche unterscheidet man verschiedene Arten von Wellen. Bei einer punktförmigen Anregungsstelle bildet die Wellenfläche in einem homogenen und isotropen Medium eine Kugelfläche; man spricht daher in diesem Fall von *Kugelwellen*. Einer *ebenen Welle* entspricht eine Ebene als Wellenfläche; sie ließe sich nur durch eine unendlich ausgedehnte Ebene erzeugen, die parallel zu sich schwingt. Daraus ergibt sich schon, dass der Begriff der ebenen Welle eine Abstraktion ist, die nur angenähert hergestellt werden kann. Man kann aber in großer Entfernung vom punktförmigen Anregungszentrum einen kleinen Ausschnitt aus der Wellenfläche einer Kugelwelle als eben, das entsprechende Stück der Kugelwelle also angenähert als ebene Welle betrachten. So sind z. B. die Lichtwellen, die von der Sonne oder von entfernten Lichtquellen kommen, als ebene Wellen zu behandeln. – Bildet schließlich das Anregungszentrum eine unendlich lange Gerade, so nimmt die Wellenfläche Zylinderform an, und man spricht von *Zylinderwellen*.

Bei den Wasserwellen, die sich längs der Oberfläche ausbreiten, schrumpft bei punktförmiger Anregung die Kugelfläche zu einem Kreisring zusammen. Ebene Wasserwellen lassen sich z. B. mit einem auf der Oberfläche liegenden Stab erzeugen, den man senkrecht zu ihr in eine schwingende Bewegung versetzt (Abb. 13.5b).

Bei nicht isotropen Stoffen kann die Wellenfläche sehr komplizierte Gestalt annehmen. Zum Beispiel ist bei bestimmten Kristallen die Wellenfläche der Lichtwellen ein Ellipsoid, da sich die Ausbreitungsgeschwindigkeit des Lichtes mit der Richtung im Kristall ändert. In bewegter Luft ist die Schallgeschwindigkeit in der Windrichtung größer als gegen sie. Das hat zur Folge, dass bei punktförmiger Anregung die Wellenfläche eine exzentrische Kugelfläche ist.

Bei einer ebenen Welle ist die mittlere Energiedichte in der Welle konstant, da die Größe der Wellenflächen, durch die die Energie hindurch tritt, sich nicht ändert. Daher ist auch die Amplitude einer ebenen Welle konstant, und die Gleichung

$$\xi = \xi_0 \sin(\omega t \mp kx) \tag{13.3}$$

mit konstantem ξ_0 bezieht sich demnach auf eine ebene Welle. Anders liegen die Verhältnisse natürlich bei Kugelwellen. Hier nimmt die Größe der Wellenfläche mit dem Quadrat der Entfernung r vom Anregungszentrum zu. Die Schwingungsamplitude ist daher zur Entfernung umgekehrt proportional. Man kann also schreiben:

$$\xi \sim \frac{1}{r} \sin(\omega t \mp kr). \tag{13.5}$$

Das Minuszeichen bezieht sich auf eine vom Anregungspunkt $r = 0$ auslaufende, d. h. divergierende Welle, das Pluszeichen auf eine zu diesem Punkt konvergierende Kugelwelle. Übrigens gilt Gl. (13.4) nur außerhalb des Punkts $r = 0$, da in diesem die Amplitude unendlich werden würde, ein Anzeichen dafür, dass die Annahme punktförmiger Quellen eine Idealisierung ist. Alle wirklichen Wellen gehen von endlichen (wenn auch unter Umständen kleinen) Anregungsstellen aus.

Eine Zwischenstellung zwischen ebenen und Kugelwellen nehmen die Zylinderwellen ein. Bei ihnen wächst die Größe der Wellenfläche direkt mit der Entfernung. Die Energiedichte nimmt also mit der senkrechten Entfernung r von der Anregungslinie ab. Die Amplitude ist daher umgekehrt proportional zur Wurzel aus dem Abstand r von der Anregungslinie:

$$\xi \sim \frac{1}{\sqrt{r}} \sin(\omega t \mp kx). \tag{13.6}$$

Bezüglich des Minus- und Pluszeichens gilt das Analoge wie für die Kugelwelle. Auch gilt Gl. (13.6) wieder nur außerhalb der Anregungslinie.

Der Energietransport durch die Welle erfolgt bei ungestörter Ausbreitung geradlinig vom Anregungszentrum aus durch die Wellenflächen hindurch, und zwar in homogenen isotropen Medien senkrecht zu diesen, d. h. in Richtung der Normalen. Bei einer Kugelwelle sind die Normalen also die vom Anregungszentrum ausgehenden Radien. Analoges gilt für alle übrigen Wellenarten. Daher kann man sagen, dass die Energie sich längs dieser Normalen „strahlenartig", d. h. geradlinig ausbreitet. Man nennt diese Normalen zur Wellenfläche unter gewissen Bedingungen auch *Strahlen* (Schallstrahlen, Wärmestrahlen, Lichtstrahlen, Röntgenstrahlen). Es ist indessen zu betonen, dass einem „Strahl" als einer rein geometrisch definierten Geraden keine physikalische Wirklichkeit zukommt. Wirklich sind nur die Wellenflächen bzw. Stücke von ihnen. Hat man es mit einem sehr kleinen Stück einer Wellenfläche zu tun, so ist es zwar bequem und unter Umständen auch vorteilhaft, von „einem" Strahl zu sprechen, aber dies ist eine Abstraktion, die sich von der Wirklichkeit mehr oder weniger weit entfernt. Gemeint ist mit „einem" Strahl, dass es sich um das zu diesem kleinen Wellenstück gehörige enge Normalenbüschel, also um eine Gesamtheit von Strahlen handelt. Im Fall der Kugelwellen hat man es mit einem sogenannten Strahlenbüschel zu tun, d. h. mit der Gesamtheit der vom Anregungszentrum ausgehenden, einen Kegel endlicher Öffnung erfüllenden Wellennormalen, im Fall ebener Wellen, also paralleler Wellennormalen und Strahlen, mit einem Strahlenbündel.

Demonstrationsexperimente. Zum Schluss dieses Abschnitts soll noch eine einfache, schon 1807 von Thomas Young (1773 – 1829) angegebene Versuchseinrichtung zur Erzeugung von Wasserwellen beschrieben werden, die zum Studium der Ausbreitungsvorgänge von Wellen häufig benutzt wird. Dazu eignen sich die Wasserwellen (s. Abschn. 13.5) deshalb besonders gut, weil ihre Ausbreitung nur in einer Ebene erfolgt und die Wellenberge und Wellentäler verhältnismäßig einfach durch optische Projektion sowohl im durchfallenden als auch im reflektierten Licht sichtbar gemacht werden können. Das Wasser befindet sich in einer flachen Wanne W mit Glasboden, so dass man von unten mit einem hindurch fallenden Lichtkegel eine Art Schattenbild der Wellenfronten auf einem Schirm sichtbar machen kann. Die Seitenwände der Wanne, die in Abb. 13.4 im Querschnitt gezeichnet ist, sind möglichst flach gestaltet, damit sich die Wellen an ihnen totlaufen und dadurch unerwünschte Reflexionen verhindert werden.

Zur Erzeugung fortschreitender Wasserwellen dient ein Tauchkörper T, der am vorderen Ende eines um die horizontale Achse B drehbaren Hebelarms A befestigt ist. Dieser Hebelarm wird durch eine auf der Achse eines Motors M sitzende exzentrische Nockenscheibe N in periodische auf- und abgehende Bewegungen versetzt. Besteht der Tauchkörper aus einem einzelnen Stift, entstehen Kreiswellen, wie sie z. B. die Momentaufnahme in

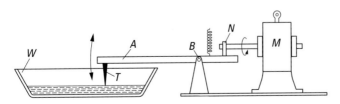

Abb. 13.4   Anordnung zur Erzeugung von Wasserwellen

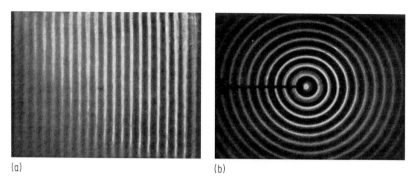

(a)   (b)

Abb. 13.5   Wasserwellen, (a) ebene Wellen bei linearer Anregung, (b) Kreiswellen bei punktförmiger Anregung

Abb. 13.5b zeigt. Um ebene Wellen (Abb. 13.5a) zu erhalten, wählt man als Tauchkörper einen geraden Blechstreifen, der mit seiner Kante in die Wasseroberfläche eintaucht. Durch Verändern der Umdrehungsfrequenz des Motors lässt sich die Frequenz des Wellenerzeugers und damit die Wellenlänge der Wasserwellen variieren. Durch intermittierende (stroboskopische) Beleuchtung kann man die Geschwindigkeit der Wellen auf dem Schirm für das Auge beliebig verlangsamen und bei geeigneter Beleuchtungsfrequenz sogar zum Stehen bringen, so dass man alle Einzelheiten der Wellenausbreitung, z. B. an Hindernissen, die man in Form von Metallklötzen in die Wasserwanne setzt, erkennt.

13.2 Interferenz, stehende Wellen

Interferenz. Wenn man in demselben Medium mehrere Wellen erzeugt, durchkreuzen sich die einzelnen Wellensysteme an gewissen Stellen. Es erhebt sich die Frage, welche resultierende Auslenkung der Punkt ausführt, der unter der gemeinsamen Wirkung der einzelnen Wellen steht, d. h. von jeder Einzelwelle in eine Schwingung versetzt würde. Die Antwort auf diese Frage wurde bereits in Abschn. 5.3 bei der Zusammensetzung von Schwingungen gegeben. Wir erhielten damals das einfache Ergebnis, dass die resultierende Auslenkung im Allgemeinen gleich der algebraischen Summe der Einzelauslenkungen ist. Es ist das *Prinzip der linearen Superposition*. Es sagt aus, dass sich jedes Wellensystem so ausbreitet, als ob die anderen Wellensysteme nicht vorhanden wären. Dies gilt für elastische Wellen allerdings nur so lange, wie die resultierende Auslenkung nicht zu groß wird, d. h. solange sie noch innerhalb der Grenzen des Hooke'schen Gesetzes (Proportionalitätsgrenze) liegt. Ungestörte Überlagerung kann man besonders gut bei Wasserwellen beobachten: Die von Regentropfen erzeugten kleinen Wellen bilden sich auf einer von großen Wasserwellen durchsetzten Oberfläche ebenso aus, wie auf einer ruhenden. Man fasst die Erscheinungen, die durch ungestörte Überlagerung mehrerer Wellen an demselben Ort hervorgerufen werden, unter dem Namen *Interferenz* zusammen.

Zur Erläuterung dieses Begriffs soll nun untersucht werden, wie sich zwei Wellenzüge gleicher Wellenlänge λ und damit gleicher Schwingungsdauer T zusammensetzen, wenn sie sich in der gleichen Richtung ausbreiten. Beide Wellen sollen aber verschiedene Amplituden ξ_{01} und ξ_{02} und relativ zueinander einen *Gangunterschied* d haben, d. h., eine gegenseitige Verschiebung um die Strecke d würde gleichgerichtete Schwingungszustände beider Wellen zur Deckung bringen. Es lassen sich also beide Wellen durch die Gleichungen

$$\xi_1 = \xi_{01} \sin(\omega t - kx), \tag{13.7}$$

$$\xi_2 = \xi_{02} \sin(\omega t - k(x - d)) = \xi_{02} \sin(\omega t - kx + kd) \tag{13.8}$$

darstellen. Die resultierende Welle muss sich bei ungestörter Überlagerung ebenfalls durch eine Wellengleichung ausdrücken lassen:

$$\xi_r = \xi_1 + \xi_2 = \xi_{0r} \sin(\omega t - kx + kD). \tag{13.9}$$

Die resultierende Welle muss die gleiche Schwingungsdauer T und Wellenlänge λ besitzen wie die primären Wellen. Ihre Amplitude ξ_{0r} und ihr Gangunterschied D sind aber erst zu bestimmen. Mit den Gln. (13.7) und (13.8) und Zerlegung der rechten Seiten der Gln. (13.8) und (13.9) können wir schreiben:

$$\xi_r = \xi_{0r} \sin(\omega t - kx) \cos kD + \xi_{0r} \cos(\omega t - kx) \sin kd$$

$$= \xi_{01} \sin(\omega t - kx) + \xi_{02} \sin(\omega t - kx) \cos kd + \xi_{02} \cos(\omega t - kx) \sin kd.$$

Damit diese Gleichung zu allen Zeiten t und an allen Orten x bestehen kann, müssen die Koeffizienten von $\sin(\omega t - kx)$ und $\cos(\omega t - kx)$ auf beiden Seiten einander gleich sein:

$$\xi_{0r} \cos kD = \xi_{01} + \xi_{02} \cos kd,$$

$$\xi_{0r} \sin kD = \xi_{02} \sin kd. \tag{13.10}$$

Durch Quadrieren und Addieren dieser beiden Gleichungen folgt für ξ_{0r}:

$$\xi_{0r} = \sqrt{\xi_{01}^2 + \xi_{02}^2 + 2\,\xi_{01}\xi_{02} \cos kd}. \tag{13.11}$$

Damit ist die Amplitude der resultierenden Welle bestimmt. Für ihren Gangunterschied zur primären Welle ξ_2 folgt z. B. aus der zweiten Gl. (13.10):

$$\sin kD = \frac{\xi_{02}}{\xi_{0r}} \sin kd. \tag{13.12}$$

Nach Gl. (13.11) hängt die Amplitude ξ_{0r} der resultierenden Welle also nicht nur von den Amplituden der Einzelwellen, sondern auch von ihrem Gangunterschied d ab. ξ_{0r} wird ein Maximum, wenn d gleich null oder gleich einem ganzzahligen Vielfachen von λ ist, und ein Minimum, wenn d gleich einem ungeradzahligen Vielfachen von $\frac{1}{2}\lambda$ ist.

Wir betrachten nun den speziellen Fall, dass die Amplituden der beiden gegebenen Wellen gleich sind, also $\xi_{01} = \xi_{02} = \xi_3$, dann wird nach Gl. (13.11)

$$\xi_{0r} = \sqrt{2}\,\xi_0 \sqrt{1 + \cos kd} = 2\xi_0 \cos \frac{1}{2}kd,$$

und nach Gl. (13.12)

$$\sin kD = \frac{\xi_0}{2\xi_0 \cos \frac{1}{2}kd} \sin kd = \sin \frac{1}{2}kd,$$

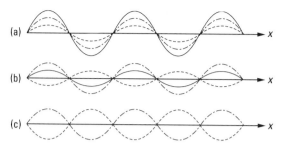

Abb. 13.6   Interferenz zweier Wellenzüge

also $D = d/2$. Damit ergibt sich für die resultierende Welle die Gleichung

$$\xi_r = 2\xi_0 \cos \frac{1}{2}kd \, \sin \left[(\omega t - kx) + \frac{1}{2}kd \right]$$

bzw.

$$\xi_r = 2\xi_0 \cos \frac{\pi d}{\lambda} \, \sin \left[2\pi \left(\frac{t}{T} - \frac{x}{\lambda} \right) + \frac{\pi d}{\lambda} \right]. \tag{13.13}$$

Ist also d ein ganzzahliges Vielfaches von λ, so ist – wie im allgemeinen Fall – die Amplitude der resultierenden Welle, absolut genommen, ein Maximum. Dagegen verschwindet sie, wenn d ein ungeradzahliges Vielfaches von $\frac{1}{2}\lambda$ ist. Es ist das gleiche Resultat, das wir bereits bei der Zusammensetzung von Schwingungen erhielten. Der Gangunterschied der Wellen bedingt nämlich die Phasendifferenz zwischen den Schwingungen, zu denen der betrachtete Punkt des Mediums von den beiden Wellen angeregt wird.

Nach der rechnerischen Behandlung der Interferenz nun einige Beispiele. In Abb. 13.6a sind zwei in der gleichen Richtung fortschreitende Wellen gleicher Wellenlänge, aber verschiedener Amplitude gezeichnet, deren Phasenunterschied null beträgt. Die ausgezogene Kurve ist die resultierende Welle. Teilbild (b) zeigt die gleichen Wellenzüge, jedoch mit einem Gangunterschied von $\frac{1}{2}\lambda$. Schließlich ist im Teilbild (c) der Fall wiedergegeben, dass sich zwei Wellen gleicher Amplitude mit dem Gangunterschied $\frac{1}{2}\lambda$ in derselben Richtung fortbewegen: Im Fall (a) liegt eine Verstärkung, im Fall (b) eine Schwächung und im Fall (c) eine vollständige Auslöschung vor.

Wir betrachten noch die Überlagerung zweier Wellensysteme, die von zwei Punkten ausgehen, wobei die Anregung beider Wellen in gleicher Phase und mit derselben Frequenz erfolgen soll. Dieser Fall lässt sich mit dem Wasserwellengerät in Abb. 13.4 vorführen, wenn als Tauchkörper zwei Stifte mit festem Abstand dienen. Dann ergibt sich eine Wellenausbreitung, wie sie Abb. 13.7 zeigt, bei der längs gewisser Kurven eine Auslöschung der beiden Wellen erfolgt. Zum Verständnis dieser Erscheinung betrachte man die Zeichnung in Abb. 13.8. Die von den Punkten P_1 und P_2 ausgehenden Wellen sind durch Kreise in der Weise dargestellt, dass die dick ausgezogenen Linien die Wellenberge und die dünn ausgezogenen die Wellentäler darstellen. Der Abstand zweier aufeinanderfolgender gleich dick (oder gleich dünn) gezeichneter Kreise desselben Anregungspunkts stellt also die Wellenlänge dar. Nach dem Superpositionsprinzip wird nun an allen Punkten, an denen sich zwei Wellenzüge mit gleicher Phase überschneiden, d. h. an den Schnittpunkten gleich dick oder dünn gezeichneter Kreise, eine Addition der Wellen, also eine Verstärkung

Abb. 13.7   Interferenz zweier kreisförmiger Wasserwellensysteme

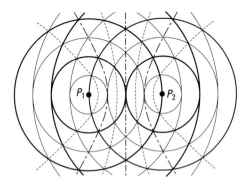

Abb. 13.8   Zur Entstehung der Interferenzerscheinung von Abb. 13.7

eintreten. Diese Punkte sind durch eine strichpunktierte Linie miteinander verbunden. Dagegen findet an den Schnittpunkten eines dick und eines dünn ausgezogenen Kreises, also an Punkten, an denen sich zwei Wellen mit gerade entgegengesetzter Phase treffen, eine Auslöschung der Wellen statt (gestrichelte Verbindungslinie).

Man sieht, dass zunächst längs der Mittelsenkrechten zur Verbindungslinie der beiden Wellenzentren eine dauernde Verstärkung stattfindet, da diese Punkte alle gleich weit von P_1 und P_2 entfernt sind und damit in ihnen die beiden Wellen stets mit gleicher Phase eintreffen. Die übrigen Kurven, die die Orte maximaler Wellenerzeugung und vollständiger Auslöschung angeben, sind konfokale Hyperbeln und haben die beiden Wellenzentren als gemeinsame Brennpunkte. In Abb. 13.7 kommen die Hyperbeln besonders deutlich heraus, bei denen sich die Wellen durch Interferenz auslöschen. Man erkennt ferner, dass die Wellen zu beiden Seiten einer solchen Interferenzhyperbel entgegengesetzte Phase haben, indem unmittelbar an einen Wellenberg des einen Systems ein Wellental des benachbarten Systems angrenzt. Nur so ist es möglich, dass zwischen beiden Wellenstreifen eine Stelle liegt, an der keine Wellenbewegung auftritt.

Das in Abb. 13.7 gebrachte Beispiel bezog sich auf die Ausbreitung zweier Wellen in einer Ebene. Um die Ergebnisse auf die Ausbreitung zweier Kugelwellensysteme im Raum zu übertragen, denken wir uns die Zeichnung der Abb. 13.8 um die Verbindungslinie der beiden Anregungszentren in Rotation versetzt. Dann gehen die Hyperbeln in Rotationshyperboloide über, die wiederum die Anregungspunkte P_1 und P_2 als gemeinsame Brennpunkte haben.

Wenn die Anregungszentren von zwei Schallquellen gleicher und konstanter Frequenz, z. B. von zwei Lautsprechern gebildet werden, die man von einer gemeinsamen Wechselstromquelle mit einer Tonfrequenz, d. h. gleichphasig anregt, muss es bei geeignetem Abstand der Lautsprecher im umgebenden Schallfeld Orte geben, an denen sich die beiden Schallwellen auslöschen. Dies beobachtet man in der Tat, wenn man rasch durch das Schallfeld der beiden Schallquellen hindurchgeht. Noch deutlicher wird dieser Versuch, wenn man die beiden Schallquellen in festem Abstand auf einem Brett anbringt und dieses um eine senkrecht auf dem Brett stehende Achse dreht, die die Verbindungslinie der beiden Schallquellen halbiert. Dann dreht sich damit das ganze Schallfeld über einen ruhenden Beobachter hinweg und dieser vernimmt ein periodisches An- und Abschwellen der Lautstärke. Das Gleiche gilt für die beiden Zinken einer Stimmgabel. Sie stellen zwei Schallquellen dar, die mit entgegengesetzter Phase schwingen. Auch hier gibt es in der Umgebung Orte, an denen sich die beiden Schallwellen auslöschen. Dies ist deutlich zu hören, wenn man die Stimmgabel dicht am Ohr um ihre Längsachse dreht.

Schwebung. Ein besonderer Fall von Interferenz liegt vor, wenn zwei Wellen zwar gleiche Amplitude, aber verschiedene Wellenlänge haben. Beschränken wir uns der Einfachheit halber auf den Fall, bei dem die beiden Wellen keinen Gangunterschied gegeneinander haben, dann können wir sie in der Form

$$\xi_1 = \xi_0 \sin(\omega_1 t - k_1 x) \quad \text{und} \quad \xi_2 = \xi_0 \sin(\omega_2 t - k_2 x),$$

bzw.

$$\xi_1 = \xi_0 \sin 2\pi\left(\nu_1 t - \frac{x}{\lambda_1}\right) \quad \text{und} \quad \xi_2 = \xi_0 \sin 2\pi\left(\nu_2 t - \frac{x}{\lambda_2}\right)$$

schreiben. Die resultierende Welle ist dann nach dem Additionstheorem der trigonometrischen Funktionen

$$
\begin{aligned}
\xi_r &= \xi_1 + \xi_2 \\
&= 2\xi_0 \cos \pi\left[(\nu_1 - \nu_2)t - \left(\frac{x}{\lambda_1} - \frac{x}{\lambda_2}\right)\right] \cdot \sin \pi\left[(\nu_1 + \nu_2)t - \left(\frac{x}{\lambda_1} - \frac{x}{\lambda_2}\right)\right].
\end{aligned}
$$

Nehmen wir weiter an, dass sich die Frequenzen und Wellenlängen beider Wellen nur wenig voneinander unterscheiden, kann man die letzte Gleichung vereinfachen. Zunächst ergibt sich

$$
\begin{aligned}
\xi_r &= \xi_1 + \xi_2 \\
&= 2\xi_0 \cos \pi\left[(\nu_1 - \nu_2)t - \frac{\lambda_2 - \lambda_1}{\lambda_1 \lambda_2}x\right] \cdot \sin \pi\left[(\nu_1 + \nu_2)t - \frac{\lambda_1 + \lambda_2}{\lambda_1 \lambda_2}x\right],
\end{aligned}
$$

und hierin sind nach Voraussetzung $\nu_1 - \nu_2 = \Delta\nu$ und $\lambda_2 - \lambda_1 = \Delta\lambda$ sehr kleine Größen. Man kann daher in den Nennern statt $\lambda_1 \lambda_2$ einfach λ_1^2 (oder auch λ_2^2) setzen, und ebenso $\nu_1 + \nu_2 = 2\nu_1(= 2\nu_2)$, $\lambda_1 + \lambda_2 = 2\lambda_2$. Damit erhält man

$$\xi_r = 2\xi_0 \cos \pi\left[\Delta\nu\, t - \frac{\Delta\lambda}{\lambda_1^2}x\right] \cdot \sin 2\pi\left[\nu_1 t - \frac{x}{\lambda_1}\right].$$

Diese Gleichung gilt natürlich für jeden Punkt des Wellenfeldes, z. B. für $x = 0$; für ihn geht die Gleichung über in

$$(\xi_r)_{x=0} = 2\xi_0 \cos \pi \, \Delta\nu t \cdot \sin 2\pi\nu_1 t. \tag{13.14}$$

Hier bedeutet $\sin 2\pi\nu_1 t$ eine Schwingung mit der Frequenz ν_1 (oder ν_2). Wegen der Kleinheit von $\Delta\nu$ ist das Kosinusglied langsam veränderlich gegenüber dem Sinusglied. Es kann daher $2\xi_0 \cos \pi \, \Delta\nu t$ als die langsam veränderliche Amplitude der rasch erfolgenden Schwingung $\sin 2\pi\nu_1 t$ angesehen werden. Wir erhalten also für die Schwingung des betrachteten Punkts die bereits in der Mechanik behandelte Schwebungskurve und daher gilt:

- Zwei Wellen mit wenig sich unterscheidenden Frequenzen erzeugen durch Interferenz Schwebungen. Die Schwebungsfrequenz $\Delta\nu = \nu_1 - \nu_2$ ist gleich der Frequenzdifferenz der Primärwellen, die Schwebungsperiode also umso länger, je näher ν_1 und ν_2 beieinander liegen.

Schwebungen lassen sich sehr einfach bei Schallwellen hören, z. B. wenn man zwei Stimmgabeln anschlägt oder zwei Blockflöten anbläst, die etwas gegeneinander verstimmt sind. Man hört dann an jeder Stelle des gemeinsamen Schallfeldes ein periodisches An- und Abschwellen des Tons.

Stehende Wellen. Eine wichtige Interferenzerscheinung tritt auf, wenn zwei im Übrigen identische Wellen in entgegengesetzter Richtung aufeinander zulaufen. Die resultierende Welle ergibt zwar wieder eine Welle mit der gleichen Wellenlänge, die aber mit der Zeit nicht fortschreitet, sondern stehen bleibt. Man spricht daher von einer *stehenden Welle*. In Abständen von $\frac{1}{2}\lambda$ befinden sich *Schwingungsknoten*, an denen das Medium zu allen Zeiten in Ruhe ist, während genau dazwischen *Schwingungsbäuche* liegen, an denen das Medium maximal schwingt. Verfolgt man den zeitlichen Verlauf der stehenden Welle, findet man außerdem, dass in Zeitabständen von $\frac{1}{2}T$ die Wellenerscheinung vollkommen verschwunden ist. Dazwischen liegen die Zeiten maximaler Auslenkung, die außerdem zeitlich wechselnd nach oben und nach unten gerichtet ist.

Um die vorliegenden Ergebnisse in eine mathematische Form zu bringen, addiert man die beiden Gleichungen

$$\xi_1 = \xi_0 \sin(\omega t - kx)$$

und

$$\xi_2 = \xi_0 \sin(\omega t + kx).$$

Sie stellen zwei Wellen dar, die sich in positiver und negativer x-Richtung bewegen. Als Resultat dieser Überlagerung ergibt sich unter Anwendung des Superpositionsprinzips

$$\xi_r = 2\,\xi_0 \cos kx \sin \omega t \tag{13.15}$$

als Gleichung einer stehenden Welle. Auch sie ist zeitlich und räumlich periodisch. Man sieht sofort, dass die Auslenkung an den Knoten immer null ist. Sie liegen dort, wo der Faktor $\cos kx = \cos 2\pi (x/\lambda)$ verschwindet. Dies ist der Fall, wenn x gleich einem ungeradzahligen Vielfachen von $\frac{1}{4}\lambda$ ist. Andererseits sind die dazwischen liegenden Bäuche Stellen größter Bewegung; denn an ihnen wird $\cos 2\pi (x/\lambda)$, absolut genommen, ein Maximum.

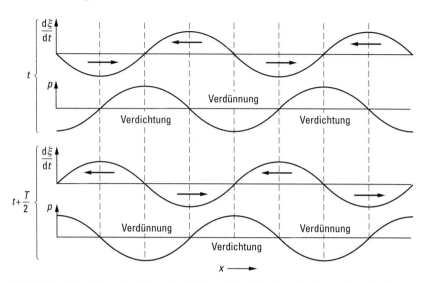

Abb. 13.9 Verteilung der Schnelle $d\xi/dt$ und des Drucks p in einer stehenden Longitudinalwelle

Bildet man aus Gl. (13.15) durch Differentiation nach der Zeit die Schnelle, also die Geschwindigkeit, mit der die Auslenkung der Teilchen vor sich geht, erhält man

$$\frac{d\xi_r}{dt} = 2\omega\xi_0 \cos kx \cdot \cos \omega t.$$

Aus dieser Gleichung folgt, dass es auch Knoten und Bäuche der Schnelle gibt, die an denselben Stellen wie die Knoten und Bäuche der Bewegung liegen.

Betrachten wir nun speziell eine Longitudinalwelle, so wissen wir, dass hier die Orte maximaler Verdichtung und maximaler Verdünnung in Abständen von einer halben Wellenlänge aufeinanderfolgen. In einer Verdichtung herrscht maximaler, in einer Verdünnung minimaler Druck. Nun ist der Druck p bei einer in x-Richtung fortschreitenden Longitudinalwelle proportional zur örtlichen Veränderung der Verschiebung, d. h. proportional zum Ausdruck $d\xi/dx$. Durch Differentiation von Gl. (13.15) nach x erhält man

$$p \sim \frac{d\xi}{dx} = -2\,k\xi_0 \sin kx \sin \omega t. \tag{13.16}$$

Daraus folgt auf die gleiche Weise, dass auch der Druck Knoten und Bäuche besitzt, aber die Knotenstellen des Drucks fallen mit den Bäuchen der Bewegung zusammen und umgekehrt. In Abb. 13.9 sind die Schnelle- und Druckverteilung in einer stehenden Longitudinalwelle für zwei um eine halbe Periode auseinander liegende Zeiten aufgetragen. Die eingezeichneten Pfeile deuten die Richtung der Schwingungsbewegung an. Man sieht deutlich die Verschiebung der Knoten der Schnelle gegen die des Drucks um $\frac{1}{4}\lambda$. Ferner sieht man, wie sich nach Ablauf einer halben Periode jede Verdichtung in eine Verdünnung und umgekehrt umgewandelt hat. Dazwischen gibt es jedesmal einen Augenblick, in dem die Auslenkungen sämtlicher Punkte der stehenden Welle gleich null sind. Dies „Entstehen" und „Verschwinden" der stehenden Welle erfolgt also mit der Frequenz 2ν, wenn ν die Frequenz der Welle ist, ein Vorgang, der für gewisse Anwendungen (beim Ultraschall) von Bedeutung ist.

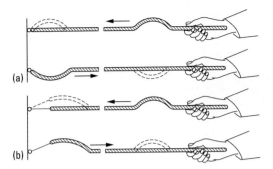

Abb. 13.10   Reflexion einer Transversalwelle, (a) an einer festen Wand, (b) an einem freien Ende

Was hier für eine Longitudinalwelle, weil am anschaulichsten, auseinandergesetzt wurde, gilt auch für Transversalwellen. An die Stelle des Drucks tritt dabei nur die Schubspannung, entsprechend dem Umstand, dass es sich bei ersteren um Dichteänderungen, bei letzteren um Gestaltsänderungen handelt. Ganz analog verhalten sich auch die elektromagnetischen Wellen: Die Knoten der elektrischen Feldstärke fallen mit den Bäuchen der magnetischen Feldstärke zusammen und umgekehrt (s. Bd. 2).

Nachdem die verschiedenen Interferenzerscheinungen behandelt sind, ergibt sich die wichtige Frage, was aus der Energie der Wellen wird, besonders im Fall der vollkommenen gegenseitigen Auslöschung zweier Wellenzüge. Energie kann nicht verloren gehen. Es lässt sich deshalb leicht zeigen, dass es im Fall einer dauernden Auslöschung an bestimmten Orten zum Ausgleich stets andere Orte gibt, an denen dauernd Verstärkung auftritt, wie z. B. in Abb. 13.7. Die Schwingungsenergie (potentielle und kinetische) ist also nur unterschiedlich verteilt. Die Gesamtenergie ändert sich nicht.

Nach diesen Betrachtungen wenden wir uns der experimentellen Erzeugung stehender Wellen zu. Man erhält sie, indem man eine fortschreitende Welle an einem Hindernis so reflektieren lässt, dass sie in sich selbst zurückläuft. Dazu ist es notwendig, zunächst den Vorgang der *Reflexion* genauer zu untersuchen.

Ein mit Sand gefüllter Gummischlauch wird mit dem einen Ende an einer Wand befestigt und am anderen Ende durch Zug mit der Hand gespannt. Versetzt man dem in der Hand gehaltenen Ende einen Schlag nach aufwärts, bewegt sich die dadurch entstandene Ausbiegung wie ein Wellenberg längs des Schlauches fort und wird an der Wand als Abwärtsbewegung, also als Wellental, zurückgeworfen (Abb. 13.10a). Befestigt man dagegen das Schlauchende unter Zwischenschaltung eines dünnen Bindfadens an der Wand, so läuft ein zur Wand laufender Wellenberg auch wieder als Wellenberg von dem Ende des Schlauches zurück (Abb. 13.10b). Es erfolgt also in diesem Fall keine Umkehr der Schwingungsbewegung an der Reflexionsstelle. Dieser Unterschied lässt sich folgendermaßen erklären: Ist das Schlauchende an der Wand befestigt, kann das letzte Teilchen des Schlauches keine Schwingung senkrecht zur Schlauchrichtung ausführen. Kommt also ein Wellenberg an, führen bereits die vorletzten Teilchen die ihnen nach oben erteilte Bewegung nicht voll aus, denn das feste Ende des Schlauches übt einen Zug nach unten auf sie aus, durch den sie einen Bewegungsantrieb ebenfalls nach unten erfahren. So kommt es zur Ausbildung eines Wellentals, das sich dann in der Gegenrichtung bewegt. Ist dagegen das Schlauchende frei beweglich, kann das letzte Teilchen die von dem ankommenden Wellenberg hervorgerufene Schwingung nach oben voll ausführen. Es ist gewissermaßen

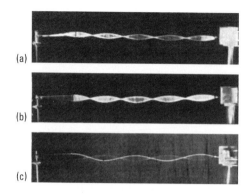

(a)

(b)

(c)

Abb. 13.11 Vorführung stehender Transversalwellen einer Saite, (a) bei festgestelltem linkem Ende, (b) bei frei beweglichem linkem Ende, (c) bei stroboskopischer Beleuchtung, sonst wie (b)

so, als ob man diesem Ende einen Schlag nach oben und damit eine Auslenkung erteilt hätte, die jetzt als Wellenberg nach rechts zurückwandert.

Erzeugt man nun durch periodisches Auf- und Abbewegen der Hand fortschreitende Wellen auf dem Gummischlauch, so werden diese am Ende dauernd reflektiert, und es kommt zur Bildung einer stehenden Welle mit Knoten und Bäuchen. Dabei liegt am festen Ende und an dem mit der Hand gehaltenen Ende ein Knoten. Damit sich die stehende Welle gut ausbildet, muss ein ganzzahliges Vielfaches der halben Wellenlänge gleich der Schlauchlänge sein. Das heißt, man muss die Anregungsfrequenz so wählen, dass bei der material- und spannungsabhängigen Geschwindigkeit der Welle nach Gl. (13.1) die genannte Bedingung erfüllt ist. Befestigt man an dem Klöppel einer elektrischen Klingel das eine Ende eines Fadens, dessen anderes Ende man über eine Rolle mit einem passenden Gewicht beschwert, bilden sich auf dem Faden stehende Transversalwellen aus (Abb. 13.11). Im Teilbild (a) ist das linke Ende festgehalten, d. h., dort liegt ein Knoten. Im Teilbild (b) dagegen ist das linke Fadenende frei beweglich, daher ist dort ein Bauch. Teilbild (c) ist mit stroboskopischer Beleuchtung aufgenommen; es stellt also einen bestimmten Moment der Schwingungsbewegung dieser stehenden Welle dar. Man sieht dabei deutlich, wie die Schwingung in benachbarten Schwingungsbäuchen in entgegengesetzter Richtung erfolgt. Falls (Teilbild (b)) das eine Ende des Fadens frei ist, können sich stehende Wellen nur dann gut ausbilden, wenn die Länge des Seils gleich einem ungeradzahligen Vielfachen einer Viertelwellenlänge ist. Im Knoten kann man den Faden festhalten, etwa mit einer Pinzette, ohne dadurch die Schwingung im geringsten zu stören.

Was hier für Transversalwellen ausgeführt wurde, gilt auch für longitudinale Wellen. Um die Reflexion einer longitudinalen Welle zu beobachten, hängt man eine etwa 3 – 4 m lange Schraubenfeder waagerecht an mehreren Bindfäden auf. Erteilt man dem linken Ende einen kurzen Schlag nach rechts, wird dadurch die Feder am linken Ende etwas zusammengedrückt, und die „Verdichtung" der Windung bewegt sich nach rechts durch die ganze Federlänge; man erkennt dies besonders gut in einer Schattenprojektion. Ist das rechte Ende der Feder festgeklemmt, kann es die ankommende Schwingung nicht mitmachen, und ähnlich wie oben bei der Transversalwelle findet eine Reflexion der Welle statt, wobei sich ebenfalls die Schwingungsrichtung umkehrt, indem sich der nach rechts gerichtete Schlag in einen nach links gerichteten umwandelt. Ist aber das rechte Ende der Feder frei, findet zwar auch eine Reflexion der ankommenden Welle statt, diesmal aber ohne Umkehr der Schwingungsrichtung, da jetzt das freie Ende frei ausschwingen kann und einen Schlag in derselben Richtung erzeugt, der sich als „Verdünnung" nach

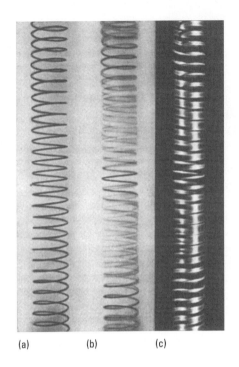

(a)   (b)   (c)

Abb. 13.12 Stehende Longitudinalwellen einer Schraubenfeder, angeregt durch einen Wechselstrommagneten (50 Hz), der eine am oberen Ende der Feder befestigte Eisenblechscheibe in Schwingungen versetzt, elastische Aufhängung an zwei horizontal gespannten Gummibändern, unteres Ende fest eingespannt, Federdurchmesser 1.5 cm, Abstand zweier Windungen 0.4 cm, (a) Feder in Ruhe, (b) und (c) schwingende Feder vor hellem und dunklem Hintergrund (Wellenlänge 10 cm)

links bewegt. Längs einer solchen Schraubenfeder bilden sich stehende Längsschwingungen, wenn man das eine Ende etwa durch den Klöppel einer elektrischen Klingel in periodische Bewegungen versetzt. Die Knoten der stehenden Wellen lassen sich am besten sichtbar machen, wenn man die Feder senkrecht aufhängt, ihr oberes Ende mit einer Platte aus Eisenblech versieht und die Schwingung mit einem darüber befindlichen Wechselstrommagneten (Netzfrequenz) anregt. Es genügt eine etwa 30 cm lange steife Feder. Als elastische Aufhängung dienen zwei horizontal gespannte, parallele Gummifäden, die am oberen Ende der Feder befestigt sind. Das untere Ende wird an geeigneter Stelle fest eingespannt (Abb. 13.12).

Stehende Wellen im Medium Luft lassen sich mit folgender Vorrichtung vorführen: Man regt in einem Messingrohr, das an einem Ende mit einer Metallplatte, am anderen Ende mit einer dünnen Membran verschlossen ist, stehende Schallwellen an, indem man vor der Membran entweder eine Pfeife oder einen mit Tonfrequenz betriebenen Lautsprecher zum Tönen bringt. Das Rohr besitzt an der Oberseite in gleichmäßigen Abständen von 2 bis 3 cm kleine Löcher, an denen kleine Gasflämmchen brennen. Die Flammenhöhe gibt dann ein deutliches Bild der sich im Rohrinneren bei geeigneter Anregung ausbildenden stehenden Schallwellen (Rubens'sches Flammenrohr, Abb. 13.13). Die Flammen brennen umso höher, je größer der Innendruck an dieser Stelle ist. Man erhält also hier die Knoten und Bäuche des Drucks. Am festen Ende, wo ein Knoten liegt, ist also ein Druckbauch vorhanden.

Der Vorgang der Wellenreflexion lässt sich auch mit Hilfe der Kugelstoßvorrichtung (Abb. 13.14) erläutern, die bei der Behandlung der Stoßgesetze bereits beschrieben wurde. Hängt man eine größere Zahl gleich großer Kugeln gleicher Masse nebeneinander und lässt die erste aus geringer Höhe auf die zweite fallen (Teilbild (a)), so kommt die erste

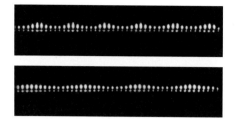

Abb. 13.13   Nachweis stehender Schallwellen
mit dem Rubens'schen Flammenrohr

nach dem Aufschlag zur Ruhe, indem sie ihre ganze Bewegungsenergie $\frac{1}{2}mv^2$ und ihren Impuls mv (m = Masse und v = Geschwindigkeit der stoßenden Kugel) an die zweite Kugel abgibt. Die zweite Kugel gibt beides an die dritte ab usw., so dass sich Energie und Impuls durch die ganze Kugelreihe hindurch bewegen. Die Folge ist, dass die letzte Kugel mit gleicher Geschwindigkeit v von der vorletzten fortfliegt. Denken wir uns die einzelnen Kugeln durch elastische Kräfte miteinander verbunden, würde die letzte Kugel beim Abfliegen die vorletzte nachziehen und diese auf die drittletzte ebenfalls mit einem Zug wirken; mit anderen Worten: Auf die nach rechts laufende Verdichtung würde durch Reflexion am freien Ende eine nach links laufende Verdünnung folgen, d. h., es findet am freien Ende eine Reflexion der Störung statt, unter Vertauschung von Verdichtung und Verdünnung. Liegt dagegen die letzte Kugel an einer festen Wand an, so dass sie nicht frei ausschwingen kann, findet beim Aufschlagen der ersten Kugel zwar wieder eine Bewegung von Energie und Impuls durch die Kugelreihe hindurch statt, aber an der starren Wand wird nach den Stoßgesetzen die Geschwindigkeit des stoßenden Körpers umgekehrt, so dass sich die Störung wieder als Verdichtung durch die Kugelreihe nach links zurück bewegt.

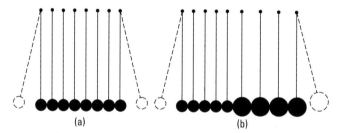

Abb. 13.14   Modellversuch zur Wellenreflexion

Betrachten wir nun den allgemeineren Fall, dass eine Reihe gleich großer Kugeln kleiner Masse an eine Reihe untereinander wiederum gleicher Kugeln größerer Masse anstößt (Abb. 13.14b). Wenn sich jetzt durch das Aufschlagen der ersten Kugel ein Stoß durch die Reihe der Kugeln fortbewegt, wird die letzte der kleinen Kugeln beim Anschlag gegen die erste große Kugel nach den Stoßgesetzen nur einen Teil ihrer Energie und ihres Impulses an die größere Kugel weitergeben. Dieser Anteil bewegt sich nach rechts, während der Rest reflektiert wird. Man beobachtet dies daran, dass die Amplitude der letzten großen Kugel kleiner ist als die Amplitude der ersten stoßenden Kugel und dass gleichzeitig die erste kleine Kugel vom reflektierten Impuls nach links ebenfalls mit entsprechend kleinerer Amplitude fortgestoßen wird. Kehrt man diesen Versuch um, indem man die äußerste rechte der größeren Kugeln als stoßende Kugel benutzt, pflanzt sich die Wirkung zunächst durch die Reihe der großen Kugeln fort. Beim Stoß der letzten großen auf die nun folgende kleine Kugel bewegt sich die große Kugel nach den Stoßgesetzen in der gleichen Richtung weiter. Es würde demnach, falls die Kugeln elastisch miteinander verbunden wären, eine Zugwirkung auf die übrigen großen Kugeln ausgeübt werden, die sich als Störung nach rechts zurück bewegt, während ein Teil der Energie durch die Reihe der kleinen Kugeln weitergegeben wird.

Man kann die Systeme der großen und kleinen Kugeln als Modell für zwei verschiedene aneinander angrenzende elastische Medien auffassen, auf deren Trennfläche eine elastische Welle trifft und nicht nur die Tatsache der Reflexion an dieser Grenze, sondern auch ihren verschiedenen Charakter bei Reflexion am „dünneren" oder „dichteren" Medium anschaulich machen.

Zum Schluss dieses Abschnitts muss noch auf einen besonderen Punkt hingewiesen werden, dessen volle Bedeutung wir allerdings erst bei den Lichtwellen erkennen werden. Eine Beobachtung der Interferenz zweier Wellenzüge ist nur möglich, wenn zwischen ihnen eine konstante Phasenbeziehung besteht, d. h. wenn die Phasenverschiebung zwischen den Schwingungsvorgängen in den beiden Anregungszentren jedenfalls für die Dauer der Beobachtung konstant bleibt. In diesem Fall nennt man die interferierenden Wellen *kohärent*. Bei nicht kohärenten Wellen, bei denen sich die Phasendifferenz dauernd sehr schnell und unregelmäßig ändert, verwaschen die auftretenden Interferenzen, so dass ihre Beobachtung nicht möglich ist. Bei Schallwellen ist es im Allgemeinen leicht, die Phasenbeziehung zwischen zwei Schallsendern, etwa den Zinken einer Stimmgabel, über einen längeren Zeitraum konstant zu halten, so dass man ohne Schwierigkeit Interferenzen beobachten kann. Alle im Vorhergehenden beschriebenen Versuche gehören in diese Kategorie. Dagegen zeigt die Erfahrung, dass die von zwei verschiedenen Lichtquellen, ja sogar die von zwei verschiedenen Punkten ein und derselben Lichtquelle ausgehenden Wellen *inkohärent* sein können und keine beobachtbaren Interferenzen liefern. Allerdings lässt sich heute diese Schwierigkeit durch Verwendung von Laser-Lichtquellen leicht überwinden (s. Bd. 3).

13.3 Polarisation

Die bisher zusammen behandelten longitudinalen und transversalen Wellen unterscheiden sich in einem sehr wichtigen Punkt voneinander. Bei den longitudinalen Wellen ist nämlich durch die Angabe, dass die Verschiebung jedes Teilchens parallel zur Ausbreitungsrichtung erfolgen soll, die Richtung der Verschiebung vollkommen bestimmt. Bei den transversalen Wellen ist dagegen durch die Forderung der Transversalität nur gesagt, dass die Schwingung in einer durch die Ausbreitungsrichtung gelegten Ebene erfolgen muss. Die Lage dieser Ebene ist damit aber noch nicht festgelegt. Bewegt sich die Welle z. B. in x-Richtung, kann die Schwingung noch in jeder Richtung in der y-z-Ebene erfolgen. Ist die Schwingungsrichtung zeitlich und räumlich konstant, spannen Ausbreitungs- und Schwingungsrichtung die *Schwingungsebene* der Transversalwelle auf. *Transversalwellen mit festliegender Schwingungsebene nennt man (linear) polarisiert.*

Man kann eine polarisierte transversale Seilwelle dadurch erzeugen, dass die Hand das freie Ende in einer bestimmten Richtung, z. B. horizontal, hin und her bewegt: Dann bildet sich auch eine horizontal schwingende polarisierte Welle aus. Umgekehrt: Bewegt man

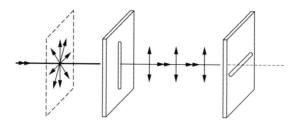

Abb. 13.15   Modellversuch zur Polarisation einer Welle

die Hand nicht längs einer festen Geraden, sondern unregelmäßig sehr rasch nacheinander in verschiedenen Richtungen, so ist im Mittel keine der unendlich vielen durch die Seilrichtung zu legenden Ebenen als Schwingungsebene bevorzugt. Solche Wellen werden als *unpolarisierte Wellen* bezeichnet. Zum Beispiel besteht alles Licht, das von einem glühenden Körper ausgeht, aus unpolarisierten Transversalwellen.

Da nach diesen Ausführungen das „natürliche" Licht keinerlei axiale Unsymmetrie aufweist, konnte man zunächst überhaupt nicht entscheiden, ob das Licht aus Transversal- oder Longitudinalwellen besteht. Tatsächlich hat man die Lichtwellen lange Zeit für longitudinal gehalten. Eine Entscheidung wurde erst 1808 durch die Versuche von L. Malus (1775 – 1812) möglich, der zeigte, dass Licht, das unter bestimmten Bedingungen an einer Glasfläche reflektiert wird, polarisiert ist.

Die Polarisation, d. h. die Aussonderung einer bestimmten Schwingungsebene, zeigt man bei unpolarisierten transversalen Seilwellen dadurch, dass man ein mit der Hand zu Schwingungen in allen möglichen Richtungen angeregtes Seil durch einen schmalen Schlitz in einem zur Seilrichtung senkrecht stehenden Brett hindurchgehen lässt (Abb. 13.15). Dann werden durch diesen Schlitz alle die Schwingungen „ausgelöscht", deren Richtung nicht mit der Schlitzrichtung zusammenfällt, und jenseits des Brettes bildet sich auf dem Seil eine *linear polarisierte* Welle aus, bei der die Schwingungen nur in der durch die Schlitzrichtung bestimmten Ebene erfolgen. Setzt man in den Weg dieser Welle ein zweites gleichartiges Brett, kann die linear polarisierte Welle ungestört durch dessen Spalt hindurch treten, wenn seine Richtung parallel zur Schwingungsrichtung, d. h. parallel zur Schlitzrichtung im ersten Brett steht. Dreht man dagegen den zweiten Schlitz um 90°, findet eine vollkommene Auslöschung hinter dem zweiten Brett statt (Abb. 13.15).

Bei einer linear polarisierten Welle erfolgen die Schwingungen aller Teilchen auf Geraden, die zueinander parallel sind. Verbindet man in einem bestimmten Augenblick alle schwingenden Teilchen durch einen Linienzug, erhält man eine Sinuslinie. Stimmt die Polarisationsrichtung einer in x-Richtung laufenden linear polarisierten Welle weder mit der y- noch mit der z-Richtung überein, lässt sich die Schwingung gemäß Abb. 13.16 wie ein Vektor in eine y- und eine z-Komponente zerlegen. Dieser Satz ist nicht umkehrbar. Die Addition zweier Schwingungen zu einer Resultierenden ergibt nämlich nur dann eine linear polarisierte Resultierende, wenn die beiden Anteile in gleicher Phase schwingen, wie in Abb. 13.16. Sind jedoch die beiden Komponenten gegeneinander phasenverschoben, liefert die Addition keine linear polarisierte Schwingung. Vielmehr rotiert jetzt der resultierende Schwingungsvektor, und zwar derart, dass seine Spitze eine Schraubenlinie beschreibt, die auf einem elliptischen Zylinder liegt (Abb. 13.17). Man nennt deshalb eine solche Schwingung *elliptisch polarisiert*. Sind speziell die Amplituden beider Kompo-

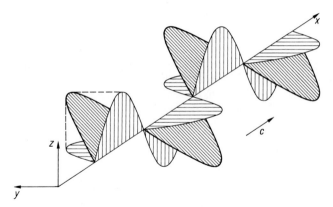

Abb. 13.16   Zusammensetzung zweier gleichphasiger in y- und z-Richtung schwingender linear polarisierter Wellen zu einer linear polarisierten Resultierenden

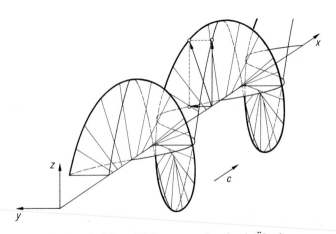

Abb. 13.17   Elliptisch polarisierte Welle, entstanden durch Überlagerung zweier gegeneinander phasenverschobener in y- und z-Richtung schwingender linear polarisierter Wellen mit verschiedener Amplitude. Die Spitze des resultierenden Schwingungsvektors beschreibt eine um einen elliptischen Zylinder gewickelte Schraubenlinie. Die Hauptachsen der Schwingungsellipse sind parallel zur y- bzw. z-Achse, wenn, wie gezeichnet, die Phasenverschiebung den Wert $\pi/2$ besitzt.

nenten gleich groß und beträgt die Phasenverschiebung $\pi/2$, geht der elliptische Zylinder in einen Kreiszylinder über, und man erhält eine *zirkular polarisierte* Welle.

Je nachdem, ob Ellipse und Kreis im Uhrzeigersinn oder gegen den Uhrzeigersinn durchlaufen werden, unterscheidet man rechts oder links elliptisch (bzw. zirkular) polarisierte Wellen. Die Polarisationserscheinungen spielen besonders in der Optik eine große Rolle (s. Bd. 3).

13.4 Wellengeschwindigkeiten

Longitudinalwellen. Es wurde bereits erwähnt, dass in festen elastischen Medien sowohl Longitudinalwellen (Verdichtungswellen) als auch Transversalwellen möglich sind. Dies entspricht der Eigenschaft fester Stoffe, dass sie zweier Arten elastischer Deformationen fähig sind, solcher, die das Volumen, und solcher, die die Gestalt ändern. Nach den Ausführungen in Abschn. 9.4 hängen die ersteren vom Elastizitätsmodul E ab, die letzteren vom Schub- oder Torsionsmodul G. Da bei Longitudinalwellen nur Verdichtungen und Verdünnungen erzeugt werden, sind solche in allen Medien möglich, die Volumenelastizität besitzen, d. h. in festen, flüssigen und gasförmigen Stoffen: Es sind also in allen Aggregatzuständen Longitudinalwellen möglich.

Für die Ausbreitungsgeschwindigkeit longitudinaler Wellen in Stäben (Durchmesser $d \ll \lambda$) liefert die Theorie den Ausdruck

$$c_1 = \sqrt{\frac{E}{\varrho}}. \tag{13.17}$$

Dass die Geschwindigkeit vom Elastizitätsmodul E abhängen muss, geht schon daraus hervor, dass der Stab bei den Schwingungen Längenänderungen erfährt, die durch den Elastizitätsmodul E bestimmt sind. Auch eine Abhängigkeit von der Dichte ϱ ist von vornherein einleuchtend, da die Frequenz der Schwingungen von der Masse abhängen muss.

Für ein ausgedehntes festes Medium ($\lambda \ll L$, $L =$ kleinste Lineardimension des Körpers) liefert die Theorie den Ausdruck

$$c_1 = \sqrt{\frac{E}{\varrho} \cdot \frac{1 - \mu}{(1 + \mu)(1 - 2\mu)}}, \tag{13.18}$$

wobei μ die Poisson-Zahl ist. Dass hier ein anderer Wert als beim seitlich begrenzten Stab herauskommt, liegt daran, dass dieser bei Verlängerung eine Querkontraktion erfährt, was im ausgedehnten Medium natürlich nicht der Fall sein kann. Nach Gl. (13.18) ist die Geschwindigkeit im allseitig ausgedehnten Medium größer als in einem Stab des gleichen Materials, da $0 \leq \mu \leq 0.5$ ist. Zum Beispiel findet man bei Kupfer ($\varrho = 8.9\,\text{g/cm}^3$, $E = 125 \cdot 10^3\,\text{N/mm}^2$, $\mu = 0.35$) für die Geschwindigkeit von Longitudinalwellen in einem Stab 3700 m/s und in einem ausgedehnten Medium 4700 m/s.

Flüssigkeiten und Gase sind nur durch eine elastische Konstante, den Kompressionsmodul K charakterisiert. An die Stelle des Elastizitätsmoduls tritt einfach K, so dass man für die Geschwindigkeit elastischer Wellen in Flüssigkeiten und Gasen den Ausdruck

$$c_1 = \sqrt{\frac{K}{\varrho}} \tag{13.19}$$

erhält. Aufgrund der Werte von K ergeben sich in Flüssigkeiten Werte von c_1, die etwa zwischen 800 und 1800 m/s liegen.

Besondere Verhältnisse liegen bei Gasen vor; denn nach früheren Ausführungen ist ihr Kompressionsmodul K gleich dem Druck p, so dass man für die Geschwindigkeit longitudinaler Wellen in Gasen die Gleichung

$$c_l = \sqrt{\frac{p}{\varrho}} \qquad (13.20)$$

erhält. Berechnet man nach dieser zuerst von Newton (1686) aufgestellten Gleichung z. B. die Geschwindigkeit von Schallwellen in Luft normaler Dichte ($\varrho = 0.001293 \text{ g/cm}^3$) bei einem Druck von $1.01325 \cdot 10^5$ Pa, erhält man $c_l = 280$ m/s. Dieser Wert stimmt aber keineswegs mit dem beobachteten Wert 331 m/s überein. Wie 1816 P.-S. Laplace (1749 – 1827) zeigte, liegt der Grund für diese Abweichung in Temperaturänderungen, die bei den Verdichtungen und Verdünnungen der Longitudinalwellen in Gasen auftreten. Da die Druckänderungen in der Schallwelle so schnell vor sich gehen, dass kein Temperaturausgleich mit der Umgebung erfolgen kann, und die Temperatur des Gases in den Verdichtungen und Verdünnungen verschiedene Werte annimmt, darf man für den Kompressionsmodul K nicht den *isothermen* Wert p, sondern muss den *adiabatischen* Wert $p\kappa$ wählen, wobei κ der schon eingeführte Faktor ist, dessen wahre Natur erst in der Wärmelehre erkannt wird. Damit erhält man für die Geschwindigkeit der Schallwellen in Gasen:

$$c_l = \sqrt{\frac{p\kappa}{\varrho}} = \sqrt{\frac{\kappa \cdot RT}{m_n}} \quad (m_n = \text{molare Masse}). \qquad (13.21)$$

Mit dieser Formel ergibt sich für die Schallgeschwindigkeit in Luft, für die $\kappa = 1.4$ ist, ein um $\sqrt{1.4}$ größerer Wert als vorhin, d. h. $c_l = \sqrt{1.4} \cdot 280$ m/s $= 331$ m/s, also in völliger Übereinstimmung mit der Erfahrung. – Umgekehrt bietet Gl. (13.21) ein wichtiges Hilfsmittel, um κ zu bestimmen (über die Bedeutung solcher Messungen mehr in der Wärmelehre).

Transversalwellen. Am Beispiel der Seilwellen erkennt man, dass Transversalwellen nur in solchen Körpern möglich sind, die senkrecht zur Ausbreitungsrichtung wirkende Kräfte aufnehmen können, und das sind die festen Körper. Für die Geschwindigkeit von Transversalwellen ist außer der Dichte ϱ der Torsionsmodul G maßgebend. Die Theorie liefert für die Geschwindigkeit c_t von Transversalwellen im ausgedehnten Medium ($\lambda \ll L$) die Beziehung

$$c_l = \sqrt{\frac{G}{\varrho}}. \qquad (13.22)$$

Für Kupfer ($\varrho = 8.9 \text{ g/cm}^3$, $G = 46\,400 \text{ N/mm}^2$) ergibt sich ein Wert von 2280 m/s.

Wenn in einem festen Körper eine beliebige Gleichgewichtsstörung erzeugt wird, breitet sich diese im Allgemeinen sowohl als Longitudinalwelle als auch als Transversalwelle durch das Innere des Körpers aus, und zwar mit der diesen Wellen zukommenden Geschwindigkeit (Gl. (13.18) bzw. (13.22)). Diese Tatsache wird z. B. regelmäßig bei der Beobachtung der Erdbebenwellen an den Seismographen festgestellt.

Auf einen weiteren Wellentyp, die *Oberflächenwellen* und eine weitere Wellengeschwindigkeit, die *Gruppengeschwindigkeit*, wird im nächsten Abschnitt am Beispiel der Wasserwellen eingegangen.

13.5 Wasserwellen

Schwerewellen und Kapillarwellen. Eine Sonderstellung nehmen die *Oberflächenwellen* von Flüssigkeiten ein. Ihre Entstehung kann man leicht beobachten, wenn man einen Stein in eine ruhige Wasserfläche hineinwirft (Abb. 13.18). An der Einwurfstelle wird das Wasser durch den Stein nach unten gedrückt und muss wegen seiner äußerst geringen Kompressibilität rings herum nach oben ausweichen. Die entstandene Verformung der Oberfläche breitet sich nach allen Seiten gleichmäßig aus. Außerdem entstehen Wasserwellen, wie schon in Abschn. 11.7 besprochen, durch Wind. Die Wasseroberfläche ist eine labile Unstetigkeitsfläche (Abb. 11.53 auf S. 448).

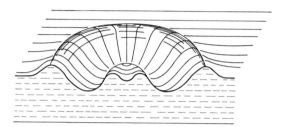

Abb. 13.18   Bildung einer Wasserwelle

Die Oberflächenwellen gehören nicht zu den elastischen Wellen und sind weder rein transversal noch rein longitudinal. Die einzelnen Flüssigkeitsteilchen bewegen sich nämlich sowohl parallel als auch senkrecht zur Ausbreitungsrichtung. Bei nicht zu großen Wellenamplituden erfolgt die Bewegung auf Kreisbahnen mit vertikaler Bahnebene (Abb. 13.19). Das kann man mit Hilfe von wenigen Schwebeteilchen zeigen, die dem Wasser zugesetzt sind, wenn bei geeigneter Beleuchtung die Belichtungszeit für eine fotografische Aufnahme mit der Periode T der Welle übereinstimmt. In der Zeit T wird nämlich die

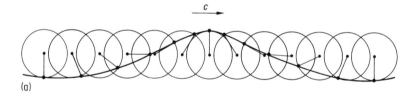

(a)

(b)

Abb. 13.19   Bewegung des Wassers in Oberflächenwellen, (a) schematisch, (b) Aufnahme mit suspendierten Teilchen (aus: H. u. H. Oertel, Optische Strömungsmesstechnik, G. Braun, Karlsruhe, 1989)

Kreisbahn gerade einmal durchlaufen, und zwar bei einer nach rechts fortschreitenden Welle im Uhrzeigersinn. Die Beobachtung erfolgt zweckmäßig in einem „Aquarium" von vorn, während die erzeugte Welle quer zur Beobachtungsrichtung läuft. Die Durchmesser der Kreise sind für Teilchen unmittelbar an der Oberfläche gleich dem Höhenunterschied zwischen Wellenberg und Wellental. Mit zunehmender Wassertiefe werden sie kleiner und ellipsenförmig, bis schließlich in einer Tiefe, die etwa der halben Wellenlänge entspricht, überhaupt keine Bewegung mehr stattfindet.

Die Kreise stellen die Bahnlinien einzelner Teilchen dar. Da die Strömung nicht stationär ist, verlaufen die Stromlinien ganz anders als die Bahnlinien. Man gewinnt sie, wenn man dem Wasser eine größere Menge von Schwebeteilchen zusetzt und nur kurzzeitig belichtet. Dann erhält man die momentane Bewegungsrichtung einer Vielzahl von Teilchen. Sie liegt auf dem „Gipfel" des Wellenberges parallel zur Oberfläche und stimmt mit der Ausbreitungsrichtung der Welle überein. In der Talsohle verläuft die Strömung ebenfalls parallel zur Oberfläche, jedoch entgegengesetzt zur Ausbreitungsrichtung der Welle. Dazwischen erfolgt ein allmählicher Übergang, d. h., etwa auf halber Höhe des Wellenberges liegt die momentane Bewegungsrichtung senkrecht zur (geneigten) Oberfläche, und zwar ist die Strömung an der Vorderseite des Berges auf die Oberfläche zu- und an der Rückseite von ihr weggerichtet. Strom- und Bahnlinien stimmen also nur auf dem Maximum des Wellenberges und im Minimum des Tals überein. Dass das an allen anderen Orten der Welle nicht der Fall ist, leuchtet zunächst nicht ein. Man muss sich aber vor Augen halten, dass eine Stromlinie von einer großen Zahl von Teilchen und damit aus vielen sehr kleinen Abschnitten verschiedener Bahnlinien gebildet wird.

Während der Bewegung erfolgt eine fortgesetzte Umwandlung von potentieller in kinetische Energie, d. h., die Schwerkraft spielt die entscheidende Rolle (*Schwerewellen*). Das gilt jedoch nur für größere Wellenlängen. Bei kleinen Wellenlängen muss auch die Oberflächenspannung berücksichtigt werden. Ihr Einfluss wird bei einer bestimmten Wellenlänge (für Wasser 1.7 cm) gleich dem der Schwerkraft. Unterhalb dieser Wellenlänge überwiegt die Oberflächenspannung, und an die Stelle der Schwerewellen treten die *Kapillarwellen*.

Wird die Teilchenbewegung unter der Oberfläche behindert (Anlaufen der Welle gegen ein flaches Ufer), wird der Wellenberg zunehmend steiler, bis die Welle „bricht" (sich überschlägt). Dabei wird plötzlich die gesamte potentielle Energie der Wellenfront frei.

Unter bestimmten vereinfachenden Annahmen lässt sich die Ausbreitungsgeschwindigkeit c der Oberflächenwellen berechnen. Ohne Berücksichtigung der Viskosität und von Temperatureffekten erhält man die allgemeine Formel

$$c = \sqrt{\left(\frac{g\lambda}{2\pi} + \frac{2\pi\gamma_0}{\varrho\lambda} \right) \tanh\left(\frac{2\pi h}{\lambda} \right)} \qquad (13.23)$$

mit g = Erdbeschleunigung, λ = Wellenlänge, γ_0 = Oberflächenspannung, ϱ = Wasserdichte und h = Wassertiefe. Für *Tiefwasserwellen* ($h \gg \lambda$) reduziert sie sich auf den Ausdruck ($\lim_{x \to \infty} \tanh x = 1$)

$$c = \sqrt{\frac{g\lambda}{2\pi} + \frac{2\pi\gamma_0}{\varrho\lambda}}, \qquad (13.24)$$

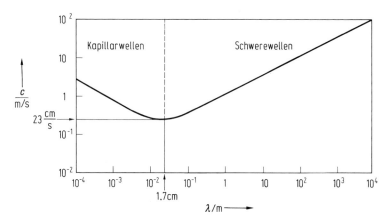

Abb. 13.20   Dispersion von Wasserwellen

der in Abb. 13.20 graphisch dargestellt ist. Die Abhängigkeit der Geschwindigkeit von der Wellenlänge ist eine Besonderheit der Oberflächenwellen. Man spricht von *Dispersion* (s. u.). Im Grenzfall $\sqrt{\gamma_0/\varrho g} \ll \lambda$ (Oberflächenenergie $\ll$ Schwereenergie) gilt für die Schwerewellen

$$c = \sqrt{\frac{g\lambda}{2\pi}} \tag{13.25}$$

und im Grenzfall $\sqrt{\gamma_0/\varrho g} \gg \lambda$ (Oberflächenenergie $\gg$ Schwereenergie) für die Kapillarwellen

$$c = \sqrt{\frac{2\pi\gamma_0}{\varrho\lambda}}. \tag{13.26}$$

Für *Flachwasserwellen* ($h \ll \lambda$ und $\sqrt{\gamma_0/\varrho g} \ll \lambda$) ergibt sich aus Gl. (13.23) wegen $\lim\limits_{x\to 0} \tanh(x)/x = 1$ der einfache Ausdruck

$$c = \sqrt{gh}. \tag{13.27}$$

Zu den Flachwasserwellen gehören z. B. die *Gezeitenwellen* und auch die durch ozeanische Erdbeben ausgelösten *Tsunamis*. Sie können bei Wellenlängen in der Größenordnung von 300 km Geschwindigkeiten bis zu 1000 km/h ($\approx$ 300 m/s) und Wellenhöhen bis zu 30 m erreichen. Ihre Brandung führt besonders an den Küsten des Pazifiks oft zu Überschwemmungskatastrophen.

Gruppengeschwindigkeit. Die in Abb. 13.20 dargestellte Wellenlängenabhängigkeit der Ausbreitungsgeschwindigkeit c wird in Anlehnung an die Optik mit dem Ausdruck *Dispersion* gekennzeichnet. Bei den Schwerewellen wächst die Geschwindigkeit mit zunehmender Wellenlänge, während sich bei den Kapillarwellen die kurzen Wellen schneller als die langen bewegen. Tatsächlich beobachtet man beim Hineinwerfen eines Steins in eine ruhige Wasserfläche, dass aus dem ersten vorhandenen Ring bald mehrere entstehen (Abb. 13.21). Die Störung der Oberfläche durch den Steinwurf stellt eine Stoßanregung dar, die nicht eine einzige Welle, sondern eine ganze *Wellengruppe* zur Folge hat. Da sich

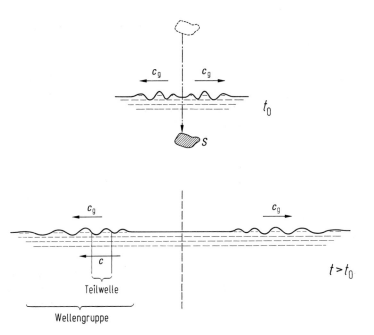

Abb. 13.21   Eine Wellengruppe auf Wasser, ausgelöst durch das Hineinfallen eines Steins S

die Anteile der Gruppe aber verschieden schnell bewegen, dispergiert die Gruppe während der Ausbreitung.

In allen Fällen, in denen Dispersion auftritt, muss man zwischen mehreren Arten von Ausbreitungsgeschwindigkeiten unterscheiden. Die bisher verwendete Größe c wird genauer als *Phasengeschwindigkeit* bezeichnet. Sie ist bei vorhandener Dispersion sinnvoll, solange nur eine einzige Wellenlänge auftritt. Liegt eine Wellengruppe vor, ist eine weitere Geschwindigkeit, die *Gruppengeschwindigkeit* c_g maßgebend. Wegen der Wellenlängenabhängigkeit der Phasengeschwindigkeit $c(\lambda)$ breitet sich bei Dispersion eine Wellengruppe mit der Gruppengeschwindigkeit c_g aus, die sich von der Phasengeschwindigkeit unterscheidet. Wellengruppen entstehen ähnlich wie Schwebungen durch Superposition von Wellen mit geringfügig verschiedenen Wellenlängen. Die Gruppengeschwindigkeit c_g ist daher gleich der Ausbreitungsgeschwindigkeit von Schwebungen. Analog zur Phasengeschwindigkeit $c = \nu\lambda = \omega/k$ ($k = 2\pi/\lambda$ ist die Wellenzahl) ergibt sich die Gruppengeschwindigkeit als Differenzenquotient $c_g = \Delta\omega/\Delta k$, der im Grenzfall kleiner Differenzen in den Differentialquotienten übergeht:

$$c_g = \frac{\mathrm{d}\omega}{\mathrm{d}k} = \frac{\mathrm{d}c}{\mathrm{d}k} \cdot k + c$$

oder

$$c_g = c - \lambda \frac{\mathrm{d}c}{\mathrm{d}\lambda}. \tag{13.28}$$

Ist $\mathrm{d}c/\mathrm{d}\lambda$ wie bei den Schwerewellen positiv, ist c_g kleiner als c (*normale* Dispersion). Im umgekehrten Fall, wie bei den Kapillarwellen, ist $\mathrm{d}c/\mathrm{d}\lambda$ negativ und damit c_g größer als c (*anomale* Dispersion). Beide Fälle treten also bei Wasserwellen auf. Setzt man jeweils die

Gln. (13.25) und (13.26) in Gl. (13.28) ein, erhält man für Schwerewellen $c_\mathrm{g} = \frac{1}{2}c$ und für Kapillarwellen $c_\mathrm{g} = \frac{3}{2}c$. Dieser deutliche Unterschied lässt sich mit der Wellenwanne oder auf einem ruhigen See gut beobachten: Kapillarwellen ($c < c_\mathrm{g}$) bleiben gegenüber einer Wellengruppe zurück, sie wandern innerhalb der Gruppe scheinbar nach rückwärts. Schwerewellen ($c > c_\mathrm{g}$) überholen dagegen ihre eigene Gruppe, sie entstehen am hinteren Ende und verschwinden am vorderen wieder sobald die Gruppe voll ausgebildet ist.

Es sei noch erwähnt, dass sich unter speziellen Anregungsbedingungen auch an Festkörpern Oberflächenwellen (*Rayleigh-Wellen*) erzeugen lassen. Auch hier bleibt die Ausbreitung auf die Oberfläche beschränkt, d. h. auf eine Schicht, deren Dicke etwa eine halbe Wellenlänge beträgt. Das Innere des Festkörpers ist an der Bewegung nicht beteiligt.

13.6 Beugung

Huygens-Fresnel'sches Prinzip. In Abschn. 13.1 wurde die Wellenfläche als Ort aller derjenigen Punkte definiert, die von einer Welle in gleichen Zeiten vom Anregungszentrum aus erreicht werden. Alle Punkte einer Wellenfläche schwingen also in gleicher Weise und unterscheiden sich demnach grundsätzlich nicht vom Anregungszentrum selbst. Christiaan Huygens (1629 – 1695) sah daher alle Punkte einer Wellenfläche als selbstständige Anregungszentren an:

- Jeder Punkt einer Wellenfläche sendet zur gleichen Zeit Wellen (sogenannte *Elementarwellen*) aus. Die äußere Einhüllende dieser Elementarwellen soll dann nach Huygens die tatsächlich beobachtbare Welle ergeben (Huygens'sches Prinzip).

Abb. 13.22 erläutert Huygens' Auffassung sowohl für eine ebene Welle (a) als auch für den Teil einer Kugelwelle (b), der durch eine Öffnung *AB* hindurchtritt.

Dass in diesem Prinzip ein richtiger Kern enthalten ist, lässt sich am einfachsten mit Wasserwellen zeigen. In Abb. 13.23a trifft eine ebene Wasserwelle auf eine parallel zur Wellenfront stehende Wand, die nur einen schmalen Spalt als Öffnung enthält. Die Welle bewegt sich durch diese Öffnung keineswegs geradlinig fort, sondern die in der Öffnung befindlichen Wasserteilchen werden zu einem neuen Wellenzentrum, von dem aus

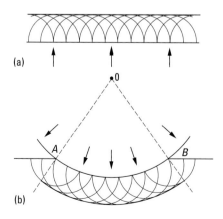

Abb. 13.22 Huygens'sches Prinzip, (a) für eine ebene und (b) für eine kreisförmige Wellenfront

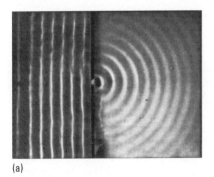 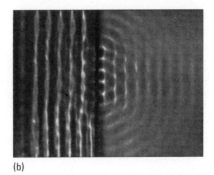

(a)   (b)

Abb. 13.23   Durchgang einer ebenen Wasserwelle (a) durch eine und (b) durch fünf nebeneinander liegende spaltförmige Öffnungen in einer Wand

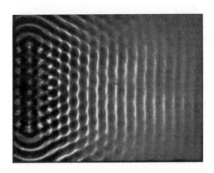

Abb. 13.24   Interferenz von acht kreisförmigen Wasserwellen, deren Anregungszentren auf einer Geraden liegen

sich kreisförmige Wellen ausbreiten. Dass sich viele solcher längs einer Geraden erzeugten elementaren Kreiswellen wieder zu einer ebenen Welle zusammensetzen, zeigen die Abb. 13.23b und 13.24. Bei der Aufnahme in Abb. 13.23b trifft eine ebene Welle auf ein Hindernis mit fünf schmalen, dicht nebeneinander liegenden Öffnungen. Die in jeder Öffnung erzeugten Elementarwellen setzen sich wieder zu einer ebenen Welle zusammen. Man kann auch, wie es Abb. 13.24 zeigt, gleichzeitig an acht nebeneinander auf einer Geraden liegenden Punkten Kreiswellen direkt erzeugen, die sich gleichfalls in einiger Entfernung von der Anregungsstelle zu einer ebenen Welle zusammensetzen.

Dass man ganz allgemein den Schwingungszustand eines Punktes im Wellenfeld als Überlagerung sämtlicher Elementarwellen in diesem Punkt betrachten kann, hat 1819 zuerst J. A. Fresnel (1788 – 1827) erkannt. Dadurch, dass Fresnel das Huygens'sche Prinzip mit dem Interferenzprinzip verknüpfte, erhielt jenes erst seine große Fruchtbarkeit. Es war möglich, nicht nur die Vorgänge der Reflexion und Brechung zu erklären, was schon Huygens getan hatte (s. Abschn. 14.1) sondern auch die Ausbreitung von Wellen um Hindernisse, die *Beugung* von Wellen, aus demselben Prinzip zu deuten. Es mag auf den ersten Blick so scheinen, dass die Einführung vieler Elementarwellen anstelle einer einzigen Welle das Problem viel komplizierter macht. Man wird jedoch an den folgenden Beispielen sehen, dass das Huygens-Fresnel'sche Prinzip eine erstaunliche Leistungsfähigkeit trotz der relativen Einfachheit der benötigten Mittel besitzt, die es selbst heute noch unentbehrlich macht, wenn es gilt, die bei einer Wellenbewegung auftretenden Erscheinungen vorauszusagen und verständlich zu machen.

Zunächst ist ersichtlich, dass die Kombination des Interferenzprinzips mit dem Huygens'schen Gedanken überhaupt erst dessen Behauptung verständlich macht, dass die Einhüllende der Elementarwellen die neue Wellenfläche bei der Ausbreitung liefert. Die z. B. in den Abb. 13.22a und b gezeichneten Elementarwellen interferieren, d. h. vernichten bzw. verstärken sich derartig, dass nur die Einhüllende als neue Wellenfläche übrig bleibt, was ohne diese Interferenz einfach unverständlich wäre. Im Folgenden sind zwei Beispiele beschrieben:

Zweistrahlinterferenz. Zunächst besprechen wir die Überlagerung von an einem Hindernis gebeugten Elementarwellen im denkbar einfachsten Fall, nämlich für nur zwei solcher Wellenzentren. Man realisiert diesen Fall, indem man eine ebene Wellenfront senkrecht auf eine undurchlässige Wand H—H treffen lässt, die zwei kleine Öffnungen im Abstand $d > \lambda$ und mit einer Öffnungsweite $\delta \lesssim \lambda$ besitzt (Abb. 13.25a). Wir vereinfachen das Problem, indem wir nur eine ebene Darstellung betrachten. Dazu legen wir das Hindernis H—H mit den beiden Öffnungen in die Zeichenebene. Das entspricht dem aus der Optik bekannten *Doppelspaltversuch* von Thomas Young (1773 – 1829). Die Öffnungen sind dabei schmale Spalte senkrecht zur Zeichenebene. In Abb. 13.25a sind die von ihnen ausgehenden harmonischen Elementarwellen gezeichnet, Wellenberge einfach schraffiert und Wellentäler weiß. Offenbar gibt es Richtungen α_{max}, in denen die Interferenz der beiden Wellenfronten immer konstruktiv ist (abwechselnd weiß und kreuzweise schraffiert) und solche, α_{min}, in denen sie immer destruktiv ist (einfach schraffiert, Auslöschung).

Die Richtungen lassen sich leicht berechnen (Abb. 13.25b): Die Auslenkung an einem beliebigen Punkt P des Wellenfeldes setzt sich additiv aus den Auslenkungen der beiden Teilwellen zusammen. Diese gelangen auf dem Weg r_1 von der Öffnung 1 und auf dem Weg r_2 von der Öffnung 2 nach P. Die resultierende Auslenkung in P hängt von der *Phasendifferenz* $\Delta\varphi$ der beiden Wellenfelder dort ab. Die Punkte 1 und 2 schwingen nach der Voraussetzung von Teilbild (a) mit gleicher Phase. Die Größe $\Delta\varphi$ ist also allein durch die Weglängendifferenz $\Delta s = r_2 - r_1$ gegeben, dem *Gangunterschied*. Fällt man von der Öffnung 1 das Lot auf r_2 im Punkt Q, gilt für einen genügend weit entfernten Punkt P $(r_1, r_2 \gg d): \overline{PQ} \approx r_1$. Aus dem Dreieck $1Q2$ folgt dann $\sin\alpha = \Delta s/d$. Konstruktive Interferenz, das heißt Verstärkung, erhalten wir, wenn Δs ein ganzzahliges Vielfaches der Wellenlänge ist, $\Delta s = n\lambda$ $(n = 0, 1, 2, \ldots)$. Dann wird nämlich $\Delta\varphi = 2\pi n$. Damit folgt als Bedingung für konstruktive Interferenz

$$\sin\alpha = n\frac{\lambda}{d}. \tag{13.29}$$

Ganz entsprechend erhält man aus der Bedingung für destruktive Interferenz (Auslöschung), nämlich $\Delta\varphi = (n + 1/2)2\pi$ bzw. $\Delta s = (n + 1/2)\lambda$, die Beziehung

$$\sin\alpha = \left(n + \frac{1}{2}\right)\frac{\lambda}{d}. \tag{13.30}$$

Die beiden Gleichungen haben zur Folge, dass sich die fächerförmige Interferenzfigur der Abb. 13.25a bei Veränderung der Wellenlänge λ bzw. des Quellenabstandes d proportional zu λ/d aufweitet bzw. zusammenzieht. Die ganze Zahl n bezeichnet man als die *Ordnung* der betreffenden Interferenz. Man spricht dann von Maxima bzw. Minima nullter, erster, zweiter usw. Ordnung.

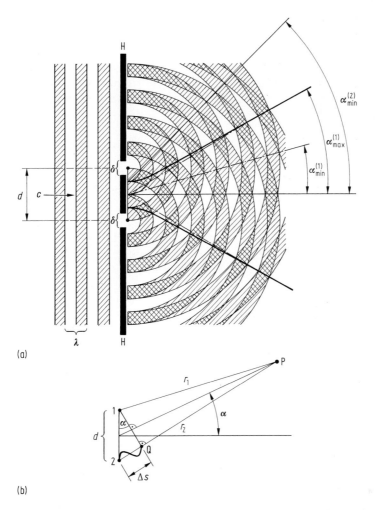

Abb. 13.25 Interferenz der Wellen zweier Punktquellen, (a) Wellenausbreitung, (b) zur Interferenzbedingung

Beugung an einer Kante. Als zweites Beispiel besprechen wir die Beugung von Wellen an einer einzelnen Kante (Abb. 13.26). Hier wird ein Teil der bei $x > x_0$ durchgehenden Intensität I in den Bereich $x < x_0$ des *geometrischen Schattens* hineingebeugt. I nimmt dort exponentiell mit der Entfernung von der Schattengrenze ab. Außerhalb dieses Schattens oszilliert die Intensität und nähert sich für $x \to +\infty$ dem Wert I_0 der dort einfallenden Intensität an. Genau an der Schattengrenze x_0 ist $I = I_0/4$. Die in Abb. 13.26 skizzierten Intensitätsverhältnisse gelten genau genommen nur für eine von $x = x_0$ bis $x \to -\infty$ undurchlässige Wand und für eine Öffnung, die sich von x_0 bis $x \to +\infty$ erstreckt. Für weitere Beispiele s. Bd. 3.

Größe von Beugungsmustern. Zum Abschluss noch eine allgemein nützliche Regel: Aus Huygens Konstruktion folgt für alle Beugungserscheinungen ein Winkelabstand zwischen

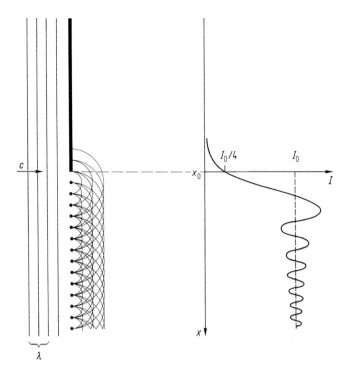

Abb. 13.26   Beugung an einer Kante

Maxima und Minima von der Größenordnung

$$\Delta \sin \alpha \approx \Delta \alpha \cdot \cos \alpha \approx \frac{\lambda}{s}$$

(s. Gln. (13.29) und (13.30)). Dabei ist s eine charakteristische Länge der beugenden Struktur (Spaltabstand, Spaltbreite, Hindernisdurchmesser usw.). Es wird vorausgesetzt, dass wir „weit weg" vom Hindernis beobachten, in einem Abstand L, der groß ist im Vergleich zur Strecke s (Abb. 13.27). Im Beobachtungsabstand L entspricht dem Winkelabstand $\Delta \alpha$ eine „Bildweite" b, nämlich der Linearabstand benachbarter Maxima und Minima auf einem Schirm. Daraus folgt die Beziehung $\tan \Delta \alpha = b/L$. Wenn $b \ll L$ ist, können wir $\tan \Delta \alpha \approx \Delta \alpha$ setzen und $\cos \alpha \approx 1$. Dann ergibt sich mit $\Delta \alpha \approx b/L$ und mit $\Delta \alpha \approx \lambda/s$ von oben

$$\frac{\lambda}{s} \approx \frac{b}{L}. \tag{13.31}$$

Diese Faustformel für die Beobachtbarkeit von Beugungserscheinungen ist oft nützlich, um abzuschätzen, ob man etwas sehen kann oder nicht. Insbesondere lässt sich ermitteln, in welcher Entfernung L von einem beugenden Objekt der Abmessung s bei gegebener Wellenlänge λ ein bestimmter Abstand b zwischen Maximum und Minimum zu erwarten ist. Je kleiner s ist, desto größer wird b bei festem L und umgekehrt.

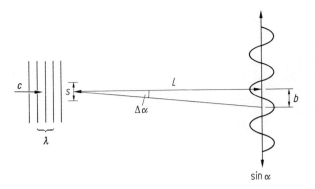

Abb. 13.27   Zur Beugungsbedingung

13.7 Reflexion und Brechung

Reflexion. Es werden nun mit Hilfe des Huygens'schen Prinzips Reflexion und Brechung von Wellen an einer Trennfläche mit dem Ziel einer gesetzmäßigen Erfassung untersucht. Wir betrachten zunächst die Reflexion einer ebenen Welle an einer Trennfläche. In Abb. 13.28 falle eine ebene Welle E, die durch fünf parallele Strahlen angedeutet ist, schräg auf die Grenze WW. Sobald die Wellenfront A_1A_5 im Punkt A_1 die ebene Wand erreicht, regt Strahl 1 im Punkt A_1 eine Elementarwelle an, die sich um A_1 als Kugelwelle ausbreitet. Etwas später trifft Strahl 2 die Wand in A_2, noch etwas später Strahl 3 in A_3 und so fort. Endlich trifft Strahl 5 die Wand in B_5. In diesem Augenblick ist der Radius der von A_1 ausgegangenen Elementarkugelwelle A_1B_1 offenbar gleich A_5B_5. In der Zwischenzeit sind die Auftreffpunkte A_2, A_3 und A_4 der Strahlen $2-4$ auf der Wand ebenfalls zu Ausgangspunkten von Elementarwellen geworden, die sich bis zu den Punkten B_2, B_3, B_4 während der Laufzeit von A_5 nach B_5 ausgebreitet haben. Die gemeinsame Tangente B_1B_5 an die fünf Kugelwellen, d. h. die Huygens'sche Einhüllende ergibt dann die Wellenfront der reflektierten Welle R. Zieht man von A_1 bis A_5 die Normalen auf die Wellenfläche B_1B_5 der reflektierten Welle, erhält man die reflektierten Strahlen $1'$ bis $5'$. Zeichnet man noch die Einfallslote L_1A_1 und L_5B_5, dann bildet die Richtung der einfallenden Welle E mit L_1A_1 den Einfallswinkel α und die Richtung der reflektierten Welle R mit L_5B_5 den

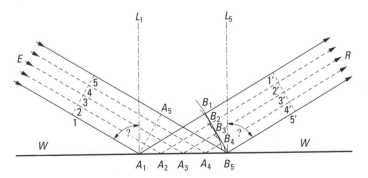

Abb. 13.28   Reflexion einer ebenen Welle an einer ebenen Wand

Abb. 13.29   Reflexion ebener Wasserwellen an einer ebenen Wand

Reflexionswinkel β. Da $A_1B_1 = A_5B_5$ ist, folgt, dass die beiden Dreiecke $A_1B_1B_5$ und $B_5A_5A_1$ kongruent sind. Demnach sind die Winkel $A_5A_1B_5$ und $B_1B_5A_1$ gleich, und da ersterer gleich α und letzterer gleich β ist, folgt weiter: $\alpha = \beta$, in Worten:

- Bei der Reflexion einer ebenen Welle an einer ebenen Wand ist der Reflexionswinkel gleich dem Einfallwinkel (*Reflexionsgesetz*).

Wie die Konstruktion von Abb. 13.28 ergibt, liegt der reflektierte Strahl gleichzeitig in der durch den einfallenden Strahl und das Einfallslot gebildeten Ebene. Abb. 13.29 zeigt die Reflexion ebener Wasserwellen an einer ebenen Wand bei einem Einfallwinkel von 45°: Die Fronten der einfallenden und reflektierten Welle überschneiden sich rechtwinklig.

In Abb. 13.30a ist als weiteres Beispiel der Vorgang der Reflexion einer kreisförmigen Wasserwelle an einer ebenen Wand wiedergegeben, in Abb. 13.30b die Konstruktion nach dem Huygens'schen Prinzips.

Brechung. Weiter erörtern wir, denselben Gedankengang anwendend, anhand von Abb. 13.31 die *Brechung* einer ebenen Welle beim Übergang von einem Medium *I* mit der Ausbreitungsgeschwindigkeit c_I zu einem Medium *II* mit der Ausbreitungsgeschwindigkeit c_{II}, wobei $c_I > c_{II}$ sein soll. Von der einfallenden Welle *E* sind wieder fünf Strahlen gezeichnet. Wir betrachten den Augenblick, in dem die Wellenfront A_1A_5 im Punkt A_1 gerade die Trennlinie TT zwischen den Medien trifft. A_1 wird zum Anregungszentrum einer Elementarwelle, die sich bereits im Medium *II* ausbreitet, während der Strahl 5 noch von A_5 bis B_5 im Medium *I* weiterläuft. Um die Wellenfront dieser Elementarwelle für den Zeitpunkt zu finden, in dem Strahl 5 im Punkt B_5 angekommen ist, zeichnet man um A_1 einen Kreis mit einem Radius A_1B_1, der sich zu A_5B_5 verhalten muss, wie c_{II} zu c_I. In derselben Weise lassen sich auch die Elementarwellen um die Punkte A_2, A_3 und A_4 konstruieren. Die von B_5 an die Kreise dieser Elementarwellen gezogene Tangente B_5B_1 stellt als Einhüllende die Wellenfront der im Medium *II* verlaufenden Welle *G* dar. Man erkennt, dass die Ausbreitungsrichtung der Welle im Medium *II* eine Brechung zum Einfallslot L_1A_1 hin erfahren hat. Nennt man den Winkel, den die Richtung der einfallenden Welle *E* mit L_1A_1 bildet, wieder α und den Winkel, den die gebrochene Welle *G* mit dem Einfallslot bildet, den *Brechungswinkel* β, so ist $\alpha > \beta$. Da der Winkel $A_5A_1B_5$ gleich α und der Winkel $A_1B_5B_1$ gleich β ist, folgt aus dem bei A_5 rechtwinkligen Dreieck $A_1A_5B_5$

$$\sin\alpha = \frac{A_5B_5}{A_1B_5}$$

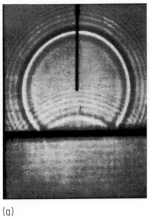

(a)

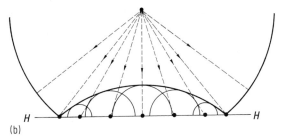

(b)

Abb. 13.30   Reflexion einer kreisförmigen Welle an einer ebenen Wand, (a) Experiment in der Wellenwanne, (b) Konstruktion nach Huygens

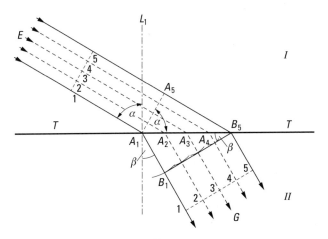

Abb. 13.31   Brechung einer ebenen Welle

und aus dem bei B_1 rechtwinkligen Dreieck $A_1B_5B_5$

$$\sin \beta = \frac{A_1B_1}{A_1B_5}.$$

Durch Division ergibt sich

$$\frac{\sin \alpha}{\sin \beta} = \frac{A_5B_5}{A_1B_1}$$

oder (nach Konstruktion)

$$\frac{\sin \alpha}{\sin \beta} = \frac{c_\mathrm{I}}{c_\mathrm{II}} = n. \tag{13.32}$$

Diese Gleichung stellt das *Brechungsgesetz* von Snellius (nach W. Snell van Roijen, 1591–1626) dar:

- Fällt eine ebene Welle auf eine ebene Grenzfläche, wird sie beim Übergang von dem einen in das andere Medium von ihrer ursprünglichen Richtung abgelenkt. Dabei ist das Verhältnis der Sinus des Einfall- und des Brechungswinkels gleich dem Verhältnis der Ausbreitungsgeschwindigkeiten in den beiden Medien. Den konstanten Wert n dieses Verhältnisses nennt man den *Brechungsindex* des ersten Mediums gegen das zweite.

Abb. 13.32 zeigt die Brechung von Wasserwellen. Dabei wird die Tatsache benutzt, dass die Ausbreitungsgeschwindigkeit der Wellen von der Tiefe der Wasserschicht abhängt. Über der in Abb. 13.32 deutlich erkennbaren dreieckigen, in das Wasser eingelegten Glasscheibe ist die Ausbreitungsgeschwindigkeit der von links kommenden ebenen Wellen kleiner als im übrigen Teil des Wasserbeckens, so dass eine Knickung der Wellenfront eintritt. Die Ableitung des Brechungsgesetzes zeigt, dass immer dann eine Brechung eintritt, wenn die Ausbreitungsgeschwindigkeiten auf beiden Seiten der Trennfläche verschieden sind.

In einem homogenen Medium breitet sich eine Welle immer geradlinig aus (von der Beugung abgesehen). Ein schmales Bündel wird deshalb auch *Strahl* genannt. Der Weg eines Strahls (Lichtstrahl, Schallstrahl) ist daher die kürzeste Verbindung zwischen zwei Punkten, die der Strahl berührt. Der Weg ist ein Minimum in einem homogenen Medium mit konstanter Ausbreitungsgeschwindigkeit der Welle. Der Weg ist jedoch nicht der kürzeste, wenn der Strahl Gebiete mit verschiedenen Ausbreitungsgeschwindigkeiten durchläuft, z. B. wenn ein Lichtstrahl von Luft in Wasser übergeht. Der Knick, also die Brechung,

Abb. 13.32   Brechung einer ebenen Wasserwelle (aus Film: Ripple Tank Phenomena, Part I, Education Development Center, Newton, MA, USA)

zeigt, dass das Licht einen Umweg macht. Der Strahl gelangt hierbei aber in der kürzesten Zeit von einem Punkt zum anderen. Die verschiedenen Ausbreitungsgeschwindigkeiten in den Medien sind der Grund für den geknickten Weg des Strahls. P. Fermat (1601 – 1665) hat dies zuerst entdeckt. Das *Fermat'sche Prinzip* ist ein gutes Beispiel dafür, wie komplizierte Erscheinungen in der Natur (wie der Lauf eines Lichtstrahls) auf eine ganz einfache Gesetzmäßigkeit zurückgeführt werden. Mit Hilfe des Fermat'schen Prinzips lassen sich das Brechungsgesetz und das Reflexionsgesetz ableiten. Bei kontinuierlicher Änderung des Brechungsindex, also bei sich stetig ändernder Ausbreitungsgeschwindigkeit, lassen sich auch leicht „krumme" Strahlen herstellen (s. Bd. 3).

Eine Frage, die durch das Huygens'sche Prinzip in der elementaren Form nicht beantwortet werden kann, ist die, wie groß die Energiedichten einer reflektierten und gebrochenen Longitudinalwelle sind. Dies kann nur die Theorie der Wellenausbreitung ergeben. Wir führen nur das Resultat an: Ist die Energiedichte der einfallenden Welle gleich E_0/V, der Einfallwinkel α, der Brechungswinkel β und sind ferner ϱ_{I} und ϱ_{II} die Dichten des ersten und zweiten Mediums und c_{I} und c_{II} ihre Ausbreitungsgeschwindigkeiten, und setzt man schließlich zur Abkürzung $\varrho_{\mathrm{I}}c_{\mathrm{I}}/\varrho_{\mathrm{II}}c_{\mathrm{II}} = w$, so ist die Energiedichte E_{r}/V der reflektierten Welle

$$\frac{E_{\mathrm{r}}}{V} = \frac{E_0}{V} \cdot \frac{\left(w\frac{\cos\beta}{\cos\alpha} - 1\right)^2}{\left(w\frac{\cos\beta}{\cos\alpha} + 1\right)^2}, \tag{13.33}$$

die Energiedichte E_{g}/V der gebrochenen Welle dagegen

$$\frac{E_{\mathrm{g}}}{V} = \frac{E_0}{V} \cdot \frac{4w\frac{\cos\beta}{\cos\alpha}}{\left(w\frac{\cos\beta}{\cos\alpha} + 1\right)^2}. \tag{13.34}$$

Daraus geht hervor, dass keine reflektierte Welle existiert, wenn der Zähler in Gl. (13.33) verschwindet, d. h. wenn

$$\frac{\varrho_{\mathrm{I}}\,c_{\mathrm{I}}}{\cos\alpha} = \frac{\varrho_{\mathrm{II}}\,c_{\mathrm{II}}}{\cos\beta} \tag{13.35}$$

ist. Bei senkrechtem Einfall ist $\alpha = \beta = 0$ und $\cos\alpha = \cos\beta = 1$, also muss $\varrho_{\mathrm{I}}c_{\mathrm{I}} = \varrho_{\mathrm{II}}c_{\mathrm{II}}$ sein, wenn die reflektierte Welle nicht auftreten soll. Man sagt dann, die beiden Medien besäßen gleichen *Wellenwiderstand* (beim Schall: *Schallwiderstand*, s. Kap. 14). Zum Beispiel besitzen Wasser ($\varrho_{\mathrm{I}} = 10^3\,\mathrm{kg/m^3}$, $c_{\mathrm{I}} = 1494\,\mathrm{m/s}$) und Tetrachlorkohlenstoff ($\varrho_{\mathrm{II}} = 1.59 \cdot 10^3\,\mathrm{kg/m^3}$, $c_{\mathrm{II}} = 928\,\mathrm{m/s}$) annähernd gleichen Schallwiderstand; denn es ist $\varrho_{\mathrm{I}}c_{\mathrm{I}} = 1.492 \cdot 10^6\,\mathrm{kg\,m^{-2}s^{-1}}$ und $\varrho_{\mathrm{II}}c_{\mathrm{II}} = 1.475 \cdot 10^6\,\mathrm{kg\,m^{-2}s^{-1}}$.

13.8 Doppler-Effekt

Im Jahr 1842 hat Christian Doppler (1803 – 1853) eine Entdeckung gemacht, die überall in der Physik, wo Wellenbewegungen von einem Sender erzeugt oder von einem Empfänger nachgewiesen werden, von großer Bedeutung ist. Sie besagt:

- Senderfrequenz und Empfängerfrequenz weichen von der Frequenz der Wellenbewegung im übertragenden Medium ab, wenn der Sender bzw. Empfänger bewegt wird.

Der Vorgang möge am Beispiel einer Schallwelle erläutert werden. In Abb. 13.33a bedeutet S den Entstehungsort einer Schallwelle mit der Frequenz v_0, im Punkt B befinde sich der Beobachter. Der ganze Raum zwischen B und S sei mit fortschreitenden Wellen der Frequenz v_0 erfüllt. Denken wir uns für einen Augenblick den in Abb. 13.33a gezeichneten Wellenzug erstarrt, so wird auch das Ohr des Beobachters nicht mehr von Wellen getroffen. Dies ist aber sofort wieder der Fall, wenn sich der Beobachter in Richtung des Pfeils mit der Geschwindigkeit $v = s/t$ auf die Schallquelle zu bewegt. Dann treffen offenbar in der Zeit t so viele Wellenzyklen der Wellenlänge λ an sein Ohr, wie auf die in dieser Zeit zurückgelegte Strecke s entfallen, nämlich s/λ. Das entspricht der Frequenz $s/\lambda t$. Mit $\lambda = c/v_0$ (Gl. (13.1)) und $v = s/t$ wird aus diesem Ausdruck $v_0 \cdot v/c$. Heben wir jetzt die gedachte Erstarrung des Wellenzuges auf, tritt zu der Frequenz $v_0 \cdot v/c$ noch die Frequenz v_0 hinzu, so dass für die Gesamtfrequenz v, die vom Beobachter wahrgenommen wird,

$$v = v_0 \left(1 + \frac{v}{c}\right) \tag{13.36}$$

gilt. Bewegt sich also der Beobachter auf die Schallquelle zu, nimmt er eine höhere Frequenz wahr, d. h., der Ton der Schallquelle erscheint ihm erhöht. Entfernt sich umgekehrt der Beobachter von der Schallquelle, ist in Gl. (13.36) v negativ zu nehmen, d. h., der wahrgenommene Ton erniedrigt sich.

Eine ähnliche Überlegung kann man anstellen, wenn der Beobachter in Ruhe bleibt und die Schallquelle sich mit der Geschwindigkeit v auf ihn zu bewegt. Nach Abb. 13.33b hat die Schallquelle S nach der Zeit t den Ort S' erreicht, so dass $s/t = v$ ist. Während sie die Strecke s durchläuft, sendet sie $v_0 t$ Wellen aus. Die erste der von S zur Zeit $t_0 = 0$ ausgehenden Wellen erreicht den Beobachter in B zur Zeit $t_1 = a/c$, wenn $a = \overline{BS}$ ist. Die nach der Zeit t von S' ausgehende Welle erreicht den Ort B zur Zeit $t_2 = t + (a - s)/c$. Es kommen also die während der Zeit t von der Schallquelle ausgesandten $v_0 t$ Wellen in dem Zeitintervall $t_2 - t_1 = t - s/c$ in B an. Das entspricht der vom Beobachter in B wahrgenommenen Frequenz

$$v' = \frac{v_0 t}{t - \dfrac{s}{c}} = \frac{v_0}{1 - \dfrac{v}{c}}. \tag{13.37}$$

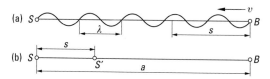

Abb. 13.33 Zur Entstehung des Doppler-Effekts, (a) bei ruhender Schallquelle und bewegtem Beobachter, (b) bei bewegter Schallquelle und ruhendem Beobachter

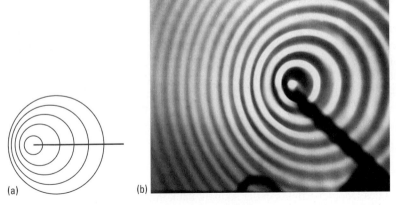

Abb. 13.34   Doppler-Effekt, (a) bei einer nach links bewegten Schallquelle, (b) in der Wasserwellenwanne (Foto: Leybold Didactic GmbH, Hürth)

Ist also v positiv, d. h. nähert sich die Schallquelle mit der Geschwindigkeit v dem Beobachter, erhöht sich der Ton. Ist aber v negativ, d. h. entfernt sich die Schallquelle vom Beobachter, erniedrigt sich der Ton.

Man beobachtet ferner, dass eine schnell herannahende Schallquelle, z. B. ein Flugzeug, erst kurz vor dem Vorbeifliegen hörbar wird. Dagegen ist es noch längere Zeit wahrzunehmen, während es sich entfernt. Die Erklärung dafür gibt Abb. 13.34a. Darin ist die Ausbreitung von Wellen dargestellt, die von einer nach links bewegten Schallquelle ausgehen. Die vor der Schallquelle zusammengedrängten Wellenflächen erreichen einen links befindlichen Beobachter nur wenig früher als die Schallquelle selbst, während ein Beobachter auf der rechten Seite die Schallquelle auch bei größerer Entfernung noch wahrnimmt. Abb. 13.34b zeigt eine Demonstration des Doppler-Effekts mit Wasserwellen.

Entwickelt man den Ausdruck $1/\left(1 - \dfrac{v}{c}\right)$ aus Gl. (13.37) in eine Reihe,

$$\left(1 - \frac{v}{c}\right)^{-1} = 1 + \frac{v}{c} + \left(\frac{v}{c}\right)^2 + \left(\frac{v}{c}\right)^3 + \dots,$$

und ist $v \ll c$, so dass man höhere als die erste Potenz von v/c vernachlässigen kann, geht Gl. (13.37) in Gl. (13.36) über. In diesem Fall erhält man also dasselbe Resultat, einerlei ob die Schallquelle ruht und der Beobachter sich bewegt, oder der Beobachter ruht und die Schallquelle sich bewegt. Trifft dagegen die Voraussetzung $v \ll c$ nicht zu, ergeben sich in den beiden Fällen verschiedene Werte für v und v'. Für $|v| = |c|$ z. B. würde sich bei Entfernung der Schallquelle vom Beobachter (v negativ) nach Gl. (13.37) die Frequenz auf die Hälfte erniedrigen, während sich bei Entfernung des Beobachters und ruhender Schallquelle die Frequenz null ergibt, weil in diesem Fall der Beobachter dauernd an derselben Stelle der Welle bleibt.

Die Unsymmetrie in den beiden durch die Gln. (13.36) und (13.37) dargestellten Fällen ist zunächst überraschend. Bei genauerer Prüfung findet man, dass es hier auf die relative Bewegung bzw. Ruhe dreier Körper, nämlich der Schallquelle, des Beobachters und des schallübertragenden Mediums ankommt. In dem durch Gl. (13.36) wiedergegebenen Fall ruhen die Schallquelle und das die Schallwelle fortleitende Medium, und der Beobachter bewegt sich. Im Fall der Gl. (13.37) ruhen Beobachter und schallleitendes Medium, und die Quelle bewegt sich. Völlige Symmetrie beider Fälle würde verlangen, dass sich in diesem letzteren Fall das schallleitende Medium mit der Quelle mitbewegt. Erst dann könnte man fordern, dass sich in den beiden Fällen das gleiche Resultat ergibt. Es sei erwähnt, dass es diese Unsymmetrie bei Lichtwellen nicht gibt, dort kommt es nur auf die Relativbewegung an (s. Bd. 3).

Schließlich ist noch der Fall möglich, dass sich sowohl Schallquelle als auch Beobachter mit den Geschwindigkeiten v bzw. v' aufeinander zu- bzw. voneinander fortbewegen. Dann erhält man für die vom Beobachter aufgenommene Frequenz die kombinierte Gleichung

$$\nu = \nu_0 \frac{1 + \dfrac{v}{c}}{1 - \dfrac{v'}{c}}. \tag{13.38}$$

Das Auftreten des Doppler-Effekts in der Akustik kann man im täglichen Leben leicht beobachten. Schleudert man eine an einem Schlauch angebrachte Pfeife auf einem Kreis herum, während man sie gleichzeitig anbläst, so hört ein in der Kreisebene befindlicher Beobachter ein Ansteigen der Tonhöhe bei Annäherung und ein Absinken der Tonhöhe bei Entfernung der Pfeife. – Nähert man eine Stimmgabel oder eine Pfeife einer Wand, vernimmt ein vor der Wand stehender Beobachter Schwebungen. Die das Ohr des Beobachters direkt erreichenden Schallwellen kommen von der sich entfernenden, die an der Wand reflektierten Schallwellen dagegen von einer sich gewissermaßen auf den Beobachter zu bewegenden Schallquelle. Beträgt die Frequenz der Stimmgabel z. B. $\nu_0 = 1000$ Hz und wird sie mit einer Geschwindigkeit $v = 1$ m/s bewegt, treten gleichzeitig zwei Töne mit den Frequenzen $\nu_1 = 1000 \left(1 + \frac{1}{330}\right)$ Hz $= 1003$ Hz und $\nu_2 = 1000 \left(1 + \frac{1}{330}\right)$ Hz $= 997$ Hz auf, die also sechs Schwebungen pro Sekunde ergeben.

Große Bedeutung hat der Doppler-Effekt in der Optik und speziell in der Astrophysik erlangt. Betrachten wir einen Stern, der ein Linienspektrum aussendet. Wenn sich seine Entfernung relativ zur Erde nicht ändert, stimmt die Lage seiner Spektrallinien, die verschiedenen Lichtfrequenzen entsprechen, mit den Linien in einer irdischen (ruhenden) Lichtquelle überein. Bewegt sich dagegen der Stern relativ zur Erde, muss nach Gl. (13.37) eine Veränderung der Lichtfrequenz am Beobachtungsort, d. h. eine Verschiebung der Linien im Spektrum eintreten. Nähert sich der Stern, tritt eine Frequenzerhöhung, also eine Verschiebung der Spektrallinie zum violetten Ende des Spektrums auf. Umgekehrt lässt eine Verschiebung der Linien zum roten Ende auf eine Entfernung der Lichtquelle, also des Sternes schließen. Man kann in der geschilderten Weise tatsächlich Sterngeschwindigkeiten bestimmen.

14 Schallwellen

14.1 Grundlagen

Akustik. In der Akustik wird versucht, die mannigfaltigen Erscheinungen und das Verhalten des Schalls, seine Entstehung, Ausbreitung und Vernichtung zu verstehen. Da der Schall mit den Ohren wahrnehmbar ist, beschränkte sich die Akustik zunächst auf den hörbaren Schall. Inzwischen sind jedoch Empfänger entwickelt worden, die auch den nicht hörbaren Schall nachweisen können. Die Grenzen der Akustik können also nicht durch den Empfindlichkeitsbereich des menschlichen Ohrs festgelegt werden. Die Akustik behandelt allerdings überwiegend den hörbaren Schall.

Man kann durch Berühren eines Schallsenders sehr bald erkennen, dass die *Schallerzeugung mit mechanischen Schwingungen verbunden* ist. Man berühre z. B. die schwingende Membran eines Lautsprechers oder die schwingende Saite eines Musikinstrumentes oder eine tönende Glocke. Besonders empfindlich sind die Nerven der Zungenspitze: Der Eindruck beim Berühren einer schwingenden Stimmgabel mit der Zungenspitze ist außerordentlich groß. Man muss folgern, dass diese Schwingungen auf die Luft übertragen werden und so unser Ohr erregen. Man kann diese Vermutung, dass also die Luft als Medium bei der gewöhnlichen Schallübertragung notwendig ist, folgendermaßen beweisen: Man setzt die Schallquelle, z. B. eine elektrische Klingel, in einen evakuierten Glasbehälter, und zwar auf eine weiche Unterlage, die die unmittelbare Übertragung der Schwingungen auf den Boden oder die Wand des Gefäßes verhindert. Dann kann der Schall der Klingel nicht nach außen gelangen. Erst nach dem Einlassen der Luft ist die Klingel wieder zu hören.

Damit sind als Ursachen für die periodischen Luftbewegungen zunächst die Schwingungen fester Körper festgestellt. Doch können auch gasförmige schwingende Systeme Schall erzeugen. Man braucht nur einen Luftstrom periodisch in schneller Folge zu unterbrechen und wieder herzustellen, wie das z. B. bei der Lochsirene (Abb. 14.1) mit Hilfe einer rotierenden Lochscheibe geschieht. Diese wird entweder durch einen Motor oder – in anderer Ausführungsform – turbinenartig in Drehung versetzt. Durch Variation der Umdrehungsfrequenz einer solchen Lochsirene findet man sofort, dass die Anzahl der Unterbrechungen des Luftstroms pro Zeit die *Tonhöhe* bestimmt. Ferner wird der Klang der Sirene lauter, wenn der Luftstrom verstärkt wird. Die *untere Hörgrenze* liegt bei 16 Hz. Die *obere Hörgrenze* schwankt zwischen 10 kHz bei älteren und 20 kHz bei jüngeren Menschen. Bei manchen Tieren (Hunden, Katzen, Fledermäusen, Delfinen) liegt sie höher, bei Delfinen über 100 kHz. Das Frequenzgebiet oberhalb von 20 kHz wird als *Ultraschall*, das Frequenzgebiet unterhalb von 16 Hz als *Infraschall* bezeichnet.

Ultraschallschwingungen rufen im menschlichen Ohr keinerlei Empfindung hervor. Fledermäuse erzeugen kurze Schreie, deren Tonhöhe wir Menschen nicht mehr hören können. Sie benutzen die Rückstrahlung (Reflexion) dieser kurzen Ultraschallimpulse (Frequenz etwa 50 kHz, Impulsdauer 10 ms, Pulsfrequenz 10 Hz) zur Orientierung im Dunkeln und zur Beutesuche. Die reflektierten Schallimpulse werden mit den großen Ohren aufgefan-

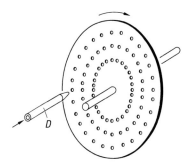

Abb. 14.1 Lochsirene (D = Düse)

gen. Der Zeitabstand zwischen Aussendung und Empfang ist ein Maß für die Entfernung. Die Polizei benutzt Ultraschallpfeifen, die von Hunden, nicht aber von Menschen gehört werden. Die bisher höchsten Schallfrequenzen (10^9 bis $2.5 \cdot 10^9$ Hz) lassen sich mit einer modifizierten Anordnung erzeugen, die Bömmel und Dransfeld angegeben haben. Dieses Frequenzgebiet wird als *Hyperschall* bezeichnet.

Abb. 14.2 zeigt einen Überblick über die Druck- und Frequenzbereiche, in denen Schallwellen von Bedeutung sind. Der *Schalldruck* ist in der Akustik die Druckänderung

$$\Delta p = p(t) - p = K k \xi_0 \cos(\omega t - kx). \tag{14.1}$$

Dabei ist $p(t)$ der zeitabhängige Druck in der Welle, p der ungestörte statische Druck, $k = 2\pi/\lambda$ die Wellenzahl und $\omega = 2\pi/T$ die Kreisfrequenz der Schallwelle, ξ_0 die Amplitude der darin schwingenden Moleküle und K der Kompressionsmodul (Abschn. 9.4) des Mediums. Der mit unseren Ohren zugängliche Hörbereich bildet nur einen kleinen Ausschnitt des dargestellten Druck-Frequenz-Diagramms, nämlich das Gebiet zwischen

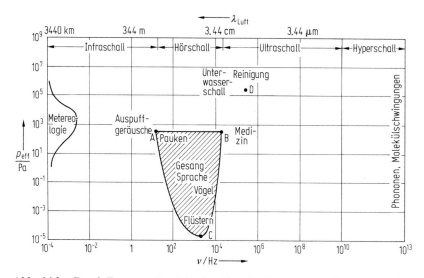

Abb. 14.2 Druck-Frequenz-Bereiche der Akustik. Der unseren Ohren zugängliche Bereich ist schraffiert. (λ = Wellenlänge in Luft, ν = Frequenz und $p_{\text{eff}} = \Delta p_0/\sqrt{2}$ = Effektivwert des Schalldrucks.)

16 und 20 000 Hz sowie zwischen $2 \cdot 10^{-5}$ und $2 \cdot 10^2$ Pa. Dieser Bereich wird als *Hörschall* bezeichnet und ist Gegenstand der Akustik im engeren Sinn, die hier vorwiegend behandelt wird. Von den übrigen Bereichen besprechen wir den Ultraschall in Abschn. 14.6.

Töne. Im Sprachgebrauch werden für verschiedene Erscheinungen des Schalls Ausdrücke wie Ton, Klang, Geräusch, Knall usw. verwendet. Sie lassen sich auch physikalisch unterscheiden: Ein *Ton* wird durch eine reine *sinusförmige Schwingung* erzeugt. Er lässt sich auf einer Frequenzskala als einzelne scharfe Linie darstellen (*Spektraldarstellung*), wobei die Höhe der Linie ein Maß für die Amplitude ist (Abb. 14.3). Dies gilt jedoch nur, wenn die Schwingung unendlich lange anhält. Berücksichtigt man die endliche Dauer des Tons, entspricht das in der Spektraldarstellung einer Verbreiterung der Linie, die umso stärker ist, je weniger Perioden durchlaufen wurden (Abb. 14.4). Das heißt, ein tiefer Ton von kurzer Dauer ist im physikalischen Sinn eigentlich kein Ton mehr, da stets die Nachbarfrequenzen ebenfalls auftreten, wenn auch mit kleinerer Amplitude. Die Folge davon ist, dass man nicht in beliebig kurzer Zeit die Tonhöhe beliebig genau bestimmen kann. Mathematisch lässt sich dieser Tatbestand so formulieren:

$$\Delta \nu \cdot \Delta \tau \geqq 1. \tag{14.2}$$

$\Delta \nu$ ist die Unsicherheit in der Frequenzbestimmung, $\Delta \tau$ die Tondauer.

Einem *Klang* entspricht physikalisch eine beliebige nichtsinusförmige, aber in der Grundfrequenz periodische Schwingung. Das heißt, ein Klang ist gleichbedeutend mit der Überlagerung von Tönen, deren Frequenzen sich zueinander wie ganze Zahlen verhalten. Die Analyse eines Klangs wird heute mit elektrischen Hilfsmitteln (Mikrofon, Filter) durchgeführt. Helmholtz verwendete dazu besondere Resonatoren, die noch eingehend behandelt werden (Abschn. 14.3).

Die in einem *Geräusch* enthaltenen Frequenzen unterliegen dagegen keiner Gesetzmäßigkeit mehr. Ein Geräusch ist also ein unperiodischer Vorgang, bei dem Frequenzen

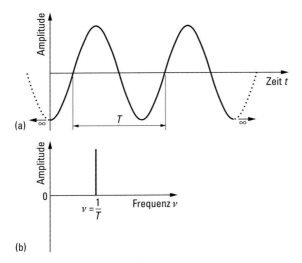

Abb. 14.3 Darstellung eines reinen Tons der Periode T, (a) als unendlich langer, sinusförmiger Zeitverlauf, (b) als einzelne scharfe Linie auf einer Frequenzskala (Spektraldarstellung)

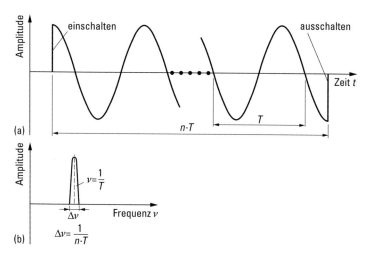

Abb. 14.4   Darstellung eines Tons der Periode T und der endlichen Dauer $n \cdot T$, (a) als endlicher, sinusförmiger Zeitverlauf, (b) in Spektraldarstellung als Frequenzbereich der Breite $\Delta\nu$

und Amplituden statistisch wechseln. Bekannt ist das Rauschen turbulenter Luftströmungen (Wind). Treten alle Frequenzen mit gleicher Amplitude auf, so spricht man in Analogie zum Licht von einem „weißen" Rauschen.

Ein *Knall* enthält kurzzeitig alle Frequenzen eines großen Bereichs. Die Amplituden klingen dabei so rasch ab, dass meist nur wenige Perioden durchlaufen werden.

Obertöne. Soweit die verschiedenen akustischen Erscheinungen. Die einfachste Schwingung, der reine Ton, kommt in der Natur so gut wie gar nicht vor. Er lässt sich exakt nur mit elektrischen Hilfsmitteln erzeugen. Hörbare, mechanisch erzeugte Schwingungen sind in der Regel keine Töne, sondern Klänge. Sie enthalten neben dem *Grundton*, dem tiefsten im Klang enthaltenen Ton, weitere Töne, die *Obertöne*. Diese Obertöne sind es auch, die unserem Ohr die Unterscheidung zwischen den Klängen der verschiedenen Musikinstrumente ermöglichen. Die *Klangfarbe* ist nämlich im Wesentlichen durch die Anzahl und durch die relative Intensität der Obertöne bestimmt (Abb. 14.5). Für den Klangeindruck maßgebend

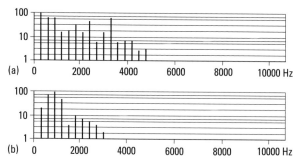

Abb. 14.5   Klangfarben zweier Musikinstrumente, gegeben durch die Amplitudenverhältnisse der Teiltöne (Grundfrequenz 288 Hz), (a) Geige (D-Saite), (b) metall. Böhm-Flöte (nach E. Meyer und G. Buchmann). Man beachte die gleichen Abstände der Linien.

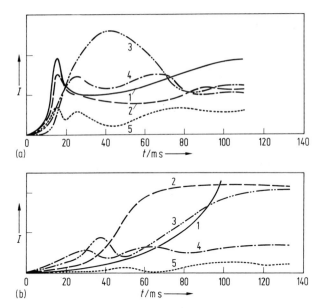

Abb. 14.6 Einschwingvorgänge zweier Musikinstrumente, (a) Trompete 340 Hz, (b) Geige 435 Hz
(1: Grundton, 2 bis 5: Obertöne)

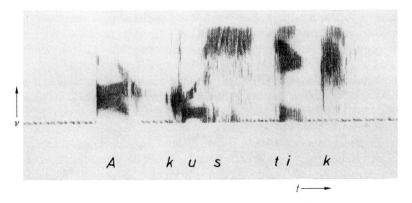

Abb. 14.7 Zweidimensionales Sonogramm des Wortes „Akustik". Die Schwärzung ist ein Maß für
die Intensität. (nach: F. Trendelenburg, Einführung in die Akustik, 3. Aufl., Springer, Berlin, 1961)

ist ferner der *Einschwingvorgang*. Jedes schwingungsfähige System benötigt zu Beginn
der Anregung eine gewisse, wenn auch sehr kurze Zeit, bis der stationäre Schwingungszustand erreicht ist. Während dieser Zeit wechselt das Amplitudenverhältnis der Obertöne
(Abb. 14.6). Es können sogar Obertöne auftreten, die später im stationären Zustand gar
nicht vorhanden sind. Es liegt also ein zeitlich veränderliches Klangspektrum vor, dessen
vollständige Darstellung nur dreidimensional möglich ist. Beim *Visible-Speech-Verfahren*
werden zwei Variable zweidimensional wiedergegeben, und zwar auf der Abszisse die Zeit
und auf der Ordinate die Frequenz, während die dritte Variable, die Amplitude, durch die
unterschiedliche Schwärzung dargestellt wird (Abb. 14.7).

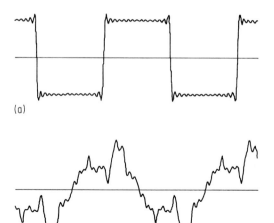

(a)

(b)

Abb. 14.8 Wellenformen mit gleichem Frequenzspektrum, aber verschiedenen Phasen, (a) alle Phasen beim Nulldurchgang null, (b) statistisch ungeordnete Phasen

Wie Hermann von Helmholtz (1821–1894) bereits festgestellt hat, spielt die *Phasenlage* der Obertöne relativ zueinander und zum Grundton für die Klangfarbe kaum eine Rolle. Unser Ohr kann offenbar Phasenverschiebungen nicht gut unterscheiden. So klingen z. B. die beiden in Abb. 14.8 dargestellten Schallwellen vollständig gleich, obwohl sie sehr verschieden aussehen. Sie bestehen nämlich aus demselben Frequenzspektrum, nur mit verschiedenen Phasendifferenzen zwischen den Teiltönen.

Schallwellen. Eine Schallwelle ist durch räumliche und zeitliche Schwankungen der Dichte, des Drucks und der Temperatur des Mediums gekennzeichnet. Die Teilchen des Mediums, z. B. die Moleküle der Luft, schwingen um ihre Ruhelagen, die sie ohne Schall haben. Die veränderlichen Schallfeldgrößen sind also die Dichte, der Schalldruck und die Geschwindigkeit der schwingenden Teilchen, wobei wir zunächst von einem Wechsel der Temperatur absehen. Die Entfernung des Teilchens zu einem willkürlichen Zeitpunkt heißt *Schallauslenkung* $\xi(t)$. Die größte Entfernung des schwingenden Teilchens von der Ruhelage heißt Auslenkungsamplitude ξ_0. Die kleinste Amplitude, die unser Ohr in seinem Empfindlichkeitsmaximum von 1000 Hz noch wahrnehmen kann, beträgt nur 10^{-10} m. Der Schalldruck an der Hörschwelle beträgt etwa $2 \cdot 10^{-5}$ Pa.

Die zeitliche Änderung der Auslenkung ξ, also die Größe $d\xi/dt$, ist die *Teilchengeschwindigkeit* v (auch *Schallschnelle* genannt) mit der Amplitude v_0. Sie stellt die Geschwindigkeit der ausgelenkten Moleküle dar und ist nicht mit der Schallgeschwindigkeit c zu verwechseln. Zwischen ξ_0 und v_0 besteht der Zusammenhang

$$v_0 = 2\pi \nu \xi_0. \tag{14.3}$$

Als dritte Messgröße betrachten wir den schon erwähnten *Schalldruck* Δp, dessen Amplitude Δp_0 in einer ebenen Welle mit der Geschwindigkeitsamplitude durch den *Schallwiderstand* $\varrho\,c$ (s. S. 574) verknüpft ist:

$$\Delta p_0 = v_0 \cdot \varrho\,c. \tag{14.4}$$

Darin ist ϱ die Dichte, c die Schallgeschwindigkeit im Medium. Es ist wesentlich, dass die Schallgeschwindigkeit in Luft von der Frequenz unabhängig ist. Nur im Ultraschallbereich gibt es ein begrenztes Gebiet, in dem die Schallgeschwindigkeit nicht konstant ist (Dispersion). Das hängt mit der Anregung von Molekülschwingungen zusammen. Bei sehr großen Amplituden (Explosionen) wächst die Schallgeschwindigkeit mit der Schwingungsamplitude, während sie im Empfindlichkeitsbereich des Ohrs von der Amplitude unabhängig ist.

Abschließend sei noch bemerkt, dass Wellen in Gasen und Flüssigkeiten nicht polarisiert sein können, denn der Druck ist eine skalare Größe. Hingegen können in Festkörpern Longitudinal- und Transversalwellen und bei Stab- und Plattengestalt des Festkörpers auch Dehnungs- und Biegungswellen auftreten.

14.2 Schallausbreitung

Schallgeschwindigkeit. Für die Schallgeschwindigkeit in Gasen gilt die in Kap. 13 schon angegebene Gleichung

$$c = \sqrt{\frac{p\kappa}{\varrho}}, \tag{14.5}$$

worin p der (statische) Druck und ϱ die Dichte des Gases ist. κ ist der schon mehrfach benutzte Faktor, dessen Bedeutung erst in der Wärmelehre besprochen wird. Der Ausdruck p/ϱ, der von der Temperatur abhängt, hängt mit dem Wert p_0/ϱ_0, der für die Temperatur $0\,°C$ (273.15 K) gilt, wie gleichfalls in der Wärmelehre gezeigt wird, folgendermaßen zusammen:

$$\frac{p}{\varrho} = \frac{p_0}{\varrho_0}(1 + \alpha t)$$

mit $\alpha = 1/T_0 = 1/273.15\,K = 0.003661\,K^{-1}$ und $t = T - T_0$. Damit ergibt sich für die Schallgeschwindigkeit

$$c = \sqrt{\frac{p_0\kappa(1 + \alpha t)}{\varrho_0}}. \tag{14.6}$$

Für trockene atmosphärische Luft von $0\,°C$ sind die Werte $p_0 = 1.01325 \cdot 10^5\,Pa$ und $\varrho_0 = 1.293\,kg/m^3$. Das liefert, da für Luft $\kappa = 1.40$ ist,

$$c_{\text{Luft}} = 331.2\sqrt{1 + \alpha t}\quad m/s \tag{14.7}$$

oder in erster Näherung durch Entwicklung der Wurzel

$$c_{\text{Luft}} = \left(331.2 + 0.6\frac{t}{K}\right)\quad m/s. \tag{14.8}$$

Nach dieser Formel kann man die bei beliebigen Temperaturen gemessenen Werte auf $0\,°C$ reduzieren. Statt des theoretischen Wertes $331.2\,m/s$ ergab die Reduktion der Messungen in Luft als wahrscheinlichsten Wert $c = (331.60 \pm 0.05)\,m/s$, d. h. gute Übereinstimmung.

Das Auftreten des Faktors κ beweist, dass bei den Verdichtungen und Verdünnungen der Schallwellen die Temperatur nicht konstant bleibt. Deshalb gilt nicht das *isotherme* Boyle-

Tab. 14.1   Schallgeschwindigkeit bei Zimmertemperatur (20 °C), Gase bei 0 °C und Atmosphärendruck

Substanz	c in m/s	Substanz	c in m/s
Aluminium	5110	Ethylalkohol	1170
Diamant (theoretisch)	17000	Benzol	1320
Blei	1200	Glycerin	1920
Eisen	5180	Paraffinöl	1420
Kupfer	3800	Petroleum	1320
Zink	3800	Quecksilber	1420
		Wasser	1484
Aluminiumoxid	9600	Meerwasser	1531
Basalt	5080		
Eis (−4 °C)	3200	Argon	308
Glas	4000 – 6000	Chlor	206
Granit	4000	Helium	971
Gummi	50 – 1000	Kohlendioxid	258
Marmor	3800	Luft (0 °C)	332
Porzellan	4880	Luft (20 °C)	344
Wachs	≈ 600	Methan	430
Ziegel	3650	Sauerstoff	315
		Stickstoff	334
		Wasserstoff	1286

Mariotte'sche Gesetz $p/\varrho =$ const, sondern das *adiabatische* $p/\varrho^\kappa =$ const. Die Messung der Schallgeschwindigkeit liefert daher eine genaue Methode, um κ zu bestimmen.

Die erste Messung der Schallgeschwindigkeit in freier Luft wurde 1660 durch die Florentiner Akademie in der Weise ausgeführt, dass an zwei entfernten Stationen zwei Kanonen aufgestellt wurden. Zunächst wurde auf der einen Station ein Schuss abgefeuert und auf der anderen die Zeit gemessen, die zwischen dem Erkennen des Aufblitzens des Mündungsfeuers und dem Hören des Knalls verging. Dann wurde das Geschütz auf Station *II* abgefeuert und die gleiche Beobachtung von Station *I* durchgeführt. Die Entfernung der beiden Stationen dividiert durch das Mittel aus beiden Zeitmessungen lieferte die Schallgeschwindigkeit. Die beiden Beobachtungen in entgegengesetzten Richtungen sind notwendig, um den Einfluss des Windes auszuschalten.

Heute besitzt man Methoden, die die Schallgeschwindigkeit genau und bequem im Labor zu messen gestatten; darauf kommen wir noch genauer zurück. Nach solchen Verfahren sind die meisten Werte gemessen, die in Tab. 14.1 zusammengestellt sind.

Wie 1925 zuerst G. W. Pierce (1872 – 1956) bei Messungen der Schallgeschwindigkeit in Kohlendioxid fand, zeigt die Schallgeschwindigkeit in mehratomigen Gasen eine Dispersion, d. h. eine Abhängigkeit von der Schallfrequenz, und zwar in dem Sinn, dass von einer gewissen Frequenz ab die Schallgeschwindigkeit mit steigender Frequenz zunimmt, um dann wieder praktisch konstant zu werden. In Abb. 14.9 ist der Verlauf der Schalldispersion für Kohlendioxid dargestellt.

Stoßwellen. Auch in Luft bleibt die Schallgeschwindigkeit nicht konstant, sie steigt bei großen Amplituden mit wachsender Amplitude an. In der Nähe von Explosionen ergeben sich deshalb Schallgeschwindigkeiten von 1000 m/s und mehr. Dieses Phänomen beruht

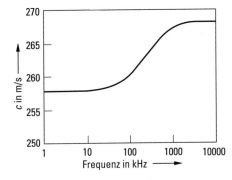

Abb. 14.9 Dispersion von Schallwellen in Kohlendioxid

darauf, dass bei großen Amplituden harmonische Schwingungen, wie sie zur Berechnung der Schallgeschwindigkeit in Luft vorausgesetzt wurden, nicht mehr möglich sind. Nähert sich die Schalldruckamplitude nämlich dem Wert des statischen Luftdrucks oder überschreitet sie ihn sogar, kann der Druck in der Verdichtungsphase zwar noch beliebig ansteigen, in der Unterdruckphase jedoch kann er höchstens bis auf den Wert null (Vakuum) absinken. Es entsteht also eine Schwingung, deren negative Halbwelle eine kleinere Amplitude besitzt als die positive Halbwelle. Hinzu kommt, dass bei großen Amplituden der Temperaturanstieg in der Verdichtungsphase gemäß Gl. (14.8) eine Vergrößerung, der Temperaturabfall in der Verdünnungsphase dagegen eine Verringerung der Schallgeschwindigkeit bewirkt. Die positive Halbwelle bewegt sich also mit größerer Geschwindigkeit als die negative. Die Folge ist eine zunehmende Steilheit der Wellenfront, wie sie in ähnlicher Weise bei der Brandung des Meeres entsteht, sobald die untere Halbwelle durch den Meeresgrund gebremst wird, während die obere mit unverminderter Geschwindigkeit weiterlaufen kann. Geht dieses Anwachsen der Steilheit so weit, dass der Schalldruck unstetig vom Minimum zum Maximum springt, so spricht man von einer *Stoßwelle*. Ursache der Stoßwelle kann auch ein *Verdichtungsstoß* sein.

Das Entstehen einer Stoßfront lässt sich mit geringen Mitteln vorführen. Man erzeugt in einem mindestens 10 m langen Schlauch, der an die Druckluftleitung angeschlossen ist, durch kurzzeitiges Öffnen des Ventils eine aperiodische Störung mit so großer Druckamplitude, dass die beschriebenen nichtlinearen Erscheinungen auftreten. Die Geschwindigkeit, mit der die Störung im Schlauch fortschreitet, ist dann größer als die normale Schallgeschwindigkeit, und die vorderste Front des Druckstoßes wird zunehmend steiler, bis schließlich beim Eintreffen am anderen Schlauchende eine Stoßfront entsteht. Sie macht sich als Knall bemerkbar, wenn man am Schlauchende zur besseren Abstrahlung noch einen Trichter anbringt. Voraussetzung für das Gelingen des Versuchs ist ein dickwandiger Schlauch, der dem Druckstoß nicht nachgeben kann, und ein Ventil, das sich sehr schnell öffnen und schließen lässt, z. B. ein Rückschlagventil. Bei zu langer Öffnungszeit kann es nicht zur Wellenausbreitung kommen, weil dann die gesamte Luft im Schlauch in Bewegung gerät.

Wie bereits in der Strömungslehre (Abschn. 11.3) erwähnt, entsteht ein Verdichtungsstoß auch, solange sich ein fester Körper mit Überschallgeschwindigkeit bewegt. Dann wird jeder Punkt der Bahn des Körpers, ähnlich wie beim Huygens'schen Prinzip, zum Ausgangspunkt einer Kugelwelle, d. h., der Körper wird zum Schallsender. Dies ist eine bekannte Erscheinung. Ein Peitschenknall entsteht z. B., sobald sich der am Ende der Peitschenschnur befindliche Knoten mit Überschallgeschwindigkeit bewegt. Bekannt sind

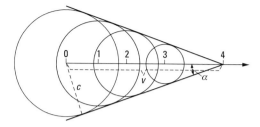

Abb. 14.10   Entstehung der Kopfwelle bei einem Geschoss

auch der Geschossknall und der Knall von Überschallflugzeugen. In Abb. 14.10 sind für
gleich weit auseinanderliegende Punkte 0, 1, 2 und 3 einer Geschossbahn Kreise eingezeichnet, und zwar für den Augenblick, in dem sich das Geschoss in Punkt 4 befindet.
Die Radien r_3, r_2, r_1 und r_0 müssen sich zueinander wie die Zeiten $1 : 2 : 3 : 4$ verhalten. Aus Abb. 14.10 geht hervor, dass die Umhüllende der einzelnen Kugelflächen, d. h.
nach Huygens die resultierende Wellenfläche, den Mantel eines Kegels (Mach'scher Kegel) darstellt, dessen Spitze sich am Ort der Geschossspitze befindet. Man nennt diese
Welle die Kopfwelle des Geschosses. Sie schiebt sich in Schussrichtung mit der Geschossgeschwindigkeit vor. Das Gleiche gilt für die Schwanzwelle, die auf der Rückseite
des Geschosses entsteht. Wie man aus Abb. 14.10 entnimmt, ist der Winkel α, den die
Wellenfront der Kopfwelle mit der Schussrichtung bildet (Mach'scher Winkel), durch die
Beziehung $\sin \alpha = c/v$ gegeben, wenn c die normale Schallgeschwindigkeit in Luft und
v die Geschossgeschwindigkeit bedeuten. In der Schlierenaufnahme der Abb. 14.11 sind
Kopf- und Schwanzwelle eines Geschosses sichtbar gemacht. Fliegt ein solches Geschoss
in der Nähe eines Beobachters vorbei, hört dieser zuerst den von der Kopfwelle ausgehenden Geschossknall und je nach der Geschossgeschwindigkeit erst einige Sekunden später
den Mündungsknall des Geschützes, dessen Ausbreitung in Abb. 14.10 durch den Kreis
um den Punkt 0, den Ausgangspunkt der Geschossbahn, gegeben ist.

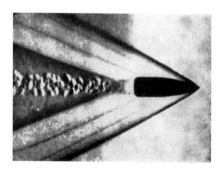

Abb. 14.11   Kopfwelle eines Geschosses

Das Entstehen der Kopfwelle lässt sich auch mit Hilfe der Oberflächenwellen des Wassers verdeutlichen. Die Bugwelle eines Schiffes entsteht nämlich ebenfalls deshalb, weil
sich das Schiff schneller bewegt als die Oberflächenwellen des Wassers. Das Eintreffen
der Bugwelle bei einem Beobachter am Ufer entspricht genau dem Augenblick, in dem die
Kopfwelle eines Überschallflugzeugs unser Ohr erreicht. – Die analoge Erscheinung bei
Lichtwellen ist die nach P. A. Čerenkov (1904 – 1990, Nobel-Preis 1958) benannte Strahlung. Die schnell fliegenden Geschosse sind hier die Elektronen, die in festen und flüssigen

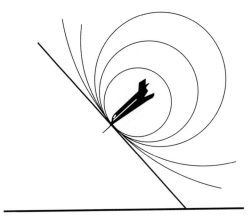

Abb. 14.12   Schallausbreitung und Stoßfront bei einem Flugzeug, das gerade die Schallgeschwindigkeit erreicht hat

Stoffen eine kurze Wegstrecke fliegen können. Da in diesen Stoffen die Lichtgeschwindigkeit kleiner ist als im Vakuum (z. B. bei der Brechzahl 2 ist sie gerade halb so groß), kann die Geschwindigkeit der Elektronen dort größer sein als die Lichtgeschwindigkeit. Dann tritt die Čerenkov-Strahlung auf.

Bei Überschallflugzeugen macht man die Beobachtung, dass der Motorenlärm stets erst nach dem Knall zu hören ist. Das beruht darauf, dass sich normale Schallwellen, die ja an die Schallgeschwindigkeit gebunden sind, nur innerhalb des Mach'schen Kegels ausbreiten können. Abb. 14.12 zeigt das Entstehen einer Stoßwelle für den Grenzfall, dass das Flugzeug gerade die Schallgeschwindigkeit erreicht hat. Dann ist der Mach'sche Winkel $\alpha = 90°$. Man spricht in diesem Fall, in dem gerade die Schallgeschwindigkeit erreicht wird und der Knall der Stoßwelle auftritt, auch vom „Durchbrechen der Schallmauer".

Die häufig beobachtete Erscheinung, dass ein mit Überschallgeschwindigkeit fliegendes Flugzeug nicht eine, sondern zwei unmittelbar aufeinanderfolgende Knallwellen erzeugt, beruht darauf, dass auch am Heck des Flugzeugs ein Verdichtungsstoß entsteht. In Abb. 14.13 sind Bug- und Heckwelle sowie der Druckverlauf wiedergegeben, den beide

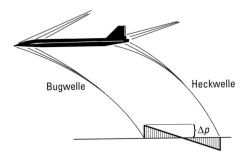

Bugwelle   Heckwelle

Δp

Abb. 14.13   Stoßwellen eines Überschallflugzeugs (Bug- und Heckwelle) mit dem Druckverlauf (Drucksprung Δp), den die beiden Wellen am Erdboden erzeugen. Die Krümmung der Wellenfronten hat gasdynamische Ursachen und beruht darauf, dass das Flugzeug kein annähernd punktförmiger Körper ist.

Wellen am Erdboden erzeugen. Die Bugwelle verursacht demnach einen Überdruck, die Heckwelle einen Unterdruck. Der Drucksprung ist in beiden Fällen gleich groß.

Stoßwellen im Ultraschallbereich finden zur Zertrümmerung von Nieren- oder Gallensteinen auch Anwendung in der Medizin (s. Abschn. 14.6).

Schallgeschwindigkeit in Flüssigkeiten. Dass sich Schall auch in Wasser ausbreitet, haben bereits 1827 Colladon und Sturm durch Versuche im Genfer See bewiesen. Indem sie unter Wasser eine Glocke anschlugen und die Zeit maßen, die verging, bis die von der Glocke ausgehenden Schallwellen an einem weit entfernten Punkt mit einem in den See getauchten Hörrohr wahrgenommen wurden, fanden sie als Ausbreitungsgeschwindigkeit bei 8 °C 1437 m/s.

Allgemein gilt für die Schallgeschwindigkeit in Flüssigkeiten für die Ausbreitung elastischer Longitudinalwellen angegebene Gleichung (Abschn. 13.4)

$$c = \sqrt{\frac{K}{\varrho}}, \tag{14.9}$$

worin K den Kompressionsmodul und ϱ die Dichte der Flüssigkeit bedeuten. In Tab. 14.1 sind für einige Flüssigkeiten Schallgeschwindigkeiten angegeben.

Da man die Schallgeschwindigkeit in Flüssigkeiten heute z. B. mit Ultraschallwellen sehr bequem und außerordentlich genau messen kann, gelangt man auf dem Umweg über die Schallgeschwindigkeit zur Kenntnis der sonst nur schwer messbaren Kompressibilität von Flüssigkeiten. Diese steht aber wieder in engem Zusammenhang mit der chemischen Konstitution und dem molekularen Aufbau der Flüssigkeiten, so dass man auf akustischem Weg z. B. den Molekülradius und andere molekulare Konstanten ermitteln kann.

Schallgeschwindigkeit in Festkörpern. Auch in festen Körpern breitet sich Schall aus. Man kann dies z. B. zeigen, indem man eine Spieldose an dem einen Ende einer langen Metallstange befestigt und das Ohr an das andere Ende der Stange anlegt. Ebenso hört man in Häusern mit Zentralheizung in den oberen Stockwerken deutlich, wenn im Keller gegen die Heizungskessel geklopft wird. Auch das „Fadentelefon" gehört hierher. Es besteht aus zwei über Hohlzylinder gespannte Membranen, deren Mitten durch einen langen Faden verbunden sind. Spricht man gegen die eine Membran, werden die Worte bei straff gespanntem Faden an der anderen deutlich gehört.

Für die Schallgeschwindigkeit in festen stabförmigen Körpern gilt die schon mitgeteilte Gleichung (Abschn. 13.4)

$$c = \sqrt{\frac{E}{\varrho}}, \tag{14.10}$$

worin E den Elastizitätsmodul und ϱ die Dichte des Stoffes bedeuten. Die ebenfalls in Tab. 14.1 angegeben Schallgeschwindigkeiten für einige feste Stoffe sind als Mittelwerte zu betrachten, da sie stark von der Vorbehandlung des Stoffes abhängen. Bei festen Stoffen lässt sich die Schallgeschwindigkeit leicht mit den später beschriebenen Verfahren messen und liefert eine einfache und genaue (dynamische) Methode zur Bestimmung des Elastizitätsmoduls.

Bei stabförmigen und auch bei plattenförmigen festen Körpern können außer den Longitudinalwellen auch *Biegungswellen* auftreten (Abb. 14.14). Sie dürfen auf keinen Fall

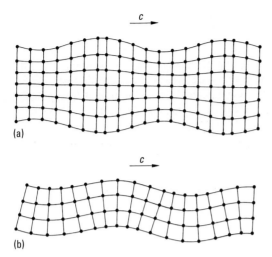

Abb. 14.14   Schallausbreitung in Festkörpern, (a) Longitudinalwelle, (b) Biegungswelle eines Stabes

mit den Transversalwellen in festen Körpern verwechselt werden. Eine besondere Eigenart der Biegungswellen besteht darin, dass ihre Ausbreitungsgeschwindigkeit (Gruppen- und Phasengeschwindigkeit) von der Wellenlänge abhängt. Es tritt hier also Dispersion auf. Die Phasengeschwindigkeit ist direkt, die Wellenlänge umgekehrt proportional zur Wurzel aus der Frequenz. Man kann in diesem Fall also nicht mehr damit rechnen, dass ein Schallempfänger (abgesehen von Intensitätsverlusten) das gleiche Signal empfängt, das von einer Schallquelle ausgegangen ist! Vielmehr verändert sich das Schallsignal während der Ausbreitung. Dieses Phänomen tritt umso stärker in Erscheinung, je weiter der Empfänger vom Sender entfernt ist, d. h. je größer die Laufzeit ist. Besteht das Signal aus einer *Stoßanregung*, die ja in der Spektraldarstellung alle Frequenzen eines großen Bereiches enthält, so treffen die Wellen mit den höheren Frequenzen beim Empfänger zuerst ein. Das kann man an einer genügend langen Stange, z. B. an einem (möglichst freitragenden) Brückengeländer sehr gut beobachten. Wird das Geländer an einem Ende durch einen Stoß in Schwingungen versetzt, spürt ein Beobachter am anderen Ende durch Berühren mit der Hand deutlich, dass die Schwingungen mit den niedrigsten Frequenzen, die in diesem Fall die größten Amplituden besitzen, zuletzt eintreffen.

Noch eindrucksvoller zeigt sich die Dispersion von Biegungswellen in der Eisschicht eines zugefrorenen Gewässers, wenn diese durch eine Störung (kurzer Schlag auf das Eis) in Schwingungen versetzt wird. Ein hinreichend weit entfernter Beobachter vernimmt statt des Schlages ein eigenartiges Pfeifen, in dem nacheinander in rascher Folge alle in der Störung enthaltenen Frequenzen von den hohen bis zu den niedrigen auftreten.

Reflexion. Treffen Schallwellen auf ein Hindernis, so werden sie *reflektiert*. Dadurch erklärt sich z. B. das *Echo*, das auftritt, wenn man aus einiger Entfernung gegen eine Mauer, eine Felswand oder auch einen Waldrand ruft. Da man zum Aussprechen einer Silbe etwa 1/5 s benötigt, erhält man die Entfernung d, in der man sich mindestens von der Wand befinden muss, damit man den zurückgeworfenen Schall erst nach dem Aussprechen der Silbe hört, durch die Gleichung: $2d = \frac{1}{5} \cdot 340$ m, d. h. $d = 34$ m. Ist man um ein Mehrfaches dieser Strecke von der reflektierenden Wand entfernt, kann man ein mehrsilbiges Echo wahrnehmen.

Befindet man sich dagegen so nahe an der Wand, dass der zurückgeworfene Schall schon eintrifft, ehe eine Silbe vollständig ausgesprochen ist, geht das Echo in den sogenannten *Nachhall* über. Dieser spielt für die Hörbarkeit und Deutlichkeit von Schallsignalen eine wichtige Rolle. Eine gewisse Nachhallzeit ist für gutes Hören günstig, da durch die längere Dauer des akustischen Reizes auf das Ohr das Gehörte deutlicher wird. Eine Stimme klingt „leer", wenn man auf Bergen oder vollkommen freiem Feld spricht, wo die Wirkung der Nachhall erzeugenden reflektierenden Wände fehlt. Dasselbe ist der Fall in „schalltoten" Räumen, in denen man durch Auskleiden der Wände mit schallabsorbierenden Stoffen absichtlich jede Reflexion unterbindet. Andererseits kann in geschlossenen größeren Räumen die Nachhallzeit oft so groß werden, dass sie außerordentlich störend wirkt. Man spricht dann von einer „schlechten Akustik".

Als *Nachhallzeit* eines Raumes wird die Zeit definiert, in der die Schallenergie auf den millionsten Teil abnimmt. Voraussetzung für diese Definition ist eine statistische Verteilung der Reflexionen. Da bei jeder Reflexion ein Teil der Schallenergie in Wärme umgewandelt wird, ist die Nachhallzeit t_{Nachhall} proportional zur mittleren freien, d. h. der reflexionslosen Weglänge des Schalls und damit proportional zum Raumvolumen V. Umgekehrt proportional ist sie zur Wandfläche A, zur Schallgeschwindigkeit c und zum sogenannten Schallschluckgrad α,

$$t_{\text{Nachhall}} \sim \frac{V}{A \cdot c \cdot \alpha}. \tag{14.11}$$

α kennzeichnet die Absorptionsfähigkeit eines Stoffes und ist durch das Verhältnis des Intensitätsverlustes zur Intensität der einfallenden Welle definiert:

$$\alpha = \frac{I_0 - I_1}{I_0}. \tag{14.12}$$

I_0 ist die Intensität, d. h. die Energie pro Zeit und Fläche, der einfallenden und I_1 die Intensität der reflektierten Welle. Die Kenntnis des Schallschluckgrades ist für raumakustische Fragen von entscheidender Bedeutung. Ein großer Raum mit harten, unporösen Wänden hat eine große Nachhallzeit. Bringt man dagegen in einen Raum mit stark reflektierenden Wänden schallabsorbierendes Material (poröse Stoffe, z. B. Mineralwolle, Polstermöbel, Teppiche), so verringert sich die Nachhallzeit. Da der Schallschluckgrad frequenzabhängig ist, ist die Nachhallzeit auch eine Funktion der Frequenz.

Schallwellen haben im Vergleich zu Lichtwellen eine sehr große Wellenlänge (3 m bis 30 cm im Frequenzbereich 100 bis 1000 Hz), deshalb darf die Oberfläche eines akustischen Spiegels viel rauer sein als die eines optischen Spiegels, bevor die geometrischen Gesetze der Reflexion versagen. Es kommt nur darauf an, dass die Unebenheiten klein gegen die Wellenlänge sind. Das ist die Erklärung dafür, dass auch ein Waldrand noch ein Echo liefert. – Hat umgekehrt ein einzelnes Hindernis Abmessungen von der Größenordnung der Wellenlänge, so kann von einer Reflexion der Schallwellen keine Rede sein. Vielmehr ist hier die Beugung der Schallwellen zu berücksichtigen. Sie liefert die Erklärung dafür, dass Schallwellen hinter einer Säule oder hinter einem Haus immer noch recht gut zu hören sind.

Die *Reflexion von Schallwellen an gekrümmten Flächen* lässt sich auf verschiedene Art zeigen. Stellt man zwei größere Hohlspiegel aus Pappe oder Blech in beträchtlicher

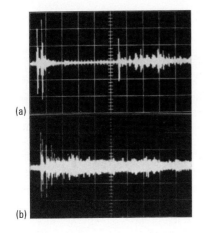

Abb. 14.15   Echogramm eines Saales (a)
mit schlechter Akustik (die erste Reflexion
stammt vom Boden des Raumes, die zweite
trifft, von einer Wand kommend, nach der
ersten erst nach 75 ms ein) und (b) mit guter Akustik. Die in (a) vorhandene Lücke
ist mit Reflexionen gleichmäßig ausgefüllt
(die Teilstriche auf der Abszisse entsprechen
Zeitabständen von 30 ms).

Entfernung einander gegenüber und bringt in den Brennpunkt des einen eine tickende Taschenuhr, so kann man noch in großem Abstand das Ticken wahrnehmen, wenn sich das
Ohr im Brennpunkt des anderen Spiegels befindet. Die von der Uhr ausgehenden Schallwellen werden vom ersten Spiegel parallel in den zweiten hineinreflektiert und dort wieder
im Brennpunkt gesammelt. – In Räumen mit elliptisch gekrümmten Wänden kann man die
in einem Brennpunkt der Ellipse leise gesprochenen Worte in dem anderen Brennpunkt
deutlich wahrnehmen, während im übrigen Raum nichts gehört wird (Sprachgewölbe,
Flüstergalerien). Auch die schallrichtende Wirkung eines Musikpavillons gehört in diesen
Zusammenhang.

Allerdings ist eine solche Brennpunktbildung für Musikdarbietungen denkbar ungeeignet. Aus diesem Grund werden in Konzertsälen konkave Flächen vermieden oder ab-
sorbierend ausgekleidet. Es wird eine räumlich und zeitlich gleichmäßige Verteilung der
Reflexionen angestrebt. Zur Kontrolle der zeitlichen Verteilung der Reflexionen dient das
Echogrammverfahren. Dabei wird ein Oszillogramm der Reflexionen nach einem Knall
aufgenommen. Einzelne Reflexionen mit hinreichendem zeitlichem Abstand wirken als
störende Echos (Abb. 14.15a). Für eine gute Akustik ist ein ausgeglichener Nachhallvor-
gang günstig (Abb. 14.15b).

Schallwellen werden nicht nur an flüssigen oder festen Körpern reflektiert, sondern auch
an gasförmigen, z. B. Grenzschichten zwischen Luft verschiedener Dichte. Dies kann man
z. B. in der Weise zeigen, dass man zwischen eine Schallquelle (Pfeife) und das Ohr einen
Schleier aus heißer Luft bringt, den man durch eine Reihe nebeneinander brennender Gas-
flammen erzeugt. Der Schall wird dann fast vollkommen reflektiert und lässt sich durch
einen in der Reflektionsrichtung aufgestellten Schallempfänger nachweisen. Auf der Reflexion des Schalls an warmen Luftschichten beruht auch die Erscheinung, dass Schall
in der Nacht weiter gehört wird als am Tag. Am Tag erleidet der Schall an den vielen
verschieden erwärmten und dabei auf- und absteigenden Luftschichten zahlreiche Reflexionen, die bei Fehlen der Sonnenstrahlung in der gleichmäßig temperierten Nachtluft
wegfallen. Auch in nebliger Luft, in der die Erwärmung durch Sonneneinstrahlung fehlt,
breitet sich der Schall weiter aus als in klarer Luft.

Brechung. Bei schrägem Einfall einer Schallwelle auf die Trennfläche zweier Medien
von verschiedener Schallgeschwindigkeit findet neben einer Reflexion stets auch eine

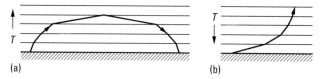

Abb. 14.16   Schallbrechung an Schichten verschiedener Temperatur T, (a) Zunahme der Temperatur mit der Höhe, (b) Abnahme der Temperatur mit der Höhe

Brechung eines Teils der Schallenergie in das zweite Medium hinein statt. Die Anteile des reflektierten und gebrochenen Strahls hängen außer von den Schallwiderständen ϱc (s. S. 574) der beiden Medien auch vom Einfallwinkel ab. Beim Übergang der Strahlen aus einem Medium I in ein anderes II gilt das Brechungsgesetz

$$\frac{\sin \alpha}{\sin \beta} = \frac{c_{\mathrm{I}}}{c_{\mathrm{II}}}.$$

Geht der Schall von einem Medium mit kleinerer Schallgeschwindigkeit c_{I} in ein solches mit größerer Schallgeschwindigkeit c_{II} über, ist der Brechungswinkel β größer als der Einfallwinkel α. Die Wellen werden daher vom Einfalllot weg gebrochen, während sie im umgekehrten Fall zum Einfalllot hin gebrochen werden. Im ersten Fall erreicht bei einem bestimmten Einfallwinkel α unterhalb 90° der Brechungswinkel bereits seinen maximalen Wert von 90°. Bei weiterer Vergrößerung des Einfallwinkels ist dann keine Brechung mehr möglich, sondern der Schall wird *totalreflektiert*.

Die Brechung von Schallwellen lässt sich z. B. mit Hilfe eines Prismas zeigen, das mit Kohlendioxid gefüllt ist und dessen Wände aus Seide bestehen. Es hat eine Basis und auch eine Höhe von etwa 1 m. Da die Wellenlänge klein gegen die Abmessungen des Prismas sein muss, verwendet man einen Schallsender mit hoher Frequenz.

Die Brechungserscheinungen von Schallwellen spielen bei der Schallausbreitung in der Atmosphäre auf große Entfernungen eine Rolle. Da die Schallgeschwindigkeit in Luft mit zunehmender Temperatur größer und mit abnehmender Temperatur kleiner wird, tritt für einen schräg von der Erde nach oben verlaufenden Schallstrahl in verschieden temperierten Luftschichten eine Brechung ein, wie es Abb. 14.16 für die beiden Fälle zeigt, dass mit zunehmender Höhe die Lufttemperatur zunimmt (a) bzw. abnimmt (b). Im Fall (a) wird der Schallstrahl allmählich zur Erde zurückgekrümmt, wobei in einer bestimmten Höhe Totalreflexion eintritt, während im Fall (b) der Schallstrahl allmählich in eine zur Erdoberfläche senkrechte Richtung kommt. Beide Brechungserscheinungen werden beobachtet. An Tagen, an denen warme Luft über dem kalten Erdboden liegt, z. B. wenn Warmluft über eine große Eisfläche einfällt, erhält man meist sehr große Reichweiten des Schalls, während an heißen Sommertagen, wenn die unteren Luftschichten wärmer als die darüber befindlichen sind, nur geringe Reichweiten beobachtet werden.

Das Gleiche gilt für die Schallausbreitung über einer Wasserfläche. Bei ruhigem Wetter bildet sich durch Verdunstung über dem Wasser eine Schicht mit kälterer Luft. Die Schallwellen eines Senders an einem Ufer werden dann sowohl (gemäß Abb. 14.16a) im Übergangsgebiet zur wärmeren Luft totalreflektiert als auch von der Wasserfläche selbst zurückgeworfen. Sie sind am anderen Ufer oft mit erheblicher Lautstärke zu hören. Die Wasserfläche ist immer ein ausgezeichneter Reflektor, da wegen der stark unterschiedlichen Schallwiderstände von Wasser und Luft die Schallwellen selbst bei senkrechtem

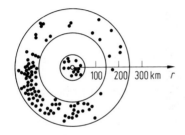

Abb. 14.17 Innerer und äußerer Hörbarkeitsgebiet bei einer Explosion (Moskau 1920). Die Punkte sind Orte, an denen die Explosion gehört wurde.

Einfall nur geringfügig in das Wasser eindringen können. Ebensowenig ist eine im Wasser befindliche Schallquelle über Wasser zu hören.

Auf der Krümmung der Schallstrahlen[1] beruht auch die Erscheinung, dass man den von heftigen Explosionen ausgehenden Schall außer in der unmittelbaren Umgebung des Explosionsherdes auch noch in einem zweiten ringförmigen Gebiet mit einem inneren Radius von etwa 150 km hört, das durch eine *Zone des Schweigens* vom Gebiet direkter Hörbarkeit getrennt ist. In Abb. 14.17 sind im Umkreis um den Ort einer Explosion die Stellen durch Punkte eingetragen, an denen der Explosionsschall gehört wurde. Man erkennt deutlich das innere und äußere Hörbarkeitsgebiet, die durch die Zone des Schweigens getrennt sind. Die am Erzeugungsort schräg nach oben gehenden Schallwellen werden zunächst infolge einer Temperaturabnahme leicht vom Erdboden hinweg und dann in Höhen von 40 bis 80 km wieder zur Erde zurückgekrümmt, weil hier infolge fotochemischer Prozesse (Ozon-Reaktion), die von der UV-Strahlung der Sonne herrühren, die Temperatur der Luft wieder stark ansteigt.

Eine ähnliche Erscheinung zeigt sich bei der Ausbreitung von Schallwellen in Wasser. Die Schallgeschwindigkeit nimmt auch in Wasser mit sinkender Temperatur ab und steigt mit wachsendem Druck. Da die Temperatur des Meeres mit zunehmender Tiefe absinkt, während der Druck steigt, gibt es eine Schicht, in der der Temperatureffekt den Druckeffekt gerade kompensiert, in der also die Schallgeschwindigkeit ein Minimum durchläuft. Eine Schallwelle in dieser Tiefe wird horizontal gebündelt, weil ihre Bahn durch Totalreflexion im oberen und unteren Grenzgebiet immer wieder in diese Schicht zurückgekrümmt wird. Auf diese Weise sind Schallsignale über große Entfernungen übertragbar.

Beugung. Neben der Reflexion und der Brechung soll auch die Beugung von Schallwellen erwähnt werden. Dass sie an Objekten auftritt, deren Abmessungen in der Größenordnung der Wellenlänge liegen, wurde bereits angedeutet. An einer Kante, einem Spalt oder an einem Gitter werden Schallwellen ebenfalls gebeugt. Als Gitter für kurze Schallwellen eignet sich z. B. ein Lattenzaun, wenn man zum Nachweis einen geeigneten Empfänger (s. Abschn. 14.5) benutzt. Selbstverständlich dürfen solche Beobachtungen nicht im diffusen Schallfeld vorgenommen werden, das gewöhnlich durch häufige Reflexionen an Wänden und anderen Objekten entsteht. Die Beugung an einer Fresnel'schen Zonenplatte von geeigneter Größe lässt sich ebenfalls sehr gut nachweisen. Stellt man die Platte parallel zur Verbindungslinie von Sender und Empfänger, schaltet man ihre Wirkung also aus, so zeigt der Empfänger einen geringeren Schalldruck an, als wenn die Platte senk-

---

[1] Von „krummen Strahlen" zu sprechen ist insofern inkonsequent, als der Ausdruck „Strahl" den Begriff der geradlinigen Ausbreitung darstellt, doch kann wohl kein Missverständnis durch die gebräuchliche Ausdrucksweise entstehen.

recht gestellt ist, vorausgesetzt, der Empfänger befindet sich in einem Brennpunkt der Zonenplatte.

Absorption. Wir haben bisher diejenigen Veränderungen besprochen, die eine Schallwelle bei ihrer Ausbreitung durch eine sprunghaft oder stetig sich ändernde Beschaffenheit des Mediums erfährt. Aber auch in einem völlig homogenen Medium beobachtet man stets eine Schwächung der Schallwellen mit zunehmender Entfernung von der Quelle. Erstens gibt es eine Abnahme der Schallenergie, die bei Kugel- und Zylinderwellen dadurch eintritt, dass bei zunehmender Entfernung von der Schallquelle die Energie sich auf immer größere Kugel- bzw. Zylinderflächen verteilt. Dabei bleibt die Schallenergie im Ganzen erhalten, und es entfällt nur auf ein Flächenstück, z. B. 1 cm^2, immer weniger. Deshalb betrachtet man hier die Intensität, d. h. die Energie pro Zeit und Fläche. So ist bei Kugelwellen, die von einer Schallquelle mit der Leistung P_0 ausgehen, die Intensität I in der Entfernung r

$$I \sim \frac{P_0}{r^2}.$$ (14.13)

Für Zylinderwellen, die von einer Stabquelle der Länge $L \gg r$ abgestrahlt werden, gilt

$$I \sim \frac{P_0/L}{r}.$$ (14.14)

Bei einer ebenen Welle tritt eine derartige Abnahme der Intensität natürlich nicht ein.

Zweitens beobachtet man auch bei ebenen Schallwellen eine beträchtliche Abnahme der Intensität, die als *Dissipation* bezeichnet wird und von der Schallabsorption an schallschluckenden Wandflächen zu unterscheiden ist. Die Intensitätsabnahme $-\mathrm{d}I$, die bei Vergrößerung der Entfernung von r auf $r + \mathrm{d}r$ eintritt, ist proportional zur vorhandenen Intensität und zum Zuwachs der Entfernung $\mathrm{d}r$, d. h., es gilt mit m als Proportionalitätsfaktor

$$-\mathrm{d}I = mI\,\mathrm{d}r.$$

Integration dieser Gleichung liefert

$$\ln I = -mr + C,$$

wobei C eine Integrationskonstante ist. Am Ort der Schallquelle ($r = 0$) muss $\ln I = \ln I_0 = C$ sein. Wir erhalten also

$$\ln I - \ln I_0 = \ln \frac{I}{I_0} = -mr$$

und damit

$$I = I_0 e^{-mr}.$$ (14.15)

Der Proportionalitätsfaktor m wird als *Dissipationskonstante* oder *Absorptionskoeffizient* bezeichnet.

Die Dissipation von Schallwellen resultiert aus den während der Wellenausbreitung stattfindenden Ausgleichsprozessen (Kap. 12). Die im Wellenbereich vorliegenden Temperatur- und Druckdifferenzen werden wegen der thermischen Bewegung der Moleküle abgebaut. Schallenergie wird dabei in thermische Energie umgewandelt. Die Ausgleichsprozesse laufen umso schneller ab, je kleiner das Verhältnis λ/l, also von Wellenlänge λ und mittlerer freier Weglänge l, und je größer die thermische Geschwindigkeit v_{th}

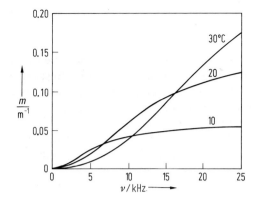

Abb. 14.18   Schallabsorptionskoeffizient in Luft bei 50 % relativer Luftfeuchtigkeit (nach: F. Trendelenburg, Einführung in die Akustik, 3. Aufl., Springer, Berlin, 1961)

der Moleküle ist. Da in Gasen auch die Ausbreitungsgeschwindigkeit der Schallwellen proportional zur thermischen Geschwindigkeit ist, ist die Dissipationskonstante m von der Größenordnung l/λ^2. Für Luft ergibt die Theorie der Dissipationsprozesse von Stokes und Kirchhoff (Zahlenwert von λ in m)

$$m_{\text{Luft}} = \frac{1.16 \cdot 10^{-6}}{\lambda^2} \text{ m}^{-1}$$

und für Wasser

$$m_{\text{Wasser}} = \frac{2.63 \cdot 10^{-8}}{\lambda^2} \text{ m}^{-1}.$$

Das bedeutet Folgendes: In Luft sollte bei einer ebenen Welle die Schallintensität nach Durchlaufen der Strecke

$$r = \frac{1}{m_{\text{Luft}}} = 8.62 \cdot 10^5 \cdot \lambda^2 \text{ m}$$

auf den e-ten Teil ($= 0.37$) der Anfangsintensität herabsinken. In Wasser beträgt die entsprechende Strecke $r = 3.8 \cdot 10^7 \cdot \lambda^2$ m. Hieraus folgt, dass die Absorption des Schalls in Wasser wesentlich geringer ist als in Luft. Im Übrigen stellen die so errechneten Werte nur grobe Anhaltspunkte dar. Im Ultraschallgebiet wächst m annähernd quadratisch mit der Frequenz. Im Hörbereich kann es aber erhebliche Abweichungen geben wie z. B. das Verhalten von Luft zeigt (Abb. 14.18).

Versuche, insbesondere bei höheren Frequenzen, haben ergeben, dass die Schallabsorption in Gasen wesentlich größer ist, als sie die erwähnte Theorie von Stokes und Kirchhoff liefert. Nach Untersuchungen von Kneser liegt der Grund hierfür in molekularen Prozessen, durch die eine weitere Umwandlung von Schallenergie in Wärme stattfindet. Diese Vorgänge hängen eng mit der oben erwähnten Schalldispersion in Gasen zusammen.

Die Dissipation von Schallwellen wirkt sich bei hohen Frequenzen besonders stark aus, wie das Absinken der Nachhallzeit in geschlossenen Räumen zeigt. In Luft ist im Wesentlichen der Sauerstoff für den Vorgang verantwortlich. Die Luftfeuchtigkeit spielt dabei, wie die Untersuchungen von Kneser ergaben, ebenfalls eine Rolle. Es zeigt sich nämlich, dass die Nachhallzeit eines Raumes und damit auch die Reichweite des Schalls im

Freien bei feuchter Luft größer ist als bei trockener Luft. Diese Abnahme der Dissipation bei Gegenwart von Wasserdampf entsteht dadurch, dass der Wasserdampf die Ausbreitung der Schwingungsvorgänge zwischen den Sauerstoffmolekülen beschleunigt.

Die Dissipation in Flüssigkeiten zeigt ähnliche Frequenzabhängigkeiten wie in Gasen. Im Ultraschallgebiet ist aber die beobachtete Dissipation 10- bis 100-mal größer als die Theorie angibt. Auch hier spielen molekulare Prozesse eine wesentliche Rolle.

In festen Körpern ist die Dissipation im Allgemeinen umso größer, je unvollkommener die elastischen Eigenschaften des betreffenden Stoffes sind.

Im Gegensatz zur Dissipation, die während der Ausbreitung auftritt, erfolgt die Absorption an schallschluckendem Material aufgrund unvollständiger Reflexion. Bei der Schallausbreitung in geschlossenen Räumen ist dieser Vorgang wesentlich größer als die Dissipation. Das lässt sich aus dem großen Einfluss der Beschaffenheit der Wände auf die Nachhallzeit leicht ersehen. Zur Schallabsorption wird hier, wie schon bemerkt, Material mit vielen Hohlräumen, also Poren, verwendet (Filz, Tuch, Watte). Die Poren stellen für die Schallwelle eine Querschnittsverengung dar. Deshalb wächst die Geschwindigkeit der Moleküle beim Eindringen der Schallwelle in das porige Material, wodurch der Einfluss der Reibung an den Porenwänden zunimmt und ein beträchtlicher Anteil der Schallenergie in Wärme umgesetzt wird. Besonders wirksam ist eine porige Schicht, wenn sie sich nicht unmittelbar an der Wand befindet, weil dort die Geschwindigkeit auf den Wert null absinkt, sondern wenn sie in einem gewissen Abstand davor angebracht ist. Vielfach werden die Wände zur Schallabsorption auch mit Lochplatten ausgekleidet. Ihre Wirkungsweise soll später behandelt werden (s. S. 559).

14.3 Schallsender

Ganz allgemein ist ein Schallsender jedes Gerät, das zur Erzeugung von Materieschwingungen geeignet ist. Diese Geräte werden zweckmäßig in zwei Gruppen eingeteilt, nämlich in solche, die gedämpfte und solche, die ungedämpfte Schwingungen erzeugen. Zur ersten Gruppe gehören die schwingenden Saiten, Stäbe, Luftsäulen, Membranen und Platten, soweit sie nur durch Stoßanregung (Anreißen, Anschlagen) in Schwingungen versetzt werden.

Saiten. Unter einer *Saite* versteht man einen Stab, dessen Querschnittsfläche so klein ist, dass er praktisch gegen eine Verbiegung keinen Widerstand mehr leistet. Das ist angenähert z. B. bei einem sehr dünnen Metalldraht oder einer Darmsaite der Fall. Damit ein solches Gebilde noch Schwingungen, insbesondere transversale, ausführen kann, muss es durch äußere Kräfte in einen Spannungszustand versetzt werden. Dies erfordert eine Befestigung der Enden der Saite und damit die Festlegung einer bestimmten Saitenlänge l. Streicht man die Saite mit einem Bogen an oder zieht man sie an einem Punkt aus der Ruhelage heraus und lässt plötzlich los, so vollführt sie transversale Schwingungen um ihre Ruhelage (Abb. 14.19). Allen möglichen Schwingungsformen der Saite ist der Umstand gemeinsam, dass an den Saitenenden Knoten liegen müssen. Die *Grundschwingung* mit der tiefsten Frequenz ν_0, der *Grundfrequenz*, ist in Abb. 14.19a wiedergegeben. In diesem Fall ist die Saitenlänge l gleich der halben Wellenlänge λ_0, oder $\lambda_0 = 2\,l$. Die stets vorhandenen

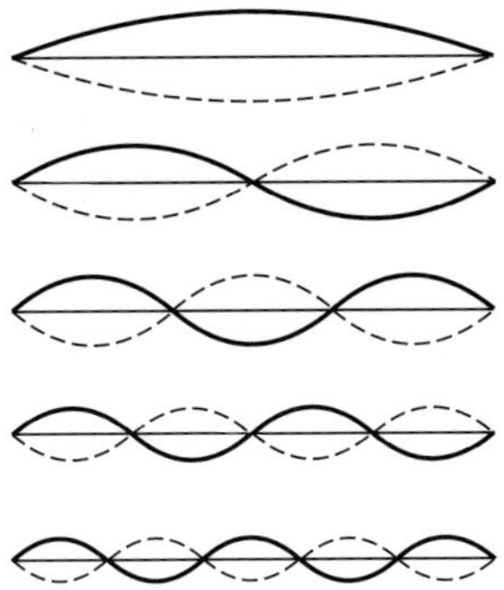

Eigenschwingung	Schwingungsform	Wellenlänge der Eigenschwingung	Eigenfrequenz
Grundschwingung	(a)	λ_0	ν_0
1. Oberschwingung	(b)	$\lambda_1 = \frac{1}{2}\lambda_0$	$2\nu_0$
2. Oberschwingung	(c)	$\lambda_2 = \frac{1}{3}\lambda_0$	$3\nu_0$
3. Oberschwingung	(d)	$\lambda_3 = \frac{1}{4}\lambda_0$	$4\nu_0$
4. Oberschwingung	(e)	$\lambda_4 = \frac{1}{5}\lambda_0$	$5\nu_0$
$\vdots$		$\vdots$	$\vdots$
k. Oberschwingung		$\lambda_k = \frac{1}{k+1}\lambda_0$	$(k+1)\nu_0$

Abb. 14.19   Transversale Eigenschwingungen einer Saite

Knoten an den Enden werden wir im Folgenden nicht mehr mitzählen und können die Grundschwingung der Saite dann dadurch charakterisieren, dass sie keinen Knoten besitzt. Für die Frequenz ν_0 der Grundschwingung liefert die Theorie den Ausdruck

$$\nu_0 = \frac{1}{2l}\sqrt{\frac{F}{A\varrho}}, \tag{14.16}$$

wobei F die spannende Kraft, A die Querschnittsfläche und ϱ die Dichte der Saite bedeuten. Gl. (14.16) ist leicht verständlich, denn die Ausbreitungsgeschwindigkeit c der Wellen längs der Saite ist gleich $\nu_0\lambda_0$ und nach dem oben Gesagten gleich $\nu_0 2l$. F/A ist das, was wir in Abschn. 9.3 als die elastische Spannung σ bezeichnet haben, und damit folgt aus Gl. (14.16)

$$c = \sqrt{\sigma/\varrho}. \tag{14.17}$$

Das ist aber eine Gleichung derselben Art, wie wir sie schon für die verschiedenen Ausbreitungsgeschwindigkeiten im vorigen Abschnitt kennengelernt haben.

Außer der Grundschwingung kann die Saite auch noch *Oberschwingungen* ausführen. Für einige davon sind die Schwingungsformen in Abb. 14.19 angegeben. Die erste Oberschwingung (b) entsteht, wenn man beim Anschlagen oder Zupfen die Saite in der Mitte festhält, so dass sich dort ein Knoten bildet. Die erste Oberschwingung der Saite ist also durch das Auftreten *eines Knotens* charakterisiert, und die Saitenlänge l ist gleich der ganzen Wellenlänge. Die zweite Oberschwingung (c) tritt auf, wenn die Saite in der Entfernung $\frac{1}{3}l$ von einem Ende festgehalten wird. Dann treten – je im Abstand von $\frac{1}{3}l$ von beiden Enden – zwei Knoten auf, und die Saitenlänge l wird gleich $\frac{3}{2}\lambda_2$. Bei jeder folgenden Oberschwingung tritt immer ein Knoten mehr auf. Zum Beispiel hat die dritte Oberschwingung (d) drei Knoten und $l = 2\lambda_3$ usw. Zwischen je zwei Knoten liegt, wie immer bei stehenden Wellen, ein Schwingungsbauch. Da die Wellenlängen $\lambda_1, \lambda_2, \lambda_3, \ldots$ der Oberschwingungen der Reihe nach gleich $\frac{1}{2}\lambda_0, \frac{1}{3}\lambda_0, \frac{1}{4}\lambda_0, \ldots$ sind, sind ihre Frequenzen $\nu_1, \nu_2, \nu_3, \ldots$ der Reihe nach gleich $2\nu_0, 3\nu_0, 4, \nu_0, \ldots$. Nennen wir daher $k = 0, 1, 2, \ldots$

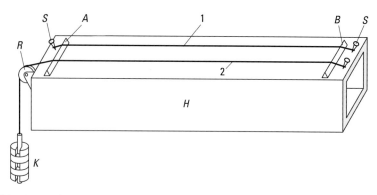

Abb. 14.20 Monochord

die Ordnungszahl der Schwingungen mit Einschluss der Grundschwingung ($k = 0$), so gilt für die möglichen Frequenzen der Saite

$$\nu_{k,\text{trans}} = \frac{1+k}{2\,l}\sqrt{\frac{F}{A\varrho}} = (1+k)\nu_0 \quad (k = 0, 1, 2, \ldots). \tag{14.18}$$

Die Oberschwingungen der Saite sind also *Harmonische* der Grundschwingung. k gibt gleichzeitig die Anzahl der Knoten auf der schwingenden Saite an.

Grundschwingung und Oberschwingungen zusammen bilden das System der *Eigenschwingungen* der Saite, wobei die Grundschwingung als erste, der k-te Oberton als ($k+1$)-te Eigenschwingung zu bezeichnen ist. Die möglichen Eigenfrequenzen der Saite verhalten sich also wie die ganzen Zahlen.

Die experimentelle Untersuchung von Saitenschwingungen ist z. B. mit dem in Abb. 14.20 dargestellten *Monochord* möglich. Eine schwingende Saite ist ein sehr schlechter Schallabstrahler. Denn erstens kann sie nur längs einer Linie die Luft zu Schwingungen anstoßen und zweitens löschen sich die von der Vorder- und Rückseite der Saite (d. h. von einer Druckerhöhung und einer Druckerniedrigung) ausgehenden Schwingungen gegenseitig aus, da sie eine Phasendifferenz von 180° haben und ihr Gangunterschied (von der Größe des Saitendurchmessers) praktisch null ist. Daher spannt man die Saite über zwei Stege A und B auf einen Holzkasten H aus. Durch die Saitenschwingungen wird der Holzkasten zum Mitschwingen angeregt und überträgt infolge seiner größeren Oberfläche die Schwingungen in verstärktem Maß an die umgebende Luft, so dass sie deutlich wahrgenommen werden können. In Abb. 14.20 befinden sich zwei gleiche Saiten nebeneinander. Die Saite 1 ist zwischen zwei Stiften S gespannt, und ihre Spannung wird durch Verdrehen eines Stiftes verändert. Die Saite 2 geht am linken Ende des Kastens über eine Rolle R und wird durch ein angehängtes Gewicht gespannt. Bei einem gegebenen Gewicht K verändern wir die Spannung der Saite 1 durch Verdrehen der Stifte S so lange, bis beide Saiten die gleiche Frequenz haben, also denselben Ton ergeben. Vervierfacht man dann das Gewicht K an der Saite 2, verdoppelt sich ihre Frequenz, und wir müssen die Länge der Saite 1 durch Einschieben eines Holzsteges zwischen Saite und Kasten auf die Hälfte verkürzen, um bei beiden Saiten wieder gleiche Tonhöhe zu erzielen. – Spannt man beide Saiten gleich stark, so kann man durch Verkürzen einer Saite das Höherwerden ihres Tons zeigen. Dass bei Anregung einer Oberschwingung die Saite sich in Knoten und Bäuche teilt, weist man dadurch nach, dass man auf die Saite kleine Papierreiterchen setzt oder kleine Ringe aus Aluminiumdraht aufschiebt. Die Reiter werden beim Schwingen der Saite an allen Stellen außer den Knoten abgeworfen, während die kleinen Ringe in den Bäuchen lebhafte Bewegung zeigen und nur an den Knoten in völliger Ruhe bleiben. Die Anregung der Saite erfolgt in diesem Fall zweckmäßig so, dass man eine auf die betreffende Oberschwingung der Saite abgestimmte Stimmgabel mit ihrem Stiel auf den Resonanzkasten H aufsetzt. Dann kann die Saite nur in dieser einen Frequenz schwingen, da die Anregung durch die Stimmgabel sinusförmig ist.

Wird die Saite durch Anschlagen, Anzupfen oder Anstreichen in Schwingungen versetzt, entsteht neben dem Grundton im Prinzip die gesamte Obertonreihe. Das beruht darauf, dass die drei genannten Anregungsarten Stoßanregungen sind (das Anstreichen kann man als eine größere Zahl aufeinanderfolgender Stöße ansehen). Eine Stoßanregung enthält jedoch zunächst alle denkbaren Frequenzen eines großen Bereiches. Aus diesen wird dann die diskrete Folge der Eigenschwingungen eliminiert. Will man nun die Oberschwingungen einer angezupften Saite einzeln sichtbar machen, so muss man, wie bereits angedeutet, durch Erzeugung künstlicher Schwingungsknoten alle übrigen Eigenschwingungen unterdrücken. Auf diese Weise entstand Abb. 14.21. Die Saite ist ein Gummifaden, dessen Amplitude für fotografische Zwecke groß genug ist. Der künstliche Schwingungsknoten lässt sich mit Hilfe einer Lochblende erzeugen, durch die der Gummifaden hindurchgezogen wird. Mit wachsender Frequenz nimmt die Amplitude stark ab. Den Spielern von Streichinstrumenten sind solche einzeln erzeugten Obertöne unter dem Namen *Flageolett-Töne* bekannt. Der künstliche Schwingungsknoten wird hier durch leichtes Berühren der Saite mit dem Finger erzeugt.

Da die Amplitudenverhältnisse von Grundschwingung und Oberschwingungen die Klangfarbe bestimmen, klingt eine in der Mitte angestrichene oder angezupfte Saite, bei der diese Verhältnisse zugunsten der Grundschwingung verschoben sind, dumpfer als eine dicht an einer Einspannstelle angeregte Saite, bei der die Oberschwingungen gegenüber der Grundschwingung überwiegen.

Je nach Anregungsart und Stelle der Anregung ergeben sich infolgedessen ganz verschiedene Schwingungsbilder eines Punktes der Saite, wie Abb. 14.22 für eine gezupfte (a), gestrichene (b) und angeschlagene (c) Saite zeigt. Diese Schwingungsbilder eines Saitenpunktes erhält man, wenn man den betreffenden Punkt der Saite hell beleuchtet und ihn in einem rotierenden Spiegel betrachtet, dessen Achse senkrecht zur Saitenrichtung steht. Auf diese Weise wird der auf- und abschwingende Saitenpunkt in horizontaler Richtung auseinandergezogen. – Weitere Einzelheiten der Saitenschwingung lassen sich sichtbar machen, wenn man stroboskopisch beleuchtet (Abb. 14.23). Etwa 1/10 s nach Anzupfen in der Saitenmitte entstand die Aufnahme (a), auf der neben der Grundschwingung Oberschwingungen noch gerade zu erkennen sind. Wie Teilbild (b) zeigt, verhält sich die Saite unmittelbar nach dem Anzupfen ganz anders. Hier ist die dreieckförmige Anfangsauslenkung (obere Bildhälfte) mit aufgenommen worden. Aus dem Dreieck entsteht zunächst unter Abflachung der Spitze ein Trapez (Bildmitte), bis schließlich der Übergang zu den in a wiedergegebenen Formen eintritt. Wird die Saite nicht in der Mitte angezupft, entsteht Teilbild (c). Der Einschwingvorgang (Anfangsauslenkung oben rechts) ist in seiner typischen Form in Teilbild (d) wiedergegeben. Auch hier zeigt sich der Übergang der Schwingungsformen in den Typ von Teilbild (c). Dabei runden sich die Ecken aufgrund der Steifheit der Saite immer stärker ab. Diese Abrundung bedeutet aber ein Verschwinden der höchsten Frequenzen. Für den Einschwingvorgang einer gezupften Saite ist also das kurzzeitige Auftreten hoher Frequenzen kennzeichnend.

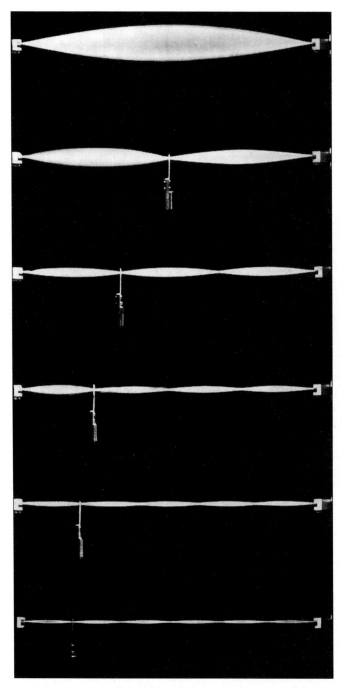

Abb. 14.21   Grundschwingung und Oberschwingungen eines angezupften Gummifadens, einzeln sichtbar gemacht durch die Erzeugung künstlicher Schwingungsknoten mit Hilfe einer kleinen Lochblende

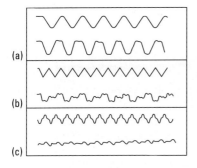

Abb. 14.22 Schwingungsformen einer gezupften (a), gestrichenen (b) und angeschlagenen (c) Saite

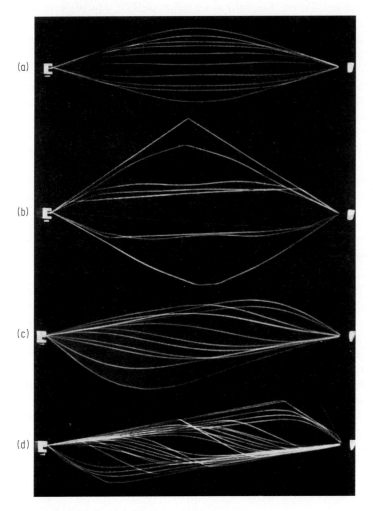

Abb. 14.23 Schwingungsformen einer gezupften Saite in stroboskopischer Beobachtung (Gummifaden, $l = 46\,\mathrm{cm}$, $\nu_0 = 33\,\mathrm{Hz}$), (a) und (b) Auslenkung in der Mitte, (c) und (d) weiter rechts, (b) und (d) unmittelbar nach dem Anzupfen, (a) und (c) etwa 1/10 s später

Schwingende Saiten werden bei sehr vielen Musikinstrumenten zur Tonerzeugung benutzt. Als Material für die Saiten dienen Därme oder Metalldrähte, die mitunter zur Erzeugung tiefer Töne noch mit Drahtspiralen umwickelt sind, um die schwingende Masse zu vergrößern. Die Anregung der Saiten geschieht bei den Streichinstrumenten (Geige, Bratsche, Cello, Kontrabass) vorwiegend durch Anstreichen mit dem Bogen, bei der Harfe, der Gitarre, der Zither, der Laute und der Mandoline durch Zupfen bzw. Anreißen und beim Klavier und dem Flügel durch Anschlagen mit einem filzbelegten Hammer. Zur guten Schallabstrahlung besitzen alle diese Instrumente einen sogenannten Resonanzkörper oder Resonanzboden, der von den schwingenden Saiten zum Mitschwingen angeregt wird. Durch geeignete Bauart versucht man zu erreichen, dass er die im Tonbereich des Instruments liegenden Frequenzen möglichst gleichmäßig verstärkt.

Schließlich soll noch auf eine messtechnische Anwendung der Saitenschwingungen hingewiesen werden. Da die Frequenz einer Saite nach Gl. (14.16) von der Spannung abhängt, kann man durch Einbau von Saiten in Bauwerke dort auftretende Längen- bzw. Spannungsänderungen feststellen und dauernd überwachen. Auf diese Weise lassen sich Längenänderungen von 10^{-4} mm erkennen.

Außer den Transversalschwingungen kann eine gespannte Saite auch Longitudinalschwingungen ausführen, wenn man sie durch Reiben in ihrer Längsrichtung mit einem mit Kolophonium eingeriebenen Lederlappen anregt. Auch in diesem Fall liegen an den Enden der Saiten Knoten. Bei der Grundschwingung ist kein weiterer Knoten vorhanden, vielmehr liegt in der Mitte der Saite ein Schwingungsbauch. Die Saitenlänge ist also gleich der halben Wellenlänge λ_0 der sich ausbildenden stehenden Welle. Für die Ausbreitungsgeschwindigkeit einer Longitudinalwelle längs eines Stabes mit dem Elastizitätsmodul E und der Dichte ϱ fanden wir im vorigen Abschnitt schon die Beziehung $c = \sqrt{E/\varrho}$, so dass wir für die Frequenz der Grundschwingung der longitudinal schwingenden Saite die Formel

$$\nu_{0,\text{long}} = \frac{1}{2l}\sqrt{\frac{E}{\varrho}} \qquad\qquad (14.19)$$

erhalten, das genaue Analogon zu Gl. (14.16). Im Gegensatz zu den Transversalschwingungen ist die Frequenz bei longitudinaler Anregung unabhängig von der Saitenspannung σ und nur vom Material (d. h. vom Elastizitätsmodul E) der Saite abhängig. Dass eine Saite bei longitudinaler Anregung auch noch Oberschwingungen liefert, deren Frequenzen stets ganze Vielfache der Grundfrequenz, somit harmonisch zum Grundton sind, braucht nicht näher erläutert zu werden.

Eine longitudinal schwingende Saite ist ein noch schlechterer Abstrahler als die transversal schwingende Saite. Dies zeigt z. B. folgender Versuch: Hält man einen Bindfaden mit einer Hand fest und zieht ihn zwischen zwei Fingern der anderen Hand hindurch, so kommt der Faden durch die Reibung in longitudinale Schwingungen. Eine Abstrahlung von Schall an die umgebende Luft findet so gut wie gar nicht statt. Befestigt man aber das festgehaltene Ende des Fadens in der Mitte einer über einen Ring gespannten Papiermembran, so sind die Schwingungen deutlich hörbar. Sie werden jetzt von der durch die Fadenschwingungen angeregten Membran abgestrahlt.

Stäbe. Als Nächstes betrachten wir gedämpfte Schwingungen von Stäben. Sie unterscheiden sich von einer Saite durch ihren größeren Querschnitt, so dass ihnen auch ohne

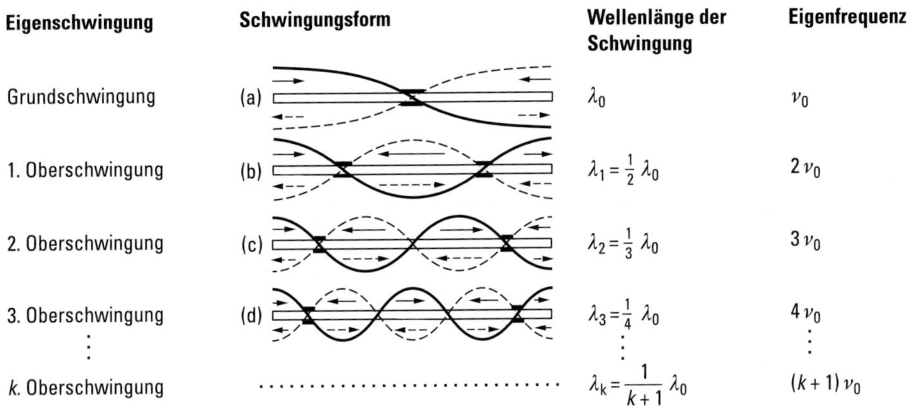

Eigenschwingung	Schwingungsform	Wellenlänge der Schwingung	Eigenfrequenz
Grundschwingung	(a)	λ_0	ν_0
1. Oberschwingung	(b)	$\lambda_1 = \frac{1}{2}\lambda_0$	$2\nu_0$
2. Oberschwingung	(c)	$\lambda_2 = \frac{1}{3}\lambda_0$	$3\nu_0$
3. Oberschwingung	(d)	$\lambda_3 = \frac{1}{4}\lambda_0$	$4\nu_0$
$\vdots$		$\vdots$	$\vdots$
k. Oberschwingung	$\cdots\cdots\cdots$	$\lambda_k = \frac{1}{k+1}\lambda_0$	$(k+1)\nu_0$

Abb. 14.24 Longitudinale Eigenschwingungen eines an beiden Enden freien Stabes

Mitwirkung äußerer Kräfte eine bestimmte Gestalt zukommt. Vermöge ihrer Elastizität allein können sie Schwingungen, und zwar longitudinale und transversale ausführen. Wegen der großen Ähnlichkeit mit den Saitenschwingungen beschäftigen wir uns zunächst mit den Longitudinalschwingungen von Stäben, die man durch Reiben mit einem angefeuchteten Lappen in ihrer Längsrichtung anregt. Von Bedeutung sind nur die Schwingungen von Stäben, die an beiden Enden frei sind. Hier treten deshalb Schwingungsbäuche auf. Es kommt auf die Schwingungsform an, ob auch noch an anderen Stellen des Stabes Bäuche vorhanden sind. Man sieht schon hier, dass alles genau so sein wird wie bei der Saite, nur dass sich die Bezeichnungen Knoten und Bäuche vertauschen: Wo die Saite Knoten besitzt, hat der Stab mit freien Enden Bäuche und umgekehrt (Randbedingung umgekehrt!).

Im Einzelnen zeigt Abb. 14.24 die vier ersten Eigenschwingungen (Grundschwingung und die drei ersten Oberschwingungen). Im Fall der Grundschwingung (a) ist die Stabmitte festgeklemmt. Dort ist also ein Knoten (bei der Saite ein Bauch). Die Kurven zeigen – der Deutlichkeit halber in transversaler Darstellung[2] – die Maximalauslenkung der einzelnen Stabteilchen längs des Stabes für zwei um 180° voneinander verschiedene Phasen (ausgezogene bzw. gestrichelte Kurve). Dabei bedeutet der oberhalb des Stabes verlaufende Kurventeil eine Bewegung des betreffenden Stabteils nach rechts, eine unterhalb des Stabes gezeichnete Kurve eine Bewegung nach links. Die Richtung der Stabschwingung ist ferner noch durch Pfeile angedeutet. In Teilbild (a) schwingt der Stab als halbe Wellenlänge λ_0, d. h., für die Grundschwingung ist (wie bei der Saite) die Wellenlänge der Grundschwingung gleich der doppelten Stablänge, d. h. $l = \frac{1}{2}\lambda_0$. Bei dieser Schwingung existiert – außer den weiterhin nicht mitgezählten Bäuchen an den Enden – kein weiterer Bauch auf dem Stab. Die erste Oberschwingung (b) hat dagegen einen Bauch in der Mitte des Stabes, folglich zwei Knoten im Abstand von je einem Viertel der Stablänge von den Enden. Hier ist $l = \lambda_1$, d. h., der Stab schwingt jetzt als ganze Wellenlänge λ_1. Die zweite Oberschwingung (c) hat zwei Bäuche, also drei Knoten in $\frac{1}{6}$, $\frac{3}{6}$, $\frac{5}{6}$ der Stablänge. Hier ist $l = \frac{3}{2}\lambda_2$. Und so geht es weiter. Allgemein sind die Wellenlängen $\lambda_0, \lambda_1, \lambda_2, \lambda_3, \ldots$

---

[2] Der Leser darf sich durch die „transversale" Darstellung nicht zu der Auffassung verleiten lassen, dass es sich um transversale Schwingungen handelt!

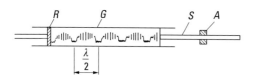

Abb. 14.25   Kundt'sches Rohr

der Reihe nach gleich λ_0, $\frac{1}{2}\lambda_0$, $\frac{1}{3}\lambda_0$, $\frac{1}{4}\lambda_0$, ... Daher verhalten sich die Frequenzen ν_0, ν_1, ν_2, ν_3, ..., d. h. die möglichen Eigenfrequenzen des Stabes wie die ganzen Zahlen $1:2:3:4$.... Da die Ausbreitungsgeschwindigkeit $c = \sqrt{E/\varrho}$, andererseits $c = \nu_k\lambda_k$ ist, ergibt sich für die Frequenz der k-ten Oberschwingung die Formel

$$\nu_{k,\text{long}} = \frac{1+k}{2\,l}\sqrt{\frac{E}{\varrho}} = (1+k)\nu_0 \quad (k = 0, 1, 2, \ldots). \tag{14.20}$$

k gibt die Anzahl der auf dem Stab befindlichen Bäuche an. Wir haben es also – wie auch bei der Saite – mit zur Grundschwingung harmonischen Oberschwingungen zu tun. Wie man aus Gl. (14.20) ersieht, ist die Frequenz völlig unabhängig von Gestalt und Größe der Stabquerschnittsfläche. Man verwendet daher anstelle massiver Stäbe mit Vorteil dünnwandige Rohre, die sich leichter anregen lassen.

Bei diesen longitudinal schwingenden Stäben und Rohren wird der Schall von den Stirnflächen abgestrahlt. Zur Verbesserung der Abstrahlung kann man die Enden mit leichten Platten von größerem Durchmesser versehen. Durch die Anbringung dieser Platten wird die Frequenz des Stabes bzw. des Rohres allerdings etwas erniedrigt.

Eine Anwendung der Longitudinalschwingungen von Stäben geht auf A. Kundt (1839 – 1894) zurück (Abb. 14.25). Das mit einer leichten Korkscheibe versehene, freischwingende Ende eines in der Mitte bei A eingeklemmten Stabes S ragt in ein nur wenig weiteres Glasrohr G, das am anderen Ende durch den verschiebbaren Stempel R abgeschlossen ist. Die vom Stabende bei longitudinaler Anregung ausgehenden Schallwellen laufen in das Rohr, werden am Stempel R reflektiert, so dass stehende Wellen in Luft entstehen. Zum Nachweis dieser Wellen bringt man in das Rohr etwas Korkpulver. Es bleibt an den Knoten liegen, wird an den Bäuchen herumgewirbelt, oder fällt von der Rohrwand herunter. Man kann den Abstand zweier benachbarter Knotenstellen, der gleich $\frac{1}{2}\lambda_{\text{Luft}}$ ist, auf diese Weise bequem messen. Durch die Versuchsanordnung ist auch die Wellenlänge λ_{St} im Material des Stabes bekannt, die bei der in Abb. 14.25 dargestellten Anordnung gleich der doppelten Stablänge ist. Außerdem ist nach Gl. (14.8) die Schallgeschwindigkeit in Luft bekannt. Da in jedem Fall $\nu\lambda = c$ ist, folgt für Luft

$$\nu\lambda_{\text{L}} = c_{\text{L}}$$

und für das Stabmaterial

$$\nu\lambda_{\text{St}} = c_{\text{St}},$$

woraus sich die Schallgeschwindigkeit c_{St} im Stabmaterial ergibt. Daraus folgt weiter gemäß der Gleichung $c_{\text{St}} = \sqrt{E/\varrho}$ der Elastizitätsmodul des Stabmaterials, so dass man gleichzeitig eine bequeme und genaue Methode zur Messung von E hat.

Man kann diese Kundt'sche Anordnung auch dazu benutzen, die Schallgeschwindigkeiten in Gasen zu bestimmen. Dazu hat man nur – bei Anregung durch den gleichen Stab – einmal das Glasrohr mit Luft zu füllen und ein zweites Mal mit dem zu untersu-

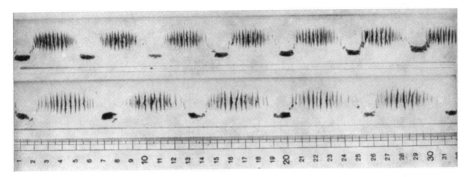

Abb. 14.26   Kundt'sche Staubfiguren in CO_2 (oben) und in Luft (unten) (Maßstab in cm)

chenden Gas. In beiden Fällen erhält man durch die Messung die zur gleichen Frequenz ν gehörenden Wellenlängen λ_L und λ_{Gas} (Abb. 14.26) und, da c_L bekannt ist, auch die Schallgeschwindigkeit c_G in dem zu untersuchenden Gas. Das ermöglicht uns ferner, nach Gl. (14.6) den Faktor κ zu bestimmen:

$$\kappa = \frac{c_G^2 \varrho_0}{p_0(1 + \alpha t)}.$$

Auf diese Weise ist κ für die einatomigen Edelgase zu 1.66, für zweiatomige Gase zu 1.40 und für dreiatomige Gase zu 1.33 bestimmt worden. Diese Werte stehen im Einklang mit der kinetischen Gastheorie (s. Abschn. 17.3).

Schließlich sei den eigenartigen Querrippen in den Kundt'schen Staubfiguren in Abb. 14.26 noch Beachtung geschenkt, da sie irrtümlicherweise oft auf Oberschwingungen der Luft zurückgeführt werden. Maßgebend für die Rippenbildung sind in erster Linie die Intensität der stehenden Welle und die Teilchengröße. Haben die Staubteilchen keine einheitliche Größe, bilden sich keine scharfen Rippen. Mit der Größe der Teilchen wächst auch der Abstand der Rippen, deren Schärfe sehr stark von der Intensität der stehenden Welle abhängt. Diese Tatsachen machen deutlich, dass die Rippenbildung auf besondere Luftströmungen im Rohr zurückgeführt werden muss, und zwar treten während des Schwingens der Luft Zirkulationsströmungen zwischen Wand und Achse des Rohres auf. Da die Korkteilchen diesen Strömungen nicht folgen können, geben sie zu einer Wirbelbildung Anlass, die von der Teilchengröße abhängt und ihrerseits das Entstehen der Querrippen verursacht (Abb. 14.27).

Stäbe oder Rohre von kreisförmiger Querschnittsfläche, die entsprechend Abb. 14.25 gehaltert sind, können auch Torsionsschwingungen ausführen, wenn man mit einem angefeuchteten Lappen ein freies Stabende (oder eine zwischen zwei Einspannungen liegende Stelle) in drehende Bewegungen um die Stabachse versetzt. Diese Torsionsschwingungen sind die eigentlichen Transversalschwingungen eines Stabes, bei denen die schwingende transversale Bewegung in einer Verdrehung der einzelnen Stabquerschnitte gegeneinan-

Abb. 14.27   Querrippen zwischen zwei Schwingungsknoten einer Kundt'schen Staubfigur

der besteht. Die Ausbreitungsgeschwindigkeit der Torsionswellen in einem Material der Dichte ϱ ist demnach durch die Gleichung

$$c_{\text{trans}} = \sqrt{\frac{G}{\varrho}}$$

gegeben, wenn G den Torsionsmodul bedeutet. Die Frequenzen der Eigenschwingungen eines zu Torsionsschwingungen angeregten Stabes, der in der Mitte eingespannt ist, lassen sich durch die zu Gl. (14.20) vollkommen analoge Gleichung

$$\nu_{k,\text{trans}} = \frac{1+k}{2\,l}\sqrt{\frac{G}{\varrho}} \quad (k = 0, 1, 2, \ldots) \tag{14.21}$$

wiedergeben, woraus hervorgeht, dass auch hier die Oberschwingungen harmonisch zur Grundfrequenz sind. Da der Torsionsmodul stets kleiner als der Elastizitätsmodul ist, liegt der durch die Torsionsschwingungen eines Stabes erzeugte Grundton stets tiefer als der durch die Longitudinalschwingungen desselben Stabes hervorgebrachte Grundton. Bestimmt man das Frequenzverhältnis $\nu_{\text{long}}/\nu_{\text{trans}}$, so liefern die Gln. (14.20) und (14.21) $\sqrt{E/G}$. Unter Benutzung der Gleichung $E/G = 2(1 + \mu)$ aus der Mechanik ergibt dies ein einfaches Verfahren zur Ermittlung der Poisson-Zahl μ. Es ist

$$\left(\frac{\nu_{\text{long}}}{\nu_{\text{trans}}}\right)^2 = 2(1 + \mu)$$

und damit

$$\mu = \frac{1}{2}\left(\frac{\nu_{\text{long}}}{\nu_{\text{trans}}}\right)^2 - 1.$$

Da bei der Torsion eines Stabes die Gestalt unverändert bleibt, liegt die Frage nahe, wie ein zu Torsionsschwingungen angeregter Stab Schall abstrahlen kann. Das beruht darauf, dass die verschiedenen in Festkörpern möglichen Wellentypen sich durch Reflexion an den stets vorhandenen Inhomogenitäten und Kanten ineinander umwandeln, d. h., eine anfangs reine Torsionswelle hat Transversal- und Longitudinalwellen zur Folge, die dann die Abstrahlung ermöglichen.

Eine musikalische Bedeutung kommt weder den Longitudinal- noch den Torsionsschwingungen eines Stabes zu. Dagegen werden die *Biegungsschwingungen* eines Stabes, denen wir uns jetzt zuwenden, sehr häufig zur Tonerzeugung herangezogen. Sie haben gegenüber den bisher betrachteten Schwingungsformen die besondere Eigenart, dass ihre Oberfrequenzen nicht mehr ganzzahlige Vielfache der Grundfrequenz, d. h. nicht mehr harmonisch zur Grundfrequenz sind. In Abb. 14.28 sind verschiedene Schwingungsformen von Biegungsschwingungen eines einseitig eingespannten Stahllineals wiedergegeben. Damit erreicht man große Amplituden, muss aber eine starke, durch Luftreibung bedingte Dämpfung der Schwingungen in Kauf nehmen. Zum Ausgleich der Verluste wird der Stab mit einem Wechselstrommagneten sinusförmig angeregt. Um bei konstanter Anregungsfrequenz (50 Hz) verschiedene Schwingungsformen zu erhalten, muss man in diesem Fall die Stablänge variieren.

Allen Schwingungsformen ist gemeinsam, dass sie am festen Ende zwangsläufig einen Knoten, am freien Ende einen Bauch besitzen. Bei den Oberschwingungen liegen dazwi-

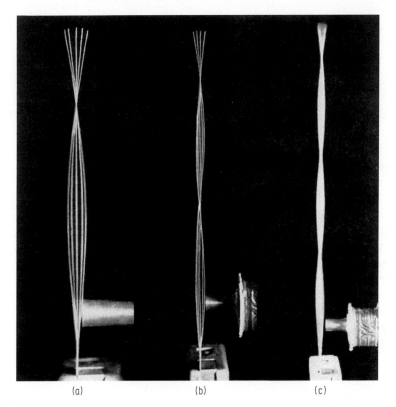

(a)   (b)   (c)

Abb. 14.28 Biegungsschwingungen eines einseitig eingespannten Stabes, (a) 1. Oberschwingung, (b) 2. Oberschwingung, (c) 3. Oberschwingung, (a) und (b) in stroboskopischer Beleuchtung, (c) in normalem Licht

schen weitere Knoten. Diese haben untereinander annähernd gleiche Abstände. Dagegen ist der Abstand zwischen der Einspannstelle und dem benachbarten Knoten immer etwas größer, da der Stab an der Einspannstelle nicht geknickt werden kann. Ist l die Stablänge, gilt für die Wellenlänge λ_k der Oberschwingungen näherungsweise

$$\lambda_k = \frac{4\,l}{2k+1} \quad (k = 1, 2, 3, \ldots).$$

Die Grundschwingung ($k = 0$) ist von dieser Regel ausgenommen. Sieht man von der Ausnahme ab, trifft man die gleiche Gesetzmäßigkeit bei den Eigenschwingungen einer einseitig geschlossenen Luftsäule an. Für den beidseitig eingespannten Stab sowie für den beidseitig freien Stab gilt die Beziehung ebenfalls. Der wesentliche Unterschied liegt nur darin, dass in diesen beiden Fällen eine Grundschwingungsform, wie sie beim einseitig eingespannten Stab auftritt, naturgemäß fehlt. In Abb. 14.29 sind die Formen der Grundschwingung und der ersten drei Oberschwingungen eines beidseitig freien Stabes mit übertriebener Amplitude gezeichnet. Man erhält sie, indem man den Stab an zwei Knotenstellen auf die Kanten zweier Keile auflegt oder ihn an diesen Stellen an Fäden aufhängt. Durch Bestreuen des Stabes mit feinem Sand lassen sich die Knoten sichtbar machen, da der Sand sich dort sammelt.

Grundschwingung (a)

1. Oberschwingung (b)

2. Oberschwingung (c)

3. Oberschwingung (d)

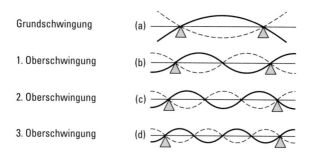

Abb. 14.29   Biegungsschwingungen eines an beiden Enden freien Stabes

In der Grundschwingung beträgt der Abstand der Knotenstellen von den freien Enden des Stabes 0.224 der Stablänge, für die drei ersten Oberschwingungen sind die entsprechenden Werte 0.132, 0.094 und 0.074. Die Lage der übrigen Knoten ist derart, dass sie den Abstand zwischen den äußersten Knoten in angenähert gleiche Teile zerlegen. Auch bei dieser Schwingungsform sind die Oberschwingungen unharmonisch.

Im Gegensatz zu den Wellenlängen (Eigenwerte λ_k), die mit der Stablänge annähernd linear verknüpft sind, lassen sich die Eigenfrequenzen von Biegungsschwingungen nicht mehr durch ein lineares Gesetz beschreiben. Die Theorie liefert für die Frequenz ν_k der k-ten Eigenschwingung die Beziehung

$$\nu_k = \frac{s_k^2}{2\pi l^2} \cdot \sqrt{\frac{E \cdot I_a}{\varrho \cdot A}}. \tag{14.22}$$

Darin ist E der Elastizitätsmodul, ϱ die Dichte und A die Querschnittsfläche des Stabes. I_a ist das axiale Flächenträgheitsmoment, also eine nur von der Form der Querschnittsfläche abhängige geometrische Größe. (Für einen rechteckigen Stab, der in Schwingungsrichtung gemessenen Dicke d und der Breite b ist $I_a = \frac{1}{12}bd^3$, für einen Stab mit kreisförmiger Querschnittsfläche (Radius r) ist $I_a = (\pi/4) \cdot r^4$.) Die s_k-Werte entsprechen den früheren Ordnungszahlen k. Für die Grundfrequenz des einseitig eingespannten Stabes ist $s_0 = 1.875$. Beim beidseitig freien und beidseitig eingespannten Stab fehlt die entsprechende Frequenz. Für die s_k-Werte dieser beiden Systeme gilt in Übereinstimmung mit den s_k-Werten des einseitig eingespannten Stabes (ausgenommen s_0) in guter Näherung:

$$s_k = \frac{2k+1}{2}\pi \quad (k = 1, 2, 3, \dots).$$

Die Näherung ist umso besser, je größer die Werte von k sind. Aber schon für $k = 1$ beträgt der Fehler nur 0.38 %. Bemerkenswert ist ferner, dass die Eigenfrequenzen des beidseitig eingespannten Stabes mit denen des beidseitig freien Stabes exakt übereinstimmen und dass sich beide von den Oberfrequenzen des einseitig eingespannten Stabes nur geringfügig unterscheiden. Diese Werte werden zusammengefasst, indem die Näherungsformel für s_k in Gl. (14.22) eingesetzt wird:

$$\nu_k = (2k+1)^2 \cdot \frac{\pi}{8\,l^2} \cdot \sqrt{\frac{E \cdot I_a}{\varrho \cdot A}}. \tag{14.23}$$

Abb. 14.30   Lissajous-Figur (nach Wheatstone)

Mit Ausnahme der Grundfrequenz des einseitig eingespannten Stabes verhalten sich also
die Eigenfrequenzen der Biegungsschwingungen von Stäben näherungsweise wie die Quadrate der ungeraden Zahlen von 3 an aufwärts.

Wendet man Gl. (14.23) auf einen Stab mit rechteckiger Querschnittsfläche an und
setzt die entsprechenden Werte für I_a und A ein, so zeigt sich, dass die Breite des Stabes (d. h. die Querabmessung senkrecht zur Schwingung) für die Frequenz keine Rolle
spielt. Die Abhängigkeit der Grundfrequenz eines einseitig eingespannten Stabes von der
in Betracht kommenden Querabmessung kann man nach Ch. Wheatstone (1802 – 1875)
in der Weise zeigen, dass man einen dünnen Stab mit rechteckiger Querschnittsfläche
benutzt und diesen gleichzeitig in den beiden Richtungen der Rechteckseiten schwingen
lässt. Sein oberes freies Ende beschreibt dann bei richtiger Wahl der Querschnittsfläche
eine stehende Lissajous-Figur (J. A. Lissajous, 1822 – 1880), wie in Abb. 14.30 angedeutet. Diese Lissajous-Figur ist gut sichtbar, wenn man das Stabende mit einer polierten
Metallkugel versieht und intensiv beleuchtet.

Biegungsschwingungen von beidseitig freien Stäben werden zur Erzeugung von
Tönen, z. B. beim Glockenspiel und beim Xylophon benutzt. Die Stäbe liegen dabei mit
den zur Grundschwingung gehörigen Knoten auf Schnüren oder Filzstreifen auf. Dadurch
werden die unharmonischen Oberschwingungen, deren Knoten an anderen Stellen liegen, ausgeschlossen. Die Stäbe werden mit einem weichen Hammer angeschlagen. Als
einseitig eingeklemmte Stäbe sind die schwingenden Zungen in den Spieldosen, bei den
Zungenpfeifen der Orgel und des Harmoniums, und in der Zieh- und der Mundharmonika
zu erwähnen. Die Zungen in den Spieldosen bestehen aus einer Anzahl nebeneinander liegender schmaler Stahlstreifen verschiedener Länge. Sie werden durch kleine Stifte, die auf
einer rotierenden Walze sitzen, ausgebogen und nach dem Vorbeigleiten des Stiftes zum
Schwingen gebracht. Die Zungen in den übrigen Instrumenten werden durch Luftströme
zu Schwingungen angeregt.

Stimmgabel. Macht man die Mitte eines Stabes dicker als die Enden (Abb. 14.31), rücken
die Knoten bei der Grundschwingung eines an beiden Enden freien Stabes immer weiter
zur Mitte zusammen, und es zeigt sich, dass dann die unharmonischen Obertöne schwerer
anzuregen sind. Gibt man dem Stab durch Aufbiegen der Enden eine U-förmige Gestalt,

Abb. 14.31   Schwingungsform eines in der
Mitte verdickten Stabes

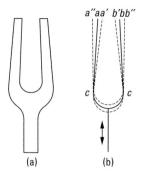

Abb. 14.32 Stimmgabel (a) und ihre Schwingungsform (b)

so dass die beiden Stabhälften parallel oder nahezu parallel verlaufen, und setzt man an den Grund der Biegung einen Stiel an, so entsteht eine *Stimmgabel*. Schlägt man sie an, oder streicht mit einem Geigenbogen über die Enden der beiden Zinken, so schwingt sie in der in Abb. 14.32b angedeuteten Form. Dabei nähern sich in der einen halben Periode die beiden Stimmgabelenden und entfernen sich in der darauf folgenden Halbperiode voneinander, während die Knotenstellen c unbeweglich bleiben. Gleichzeitig hebt und senkt sich bei vertikaler Stellung der Stimmgabel das zwischen den Knotenstellen liegende Stück mit dem daran befindlichen Stiel. Die Stimmgabel erzeugt einen praktisch von Oberschwingungen freien, also einfachen Ton. Darauf beruht ihre Bedeutung in der Musik. – Als Normalstimmgabel diente früher eine Stimmgabel mit der Frequenz 435 Hz. 1939 ist dieser Normalton (Kammerton) auf 440 Hz festgesetzt worden. Orchester verwenden heute meist noch höhere Frequenzen.

Die Stimmgabel ist wie die Saite ein schlechter Schallabstrahler. Jede Stimmgabelzinke erzeugt beim Schwingen auf der einen Seite eine Luftverdichtung und auf der anderen Seite eine Luftverdünnung. Der folgende, interessante Versuch gibt Aufschluss über die Schallabstrahlung einer Stimmgabel. Dreht man eine schwingende, vor das Ohr gehaltene Stimmgabel um ihre Längsachse, so kann man während einer vollen Umdrehung vier Intensitätsmaxima und vier Intensitätsminima wahrnehmen. Diese Erscheinung lässt sich so erklären: Wenn die Zinken der Stimmgabel nach außen gehen, erhalten die Luftteilchen an den Außenseiten nach außen gerichtete Geschwindigkeiten (Abb. 14.33). Zur gleichen Zeit entsteht im Raum zwischen den Zinken eine Luftverdünnung und damit ein Sog auf die Luftteilchen, die sich außerhalb der Zinken befinden und unter Überdruck stehen. So entstehen vier Gebiete, in denen Überdruck und Unterdruck ausgeglichen sind und wo es keinen Schallstrahl gibt. In der nächsten Halbperiode geschieht das Umgekehrte, jedoch sind die Gebiete ohne Schallstrahl die gleichen. – Man kann den Ausgleich der Luftverdichtung und Luftverdünnung bei einer Zinke dadurch verhindern, dass man eine Zinke einer schwingenden Stimmgabel dicht vor den Ausschnitt einer (Papp-)Wand hält (Abb. 14.34). Der nach außen durch den Ausschnitt gehende Luftstrahl wird durch die Wand am Umbiegen und Eintreten in den luftverdünnten Raum gehindert. So wird die Auslöschung an einer Zinke vermieden. Die Erhöhung der Lautstärke ist überraschend groß. In Abb. 14.33 ist eine solche Wand (W) eingezeichnet.

Die Stimmgabelzinken können als Dipole für Schallwellen angesehen werden. Sie schwingen mit der gleichen Frequenz, jedoch gegenphasig und sind in der Schwingungsrichtung der Stimmgabelzinken um ein kleines Stück versetzt. Eine solche Anordnung bezeichnet man als Quadrupol für Schallwellen.

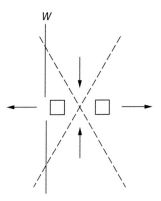

Abb. 14.33 Zwei Zinken einer stehenden Stimmgabel, von oben gesehen. Sie schwingen stets gegenphasig. In der Zeichnung schwingen sie gerade auseinander und drücken die Luftteilchen nach rechts bzw. nach links (Pfeile). Zur gleichen Zeit entsteht zwischen den Zinken ein Unterdruck, so dass Luftteilchen von oben und unten zur Mitte strömen (Pfeile). Die gestrichelten Linien zeigen die Bereiche, in denen man fast keinen Schall hört. Eine wesentliche Verstärkung tritt ein, wenn die schwingende Stimmgabel vor den Ausschnitt einer Wand (*W*) gehalten wird.

Abb. 14.34 Verbesserung der Schallabstrahlung einer Stimmgabel, deren hintere Zinke dicht vor dem Ausschnitt einer Pappwand steht

Für die Auslöschung des Tons der schwingenden Stimmgabel in vier Richtungen wurde der Ausdruck Interferenz bewusst vermieden. Denn man bedenke, dass die Wellenlänge einer Stimmgabelschwingung der Frequenz 440 Hz in Luft 75 cm beträgt. Der Abstand der Stimmgabelzinken beträgt aber nur etwa 2 cm.

Setzt man eine schwingende Stimmgabel mit ihrem Stiel auf eine feste Unterlage, z. B. eine Tischplatte, so wird diese durch die Längsschwingungen des Stiels in periodische Bewegungen mit der Stimmgabelfrequenz versetzt und strahlt infolge ihrer großen Oberfläche den Schall besser an die umgebende Luft ab. Eine besonders gute Schallabstrahlung erhält man durch Befestigen der Stimmgabel auf der Oberseite eines flachen Holzkastens, bei dem eine bzw. beide Stirnseiten offen sind (Abb. 14.35). Durch die Schwingungen des Stimmgabelstiels wird der Kastendeckel und durch diesen die Luft im Kasten in Schwingungen versetzt. Diese Schwingungen der Luft im Kasten werden besonders intensiv, wenn man durch geeignete Abmessungen der Kastenlänge die Luftsäule darin auf den Ton der Stimmgabel abstimmt (Resonanzkasten). Zu diesem Zweck muss die Länge des einseitig offenen Kastens gleich $\frac{1}{4}$ Wellenlänge, die des beidseitig offenen

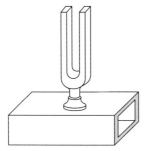

Abb. 14.35   Stimmgabel auf Resonanzkasten

Kastens gleich $\frac{1}{2}$ Wellenlänge der Schwingung der Stimmgabel in Luft sein. Ersterer ist eine *gedackte*, letzterer eine *offene Pfeife*.

Die Frequenz einer Stimmgabel lässt sich innerhalb gewisser Grenzen durch Anbringen kleiner Metallreiter an den Stimmgabelzinken verändern. Der Ton der Stimmgabel wird umso tiefer, je größer die Massen der Reiter sind, und je näher man sie an das Ende der Zinken heranschiebt. Zur Erzeugung sehr hoher Töne verwendet man Stimmgabeln mit sehr kurzen und sich zum Ende hin verjüngenden Zinken.

Luftsäulen. Bisher wurde die Tonerzeugung durch Saiten und Stäbe beschrieben. Das gasförmige Analogon, die Luftsäule, ist ebenfalls zu Eigenschwingungen fähig, wie bereits mit dem Kundt'schen Rohr festgestellt wurde. Die Gesetzmäßigkeiten sind im Wesentlichen die gleichen wie bei der schwingenden Saite. Zunächst folgender Versuch: Über die obere Öffnung eines Glasrohrs G von einigen Zentimetern Durchmesser, das mit Wasser gefüllt ist, und dessen unteres Ende durch einen Schlauch mit einem Vorratsgefäß A in Verbindung steht (Abb. 14.36), halten wir eine Stimmgabel von bekannter Frequenz. Verändern wir durch Heben oder Senken von A den Wasserspiegel in G und damit die Länge l der darüber befindlichen Luftsäule, so hören wir bei ganz bestimmten Längen l ein kräftiges Mittönen der Luftsäule (Resonanz). Berechnet man aus der bekannten Stimmgabelfrequenz und der Schallgeschwindigkeit in Luft die zugehörige Wellenlänge, so findet man, dass das Mittönen der Luftsäule dann und nur dann eintritt, wenn $l = \frac{1}{4}\lambda, \frac{3}{4}\lambda, \frac{5}{4}\lambda, \ldots$ ist. Die Länge der kürzesten, auf einer Seite geschlossenen

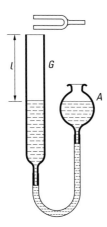

Abb. 14.36   Nachweis der Resonanz von Luftsäulen

Luftsäule, die von einem schwingenden Körper zum Mitschwingen angeregt wird, ist also gleich einem Viertel der Schallwellenlänge, die von dem schwingenden Körper ausgeht. Dass dies so sein muss, folgt einfach aus dem Umstand, dass am geschlossenen Ende ein Schwingungsknoten, am offenen ein Schwingungsbauch liegt. Diese Bedingung ist aber nur erfüllt, wenn die Länge der mit einem Ton gegebener Wellenlänge λ in Resonanz befindlichen Luftsäule entweder gleich $\frac{1}{4}\lambda$, $\frac{3}{4}\lambda$ oder $\frac{5}{4}\lambda$ usw. ist, wie wir experimentell soeben feststellten.

Im obigen Versuch war die Wellenlänge λ des Tons gegeben und die Länge l der Luftsäule wurde variiert, bis Resonanz eintrat. Man kann aber auch umgekehrt die Länge l der Luftsäule konstant halten und die verschiedenen Töne mit den Wellenlängen λ_0, $\lambda_1, \lambda_2, \ldots$ bestimmen, die mit der gegebenen Luftsäule in Resonanz stehen. Durch dieselbe Überlegung folgt, dass dies nur solche Wellenlängen sein können, für die entweder $l = \frac{1}{4}\lambda$ (tiefster Ton), $l = \frac{3}{4}\lambda_1$ (nächst höherer Ton) oder $l = \frac{5}{4}\lambda_2$ usw. ist. Diese Schwingungen sind also die Eigenschwingungen (Grundschwingung und Oberschwingungen) der gegebenen Luftsäule. Nennt man die Frequenz der Grundschwingung ν_0, so ist $\nu_0\lambda_0 = \nu_0 4l = c_L$, wenn c_L die Schallgeschwindigkeit in Luft bedeutet. Also ist die Frequenz der Grundschwingung

$$\nu_0 = \frac{1}{4\,l}c_L,$$

und für sämtliche Eigenfrequenzen ν_k der einseitig geschlossenen Luftsäule folgt ebenso

$$\nu_k = \frac{2\,k+1}{4\,l}c_L \quad (k = 0, 1, 2, \ldots). \tag{14.24}$$

Die Oberschwingungen sind demnach hier die ungeradzahligen Harmonischen der Grundschwingung. Als Beispiel sei angeführt, dass bei einer einseitig geschlossenen Luftsäule von 50 cm Länge bei 20 °C die Grundschwingung $\nu_0 = 172$ Hz, die erste Oberschwingung $\nu_1 = 3 \cdot 172\,\text{Hz} = 516\,\text{Hz}$ und die zweite Oberschwingung $\nu_2 = 5 \cdot 172\,\text{Hz} = 860\,\text{Hz}$ beträgt.

Man kann die obigen Betrachtungen noch in folgender Hinsicht ergänzen: In der Wellenlehre ist darauf hingewiesen worden, dass zwischen Knoten und Bäuchen der Bewegung einerseits und Knoten und Bäuchen des Drucks andererseits zu unterscheiden ist, sowie, dass bei stehenden Wellen die Knoten der Bewegung mit den Bäuchen des Drucks zusammenfallen und umgekehrt. Richtet man also seine Aufmerksamkeit nicht auf die Bewegung, sondern auf den Druck, so kann man auch sagen, dass am geschlossenen Ende der Luftsäule ein Druckbauch und am offenen Ende ein Druckknoten liegt. Das ist unmittelbar anschaulich, weil beim Anströmen der Luftmoleküle gegen das geschlossene Ende ein Druckanstieg, beim Abströmen ein Druckabfall, mit anderen Worten sich ein Druckbauch bilden muss. Am offenen Ende dagegen, wo die freie Zu- und Abströmung der Luft nicht behindert ist, kann keine Druckänderung auftreten, dort ist also ein Druckknoten vorhanden. – Diese beiden gleichberechtigten Betrachtungsweisen sind in Abb. 14.37 nebeneinander dargestellt, und zwar für die Grundschwingung und die beiden ersten Oberschwingungen. Abb. 14.37a stellt die Grundschwingung ($k = 0$) dar, und zwar ist durch die Schraffierung der Druck- bzw. Dichte-Verlauf in dem Rohr angegeben. Am geschlossenen Ende herrscht maximale Verdichtung bzw. Verdünnung, am offenen Ende normale Dichte. Die Bewegungsrichtung der Teilchen ist durch den Pfeil an der linken Seite, die jeweilige Bewegungsamplitude durch die punktierte Kurve an der rechten Seite angedeu-

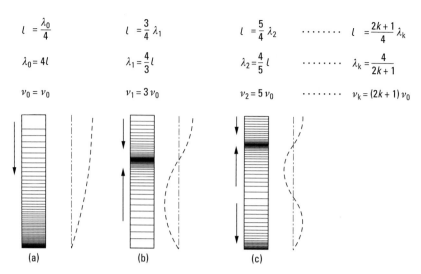

$l = \dfrac{\lambda_0}{4}$ $\qquad$ $l = \dfrac{3}{4}\lambda_1$ $\qquad$ $l = \dfrac{5}{4}\lambda_2$ $\quad\cdots\cdots\cdots$ $l = \dfrac{2k+1}{4}\lambda_k$

$\lambda_0 = 4l$ $\qquad$ $\lambda_1 = \dfrac{4}{3}l$ $\qquad$ $\lambda_2 = \dfrac{4}{5}l$ $\quad\cdots\cdots\cdots$ $\lambda_k = \dfrac{4}{2k+1}$

$\nu_0 = \nu_0$ $\qquad$ $\nu_1 = 3\,\nu_0$ $\qquad$ $\nu_2 = 5\,\nu_0$ $\quad\cdots\cdots\cdots$ $\nu_k = (2k+1)\,\nu_0$

(a) $\qquad\qquad$ (b) $\qquad\qquad$ (c)

Abb. 14.37   Eigenschwingungen einer einseitig geschlossenen Luftsäule

tet. Letztere zeigt, dass am geschlossenen Ende ein Bewegungsknoten, am offenen Ende ein Bewegungsbauch liegt. Im Inneren der Luftsäule ist kein Bewegungsbauch vorhanden. Ebenso stellt Abb. 14.37b Druck- und Bewegungsverteilung für die erste Oberschwingung ($k = 1$) dar. Hier befindet sich ein Bewegungsbauch im Abstand $\frac{1}{2}\lambda_1 = \frac{2}{3}l$ vom oberen Ende. In Abb. 14.37c haben wir zwei Bewegungsbäuche für die zweite Oberschwingung ($k = 2$) in den Abständen $\frac{1}{2}\lambda_2 = \frac{2}{5}l$ und $\lambda_2 = \frac{4}{5}l$ vom oberen Ende. Man erkennt, dass die Ordnungszahl k hier die Zahl der Bewegungsbäuche im Inneren der Luftsäule angibt.

Wie liegen nun die Verhältnisse bei einer Luftsäule in einem beidseitig offenen Rohr? Wir machen zunächst wieder einen Versuch, indem wir vor ein ausziehbares beidseitig offenes Rohr eine Stimmgabel halten. Verändern wir die Länge des Rohrs, finden wir, dass die Luftsäule im Rohr in kräftiges Mitschwingen kommt, wenn die Rohrlänge

$$l = \frac{\lambda}{2}, \frac{2\lambda}{2}, \frac{3\lambda}{2}, \dots$$

beträgt. Dies erklärt sich wiederum leicht, da an den offenen Rohrenden ein Bewegungsbauch (bzw. Druckknoten) liegen muss. Umgekehrt sind also mit einem Rohr fester Länge l nur solche Wellen in Resonanz, für die entweder $l = \frac{1}{2}\lambda_0$ oder $l = \frac{2}{2}\lambda_1$ oder $l = \frac{3}{2}\lambda_2, \dots$ ist. Es ist also

$$\lambda_0 = 2l, \quad \lambda_1 = \frac{2l}{2}, \quad \lambda_2 = \frac{2l}{3}, \dots.$$

Die Eigenfrequenzen sind also der Reihe nach ν_0, $2\nu_0$, $3\nu_0$, verhalten sich also wie die ganzen Zahlen und bilden demnach die ganze Reihe der harmonischen Eigenschwingungen. Für die Eigenfrequenzen ν_k einer beidseitig offenen Luftsäule von der Länge l ergibt sich also

$$\nu_k = \frac{k+1}{2l}c_L \quad (k = 0, 1, 2, \dots), \tag{14.25}$$

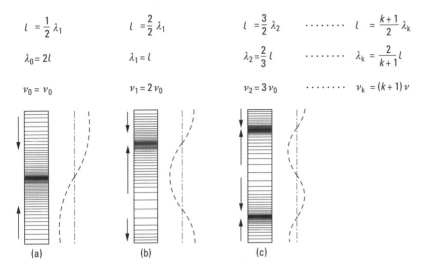

$$l = \frac{1}{2}\lambda_1 \qquad l = \frac{2}{2}\lambda_1 \qquad l = \frac{3}{2}\lambda_2 \quad\cdots\cdots\cdots\quad l = \frac{k+1}{2}\lambda_k$$

$$\lambda_0 = 2l \qquad \lambda_1 = l \qquad \lambda_2 = \frac{2}{3}l \quad\cdots\cdots\cdots\quad \lambda_k = \frac{2}{k+1}l$$

$$\nu_0 = \nu_0 \qquad \nu_1 = 2\,\nu_0 \qquad \nu_2 = 3\,\nu_0 \quad\cdots\cdots\cdots\quad \nu_k = (k+1)\,\nu$$

(a)   (b)   (c)

Abb. 14.38   Eigenschwingungen einer beidseitig offenen Luftsäule

genau wie bei der Saite (Gl. (14.18)) und dem an beiden Enden freien Stab (Gl. (14.20)). Die Ordnungszahl k ist gleich der Anzahl der Bäuche im Inneren des Rohrs. Die Schwingungsverhältnisse in einer beidseitig offenen Luftsäule sind für die drei ersten Oberschwingungen in Abb. 14.38 in derselben Weise wie für die einseitig geschlossene Luftsäule dargestellt.

Aus den Abb. 14.37 und 14.38 sowie aus den Gln. (14.24) und (14.25) folgt, dass die Grundschwingung einer beidseitig offenen Luftsäule die doppelte Frequenz hat wie die der einseitig geschlossenen. Man zeigt dies sehr einfach, indem man mit der flachen Hand gegen das eine Ende einer offenen Glas- oder Metallröhre schlägt. Dadurch wird die Luft in der Röhre zu Schwingungen angestoßen, und die Luftsäule tönt für einen kurzen Augenblick. Je nachdem ob man das andere Rohrende offen lässt (beidseitig offenes Rohr) oder mit der anderen Hand verschließt (einseitig geschlossenes Rohr), erhält man einen höheren bzw. tieferen Ton, deren Frequenzen sich wie 2 : 1 verhalten. Damit ein beidseitig offenes Rohr denselben Grundton ergibt wie ein einseitig geschlossenes, muss es doppelt so lang sein.

Die Gln. (14.24) und (14.25) und damit das im vorhergehenden Gesagte gelten nur angenähert. Wie Hermann von Helmholtz (1821 – 1894) gezeigt hat, liegen die Bäuche der Bewegung nicht genau in der Öffnungsebene des Rohrs, sondern reichen in die umgebende Luft umso mehr hinein, je größer der Rohrdurchmesser im Verhältnis zur Rohrlänge ist. Man muss daher anstelle der wirklichen Rohrlänge l bei einer einseitig geschlossenen Luftsäule eine reduzierte Rohrlänge $l + s$ einsetzen, wobei das Korrekturglied $s = \frac{1}{4}\pi R$ ist, wenn R den Radius des Rohrs angibt. Für eine beidseitig offene Luftsäule ist diese Mündungskorrektur für jedes Ende anzubringen.

Helmholtz-Resonatoren. Nicht nur rohrförmige, sondern auch beliebig geformte, gasgefüllte Hohlräume lassen sich zu Resonanzschwingungen anregen. Diese Tatsache wurde bereits von Helmholtz zur Klanganalyse ausgenutzt, weshalb man solche Hohlräume als *Helmholtz-Resonatoren* bezeichnet. Die Schwingung erfolgt ebenso wie die Schwingung

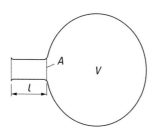

Abb. 14.39   Zur Eigenfrequenz eines
Helmholtz-Resonators

eines Körpers der Masse m, der an einer Feder mit der Federkonstante (Richtgröße) k befestigt ist. Für die Eigenfrequenz dieses Systems gilt

$$\omega = \sqrt{\frac{k}{m}}. \tag{14.26}$$

Bei dem Resonator (Abb. 14.39) wirkt das kompressible Gasvolumen V des Hohlraums wie eine Feder, während die Gasmasse $\varrho \cdot A \cdot l$ des Resonatorhalses von der Länge l und der Querschnittsfläche A die schwingende Masse bildet. Für die Eigenfrequenz des Resonators erwarten wir einen ähnlichen Ausdruck wie in Gl. (14.26), doch muss noch eine Konstante eingehen, die das im Hohlraum enthaltene Gas charakterisiert. Wir berechnen zunächst die Federkonstante des Gasvolumens V. Unter der Annahme, dass die Druckänderungen so schnell erfolgen, dass kein Wärmeaustausch mit der Umgebung stattfinden kann, gilt der adiabatische Kompressionsmodul K eines Gases nach den Ausführungen in der Mechanik der Flüssigkeiten und Gase (s. Abschn. 13.4):

$$K = -V\frac{\Delta p}{\Delta V} = p\,\kappa. \tag{14.27}$$

Die Druckänderung Δp entsteht durch eine Kraft ΔF, die auf die Fläche A wirkt:

$$\Delta p = \frac{\Delta F}{A}.$$

Für die Volumenänderung ΔV bei Verschiebung des Gases im Resonatorhals um die Strecke Δl gilt, da sich V und l gegensinnig verhalten,

$$\Delta V = -A \cdot \Delta l.$$

Durch Einsetzen dieser Ausdrücke in Gl. (14.27) erhält man nach Umformung

$$\frac{\Delta F}{\Delta l} = \frac{p\,\kappa \cdot A^2}{V}.$$

Der Ausdruck $\Delta F / \Delta l$ ist die gesuchte Federkonstante. Die Masse des Gasvolumens im Resonatorhals beträgt $\varrho \cdot A \cdot l$, mit ϱ als Gasdichte. Mit Kenntnis der Ausdrücke für Masse und Federkonstante ergibt sich dann

$$\omega = \sqrt{\frac{A \cdot p\,\kappa}{V \cdot l \cdot \varrho}}.$$

Beachten wir nun noch, dass der Ausdruck $p\kappa/\varrho$ gerade das Quadrat der Schallgeschwindigkeit c darstellt (Gl. (14.5)), und addieren wir zur Länge l die Mündungskorrektur s auf beiden Seiten des Resonatorhalses, so erhalten wir schließlich für die Eigenfrequenz des

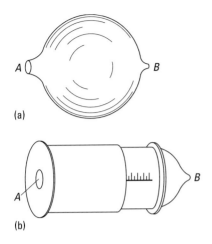

Abb. 14.40 Luftresonatoren, (a) Kugelresonator nach Helmholtz, (b) veränderlicher Resonator nach König

Resonators

$$\omega = c \cdot \sqrt{\frac{A}{V \cdot (l + 2s)}}. \tag{14.28}$$

Diese Gleichung gilt, wie das Experiment zeigt, auch für $l = 0$, d. h. für einen Hohlraum, der anstelle des Resonatorhalses nur eine einfache Öffnung besitzt.

Es existiert also nur eine einzige Resonanzfrequenz, solange die größte Abmessung des Hohlraums klein gegen die Wellenlänge ist. Helmholtz führte mit Hilfe dieser Eigenschaft des Hohlraums die erste Klanganalyse durch und gelangte damit zu erstaunlich genauen Ergebnissen.

In Abb. 14.40 sind zwei dafür bestimmte Ausführungsformen wiedergegeben. Die hohlkugelartige, aus Glas oder Messing hergestellte Form *a* besitzt eine weite Öffnung *A* und eine kleine Öffnung *B*, die ins Ohr eingeführt wird. Ist nun in einem im Außenraum vorhandenen Klang (d. h. Tongemisch) eine Schwingung enthalten, die mit dem Eigenton des Resonators übereinstimmt, gerät dieser in Resonanz, so dass der Ton selbst von ungeübten Beobachtern leicht zu hören ist. In dieser Weise können unter Benutzung eines geeichten Satzes verschiedener Resonatoren Klänge vollständig analysiert werden. Abb. 14.40b zeigt eine etwas andere Ausführung, bei der sich die Größe des Hohlraums und damit die Eigenschwingung durch Ausziehen innerhalb gewisser Grenzen verändern lässt.

Eine wichtige Anwendung des Helmholtz-Resonators begegnet uns in der schallabsorbierenden Lochplatte. Dies ist eine Platte mit äquidistanten Löchern, die in einem bestimmten Abstand vor der Zimmerwand angebracht ist (Abb. 14.41). Denkt man sich das Luftvolumen zwischen Platte und Wand so unterteilt, dass jedem Loch ein gleiches Teilvolumen zugeordnet wird (durch gestrichelte Trennlinien angedeutet), so stellt die ganze Anordnung nichts anderes als eine große Zahl von Helmholtz-Resonatoren dar. Trifft nun eine Schallwelle auf die Platte, wird das Luftvolumen innerhalb jeder Plattenbohrung in Resonanzschwingungen versetzt und ein großer Teil der Schallenergie durch Reibung an der Wand der Bohrung in Wärme umgewandelt. Damit die Anordnung, die ja bei idealer Parallelität von Wand und Platte nur auf eine Frequenz anspricht, einen größeren Frequenzbereich absorbiert, sorgt man meist für eine leichte Neigung der Platte gegenüber der Wand.

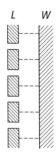

L   W

Abb. 14.41   Zur Wirkungsweise der schallabsorbierenden Lochplatte
(W = Wand, L = Lochplatte)

Ein Auto, das bei geöffnetem Seitenfenster mit hinreichender Geschwindigkeit fährt, wird zu einem Helmholtz-Resonator, dessen Frequenz wegen des großen Volumens sehr niedrig ist (sie liegt zwischen 5 und 10 Hz, also im Infraschallbereich). Durch die vorbeiströmende Luft wird das Luftvolumen im Wageninneren nach dem Mechanismus der angeblasenen Flasche zu ungedämpften, sinusförmigen Schwingungen angeregt, die man nicht als Ton wahrnimmt, sondern als unangenehme Vibrationen empfindet. Die oft erhebliche Schalldruckamplitude, die dabei auftritt, kann bei längerer Einwirkung zu Gehörschäden führen.

Ein System tief abgestimmter Helmholtz-Resonatoren stellt ferner der Auspuffdämpfer eines Autos dar. Es handelt sich dabei um eine Anzahl meist zylinderförmiger Kammern unterschiedlicher Größe, die durch Röhren miteinander verbunden sind. Jede Kammer bildet zusammen mit dem Anschlussrohr einen Helmholtz-Resonator, der durch die Explosionsgeräusche des Motors zu gedämpften Schwingungen angeregt wird. Alle Frequenzen, die genügend weit oberhalb der (sehr tiefen) Eigenfrequenz des Resonators liegen, werden stark geschwächt. Dagegen werden tiefe Frequenzen, die nicht so störend wirken, ebenso wie die Gleichströmung der Abgase ungehindert durchgelassen. Der Auspuffdämpfer stellt deshalb ein sogenanntes Tiefpassfilter dar.

Membranen. Weitere Schallsender sind Membranen und Platten, die man durch einfaches Anschlagen in Schwingungen versetzen kann. Zwischen diesen besteht der gleiche Unterschied wie zwischen einer Saite und einem Stab. Eine Membran ist ein so dünnes flächenhaftes Gebilde, dass sie einer Verbiegung keinen Widerstand mehr entgegensetzt. Sie kann daher mechanische Schwingungen nur ausführen, wenn sie durch eine äußere Kraft straff gespannt wird. Im Gegensatz dazu besitzt eine Platte infolge ihrer Dicke so viel Biegungselastizität, dass sie ohne äußere Kräfte elastische Schwingungen ausführen kann. Membranen und Platten können sowohl longitudinal als auch transversal schwingen. Von praktischer Bedeutung sind freilich nur die Transversal- oder besser Biegungsschwingungen. Als Material für Membranen kann Papier, tierische Haut, Metallfolie und (für Demonstrationsversuche) eine Seifenhaut dienen. Da eine Membran nur in gespanntem Zustand schwingen kann, muss sie in einem Rahmen befestigt sein. Der Rand der Membran wird daher stets eine *Knotenlinie* der Bewegung sein. (Die Knotenpunkte der eindimensionalen Schallsender gehen hier natürlich in Knotenlinien über).

Für die Eigenfrequenzen einer *quadratischen* Membran von der Seitenlänge l liefert die Theorie die Beziehung

$$\nu_{hk} = \frac{1}{2\,l}\sqrt{(1+h)^2 + (1+k)^2} \cdot \sqrt{\frac{\sigma}{\varrho}}, \tag{14.29}$$

Tab. 14.2 Eigenfrequenzen einer quadratischen Membran (als Vielfache der Grundfrequenz ν_{00})

h	k	ν_{hk}/ν_{00}	h	k	ν_{hk}/ν_{00}	h	k	ν_{hk}/ν_{00}
0	0	**1.00**	2	0	2.24	4	0	3.60
	1	1.58		1	2.56		1	3.80
	2	2.24		2	**3.00**		2	4.13
	3	2.92		3	3.53		3	4.53
	4	3.60		4	4.12		4	**5.00**
1	0	1.58	3	0	2.92			
	1	**2.00**		1	3.16			
	2	2.56		2	3.53			
	3	3.16		3	**4.00**			
	4	3.80		4	4.53			

wobei σ die Spannung, ϱ die Dichte bedeuten, und h und k die Reihe der ganzen Zahlen $1, 2, 3, \ldots$ durchlaufen. Gl. (14.29) ist offensichtlich das zweidimensionale Analogon zu den Gln. (14.16) und (14.18) für die Saite. Die Größen h und k sind die hier zweifach auftretenden Ordnungszahlen. Sie geben die Anzahl der Knotenlinien an. Tab. 14.2 gibt Aufschluss über die ersten Eigenfrequenzen, die als Vielfache der Grundfrequenz ν_{00} angegeben sind.

Es tritt also neben den harmonischen Obertönen $2, 3, 4, \ldots$ eine weit größere Zahl unharmonischer Obertöne auf. Während bei der Grundschwingung die Membran nur am Rand in Ruhe ist, schwingt sie bei den höheren Oberschwingungen in einzelnen Teilen, zwischen denen sich mehr oder weniger komplizierte Knotenlinien ausbilden. Diese lassen sich durch aufgestreuten Sand sichtbar machen. Er wird an den Bäuchen in die Höhe geworfen und bleibt nur an den Knotenlinien liegen.

In Abb. 14.42 sind einige Oberschwingungen einer *kreisförmigen* Seifenlamelle dadurch sichtbar gemacht, dass die Lamelle im reflektierten Licht fotografiert wurde. In diesem Fall erscheinen alle die Stellen besonders hell, an denen sich die Lamelle parallel zu sich selbst bewegt. Das sind die Stellen der Schwingungsbäuche. In der Grundschwingung liefert dies nur in der Mitte der Lamelle einen punktförmigen Lichtfleck.

Ähnlich liegen die Verhältnisse bei einer kreisförmigen Membran. In Abb. 14.43 sind die bei den ersten zwölf Oberschwingungen einer *kreisförmigen* Membran auftretenden Kno-

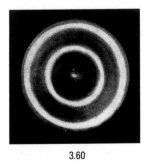
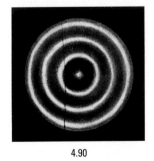
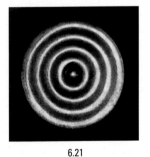

3.60   4.90   6.21

Abb. 14.42 Oberschwingungen einer kreisförmigen Seifenlamelle in reflektiertem Licht fotografiert. Die hellen Stellen sind die Schwingungsbäuche. Die Zahlen geben die relativen Frequenzen, bezogen auf die Frequenz der Grundschwingung an.

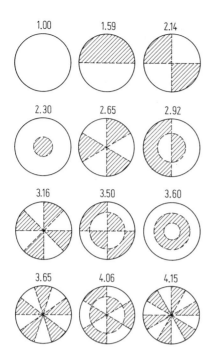

Abb. 14.43 Knotenlinien einer kreisförmigen Membran. Die Zahlen bedeuten dasselbe wie in Abb. 14.42.

tenlinien gezeichnet. Sie stellen Kreise und Durchmesser dar. Die Zahlen geben die relativen Frequenzen, bezogen auf die Frequenz der Grundschwingung an. Wie man aus diesen Angaben ersieht, hat die kreisförmige Membran nur unharmonische Oberschwingungen.

Schwingende, aus Tierhaut gebildete Membranen dienen bei der Pauke und der Trommel als Schallquellen. Die Frequenz wird allerdings durch das angeschlossene Luftvolumen etwas beeinflusst.

Platten. Während die Membran das zweidimensionale Analogon zur Saite darstellt und nur in gespanntem Zustand schwingungsfähig ist, bildet die Platte das Gegenstück zum Stab und ist demnach infolge ihrer Biegesteife zu Schwingungen befähigt. 1787 hat E. F. F. Chladni (1756–1827) die Aufmerksamkeit auf die außerordentlich große Mannigfaltigkeit der Schwingungsmöglichkeiten von Platten gelenkt. Die dabei auftretenden Knotenlinien machte er durch Aufstreuen von Sand sichtbar (*Chladni'sche Klangfiguren*). Um sie zu erzeugen, streicht man die etwa in der Mitte auf einem Stativ horizontal befestigte Platte am Rand in vertikaler Richtung mit einem Geigenbogen an. Durch gleichzeitiges Festhalten eines oder mehrerer Randpunkte mit den Fingern kann man verschiedene Schwingungsformen erzwingen. In Abb. 14.44 sind als Beispiele Klangfiguren einer quadratischen und einer kreisrunden Metallplatte wiedergegeben. Die Platten wurden an der mit *b* bezeichneten Stelle angestrichen und an den mit *k* gekennzeichneten Stellen festgehalten. Zwei benachbarte, durch eine Knotenlinie getrennte Teile der Platte schwingen stets in entgegengesetzter Richtung senkrecht zur Plattenebene. Infolgedessen teilt sich eine kreisförmige Platte naturgemäß in eine gerade Anzahl von schwingenden Sektoren, die durch radiale Knotenlinien voneinander getrennt sind. Man sieht, dass aber auch andere, weniger regelmäßige Klangfiguren entstehen können.

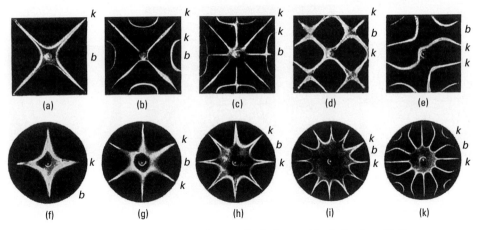

Abb. 14.44   Chladni'sche Klangfiguren einer quadratischen und kreisförmigen Platte

Jeder Klangfigur entspricht ein bestimmter Ton. Seine Frequenz ist umso höher, je komplizierter die Schwingungsfigur ist. Die Frequenz ist ferner direkt proportional zur Plattendicke und steigt bei kreisförmigen Platten umgekehrt mit dem Quadrat des Plattenradius an. Da die Platten Biegungsschwingungen ausführen, sind die Eigenfrequenzen – wie bei den transversal schwingenden Stäben – außer von der Dichte ϱ noch vom Elastizitätsmodul E abhängig. Infolge der Zweidimensionalität kommt aber (im Gegensatz zu den Stäben) noch eine Abhängigkeit von der Poisson-Zahl μ hinzu.

Schwach gekrümmte Platten sind das Becken und der Gong. Als stark gekrümmte Platten kann man die *Glocken* auffassen. Sie sind das zweidimensionale Analogon zur Stimmgabel. Sie schwingen beim Grundton mit zwei durch den Aufhängepunkt gehenden, zueinander senkrecht verlaufenden Knotenlinien, entsprechend Abb. 14.44f bei der runden Platte. Dabei führt der untere Glockenrand die in Abb. 14.45 gezeichnete Bewegung aus. Er wird durch die Knotenpunkte K in vier Teile geteilt, die abwechselnd nach außen und nach innen schwingen. Man kann diese Aufteilung der Glockenschale an einem teilweise mit Wasser gefüllten größeren Weinglas zeigen, indem man dieses am Rand mit dem Geigenbogen anstreicht. Dort, wo die Glaswandungen schwingen, findet eine Kräuselung der Wasseroberfläche (Kapillarwellen) und bei starker Anregung sogar ein Aufspritzen des Wassers statt.

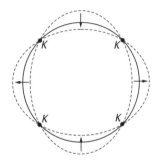

Abb. 14.45   Schwingungsform eines Glockenrandes

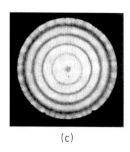

(a)

(c)

(b)

Abb. 14.46 Schwingungsformen von Glaszylindern, sichtbar gemacht durch die infolge der elastischen Spannungen im polarisierten Licht auftretende optische Doppelbrechung, (a) Glaszylinder von 19 mm ∅, angeregt mit 1485 kHz, (b) Glaszylinder von 30 mm ∅, angeregt mit 1280 kHz, (c) Glaszylinder von 20 mm ∅, zu rein radialen Dehnungsschwingungen angeregt mit 1485 kHz

Auch Festkörper anderer Gestalt lassen sich zu gedämpften Schwingungen anregen. Schlägt man z. B. einen Metallwürfel oder eine Metallkugel mit einem Holzhammer an, so hört man deutlich einen bestimmten Klang. Kubische oder zylindrische Körper werden gelegentlich in der Ultraschalltechnik als Schallsender benutzt.

Es sei darauf hingewiesen, dass man aus den Eigenschwingungen durchsichtiger Festkörper die elastischen Konstanten des betreffenden Materials mittels optischer Verfahren bestimmen kann. Dabei macht man sich die Tatsache zunutze, dass ein durchsichtiger Körper, der elastischen Spannungen ausgesetzt ist, optisch doppelbrechend wird und als Polarisator für Lichtwellen wirkt. Bringt man also einen schwingenden Glaszylinder zwischen zwei gekreuzte Polarisatoren, so erscheinen diejenigen Stellen in dem sonst dunklen Gesichtsfeld hell, an denen das Glas in radialer und tangentialer Richtung verschieden stark gedehnt wird. Die dazwischen liegenden dunklen Ringe, die man als Knotenlinien der optischen Doppelbrechung bezeichnen kann, treten da auf, wo das Glas in radialer und tangentialer Richtung gleich stark gedehnt wird. Abb. 14.46 bringt hierzu einige Beispiele. Bei den Teilbildern (a) und (b) handelt es sich offensichtlich um sehr komplizierte Schwingungen von Glaszylindern, die längs einer Mantellinie angeregt wurden. Die Frequenz betrug ungefähr $1.5 \cdot 10^6$ Hz. Man kann diese Bilder in gewissem Sinn als Chladni'sche Klangfiguren einer bestimmten Querschnittsfläche ansehen. Teilbild (c) bezieht sich gleichfalls auf Schwingungen eines Glaszylinders, der, wie die Einfachheit der Knotenlinien zeigt, auch eine relativ einfache Schwingungsform besitzt: Es handelt sich hier um radiale Dehnungsschwingungen, bei denen der Zylinder lediglich in radialer Richtung schwingt (pulsiert). Dabei bilden die Stellen gleicher radialer und tangentialer Spannung Kreise um die Zylinderachse.

Ungedämpfte Schallsender. Die zweite Gruppe der Schallsender umfasst alle Geräte, die *ungedämpfte Schwingungen* erzeugen, d. h., bei denen die Verluste infolge Schallabstrahlung und Reibung durch Energiezufuhr von außen ständig ausgeglichen werden.

Dies geschieht entweder durch periodische Energiezufuhr oder mit Hilfe kontinuierlich zugeführter Energie, z. B. Wärme, die durch Rückkopplungsmechanismen in periodische Energieformen umgewandelt wird.

Bei der Lochsirene z. B. ist eine periodische Kraft wirksam: Der gleichmäßige Luftstrom wird durch die rotierende Lochscheibe in einen periodischen Luftstrom umgewandelt. Auch der Wind kann eine periodische Kraft erzeugen, wenn er an einem starren zylindrischen Mast oder Draht vorbeistreift. Er löst dabei abwechselnd auf der einen und der anderen Seite des Mastes Wirbel ab (Kármán'sche Wirbelstraße). Die Frequenz ν der Wirbelablösung hängt von der Windgeschwindigkeit u und dem Mastdurchmesser d gemäß der Beziehung

$$\nu = 0.185 \cdot \frac{u}{d}$$

ab. Je nach Größe der Windgeschwindigkeit vernimmt man also einen Pfeifton unterschiedlicher Höhe.

Eine ganz entsprechende Beobachtung kann man beim Baden machen, wenn man eine Hand mit gespreizten Fingern rasch durch das Wasser führt: Die Finger geraten dann – senkrecht zur Bewegungsrichtung – in Schwingungen, die deutlich fühlbar sind. – Ebenso gerät ein elastischer Stab, der in eine rasch strömende Flüssigkeit gehalten wird, in transversale Schwingungen.

Ein anderes Beispiel für einen Schallsender mit periodischer Kraft stellt der tönende Lichtbogen dar. Bereits bei einer Kohlebogenlampe, die mit Wechselstrom betrieben wird, nimmt man einen Summton wahr, dessen Frequenz doppelt so groß ist wie die Frequenz des Wechselstroms. Das liegt daran, dass dessen positive wie negative Halbwelle die Temperatur des Lichtbogens periodisch erhöhen. Die Folge ist eine periodische Ausdehnung der umgebenden Luft.

Ein bekannter Schallsender von großer Bedeutung ist der *Lautsprecher*, der in Abb. 14.47 schematisch wiedergegeben ist. Zum Verständnis benötigt man Kenntnisse aus der Elektrizitätslehre. Deshalb soll der elektrische Teil kurz erläutert werden. Fließt ein Wechselstrom (Sprechstrom) durch eine an Federn F aufgehängte und in Richtung ihrer Achse schwingungsfähige Spule S, die in einen Topfmagneten T eintaucht, so führt

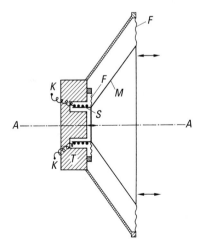

Abb. 14.47 Lautsprecher (schematisch), S = Tauchspule, T = Topfmagnet, M = trichterförmige Membran, F = weiche Federn zur Aufhängung, K = Kontakte

die Spule aufgrund magnetischer Kräfte mechanische Schwingungen im Rhythmus des Sprechstroms aus. Zur besseren Schallabstrahlung wird die Spule mit einer trichterförmigen, nach vorn offenen Papiermembran M verbunden.

Auch der Kopfhörer sei hier mit aufgeführt, obwohl er kein Schallsender im eigentlichen Sinn ist. Denn zur wellenförmigen Abstrahlung ist er nicht geeignet, was später noch behandelt wird. Der Kopfhörer enthält eine Spule mit Eisenkern. In geringem Abstand davor liegt (etwas federnd) eine dünne Eisenplatte als Membran. Der elektrische Sprech-Wechselstrom fließt durch die Spule. Das entstehende magnetische Feld wird durch den Eisenkern verstärkt und bewegt die Eisenplatte im Rhythmus der Sprache oder Musik.

Ein bekanntes Beispiel für einen *Rückkopplungseffekt* ist das Anstreichen einer Saite mit einem Geigenbogen. Der Mechanismus beruht darauf, dass die Eigenschwingung der Saite mittels Haft- und Gleitreibung die anregende Kraft steuert. Im Einzelnen sieht der Vorgang so aus: Die Saite wird zunächst durch die Haftreibung mitgenommen, bis bei einer bestimmten Elongation die rücktreibende elastische Kraft größer als die Reibungskraft zwischen Bogen und Saite geworden ist. In diesem Augenblick schnellt die Saite zurück bis zum anderen Umkehrpunkt. Dies ist möglich, weil die Gleitreibung kleiner ist als die Haftreibung. Beim Zurückschwingen fasst der Bogen die Saite von Neuem und der Vorgang wiederholt sich.

Auch die Tatsache, dass eine Saite durch Anblasen in ungedämpfte Schwingungen gerät, beruht auf einem Rückkopplungsmechanismus. Die an der Saite (Gummiband) vorbeiströmende Luft löst abwechselnd auf der einen und der anderen Seite Wirbel ab. Stimmt nun die Frequenz der Wirbelablösung annähernd mit einer Eigenfrequenz der Saite überein, so gerät, wie zuerst J. W. Rayleigh (1842 – 1919) gezeigt hat, die Saite senkrecht zum Luftstrom in Schwingungen. Die Eigenfrequenz der Saite steuert jetzt die Wirbelablösung und damit die anregende Kraft. Auf dieser Erscheinung beruht die Äolsharfe, bei der eine Reihe gespannter Saiten verschiedenen Durchmessers durch Vorbeiströmen des Windes zum Schwingen in der einen oder anderen ihrer Eigenschwingungen gebracht wird. Auch das Summen der Telegrafendrähte entsteht auf diese Weise.

Auch ungedämpfte Schwingungen von Luftsäulen werden vorwiegend durch Rückkopplungsmechanismen verursacht. Die wichtigste Anwendung stellen die Pfeifen dar. Je nach Art der Schwingungsanregung wird zwischen *Zungen-* und *Lippenpfeifen* unterschieden und bei diesen wieder *offene* und *gedackte Pfeifen*, je nachdem ob das obere Ende der Pfeife offen oder geschlossen ist.

Abb. 14.48 zeigt im Längsschnitt den Aufbau einer Zungenpfeife. Die die Pfeife anblasende Luft L strömt durch den Spalt S. Vor diesem befindet sich ein Metallblättchen Z, die Zunge, die so gebogen ist, dass sie in Ruhelage den Spalt nicht völlig abdeckt. Sie kommt durch die vorbeiströmende Luft in Schwingungen und verschließt dabei in periodischer Folge mit der ihr eigenen Frequenz den Spalt. Dadurch wird der Luftstrom periodisch unterbrochen und die Luftsäule im eigentlichen Pfeifenraum R, der häufig auch trichterförmige Gestalt hat, zu Schwingungen angestoßen. Die Zunge hat dabei die Funktion eines federnden Ventils. Sie steuert die Kraft (Luftstrom), die auf sie wirkt, d. h., es liegt wieder ein Rückkopplungsmechanismus vor.

Bei Metallzungen sind nun die Energieverluste, die während des Schwingens auftreten, aufgrund der elastischen Eigenschaften des verwendeten Metalls gering. Deshalb kann eine Metallzunge nur in ihrer Resonanzfrequenz schwingen. Eine Tonerzeugung ist also auch ohne Kopplung mit einer schwingenden Luftsäule möglich. Beispiele dafür sind Mundharmonika, Akkordeon, Harmonium und einige Orgelregister. Wird die Metallzunge

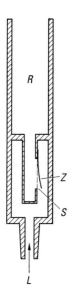

Abb. 14.48 Längsschnitt durch eine Zungenpfeife, L: eintretender Luftstrom, Z: Zunge, S: Spalt, R: Resonator

mit einem Resonator gekoppelt (Trompetenregister der Orgel), ist die Frequenz dieses Schallsenders vorwiegend durch die Resonanzfrequenz der Metallzunge bestimmt. Tritt jedoch anstelle der Metallzunge eine Holzzunge (Rohrblatt), dann ist für die Steuerung des Luftstroms vorwiegend die Eigenfrequenz des angeschlossenen Resonators verantwortlich. Denn bei einer Holzzunge ist infolge der geringeren Elastizität der Energieverlust während des Schwingungsvorgangs und damit die Dämpfung größer als die Dämpfung der schwingenden Luftsäule, d. h., die Rohrblattzunge kann erzwungene Schwingungen ausführen. Dieser Vorteil wird bei den Rohrblattinstrumenten Oboe, Klarinette und Fagott ausgenutzt, deren Tonhöhe durch Öffnen und Schließen von seitlichen Löchern im Resonatorrohr, also durch Verkürzung oder Verlängerung der schwingenden Luftsäule verändert wird. Würde man das Rohrblatt Z (Abb. 14.49) einer Klarinette durch eine Metallzunge ersetzen, dann ließe sich auf dem Instrument nur noch ein einziger Ton hervorbringen, der dann durch die Resonanzfrequenz der Metallzunge gegeben wäre.

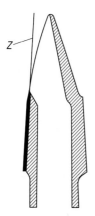

Abb. 14.49 Mundstück einer Klarinette oder eines Saxophons. Das Rohrblatt Z (aus Holz vom Zuckerrohr oder Schilf, 1 cm breit) ist mit einer Schelle befestigt und leicht auswechselbar.

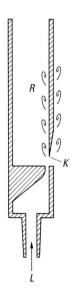

Abb. 14.50 Längsschnitt durch eine Lippenpfeife, L: eintretender Luftstrom, K: Kante, R:
Resonator

Bei den Blechblasinstrumenten (Horn, Trompete, Posaune, Tuba) wirken die zusam-
mengepressten Lippen des Spielers ähnlich wie die menschlichen Stimmlippen: Das Vi-
brieren der Lippen wird durch den Schalldruck des Resonators gesteuert. Durch geeignete
Wahl der Lippenspannung und des Anblasdrucks lässt sich eine Anzahl von Klängen erzeugen, deren Grundfrequenzen mit den Eigenfrequenzen der schwingenden Luftsäule
übereinstimmen. Die Länge der schwingenden Luftsäule wird durch Öffnen und Schließen von Umwegrohren und mit Hilfe von Ventilen (Trompete, Horn, Tuba) oder, wie bei
der Posaune, durch Ausziehen des Zuges verändert.

Ein zweites wichtiges Verfahren zur Schwingungsanregung von Luftsäulen wird bei
der Lippenpfeife angewandt, einem Rückkopplungssender mit dem gleichen Mechanismus, auf dem auch die Wirkungsweise der Blockflöte, der Querflöte sowie der angeblasenen Flasche beruht. In allen Fällen sorgt der Resonator R (Abb. 14.50) für stehende
Wellen großer Amplitude. Bei Lippenpfeifen beträgt die Geschwindigkeitsamplitude des
stationären Tons im Pfeifenmaul (zwischen Spalt und Kante K) einige m/s. Diese große
Wechselströmung ruft eine periodische Bewegung des Luftstrahls hervor, der aus dem
Spalt austritt. Dadurch gelangt ein periodischer Luftzufluss in den Resonator und erhält
die Schwingung aufrecht.

In Abb. 14.51 sind drei Momentaufnahmen der periodischen Strahlbewegung im Pfeifenmaul wiedergegeben, die H. Ising mit Hilfe eines besonderen Verfahrens erhielt. Die
aus dem Spalt gegen die Lippe strömende Luft befand sich dabei im Strahlengang eines Michelson-Interferometers. Dem Luftstrahl waren etwa 10 % Acetylen beigemischt.
Dadurch erhält man eine Änderung des Brechungsindex, ohne die Pfeifenfrequenz zu
beeinflussen, da die Schallgeschwindigkeit in Luft und Acetylen gleich groß ist. Die
Interferenzstreifen auf den Bildern stellen Linien von gleichem Brechungsindex und damit von gleichem Mischungsverhältnis dar. Die Mittellinie der von einer Interferenzli-
nie umschlossenen Fläche ist die Strahlmitte. Die Änderung des Mischungsverhältnis-
ses im Strahl beruht darauf, dass reine Luft aus der Umgebung des Strahls mitgerissen
wird.

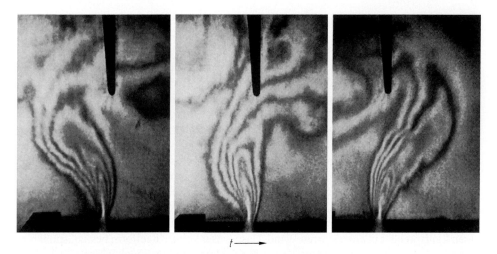

$t \longrightarrow$

Abb. 14.51   Bewegung des Luftstrahls im Spalt einer offenen Orgelpfeife mit der Frequenz 125 Hz, maximale Strahlgeschwindigkeit 36 m/s, Geschwindigkeitsamplitude 6.5 m/s, Einzelbilder aus einem Hochfrequenzfilm (Aufnahme: H. Ising)

Die *Galtonpfeife* (Abb. 14.52) ist eine gedackte Lippenpfeife aus Metall von veränderlicher Pfeifenlänge, deren Abmessungen so klein gehalten sind, dass sie besonders zur Erzeugung sehr hoher Töne bis ins Ultraschallgebiet hinein Verwendung findet. Durch das Rohr *A* wird der Luftstrom einem ringförmigen Spalt *C* zugeführt, aus dem er auf eine messerscharfe kreisförmige Schneide *D* strömt. Mit dem Schraubenkopf *E* verschiebt man den Stempel *S* und ändert dadurch die Größe des Pfeifenvolumens. Durch eine zweite Mikrometerschraube *B* wird die Größe der Maulweite zwischen *C* und *D* auf einen günstigen Wert eingestellt. Mit einer solchen Pfeife lassen sich Schallschwingungen im Frequenzbereich zwischen 4.5 und 30 kHz erzeugen. Solche hohen Frequenzen, die zum großen

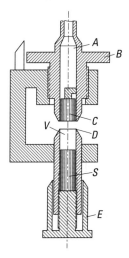

Abb. 14.52   Längsschnitt durch eine Galtonpfeife

Teil unhörbar sind, lassen sich als stehende Wellen mit Hilfe der Kundt'schen Staubfiguren sichtbar machen.

Gerichtete Schallstrahlung. Bisher wurden die Schallsender nur auf die Art ihrer Tonerzeugung hin untersucht. Jedoch wurde außer Acht gelassen, dass die Schallintensität im Raum in der Regel auch von der Ausbreitungsrichtung abhängt. Die meisten Schallsender lassen sich in dieser Hinsicht auf drei idealisierte Grundtypen zurückführen, die man als *Kugelstrahler* nullter, erster und zweiter Ordnung bezeichnet. Der Kugelstrahler nullter Ordnung, auch „akustischer Monopol" genannt, lässt sich durch eine pulsierende Kugel darstellen. Dies ist eine Kugel, deren Radius sich periodisch ändert (Abb. 14.53a). Die Schallerzeugung beruht demnach auf periodischer Volumenänderung. Es ist einleuchtend, dass sich bei diesem Typ der Schall gleichmäßig in alle Richtungen ausbreitet. Die *Richtcharakteristik*, d. h. die Schallintensität als Funktion der Ausbreitungsrichtung, hat also Kugelgestalt. Der akustische Monopol ist in einem Halbraum annähernd realisiert durch einen Lautsprecher in einer starren Wand. Dass dieser keine Kugelform besitzt, spielt hier keine Rolle, solange seine Abmessungen klein gegen die Schallwellenlänge sind. Auch die Lochsirene ist näherungsweise ein Kugelstrahler nullter Ordnung.

Eine Kugel, die bei konstantem Radius Schwingungen um ihre Ruhelage ausführt (Abb. 14.53b), stellt einen akustischen Dipol oder einen Kugelstrahler erster Ordnung dar, falls ihr Durchmesser klein gegen die Wellenlänge ist. Eine Abstrahlung senkrecht zur Schwingungsrichtung ist offensichtlich nicht möglich, dagegen wird die Schallintensität in Schwingungsrichtung am größten sein. Man erhält eine Richtcharakteristik in Form einer Acht. Ist ϑ der Winkel, den die Ausbreitungsrichtung mit der Schwingungsrichtung bildet, so ist die Schallintensität proportional zu $\cos \vartheta$. Näherungsweise ist der Kugelstrahler erster Ordnung durch einen Lautsprecher, der sich nicht in einer Schallwand oder in einem Gehäuse befindet oder durch einen Luftstrahl realisiert, bei dem die Düsenöffnung senkrecht zur Strahlrichtung Schwingungen ausführt.

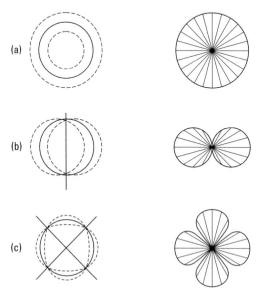

Abb. 14.53 Kugelstrahler, (a) nullter, (b) erster und (c) zweiter Ordnung mit den zugehörigen Richtcharakteristiken (rechts)

Der Kugelstrahler zweiter Ordnung (akustischer Quadrupol) wird durch eine Kugel dargestellt, die periodisch ihre Form ändert (Abb. 14.53c). Dabei bilden sich abwechselnd Ellipsoide, deren größte Achsen senkrecht zueinander stehen. Es ist naheliegend, dass hier vier bevorzugte Richtungen der Schallintensität auftreten. Die Richtcharakteristik besteht demnach aus vier Schleifen. Durch eine periodisch um ihre Mittellinie gekippte Platte oder einen turbulenten Luftstrahl lässt sich dieser Strahlertyp näherungsweise realisieren.

Ein Vergleich der drei Strahlertypen ergibt zunächst, dass die Ordnungszahl mit der Anzahl der Knotenlinien identisch ist. Eine weitere Überlegung zeigt, dass unabhängig von den verschiedenen Richtcharakteristiken die Abstrahleigenschaften beim Strahler nullter Ordnung am günstigsten sind. Das liegt daran, dass bei den Strahlern höherer Ordnung an den durch Knotenlinien getrennten Flächenteilen Ausgleichsströmungen zwischen Gebieten hohen und niedrigen Drucks stattfinden. Diese Erscheinung heißt *akustischer Kurzschluss*. Da die Ausgleichsströmungen eine gewisse, wenn auch kurze Zeit benötigen, tritt dieser Nachteil umso stärker in Erscheinung, je niedriger die abgestrahlte Frequenz ist. In Abb. 14.54 ist die abgestrahlte Gesamtleistung der verschiedenen Kugelstrahler in Abhängigkeit vom Verhältnis $2\pi R/\lambda$ wiedergegeben. R ist dabei der Radius der strahlenden Kugel und λ die Wellenlänge. Der Radius R ist zu berücksichtigen, da die strahlende Fläche einen Einfluss auf die Strahlungsleistung hat.

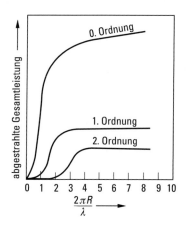

Abb. 14.54 Schallabstrahlung von Kugelstrahlern verschiedener Ordnung (nach Backhaus). R ist der Radius der strahlenden Kugel. Man beachte das Ansteigen der Abstrahlung mit abnehmender Wellenlänge.

Ein typisches Beispiel hierfür ist der Lautsprecher. Bei sehr niedrigen Frequenzen ist die Abstrahlung schlecht, da die strahlende Fläche (Trichter) im Vergleich zur Wellenlänge (sie beträgt bei einer Frequenz von 40 Hz etwa 8 m) zu klein ist. Aufgrund der Ausgleichsströmung zwischen Vorder- und Rückseite der Membran ist der Lautsprecher ein Strahler erster Ordnung. Baut man ihn jedoch in eine große Platte („Schallwand") oder ein geschlossenes Gehäuse ein, wird der akustische Kurzschluss verhindert und der Lautsprecher verhält sich auf seiner Vorderseite wie ein Strahler nullter Ordnung, bei dem, wie wir wissen, keine Richtwirkung auftritt. Unter Umständen ist man jedoch an einer Richtwirkung interessiert, z. B. bei Lautsprechern, die im Freien verwendet werden. Dort ist statt der nutzlosen Abstrahlung nach oben eine verstärkte Strahlung in horizontaler Richtung anzustreben. Man erreicht dies mit Hilfe von Lautsprecherreihen. Das sind mehrere übereinander angeordnete, gleichphasig angeregte Lautsprecher. Ein hinreichend weit entfernter Beobachter empfindet maximale Schallintensität, wenn er sich auf der Mittelnormalen der Lautsprecherreihe befindet, da sich nur hier die Intensitäten der einzelnen Lautspre-

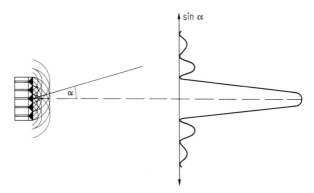

Abb. 14.55   Richtwirkung einer Lautsprecherreihe (mehrere übereinander angeordnete Lautsprecher bündeln den Schall in horizontaler Richtung)

cher addieren (Abb. 14.55). Näherungsweise kann man die ganze Reihe als schwingende Platte auffassen. Oberhalb und unterhalb der Mittelnormalen nimmt die Intensität ab, da dort die Einzelanregungen zueinander phasenverschoben eintreffen und sich durch Interferenz teilweise auslöschen. Gibt der Winkel α die Abweichung von der Mittelnormalen an und ist b die Höhe der Lautsprecherreihe, löschen sich die Einzelanregungen im Idealfall sogar vollständig aus, wenn $\sin \alpha$ den Wert λ/b erreicht. Das Gleiche gilt auch für ganzzahlige Vielfache von λ/b. Zwischen diesen Werten liegen kleine Maxima, die neben dem Hauptmaximum bei $\sin \alpha = 0$ unwesentlich sind. Es ergeben sich hier die gleichen Verhältnisse, wie sie in der Optik bei der Beugung am Spalt auftreten.

Zur Charakterisierung der Schallsender nach den Eigenschaften der Kugelstrahler ist grundsätzlich zu sagen, dass stets ein Strahler höherer Ordnung vorliegt, wenn beim Schwingungsvorgang Ausgleichsströmungen sowie Knotenpunkte oder Knotenlinien auftreten. Die Ordnungszahl selbst ist allerdings oft nicht genau festzustellen, da es sich bei den Kugelstrahlern um idealisierte Gebilde handelt. Die schwingenden Saiten, Stäbe und Platten sind dementsprechend als Strahler höherer Ordnung anzusehen. Speziell die Stimmgabel ist ein Strahler zweiter Ordnung. Eine gedackte Pfeife ist dagegen ein Strahler nullter Ordnung, wie überhaupt bei schwingenden Luftsäulen meist günstigere Strahlungseigenschaften vorliegen.

14.4 Messgrößen des Schallfeldes

Vor der Behandlung der Schallempfänger müssen wir die Messgrößen eines Schallfeldes genauer erörtern. Es genügt, das Feld einer ebenen Welle zu betrachten, da alles grundsätzlich Wichtige schon in diesem einfachen Fall erkennbar ist.

Messgrößen. In einer ebenen Welle, die sich längs der positiven x-Richtung bewegt, gehorcht die Auslenkung ξ eines Teilchens aus der Ruhelage, in Übereinstimmung mit Gl. (13.3), der Gleichung für die „Schallauslenkung":

$$\xi = \xi_0 \sin(\omega t - kx), \tag{14.30}$$

wobei $\omega = 2\pi\nu$ die Kreisfrequenz und $k = 2\pi/\lambda$ die Wellenzahl bedeutet, ξ_0 ist die Schwingungsamplitude. Um die Geschwindigkeit eines Teilchens $v = d\xi/dt$ zu erhalten, haben wir Gl. (14.30) nach der Zeit zu differenzieren:

$$v = \frac{d\xi}{dt} = \xi_0\omega \cos(\omega t - kx) = v_0 \cos(\omega t - kx). \tag{14.31}$$

Zur Darstellung des *Schalldrucks* Δp gelangt man, indem man von der Newton'schen Bewegungsgleichung ausgeht. Danach ist das Produkt aus Dichte ϱ und Beschleunigung $d^2\xi/dt^2$ gleich der wirkenden Kraft pro Volumen. Als solche kommt hier nur das Druckgefälle in x-Richtung, $-dp/dx$, in Frage. Das wurde bereits in allgemeinerer Form in der Hydrodynamik dargelegt. Die Bewegungsgleichung lautet also

$$\varrho\,\frac{d^2\xi}{dt^2} = -\frac{dp}{dx}.$$

Durch nochmalige Differentiation von Gl. (14.31) nach der Zeit t und Multiplikation mit ϱ ergibt sich

$$\varrho\frac{d^2\xi}{dt^2} = -\xi_0\varrho\omega^2 \sin(\omega t - kx) = -\frac{dp}{dx},$$

und die Integration dieser Gleichung über x liefert unmittelbar die gesuchte Abhängigkeit des Drucks von Ort und Zeit,

$$p = p_L + \xi_0\varrho\omega c \, \cos(\omega t - kx), \tag{14.32}$$

bzw. den Schalldruck

$$\Delta p = \xi_0\varrho\omega c \, \cos(\omega t - kx). \tag{14.33}$$

p_L ist der konstante normale Luftdruck, wenn keine Schallwellen vorhanden sind. Die hier auftretende Größe $\xi_0\varrho\omega c = \Delta p_0$ nennt man entsprechend die *Druckamplitude*. Die Werte der drei Amplituden noch einmal zusammengestellt:

$$\left.\begin{array}{ll} \text{Auslenkungsamplitude} & \xi_0, \\ \text{Geschwindigkeitsamplitude} & v_0 = \xi_0 \cdot \omega, \\ \text{Druckamplitude} & \Delta p_0 = \xi_0\varrho\,\omega\,c = v_0\varrho\,c. \end{array}\right\} \tag{14.34}$$

Alle drei können unter gewissen Bedingungen durch geeignete Schallempfänger gemessen werden.

Die Amplituden ξ_0, v_0 und Δp_0 hängen eng mit gewissen Energiegrößen zusammen. Als *Schallintensität I* bezeichnet man die pro Fläche und Zeit transportierte Energie:

$$I = \frac{E_{\text{Schall}}}{A \cdot t}. \tag{14.35}$$

Sie wird z. B. in Watt/m^2 gemessen. Die gesamte von der Schallquelle in alle Richtungen in den Raum ausgestrahlte Energie wird als *Schallleistung $P = E_{\text{Schall}}/t = I \cdot A$* bezeichnet. Beispiele für die Schallleistung einiger Schallquellen enthält Tab. 14.3.

Division der Schallintensität durch die Schallgeschwindigkeit ergibt die *Energiedichte* oder *Schalldichte*

$$\varrho_E = \frac{I}{c} = \frac{P}{A\,c}. \tag{14.36}$$

Tab. 14.3 Schallleistung einiger Schallquellen

Schallquelle	P (Watt)
Unterhaltungssprache	rund $7 \cdot 10^{-6}$
Höchstleistung der menschlichen Stimme	rund $2 \cdot 10^{-3}$
Geige (fortissimo)	rund $1 \cdot 10^{-3}$
Flügel (fortissimo)	rund $2 \cdot 10^{-1}$
Trompete (fortissimo)	rund $3 \cdot 10^{-1}$
Orgel (fortissimo)	$1 \cdots 10$
Ultraschallsender	10^{3}
Lautsprecher (bis 1 kHz)	10^{4}

Ihr Wert wurde schon in der Wellenlehre angegeben (Gl. (13.4)):

$$\varrho_{\mathrm{E}} = \frac{2\pi^2}{T^2} \varrho \xi_0^2 = 2\pi^2 \nu^2 \varrho \xi_0^2 = \frac{1}{2} \varrho \omega^2 \xi_0^2. \tag{14.37}$$

Für die Schallintensität I ergibt sich demnach aus Gl. (14.36)

$$I = \varrho_{\mathrm{E}} c = \frac{1}{2} \varrho \omega^2 \xi_0^2 \, c. \tag{14.38}$$

Diese Ausdrücke kann man mit den Gln. (14.34) in Beziehung setzen:

$$I = \varrho_{\mathrm{E}} c = \frac{1}{2} \varrho \, c v_0^2 = \frac{1}{2} \Delta p_0 v_0 = \frac{1}{2} \frac{\Delta p_0^2}{\varrho \, c}; \tag{14.39}$$

denn zwischen v_0 und Δp_0 besteht nach Gl. (14.34) noch die Beziehung

$$v_0 = \frac{\Delta p_0}{\varrho \, c}. \tag{14.40}$$

Man kann also durch Messung von ξ_0 und ω, von Δp_0 oder von v_0 die Schallintensität I bzw. die Schalldichte ϱ_{E} bestimmen. Umgekehrt ergibt die Messung von ϱ_{E} die Größen v_0 und Δp_0, vorausgesetzt, dass die Schallgeschwindigkeit c in dem betreffenden Medium bekannt ist.

Gl. (14.40) stimmt formal mit dem Ohm'schen Gesetz der Elektrizitätslehre überein, nach dem Stromstärke $= \dfrac{\text{elektrische Spannung}}{\text{elektrischer Widerstand}}$ ist. Es treten also in Analogie zueinander die Größen: Elektrische Stromstärke und Geschwindigkeitsamplitude v_0, elektrische Spannung und Druckamplitude Δp_0 sowie elektrischer Widerstand und die Größe $\varrho \, c$. Letztere wird daher als *Schallwiderstand* des betreffenden Mediums bezeichnet. Der Schallwiderstand von Luft ist z.B. $430 \, \mathrm{kg\,m^{-2}\,s^{-1}}$, von Wasser dagegen $14.6 \cdot 10^5 \, \mathrm{kg\,m^{-2}\,s^{-1}}$ und von Eisen sogar $3.9 \cdot 10^7 \, \mathrm{kg\,m^{-2}\,s^{-1}}$. Die Analogie der Gl. (14.40) mit dem Ohm'schen Gesetz ist in der Ausdrucksweise sehr bequem; es ist indessen nicht zu übersehen, dass die als Schallwiderstand bezeichnete Größe $\varrho \, c$ – im Gegensatz zum Ohm'schen Widerstand – keine Energie in Wärme umwandelt.

Die Energiedichte ϱ_{E} und die Auslenkungsamplitude ξ_0 seien an einem praktischen Beispiel berechnet. Für eine ebene Schallwelle in Luft ($c = 344 \, \mathrm{m/s}$), die von einem Lautsprecher mit der Leistung $P = 10 \, \mathrm{W}$ und der Fläche $A = 100 \, \mathrm{cm}^2$ ausgestrahlt wird, beträgt die Energiedichte nach Gl. (14.36)

$$\varrho_E = \frac{P}{A\,c} = 2.91\,\text{J/m}^3.$$

In Wasser ist ϱ_E für dieselben Senderdaten wegen der größeren Schallgeschwindigkeit ($c = 1484$ m/s) entsprechend kleiner, $\varrho_E = 0.674\,\text{J/m}^3$. Das sind im Vergleich zur Energie der Molekularbewegung, $10^5\,\text{J/m}^3$ für Luft und $10^8\,\text{J/m}^3$ für Wasser, recht kleine Werte.

Aus der Energiedichte erhält man mit Gl. (14.37) die Auslenkungsamplitude

$$\xi_0 = \frac{1}{\omega}\sqrt{2\frac{\varrho_E}{\varrho_m}}.$$

Das ergibt dann mit den eben verwendeten Daten für Luft bei einer Frequenz von $\omega/2\pi = 1000$ Hz: $\xi_0 = 0.338$ mm und für Wasser $\xi_0 = 5.84\,\mu$m. Die Intensität dieser Schallwellen beträgt nach Gl. (14.36) für Luft $I = \varrho_E c = 1000\,\text{W/m}^2$ und für Wasser ebenfalls $1000\,\text{W/m}^2$. Das ist trivial, denn bei gleicher Leistung und gleicher Fläche des Schallsenders muss auch $I = P/A$ gleich sein. Hierbei haben wir allerdings die Absorption der Schallenergie vernachlässigt.

Anpassung. Die Abstrahlung eines Senders wurde im vorigen Abschnitt diskutiert. Dabei blieb aber offen, wie groß die Intensität der abgestrahlten Schallwelle ist. Wir müssen uns also noch mit der Frage beschäftigen, mit welcher Leistung die verfügbare Schwingungsenergie des Schallsenders abgestrahlt wird. Gewöhnlich ist man bestrebt, eine optimale Energieübertragung zu erreichen, indem man das schwingende System des Senders an die Schwingungen des umgebenden Mediums *anpasst*. Bei einer Saite geschieht dies z. B. durch Kopplung mit einem Resonanzboden.

Die pro Zeit übertragene Energie ist gleich dem Skalarprodukt $\boldsymbol{F} \cdot \boldsymbol{v}$ der Kraft $\boldsymbol{F}$, mit der das schwingende System des Senders auf das Medium wirkt, und der Geschwindigkeit $\boldsymbol{v}$, mit der das Medium bewegt wird. Falls $\boldsymbol{F}$ und $\boldsymbol{v}$ mit den Amplituden F_0 und v_0 in Phase oszillieren, ergibt sich also im zeitlichen Mittel für die Strahlungsleistung des Senders

$$\overline{P} = \overline{\boldsymbol{F} \cdot \boldsymbol{v}} = \frac{1}{2}\boldsymbol{F}_0 \cdot \boldsymbol{v}_0.$$

Andererseits ist die Intensität, also die pro Fläche transportierte Leistung der Schallwelle

$$I = \frac{1}{2}\varrho\,c\,v_0^2 = \frac{1}{2}\frac{\Delta p_0^2}{\varrho\,c}.$$

Unter der vereinfachenden Annahme, dass eine ebene Welle von einem Sender mit der Fläche A abgestrahlt wird, gilt

$$\overline{P} = A \cdot I \quad \text{und} \quad F_0 = A \cdot \Delta p_0.$$

Bei optimaler Anpassung ist also

$$\frac{\Delta p_0}{v_0} = \frac{F_0}{A \cdot v_0} = \frac{2I}{v_0^2} = \varrho\,c, \tag{14.41}$$

d. h., der Sender muss an den Schallwiderstand des Mediums angepasst werden.

Besonders günstige Anpassungsverhältnisse liegen vor, wenn das schwingende System aus dem gleichen Material besteht wie das umgebende Medium, also bei den schwingenden Luftsäulen. Hieraus erklärt sich die verhältnismäßig große Schallabstrahlung der schwingenden Luftsäulen gegenüber anderen Schallsendern. Man kann also eine verbesserte Anpassung auch dadurch erreichen, dass man mit dem vorhandenen schwingenden System zunächst eine Luftsäule in Schwingung versetzt, wie dies z. B. beim Marimbaphon geschieht. Hier ist der schwingende Stab durch eine kleine Amplitude, aber große Rückstellkraft gekennzeichnet. Die Anpassung besteht in der Umwandlung in eine Schwingung mit kleinerer Rückstellkraft, aber größerer Amplitude, also in einer „akustischen Hebelübersetzung". Ein Beispiel für eine mechanische Hebeluntersetzung zur besseren Anpassung liefert uns die Natur in den drei Gehörknöchelchen Hammer, Amboss und Steigbügel. Sie verkleinern die Amplitude der Schwingungen des Trommelfells und passen sie damit an die Flüssigkeitsschwingungen in der Gehörschnecke an.

Schallstrahlungsdruck. Die drei Amplituden ξ_0, v_0 und Δp_0 sind verglichen mit λ, v_{th} bzw. p_L im Allgemeinen sehr kleine Größen. Nehmen wir z. B. die Druckamplitude $\Delta p_0 = 10^{-1}$ Pa, was für normale akustische Verhältnisse schon ein recht großer Wert ist (das Ohr reagiert noch auf 10^{-4} Pa), obwohl er nur ein Millionstel des Atmosphärendrucks beträgt, so gehört für einen Ton von 1000 Hz zu diesem Δp_0-Wert in Luft die Geschwindigkeitsamplitude

$$v_0 = \frac{\Delta p_0}{\varrho\, c} = 2.3 \cdot 10^{-4}\,\mathrm{m/s}$$

und die Auslenkungsamplitude

$$\xi_0 = \frac{v_0}{\omega} = 3.7 \cdot 10^{-8}\,\mathrm{m}.$$

Deswegen können unter normalen Verhältnissen alle drei Größen (Auslenkung ξ, Geschwindigkeit v und Schalldruck Δp) als sehr klein behandelt werden, und diese Annahme wird in der Tat im Allgemeinen zugrunde gelegt. Die genannten drei Größen sind periodische Funktionen der Zeit, und darin ist es begründet, dass die zeitlichen Mittelwerte sämtlich gleich null sind, weil die positiven und negativen Abweichungen von der Nulllage sich kompensieren:

$$\bar{\xi} = 0, \quad \bar{v} = 0, \quad \overline{\Delta p} = 0.$$

Und dennoch beobachtet man – allerdings nur in starken Schallfeldern –, dass der Mittelwert des Schalldrucks Δp von null verschieden, und zwar gleich der Energiedichte des Schallfeldes ist. Dies liegt daran, dass in starken Schallfeldern die Annahme nicht mehr gerechtfertigt ist, dass ξ_0, v_0 und Δp_0 sehr kleine Größen sind. Wir haben in der obigen Berechnung von dieser Annahme bei der Bestimmung von Δp stillschweigend Gebrauch gemacht, indem wir bei der Integration der Bewegungsgleichung die Dichte ϱ, die als Faktor neben ξ_0 auftritt, als konstant behandelt haben, was natürlich streng genommen nicht richtig ist, da nach dem im Schallfeld geltenden adiabatischen Gesetz $p/\varrho^\kappa = $ const bei variablem Druck p auch die Dichte ϱ notwendig variieren muss. Wenn man die Rechnung exakt durchführt, erhält man statt Gl. (14.32) das Resultat

$$\Delta p = \Delta p_0 \cos\left(\omega t - kx\right) + 2\,\varrho_\mathrm{E}\cos^2\left(\omega t - kx\right) \tag{14.42}$$

(ϱ_E = Energiedichte), das sich durch das Auftreten eines zusätzlichen quadratischen Kosinusgliedes von der früheren Gleichung unterscheidet. Da allgemein

$$\cos^2 \varphi = \frac{1}{2} + \frac{1}{2}\cos 2\varphi$$

ist, kann man auch schreiben:

$$\Delta p = \Delta p_0 \cos(\omega t - kx) + \varrho_E \cos 2(\omega t - kx) + \varrho_E,$$

und wenn man hier das zeitliche Mittel bildet, heben sich die Kosinusglieder heraus, und es folgt

$$\overline{\Delta p} = \varrho_E, \tag{14.43}$$

wie oben behauptet wurde.

In einem von Schallwellen durchstrahlten Medium herrscht also im Mittel ein Überdruck, der sogenannte *Schallstrahlungsdruck*, der gleich der mittleren Energie pro Volumen (Schalldichte) ist. Mit Rücksicht auf Gl. (14.39) kann man daher schreiben:

$$\overline{\Delta p} = \varrho_E = \frac{1}{2}\varrho v_0^2 = \frac{1}{2}\frac{\Delta p_0^2}{\varrho\, c^2}. \tag{14.44}$$

Bei sehr kleinen Amplituden fällt der Schallstrahlungsdruck $\overline{\Delta p}$ nicht ins Gewicht, da er proportional zum Quadrat der kleinen Größen Δp_0 oder v_0, also klein von 2. Ordnung ist. In starken Schallfeldern, wie sie z. B. mit Ultraschallsendern erzeugt werden können, kann er Werte bis zu 100 Pa annehmen. Seine Messung liefert unmittelbar entweder die Geschwindigkeitsamplitude v_0 oder die Druckamplitude Δp_0.

Kraftwirkungen des Schalls. Es sollen einige dynamische Wirkungen des Schalls behandelt werden, die sich an den von der Schallwelle getroffenen Körpern bemerkbar machen. Wir sehen also von dem oszillatorischen Charakter einer Schallwelle ab. Solche mechanischen Effekte haben wir zum Teil schon kennengelernt. Es wurde bereits der Schallstrahlungsdruck erwähnt, der als Gleichdruck zur Messung der Schallintensität mit dem Schallradiometer (Abb. 14.60) dient. Bei der ebenfalls schon besprochenen Rayleigh'schen Scheibe (s. Abschn. 11.3) erzeugt die Strömung der Teilchen in einer Schallwelle eine Drehung der Scheibe, aus der man die Teilchengeschwindigkeit v bestimmen kann.

Wird ein Helmholtz-Resonator (Abb. 14.40) durch eine vor die größere Öffnung gehaltene Stimmgabel zu kräftigen Resonanzschwingungen angeregt, tritt aus der gegenüberliegenden engeren Öffnung ein Luftstrom aus, der unter Umständen so stark ist, dass er eine Kerzenflamme auslöscht oder ein kleines Windrädchen in Rotation versetzt. Das Zustandekommen dieser gerichteten Luftströmung durch die periodischen Luftschwingungen im Resonatorhohlraum kann man sich folgendermaßen klarmachen: Das Ausströmen der Luft aus der düsenförmigen Resonatoröffnung erfolgt in einem mehr oder weniger scharfen Strahl, das Zurückströmen der Luft in der darauf folgenden Halbschwingung geschieht aber von allen Seiten her. Dadurch gelangt neue Luft in den Hohlraum, die dann wieder als Strahl heraus gestoßen wird. Letzteren kann man gut beobachten, wenn man den Resonator mit Rauch füllt. Eine ähnliche Erscheinung tritt beim Aus- und Einatmen mit dem Mund auf: Es gelingt zwar ohne Mühe, eine Kerze in 1 m Entfernung auszublasen (Strahlbildung), es ist aber unmöglich, sie selbst bei der kleinen Entfernung von 10 cm durch rasches Einsaugen der Luft auszulöschen. Befestigt man wie in Abb. 14.56 an den

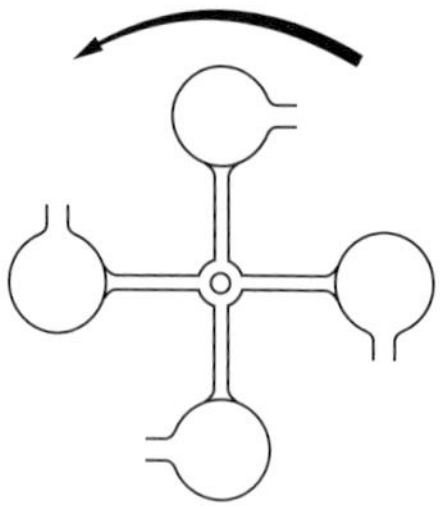

Abb. 14.56   Akustisches Reaktionsrad

Enden eines leichten Kreuzes, das sich um eine vertikale Achse drehen kann, vier gleich große und gleich orientierte Resonatoren, so dreht sich das Kreuz in der eingezeichneten Pfeilrichtung, wenn ein kräftiger Ton von der Eigenfrequenz der Resonatoren erzeugt wird.

Bildet man die Bodenfläche eines zylindrischen Resonators als Telefonmembran aus und regt das Telefon mit einem Wechselstrom von der Eigenfrequenz des Resonators an, so tritt (obwohl hier die größte Öffnung verschlossen ist!) aus der der Bodenfläche gegenüberliegenden Öffnung ein kräftiger Luftstrom aus. Nach diesem Prinzip funktionieren sogenannte Membranpumpen, die Überdrücke von 0.15 bar und mehr liefern. Derartige Pumpen haben den Vorteil, dass sie keinerlei umlaufende Teile besitzen und direkt aus dem Wechselstromnetz betrieben werden können.

Sehr starke Luftströmungen gehen auch von den Endflächen schwingender Quarzkristalle aus, wie sie zur Erzeugung von Ultraschall benutzt werden. Der schwingende Quarz stößt in der einen Phase beim Vorschwingen die vor ihm befindliche Luft weg, saugt aber in der nächsten Phase beim Zurückschwingen die weggestoßene Luft nicht wieder vollständig zurück, so dass von der Seite längs des ganzen Umfangs der schwingenden Fläche neue Luft in die entstandene Verdünnung einströmt, die in der darauf folgenden Halbschwingung vom Quarz wieder weggeschleudert wird. Das seitliche Einströmen frischer Luft lässt sich leicht durch Rauch sichtbar machen. Legt man den schwingenden Quarz auf eine mit einem Pulver bestreute Glasplatte, wird dieses in der Windrichtung fortgeblasen, und man erhält so ein direktes Bild der Luftströmung.

14.5 Schallempfänger

Mikrofone. Wie bei den Schallsendern die Umwandlung von elektrischen in akustische Schwingungen, ist bei Schallempfängern der umgekehrte Prozess heute mit Abstand die vielseitigste und genaueste Methode zur Registrierung von Schallwellen. Sie wird an Empfindlichkeit nur von den Ohren einiger Säugetiere erreicht. Die Umwandlung des Schalldrucks in elektrische Spannungsänderungen kann auf verschiedene Weise erfolgen. Universell verwendbar ist das *Tauchspulenmikrofon*, eine einfache Umkehrung des Lautsprecherprinzips (Abb. 14.47). Abb. 14.57 zeigt ein solches Gerät. Eine dünne Aluminiummembran *M* wird von den auf sie treffenden Schallwellen in Schwingungen versetzt. Sie trägt in ihrer Mitte eine leichte Spule *S*, die sich im Feld eines permanenten Topfmagneten *T* bewegt. An den Enden der Spule entsteht aufgrund der Lorentz-Kraft auf die Ladungsträger im Spulendraht eine Induktionsspannung $U_\approx$, die proportional zur Geschwindigkeit der Spule ist (s. Bd. 2).

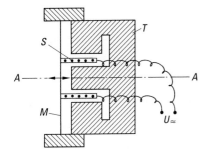

Abb. 14.57   Tauchspulenmikrofon

Für weniger hohe Ansprüche verwendet man das von Th. A. Edison (1847–1931) erfundene *Kohlemikrofon*, das in den meisten Telefonhörern zu finden ist. Es beruht auf der Änderung des elektrischen Widerstands von Kohlepulver, wenn dieses zusammengepresst wird. Dann erhöht sich die Anzahl und Größe der Kontaktflächen zwischen den Kohlekörnern, und der elektrische Widerstand des Pulvers nimmt ab. Wie in Abb. 14.58 skizziert, besteht das Kohlemikrofon aus einer wenige Millimeter dicken Schicht von Kohlepulver K zwischen zwei elektrisch leitenden Platten P und M, dessen Dichte im Rhythmus der auf die dünnere Platte, die Membran M, treffenden Schallwellen schwankt. Aus einer Stromquelle S fließt ein Strom von einigen Milliampere durch die Kohleschicht. Die Änderungen ihres elektrischen Widerstands verursachen entsprechende Stromänderungen, die an einem Arbeitswiderstand R in eine zum Schalldruck proportionale Wechselspannung $U_\approx$ umgewandelt werden (Näheres in Bd. 2).

Für sehr hohe Ansprüche verwendet man ein *Kondensatormikrofon* oder ein *Kristallmikrofon* (Abb. 14.59). Beim ersteren liegt zwischen Membran M und einer Gegenelektrode P eine konstante Gleichspannung von etwa 100 Volt. Die Verbiegung der Membran durch die Schallwelle erzeugt Kapazitätsänderungen des aus M und P bestehenden Kondensators. Dadurch entstehen zeitlich veränderliche Ladeströme, die an einem Widerstand R als Spannungsänderungen ($U_\approx$) abgegriffen werden können. Beim Kristallmikrofon (Abb. 14.59b) erzeugt die Schallwelle Biegungsschwingungen in einer dünnen einkristallinen Platte P aus Seignettesalz (KOOC–(HCOH)$_2$–COONa), Bariumtitanat BaTiO$_3$ oder einer anderen piezoelektrischen Substanz. Zwischen den metallisierten Oberflächen dieser Platte entsteht dabei eine zum Schalldruck annähernd proportionale Wechselspannung $U_\approx$ (Näheres in Bd. 2).

Allen Mikrofonen gemeinsam ist also die Umwandlung einer Druckänderung in eine dazu möglichst gut proportionale elektrische Spannungsänderung. Nur die nutzbaren Fre-

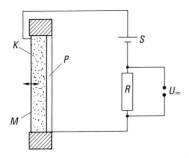

Abb. 14.58   Kohlemikrofon

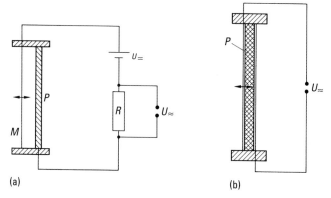

(a)   (b)

Abb. 14.59   Kondensator- (a) und Kristallmikrofon (b)

quenzbereiche, die Proportionalitätsbeziehung und die Empfindlichkeit sind bei den verschiedenen Ausführungsformen verschieden.

Schallradiometer. Zur direkten Bestimmung des Schallstrahlungsdrucks $\overline{\Delta p}$ eignen sich empfindliche Manometer. Die Drücke im Hörbereich liegen zwischen etwa 10^{-15} und 0.3 Pa. Solche Werte lassen sich mit modernen elektronischen Hilfsmitteln ohne Weiteres messen. Früher war das nur mechanisch möglich. Ein viel benutztes, aber nur noch historisch interessantes Gerät ist das *Schallradiometer*, dessen Prinzip auf Rayleigh zurückgeht. Dabei handelt es sich um eine empfindliche Drehwaage (Abb. 14.60). Die Schallwelle trifft durch ein Rohr R auf eine dünne Glimmerscheibe *Sch*, die an einem Quarzfaden F mit einem Gegengewicht G drehbar aufgehängt ist. D ist eine Dämpfungsvorrichtung. Mit einem Lichtzeiger über den am Faden befestigten Spiegel *Sp* kann man den Ausschlag

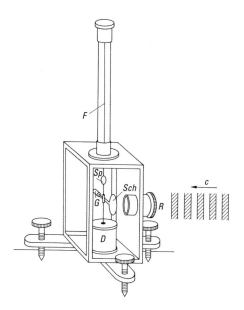

Abb. 14.60   Schallradiometer

messen. Das Drehmoment, das eine Schallwelle mit $\overline{\Delta p} = 10^{-7}$ Pa (laute Unterhaltungs-sprache) auf den Faden ausübt, beträgt einige 10^{-13} Nm. Das lässt sich mit einem sehr guten Schallradiometer gerade noch messen.

14.6 Ultraschall und Infraschall

Ultraschallsender. Eine besondere Rolle spielen in der modernen Akustik die Schallsender zur Erzeugung von Ultraschall. Es wurde bereits erwähnt, dass es möglich ist, mit einer Galtonpfeife Ultraschallschwingungen bis etwa 30 kHz zu erzeugen. Außer dieser Pfeife (Abb. 14.61a), die nur kleine Schallenergien liefert, benutzt man heute zur Erzeugung sehr kräftiger Ultraschallwellen den sogenannten *magnetostriktiven* sowie den *piezoelektrischen Schallsender.*

Bereits im Jahr 1847 entdeckte J. P. Joule (1818 – 1889), dass ein Eisen- oder Nickelstab bei der Magnetisierung eine Längenänderung erfährt, eine Erscheinung, die man *Magnetostriktion* nennt (relative Längenänderung bei magnetischer Sättigung bei Nickel $\mathrm{d}l/l = -3.3 \cdot 10^{-5}$, das heißt Stabverkürzung). Bringt man den Stab in die Achse einer von Wechselstrom durchflossenen Spule (Abb. 14.61b), wird er im Rhythmus der Wechselstromfrequenz ummagnetisiert, erleidet im gleichen Tempo periodische Längenänderungen und wird so zu elastischen Längsschwingungen angeregt. Die Amplitude der Stabschwingungen wird maximal, wenn die Frequenz des elektrischen Wechselstroms mit

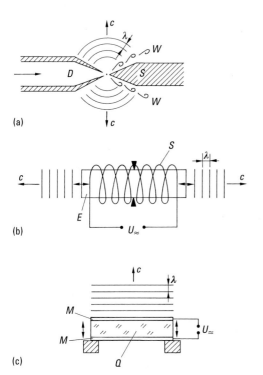

(a)

(b)

(c)

Abb. 14.61   Erzeugung von Ultraschall, (a) Pfeife, (b) Magnetostriktion, (c) Elektrostriktion

einer mechanischen Eigenfrequenz des Stabes übereinstimmt, die durch die Stablänge, die Dichte und den Elastizitätsmodul gegeben ist. Da man Wechselstrom variabler Frequenz bequem erzeugen kann, lässt sich Resonanz zwischen elektrischer und Stabfrequenz leicht erreichen. Daher ist es möglich, sehr intensive Schallschwingungen unter Benutzung geeigneter Stäbe bis zu 60 kHz zu erzeugen. In diesem Fall beträgt die Länge eines in der Grundschwingung angeregten Nickelstabes nur 4 cm. Die Schallwellen werden von den Endflächen des schwingenden Stabes abgestrahlt.

Eine noch größere Bedeutung haben die auf Elektrostriktion beruhenden Schallsender, mit denen sich Frequenzen bis zu mehreren 100 MHz erzeugen lassen (Abb. 14.61c). Im Jahr 1881 entdeckten die Brüder Curie (Jacques Curie, 1855 – 1941 und Pierre Curie, 1859 – 1906), dass bei Kristallen mit polaren Achsen (z. B. Turmalin, Quarz, Bariumtitanat, Zinkblende, Rohrzucker) durch Druck oder Dehnung in bestimmten Richtungen elektrische Ladungen an den Enden der polaren Achsen auftreten. Diese Erscheinung, die man als *piezoelektrischen Effekt* bezeichnet, wird in Bd. 2 ausführlich behandelt. Umgekehrt erfährt ein derartiger Kristall in einem elektrischen Feld, dessen Richtung mit der polaren Achse zusammenfällt, mechanische Deformationen. Man schneidet zu diesem Zweck aus einem Quarzkristall, dessen drei zweizählige, zur optischen Achse senkrecht verlaufende Achsen polar sind, Stäbe oder Platten so heraus, dass ein Flächenpaar senkrecht zu einer polaren Achse liegt. Versieht man dieses Flächenpaar mit Metallbelegungen und legt man diese an eine elektrische Wechselspannung, so wird das Kristallstück zu elastischen Schwingungen angeregt, deren Amplitude maximal wird, wenn die elektrische Frequenz mit einer der mechanischen Eigenfrequenzen des Kristallstücks übereinstimmt.

Da es für großflächige Ultraschallgeber im Frequenzbereich 20 bis 30 kHz, wie sie für Unterwasserschallgeber (z. B. beim Echolot) Verwendung finden, schwierig ist, genügend große homogene Quarzplatten zu beschaffen, setzt man Platten aus kleineren Stücken mosaikartig zusammen und kittet sie zwischen Stahlplatten von mehreren Zentimetern Dicke.

Ultraschallempfänger. Die in bestimmten Ebenen geschnittenen und mit Metallelektroden versehenen Quarzkristallplättchen eignen sich nicht nur als Ultraschallsender, sondern auch als Empfänger. Am häufigsten verwendet man die Umkehrung des in Abb. 14.61c skizzierten Effekts in Form eines piezoelektrischen Mikrofons (Abb. 14.59b). Die auf eine Quarzplatte treffenden Ultraschallwellen regen sie zu erzwungenen Schwingungen an. Diese werden in elektrische Schwingungen umgewandelt, die sich nach entsprechender Verstärkung bequem oszillographisch beobachten lassen. Will man das räumliche Bild einer Ultraschallwelle sehen, lässt sich das durch Lichtbrechung an den Dichteänderungen im Medium erreichen, durch das die Welle läuft. Abb. 14.62 zeigt Beispiele hierfür, die mit der schon öfter erwähnten Schlierenmethode (s. Bd. 3) aufgenommen wurden.

Schallfeldgrößen bei Ultraschall. Um eine Vorstellung von den Größenordnungen der Schallfeldgrößen bei Ultraschall zu erhalten, betrachten wir einen starken handelsüblichen Elektrostriktionsschwinger, nämlich eine Quarzplatte von 9 mm Dicke und $A = 70\,\mathrm{cm}^2$ Fläche, die bei einer Frequenz von $\nu = 300\,\mathrm{kHz}$ eine Leistung von $P = 700\,\mathrm{W}$ in Wasser abstrahlt ($c = 1484\,\mathrm{m/s}$). Die Schallintensität beträgt dann

$$I = \frac{P}{A} = \frac{700\,\mathrm{W}}{0.007\,\mathrm{m}^2} = 10^5\,\frac{\mathrm{W}}{\mathrm{m}^2}.$$

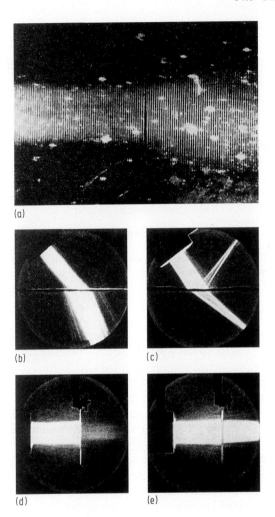

(a)

(b)

(c)

(d)

(e)

Abb. 14.62 Ultraschallaufnahmen mit der lichtoptischen Schlierenmethode, (a) stehende Wellen in Luft, $\lambda = 0.4\,\text{mm}$ (aus: R. Pohlmann, Die Naturwiss., Bd. 23, 511, 1935), (b) Brechung eines Schallstrahls beim Übergang von Wasser (oben) in CCl$_4$ (unten), das den gleichen Schallwiderstand, aber eine andere Schallgeschwindigkeit als Wasser hat, (c) Reflexion und Brechung an einer Grenzfläche von Petroleum (oben) und Wasser (unten), (d) Schallundurchlässigkeit einer Aluminiumplatte der Dicke $d = \lambda/4$, (e) Schalldurchlässigkeit einer Aluminiumplatte mit $d = \lambda/2$ ((b)−(e) aus: L. Bergmann, Der Ultraschall, 5. Aufl., Hirzel, Stuttgart, 1949)

Als Schallwellenlänge ergibt sich

$$\lambda = \frac{c}{\nu} = \frac{1484\,\text{m/s}}{3 \cdot 10^5\,\text{Hz}} = 4.95\,\text{mm}.$$

Die Schallenergiedichte ist nach Gl. (14.36)

$$\varrho_\text{E} = \frac{I}{c} = \frac{10^5\,\text{W/m}^2}{1484\,\text{m/s}} = 67.4\,\frac{\text{J}}{\text{m}^3}.$$

Die Schwingungsamplitude ξ_0 der Wasserteilchen erhält man aus Gl. (14.37),

$$\xi_0 = \frac{1}{\omega}\sqrt{\frac{2\varrho_E}{\varrho_0}} = \frac{1}{2\pi \cdot 3 \cdot 10^5\,\text{Hz}}\sqrt{\frac{2 \cdot 67.4\,\text{J/m}^3}{10^3\,\text{kg/m}^3}} = 1.95 \cdot 10^{-7}\,\text{m} \approx 0.2\,\mu\text{m}$$

und die Geschwindigkeitsamplitude v_0 aus Gl. (14.34),

$$v_0 = \omega\xi_0 = 2\pi \cdot 3 \cdot 10^5\,\text{Hz} \cdot 1.95 \cdot 10^{-7}\,\text{m} = 0.367\,\text{m/s}$$

mit der Beschleunigungsamplitude

$$\dot{v}_0 = \omega \cdot v_0 = 2\pi \cdot 3 \cdot 10^5\,\text{Hz} \cdot 0.367\,\text{m/s} = 6.92 \cdot 10^5\,\text{m/s}^2.$$

Das ist etwa das 100 000-fache der Erdbeschleunigung. Auch die Schalldruckgrößen sind beträchtlich. Nach Gl. (14.40) ergibt sich als Schalldruckamplitude

$$\Delta p_0 = v_0\,\varrho\,c = 0.367\,\text{m/s} \cdot 10^3\,\text{kg/m}^3 \cdot 1484\,\text{m/s} = 5.45 \cdot 10^5\,\text{Pa}.$$

Der Druckgradient innerhalb der Welle beträgt dann etwa 75 bar/cm. Unter diesen Bedingungen tritt in Wasser Kavitation auf (s. Abschn. 10.8). Der Schallstrahlungsdruck $\overline{\Delta p}$ schließlich beträgt nach Gl. (14.43)

$$\overline{\Delta p} = \varrho_E = 67.4\,\text{Pa},$$

etwas weniger als 1/1000 Atmosphärendruck. Man vergleiche diese, dem Punkt D in Abb. 14.2 entsprechenden Schallfeldgrößen mit den teilweise erheblich kleineren im Gebiet des Hörschalls.

Ein Beispiel für die Wirkung des Schallstrahlungsdrucks in Flüssigkeiten zeigt Abb. 14.63. Ultraschallwellen, die in einem Ölbad erzeugt werden, treffen von unten in einem Parallelbündel gegen die Oberfläche des Öls, wo sie eine sprudelförmige Erhebung hervorrufen. Dieser Versuch ist ein experimenteller Beweis für die Existenz des Schallstrahlungsdrucks.

Es ist nicht verwunderlich, dass sich durch die großen Drücke und Beschleunigungen mit Ultraschall viele interessante Wirkungen erzielen lassen. So kann man leichtere Objekte in einem aufwärts gerichteten Schallstrahl schweben lassen, wenn die Kraft des Schallstrahlungsdrucks die Schwerkraft kompensiert. Mit den stärksten heute verfügbaren Schallquellen ($I \approx 10^6\,\text{W/m}^2$, $\Delta p_0 \approx 1.5 \cdot 10^6\,\text{Pa}$ bei 20 kHz) lassen sich Objekte

Abb. 14.63 Durch den Schallstrahlungsdruck von Ultraschallwellen erzeugte sprudelförmige Erhebung

von der Größe eines Tischtennisballs in der Schwebe halten. Man benutzt die *Ultraschall-Levitation* beispielsweise zum Studium von gewissen Phänomenen der Schwerelosigkeit und zur Untersuchung von Schmelzen oder chemischen Reaktionen ohne störenden Behälter.

Anwendungen des Ultraschalls. Zwei Eigenschaften des Ultraschalls erlauben Anwendungen besonderer Art: einmal die kurze Wellenlänge und dann die Möglichkeit der Erzeugung hoher Leistungen (bis zu mehreren Kilowatt) bei hoher Frequenz.

Die *Echolotung* zur Messung der Tiefe des Meeresbodens unter einem Schiff mit Hilfe von Ultraschallimpulsen wurde schon erwähnt. Wegen der Robustheit werden hier magnetostriktive Ultraschallsender bevorzugt. Größere Fischereischiffe benutzen diese außerdem zur Auffindung von Fischschwärmen. Dieses sogenannte *Sonar-Verfahren* (sound navigation and ranging) entspricht dem Radar der elektromagnetischen Hochfrequenztechnik. Der vom Sender ausgestrahlte Impuls wird am Objekt reflektiert (Abb. 14.64), im Empfänger verstärkt und auf dem Bildschirm registriert. Zugleich mit der Aussendung des Impulses löst der Sender die Zeitablenkung aus. Da man die Schallgeschwindigkeit im Wasser kennt (bei 8 °C ist $c = 1437$ m/s), kann man aus dem Abstand der Signale auf dem Bildschirm die Entfernung direkt ablesen. Um dem Schallstrahl des Senders eine bestimmte Richtung zu geben, verwendet man Linsen aus Kunststoff (Plexiglas) oder parabolische Hohlspiegel, sofern die Wellenlänge klein genug ist. Die Empfänger erhalten außer-

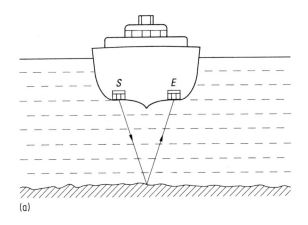

(a)

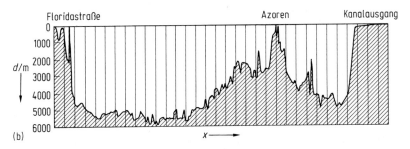

(b)

Abb. 14.64   Das Echolot-Verfahren, (a) Prinzip, (b) damit gemessenes Tiefenprofil des Nordatlantik (nach: Grimsehl, Lehrbuch der Physik, Bd. 1, Leipzig, 1957)

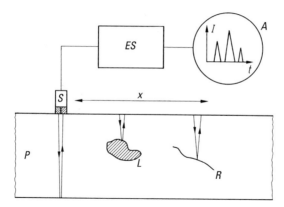

Abb. 14.65   Materialprüfung mit Ultraschall (*P*: Probe mit Lunker *L* und Riss *R*, *S*: Schallkopf mit Sender und Empfänger, *ES*: Elektronische Signalverarbeitung, *A*: Anzeigegerät für die Intensität *I* als Funktion der Laufzeit)

dem Mikrofone mit starker Richtwirkung. Wenn also Sender und Empfänger auf die gleiche Richtung eingestellt sind, und wenn das zu untersuchende Gebiet rasterförmig überstrichen wird, kann man auf dem Bildschirm bei synchroner Schrift des Elektronenstrahls die Richtung und Entfernung des die Schallwelle reflektierenden Gegenstandes ablesen.

Fledermäuse senden mit ihrer Stimme für Menschen nicht hörbare Ultraschallimpulse aus, empfangen mit ihren großen, gerichteten Ohren die reflektierten Impulse und erhalten durch Verarbeitung im Gehirn innerhalb sehr kurzer Zeit die Richtung und Entfernung des Gegenstandes oder der Beute. Im Lauf der Entwicklung haben Insekten, die in der Nacht fliegen, zu ihrem Schutz eine Behaarung erhalten. Dadurch wird die Reflexion der Ultraschallwellen an den Insekten herabgesetzt.

In der *zerstörungsfreien Materialprüfung* wird Ultraschall ebenfalls häufig benutzt. Das Prinzip zeigt Abb. 14.65. Wieder wird aus den Laufzeiten eines an Grenzflächen (Risse, Lunker usw.) reflektierten Signals die Lage dieser Fehlstellen im Material bestimmt. In der Tierzucht verwendet man das Verfahren unter anderem zur Messung der Muskel- und Speckdicke lebender Schweine.

Man kann auch mit Ultraschall bohren, z. B. dreieckige oder quadratische Löcher in Glas oder Keramik herstellen. An einem magnetostriktiven Resonanzschwinger ist ein trichterförmiges oder besser ausgedrückt konisches Metallstück angekoppelt, dessen Querschnittsfläche vom Sender zum Werkstück abnimmt (sogenanntes Mason-Horn, nach W. P. Mason). Die Leistungsdichte nimmt zur engen Stelle zu, weil die Schallleistung in jeder Querschnittsfläche gleich bleibt. Die Länge des Mason-Horns ist eine halbe Wellenlänge. Die kleine Teilchengeschwindigkeit des Ultraschallsenders wird in eine große an der engen Stelle des Mason-Horns umgewandelt. Der sehr schnell im Rhythmus der Ultraschallfrequenz auf und ab oder hin und her schwingende dreieckige oder quadratische Stift, der als Bohrwerkzeug dient, sitzt an der Spitze des Mason-Horns. Er wird auf den Gegenstand aufgesetzt, der das Loch erhalten soll. Ein Schleifmittel, ein feines Pulver aus Karborund oder Diamant in Wasser suspendiert, umgibt den schwingenden Stift. Der Vorteil ist, dass das Loch eine beliebige Querschnittsflächenform haben kann.

Ferner kann man durch Ultraschall Bleche oder Drähte verbinden, also verschweißen. Die Oberflächen der Metalle werden so stark aneinander gerieben, dass sie zum Teil

Abb. 14.66   Reinigung eines Metallrohrs mit Ultraschall, links vor, rechts nach einigen Minuten Ultraschallbehandlung bei 25 kHz, 80 °C und ca. 10 kW/m^3 Leistungsdichte (Photo: Novatec GmbH, Bad Friedrichshall)

schmelzen. Oberflächlich vorhandene Oxidschichten werden dabei zerrieben und lösen sich im flüssigen Metall auf. Man kann die Erhitzung steigern oder drosseln und auf ein Minimum reduzieren. Dies ist z. B. von Vorteil bei der Kontaktierung von Transistoren, vor allem auch deshalb, weil man die Temperaturerhöhung auf einen winzigen Bereich beschränken kann.

Die hohen Werte von Schalldruck und Beschleunigung im Ultraschallgebiet haben zur Folge, dass an Grenzflächen zwischen verschiedenen Phasen oder zwischen Stoffen mit verschiedenem Schallwiderstand große Druck- und Kraftgradienten auftreten. Dadurch können Anlagerungen und Adsorbate von festen Oberflächen abgetrennt werden. Zum Beispiel verwendet man Ultraschall in der Lebensmitteltechnik, aber auch in der chemischen Verfahrenstechnik zum *Reinigen* von Geräten und Behältern. Abb. 14.66 zeigt, wie sich auf diese Weise sehr hartnäckige feste und flüssige Ablagerungen von Geräteoberflächen entfernen lassen. Aber auch zum Entgasen oder zur Vernebelung von Flüssigkeiten, zum Emulgieren nichtmischbarer Flüssigkeiten und zur Herstellung von Suspensionen wird Ultraschall verwendet, ebenso zur Spaltung hochpolymerer Moleküle, zur Koagulation von Aero- und Hydrosolen und in der Pulvermetallurgie.

Medizinische Anwendungen. Wohl die bekannteste medizinische Ultraschallanwendung ist die *Sonographie*. Ähnlich wie bei der Fehlstellensuche in Metallstücken wird aus der Laufzeit eines Schallpulses bis zu einer Schallwiderstandsgrenze im Körper deren Entfernung von der Schallquelle bestimmt. Das Verfahren ist heute so weit entwickelt, dass man auf einem Bildschirm zweidimensionale Schnitte durch Körperbereiche darstellen kann, entweder Schnittebenen, die senkrecht zum Schallstrahl liegen oder solche, die den Schallstrahl enthalten. Durch Kombination beider Darstellungsweisen lassen sich auch dreidimensionale Tomogramme gewinnen. Das räumliche Auflösungsvermögen für Abstände liegt heute schon unterhalb 1 mm. Abb. 14.67 zeigt zwei Beispiele. Wird zusätzlich zur Laufzeit auch die Energieänderung des Schallstrahls gemessen, lassen sich daraus Informationen über die Art der durchstrahlten bzw. reflektierenden Körpergewebe gewinnen. Man spricht dann von *Streuung* des Ultraschalls.

Auch die Doppler-Verschiebung von Ultraschallwellen, die an bewegten Objekten reflektiert werden, wird in Medizin und Technik viel verwendet. Man kann auf diese Weise die Strömungsgeschwindigkeit von Flüssigkeiten im Inneren undurchsichtiger Körperteile

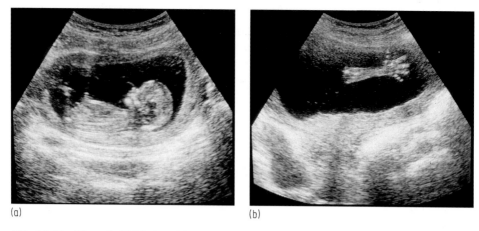

(a)   (b)

Abb. 14.67 Ultraschallbild eines 14 Wochen alten Fetus (a) und einer fetalen Hand (b) (Fotos: Dr. Hahmann, Halle, zur Verfügung gestellt von Prof. R. Millner)

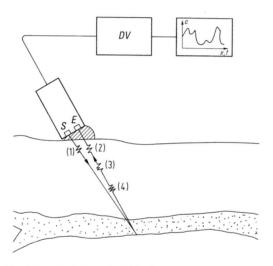

Abb. 14.68 Ultraschall-Doppler-Velozimeter, (1) Sendepuls, (2)–(4) reflektierte Pulse, (2) von der Vorderwand des Gefäßes, (3) von suspendierten Teilchen, z. B. von Blutbestandteilen, (4) von der Gefäßrückwand

oder Objekte bestimmen, beispielsweise in Blutgefäßen oder im Inneren von Maschinen. Ein sogenanntes *Impuls-Echo-Doppler-Velozimeter* (Abb. 14.68) besteht aus einem Sendequarz *S*, der in bestimmten Zeitabständen Ultraschallimpulse abstrahlt, und aus einem Empfangsquarz *E*, der die reflektierten Pulse registriert. Aus ihrer Laufzeit lässt sich die Entfernung der reflektierenden Flüssigkeitsvolumina bestimmen, aus der Frequenzverschiebung ihre Geschwindigkeitskomponenten in Schallstrahlrichtung. Ein Datenverarbeitungsgerät (*DV* in Abb. 14.68) liefert dann räumliche oder zeitliche Geschwindigkeitsprofile. Die Geschwindigkeit lässt sich bei guten Geräten im Bereich zwischen einigen mm/s und einigen m/s mit einer relativen Genauigkeit von 3 % bestimmen.

Eine wichtige medizinische Anwendung von Ultraschall ist die Zertrümmerung von Nieren- und Gallensteinen (Lithotripsie). Dazu braucht man energiereiche Ultraschall-Stoßwellen, die außerhalb des Körpers erzeugt werden, z. B. mit einer Funkenstrecke oder piezoelektrisch, und die dann auf den zu zertrümmernden Stein fokussiert werden. Die Steinortung geschieht ebenfalls mit einem Ultraschallgerät, das in die Gesamtapparatur integriert ist.

Eine andere, weit verbreitete medizinische Verwendung von Ultraschall ist die Bestrahlung von Bereichen im Körperinneren zum Zweck der Mikromassage (mechanische Schwingungen) und der Erwärmung (Schallabsorption). Hier steht der Ultraschall in Konkurrenz zur elektromagnetischen Diathermie und zur Kurzwellenbestrahlung. Die dabei beobachteten physiologischen Wirkungen des Ultraschalls hat man aber erst zum Teil verstanden.

Hyperschall. Bei Frequenzen oberhalb von 10^{10} Hz (10 GHz) wird in der Akustik alles ganz anders als bisher: Die Wellenlänge bei 40 GHz beträgt in Wasser nur noch etwa 0.1 µm, also weniger als diejenige von violettem Licht (0.4 µm). Damit kommt λ in den Bereich der Dichteschwankungen aufgrund der thermischen Bewegungen der Moleküle in Flüssigkeiten und Gasen (s. Bd. 5). Schallwellen in diesem Wellenlängenbereich werden daher in kondensierter Materie stark gestreut. Will man sie ungestört beobachten, muss man bei sehr tiefer Temperatur (~ 1 K) arbeiten.

Mikroskopische Effekte bei sehr hohen Schallfrequenzen sind die Anregung von Rotation, Dissoziation und Schwingung von Molekülen. Dadurch wird zum einen die Schallwelle stark absorbiert. Zum anderen wird die Schallgeschwindigkeit von der Wellenlänge abhängig, sie erleidet eine Dispersion. Dieses Verhalten ist schematisch in Abb. 14.69 dargestellt. Die Größe $\alpha^* = \alpha\lambda = -\ln(I(x+\lambda)/I(x))$ ist die Abnahme der Intensität längs eines Weges von einer Wellenlänge. Bei einer kritischen Frequenz ν_c absorbieren die Moleküle besonders stark. Die Schallgeschwindigkeit steigt dort mit der Frequenz an, weil Relaxationsprozesse im molekularen Bereich bei $\nu > \nu_c$ nicht mehr mitkommen, und weil als Folge davon der Kompressionsmodul zunimmt ($c \sim \sqrt{K}$). Typische Zahlenwerte zu Abb. 14.69 sind $\nu_c = 150$ MHz, $\Delta\log\nu = 4$, $\alpha^*_{max}/\alpha^*_0 = 10$, $c^2_\infty/c^2_0 = 1.5$.

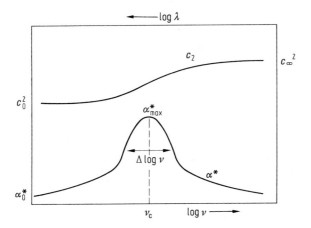

Abb. 14.69   Dispersion und Absorption von Hyperschall in Flüssigkeiten

Bei Frequenzen von 10^{12} bis 10^{13} Hz ($1-10$ THz) und Wellenlängen von der Größenordnung 10^{-9} m erreicht die Schallwelle den Bereich von Schwingungsdauern und von Abständen der Moleküle in Festkörpern und Flüssigkeiten. Dann versagen unsere bisherigen Kontinuumsbetrachtungen vollständig, und man muss anstelle einer Dichtewelle die gekoppelten Bewegungen der einzelnen Moleküle studieren. Solche extrem kurzwelligen Schallvorgänge in Festkörpern werden als Phononen bezeichnet (Näheres in Bd. 6).

Infraschall. Die wichtigsten Quellen von Schallwellen mit Frequenzen unter 15 Hz sind geophysikalische, ozeanographische und meteorologische Vorgänge. Auch Erdbeben, Vulkanausbrüche, die Meeresbrandung, Stürme über Land und Meer, Nordlichter, Blitze und Meteoriten erzeugen Dichtewellen in bodennahen Luftschichten, die unser Ohr teilweise nicht mehr hören kann. Wir spüren sie aber als periodische oder solitäre Druckschwankungen über Trommelfell, Lunge und Haut. Die dabei auftretenden Schalldrücke können beträchtlich sein bis zu 120 dB bzw. 6 Zehnerpotenzen über der akustischen Hörschwelle von $2 \cdot 10^{-5}$ Pa (s. Abschn. 15.3). Die Schwingungsdauern solcher Wellen liegen zwischen 300 s und 0.1 s (0.003 Hz $\lesssim \nu \lesssim 10$ Hz), die Wellenlängen zwischen 100 km und 30 m. Da solche Wellen in der Atmosphäre nur sehr schwach absorbiert werden, können sie mehrmals um die Erde laufen, was etwa beim Ausbruch des Vulkans Krakatau 1883 beobachtet wurde. Die durch Brandungswellen an den westeuropäischen Küsten erzeugten Wellen der Erdkruste lassen sich bis nach Zentralasien hinein nachweisen. Das langsamste bisher registrierte Infraschallphänomen rührt von der Gezeitenwelle des Meeres her ($\nu \approx 10^{-5}$ Hz, $T \approx 1$ d). Als Nachweisgeräte für Infraschall dienen empfindliche Manometer.

Infraschall von technischen Schallquellen ist ebenfalls eine weit verbreitete Erscheinung. Wohl jeder kennt das unbehagliche Gefühl nach längerer Fahrt mit größerer Geschwindigkeit bei offenem Auto- oder Zugfenster. Die Luft im Wageninneren wird dabei durch Wirbel, die sich an den Kanten der Öffnung bilden, zu erzwungenen Schwingungen von einigen Hertz mit Schallpegeln von 50 bis 100 dB angeregt. Diese Schwingungen empfinden wir nicht als Ton, sondern als periodische Druckschwankungen.

Eine häufige technische Quelle von Infraschall sind Motoren, Turbinen und andere rotierende Maschinen sowie Schwingungen von Brücken, Hochhäusern und sonstigen Bauwerken usw. Es gibt sogar Musikinstrumente, die Infraschall erzeugen: Die längste je gebaute Orgelpfeife wurde 1886 für die Orgel der Town Hall in Sydney gebaut. Sie ist 11 m lang, hat einen Durchmesser von 1 m und eine Grundfrequenz von 8 Hz.

Auch bei einem Erdbeben treten Infraschallwellen auf. Ihre Periodendauer liegt zwischen 10 und 50 s. Die Schwingungen der Erdoberfläche übertragen sich auf die Luft. In einer Höhe von 160 km über dem Meeresspiegel können dabei Schwingungsamplituden in der Größenordnung von Kilometern und Teilchengeschwindigkeiten bis zu 100 m/s auftreten. Diese Werte sind aus dem Doppler-Effekt von elektromagnetischen Wellen bestimmt worden, die an der schwingenden Ionosphäre reflektiert wurden.

15 Schallwellen im menschlichen Leben

15.1 Die menschliche Stimme

Eine der vielseitigsten Schallquellen ist der Kehlkopf der Säugetiere und des Menschen. Seine wichtigsten Bestandteile sind die beiden Stimmlippen. Sie befinden sich im *menschlichen Kehlkopf* im oberen Ende der Luftröhre beiderseits der Stimmritze und werden von Luft aus der Lunge durchströmt (Abb. 15.1). Die Stimmritze ist etwa 2 cm lang und im Ruhezustand geöffnet, um den Atem durchzulassen. Beim Schlucken wird sie unwillkürlich verschlossen. Zur Schallerzeugung werden die Stimmlippen durch willkürliche Muskeln abwechselnd geschlossen und geöffnet, und zwar mit einer Frequenz von etwa 100 bis 300 Hz, bei geübten Sängern auch bis 880 Hz. Auf diese Weise werden kurze sägezahnförmige Schallimpulse mit einem quasikontinuierlichen Frequenzspektrum (Abb. 15.2b) erzeugt. Dieses sind aber nicht die Laute, die wir als Sprache, Gesang oder Geschrei von uns geben. Vielmehr regen die von den Stimmbändern kommenden Schallimpulse die Luft in den darüber befindlichen Hohlräumen von Mund, Rachen und Nase zu Eigenschwingungen an. Je nach der momentanen Gestalt dieser Hohlräume entstehen bestimmte Laute mit einem charakteristischen Frequenzspektrum. Die Frequenz der Stimmbandimpulse reguliert nur die Grundfrequenz bzw. die Tonhöhe der Laute.

Abb. 15.2a zeigt die Frequenzspektren einiger Vokale und Abb. 15.3 die Form der Mundhöhle bei ihrer Aussprache. Man erkennt in Abb. 15.2a, dass sich die Vokale nicht durch den Grundton, sondern durch die Intensitätsverhältnisse der Obertöne voneinander unterscheiden, und diese werden zum großen Teil durch die Form und Stellung der Zunge

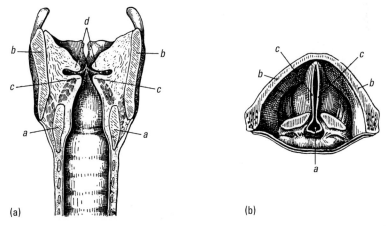

(a)   (b)

Abb. 15.1 Längsschnitt (a) und Querschnitt (b) durch den menschlichen Kehlkopf, *a*: Ringknorpel, *b*: Schildknorpel, *c* und *d*: Stimmlippen

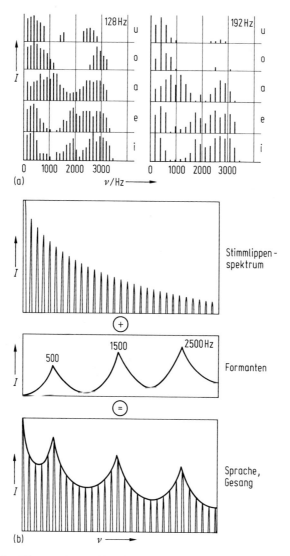

Abb. 15.2   Stimmspektren, (a) Vokalspektren für Grundfrequenzen von 128 Hz (Männerstimme) und 192 Hz (Frauenstimme) (nach: E. Thienhaus, Z. techn. Phys. 15, 637, 1934), (b) Entstehung des Stimmspektrums durch Überlagerung von Stimmlippen- und Formantenspektrum

bestimmt. Für Vokale erstreckt sich das Frequenzspektrum von etwa 100 bis 4000 Hz. Bei Konsonanten, vor allem bei den Zischlauten, jedoch bis etwa 10 000 Hz. Die Resonanzfrequenzen des gesamten Stimmapparates nennt man *Formanten*. Sie liegen bei etwa 500, 1500, 2500 und 3500 Hz. Das entspricht der Grundschwingung und der ersten bis dritten Oberschwingung der Mundhöhle. Bei diesen Frequenzen ist ihre Verstärkungswirkung besonders groß (Abb. 15.2b). Bei normaler Unterhaltung beträgt die akustische Leistung P der menschlichen Sprache rund 10^{-5} W, die maximale Leistung beim Schreien erreicht etwa $2 \cdot 10^{-3}$ W. Eine Orgel oder ein Großlautsprecher können bis zu 100 W abgeben.

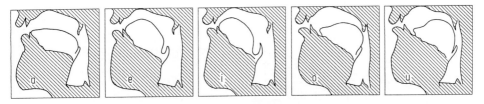

Abb. 15.3 Form der Mundhöhle bei den fünf einfachen Vokalen (nach: H. Fletcher, Speech and Hearing, New York, 1972)

15.2 Das menschliche Ohr

Unser Ohr ist ein Organ von erstaunlicher Leistungsfähigkeit für die Umwandlung mechanischer in elektrische Schwingungen. Es wird bis heute von keinem technischen Gerät übertroffen, wenn man den Raum- und Energiebedarf vergleicht. Wir können Schallintensitäten von 10^{-12} bis $2\,W/m^2$ in einem Frequenzbereich von etwa 16 Hz bis 20 kHz wahrnehmen. Der kleinste hörbare Schalldruck von $2 \cdot 10^{-5}$ Pa erzeugt eine Amplitude des Trommelfells von 10^{-10} m, das ist etwa ein Atomdurchmesser. Die Frequenzauflösung des Ohrs beträgt zwischen 0.5 und 10 kHz rund 0.5 % (Abb. 15.4), die Ansprechdauer 5 ms.

Der äußere Teil des Ohrs besteht aus der trichterförmigen Ohrmuschel, die für das Richtungshören wichtig ist, und dem Gehörgang (Abb. 15.5a). Durch diesen werden die Schallwellen auf das Trommelfell konzentriert. An seiner Innenseite befindet sich im *Mittelohr* ein kleiner Knochen, der Hammer, der die Schwingungen des Trommelfells über zwei weitere Gehörknöchelchen, den Amboss und den Steigbügel, auf eine Membran, das ovale Fenster des *Innenohrs* überträgt. Dieses besteht aus einem mit Lymphflüssigkeit gefüllten, sich zum Ende hin verjüngenden Kanal, der wie ein Schneckenhaus aufgerollt ist. Dieser Schneckenkanal (Cochlea) wird durch die Basilarmembran der Länge nach in zwei Hälften geteilt (Abb. 15.5b), die am dünneren Ende durch das Schneckenloch

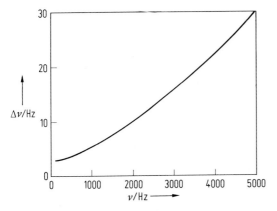

Abb. 15.4 Frequenzempfindlichkeit unseres Gehörs bei $L = 80$ dB, $\Delta\nu$: gerade noch wahrnehmbarer Frequenzunterschied bei einer bestimmten Frequenz ν (nach: E. Zwicker u. a., J. Acoust. Soc. Am. 29, 548, 1957)

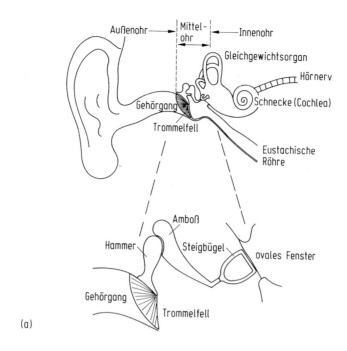

(a)

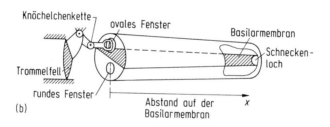

(b)

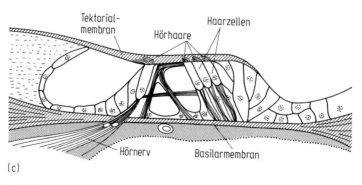

(c)

Abb. 15.5   Aufbau des Ohrs, (a) Außen-, Mittel- und Innenohr, (b) Längsschnitt durch den aufge-
wundenen Schneckenkanal (schematisch), (c) Querschnitt durch den Schneckenkanal

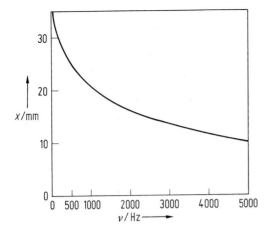

Abb. 15.6 Abstand des Resonanzmaximums auf der Basilarmembran vom ovalen Fenster als Funktion der Schallfrequenz (nach: G. v. Békésy, Experiments in Hearing, New York, 1960) 5 μm

verbunden sind. Auf der Basilarmembran sitzt das Corti'sche Organ (A. de Corti, 1822 – 1876), das die Sinneszellen (Haarzellen) enthält (Abb. 15.5c).

Die von den Gehörknöchelchen auf das ovale Fenster übertragenen Vibrationen versetzen die Flüssigkeit in der Schnecke und damit die Basilarmembran in erzwungene Schwingungen. Die Membran des runden Fensters (Abb. 15.5b) dient dabei dem Druckausgleich. Da die elastischen Eigenschaften der Basilarmembran sich entlang der Schnecke kontinuierlich verändern, wird die Membran durch jede Schallfrequenz an einem anderen Ort x zu maximaler Amplitude angeregt. Abb. 15.6 zeigt diesen Zusammenhang. Die hohen Frequenzen liegen demnach am Eingang der Schnecke, die tiefen an ihrer Spitze. Durch die zwischen der Basilarmembran und der über ihr befindlichen Tektorialmembran in vier Längsreihen angeordneten etwa 16 000 Haarzellen (Abb. 15.5c) werden die gekoppelten Schwingungen dieser beiden Membranen in Bewegungen der Zellenhaare umgewandelt. Sie sind beim Menschen etwa 5 μm lang und 0.5 μm dick. Die Haarzellen transformieren die mechanischen Schwingungen der Membranen auf elektroosmotischem Weg in elektrische Spannungsänderungen an den von ihnen ausgehenden Hörnerven. Diese leiten den Schalleindruck ans Gehirn weiter.

15.3 Hörpsychologie, Lautstärke

Schalldruckpegel. Im Gegensatz zur Hörphysiologie, die mit objektiven Messmethoden die Wirkungsweise des Ohrs aufzuklären versucht, befasst sich die Hörpsychologie mit bewusst gewordenen Hörempfindungen und ist deshalb zur Gewinnung von Erkenntnissen auf das Befragen von Versuchspersonen, und zwar einer möglichst großen Anzahl, angewiesen. Das einfachste Beispiel, das zugleich die genauesten Ergebnisse liefert, ist die Schwellenmessung, d. h. die Feststellung, bei welchem Grenzwert einer physikalischen Größe (Schalldruck, Frequenz) eine Empfindung gerade noch oder gerade nicht mehr vorhanden ist. Danach liegt für eine Frequenz von 1000 Hz die *Hörschwelle*, also der kleinste gerade noch wahrnehmbare Effektivwert des Schalldrucks, wie schon erwähnt bei $2 \cdot 10^{-5}$ Pa. Das entspricht einer Intensität von 10^{-12} W/m^2.

Auch bei großen Werten des Schalldrucks gibt es eine Grenze des Hörbereichs, die *Schmerzschwelle*. Sie liegt etwa bei 20 Pa und ist nicht sehr stark frequenzabhängig. Erreicht der Schalldruck diesen Wert, tritt der Überlastungsschutz des Ohrs, nämlich das Ausknicken der drei Gehörknöchelchen, in Tätigkeit. Eine weitere Steigerung des Schalldrucks führt zur Zerstörung.

Der Empfindlichkeitsbereich des Ohrs für den Schalldruck erstreckt sich also über sechs Zehnerpotenzen. Kein Messgerät kann ohne Umschaltvorrichtung einen derartig großen Bereich erfassen!

Auf den *Hörschwellenwert* $p_S = 2 \cdot 10^{-5}$ Pa ist der *Schalldruckpegel* L_P bezogen, der in der dimensionslosen Zahl dB (= Dezibel = 1/10 Bel) angegeben wird und eine Umrechnung des Schalldrucks in ein logarithmisches Maß darstellt. Er ist wie folgt definiert:

$$L_P = 10 \cdot \log \frac{p_{\text{eff}}^2}{p_S^2} = 20 \cdot \log \frac{p_{\text{eff}}}{p_S}. \tag{15.1}$$

Der gemessene Schalldruck $p_{\text{eff}} = \Delta p_0/\sqrt{2}$ (siehe voriges Kapitel) wird also auf den Schwellenwert p_S bezogen. Am Schwellenwert selbst beträgt der Schalldruckpegel 0 dB, an der oberen Hörgrenze erreicht er 120 bis 130 dB. Ferner stellt die Größe p_{eff}^2/p_s^2 ein Intensitätsverhältnis (Gl. (14.39)) dar, so dass man für L auch schreiben kann:

$$L_P = 10 \cdot \log \frac{I}{I_s}. \tag{15.2}$$

Die Einführung des Schalldruckpegels geschieht mit Rücksicht auf eine weitere Eigenschaft des Ohrs, der *Unterschiedsschwelle*. Danach beträgt die kleinste noch hörbare Änderung des Schalldruckpegels etwa 1 dB.

Lautstärke. Die dB-Skala gibt jedoch nicht die genaue Hörempfindung wieder; denn diese ist von der Frequenz abhängig. An der unteren und oberen Hörgrenze (16 Hz bzw. etwa 20 kHz) ist die Empfindlichkeit des Ohrs gering, während sie bei etwa 4000 Hz maximal ist. Der Schalldruckpegel muss also an den Hörgrenzen sehr viel höher sein als am Empfindlichkeitsmaximum, wenn in allen Fällen eine gleich starke Empfindung hervorgerufen werden soll. Zur Berücksichtigung dieser Frequenzabhängigkeit hat man die Einheit der Lautstärke eingeführt und folgendermaßen definiert:

- Die *Lautstärke* L_S in Phon ist gleich dem Schalldruckpegel (dB) eines gleich laut empfundenen 1000-Hz-Tones.

Die Ermittlung der Lautstärke ist also immer eine Vergleichsmessung. Führt man solche Vergleichsmessungen im gesamten Hörbereich durch, erhält man die Kurven gleicher Lautstärke (Abb. 15.7). Jede Kurve gibt an, wie man den Schalldruckpegel L_P als Funktion der Frequenz ändern muss, damit er im gesamten Hörbereich die zugehörige konstante Lautstärke L_S hervorruft.

Neben dem Zusammenhang zwischen Schalldruck bzw. Schalldruckpegel und Hörempfindung ist die Unterscheidungsfähigkeit des Ohrs ebenfalls Gegenstand zahlreicher Untersuchungen. Auf die Unterschiedsschwelle wurde bereits hingewiesen. Die kleinste hörbare Änderung des Schalldruckpegels beträgt etwa 1 dB, das entspricht einer Änderung des Schalldrucks um etwa 10 %. Demgegenüber beträgt die kleinste hörbare Fre-

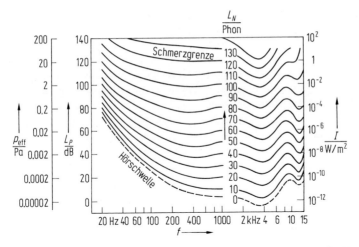

Abb. 15.7   Kurven gleicher Lautstärke. Die unterste gestrichelte Kurve gibt die Hörschwelle an.

quenzänderung oberhalb von 500 Hz etwa 0.3 %. Unterhalb von 500 Hz ist sie grob angenähert konstant und beträgt etwa 1.5 Hz.

Richtungsempfindlichkeit. Erfahrungsgemäß besitzt das menschliche Hörorgan eine ausgesprochene Richtungsempfindlichkeit. Sie beruht auf dem Zusammenwirken beider Ohren. In Abb. 15.8 bedeute L das linke und R das rechte Ohr, die sich im Abstand a (= 21 cm) befinden. Durch die Mitte ihrer Verbindungslinie ist eine senkrechte Ebene gelegt, deren Spur in der Papierebene mit MM bezeichnet ist. Nur wenn sich die Schallquelle in einem Punkt dieser Mittelebene befindet, sind die Schallwege zu beiden Ohren gleich groß, und beide Ohren empfangen den Schall in demselben Augenblick. Der Beobachter hat in diesem Fall den Eindruck, dass die Schallquelle genau in der Mitte vor oder hinter ihm liegt. Liegt aber die Schallquelle S in einer Richtung, die mit der Ebene MM den Winkel α bildet, so besteht zwischen den an beide Ohren gelangenden Schallsignalen

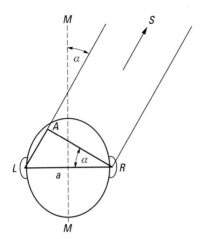

Abb. 15.8   Zur Richtungsempfindlichkeit des menschlichen Ohrs

eine Zeitdifferenz

$$\Delta t = \frac{\overline{LA}}{c} = \frac{a \sin \alpha}{c}$$

(c = Schallgeschwindigkeit). Das gilt ohne Berücksichtigung der Beugung. Diese Zeitdifferenz wird bis zu Frequenzen von etwa 1500 Hz zur Lokalisierung ausgenutzt. Dabei nehmen die Ohren bereits Differenzen von etwa 30 µs wahr, das entspricht einer Richtungsabweichung von etwa 3°. Bei höheren Frequenzen tritt an einem Ohr (in Abb. 15.8 am linken Ohr) eine merkliche Abschattung durch den Kopf ein. Dadurch wirkt auf dieses Ohr ein geringerer Schalldruck als am anderen Ohr. Demgemäß wird für Frequenzen oberhalb 1500 Hz der Schalldruckunterschied zur Lokalisierung ausgewertet. Erstaunlicherweise sind die Ohren auch in geschlossenen Räumen, in denen der Schall durch Reflexionen aus verschiedensten Richtungen kommt, in der Lage, die Richtung der Schallquelle festzustellen. Dies wird durch die Fähigkeit der Ohren ermöglicht, nur den Primärschall zu bewerten.

Die akustische Richtungsbestimmung kann wesentlich verfeinert werden, wenn man den Abstand der Ohren künstlich vergrößert. Dies geschieht bei bestimmten Horchgeräten durch Benutzung von Schalltrichtern, die in einem größeren Abstand a voneinander angebracht und durch Schlauchleitungen mit den Ohren des Beobachters verbunden werden.

Auch bereits mit einem Ohr kann man die Richtung einer Schallquelle ermitteln. Wie jeder Schallempfänger hat auch das Ohr eine bestimmte Richtcharakteristik. Die eigenartige asymmetrische Form der Ohrmuschel hat nun zur Folge, dass die Richtcharakteristik nicht nur asymmetrisch, sondern auch stark frequenzabhängig ist, was durch Beugung des Schalls an den Strukturen der Ohrmuschel sowie durch schwache Hohlraumresonanzen zustande kommt. Ändert sich die Richtung einer Schallquelle, entsteht aus diesem Grund geringer Klangfarbenwechsel, den man durch Erfahrung als Richtungswechsel umzudeuten gelernt hat. Bei Musikübertragungen gewinnt daher die sogenannte kopfbezogene Stereophonie an Bedeutung, bei der die Stereo-Mikrofone sich im Inneren eines Kunstkopfes mit naturgetreu nachgebildeten Außenohren befinden.

Eine weitere Eigenart des Ohrs ist folgende: Unterdrückt man in einem geeigneten harmonischen Klangspektrum nacheinander den Grundton und die tieferen Obertöne, so bleibt eine Grundtonempfindung dennoch erhalten. Diese Erscheinung lässt den Schluss zu, dass das Ohr nicht allein das Klangspektrum, sondern in gewissem Umfang auch den Zeitverlauf einer Schwingung bewertet. Überlagert man nämlich Sinusschwingungen, deren Frequenzen sich wie benachbarte ganze Zahlen (außer 1) verhalten, so erhält man eine resultierende Schwingung mit einer Periode, die genau der nicht vorhandenen Grundfrequenz entspricht.

15.4 Tonsysteme der Musik

Konsonanz und Dissonanz. Es ist ein Charakteristikum unseres Hörempfindens, dass uns der Zusammenklang zweier verschiedener Töne bald harmonisch, bald nicht harmonisch oder sogar unangenehm erscheint. Im ersten Fall spricht man von einem konsonanten Zusammenklang oder einer *Konsonanz*. Den zweiten Fall bezeichnet man als *Dissonanz*. Diese beiden Begriffe sind nicht nur rein ästhetischer Natur, sie stehen auch mit den

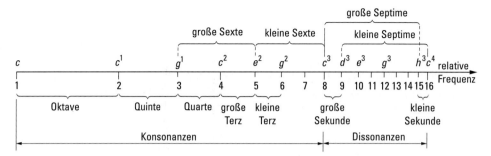

Abb. 15.9 Konsonante und dissonante Intervalle, abgeleitet aus der Obertonreihe einer schwingenden Saite (logarithmische Frequenzskala, 1 ist der Grundton, 2 der erste Oberton, 3 der zweite Oberton usw.). Auch die Töne e^2 und d^3 bilden das Intervall einer kleinen Septime, und zwar mit dem Verhältnis $9:5$, das nur wenig größer ist als das eingezeichnete Verhältnis $16:9$. Der Unterschied ist das *syntonische Komma*. Die Obertöne 7, 11, 13 und 14 sind nicht näher bezeichnet, da sie in unserem Tonsystem keine Entsprechung haben.

physikalischen Gegebenheiten in engem Zusammenhang. Zunächst zeigt die Erfahrung, dass nicht die absoluten Werte der beiden Tonfrequenzen, sondern ihr Verhältnis dafür verantwortlich ist, ob eine Konsonanz oder eine Dissonanz vorliegt. Man kann dies sehr einfach an der bereits in Abschn. 14.1 beschriebenen Lochsirene demonstrieren. Bläst man zwei Lochreihen gleichzeitig an, deren Lochzahlen etwa im Verhältnis $1:2$ oder $8:9$ stehen, so bleibt der angenehme oder unangenehme Zusammenklang der beiden Töne erhalten, auch wenn die Lochscheibe langsamer oder schneller läuft. Denn es ändert sich dadurch nur die Differenz der beiden Frequenzen, nicht aber ihr Verhältnis. Man bezeichnet das Frequenzverhältnis zweier Töne als Tonstufe oder *Intervall*. In der Musik haben die Intervalle besondere Namen (Abb. 15.9).

Wir wollen nun untersuchen, warum einige Intervalle konsonant und andere dissonant sind, und betrachten dazu die Obertonreihe einer schwingenden Saite oder einer offenen Pfeife. Da es nur auf die Frequenzverhältnisse ankommt, tragen wir die Grundfrequenz und die Oberfrequenzen auf einer logarithmischen Skala auf. Dann entsprechen gleichen Intervallen stets gleiche Abstände auf der Skala. Interessant sind nun nicht nur die bereits bekannten Schwingungsverhältnisse der Obertöne zum Grundton, sondern auch die Schwingungsverhältnisse der Obertöne untereinander. Sie lassen sich aus Abb. 15.9 leicht ablesen, wenn man die Obertöne der Reihe nach mit Zahlen bezeichnet, beim Grundton mit 1 beginnend (die Zahlen stellen die Faktoren dar, mit denen man die Grundfrequenz multiplizieren muss, um die Oberfrequenzen zu erhalten). Neben den Namen der Intervalle sind in Abb. 15.9 auch die in der Musik üblichen Buchstaben eingetragen, mit denen die Töne bezeichnet werden. Sie wiederholen sich innerhalb jeder Oktave (Frequenzverhältnis $1:2$). Die einzelnen Oktaven werden durch Indizes voneinander unterschieden. Das Wesentliche ist nun folgendes: Als konsonant empfinden wir solche Intervalle, die durch möglichst einfache Zahlenverhältnisse charakterisiert sind. Deshalb nennt man die Oktave, das Intervall zwischen Grundton und erstem Oberton, sowie die Quinte, das Intervall zwischen dem ersten und zweiten Oberton, auch vollkommene Konsonanzen. Unvollkommene Konsonanzen sind die folgenden Intervalle: Quarte, große und kleine Terz, große und kleine Sexte. Die übrigen Intervalle, die große und kleine Sekunde sowie die große und kleine Septime, sind Dissonanzen. Dieses Ergebnis lässt sich am einfachsten so formulieren: Konsonanzen sind Intervalle, deren Schwingungsverhältnisse sich durch ganze Zahlen ausdrücken lassen, die nicht größer als 8 sein dürfen.

Das Empfinden für Konsonanzen und Dissonanzen hat sich durch Gewöhnung, also oftmaliges Hören, im Lauf der Zeit geändert. Die Quarte beispielsweise war einmal ein Intervall, das je nach Verwendung auch Dissonanzcharakter haben konnte. Heute empfindet man dagegen die kleine Septime kaum noch als Dissonanz.

Klänge und Tonleitern. Klänge, die aus mehr als zwei Tönen zusammengesetzt sind, heißen *Akkorde*. Die wichtigsten dreistimmigen Akkorde lassen sich wiederum aus der Obertonreihe ablesen (Abb. 15.10). Die Obertöne 4, 5 und 6 bilden zusammen den Dur-Dreiklang. Er ist aus zwei übereinander liegenden Terzen aufgebaut, wobei die untere eine große und die obere eine kleine Terz ist. Die beiden Umkehrungen des Dreiklangs heißen Sextakkord (Obertöne 5, 6 und 8) und Quartsextakkord (Obertöne 3, 4 und 5). Die Obertöne 10, 12 und 15 bilden den Moll-Dreiklang. Hier liegt die große Terz über der kleinen. Der Moll-Dreiklang ist also das „Spiegelbild" des Dur-Dreiklangs. Charakteristisch für diese Akkorde ist, dass sämtliche auftretenden Intervalle Konsonanzen sind. Dies gilt nicht mehr für den verminderten Dreiklang (zwei kleine Terzen) und den übermäßigen Dreiklang (zwei große Terzen). Setzt man drei Terzen zu einem vierstimmigen Akkord zusammen, erhält man einen Septakkord, bei dem das größte vorhandene Intervall eine Septime, also eine Dissonanz ist. Je nach Dreiklang und hinzugefügter Septime gibt es sieben verschiedene Septakkorde, auf die hier nicht näher eingegangen werden kann.

Die Anzahl der möglichen Töne ist unbegrenzt. Von ihnen benutzt die Musik nur eine endliche Auswahl. Die Reihe der innerhalb einer Oktave gelegenen, nach ihrer Tonhöhe geordneten Töne nennt man eine Tonleiter. In Europa hat sich im Lauf der Jahrhunderte eine Tonleiter herausgebildet, die gegenüber anderen Tonleitern den Vorzug hat, sowohl besonders viele Obertöne eines Grundtons als auch besonders viele konsonante Intervalle zu enthalten. Sie ermöglichte die Entwicklung der mehrstimmigen Musik. Man kann sie leicht erhalten, wenn man vom Dur-Dreiklang ausgeht. Seine beiden oberen Töne bilden mit dem unteren Ton eine große Terz und eine Quinte. Fügt man noch die Oktave des unteren Tons hinzu, entsteht die Folge

$$1 \quad \frac{5}{4} \quad \frac{3}{2} \quad 2.$$

Macht man nun durch Multiplikation mit den entsprechenden Zahlenverhältnissen die Quinte zum tiefsten Ton eines zweiten und die Oktave zum höchsten Ton eines dritten

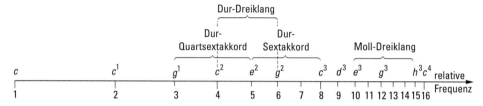

Abb. 15.10 Konsonante dreistimmige Akkorde (Dreiklänge), dargestellt anhand der Obertonreihe einer schwingenden Saite (logarithmische Frequenzskala)

Dur-Dreiklangs, ergibt sich die Folge

$$1 \quad \frac{5}{4} \quad \frac{4}{3} \quad \frac{3}{2} \quad \frac{5}{3} \quad \frac{15}{8} \quad 2 \quad \frac{9}{4}.$$

Um die Tonleiter in der richtigen Reihenfolge zu erhalten, ist der höchste Ton der Folge noch durch seine untere Oktave (Division durch 2) zu ersetzen. Die so entstandene Reihe ist die natürliche diatonische Dur-Tonleiter. Sie lautet mit den Tonbezeichnungen und Intervallen:

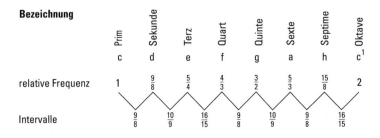

Alle Töne bis auf die Sekunde und die Septime bilden mit dem Grundton Konsonanzen. Betrachtet man die Intervalle zwischen den einzelnen Tönen, sieht man, dass drei verschiedene Werte auftreten: $\frac{9}{8}$, $\frac{10}{9}$ und $\frac{16}{15}$. Man nennt das Intervall $\frac{9}{8}$ einen „großen Ganzton" und das Intervall $\frac{10}{9}$ einen „kleinen Ganzton". Beide unterscheiden sich um den Faktor $\frac{80}{81}$, das sogenannte „syntonische Komma". Wählt man die Oktave des Grundtons als neuen Grundton und geht von ihm in denselben Intervallen zu neuen Tönen über, so erhält man wieder eine Dur-Tonleiter, bei der jeder Ton die Oktave des entsprechenden Tons in der tieferen Tonreihe ist. In ähnlicher Weise kann man die Tonleiter nach unten hin fortsetzen und so durch ein Aneinanderreihen von Dur-Tonleitern im ganzen hörbaren Frequenzbereich bestimmte Töne fixieren. Bis auf eine kleine Korrektur geben die weißen Tasten des Klaviers die C-Dur-Tonleiter in sieben Oktaven wieder.

Beginnt man nun die Dur-Tonleiter nicht beim Ton c, sondern unter Beibehaltung ihrer Töne beim Ton a, so erhält man die äolische Moll-Tonleiter. Charakteristisch für die Moll-Tonleiter ist, dass ihr dritter Ton, hier der Ton c, mit dem Grundton nicht, wie bei der Dur-Tonleiter, eine große, sondern eine kleine Terz bildet. Der äolischen Moll-Tonleiter fehlt der Halbtonschritt vom siebten zum achten Ton, der sogenannte Leitton. Man führt diesen Halbtonschritt, den auch die Dur-Tonleiter besitzt, künstlich ein, indem man den siebten Ton g um einen halben Ton erhöht. Auf diese Weise erhält man die harmonische Moll-Tonleiter mit dem neuen Ton gis, der zwischen g und a liegt.

Soweit die C-Dur- und die a-Moll-Tonleiter. Es ist jedoch zweckmäßig, auch auf allen anderen Tönen Dur- bzw. Moll-Tonleitern aufzubauen. Dazu benötigt man außer dem bereits eingeführten Ton gis noch weitere Zwischentöne, die in die übrigen Ganztonintervalle der C-Dur-Tonleiter, also zwischen c und d, d und e, f und g sowie a und h eingefügt werden. Man kann dabei so vorgehen, dass man entweder den tieferen Ton um einen kleinen Halbton erhöht (Multiplikation mit $\frac{25}{24}$) – in der Notenschrift wird diese Erhöhung durch ein vorgesetztes ♯ bezeichnet – oder den höheren Ton um einen kleinen Halbton erniedrigt (Division durch $\frac{25}{24}$), was man in der Notenschrift durch ein vorgesetztes ♭ andeutet. Im ersten Fall erhält man die Töne cis, dis, fis, gis und ais, im zweiten die Töne des, es, ges, as und b. Wie man sich durch Rechnung leicht überzeugen kann, stimmen die

Tab. 15.1   Gleichmäßig temperierte chromatische Tonleiter

c	1.00000
cis oder des	1.05946
d	1.12246 (1.125)
dis oder es	1.18921
e	1.25992 (1.250)
f	1.33484 (1.333)
fis oder ges	1.41421
g	1.49831 (1.500)
gis oder as	1.58740
a	1.68179 (1.667)
ais oder b	1.78180
h	1.88775 (1.875)
c^1	2.00000

Ergebnisse, die man auf den beiden Wegen erhält, nicht überein, d. h., cis und des sind verschiedene Töne, ebenso dis und es usw. Die Abweichungen sind zwar gering, sie werden aber z. B. beim Spielen von Streichinstrumenten durchaus beachtet. Bei Instrumenten mit fixierten Tönen, besonders bei Tasteninstrumenten (Klavier, Orgel), ist es dagegen nicht möglich, diese Unterschiede zu machen. Ferner ist hier die Existenz von großen und kleinen Ganztönen störend, denn das hat zur Folge, dass eine beliebige Tonleiter umso stärker von der diatonischen Tonleiter abweicht, je weniger Töne der diatonisch rein gestimmten C-Dur-Tonleiter sie enthält. Um diesen Mangel zu beseitigen, teilt man die Oktave in zwölf gleichgroße Halbtonschritte ein. Die Größe x eines solchen Halbtonintervalls lässt sich dann durch die Beziehung

$$x^{12} = 2$$

bestimmen, und man erhält

$$x = \sqrt[12]{2} = 1.05946.$$

Auf diese Weise entsteht die *gleichmäßig temperierte chromatische Tonleiter*. Die Schwingungsverhältnisse, bezogen auf c = 1, sind in Tab. 15.1 zusammengestellt, die reinen Intervalle der diatonischen Dur-Tonleiter sind in Klammern beigefügt. Diese Tonleiter, deren theoretische Grundlagen auf den aus dem Harz stammenden Organisten Andreas Werckmeister (1645 – 1706) zurückgehen, ermöglicht das Überwechseln von einer Tonart in jede beliebige andere, einen Vorgang, der in der Musik *Modulation* genannt wird. Dadurch verhalf sie der Musik der damaligen Zeit zu einem großen Aufschwung, der sich besonders im *Wohltemperierten Klavier* von Johann Sebastian Bach (1685 – 1750) niederschlug, einem Werk, in dem alle 24 Dur- und Moll-Tonarten verwendet werden.

Abb. 15.11   Frequenzbereiche von Musikinstrumenten und Singstimmen. Über den Tasten der Klaviatur sind die Frequenzen der Töne in Hz sowie die heute übliche Notenschreibweise angegeben (nach: J. R. Pierce, Klang, Heidelberg, 1989).

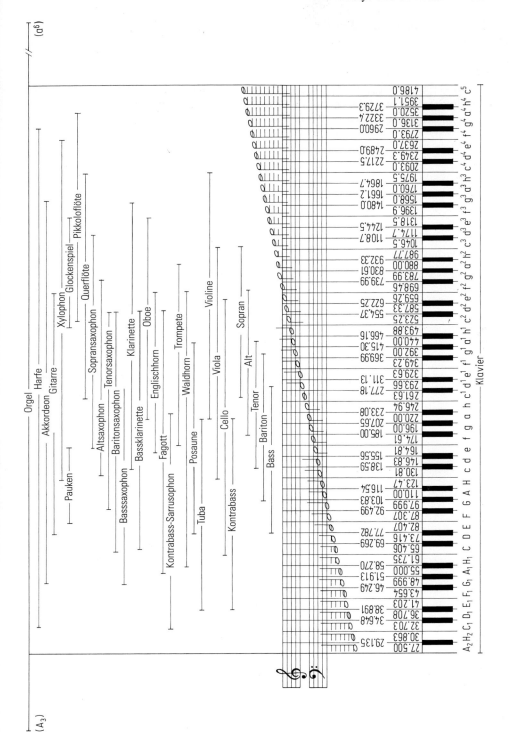

Frequenzbereiche von Musikinstrumenten. Bisher war nur von den Schwingungs-verhältnissen der einzelnen Töne, nicht aber von ihrer absoluten Frequenz die Rede. Abb. 15.11 zeigt einen Überblick über den Frequenzumfang einiger bekannter Musikinstrumente. Der Ton a^1 ist der *Kammerton*, der 1939 international auf die Frequenz $\nu = 440\,\text{Hz}$ festgelegt wurde. Den größten Tonumfang besitzt die Orgel, deren Pfeifen für die tiefsten Töne Längen von mehreren Metern und für die höchsten Töne von nur wenigen Zentimetern haben.

Teil III Wärme

Ludwig Boltzmann (1844 – 1906) (Foto: Deutsches Museum, München)

16 Temperatur und Wärme

16.1 Temperatur und Temperaturmessung

Temperatur. In unserer Haut befinden sich besonders ausgebildete Nervenenden, die uns beim Kontakt mit fester, flüssiger oder gasförmiger Materie innerhalb gewisser Grenzen die Empfindungen „kalt", „warm" oder „heiß" vermitteln. Man spricht von verschiedenen *Temperaturen*. In der Physik ist die Temperatur eine Grundgröße, deren Definition später erfolgen wird. Zum Messen der Temperatur werden *Thermometer* verwendet.

Die Erfahrung lehrt Folgendes: Bringt man zwei Körper verschiedener Temperatur miteinander für längere Zeit in innige Berührung, so stellt man fest, dass beide schließlich die gleiche Temperatur erlangen. Der früher wärmere Körper hat sich „abgekühlt", der früher kältere „erwärmt". Dieser Ausgleich geschieht so lange, bis kein Temperaturunterschied zwischen beiden mehr feststellbar ist. Man sagt, die beiden Körper seien im *thermischen Gleichgewicht*. Sind ferner zwei Körper X und Y jeder für sich mit einem dritten Körper Z im thermischen Gleichgewicht, so dass X und Z sowie Y und Z untereinander die gleiche Temperatur besitzen, so sind nach der Erfahrung auch X und Y selbst miteinander im Gleichgewicht. Körper im thermischen Gleichgewicht haben die gleiche Temperatur.

Unser Wärmesinn erlaubt aber nicht, über diese qualitative Angabe hinaus auch quantitativ die Temperatur festzustellen, also durch bestimmte Zahlen zu charakterisieren, mit anderen Worten, die Temperatur zu messen. Wir können zwar geringe Temperaturunterschiede feststellen, dagegen die Temperatur selbst nur sehr ungenau angeben. Deshalb brauchen wir Thermometer. Alle Körper, die in gesetzmäßiger Weise irgendwelche Eigenschaften mit der Temperatur ändern, können als Thermometer verwendet werden. Man kann z. B. die Änderung des Volumens oder des elektrischen Widerstandes zur Temperaturmessung verwenden, da sich diese Eigenschaften im Allgemeinen mit der Temperatur ändern. Es ist nur notwendig, die genaue Änderung der Werte mit der Änderung der Temperatur zu kennen.

Zunächst seien einige einfache Demonstrationsversuche zum qualitativen Nachweis der Änderung des Volumens bei Temperaturänderung erwähnt. Erwärmt man z. B. mit einer Flamme eine Messingkugel K, die im kalten Zustand gerade durch eine gleich große Öffnung (Invarring R) hindurchfällt (Abb. 16.1), so dehnt sich die Kugel so stark aus, dass sie auf der Öffnung liegen bleibt. Erst nach der Abkühlung fällt sie wieder durch die Öffnung hindurch. (Die Eisen-Nickel-Legierung Invar hat die besondere Eigenschaft, dass sie sich bei Temperaturerhöhung nur sehr wenig ausdehnt. Der Ring behält also praktisch den gleichen Durchmesser, obwohl die Kugel ihn erwärmt.)

Zum Nachweis der Ausdehnung einer Flüssigkeit durch Erwärmung benutzt man einen Glaskolben (Abb. 16.2), in dessen Hals mit einem durchbohrten Gummistopfen eine beiderseits offene, enge Glasröhre eingesetzt ist. Der Kolben wird mit einer gefärbten Flüssigkeit gefüllt. Erwärmt man diese, dehnt sie sich aus und steigt in dem Glasrohr deutlich sichtbar in die Höhe. Da sich bei diesem Versuch der Glaskolben selbst auch ausdehnt und

Abb. 16.1   Ausdehnung einer Metallkugel bei Erwärmung

Abb. 16.2   Ausdehnung von Flüssigkeiten bei Erwärmung

sein Volumen vergrößert, beweist das Steigen der Flüssigkeit in der Glasröhre, dass die Ausdehnung der Flüssigkeit größer ist als die des festen Kolbenmaterials. Bei genauerer Beobachtung kann man übrigens erkennen, dass bei Beginn der Erwärmung des Kolbens die Flüssigkeit in der Röhre zunächst etwas absinkt, um erst dann anzusteigen. Zunächst dehnt sich nämlich nur der Kolben etwas aus, und erst nach einiger Zeit überwiegt die Ausdehnung der Flüssigkeit.

Um die Ausdehnung eines Gases, z. B. der Luft, bei Erwärmung zu zeigen, kann man nach Abb. 16.3 in einen Glaskolben mit einem Stopfen ein Glasrohr luftdicht einsetzen. Das Rohr ist oben umgebogen und zu einer Spitze ausgezogen, die in ein Glas mit Wasser

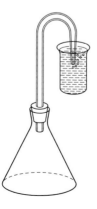

Abb. 16.3   Ausdehnung von Gasen bei Erwärmung

eintaucht. Erwärmt man den Kolben mit der Hand oder mit einer Flamme, dehnt sich die in ihm befindliche Luft aus und perlt durch das Wasser. Beim Abkühlen des Kolbens zieht sich die Luft wieder zusammen und saugt eine entsprechende Wassermenge in den Kolben hinein.

Temperaturmessung. Da Gase die größte Ausdehnung bei Erwärmung aufweisen, wäre es am besten, weil am genauesten, Gase zur Messung der Temperatur zu benutzen. Dabei tritt aber die Schwierigkeit auf, dass das Volumen der Gase – im Gegensatz zu dem der flüssigen und festen Körper – nach dem Boyle-Mariotte'schen Gesetz (Abschn. 10.4) auch noch stark vom Druck abhängt. Daher soll die Verwendung von Gasen hier zurückgestellt werden, bis deren Verhalten beschrieben ist, und zunächst *Flüssigkeitsthermometer* besprochen werden. Welche Flüssigkeit man benutzt, ist grundsätzlich gleichgültig. Die Auswahl wird durch praktische Gesichtspunkte bestimmt. Man wählt z. B. Quecksilber oder gefärbten Alkohol.

Für die zahlenmäßige Festlegung einer *Temperaturskala* braucht man ein paar Punkte bestimmter Temperatur, die man willkürlich wählen kann. Man nennt sie *Fixpunkte*. D. G. Fahrenheit (1686 – 1736) wählte die niedrigste Temperatur als Nullpunkt, die er damals mit einer Mischung aus Salz und Eis herstellen konnte. Die Temperatur des Blutes im menschlichen Körper nannte er 100 Grad. – A. Celsius (1701 – 1744) wählte den Schmelzpunkt des Eises als Nullpunkt und den Siedepunkt des Wassers als Fixpunkt von 100 Grad. So entstanden verschiedene Temperatur-Skalen (Abb. 16.4). In der Wissenschaft und Technik werden die Celsius-Skala und vor allem die Kelvin-Skala (nach W. Thomson, später Lord Kelvin, 1824 – 1907) benutzt. Diese beginnt bei der tiefsten Temperatur, die theoretisch denkbar ist (0 K). Das Kelvin (K) ist eine der SI-Basiseinheiten. Es wird auch zur Angabe von Temperaturintervallen benutzt. Die Kelvin-Skala beruht auf der thermodynamischen Temperaturskala, die heute die Grundlage aller Temperaturmessungen ist. Sie wird später eingehend behandelt.

Da Quecksilber bei −39 °C erstarrt, ist ein Quecksilberthermometer etwa bis −38 °C verwendbar. Eine Legierung von Quecksilber mit 8.5 Gew.-% Thallium erstarrt jedoch erst bei −59 °C. Da Quecksilber bei 356.7 °C siedet, ist ein Hg-Thermometer bei hohen Temperaturen nur bis 300 °C benutzbar. Man kann den Bereich aber erweitern, wenn man den kapillaren Raum oberhalb des Hg-Fadens mit Stickstoff oder Argon füllt. Der

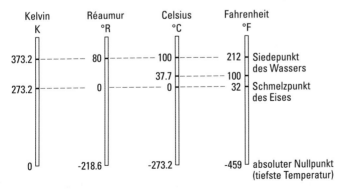

Abb. 16.4 Zum Vergleich verschiedener Temperaturskalen

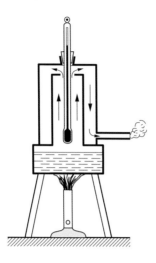

Abb. 16.5   Siedegefäß zur Thermometereichung

Druck des Füllgases muss dabei größer sein als der Dampfdruck des Quecksilbers bei der höchsten zu messenden Temperatur. Man kann solche Thermometer bei Verwendung von Hartgläsern (hohe Erweichungstemperatur) bis zu $700\,^{\circ}\mathrm{C}$ benutzen. Dabei entstehen Drücke bis zu 100 bar. Thermometer aus Quarzglas, die statt mit Quecksilber mit dem Metall Gallium gefüllt sind, können ohne Füllgas bis zu $1100\,^{\circ}\mathrm{C}$ verwendet werden. Gallium schmilzt bei $29.78\,^{\circ}\mathrm{C}$ und siedet bei etwa $2000\,^{\circ}\mathrm{C}$. Für tiefere Temperaturen bis $-100\,^{\circ}\mathrm{C}$ werden Äthylalkohol- oder Toluolthermometer benutzt. Thermometer mit Pentan-Füllung reichen von $-190\,^{\circ}\mathrm{C}$ bis $+700\,^{\circ}\mathrm{C}$.

Alle diese Ausdehnungsthermometer müssen geeicht werden. Sie erhalten beim Gefrierpunkt ($0\,^{\circ}\mathrm{C}$) und beim Siedepunkt des Wassers ($100\,^{\circ}\mathrm{C}$) eine Marke (Abb. 16.5). Der Ausdehnungsbereich wird gleichmäßig in 100 Teile geteilt. Diese Skala wird auch über die Fixpunkte hinaus verlängert. Es ist wichtig zu bemerken, dass z. B. ein Hg-Thermometer und ein Alkoholthermometer, beide bei den Fixpunkten $0\,^{\circ}\mathrm{C}$ und $100\,^{\circ}\mathrm{C}$ geeicht und gleichmäßig eingeteilt, keineswegs bei $50\,^{\circ}\mathrm{C}$ auch genau diese Temperatur anzeigen. Die auf die gleiche Temperaturdifferenz bezogene Ausdehnung der Stoffe ist in unterschiedlichen Temperaturgebieten nicht gleich. Dies ist der Nachteil aller Ausdehnungsthermometer. Deshalb erhält man zu einem sehr guten Thermometer eine Korrekturtabelle, in der der Fehler bei jedem Grad eingetragen ist. Ein solches Thermometer ist mit einem Gasthermometer verglichen worden, das in einem weiten Bereich zur Messung der thermodynamischen Temperatur dient. – Als Fixpunkte unterhalb von $0\,^{\circ}\mathrm{C}$ und oberhalb von $100\,^{\circ}\mathrm{C}$ dienen ebenfalls Schmelz- oder Erstarrungstemperaturen reiner Stoffe oder Siedepunkte. Wichtige Fixpunkte sind z. B. der Siedepunkt von Schwefel ($444.60\,^{\circ}\mathrm{C}$), die Erstarrungstemperatur von Silber ($960.8\,^{\circ}\mathrm{C}$) und die Erstarrungstemperatur von Gold ($1063\,^{\circ}\mathrm{C}$). Die Siedetemperatur von flüssigem Sauerstoff ($-182.970\,^{\circ}\mathrm{C}$) ist ebenfalls ein wichtiger Fixpunkt.

Die Genauigkeit der Temperaturmessung ist in verschiedenen Bereichen keineswegs gleich. Der Gefrierpunkt von Wasser hat eine Unsicherheit von etwa $0.002\,\mathrm{K}$. Wesentlich genauer (bis $\pm\,0.00005\,\mathrm{K}$) ist der Tripelpunkt des Wassers zu bestimmen, der um $0.0098\,\mathrm{K}$ über dem Gefrierpunkt liegt. Der Tripelpunkt ist dadurch ausgezeichnet, dass bei einer bestimmten Temperatur und einem bestimmten Druck alle drei Aggregatzustände eines

Abb. 16.6 Oberer Teil eines Beckmann-Thermometers

Stoffes nebeneinander existieren können. Der Siedepunkt von Wasser lässt sich mit einer Genauigkeit bis zu 0.001 K reproduzieren. Die Unsicherheiten der Siedepunkte von Schwefel und Gold betragen etwa 0.01 K. Bei weiterer Steigerung der Temperatur sinkt die Messgenauigkeit beträchtlich. Sie beträgt bei 3000 °C etwa ± 20 K.

Wegen der großen Genauigkeit der Messung des Tripelpunktes von Wasser ist auf der 10. Generalkonferenz für Maß und Gewicht (1954) beschlossen worden, dass die Temperatureinheit durch einen einzigen Fixpunkt, den Tripelpunkt des Wassers, festgelegt wird. Dieser Punkt hat durch Beschluss die Temperatur 273.16 K erhalten. Die Gradeinteilung nach oben und unten gewinnt man mit Hilfe des Gasthermometers. Weitere Fixpunkte bei tiefen Temperaturen sind z. B. die Tripelpunkte von flüssigem Wasserstoff und flüssigem Sauerstoff oder auch Übergangstemperaturen zur Supraleitung (Bd. 6).

Durch Verwendung sehr enger Kapillaren und hinreichend großer Quecksilbergefäße erreicht man bei Thermometern auch Ablesegenauigkeiten von 1/100 Grad. Derartige hochempfindliche Thermometer werden aber stets nur für einen engen Temperaturbereich hergestellt, da sie sonst zu lang würden. Ein sehr empfindliches Thermometer, mit dem man noch 1/1000 Grad ablesen kann, ist das für die Messung von Temperaturänderungen bestimmte Beckmann-Thermometer (E. O. Beckmann, 1853 – 1923), dessen oberen Teil Abb. 16.6 zeigt. Da die ganze Kapillare nur wenige Grad, oft sogar nur ein Grad umfasst, muss man die Quecksilbermenge im Thermometergefäß verändern können, um den Stand der Quecksilberkuppe bei verschiedenen Temperaturen in den Bereich der geeichten Skala zu verlegen. Dies geschieht mit einer am oberen Ende der Thermometerkapillare angebrachten schleifenartigen Erweiterung, in die man durch vorsichtiges Erwärmen gerade so viel Quecksilber hineinbringt, dass nachher der Quecksilberfaden für die gewünschte Temperatur die richtige Länge hat. Eine Hilfsskala an der Erweiterung erleichtert die richtige Bemessung der für die betreffende Temperatur abzutrennenden Quecksilbermenge. Umgekehrt kann man auch wieder Teile des abgetrennten Quecksilbers an den Quecksilberfaden anfügen.

Häufig besteht die Aufgabe, die maximale bzw. minimale Temperatur, die innerhalb eines gewissen Zeitraumes eintritt, zu bestimmen, ohne dass man die Möglichkeit hat, den Stand des Thermometers laufend zu beobachten (z. B. Bestimmung der Höchst- oder Tiefsttemperatur eines Tages). Zu diesem Zweck benutzt man Maximum-Minimum-Thermometer. Abb. 16.7 zeigt hierfür eine gebräuchliche Ausführungsform. Die Thermometerflüssigkeit (Alkohol) füllt das Gefäß A vollständig und das Gefäß B nur teilweise.

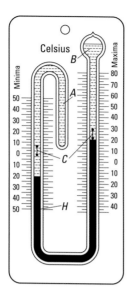

Abb. 16.7 Maximum-Minimum-
Thermometer

Beide Gefäße sind durch eine U-förmig gebogene Kapillare verbunden, in der sich ein Quecksilberfaden *H* befindet. Dehnt sich durch Erwärmung die Flüssigkeit in *A* aus, so verschiebt sich das linke Ende des Quecksilberfadens nach unten, während das rechte nach oben geht. In jedem Teil der Kapillare befindet sich über dem Quecksilber ein kleines Eisenstäbchen *C*, das der Quecksilberfaden vor sich herschiebt. Geht der Quecksilberfaden zurück, bleibt dieses Stäbchen, das einen kleinen, an der Kapillarwand federnd anliegenden Draht trägt, an der höchsten Stelle liegen, die die Quecksilberkuppe erreicht hat. Dies ist aber auf der rechten Seite der Kapillare die Stelle der höchsten, auf der linken Seite die Stelle der tiefsten Temperatur. Vor Gebrauch eines solchen Thermometers müssen die Stäbchen in der Kapillare mit Hilfe eines Magneten bis auf das Quecksilber heruntergeschoben werden. Auch das in der Medizin benutzte Fieberthermometer ist ein Maximumthermometer. Seine in Zehntelgrad geteilte Skala reicht von 35 bis 42 °C. Das Stehenbleiben des Quecksilberfadens in der Kapillare nach Erreichung der Höchsttemperatur wird durch eine Einengung der Kapillare an ihrem unteren Ende bzw. durch einen in die Kapillare an dieser Stelle hineinragenden Glasstift erreicht. An dieser Verengung reißt das Quecksilber beim Sinken der Temperatur ab, so dass der obere Teil in der Kapillare stehen bleibt und das nachträgliche Ablesen der Höchsttemperatur gestattet. Für eine erneute Benutzung des Thermometers bringt man durch eine Schleuderbewegung das Quecksilber wieder in das Vorratsgefäß.

Auch feste Metalle werden für Ausdehnungsthermometer benutzt. Ein Messing- oder Nickelstab z. B. befindet sich in einem Rohr von kleinerem Ausdehnungskoeffizienten. Der Unterschied der Ausdehnung wird durch einen Hebel auf einen Zeiger übertragen. – Sehr viel häufiger werden Bimetall-Thermometer verwendet. Metallstreifen mit verschiedenen Ausdehnungskoeffizienten werden aufeinander gewalzt, gelötet oder geschweißt. Bei Temperaturänderung krümmt sich der Streifen und kann einen Schalter oder einen Zeiger bewegen (Abb. 16.10 und 16.11 in Abschn. 16.2).

Neben den Ausdehnungsthermometern spielen in Wissenschaft und Technik noch die folgenden Thermometerarten eine große Rolle:

Die *Thermoelemente* bestehen aus einem Paar verschiedener Metalle, das beim Erwärmen eine elektrische Thermospannung liefert. Sie werden überwiegend im Bereich hoher Temperaturen, jedoch auch bei tiefen Temperaturen verwendet. Thermoelemente lassen sich sehr einfach und in sehr kleiner Ausführung herstellen. Man lötet oder schweißt zwei Drähte aus geeigneten Metallen, z. B. Kupfer und Konstantan, an einem Ende zusammen (Hauptlötstelle). Die beiden anderen Enden werden mit den Leitungsdrähten aus Kupfer zusammengelötet (Nebenlötstellen), die zum elektrischen Strommessinstrument führen. Die Hauptlötstelle befindet sich dort, wo die Temperatur gemessen werden soll. Die Nebenlötstellen dienen als Bezugspunkte und befinden sich z. B. in Eiswasser auf 0 °C. Um die einzelnen Drähte vor gegenseitiger Berührung zu schützen, schiebt man sie z. B. einzeln durch dünne Keramikrohre. Thermoelemente können für Temperaturen von einigen Kelvin (z. B. Au+Co/Ag+Au) bis zu etwa 3000 K (Wolfram/Tantal) verwendet werden.

Eine andere wichtige Methode zur Messung von Temperaturen ist die Bestimmung des elektrischen Widerstandes. Dieser nimmt bei Metallen mit steigender Temperatur zu. Solche *Widerstandsthermometer* bestehen meist aus dünnen, ausgeglühten Platindrähten. Ihre Genauigkeit ist recht hoch, nämlich besser als 1/1000 K im Gebiet zwischen 0 und 400 °C.

Ein modernes Gerät, mit dem außerordentlich genaue Temperaturmessungen durchgeführt werden können, ist das *Quarz-Thermometer*. Die Resonanzfrequenz eines Schwingquarzes ist im Allgemeinen von der Temperatur abhängig. Diesen Effekt kann man zur Messung der Temperatur ausnutzen. Der Quarz, der sich in einer Schutzhülle befindet, wird an die Stelle gebracht, an der die Temperatur gemessen werden soll. Die Schutzhülle ist etwa 20 mm lang und hat einen Durchmesser von 10 mm. Der Temperaturfühler hat daher eine relativ große Wärmekapazität. Aus diesem Grund können nur Temperaturen an Objekten mit großer Wärmekapazität gemessen werden, da sonst die Temperaturverhältnisse am Messobjekt gestört werden. Weil die Messung so auf eine Frequenzmessung zurückgeführt wird, lässt sich mit handelsüblichen Geräten eine Linearität von ± 0.5 % und eine Auflösung von 0.0001 K in dem Bereich von −80 bis +250 °C erreichen. Ein zusätzlicher Vorteil besteht darin, dass Störungen wie Rauschen oder der Einfang von Störsignalen die Frequenzmessung wenig beeinflussen. Dies ist besonders wichtig bei langen Messleitungen, wie sie z. B. bei Temperaturmessungen in großen Wassertiefen erforderlich sind.

Die *Dampfdruckthermometer* beruhen auf der Änderung des Dampfdrucks von Flüssigkeiten (z. B. Äther, Alkohol, Pentan für Temperaturen von 0 bis 350 °C, oder flüssiger Sauerstoff, flüssiges Helium bei tiefen Temperaturen).

Oberhalb von 1000 K wird hauptsächlich die ausgesandte Lichtstrahlung zur Temperaturbestimmung benutzt. Bekanntlich ändert sich die Lichtausstrahlung, wenn man einen dunkelrot glühenden Körper weiter erhitzt. Das Licht wird gelblich, dann weiß und bei weiterer Temperatursteigerung bläulich weiß. Die spektrale Zusammensetzung des ausgesandten Lichtes lässt eine ziemlich genaue Temperaturbestimmung zu. Darüber wird unter Wärmestrahlung (Abschn. 18.3) mehr berichtet. Hier muss aber betont werden, dass die *Strahlungsthermometrie* bei Temperaturen oberhalb von 1000 K deshalb von großer Bedeutung ist, weil sie oft die einzige Methode ist, hohe Temperaturen zu messen. Allerdings tritt anstelle eines Thermometers eine umfangreichere optische Messanordnung. Diese kann jedoch sehr einfach werden, wenn keine große Genauigkeit verlangt wird. Die *Strahlungspyrometer* erfüllen diesen Zweck. Durch ein kleines Fernrohr wird der zu messende glühende Körper (z. B. geschmolzenes Eisen) betrachtet. Im Fernrohr befindet sich eine kleine Glühlampe. Die Temperatur des Glühfadens in der Lampe wird durch Regelung der elektrischen Stromstärke so lange verändert, bis der Faden sich vom betrachteten Körper nicht mehr unterscheidet, also weder heller noch dunkler ist. Man liest die elektrische Stromstärke ab und in einer Eichtabelle die Temperatur.

Schließlich gibt es verschiedene Stoffe, die bei Erwärmung ihre Farbe bei einer bestimmten Temperatur ändern und so zur Temperaturbestimmung des Umschlagpunkts geeignet sind. Zum Beispiel zeigt das gelbe Silberquecksilberjodid Ag_2HgJ_4 bei $35\,°C$ einen Farbumschlag nach rot und das rote Kupferquecksilberjodid Cu_2HgJ_4 bei $71\,°C$ einen nach braun, der in beiden Fällen bei Abkühlung wieder zurückgeht.

16.2 Thermische Ausdehnung

Feste Körper. Die Ausdehnung fester und flüssiger Körper wurde bei der Beschreibung von Thermometern schon erwähnt. Sie soll nun genauer behandelt werden. Zunächst die Ausdehnung fester Körper, und zwar die lineare Ausdehnung von Stäben oder Rohren. Man kann sie leicht mit dem in Abb. 16.8 gezeigten Gerät messen. Es zeigt sich, dass in erster Näherung die Verlängerung eines Stabes, der bei der Anfangstemperatur T_0 die Länge L_0 hat, proportional zur Länge L_0 und zur Temperaturdifferenz $\Delta T = T - T_0$ ist:

$$\Delta L = \alpha L_0 \cdot \Delta T.$$

Der Proportionalitätsfaktor α, der *Längenausdehnungskoeffizient*, hängt von den Materialeigenschaften des Stabes ab. Addiert man auf beiden Seiten L_0, so steht links $L_0 + \Delta L = L$. Dies ist die Länge bei der Temperatur T. Man erhält daher

$$L = L_0(1 + \alpha\,\Delta T). \tag{16.1}$$

α ist also gleich der relativen Längenänderung pro Temperaturdifferenz. Die Einheit ist K^{-1}. Tab. 16.1 zeigt einige Beispiele.

Es muss ausdrücklich betont werden, dass α selbst auch etwas von der Temperatur abhängt. Wenn man z. B. prüfen will, ob ein Metall für eine vakuumdichte Einschmelzung in einem bestimmten Glas geeignet ist, muss man die Ausdehnungskoeffizienten der beiden Materialien über einen größeren Temperaturbereich vergleichen, nämlich vom

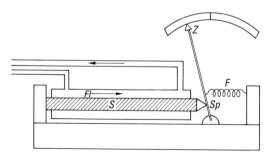

Abb. 16.8 Messung der thermischen Längenausdehnung eines Stabes S. Die Feder F drückt den Zeiger Z gegen die Spitze Sp. Die Temperatur wird durch eine durchgeleitete Flüssigkeit Fl verändert.

Tab. 16.1   Längenausdehnungskoeffizient einiger Festkörper

Material	α (K^{-1})
mittelhartes Glas	$0.90 \cdot 10^{-5}$
Hartglas	$0.30 \cdot 10^{-5}$
Platin	$0.90 \cdot 10^{-5}$
Kupfer	$1.67 \cdot 10^{-5}$
Eisen	$1.23 \cdot 10^{-5}$
Invarstahl	$0.20 \cdot 10^{-5}$

Erweichungspunkt des Glases (z. B. 600 °C) bis etwa 50 °C. Man kann für sehr genaue Messungen Formeln von folgender Art benutzen:

$$L = L_0(1 + \alpha \, \Delta T + \beta(\Delta T)^2 + \ldots). \tag{16.2}$$

Im Allgemeinen ist der Term $\beta(\Delta T)^2$ allerdings klein gegen den Term $\alpha \, \Delta T$.

Natürlich dehnt sich ein Stab nicht nur in seiner Längsrichtung aus, sondern er verändert auch seine Querabmessungen. Man nennt entsprechend dem Längenausdehnungskoeffizient den Ausdruck

$$\gamma = \frac{\Delta V}{V_0} \cdot \frac{1}{\Delta T}, \tag{16.3}$$

d. h. die relative Volumenänderung pro Temperaturdifferenz, den *Volumenausdehnungskoeffizient*. Dieser braucht jedoch nicht besonders bestimmt zu werden, sondern ergibt sich rein geometrisch aus dem linearen Ausdehnungskoeffizient. Wenn ein quaderförmiger Körper bei der Temperatur T_0 die linearen Abmessungen L_0, M_0 und N_0 hat, die sich bei der Temperatur T auf L, M und N vergrößern, so hat er bei T_0 das Volumen $V_0 = L_0 \cdot M_0 \cdot N_0$, bei T dagegen $V = L \cdot M \cdot N$. Da nun auch Gl. (16.1) gilt,

$$L = L_0(1 + \alpha \, \Delta T), \quad M = M_0(1 + \alpha \, \Delta T) \quad \text{und} \quad N = N_0(1 + \alpha \, \Delta T),$$

folgt durch Multiplikation

$$V = V_0(1 + \alpha \, \Delta T)^3 \approx V_0(1 + 3\alpha \, \Delta T). \tag{16.4}$$

Da bei den gewöhnlich betrachteten Temperaturänderungen $\alpha \, \Delta T \ll 1$ ist, dürfen quadratische und kubische Glieder vernachlässigt werden. Der dreifache Wert des Längenausdehnungskoeffizienten ist also gleich dem Volumenausdehnungskoeffizienten ($\gamma = 3\,\alpha$).

Die Ausdehnung eines festen Körpers bei Erwärmung und seine Kontraktion bei Abkühlung können mit großer Kraft erfolgen. Um z. B. die bei einem Eisenstab von 1 cm^2 Querschnittsfläche bei Erwärmung um 100 K erfolgte relative Längenänderung von 0.00123 durch Anhängen eines Gewichtes zu erreichen, müsste dieses den Betrag von $26 \cdot 10^3$ N haben, vorausgesetzt, dass bei diesem Versuch die Elastizitätsgrenze nicht überschritten wird. Demnach würde also auch ein Gegendruck von $26 \cdot 10^3$ N/cm^2 nötig sein, um die Ausdehnung des Eisenstabes bei Erwärmung von 100 K zu verhindern. Man muss daher beim Bau von Eisenbrücken sowie beim Verlegen von Metallschienen den einzelnen Stücken genügend Spielraum und Zwischenraum lassen, damit sie nicht durch die bei der Erwärmung auftretenden Kräfte verbogen werden. Die große Kraft, die beim Abkühlen eines Eisenstabes auftreten kann, lässt sich mit der Anordnung in Abb. 16.9

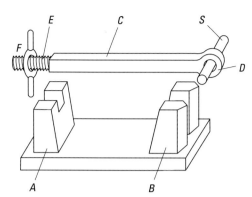

Abb. 16.9   Anordnung zum Nachweis der Zugspannung, die ein Eisenstab beim Abkühlen entwickelt

zeigen. In die Aussparung der beiden Lagerböcke *A* und *B* eines kräftigen gusseisernen Gestells wird ein vorher bis fast zur Rotglut erhitzter schmiedeeiserner Stab *C* von etwa 20 – 30 cm Länge und einer quadratischen Querschnittsfläche von 4 cm² gelegt. Der Stab trägt an seinem rechten Ende eine innen scharfkantige Öffnung *D* und am linken Ende eine Schraubenspindel *E* mit darauf passender kräftiger Mutter *F*. Nachdem der Stab in das Gestell eingesetzt ist, wird durch die Öffnung *D* ein starker, gusseiserner Stab *S* (1 cm Durchmesser) gesteckt und die Schraubenmutter *F* fest angezogen. Sobald der Stab *C* sich beim Erkalten zusammenzieht, bricht der Stab *S* in der Mitte durch.

Wenn man zwei gleich lange und breite Metallstreifen aufeinander walzt oder lötet, die verschiedene Ausdehnungskoeffizienten haben (Abb. 16.10), z. B. Zink und Eisen, so muss sich ein solcher *Bimetallstreifen* bei jeder Temperaturänderung krümmen. Man benutzt solche Bimetallstreifen z. B. dazu, um bei einer bestimmten Temperatur einen elektrischen Kontakt zu öffnen oder zu schließen und so eine automatische Temperaturregelung herzustellen. Bei elektrischen Heizkissen, Bügeleisen, Heißwasserspeichern verhindert man auf diese Weise eine Überhitzung der Geräte. – Biegt man einen Bimetallstreifen zu einer Spirale (Abb. 16.11) und befestigt diese mit ihrem äußeren Ende an einem festen Metallzapfen *B* und mit ihrem inneren Ende an einer drehbaren, mit einem Zeiger versehenen Achse *A*, so wird diese und damit der Zeiger bei einer Temperaturänderung gedreht. Auf diesem Prinzip beruhen die verschiedenen *Metallthermometer*.

Die Schwingungsdauer eines Pendels vergrößert sich bei Erwärmung durch Ausdehnung der Pendelstange, so dass eine gewöhnliche Pendeluhr bei hoher Temperatur langsamer, bei niedriger Temperatur schneller geht. Man vermeidet diesen temperaturabhängi-

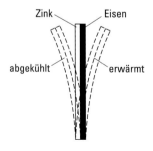

Abb. 16.10   Bimetallstreifen

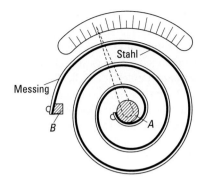

Abb. 16.11 Anwendung eines Bimetallstreifens beim Metallthermometer

gen ungleichmäßigen Gang durch Benutzung von Kompensationspendeln. Bei dem sogenannten Rostpendel (Abb. 16.12a, 1726 von J. Harrison erfunden) wird die Pendellinse L durch Ausdehnung der rostähnlich angeordneten Eisenstäbe E bei Erwärmung nach unten und durch die Zinkstangen Z nach oben geschoben. Bezeichnet man mit L_E die Länge der unter sich gleich langen Eisenstäbe, mit L_Z die Länge der Zinkstäbe, so ist die Gesamtlänge bei dieser Temperatur offenbar $L_T = 2L_E - L_Z$, und bei der Temperatur $T + \Delta T$ gilt $L_{T+\Delta T} = 2L_E(1 + 0.0000123 \Delta T) - L_Z(1 + 0.0000263 \Delta T)$. Damit diese Länge von der Temperatur unabhängig ist, muss $2L_E \cdot 0.0000123 = L_Z \cdot 0.0000263$ oder $L_E = L_Z \cdot 263/(2 \cdot 123) = 1.069 L_Z$ sein.

Bei dem Riefler'schen Kompensationspendel (Abb. 16.12b, 1897 von S. Riefler zum Patent angemeldet) besteht die Pendelstange S aus Invarstahl, der einen sehr kleinen Ausdehnungskoeffizienten besitzt. Um auch diesen noch zu kompensieren, ist die Pendellinse L nicht fest mit dem unteren Ende der Stange S verbunden, sondern ruht unter Zwischenschaltung einer Hülse R aus einem sich stärker ausdehnendem Metall auf dem unteren Ende der Stange S. Durch richtige Wahl der Längenverhältnisse von S und R erreicht man, dass der Schwerpunkt der Linse L bei Temperaturänderungen seine Lage beibehält und die Schwingungsdauer des Pendels konstant bleibt.

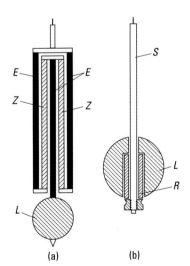

(a)   (b)

Abb. 16.12 Uhrpendel mit Vorrichtung zur Aufhebung des Temperatureinflusses, (a) Rostpendel, (b) Riefler-Pendel

Auch die bekannte Erscheinung, dass ein dickwandiges Glasgefäß beim Eingießen einer heißen Flüssigkeit springt, hat seine Ursache in der Ausdehnung des Glases bei Erwärmung. Da das Glas ein schlechter Wärmeleiter ist, erwärmt es sich zuerst an der Oberfläche. Es treten demzufolge starke elastische Spannungen im Glas auf, die zu einem Zerspringen führen. Nur sehr dünnwandige Gläser halten eine plötzliche Temperaturänderung aus, ohne dabei zu zerspringen, ferner auch Hartgläser, die einen kleinen Ausdehnungskoeffizienten besitzen. Quarzglas hat einen sehr geringen Ausdehnungskoeffizienten. Man kann einen auf Rotglut erhitzten Kolben aus Quarz in Wasser tauchen, ohne dass er zerspringt. Glasgegenstände müssen bei ihrer Herstellung sehr langsam abgekühlt werden, damit sie in kaltem Zustand keinerlei elastische Spannungen besitzen, die sonst bei einer leichten Beschädigung ihrer Oberfläche zum Auftreten von Sprüngen führen können. Bei der Herstellung rasch gekühlte Glasfläschchen mit dickem Boden, sogenannte *Bologneser Fläschchen*, zerspringen, wenn man einen Feuersteinsplitter hineinwirft, der die Oberfläche des Glases ritzt und dadurch den Spannungszustand aufhebt, den die Oberfläche in unverletztem Zustand der inneren Spannung des Glases entgegensetzt. Die sogenannten *Glastränen*, die man erhält, wenn geschmolzenes Glas in Wasser tropft und sich dabei rasch abkühlt, zerfallen beim Abbrechen der Spitze in winzige Bruchstücke. Darauf beruht die Herstellung der für Autoscheiben benutzten, splitterfreien Sicherheitsgläser: Sie stellen ein durch rasche Abkühlung mit starken, elastischen Spannungen versehenes Hartglas dar, das bei Beschädigung ohne gefährliche Splitterbildung in kleine, erbsengroße Teile zerfällt.

Besonders sorgfältig müssen optische Gläser gekühlt werden, da die sonst im Glas auftretenden elastischen Spannungen sie optisch inhomogen und damit unbrauchbar machen würden. Der Abkühlungsprozess dauert normalerweise bei ihnen viele Monate, bei besonders großen Stücken sogar Jahre.

Zur luftdichten Einschmelzung von Metalldrähten in Glas, was überall dort erforderlich ist, wo ein elektrischer Strom durch die Wand eines gasdichten Gefäßes führen soll (Glühlampe, Radioröhre, Röntgenröhre usw.), sind nur solche Metalle und Gläser brauchbar, die den gleichen Ausdehnungskoeffizienten haben. Bei ungleicher Ausdehnung, z. B. bei Kupfer und Glas, sprengt der Draht bei Abkühlung die Einschmelzstelle oder lockert sich bei Erwärmung. Am besten gelingt das Einschmelzen von Platindraht in mittelhartem Glas, da beide Stoffe den gleichen Ausdehnungskoeffizient ($0.90 \cdot 10^{-5}$ K^{-1}) besitzen.

Flüssigkeiten. Bei der Ausdehnung der Flüssigkeiten wird nur der Volumenausdehnungskoeffizient bestimmt. Dabei tritt eine Schwierigkeit infolge des Umstandes auf, dass die Flüssigkeit in ein Gefäß eingefüllt werden muss, um erwärmt zu werden. Hierbei dehnt sich aber auch das Gefäß aus, und man beobachtet nur die Differenz der Ausdehnungen von Flüssigkeit und Behälter. Davon kann man sich leicht durch folgenden Versuch überzeugen: Wenn man mit einer kleinen Stichflamme rasch über die Kugel eines Quecksilberthermometers hinwegfährt, so sinkt der Quecksilberfaden zuerst, weil sich zunächst allein das Gefäß auf eine hohe Temperatur erwärmt, und steigt erst nachher, wenn auch das Quecksilber dieselbe Temperatur angenommen hat.

Wie ist nun unter diesen Umständen zu verfahren? Man muss die Ausdehnung einer Flüssigkeit absolut kennen, kann mit deren Hilfe dann die Ausdehnung eines Gefäßes bestimmen und dann endlich die Ausdehnung beliebiger Flüssigkeiten. Zur absoluten Bestimmung der Ausdehnung einer Flüssigkeit benutzt man nach der Methode von P. L. Dulong (1785 – 1838) und A. Th. Petit (1791 – 1820) ein kommunizierendes Rohr

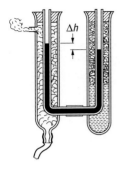

Abb. 16.13   Anordnung von Dulong und Petit zur Messung der Ausdehnung einer Flüssigkeit bei Erwärmung

(Abb. 16.13), dessen rechter Schenkel durch Umhüllung mit schmelzendem Eis auf 0 °C gehalten wird, während der andere Schenkel vom Dampf siedenden Wassers umströmt wird, also eine Temperatur von 100 °C annimmt. Die Dichte ϱ einer Flüssigkeit ändert sich mit der Temperatur umgekehrt wie das Volumen V, da das Produkt ϱV gleich der Masse ist, also konstant sein muss. Es gilt also für zwei Temperaturen die Gleichung

$$\varrho V = \varrho_0 V_0,$$

und folglich nach Gl. (16.4), wenn wir den Volumenausdehnungskoeffizient von Flüssigkeiten mit γ bezeichnen,

$$\varrho V_0 (1 + \gamma \, \Delta T) = \varrho_0 V_0,$$

d. h.

$$\varrho = \frac{\varrho_0}{1 + \gamma \, \Delta T}. \tag{16.5}$$

Aufgrund der größeren Dichte bei 0 °C muss die Flüssigkeit in dem erhitzten Schenkel des kommunizierenden Rohres höher stehen als im kalten, und nach dem Gesetz der kommunizierenden Röhren verhalten sich die Höhen umgekehrt wie die Dichten selbst. So gewinnt man aus der Messung der Höhen das Verhältnis $\varrho_0/\varrho = 1 + \gamma \, \Delta T$, d. h. den Absolutwert des Volumenausdehnungskoeffizienten für eine Flüssigkeit, und dann auf die beschriebene Weise denjenigen für beliebige Flüssigkeiten. Tab. 16.2 enthält einige so gewonnene Zahlenwerte, die sich auf Temperaturen in der Umgebung von 18 °C beziehen. Dieser Zusatz ist hier notwendig, da bei Flüssigkeiten γ stärker mit T variiert als bei

Tab. 16.2   Volumenausdehnungskoeffizienten von Flüssigkeiten (bei 18 °C)

Stoff	γ (in K^{-1})
Äthylalkohol	0.00110
Äthyläther	0.00162
Benzol	0.00106
Chloroform	0.00128
Quecksilber	0.00049
Schwefelkohlenstoff	0.00018
Wasser	0.00018

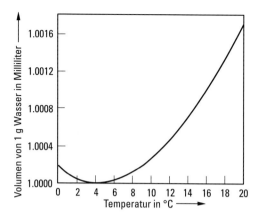

Abb. 16.14   Volumenänderung von Wasser bei Erwärmung

Festkörpern. Man erkennt, dass die Ausdehnungskoeffizienten für Flüssigkeiten erheblich (rund 100-mal) größer sind als für Festkörper.

Eine in ihren Folgen wichtige Anomalie zeigt das Wasser bei Erwärmung von 0 °C an. Bis zu einer Temperatur von 4 °C (genauer 3.98 °C) hat es einen negativen Ausdehnungskoeffizient, zieht sich also bei Erwärmung bis 4 °C zusammen. Bei 4 °C selbst geht der Ausdehnungskoeffizient durch null, oberhalb nimmt er positive Werte an (Abb. 16.14). Wasser hat daher bei 4 °C das Maximum seiner Dichte. Wenn daher im Winter die Temperatur an einer freien Wasseroberfläche abnimmt, sinkt das abgekühlte Wasser in die Tiefe, und zwar so lange, bis das gesamte Wasser eine Temperatur von 4 °C erreicht hat. Erst dann bleibt bei weiterer Temperaturabnahme das gekühlte Wasser an der Oberfläche und kann gefrieren. Es gefriert an der Oberfläche, weil hier zunächst die Abkühlung stattfindet und dann die beim Erstarren frei werdende Kristallisationswärme an die Luft abgegeben werden kann. Würde das Gefrieren in größerer Tiefe stattfinden, würde die entstehende Erstarrungswärme das umgebende Wasser erwärmen und dieses das gerade entstandene Eis wieder schmelzen. Die Kristallisationswärme muss in jedem Fall abgeführt werden. Dies kann an der Oberfläche leicht erfolgen, besonders bei schwachem Wind. Eine schon gebildete Eisschicht schwimmt auf dem Wasser, weil die Dichte von Eis kleiner ist als die von Wasser. Die am unteren Rand der schwimmenden Eisschicht entstehende Kristallisationswärme geht nach oben durch das Eis hindurch. Die Wärmeleitung von Eis ist viel besser als die von Wasser.

Man kann das anomale Verhalten des Wassers leicht durch folgenden Versuch zeigen: In einen hohen, mit Wasser gefüllten Standzylinder wirft man kleine Eisstücke hinein, die, an der Oberfläche des Wassers schwimmend, diese auf 0 °C abkühlen. Ein auf den Boden des Gefäßes herabreichendes Thermometer zeigt nach einiger Zeit dauernd die Temperatur von 4 °C an.

Noch anschaulicher lässt sich dieses Verhalten des Wassers verfolgen, wenn man in einem Standzylinder Wasser in der Mitte durch Eis auf 0 °C abkühlt, indem man das Eis entweder in einem Drahtkörbchen in das Wasser hängt oder nach Abb. 16.15 die Abkühlung von außen vornimmt. Dann zeigt das im oberen Teil des Gefäßes angebrachte Thermometer zunächst keine Änderung, während das untere Thermometer allmählich bis auf 4 °C absinkt. Erst danach beginnt das obere Thermometer ebenfalls zu sinken und sich bis auf 0 °C abzukühlen.

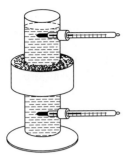

Abb. 16.15   Anordnung zum Nachweis der verschiedenen Dichten des Wassers bei 0 °C und 4 °C

Gase. Bei der Ausdehnung von Gasen durch Erwärmung ist zu berücksichtigen, dass ihr Volumen auch vom Druck abhängt. Man findet, wenn V_0 ein Gasvolumen bei konstantem Druck p_0 und der Temperatur T_0 ist, für das Volumen V bei gleichem Druck und der Temperatur T

$$V = V_0(1 + \gamma \, \Delta T), \tag{16.6}$$

worin γ wieder der Volumenausdehnungskoeffizient ist. Auch hier ist γ gleich der relativen Volumenvergrößerung pro Temperaturerhöhung $(V - V_0)/(V_0 \, \Delta T)$. Gl. (16.6) wird als *Gay-Lussac'sches Gesetz* (J. Gay-Lussac, 1778 – 1850) bezeichnet, obwohl bereits G. Amontons (1663 – 1705) es aufgestellt hat. Der Ausdehnungskoeffizient von Gasen ist viel größer als für feste und flüssige Körper, und obwohl man auch hier streng genommen nur die Differenz zwischen Ausdehnung des Gefäßes und des Gases misst, kann man doch von der ersteren im Allgemeinen vollkommen absehen.

Außerdem haben alle Gase die Eigenschaft, nahezu den gleichen Ausdehnungskoeffizient zu besitzen, wie Tab. 16.3 zeigt, die in dem Temperaturintervall von 0 bis 100 °C und für normalen Atmosphärendruck gilt. Als Mittelwert kann man mit guter Näherung

$$\gamma = \frac{1}{273.15} \, \text{K}^{-1} = 0.003661 \, \text{K}^{-1} \tag{16.7}$$

benutzen. Allerdings gilt Gl. (16.6) nur näherungsweise, wie man schon daraus sieht, dass aus ihr folgen würde, dass bei −273.15 °C das Gas (unter dem gleichen Druck p_0) das Volumen null annehmen müsste, was natürlich unmöglich ist. Außerdem gehen alle Gase bei hinreichender Abkühlung in den flüssigen Zustand über. Gl. (16.6) gilt also nur,

Tab. 16.3   Thermische Ausdehnungskoeffizienten von Gasen

Gas	γ (in K^{-1})
Luft	0.003674
Sauerstoff	0.003674
Stickstoff	0.003674
Wasserstoff	0.003662
Helium	0.003660
Neon	0.003662
Argon	0.003671
Kohlendioxid	0.003726

solange Druck- und Temperaturverhältnisse so beschaffen sind, dass das Gas nicht zu nahe an seinen Verflüssigungspunkt herankommt, d. h. für nicht zu hohen Druck und nicht zu niedrige Temperatur.

Der in Tab. 16.3 angegebene Ausdehnungskoeffizient für CO_2, $\gamma = 1/268.4\ \text{K}^{-1}$, weicht schon merklich von dem Mittelwert $1/273.15\ \text{K}^{-1}$ der übrigen Gase ab. Das liegt daran, dass Kohlendioxid in dem Temperaturintervall $0-100\,°\text{C}$ bei Atmosphärendruck von den oben aufgeführten Gasen den Verflüssigungsbedingungen am nächsten ist.

16.3 Absolute Temperatur, Zustandsgleichungen von Gasen

Absolute Temperatur. Obwohl eine Extrapolation der Gl. (16.6) zu sehr tiefen Temperaturen unzulässig ist, hat man dennoch aus dem formelmäßigen Verschwinden des Volumens bei $-273.15\,°\text{C}$ geschlossen, dass es keine tiefere Temperatur als $-273.15\,°\text{C}$ geben könne. Obwohl der Schluss in dieser Form unzulässig ist, stimmt die Folgerung doch mit den Tatsachen überein, wie später noch genauer erörtert wird. Man hat daher den Nullpunkt der Temperaturskala vom Gefrierpunkt des Wassers nach $-273.15\,°\text{C}$ verlegt und bezeichnet die von diesem Punkt an gezählte Temperatur als die *absolute Temperatur T*. Diese Temperaturskala, die sich für wissenschaftliche Zwecke als die nützlichste herausgestellt hat, stimmt praktisch mit einer später zu definierenden überein, der sogenannten *thermodynamischen Temperaturskala*, die von Kelvin vorgeschlagen wurde. Man misst daher die absolute Temperatur in „Kelvin" (K). Die Temperatur $T = 0\ \text{K}$ bezeichnet man als *absoluten Nullpunkt*.

Für den Zusammenhang von Celsius- und Kelvin-Skala ergibt sich also

$$\frac{t}{°\text{C}} = \frac{T}{\text{K}} - 273.15. \tag{16.8}$$

Für Temperaturdifferenzen haben damit die beiden Einheiten $°\text{C}$ und K die gleiche Maßzahl. Für die Temperaturen t und T selbst gilt das aber nicht! Für Umrechnungen ist immer Gl. (16.8) zu benutzen. Die in manchen Büchern zu findende Gleichsetzung von z. B. $20\,°\text{C} = 293\ \text{K}$ ist falsch.

Zustandsgleichung idealer Gase. Bekanntlich hängt das Volumen von Gasen bei konstanter Temperatur stark vom Druck ab. Jeder weiß, dass man Luft in einer Fahrradluftpumpe auf etwa ein Fünftel des Volumens oder weniger zusammendrücken kann. Dadurch steigt natürlich die Dichte mit zunehmendem Druck bzw. mit abnehmendem Volumen, da sich die Masse der eingeschlossenen Luft nicht ändert. Der Druck p ist also zur Dichte ϱ eines Gases proportional,

$$p = \varrho \cdot \text{const} = \frac{m}{V} \cdot \text{const} \tag{16.9}$$

oder, wenn die Masse m in die Konstante einbezogen wird,

$$p V = \text{const} = p_1 V_1 = p_2 V_2 = \dots \quad (T = \text{const}). \tag{16.10}$$

(Der Leser möge sich durch eine Einheitenbetrachtung davon überzeugen, dass das Produkt $p V$ eine Energie darstellt.)

Gl. (16.10) ist das schon in der Mechanik der Gase behandelte Boyle-Mariotte'sche Gesetz. Es ist in weitem Temperaturbereich gültig, sofern die Temperatur des Gases weit oberhalb der Kondensationstemperatur, also des Verflüssigungspunktes des Gases, liegt. Denn in der Nähe der Verflüssigungstemperatur machen sich Anziehungskräfte zwischen den Gasmolekülen und ihr Eigenvolumen bemerkbar. Man spricht von idealen Gasen, wenn dies noch nicht der Fall ist, so dass das Boyle-Mariotte'sche Gesetz gilt (z. B. Luft bei Zimmertemperatur).

Betrachtet man nun das Boyle-Mariotte'sche Gesetz $pV = \text{const} = p_0 V_0$ bei verschiedenen Temperaturen, so tritt nach Gl. (16.6) anstelle von V das Volumen $V = V_0(1 + \gamma \, \Delta T)$:

$$p_0 \, V = p_0 \, V_0 (1 + \gamma \, \Delta T) = p_0 \, V_0 + p_0 \, V_0 \gamma \, T - p_0 \, V_0 \gamma \, T_0. \qquad (16.11)$$

T_0 sei der Gefrierpunkt des Wassers. Dann erhält man mit $\gamma = 1/T_0$

$$p_0 \, V = p_0 \, V_0 \gamma \, T$$

oder mit $V_m = V/n$ ($n = $ Stoffmenge)

$$p_0 \, V_m = p_0 \, V_{m,0} \gamma \, T. \qquad (16.12)$$

Das molare Volumen $V_{m,0}$ hat bei Atmosphärendruck ($p_0 = 1.013 \cdot 10^5$ Pa) den Wert $22.4\,\text{l/mol} = 22.4 \cdot 10^{-3}$ m³/mol. Damit stehen rechts vor T nur konstante Größen, die man zu einer Konstante R zusammenfassen kann. Man erhält

$$R = 8.31 \frac{\text{J}}{\text{mol} \cdot \text{K}},$$

die *allgemeine Gaskonstante*. Die linke Seite von Gl. (16.12) ist aber nicht auf p_0 beschränkt. Bei anderen Drücken stellt sich das zugehörige molare Volumen ein. Damit ergibt sich als endgültige Form der Gl. (16.12)

$$p \, V_m = R \, T \quad \text{oder} \quad p \, V = n R \, T. \qquad (16.13)$$

Dies ist die *Zustandsgleichung idealer Gase*.

Die hier verwendete Größe *Stoffmenge* (Abschn. 1.6) gehört zu den Grundgrößen mit der Basiseinheit Mol (mol) und repräsentiert die Anzahl der in einem Stoff vorhandenen Teilchen (Atome oder Moleküle). Vereinbart wurde:

- 1 mol eines Stoffes enthält ebenso viele Teilchen, wie Atome in 12 Gramm ^{12}C enthalten sind.

Damit ist die Anzahl der Teilchen

$$N = n \cdot N_A,$$

wobei N_A die *Avogadro-Konstante* (A. Avogadro, 1776 – 1856) ist:

$$N_A = 6.022\,141\,99 \cdot 10^{23}\ \text{mol}^{-1}.$$

Damit kann man die Zustandsgleichung idealer Gase (16.13) auch direkt mit der Anzahl der Teilchen formulieren:

$$p \cdot V = N \cdot \frac{R}{N_A} T = N k T. \qquad (16.14)$$

Die neue Konstante $k = R/N_\text{A}$ (oft auch mit k_B bezeichnet) heißt *Boltzmann-Konstante* (Ludwig Boltzmann, 1844–1906):

$$k = 1.380\,650\,3 \cdot 10^{-23}\ \text{J} \cdot \text{K}^{-1}.$$

Sie ist in der Thermodynamik und in der Molekülphysik besonders wichtig und wird später bei der molekularkinetischen Theorie der Wärme eingehend behandelt.

Ein Vorteil der Verwendung der Stoffmenge oder der Teilchenzahl liegt darin, dass sich alle Gase gleich verhalten, wenn man z. B. das Produkt von Druck und molarem Volumen über der Temperatur aufträgt. Man erhält dann eine Gerade, deren Steigung die Gaskonstante R ist. Die Werte aller Gase liegen auf dieser Geraden, deren Verlängerung die Abszisse im absoluten Nullpunkt, also bei $T = 0\,\text{K}$ bzw. bei $t = -273.15\,°\text{C}$, schneidet.

Wenn man ein in einem Gefäß mit konstantem Volumen V eingeschlossenes Gas erwärmt, ändert sich der Druck entsprechend den Überlegungen zu Gl. (16.11):

$$p = p_0(1 + \gamma\,\Delta T), \tag{16.15}$$

d. h., die relative Druckzunahme eines Gases von konstantem Volumen pro Temperaturdifferenz, der sogenannte *Spannungskoeffizient* $(p - p_0)/(p_0\,\Delta T)$, ist gleich dem Volumenausdehnungskoeffizient der Gase. Es ist eine Folgerung, die sich innerhalb des Gültigkeitsbereichs durchaus bestätigt hat.

Auf der Grundlage der genannten Gleichungen kann man nun auch die Ausdehnung der Gase zur Temperaturbestimmung nutzen. Alle Flüssigkeitsthermometer werden mit Gasthermometern, insbesondere solchen mit Wasserstoff- oder Heliumfüllung, verglichen. Bei Verwendung von Platin bzw. Iridium als Gefäßmaterial und Helium als Füllgas erstreckt sich der Anwendungsbereich eines Gasthermometers von Temperaturen oberhalb der kritischen Temperatur von Helium (etwa 5 K) bis hinauf zu 1600 bzw. 2000 °C.

Gl. (16.13) verbindet Druck p, Volumen V und Temperatur T eines Gases miteinander. Eine solche Gleichung muss für jede Substanz existieren, auch im festen und flüssigen Aggregatzustand. Sie hat die allgemeine Gestalt

$$p = f(V, T) \tag{16.16}$$

und wird als Zustandsgleichung der betreffenden Substanz bezeichnet. Es ist eine wichtige experimentelle bzw. theoretische Aufgabe, sie zu bestimmen. Streng genommen ist dies bisher für keinen Körper gelungen, denn auch Gl. (16.13) gilt nur unter Druck- und Temperaturbedingungen, bei denen die Gase weit vom Verflüssigungspunkt entfernt sind. Man hat aber – ähnlich wie man in der Mechanik die idealisierende Vorstellung von Massenpunkten, starren Körpern, reibungslosen Flüssigkeiten usw. gebildet hat – auch hier eine Abstraktion vorgenommen, indem man die Existenz von Gasen annimmt, die der Gl. (16.13) streng gehorchen. Ebenso, wie es feste Körper gibt, die dem Ideal des Kristallaufbaus nahe kommen, gibt es auch unter den wirklichen (*realen*) Gasen solche, namentlich Helium und Wasserstoff, die sich bei Zimmertemperatur dem idealen Verhalten sehr weit nähern, da ihre Verflüssigung bei viel tieferer Temperatur stattfindet. Und ebenso wie die Begriffe des Massenpunktes, des starren Körpers oder der reibungslosen Flüssigkeit sich in der Mechanik bewährt haben, spielt auch in der Wärmelehre das ideale Gas insofern eine wichtige Rolle, als sich an diesem Beispiel die grundlegenden thermodynamischen Begriffe entwickelt haben.

Die Zustandsgleichung eines idealen Gases lässt sich graphisch durch eine Schar von Hyperbeln darstellen, indem man für eine Reihe bestimmter Temperaturen die Kurven

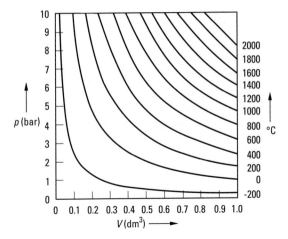

Abb. 16.16   Isothermen eines idealen Gases

pV = const in einem rechtwinkligen Koordinatensystem einzeichnet. Man erhält dann eine Schar von gleichseitigen Hyperbeln. In Abb. 16.16 ist angenommen, dass das Gas bei der Temperatur $T = 273$ K, d. h. bei $0\,°$C, und einem Druck von 1 bar $= 10^5$ Pa gerade das Volumen 1 Liter besitzt. Da die einzelnen Kurven jeweils nur für eine konstante Temperatur gelten, bezeichnet man die Kurven auch als die *Isothermen* des idealen Gases. Abb. 16.17 zeigt eine dreidimensionale Darstellung des Zusammenhangs der drei Größen.

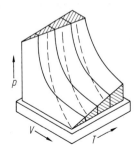

Abb. 16.17   Zustandsfläche $(p - V - T)$ eines idealen Gases (durchgezogen: Isothermen, gestrichelt: Adiabaten)

Zustandsgleichung realer Gase. Bei realen Gasen treten Abweichungen vom Boyle-Mariotte'schen Gesetz auf. Bei Dämpfen haben sich als Folge der Anziehungskräfte zwischen den Molekülen schon winzige Tröpfchen gebildet. Hier gilt das Boyle-Mariotte'sche Gesetz nicht (z. B. bei Wasserdampf). Bei hinreichend hoher Temperatur verhalten sich allerdings reale Gase, wie z. B. Luft, auch wie ideale Gase. Die Zustandsgleichung des idealen Gases, $pV = nRT$ (Gl. (16.13)), kann also nicht streng gültig sein. Sie würde z. B. bei festgehaltenem Druck zu der Folgerung führen, dass V beim absoluten Nullpunkt verschwindet. Diese Folgerung ist unmöglich. Um ihr zu entgehen, hat J. D. van der Waals (1837 – 1923) das „Eigenvolumen" der Moleküle berücksichtigt und schreibt zunächst

$$p(V_m - b) = RT,$$

wobei b eine von der Natur des Gases abhängige Konstante ist. Dadurch reduziert sich das molare Volumen $V_m = V/n$ um den Wert b. Es ist aber weiter zu beachten, dass

Tab. 16.4   Konstanten der van der Waals'schen Zustandsgleichung

Substanz	a (N m^4/mol^2)	b (m^3/mol)
Wasserstoff	0.025	$2.66 \cdot 10^{-5}$
Stickstoff	0.141	$3.91 \cdot 10^{-5}$
Sauerstoff	0.138	$3.18 \cdot 10^{-5}$
Kohlendioxid	0.360	$4.27 \cdot 10^{-5}$
Wasserdampf	0.554	$3.05 \cdot 10^{-5}$

die Moleküle der realen Gase molekulare Anziehungskräfte aufeinander ausüben. Diesen trägt van der Waals dadurch Rechnung, dass er zum Druck p ein Glied a/V_m^2 hinzufügt, dessen spezielle Form durch theoretische Betrachtungen gewonnen wurde. So erhält man insgesamt die *van der Waals'sche Zustandsgleichung*

$$\left(p + \frac{a}{V_\mathrm{m}^2}\right)(V_\mathrm{m} - b) = RT. \tag{16.17}$$

Eine ausführlichere Diskussion erfolgt später bei der Verflüssigung von Gasen. Tab. 16.4 enthält Werte von a und b für einige Gase.

Auch die van der Waals'sche Zustandsgleichung wird zweckmäßig graphisch in der Weise dargestellt, dass man Isothermen zeichnet (Abb. 16.18). Die Isothermen der höheren Temperaturen sind denen eines idealen Gases sehr ähnlich. Je mehr man sich allerdings der *kritischen* Isotherme mit der Temperatur T_c nähert, desto stärker entwickelt sich eine Verformung, die bei $T = T_\mathrm{c}$ in einen horizontalen Wendepunkt übergeht. Für $T < T_\mathrm{c}$ haben die Kurven einen Verlauf, der im Abschnitt BC unphysikalisch wird. Das liegt daran, dass von einem System mit homogener Phase ausgegangen wurde, was hier jedoch nicht mehr zutrifft. Das System zerfällt vielmehr in zwei räumlich getrennte Phasen mit

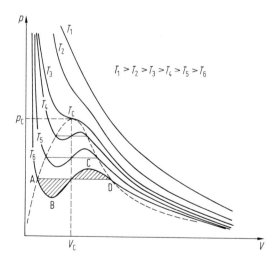

Abb. 16.18   Isothermen eines realen Gases. Unterhalb der gestrichelten Kurve sind die flüssige und gasförmige Phase im Gleichgewicht. Die Isothermen verlaufen hier horizontal, wobei die beiden schraffierten Flächen gleich sind.

unterschiedlichen molaren Volumen V_m. Zwischen den Punkten A und D sind die Gleichgewichtsbedingungen nur durch die Phasentrennung zu erfüllen. Der gemeinsame Druck der beiden koexistierenden Phasen ist der *Dampfdruck* des Systems bei der Temperatur der jeweiligen Isotherme. Weiteres im Abschn. 20.2.

Zum Schluss dieses Abschnitts sei noch Folgendes angemerkt: Da in der van der Waalsschen Zustandsgleichung die realen Gase dadurch charakterisiert sind, dass das Eigenvolumen der Moleküle und ihre gegenseitigen Anziehungskräfte berücksichtigt werden, kann man anschaulich sagen:

- Ein ideales Gas ist dadurch gekennzeichnet, dass seine Moleküle ein verschwindend kleines Volumen besitzen und keine Kräfte aufeinander ausüben.

16.4 Wärme

Temperaturänderungen. Dem unbefangenen Beobachter drängt sich die Auffassung geradezu auf, dass ein wärmerer Körper während seiner Abkühlung „etwas" abgibt, was der kühlere Körper während der Erwärmung aufnimmt. Dieses „Etwas" bezeichnen wir, um einen prägnanten Namen dafür zu haben, als *Wärme*. In dieser Ausdrucksweise gibt der Körper mit der höheren Temperatur an den mit der tieferen Temperatur Wärme ab. Der Verlust der Wärme wird als die Ursache der Abkühlung des einen Körpers, ihre Aufnahme durch den anderen Körper als die Ursache seiner Erwärmung betrachtet. Dieser neu eingeführte „Quantitätsbegriff" der Wärme, der dem „Intensitätsbegriff" Temperatur zur Seite treten soll, gewinnt erst dadurch eine Bedeutung, dass wir die Wärme messen und zahlenmäßig angeben können.

Eine Messung der Wärme kann durch Messung ihrer Wirkungen geschehen, und von solchen Wirkungen kennen wir vorläufig nur die Temperaturänderungen. Wir werden also die von einem Körper aufgenommene (oder abgegebene) Wärme ΔQ zu dessen Temperaturänderung ΔT vor und nach der Aufnahme (oder Abgabe) proportional setzen:

$$\Delta Q = a \Delta T.$$

Dass der Proportionalitätsfaktor a proportional zur Masse m des Körpers ist, kann man auf folgende Weise zeigen: Wenn man den auf die Temperatur T_1 erhitzten Körper der Masse m_1 in ein Wasserbad der Masse m_2 und der Temperatur T_2 eintaucht, tritt das thermische Gleichgewicht bei einer mittleren Temperatur $\overline{T}$ ein. Der Körper der Masse m_1 hat also nach der obigen Gleichung die Wärme $a(T_1 - \overline{T})$ abgegeben. Mit der doppelten Masse $2m_1$ auf T_1 erhitzt, kann man zwei Wasserbäder der Masse m_2 und der Anfangstemperatur T_2 auf $\overline{T}$ erwärmen. Folglich hat die Masse $2m_1$ bei ihrer Abkühlung von T_1 auf $\overline{T}$ die doppelte Wärme abgegeben wie vorher die Masse m_1 bei der gleichen Abkühlung. Wir können daher schreiben:

$$\Delta Q = c\,m\,\Delta T. \tag{16.18}$$

In dieser Gleichung erweist sich c als ein vom Material abhängender Faktor, wie man folgendermaßen zeigen kann: Zwei Körper gleicher Masse m_1 aus verschiedenem Material, z. B. Blei und Aluminium, werden auf die gleiche Temperatur T_1 erwärmt und beide

Körper je in ein gleiches Wasserbad der Masse m_2 und der Temperatur T_2 eingetaucht. Dann zeigt sich, dass in beiden Fällen das thermische Gleichgewicht bei verschiedenen Endtemperaturen, $\bar{T}_1$ bei Blei und $\bar{T}_2$ bei Aluminium, eintritt. Unter Berücksichtigung dieser Tatsache können wir Gl. (16.18) als vollständigen Ausdruck der Erfahrung betrachten. Sie enthält aber zwei Unbekannte, nämlich ΔQ und c. Die Größe c nennt man *spezifische Wärmekapazität*. Um die spezifischen Wärmekapazitäten von zwei Materialien (wie z. B. Blei und Aluminium) zu vergleichen, untersucht man den Temperaturausgleich zwischen Körpern, die aus diesen Materialien bestehen. Wenn beide Körper die gleiche Masse haben, sind die spezifischen Wärmekapazitäten c_1 und c_2 der Materialien umgekehrt proportional zu den gemessenen Temperaturänderungen ΔT_1 und ΔT_2.

Mechanisches Wärmeäquivalent. Die Untersuchung der beim Temperaturausgleich stattfindenden Temperaturänderungen ermöglicht zunächst nur einen qualitativen Vergleich der dabei übertragenen Wärme. Um auch quantitativ einen Wert für die Wärme angeben zu können, muss eine Einheit festgelegt werden. Früher verabredete man als Einheit die Kalorie (cal). Danach ist 1 cal die Wärme, die benötigt wird, um 1 g Wasser von der Temperatur $t_1 = 14.5\,°C$ auf $t_2 = 15.5\,°C$ zu erwärmen. Im Hinblick auf den ersten Hauptsatz der Wärmelehre (Kap. 17) ist es aber vorteilhafter, Wärme in der Einheit der Arbeit, 1 J = 1 Nm, zu messen. Grundlage für diese Wahl sind Experimente, bei denen Körper durch Verrichtung von Arbeit erwärmt werden.

1798 beobachtete in München B. Rumford (B. Thompson, später Graf Rumford, 1753 – 1814), dass beim Ausbohren der Kanonenrohre unter Wasser so viel Wärme entwickelt wurde, dass sich das Wasser bis zum Sieden erhitzte. Woher stammt diese Wärme? Rumford sprach bereits aus, dass sie durch Reibung des Bohrers erzeugt worden sei und auch in beliebiger Menge erzeugt werden könne. Kurz darauf machte H. Davy (1778 – 1829) ein ähnliches Experiment. Er rieb zwei Eisstücke von 0 °C aneinander, wobei eine bestimmte Menge des Eises sich in Wasser von 0 °C umwandelte. Zum Schmelzen gehört aber immer eine bestimmte Wärme, die sogenannte *Schmelzwärme*, die für Eis 287.83 kJ mol^{-1} beträgt. Diese Experimente zeigten, dass Wärme nicht nur beim Temperaturausgleich von einem Körper auf einen anderen übertragen werden, sondern auch bei der Verrichtung von Arbeit entstehen kann.

Nun kommt es darauf an, den quantitativen Zusammenhang zwischen einer bestimmten mechanischen Arbeit und der daraus entstandenen Wärme durch geeignete Experimente zu bestimmen. Prinzipiell ist es nur erforderlich, unter kontrollierten Bedingungen durch einen Prozess wie z. B. Reibung Wärme zu produzieren und diese quantitativ zu bestimmen. Solche Experimente führen unabhängig von der Art des verwendeten dissipativen Prozesses und den Versuchsbedingungen immer zu demselben Quotienten

$$\Psi = \frac{\text{verrichtete Arbeit}}{\text{äquivalente Wärme}}. \tag{16.19}$$

J. P. Joule (1818 – 1889) hat in den Jahren 1842 bis 1850 durch systematische Versuche diesen Nachweis erbracht. Obwohl er der erste war, der den experimentellen Beweis für die Äquivalenz von mechanischer Arbeit und Wärme geführt hat, war er nicht der erste, der den Gedanken hatte, dass Wärme und Arbeit äquivalent sind, dass also ein festes numerisches Verhältnis zwischen beiden Größen besteht. Bereits der Arzt Julius Robert von Mayer (1814 – 1878) hatte in einer Abhandlung aus dem Jahre 1842 diese Idee klar ausgesprochen und das mechanische Wärmeäquivalent in einwandfreier Weise berechnet.

Kalorimetrie. In der Praxis lässt sich c bzw. ΔQ z. B. mit einem mit Wasser gefüllten *Kalorimeter* (Abb. 16.19) bestimmen. Damit die Wärme vollkommen an die Flüssigkeit übergeht, ist freilich Voraussetzung, dass keine Wärme an die Umgebung und an den Wasserbehälter abgegeben wird. Das letztere ist nicht zu vermeiden. Die Erwärmung des Gefäßes wirkt sich so aus, als ob die Wassermenge größer sei, als sie tatsächlich ist. Die Wärmekapazität $c_G m_G$ des Kalorimetergefäßes lässt sich aus der Masse m_G des Gefäßes und seiner spezifischen Wärmekapazität c_G ermitteln. Im Übrigen kann sie in folgender Weise bestimmt werden: Man füllt in das Kalorimetergefäß heißes Wasser der Masse m_w der Temperatur T_w und gießt kaltes Wasser der Masse m_k der Temperatur T_k hinzu. Nach Umrühren liest man die Mischungstemperatur T_m ab. Das warme Wasser und das warme Gefäß haben sich dabei von T_w auf T_m abgekühlt, das kalte Wasser von T_k auf T_m erwärmt. Da die vom heißen Wasser und dem Gefäß abgegebene Wärme $(c_w m_w + c_G m_G)(T_w - T_m)$ gleich der vom kalten Wasser aufgenommenen Wärme $c_w m_k (T_m - T_k)$ sein muss, besteht die Beziehung

$$(c_w m_w + c_G m_G)(T_w - T_m) = c_w m_k (T_m - T_k),$$

aus der sich $c_G m_G$ ergibt. $c_w = 4.1868\ \text{J/(g} \cdot \text{K)}$ ist die spezifische Wärmekapazität des Wassers.

Die zweite Fehlerquelle, die Abgabe von Wärme an die Umgebung, kann durch geeignete Konstruktion der Behälter stark herabgedrückt werden. Die besten Kalorimetergefäße sind Glasgefäße mit einem Vakuummantel als Hülle (Dewar-Gefäß, Thermosflasche). Stattdessen kann man auch mehrere Metallgefäße entsprechend Abb. 16.19 ineinander setzen, indem man als Trennstücke spitze Styropor- oder Korkstücke benutzt. Durch die doppelte Lufthülle, die man zur Vermeidung von Luftströmung auch mit Watte ausfüllen kann, wird eine Wärmeabgabe des innersten Kalorimetergefäßes an den Außenraum schon ziemlich weitgehend verhindert.

Nun kann man auch die spezifischen Wärmekapazitäten bestimmen. Bei festen Körpern benutzt man die sogenannte *Mischungsmethode*. Sie besteht darin, dass die zu untersuchende Substanz (Masse m_1, spezifische Wärmekapazität c, Anfangstemperatur T_1) in ein Kalorimetergefäß mit Wasser (Masse m_2, spezifische Wärmekapazität c_w, Anfangstemperatur $T_2 < T_1$) gebracht und das thermische Gleichgewicht bei der Endtemperatur $\overline{T}$ abgewartet wird. Dann hat der erhitzte Körper die Wärme $c m_1 (T_1 - \overline{T})$ abgegeben und das Wasser die Wärme $c_w m_2 (\overline{T} - T_2)$ aufgenommen. Beide müssen einander gleich sein:

$$c m_1 (T_1 - \overline{T}) = c_w m_2 (\overline{T} - T_2),$$

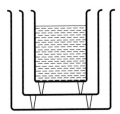

Abb. 16.19 Mischungskalorimeter

woraus sich

$$c = \frac{c_{\mathrm{w}} m_2 (\overline{T} - T_2)}{m_1 (T_1 - \overline{T})}$$

ergibt. Bei der praktischen Ausführung muss die Wärmekapazität $c_{\mathrm{G}} m_{\mathrm{G}}$ des Kalorimeters berücksichtigt werden. Die von Wasser und Gefäß aufgenommene Wärme ist $(c_{\mathrm{w}} m_2 + c_{\mathrm{G}} m_{\mathrm{G}})(\overline{T} - T_2)$, und die letzte Gleichung geht über in

$$c = \frac{(c_{\mathrm{w}} m_2 + c_{\mathrm{G}} m_{\mathrm{G}})(\overline{T} - T_2)}{m_1 (T_1 - \overline{T})}. \tag{16.20}$$

Spezifische Wärmekapazitäten von Flüssigkeiten bestimmt man am bequemsten mit einem Wärmeträger, indem man die von ihm abgegebene Wärme einmal auf Wasser (Masse m_1, spezifische Wärmekapazität c_{w}, Anfangstemperatur T_1), ein zweites Mal auf die zu untersuchende Flüssigkeit (Masse m_1', spezifische Wärmekapazität c, Anfangstemperatur T_1') überträgt. In beiden Fällen kommt noch die Wärmekapazität $c_{\mathrm{G}} m_{\mathrm{G}}$ des Kalorimeters hinzu. Im Fall des Wassers trete das thermische Gleichgewicht bei der Temperatur $\overline{T}$, bei der zu untersuchenden Flüssigkeit bei der Temperatur $\overline{T}'$ ein. Dann besteht die Beziehung

$$(c_{\mathrm{w}} m_1 + c_{\mathrm{G}} m_{\mathrm{G}})(\overline{T} - T_1) = (c m_1' + c_{\mathrm{G}} m_{\mathrm{G}})(\overline{T}' - T_1'),$$

und für die spezifische Wärmekapazität der Flüssigkeit folgt

$$c = \frac{(c_{\mathrm{w}} m_1 + c_{\mathrm{G}} m_{\mathrm{G}})(\overline{T} - T_1) - c_{\mathrm{G}} m_{\mathrm{G}}(\overline{T}' - T_1')}{m_1' (\overline{T}' - T_1')}. \tag{16.21}$$

Zu beachten ist, dass bei tiefen Temperaturen die spezifische Wärmekapazität in erheblichem Maß selbst temperaturabhängig ist. Daraus ergibt sich unter anderem das Interesse, die spezifischen Wärmekapazitäten bei sehr tiefen Temperaturen zu bestimmen. Abb. 16.20 zeigt ein für diesen Zweck von Walter Nernst (1864 – 1941) angegebenes Kalorimeter. Der zu untersuchende Körper K wird in Form eines massiven Zylinders durch die in seinem Inneren untergebrachte Heizspirale elektrisch erwärmt, wobei die dazu notwendige Wärme sich aus den elektrischen Werten von Strom und Spannung ergibt. Der Körper K hängt in einem Glasgefäß G, das in flüssiger Luft oder flüssigem Wasserstoff auf tiefe Temperaturen abgekühlt werden kann. Nach erfolgter Abkühlung evakuiert man das Gefäß vollkommen

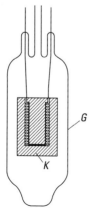

Abb. 16.20   Kalorimeter nach Nernst

und erwärmt den Körper elektrisch. Die Temperaturen des Körpers werden mit einem Widerstandsthermometer gemessen, wobei man als Widerstand die Heizspirale benutzt.

Eine Schwierigkeit und eine Komplikation treten bei der Messung der spezifischen Wärmekapazitäten von Gasen auf. Die Komplikation besteht darin, dass ein Gas sich bei Erwärmung erheblich ausdehnt, was bei festen und flüssigen Körpern praktisch nicht ins Gewicht fällt. Es ist aber nicht gleichgültig, ob man die spezifische Wärmekapazität eines Gases bei konstantem Druck (c_p) bestimmt oder aber bei konstantem Volumen (c_V). Der tiefere Grund dafür wird später ersichtlich werden. Nur wegen der viel kleineren Ausdehnung fallen c_p und c_V bei festen und flüssigen Körpern praktisch zusammen und werden im Allgemeinen nicht unterschieden. Die Schwierigkeit besteht darin, dass man das Gas, um es bei konstantem Volumen zu erwärmen, in ein Gefäß einschließen muss. Wegen seiner im Verhältnis zur Gasmasse sehr großen Masse würde aber die Wärmekapazität des Gefäßes nicht mehr eine kleine Korrektur darstellen, sondern viel größer als die Wärmekapazität des Gases selbst sein. Daher ist auf diese Weise die Bestimmung von c_V praktisch unmöglich. Es bleibt daher nur übrig, c_p zu bestimmen. Hierbei kann man eine relativ große, erhitzte Gasmenge in einem Rohr durch das Kalorimetergefäß strömen lassen. Bei der Anordnung in Abb. 16.21 strömt erhitztes Gas der Masse m_g durch eine in einem Kalorimetergefäß untergebrachte Rohrschlange. Wenn man am Eingang E die Temperatur T_E des eintretenden und bei A die Temperatur T_A des austretenden Gases misst, findet man für die vom Gas an das Kalorimetergefäß abgegebene Wärme $m_g c_p (T_E - T_A)$. Durch gleichzeitige Messung der Erwärmung des Kalorimetergefäßes mit einem dritten Thermometer findet man die von diesem aufgenommene Wärme $(c_w m_w + c_G m_G)(T_A - T_1)$, wobei m_w die Masse des Wassers im Kalorimetergefäß, T_1 die Anfangstemperatur des Wassers und T_A die gemeinsame Endtemperatur von Gas und Wasser bedeuten. Aus der Gleichsetzung beider Ausdrücke folgt c_p, solange man sich auf kleine Temperaturänderungen im Kalorimetergefäß beschränkt, verglichen mit dem Temperaturunterschied zwischen dem einströmenden und ausströmenden Gas.

Um nun auch c_V zu gewinnen, kann man so verfahren, dass man noch das Verhältnis $c_p/c_V = \kappa$ bestimmt, was z. B. nach der Methode der Kundt'schen Staubfiguren durch Bestimmung der Schallgeschwindigkeit geschehen kann (Abschn. 14.3) oder auch nach einer Methode von Clément-Désormes, die später besprochen wird (Abschn. 17.4). Es

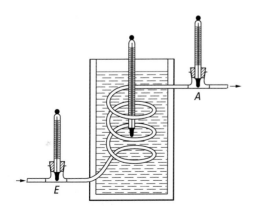

Abb. 16.21   Anordnung zur Bestimmung der spezifischen Wärmekapazität c_p von Gasen

stellt sich heraus, dass c_p stets größer als c_V ist, was wir später als notwendige Folge des Energiesatzes erkennen werden.

Wichtig sind die *latenten Wärmen* (latent = verborgen, unsichtbar). Wenn Wasser zu Eis gefriert, wird 334.9 J/g als *Kristallisationswärme* frei. Wenn Eis geschmolzen werden soll, muss die *Schmelzwärme* von 334.9 J/g zugeführt werden, wobei die Temperatur nicht steigt. Sie steckt dann im Wasser als latente Wärme. – Soll Wasser von 100 °C verdampft werden, sind 2256.7 J/g erforderlich, um das Wasser von 100 °C in Dampf von 100 °C umzuwandeln. Diese *Verdampfungswärme* ist außerordentlich groß. Die Zufuhr von so viel Energie ist notwendig, um die Wassermoleküle voneinander zu trennen. Ein Teil der Wärme wird in potentielle Energie (Abstand der Moleküle) umgewandelt. Diese ist also verborgen, latent. Sie wird bei der Kondensation des Dampfes wieder frei, und zwar als Wärme *(Kondensationswärme)*, wenn der Dampf von 100 °C in Wasser von 100 °C umgewandelt wird. – Bei der Kristallisation eines amorphen Stoffes wird auch Kristallisationswärme frei. Bei der Umwandlung von einer kristallinen Modifikation in eine andere wird entweder Wärme frei oder verbraucht *(Umwandlungswärme)*. – Da diese Wärmebeträge auf die Masse bezogen sind, sagt man besser spezifische Verdampfungswärme, spezifische Schmelzwärme usw. Da die Wärmetönung bei solchen Phasenumwandlungen bei konstantem Druck im Allgemeinen mit einer Volumenänderung, das heißt mit einer Ausdehnungsarbeit, verbunden ist, fasst man die beiden Arten der Energieänderung unter dem Begriff *Enthalpie* zusammen. Zum Beispiel versteht man unter spezifischer Verdampfungsenthalpie die zugeführte Wärme dividiert durch die Masse der verdampften Flüssigkeit. Die bei der Verdampfung abgegebene Ausdehnungsarbeit ist in der Enthalpie mit enthalten.

16.5 Spezifische und molare Wärmekapazität

Feste Körper und Flüssigkeiten. Nach den geschilderten und anderen Methoden sind an vielen Stoffen die spezifischen Wärmekapazitäten gemessen worden. Die Kenntnis ist deshalb von Bedeutung, weil die spezifischen Wärmekapazitäten Informationen über das Verhalten der Atome geben. Zum Beispiel wird in festen Körpern die zugeführte Wärme in Schwingungsenergie der Atome umgewandelt. In Tab. 16.5 sind spezifische Wärmekapazitäten c für einige feste Stoffe bei 25 °C angegeben. Die Stoffe sind nach steigender molarer Masse $M_n = m/n$ geordnet. Man erkennt sofort: Je größer M_n, desto kleiner sind die Werte für c.

Das Produkt aus spezifischer Wärmekapazität c und molarer Masse M_n ist die *molare Wärmekapazität* C (auch kurz *Molwärme* genannt). Sie ist nahezu konstant, nämlich etwa gleich 25 J/(mol · K). Diese Regel wurde 1819 von Dulong und Petit aufgestellt (*Dulong-Petit'sche Regel*). Dadurch, dass man nicht auf die Masse, sondern auf die Stoffmenge bzw. Anzahl von Atomen bezieht, erhält man für alle Stoffe den gleichen Wert für C. Es ist zu bemerken, dass die Werte der spezifischen Wärmekapazität c alle bei Atmosphärendruck, d. h. bei konstantem Druck, gemessen sind und daher genauer mit c_p bezeichnet werden sollten. Wenn auch der Unterschied zwischen c_p und c_V bei festen Körpern (im Gegensatz zu Gasen) im Allgemeinen unerheblich ist, macht sich die Differenz doch bemerkbar, wenn man nicht auf die Masse, sondern auf die Stoffmenge bezieht, d. h. zu molaren

Tab. 16.5   Spezifische und molare Wärmekapazitäten einiger Stoffe bei 25 °C

Stoff	molare Masse M_n in g/mol	spezifische Wärmekapazität c in J/(g · K)	molare Wärmekapazität C_p bei konstantem Druck in J/(mol · K)
Bor	10.811	1.026	11.1
Kohlenstoff (Graphit)	12.01	0.712	8.54
Silizium	28.086	0.708	19.8
Eisen	55.85	0.448	25.1
Nickel	58.71	0.444	26.1
Kupfer	63.54	0.386	24.5
Zink	65.37	0.389	25.4
Palladium	106.4	0.245	26.0
Silber	107.87	0.237	25.5
Cadmium	112.40	0.231	25.9
Zinn	118.69	0.222	26.4
Antimon	121.75	0.207	25.2
Jod	126.90	0.215	54.5
Platin	195.09	0.133	25.9
Gold	196.97	0.129	25.4
Quecksilber	200.59	0.140	28.0
Blei	207.19	0.128	26.5
Bismut	208.98	0.122	25.6
Natriumchlorid	58.5	0.879	51.5
Wasser	18.02	4.178	75.2

Wärmekapazitäten übergeht. Die Differenz beträgt im Mittel 0.8 bis 1.3 J/(mol · K). Die molare Wärmekapazität C_p bei konstantem Druck ist um diesen Betrag größer als die molare Wärmekapazität C_V bei konstantem Volumen. Dies ist auch verständlich, da bei konstantem Volumen eine Wärmezufuhr nur eine Temperaturerhöhung zur Folge hat. Wird dagegen der Druck konstant gehalten, bewirkt eine Wärmezufuhr nicht nur Temperaturerhöhung, sondern außerdem auch eine Ausdehnung. Die Ausdehnungsarbeit bewirkt die Differenz.

Eine Ausnahme von der Dulong-Petit'schen Regel bilden die in Tab. 16.5 aufgeführten Elemente Bor, Kohlenstoff und Silizium. Bei diesen Stoffen zeigt sich jedoch, dass bei höheren Temperaturen sich die molaren Wärmekapazitäten ebenfalls dem Wert von 25 J/(mol · K) nähern. Zum Beispiel ist für Kohlenstoff bei 1170 K die molare Wärmekapazität C_V gleich 21.94 J/(mol · K). Analoges gilt für die beiden anderen Stoffe. Es hat sich herausgestellt, dass die molare Wärmekapazität aller Festkörper bei hinreichend tiefen Temperaturen bis auf null absinkt. Das Verhalten von Bor, Kohlenstoff und Silizium ist also keine Ausnahme. Es besteht nur ein quantitativer Unterschied zwischen diesen und anderen Stoffen insofern, als diese bei Zimmertemperatur noch nicht den Dulong-Petit'schen Wert erreicht haben. Abb. 16.22 zeigt die molare Wärmekapazität als Funktion der absoluten Temperatur für vier Elemente (die gemessenen Werte von C_p werden gewöhnlich unmittelbar mit berechneten C_V-Werten verglichen). Das Dulong-Petit'sche Gesetz gilt also nur für hinreichend hohe Temperaturen. Bei sehr hohen Temperaturen, bei denen die Atome angeregt und ionisiert sein können, gilt das Dulong-Petit'sche Gesetz allerdings auch nicht mehr. Die molare Wärmekapazität kann dann größer als 25 J/(mol · K) sein.

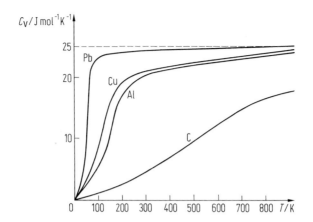

Abb. 16.22   Temperaturabhängigkeit der molaren Wärmekapazität fester Stoffe

Die Temperaturabhängigkeit der spezifischen Wärmekapazität hat sich insofern als eine fundamentale Tatsache erwiesen, als sie mit den Gesetzen der klassischen Physik nicht in Einklang zu bringen ist. Nach vielen vergeblichen Bemühungen hat man erkennen müssen, dass die Gesetze der klassischen Physik für atomare Prozesse durch die Gesetze der Quantenmechanik zu ersetzen sind (s. Abschn. 21.2).

Bei chemischen Verbindungen muss man die molare Wärmekapazität durch die Anzahl der Atome dividieren, um auf den Dulong-Petit'schen Wert von etwa $25 \, \text{J/(mol} \cdot \text{K)}$ zu kommen (*Neumann-Kopp'sche Regel*). Zum Beispiel hat NaCl eine molare Wärmekapazität von $51.5 \, \text{J/(mol} \cdot \text{K)}$, also den zweifachen Wert von etwa $25 \, \text{J/(mol} \cdot \text{K)}$ (2 Atome). Wasser hat den Wert $75.2 \, \text{J/(mol} \cdot \text{K)}$ (3 Atome). Hier ist allerdings anzumerken, dass bei der Angabe einer Stoffmenge die „Teilchen" jeweils spezifiziert sein müssen. Es können z. B. Atome, Moleküle, Ionen sowie Gruppen solcher Teilchen genau angegebener Zusammensetzung sein, in diesen Beispielen also NaCl bzw. das Wassermolekül H_2O. Das wird meistens nicht explizit dazu gesagt. Würde man hier die Atome als Teilchen festlegen, würde man bei der molaren Wärmekapazität gleich auf den Dulong-Petit'schen Wert kommen.

Gase. Wie schon ausgeführt wurde, kann man genau nur C_p, nicht aber C_V messen. Bei Gasen kann man aber sehr gut das Verhältnis $\kappa = C_p/C_V$ mit verschiedenen Verfahren, z. B. aus der Schallgeschwindigkeit, bestimmen. Daraus lässt sich dann C_V berechnen.

In Tab. 16.6 sind die molaren Wärmekapazitäten einiger einatomiger und mehratomiger Gase aufgeführt. Das Verhältnis $C_p/C_V = \kappa$ für alle einatomigen Gase – hierzu gehören auch die Metalldämpfe – hat praktisch immer den gleichen Wert 1.66 (Spalte 4). Aus der Theorie (Abschn. 17.3) ergibt sich der Wert $5/3 = 1.667$. Innerhalb der Fehlergrenzen besteht hier gute Übereinstimmung. In der 2. und 3. Spalte sind die molaren Wärmekapazitäten enthalten. Die C_p-Werte betragen für die einatomigen Gase etwa $21 \, \text{J/(mol·K)}$. Die sich nach der Theorie ergebenden Werte stimmen auch mit diesen gut überein. In Spalte 5 ist die Differenz $C_p - C_V$ eingetragen. Später wird gezeigt (s. Abschn. 17.4), dass diese Differenz gleich der universellen Gaskonstante $R = 8.31 \, \text{J/(mol·K)}$ sein sollte. Die Übereinstimmung ist eine allgemeine Folgerung des klassischen Gleichverteilungsgesetzes der Energie.

Tab. 16.6   Molare Wärmekapazitäten von Gasen (bei Zimmertemperatur)

Gas	C_p in J/(mol·K)	C_V in J/(mol·K)	C_p/C_V	$C_p - C_V$ in J/(mol·K)
Helium	20.95	12.62	1.66	8.33
Neon	20.62	12.57	1.64	8.04
Argon	20.91	12.60	1.66	8.31
Krypton	20.70	12.32	1.68	8.38
Xenon	20.89	12.58	1.66	8.31
Quecksilberdampf	21.00	12.57	1.67	8.43
O_2	29.21	20.86	1.40	8.35
N_2	28.62	20.44	1.40	8.18
H_2	28.70	20.35	1.41	8.35
HCl	29.62	21.01	1.41	8.61
CO	29.32	20.94	1.40	8.38
CO_2	37.22	28.41	1.31	8.81
N_2O	36.85	28.57	1.29	8.28

In der Mitte von Tab. 16.6 sind einige zweiatomige Gase aufgeführt. Hier beträgt der experimentell gefundene Wert $C_p/C_V \approx 1.4$ wieder in guter Übereinstimmung mit dem theoretischen Wert $7/5 = 1.40$. Auch die molaren Wärmekapazitäten C_p und C_V, die nach der Theorie 29.1 J/(mol·K) und 20.7 J/(mol·K) betragen sollten, stimmen im Großen und Ganzen recht gut damit überein.

Schließlich sind noch einige dreiatomige Gase angegeben. Für diese soll C_p/C_V den theoretischen Wert $8/6 = 1.333$ besitzen, was wenigstens angenähert auch experimentell gefunden wurde. Die molaren Wärmekapazitäten sollten die theoretischen Werte 33.3 J/(mol·K) bzw. 25.1 J/(mol·K) haben. Hier zeigen sich allerdings erhebliche Abweichungen. Indessen sind die theoretisch geforderten Werte – ebenso wie bei den zweiatomigen Gasen – nur unter der Annahme erhalten, dass das Molekül starr ist. Bei tieferen Temperaturen ist diese Annahme wohl gerechtfertigt, nicht aber bei höheren, so dass sich die Abweichung der molaren Wärmekapazitäten verstehen lässt.

Eine auffallende Erscheinung bei Wasserstoff ist zuerst 1912 von Arnold Eucken (1884 – 1950) beobachtet worden. Die molare Wärmekapazität von H_2 sinkt stark mit abnehmender Temperatur. Da $C_p - C_V$ stets gleich 8.4 J/(mol·K) ist, genügt es, dies für C_V zu zeigen (Abb. 16.23). Bei der Temperatur von 40 K beträgt C_p rund 20.9 J/(mol·K) und C_V rund 12.6 J/(mol·K). Das heißt der Wasserstoff verhält sich bei tiefer Temperatur so, als ob er ein einatomiges Gas wäre. Ähnliches Verhalten zeigen auch die anderen zweiatomigen Gase. Es ist prinzipiell die gleiche Erscheinung, die oben für die Festkörper beschrieben worden ist. Man muss annehmen, dass bei sehr tiefen Temperaturen ein weiteres Absinken von C_V bis auf den Wert null stattfindet, und die gleiche Erwartung besteht dann auch für einatomige Gase. Der experimentelle Nachweis ist deshalb so schwierig, weil bei den tiefen Temperaturen die Gase sicher nicht mehr als ideal zu betrachten sind. Immerhin scheint bei Helium eine deutliche Unterschreitung des C_V-Wertes unter 12.6 J/(mol·K) stattzufinden.

Wie bei den Festkörpern ist auch bei den zwei- und mehratomigen Gasen die Temperaturabhängigkeit der spezifischen bzw. molaren Wärmekapazität nach der klassischen

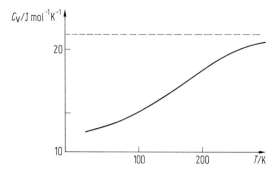

Abb. 16.23   Die molare Wärmekapazität C_V von Wasserstoff bei tiefen Temperaturen.

Theorie nicht verständlich, und darin liegt die große Bedeutung dieser Untersuchungen. Auch hier hat die Quantentheorie die Erklärung gegeben. Die Wärmekapazität ist eine grundlegende Stoffgröße, die in dem mathematischen Formalismus der Thermodynamik eine zentrale Rolle spielt. Weiteres in den Abschn. 17.3 und 21.2.

17 Erster Hauptsatz der Wärmelehre

Vorbemerkung. Der Zustand eines *mechanischen* Systems wird beschrieben, indem man die Orte und Impulse (oder Geschwindigkeiten) aller Massenelemente, die häufig als *Massenpunkte* idealisiert werden, angibt. Für ein solches System gilt der Energiesatz (Kap. 6), wenn zwischen den Massenelementen ausschließlich *konservative* Kräfte wirken. Die Energie bleibt konstant, wenn an dem System keine Arbeit verrichtet wird, und sie wird erhöht oder erniedrigt, wenn dem System Arbeit zugeführt oder entzogen wird. Die Energieänderung ist dann gleich der zu- bzw. abgeführten Arbeit.

In diesem Kapitel werden *thermodynamische* Systeme betrachtet, d. h. Systeme von Massenelementen, zwischen denen auch dissipative Kräfte wirken. Der Zustand der Massenelemente lässt sich in diesem Fall nicht allein durch die Angabe der Orts- und Impulskoordinaten beschrieben. Zur vollständigen Charakterisierung des Zustands muss zusätzlich die *Temperatur* des Massenelements angegeben werden. Für ein solches thermodynamisches System gilt ein erweiterter Energiesatz, nämlich der *erste Hauptsatz der Wärmelehre*, aufgrund dessen der Energiebegriff universelle Bedeutung gewinnt.

17.1 Beschreibung thermodynamischer Systeme und Prozesse

Makroskopische Beschreibung. Im vorigen Kapitel wurden die physikalischen Größen *Temperatur* und *Wärme* eingeführt. Die Größe *Temperatur* wird benötigt, um den Zustand eines materiellen Körpers zu beschreiben, und durch den Austausch von *Wärme* mit der Umgebung kann der Zustand des Körpers verändert werden. Beide Begriffe führen aus dem Anwendungsbereich der klassischen Mechanik hinaus.

Die klassische Mechanik beschreibt nur die raum-zeitlichen Veränderungen der beobachtbaren Welt und benötigt zu ihrer Erklärung die Begriffe Masse und Kraft. Durch Kräfte werden massive Körper bewegt. Bei allen mechanischen Prozessen ändern Körper *sichtbar* Ort und Geschwindigkeit. Die Mechanik bezieht sich also auf eine rein raum-zeitlich gedachte Realität.

Bei thermodynamischen Prozessen kommt es hingegen nicht nur auf die *raum-zeitlichen*, sondern auch auf die *thermischen* Veränderungen an. Temperaturdifferenzen bewirken einen Wärmestrom und dieser führt gewöhnlich zu Temperaturänderungen. Außer den rein mechanischen Prozessen und den rein thermischen Prozessen gibt es aber auch Prozesse, bei denen thermische und mechanische Veränderungen miteinander verkoppelt sind. Temperaturänderungen führen zu einer Ausdehnung oder Kontraktion von Körpern, und wenn Körper gegeneinander bewegt werden, erwärmen sich die Körper durch Reibung.

In diesem und den folgenden Kapiteln sollen die Gesetzmäßigkeiten dieser *thermodynamischen* Prozesse dargelegt werden. Dabei ist es hilfreich, nicht nur die makroskopische

Beschreibung dieser Prozesse zu benutzen, sondern auch auf die atomistischen Modellbilder Bezug zu nehmen. Bei oberflächlicher Betrachtung scheinen diese Modellbilder
rein mechanischer Natur zu sein. Mit der *Zufallshypothese* liegt ihnen aber eine Annahme
zugrunde, die nicht in das deterministische Konzept der klassischen Mechanik passt.

Atomistische Modellbilder. Makroskopische Körper bestehen aus Atomen und Molekülen oder auch aus Ionen und Elektronen. Thermodynamische Systeme können daher
auch als Systeme von atomaren Teilchen betrachtet werden (Abschn. 9.1). Die Annahme
einer atomaren Struktur ist experimentell wohl fundiert und daher nicht infrage zu stellen.
Häufig werden aber die atomaren Teilchen auch als Massenpunkte idealisiert. Insbesondere beruht die kinetische Gastheorie auf dieser Annahme (Abschn. 17.3). Beispielsweise
wird die Existenz eines *idealen Gases* angenommen. Das ideale Gas ist ein System von
Massenpunkten, die sich im freien Raum geradlinig gleichförmig bewegen und, wenn sie
aufeinandertreffen, vollkommen elastische Stöße ausführen. Sie folgen also streng den
Gesetzen der klassischen Mechanik. Das ideale Gas ist ein konservatives System, für das
insbesondere der Energiesatz der Mechanik gilt. Die thermischen Größen *Temperatur* und
Wärme scheinen im Rahmen der kinetischen Gastheorie entbehrlich zu sein.

Im Rahmen der atomistischen Modellbilder, die von einer rein raum-zeitlichen Be-
schreibbarkeit physikalischer Objekte ausgehen, scheint die Temperatur nichts weiter als
ein anderes Maß für die mittlere kinetische Energie der Atome und Wärme identisch mit
Arbeit zu sein. Wärme und Arbeit scheinen also nicht nur *äquivalente* (Abschn. 16.4), sondern *gleichartige* physikalische Größen zu sein. Es ist zunächst allenfalls ein qualitativer
Unterschied zu erkennen. Von Arbeit spricht man, wenn makroskopische Teile des Körpers
verschoben werden, während Wärme sich auf die Verschiebung atomarer Teilchen bezieht.

Bei dieser Betrachtungsweise wird aber übersehen, dass die kinetische Gastheorie nicht
nur auf den Gesetzen der Mechanik beruht, sondern auch auf einer wichtigen Zusatz-
annahme. Die Bewegung der Körper der klassischen Mechanik ist streng determiniert.
Hingegen beruht die kinetische Gastheorie auf der Hypothese, dass die Atome der Gase
eine *Zufallsbewegung* (random walk, s. Abschn. 17.3) ausführen. Die kinetische Gastheorie ist deshalb nicht ein Teilgebiet der Newton'schen Mechanik, sondern der *statistischen*
Mechanik.

Die Bedeutung der Zufallshypothese für die statistische Mechanik ist grundlegend. Sie
soll deshalb ausführlich diskutiert und begründet werden. Dabei zeigt sich, dass Temperatur und Wärme nicht nur im Rahmen der makroskopischen Thermodynamik, sondern
auch in der statistischen Mechanik als eigenständige, nicht auf mechanische Variable
zurückführbare physikalische Größen zu betrachten sind. Eine klare Unterscheidung von
Wärme und Arbeit ist insbesondere wichtig im Hinblick auf den zweiten Hauptsatz der
Wärmelehre (Kap. 19), der nur von Wärme, aber nicht von Arbeit handelt.

Zufallshypothese. Der Determinismus der klassischen Mechanik ist eine Konsequenz der
Annahme, dass Ort und Geschwindigkeit von Massenpunkten kontinuierlich beobachtet
und exakt gemessen werden können. Diese Annahme ist experimentell nicht generell
gerechtfertigt. Tatsächlich ist die Messgenauigkeit durch statistisches und thermisches
Rauschen begrenzt (Abschn. 1.2). Alle Messwerte sind grundsätzlich mit einer *Messunsicherheit* behaftet. Diese Messunsicherheit bleibt in der Newton'schen Mechanik unberücksichtigt. Der Anwendungsbereich der Newton'schen Mechanik ist deshalb begrenzt. Nur
makroskopische, d. h. praktisch kontinuierlich beobachtbare Körper, deren Orte und Ge-

schwindigkeiten mit vernachlässigbar geringen Unsicherheiten gemessen werden können, folgen – im Rahmen der Messgenauigkeit – den Gesetzen der Mechanik.

Die in Abschn. 1.2 erwähnte diskrete Struktur des Messprozesses hat grundsätzliche Bedeutung für die physikalische Naturbeschreibung. Wegen der diskreten Struktur des Messprozesses sind der raum-zeitlichen Beschreibung der Natur Grenzen gesetzt. Der Zustand eines physikalischen Systems kann zu keinem Zeitpunkt exakt vermessen werden. Deshalb kann die Bewegung auch makroskopischer Körper, wie z. B. die Planetenbewegung, von keinem Laplace'schen Dämon *exakt* vorausberechnet werden. Auch makroskopische Körper bewegen sich nicht streng determiniert. Immer spielt auch der Zufall ein bisschen mit, auch wenn er praktisch nicht nachweisbar ist. In der klassischen Mechanik wird der Einfluss des Zufalls auf die Bewegung der Körper vernachlässigt. Bewegungen, die den Gesetzen der klassischen Mechanik folgen, sind daher *reversibel*.

Die Vernachlässigung des Zufalls, der sich bei allen Messungen im Rauschen der Messwerte manifestiert, ist zwar gerechtfertigt, wenn die Bewegung makroskopischer Körper beschrieben wird, nicht aber bei der Beschreibung der Bewegung atomarer Teilchen. Atomare Teilchen dürfen deshalb nicht als Massenpunkte im Sinn der klassischen Mechanik betrachtet werden (s. Abschn. 2.1).

Erst die statistische Mechanik trägt dem Einfluss des Zufalls auf die Bewegung der Körper Rechnung. Die Einbeziehung des Zufalls ermöglicht es insbesondere auch irreversible Prozesse, wie Temperaturausgleich und Reibung zu deuten. Die Irreversibilität physikalischer Prozesse wird im zweiten Hauptsatz der Wärmelehre thematisiert (Kap. 19). Die kinetische Gastheorie, beispielsweise, beruht auf der Annahme, dass die Streuung der Atome bei Stößen den Gesetzen des Zufalls unterliegt. Nur während ihrer freien Flugzeit bewegen sich die Atome geradlinig gleichförmig, den Gesetzen der Newton'schen Mechanik folgend. Dank der Zufallshypothese lassen sich in diesem atomistischen Modellbild auch Wärmeleitung und innere Reibung erklären (Abschn. 17.3). Mit der Zufallshypothese erhält die experimentelle Unsicherheit der Messwerte eine Entsprechung in der Theorie.

Beobachtbarkeit. Makroskopische Körper und atomare Teilchen unterscheiden sich hinsichtlich ihrer *Beobachtbarkeit*. Nur makroskopische Körper können kontinuierlich beobachtet werden und dürfen deshalb als Massenpunkte im Sinn der Mechanik idealisiert werden. Im Gegensatz zu den makroskopischen Körpern können Atome nur aufgrund diskreter und spontan stattfindender und damit abzählbarer *Elementarereignisse* nachgewiesen werden. Beispielsweise können die an einem Atom gestreuten Photonen mit geeigneten Detektoren gezählt werden. Wegen der diskreten Struktur des Messprozesses sind atomare Teilchen zeitlich nur punktuell beobachtbar und zwischen zwei aufeinanderfolgenden Elementarereignissen prinzipiell unbeobachtbar. Sie unterscheiden sich daher grundlegend von den aus der Mechanik vertrauten makroskopischen Körpern.

Mit dem Wechsel von den kontinuierlich zu den punktuell beobachtbaren Körpern geht die experimentelle Basis für die raum-zeitliche Beschreibung von Bewegungen verloren. Das Konzept eines kontinuierlich ausgedehnten Raumes und einer kontinuierlich dahinfließenden Zeit basiert auf der kontinuierlichen Beobachtbarkeit von Bezugskörpern. Ebenso kann die Bewegung eines Körpers in einem experimentell erfassbaren Raum nur dann als klassische Bahnbewegung beschrieben werden, wenn auch der Körper kontinuierlich beobachtbar ist. Andernfalls gelten quantenphysikalische Gesetzmäßigkeiten.

Insbesondere sind die Bewegungsabläufe nicht vollständig determiniert, sondern unterliegen auch den Zufallsgesetzen.

Ebenso wie zwischen makroskopischen Körpern und atomaren Teilchen ist auch zwischen mechanischen und thermodynamischen Systemen zu unterscheiden. Wegen der nur noch punktuellen Beobachtbarkeit der atomaren Teilchen kann der Zustand eines thermodynamischen Systems nicht rein raum-zeitlich beschrieben werden. Vielmehr werden neben Orts- und Geschwindigkeitskoordinaten weitere *messbare* Zustandsvariablen benötigt. Im Rahmen der Thermodynamik werden Systeme betrachtet, die im (lokalen) thermodynamischen Gleichgewicht sind. Das System kann dann in noch makroskopisch beschreibbare (also kontinuierlich beobachtbare) Massenelemente zerlegt werden, deren Zustand durch weitere, kontinuierlich messbare Variable, wie Temperatur, Druck und Dichte eindeutig charakterisiert werden können.

Im Rahmen der kinetischen Gastheorie (Abschn. 17.3) lassen sich Temperatur, Druck und Dichte statistisch als Mittelwerte (nicht kontinuierlich beobachtbarer) mechanischer Größen deuten. Die Temperatur ist proportional zum Mittelwert der kinetischen Energie der Atome oder Moleküle und der Druck zum Produkt der Mittelwerte von kinetischer Energie und Teilchendichte.

Es ist aber zu betonen, dass sich die Thermodynamik nur mit Zuständen befasst, bei denen sich das System in einem (zumindest lokalen) thermodynamischen Gleichgewicht befindet. Daneben gibt es aber in der Natur eine große Vielfalt von Nichtgleichgewichtszuständen, die nicht vollständig und auch nicht näherungsweise mit den bekannten Zustandsvariablen der Thermodynamik beschrieben werden können. Sie entstehen beispielsweise bei extremen Temperatur- und Druckgefällen. Insbesondere werden solche Zustände in jedem Detektor beim Nachweis eines Elementarereignisses durchlaufen und vermutlich auch bei allen Prozessen des Lebens.

Ebenso wie bei der internen Bewegung eines thermodynamischen Systems zwischen beobachtbarer und unbeobachtbarer Komponente der Bewegung unterschieden werden muss, ist auch bei den äußeren Einwirkungen auf ein thermodynamisches System zwischen zwei Anteilen zu unterscheiden. Es gibt einerseits einen im Sinn der Mechanik kontrollierbaren Anteil, nämlich das Produkt von Kraft mal Weg, also die Arbeit. Andererseits kann aber ein thermodynamisches System auch durch mechanisch prinzipiell nicht kontrollierbare Einwirkungen verändert werden, nämlich durch Zufuhr oder Entzug von Wärme.

17.2 Erster Hauptsatz der Wärmelehre

Wärme und Arbeit. Wärme und Arbeit sind äquivalent, d. h., Wärme und Arbeit können in gleicher Einheit gemessen werden. Gewöhnlich werden beide Größen in der Energieeinheit Joule (J) gemessen. Die Äquivalenz ergibt sich aus der Existenz des mechanischen Wärmeäquivalents (Abschn. 16.5). Wärme und Arbeit sind aber trotzdem verschiedene physikalische Größen. Während bei der Verrichtung von Arbeit mechanische Veränderungen stattfinden, ist die Übertragung von Wärme mit thermischen Veränderungen verbunden. Thermische Veränderungen werden aber auch durch dissipative mechanische Prozesse hervorgerufen. Dabei wird Arbeit in Wärme umgewandelt.

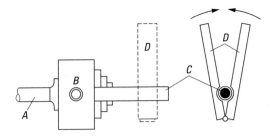

Abb. 17.1 Entstehung von Wärme durch mechanische Arbeit (Reibung)

Die Entstehung von Wärme durch mechanische Arbeit zeigt z. B. der folgende Versuch: Auf die Achse A eines Motors (Abb. 17.1) ist in einem Dreibackenfutter B ein etwa 1 cm starker runder Holzstab C befestigt. Um diesen lassen sich zwei schmale mit halbkreisförmigen Rinnen versehene Tannenholzbrettchen D legen, die an der einen Seite durch ein Scharnier verbunden sind, so dass sie mit der am anderen Ende angreifenden Hand gegen den umlaufenden Holzstab gepresst werden können. Die dann durch Reibung entstandene Wärme bringt nach einiger Zeit das Holz zum Brennen.

J. P. Joule (1818 – 1889) hat in den Jahren 1842 bis 1850 durch systematische Versuche den Nachweis erbracht, dass bei der Dissipation von mechanischer Energie immer und unabhängig von den Versuchsbedingungen die gleiche mechanische Energie nötig ist. Um z. B. 1 kg Wasser um 1 °C zu erwärmen, braucht man unabhängig von der Art des genutzten Prozesses und von den physikalischen und chemischen Eigenschaften der verwendeten Stoffe stets eine mechanische Arbeit der Größe 4.18 kJ. Wärme und mechanische Arbeit sind also gleichwertig (äquivalent).

Obwohl Joule der Erste war, der den experimentellen Beweis für die Äquivalenz von Arbeit und Wärme geführt hat, ist er nicht der Erste gewesen, der den Gedanken hatte, dass Wärme und Arbeit in einem festen zahlenmäßigen Verhältnis zueinander stehen. Vielmehr steht die Priorität der Idee dem Arzt Julius Robert Mayer (1814 – 1879) zu, der sie in einer Abhandlung aus dem Jahr 1842 klar aussprach. Mayer hat auch schon das mechanische Wärmeäquivalent in einwandfreier Weise berechnet.

Thermodynamische Prozesse. Thermodynamische Prozesse werden ausgelöst, wenn irgendwo in dem betrachteten System das thermodynamische Gleichgewicht gestört wird. Betrachten wir z. B. ein Gas, das von einer Hülle S eingeschlossen ist (Abb. 17.2). An jeder Stelle von S steht die äußere Kraft F_a senkrecht auf dem gerade ins Auge gefassten Flächenelement dS. Sie ist an dieser Stelle nach Definition des Drucks gleich $p_a dS$. Wenn diese Kraft das Volumen des Systems verkleinert, so dass die Hülle S in die gestrichelte S' der Abb. 17.2 übergeht, wird jedes Flächenelement um ein Stück dn nach innen verschoben, also an diesem Element die äußere Arbeit $p_a dS\, dn$ verrichtet. Summiert man diese Arbeiten über alle Elemente dS der Hülle, erhält man als Gesamtarbeit $p_a \int dS\, dn$, und darin ist das Integral $\int dS\, dn$ nichts anderes als die gesamte Volumenverkleinerung $-\int dV$ des Systems. Folglich kann die Arbeit W des Drucks p_a geschrieben werden als:

$$dW = -p_a dV. \tag{17.1}$$

Bei Volumenverkleinerung, wie sie hier betrachtet wurde, ist $dV < 0$, also $dW > 0$. Umgekehrt ist die äußere Arbeit negativ, wenn eine Volumenvergrößerung ($dV > 0$)

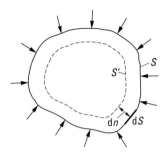

Abb. 17.2 Arbeitsverrichtung eines allseitigen äußeren Drucks

vorliegt. Für eine Volumenänderung, die das Volumen V_1 in V_2 überführt, folgt also

$$W = -\int_{V_1}^{V_2} p_a \mathrm{d}V. \tag{17.2}$$

Im Fall, dass der Druck p_a unabhängig vom Volumen V ist (was nicht immer der Fall zu sein braucht), kann man p_a aus dem Integral herausnehmen und erhält einfacher

$$W = -p_a(V_2 - V_1). \tag{17.3}$$

Auch hier sieht man wieder, dass die äußere Arbeit positiv ist, wenn der Druck das Volumen verkleinert und umgekehrt. Die äußere Arbeit wird immer durch diese Gleichungen gegeben, gleichgültig, ob dem äußeren Druck p_a eine Spannung innerhalb des Systems entgegenwirkt oder nicht.

Der äußere Druck p_a ist durch die Versuchsbedingungen gegeben. Es kann z. B. der äußere Luftdruck sein, es kann aber auch das System in einen unter beliebigem Druck gehaltenen Behälter eingeschlossen sein usw., das muss in jedem Fall experimentell festgestellt werden. Solange der äußere Druck p_a gleich dem inneren Druck p_i des Gases ist, befindet sich das System im thermodynamischen Gleichgewicht. Ein Prozess wird erst ausgelöst, wenn $p_a > p_i$ oder $p_a < p_i$ ist und dadurch ein Druckgefälle entsteht. Falls $p_a > p_i$, wird das Gas komprimiert und, falls $p_a < p_i$, expandiert das Gas.

Ein Beispiel mag diesen Sachverhalt erläutern. In Abb. 17.3 sei in einem Gefäß mit dicht schließendem, verschiebbarem Stempel St ein ideales Gas (Abschn. 16.3) der Temperatur T und der Dichte ϱ eingeschlossen. Im Inneren des Gases herrscht der Druck $p_i = \varrho NkT/m$ (oder $= \varrho RT/M_n$ mit $M_n = m/n =$ molare Masse). Dieser Druck wirkt von innen auf den Stempel. Von außen aber wirkt der äußere Druck p_a. Ist, wie in Abb. 17.3 angenommen, $p_a > p_i$, wird der Stempel nach innen getrieben, das Gas komprimiert. Es erfährt eine Volumenverminderung, d. h. $\mathrm{d}V < 0$. Daher ist die von außen dem System zugeführte Arbeit $-p_a \mathrm{d}V$ positiv. Ist jedoch $p_a < p_i$, wird der Stempel nach außen gedrückt, und $\mathrm{d}V$ ist positiv. Die äußere Arbeit ist nach wie vor gleich $-p_a \mathrm{d}V$, aber sie ist jetzt negativ, d. h., das System verrichtet jetzt Arbeit gegen den äußeren Druck p_a. Auch in dem Fall, in dem p_a und p_i nur wenig verschieden sind, ist die äußere Arbeit immer noch gleich $-p_a \mathrm{d}V$, nur geht die Verschiebung des Stempels – wegen der starken Gegenwirkung von p_i – jetzt sehr langsam vor sich. Aber bei Berechnung der Arbeit spielt die Zeit ja keine Rolle (nur bei Berechnung des Quotienten Arbeit pro Zeit, der Leistung!).

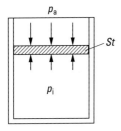

Abb. 17.3   Zur begrifflichen Unterscheidung von äußerem und innerem Druck

Quasistatische Prozesse. Man kann noch einen Schritt weiter gehen und p_a verschwindend wenig verschieden von p_i annehmen. Der Prozess geht dann freilich unendlich langsam vor sich, wäre also für die Praxis gar nicht zu gebrauchen, aber für die Berechnung der äußeren Arbeit lässt sich dann setzen:

$$dW = -p_a dV = -p_i dV.$$

Das hat den Vorteil, dass man für $p_a = p_i$ die Zustandsgleichung $p = NkT/V$ oder $p = nkT$ ($n = N/V =$ Teilchenzahldichte) benutzen kann. Für ein ideales Gas ergibt sich z. B.

$$dW = -p_i dV = -nkT \, dV. \tag{17.4}$$

Solche unendlich langsam laufenden Prozesse nennt man *quasistatisch*, weil das System in jedem Augenblick beliebig genau im Gleichgewicht ist. Damit ein Prozess quasistatisch ist, muss die mechanische Bedingung $p_a = p_i$ erfüllt sein. Es ist aber auch noch eine thermische Bedingung zu erfüllen. Wenn nämlich dem System Wärme zugeführt wird, müssen die Wärmereservoire, denen sie entnommen wird, eine höhere Temperatur T_a haben, als es die Temperatur T_i des Systems ist, damit (durch Wärmeleitung) die Wärme übergehen kann. Der Übergang erfolgt auch hier umso langsamer, je näher T_a an T_i liegt. Macht man T_a verschwindend wenig verschieden von T_i, geht der Wärmetransport unendlich langsam vor sich. Die thermische Bedingung für Quasistatik eines Prozesses ist also die, dass die Temperatur der Wärmespeicher bis auf eine verschwindend kleine Differenz gleich der Systemtemperatur ist.

Quasistatische Prozesse haben nicht nur den Vorzug, dass man zur Berechnung von p_a die Zustandsgleichung verwenden kann, sondern sind auch umkehrbar. Denn dazu braucht man nur p_i verschwindend wenig größer zu machen als p_a, und ebenso T_i verschwindend wenig größer als T_a. Der Fehler, den man macht, wenn man $p_a = p_i$ und $T_a = T_i$ setzt, ist vernachlässigbar klein.

Die bei einem quasistatischen Prozess dem System von außen zugeführte Arbeit $-\int p \, dV$ kann einer graphischen Darstellung entnommen werden, denn p ist dann eine bestimmte Funktion von V. Liegt z. B. ein isothermer Prozess vor, ist $p = \text{const} \cdot 1/V$. Diese Kurven sind bereits in Abb. 16.16 dargestellt. Für andere Prozesse sind es andere Kurven. Jeder quasistatische Vorgang kann durch eine ihn charakterisierende Kurve in der p-V-Ebene repräsentiert werden. Die Kurve zwischen den Punkten A und B in Abb. 17.4 möge einen solchen beliebig gewählten Prozess darstellen. Die Fläche des schraffierten Vierecks $C'D'DC$ entspricht dann dem Produkt $p \, dV$, also dem Betrag der verschwindend kleinen Arbeit, die dem System zugeführt wird, während es von C nach D gelangt. Entsprechend stellt die Fläche $ABB'A'$ den Betrag der Gesamtarbeit $\int p \, dV$ dar. Wenn wir die

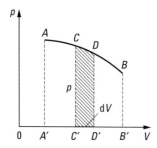

Abb. 17.4 Arbeitsverrichtung bei einem quasistatischen Prozess

Kurve von A nach B durchlaufen und in gleicher Richtung, d. h. im Uhrzeigersinn, um das Flächenstück $ABB'A'$ weitergehen, entspricht dem eine negative Arbeit, denn auf dem Weg von A nach B ist $dV > 0$, also $-\int_A^B p\,dV < 0$. Diese Arbeit wird also vom System gegen den äußeren Druck verrichtet. Läuft der Prozess dagegen von B nach A, wird dem System Arbeit zugeführt, denn auf der Strecke BA ist $dV < 0$, also $-\int_B^A p\,dV > 0$.

Kreisprozesse. Mit Hilfe dieser Überlegungen betrachten wir nun einen Kreisprozess. Er wird im p-V-Diagramm durch eine geschlossene Kurve dargestellt, z. B. $ABCD$ in Abb. 17.5. Wir wollen annehmen, dass der Prozess in der Richtung $ABCDA$ (Pfeile) vor sich geht. Die im Uhrzeigersinn umlaufene Fläche $ABCC'A'A$ stellt dann eine negative Arbeit dar, die also während des Teilprozesses ABC dem System entzogen wird. Umgekehrt entspricht die im Gegensinn des Uhrzeigers umlaufene Fläche $CDAA'C'C$ einer positiven Arbeit, d. h., während des Teilprozesses CDA wird dem System Arbeit von außen zugeführt. Die gesamte verrichtete Arbeit ist also gleich der Differenz der Flächenstücke $ABCC'A'$ und $ADCC'A'$, d. h. gleich dem Flächeninhalt der Schleife $ABCD$, die in der Figur schraffiert ist. Da die Schleife im Uhrzeigersinn durchlaufen wurde, ist die verrichtete Arbeit negativ, sie wurde also nach außen abgegeben. Umgekehrt wäre es, wenn der Prozess in Richtung $ADCBA$ ablaufen würde.

Die Annahme, dass bei thermodynamischen Prozessen nur Gleichgewichtszustände durchlaufen werden, ist eine Idealisierung. Tatsächlich werden bei allen Prozessen Nichtgleichgewichtszustände durchlaufen, bei denen Druck- und Temperaturgefälle vorliegen, oder es werden sogar extremere Nichtgleichgewichtszustände der Materie durchlaufen. Dabei finden *Ausgleichsprozesse* statt, die *irreversible Prozesse* sind. Im Allgemeinen werden wir nur voraussetzen, dass Ausgangs- und Endzustand eines Prozesses thermodynamische Gleichgewichtszustände sind. Ein Kreisprozess liegt vor, wenn beide Zustände

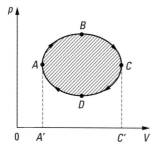

Abb. 17.5 Arbeitsdiagramm eines quasistatischen Prozesses

gleich sind. Bei einem solchen Kreisprozess kann dem thermodynamischen System mehr oder auch weniger Arbeit zugeführt werden, als von dem System abgegeben wird, die Arbeitsbilanz also unausgeglichen sein. Das Gleiche gilt für die Wärmebilanz. Wegen der Äquivalenz von Arbeit und Wärme gilt aber für alle Kreisprozesse, dass die Summe von zugeführter Arbeit und Wärme gleich der Summe von abgegebener Wärme und Arbeit ist.

Erster Hauptsatz. Dank dieses Sachverhalts kann jedem thermodynamischen Zustand eine *Energie* zugeschrieben werden. Dabei ist neben den mechanischen Energieformen der kinetischen und potentiellen Energie auch eine thermische Form, die *innere Energie*, zu berücksichtigen. Falls bei einem thermodynamischen Prozess das System in Ruhe bleibt, ändert sich nur die innere Energie.

Die innere Energie U des Systems erhöht (erniedrigt) sich, wenn Wärme oder Arbeit zugeführt (abgegeben) wird. Nennt man die zugeführte Arbeit ΔW und die zugeführte Wärme ΔQ, so sagt der Energieerhaltungssatz in diesem Fall aus:

$$U_2 - U_1 = \Delta U = \Delta Q + \Delta W, \tag{17.5}$$

wenn U_1 die innere Energie des Anfangszustandes und U_2 die des Endzustandes bedeutet. Wenn das betrachtete System einen Kreisprozess durchläuft, ändert sich die innere Energie U nicht. Es ist dann $U_2 = U_1$ und folglich nach Gl. (17.5):

$$0 = \Delta Q + \Delta W. \tag{17.6}$$

Der Energiesatz in jeder der beiden Formen (17.5) und (17.6) wird nach R. J. E. Clausius (1822 – 1888) als der *erste Hauptsatz der Wärmelehre* bezeichnet:

• Die Änderung der inneren Energie eines Systems ist gleich der Summe der von außen zugeführten Wärme und der zugeführten Arbeit. Bei einem Kreisprozess ist die Summe von zugeführter Wärme und Arbeit gleich null.

Einfache Beispiele für die Anwendung des ersten Hauptsatzes liefert die Thermodynamik der Gase. Wir betrachten deshalb zunächst die Theorie der Gase.

17.3 Kinetische Gastheorie

Ideale und reale Gase. Gase bestehen aus frei im Raum beweglichen Atomen oder Molekülen. Wir betrachten sie zunächst als *Massenpunkte*, die keine Kräfte aufeinander ausüben. Ein solches Ensemble von Massenpunkten heißt *ideales Gas*. Ein Atom eines idealen Gases bewegt sich gleichförmig geradlinig, bis es mit anderen Atomen oder der Wand des einschließenden Gefäßes zusammenstößt, wo es nach den Gesetzen des elastischen Stoßes reflektiert wird.

Die erste Aufgabe ist, die Zustandsgleichung idealer Gase aus dieser Anschauung herzuleiten. Ein Gas übt auf die Gefäßwand einen Druck aus, weil die Moleküle mit der Wand zusammenstoßen und von ihr zurückgeworfen werden. Jedes Molekül überträgt also einen Impuls auf die Wand. Die zeitliche Änderung des Impulses pro Fläche ist nach der Newton'schen Bewegungsgleichung der Druck.

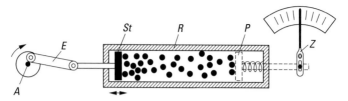

Abb. 17.6 Anordnung zur Erläuterung der Vorstellungen der kinetischen Gastheorie an einem Modellgas aus Stahlkugeln

Im Einklang mit der Zufallshypothese machen wir die Annahme, dass die Geschwindigkeiten sich auf alle Richtungen gleichmäßig verteilen. Das bedeutet, dass je $\frac{1}{3}$ der Moleküle von links nach rechts, von oben nach unten, von vorn nach hinten oder umgekehrt fliegt. Je die Hälfte von diesem Drittel, d. h. je $\frac{1}{6}$, fliegt also von links nach rechts, von rechts nach links usw. Ferner ist anzunehmen, dass die Moleküle sich gleichmäßig über das ganze Volumen verteilen. Ist also N die Gesamtzahl der Moleküle im Volumen V, so besitzt jedes Teilvolumen im Mittel die Teilchenzahldichte $n = N/V$. Auch die Geschwindigkeiten, mit denen die Atome sich im Raum bewegen, haben eine Zufallsverteilung. Wir werden sie weiter unten besprechen.

Die Vorstellungen der kinetischen Theorie sollen an einem *Modellgas* erläutert werden, dessen „Atome" Stahlkugeln sind. Den Gasbehälter bildet ein horizontal liegender Metallrahmen R (Abb. 17.6), der auf der Ober- und Unterseite durch zwei Glasplatten abgedeckt ist, so dass man hindurchprojizieren kann. Um den Stahlkugeln eine gleichmäßige, lebhafte „Wärmebewegung" zu erteilen, ist durch die linke Stirnseite des Rahmens ein verschiebbarer Stempel St eingeführt, der durch einen an der Achse A eines Motors angebrachten Exzenter in eine schwingende Bewegung versetzt werden kann. Die Frequenz der Schwingung lässt sich durch die Drehfrequenz des Motors regulieren. Dadurch werden die Kugeln angestoßen und schwirren in dem Rahmen in ganz unregelmäßigen Zickzackbahnen hin und her, wobei sie miteinander und mit den Wänden zusammenstoßen und nach den Gesetzen des elastischen Stoßes reflektiert werden. Fast augenblicklich stellt sich eine ganz ungeordnete Bewegung ein, bei der die Kugeln über das ganze Volumen verteilt sind.

Im Sinn dieses Versuchs betrachten wir nun in Abb. 17.7 ein Flächenstück A der Wand eines Gasbehälters und fragen nach der Anzahl der Atome, die in der Zeit t senkrecht auf das Flächenstück auftreffen. Ein Teil dieser Atome hat die Geschwindigkeit v_1. In der Zeit t können nur diejenigen Moleküle das Flächenstück A erreichen, die sich innerhalb des gezeichneten Zylinders der Grundfläche A und der Höhe $v_1 t$ befinden. Ist n_1 die Anzahldichte der Atome mit der Geschwindigkeit v_1, kommt nach früheren Überlegungen für die Flugrichtung links-rechts (Abb. 17.7) nur $\frac{1}{6}$ in Frage, da von den sechs möglichen Hauptrichtungen nur eine betrachtet wird. In dem Zylinder mit dem Volumen $A v_1 t$ befinden sich also $\frac{1}{6}(n_1 A v_1 t)$ Atome der Geschwindigkeit v_1. Jedes dieser Moleküle hat die Masse m und damit den Impuls $m v_1$. Beim Stoß auf die Wand ändert sich das Vorzeichen von v_1. Deshalb beträgt die Differenz der Impulse vor und nach dem Stoß $2 m v_1$. Damit erfährt auch die Wand bei jedem Stoß einen Impuls der Größe $2 m v_1$. Sämtliche in dem betrachteten Zylinder befindlichen Moleküle übertragen auf die Wand den Impuls

$$\frac{1}{6}(n_1 A v_1 t \cdot 2 m v_1) = \frac{1}{3}(n_1 m v_1^2 \cdot A t).$$

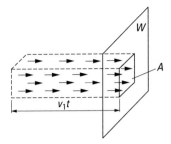

Abb. 17.7   Zur Berechnung des Gasdrucks

Das entspricht einem Kraftstoß der Größe

$$F_1 \cdot t = \frac{1}{3} n_1 m v_1^2 \cdot A \cdot t \quad \text{oder} \quad \frac{F_1}{A} = p_1 = \frac{1}{3} n_1 m v_1^2.$$

Es zeigt sich also, dass Moleküle der Anzahldichte n_1, der Masse m und der Geschwindigkeit v_1 auf eine Wand den Druck p_1 ausüben.

Die gleiche Rechnung lässt sich auch für Moleküle der Anzahldichten $n_2, n_3, n_4, \ldots$ mit den Geschwindigkeiten $v_2, v_3, v_4, \ldots$ durchführen. Sämtliche erhaltenen Drücke $p_1, p_2, p_3, p_4, \ldots$ addieren sich zum Gesamtdruck

$$p = \frac{1}{3} m \sum_i n_i v_i^2.$$

Berücksichtigt man nun noch, dass die Gesamtanzahldichte $n = n_1 + n_2 + n_3 + \ldots$ ist und dass der Ausdruck

$$\overline{v^2} = \frac{\sum\limits_i n_i v_i^2}{n}$$

als Mittelwert der Geschwindigkeitsquadrate definiert ist, erhält man schließlich

$$p = \frac{1}{3} n m \overline{v^2}. \tag{17.7}$$

Die Gültigkeit dieser Gleichung lässt sich qualitativ mit dem in Abb. 17.6 dargestellten Apparat zeigen. Zu diesem Zweck ist gegenüber dem beweglichen Stempel St in dem Rahmen R eine verschiebbare Platte P angebracht, die durch eine Schubstange mit einem Zeiger Z in Verbindung steht. Die Ruhelage der Platte ist durch eine zwischen ihr und der Rahmenwand angebrachte Schraubenfeder festgelegt. Sobald der Exzenter E in Bewegung gesetzt wird, üben die auf die Platte P treffenden Kugeln auf diese eine Kraft aus, dessen Größe sich an der Zeigerstellung ablesen lässt. Erhöht man die Drehfrequenz des Motors und damit die Geschwindigkeit der Kugeln, steigt entsprechend die auf die Platte P ausgeübte Kraft. Das Instrument zeigt einen konstanten zeitlichen Mittelwert an.

In Gl. (17.7) ist nm die Dichte ϱ des Gases, so dass man schreiben kann:

$$\frac{p}{\varrho} = \frac{1}{3} \overline{v^2}. \tag{17.8}$$

Diese Gleichung ist mit der Zustandsgleichung (Abschn. 16.3) $pV = NkT$ oder $p/\varrho = kT/m$ zu vergleichen. Durch Gleichsetzen erhält man

$$\frac{kT}{m} = \frac{1}{3}\overline{v^2}.$$

oder

$$\frac{m}{2}\overline{v^2} = \frac{3}{2}kT \tag{17.9}$$

($k = 1.38 \cdot 10^{-23}$ J/K, Boltzmann-Konstante). Wir erhalten also folgendes Ergebnis:

- Die mittlere kinetische Energie $\frac{1}{2}mv^2$ der Gasmoleküle ist proportional zur Temperatur T.

Aus dieser Ableitung der Zustandsgleichung idealer Gase ergibt sich zugleich eine *kinetische Deutung der Temperatur*. Mit der Zustandsgleichung sind auch alle Folgerungen aus ihr wiedergewonnen: Die Avogadro'sche Hypothese, das Boyle-Mariotte'sche Gesetz, das Dalton'sche Gesetz der Partialdrücke usw.

Da nach Gl. (17.9) die Temperatur T zur positiven Größe $\frac{1}{2}mv^2$ proportional ist, ist der kleinste Wert, den T annehmen kann, gleich null. Es gibt also eine tiefste Temperatur, den absoluten Nullpunkt, der kinetisch dadurch charakterisiert ist, dass die Moleküle die Geschwindigkeit null besitzen.

Die oben wiedergegebene Ableitung der Zustandsgleichung *idealer Gase* ist ein erster Erfolg der kinetischen Gastheorie. Für *reale Gase* ist diese Herleitung zu ergänzen. Einmal muss das endliche Volumen der Gasatome berücksichtigt werden und zum anderen die anziehenden Kräfte zwischen ihnen. Dies geschieht bekanntlich in der van der Waals'schen Zustandsgleichung (Abschn. 16.3), die für den gasförmigen und flüssigen Zustand (wenigstens annähernd) gültig ist,

$$\left(p + \frac{a}{V_m^2}\right)(V_m - b) = RT,$$

in der V_m das molare Volumen und a und b Konstanten sind (Tab. 16.4 auf S. 626). a/V_m^2 ist die Korrektur, die von der Anziehungskraft der Moleküle herrührt und den Druck vermehrt (sogenannter Binnendruck) und b die Volumenkorrektur. Nach der genauen Rechnung ist b das Vierfache des molaren Eigenvolumens der Atome. Der Wert von b liefert zusammen mit der Avogadro-Konstante $N_A = 6.022 \cdot 10^{23}$ mol^{-1} einen Wert für die Atomgröße. Betrachten wir nämlich die Atome als kugelförmig vom Radius r, so nehmen die Moleküle das molare Volumen $\frac{4\pi}{3}r^3 N_A$ ein, und dieser Ausdruck ist gleich dem vierten Teil von b. Setzt man für die Gase H_2, O_2, N_2, CO_2 und H_2O den Mittelwert von b, nämlich $b = 3.4 \cdot 10^{-5}$ m^3/mol ein, so ergibt sich

$$r \approx 1.5 \cdot 10^{-10} \text{ m} = 0.15 \text{ nm}$$

in größenordnungsmäßiger Übereinstimmung mit allen sonstigen Methoden.

Der Gleichverteilungssatz. Wir knüpfen jetzt an Gl. (17.9) an, die noch verallgemeinert werden kann. Es ist offenbar:

$$\overline{v^2} = \overline{v_x^2} + \overline{v_y^2} + \overline{v_z^2},$$

worin v_x, v_y und v_z die Komponenten von v sind. Wegen der völligen Gleichwertigkeit aller Geschwindigkeitsrichtungen ist im Mittel

$$\overline{v_x^2} = \overline{v_y^2} = \overline{v_z^2},$$

und daraus folgt weiter

$$\overline{v_x^2} = \overline{v_y^2} = \overline{v_z^2} = \frac{1}{3}\overline{v^2}.$$

Man kann also statt Gl. (17.9) die drei Gleichungen schreiben:

$$\frac{m}{2}\overline{v_x^2} = \frac{1}{2}kT, \quad \frac{m}{2}\overline{v_y^2} = \frac{1}{2}kT, \quad \frac{m}{2}\overline{v_z^2} = \frac{1}{2}kT. \tag{17.10}$$

Diese Gleichungen bringen zum Ausdruck, dass die kinetische Energie jedes der drei translatorischen Freiheitsgrade eines Massenpunkts den gleichen mittleren Wert $\frac{1}{2}kT$ besitzt.

Diese Aussage kann verallgemeinert werden. Ideale Gase sind Ensemble von Massenpunkten, die tatsächlich nur drei Freiheitsgrade haben. Reale Gase bestehen aber aus Atomen oder Molekülen, die räumlich ausgedehnt sind. Trotzdem gilt hier: Atome verhalten sich wie Massenpunkte mit nur drei Freiheitsgraden. Die Rotationsfreiheitsgrade der Atome spielen bei der thermischen Bewegung keine Rolle.

Komplizierter sind die Verhältnisse bei zweiatomigen Molekülen. Diese betrachten wir angenähert als starre Rotationsellipsoide (Abb. 17.8). Auch für ein solches Molekül gilt zunächst nach Gl. (17.9)

$$\frac{m}{2}\overline{v^2} = \frac{3}{2}kT$$

und ebenso nach den Gln. (17.10):

$$\frac{m}{2}\overline{v_x^2} = \frac{m}{2}\overline{v_y^2} = \frac{m}{2}\overline{v_z^2} = \frac{1}{2}kT.$$

In diesem Fall müssen aber auch die Rotationsfreiheitsgrade berücksichtigt werden. Nur noch einer ist nicht am Energieaustausch beteiligt, nämlich derjenige mit dem kleinsten Trägheitsmoment (Rotation um die große Achse des Ellipsoids). Dagegen liefern die beiden anderen Freiheitsgrade, die der Rotation um die beiden in Abb. 17.8 gestrichelten Achsen entsprechen, wegen des größeren Trägheitsmomentes einen Beitrag zum Energieaustausch. Es ergibt sich, dass auch die kinetische Energie für jeden dieser beiden Freiheitsgrade der Rotation den mittleren Betrag $\frac{1}{2}kT$ hat. Ein zweiatomiges Molekül besitzt also insgesamt fünf Freiheitsgrade, drei der Translation und zwei der Rotation.

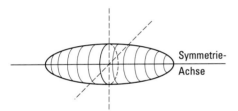

Symmetrie-
Achse

Abb. 17.8 Rotationsellipsoid eines zweiatomigen Moleküls

Für dreiatomige Moleküle dagegen kommen alle drei Rotations- und die drei Translationsfreiheitsgrade, also insgesamt sechs Freiheitsgrade in Betracht, wenn nicht die drei Atome in einer geraden Linie angeordnet sind und das Molekül auf diese Weise wieder die Symmetrie eines Rotationsellipsoids besitzt.

Diese Energieverteilung auf die in Frage kommenden Freiheitsgrade ist, wie schon bemerkt, eine Folge der dauernden Zusammenstöße. Man nennt diese Gesetzmäßigkeit den *Gleichverteilungssatz der kinetischen Energie*. Sie kann folgendermaßen ausgesprochen werden:

- Im thermischen Gleichgewicht hat jeder am Energieaustausch teilnehmende Freiheitsgrad der Bewegung eines Moleküls im Mittel die gleiche kinetische Energie $\frac{1}{2}kT$.

Das ist eine sehr weitgehende Aussage, umso mehr, als sie nicht auf Gase beschränkt ist, vielmehr ebenso für flüssige und feste Körper gilt. Die endliche Anzahl der Freiheitsgrade von Atomen und Molekülen bleibt im Rahmen der klassischen Mechanik letztlich unverständlich. Sie kann erst im Rahmen der Quantenphysik begründet werden. Dabei zeigt sich, dass bei hinreichend tiefen Temperaturen auch die Rotationsfreiheitsgrade von Molekülen (insbesondere des Wasserstoffs) *einfrieren* können.

Spezifische und molare Wärmekapazitäten. Der Gleichverteilungssatz liefert die in Abschn. 16.5 (Tab. 16.5 und 16.6) angegebenen Werte der spezifischen bzw. molaren Wärmekapazitäten. Betrachten wir zunächst ein einatomiges ideales Gas. Die innere Energie U des Gases ist gleich der kinetischen Energie aller Atome. Man erhält sie, indem man Gl. (17.9) mit der Anzahl N der Atome erweitert:

$$U = N \cdot \frac{m}{2} \overline{v^2} = N \cdot \frac{3}{2} kT. \tag{17.11}$$

Da bei konstant gehaltenem Volumen nach dem ersten Hauptsatz (Gl. (17.5)) $\Delta U = \Delta Q$ gilt, ist nach Gl. (16.18)

$$U = c_V mT + \text{const},$$

womit das Ergebnis in Gl. (17.11) zu vergleichen ist. Daraus folgt, dass bei idealen Gasen die Integrationskonstante, die sich bei der Berechnung der inneren Energie ergibt, gleich null ist. Ferner erhält man für die spezifische Wärmekapazität eines idealen einatomigen Gases

$$c_V = \frac{3}{2} \frac{Nk}{m}. \tag{17.12}$$

Mit $k = R/N_A$ kann man für die innere Energie in Gl. (17.11)

$$U = \frac{N}{N_A} \cdot \frac{3}{2} RT$$

schreiben ($N/N_A =$ Stoffmenge) und erhält für die molare Wärmekapazität eines idealen einatomigen Gases

$$C_V = \frac{3}{2} R. \tag{17.13}$$

Mit dem Wert für die allgemeine Gaskonstante (Abschn. 16.3) $R = 8.31 \, \text{J/(mol} \cdot \text{K)}$ folgt (in Übereinstimmung mit Messungen, Tab. 16.6) $C_V = 12.6 \, \text{J/(mol} \cdot \text{K)}$. Da ferner für ideale Gase $C_p - C_V = R$ ist (Abschn. 17.4), folgt weiter

$$\frac{C_p}{C_V} = \kappa = \frac{5}{3} = 1.666,$$

gleichfalls in Übereinstimmung mit den Beobachtungen.

Entsprechend lässt sich die Rechnung für zwei- und dreiatomige ideale Gase durchführen. Bei einem zweiatomigen Gas ist als mittlere kinetische Energie eines Moleküls nicht das Dreifache, sondern das Fünffache des Wertes $\frac{1}{2}kT$ anzusetzen:

$$U = N \cdot \frac{5}{2}kT = \frac{N}{N_A} \cdot \frac{5}{2}RT. \tag{17.14}$$

Für zweiatomige Gase ist folglich

$$C_V = \frac{5}{2}R = 21 \, \text{J/(mol} \cdot \text{K)} \tag{17.15}$$

und mit $C_p - C_V = R$

$$\kappa = \frac{C_p}{C_V} = \frac{7}{5} = 1.40,$$

beides in Übereinstimmung mit der Beobachtung. Ebenso ist für die dreiatomigen Gase (6 Freiheitsgrade):

$$U = N \cdot \frac{6}{2}kT = \frac{N}{N_A} \cdot 3RT, \tag{17.16}$$

$$C_V = 3R = 25 \, \text{J/(mol} \cdot \text{K)}, \quad \kappa = \frac{C_p}{C_V} = \frac{8}{6} = 1.333. \tag{17.17}$$

Die kinetische Gastheorie liefert also die spezifischen bzw. molaren Wärmekapazitäten der Gase in guter Übereinstimmung mit der Erfahrung.

Bei der Berechnung der Wärmekapazitäten wurde vorausgesetzt, dass die Moleküle starre Gebilde sind. Ferner wurde bei den dreiatomigen Molekülen die Voraussetzung gemacht, dass die Atome nicht geradlinig angeordnet sind, da sie sonst genau die Symmetrie der zweiatomigen Moleküle hätten. Dann kämen für den Energieaustausch nur 5 Freiheitsgrade in Betracht. Ein dreiatomiges Molekül, das dieser letzten Forderung entspricht, ist das des H_2O-Dampfes, das dreieckförmig ist, also mit 6 Freiheitsgraden am Energieaustausch teilnimmt. Dagegen ist das CO_2-Molekül geradlinig, also kämen für den Energieaustausch nur 5 Freiheitsgrade in Frage, – und dennoch finden wir für κ den Wert 1.30, der dem theoretischen Wert 1.33 nahe kommt. Der scheinbare Widerspruch löst sich dadurch, dass das CO_2-Molekül nicht mehr als starr zu betrachten ist, sondern dass die beiden O-Atome gegen das C-Atom schwingen können. Da diese Schwingung durch die Molekularstöße angeregt wird, nimmt sie am Energieaustausch teil. Es kommt dadurch ein sechster Freiheitsgrad der kinetischen Energie hinzu. Außerdem muss die potentielle Energie der Schwingung, die im Mittel gleich der kinetischen Energie der Schwingung ist, berücksichtigt werden. Demnach müssen wir theoretisch für das CO_2-Molekül folgende Werte erwarten:

$$C_p = 37.4 \, \text{J/(mol} \cdot \text{K)}, \quad C_V = 29.1 \, \text{J/(mol} \cdot \text{K)}, \quad \kappa = 1.28.$$

Sie liegen den in Tab. 16.6 in Abschn. 16.5 aufgeführten Werten wesentlich näher als die unter der Annahme der Starrheit mit 6 Freiheitsgraden berechneten ($C_p = 33.26 \, \text{J}/(\text{mol} \cdot \text{K})$, $C_V = 25.11 \, \text{J}/(\text{mol} \cdot \text{K})$, $\kappa = 1.333$).

Der gleiche Gedankengang führt auch auf die Wärmekapazitäten einatomiger fester Körper. Ein solcher unterscheidet sich dadurch von einem Gas, dass die einzelnen Atome an eine bestimmte Ruhelage gebunden sind, um die sie – infolge der thermischen Bewegung – Schwingungen ausführen. Jedes Atom hat wieder 3 Freiheitsgrade, die kinetische Energie pro Atom ist also gleich $\frac{3}{2}kT$. Aber hier tritt wegen der Bindung an eine feste Ruhelage noch potentielle Energie auf, die bei einer harmonischen Schwingung im Mittel gleich der kinetischen Energie ist. Die Gesamtenergie pro Atom ist also $2 \cdot \frac{3}{2}kT = 3kT$. Betrachten wir also eine aus N Atomen bestehende Stoffmenge unter der Annahme, dass die innere Energie $U = 3N \, kT = 3\frac{N}{N_A}RT$ ist, so gilt für die molare Wärmekapazität

$$C_V = 3N_A \cdot kT = 3R = 25 \, \text{J}/(\text{mol} \cdot \text{K}), \tag{17.18}$$

und dies ist das *Dulong-Petit'sche Gesetz*.

Maxwell'sche Geschwindigkeitsverteilung. Bislang war nur von der *mittleren* kinetischen Energie der Atome und Moleküle die Rede, aus der sich die *mittlere quadratische Geschwindigkeit* $\overline{v^2}$ der Teilchen ergibt. Wir interessieren uns jetzt dafür, wie sich die Geschwindigkeiten auf die Moleküle eines Gases verteilen. Wir können nicht fragen, wie groß die Zahl von Molekülen ist, die exakt die Geschwindigkeit v besitzen. Wir können aber fragen, welcher Anteil ΔN der Gesamtzahl N der Moleküle eine Geschwindigkeit zwischen v und $v + \Delta v$ besitzt. Die Lösung von James Clerk Maxwell (1831 – 1879) lautet:

$$\Delta N = 4\pi v^2 \left(\frac{m}{2\pi kT}\right)^{3/2} Ne^{-\frac{mv^2}{2kT}} \Delta v. \tag{17.19}$$

Der rechts stehende Ausdruck hat für ein bestimmtes v, das man die wahrscheinlichste Geschwindigkeit v_w nennt, ein Maximum. Man findet dafür den Wert

$$v_w = \sqrt{2kT/m}.$$

Damit kann man Gl. (17.19) etwas anders schreiben:

$$\frac{\Delta N}{N} = \frac{4}{\sqrt{\pi}} \left(\frac{v}{v_w}\right)^2 e^{-\left(\frac{v}{v_w}\right)^2} \Delta\left(\frac{v}{v_w}\right), \tag{17.20}$$

indem man die Geschwindigkeit v in Vielfachen der wahrscheinlichsten Geschwindigkeit v_w ausdrückt. Trägt man

$$\frac{\frac{\Delta N}{N}}{\Delta\left(\frac{v}{v_w}\right)} = \frac{4}{\sqrt{\pi}} \left(\frac{v}{v_w}\right)^2 e^{-\left(\frac{v}{v_w}\right)^2}$$

auf der Ordinate gegen v/v_w auf der Abszisse auf, erhält man die Kurve in Abb. 17.9, aus der hervorgeht, dass die Mehrzahl der Moleküle Geschwindigkeiten besitzt, die sich um das Maximum der Kurve herumgruppieren. Das rechtfertigt die vereinfachte Rechnung, die wir hier gegeben haben. Zum Beispiel beträgt der prozentuale Anteil der Moleküle, deren Geschwindigkeiten um 20 % nach oben und unten von der wahrscheinlichsten Geschwindigkeit v_w abweichen, rund 32 %. Die Größe v_w ist mit der mittleren Geschwin-

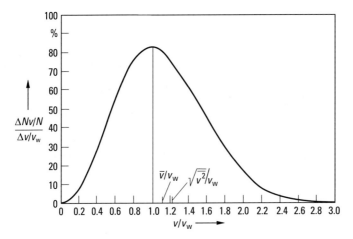

Abb. 17.9   Maxwell'sche Geschwindigkeitsverteilung

digkeit $\bar{v}$ durch die Beziehung $\bar{v} = 2v_{\mathrm{w}}/\sqrt{\pi} = 1.13v_{\mathrm{w}}$ verknüpft. Für $\sqrt{\overline{v^2}}$ erhält man die Gleichung

$$\sqrt{\overline{v^2}} = \sqrt{1.5}\,v_{\mathrm{w}} = 1.225v_{\mathrm{w}}.$$

Für einige Gase sind die Werte von v_{w} in Tab. 17.2 (S. 661) mit aufgeführt.

Man kann diese Molekulargeschwindigkeiten direkt messen. Dies beruht auf der experimentellen Feststellung (L. Dunoyer, 1880 – 1963), dass ein bis zum Schmelzpunkt erhitzter Metalldraht (z. B. Silberdraht oder, was technisch bequemer ist, ein versilberter Platindraht) im Vakuum verdampft, d. h. nach allen Seiten gleichmäßig Silberatome aussendet (da Ag einatomig ist, sind hier Molekül und Atom identisch). Man kann also auf diese Weise Molekularstrahlen erzeugen. Stellt man in den Strahlengang eine kalte Metallplatte, so bleiben die sie treffenden Atome oder Moleküle daran haften. Auf diesen beiden Tatsachen beruht die von Otto Stern (1888 – 1969) erdachte Methode zur Messung der Molekulargeschwindigkeit. In Abb. 17.10 bedeutet G eine Grundplatte, die um eine zur Zeichenebene senkrechte Achse A mit großer Winkelgeschwindigkeit drehbar ist. In der Achse A befindet sich ein versilberter Platindraht, der elektrisch zum Glühen erhitzt wird. Er sendet nach allen Seiten Ag-Moleküle aus, deren mittlere Geschwindigkeit $\bar{v}$ sei. Sie hängt natürlich von der Glühtemperatur ab. In unmittelbarer Nähe der Achse befindet sich in einer Blende B ein kleines Loch, das einen feinen Molekularstrahl ausblendet, und im Abstand l davon die Auffangplatte P. Die Blende B und die Auffangplatte P sind mit der Grundplatte G fest verbunden. Selbstverständlich muss dieser Versuch im Hochvakuum ausgeführt werden, damit die Silberatome nicht durch Zusammenstöße mit Gasmolekülen auf dem Weg vom Draht zur Platte abgelenkt werden. Solange die Grundplatte G nicht rotiert, trifft der Molekularstrahl die Platte P an der Stelle M, wo sich ein „Silberpunkt" bildet. Der Strahl braucht vom Passieren der Lochblende bis zum Auftreffen in M die Zeit $\tau = l/\bar{v}$. Wird aber G z. B. im Uhrzeigersinn mit der Winkelgeschwindigkeit ω gedreht, verschiebt sich während der Laufzeit τ die Platte P um das Stück $d = l\omega\tau = l^2\omega/\bar{v}$. Der Molekularstrahl trifft daher nicht mehr die Stelle M, sondern den Punkt M'. Man erhält also zwei Silberpunkte M und M' im messbaren Abstand d. Aus l, ω und d ergibt

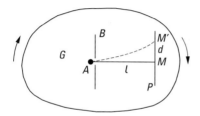

Abb. 17.10   Anordnung zur Messung der Molekulargeschwindigkeit

sich dann sofort die mittlere Geschwindigkeit $\bar{v}$. (Dieser einfache Gedankengang erfährt natürlich eine Komplikation dadurch, dass nicht alle Moleküle die gleiche Geschwindigkeit besitzen, doch sehen wir hier davon ab.) Für die Geschwindigkeit $\bar{v}$ findet man also

$$\bar{v} = l^2 \omega / d.$$

Bei einer Temperatur von 1473 K fand man experimentell für $\bar{v}$ Werte zwischen 675 und 643 m/s, während sich nach der Formel (17.9) 672 m/s ergeben sollte – in Anbetracht der schwierigen Messung also eine sehr gute Übereinstimmung.

Freie Weglänge. Man hat gegen die aus der kinetischen Gastheorie folgenden großen Geschwindigkeiten der Moleküle früher gelegentlich einen Einwand erhoben: Wenn diese Werte wirklich zuträfen, müsste z. B. die Diffusion zweier Gase ineinander außerordentlich rasch vor sich gehen, während sie in Wirklichkeit ein Vorgang von längerer Dauer ist. Clausius hat diesen Einwand entkräftet, indem er darauf hinwies, dass ein Molekül keineswegs große Strecken zurücklegen könne, da es dauernd mit anderen Gasmolekülen zusammenstößt und daher eine Zickzackbahn von genau der gleichen Art beschreibt, wie wir sie bei der Brown'schen Molekularbewegung beobachten. Clausius und nach ihm genauer Maxwell haben auch die Anzahl pro Zeitintervall Z der Zusammenstöße berechnet, die ein Molekül erfährt: Die Rechnung ergibt für diese *Stoßzahl* genannte Größe den Wert

$$Z = 4\sqrt{2}\pi n r^2 \bar{v}. \tag{17.21}$$

Darin bedeuten $n = N/V$ die Anzahldichte der Moleküle, r ihren Radius und $\bar{v}$ ihre mittlere Geschwindigkeit. Das ist eine sehr große Zahl von Zusammenstößen, wie man leicht findet, wenn man überschlagsweise folgende Zahlen (für Atmosphärendruck) einsetzt: $r = 10^{-10}$ m, $\bar{v} = 10^7$ m/s und $n = 6.02 \cdot 10^{23}/(22.4\ \text{Liter})$. Damit ergibt sich eine Größenordnung von einigen Milliarden Stößen pro Sekunde. Die genaueren Zahlen sind in Tab. 17.1 (S. 659) angegeben.

Zwischen zwei Zusammenstößen verläuft die Bahn eines Moleküls geradlinig. Trägt man die mittlere Geschwindigkeit $\bar{v}$ über der Zeit auf, besteht die Kurve aus kleinen, geradlinigen Stücken, deren Größe $\bar{l}$ man erhält, wenn man $\bar{v}$ durch Z dividiert. Diese Strecke heißt die *mittlere freie Weglänge*. Für

$$\bar{l} = \frac{\bar{v}}{Z} = \frac{1}{4\sqrt{2}\pi n r^2} \tag{17.22}$$

folgt mit den oben angegebenen Werten für Atmosphärendruck eine Größenordnung von etwa 10^{-7} m $= 100$ nm. Der Zusatz „bei Atmosphärendruck" ist notwendig, da die Anzahldichte n der Moleküle proportional zum Druck ist. Z ist danach ebenfalls proportional zum Druck und $\bar{l}$ umgekehrt proportional. Wegen des kleinen Wertes der mittleren freien

Abb. 17.11   Radiometer

Weglänge legen die Gasmoleküle also keineswegs die großen Strecken zurück, wie sie ihrer mittleren Geschwindigkeit $\bar{v}$ entsprechen würden, sondern im Gegenteil nur winzig kleine. Damit wird nun verständlich, dass und warum die Diffusion trotz der großen Molekulargeschwindigkeit $\bar{v}$ ein so langsam verlaufender Vorgang ist.

Eine Bestätigung der Grundanschauungen der kinetischen Gastheorie stellt das von W. Crookes (1832–1919) angegebene Radiometer (Lichtmühle) dar. Dieses besteht aus einem vierarmigen, auf einer Nadelspitze leicht drehbaren Flügelrädchen (Abb. 17.11), dessen Flügel aus einseitig berußten Glimmerblättchen bestehen. Die Blättchen sind in vertikaler Stellung so angebracht, dass die berußten Flächen in dieselbe Drehrichtung zeigen. Das Ganze ist in einer Glaskugel eingeschlossen, aus der die Luft weitgehend entfernt ist. Trifft eine Wärmestrahlung auf die Blättchen des Flügelrädchens, werden diese auf der geschwärzten Seite stärker erwärmt als auf der blanken. Dadurch erfahren die auf der geschwärzten Seite aufprallenden Gasmoleküle einen stärkeren Impuls und üben auch einen stärkeren Rückstoß auf die Flächen aus als die auf die blanken Flächen aufprallenden Teilchen. Auf diese Weise kommt das Rädchen in eine fortlaufende Drehung. Eine Verdünnung des Gasinhaltes ist notwendig, damit die von den Flächen abprallenden Gasmoleküle eine hinreichend große freie Weglänge haben und nicht sofort von den übrigen Gasteilchen wieder auf die Platte zurückgeworfen werden. Der günstigste Gasdruck beträgt 1 bis 10 Pa. Dieser Radiometereffekt kann auch zu quantitativen Strahlungsmessungen benutzt werden.

Wärmeleitung und Reibung. Die Zusammenstöße der Teilchen liefern auch eine kinetische Erklärung für die Erscheinung der inneren Reibung und der Wärmeleitfähigkeit eines Gases. Beginnen wir mit der letzteren und betrachten den einfachen Fall der Abb. 17.12, dass sich ein Gas zwischen zwei ebenen Platten befindet, von denen die obere die Temperatur T_1 und die untere die Temperatur $T_2 < T_1$ besitzt. Dann geht ein Wärmestrom von der oberen Platte zur unteren. Der Zwischenraum wird in ebene Schichten von konstanter Temperatur, die von oben nach unten linear abnimmt, eingeteilt. Nach der kinetischen Gastheorie ist nun die Temperatur proportional zu $\frac{1}{2}m\overline{v^2}$. Es hat also für die Gasteilchen, die der oberen Wand benachbart sind, $\overline{v^2}$ den größten Wert, der nach unten hin immer mehr

Abb. 17.12   Kinetische Deutung der Wärmeleitung eines Gases

abnimmt, um seinen kleinsten Betrag an der unteren Platte zu erreichen. Ein Molekül also, das von der oberen Wand ins Innere fliegt, hat deshalb eine größere kinetische Energie als diejenigen Moleküle, mit denen es zusammenstößt. Durch die Zusammenstöße aber überträgt es einen Teil dieser Energie. Die gestoßenen Moleküle bekommen also größere Werte von $\overline{v^2}$. Das heißt: Durch die Stöße der schnelleren Moleküle auf die langsameren wird kinetische Energie von Atomen, also Wärme, von oben nach unten transportiert. Das ist der Vorgang der Wärmeleitung in kinetischer Deutung. Die rechnerische Verfolgung dieses Gedankens, die wir hier nicht angeben können, liefert für die Wärmeleitfähigkeit

$$\lambda = \frac{f k \bar{v}}{24\sqrt{2}\pi r^2} \, . \tag{17.23}$$

f bedeutet dabei die Anzahl der Freiheitsgrade der Gasmoleküle (f ist also gleich 3 für einatomige, 5 für zweiatomige und 6 für dreiatomige Gase), k die Boltzmann-Konstante und r den Molekülradius. Dieser ist allerdings modellabhängig und nicht gut messbar.

Ganz analog ist die Erklärung der inneren Reibung. In Abb. 17.13 sei wieder ein Gas zwischen zwei Platten vorhanden, von denen die untere ruht, die obere sich mit der Geschwindigkeit v_{oben} von links nach rechts bewegt. An der oberen Wand bewegt sich also auch das anliegende Gas mit der Geschwindigkeit v_{oben}, an der unteren ruht es. Die Geschwindigkeit steigt linear von unten nach oben an, so dass das Gas in parallele Schichten konstanter Geschwindigkeit zerfällt. Ein Molekül, das, aus dem Inneren kommend, mit der oberen Platte zusammenstößt, bekommt durch den Kontakt zu seiner Wärmebewegung noch die gerichtete Geschwindigkeit v_{oben} dazu, gewinnt also Impuls, den es, von der Wand zurückprallend, an die Moleküle einer tieferen Schicht überträgt. Damit verliert die obere Platte durch jeden Zusammenstoß Impuls, der nach unten hin bis zur ruhenden Platte transportiert wird. Wirkt auf beide Wände keine äußere Kraft, muss das Ergebnis sein, dass die obere durch den dauernden Impulsverlust zur Ruhe, die untere durch den dauernden Impulsgewinn in Bewegung kommt: Die obere Platte wird verzögert, die untere beschleunigt. Das ist gerade das, was man als die Wirkung der inneren Reibung des Gases bezeichnet. Damit haben wir auch eine Deutung dieses Vorgangs erhalten. Für die Viskosität η liefert die Theorie den Wert

$$\eta = \frac{m_0 \bar{v}}{12\sqrt{2}\pi r^2} \, , \tag{17.24}$$

worin m_0 die Molekülmasse bedeutet.

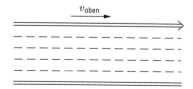

Abb. 17.13   Kinetische Deutung der inneren
Reibung eines Gases

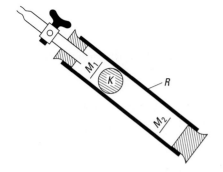

Abb. 17.14   Nachweis der Unabhängigkeit der inneren Reibung eines Gases vom Druck

Die beiden Gln. (17.23) und (17.24) stammen von Maxwell. Sie führen zu einer im höchsten Maß überraschenden Folgerung: Sie enthalten nur Größen, die sich auf das einzelne Molekül beziehen (f, $\bar{v}$, r und m_0), die universelle Boltzmann-Konstante k und Zahlenfaktoren. Bemerkenswerterweise tritt aber in beiden die Teilchenzahldichte n des Gases nicht auf. Das bedeutet, dass nach der kinetischen Gastheorie weder Wärmeleitung noch Viskosität eines Gases von der Dichte (oder vom Druck) abhängen. Diese auf den ersten Blick äußerst unwahrscheinliche Folgerung hat sich durch das Experiment indessen vollkommen bestätigt: Reibung und Wärmeleitung sind für ein Gas bei Atmosphärendruck die gleichen wie bei einem z. B. um den Faktor 100 kleineren Druck.

Die Unabhängigkeit der inneren Reibung eines Gases vom Druck lässt sich mit folgender Anordnung zeigen: In einer genau rund ausgeschliffenen Glasröhre R (Abb. 17.14) befindet sich eine sehr gut gearbeitete Kugel K, deren Durchmesser nur wenige Tausendstel Millimeter kleiner ist als der Innendurchmesser der Röhre. Ist die Röhre auf beiden Seiten geschlossen, rollt die Kugel bei schräger Stellung der Röhre nur sehr langsam herunter, da die von ihr verdrängte Luft infolge der inneren Reibung nur allmählich an der Kugel vorbei in das darüber befindliche Volumen entweichen kann. Man kann daher die Zeit, die die Kugel braucht, um eine bestimmte Strecke zwischen zwei Marken M_1 und M_2 zu durchlaufen, sehr bequem mit einer Stoppuhr messen. Diese Zeit ändert sich nicht, auch wenn man den Druck in der Röhre durch Auspumpen mit einer Vakuumpumpe erniedrigt. Dies ist ein überzeugender Beweis dafür, dass die innere Reibung eines Gases vom Druck weitgehend unabhängig ist.

Dies überraschende Ergebnis kann man sich durch folgende Überlegung anschaulich machen: Reibung und Wärmeleitung werden durch die Stöße der Moleküle hervorgebracht, und da bei halbem Druck nach Gl. (17.21) auch die Zahl der Zusammenstöße auf die Hälfte heruntergeht, sollte man meinen, dass damit auch Reibung und Wärmeleitung abnehmen müssten. Dies ist jedoch nicht der Fall, weil gleichzeitig die mittlere freie Weglänge $\bar{l}$ nach Gl. (17.22) auf den doppelten Wert steigt. Die Zahl der Stöße nimmt allerdings auf die Hälfte ab, aber jeder Stoß transportiert dafür auch den Impuls bzw. die Energie über die doppelte Entfernung. – Wenn allerdings der Druck so niedrig wird, dass die freie Weglänge die Größenordnung der Gefäßabmessungen erreicht, nehmen λ und η stark ab, denn nun finden innerhalb des Volumens viel weniger Zusammenstöße der Moleküle untereinander als mit den Gefäßwänden statt. Diese Erkenntnis ist wichtig, z. B. für die richtige Fabrikation von Dewar-Gefäßen (Thermosflaschen): Ein schlechtes Vakuum in ihnen setzt die Wärmeleitung überhaupt nicht herab. Sie können nur funktionieren, wenn das Vakuum sehr gut ist.

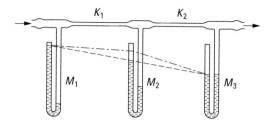

Abb. 17.15 Nachweis der Temperaturabhänigkeit der inneren Reibung eines Gases

Die obige Darlegung zeigt, dass der Mechanismus von Reibung und Wärmeleitung im Kern der gleiche ist, nur dass bei der Reibung Impuls, bei der Wärmeleitung Energie transportiert wird: Beide Erscheinungen sind *Austauschphänomene* zwischen Molekülen größerer und kleinerer mittlerer Geschwindigkeit $\bar{v}$. Dieser innere Zusammenhang zeigt sich auch noch in Folgendem: Bildet man den Quotienten λ/η, erhält man

$$\frac{\lambda}{\eta} = \frac{fk}{2m_0} = \frac{fNk}{2m} = c_V, \tag{17.25}$$

der aber für $f = 3$ gleich der spezifischen Wärmekapazität c_V eines idealen Gases bei konstantem Volumen ist (Gl. (17.12)). Wegen der Modellabhängigkeit des Molekülradius r wird Gl. (17.25) allerdings nur näherungsweise im Experiment bestätigt.

Endlich ersieht man aus Gl. (17.24), dass η mit der Temperatur zunehmen muss, da $\bar{v}$ dies tut. Man kann dies z. B. mit der in Abb. 17.15 dargestellten Anordnung zeigen, bei der zwei gleiche Kapillarröhren K_1 und K_2 hintereinandergeschaltet sind. Am Anfang, in der Mitte und am Ende befindet sich je ein Manometer M_1, M_2 und M_3. Bläst man durch die Kapillaren einen Luftstrom von links nach rechts, zeigen die Manometer einen linearen Druckabfall an, wie er durch die gestrichelte Linie angedeutet ist. Erhitzt man aber die Kapillare K_2, so steigt der Druck im Manometer M_2 (strichpunktierte Stellung), woraus hervorgeht, dass der Strömungswiderstand in der erhitzten Kapillare infolge der Erhöhung der inneren Reibung größer geworden ist. Da man von Flüssigkeiten her das umgekehrte Verhalten der Reibungskoeffizienten gewohnt war, stieß auch diese Folgerung zunächst auf Unglauben, aber die Erfahrung hat auch hier die kinetische Gastheorie bestätigt.

Die experimentelle Bestimmung der Viskosität η nach der Durchflussmethode von Hagen-Poiseuille liefert nun auch das Mittel, um die freie Weglänge $\bar{l}$ zu bestimmen. Denn wenn man mit Hilfe von Gl. (17.22) aus Gl. (17.24) den unbekannten Molekülradius r eliminiert, kann man für η schreiben:

$$\eta = \frac{\bar{l}\,\bar{v}\,m_0\,n}{3} = \frac{1}{3}\varrho\,\bar{l}\,\bar{v}. \tag{17.26}$$

Darin ist die Viskosität durch die Dichte ϱ, die mittlere freie Weglänge $\bar{l}$ und die mittlere Geschwindigkeit $\bar{v}$ ausgedrückt. Unter Benutzung der Werte für $\bar{v}$ aus Tab. 17.2 ergeben sich die in Tab. 17.1 angegebenen Werte für $\bar{l}$ und Z.

Die Kenntnis der freien Weglänge liefert eine neue Methode, um die ungefähre Größe eines Moleküls, d. h. seinen Radius r, zu berechnen. Wenn ein Volumen V eines Gases, das N Moleküle enthalte, so weit komprimiert wird, dass das Gas in den flüssigen Zustand übergeht, die Moleküle sich also fast bis zur Berührung nähern, wird in diesem Zustand

Tab. 17.1   Viskosität, mittlere freie Weglänge, Stoßzahl und Molekülradius einiger Gase (bei 20 °C und bei Atmosphärendruck)

Gas	Viskosität η in 10^{-6} Pa s	Mittlere freie Weglänge $\bar{l}$ in nm	Anzahl der Stöße pro Zeit Z in ns^{-1}	Molekülradius r in nm
Wasserstoff	8.8	160	11.5	0.12
Stickstoff	17.5	80	6.0	0.16
Sauerstoff	20.2	91	5.1	0.15
Kohlendioxid	14.6	54	7.3	0.19

das Gas annähernd das Volumen

$$V' = N\frac{4}{3}\pi r^3$$

einnehmen. Wenn man mit Rücksicht darauf, dass $N = nV$ ist, den Wert n aus Gl. (17.22) berechnet und einsetzt, ergibt sich

$$V' = \frac{Vr}{3\sqrt{2}\,\bar{l}}$$

oder

$$r = \frac{1}{V}3\sqrt{2}\,\bar{l}V'.$$

Unabhängig von diesem Verfahren lässt sich der Molekülradius auch aus den Werten der inneren Reibung sowie aus der Konstante b in der van der Waal'schen Zustandsgleichung berechnen. Die für verschiedene Gase gefundenen Werte sind in der letzten Spalte von Tab. 17.1 mit aufgeführt. Sie liegen alle in der Größenordnung von 1/10 nm.

Das Gesamtergebnis ist also eine unzweifelhafte Bestätigung der kinetischen Gastheorie. Wo sich Abweichungen von der Erfahrung zeigen (Temperaturabhängigkeit der spezifischen Wärmekapazitäten), sind sie nicht dem Grundgedanken der Theorie zur Last zu legen, sondern dem Umstand, dass hier quantenmechanische Gesetze an die Stelle der klassischen Mechanik treten.

Brown'sche Molekularbewegung. In der bereits mehrfach genannten Brown'schen Molekularbewegung (Robert Brown, 1773–1858) können wir einen experimentellen Beweis für die grundsätzliche Richtigkeit der kinetischen Gastheorie sehen. Sie besteht bekanntlich darin, dass in Gasen und Flüssigkeiten suspendierte leichte, sehr kleine Teilchen (Rauchteilchen, Gummigutt, Rutilpulver usw.) unter dem Mikroskop eine lebhafte zitternde Bewegung zeigen, von der Abb. 12.1 einen Begriff gibt. Das Bild ist in der Weise gewonnen, dass in das Mikroskopokular ein quadratisches Netz eingeführt wird, und man nun in bestimmten Zeitintervallen τ (z. B. $\tau = 30$ s) ein herausgegriffenes Teilchen beobachtet und seine augenblickliche Lage fixiert. Verbindet man alle diese Punkte, erhält man die in Abb. 12.1 dargestellte Zickzack-Kurve.

Wir deuten diese Erscheinung so, dass wir annehmen, die Stöße seitens der umgebenden Gas- oder Flüssigkeitsmoleküle seien die Ursache für die ruckartigen Bewegungen des Teilchens. Unter dieser Voraussetzung haben Albert Einstein (1879 – 1955) und M. von Smoluchowski (1872 – 1917) fast gleichzeitig die Theorie dieser Bewegung entwickelt. Nennt man den Abstand zweier benachbarter Fixierungspunkte (im Zeitabstand τ) Δs und projiziert man sie auf eine feste beliebige Richtung, so erhält man eine Strecke Δx. Wenn man dies für je zwei Punkte durchführt, die Projektionen Δx quadriert und aus diesen Quadraten das Mittel nimmt, $\overline{(\Delta x)^2}$, so ergibt sich nach den genannten Autoren für die Gleichung

$$\overline{(\Delta x)^2} = \frac{kT\,\tau}{3\pi\,\eta r}. \tag{17.27}$$

Dabei ist k die Boltzmann-Konstante, η die Viskosität (innere Reibung) der umgebenden Flüssigkeit oder des Gases und r der Radius des Brown'schen Teilchens. Wird diese Gleichung experimentell bestätigt, so ist sie umgekehrt ein Beweis für die Richtigkeit der zugrunde gelegten Voraussetzung, dass die Moleküle in lebhafter Bewegung begriffen sind. In der geschilderten Weise haben u. a. J. B. Perrin (1870 – 1942) und T. Svedberg (1884 – 1971) die obige Gleichung geprüft und sie vollkommen zutreffend gefunden. Zum Beispiel ergab sich, dass $\overline{(\Delta x)^2}$ proportional zum Beobachtungsintervall τ ist, das der Experimentator frei wählen kann. Ferner soll nach Gl. (17.27) $\overline{(\Delta x)^2}$ unabhängig von der Masse der Teilchen sein, da sie in der Gleichung überhaupt nicht auftritt. In den Perrin'schen Versuchen variierte die Masse in dem ungeheuren Bereich von 1:15 000, und dennoch ergab sich innerhalb der Fehlergrenzen tatsächlich völlige Unabhängigkeit davon. Schließlich kann man noch die Temperaturabhängigkeit von $\overline{(\Delta x)^2}$ bestimmen. Diese steckt einmal in dem Faktor T, zum anderen aber in der Viskosität η, die bei Flüssigkeiten bekanntlich mit der Temperatur stark abnimmt. Auch hier fand sich völlige Übereinstimmung mit Gl. (17.27). Der Beweis für die Richtigkeit der Gl. (17.27) und damit für die kinetische Gastheorie aber liegt darin, dass man die Boltzmann-Konstante k aus ihr mit außerordentlicher Genauigkeit bestimmen kann. So ergab sich der bereits früher mitgeteilte Wert $k = 1.38 \cdot 10^{-23}$ J/K, der genauer als ein Prozent ist. Zu bemerken ist übrigens, dass bei Gl. (17.27) auch die Richtigkeit des Gleichverteilungssatzes vorausgesetzt ist (Faktor kT, was ja bei Zimmertemperatur zulässig ist).

Bei der Temperatur von 0 °C (273 K) beträgt also die kinetische Energie pro Freiheitsgrad $\frac{1}{2} \cdot 1.38 \cdot 10^{-23}$ J $\cdot$ K$^{-1} \cdot$ 273 K $= 188 \cdot 10^{-23}$ J. Diese Energie würde ausreichen, um ein Wassertröpfchen vom Radius $r = 1.66 \cdot 10^{-8}$ m (das sind etwa 640 000 Wassermoleküle) um 1 cm hochzuheben. Die innere Energie von 1 mol eines einatomigen idealen Gases bei der gleichen Temperatur ist danach $3 \cdot 188 \cdot 10^{-23}$ J $\cdot$ 6.022 $\cdot 10^{+23}$ mol^{-1} $= 3395$ J $\cdot$ mol$^{-1} = 3395$ Nm $\cdot$ mol^{-1}. Diese Energie würde also ausreichen, um ein Gewicht von 3395 N einen Meter hoch zu heben.

Gl. (17.8) (S. 647) gestattet, die mittlere Geschwindigkeit $\bar{v}$ der Gasmoleküle zu berechnen, wenigstens der Größenordnung nach. Es ist dabei aber zu beachten, dass $\sqrt{\overline{v^2}}$ nicht genau gleich $\bar{v}$ ist, wie man sich leicht an numerischen Beispielen klar macht[1]. Der genaue Zusammenhang zwischen diesen beiden Ausdrücken, nämlich

$$\bar{v} = \sqrt{\frac{8}{3\pi}}\,\sqrt{\overline{v^2}} = 0.921\,\sqrt{\overline{v^2}},$$

ergibt sich aus der Maxwell'schen Geschwindigkeitsverteilung.

---

[1] Der Mittelwert von 3, 4, 5 ist $\frac{3+4+5}{3} = 4$, dagegen die Wurzel aus dem quadratischen Mittelwert $\sqrt{\frac{3^2+4^2+5^2}{3}} = \sqrt{\frac{50}{3}} = \sqrt{16.66} > 4$.

Tab. 17.2   Molekülgeschwindigkeiten einiger Gase bei $0\,°C$

Gas	$\sqrt{\overline{v^2}}$	$\bar{v}$	v_w
Wasserstoff	1838 m/s	1694 m/s	1487 m/s
Stickstoff	492 m/s	453 m/s	398 m/s
Luft	485 m/s	447 m/s	395 m/s
Sauerstoff	461 m/s	425 m/s	377 m/s
Kohlendioxid	392 m/s	361 m/s	318 m/s
Joddampf	164 m/s	151 m/s	133 m/s

In Tab. 17.2 sind die Werte $\sqrt{\overline{v^2}}$, $\bar{v}$ und die wahrscheinlichste Geschwindigkeit v_w für einige Gase bei $0\,°C$ (273.15 K) angegeben. Es ergeben sich Geschwindigkeiten in der Größenordnung der Schallgeschwindigkeit.

17.4 Zustandsänderungen idealer Gase

Zustandsgrößen. Der erste Hauptsatz soll nun auf einige wichtige Prozesse mit idealen Gasen angewendet werden. Um die Prozesse zu beschreiben, müssen insbesondere Anfangs- und Endzustände durch Zustandsgrößen gekennzeichnet werden. Eine Stoffmenge wird u. a. durch ihre Temperatur T beschrieben, ferner durch ihr Volumen V oder auch durch ihren Druck p. Der Zustand einer Stoffmenge kann aber auch durch die aus dem ersten Hauptsatz abgeleitete Zustandsgröße *innere Energie* charakterisiert werden.

Die Zustandsgrößen sind nicht unabhängig voneinander. Zwischen den Zustandsgrößen bestehen Beziehungen, die *thermodynamische Zustandsgleichungen* genannt werden. Bei idealen Gasen sind von allen Zustandsgrößen (z. B. p, V, T, U, $\dots$) nur jeweils zwei voneinander unabhängig, d. h., durch zwei Zustandsgrößen ist der Zustand eindeutig bestimmt. Alle weiteren Zustandsgrößen lassen sich aus den Zustandsgleichungen berechnen.

Zustandsänderungen. Im Folgenden seien quasistatische Zustandsänderungen eines Gases der Masse m betrachtet. Der erste Hauptsatz kann dann auch in differentieller Form genutzt werden:

$$\mathrm{d}U = \delta Q - p\,\mathrm{d}V. \tag{17.28}$$

Das Differential einer Größe, die – wie Q – keine Zustandsgröße ist, wird hier zur Unterscheidung von den Differentialen der Zustandsgrößen mit dem Symbol δ bezeichnet. Die Größe δQ hängt insbesondere davon ab, auf welchem Weg im Zustandsdiagramm die Zustandsänderungen stattfinden. Im Allgemeinen ändert sich mit der Wärmezufuhr die Temperatur der Stoffmenge von T auf $T + \mathrm{d}T$. Wir betrachten verschiedene Zustandsänderungen und ihre experimentelle Realisierung. Die experimentellen Ergebnisse bestätigen durchweg die aus den atomistischen Modellbildern abgeleiteten Gesetzmäßigkeiten.

Isochore Zustandsänderung (konstantes Volumen). In diesem Fall ist $\mathrm{d}V = 0$ und $\delta Q = mc_V\mathrm{d}T$, wobei m die Gesamtmasse des Gases ist. Gl. (17.28) liefert

$$\mathrm{d}U = mc_V\mathrm{d}T.$$

Daraus ergibt sich allgemein für die innere Energie des Gases:

$$U = m \int c_\mathrm{V} \mathrm{d}T + U_0.$$

(17.29)

Dabei ist aber zu beachten, dass die Integrationskonstante U_0 zwar in Bezug auf T eine Konstante ist, dass sie aber noch von anderen Zustandsgrößen abhängen kann. Nur bei idealen Gasen ist die innere Energie – außer von der Masse – allein von der Temperatur abhängig, wie aus den später behandelten Versuchen von Gay-Lussac sowie Joule und Thomson hervorgeht. Hier ist also U_0 eine wirkliche Konstante. Ferner folgt aus sorgfältigen Versuchen von H. V. Regnault (1810 – 1878), dass bei Gasen c_V selbst innerhalb sehr weiter Grenzen eine Konstante ist. Für ideale Gase also kann Gl. (17.29) sofort integriert werden und liefert

$$U = mc_\mathrm{V}T + \text{const},$$

(17.30)

in Worten:

- Die innere Energie eines idealen Gases bestimmter Masse hängt nur von der Temperatur ab.

Für eine beliebige Gasmenge ist die innere Energie proportional zur Masse, d. h., die innere Energie verhält sich additiv, indem die Energiebeträge der einzelnen Massenelemente sich einfach addieren. Das gilt übrigens nicht nur für ideale Gase, sondern allgemein, wie aus Gl. (17.28) hervorgeht, in der sowohl δQ als auch $\mathrm{d}V$ proportional zur Masse der betrachteten Substanz ist. Das Gleiche muss daher auch für U gelten.

Es ergibt sich übrigens aus den Gln. (17.29) und (17.30), dass die innere Energie nur bis auf eine Konstante bestimmt ist entsprechend der Tatsache, dass man nur Energiedifferenzen messen kann. In Abschn. 17.3 hatten wir allerdings schon gesehen, dass diese Konstante bei idealen Gasen gleich null ist.

Isobare Zustandsänderung (konstanter Druck). Bei Erwärmung bei konstantem Druck p setzt man in Gl. (17.28) für $\mathrm{d}U$ nach Gl. (17.30) den für ideale Gase gültigen Wert $mc_\mathrm{V}\mathrm{d}T$ ein. Folglich lautet die Aussage des ersten Hauptsatzes hier

$$mc_\mathrm{V}\mathrm{d}T = mc_\mathrm{p}\mathrm{d}T - p\,\mathrm{d}V$$

oder nach Division durch $\mathrm{d}T$

$$m(c_\mathrm{p} - c_\mathrm{V}) = p \cdot \left(\frac{\mathrm{d}V}{\mathrm{d}T}\right)_{\mathrm{p=const}}.$$

(17.31)

Dabei ist $\mathrm{d}V/\mathrm{d}T$, wie der Index andeutet, so aus der Zustandsgleichung $pV = NkT$ zu bilden, dass p konstant bleibt. Das liefert $p\,\mathrm{d}V = Nk\,\mathrm{d}T$, also

$$\left(\frac{\mathrm{d}V}{\mathrm{d}T}\right)_{\mathrm{p=const}} = \frac{Nk}{p} = \frac{N}{N_\mathrm{A}} \cdot \frac{R}{p}$$

($N/N_\mathrm{A} = $ Stoffmenge). Setzt man diesen Wert in Gl. (17.31) ein, folgt das bekannte Ergebnis Robert Mayers:

$$\frac{mN_\mathrm{A}}{N}(c_\mathrm{p} - c_\mathrm{V}) = C_\mathrm{p} - C_\mathrm{V} = R.$$

(17.32)

Isotherme Zustandsänderung (konstante Temperatur). Bei isothermen Prozessen ($T = $ const) folgt wegen Gl. (17.29) zunächst, dass dann auch U konstant, d. h. $dU = 0$ ist. Der erste Hauptsatz liefert also hier die Aussage

$$0 = \delta Q - p\,dV = \delta Q + \delta W. \tag{17.33}$$

Das bedeutet aber, dass die gesamte zugeführte Wärme in Arbeit umgewandelt wird. Man kann dies z. B. so ausführen, dass man das Gas – wie in Abb. 17.3 – in ein Gefäß mit verschiebbarem Stempel *St* einschließt und nun von außen quasistatisch Wärme zuführt. Würde man den Stempel festhalten, würde die Temperatur des Gases steigen und der Druck sich entsprechend der Zustandsgleichung erhöhen. Dadurch aber, dass der Stempel sich nach außen bewegt, d. h. Arbeit gegen den äußeren Druck verrichtet wird, den wir immer so regulieren, dass er nur verschwindend wenig kleiner ist als der innere Druck, kann man die Temperatur und damit die Energie U des Gases konstant halten. Am Ende des Prozesses ist die aufgenommene Wärme völlig in Arbeit umgewandelt.

Adiabatische Zustandsänderung. Weiter wollen wir einen Prozess mit dem idealen Gas vornehmen, bei dem Wärme weder zu- noch abgeführt wird. Einen solchen Prozess nennt man *adiabatisch*. Dafür liefert der erste Hauptsatz nach den Gln. (17.28) und (17.30)

$$mc_\mathrm{V}dT = -p\,dV.$$

Führt man den Prozess quasistatisch durch, kann man für p den inneren Druck einsetzen, der der Zustandsgleichung $p = NkT/V$ gehorcht. Setzt man diesen Wert ein, ergibt sich

$$mc_\mathrm{V}dT + \frac{NkT}{V}\,dV = 0.$$

Dividiert man diese Gleichung durch T und die Stoffmenge N/N_A, erhält man

$$C_\mathrm{V}\frac{dT}{T} + R\frac{dV}{V} = 0.$$

In dieser Form lässt sich die Gleichung integrieren:

$$C_\mathrm{V}\ln\frac{T}{T_0} + R\ln\frac{V}{V_0} = 0. \tag{17.34}$$

Hierbei sind T_0 und V_0 die unteren Integrationsgrenzen. Nach Division durch C_V und Umformung ergibt sich

$$\ln\frac{T}{T_0} + \ln\left(\frac{V}{V_0}\right)^{R/C_\mathrm{V}} = \ln\left(\frac{T}{T_0}\right)\left(\frac{V}{V_0}\right)^{R/C_\mathrm{V}} = 0,$$

also ist

$$\frac{T}{T_0}\left(\frac{V}{V_0}\right)^{R/C_\mathrm{V}} = 1.$$

Ersetzt man R durch $C_\mathrm{p} - C_\mathrm{V}$, erhält man

$$TV^{\frac{C_\mathrm{p}-C_\mathrm{V}}{C_\mathrm{V}}} = TV^{\kappa - 1} = \text{const}. \tag{17.35}$$

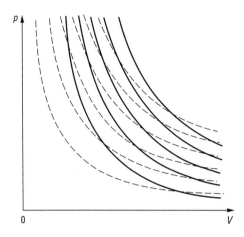

Abb. 17.16 Adiabaten (——) und Isothermen (- - - - -) eines idealen Gases

Dabei ist $C_p/C_V = \kappa$ gesetzt, und es tritt hier das schon bekannte Verhältnis der Wärmekapazitäten auf. Schließlich kann man noch mit Hilfe der Zustandsgleichung T fortschaffen, indem man setzt: $T = pV/Nk$, und damit liefert Gl. (17.35)

$$pV^{\kappa} = \text{const},\tag{17.36}$$

die bekannte *Poisson'sche Gleichung* für die adiabatische Zustandsänderung, die an die Stelle des isothermen Boyle-Mariotte'schen Gesetzes $pV = \text{const}$ tritt. In der obigen Gleichung sind die Faktoren N und k in die rechts stehende Konstante mit einbezogen.

Wie schon früher bemerkt, sind Schallschwingungen adiabatische Prozesse. Das Auftreten der Größe κ in der Formel $c_l = \sqrt{\kappa \cdot p/\varrho}$ für die Schallgeschwindigkeit c_l ist daher verständlich.

Ebenso wie die Isothermen $pV = \text{const}$ (Abb. 16.16, Kap. 16) können auch die Kurven $pV^{\kappa} = \text{const}$, die als *Adiabaten* bezeichnet werden, in der p-V-Ebene graphisch dargestellt werden (Abb. 17.16). Sie verlaufen steiler als die Isothermen. Alle Adiabaten schneiden daher jede Isotherme und umgekehrt. Je zwei Isothermen und Adiabaten bilden also ein krummliniges Viereck miteinander, wie Abb. 17.16 erkennen lässt, in der die Isothermen gestrichelt eingetragen sind.

Aus den Gln. (17.34) und (17.35) folgt, dass bei einer adiabatischen Volumenverkleinerung oder -vergrößerung die Temperatur T steigt bzw. sinkt. Das kann man mit folgender Anordnung zeigen: In einen oben verschlossenen, mit Luft gefüllten Glaskolben ist ein sehr empfindliches Thermometer (am besten ein elektrisches) eingeführt. Ein seitliches Ansatzrohr mit Hahn kann mit einer Luftpumpe verbunden werden (Abb. 17.17). Lässt man die Pumpe wirken und öffnet den Hahn zum Glaskolben, sinkt der Druck und gleichzeitig zeigt das Thermometer eine Abkühlung an. Lässt man die äußere Luft wieder einströmen, tritt eine Kompression ein, die mit einer Temperaturerhöhung verbunden ist.

Eine ähnliche Anordnung benutzte N. Clément-Désormes (1779–1841), um das Verhältnis κ der spezifischen Wärmekapazitäten zu bestimmen. Eine Glasflasche von mehreren Litern Inhalt ist mit einem doppelt durchbohrten Stopfen verschlossen (Abb. 17.18). Durch die eine Bohrung führt ein Rohr mit einem Hahn mit möglichst weiter Öffnung, während durch die andere Bohrung das eine Ende eines Quecksilbermanometers eingesetzt ist. Man bläst zunächst in die Flasche mit einer Pumpe etwas Luft hinein, so dass nach Schließen

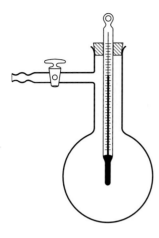

Abb. 17.17 Nachweis der Temperaturänderung bei adiabatischer Druckänderung

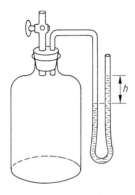

Abb. 17.18 Versuch von Clément-Désormes zur Bestimmung von c_p/c_V

des Hahns das Manometer einen gewissen Überdruck in der Flasche anzeigt. Öffnet man dann kurzzeitig den Hahn, so dass sich der Druck der Luft in der Flasche mit dem Druck im Außenraum ausgleichen kann, beobachtet man nach Schließen des Hahns ein erneutes Ansteigen des Drucks in der Flasche. Der Grund hierfür liegt in der Abkühlung der Luft während ihrer Ausdehnung beim Öffnen des Hahns. Nach dem Schließen tritt dann allmählich ein Temperaturausgleich ein, d. h., die Luft erwärmt sich auf die Temperatur des Außenraums, wodurch eine Druckerhöhung stattfindet. Bezeichnet man mit h_1 bzw. h_2 die am Manometer zu Beginn und am Schluss des Versuchs abgelesenen Druckhöhen und mit b den äußeren Atmosphärendruck, so befindet sich zu Beginn des Versuchs in der Flasche eine Luftmenge mit dem Druck $p_1 = b + \varrho g h_1$ und der Temperatur T_1 (Zustand 1). Im Augenblick des Öffnens des Hahns erhält man dagegen den Druck $p_2 = b$ und die Temperatur T_2 (Zustand 2), und nach Schließen des Hahns stellt sich nach einiger Zeit der Druck $p_3 = b + \varrho g h_2$ und die Temperatur T_1 (Zustand 3) ein. Beim Übergang vom Zustand 1 nach 2 liegt ein adiabatischer Prozess vor, da während der kurzen Zeit des Hahnöffnens keinerlei Wärme dem Gas zu- oder abgeführt wird. Daher ergibt sich unter Zuhilfenahme der Zustandsgleichung $pV = NkT$ nach Gl. (17.35) oder Gl. (17.36)

$$T_1^\kappa \cdot p_1^{1-\kappa} = T_2^\kappa p_2^{1-\kappa}.$$

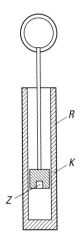

Abb. 17.19   Pneumatisches Feuerzeug

Andererseits hält man beim Übergang vom Zustand 2 nach 3 das Volumen konstant. Daher liefert die Zustandsgleichung des idealen Gases die Beziehung

$$\frac{V}{Nk} = \frac{T_1}{p_3} = \frac{T_2}{p_2} = \text{const.}$$

Erhebt man diese Gleichung in die κ-te Potenz und dividiert sie durch die erste, so ergibt sich

$$\left(\frac{p_1}{p_3}\right)^\kappa = \frac{p_1}{p_2}.$$

Hieraus folgt durch Logarithmieren

$$\kappa(\ln p_1 - \ln p_3) = \ln p_1 - \ln p_2$$

und durch Einsetzen der Werte für p_1, p_2 und p_3

$$\kappa = \frac{\ln(b + \varrho g h_1) - \ln b}{\ln(b + \varrho g h_1) - \ln(b + \varrho g h_2)}.$$

Da $\varrho g h_1$ und $\varrho g h_2$ klein gegen b sind, kann man die Näherungsgleichung $\ln(b + \varrho g h)$ $= \ln b + \varrho g h/b$ benutzen und erhält in erster Näherung

$$\kappa = \frac{h_1}{h_1 - h_2}.$$

Auch das pneumatische Feuerzeug (Abb. 17.19) beruht auf adiabatischer Kompression. In einer einseitig geschlossenen, meist aus Glas bestehenden, dickwandigen Röhre R lässt sich ein luftdicht schließender Kolben K verschieben, der in einer Vertiefung seines Bodens ein Stück Feuerschwamm Z trägt. Stößt man den Kolben rasch in den Zylinder hinein, tritt durch die plötzliche Verdichtung der Luft eine so starke Temperaturerhöhung ein, dass sich der Feuerschwamm entzündet. Da dies ein adiabatischer Prozess ist, gilt nach Gl. (17.35) die Beziehung

$$T_1 V_1^{\kappa-1} = T_2 V_2^{\kappa-1}$$

oder

$$T_2 = \left(\frac{V_1}{V_2}\right)^{\kappa-1} T_1 \,.$$

Nehmen wir beispielsweise an, dass das Luftvolumen auf den zehnten Teil verkleinert wird, und setzen wir $T_1 = 293\,\mathrm{K}$, d. h. etwa 20 °C, so wird $T_2 = 10^{0.4} \cdot 293\,\mathrm{K} = 2.51 \cdot 293\,\mathrm{K} = 735.4\,\mathrm{K}$, d. h. etwa 462 °C.

Adiabatische Zustandsänderungen kann man im täglichen Leben oft beobachten: Eine Fahrradluftpumpe erwärmt sich stark nach längerem Pumpen durch die fortgesetzten adiabatischen Kompressionen. – Beim Öffnen einer Mineralwasser-Flasche bildet sich oft kurzzeitig ein leichter Nebel. Der plötzliche Ausgleich des Überdrucks in der Flasche stellt eine adiabatische Expansion dar. Dadurch sinkt die Temperatur so stark, dass die in der Flaschen-„Atmosphäre" enthaltene Feuchtigkeit zu Nebel kondensiert. Sobald genügend Wärme aus der Umgebung nachgeliefert ist, verschwindet der Nebel wieder.

Polytrope Zustandsänderung. Die oben besprochenen isothermen und adiabatischen Zustandsänderungen kann man auch unter einem anderen Gesichtspunkt betrachten. Denn offenbar kann man sagen: Da beim isothermen Vorgang trotz Wärmezufuhr die Temperatur sich nicht ändert, verhält sich hier das Gas so, als ob seine spezifische Wärmekapazität unendlich groß wäre. Umgekehrt ist es bei den adiabatischen Vorgängen: Hier ändert sich die Temperatur, ohne dass Wärme zugeführt wird, was einer spezifischen Wärmekapazität null entspricht. Man erkennt hieraus, dass man – je nach dem vorgenommenen Prozess – beliebig viele spezifische Wärmekapazitäten zwischen $-\infty$ und $+\infty$ definieren kann, nicht nur die beiden speziellen Werte c_p und c_V. Die spezifischen Wärmekapazitäten sind weniger für den Stoff als für den Prozess charakteristisch; diese Bemerkung gilt nicht nur für Gase, sondern für alle Stoffe.

Wir untersuchen nun einen Vorgang, bei dem das Gas sich so verhält, dass ihm eine beliebige konstante spezifische Wärmekapazität c bzw. hier eine beliebige molare Wärmekapazität C zukommt. Solche Prozesse nennt man *polytrop*. Ihre Bedeutung besteht darin, dass in Wirklichkeit die meisten Zustandsänderungen polytrop sind, da strenge Temperaturkonstanz und strenge adiabatische Bedingungen nur Grenzfälle sind. Die einem Gas mit der Masse m bei einer polytropen Zustandsänderung zugeführte Wärme δQ ist also definitionsgemäß $mc\mathrm{d}T$, während der Ausdruck für die Arbeit der gleiche ist wie bei der adiabatischen Zustandsänderung. Daher liefert der erste Hauptsatz nach Gl. (17.28) und (17.30)

$$mc_\mathrm{V}\mathrm{d}T = mc\mathrm{d}T - \frac{NkT}{V}\,\mathrm{d}V$$

oder

$$(C_\mathrm{V} - C)\frac{\mathrm{d}T}{T} + R \cdot \frac{\mathrm{d}V}{V} = 0.$$

Führt man die entsprechenden Rechenschritte wie bei der adiabatischen Zustandsänderung durch, erhält man

$$TV^{(C_\mathrm{p}-C_\mathrm{V})/(C_\mathrm{V}-C)} = \text{const.}$$

Den Exponenten formt man um:

$$\frac{C_\mathrm{p} - C_\mathrm{V}}{C_\mathrm{V} - C} = \frac{(C_\mathrm{p} - C) - (C_\mathrm{V} - C)}{C_\mathrm{V} - C} = \frac{C_\mathrm{p} - C}{C_\mathrm{V} - C} - 1$$

und setzt zur Abkürzung

$$\frac{C_\mathrm{p} - C}{C_\mathrm{V} - C} = \alpha, \tag{17.37}$$

so dass sich schließlich in Analogie zu Gl. (17.35) ergibt:

$$T \cdot V^{\alpha-1} = \text{const.} \tag{17.38}$$

Darin ist α der *Polytropenexponent*. Ersetzt man noch T nach der Zustandsgleichung, so folgt entsprechend Gl. (17.36):

$$p \cdot V^\alpha = \text{const.} \tag{17.39}$$

Diese Gleichung stellt in der p-V-Ebene eine Kurve dar, die man sinngemäß als *Polytrope* bezeichnet. Ihre Neigung weicht sowohl von der der Isothermen als auch von der der Adiabaten ab.

Gay-Lussac-Versuch (nach J. Gay-Lussac, 1778 – 1850). Zwei gleich große und gleich beschaffene Metallgefäße G_1 und G_2 sind durch ein Rohr mit Hahn verbunden (Abb. 17.20). Zu Beginn des Versuchs (geschlossener Hahn) ist G_2 leer gepumpt, G_1 z. B. mit Luft von hohem Druck gefüllt. Die ganze Anordnung steht in einem mit Wasser gefüllten Kalorimetergefäß, in das zwei empfindliche Thermometer Th_1 und Th_2 eintauchen. Die Temperatur der gesamten Anordnung ist T. Wird der Hahn aufgedreht, strömt das Gas von G_1 nach G_2 bis sich schließlich in beiden Gefäßen gleicher Druck eingestellt hat. Nach Eintritt des Gleichgewichtszustands werden die Thermometer wieder abgelesen. Es zeigt sich, dass keine Temperaturveränderung des im Kalorimeter enthaltenen Wassers eingetreten ist. Auf die Einzelheiten des komplizierten Strömungsvorgangs braucht nicht eingegangen zu werden. Es kommt nur auf den Anfangs- und Endzustand an, zwischen denen der einzige Unterschied der ist, dass das Gas ein größeres Volumen eingenommen hat, während die Temperatur T unverändert geblieben ist.

Man könnte folgenden Einwand machen: Das in G_1 enthaltene Gas muss sich abkühlen, das sich in G_2 ansammelnde erwärmen; denn das erste dehnt sich adiabatisch aus, das

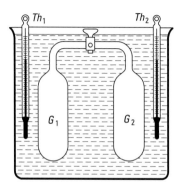

Abb. 17.20   Ausdehnung eines Gases ins Vakuum (Versuch von Gay-Lussac)

zweite wird adiabatisch komprimiert. Aus diesem Grund müssten Temperaturveränderungen auftreten. Das ist vollkommen richtig, aber die Abkühlung der einen Gasmenge ist ebenso groß wie die Erwärmung der zweiten. Als Gesamtergebnis, das die Thermometer des Kalorimeters anzeigen, ist also die Temperaturänderung null. Joule stellte die beiden Gefäße G_1 und G_2 in gesonderte Kalorimeter und konnte in der Tat die Gleichheit der Temperaturerhöhung in dem einen und der Temperaturerniedrigung in dem anderen Gefäß feststellen. Im Demonstrationsexperiment kann man, um dies zu beobachten, auch elektrische Thermometer direkt anbringen und ohne Wasserbad messen.

Aber wie gesagt, sind die Einzelheiten des Prozesses gleichgültig. Wir können in jedem Fall den ersten Hauptsatz auf Anfangs- und Endzustand anwenden. Wir wählen hier, da es sich um endliche Änderungen handelt, die Formel (17.5):

$$U_2 - U_1 = \Delta Q + \Delta W.$$

Die besondere Einfachheit des Vorgangs liegt nun darin, dass sowohl ΔQ als auch ΔW null sind. Letzteres ergibt sich einfach daraus, dass die Gefäße G_1 und G_2 starr sind, der äußere Druck also keine Arbeit verrichten kann. Daher liefert der erste Hauptsatz hier die Aussage

$$U_2 = U_1$$

oder ausführlicher geschrieben, da U im Allgemeinen von V und T abhängt,

$$U(V_2, T) = U(V_1, T).$$

Die Temperatur spielt, da sie konstant geblieben ist, keine Rolle in dieser Gleichung. Diese sagt aus, dass die innere Energie trotz Änderung des Volumens konstant geblieben ist. Das bedeutet aber – und davon haben wir schon bei der isochoren Zustandsänderung Gebrauch gemacht –, dass U unabhängig von V ist, und das ist nur dann möglich, wenn zwischen den einzelnen Molekülen des Gases keine Kräfte wirken.

Der Nachteil dieser Anordnung – und damit ein Mangel an Beweiskraft – besteht darin, dass die Gasmengen klein gegen die Wassermenge des Kalorimeters sind. Joule hat zwar die Dimensionen des Kalorimeters so gewählt, dass es sich den Gefäßen G_1 und G_2 möglichst dicht anschließt, um die Wassermengen so klein wie möglich zu machen, aber es waren doch genauere Versuche notwendig, um das obige Ergebnis sicherzustellen bzw. zu begrenzen. Einen solchen Versuch haben Joule und Thomson ausgeführt.

Joule-Thomson-Versuch. In einem (schlecht wärmeleitenden) Rohr R (Abb. 17.21) befindet sich ein Engpass, z. B. ein Wattepfropf W, durch den mit einem Stempel St_1 ein Gas unter dem konstanten Druck p_1 hindurchgepresst wird. Das Volumen des Gases links von W sei V_1. In dem Wattepfropf tritt wegen der Reibung ein Druckverlust ein, so dass sich rechts von ihm der Druck auf p_2 erniedrigt und das Volumen auf V_2 erhöht. Zu Beginn des Versuchs steht St_2 dicht auf der rechten Seite des Pfropfes, am Ende dagegen St_1 an seiner linken Seite. Links und rechts von W befinden sich empfindliche Thermometer. Wärme wird auch hier nicht zugeführt, dagegen wird Arbeit verrichtet, die offenbar den Wert $p_1 V_1 - p_2 V_2$ hat. Denn $p_1 V_1$ ist die Arbeit des äußeren Drucks p_1, wenn er das Gas mit dem Volumen V_1 gegen die Reibungskräfte im Wattepfropf durch diesen hindurchpresst, und $-p_2 V_2$ ist derjenige Teil, der auf der anderen Seite dadurch wiedergewonnen wird, dass der rechte Stempel durch die Ausdehnung des Gases auf das Volumen V_2 gegen den

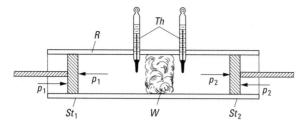

Abb. 17.21   Joule-Thomson-Versuch

äußeren Druck p_2 verschoben wird. Also liefert der erste Hauptsatz hier

$$U_2 - U_1 = p_1 V_1 - p_2 V_2$$

oder

$$U_2 + p_2 V_2 = U_1 + p_1 V_1,$$

wobei die Einzelheiten des komplizierten Strömungsvorgangs wieder unbeachtet bleiben können.

Bei diesem Versuch bleibt also der Ausdruck $U + pV$ konstant. Man leitet daraus eine weitere Zustandsgröße ab und definiert die

$$\text{Enthalpie} \quad H = U + pV. \tag{17.40}$$

Der Joule-Thomson-Versuch ist also dadurch gekennzeichnet, dass bei ihm die Enthalpie konstant bleibt:

$$H_1 = H_2 \quad \text{oder} \quad dH = 0.$$

Er wird deshalb als *isenthalpischer Prozess* bezeichnet.

In der praktischen Ausführung benutzt man keine bestimmte Gasmenge, sondern lässt eine unbegrenzte Menge in stationärem Strom durch den Engpass hindurchtreten. Das geschieht dadurch, dass links eine Druckpumpe das Gas unter dem Druck p_1 durch den Engpass hindurchdrückt, während rechts eine Saugpumpe Gas in dem Maß absaugt, dass dauernd der Druck p_2 aufrechterhalten bleibt. Es wurde eine Reihe von Gasen untersucht (CO_2, Luft, O_2, N_2, H_2), die in der genannten Reihenfolge dem Verhalten eines idealen Gases immer näher kommen. Man fand bei diesen Gasen eine kleine Temperaturänderung bei Vergrößerung des Volumens von V_1 auf V_2, aber sie war um so kleiner, je ähnlicher das betreffende Gas dem idealen Gas war: Für einen Druckunterschied von 10^5 Pa betrug die Temperaturänderung bei CO_2 0.75 K, bei Luft, O_2 und N_2 ungefähr 0.25 K und bei H_2 dagegen nur 0.025 K. (Diese geringe Temperaturänderung konnte bei der Gay-Lussac'schen Anordnung nicht wahrgenommen werden.) Aus diesem Ergebnis darf man schließen, dass sich für ein ideales Gas die Temperaturänderung null ergeben würde. Da in diesem Fall nach dem Boyle-Mariotte'schen Gesetz auch $p_1 V_1 - p_2 V_2 = 0$ ist, würde dann auch die zugeführte Arbeit $\Delta W = 0$ sein, und aus der obigen Gleichung folgt dann $U_2 = U_1$, d. h. das gleiche Ergebnis, wie bei dem Gay-Lussac'schen Experiment, aber mit der ausdrücklichen Beschränkung auf ideale Gase.

Für reale Gase ergibt sich damit eine Temperaturänderung bei Volumenvergrößerung. Dann ist auch $p_1 V_1 - p_2 V_2 \neq 0$, d. h. $\Delta W \neq 0$. Für reale Gase ist der Joule-Thomson-Prozess also viel komplizierter als der Gay-Lussac'sche, bei dem unter allen Umständen

$\Delta W = 0$ ist. Es kommt bei dem Joule-Thomson-Prozess also auch noch auf das Verhältnis der Arbeit des äußeren Drucks zur Arbeit gegen die Molekularkräfte (Kohäsionskräfte) an. Je nach dem Wert dieses Verhältnisses kann beim Joule-Thomson-Versuch sowohl eine Temperaturabnahme als auch eine Temperaturzunahme eintreten. Letzteres ist in der Nähe der Zimmertemperatur z. B. bei H_2 der Fall. – Auf dem unscheinbaren Effekt der Temperaturerniedrigung beruhen die von Linde und Hampson angegebenen Maschinen zur Verflüssigung von Gasen (s. Kap. 21).

Man kann übrigens den Vorgang der Diffusion als einen doppelten Gay-Lussac-Prozess ansehen. Denkt man sich in den beiden Gefäßen G_1 und G_2 der Abb. 17.20 zwei verschiedene Gase von gleichem Druck eingeschlossen, und öffnet man den Hahn, so tritt eine Diffusion ein, d. h., jedes Gas dringt in das andere ein, und der Prozess kommt erst zur Ruhe, wenn die Durchmischung gleichmäßig geworden ist. Nach dem Dalton'schen Gesetz nimmt nun jedes Gas das Gesamtvolumen ein, jedes Gas hat also einen Gay-Lussac-Prozess durchlaufen, denn die Anwesenheit des anderen Gases ist ja gerade nach dem Dalton'schen Gesetz gleichgültig. Für ideale Gase darf also beim Vorgang der Diffusion keine Temperaturänderung eintreten – in guter Übereinstimmung mit Experimenten, die ergeben, dass bei realen Gasen umso kleinere Temperaturänderungen auftreten, je ähnlicher sie dem idealen Gas sind. Ideale Gase diffundieren ohne Energieaustausch mit der Umgebung, da zwischen den Atomen keine Kräfte wirken.

17.5 Thermochemische Prozesse

Auch wenn chemische Reaktionen stattfinden, gilt der erste Hauptsatz der Wärmelehre. Im Allgemeinen verlaufen chemische Prozesse unter Wärmeabgabe, nämlich meist dann, wenn Verbindungen gebildet werden. Solche chemischen Prozesse mit *positiver Wärmetönung* nennt man auch *exotherme* Prozesse. Bekanntes Beispiel ist die Verbrennung von Kohle. Im Gegensatz dazu stehen chemische Prozesse, die Wärme verbrauchen, die also eine *negative Wärmetönung* haben. Man nennt sie *endotherme* Prozesse. Diese liegen im Allgemeinen dann vor, wenn chemische Verbindungen getrennt, also zerstört werden. Um z. B. Kalk, $CaCO_3$, in CaO und CO_2 zu zerlegen, muss Wärme zugeführt werden.

Schon die erforderliche oder freiwerdende Wärme verrät, dass die innere Energie der chemischen Verbindung und die Summe der inneren Energien ihrer Anteile verschieden sein müssen. Bei der Betrachtung sollen zunächst solche Prozesse ausgeklammert werden, bei denen auch Arbeit verrichtet wird (z. B. Verbrennung im Dieselmotor). Dann lautet der erste Hauptsatz einfach

$$\Delta U = U_2 - U_1 = \Delta Q. \tag{17.41}$$

Ist eine Wärmezufuhr von außen notwendig (endotherm), ist also $\Delta Q > 0$ (= negative Wärmetönung), dann bedeutet das eine Zunahme der inneren Energie durch die chemische Reaktion. Erfolgt dagegen eine Wärmeabgabe durch die Reaktion (exotherm), ist also $\Delta Q < 0$ (= positive Wärmetönung), dann bedeutet das eine Abnahme der inneren Energie.

An zwei Beispielen sollen die Begriffe *exotherm* und *endotherm* erläutert werden: Eine exotherme chemische Reaktion ist die Bildung von PbS aus den Elementen Pb und S. Bei dieser Bildung wird eine molare Wärme von 96.7 kJ/mol als Bildungswärme frei und nach außen abgegeben:

$$Pb + S \rightleftharpoons PbS + 96.7 \, kJ/mol.$$

Bei der Bildung von Azetylen aus den Elementen C und H muss eine molare Wärme von 225.7 kJ/mol zugeführt werden. Dieser Vorgang ist endotherm:

$$2C + H_2 + 225.7 \, kJ/mol \rightleftharpoons C_2H_2.$$

Beide Reaktionen können auch umgekehrt ablaufen: Durch Zufuhr von 96.7 kJ/mol entstehen aus PbS die Elemente Pb und S. Dieser Vorgang ist dann endotherm. Aus der zweiten Reaktion wird ein exothermer Vorgang, wenn man das Azetylen wieder in die Ausgangselemente zerlegt. Hierbei werden 225.7 kJ/mol frei. Die Zerlegung des Azetylens in seine Komponenten wird beim Azetylenbrenner zum Schweißen ausgenutzt. Es wird nicht nur die Verbrennungswärme des Kohlenstoffs und des Wasserstoffs frei, sondern noch zusätzlich die Bildungswärme des Azetylens.

Wendet man den ersten Hauptsatz in Form der Gl. (17.41) auf die beiden eben genannten Beispiele an, erhält man (alle Energiegrößen sind auf die Stoffmenge 1 mol bezogen):

$$\Delta U = U_2(PbS) - U_1(Pb + S) = \Delta Q = -96.7 \, kJ,$$
$$\Delta U = U_2(C_2H_2) - U_1(2C + H_2) = \Delta Q = +225.7 \, kJ.$$

Auch bei der Phasenumwandlung treten endotherme und exotherme Wärmetönungen auf. Als Beispiel für einen endothermen Vorgang sei die Phasenumwandlung Eis → Wasser bei 0 °C angegeben (wieder für die Stoffmenge 1 mol):

$$\Delta U = U_2(\text{Wasser}) - U_1(\text{Eis}) = \Delta Q = 6.0 \, kJ.$$

1 g Eis erfordert eine Schmelzwärme von 335 J, 1 mol Eis also eine solche von 6 kJ (die molare Masse von Wasser ist 18 g/mol).

Bei festen und flüssigen Stoffen ändern sich das Volumen und der Druck bei Erwärmung nur so wenig, dass man die Ausdehnungsarbeit im Allgemeinen vernachlässigen kann. Dies ist aber bei Gasen nicht der Fall. Die Summe der inneren Energie und der Verdrängungsarbeit ist die Enthalpie

$$\Delta H = \Delta U + \Delta(pV). \tag{17.42}$$

Die Enthalpie wird auch dann häufig angegeben, wenn die Verdrängungsarbeit vernachlässigbar klein ist. Andererseits kann auch die Verdrängungsarbeit überwiegen und die innere Energie klein sein (Dieselmotor). Für alle Fälle gilt unter Verwendung des ersten Hauptsatzes:

$$\Delta H = \Delta U + \Delta(pV) = \Delta Q + V \Delta p. \tag{17.43}$$

Wenn ein Liter Gas unter Atmosphärendruck gebildet wird ($\Delta p = 0$!), ist zur Überwindung des äußeren Luftdrucks eine Arbeit von $10^{-3} \, m^3 \cdot 1.013 \cdot 10^5 \, Pa = 101 \, J$ notwendig. Man hat diesen Betrag der Verdrängungsarbeit von der Bildungsenthalpie abzuziehen, um die Änderung der inneren Energie zu erhalten. Ein Beispiel: 1 g Wasser von 100 °C werde bei Atmosphärendruck verdampft. Die erforderliche spezifische Verdampfungsenthalpie ist 2261 kJ/kg. Der Wasserdampf nimmt ein Volumen von 1.7 Liter ein. Die Ausdehnungsarbeit ist $p(V_{\text{Dampf}} - V_{\text{Wasser}}) = 1.7 \, dm^3 \cdot 1.013 \cdot 10^5 \, Pa = 172 \, J$. Damit ist die Differenz der inneren Energie: $\Delta U = U_2(\text{Dampf}) - U_1(\text{Wasser}) = 2.26 \, kJ - 172 \, J = 2.088 \, kJ$. Bei der Kondensation des Wasserdampfes zu Wasser wird die Verdampfungsenthalpie wieder frei. Man hat dann die nach außen abgegebene Kondensationsenthalpie um den

Betrag der Kompressionsarbeit zu verkleinern, um die Änderung der inneren Energie zu erhalten:

$$\Delta U/m = -2261\,\text{kJ/kg} + 172\,\text{kJ/kg} = -2098\,\text{kJ/kg}.$$

Wenn Wasserstoff sich mit Sauerstoff zu Wasser verbindet, hat man folgendermaßen zu rechnen: Bei der Verbrennung von 1 mol H_2 mit 0.5 mol O_2 zu Wasser verschwinden 1.5 mol Gas. Das entspricht unter Normalbedingungen (bei $0\,°C$) einem Volumen von 33.6 Liter, bei $20\,°C$ also 36.0 Liter. Dafür entstehen $18\,\text{cm}^3$ Wasser. Die Volumenabnahme multipliziert mit dem Atmosphärendruck ergibt als Kompressionsarbeit $p\Delta V = -36 \cdot 10^{-3}\,\text{m}^3 \cdot 1.013 \cdot 10^5\,\text{Pa} = -3650\,\text{J}$, auf die Stoffmenge n ($= N/N_A$) bezogen also $-2433\,\text{J/mol}$. Dieser Betrag ist von der gemessenen molaren Bildungsenthalpie von $-2.86 \cdot 10^5\,\text{J/mol}$ abzuziehen, um die Verringerung der molaren inneren Energie zu erhalten:

$$\Delta U/n = -2.86 \cdot 10^5\,\text{J/mol} + 2433\,\text{J/mol} = -2.835 \cdot 10^5\,\text{J/mol}.$$

Man kann die Verdrängungsarbeit bei Gasen vermeiden, wenn man die Reaktion in einem Gefäß mit festen, dicken Wänden vor sich gehen lässt. Ein solches ist die „Berthelot'sche Bombe" (nach M. Berthelot, 1827 – 1907).

18 Wärmetransport

18.1 Konvektion

Freie und erzwungene Konvektion. Diese Art des Wärmetransports beruht auf der Bewegung eines materiellen Trägers. Er kann fest, flüssig oder gasförmig sein. Die für das Klima auf der Erde so wichtigen Wind- und Meeresströmungen (Passatwinde, Golfstrom) seien als Beispiele für die Konvektion genannt. Bei Flüssigkeiten und Gasen tritt die Konvektion von selbst ein, wenn Dichteunterschiede durch Strömungen ausgeglichen werden. Zum Beispiel steigt erwärmte Luft mit geringerer Dichte aufgrund der Gravitation in die Höhe. Diese Art der Konvektion nennt man *freie Konvektion*. Im Gegensatz dazu liegt eine *erzwungene Konvektion* vor, wenn durch äußere Kräfte, z. B. durch eine Umwälzpumpe, die Bewegung von Materie erzwungen wird.

Bei kleinen Warmwasserheizungen steigt das Wasser, das den Kessel und die Rohrleitungen vollkommen füllt, in den Rohrleitungen aufwärts, wenn es im Kessel unten erwärmt wird. Nachdem es dann Wärme an die Heizkörper abgegeben hat, sinkt es wieder nach unten und strömt zum Kessel zurück, wo es von neuem erwärmt wird. Auf diese Weise findet ein dauernder Flüssigkeits- und Wärmetransport vom Kessel zu den Heizkörpern statt. Man zeigt dies mit einer entsprechend Abb. 18.1 gebogenen, mit Wasser gefüllten Glasröhre. Wenn man das Rohrsystem an einer unteren Ecke erwärmt und etwas Farbstoff durch die Öffnung in das Wasser bringt, erkennt man an dem mitgeführten Farbstoff deutlich die Strömung des Wassers in der Pfeilrichtung. In den meisten Fällen reicht für eine Warmwasserheizung der Dichteunterschied nicht aus, um eine genügend große Zirkulationsgeschwindigkeit des Wassers herbeizuführen. Eine besondere Umwälzpumpe muss für die Übertragung der geforderten Wärmeleistung vom Kessel zu den Heizkörpern sorgen.

Die Wärme, die bei der Konvektion transportiert wird, entspricht dem Wärmeinhalt der transportierten Materie, also $c\,m\,\Delta T$. Falls am Ankunftsort eine Phasenumwandlung stattfindet und dabei latente Wärme frei wird, ist diese noch zu addieren. Als Bei-

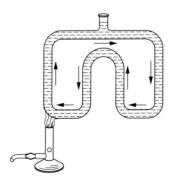

Abb. 18.1 Modell einer Warmwasserheizung, die ohne Umwälzpumpe arbeitet

spiel diene eine Fernheizung. Von einem Elektrizitätswerk oder von einem Fernheizwerk wird Wasserdampf durch wärmeisolierte Rohre (die ca. $1-2$ Meter unter der Erdoberfläche liegen) in entfernt gelegene Wohnhäuser geschickt. Der Wasserdampf (Temperatur $100\,^\circ$C) wird im Keller der Wohnhäuser in Rohren durch das kalte Wasser der Warmwasserheizung geschickt und kondensiert dabei zu Wasser. Dadurch wird die Kondensationswärme (2261 J/g) frei. Das aus dem Dampf entstandene Wasser hat zunächst eine Temperatur von $100\,^\circ$C und kühlt sich beim weiteren Durchlauf durch das kalte Wasser der Warmwasserheizung auf z. B. $40\,^\circ$C ab. Damit hat 1 g Wasserdampf insgesamt $2261\,\text{J} + 4.187\,\text{J}/(\text{g\,K}) \cdot 1\,\text{g} \cdot 60\,\text{K} = 2512\,\text{J}$ an das kalte Heizungswasser abgegeben.

Wärmeübergang. In der Technik wird die Konvektion sehr viel angewendet. Dabei tritt häufig das gleiche Problem auf: Der Wärmeinhalt des transportierten Stoffes soll am Ende auf einen anderen Stoff übertragen werden. Beispiel: Die Wärme eines Automotors muss abgeführt werden. Das Kühlwasser übernimmt den Transport zum Kühler. Dort gibt es die Wärme an die vorbeiströmende Luft ab. Damit dies möglichst erfolgreich geschieht, wird im Kühler das heiße Wasser auf viele dünne Rohre verteilt. An jedem Rohr befinden sich Kühlbleche, um die Kontaktfläche mit der vorbeiströmenden Luft zu vergrößern und so den *Wärmeübergang* vom Kühler zur Luft zu verbessern. (Wenn keine Wasserkühlung verwendet wird, haben die Zylinder des Motors Kühlrippen zur Verbesserung der direkten Wärmeabgabe an die Luft.) Da genügend billiger Fahrtwind zur Verfügung steht, spielt die Wirtschaftlichkeit keine so große Rolle.

Im Gegensatz dazu gibt es aber in der Technik mehr Fälle, bei denen die Wirtschaftlichkeit wesentlich ist. Dann wird das *Gegenstromprinzip* mit Erfolg benutzt (Wilhelm Siemens, 1823 – 1883). Der Grundgedanke hierbei ist, den wärmeabgebenden Stoff (Flüssigkeit oder Gas) und den wärmeaufnehmenden Stoff so nebeneinander zu führen, dass die Temperatur des wärmeren Stoffes immer nur wenig über der Temperatur des kühleren Stoffes liegt. Die noch heiße ankommende Flüssigkeit (bzw. Gas) soll also ihre Wärme an die bereits auch schon fast ebenso heiße andere Flüssigkeit (bzw. Gas) abgeben. Andererseits soll die wärmeabgebende Flüssigkeit (bzw. Gas) die am Ende noch vorhandene kleine Wärme an die andere, noch kalte Flüssigkeit (bzw. Gas) abgeben. Die Flüssigkeiten (bzw. Gase) strömen also gegeneinander. Die Rohre müssen einen guten Wärmekontakt haben. Deshalb steckt das eine Rohr meist im anderen und ist sehr oft spiralförmig gewickelt. Abb. 18.2 zeigt den Temperaturverlauf bei Gleichstrom und bei Gegenstrom zweier Flüssigkeiten (oder Gase). Man sieht, dass man bei Gleichstrom nur eine mittlere Temperatur erhält, während man bei Anwendung des Gegenstromprinzips im Idealfall, d. h. ohne Wärmeverluste nach außen, die Temperaturen der beiden Stoffe „austauschen" kann.

Für den *Wärmeübergang*, z. B. zwischen einer festen Wand und einer Flüssigkeit, benutzt man den von Newton aufgestellten Ansatz: Der Wärmestrom $\dot{Q}$, das ist die in der Zeit Δt hindurchfließende Wärme ΔQ, ist proportional zur Fläche A und zur Temperaturdifferenz $T_2 - T_1$:

$$\dot{Q} = \alpha A (T_2 - T_1). \tag{18.1}$$

Der Proportionalitätsfaktor α wird *Wärmeübergangskoeffizient* genannt (Einheit: $1\,\text{W\,m}^{-2}\,\text{K}^{-1}$). Die Messung von α ist ziemlich schwierig und erfordert großen experimentellen Aufwand. Auch sind die Vorgänge, besonders in kleinen Bereichen, kompli

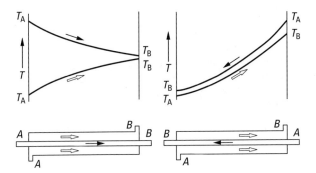

Abb. 18.2   Gegenseitige Wärmeabgabe bzw. -aufnahme von strömenden Flüssigkeiten oder Gasen, links: Temperaturverlauf bei gleicher Richtung der beiden Stoffe (Gleichstrom), rechts: „Austausch" der Temperaturen beim Gegenstromprinzip

ziert, da neben der Konvektion auch Wärmetransport durch Strahlung und Wärmeleitung stattfindet. Man denke nur an eine Flüssigkeitsströmung in einem Rohr. Die Rohrwandung ist mit einer ruhenden Flüssigkeitsschicht behaftet.

Eine genaue Beschreibung des Wärmetransports durch Konvektion erfordert Messungen der Geschwindigkeit und der Temperatur des strömenden Stoffes an verschiedenen Stellen. Man bestimmt ein Geschwindigkeitsfeld und ein Temperaturfeld. Mit kleinen Staurohren kann die Geschwindigkeit, mit feinen Thermoelementen die Temperatur gemessen werden. Auch elektrische Widerstandsmessungen sehr feiner Drähte dienen zur Temperaturbestimmung, da der elektrische Widerstand sich mit der Temperatur ändert. Sofern diese Messinstrumente einen zu großen Eingriff bedeuten, benutzt man häufig optische Schlierenverfahren. Sie beruhen auf dem Dichteunterschied verschieden warmer Flüssigkeiten oder Gase (Abb. 18.3).

Besonders interessant ist das *Wärmerohr* oder englisch „heat pipe" (Abb. 18.4). In diesem wird an der heißen Stelle, an der die Wärme zugeführt wird, eine Flüssigkeit verdampft. Der Dampf breitet sich im Rohr aus und kondensiert an der kälteren Stelle, von wo die Wärme außen abgenommen wird. Der Dampf enthält die latente Verdampfungsenthalpie, die bei der Kondensation wieder frei wird. Soweit ist das Wärmerohr nicht von

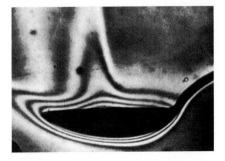

Abb. 18.3   Freie Konvektion in der Umgebung eines heißen Teelöffels. Die wärmere Luft hat eine geringere Dichte und steigt nach oben. Sie hat auch einen anderen optischen Brechungsindex. Durch Interferenz werden die Unterschiede sichtbar gemacht.

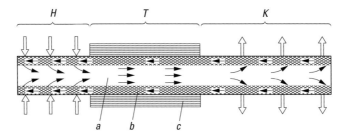

Abb. 18.4 Wärmerohr (Konvektionsrohr). Die auf der linken Seite (*H*) zugeführte Wärme bringt eine Flüssigkeit zum Verdampfen. Der Dampf (*a*) breitet sich nach rechts aus. Durch Kondensation des Dampfes bei *K* wird die zugeführte Wärme wieder frei. Infolge der Kapillarwirkung eines zylindrischen Dochtes (*b*) auf der Innenseite des Rohres wird die kondensierte Flüssigkeit wieder nach links befördert, wo sie erneut verdampft. Eine Wärmeabgabe unterwegs wird durch die Isolation (*c*) verhindert.

der oben beschriebenen Dampffernheizung verschieden. Neu ist nun aber, dass sich auf der Innenseite des Wärmerohres ein zylindrischer Docht befindet. Durch Kapillarwirkung wird die kondensierte Flüssigkeit wieder an die Stelle befördert, an der sie neu wieder verdampfen soll. Bringt man ein kupfernes Wärmerohr von etwa 0.5 bis 1 cm Durchmesser und 30 cm Länge an einem Ende zum Glühen (z. B. durch eine elektrische Heizung), so ist man überrascht, das ganze Rohr glühend zu sehen. Man glaubt, ein Material von ausgezeichneter Wärmeleitfähigkeit vor sich zu haben. Diese scheinbare Wärmeleitfähigkeit ist etwa 10^3- bis 10^4-mal so groß wie die der besten metallischen Wärmeleiter. Als Rohrmaterial kommt in Frage: Glas, Keramik, Kupfer, rostfreier Stahl, Wolfram, Tantal usw. Aus Tab. 18.1 geht hervor, welche Wärmeträger und welches Dochtmaterial für die verschiedenen Temperaturbereiche eingesetzt werden können.

Tab. 18.1   Wärmeträger und Dochtmaterial für Wärmerohre

Temperaturbereich (K)	Transportmittel	Dochtwerkstoff
300 bis 540	Wasser	Chrom-Nickel-Stahl
600 bis 1000	Cäsium	Titan
650 bis 1100	Kalium	Chrom-Nickel-Stahl
750 bis 1200	Natrium	Chrom-Nickel-Stahl
1150 bis 1600	Lithium	Niob-Zirkon
1450 bis 1900	Barium	Tantal
1600 bis 2100	Blei	Tantal
1750 bis 2300	Indium	Wolfram
1850 bis 2500	Silber	Wolfram

Wärmeisolierung. Will man einen Wärmetransport vermeiden, d. h. strebt man eine *Wärmeisolierung* an, kann man diese häufig durch Verhinderung der Konvektion erreichen. Dies geschieht z. B. bei den Doppelfenstern. Die schlechte Wärmeleitfähigkeit der Luft allein kann nicht als Grund für die Wirkung der Doppelfenster angegeben werden, denn die Dicke der Luftschicht wird durch zwei Fenster nicht vergrößert. Aber selbst die Luft zwischen zwei dichten Fenstern transportiert noch Wärme durch freie Konvektion (Zirkulation der Luft: Aufsteigen der warmen Luft am Innenfenster, Sinken der kalten Luft am Außenfenster). In Schaumstoffen, beim Federbett, bei der Kleidung, beim Schnee usw. sind viele kleine Lufträume voneinander getrennt. Dadurch ist eine Konvektion ausgeschlossen.

Eine besonders gute Wärmeisolierung erhält man, wenn man einen Schaumstoff aus solchem Material herstellt, das selbst eine schlechte Wärmeleitfähigkeit (Abschn. 18.2) besitzt. So wird ein Isoliermaterial für den Hitzeschild der Raumfähre (Space Shuttle) hergestellt, das aus hochreinen Quarzfasern besteht. Mit diesem Material werden die Raumfähren zu 70 % bedeckt, um sie beim Wiedereintritt in die Erdatmosphäre vor der großen Hitze zu schützen. Diese entsteht durch Reibung bei der großen Geschwindigkeit des Flugkörpers in der Atmosphäre. Die Außentemperatur der Raumfähre steigt bis auf 1300 °C. Wiederholtes Aufheizen und Abkühlen schadet dem Isoliermaterial nicht. Das Material kann glühend heiß aus dem Ofen genommen werden und sofort in eiskaltes Wasser getaucht werden. Dies ist möglich, weil der Wärmetransport aus dem Inneren an die kalte Oberfläche sehr langsam vor sich geht. Daher kann man auch einen heißen, rotglühenden Würfel, den man gerade aus dem Ofen genommen hat, an den Kanten mit der bloßen Hand anfassen. Das außergewöhnliche Isoliermaterial wird mit einem Wasser abstoßenden Polymer imprägniert, um eine Wasseraufnahme (z. B. Regen, Nebel) zu vermeiden.

Eine fast ideale Wärmeisolierung ist bei der *Thermosflasche* erreicht. Dieses doppelwandige Gefäß aus Glas oder Metall besitzt einen Vakuummantel, d. h., der Raum zwischen den beiden ineinander gesteckten und verschlossenen Flaschen ist luftleer gepumpt. Dadurch wird die Konvektion und die Wärmeleitung der Luft vermieden. Bei Glasgefäßen wird ein Wärmetransport durch Strahlung (Abschn. 18.3) durch eine hochreflektierende Metallschicht auf der Vakuumseite des Glases verhindert. Zum Transport großer Mengen flüssiger Luft oder flüssigen Heliums bestehen solche Gefäße ganz aus Metall.

Thermodiffusion. Die Diffusion wurde bereits eingehend behandelt (Abschn. 12.2). Wird in Mischungen von verschiedenen Gasen oder Flüssigkeiten ein Temperaturgefälle aufrechterhalten, findet eine Anreicherung der leichteren Molekülart an der warmen Seite und der schwereren Molekülart an der kalten Seite statt. Diese Tatsache lässt sich mit Kenntnis der kinetischen Gastheorie (Abschn. 17.3) leicht verstehen. Der Effekt wird bei Gasen als *Thermodiffusion* und bei Flüssigkeiten als *Soret-Effekt* (nach Ch. Soret, 1854 – 1904) bezeichnet.

K. Clusius und G. Dickel haben 1938 die Thermodiffusion mit einer Konvektionsströmung überlagert. Sie erreichten dadurch eine so große Wirkung, dass sie sogar Isotope (z. B. ^{35}Cl und ^{37}Cl) trennen konnten. Sie stellten lange Glasrohre vertikal auf. In der Mitte eines jeden Rohres befand sich ein elektrisch geheizter Pt-Draht. Außen wurden die Rohre mit Wasser gekühlt. Die leichtere Komponente diffundiert zum heißen Pt-Draht, erwärmt sich und steigt nach oben, während die schwerere Komponente zur kalten Wand diffundiert und nach unten sinkt. Am oberen Ende eines solchen *Trennrohres* ist also die leichte Komponente, am unteren Ende die schwere Komponente angereichert. Durch Hintereinanderschalten mehrerer Trennrohre kann eine weitgehende Isotopentrennung vorgenommen werden.

Man kann die Diffusion von Staubteilchen zur kälteren Wand aus dem aufsteigenden Luftstrom über Heizungen in Gebäuden oft beobachten. Die Staubteilchen bleiben an der Wand kleben und schwärzen sie.

18.2 Wärmeleitung

Wärmeleitfähigkeit. Als einfaches Beispiel für die *Wärmeleitung* diene eine elektrische Heizplatte mit einer Bratpfanne darauf. Im Inneren der Heizplatte werden Heizspiralen durch elektrischen Strom zum Glühen gebracht. Die Wärme gelangt durch Wärmeleitung an die Oberfläche der Heizplatte, an die Unterseite der Bratpfanne und weiter durch Wärmeleitung in die gesamte Pfanne mit dem Griff. Ist dieser nicht mit einem schlechten Wärmeleiter, also einem Wärmeisolator, versehen, sollte man die heiße Bratpfanne nicht anfassen. Die Wärme wird also durch Materie, die selbst in Ruhe bleibt, fortgeleitet.

Die quantitative Beschreibung der Wärmeleitung hat große Ähnlichkeit mit der der Diffusion. Es war deshalb möglich, die Gesetze über die Wärmeleitung schon richtig abzuleiten, als man noch an einen Wärmestoff glaubte (Fourier 1822). In dieser Zeit nahm man an, dass der Wärmestoff in einem Temperaturgefälle genauso transportiert werde wie die Masse in einem Konzentrationsgefälle.

Ein zylindrischer Stab sei durch eine isolierende Umhüllung gegen seitliche Wärmeabgabe geschützt (Abb. 18.5). Es werde die Wärmeleitung parallel zur Zylinderachse betrachtet. Zwei Querschnittsflächen A im Abstand dx werden angenommen. Die Temperaturen in diesen Querschnittsflächen seien T und $T + dT$. Der Temperaturanstieg pro Länge ist also dT/dx. Das Temperaturgefälle ist dann $-dT/dx$. J. Fourier (1768 – 1830) setzte die durch die Querschnittsfläche A in der Zeit dt senkrecht hindurchtretende Wärme $dQ/dt = \dot{Q}$ proportional zur Fläche A und zum Temperaturgefälle $-dT/dx$, also

$$\dot{Q} = -\lambda \cdot A \cdot \frac{dT}{dx}. \tag{18.2}$$

Das negative Vorzeichen besagt, dass der Wärmestrom $\dot{Q}$ immer in Richtung abnehmender Temperatur fließt. Der Proportionalitätsfaktor λ, der übrigens selbst auch von der Temperatur abhängen kann, heißt *Wärmeleitfähigkeit* mit der Einheit: $1\,J/(s{\cdot}m{\cdot}K) = 1\,W/(m{\cdot}K)$.

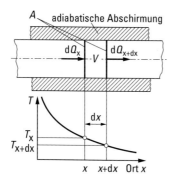

Abb. 18.5   Zur Ableitung der Differentialgleichung der Wärmeleitung

Festkörper. Beispiele für die Wärmeleitfähigkeit einiger Festkörper enthält Tab. 18.2. Es gibt wie bei der Leitung der Elektrizität Stoffe mit guter und solche mit schlechter Wärmeleitfähigkeit. Man kann sich schnell durch kleine Experimente davon überzeugen, dass ein Vergleich der Wärmeleitfähigkeit mit der elektrischen Leitfähigkeit eine erstaunliche Übereinstimmung zeigt: Kupfer ist bekanntlich das Metall, das wegen seiner guten elektrischen Leitfähigkeit hauptsächlich für den Transport von elektrischer Energie verwendet

Tab. 18.2 Wärmeleitfähigkeit λ einiger Festkörper bei 20 °C

Festkörper	λ in W/(m·K)
Diamant	2000
Kupfer (reinst)	395
Eisen (reinst)	80
Contrazid	10.5
Bismut	8.1
Quarzkristall c-Achse	13.6
Quarzglas	1.36
Glas	1.02
Porzellan	1.42
Styropor	0.035

wird. Nimmt man einen Kupferstab in die Hand und hält ihn in die Bunsenflamme, so spürt man sehr schnell die Hitze der Flamme. Dies ist nicht der Fall bei einem Glas- oder Porzellanstab. Diese beiden Stoffe leiten die Wärme ebenso wie die Elektrizität sehr schlecht. Man bezeichnet sie daher als elektrische Isolatoren wie auch als Wärmeisolatoren.

Abb. 18.6 zeigt in einem einfachen Demonstrationsversuch die verschieden große Wärmeleitfähigkeit einiger Stoffe. Diese werden als Stäbe gleicher Querschnittsfläche mit ihrem unteren Ende in ein heißes Wasser- oder Ölbad getaucht. Um die unterschiedliche Wärmeleitfähigkeit sichtbar zu machen, werden die Stäbe vorher mit einer Farbe (Thermocolor) bestrichen, die sich bei einer bestimmten Temperatur ändert. (Beispiel: Die rote Farbe von Kupfer(I)-Quecksilberjodid schlägt bei 71 °C in eine dunkelbraune Farbe um.) Man kann also mit dem Versuch zeigen, wie schnell eine bestimmte Temperatur (nämlich die des Farbumschlags) in den verschiedenen Stäben fortschreitet. Abb. 18.6 stellt dies zu einem bestimmten Zeitpunkt dar, und zwar für einige Metalle. Sie zeigen die gleiche Reihenfolge der Wärmeleitfähigkeit wie bei der elektrischen Leitfähigkeit. Ersetzt man einige Stäbe durch Isolatoren (Glas, Porzellan oder Kunststoff), sieht man deutlich die schlechte Wärmeleitfähigkeit dieser Stoffe im Gegensatz zu den Metallen. Man muss den Schluss ziehen, dass die freien Elektronen, die nur in den Metallen vorhanden sind und die gute elektrische Leitfähigkeit verursachen, auch für die gute Wärmeleitfähigkeit der Metalle verantwortlich sind.

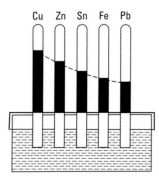

Abb. 18.6 Einfacher Demonstrationsversuch zur Wärmeleitung in Metallen

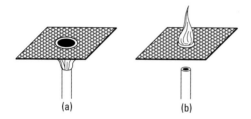

(a)   (b)

Abb. 18.7   Schutzwirkung des Drahtnetzes
in der Grubenlampe

Auf der großen Wärmeleitfähigkeit der Metalle beruht der folgende einfache Versuch: Hält man über einen Bunsenbrenner ein feinmaschiges Drahtnetz aus Kupfer, so kann man die Flamme herunterdrücken. Obwohl die brennbaren Gase durch das Netz dringen, entzünden sie sich nicht oberhalb des Netzes. Es leitet so viel von ihrer Wärme ab, dass die Temperatur über dem Netz unterhalb der Entzündungstemperatur des Gases bleibt (Abb. 18.7). Entzündet man umgekehrt das aus dem Brenner strömende Gas oberhalb des Netzes, so schlägt die Flamme aus dem gleichen Grund wiederum nicht durch das Netz hindurch. Auf diesem Vorgang beruht die Davy'sche Sicherheitsgrubenlampe (nach H. Davy, 1718 – 1829), deren prinzipiellen Aufbau Abb. 18.8 zeigt. Die mit Benzin gespeiste Flamme ist mit einem Glaszylinder G umgeben, der sich nach oben in einen Zylinder D aus feinmaschigem Drahtnetz fortsetzt, durch das der Flamme der zum Brennen notwendige Sauerstoff zugeführt wird. Die Verbrennung breitet sich durch das Drahtnetz nicht nach außen aus. Wenn die Lampe in eine mit Kohlenwasserstoffen (*schlagende Wetter*) beladene Atmosphäre kommt, dringt das brennbare und explosive Gas in den Lampenzylinder ein und bildet auf der Flamme einen weiteren Flammenkegel, dessen Höhe je nach der Menge des explosiven Gemisches schwankt. Dadurch wird der Bergmann auf die Gefahr aufmerksam. Außerhalb der Lampe tritt keine Entzündung oder Explosion ein. Die Davy'sche Sicherheitslampe wird heute noch zur Anzeige von gefährlichen Gasgemischen benutzt.

Die unterschiedliche Wärmeleitfähigkeit von Holz parallel und senkrecht zur Faserrichtung kann man mit der Anordnung in Abb. 18.9 zeigen, indem man auf eine parallel zu

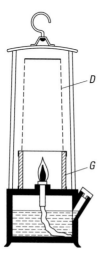

Abb. 18.8   Schnitt durch eine Sicherheitsgrubenlampe

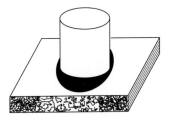

Abb. 18.9   Nachweis der unterschiedlichen Wärmeleitfähigkeit von Holz parallel und senkrecht zur Faserrichtung

den Fasern geschnittene Holzplatte, die mit dem gelben Silberquecksilberjodid gestrichen ist, einen erwärmten Eisenzylinder aufsetzt. Die thermoskopische Substanz zeigt einen Farbumschlag in Rot bei 35 °C. Wenn sich die Wärme von dem Eisenklotz in das Holz ausbreitet, ist also die Isotherme von 35 °C deutlich erkennbar. Sie ist angenähert eine Ellipse, deren große Achse parallel zur Faserrichtung liegt. Hat man eine ebenso präparierte senkrecht zu den Fasern geschnittene Holzplatte, ist die sichtbar gemachte Isotherme ein Kreis.

Ebenso wie bei Holz ist die Wärmeleitfähigkeit bei anderen anisotropen Stoffen, z. B. den Kristallen, von der Richtung im Körper abhängig. Man zeigt dies bei Kristallplatten in analoger Weise, indem man die mit einem kleinen Loch versehene Platte auf einen rechtwinklig gebogenen Kupferdraht aufsetzt (Abb. 18.10), den man am anderen Ende in einer Flamme erhitzt. Hat man vorher die Platte mit einer dünnen Schicht von Wachs überzogen, so schmilzt der Überzug, beginnend an der Durchtrittsstelle des Drahtes, auf einer Fläche, deren Grenze durch die Isotherme des Schmelzpunkts gegeben ist, und aus deren Form man die unterschiedliche Leitfähigkeit in den Richtungen parallel zur Plattenfläche erkennt. Bei einer Spaltungsfläche von Glimmer oder einer parallel zur optischen Achse geschnittenen Quarzplatte ergibt sich als Schmelzfigur eine Ellipse, während Platten aus thermisch isotropen und homogenen Kristallen (Steinsalz, Flussspat) eine kreisförmige Schmelzfläche zeigen.

Abb. 18.10   Wärmeleitfähigkeit in Kristallplatten

Flüssigkeiten. Die Wärmeleitfähigkeit der Flüssigkeiten ist, mit Ausnahme der flüssigen Metalle, klein (Tab. 18.3). Sie ist etwa vergleichbar mit der Wärmeleitfähigkeit fester Isolatoren. Die Ionen, die in den elektrolytischen Flüssigkeiten eine elektrische Leitfähigkeit verursachen, sind zu träge und können daher nicht, wie die freien Elektronen in Metallen, einen nennenswerten Beitrag zur Wärmeleitung liefern.

Um die geringe Wärmeleitfähigkeit von Wasser zu zeigen, bringt man auf den Boden eines mit Wasser gefüllten Reagenzglases ein Stück Eis, das man durch Umwickeln mit Bleidraht am Auftauchen hindert, und erhitzt dann das Wasser im oberen Teil des Reagenzglases mit einem Bunsenbrenner bis zum Sieden (Abb. 18.11). Selbst bei länger andauerndem Versuch schmilzt das Eis am Boden des Gefäßes nicht.

Tab. 18.3 Wärmeleitfähigkeit λ einiger Flüssigkeiten bei 20 °C

Flüssigkeit	λ in W/(m·K)
Wasser	0.6
Glyzerin	0.29
Äthylalkohol	0.17
Benzol	0.15
Quecksilber	8.2

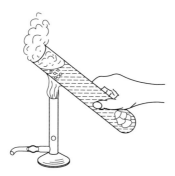

Abb. 18.11 Nachweis der geringen Wärmeleitfähigkeit von Wasser

Gase. Noch erheblich kleinere Werte der Wärmeleitfähigkeit haben die Gase, von denen der Wasserstoff den größten Wert besitzt (Tab. 18.4). Mit zunehmender molarer Masse nimmt die Wärmeleitfähigkeit der Gase ab, wie man mit der kinetischen Gastheorie (Abschn. 17.3) leicht verstehen kann. Besonders interessant und zunächst überraschend ist die Tatsache, dass die Wärmeleitung der Gase vom Druck unabhängig ist. Erst bei sehr kleinen Drücken verschwindet die Wärmeleitung der Gase, da im Hochvakuum selbstverständlich keine Wärmeleitfähigkeit auftreten kann.

Hat man in zwei Rohren, von denen das eine mit Luft und das andere mit Wasserstoff gefüllt ist (Abb. 18.12), zwei gleiche Platindrähte, erhitzt durch denselben elektrischen Strom, so glüht nur der in Luft befindliche Draht. Im anderen Rohr wird durch die etwa 7-mal größere Wärmeleitfähigkeit des Wasserstoffs so viel Wärme von dem geheizten Draht abgeführt, dass dieser dunkel bleibt. Ändert man den Versuch so ab, dass man das

Tab. 18.4 Wärmeleitfähigkeit einiger Gase bei 0 °C und Atmosphärendruck ($M_n = m/n$, molare Masse)

Gas		M_n in g/mol	λ in W/(m·K)
Wasserstoff	H_2	2	0.1733
Helium	He	4	0.1436
Neon	Ne	20	0.0461
Stickstoff	N_2	28	0.0243
Kohlendioxid	CO_2	44	0.0142
Tetrachlorkohlenstoff	CCl_4	152	0.0059

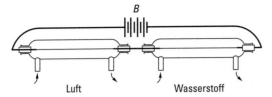

Abb. 18.12 Anordnung zum Nachweis der unterschiedlichen Wärmeleitfähigkeit von Luft und Wasserstoff

mit Wasserstoff gefüllte Gefäß evakuiert, so beobachtet man, dass jetzt der Draht in dem mit Luft gefüllten Gefäß dunkel bleibt, während er in dem leer gepumpten aufleuchtet. Dies ist ein Beweis dafür, dass auch die Luft Wärme leitet. (Um den Versuch zu verstehen, muss man wissen, dass der elektrische Widerstand von Platin mit steigender Temperatur zunimmt.) Um daher das Innere von Glasgefäßen gegen Wärmezufuhr von außen bzw. gegen Wärmeabgabe nach außen zu schützen, umgibt man solche Gefäße mit einer doppelten Wandung und macht den Zwischenraum zwischen den beiden Wandungen luftleer. Um auch noch Ein- bzw. Ausstrahlung von Wärme zu vermeiden, verspiegelt man die Innenseite der Außenwand (Weinhold 1881, Dewar 1890, Vakuummantelgefäß, auch Thermosflasche genannt).

Auf der geringen Wärmeleitfähigkeit der Gase beruht auch die Erscheinung, das Wassertropfen auf einer sehr heißen, selbst einer glühenden Herdplatte längere Zeit herumtanzen, ohne sofort zu verdampfen (Leidenfrost'sches Phänomen, nach J. G. Leidenfrost, 1715 – 1794). Eine genauere Beobachtung zeigt, dass der Tropfen die Platte nicht berührt. Es bildet sich im ersten Augenblick zwischen Tropfen und Platte eine Gasschicht, die den Tropfen trägt und ihm infolge ihrer schlechten Wärmeleitung nur wenig Wärme von der Platte zuführt. Die Temperatur des Tropfens bleibt infolgedessen unter dem Siedepunkt. Wenn die Temperatur der Platte nur wenig über dem Siedepunkt liegt, kann sich keine ausreichend dicke Gasschicht bilden. Der Tropfen kommt dann mit der Platte in Kontakt und verdampft augenblicklich. – Taucht man eine auf Rotglut erhitzte Kupferkugel in angewärmtes Wasser, tritt zunächst keine Verdampfung des Wassers auf. Es bildet sich vielmehr um die Kugel eine dünne Gashülle, die man kurze Zeit an ihrem Silberglanz beobachten kann, bis schließlich die Kugel so weit abgekühlt ist, dass das Wasser sie direkt berührt, worauf explosionsartige Verdampfung eintritt. – Dass gelegentlich Arbeiter in Metallgießereien die angefeuchtete Hand kurzzeitig in geschmolzenes Gusseisen oder geschmolzene Bronze eintauchen können, ohne sich zu verbrennen, beruht ebenfalls auf der Bildung einer Gashülle um die Hand, die dadurch von dem geschmolzenen Metall thermisch isoliert wird.

Temperaturleitfähigkeit. Wie schon bei der Behandlung der Diffusionsvorgänge (Abschn. 12.2), ist auch bei der Wärmeleitung die vollständige Lösung erst gegeben, wenn die Temperatur des untersuchten Körpers in Abhängigkeit von Ort und Zeit bekannt ist. Zur Ableitung der dies beschreibenden Differentialgleichung betrachten wir – wie oben – zwei Querschnittsflächen A eines Stabes, die sich in einem sehr kleinen Abstand dx voneinander befinden. Nach Gl. (18.2) strömt von links in der Zeit dt durch die Querschnittsfläche an der Stelle x die Wärme

$$dQ_x = -\lambda \cdot A \frac{\partial T}{\partial x} \cdot dt.$$

Man muss jetzt für die Ableitung der Temperatur nach dem Ort einen partiellen Differentialquotienten schreiben, weil die Temperatur vom Ort und von der Zeit abhängen kann. In der gleichen Zeit dt strömt durch die Querschnittsfläche an der Stelle $x + dx$ die Wärme

$$dQ_{x+dx} = -\lambda A \left(\frac{\partial T}{\partial x} + \frac{\partial^2 T}{\partial x^2} \cdot dx \right) dt.$$

Weil die Temperatur an dieser Stelle $T + dT = T + (\partial T / \partial x) \cdot dx$ ist, ergibt sich für das Temperaturgefälle an der Stelle $x + dx$

$$\frac{\partial}{\partial x} \left(T + \frac{\partial T}{\partial x} \cdot dx \right) = \frac{\partial T}{\partial x} + \frac{\partial^2 T}{\partial x^2} dx.$$

Wenn man voraussetzt, dass die Wärmeleitfähigkeit bei der Temperatur $T + dT$ die gleiche ist wie bei der Temperatur T, dass sie von der Temperatur also unabhängig ist, folgt dann der obige Ausdruck für dQ_{x+dx}. Die Differenz der Wärmen dQ_x und dQ_{x+dx} bleibt in der Zeit dt im Volumen V enthalten, das durch die beiden Querschnittsflächen begrenzt wird. Das Volumen wird dadurch um dT erwärmt. Wenn die Dichte des Stoffes ϱ und seine spezifische Wärmekapazität c ist, so ist die Vergrößerung seines Wärmeinhalts

$$dQ_x - dQ_{x+dx} = c\,dm\,dT = c\,\varrho\,A\,dx\,dT \quad \text{oder} \quad \lambda A \frac{\partial^2 T}{\partial x^2} dx\,dt = c\,\varrho\,A\,dx\,dT.$$

Daraus folgt die gesuchte Differentialgleichung

$$\frac{dT}{dt} = \frac{\lambda}{\varrho c} \cdot \frac{\partial^2 T}{\partial x^2}, \tag{18.3}$$

die dem zweiten Fick'schen Gesetz der Diffusion entspricht (Abschn. 12.2). Das Verhältnis $\lambda / \varrho c$ wird *Temperaturleitfähigkeit* genannt.

Messmethoden. Für die experimentelle Bestimmung der Wärmeleitfähigkeit ist die Grundlage der Fourier'sche Ansatz (Gl. (18.2)) und die Differentialgleichung der Wärmeleitung (Gl. (18.3)). Die erste Beziehung beschreibt den Zusammenhang zwischen einem Temperaturgradienten und dem daraus resultierenden Wärmestrom in entgegengesetzter Richtung des Gradienten. Die zweite Beziehung beschreibt die zeitliche und örtliche Ausbreitung einer Temperaturstörung. Der Koeffizient λ ist ein Maß für den Wärmestrom, der sich als Folge eines Temperaturgradienten einstellt. Die Temperaturleitfähigkeit $\lambda / \varrho c$ ist entscheidend für die Zeit, mit der sich eine Temperaturstörung ausbreitet. Je nach der experimentellen Anordnung unterscheidet man Messungen unter stationären und nicht stationären Bedingungen.

Die *stationären Messmethoden* basieren alle auf folgendem Prinzip: Der Probe, von geometrisch einfacher Form (z. B. ein Zylinder), wird an einer Stelle ständig ein konstanter Wärmestrom zugeführt und an einer anderen Stelle wieder entzogen. Als Folge der Wärmezufuhr wird sich in Richtung des Wärmestroms ein Temperaturgefälle einstellen, dessen Betrag durch die Messung der Temperaturdifferenz zwischen zwei definierten Punkten entlang der Richtung des Wärmestroms bestimmt werden kann. Die Wärmeleitfähigkeit der Probe errechnet sich aus dem Quotienten der pro Zeit und pro Fläche der Probe zugeführten Wärme und dem Betrag des Temperaturgradienten. Je nach Form und Aggregatzustand des zu untersuchenden Mediums ist natürlich die Messmethode zu variieren. Das Prinzip ist aber stets das gleiche.

Bei der Untersuchung von Festkörpern gibt man der Probe im Allgemeinen die Form eines Zylinders, der mit einer Stirnfläche in gutem thermischen Kontakt mit einem Probenträger steht. Dieser Probenträger dient als Wärmesenke, d. h., er soll die aus der Probe herausfließende Wärme aufnehmen, ohne seine Temperatur dabei wesentlich zu ändern. Er muss also eine sehr große Wärmekapazität besitzen. Geeignet ist z. B. ein Kupferblock, der zum Teil in flüssigem Stickstoff steht. Oben auf diesem Kupferblock ist das untere Ende der zylindrischen Probe befestigt. Auf die obere Stirnfläche der Probe wird ein Heizkörper aufgebracht, dessen Heizleistung direkt proportional zur pro Zeit und Fläche der Probe zugeführten Wärme ist. An dem Zylindermantel sind in einem Abstand Δx voneinander zwei Temperaturfühler (Thermoelemente) in thermisch gutem Kontakt befestigt. Mit ihnen wird die Temperaturdifferenz ΔT gemessen. Um radiale Wärmeverluste zu vermeiden, ist die ganze Messanordnung von einem Vakuummantel umgeben. Die Messung läuft folgendermaßen ab: Dem Heizkörper wird eine konstante elektrische Leistung P zugeführt, die in einen Wärmestrom $\dot Q$ umgesetzt wird und durch die Probe zum Probenträger fließt. Nach Einschalten des Heizstroms wird zwischen den Temperaturfühlern eine Temperaturdifferenz gemessen, die nach einiger Zeit einen konstanten Wert ΔT annimmt. In diesem Augenblick ist der stationäre Zustand erreicht. Die Wärmeleitfähigkeit berechnet sich aus dem Abstand Δx, der Temperaturdifferenz ΔT, der Heizleistung $P = \dot Q$ und der Stirnfläche A der Probe nach der Beziehung $\lambda = P \cdot \Delta x / (A \cdot \Delta T)$, die direkt aus Gl. (18.2) folgt.

Auch für Flüssigkeiten und Gase sind stationäre Messverfahren entwickelt worden. Von ihnen soll hier nur eine beschrieben werden, die in etwas abgewandelter Form auch Anwendung zur Druckmessung von Gasen findet. In der Achse eines zylindrischen Rohrs, das mit der zu untersuchenden Flüssigkeit oder mit dem zu untersuchenden Gas gefüllt werden kann, ist ein Heizdraht gespannt. Der Außenmantel des Rohrs ist mit einem Medium von großer Wärmekapazität in guten thermischen Kontakt gebracht. Am Innenmantel des Rohrs und am Heizdraht ist auf gleicher Höhe jeweils ein Temperaturfühler angebracht, mit denen der Betrag des Temperaturgradienten längs des Radius des Rohrs gemessen werden kann. Die Messanordnung unterscheidet sich also von der oben beschriebenen durch die Richtung des Wärmestroms, der hier radial von der Zylinderachse nach außen fließt, während er in der obigen Anordnung axial gerichtet ist. Weil die Größe der Fläche, durch die der Wärmestrom fließt, von innen nach außen zunimmt, ist die Abhängigkeit der Temperatur vom Radius r hier jedoch nichtlinear.

Die Grundlage für die Messung unter *nichtstationären* Bedingungen ist die Differentialgleichung der Wärmeleitung (Gl. (18.3)), die die Ausbreitung von Temperaturänderungen beschreibt. Daher wird bei diesen Methoden primär auch nicht die Wärmeleitfähigkeit λ, sondern die Temperaturleitfähigkeit $\lambda / \varrho\, c$ gemessen. Aus ihr kann aber bei Kenntnis der spezifischen Wärmekapazität und der Dichte der zu untersuchenden Substanz die Wärmeleitfähigkeit berechnet werden. Allgemein können die nichtstationären Methoden so beschrieben werden: An einem Ort der Probe wird durch einen einmaligen Impuls oder durch eine periodische Heizung eine Störung des Temperaturgleichgewichts erzeugt. Diese Störung breitet sich in der Probe mit einer bestimmten Geschwindigkeit aus und nimmt in der Stärke mit zunehmender Entfernung vom Entstehungsort ab. Mit Temperaturfühlern, die an verschiedenen Orten der Probe angebracht sind, wird die Laufzeit der Störung und ihre Abnahme gemessen. Aus beiden Größen kann die Temperaturleitfähigkeit berechnet werden.

Auch bei diesen Messmethoden gibt man der Probe eine geometrisch einfache Form. Bei der Benutzung eines Wärmepulses ist die Anordnung der Probe sogar identisch mit der der stationären Methode. Es wird hier aber häufig auf die Benutzung einer elektrischen Heizung verzichtet und durch einen Lichtblitz oder kurzzeitigen Beschuss mit Elektronen eine Temperaturstörung in der oberen Stirnfläche der Probe erzeugt. (Dadurch wird der Wärmewiderstand zwischen Probe und Heizkörper vermieden.) Die Störung wandert durch die Probe und hat zunächst an jedem Ort x der Probe (x gemessen von der oberen Stirnfläche aus) einen Anstieg der Temperatur bis zu einem Maximalwert zur Folge. Danach fällt die Temperatur wieder langsam auf den Ausgangswert ab. Aus dem Anstieg der Temperatur kann die Temperaturleitfähigkeit bestimmt, aus dem Maximum der Temperatur die spezifische Wärmekapazität berechnet werden.

Eine sehr viel ältere Methode, die bereits 1861 von A. J. Ångström (1814 – 1874) beschrieben wurde und seit dieser Zeit in vielen Varianten immer wieder Anwendung findet, arbeitet mit einer periodischen Heizung. In der einen Stirnfläche der zylindrischen Probe, die möglichst lang sein sollte, wird durch periodische Lichteinstrahlung oder durch periodische Heizung mit einem kleinen Heizelement eine periodische Temperaturstörung erzeugt, die sich in dem Stab mit abnehmender Intensität ausbreitet. In diesem Fall einer periodischen Randbedingung ist die Lösung der Differentialgleichung der Wärmeleitung eine *Temperaturwelle*. Misst man an zwei Stellen in einem bestimmten Abstand sowohl die Intensität der Störamplitude als auch die Phasenverschiebung der Störung zwischen den beiden Messorten, so kann ebenfalls aus diesen Werten die Temperaturleitfähigkeit bestimmt werden. Die spezifische Wärmekapazität, deren Kenntnis zur Berechnung der Wärmeleitfähigkeit notwendig ist, lässt sich mit diesem Verfahren nicht bestimmen.

Man wendet die Pulsmethode immer dann an, wenn der Probe nur wenig Wärme zugeführt werden soll. Dies ist notwendig bei der Messung der Wärmeleitfähigkeit bei tiefen Temperaturen, denn die zugeführte Wärme muss dann von einem Heliumbad als Verdampfungswärme aufgenommen werden. Bei einem kontinuierlichen Verfahren würde wesentlich mehr Helium verdampfen. Eine Methode mit periodischer Temperaturstörung hat gegenüber der stationären Methode den Vorteil, dass die Messgröße als Wechselsignal vorliegt. Misst man die Temperatur mit einem Thermoelement, erhält man eine elektrische Wechselgröße, die messtechnisch leichter zu verstärken ist als eine Gleichgröße.

Temperaturwellen entstehen z. B. an der Erdoberfläche durch die täglichen und jährlichen Temperaturschwankungen. Sie dringen in die Erde ein. Schon nach wenigen Metern unter der Oberfläche wird ihre Amplitude wegen der geringen Temperaturleitfähigkeit $\lambda/\varrho c$ unmessbar klein, d. h., es herrscht dort eine konstante mittlere Temperatur. Man nennt die Strecke, nach deren Durchlaufen die Amplitude der Temperaturwelle auf den e-ten Teil abgeklungen ist, die mittlere Eindringtiefe. Diese mittlere Eindringtiefe ist umso größer, je größer die Temperaturleitfähigkeit des betrachteten Stoffes ist. Außerdem ist sie jedoch auch abhängig von der Kreisfrequenz der Welle. Wellen mit großer Kreisfrequenz dringen weniger tief ein als solche mit kleiner Kreisfrequenz. Mit der Ausbreitungsgeschwindigkeit der Wellen verhält es sich gerade umgekehrt. Die Wellen mit großer Kreisfrequenz dringen schneller in ein Medium ein. Die in die Erdoberfläche eindringenden täglichen Temperaturschwankungen haben eine um den Faktor 360 größere Kreisfrequenz als die jährlichen Schwankungen. Mit den Durchschnittswerten für die Wärmeleitfähigkeit, die Dichte und die spezifische Wärmekapazität der Gesteine auf der Erdoberfläche ergibt sich, dass die täglichen Schwankungen etwa 19-mal schneller als die jährlichen Schwankungen eindringen. Ihre Eindringtiefe ist aber um den gleichen Faktor kleiner als die Eindringtiefe der jährlichen Schwankungen. In einem Gebäude mit sehr dicken Mauern, wie z. B. in einer Kirche, ist daher von den täglichen Temperaturschwankungen nichts zu merken. Die jährlichen Schwankungen hingegen dringen so langsam ein, dass es in einer Kirche im Sommer kühl und im Winter warm sein kann.

Mechanismus der Wärmeleitung. Ein erster Versuch, den Mechanismus der elektrischen Leitfähigkeit und der Wärmeleitung sowie das gesamte physikalische Verhalten der Metalle zu erklären, wurde 1900 von Paul Drude (1863–1906) unternommen. Er ging von folgendem Modell aus: Ein Metall besteht aus einem festen, räumlich angeordneten Gitter positiv geladener Bausteine. In den Lücken dieses Gitters befinden sich gerade so viele negativ geladene Elektronen, dass nach außen hin elektrische Neutralität vorhanden ist. Jedes Metallatom hat maximal etwa ein Elektron abgegeben. Die Elektronen können sich frei bewegen wie die Teilchen eines Gases und können dadurch bei gerichteter Strömung einen elektrischen Strom bilden. Sie sind jedoch nicht nur Träger eines elektrischen, sondern auch eines Wärmestroms: Da sie mit dem Gitter in Wechselwirkung stehen, werden die Elektronen in Gebieten mit höherer Temperatur auch eine höhere mittlere Energie besitzen. Diffundieren diese Elektronen in Gebiete mit niedrigerer Temperatur, bringen sie eine zusätzliche Energie mit und erhöhen dort die Temperatur. Mit der kinetischen Gastheorie (Abschn. 17.3) kann das Verhältnis der Wärmeleitfähigkeit λ zur elektrischen Leitfähigkeit σ berechnet werden:

$$\frac{\lambda}{\sigma} = 2\frac{k^2}{e^2}T, \tag{18.4}$$

wobei $k = 1.38 \cdot 10^{-23}$ J/K (Boltzmann-Konstante) und $e = 1.60 \cdot 10^{-19}$ As (Ladung des Elektrons) ist. Daraus geht hervor, dass $\lambda/\sigma\,T$ für alle Metalle eine Konstante sein muss. Das ist der Inhalt des *Wiedemann-Franz'schen Gesetzes* (nach G. H. Wiedemann, 1826–1899, und R. Franz, 1827–1902, auch Wiedemann-Franz-Lorenz'sches Gesetz genannt). Der angegebene Zusammenhang entspricht recht gut der Erfahrung, wenn auch die berechnete Konstante nicht ganz mit den gefundenen Werten übereinstimmt.

Die nach klassischen Überlegungen aufgebaute Elektronentheorie der Metalle, bei der jedem Elektron analog zu einem einatomigen Gasteilchen die mittlere thermische Energie $3kT/2$ zugeschrieben wurde, ergab jedoch bei der Berechnung der spezifischen Wärmekapazität der Metalle einen Widerspruch mit der Erfahrung. Die Experimente zeigen nämlich, dass für die spezifische Wärmekapazität nur die Gitterbausteine, d. h. die Metallatome, nicht aber die freien Elektronen einen Beitrag liefern. Erst die Einführung der Prinzipien der Quantenmechanik durch Sommerfeld und später in verfeinerter Form durch Bloch führte zu einer mit der Erfahrung übereinstimmenden Beschreibung des physikalischen Verhaltens der Metalle.

Die Wärmeleitung kann außer durch Elektronen auch durch die Wechselwirkung der Gitterbausteine untereinander verursacht werden. Dieser Anteil kann bei den reinen Metallen vernachlässigt werden. Bei bestimmten Metalllegierungen (Neusilber, nichtrostender Stahl) und besonders bei Halbleitern ist andererseits der elektronische Anteil so gering, dass im Verhältnis dazu auch die Wechselwirkung der Gitterbausteine einen beachtlichen Anteil an der Wärmeleitung einnimmt. Die Folge davon ist, dass das Wiedemann-Franz'sche Gesetz bei diesen Stoffen nicht mehr für die gesamte Wärmeleitfähigkeit gilt, sondern nur noch für den elektronischen Anteil.

Einen ersten Ansatz für eine Theorie der Wärmeleitung in elektrisch nichtleitenden Kristallen machte 1914 Peter Debye (1884 – 1966). Er sah den Kristall, obwohl aus einzelnen Teilchen aufgebaut, als ein Kontinuum an, dessen Wärmeinhalt durch die Eigenschwingungen des Systems aller Gitterbausteine repräsentiert wird. Die Wärmeleitung sowie die Einstellung des thermischen Gleichgewichts sollten auf der Wechselwirkung der Gitterschwingungen untereinander beruhen. Die Ergebnisse der Rechnung waren in bestimmten Temperaturbereichen für eine Anzahl von Kristallen mit der Erfahrung qualitativ im Einklang, waren jedoch quantitativ unbefriedigend. Eine genauere Rechnung führte außerdem zu dem Resultat, dass die Kontinuumstheorie eine unendlich große Wärmeleitfähigkeit liefert, also ungeeignet ist.

1929 stellte R. E. Peierls (1907 – 1995) mit Hilfe der Quantenmechanik Grundgleichungen zum Verhalten der Wärmeleitfähigkeit elektrisch nichtleitender Kristalle auf. Diese Gleichungen lassen sich jedoch nur in Spezialfällen unter stark vereinfachenden Annahmen lösen. Peierls ging bei seinem Ansatz von einem idealen Kristall aus: An räumlich streng periodisch angeordneten Gitterplätzen befinden sich völlig identische Teilchen. Diese führen in ihrer Gesamtheit Gitterschwingungen aus, die den Wärmeinhalt des Kristalls darstellen. Der Wärmetransport erfolgt durch Gitterwellen, die sich jedoch nur so lange widerstandslos ausbreiten können, wie eine strenge Periodizität vorhanden ist. In diesem Fall breiten sich die Wellen mit Schallgeschwindigkeit aus. Daraus würde sich eine sehr große Wärmeleitfähigkeit ergeben.

Erst eine Störung der Periodizität des Gitters liefert eine Streuung der Gitterwellen und damit eine endliche Wärmeleitfähigkeit. Im idealen Kristall gibt es nur zwei Ursachen für eine solche Störung: Einmal befinden sich die Gitterbausteine nicht in ihrer Ruhelage, da sie um diese Schwingungen ausführen. Das wird als eine Wechselwirkung der Gitterwellen untereinander beschrieben. Ferner ist die Periodizität des Kristalls an seiner räumlichen Begrenzung, wo also sein Gitter unvermittelt abbricht, gestört. Die real vorhandenen Kristalle weisen unvermeidbare, weitere Störungen der idealen Periodizität auf, z. B. nicht besetzte Gitterplätze, Atome außerhalb von Gitterplätzen oder eingebaute Fremdatome, Fehler des Gitters selbst, wodurch weitere Streumechanismen und damit eine weitere Einschränkung der Wärmeleitfähigkeit bedingt ist. Jede Art von Streuprozessen hat eine bestimmte Temperaturabhängigkeit, so dass je nach Temperaturbereich der eine oder der andere oder mehrere Streuprozesse gleichzeitig die Temperaturabhängigkeit der gesamten Wärmeleitfähigkeit des Kristalls ergeben. Diese Beschreibung gilt nur für elektrisch nichtleitende Kristalle. Bei den elektrisch leitenden Kristallen der Metalle kommt der große Anteil der Wärmeleitung hinzu, der von den Elektronen getragen wird. Einer widerstandslosen Ausbreitung der Elektronen steht genau wie bei den Gitterwellen jede Störung der Periodizität des Gitters entgegen. Die Wechselwirkung mit den Störungen wird ebenso als Streuprozess bezeichnet. Als Ursache kommen die bereits beschriebenen Störungen in Frage, dazu tritt die gegenseitige Wechselwirkung von Elektronen und Gitterwellen.

Bei Zimmertemperatur wird in reinen Metallen fast die gesamte Wärmeleitung durch Elektronen getragen. Dagegen ist dieser Anteil in verunreinigten Metallen (z. B. rostfreier Stahl), Legierungen (z. B. Neusilber) und Halbleitern so klein, dass die Wärmeleitung durch Gitterwellen nicht mehr vernachlässigbar ist. In Isolatoren erfolgt die Übertragung der Wärme dagegen nur durch Gitterwellen. Im Allgemeinen ist bei Zimmertemperatur die Wärmeleitfähigkeit der Metalle wesentlich größer als diejenige der Nichtleiter. Anders verhält es sich bei tiefen Temperaturen, denn die Gitterleitfähigkeit wächst mit abnehmen-

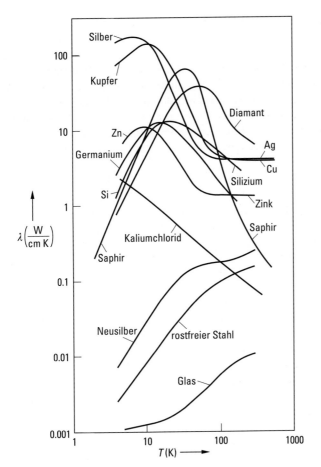

Abb. 18.13 Temperaturabhängigkeit der Wärmeleitfähigkeit λ verschiedener Metalle und Nichtmetalle

der Temperatur schneller an als die durch Elektronen hervorgerufene Leitfähigkeit. Bei tiefen Temperaturen können beide Anteile durchaus vergleichbar sein. Dabei ist der Begriff „tiefe Temperaturen" hier nicht absolut aufzufassen, vielmehr nur in Bezug auf eine für jeden Kristall charakteristische Temperatur. Das erklärt auch, warum bei Zimmertemperatur der beste Wärmeleiter nicht ein Metall, sondern ein Nichtleiter, nämlich Diamant ist (Abb. 18.13). Für den Diamantkristall ist Zimmertemperatur eine „tiefe Temperatur".

Die bisher oft genannten Gitterwellen sind elastische Wellen und werden wegen ihrer hohen Frequenz auch *Hyperschallwellen* genannt. In Analogie zur quantisierten Lichtwelle, dem Photon, wird das Quantum einer elastischen Gitterwelle als Schallquantum oder *akustisches Phonon* bezeichnet. Der Abfall der spezifischen Wärmekapazität fester Körper bei tiefen Temperaturen lässt sich nämlich nur verstehen, wenn man annimmt, dass auch die Gitterschwingungen quantisiert sind. Die Streuung der Phononen ist also maßgebend für die Wärmeleitung in elektrisch nichtleitenden Kristallen, während die Streuung der Elektronen bei ihrer Wärmebewegung für die Wärmeleitung in Metallen entscheidend ist.

18.3 Wärmestrahlung, Planck'sche Strahlungsformel

Wärmestrahlung. Die dritte wichtige Art des Wärmetransports neben der Konvektion und der Wärmeleitung ist die *Wärmestrahlung*. Hier erfolgt der Wärmeausgleich zwischen Körpern mit unterschiedlichen Temperaturen auch dann, wenn zwischen den Körpern kein materieller Träger vorhanden ist, also auch durch das Vakuum (Beispiel: Strahlung der Sonne). Die Wärmestrahlung ist auch vorhanden, wenn zwischen den Körpern keine Temperaturdifferenz besteht. Dann emittiert und empfängt jeder Körper gleich viel *Strahlungsenergie Q*. Die Stärke der Energieabstrahlung richtet sich sehr nach der Temperatur des strahlenden Körpers. So wird Wärmestrahlung auch von solchen Körpern ausgehen, deren Temperatur niedriger als die der Umgebung ist. Man hüte sich aber, von „Kältestrahlung" zu sprechen. Diese gibt es nicht. Ein Körper kühlt sich im Vakuum ab, wenn seine Emission größer ist als die Absorption von Strahlung.

Abb. 18.14 zeigt einen einfachen Versuch. Zwei Parabolspiegel stehen sich gegenüber. Im Brennpunkt des einen befindet sich ein Stück Eis, im Brennpunkt des anderen die Quecksilberkugel eines Thermometers. Die Temperatur des Thermometers beginnt sofort zu sinken, nachdem beide Parabolspiegel gegeneinandergestellt sind. Hieraus könnte leichtfertig und fälschlicherweise der Schluss gezogen werden, dass es eine Kältestrahlung gäbe. In Wirklichkeit aber strahlt die Quecksilberkugel stärker als das Eisstück, wodurch sich das Thermometer abkühlt und das Eis an der Oberfläche etwas schmilzt. – Für die Demonstration der Wärmeübertragung durch Strahlung eignet sich auch gut die folgende Abänderung des Versuchs: Im Brennpunkt des einen Parabolspiegels befindet sich eine Autolampe, im Brennpunkt der anderen ein Streichholz. Bei guter Justierung gelingt es leicht, das Streichholz in einer Entfernung von 20 m durch Einschalten der Autolampe zu entzünden. Die Entzündung erfolgt allerdings erst nach einiger Zeit, wenn die erforderliche Temperatur erreicht ist.

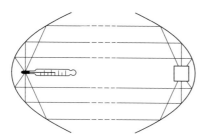

Abb. 18.14 Zum Nachweis der Wärmestrahlung

Die Wärmestrahlung ist wie das Licht eine *elektromagnetische Strahlung*. Die Wellenlänge der Wärmestrahlung ist etwas größer als die des sichtbaren Lichtes und beträgt etwa $0.8 - 100\,\mu m$. Wird in einem Spektralapparat weißes Licht, z. B. Sonnenlicht, in sein Spektrum zerlegt, so treten die nicht sichtbaren Wärmestrahlen immer auf der langwelligen Seite des Spektrums, also im Anschluss an das rote Licht, auf. Dieser Bereich des Spektrums heißt deshalb *Infrarot*.

Es ist wichtig darauf hinzuweisen, dass nicht nur die Infrarotstrahlung, sondern auch das sichtbare und ultraviolette Licht wie überhaupt jede Art von Strahlungsenergie eine Erwärmung des Körpers hervorruft, der von der Strahlung getroffen wird und der die Strahlung absorbiert. Wenn unter der Wärmestrahlung hauptsächlich die Infrarotstrahlung verstanden wird, so liegt das an Folgendem:

a) Alle Temperaturstrahler auf der Erde senden überwiegend infrarotes Licht aus (heiße Körper, Glühlampe), und auch das auf der Erdoberfläche ankommende Sonnenlicht enthält einen sehr großen Anteil infraroten Lichtes.

b) Das infrarote Licht wird von den meisten Stoffen stärker absorbiert als das sichtbare Licht. Im nahen Infrarot kann dies zwar auch umgekehrt sein: Infrarotes Licht durchdringt den Dunst der Atmosphäre leichter als sichtbares Licht (Infrarotfotografie).

Die Grenze zwischen dem sichtbaren und dem infraroten Licht ist nur durch die Empfindlichkeit des Auges gegeben. Zwischen dem sichtbaren und dem nahen infraroten Licht besteht kein wesentlicher Unterschied. Jedoch wird das mittlere und ferne Infrarot im Allgemeinen stark absorbiert und in Schwingungsenergie der Atome umgewandelt. Friedrich Wilhelm Herschel (1738 – 1822) hat die Infrarotstrahlung zuerst nachgewiesen. Er zerlegte das Sonnenlicht spektral durch ein Prisma und fand, dass auf der roten Seite, jedoch außerhalb des sichtbaren Spektrums, eine Erwärmung stattfindet. Zum Nachweis benutzte er mit Wachs getränktes Filtrierpapier. Die Infrarotstrahlung brachte das Wachs zum Schmelzen.

Ändert man den oben beschriebenen Versuch mit dem Autoscheinwerfer so ab, dass man dicht vor den Scheinwerfer ein Glasfilter setzt, das nur infrarotes Licht, nicht aber sichtbares Licht hindurch lässt, kann man das Streichholz ebenfalls anzünden. Die Entfernung der beiden Parabolspiegel darf dann nur wenige Meter betragen, da das Glasfilter einen großen Teil der Strahlungsenergie verschluckt, nämlich das sichtbare und das längerwellige infrarote Licht. Zum quantitativen Nachweis für den gesamten infraroten Spektralbereich verwendet man überwiegend *Thermoelemente*, an denen ein kleines, geschwärztes Plättchen befestigt ist. Oft sind kleine Thermoelemente hintereinander geschaltet (*Thermosäule*). Auch die elektrische Widerstandserhöhung von Metallen bei Erwärmung wird benutzt. Die Strahlung fällt hierbei auf einen sehr dünnen, schmalen und geschwärzten Metallstreifen, dessen Widerstand gemessen wird. Die Widerstandserniedrigung der meisten *Halbleiter* (z. B. PbS, PbSe oder mit Au dotiertes Ge) ermöglicht auch einen sehr empfindlichen Nachweis infraroter Strahlung. Der Nachteil ist, dass diese Stoffe nur in einem bestimmten Spektralbereich empfindlich, also selektiv sind. Da oft der Wunsch besteht, eine sehr schwache Strahlung noch nachweisen oder messen zu können, und da ein elektrischer Gleichstrom sich nicht gut verstärken lässt, wendet man fast immer den folgenden Kunstgriff an: man unterbricht den Lichtstrom, z. B. 15-mal in der Sekunde, durch eine rotierende Sektorenblende, bevor er auf den Halbleiter trifft. Dann führt die Widerstandsänderung des Halbleiters zu einem Wechselstrom, der leicht und gut verstärkt werden kann.

Die Wärmestrahlen gehorchen den lichtoptischen Gesetzen (Reflexion, Brechung usw.). Sie gehören also in das Gebiet der Optik (Bd. 3). Dort werden die physikalischen Gesetzmäßigkeiten eingehend behandelt. Deshalb sollen hier nur einige grundlegende Tatsachen genannt werden, die die Wärmeübertragung durch Strahlung verständlich machen.

Schwarze Strahlung. Die von einem Körper ausgehende Wärmestrahlung hängt stark von der Temperatur des Körpers, andererseits auch von seiner Oberfläche ab. Zeichnet man auf ein unglasiertes Stück Porzellan ein dickes, schwarzes Bleistiftkreuz und erhitzt man das Porzellan in einer heißen Gebläseflamme oder in einem Ofen, dann sieht man das schwarze Kreuz wesentlich heller strahlen als das weiße Porzellan, obwohl die Temperatur des Porzellanstücks an allen Stellen gleich ist.

Nun sieht eine Oberfläche deshalb schwarz aus, weil sie das Licht absorbiert und nicht reflektiert. G. R. Kirchhoff (1824 – 1887) fand das Gesetz, dass ein Körper bei einer bestimmten Temperatur umso stärker Energie abstrahlt, je stärker er Strahlungsenergie absorbieren kann. Dies gilt für jeden Wellenlängenbereich *(Kirchhoff'sches Gesetz*, 1860). Eine Oberfläche absorbiert alle Wellenlängen aber keineswegs gleich stark. Eine schwarze Oberfläche absorbiert sichtbares Licht, sie kann jedoch infrarotes Licht reflektieren, das man nicht sehen kann. Sie ist also im infraroten Spektralgebiet nicht schwarz. Eine solche Oberfläche strahlt im sichtbaren Spektralgebiet besser als im infraroten Gebiet. Auf der Suche nach einer vollkommen schwarzen Oberfläche ist Kirchhoff zu dem *Hohlraum* mit einer kleinen Öffnung gelangt, der ein fast vollkommenes Absorptionsvermögen, d. h.

$$\text{Absorptionsvermögen} = \frac{\text{absorbierte Strahlungsleistung}}{\text{einfallende Strahlungsleistung}} = 1,$$

(Strahlungsleistung = Energiestrom dQ/dt) für alle Wellenlängen der Wärmestrahlung besitzt. Er hat nach dem Kirchhoff'schen Gesetz auch das größte Emissionsvermögen (= in den Halbraum abgegebene Strahlungsleistung/strahlende Fläche, Einheit: $1\,W/m^2$) und wird *schwarzer Körper, schwarzer Strahler* oder *Hohlraumstrahler* genannt.

Dass die Öffnung eines Hohlraums tatsächlich das Licht noch stärker absorbiert als eine sehr schwarze Oberfläche, kann man an einem Kasten sehen, der ein Loch hat und innen wie außen mit Ruß bedeckt ist. Im Sonnenlicht sieht man deutlich, dass das Loch dunkler ist als seine Umgebung. Das Licht, das durch das Loch in das Innere des Kastens kommt, wird nach mehrfacher diffuser Reflexion vollständig absorbiert, nur ein verschwindend kleiner Anteil des Lichtes kommt wieder heraus. Und dass Hohlräume mehr Strahlung aussenden als ihre umgebenden schwarzen Oberflächen gleicher Temperatur zeigt z. B. ein Blick in einen mit glühendem Koks gefüllten Ofen.

Um bei der Messung der Wärmestrahlung den Einfluss der Oberfläche auszuschalten, werden daher Hohlraumstrahler benutzt. Nur diese haben wegen ihrer vollständigen Absorption in einem großen Spektralbereich eine maximale Emission. Jede andere noch so schwarze Oberfläche hat eine kleinere Absorption und Emission bei gleicher Temperatur. Einige Beispiele: Ein schwarzer Körper hat ein Absorptionsvermögen von 100 %, eine lockere Rußschicht hat ein solches von 93 %, oxidiertes Kupfer von 60 % und hochpoliertes Silber von 3 %. Ein Hohlraumstrahler oder schwarzer Körper besteht z. B. aus einem Keramikrohr mit einer elektrischen Heizung und mehreren Blenden (Abb. 18.15). Die Temperatur wird z. B. mit einem Thermoelement gemessen.

Zusammenfassend sei also noch einmal hervorgehoben, dass die Strahlung, die aus der kleinen Öffnung eines Hohlraums austritt, vollkommen unabhängig von dem Material und dem Absorptionsvermögen der Wände des Hohlraums ist. *Die Strahlung ist nur eine Funktion der Temperatur des Hohlraums.* Man spricht deshalb auch von *Temperaturstrahlung*. Sie ist nicht polarisiert. Durch Zerlegung in kleine Wellenlängenbereiche erhält man eine spektrale Verteilung der Emission, die für verschiedene Temperaturen gemessen wurde (O. Lummer, E. Pringsheim, F. Kurlbaum, H. Rubens). Durch Messungen und theoretische Überlegungen wurden die im Folgenden beschriebenen Strahlungsgesetze gefunden.

Abb. 18.15 Strahlungsrohr des schwarzen Körpers nach Lummer und Kurlbaum (1898): $1-6$ = Blenden als Schutz vor kühler Luft und zur Vermehrung der Reflexionen, E = Thermoelement. Das ganze Rohr wird durch einen nicht gezeichneten Platinzylinder geheizt.

Strahlungsgesetze schwarzer Strahler. Man misst die Lichtemission eines schwarzen Strahlers von bestimmter Temperatur, indem man die Strahlung in einem Monochromator (Spektralapparat) in kleine Wellenlängenbereiche zerlegt, dieses monochromatische Licht anschließend auf die kleine, schwarze Fläche eines Thermoelements fallen lässt und den elektrischen Strom registriert. Man misst also die *spektrale Strahlungsdichte*

$$L_\lambda = d^3\dot{Q}/(dA\cos\vartheta\,d\Omega\,d\lambda) \quad \text{(Einheit: } 1\,\mathrm{W\,m^{-3}\,sr^{-1}})$$

(ϑ ist der Winkel zwischen Flächennormale und Ausstrahlungsrichtung). Abb. 18.16 zeigt Messkurven. Sie zeigen eine starke Zunahme der Gesamtemission (= Fläche unter der Kurve) mit der Temperatur. Das Emissionsvermögen eines schwarzen Strahlers für den gesamten Wellenlängenbereich ist proportional zur vierten Potenz der Temperatur. Es ist das *Stefan-Boltzmann'sche Gesetz*

$$E_\mathrm{T} = \sigma\,T^4 \quad (\sigma = 5.67\cdot10^{-8}\,\mathrm{W\,m^{-2}\,K^{-4}}). \tag{18.5}$$

Der Wiener Physiker J. Stefan (1835 – 1893) hat 1879 das Gesetz ausgesprochen in dem Glauben, dass es für beliebige Strahler Gültigkeit besäße. Erst Ludwig Boltzmann (1844 – 1906) hat 1884 die Beschränkung auf den schwarzen Strahler erkannt.

Die Kurven zeigen ferner einen unsymmetrischen Verlauf, auf der kurzwelligen Seite einen ziemlich steilen Abfall im Gegensatz zum flachen Verlauf auf der langwelligen Seite. Das Maximum verschiebt sich mit steigender Temperatur zu kleineren Wellenlängen. Man kann deshalb aus der Lage des Maximums λ_max die Temperatur T bestimmen unter Benutzung des *Wien'schen Verschiebungsgesetzes* (nach Wilhelm Wien, 1864 – 1928)

$$\lambda_\mathrm{max}\cdot T = \mathrm{const} = 2.8978\cdot10^{-3}\,\mathrm{m\cdot K}. \tag{18.6}$$

Es besagt, dass das Produkt aus der Wellenlänge des Maximums der Strahlungskurve und der Temperatur konstant ist. Hat z. B. ein Hohlraumstrahler eine Temperatur von 2898 K, liegt das Maximum der Strahlung bei 1 μm.

Das Maximum der Strahlung der Sonne liegt bei etwa 0.5 μm. Nach dem Wien'schen Verschiebungsgesetz ergibt sich daraus eine (Oberflächen-)Temperatur von etwa 5800 K. Man kann also das Wien'sche Verschiebungsgesetz zur Temperaturbestimmung eines

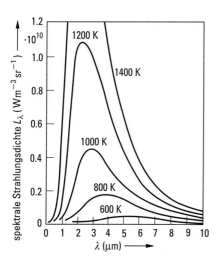

Abb. 18.16 Strahlungskurven eines schwarzen Körpers bei verschiedenen Temperaturen (Abhängigkeit der spektralen Strahlungsdichte von der Wellenlänge). Der sichtbare Teil nimmt nur den kleinen Wellenlängenbereich von 0.4 μm bis 0.7 μm ein.

Strahlers benutzen, was auch sehr häufig geschieht. Zwar hat man nur in seltenen Fällen eine Hohlraumstrahlung (z. B. beim Hochofen und beim Stahl-Konverter). Deshalb muss man meistens zuvor das Absorptionsvermögen des Körpers bestimmen und später die gemessene Strahlung korrigieren. Eine gealterte Wolfram-Bandlampe – das ist eine Glühlampe, die statt eines dünnen Fadens ein breiteres Band aus Wolfram besitzt – eignet sich sehr gut als sekundäres Normal der optischen Temperaturskala. Die Strahlung der Lampe ist mit der eines schwarzen Strahlers verglichen worden. Die Wolfram-Bandlampe eignet sich für die Messung von Temperaturen durch Strahlungsvergleich bis zu etwa 2900 K. Auch der positive Krater aus reinstem Graphit einer Gleichstrombogenlampe kann gut für Temperaturmessungen verwendet werden. Die Lampe kann aber nur bei einer bestimmten Temperatur ruhig brennen (Sublimationstemperatur). Während die wahre Temperatur dieser Lampe etwa 4000 K beträgt, ergibt sich eine Temperatur aus dem Maximum der Strahlungsdichte ($\lambda_{max} = 0.76\,\mu m$) von etwa 3820 K. Dies zeigt das geringere Emissionsvermögen gegenüber einem schwarzen Strahler. Es handelt sich also bei jedem Oberflächenstrahler um einen „grauen Strahler".

Planck'sche Strahlungsformel. Die Tatsache, dass nach Kirchhoff die Strahlung eines Hohlraums völlig unabhängig von der Natur der Wände des Körpers ist, lässt die Existenz einer allgemein gültigen Funktion vermuten. Ende des 19. Jahrhunderts lagen genaue Messungen vor, die die Richtigkeit des Kirchhoff'schen Gesetzes bestätigten und den Verlauf der Emission in Abhängigkeit von der Wellenlänge für verschiedene Temperaturen zeigten (Abb. 18.16). Es war daher zu erwarten, dass man sich sehr bemühte, einen mathematischen Ausdruck für diese Funktion zu finden. Rayleigh und Jeans haben es versucht, doch war es ihnen nicht gelungen. W. Wien hatte 1896 eine empirische Formel aufgestellt, die zwar zum Teil, jedoch nicht vollständig richtig die spektrale Verteilung der Hohlraumstrahlung wiedergibt. Max Planck (1858 – 1947) konnte schließlich eine Interpolationsformel aufstellen, die bei kurzen Wellen in die Wien'sche Formel überging und bei langen Wellen auch den damals neuesten Messungen von Kurlbaum und Rubens richtig entsprach. Diese Formel gab also den experimentell gefundenen Verlauf der Strahlung im ganzen Spektralbereich richtig wieder. Dieser erste Erfolg ermutigte Planck, nach einer sachgemäßen Begründung zu suchen, d. h. einen Weg zu finden, der die Formel aus einfachen Voraussetzungen abzuleiten gestattet und damit der Formel einen physikalischen Sinn geben kann.

Am 14. Dezember 1900 konnte Max Planck in einem Vortrag vor der Physikalischen Gesellschaft zu Berlin die neue Strahlungsformel interpretieren. Unter Verwendung des Zusammenhangs zwischen Entropie und Wahrscheinlichkeit konnte er die Emission und Absorption atomarer Oszillatoren nur dann richtig wiedergeben, wenn ein solcher Oszillator die Energie nicht kontinuierlich abgibt oder aufnimmt, sondern in *Quanten*, deren Größe proportional zur Eigenfrequenz des Oszillators sind. Ein harmonischer Oszillator der Eigenfrequenz ν kann nach Planck nur in bestimmten, diskreten Energiestufen schwingen. Diese Energiestufen unterscheiden sich aber je nach der Frequenz, nämlich um $\Delta E = h\nu$. Die Aufnahme oder Abgabe der Strahlungsenergie E kann also nur in Vielfachen eines kleinsten Quantums erfolgen:

$$E = h \cdot \nu. \tag{18.7}$$

Die neue *Naturkonstante h* wird *Planck'sche Konstante* oder *Planck'sches Wirkungsquantum* genannt. Sie hat die Einheit einer Wirkung, also Energie × Zeit = Impuls × Länge.

Der Wert wurde auch von Planck schon annähernd richtig bestimmt:

$$h = 6.626 \cdot 10^{-34} \text{ Js}$$

oder

$$\hbar = h/2\pi = 1.055 \cdot 10^{-34} \text{ Js}.$$

Die *Planck'sche Strahlungsformel* lautet

$$L_\lambda = \frac{\mathrm{d}L}{\mathrm{d}\lambda} = \frac{c_1}{\pi \cdot \lambda^5} \left(\exp \frac{c_2}{\lambda T} - 1 \right)^{-1}, \tag{18.8}$$

$$c_1 = 2\pi \, c^2 \, h = (3.7415 \pm 0.0003) \cdot 10^{-16} \text{ W m}^2,$$

$$c_2 = c \, h/k = (1.43879 \pm 0.00019) \cdot 10^{-2} \text{ m K}$$

(c = Vakuum-Lichtgeschwindigkeit, k = Boltzmann-Konstante, h = Planck-Konstante). Durch Einsetzen der Konstanten c_1 und c_2 und Umschreiben erhält man

$$L_\lambda = \frac{\mathrm{d}L}{\mathrm{d}\lambda} = \frac{2c^2 h}{\lambda^5} \cdot \frac{1}{e^{\frac{hc}{\lambda kT}} - 1}. \tag{18.9}$$

In der Formel ist die Strahlungsdichte auf gleiche Wellenlängenintervalle bezogen. Will man aber die Strahlungsdichte auf gleiche Frequenzintervalle beziehen, muss λ ersetzt werden durch c/ν und $\mathrm{d}\lambda$ durch $(c/\nu^2)\mathrm{d}\nu$. Damit ergibt sich

$$L_\nu = \frac{\mathrm{d}L}{\mathrm{d}\nu} = \frac{2h\nu^3}{c^2} \cdot \frac{1}{e^{\frac{h\nu}{kT}} - 1}. \tag{18.10}$$

Das oben schon genannte Stefan-Boltzmann'sche Gesetz und das Wien'sche Verschiebungsgesetz lassen sich einfach aus der Planck'schen Strahlungsformel ableiten.

Die Einführung der Energiestufen in den atomaren Oszillatoren und die Abgabe und Aufnahme von Energiequanten führten zu der Annahme, dass auch das abgestrahlte Licht aus Quanten besteht. Albert Einstein (1879 – 1955) konnte 1905 mit dieser Annahme die Experimente Lenards über die Elektronenemission durch Lichteinstrahlung (Photoeffekt) richtig deuten. Er konnte zeigen, dass *Lichtquanten* oder *Photonen* die Auslösung von Elektronen aus Metallen bewirken müssen. – Auch der Abfall der spezifischen Wärmekapazität bei tiefen Temperaturen lässt sich nur durch die Annahme quantenhafter Energien bei Schwingungen der Atome im Kristallgitter um ihre Ruhelage verstehen, wie Einstein gezeigt hat.

Diese Hinweise mögen andeuten, welche universelle Bedeutung die Existenz von Energiequanten in atomaren Bereichen hat. Wie ein Atom das kleinste Quantum eines Elements und ein Elektron das kleinste Quantum der elektrischen Ladung ist, ist die Energie $h\nu$ das kleinste Quantum der Energie eines Oszillators der Frequenz ν.

Wärmestrahlung im täglichen Leben. Die für das Leben auf der Erde notwendige *Strahlung der Sonne* hat an der Erdoberfläche eine andere spektrale Verteilung als außerhalb der Lufthülle der Erde. Das kurzwellige, ultraviolette Licht erzeugt in großer Höhe eine Ozonschicht (O_3-Moleküle), die das Wellenlängengebiet bis zu 0.3 µm fast vollständig absorbiert. Das längerwellige Ultraviolett (0.3 – 0.4 µm) und das kurzwellige, sichtbare (violette und blaue) Licht wird stärker als das langwellige (rote) Licht an Molekülen bzw.

Dichteschwankungen der Luft gestreut. Deshalb sieht das Himmelslicht blau aus und enthält auch viel Ultraviolett. Jemand, der sich im Wald bräunen will und dabei nur von der Sonne, nicht aber vom blauen Himmelslicht bestrahlt wird, erhält etwa nur 50 % des wirksamen ultravioletten Lichtes gegenüber dem, der auf dem Meer zusätzlich auch das gestreute Licht der Halbkugel des Himmels erhält.

Eine Streuung des Sonnenlichtes erfolgt auch an den Staubpartikeln der unteren Atmosphäre. Am roten Licht der untergehenden Sonne kann man gut sehen, dass das langwellige (rote) Licht weniger gestreut wird als das kurzwellige.

Im infraroten Teil des Spektrums gibt es starke Absorptionsbanden, hauptsächlich hervorgerufen durch H_2O- und CO_2-Moleküle. So fehlt an der Erdoberfläche z. B. die Strahlung von $5-7\,\mu m$ (H_2O) und von $14-18\,\mu m$ (H_2O, CO_2). Das auf der Erdoberfläche ankommende ultraviolette, sichtbare und infrarote Licht, das absorbiert wird, bewirkt die Erwärmung. Auf die Erdoberfläche fällt eine Strahlungsenergie von $1.368\,\mathrm{kW/m^2}$ *(Solarkonstante)*. Die aus dem heißen Erdkern an die Oberfläche gelangende Wärme sowie die im Erdinneren durch radioaktive Prozesse und Reibung erzeugte Wärme ist dagegen vernachlässigbar klein.

Die erwärmte Erdoberfläche strahlt selbstverständlich auch und kühlt sich dadurch ab. Nimmt man hier zur Vereinfachung eine schwarze Strahlung an, so liegt das Maximum nach dem Wien'schen Verschiebungsgesetz bei etwa $10\,\mu m$ ($2898\,\mu m \cdot K/290\,K$). In dem langwelligen Bereich oberhalb von $10\,\mu m$ (zwischen 14 und $18\,\mu m$) ist die Absorption von Kohlendioxid (CO_2) besonders stark. Das CO_2 verhindert also die Abstrahlung der Wärme von der Erdoberfläche während der Nacht. Durch die zunehmende Verbrennung von Kohle, Erdöl, Erdgas und Holz wächst der Gehalt an CO_2 in der Erdatmosphäre. Er ist im 20. Jahrhundert um 30 % angestiegen! – Das Glashaus des Gärtners behält die von der Sonne eingestrahlte und absorbierte Energie. Durch das Glas kann zwar die kurzwellige Strahlung (Maximum bei $0.5\,\mu m$) der Sonne eindringen und die Erde erwärmen, aber die langwellige Strahlung (Maximum bei $10\,\mu m$) der Erde kann nicht heraus, weil das Glas sie absorbiert. Außerdem wird natürlich auch die freie Konvektion durch das Glas verhindert.

Temperaturstrahler des täglichen Lebens sind im Allgemeinen graue Strahler, deren spektrale Emissionsverteilung sich nicht wesentlich von dem Typ der Kurven in Abb. 18.16 unterscheidet. Die *elektrische Glühlampe* enthält eine Wolframwendel. Der Schmelzpunkt von Wolfram liegt bei 3700 K, unterhalb dieser Temperatur verdampft das Metall schon beträchtlich. Man unterdrückt das Verdampfen etwas durch Gasfüllungen (Stickstoff, Argon oder Krypton). Bei den Halogenlampen besteht diese Gasatmosphäre aus Jod. Das Ziel ist immer, die Temperatur so hoch wie möglich zu machen, ohne dabei die Lebensdauer wesentlich zu senken. Bei der gewöhnlichen Glühlampe liegt das Maximum der Emission bei etwa $1.2\,\mu m$. Also der größte Teil der Strahlung ist nutzloses Infrarot. – Bei der Kerze und bei der Petroleumlampe leuchten die kleinen Rußteilchen. Dies ist auch bei der Gasflamme der Fall, sofern sie nicht einen Glühstrumpf enthält. Dieser *Glühstrumpf* ist ein *Selektivstrahler*, denn er strahlt überwiegend nur sichtbares Licht aus. Seine Substanz (Thoriumoxid mit 1 % Ceroxid) absorbiert nur in diesem Gebiet Licht und kann deshalb nach dem Kirchhoff'schen Gesetz nur solches Licht ausstrahlen. Die Erfindung des Glühstrumpfes durch den österreichischen Chemiker Carl Auer (1858–1929) am Ende des 19. Jahrhunderts war von großer Bedeutung, da zum ersten Mal billige, künstliche und helle Lichtquellen zur Verfügung standen. – Die *Leuchtröhren* sind keine Temperaturstrahler. Die darin befindlichen Gase (meist Hg) befinden sich auf vergleichsweise niedriger Temperatur (einige hundert Grad) und werden durch Stoß von Elektronen und Ionen zum

Leuchten angeregt. Der Anteil an infrarotem Licht ist wesentlich kleiner, weshalb solche Leuchtröhren wirtschaftlicher sind als Temperaturstrahler.

Wünscht man eine starke infrarote Strahlung ohne viel sichtbares Licht, muss man die strahlende Fläche eines Temperaturstrahlers groß machen und dem strahlenden Körper eine Temperatur von etwa 1000 °C geben (Infrarotstrahler, Heizsonnen).

Will man verhindern, dass durch Strahlung ein Körper erwärmt wird, verwendet man *Abschirmungen aus Metall*. Die freien Elektronen im Metall lassen das elektrische Feld der elektromagnetischen Welle zusammenbrechen. Ist die Oberfläche des Metalls eben und sauber, wird die auftreffende Strahlung reflektiert. – Will man die Aussendung der Strahlung eines heißen Körpers vermeiden, sollte der Körper eine möglichst saubere und hochpolierte, metallische Oberfläche haben. Nach dem Kirchhoff'schen Gesetz strahlt eine solche Oberfläche sehr wenig, da sie ein kleines Absorptionsvermögen hat. Etwas schwieriger ist die Forderung zu erfüllen, die sichtbare Strahlung der Sonne durch ein Fenster (eines Hauses) gehen zu lassen und die infrarote Strahlung der Sonne zurückzuhalten, damit sie den Raum nicht so stark erwärmt. Etwa 44 % der Strahlungsenergie der Sonne (an der Erdoberfläche) liegt im sichtbaren und etwa 52 % im infraroten Bereich von 0.8 bis 2 µm. Ungefähr die Hälfte der Strahlungsenergie kommt also in jedem Fall in den Raum und erwärmt ihn, sofern man nicht außen auch einen Teil der sichtbaren Strahlung zurückhält, was ja meistens (durch Fensterläden oder Markisen) geschieht.

Durch Zusatz von Metalloxiden, z. B. Eisen(II)-oxid, absorbieren Gläser das infrarote Licht stark. Diese *Wärmeschutzgläser* werden z. B. in Lichtbildprojektoren verwendet. Fensterscheiben, besonders auch von Autos, werden häufig so hergestellt, dass sie das infrarote Licht der Sonnenstrahlung absorbieren, damit die Innenräume (Büros, Autos) weniger aufgeheizt werden. In der Durchsicht sehen solche Scheiben oft grünlich aus, woran man erkennt, dass auch das rote Licht noch zum Teil im Glas absorbiert wird. Man kann auch die Fenster mit einer Schicht versehen, die vorzugsweise das infrarote Licht der Sonne reflektiert. Hierzu eignen sich dünne aufgedampfte Goldschichten, da sie besonders gut infrarote Strahlung reflektieren und in der Durchsicht – je nach Schichtdicke – farblos oder hellgrün bis grün aussehen. Wesentlich billiger kann man auch dünne Schichten aus Fe, Co oder Ni aus Lösungen abscheiden. Alle dünnen Metallschichten sind leicht zerstörbar, deshalb befinden sie sich auf der Innenseite einer verglasten Doppelfensterscheibe.

In den Fällen, in denen die infrarote Strahlung durch Absorption zurückgehalten wird, muss die steigende Erwärmung des Filters schließlich eine Grenze haben, die durch die freie Konvektion und Abstrahlung gegeben ist. Falls die Erwärmung zu groß wird, muss eine zusätzliche Kühlung, z. B. durch einen Luftstrom wie bei Projektoren, erfolgen. Bei großen Strahlungsleistungen ist die Erwärmung von Glasfiltern (z. B. violett-durchlässigen für Fluoreszenzversuche) zu groß, so dass ein *Wasserfilter* vorgeschaltet werden muss, um ein Zerspringen der Glasfilter zu vermeiden. Wasser in einer Küvette mit optisch planen Glas- oder Quarzfenstern absorbiert das infrarote Licht fast vollständig in einer Schichtdicke von einigen Zentimetern, besonders wenn dem Wasser etwas $FeSO_4$ oder, wenn auch das rote Licht absorbiert werden soll, etwas $CuSO_4$ zugesetzt worden ist.

19 Zweiter Hauptsatz der Wärmelehre

19.1 Reversible und irreversible Prozesse, Carnot'scher Kreisprozess

Reversible und irreversible Prozesse. Der Energiesatz ist der große Regulator aller Naturvorgänge: Er schließt alle diejenigen Prozesse aus, die mit Vermehrung oder Verminderung der Gesamtenergie verbunden wären. Aber es kommen in der Natur keineswegs alle Prozesse vor, die nach dem Energiesatz möglich wären. Ein Beispiel möge dies erläutern: Ein auf die Höhe h gehobener Stein der Masse m besitzt die Energie mgh. Fällt er zur Erde, gewinnt er kinetische Energie, die unmittelbar vor dem Aufschlagen gleich mgh ist und durch den Aufschlag ganz oder teilweise in Wärme umgewandelt wird. Der Anteil hängt davon ab, wie viel Energie für Formänderungsarbeit verbraucht worden ist. Dieser Prozess ist etwas Alltägliches. Aber der umgekehrte Vorgang, dass ein ruhig auf dem Boden liegender Stein sich abkühlt und dafür in die Höhe steigt, wird nicht beobachtet, obwohl er nach dem Energiesatz ebenso gut möglich wäre. Ein solcher Vorgang erscheint uns geradezu absurd.

Was ist nun das Besondere an diesem gedachten, nicht wirklich auftretenden Prozess? Allgemein ausgedrückt besteht er darin, dass ein Wärmereservoir (Stein und Boden) sich abkühlt und dafür die äquivalente Hebung einer Last (des Steins) auftritt. Sonst ist in der ganzen Natur des Prozesses keine Veränderung eingetreten. Es ist also eine klare Erfahrungstatsache:

- Es gibt keinen Prozess, der nichts weiter bewirkt, als die Abkühlung eines Wärmereservoirs und die äquivalente Hebung einer Last.

Die analytische Formulierung führt zum *zweiten Hauptsatz der Wärmelehre*.

Mit dem eben formulierten Satz haben wir die Möglichkeit gewonnen, sämtliche Prozesse in zwei Kategorien einzuteilen, in *reversible* und *irreversible Prozesse*. Unter einem irreversiblen Prozess verstehen wir einen solchen, der auf keine Weise, welche Methoden und Apparate dabei auch verwendet werden, so rückgängig gemacht werden kann, dass keine Veränderungen zurückbleiben. Unter einem reversiblen Vorgang dagegen verstehen wir einen Prozess, der auf irgendeine Weise so rückgängig gemacht werden kann, dass keinerlei Veränderungen in der Natur zurückbleiben.

Reversibel sind vor allem die Vorgänge der reinen Mechanik, bei denen von allen Reibungsvorgängen abgesehen wird. Eine Halbschwingung eines Pendels wird durch die darauffolgende offenbar vollständig rückgängig gemacht. Überhaupt ist jeder rein mechanische Vorgang reversibel, da man nur die Richtung der Geschwindigkeit aller Körper umzukehren braucht, damit der Prozess rückwärts bis zum Anfang durchlaufen wird. Dabei ist es aber keineswegs notwendig, dass der „Rückweg" derselbe ist wie der „Hinweg". Beispiel dafür ist etwa das konische Pendel: Wenn die an seinem unteren Ende befestigte Kugel einen Halbkreis beschrieben hat, bringt das Durchlaufen der zweiten Kreishälfte das Pendel auf einem anderen Weg wieder in die Ausgangslage zurück. Neben den Prozessen der reinen Mechanik gehören auch die der reinen Elektrodynamik und Optik zu den reversiblen, da auch hier von allen Energieverlusten, die als Wärme auftreten, abgesehen wird. Schließlich gehören in diese Kategorie die schon definierten quasistatischen, unendlich langsam verlaufenden Prozesse, d. h. diejenigen, bei denen innerer und äußerer Druck einander fast gleich sind, und bei denen die Temperaturen der Wärmereservoire sich gleichfalls nur sehr wenig von den Temperaturen der die Wärme aufnehmenden oder abgebenden Körper unterscheiden. Eine verschwindend kleine Änderung der Drücke und der Temperaturen genügt, um den Prozess auf dem gleichen Weg rückgängig zu machen.

Zu den irreversiblen Prozessen gehört vor allem die Entstehung von Wärme durch Reibung, etwa dadurch, dass ein Gewicht in einer zähen Flüssigkeit langsam herabsinkt. Denn wenn man diesen Vorgang rückgängig machen wollte, bedürfte man einer Maschine, die nichts weiter bewirkt, als Abkühlung der erwärmten Flüssigkeit und entsprechende Hebung des herabgesunkenen Gewichts. Auch der in Abschn. 17.4 erörterte Gay-Lussac'sche Prozess (adiabatische Ausdehnung eines Gases ins Vakuum) ist irreversibel. Denn man könnte zwar durch einen beweglichen Stempel die Ausdehnung wieder rückgängig machen. Aber dabei würde sich das Gas erwärmen. Im Wesentlichen identisch damit ist die Diffusion zweier Gase ineinander. Das sind nach dem Dalton'schen Gesetz zwei gleichzeitig verlaufende Gay-Lussac'sche Prozesse.

In der Natur können wir Reibung niemals vollkommen ausschließen. Die von selbst eintretenden Prozesse sind also tatsächlich alle irreversibel. Reversibilität ist eine Idealisierung, d. h. ein Grenzfall, der in der Praxis nie auftritt. Das schließt aber nicht aus, dass wir uns dieses Begriffes bei Gedankenexperimenten bedienen dürfen.

Carnot'scher Kreisprozess. Ein idealer reversibler Prozess von großer Bedeutung ist der *Carnot'sche Kreisprozess*, der eine Idealisierung der Vorgänge in den thermodynamischen Maschinen (Dampfmaschine, Ottomotor usw.) darstellt und der 1824 von dem jungen und genialen Sadi Carnot (1796 – 1832) erdacht wurde, um die Arbeitsbedingungen solcher Maschinen zu verstehen, insbesondere, um festzustellen, ob und wie ihre Leistung von der Natur der „Arbeitssubstanz" (Wasserdampf, Gas usw.) abhängt. Wir führen ihn mit einem idealen Gas aus, da wir von diesem bereits alle notwendigen Daten kennen. Mit einer anderen Substanz können wir ihn nicht berechnen, ehe wir nicht den zweiten Hauptsatz der Wärmelehre kennengelernt haben.

Beim Carnot'schen Kreisprozess durchläuft das ideale Gas eine Reihe von Zustandsänderungen, in deren Verlauf sowohl Wärme als auch Arbeit zu- und abgeführt werden. Zwecks bequemer Ausdrucksweise wollen wir zugeführte Wärmen und Arbeiten mit Q und W, abgegebene dagegen mit Q' und W' bezeichnen. Da eine abgegebene Wärme als negativ zugeführt betrachtet werden kann – das Gleiche gilt für die Arbeitsgrößen – ist natürlich stets $Q' = -Q$ und $W' = -W$, so dass man nachher alles, wenn man will, durch die zugeführten Wärme- und Arbeitsgrößen ausdrücken kann.

Nach dieser Vorbemerkung nun zur Ausführung des Carnot-Prozesses. Dazu brauchen wir folgende – nur in Gedanken herstellbare – Anordnung (Abb. 19.1): Das gewählte ideale Gas G (Stoffmenge n) befinde sich in einem durch einen beweglichen Kolben K verschlossenen Zylinder Z. Der Kolben selbst und die Wände des Zylinders seien vollkommene Nichtleiter der Wärme, während der Zylinderboden umgekehrt aus unendlich gut leitendem Material besteht. In Abb. 19.1 ist alles nichtleitende Material schraffiert.

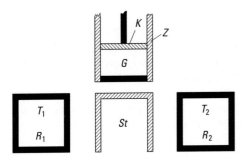

Abb. 19.1   Prinzipversuch zum Carnot'schen Kreisprozess

Ferner benutzen wir zwei Wärmereservoire, R_1 mit der höheren Temperatur T_1 und R_2 mit der tieferen Temperatur T_2. Die Reservoire setzen wir als so groß voraus, dass sie beliebig Wärme aufnehmen oder abgeben können, ohne dass ihre Temperaturen sich ändern. Schließlich benutzen wir noch ein Stativ St, das wieder aus völlig nichtleitendem Material besteht. Wenn man das Gas mit den Wärmereservoiren R_1 und R_2 in Verbindung bringt, kann man Wärme auf dieses übertragen oder von ihm abnehmen. Durch Hineinschieben oder Herausziehen des Kolbens K kann Arbeit von außen zugeführt oder nach außen abgegeben werden. Bringt man schließlich das Gas auf das Stativ St, so ist es völlig von der Außenwelt abgeschlossen, und man kann jetzt durch Bewegen des Kolbens noch adiabatische Prozesse vornehmen. Mit dieser Ausrüstung führen wir folgende vier Teilprozesse aus, die das Gas im Ganzen wieder auf seinen Anfangszustand zurückbringen:

1. Das Gas habe die Temperatur T_1 des Reservoirs R_1, ferner das Volumen V_1 und den Druck p_1. Wir setzen den Zylinder auf R_1, so dass das Gas mit R_1 in wärmeleitender Verbindung ist. Indem wir den äußeren Druck stets verschwindend wenig kleiner wählen als den inneren Druck, erreichen wir, dass der Stempel K sich nach außen bewegt, unter Arbeitsverrichtung gegen den äußeren Druck. Die dabei eintretende Abkühlung wird in jedem Moment kompensiert durch die Wärme, die durch den Boden des Zylinders R_1 dem Gas zuströmt, so dass der Prozess isotherm verläuft. Nachdem eine bestimmte Wärme Q_1 an das Gas übertragen ist, dieses dafür eine äquivalente Arbeit W_1' nach außen abgegeben hat, hat es das größere Volumen V_2 und den kleineren Druck p_2 angenommen, aber seine Temperatur T_1 beibehalten.

2. Nun heben wir den Zylinder von R_1 ab und setzen ihn auf das Stativ St, so dass das Gas thermisch isoliert ist. Indem wir auch jetzt wieder den äußeren Druck verschwindend wenig kleiner machen als den inneren, bewirken wir, dass der Kolben K noch weiter nach außen geht. Diesmal tritt aber eine Abkühlung des Gases ein, da der Vorgang jetzt adiabatisch verläuft. Diesen Teilprozess lassen wir so lange vor sich gehen, bis das Gas die Temperatur T_2 des Reservoirs R_2 erreicht hat. Wärme ist dem Gas jetzt nicht zugeführt worden, aber es hat wieder eine Arbeit W_2' nach außen abgegeben, die auf Kosten der inneren Energie des Gases verrichtet wird, die nach Gl. (17.30) infolge der Temperaturabsenkung von T_1 auf T_2 abgenommen hat. Volumen und Druck haben die Werte V_3 und p_3 angenommen.

3. Jetzt bringen wir den Zylinder mit dem Reservoir R_2 in wärmeleitende Verbindung und wählen den äußeren Druck verschwindend wenig größer als den inneren. Das hat zur Folge, dass der Kolben sich nach innen bewegt und das Gas komprimiert. Dabei verrichtet der äußere Druck die Arbeit W_3, die dem Gas zugeführt wird. Bei

der Kompression würde es sich erwärmen, wenn nicht die Temperaturerhöhung in jedem Augenblick durch Abgabe von Wärme an R_2 kompensiert würde, so dass der Prozess wieder isotherm verläuft. Das Gas überträgt auf diese Weise dem Reservoir R_2 die Wärme Q_2', die das Äquivalent der aufgenommenen Arbeit W_3 ist. Am Ende dieses Teilprozesses hat das Gas seine Temperatur T_2 beibehalten, sein Volumen auf V_4 verkleinert und seinen Druck auf p_4 erhöht.

4. Schließlich setzen wir den Zylinder wieder auf das isolierende Stativ St und lassen den äußeren Druck – nunmehr wieder adiabatisch – das Gas so weit zusammendrücken, dass es nicht nur seine Ausgangstemperatur T_1 wieder gewinnt, sondern auch die Ausgangswerte von Druck und Volumen p_1 und V_1 wieder annimmt. Das kann man stets erzielen, indem man den Teilprozess 3 im geeigneten Stadium abbricht, d. h. indem man W_3 und Q_2' so wählt, dass die Werte p_4 und V_4 mit den Werten p_1 und V_1 auf der gleichen Adiabate liegen. Bei diesem Teilprozess wird dem Gas von außen die Arbeit W_4 zugeführt, die dazu verwendet wird, die innere Energie (infolge der Temperaturerhöhung von T_2 auf T_1) zu steigern.

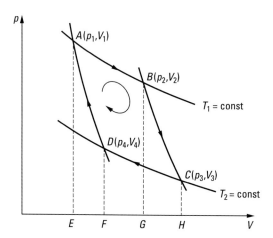

Abb. 19.2   Carnot-Prozess im p-V-Diagramm

Wir veranschaulichen uns nun den Carnot'schen Kreisprozess durch eine graphische Darstellung in der p-V-Ebene. Der Anfangszustand des Gases sei in dieser Ebene durch den Punkt A dargestellt, dem also der Druck p_1, das Volumen V_1 sowie die Temperatur T_1 zukommen (Abb. 19.2). A liegt folglich auf der für die Temperatur T_1 gültigen Isotherme. Im Teilprozess 1 wird das Gas isotherm ausgedehnt, bis sein Volumen V_2 und sein Druck p_2 geworden sind (Punkt B). Nun setzt der adiabatische Teilprozess 2 ein, der das Gas auf der durch B gehenden Adiabate (vgl. Abb. 17.16) bis zum Punkt $C(p_3, V_3)$ bringt. Da gleichzeitig die Temperatur auf T_2 herabsinkt, liegt C auf der zu T_2 gehörenden Isotherme. Danach wird das Gas wieder isotherm komprimiert, bis der Punkt D (p_4, V_4) auf dieser Isotherme erreicht ist, der so gewählt ist, dass jetzt eine adiabatische Kompression (Teilprozess 4) unter Temperaturerhöhung auf T_1 wieder zum Punkt $A(p_1, V_1)$ zurückführt.

Insgesamt hat das Gas aus den Reservoiren die Wärme

$$Q_1 - Q_2' = Q_1 + Q_2$$

aufgenommen. Ferner ist ihm von außen die Arbeit

$$-W_1' - W_2' + W_3 + W_4 = W_1 + W_2 + W_3 + W_4$$

zugeführt worden. Diese Größen wollen wir nun im Einzelnen berechnen:

1. Da wegen der Temperaturkonstanz auf dem ersten Isothermenstück sich die innere Energie U des idealen Gases nicht ändert, gilt nach Gl. (17.33)

$$\delta Q_1 = p\,dV = \frac{NkT_1}{V}\,dV = -\delta W_1 = +\delta W_1',$$

und nach Integration in den Grenzen V_1 und V_2

$$Q_1 = NkT_1 \int_{V_1}^{V_2} \frac{dV}{V} = NkT_1 \ln \frac{V_2}{V_1} = -W_1 = +W_1'. \tag{19.1}$$

Q_1 bedeutet dabei die aufgenommene Wärme, W_1' die nach außen abgegebene Arbeit, sie ist > 0, da $V_2 > V_1$ ist. Da $\delta W_1' = p\,dV$ ist, ist die gesamte auf der Isotherme nach außen abgegebene Arbeit in Abb. 19.2 durch das Flächenstück $ABGE$ gegeben, das von der Isotherme AB, den beiden Loten AE und BG von A und B auf die Abszisse und dem Stück EG dieser Achse eingeschlossen wird; denn dieser Flächeninhalt ist gleich

$$\int_{V_1}^{V_2} p\,dV.$$

2. Auf der ersten Adiabate ist $\delta Q = 0$, also folgt aus dem ersten Hauptsatz hier:

$$dU = mc_V\,dT = -p\,dV = \delta W_2 = -\delta W_2'.$$

Die Integration liefert für die (gleichfalls nach außen abgegebene) Arbeit

$$W_2' = -mc_V \int_{T_1}^{T_2} dT = -mc_V(T_2 - T_1). \tag{19.2}$$

W_2' ist gleichfalls positiv, da $T_1 > T_2$ ist. Analog wie oben wird W_2' durch den Flächeninhalt $BCHG$ dargestellt. Dass die auf diesen beiden Teilstrecken zugeführten Arbeiten W_1 und W_2 negativ sind, kommt dadurch zum Ausdruck, dass die beiden Flächenstücke $ABGE$ und $BCHG$, wie der Carnot'sche Prozess selbst, im Uhrzeigersinn umlaufen werden.

3. Auf der zweiten Isotherme T_2 ist wieder $dU = 0$, also wie oben nach Gl. (17.33)

$$\delta Q_2 = p\,dV = \frac{NkT_2}{V}\,dV = -\delta W_3$$

und durch Integration

$$-Q_2 = +Q_2' = -NkT_2 \ln \frac{V_4}{V_3} = +W_3. \tag{19.3}$$

Hier ist $V_4 < V_3$, die von außen aufgenommene Arbeit W_3 positiv und $Q_2' = -Q_2$, die nach außen abgegebene Wärme, ist gleichfalls positiv. W_3 wird in Abb. 19.2 durch das Flächenstück $CDFH$ dargestellt, das entgegen dem Uhrzeigersinn umlaufen wird.

4. Schließlich ist auf dem letzten adiabatischen Weg $\delta Q = 0$, also

$$\mathrm{d}U = mc_V\,\mathrm{d}T = -p\,\mathrm{d}V = \delta W_4$$

und folglich

$$mc_V(T_1 - T_2) = W_4. \tag{19.4}$$

W_4, die von außen zugeführte Arbeit, ist wegen $T_1 > T_2$ gleichfalls positiv und wird durch das Flächenstück $DAEF$ dargestellt, das wieder entgegen dem Uhrzeigersinn umlaufen wird.

Addieren wir alle Arbeiten W_1 bis W_4, so heben sich nach den Gln. (19.2) und (19.4) W_2 und W_4, die Teilarbeiten auf den Adiabaten, fort. Es bleibt

$$W = W_1 + W_3 = -NkT_1\ln\frac{V_2}{V_1} - NkT_2\ln\frac{V_4}{V_3}.$$

Addiert man die die Teilarbeiten darstellenden Flächenstücke, die oben angeführt wurden, unter Berücksichtigung des Umlaufsinns, so wird die Gesamtarbeit durch das Flächenstück $ABCD$ dargestellt, das durch die den Carnot-Prozess bildenden Isothermen und Adiabaten umschlossen wird. Da $ABCD$ beim Carnot-Prozess im Uhrzeigersinn umlaufen wird, stellt es eine negative, d. h. nach außen abgegebene Arbeit dar. In der Tat werden wir gleich sehen, dass $W < 0$, also $W' > 0$ ist.

Wir müssen nun noch berücksichtigen, dass die Volumina V_1 und V_4 einerseits und V_2 und V_3 andererseits auf je einer Adiabaten liegen. Dafür gilt aber $TV^{\kappa-1} = $ const. Das liefert, auf die genannten Volumina und zugehörigen Temperaturen angewendet,

$$T_1 V_2^{\kappa-1} = T_2 V_3^{\kappa-1},$$

$$T_1 V_1^{\kappa-1} = T_2 V_4^{\kappa-1}.$$

Durch Division folgt

$$\frac{V_2}{V_1} = \frac{V_3}{V_4},$$

und durch Einsetzen in den Arbeitsausdruck:

$$W = -NkT_1\ln\frac{V_2}{V_1} - NkT_2\ln\frac{V_1}{V_2} = -Nk(T_1 - T_2)\ln\frac{V_2}{V_1}. \tag{19.5}$$

W ist die gesamte von außen aufgenommene Arbeit. Die nach außen abgegebene Arbeit W' ist ihr entgegengesetzt gleich:

$$W' = Nk(T_1 - T_2)\ln\frac{V_2}{V_1}. \tag{19.6}$$

Da $V_2 > V_1$, ist im Ganzen Arbeit nach außen abgegeben worden, wie es der Zweck einer thermodynamischen Maschine ist, der Wärme zugeführt wird und die dafür Arbeit liefert. Nach dem ersten Hauptsatz ist, wie auch durch Subtraktion der Gln. (19.1) und (19.3) folgt, die nach außen abgegebene Arbeit W' gleich der Wärme

$$W' = Q_1 + Q_2 = Q_1 - Q'_2,$$

d. h. gleich der zugeführten abzüglich der abgeführten Wärme.

Thermodynamischer Wirkungsgrad. Aus dem Wärmereservoir R_1, das dem Kessel der Dampfmaschine entspricht, haben wir die Wärme Q_1 entnommen, die nach Gl. (19.1) den Wert hat:

$$Q_1 = NkT_1 \ln \frac{V_2}{V_1}. \tag{19.7}$$

Diese Wärme ist es, die man aufbringen muss (z. B. durch die Verbrennung der Kohle). Also ist man interessiert an dem Verhältnis $W' : Q_1$, das angibt, welcher Bruchteil der zugeführten Wärme Q_1 in nach außen abgegebene Arbeit W' umgewandelt wird. Für diesen sogenannten *thermodynamischen Wirkungsgrad* η ergibt sich mit den Gln. (19.6) und (19.7):

$$\eta = \frac{W'}{Q_1} = \frac{T_1 - T_2}{T_1} = \frac{Q_1 - Q'_2}{Q_1} = 1 - \frac{T_2}{T_1} \; (<1). \tag{19.8}$$

Bei dem Carnot'schen Kreisprozess wird also nicht die gesamte, aus dem Reservoir R_1 bei der Temperatur T_1 aufgenommene Wärme in Arbeit W' umgewandelt (was wünschenswert wäre), sondern nur ein Teil, nämlich

$$W' = \eta \, Q_1 = Q_1 + Q_2 = Q_1 - Q'_2,$$

während die nicht umgewandelte Wärme Q'_2 zur tieferen Temperatur T_2 herabsinkt und nach außen (an das Reservoir R_2) abgegeben wird. Das sind sämtliche Veränderungen, die der Kreisprozess in der Natur hervorgerufen hat. Das Gas selbst ist vollkommen unverändert. Da der Carnot'sche Prozess reversibel geführt wurde, kann man ihn auch in umgekehrter Richtung laufen lassen (sogenannter inverser Carnot'scher Prozess in Kältemaschinen oder Wärmepumpen). Dabei wird die Wärme Q_2 vom „unteren" Reservoir der Temperatur T_2 aufgenommen und die größere $Q'_1 = -Q_1$ an das „obere" Reservoir der Temperatur T_1 abgegeben. Gleichzeitig wird von außen eine dieser Differenz äquivalente Arbeit $W = Q'_1 - Q_2$ zugeführt. Führt man also einmal den Carnot'schen Prozess direkt, dann einmal umgekehrt aus, so sind überhaupt alle Änderungen in der Natur verschwunden: Diejenigen, die der direkte Prozess erzeugte, sind durch den inversen wieder rückgängig gemacht worden. Das ist selbstverständlich, weil wir ja schon wissen, dass der Carnot'sche Prozess reversibel ist.

Wir gehen auf die Folgerungen aus Gl. (19.8) für den Wirkungsgrad an dieser Stelle nicht ein, da die ganze Betrachtung einer starken Verallgemeinerung fähig ist, wie wir im nächsten Abschnitt sehen werden. Hier soll nur die Frage erörtert werden, wie die Verhältnisse sich ändern, wenn der Carnot-Prozess ganz oder zum Teil irreversibel geführt wird. Das ist z. B. der Fall, wenn die Temperaturen der Wärmereservoire um endliche Beträge von denen des Gases abweichen, oder wenn sich der äußere Druck vom Gasdruck unterscheidet, oder wenn beides zusammen zutrifft. In dem einen Fall entstehen Temperaturgefälle und im anderen Druckgefälle. Beides verursacht Ausgleichsprozesse, die grundsätzlich irreversibel sind. Ist z. B. der äußere Druck, während Arbeit nach außen abgegeben wird, kleiner als der Innendruck, wird notwendig auch die nach außen abgegebene Arbeit kleiner. Ist er größer, wenn Arbeit von außen zugeführt wird, ist diese Arbeit größer, insgesamt also die nach außen abgeführte Arbeit W' kleiner als beim reversiblen Carnot-Prozess. In der gleichen Richtung wirkt auch das Temperaturgefälle. Das heißt: Bei irreversibler Führung des Carnot-Prozesses ist der Wirkungsgrad *kleiner* als beim reversiblen. Der Letztere ist also ein Grenzfall, der von wirklichen Maschinen nie erreicht wird, da diese mit endlichen Temperatur- und Druckdifferenzen arbeiten müssen, damit der Vorgang sich mit endlicher Geschwindigkeit abspielt. Es gilt also allgemein für den thermodynamischen Wirkungsgrad des Carnot-Prozesses:

$$\eta = \frac{Q_1 + Q_2}{Q_1} = 1 + \frac{Q_2}{Q_1} \leqq 1 - \frac{T_2}{T_1} < 1, \tag{19.9}$$

wobei sich das Gleichheitszeichen auf den Grenzfall der Reversibilität bezieht.

Wenn hier und auf den folgenden Seiten von einer reversiblen bzw. irreversiblen Führung des Carnot-Prozesses oder kurz von einem reversiblen bzw. irreversiblen Carnot-Prozess gesprochen wird, so ist das eigentlich eine unzulässig vereinfachte Ausdrucksweise. Der Carnot-Prozess ist definitionsgemäß reversibel. Die Bezeichnung „irreversibler Carnot-Prozess" ist daher widersprüchlich. Gemeint ist in diesen Fällen jedoch, dass jeweils die gleichen Schritte (je zwei isotherme und adiabatische Zustandsänderungen) ausgeführt werden, aber einmal reversibel bzw. zum anderen irreversibel.

Der reversible Carnot'sche Kreisprozess ist ein idealisierter Prozess, der, selbst wenn man ihn herstellen könnte, für die Praxis nicht brauchbar wäre, weil er zum Durchlaufen eines Zyklus unendlich lange Zeit brauchen würde. Aber er liefert uns die obere Grenze dessen, was mit wirklichen Maschinen überhaupt erreicht werden kann. In keinem Fall kann die durch den Wirkungsgrad der reversiblen Carnot-Prozesse gezogene Grenze erreicht, geschweige denn überschritten werden. Aus der Größe des Wirkungsgrades $\eta = 1 - T_2/T_1$ ergibt sich weiter als praktische Folgerung, dass man zur Erhöhung der Umwandlung von Wärme in Arbeit die Temperatur T_2 möglichst klein und T_1 möglichst groß machen muss. Beides geschieht tatsächlich bei den thermodynamischen Maschinen (*Wärmekraftmaschinen*, Abschn. 19.6). Eine vollständige Umwandlung von Wärme in Arbeit wäre nur dann zu erzielen, wenn die untere Temperatur $T_2 = 0$ wäre, d. h. wenn der absolute Nullpunkt erreicht werden könnte, was nicht möglich ist.

Eine Bemerkung mag noch hinzugefügt werden: Die Tatsache, dass die periodisch funktionierenden, d. h. einen Kreisprozess durchlaufenden Maschinen einen Wirkungsgrad kleiner als 1 besitzen, hat vielfach zu der Behauptung geführt, dass zwar Arbeit und andere Formen der Energieübertragung (z. B. elektrische Energie) vollständig in Wärme umgewandelt werden können, jedoch nicht umgekehrt. In dieser allgemeinen Form ist die Behauptung unrichtig; denn wir haben in dem in Abschn. 17.2 behandelten isothermen quasistatischen Prozess mit einem idealen Gas bereits einen Vorgang kennengelernt, bei dem die zugeführte Wärme vollständig in Arbeit umgewandelt wird. Allerdings könnte man diesen Vorgang in der Praxis nicht benutzen, weil alle brauchbaren Maschinen natürlich periodisch sein müssen. Die obige Behauptung gilt allein für periodisch funktionierende Maschinen. Weiteres in Abschn. 19.6.

19.2 Zweiter Hauptsatz der Wärmelehre

Die thermodynamische Temperatur. Gl. (19.9) für den Wirkungsgrad des reversiblen Carnot-Prozesses mit einem idealen Gas als Arbeitssubstanz lautet

$$\eta = \frac{Q_1 + Q_2}{Q_1} = 1 + \frac{Q_2}{Q_1} = 1 - \frac{T_2}{T_1}$$

oder

$$\frac{Q_2}{Q_1} + \frac{T_2}{T_1} = 0$$

oder schließlich

$$\frac{Q_{1r}}{T_1} + \frac{Q_{2r}}{T_2} = 0. \tag{19.10}$$

Dabei wurde – der Deutlichkeit halber – den beiden Wärmen Q_1 und Q_2 noch der Index „r" (reversibel) angefügt, um hervorzuheben, dass es sich um reversibel zugeführte Wärmen handelt. Gl. (19.10) ist natürlich nur ein anderer Ausdruck für Gl. (19.8). Diese Gleichung ist nun, wie schon vorher gesagt, einer starken Verallgemeinerung fähig, indem ganz allgemein für einen beliebigen reversiblen Kreisprozess mit einer beliebigen Arbeitssubstanz mit beliebig vielen Wärmereservoiren gilt:

$$\sum_n \frac{Q_{nr}}{T_n} = 0. \tag{19.11}$$

Wir beweisen zunächst, dass der Wirkungsgrad des reversiblen Carnot'schen Kreisprozesses unabhängig von der Wahl der Arbeitssubstanz ist: Es ist ganz gleichgültig, ob wir ein ideales Gas, Wasserdampf, Quecksilberdampf, Schwefeldioxiddampf oder irgendeinen anderen Stoff benutzen. Nehmen wir etwa an, es gäbe eine Arbeitssubstanz, für die der Wirkungsgrad $\eta' > \eta$ sei. Dann kombinieren wir zwei Maschinen, die beide einen reversiblen Carnot-Prozess zwischen den Temperaturen T_1 und T_2 ausführen, die eine mit der besonderen Arbeitssubstanz vom Wirkungsgrad η' und die andere, wie bisher, mit einem idealen Gas vom Wirkungsgrad η. Und zwar lassen wir die beiden Maschinen die Wärmen aus denselben Wärmereservoiren aufnehmen. Wenn wir nun die erste Maschine etwa N direkte Carnot-Zyklen durchlaufen lassen, wird sie eine bestimmte Wärme aus dem oberen Reservoir entnehmen (die N-mal so groß ist wie die bei einem einzigen Zyklus entnommene). Dann lassen wir die zweite Maschine mit dem idealen Gas mehrmals den inversen Carnot-Zyklus durchlaufen, und zwar so oft, bis die diesmal an das obere Reservoir abgegebene Wärme gerade so groß ist wie die von der ersten Maschine entnommene. Demnach ist insgesamt keine Wärme aus dem oberen Reservoir abgegeben oder aufgenommen worden. Wären nun die beiden Wirkungsgrade η' und η gleich, würde im ganzen weder Arbeit verrichtet noch das untere Reservoir Wärme abgegeben oder aufgenommen haben. Es wäre eben gar nichts passiert. Anders aber, wenn, wie vorausgesetzt, die erste Maschine einen größeren Wirkungsgrad η' hat als die zweite. Da sie mehr Wärme in Arbeit umsetzt, liefert sie weniger Wärme an das untere Reservoir ab, als dieses an die zweite Maschine mit dem idealen Gas überträgt. Daraus folgt, dass im Ganzen das untere Wärmereservoir eine bestimmte Wärme abgegeben hat, die nach dem ersten Hauptsatz in nach außen abgegebene Arbeit umgewandelt ist. Dieses Gesamtergebnis wäre nach dem ersten Hauptsatz in der Tat möglich, widerspricht aber der Erfahrung, denn es wäre nichts weiter erreicht als die Abkühlung eines Wärmereservoirs und die Entstehung einer äquivalenten Arbeit. Folglich muss die Voraussetzung, dass $\eta' > \eta$ sei, fallen gelassen werden. Es kann aber auch nicht $\eta' < \eta$ sein. Man braucht, um dies nachzuweisen, die beiden Maschinen nur in umgekehrter Weise zu verwenden, nämlich die zweite Maschine zu direkten, die erste zu inversen Carnot-Prozessen. Dann kommt man wieder zur gleichen unmöglichen Folgerung. Also gilt ganz allgemein für einen reversiblen Carnot-Prozess $\eta = 1 - T_2/T_1$, d. h. es gilt für jeden reversiblen Carnot-Prozess mit beliebiger Arbeitssubstanz Gl. (19.10).

Mit dieser gewonnenen Erkenntnis lässt sich eine neue Definition der Temperatur T angeben, wobei wir von der Natur der thermometrischen Substanz völlig unabhängig sind, denn der Wirkungsgrad des reversiblen Carnot-Prozesses gilt ganz allgemein. Wir können nun die Wärme $Q_1 + Q_2$ durch die nach außen abgegebene Arbeit W', ebenso Q_1 durch W_1' ersetzen. Dann folgt aus der letzten Gleichung

$$\frac{W'}{W_1'} = 1 - \frac{T_2}{T_1}$$

oder

$$T_2 = T_1 \left(1 - \frac{W'}{W_1'} \right).$$

Das bedeutet, dass man die Temperatur T_2 bestimmen kann, wenn T_1 gegeben ist und die Arbeiten W' und W_1' gemessen sind. Man kann also die Temperatur, wenn eine Fixtemperatur willkürlich angenommen wird, durch rein mechanische Messungen bestimmen. Dies ist der Vorschlag von Kelvin, und *die so definierte Temperatur heißt die thermodynamische*. Sie ist, wenn man für T_1 den Schmelzpunkt des Eises wählt und gleich 273.15 K setzt, praktisch identisch mit der auf das Wasserstoff- bzw. Helium-Thermometer gegründeten Skala. Sie wäre auch theoretisch vollkommen identisch mit der gasthermometrischen Skala, wenn H_2 bzw. He ideale Gase wären. Abweichungen machen sich nur da bemerkbar, wo die genannten Gase vom idealen abweichen, d. h. in der Nähe des Verflüssigungspunktes. Diese Abweichungen können experimentell festgestellt werden. – Die international vereinbarte und in Deutschland gesetzlich gültige Temperaturskala ist die thermodynamische.

Zweiter Hauptsatz. Wir wollen nun beweisen, dass Gl. (19.11) für jeden beliebigen reversiblen Kreisprozess gilt. Dabei werden natürlich im Allgemeinen nicht nur zwei Wärmereservoire, sondern beliebig viele benutzt. Der Beweis wird geführt, indem man den allgemeinen Kreisprozess in eine Anzahl Carnot'scher auflöst. Um den Gedankengang klar hervortreten zu lassen, betrachten wir zunächst einen einfachen, vom Carnot'schen Prozess relativ wenig abweichenden Fall, in dem ein Kreisprozess in der p-V-Ebene durch drei Isothermen (T_1, T_2, T_3) und drei Adiabaten dargestellt wird (Abb. 19.3). Die Strecken AB, CD, EF sind die drei Isothermen, die durch die Adiabaten BC, DE, FA zu einer geschlossenen Kurve verbunden werden, die den Kreisprozess repräsentiert. Der Kreisprozess soll im Uhrzeigersinn, d. h. in der Reihenfolge $ABCDEFA$, durchlaufen werden. Längs AB werde die Wärme Q_1 bei der Temperatur T_1 aufgenommen, dann erfolgt adiabatische Ausdehnung bis C, dann wieder auf der Isotherme CD (Temperatur T_2) die Aufnahme der Wärme Q_3 und dann die adiabatische Ausdehnung bis E. Längs der Iso-

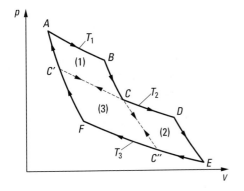

Abb. 19.3 Zerlegung eines einfachen Kreisprozesses in mehrere Carnot-Prozesse

therme EF wird dann unter Kompression die (negative) Wärme Q_3 bei der Temperatur T_3 aufgenommen, von F bis A erfolgt schließlich eine adiabatische Kompression. Die zu beweisende Gleichung lautet in diesem Fall

$$\frac{Q_1}{T_1} + \frac{Q_2}{T_2} + \frac{Q_3}{T_3} = 0. \tag{19.12}$$

Zum Beweis verlängern wir die Isotherme DC über C hinaus bis C', die Adiabate BC gleichfalls über C hinaus bis C''. Dann ist der Kreisprozess $ABCDEFA$ äquivalent drei Carnot'schen Prozessen: $ABCC'A$ (1), $CDEC'C$ (2) und $C'CC''FC'$ (3). Diese werden im Sinn der Pfeile durchlaufen und man erkennt, dass die hinzugefügten, gestrichelten Teile je zweimal in entgegengesetztem Sinn durchlaufen werden. Nennen wir die (negative) Wärme, die bei (1) längs CC' aufgenommen wird, $\overline{Q}_2$ und diejenige, die auf dem Teilstück $C''F$ aufgenommen wird, $\overline{Q}_3$, so gilt für die drei Carnot-Prozesse nach Gl. (19.10):

$$\frac{Q_1}{T_1} + \frac{\overline{Q}_2}{T_2} = 0; \qquad \frac{Q_2}{T_2} + \frac{Q_3 - \overline{Q}_3}{T_3} = 0; \qquad -\frac{\overline{Q}_2}{T_2} + \frac{\overline{Q}_3}{T_3} = 0.$$

Denn auf der Strecke EC'' wird offenbar die Wärme $Q_3 - \overline{Q}_3$ aufgenommen, und die Wärme $\overline{Q}_2$, die im Teilprozess (1) von C nach C' aufgenommen wird, wird im Teilprozess (3) auf dem Weg $C'C$ wieder abgegeben. Die Addition der drei Gleichungen liefert nun die zu beweisende Gl. (19.12), wobei die hinzugefügten gestrichelten Stücke sich fortgehoben haben und die Wärmen Q_1, Q_2 und Q_3 sich nur auf die Kurve des eigentlichen Kreisprozesses beziehen.

So wie hier, machen wir es auch im allgemeinen Fall eines ganz beliebigen reversiblen Kreisprozesses, dessen Kurve wir in der p-V-Ebene durch eine geschlossene Kurve C (Abb. 19.4) darstellen. Hier handelt es sich im Allgemeinen um unendlich viele Reservoire verschiedener Temperatur. Wir ziehen nun in der p-V-Ebene ein enges Netz von Isothermen. Von ihnen interessieren uns diejenigen, die die geschlossene Kurve des Kreisprozesses schneiden, was jede von ihnen zweimal tut. Diese Isothermen verbinden wir durch kleine Stücke von Adiabaten, wie Abb. 19.4 zeigt, und ersetzen die tatsächliche Kurve C durch die Zickzack-Kurve, die aus kleinen Stücken von Isothermen und Adiabaten besteht. Sie ersetzt die wirkliche Kurve umso genauer, je enger das Isothermennetz gewählt wird. Im Grenzfall eines unendlich dichten Netzes geht die mikroskopisch kleine Zickzack-Kurve direkt in die Kurve des Kreisprozesses über. Je zwei benachbarte Isothermen und die sie verbindenden Adiabaten bestimmen nun einen Carnot'schen Kreisprozess,

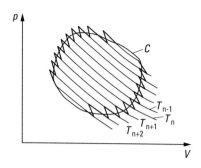

z. B. die Isothermen T_n und T_{n+1}, oder T_{n+1} und T_{n+2}, und so fort. Jede Isotherme ist mit einem Wärmereservoir der gleichen Temperatur in Verbindung zu denken. Für jeden dieser kleinen Carnot-Prozesse gilt Gl. (19.10). Diese addieren wir alle zueinander. Dabei ist nun wieder wesentlich, dass jedes Reservoir, z. B. das mit der Temperatur T_{n+1} als unteres, d. h. Wärme aufnehmendes, zur Isotherme T_n gehört, aber als oberes, d. h. Wärme abgebendes, zur Isotherme T_{n+2}. Bei der Addition aller Gln. (19.10) heben sich die im Inneren der Kurve liegenden Isothermenstücke und die zugehörigen aufgenommenen und abgegebenen Wärmebeträge heraus wie in Abb. 19.3. Es bleiben nur die Zickzack-Kurve und die auf sie (d. h. die Kurve C) bezüglichen Beträge übrig, und so ergibt sich als Gesamtresultat Gl. (19.11),

$$\sum_n \frac{Q_{nr}}{T_n} = 0,$$

die damit allgemein bewiesen ist. Da die Kurve umso genauer durch die Zickzack-Kurve dargestellt wird, je enger die Isothermen gezogen sind, kann man statt der Summe das Integral über einen geschlossenen Weg schreiben und erhält

$$\oint \frac{\delta Q_r}{T} = 0. \tag{19.13}$$

Wenn in dem betrachteten beliebigen Kreisprozess aber auch nur an einer Stelle ein irreversibler Vorgang auftritt, gilt die gleiche Überlegung, die wir schon im vorigen Abschnitt bei dem Carnot'schen Prozess angestellt haben. Durch eine einfache Umformung der Ungleichung (19.9) erhält man für einen irreversiblen Carnot-Prozess

$$\frac{Q_{1,\text{irr}}}{T_1} + \frac{Q_{2,\text{irr}}}{T_2} < 0.$$

Für einen beliebigen Kreisprozess folgt in Analogie zu Gl. (19.13), dass

$$\oint \frac{\delta Q}{T} \leqq 0 \tag{19.14}$$

ist, wobei das Gleichheitszeichen nur für den Fall der Reversibilität gilt. Gl. (19.14) wird als *Clausius'sche Ungleichung* (nach R. J. E. Clausius, 1822 – 1888) bezeichnet. Sie ist eine vom ersten Hauptsatz völlig unabhängige, neue Bedingung für die auftretenden Wärmen und Temperaturen. Sie ist eine der Formen des *zweiten Hauptsatzes*. Da man nach Clausius die Ausdrücke Q/T als *reduzierte Wärmen* bezeichnet, kann man das Ergebnis auch so formulieren:

- Bei einem beliebigen (reversiblen oder irreversiblen) Kreisprozess ist die Summe der reduzierten Wärmen gleich oder kleiner null, wobei die Gleichheit nur für den Fall vollständiger Reversibilität gilt (zweiter Hauptsatz der Wärmelehre).

Mit Hilfe des zweiten Hauptsatzes kann man auch die folgende Aussage über den *Wirkungsgrad* eines beliebigen, reversiblen Kreisprozesses machen:

- Von allen Kreisprozessen, die zwischen den Extremtemperaturen T_1 und T_2 vor sich gehen, besitzt der reversible Carnot'sche den größten Wirkungsgrad $\eta = 1 - T_2/T_1$. Alle anderen reversiblen Kreisprozesse haben einen kleineren Wirkungsgrad. Für irreversible Kreisprozesse ist der Wirkungsgrad noch geringer.

Dieser Satz wird im folgenden Abschnitt auf einfache Art bewiesen.

19.3 Entropie

Die Zustandsgröße Entropie. Die in der Clausius'schen Ungleichung (19.14) enthaltene Formulierung des zweiten Hauptsatzes leitet zwar unmittelbar zu den Aussagen über den Wirkungsgrad thermodynamischer Maschinen, ist aber sonst nicht anschaulich. Wir wollen daher jetzt zu einer anderen Formulierung übergehen, die besser geeignet ist, die Bedeutung des zweiten Hauptsatzes hervorzuheben.

Wir betrachten zunächst einen ganz beliebigen reversiblen Kreisprozess, für den die in Gl. (19.14) enthaltene Gleichung gilt:

$$\oint \frac{\delta Q_\mathrm{r}}{T} = 0.$$

Denken wir uns den Kreisprozess wieder in der p-V-Ebene durch eine geschlossene Kurve *ABEC* dargestellt (Abb. 19.5), so können wir diese Gleichung etwas ausführlicher schreiben:

$$\int\limits_{\substack{A \\ (ABE)}}^{E} \frac{\delta Q_\mathrm{r}}{T} + \int\limits_{\substack{E \\ (ECA)}}^{A} \frac{\delta Q_\mathrm{r}}{T} = 0,$$

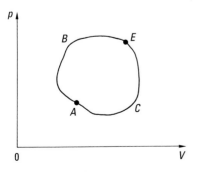

Abb. 19.5 Die Summe der reduzierten Wärmen auf dem Weg zwischen A und E ist unabhängig vom Weg.

indem wir die Kurve in die zwei Teile *ABE* und *ECA* teilen. Drehen wir die Grenzen des zweiten Integrals um, kann weiter geschrieben werden:

$$\int\limits_{\substack{A \\ (ABE)}}^{E} \frac{\delta Q_r}{T} - \int\limits_{\substack{A \\ (ACE)}}^{E} \frac{\delta Q_r}{T} = 0,$$

oder schließlich:

$$\int\limits_{\substack{A \\ (ABE)}}^{E} \frac{\delta Q_r}{T} = \int\limits_{\substack{A \\ (ACE)}}^{E} \frac{\delta Q_r}{T}.$$

In dieser Form drückt die Gleichung aus, dass die Summe der reduzierten Wärmen von *A* bis *E* auf dem Weg *ABE* gleich der Summe der reduzierten Wärmen zwischen *A* und *E* auf dem Weg *ACE* ist. Mit anderen Worten: Die Summe der reduzierten Wärmen

$$\int\limits_{A}^{E} \frac{\delta Q_r}{T}$$

zwischen zwei Zuständen *A* und *E* eines Systems ist stets die gleiche, unabhängig davon, auf welchem Weg das System vom Anfangszustand *A* in den Endzustand *E* gelangt, vorausgesetzt, dass die Wege reversibel sind. Der Zustand im Punkt *A* sei z. B. durch die Werte V_1 und T_1 festgelegt. Diesen Anfangspunkt wollen wir festhalten, während wir den Zustand *E* beliebig variabel nehmen, ihm mögen die Werte *V* und *T* zukommen. Unter diesen Umständen ist das Integral $\int_A^E \frac{\delta Q_r}{T}$, da die untere Grenze festliegt, nur von der oberen Grenze abhängig, d. h. lediglich eine Funktion der Zustandsvariablen *V* und *T*. Nennen wir diese Funktion *S*, so können wir schreiben:

$$\int\limits_{V_1,T_1}^{V,T} \frac{\delta Q_r}{T} = S(V,T) - S(V_1,T_1). \tag{19.15}$$

Für das Differential d*S* dieser Funktion folgt daraus unmittelbar:

$$\mathrm{d}S = \frac{\delta Q_r}{T}. \tag{19.16}$$

Beide Gleichungen sagen dasselbe aus:

- Es existiert eine Funktion *S* des augenblicklichen Zustands eines Systems, deren Differential gleich der bei einer *reversiblen* Zustandsänderung des Systems aufgenommenen Wärme δQ_r ist, dividiert durch die Aufnahmetemperatur *T*.

(Nach Division durch *T* erhält man hier also eine Zustandsgröße, obwohl die Wärme selbst keine Zustandsgröße ist!) Auch diesen Satz bzw. die beiden Gln. (19.15) und (19.16) kann man als den Inhalt des *zweiten Hauptsatzes der Wärmelehre* bezeichnen.

Die Funktion *S*, die vom augenblicklichen Zustand des Systems abhängt, tritt also neben die uns schon bekannte Zustandsfunktion *U*, die innere Energie des Systems. Beide zusammen bestimmen dessen thermodynamisches Verhalten. *S* hat von Clausius den Namen *Entropiefunktion* erhalten. Ihr Wert in einem bestimmten Zustand des Systems wird als seine *Entropie*[1] bezeichnet. Diese ist nach Gl. (19.15) nur bis auf eine Konstante festgelegt, da man nur Entropiedifferenzen feststellen kann, genau wie die Energie, die auch stets eine unbestimmte Konstante enthält. Die Einheit der Entropie ist J/K.

Es ist wichtig, sich klarzumachen, dass Gl. (19.16) nicht lautet: $dS = \delta Q/T$, wobei δQ die bei dem wirklichen Vorgang, der ja stets irreversibel ist, aufgenommene Wärme bedeutet, sondern es ist die auf reversible Weise aufgenommene Wärme δQ_r gemeint. Wenn man also die Entropieänderung berechnen will, die eintritt, wenn man von einem Anfangszustand A zu einem Endzustand E übergeht, muss man sich irgendeinen reversiblen Prozess – im Allgemeinen gibt es mehrere – ausdenken, mit dem man von A nach E gelangt. Die auf diesem Weg zugeführte Wärme δQ_r – und nur diese – ist zur Berechnung zu verwenden. Gäbe es zwischen A und E keinen denkbaren reversiblen Übergang, wäre es nicht möglich, die Entropie in E zu berechnen.

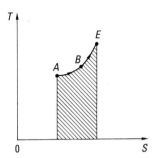

Abb. 19.6 Die bei einer reversiblen Zustandsänderung ausgetauschte Wärme im T-S-Diagramm

Die Zustandsfunktion S, deren numerische Werte im Einzelnen noch später behandelt werden, kann man in einem Diagramm darstellen (Abb. 19.6). Wenn man die Entropie S auf der Abszisse und die absolute Temperatur T auf der Ordinate aufträgt, lässt sich die bei einem reversiblen Vorgang umgewandelte Wärme leicht diesem Diagramm entnehmen. Das System gehe aus dem Anfangszustand A längs des eingezeichneten Weges über B in den Endzustand E reversibel über. Die ihm dabei zugeführte Wärme $Q_r = \int_{(ABE)} T\, dS$ wird im Diagramm durch die schraffierte Fläche repräsentiert. Sehr einfach lässt sich in diesem T-S-Diagramm der Carnot-Prozess darstellen (Abb. 19.7). Von Zustand 1 ausgehend, wird das System einer isothermen Zustandsänderung (Expansion) unterworfen, bis

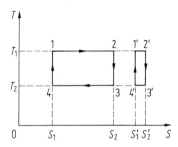

Abb. 19.7 Zwei verschiedene Carnot-Prozesse im T-S-Diagramm

---

[1] Entropie bedeutet „Verwandlungsinhalt". Clausius wählte statt dieser Bezeichnung absichtlich ein aus dem Griechischen stammendes Wort ($\tau\rho\omega\pi\acute{\eta}$ = Verwandlung) und fügte die Vorsilbe „En" hinzu, um das neue Wort möglichst an die Bezeichnung „Energie" anzugleichen.

es den Zustand 2 erreicht. Von da ab wird eine adiabatische Expansion vorgenommen. Bei diesem Vorgang bleibt die Entropie konstant, da δQ_r gleich null ist. Auf diese Weise gelangt man zum Zustand 3. Es schließt sich eine isotherme Zustandsänderung (Kompression) bis zum Zustand 4 an. Endlich wird das Arbeitsmedium adiabatisch komprimiert, wobei die Entropie wieder unverändert bleibt, da δQ_r gleich null ist. Damit ist der Kreisprozess geschlossen. Der Carnot-Prozess wird also hier durch das Rechteck 1234 beschrieben.

Wirkungsgrad reversibler Kreisprozesse. Es soll zunächst gezeigt werden, dass (wie im vorigen Abschnitt behauptet wurde) ein beliebiger, reversibler Kreisprozess stets einen kleineren Wirkungsgrad hat als ein reversibler Carnot-Prozess, der zwischen den gleichen Extremtemperaturen T_1 und T_2 abläuft.

Der erste Hauptsatz sagt in seiner durch Gl. (17.6) für Kreisprozesse angegebenen Formulierung aus, dass die gewonnene Arbeit W' gleich der zugeführten Wärme Q_1 ist, vermindert um die abgegebene Wärme Q_2'. Mit diesen Größen ist der Wirkungsgrad eines Kreisprozesses definiert als

$$\eta = \frac{W'}{Q_1} = \frac{Q_1 - Q_2'}{Q_1}. \tag{19.17}$$

Für den Carnot-Prozess ist

$$Q_1 = \int_1^2 T \, dS = T_1(S_2 - S_1)$$

und wird im T-S-Diagramm (Abb. 19.7) repräsentiert durch das Rechteck aus den Seiten $T = T_1$, $T = 0$, $S = S_1$ und $S = S_2$. Ferner ist $Q_2' = \int_3^4 T \, dS = T_2(S_1 - S_2)$. Q_2' wird entsprechend repräsentiert durch das Rechteck aus den Seiten $T = T_2$, $T = 0$, $S = S_1$ und $S = S_2$. Also ist

$$\eta = \frac{Q_1 - Q_2'}{Q_1} = \frac{T_1 - T_2}{T_1}.$$

Der Wirkungsgrad des Carnot-Prozesses ist also im T-S-Diagramm einfach durch das Verhältnis der Fläche des Rechtecks 1234 zu der des zuerst beschriebenen Rechtecks (Q_1) gegeben. Wie man beim Einsetzen der oben für Q_1 und Q_2' berechneten Werte in Gl. (19.17) erkennt, kürzen sich dabei die Entropiedifferenzen heraus, d. h., der Wirkungsgrad des Carnot-Prozesses hängt nur von den beiden Temperaturen T_1 und T_2 ab, ganz unabhängig davon, welche Entropiedifferenz vorliegt. Zum Beispiel hat der in Abb. 19.7 dargestellte Carnot-Prozess $1'2'3'4'$ den gleichen Wirkungsgrad wie der Prozess 1234, obwohl die Entropiedifferenz bei beiden Prozessen verschieden ist.

Es soll nun der Wirkungsgrad eines beliebigen, reversiblen Kreisprozesses mit dem eines Carnot-Prozesses verglichen werden, der zwischen den gleichen Extremtempera-turen T_1 und T_2 abläuft. Wie eben gezeigt, ist der Wirkungsgrad des Carnot-Prozesses unabhängig von der Entropiedifferenz. Man kann also aus allen möglichen, bezüglich des Wirkungsgrads gleichwertigen Carnot-Prozessen denjenigen auswählen, der mit der glei-chen Entropiedifferenz wie der fragliche beliebige Kreisprozess ausgeführt wird. Dadurch wird der Vergleich besonders einfach. Im T-S-Diagramm (Abb. 19.8) sind diese beiden Kreisprozesse dargestellt: In den Zuständen α und γ haben sie die gleichen Extremwerte der Entropie und in den Zuständen β und δ die gleichen Extremwerte der Temperatur. Bei dem betrachteten beliebigen, reversiblen Kreisprozess ist $Q_1 = \int_{(\alpha\beta\gamma)} T \, dS$. Das entspricht der Summe aus der waagerecht und senkrecht schraffierten Fläche. Ferner ist $Q_2' = \int_{(\gamma\delta\alpha)} T \, dS$, was der senkrecht schraffierten Fläche entspricht. Die gewonnene Arbeit W' wird durch die waagerecht schraffierte Fläche repräsentiert. Um den Wirkungsgrad beider Kreisprozesse miteinander vergleichen zu können, wird Gl. (19.17) folgendermaßen umgeformt:

$$\eta = \frac{W'}{Q_1} = \frac{W'}{W' + Q_2'} = 1 - \frac{1}{\dfrac{W'}{Q_2'} + 1}. \tag{19.18}$$

Bei dem betrachteten beliebigen, reversiblen Kreisprozess ist die gewonnene Arbeit W' stets kleiner als die beim umhüllenden Carnot-Prozess gewonnene Arbeit, wie aus den entsprechenden Flächenstücken ersichtlich ist. Ferner ist die abgegebene Wärme Q_2' für den beliebigen Kreisprozess mindestens gleich groß oder sogar noch größer als beim Carnot-Prozess. Das Verhältnis W'/Q_2' und damit nach Gl. (19.18) auch der Wirkungsgrad sind also für jeden beliebigen, reversiblen Kreisprozess kleiner als bei dem zugehörigen Carnot-Prozess, der zwischen den gleichen Extremwerten der Temperatur abläuft.

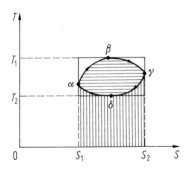

Abb. 19.8 Beliebiger reversibler Kreisprozess und vergleichbarer Carnot-Prozess im T-S-Diagramm

Wir haben gerade festgestellt, dass kein anderer reversibler Kreisprozess den Wirkungsgrad des zwischen den gleichen Extremtemperaturen geführten Carnot-Prozesses erreicht. Wenn man jedoch die Begriffe der zugeführten (Q_1) und abgegebenen (Q_2') Wärmen anders auslegt als oben, was verschiedene Autoren mit einem guten Argument tun, so kann man für eine bestimmte Art von reversiblen Kreisprozessen den gleichen Wirkungsgrad wie beim Carnot-Prozess errechnen. Diese Kreisprozesse, von denen unendlich viele denkbar sind, bestehen aus je einer isothermen Kompression und Expansion und zwei identischen (z. B. zwei polytropen Vorgängen mit gleicher molarer Wärmekapazität) jeweils im umgekehrten Sinn durchlaufenen Zustandsänderungen zwischen diesen beiden Isothermen. In Abb. 19.9 ist ein solcher Kreisprozess im T-S-Diagramm dargestellt. Die zugeführte Wärme setzt sich aus zwei Anteilen zusammen: $Q_1 = \int_1^2 T \, dS + \int_2^3 T \, dS$. Das Gleiche gilt für die abgegebene Wärme: $Q_2' = \int_3^4 T \, dS + \int_4^1 T \, dS$. Wenn Q_1 in voller Größe dauernd aus geeigneten Wärmereservoiren entnommen und Q_2' ununterbrochen in voller Höhe an geeignete Reservoire abgeführt würden, ergäbe sich nach den obigen Ausführungen ein kleinerer Wirkungsgrad als beim Carnot-Prozess. Wenn jedoch, was in der Praxis mit guter Näherung möglich ist, ein zweckmäßig konstruierter Wärmespeicher zur Verfügung gestellt wird, der die Wärme $\int_3^4 T\,\mathrm{d}S$ aufnimmt und die nach Voraussetzung gleich große Wärme $\int_1^2 T\,\mathrm{d}S$ verlustlos wieder abgibt, so ist diese Wärme nicht am Umsatz beteiligt. Dann kann man als zugeführte Wärme nur noch $\int_2^3 T\,\mathrm{d}S = T_1\,\Delta S$ und als abgeführte Wärme nur noch $\int_4^1 T\,\mathrm{d}S = -T_2\,\Delta S$ ansehen, wobei ΔS die Entropiedifferenz zwischen den Zuständen 2 und 3 bzw. 1 und 4 ist. Mit der Annahme eines verlustlosen Wärmespeichers erhält man dann den gleichen Wirkungsgrad wie bei einem Carnot-Prozess, der zwischen den gleichen Extremtemperaturen abläuft.

Ein Beispiel für diese Art von Kreisprozessen ist der praktisch wichtige Stirling-Prozess, der bei den Wärmekraftmaschinen (Abschn. 19.6) besprochen wird. Rein gedanklich wäre ein solcher verlustloser Wärmespeicher zu erhalten, indem der Kreisprozess in einzelne Carnot-Prozesse zerlegt wird (s. Abb. 19.4). Es interessieren dann nur die entstehenden Treppenkurven aus Isothermen und Isentropen zwischen den Zustandspunkten 1 und 2 bzw. 3 und 4. Diese Treppenkurven müssen so beschaffen sein, dass bei jeder einzelnen Zwischentemperatur die auf dem Weg von 1 nach 2 aufgenommene Wärme genauso groß ist wie die auf dem Weg von 3 nach 4 abgegebene.

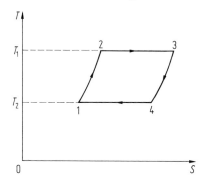

Abb. 19.9 Reversibler Kreisprozess aus je zwei isothermen und polytropen, bei gleicher molarer Wärmekapazität ablaufenden Zustandsänderungen im T-S-Diagramm

Irreversible Prozesse, Entropieerzeugung. Für einen beliebigen, irreversiblen Prozess ist der Wirkungsgrad entsprechend den in Abschn. 19.1 angestellten Überlegungen noch geringer als der aus den gleichen Zustandsänderungen bestehende, aber reversibel geführte Kreisprozess.

Wir wollen nun einen von selbst ablaufenden, d. h. irreversiblen Vorgang betrachten, der das System aus seinem Anfangszustand A in einen Endzustand E bringt. Dieser irreversible Weg sei mit (1) bezeichnet. Außerdem wollen wir uns einen reversiblen Weg (2) ausdenken, der das System gleichfalls von A nach E bringt. Kehrt man diesen um, so dass er von E nach A führt, bildet er mit dem Prozess (1) zusammen einen irreversiblen Kreisprozess, für den die Clausius'sche Ungleichung (19.14) gilt:

$$\oint \frac{\delta Q}{T} < 0.$$

Ausführlicher, unter getrennter Hervorhebung der beiden Wege, kann man diese Bedingung schreiben:

$$(1)\int_A^E \frac{\delta Q_{\mathrm{irr}}}{T} + (2)\int_E^A \frac{\delta Q_{\mathrm{r}}}{T} < 0.$$

Nach Gl. (19.15) ist aber $\int_E^A \frac{\delta Q_r}{T}$ nichts anderes als $S(A)-S(E)$, die Differenz der Entropien in den Zuständen A und E. Also kann man die Clausius'sche Ungleichung schreiben:

$$\int\limits_A^E \frac{\delta Q_{\text{irr}}}{T} + S(A) - S(E) < 0$$

oder

$$S(E) - S(A) > \int\limits_A^E \frac{\delta Q_{\text{irr}}}{T}. \tag{19.19}$$

Diese Gleichung bringt noch einmal zum Ausdruck, dass man zur Berechnung der Entropiedifferenz zwischen zwei Zuständen A und E nicht die tatsächlich, also irreversibel zugeführte Wärme benutzen darf. Im Gegenteil folgt aus Gl. (19.19), dass die Entropiezunahme zwischen den betreffenden Zuständen stets größer ist als $\int \frac{\delta Q_{\text{irr}}}{T}$. Wenn nun das betrachtete System thermisch abgeschlossen ist, ist $\delta Q_{\text{irr}} = 0$ und Gl. (19.19) geht über in

$$S(E) - S(A) > 0. \tag{19.20}$$

In Worten:

- In einem thermisch abgeschlossenen System kann die Entropie bei einer irreversiblen Veränderung stets nur zunehmen (*Entropieerzeugung*).

Auch dies ist eine Formulierung des zweiten Hauptsatzes, und zwar eine besonders wichtige. Denn da man jedes System dadurch zu einem abgeschlossenen machen kann, dass man die Körper, mit denen es im Austausch steht, mit zu dem System hinzunimmt, so stellt der Satz von der Vermehrung der Entropie eine stets anwendbare Formulierung des zweiten Hauptsatzes dar.

Gleichzeitig sieht man deutlich den Gegensatz zu der entsprechenden Formulierung des ersten Hauptsatzes. Für ein abgeschlossenes System lautet dieser: $U(E) - U(A) = 0$. Während die innere Energie eines abgeschlossenen Systems eine solche Zustandsfunktion ist, die sich nicht ändert, ändert sich die Entropiefunktion S stets nur in einem Sinn, sie wächst. Daher ist der Endzustand E eines irreversiblen Prozesses durch den größeren Wert der Entropie von dem Anfangszustand A unterschieden, während der Wert der inneren Energie kein Unterscheidungsmerkmal zwischen ihnen liefert. Man kann dies auch so ausdrücken:

- Von den nach dem ersten Hauptsatz (Energieerhaltungssatz) zulässigen Vorgängen in einem thermisch abgeschlossenen System werden alle diejenigen ausgeschaltet, die mit einer Abnahme der Entropie verbunden wären. Dadurch ist die Richtung der Vorgänge festgelegt.

Das Herabfallen des Steins, der seine Energie in Wärme umwandelt, stellt danach einen möglichen Prozess dar, da nach dem Aufschlag eine Entropievermehrung stattgefunden hat. Der umgekehrte Vorgang – Abkühlung und Aufwärtsfliegen des Steins – ist unmöglich, da er mit einer Entropieverminderung verbunden wäre ($\delta Q/T < 0$!).

Schließlich noch eine Bemerkung über das Gleichgewicht eines Systems: Wenn dieses sich in einem derartigen Zustand A befindet, dass alle Veränderungen, die von A aus nach dem Energiesatz möglich wären, mit einer Entropieverminderung verbunden sind, so kann vom Zustand A aus überhaupt kein Prozess vor sich gehen. Das System ist im Gleichgewicht, weil ihm bereits das Maximum der Entropie zukommt. Um also den Gleichgewichtszustand eines beliebig komplizierten abgeschlossenen Systems zu bestimmen, hat man nur zu fragen, wann seine Entropie ihren Maximalwert annimmt.

Clausius, von dem nicht nur die richtige Formulierung des Entropiesatzes, sondern auch die Bezeichnungen erster und zweiter Hauptsatz herrühren, hat ihren Inhalt in folgenden Sätzen ausgesprochen: *Die Energie des Weltalls ist konstant. Die Entropie des Weltalls strebt einem Maximum zu.* Dieser Formulierung entspricht aber keine physikalische Anwendbarkeit, da wir nicht das ganze Weltall, sondern nur beschränkte endliche Systeme erfassen können.

Die Gesamtheit der Folgerungen, die aus dem ersten und zweiten Hauptsatz stammen, bildet das Gebiet der *Thermodynamik*, deren besonderes Wesen darin besteht, dass sie ausschließlich auf diesen beiden Erfahrungssätzen beruht. Daher kommt ihren Aussagen eine ganz besondere Sicherheit zu, weil keinerlei weitere Hypothesen bei ihren Beweisführungen benutzt werden.

Entropieberechnungen. Wie kann man die Entropie berechnen? Denn erst die Kenntnis ihres Wertes ermöglicht es, die Folgerungen für das Verhalten von Systemen und die Richtung von Prozessen zu ziehen. Zur Berechnung der Entropie sind reversibel verlaufende Prozesse zu betrachten, also quasistatische Prozesse, bei denen das betrachtete System stets im thermischen Gleichgewicht ist. Nach dem ersten Hauptsatz ist dann die reversibel zugeführte Wärme

$$\delta Q_r = dU + p\, dV.$$

Damit ergibt sich für die Änderung der Entropie der Ausdruck

$$dS = \frac{\delta Q_r}{T} = \frac{dU + p\, dV}{T}. \tag{19.21}$$

Darin sind U und p Funktionen der Zustandsvariablen, z. B. (wie bisher) von V und T. Wenn diese Funktionen bekannt sind, d. h. wenn man die Energiegleichung und die Zustandsgleichung kennt, ist der Wert dS bestimmt, und durch Integration findet man dann S selbst bis auf eine Integrationskonstante. Hier zeigt sich wieder die Bedeutung der Konzeption des idealen Gases, denn für dieses kennen wir sowohl die Zustandsgleichung $p = NkT/V$ und die Energiegleichung $U = mc_V T + \text{const.}$ Diese Kenntnis von U und p muss für alle anderen Stoffe auch beschafft werden. Wenn man aus Versuchen die Zustandsgleichung kennt, gelingt es grundsätzlich, mit Hilfe des zweiten Hauptsatzes U zu finden und damit schließlich auch S selbst zu bestimmen.

Da die innere Energie U proportional zur Masse m der Substanz ist und da für V offenbar das Gleiche gilt, folgt aus den obigen Gleichungen, dass auch die Entropie S proportional zur Masse des Körpers ist. Den Quotienten $S/m = s$ nennt man *spezifische Entropie*, und man erkennt, dass – ebenso wie die Energie U – auch die Entropie S sich additiv verhält, d. h., dass die Gesamtentropie eines Systems durch Addition der Einzelentropien gewonnen wird. Die Entropie eines idealen Gases, bezogen auf einen Ausgangszustand

(S_0, V_0, T_0), ist nach diesen Überlegungen leicht zu berechnen:

$$\mathrm{d}S = \frac{mc_\mathrm{V}\,\mathrm{d}T + \dfrac{NkT}{V}\,\mathrm{d}V}{T} = mc_\mathrm{V}\frac{\mathrm{d}T}{T} + Nk\frac{\mathrm{d}V}{V}. \tag{19.22}$$

Diese Gleichung kann sofort integriert werden:

$$S - S_0 = mc_\mathrm{V}\int_{T_0}^{T}\frac{\mathrm{d}T}{T} + Nk\int_{V_0}^{V}\frac{\mathrm{d}V}{V} = mc_\mathrm{V}\cdot\ln\frac{T}{T_0} + Nk\cdot\ln\frac{V}{V_0} \tag{19.23}$$

und man erhält für die spezifische Entropie

$$s - s_0 = \frac{S - S_0}{m} = c_\mathrm{V}\ln\frac{T}{T_0} + \frac{Nk}{m}\ln\frac{V}{V_0}. \tag{19.24}$$

Die Bezugsgrößen S_0, T_0 und V_0 repräsentieren hier die Integrationskonstanten, die nicht näher bestimmt sind. Sie heben sich bei der Berechnung von Entropiedifferenzen heraus.

Die Gln. (19.23) und (19.24) hätten wir übrigens ohne neue Rechnung aus der Betrachtung eines reversiblen adiabatischen Prozesses mit einem idealen Gas gewinnen können. Da hierbei $\delta Q_\mathrm{r} = 0$ sein muss, muss auch $\mathrm{d}S = 0$ sein, d. h., reversible adiabatische Prozesse verlaufen ohne Entropieänderung, weshalb man sie auch als *isentropische* Prozesse und die Adiabaten als *Isentropen* bezeichnet. Die Bedingung des adiabatischen Ablaufs ist hier also identisch mit der Forderung $S = $ const. – Im Gegensatz dazu gibt es auch adiabatische, jedoch nicht reversible Prozesse, bei denen daher die Entropie wächst. Ein Beispiel ist der schon in Abschn. 17.4 beschriebene Joule-Thomson-Prozess. Er ist, wie bereits erwähnt, ein isenthalpischer Prozess.

Man kann aus Gl. (19.23) nun das Verhalten eines idealen Gases unter bestimmten Umständen ableiten. Dafür einige Beispiele:

1. Wird dem Gas ein größeres Volumen zur Verfügung gestellt, etwa durch Öffnen eines Schiebers, nimmt es den größeren Raum ein, weil mit der Vergrößerung von V die Entropie S wächst. Umgekehrt zieht sich das Gas aber nicht von selbst in ein kleineres Volumen zurück, weil dies mit Entropieverminderung verbunden wäre. Die Ausdehnung eines Gases ins Vakuum ist also, wie wir wissen, ein irreversibler Prozess.

2. Denken wir uns ferner nebeneinander zwei gleiche durch eine thermisch isolierende Wand getrennte Gase mit den Temperaturen T_1 und T_2 und gleichen Volumina V. Wenn man die Wand fortnimmt, tritt ein Temperaturausgleich durch Wärmeleitung ein. Der Vorgang läuft spontan, d. h. „von selbst" ab. Rechnerisch äußert sich diese Tatsache wieder darin, dass die Entropie wächst. Im Anfangszustand ist

$$S_\mathrm{A} - S_0 = mc_\mathrm{V}\left[\ln\frac{T_1}{T_0} + \ln\frac{T_2}{T_0}\right] + 2Nk\ln\frac{V}{V_0}$$

$$= 2mc_\mathrm{V}\ln\frac{(T_1 T_2)^{1/2}}{T_0} + 2Nk\ln\frac{V}{V_0},$$

dagegen ist nach dem Temperaturausgleich auf die Temperatur $T = \frac{1}{2}(T_1 + T_2)$:

$$S_\mathrm{E} - S_0 = 2mc_\mathrm{V}\ln\frac{T_1 + T_2}{2T_0} + 2Nk\ln\frac{V}{V_0}.$$

Demnach ist $S_E - S_A > 0$, wenn $\frac{1}{2}(T_1 + T_2) - (T_1 T_2)^{1/2} > 0$ ist. Durch Quadrieren der beiden Terme ergibt sich

$$\frac{1}{4}(T_1 + T_2)^2 - T_1 T_2 = \frac{1}{4}(T_1 - T_2)^2 > 0.$$

Die Ungleichung ist erfüllt, da $T_1 \neq T_2$ ist. Es muss also ein Temperaturausgleich statt-finden. Umgekehrt kann sich ein Gas nicht von selbst in zwei verschieden temperierte Hälften aufteilen. Auch die Wärmeleitung ist also irreversibel.

3. Betrachten wir noch den Vorgang der Diffusion zweier idealer Gase von gleicher Stoffmenge $n = N/N_A$, die beide die Temperatur T und das Volumen V haben mögen. $C_{V,1}$ und $C_{V,2}$ seien ihre molaren Wärmekapazitäten. Dann ist vor der Diffusion

$$S_1 - S_0 = n\left[C_{V,1}\ln\frac{T}{T_0} + R\ln\frac{V}{V_0}\right] + n\left[C_{V,2}\ln\frac{T}{T_0} + R\ln\frac{V}{V_0}\right]$$

$$= n(C_{V,1} + C_{V,2})\ln\frac{T}{T_0} + 2nR\ln\frac{V}{V_0}.$$

Nach der Diffusion dagegen hat nach dem Dalton'schen Gesetz jedes Gas das Gesamtvo-lumen $2V$ angenommen, während die Temperatur unverändert geblieben ist. Daher ist

$$S_2 - S_0 = n(C_{V,1} + C_{V,2})\ln\frac{T}{T_0} + 2nR\ln\frac{2V}{V_0}.$$

Auch hier ist

$$S_2 - S_1 = 2nR\left[\ln\frac{2V}{V_0} - \ln\frac{V}{V_0}\right] = 2nR\ln 2 > 0.$$

Zwei Gase diffundieren also von selbst ineinander, aber ein Gasgemisch teilt sich nicht von selbst in seine Komponenten. Man sieht, wie in allen diesen Fällen das Wachstum der Entropie den Prozessen die Richtung vorschreibt.

Es würde zu weit führen, für andere Stoffe ebenfalls U und S mit den beiden Haupt-sätzen aus der als bekannt angenommenen Zustandsgleichung theoretisch zu bestimmen. Lediglich als Beispiel seien die Werte von U und S eines der van der Waals'schen Glei-chung (16.17) (Abschn. 16.3) gehorchenden realen Gases angegeben ($n = N/N_A = $ Stoff-menge):

$$p = \frac{nRT}{V - nb} - \frac{n^2 a}{V^2},$$

$$U = n\int_{T_0}^{T} C_V\, dT - \frac{n^2 a}{V} + U_0,$$

$$S = n\int_{T_0}^{T} \frac{C_V}{T}\, dT + nR\ln\frac{(V - nb)}{(V_0 - nb)} + S_0. \tag{19.25}$$

Das Integral, das in den beiden Ausdrücken für U und S steht, lässt sich nur lösen, wenn die Temperaturabhängigkeit von C_V bekannt ist. Im Gegensatz zur Zustandsgleichung idealer Gase kann man in dem größeren Gültigkeitsbereich der van der Waals'schen Gleichung

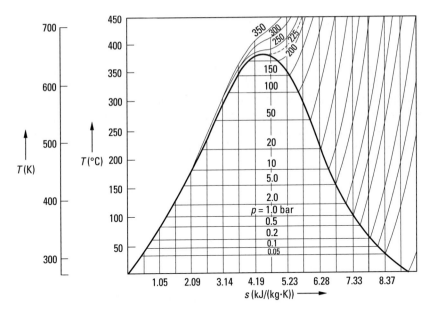

Abb. 19.10 T-s-Diagramm von Wasser

nicht mehr voraussetzen, dass C_V konstant bleibt. Die untere Grenze T_0 des Integrals ist eine Bezugstemperatur. Die Konstanten U_0 und S_0 bleiben unbestimmt. Wiederum heben sich T_0 und U_0 bzw. S_0 bei der Berechnung von Energie- und Entropiedifferenzen heraus.

Unabhängig von der Kenntnis der Zustandsgleichung lässt sich für alle Stoffe aus thermodynamischen Messwerten die Entropie z. B. als Funktion der Zustandsgrößen T und p bestimmen. Auf die Einzelheiten der Ermittlung der Entropiewerte können wir hier nicht eingehen. Es ist üblich, die Abhängigkeit der Entropie so darzustellen, wie es in dem T-s-Diagramm für Wasser (Abb. 19.10) gezeigt wird. Man erkennt in diesem Diagramm Kurven konstanten Drucks. Jedem Wertepaar p und T ist in eindeutiger Weise ein Wert für die spezifische, d. h. auf die Masse bezogene Entropie $s = S/m$ zugeordnet. Das Diagramm enthält ebenso wie das p-V-Diagramm eine Grenzkurve, die das Zweiphasengebiet (Flüssigkeit und Gas) gegen die Einphasengebiete (reine Flüssigkeit oder reines Gas) abgrenzt. Der Scheitelpunkt der Grenzkurve ist der kritische Punkt. Wie bereits bemerkt wurde, interessieren in der Regel nur Entropiedifferenzen. Man kann demnach den Nullpunkt der Entropieskala willkürlich festsetzen. Meist wird die Entropie der reinen Flüssigkeit am Siedepunkt bei Atmosphärendruck gleich null gesetzt.

Liegt ein Phasenübergang (z. B. flüssig – gasförmig) bei einer Temperatur T_s vor, wird die Wärmezufuhr ΔQ zur Phasenumwandlung verbraucht und es tritt keine Temperaturerhöhung auf. Dann ist die damit verbundene Entropiezufuhr $\Delta S = \Delta Q/T_s$.

19.4 Entropie und Wahrscheinlichkeit

Wahrscheinlichkeiten. Es bleibt nun noch übrig, das Verhältnis des zweiten Hauptsatzes zur kinetischen Gastheorie zu erörtern, denn es muss klargestellt werden, wie die Entropiezunahme, d. h. die Irreversibilität von Prozessen molekularkinetisch zu erklären ist. Um die Irreversibilität der in der Natur beobachteten Prozesse erklären zu können, ist zu beachten, dass die experimentell beobachtbaren Prozesse nicht vollkommen determiniert sind, wie es die Gesetzmäßigkeiten der Mechanik suggerieren. Tatsächlich wirkt bei allen Messungen auch der *Zufall* mit. Wegen des nicht zu vermeidenden thermischen und statistischen *Rauschens* sind alle Messwerte mit *Messunsicherheiten* behaftet (s. Abschn. 1.2), d. h. die Messwerte schwanken, den Gesetzen des Zufalls folgend, um einen Mittelwert.

Die diskrete (atomistische) Struktur der Materie erlaubt es, den Einfluss des Zufalls auf das Naturgeschehen theoretisch zu erfassen. Insbesondere liegt der kinetischen Gastheorie und allgemein der statistischen Mechanik die *Zufallshypothese* zugrunde (Abschn. 17.1). Sie hat zur Folge, dass aufgrund dieser Theorien nur Wahrscheinlichkeitsaussagen gemacht werden können.

Ludwig Boltzmann (1844 – 1906) hat die kinetische Gastheorie des zweiten Hauptsatzes zum Abschluss gebracht, indem er die Entropie mit der *thermodynamischen Wahrscheinlichkeit* eines Zustands in Zusammenhang brachte.

Zunächst zur Definition: Allgemein bezeichnet man als Wahrscheinlichkeit das Verhältnis der Anzahl der „günstigen" Fälle zur Anzahl der möglichen Fälle. Mit einem Würfel z. B. lässt sich durch einen Wurf nur eine Zahl würfeln, es gibt also einen günstigen Fall. Auf dem Würfel befinden sich sechs verschiedene Zahlen, die Anzahl der möglichen Fälle beträgt also 6. Damit ist die Wahrscheinlichkeit dafür, dass man von diesen sechs Zahlen eine bestimmte würfelt, $\frac{1}{6}$. Das bedeutet nicht, dass von sechs Würfen zwangsläufig einer die gewünschte Zahl, z. B. eine 6, ergibt, denn der Würfel hat kein „Gedächtnis", d. h., jeder Wurf ist von den vorhergehenden unabhängig. Erst wenn man eine sehr große Anzahl von Würfen ausführt, findet man, dass im Mittel ein Sechstel dieser Anzahl zu dem gewünschten Ereignis führt. Deshalb gelten Wahrscheinlichkeitsaussagen immer nur für eine sehr große Anzahl von Versuchen oder für eine sehr große Anzahl von Individuen.

Fragt man nun nach der Wahrscheinlichkeit dafür, dass mehrere voneinander unabhängige Ereignisse gleichzeitig eintreten, gilt die Regel, dass die Gesamtwahrscheinlichkeit gleich dem Produkt der Einzelwahrscheinlichkeiten ist. Das bedeutet, dass z. B. beim Spiel mit zwei verschiedenen Würfeln die Wahrscheinlichkeit für das Auftreten einer bestimmten Zahlenkombination $\frac{1}{36}$ sein muss. Denn auch hier gibt es einen günstigen Fall, nämlich eine Zahlenkombination, möglich sind aber 36 verschiedene Kombinationen.

Die Boltzmann-Beziehung. An diese Überlegungen anknüpfend betrachten wir jetzt einen Gasbehälter und denken uns sein Volumen V_1 in x gleich große Teile V_2 eingeteilt. Es ist also $V_1 = x\, V_2$. In dem Behälter befinde sich zunächst nur ein Gasmolekül. Dann ist die Wahrscheinlichkeit dafür, dass das Molekül gerade in einem ganz bestimmten dieser x Teilvolumina angetroffen wird, $\frac{1}{x}$. Befinden sich zwei Moleküle in dem Behälter, ist die Wahrscheinlichkeit dafür, dass diese gleichzeitig in einem bestimmten Teilvolumen angetroffen werden, $\left(\frac{1}{x}\right)^2$. Nun soll der Behälter die Stoffmenge n eines Gases, also nN_A Moleküle enthalten. Die Wahrscheinlichkeit dafür, dass sich alle diese Moleküle gleichzeitig in einem der x gleich großen Teilvolumina ansammeln (dass sich also das Gas von selbst auf das Volumen V_2 komprimiert, während der übrige Raum leer wird), beträgt demnach

$$w = \left(\frac{1}{x}\right)^N.$$

Den Kehrwert dieses Ausdrucks,

$$W = \frac{1}{w} = x^N,$$

bezeichnet man als *thermodynamische Wahrscheinlichkeit*. Während die vorher definierte mathematische Wahrscheinlichkeit nur Werte zwischen 0 und 1 annehmen kann, erstreckt sich die thermodynamische Wahrscheinlichkeit auf alle Werte oberhalb von 1, denn es ist definitionsgemäß $x > 1$. Da ferner die mathematische Wahrscheinlichkeit dafür, dass sich alle Moleküle im Gesamtvolumen V_1 befinden, selbstverständlich 1 ist, stellt W das Verhältnis zweier Wahrscheinlichkeiten dar. W gibt nämlich an, wievielmal wahrscheinlicher alle Moleküle gleichzeitig im Gesamtvolumen V_1 statt im Teilvolumen V_2 anzutreffen sind. Bildet man jetzt noch den natürlichen Logarithmus von W, erhält man mit $x = V_1/V_2$:

$$\ln W = N \cdot \ln \frac{V_1}{V_2} \tag{19.26}$$

und mit der Boltzmann-Konstante k multipliziert

$$k \cdot \ln W = Nk \cdot \ln \frac{V_1}{V_2}. \tag{19.27}$$

Auf der rechten Seite dieser Gleichung steht nichts anderes als die Entropiedifferenz ΔS, die auftritt, wenn sich ein ideales Gas ins Vakuum, und zwar vom Volumen V_2 auf das Volumen V_1 ausdehnt, wie es beim Versuch von Gay-Lussac (Abb. 17.20) (Abschn. 17.4) der Fall ist. Dabei bleibt bekanntlich die Temperatur T der gesamten Anordnung konstant. Berechnet man nämlich nach Gl. (19.23) die Entropiedifferenz $\Delta S = S_1 - S_2$, die beim Übergang eines idealen Gases vom Zustand 2 (V_2, T) in den Zustand 1 (V_1, T) auftritt, so ergibt sich $\Delta S = Nk \ln(V_1/V_2)$. Man kann also schreiben:

$$\Delta S = k \cdot \ln W. \tag{19.28}$$

Diese fundamentale Beziehung (*Boltzmann-Beziehung*), die hier nur mit Hilfe eines speziellen Beispiels abgeleitet wurde, gilt allgemein und wurde von Boltzmann gefunden:

- Die Entropie eines Zustands ist proportional zum Logarithmus seiner thermodynamischen Wahrscheinlichkeit.

Der Satz vom Wachstum der Entropie ist danach identisch mit dem Satz, dass ein System bei allen von selbst eintretenden Vorgängen sich so ändert, dass es von unwahrscheinlicheren zu wahrscheinlicheren Zuständen übergeht. Damit ist der wahre Sinn des zweiten Hauptsatzes erfasst: Es ist ein Wahrscheinlichkeitssatz im Gegensatz zum ersten Hauptsatz, dem Energieerhaltungssatz. Während der Begriff der *Energie* selbst für ein einzelnes Teilchen einen wohldefinierten Sinn hat, kann von *Entropie* nur da gesprochen werden, wo eine Gesamtheit von Teilchen statistisch betrachtet wird. Tatsächlich bestehen alle kontinuierlich beobachtbaren, also den Gesetzen der klassischen Mechanik folgenden Massenelemente aus sehr vielen atomaren Teilchen, wie in Abschn. 17.1 ausgeführt wurde. Nur der Zustand solcher makroskopischen Massenelemente kann durch eine Entropie gekennzeichnet werden.

19.5 Thermodynamisches Gleichgewicht

Der zweite Hauptsatz besagt, dass bei allen in einem thermisch abgeschlossenen System ablaufenden Prozessen die Entropie niemals abnehmen, sondern höchstens – bei reversiblen Vorgängen – unverändert bleiben kann. Bei allen von selbst ablaufenden Prozessen nimmt die Entropie zu.

In diesem Abschnitt soll gezeigt werden, wann ein von selbst ablaufender Prozess zum Stillstand kommt. Diese Überlegung soll auch angestellt werden für Systeme, in denen nicht, wie bei dem abgeschlossenen System, die innere Energie und das Volumen konstant sind, sondern z. B. die Temperatur und der Druck oder das Volumen. Was heißt nun: Ein Prozess in einem System kommt zum Stillstand? Im allgemeinen Fall enthält das zu beschreibende System eine Anzahl von chemisch verschiedenen Stoffen, die sich in unterschiedlichen Aggregatzuständen befinden. Bei einem spontan ablaufenden Prozess werden sich der Druck, die Temperatur und die Konzentrationen der beteiligten Stoffe ändern, die durch Reaktion ineinander übergeführt werden oder auch den Aggregatzustand wechseln. Man sagt: Der Prozess ist zum Stillstand gekommen, wenn sich Druck, Temperatur und Konzentrationen mit der Zeit nicht mehr ändern. Das System befindet sich dann im *thermodynamischen Gleichgewicht*. Ist dieses Gleichgewicht erreicht, ändern in der Zeit gleich viele Moleküle den Aggregatzustand in der einen wie in der anderen Richtung; und ebenso viele Moleküle treten zu einer Verbindung zusammen, wie gleichzeitig zerfallen. Der Stillstand des Prozesses ist also nicht etwa ein „Erstarren" des Systems, sondern ein dynamischer Zustand, bei dem sich die für die einzelnen Moleküle vorgehenden Änderungen insgesamt gerade ausgleichen. Makroskopisch ist dann keine Änderung der Eigenschaften mehr messbar.

Es sollen nun Bedingungen für das thermodynamische Gleichgewicht hergeleitet werden, wobei wir zunächst wieder das abgeschlossene System betrachten wollen, dessen innere Energie und Volumen konstant sind. Man benutzt zur Ableitung den ersten und den zweiten Hauptsatz. Der erste Hauptsatz verknüpft die Änderung der inneren Energie dU eines Systems mit der ihm zugeführten Wärme δQ und der ihm zugeführten Arbeit δW (Gl. (17.5)):

$$dU = \delta Q + \delta W. \tag{19.29}$$

Wenn diese Arbeit reine Ausdehnungsarbeit ist, gilt

$$\delta W = -p \, dV.$$

Den zweiten Hauptsatz kann man in der Form der Ungleichung (19.16),

$$\delta Q \leq T \, dS, \tag{19.30}$$

schreiben, wobei das Gleichheitszeichen für den Fall einer reversiblen Zustandsänderung bei konstanter Temperatur T gilt. Drückt man die Wärme δQ im zweiten Hauptsatz durch den ersten Hauptsatz aus, der im Fall jeder Zustandsänderung – ob reversibel oder irreversibel – gelten muss, folgt

$$dU \leq T\,dS + \delta W$$

und bei der Beschränkung auf reine Volumenarbeit

$$dU \leq T\,dS - p\,dV. \tag{19.31}$$

Für jeden in der Wirklichkeit ablaufenden Prozess gilt dabei das Ungleichheitszeichen. Aus Gl. (19.31), die eine Kombination des ersten mit dem zweiten Hauptsatz darstellt, kann abgeleitet werden, welche Bedingungen erfüllt sein müssen, damit ein solcher spontan verlaufender Prozess zum Stillstand kommt. Nimmt man zunächst das abgeschlossene System an, dessen innere Energie und Volumen konstant sind, so gilt

$$dU = 0 \quad \text{und} \quad dV = 0$$

und damit

$$dS \geq 0. \tag{19.32}$$

Die Aussage, dass S für einen spontan ablaufenden Prozess zunehmen muss, ist schon bekannt. Der Prozess kommt erst dann zum Stillstand, wenn ein *Maximum der Entropie* erreicht ist. Die Bedingung $dS = 0$ für den reversiblen Ablauf bedeutet nichts anderes, als dass bei reversibler Führung eines Prozesses das System immer im thermodynamischen Gleichgewicht sein muss.

Nimmt man andererseits an, dass die Entropie und das Volumen des zu beschreibenden Systems konstant sind, dass also gilt:

$$dS = 0 \quad \text{und} \quad dV = 0,$$

so folgt die Bedingung

$$dU \leq 0. \tag{19.33}$$

Das thermodynamische Gleichgewicht für Systeme, bei denen die Entropie und das Volumen konstant sind, ist erreicht, wenn die *innere Energie ein Minimum* annimmt.

Gibt es nun überhaupt Systeme, bei denen die obigen Voraussetzungen konstanter innerer Energie oder konstanter Entropie erfüllt sind? In einem System, in dem die Entropie konstant ist, findet keine Aufnahme von Wärme statt, und es ändert sich durch innere Umwandlungen nicht die Wahrscheinlichkeit des Zustandes, in dem sich das System befindet. Dies ist aber der Fall bei Systemen, die durch die Gesetze der Mechanik beschrieben werden. Die Vernachlässigung der Reibung schließt in der Mechanik z. B. eine Umwandlung von innerer Energie in Wärme aus. Die Bedingung $dU = 0$ ist also nichts anderes als die *Gleichgewichtsbedingung der Mechanik*. Auf der anderen Seite kann ein System, das nach außen gegen Zufuhr von Wärme oder Arbeit abgeschirmt ist, einen anderen Zustand spontan nur durch Vergrößerung seiner Entropie erreichen. Dies geschieht z. B. bei der Mischung von Flüssigkeiten durch Diffusion oder bei der freien Ausdehnung von Gasen wie im Versuch von Gay-Lussac.

Freie Energie und freie Enthalpie. Der Weg der thermodynamischen Systeme zum Gleichgewicht ist also der zu einem Minimum der inneren Energie U oder zu einem Maximum der Entropie S. Die Extremwerte können jedoch nur erreicht werden, wenn jeweils die andere Größe konstant ist. Können sich sowohl die Entropie als auch die innere Energie eines Systems ändern, muss das Gleichgewicht eine Art Kompromiss darstellen zwischen dem Drang des Systems, eine möglichst große Entropie, und dem, eine möglichst kleine innere Energie zu erlangen. Die Frage nach der Lage des Gleichgewichts in diesem Fall ist deshalb besonders wichtig, weil die meisten Prozesse weder bei konstantem U noch bei konstantem S stattfinden. Bei der Untersuchung chemischer Reaktionen führt man den Versuch z. B. in einem offenen Glaskolben durch, den man in einen Thermostaten setzt. Dann sind Temperatur und Druck (Atmosphärendruck) konstant. Man kann die Reaktion jedoch auch in einer Bombe nach Berthelot, die sich in einem Kalorimeter befindet, durchführen. In diesem Fall ist das Volumen konstant.

Es sollen deshalb die Bedingungen für das thermodynamische Gleichgewicht hergeleitet werden für die Fälle, in denen

1. $V = \text{const} \, (\mathrm{d}V = 0)$ und $T = \text{const} \, (\mathrm{d}T = 0)$ und
2. $p = \text{const} \, (\mathrm{d}p = 0)$ und $T = \text{const} \, (\mathrm{d}T = 0)$

sind. Aus Gl. (19.31) mit $\delta W = -p \, \mathrm{d}V$ folgt

$$\mathrm{d}U \leq T \, \mathrm{d}S + \delta W.$$

Da wir isotherme Vorgänge betrachten wollen, ist $\mathrm{d}T = 0$ und

$$\mathrm{d}(TS) = T \, \mathrm{d}S + S \, \mathrm{d}T = T \, \mathrm{d}S.$$

Damit ist

$$\mathrm{d}(U - TS) \leq \delta W. \tag{19.34}$$

In dem Differential auf der linken Seite steht eine Funktion, die aus den Zustandsgrößen U und S und aus der Temperatur T gebildet wird. Sie ist also ebenfalls eine Funktion, die nur vom augenblicklichen Zustand des Systems abhängt. Hermann von Helmholtz (1821 – 1894) hat ihr den Namen *freie Energie* gegeben. Sie wird allgemein mit dem Buchstaben F bezeichnet:

$$F = U - TS. \tag{19.35}$$

Die Bedeutung dieses Namens wird weiter unten noch erläutert. Zunächst soll unter Benutzung von Gl. (19.34) die Bedingung für das Gleichgewicht bei konstanter Temperatur und konstantem Volumen angegeben werden. Betrachtet man nur Ausdehnungsarbeit, so ist $\delta W = -p \, \mathrm{d}V$ und bei $\mathrm{d}V = 0$

$$\delta W = 0.$$

Dann gilt als Gleichgewichtsbedingung $\mathrm{d}F \leq 0$. Das System ist bei $V = \text{const}$ und $T = \text{const}$ im Gleichgewicht, wenn die *freie Energie ein Minimum* erreicht hat.

Die freie Energie ist bestimmt, sobald man die Energie U und die Entropie S kennt. Für ein ideales Gas gilt, wobei $U_0 = 0$ ist,

$$U = mc_V T + U_0,$$
$$S = mc_V \ln(T/T_0) + Nk \ln(V/V_0) + S_0.$$

Also lautet die Gleichung für die freie Energie eines idealen Gases

$$F = mc_V T - mc_V T \ln(T/T_0) - NkT \ln(V/V_0) - S_0 T.$$

Es ist wichtig zu beachten, dass in F eine lineare Funktion der Temperatur ($S_0 T$) unbestimmt bleibt.

Bei der Ableitung der Gleichgewichtsbedingung für konstante Temperatur und konstanten Druck benutzt man wieder die Enthalpie, die schon bei der Beschreibung von Zustandsänderungen unter konstantem Druck verwendet wurde. Es ist die Enthalpie

$$H = U + pV$$
$$dH = dU + p\,dV + V\,dp.$$

Ersetzt man dU aus Gl. (19.31), folgt

$$dH \leq T\,dS + p\,dV + V\,dp + \delta W.$$

Führt man wie oben bei der freien Energie für den isothermen Fall

$$d(TS) = T\,dS$$

ein, ergibt sich als Gleichgewichtsbedingung bei konstantem Druck

$$d(H - TS) \leq p\,dV + \delta W.$$

Die Zustandsfunktion

$$G = H - TS$$

nennt man aus ebenfalls noch zu erläuternden Gründen *freie Enthalpie*. Sie heißt auch *Gibbs'sches Potential* (nach J. W. Gibbs, 1839–1903). Für den Fall, dass auch hier nur Ausdehnungsarbeit betrachtet wird, gilt für jeden Vorgang $dG \leq 0$. Das bedeutet, dass bei konstantem Druck und konstanter Temperatur Gleichgewicht erreicht ist, wenn die *freie Enthalpie ein Minimum* erreicht hat.

Nun zu der Frage, weshalb man F freie Energie und G freie Enthalpie nennt. Dazu betrachtet man zunächst Gl. (19.34). Sie bedeutet, dass bei jedem möglichen Prozess

$$dF \leq \delta W$$

ist. Bei isothermen Veränderungen ist die Änderung der freien Energie immer kleiner als die zugeführte Arbeit. Im Grenzfall der reversiblen Änderung ist $dF = \delta W_{\text{rev}}$. Man kann also schreiben

$$dF < \delta W_{\text{irr}}.$$

Wird von dem System Arbeit abgegeben, ist $\delta W < 0$. Dann ist im irreversiblen Fall die Nutzarbeit immer kleiner als die Änderung der freien Energie. Sie ist gerade gleich deren Änderung, wenn der Prozess reversibel, also über eine Folge von Gleichgewichtszuständen abläuft. Damit ist die große Bedeutung der freien Energie klar. Will man bei irgendeinem Prozess aus einem beliebigen System Arbeit gewinnen, ergibt die berechenbare Differenz der freien Energie des Systems vor und nach der Durchführung des Prozesses die maximal mögliche Nutzarbeit. Diese Nutzarbeit kann dem System z. B. bei einer chemischen Reaktion in Form elektrischer Energie mit einer elektrolytischen Zelle entnommen werden. Es tritt nun die Frage auf, was aus der Differenz der inneren Energie und der freien Energie bei einem reversibel geführten Prozess wird. Aus der Definition der freien Energie ist diese Differenz

$$U - F = TS.$$

Mit dem ersten Hauptsatz und Gl. (19.34) für den reversiblen Fall ist

$$\mathrm{d}U = \delta Q + \delta W,$$

$$\mathrm{d}F = \mathrm{d}(U - TS) = \delta W.$$

Subtrahiert man beide Gleichungen voneinander, ergibt sich

$$\mathrm{d}(U - F) = \mathrm{d}(TS) = \delta Q,$$

d. h., die Differenz $U - F$ wird in Wärme umgewandelt. Selbst bei reversibler Führung eines Prozesses kann also nicht die gesamte Änderung der inneren Energie in Nutzarbeit umgewandelt werden, sondern nur ein Teil, der durch die Differenz der freien Energie vor und nach dem Prozess gegeben ist. Bei natürlich ablaufenden Prozessen wird ein noch größerer Teil der inneren Energie in Wärme umgewandelt.

Die gleichen Überlegungen kann man anstellen, wenn das betrachtete System auf konstantem Druck und konstanter Temperatur gehalten wird. Hier ergibt die Differenz der freien Enthalpie zwischen Anfangs- und Endzustand die maximal gewinnbare Nutzarbeit.

Betrachten wir noch einmal das Beispiel der chemischen Reaktion im Glaskolben, der sich in einem Thermostat befinden soll. Aus der Differenz ΔG der freien Enthalpien der Reaktionspartner vor und nach der Reaktion kann man die maximal mögliche Nutzarbeit ausrechnen. Bei der Reaktion in dem Kolben wird aber keinerlei Arbeit gewonnen. Die gesamte Enthalpiedifferenz ΔH wird als Wärme an die Thermostatflüssigkeit abgegeben. Lässt man jedoch die Reaktion in einer elektrolytischen Zelle ablaufen und sorgt dafür, dass sie nahezu reversibel verläuft, kann man der Zelle ΔG als elektrische Arbeit entnehmen und nur $\Delta H - \Delta G$ wird in Wärme umgewandelt.

Chemische Affinität. Bei einer von selbst ablaufenden chemischen Reaktion ist im Endzustand die freie Enthalpie immer kleiner als im Anfangszustand. Da die freie Enthalpie als Zustandsfunktion nur vom augenblicklichen Zustand des Systems abhängt, ist die Abnahme der freien Enthalpie ΔG charakteristisch für die betreffende Reaktion. Dasselbe gilt bei Reaktionen, die ohne Volumenänderung verlaufen, für die Abnahme der freien Energie ΔF.

Diese Feststellung führt auf das Problem der Definition der *chemischen Affinität*. Man sagt, zwei Stoffe A und B haben eine große Affinität zueinander, wenn ihre chemische Reaktion miteinander besonders schnell verläuft. Nehmen wir als Beispiel die Reaktion der Stoffe A und B zu zwei anderen Stoffen C und D. In Form einer Reaktionsgleichung geschrieben heißt das:

$$A + B \underset{k_2}{\overset{k_1}{\rightleftarrows}} C + D.$$

Die Pfeile deuten an, dass die Reaktion in beiden Richtungen verlaufen kann, also eine Gleichgewichtsreaktion ist. Die Größen k_1 und k_2 sind die Reaktionsgeschwindigkeitskonstanten. Ihre Bedeutung zeigt der Ansatz für die Reaktionsgeschwindigkeit von A und B:

$$\frac{\mathrm{d}c_A}{\mathrm{d}t} = \frac{\mathrm{d}c_B}{\mathrm{d}t} = -k_1 \cdot c_A \cdot c_B$$

und für die Rückreaktion von C und D

$$\frac{dc_C}{dt} = \frac{dc_D}{dt} = -k_2 \cdot c_C \cdot c_D \,.$$

Darin sind $c_{A,B,C,D}$ die augenblicklichen Konzentrationen der reagierenden Stoffe. Die Reaktionsgeschwindigkeit in jeder Richtung ist umso größer, je größer die betreffende Reaktionsgeschwindigkeitskonstante ist. Im Fall des Gleichgewichts reagieren in der Zeit gleich viel Moleküle A und B miteinander, wie Moleküle C und D. Das bedeutet, dass die Reaktionsgeschwindigkeit der Hin- und Rückreaktion gleich sein muss,

$$\frac{dc_A}{dt} = \frac{dc_C}{dt} \,,$$

und deshalb ist

$$\frac{\bar{c}_C \bar{c}_D}{\bar{c}_A \bar{c}_B} = \frac{k_1}{k_2} = k \,. \tag{19.36}$$

Die Größen $\bar{c}_{A,B,C,D}$ sind die Konzentrationen, die sich im Fall des Gleichgewichts einstellen. Gl. (19.36) ist eine Formulierung des *Massenwirkungsgesetzes*. Große Affinität von A zu B bedeutet, dass die Reaktion schnell abläuft. Die Reaktionsgeschwindigkeitskonstante k_1 ist also groß. Das hat gleichzeitig ein in Richtung auf die Ausgangsprodukte C und D verschobenes Gleichgewicht zur Folge, wie aus Gl. (19.36) ersichtlich ist. Je größer die Affinität der Stoffe A und B zueinander ist, umso vollständiger verläuft ihre Reaktion.

Wir stehen nun vor der Aufgabe, in der Thermodynamik ein geeignetes Maß für die Größe der chemischen Affinität zu finden. J. Thomsen und M. Berthelot, denen man die Messung der Wärmetönung ΔU zahlreicher Reaktionen verdankt, glaubten dieses Maß gerade in der Größe der Wärmetönung ΔU zu finden, indem sie von dem naheliegenden Gedanken ausgingen, dass, je größer die Affinität der reagierenden Stoffe zueinander sei, umso größer auch die Wärmetönung ΔU ausfallen werde. So einleuchtend diese Auffassung im ersten Moment zu sein scheint, so scheitert sie doch an der Tatsache, dass es endotherme Prozesse gibt, d. h. solche, die mit negativer Wärmetönung ΔU verlaufen. Nach der Thomsen-Berthelot'schen Auffassung müsste man in diesem Fall sagen, dass die endothermen Reaktionen nicht im Sinn der so definierten Affinität, sondern entgegen verlaufen – eine sehr schwierige, wenn nicht unmögliche Vorstellung. Dagegen ist, wie J. H. van't Hoff (1852 – 1911) zuerst richtig erkannt hat, die freie Energie (die sich bei allen Reaktionen ohne Volumenänderung immer in einer Richtung ändert, nämlich abnimmt) geeignet, ein brauchbares Maß für die Affinität zu liefern. Es wurde ja schon betont, dass die Abnahme der freien Energie für jede Reaktion charakteristisch ist. Man misst daher die Affinität reagierender Stoffe durch die bei der Reaktion eingetretene Abnahme der freien Energie ΔF. Das Problem der Bestimmung von ΔF durch thermische Messungen wird in Abschn. 21.3 behandelt.

19.6 Wärmekraftmaschinen

Die Kenntnisse der Thermodynamik wurden überwiegend im 18. und 19. Jahrhundert gewonnen. Die Ursache für die Beschäftigung damit war hauptsächlich der Wunsch, die menschliche und tierische Muskelkraft durch Maschinen zu ersetzen. In diesem Abschnitt sollen die wichtigsten Maschinen kurz behandelt werden.

Nach dem zweiten Hauptsatz kann durch eine periodisch funktionierende Maschine Wärme niemals vollständig in Arbeit umgewandelt werden. Vielmehr wird nur ein Teil der Wärme Q_1, die aus einem Behälter hoher Temperatur T_1 entnommen wird, in Arbeit W' umgesetzt. Der Rest $Q_2 = Q_1 - W'$ aber wird als Wärme bei niedriger Temperatur T_2 ungenutzt an ein zweites Reservoir abgegeben. Die Maschinen, die nach diesem Prinzip arbeiten, heißen *Wärmekraftmaschinen*. In idealisierter Form haben wir eine solche in der Carnot'schen Maschine kennengelernt, die den gleichnamigen Kreisprozess mit dem maximalen Wirkungsgrad $\eta = 1 - T_2/T_1$ ausführt.

Stirling-Motor. An erster Stelle sei der schon 1816 erfundene *Heißluftmotor* beschrieben (R. Stirling, 1790 – 1878). Der darin von der Luft als Arbeitsstoff ausgeführte Kreisprozess hat eine große Ähnlichkeit mit dem Carnot'schen und kann leicht berechnet werden. Der Heißluftmotor wurde im 19. Jahrhundert in kleinen Werkstätten viel benutzt. Von Bedeutung ist dieses (als Stirling-Prozess bezeichnete) Prinzip aber auch bei der Erzeugung tiefer Temperaturen. Der Kreisprozess wird dabei in umgekehrter Richtung durchlaufen (s. Abschn. 21.1).

Um das Prinzip des Heißluftmotors zu verstehen, betrachte man Abb. 19.11. Der Zylinder, in dem sich ein Kolben K auf und ab bewegt, besteht aus zwei Teilen Z_1 und Z_2, von

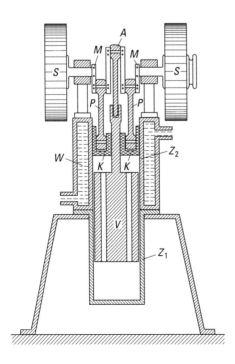

Abb. 19.11   Schnitt durch einen Heißluftmotor

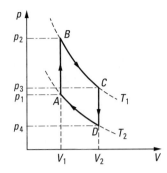

Abb. 19.12 Idealisiertes p-V-Diagramm des Heißluftmotors

denen Z_1 von außen auf eine hohe Temperatur erwärmt, Z_2 dagegen durch einen Wassermantel W auf tiefer Temperatur gehalten wird. Durch einen im Allgemeinen hohlen, mit Längskanälen versehenen, zylindrischen Körper, den sogenannten Verdränger V, wird die im Zylinder eingeschlossene Luft je nach der Stellung des Verdrängers in den heißen oder kalten Teil des Zylinderraums verschoben. In dem in der Abbildung gezeichneten Augenblick befindet sich die meiste Luft im unteren Zylinderteil Z_1 und wird dort erwärmt. Infolgedessen dehnt sich die Luft aus und treibt den Kolben K nach oben. Durch die an der Kurbelwelle angreifenden Kurbelstangen P werden die Welle und die damit verbundenen Schwungräder S in Rotation versetzt. Dies hat zur Folge, dass die im mittleren Teil der Welle angreifende Kurbelstange A den Verdränger V im Zylinder nach unten schiebt, so dass die erhitzte Luft in den gekühlten Teil Z_2 des Zylinders gelangt, sich dort zusammenzieht und dadurch den Kolben K wieder abwärts bewegt. Gleichzeitig geht dabei der Verdränger wieder nach oben, die Luft wird in den heißen Zylinderteil gedrängt, und der Zyklus wiederholt sich von neuem. Der Motor hat keine Ventile!

Trägt man die aufeinanderfolgenden Zustände der im Zylinder eingeschlossenen Luft in ein p-V-Diagramm ein, erhält man das in Abb. 19.12 wiedergegebene (idealisierte) Diagramm. Im Punkt A ist die kalte Luft komprimiert. Der Verdränger schiebt nun die Luft in den heißen Raum, und die Luft erwärmt sich ($A - B$). Die heiße Luft dehnt sich aus ($B - C$). Der Verdränger schiebt die Luft in den kalten Raum ($C - D$). Die Luft kühlt sich ab und zieht sich zusammen. Der Kolben folgt durch die Wirkung des äußeren Luftdrucks und drückt die kalte Luft zusammen ($D - A$). Man erkennt leicht die Ähnlichkeit mit dem Carnot'schen Kreisprozess. Das von dem Kurvenzug $ABCDA$ umschlossene Flächenstück gibt die von der Maschine verrichtete Arbeit an. Sie ist umso größer, je größer die Temperaturdifferenz $T_1 - T_2$ zwischen dem heißen und kalten Teil des Zylinders und die Differenz der Volumina V_1 und V_2 ist. In diesem Heißluft- bzw. Heißgasmotor bleibt damit der Arbeitsstoff immer der gleiche. Die einmal vorhandene Luft oder das einmal eingefüllte Gas bleibt immer im Zylinder. Die Erwärmung bzw. die Abkühlung erfolgt von außen. Es kann deshalb jede beliebige Brennstoffart zur Erwärmung dienen. Hier einige Daten eines Versuchsmotors: $T_1 = 700\,°C$, $T_2 = 15\,°C$, Bohrung des Zylinders 88 mm, Kolbenhub 60 mm, Drehfrequenz 1500 U/min, Leistung 30 kW, Wirkungsgrad bis etwa 38 %, Arbeitsgas Wasserstoff.

Man beachte den großen Unterschied gegenüber den Verbrennungsmotoren, in die kaltes Gas eingefüllt wird, das durch Verbrennung die hohe Temperatur erhält, ferner gegenüber den Dampfmaschinen, in die der heiße Arbeitsstoff Wasserdampf einströmt. So unterschiedlich diese drei Typen von Wärmekraftmaschinen auch sind, so haben sie doch gemeinsam: Die Arbeit verrichtet das sich ausdehnende, erhitzte Gas. Dies ist nicht der Fall bei den Turbinen, bei denen die kinetische Energie des strömenden Gases in mechanische Arbeit umgewandelt wird.

Dampfmaschinen. Große Bedeutung hatten lange Zeit die *Kolbendampfmaschinen* (Th. Newcomen 1712, James Watt 1768). Das Arbeitsprinzip erkennt man aus der schematischen Abb. 19.13a. Der in einem Dampfkessel erzeugte Wasserdampf strömt durch die Einlassöffnung A in den unteren Teil eines beiderseitig geschlossenen Zylinders Z, in dem sich der Kolben K auf und ab bewegen kann. Unter dem Druck des Dampfes wird der Kolben nach oben bewegt. Am Ende der Kolbenstange B ist drehbar die Pleuelstange C befestigt, deren anderes Ende an einer Kurbel D angreift und dadurch die Welle E mit dem darauf angebrachten Schwungrad S in Drehung versetzt. Auf der Welle E ist ferner eine exzentrische Scheibe F befestigt, die auf ihrem Rand einen Ring mit einer Stange G trägt. Diese bewegt bei einer Drehung der Welle das linke Ende des Hebels auf und ab. Dadurch wird die am anderen Ende des Hebels H angebrachte Stange J im gleichen Takt wie H auf und ab bewegt und verschiebt den an ihrem unteren Ende angebrachten Muschelschieber M, der dazu dient, den in A einströmenden Dampf abwechselnd in den Zylinderraum über oder unter dem Kolben K zu leiten, so dass dieser abwechselnd auf und ab bewegt wird. Gleichzeitig verbindet dabei der Schieber M die andere Zylinderhälfte mit der Ausströmöffnung N, durch die der verbrauchte Dampf abströmen kann. In Abb. 19.13b ist der Augenblick dargestellt, in dem der Kolben K nach Erreichen seiner Höchststellung von dem in den oberen Zylinderraum eintretenden Dampf wieder nach unten bewegt wird.

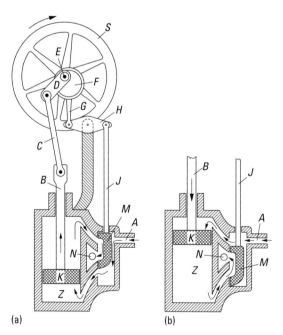

(a)   (b)

Abb. 19.13   Schnitt durch Zylinder und Schiebersteuerung einer Kolbendampfmaschine bei verschiedenen Kolbenstellungen

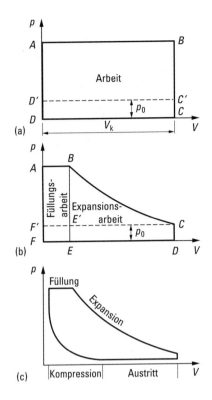

Abb. 19.14 Kreisprozess einer Dampfmaschine

Es ergibt sich die Frage, welche Arbeit der Dampf im Zylinder bei einem Hin- und Hergang des Kolbens verrichtet. Der Einfachheit halber sei eine Maschine betrachtet, bei der der Dampf stets nur von der einen Seite auf den Kolben wirkt und der Rückgang des Kolbens in die Anfangslage durch die in der Drehbewegung des Schwungrades steckende Rotationsenergie bewirkt wird. Bezeichnet man den Druck des Dampfes beim Eintritt in den Zylinder mit p, die Kolbenquerschnittsfläche mit A und den Kolbenhub mit h, so ist die vom Dampf auf den Kolben ausgeübte Kraft pA und die bei einem Kolbenhub verrichtete Arbeit $pAh = pV$, wenn V das Hubvolumen bedeutet. Trägt man V auf der Abszisse und p auf der Ordinate auf, stellt der Inhalt des aus pV gebildeten Rechtecks $ABCDA$ in Abb. 19.14a die Arbeit für einen Kolbenhub dar. Wird nun der Dampf beim Rückgang des Kolbens gegen den Druck p_0 der freien Atmosphäre herausgedrückt, ist von dieser Arbeit der Betrag p_0V, d. h. der Inhalt des Rechtecks $CC'D'DC$ abzuziehen, so dass insgesamt für die pro Zyklus verrichtete Arbeit $(p - p_0)V$ übrig bleibt. Das ist der Inhalt des Rechtecks $ABC'D'A$ in Abb. 19.14a. (Der Arbeitsverlust p_0V kann übrigens praktisch auf null herabgedrückt werden.)

Im Moment des Ausstoßens in die Atmosphäre hat der Dampf noch den Druck p, der größer ist als der Atmosphärendruck p_0. Infolge dieses Druckunterschiedes wäre der Dampf noch arbeitsfähig. Bei der obigen Konstruktion geht diese Energie aber verloren. Um sie noch nutzbar zu machen, schließt man den Dampfeinlass bereits dann, wenn sich der Zylinder erst zu einem Teil, etwa einem Fünftel, mit Dampf gefüllt, d. h. der Kolben erst ein Fünftel seines Hubweges zurückgelegt hat. Dann verrichtet der Dampf durch (nahezu adiabatische) Entspannung auf den Druck p_0 des Außenraums auch weiterhin Arbeit. Das Arbeitsdiagramm nimmt die Form der Abb. 19.14b an. Seine Fläche $ABCF'A$ ist zwar absolut genommen kleiner geworden als in Abb. 19.14a (in dem hier gezeichneten Fall um etwa ein Drittel), dafür aber beträgt die zu dieser Arbeit gebrauchte Dampfmenge auch nur einen Bruchteil (in dem vorliegenden Beispiel ein Fünftel) der im Fall der Abb. 19.14a aufgewandten Menge, d. h., diese Maschine hat einen größeren Wirkungsgrad als die vorhin beschriebene. Solche Dampfmaschinen heißen *Expansionsmaschinen*. Die Fläche $ABEFA$ in Abb. 19.14b stellt die Füllungsarbeit dar, während durch die Größe der Fläche $BCDEB$ die Expansionsarbeit des Dampfes gegeben ist. Beim Rückgang des Kolbens verrichtet die Maschine gegen den Druck p_0 im Außenraum wieder die durch das Rechteck $CDFF'C$ dargestellte Arbeit, so dass die gewonnene Arbeit durch die Fläche $ABCF'A$ gegeben ist. Man kann schließlich die zum Herausdrücken des verbrauchten Dampfes aus dem Zylinder erforderliche Arbeit dadurch sehr klein machen, dass man den Dampf in einen nahezu luftleeren Raum entweichen lässt. Dies gelingt durch einen an die Auspufföffnung angeschlossenen Behälter, den *Kondensator*, in den der Dampf durch kaltes Wasser tritt und kondensiert (und das Wasser durch freiwerdende Kondensationswärme vorwärmt). Infolge der Volumenverminderung lässt sich der Druck im Kondensator auf Bruchteile einer Atmosphäre (etwa 0.05 bar) senken, womit eine Steigerung des Wirkungsgrades verbunden ist. In diesem Fall stellt die ganze Fläche $ABCDFA$ die gewonnene Arbeit dar.

Noch eine weitere Verbesserung lässt sich erzielen: Es ist praktisch niemals erreichbar, dass der zurückgehende Kolben in seiner Endstellung vollkommen an die Kopfwand des Zylinders herankommt, so dass ein gewisser schädlicher Raum übrig bleibt, den der neu eintretende Dampf zunächst wieder ausfüllen muss. Da der dazu erforderliche Dampf während des Auffüllens keine Arbeit an die Maschine abgibt, schließt man, um diesen Dampf zu sparen, mit dem Schieber M der Dampfsteuerung die Austrittsöffnung schon etwas früher ab, so dass der Kolben den noch im Zylinder befindlichen Dampf bis fast zur Eintrittsspannung p des Dampfes komprimiert. Tritt jetzt Dampf ein, verrichtet er sofort Arbeit an dem Kolben. Das Diagramm nimmt dabei die Form der Abb. 19.14c an. Der Flächeninhalt ist zwar im Ganzen wieder etwas kleiner geworden, doch ist der dadurch bedingte Arbeitsverlust geringer als der durch die Dampfersparnis erzielte Gewinn, d. h., der Wirkungsgrad ist wieder gewachsen.

Für den idealen, reversibel geführten Carnot'schen Kreisprozess ist der thermodynamische Wirkungsgrad, und zwar unabhängig von der Arbeitssubstanz, gleich

$$\eta = 1 - \frac{T_2}{T_1}.$$

Bei der Dampfmaschine haben wir es auch mit einem Kreisprozess zu tun, der freilich weder reversibel noch ein Carnot'scher ist. Der Wirkungsgrad der Carnot'schen Maschine wird daher von den Dampfmaschinen nicht erreicht. Der Kreisprozess des Wasserdampfes in der Dampfmaschine ist folgender: Das Wasser wird in Dampf umgewandelt und führt als Dampf eine bestimmte Wärme in den Zylinder. Dort wird ein Teil dieser Wärme in Arbeit umgewandelt, während der Rest bei der Kondensation des Dampfes zu Wasser abgegeben wird. Das Wasser wird aus dem Kondensator wieder in den Kessel gepumpt. Der Kreislauf zwischen den beiden Wärmebehältern, dem Kessel mit der Temperatur T_1 und dem Kondensator mit der Temperatur T_2 ist beendet. Der thermodynamische Wirkungsgrad ist umso größer, je höher T_1 und je tiefer T_2 gewählt werden. Der Wirkungsgrad steigt daher auch bei der Dampfmaschine, wenn man die Anfangstemperatur T_1 des

Dampfes erhöht, während man die Temperatur T_2 des Kondensators konstant hält. Höhere Dampftemperaturen erhält man bei Verwendung höheren Drucks im Kessel. Zwei Beispiele: Eine Niederdruckdampfmaschine arbeite mit einem Druck von 2.5 bar. Dann ist $T_1 = 213\,\text{K} + 127\,\text{K} = 400\,\text{K}$. T_2 betrage $273\,\text{K} + 40\,\text{K} = 313\,\text{K}$. Dann ergibt sich für den theoretisch höchstmöglichen Wirkungsgrad

$$\eta_{\max} = \frac{400 - 313}{400} = 0.22,$$

d. h., hier werden von der zugeführten Wärme 22 % in Arbeit umgesetzt. Eine Hochdruckmaschine, die mit 15 bar Druck (entsprechend $T_1 = 273\,\text{K} - 197\,\text{K} = 470\,\text{K}$) arbeitet, besitzt dagegen den theoretischen Wirkungsgrad

$$\eta_{\max} = \frac{470 - 313}{470} = 0.34.$$

Hier werden 34 % umgesetzt.

Allein maßgebend ist jedoch der Gesamtwirkungsgrad, also das Verhältnis der von der Maschine abgegebenen Arbeit zu der im Heizmaterial vorhandenen Energie. Diese beträgt im günstigsten Fall 16 %. Wegen dieses relativ schlechten Wirkungsgrades und wegen anderer Nachteile ist die Dampfmaschine fast vollständig durch die Dampfturbine und durch die Verbrennungsmotoren verdrängt worden. Auch die alte und bewährte Dampflokomotive wird nur noch in wenigen Ländern bzw. bei Museumsbahnen benutzt.

Dampfturbinen. Bei den *Dampfturbinen* tritt Dampf hohen Drucks durch besondere Düsen in einen Raum niedrigen Drucks. Dabei wird die potentielle Energie des Dampfes in kinetische Energie umgewandelt. Der Dampf erhält beim Austritt aus der besonders geformten *Laval-Düse* (ausführlich weiter unten) eine sehr hohe Geschwindigkeit (1000 m/s und mehr!). Die kinetische Energie des strömenden Dampfes wird direkt in Rotationsenergie des Turbinenrades umgewandelt. Dies geschieht bei der *Laval-Turbine* (1887) in einer Stufe (Abb. 19.15). Die Schaufeln des Turbinenrades sind (analog zur Wasserturbine von Pelton) so gekrümmt, dass die Richtung des Dampfstrahls um etwa 90° abgelenkt wird. Dadurch wird ein großer Teil der kinetischen Energie des Dampfes an das Turbinenrad abgegeben. Die Folge ist eine sehr hohe Umlauffrequenz mit der Gefahr der Zerstörung wegen der auftretenden großen Zentrifugalkräfte.

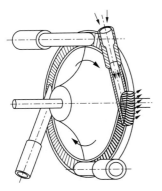

Abb. 19.15 Laval-Dampfturbine

Moderne Turbinenanlagen bestehen meistens aus einem Hochdruck- und einem Niederdruckteil, alle auf eine Welle wirkend. Jeder Teil besteht aus vielen Laufrädern. Der Dampf tritt in den Hochdruckteil mit etwa 150 bar ein und kondensiert nach Verlassen des Niederdruckteils im kalten Wasser, wodurch ein sehr kleiner Druck (0.05 bar) entsteht. Solche Anlagen dienen z. B. zum Antrieb von elektrischen Generatoren und zum Antrieb von Schiffen. Ihre Vorteile sind der gleichmäßige und ruhige Lauf, der geringe Raumbedarf und der hohe Wirkungsgrad (über 40 %). Die Drehfrequenz einer Kraftwerksturbine beträgt z. B. 3000 Umdrehungen pro Minute.

Gasturbinen. In den *Gasturbinen* werden heiße Verbrennungsgase anstelle von Wasserdampf benutzt. In einem Verdichter (Turbokompressor) wird Luft auf 3 bis 5 bar verdichtet, im Gegenstrom durch die Abgase vorgewärmt und in die Brennkammer geleitet. Flüssige Brennstoffe, in der Brennkammer zerstäubt, oder brennbare Gase verbrennen hier und erhalten so eine hohe Temperatur. Das gasförmige Verbrennungsprodukt strömt mit großer Geschwindigkeit in die Turbine, die im Aufbau und in der Wirkungsweise der Dampfturbine sehr ähnlich ist. Bekanntlich werden solche Gasturbinen auch in Verkehrsflugzeugen benutzt.

Der Vorteil des schnell laufenden Turbinenrades wurde bereits von C. G. P. de Laval (1845 – 1913) erkannt. Dieser geniale Ingenieur baute 1890 die erste Dampfturbine, die schon 3000 U/min erreichte. Das wesentliche Bauelement seiner Dampfturbine ist die nach ihm benannte *Laval-Düse* (s. Abb. 19.20), aus der aufgrund ihrer speziellen Form der Dampf mit Überschallgeschwindigkeit austreten kann.

Verbrennungskraftmaschinen. Zu ihnen gehören alle diejenigen Maschinen, bei denen das arbeitende Gas durch Verbrennung entsteht und dabei eine hohe Temperatur erhält (meist über 1500 °C). Da bei einigen Maschinen die Verbrennung sehr schnell erfolgt, heißen sie auch Explosionsmotoren. Es ist lohnend, die genialen Gedankengänge hervorragender Geister nachzuerleben, die von der ersten „Lenoirmaschine" (1860) über N. A. Otto (Gasmotor 1863), G. Daimler (Vergaser mit Schwimmer 1890), R. Diesel (mechanische Brennstoffeinspritzung, Selbstentzündung bei Kompression, langsame Verbrennung, 1895) und vielen anderen zu den heutigen Automobilmotoren führten.

Die Wirkungsweise eines im Viertakt arbeitenden *Otto-Motors* zeigt Abb. 19.16. Als Brennstoff wird ein Gas (Methan, Benzin-Benzol-Dampf usw.) verwendet. Im ersten Takt wird durch Bewegung des Kolbens (im Bild nach rechts) das Gas-Luftgemisch durch das geöffnete Eintrittsventil *E* angesaugt. Im zweiten Takt ist *E* geschlossen, und der zurückgehende Kolben komprimiert das Gemisch. Nachdem es durch einen Funken der Zündkerze bei geschlossenem Ein- und Austrittsventil gezündet worden ist, schiebt es im dritten Takt den Kolben wieder nach rechts, wobei es durch seine Expansion Arbeit verrichtet (Arbeitshub). Dann öffnet sich das Austrittsventil *A*, und der in die Anfangsstellung zurückgehende Kolben treibt die Verbrennungsgase aus dem Zylinder. Nach Schließen von *A* und Öffnen von *E* beginnt das Spiel von neuem. Bei diesem Viertakt-Verfahren erfolgt also nur bei jeder zweiten Umdrehung der Kurbelwelle im Zylinder eine Verbrennung, die zur Arbeitsabgabe ausgenutzt wird. Man muss daher zur Erzielung eines einigermaßen regelmäßigen Ganges die Welle des Motors mit einem Schwungrad versehen oder mehrere Zylinder (bis zu 24) auf dieselbe Welle wirken lassen, wobei man durch passende Gestaltung der Kurbelwelle den Arbeitshub eines jeden Zylinders gegen die anderen um einen bestimmten Bruchteil versetzt. Wegen der hohen Verbrennungstemperaturen müssen

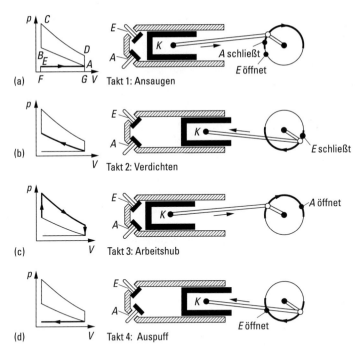

Abb. 19.16   Wirkungsweise des Viertakt-Otto-Motors

die Zylinderwandungen der Motoren von außen durch Wasser oder nach Anbringen von Kühlrippen durch vorbeiströmende Luft gut gekühlt werden.

Abb. 19.16 zeigt auch das (idealisierte) Arbeitsdiagramm des Otto-Motors, wobei die während der betreffenden Phase durchlaufenen Teile dick ausgezogen sind. Das Diagramm unterscheidet sich dadurch von den bisher aufgetretenen, dass es außer dem geschlossenen Teil *ABCDA*, der die pro Zyklus verrichtete Arbeit darstellt, noch einen ungeschlossenen Teil, nämlich die horizontale Gerade *AE*, besitzt. Die Bedeutung ist leicht zu verstehen. Fällt man nämlich von ihren Endpunkten *A* und *E* die Lote auf die Abszisse (Abb. 19.16a), so ist *EAGFE* die Arbeit, die der äußere Luftdruck beim Füllen des Zylinders mit dem Gas-Luftgemisch während des ersten Taktes abgibt. Genau die gleiche, aber negativ zu zählende Arbeit verrichtet im vierten Takt (Abb. 19.16d) die Maschine gegen den äußeren Druck beim Ausströmen des verbrannten Gases. Im Ganzen heben sich daher diese beiden Arbeiten heraus, und so entspricht ihnen im Diagramm nur eine zweimal in umgekehrter Richtung durchlaufene Gerade, aber kein von null verschiedener Flächeninhalt.

Eine andere wichtige Verbrennungsmaschine ist der *Diesel-Motor*. Für die Betrachtung seiner Arbeitsweise kann der rechte Teil von Abb. 19.16 dienen. Beim ersten Takt wird im Gegensatz zum Otto-Motor durch das Eintrittsventil *E* nur reine Luft eingesaugt, die beim zweiten Takt auf 30 bis 60 bar verdichtet wird. Dadurch tritt eine so hohe Kompressionstemperatur (etwa 600 °C) auf, dass sich der am Anfang des dritten Taktes in den Zylinderraum eingespritzte flüssige Brennstoff ohne besondere Hilfsmittel entzündet. Der Brennstoff verbrennt also nicht so schnell wie bei den vorher beschriebenen Otto-Motoren, sondern allmählich, da der Vorgang des Einspritzens eine gewisse Zeit erfordert. Der dritte Takt ist der eigentliche Arbeitstakt. Im vierten Takt wird das verbrannte Gas-

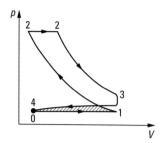

Abb. 19.17   Arbeitsdiagramm eines Diesel-Motors

gemisch aus dem Zylinder hinaus getrieben. Abb. 19.17 zeigt das Arbeitsdiagramm eines Viertakt-Diesel-Motors. Es zeigt die „negative Arbeitsfläche" schraffiert.

Der Hauptvorteil des Diesel-Motors besteht darin, dass man zu seinem Betrieb preiswerte Brennstoffe verwenden kann. Ein Nachteil ist sein großes Gewicht. Es werden heute Diesel-Maschinen mit Leistungen von 30 000 kW und mehr gebaut. Ihr Gesamtwirkungsgrad kann über 40 % betragen. Bei einer Verbrennungstemperatur von 2000 °C würde der theoretische Wirkungsgrad 86 % betragen, der also zur Hälfte erreicht wird.

Flugzeugmotoren. Nur die kleineren Flugzeuge haben noch Otto-Motoren, die Propeller drehen. Die großen Verkehrsflugzeuge haben *Strahltriebwerke*, bei denen der Schub ganz oder zum Teil nach dem Raketenprinzip erfolgt. Bei den Strahltriebwerken, die reine Raketen sind, wird die vorn eintretende Luft (in mehreren Stufen) komprimiert und in die Brennkammer geleitet, wo auch der flüssige Brennstoff eingespritzt und entzündet wird. Die sich ausdehnenden heißen Gase der Verbrennung drehen eine Turbine (Abb. 19.18), die den vorn sitzenden, mehrstufigen Verdichter (Kompressor) treibt (Abb. 19.19). Nach Verlassen

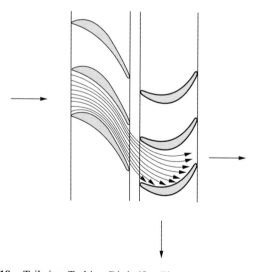

Abb. 19.18   Teil einer Turbine. Die heißen Flammengase treten von links in das feststehende Schaufelrad ein, in dem die Gase gegen die Schaufeln des laufenden Turbinenrades geführt werden. Danach treten die Flammengase in die Schubdüse ein. Das Turbinenrad treibt über eine Achse vorn den Kompressor an.

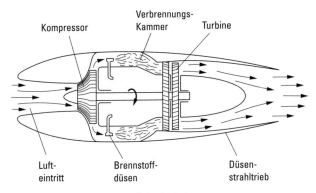

Kompressor   Verbrennungs-Kammer   Turbine

Luft-eintritt   Brennstoff-düsen   Düsen-strahltrieb

Abb. 19.19   Turbinen-Strahltriebwerk (turbojet)

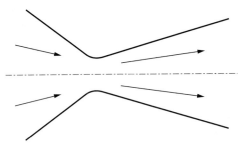

Abb. 19.20   Prinzip einer Strahl-(Laval-)Düse. Von links kommen die heißen Verbrennungsgase. Da der Querschnitt kleiner wird, muss die Geschwindigkeit ansteigen. An der engsten Stelle wird Schallgeschwindigkeit erreicht. Danach treten die Gase mit Überschallgeschwindigkeit aus.

der Turbine strömen die Verbrennungsgase durch eine Strahl-(Laval-)Düse (Abb. 19.20), wo sie eine sehr hohe Geschwindigkeit erhalten. Nach dem Prinzip actio = reactio entsteht beim Austritt aus der Düse der kräftige Schub nach vorn. In der Düse wird Überschallgeschwindigkeit erreicht.

Wärmepumpen und Kältemaschinen. Die Wärmekraftmaschinen können als praktische Realisierungen des Carnot'schen Kreisprozesses angesehen werden. Dieser aber kann als direkter und als inverser vor sich gehen. Dies folgt auch direkt aus der Voraussetzung der Reversibilität. Wenngleich die praktisch ausgeführten Wärmekraftmaschinen diese Eigenschaft nicht besitzen, kann man sie doch im umgekehrten Sinn laufen lassen, indem man ihnen Arbeit zuführt. Beim direkten Prozess übernimmt die Maschine aus einem Reservoir die Wärme Q_1 der Temperatur T_1, wandelt einen Teil davon in nach außen abgegebene Arbeit W' um und gibt die Differenz $Q_1 - W'$ als Wärme Q_2 an ein Reservoir der tieferen Temperatur T_2 ab.

Was geschieht nun beim inversen Prozess? Die Arbeitssubstanz nimmt dabei die Wärme Q_2 aus einem Reservoir der Temperatur T_2 und eine bestimmte Arbeit W auf. Sie liefert an ein Reservoir der höheren Temperatur T_1 eine größere Wärme Q_1', und zwar muss nach dem ersten Hauptsatz offenbar $Q_1 = Q_2 + W$, d. h. die abgegebene Wärme gleich der Summe der zugeführten Wärme und Arbeit sein. Die umgekehrt laufende Wärmekraftmaschine leistet also zweierlei: Erstens heizt sie ein Reservoir der Temperatur T_1, dem sie dauernd die Wärme Q'_1 zuführt, und zweitens kühlt sie ein Reservoir der Temperatur T_2, dem sie dauernd die Wärme Q_2 entzieht. Daraus ergibt sich, dass die unter Arbeitszufuhr umgekehrt laufende Maschine zwei Funktionen ausüben kann: Sie kann als sogenannte *Wärmepumpe* zu Heizzwecken benutzt werden, und sie kann als *Kältemaschine* zur Kühlung dienen.

Wir betrachten zunächst die Eigenschaften der *Wärmepumpe*. Die von ihr bewirkte Heizung ist etwas ganz anderes als die gewöhnliche Methode, bei der mechanische, elektrische oder chemische Energie direkt in Wärme umgewandelt wird. Das sind ihrer Natur nach irreversible Prozesse, und die gewonnene Wärme ist gleich der verrichteten Arbeit bzw. verschwundenen chemischen Energie. Die Heizung mit einer Wärmepumpe dagegen stellt – wenigstens im Prinzip – einen reversiblen Vorgang dar, und die zu Heizzwecken zur Verfügung gestellte Wärme Q'_1 ist größer – unter Umständen erheblich größer – als die zugeführte Arbeit W, da gleichzeitig einem Reservoir tieferer Temperatur T_2 dauernd Wärme entzogen wird. Da als Reservoir ein großer See oder auch die Luft mit ihrem praktisch unerschöpflichen Wärmevorrat dienen kann, erkennt man, dass diese „reversible Heizung" sehr vorteilhaft wäre. Als Maß für die Effizienz definiert man hier als „Leistungszahl" (oft allerdings auch als „Wirkungsgrad" bezeichnet) das Verhältnis der abgegebenen Wärme Q'_1 zu der aufgewendeten Arbeit W:

$$\eta' = \frac{Q'_1}{W}. \tag{19.37}$$

Da nach dem ersten Hauptsatz $W = Q'_1 + Q'_2$ und nach dem zweiten Hauptsatz

$$\frac{Q'_1}{T_1} + \frac{Q'_2}{T_2} = 0, \quad \text{d. h.} \quad \frac{Q'_1}{Q'_2} = -\frac{T_1}{T_2}$$

ist, kann man schreiben:

$$\eta' = \frac{Q'_1}{Q'_1 + Q'_2} = \frac{T_1}{T_1 - T_2}. \tag{19.38}$$

Die Leistungszahl η' der reversibel laufenden Wärmepumpe ist gerade der reziproke Wert des thermodynamischen Wirkungsgrades des Carnot'schen Prozesses,

$$\eta = \frac{T_1 - T_2}{T_1}.$$

Da dieser kleiner als 1 ist, muss η' größer als 1 sein, und darin liegt gerade der Vorteil der reversiblen Heizung. Da es sich meistens um Erzielung mäßig hoher Temperaturen T_1 handelt, für die η sehr klein ist, ist gerade dann η' recht groß, wie folgendes Beispiel zeigt: Eine Wärmepumpe soll die Wärme Q_2 der Außenluft von der Temperatur $-10\,^\circ\text{C}$ (263 K) entnehmen, um ein Haus auf $+20\,^\circ\text{C}$ (293 K) zu heizen. Der thermodynamische Wirkungsgrad η des Carnot-Prozesses zwischen diesen Temperaturen ist

$$\eta = \frac{293\,\text{K} - 263\,\text{K}}{293\,\text{K}} = 0.103 \ (= 10.3\,\%).$$

Folglich ist für die Wärmepumpe

$$\eta' = \frac{1}{\eta} = 9.77.$$

Man sieht, wie außerordentlich günstig eine derartige Heizung ist. Die Maschine wandelt also keine Energie um (z. B. chemische oder elektrische in Wärme), sondern transportiert die vorhandene Wärme von einem Ort zu einem anderen. Es ist interessant, dass bereits Kelvin 1852 darauf aufmerksam gemacht hat.

Die andere Funktion der umgekehrt laufenden Maschine ist die *Kältemaschine*. Sie besorgt die Abkühlung eines Reservoirs der Temperatur T_2. Hier ist zur Beschreibung der Effizienz als „Wirkungsgrad" sinngemäß zu setzen:

$$\eta'' = \frac{Q_2}{W},\tag{19.39}$$

d. h. das Verhältnis der dem Reservoir entzogenen Wärme Q_2 zur aufgewandten Arbeit W. Die analoge Rechnung ergibt hier

$$\eta'' = \frac{T_2}{T_1 - T_2} = \frac{1 + \eta}{\eta}.\tag{19.40}$$

Diese Gleichung besagt zunächst, dass der Wirkungsgrad einer Kältemaschine umso besser ist, je weniger sich die beiden Temperaturen voneinander unterscheiden. Es ist also unwirtschaftlich mit der Temperatur T_2 tiefer zu gehen, als sie gerade für den betreffenden Zweck gebraucht wird.

Die Wirkungsweise einer Kältemaschine ist mit Hilfe der Abb. 19.21 leicht zu verstehen. Im Kühlraum befindet sich ein Gefäß (Verdampfer). In diesem Gefäß wird eine Flüssigkeit (z. B. Ammoniak, Freon bzw. Frigen oder Schwefeldioxid u. a.) dadurch zum Verdampfen gezwungen, dass bei der Flüssigkeit der Druck durch eine Pumpe erniedrigt wird. Die erforderliche Verdampfungswärme entzieht die Flüssigkeit der Umgebung, also dem Kühlraum. Außerhalb des Kühlraums befindet sich der Kompressor, der (mit Hilfe zweier Ventile) sowohl den Unterdruck im Verdampfer als auch den Überdruck (ca. 6 bar) im Kompressor erzeugt, in dem der Dampf verflüssigt wird. Die dabei frei werdende Kondensationswärme wird an den Außenraum abgegeben. Hinter einem Haushaltskühlschrank ist es immer warm. Es ist die Wärme, die aus dem Kühlraum stammt, vermehrt um die Kompressionsarbeit. Aus dem Kompressor fließt die Flüssigkeit über ein Dros-

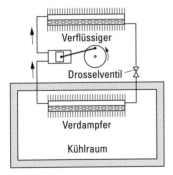

Abb. 19.21   Prinzip einer Kältemaschine (z. B. eines Haushaltskühlschranks). Der Kühlraum wird durch den Verdampfer gekühlt, weil in diesem eine Flüssigkeit infolge Unterdrucks zum Verdampfen gezwungen wird. Der Dampf wird vom Kompressor außerhalb des Kühlraums angesaugt, im Verflüssiger komprimiert und verflüssigt. Die dabei frei werdende Kondensationswärme wird durch Kühlrippen abgeführt.

selventil wieder in den Verdampfer. Der Transport der Wärme aus dem Kühlraum in den Außenraum erfolgt durch die Moleküle des Kältemittels im Dampfzustand. Sie haben einen größeren Abstand voneinander als in der Flüssigkeit. Die Wärme des Kühlraums wird also in potentielle Energie der Dampfmoleküle umgewandelt. Diese wird in den Außenraum transportiert und bei der Verflüssigung als Wärme wieder frei (Weiteres in Abschn. 21.1).

Im Prinzip sind also eine Wärmepumpe und eine Kältemaschine gleich. Wollte man einen Haushaltskühlschrank als Wärmepumpe betreiben, würde man den Kühlraum ins Freie stellen, die Tür öffnen und die atmosphärische Luft abkühlen. Der Kompressor würde sich im Haus befinden und es heizen. Solche Anlagen werden an verschiedenen Orten benutzt. Statt der Außenluft die Wärme zu entziehen, wird oft die Wärme einem Fluss oder einem größeren See entnommen. Selbstverständlich kühlt sich das Wasser dabei um einige Grad ab. Bei großen Kühlhallen oder Eislaufbahnen werden die Büroräume mit der entzogenen Wärme geheizt. In Gebieten mit heißen Sommern benutzt man kleine Klimaanlagen, die den Raum in der heißen Jahreszeit kühlen, dagegen in der kalten Jahreszeit heizen. Hier wird die Maschine wahlweise als Kältemaschine oder als Wärmepumpe benutzt.

20 Phasenübergänge

20.1 Phasenübergänge und Phasendiagramme

Verschiedene Phasenübergänge. Führt man einem chemisch einheitlichen, festen Körper Wärme zu, erhöht sich im Allgemeinen seine Temperatur. Das kann man aus dem ersten Hauptsatz ersehen, wenn man ihn in der Form

$$\delta Q = dU - \delta W = dU + p\,dV$$

schreibt. Die Volumenänderung fester Körper bei Temperatursteigerung ist längst nicht so groß wie die von Gasen, so dass man meistens die Ausdehnungsarbeit $p\,dV$ vernachlässigen kann. Für die Änderung der inneren Energie kann man dann

$$dU = mc_p\,dT$$

setzen, wenn die Wärme δQ bei konstantem Druck zugeführt wird. c_p ist die spezifische Wärmekapazität bei konstantem Druck. Dann ist

$$\delta Q = mc_p\,dT, \tag{20.1}$$

und man sieht, dass sich durch Zuführung der Wärme δQ der Körper um die Temperaturdifferenz dT erwärmt. Die Temperatur eines festen Körpers lässt sich jedoch nicht beliebig weit erhöhen. Je nach dem Stoff, aus dem der Körper besteht, ändert sich bei einer bestimmten Temperatur sein Aggregatzustand. Es findet ein *Phasenübergang* statt. Er wird flüssig oder er geht in den gasförmigen Zustand über. Weiter unten wird gezeigt, dass die Umwandlungstemperatur vom Druck abhängig ist.

Auch die Temperatur einer Flüssigkeit wird durch Wärmezufuhr entsprechend ihrer spezifischen Wärmekapazität erhöht, bis ebenfalls bei einer vom Druck abhängigen Temperatur die Flüssigkeit siedet und unter ständiger Wärmeaufnahme vollständig verdampft, d. h. in die gasförmige Phase übergeht.

Es gibt jedoch auch Stoffe, wie z. B. Schwefel, die in verschiedenen, ineinander umwandelbaren Kristallformen kristallisieren. Der Phasenübergang des rhombischen in den monoklinen Schwefel gehorcht ganz ähnlichen Gesetzen wie das Schmelzen.

Auch im flüssigen Aggregatzustand können bei manchen organischen Stoffen Phasenübergänge stattfinden. Von zwei flüssigen Modifikationen ist z. B. die eine isotrop und die andere anisotrop. Wegen der u. a. optisch messbaren Anisotropie nennt man solche Stoffe *flüssige Kristalle*.

Umwandlungswärmen. Um die verschiedenen Phasenübergänge eines ursprünglich festen Körpers zu beobachten, kann man den folgenden Versuch durchführen: Einem Stück Eis der Masse 1 g, das sich zu Beginn des Versuchs auf der Temperatur $-30\,°C$ ($T_0 = 243$ K) befindet, wird durch eine elektrische Heizung in jedem Zeitabschnitt eine

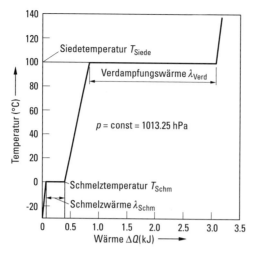

Abb. 20.1 Verlauf der Temperatur bei der Erwärmung von 1 g Wasser bei Atmosphärendruck

konstante Wärme zugeführt, wobei der Druck konstant gehalten wird. Aus bestimmten Gründen, die weiter unten erläutert werden, darf die pro Zeit zugeführte Wärme nicht zu groß sein. Die Temperatur der Versuchssubstanz wird in Abhängigkeit von der Zeit gemessen. Weil in gleicher Zeit auch immer gleiche Wärme übertragen wird, kann auf der Abszisse der graphischen Darstellung $T = T(t)$ auch die zugeführte Wärme ΔQ aufgetragen werden. Als Versuchsergebnis erhält man die Kurven, die in Abb. 20.1 dargestellt sind.

Die Interpretation des bei $-30\,°C$ beginnenden Kurventeils bereitet keine Schwierigkeit, denn die Integration des ersten Hauptsatzes in der Form der Gl. (20.1) liefert

$$\Delta Q = mc_{p,\text{Eis}} \cdot \Delta T = mc_{p,\text{Eis}} \cdot (T - T_0),$$

also einen linearen Zusammenhang zwischen ΔQ und T. Das Gleiche gilt für die anderen Kurvenstücke mit Ausnahme der Horizontalen. Man kann hier ganz entsprechend schreiben:

$$\Delta Q = mc_{p,\text{Fl}} \cdot \Delta T = mc_{p,\text{Fl}} \cdot (T - T_{\text{Schm}})$$

und

$$\Delta Q = mc_{p,\text{Gas}} \cdot \Delta T = mc_{p,\text{Gas}} \cdot (T - T_{\text{Siede}}).$$

Die unterschiedliche Neigung der drei Geraden weist auf die Verschiedenheit der spezifischen Wärmekapazitäten $c_{p,\text{Eis}}$ der festen Substanz, $c_{p,\text{Fl}}$ der Flüssigkeit und $c_{p,\text{Gas}}$ des Gases hin. Überraschend sind die beiden zur ΔQ-Achse parallelen Kurvenstücke. Hier ändert sich die Temperatur nicht, obwohl einmal ungefähr 335 J und im anderen Fall etwa 2260 J zugeführt worden sind. Beim Versuch kann man beobachten, dass sich bei der konstanten Temperatur von $0\,°C$ ($T = 273$ K) die Substanz von der festen in die flüssige Phase und bei $100\,°C$ die flüssige in die gasförmige übergeht. Man muss daraus schließen, dass die zugeführten Wärmen für diese Umwandlung gebraucht wurden. Diese Vermutung wird erhärtet durch die Tatsache, dass auch beim langsamen Abkühlen der Substanz die gleiche Kurve $T = T(\Delta Q)$ durchlaufen wird. Das heißt, durch die Kondensation bei $100\,°C$ wird die gleiche Wärme frei, die beim Verdampfen aufgebracht werden muss.

Außerdem erweisen sich die zuzuführenden Wärmen als proportional zu den umgewandelten Stoffmengen. Man nennt diese Wärmen deshalb *Umwandlungswärmen* und je nach der Art der betreffenden Umwandlung speziell *Schmelzwärme, Verdampfungswärme, Kristallisationswärme* usw. Aus dem oben durchgeführten Versuch ergibt sich für die Schmelzwärme von Wasser $\lambda_{\text{Schm}} = 335\,\text{J/g}$ und für die Verdampfungswärme $\lambda_{\text{Verd}} = 2260\,\text{J/g}$. Zur anschaulichen Erklärung dieser Versuchsergebnisse denke man daran, dass in einem Festkörper die Atome an bestimmte Gleichgewichtslagen gebunden sind. Sollen sie wie in einer Flüssigkeit gegeneinander verschiebbar sein, müssen sie gegen die Bindungskräfte im Gitter aus ihren Gleichgewichtslagen entfernt werden. Die dazu insgesamt erforderliche Arbeit ist die Schmelzwärme. Entsprechendes gilt beim Übergang aus der Flüssigkeit in den Gaszustand, denn auch in der Flüssigkeit wirken noch Kräfte zwischen den Atomen, die im Gas vernachlässigbar klein sind.

Am Anfang dieses Abschnitts wurde darauf hingewiesen, dass die Umwandlungstemperaturen vom Druck abhängen. Würde man den erwähnten Versuch statt bei einem Druck von 1 bar bei 10 bar durchführen, würde man als Schmelztemperatur von Wasser eine niedrigere und als Verdampfungstemperatur eine höhere Temperatur messen. Das Absinken der Schmelztemperatur bei steigendem Druck ist eine Besonderheit des Wassers. Im Allgemeinen nehmen sowohl Schmelz- als auch Verdampfungstemperatur mit dem Druck zu. In der Versuchsbeschreibung wird gefordert, dass die Erwärmung und auch die Abkühlung der Substanz nicht zu schnell erfolgen dürfen. Erwärmt man Wasser z. B. schnell von einer Temperatur unterhalb des Siedepunkts, kann man erreichen, dass die Temperatur der Flüssigkeit über 100 °C ansteigt, ohne dass das Wasser siedet. Plötzlich entstehen dann an irgendeiner Stelle Dampfblasen, und unter heftigem, zum Teil explosionsartigem Sieden geht die Temperatur der Flüssigkeit dann auf 100 °C zurück. Der Zustand oberhalb von 100 °C ist mit dem eines mechanischen Systems im labilen Gleichgewicht vergleichbar. Beim geringsten Anstoß geht das System in die stabile Gleichgewichtslage über. Man nennt diese Erscheinung *Überhitzung*, eine Unterschreitung der Umwandlungstemperatur beim Abkühlen wird als *Unterkühlung* bezeichnet.

Zusammengefasst gilt für alle Phasenübergänge: Sie finden bei einer festen, vom Druck abhängigen Temperatur statt. Bei der Umwandlung wird eine bestimmte Wärme – die Umwandlungswärme – gebraucht, oder sie wird frei, je nach der Richtung der Umwandlung.

Druck-Temperatur-Diagramme. Eine Koexistenz zweier Phasen ist nur bei bestimmten Werten von Druck und Temperatur möglich. Bei Zufuhr von Wärme wird dann bei konstant gehaltenem Druck die Temperatur nicht erhöht, sondern es wird ein Teil der Substanz von einer Phase in die andere umgewandelt. Wichtiges Ergebnis der Untersuchungen ist die *Clausius-Clapeyron'sche Gleichung* (Herleitung s. Abschn. 20.2), die in gleicher Weise für die verschiedenen Phasenübergänge gilt:

$$\frac{\mathrm{d}p}{\mathrm{d}T} = \frac{n\Lambda}{T \cdot \Delta V}. \tag{20.2}$$

Darin ist $n = N/N_A$ die Stoffmenge, Λ die molare Phasenumwandlungswärme und ΔV die Differenz der Volumina V_1 (der Substanz in Phase 1) und V_2 (der Substanz in Phase 2). Die Clausius-Clapeyron'sche Gleichung beschreibt die Steigung der Gleichgewichtskurven im Druck-Temperatur-Diagramm (*Phasendiagramm*). Wie man sieht, ist die Steigung abhängig von der Umwandlungswärme und der Differenz der Volumina und damit für die einzelnen Phasenübergänge sicher verschieden. Beim Übergang vom festen zum flüssi-

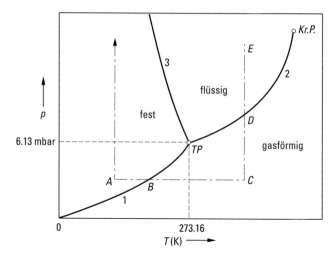

Abb. 20.2   Phasendiagramm von Wasser

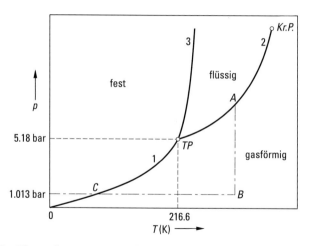

Abb. 20.3   Phasendiagramm von Kohlendioxid

gen Zustand ist die Änderung ΔV sehr viel kleiner als beim Übergang aus dem flüssigen oder festen Zustand in den Gaszustand. Die Steigung der Dampfdruckkurve (2) und der Sublimationskurve (1) ist daher immer kleiner als die der Schmelzdruckkurve (3), wie es die Phasendiagramme für Wasser und Kohlendioxid in Abb. 20.2 und 20.3 zeigen.

Im Allgemeinen ändert sich die Umwandlungswärme mit der Temperatur und auch die Änderung der Volumina ΔV, die der Änderung der Dichten in den beiden Zuständen entspricht, hängt von der Temperatur ab. Zur Integration der Clausius-Clapeyron'schen Gleichung, die dann die Gleichgewichtskurven $p = p(T)$ liefert, muss daher die Temperaturabhängigkeit der Dichten und der Umwandlungswärme bekannt sein.

Betrachtet man nur Teile der Dampfdruckkurve, kann man annehmen, dass die Verdampfungswärme konstant ist. Außerdem ist in der Differenz ΔV das Volumen der flüssigen Phase gegenüber dem Gasvolumen wegen der sehr unterschiedlichen Dichten zu vernachlässigen. Man erhält damit

$$\frac{dp}{dT} = \frac{n \Lambda_{\mathrm{verd}}}{T \cdot V_{\mathrm{gas}}}.$$

Nimmt man noch an, dass für das Gas die Zustandsgleichung für ideale Gase gilt, also

$$p \cdot V_{\mathrm{gas}} = NkT = nRT$$

(k = Boltzmann-Konstante, n = Stoffmenge und R = allgemeine Gaskonstante), so ist

$$\frac{d \ln p}{dT} = \frac{\Lambda_{\mathrm{verd}}}{RT^2}.$$

Nach der Integration ergibt sich

$$\ln \frac{p_2}{p_1} = -\frac{\Lambda_{\mathrm{verd}}}{R} \left(\frac{1}{T_2} - \frac{1}{T_1} \right),$$

worin p_1 der zur Temperatur T_1 gehörende *Sättigungsdampfdruck* ist, meist kurz *Dampfdruck* genannt. Trägt man die Dampfdruckkurve in ein Phasendiagramm ein, in dem $\ln p$ über $1/T$ aufgetragen ist, ergeben sich Geraden, deren Steigung ein Maß für die Verdampfungswärme ist.

In den Phasendiagrammen in Abb. 20.2 und 20.3 sieht man, dass sich die drei Kurven unterschiedlicher Steigung, die durch die Clausius-Clapeyron'sche Gleichung beschrieben werden, in einem Punkt, dem sogenannten *Tripelpunkt TP* schneiden. Die Kurven teilen die gesamte Fläche der Diagramme in drei Gebiete. Auf der Kurve 1 sind die feste Substanz und das Gas miteinander im Gleichgewicht. Auf der Kurve 2 (der Dampfdruckkurve, die am kritischen Punkt *Kr.P.* endet) sind Flüssigkeit und Gas und auf der Kurve 3 (der Schmelzdruckkurve) Flüssigkeit und feste Phase miteinander im Gleichgewicht. Am Tripelpunkt schließlich existieren alle drei Phasen im Gleichgewicht nebeneinander. Die betrachtete Substanz ist z. B. in der gasförmigen Phase, wenn sie sich unter einem Druck p auf einer Temperatur T befindet und dieses Wertepaar (p, T) einen Punkt rechts der Kurven 1 und 2 im Phasendiagramm ergibt. Entsprechendes gilt für Wertepaare in den anderen Gebieten. Der zugehörige Zustand fest, flüssig oder gasförmig ist eingetragen.

Unter Benutzung des Phasendiagramms von Wasser (Abb. 20.2), das allerdings maßstäblich nicht richtig gezeichnet ist, soll nun die Änderung des Aggregatzustands eines Systems verfolgt werden. Geht man z. B. vom Punkt E aus, bei dem das Wasser flüssig ist, und erniedrigt den Druck, wobei man die Temperatur konstant hält, so siedet es bei Erreichen des Punktes D. Um die Temperatur an diesem Punkt konstant zu halten, wird aus der Umgebung die *Verdampfungswärme* zugeführt, wobei das Wasser verdampft. Bei weiterer Drucksenkung bis zum Punkt C ist die gesamte Substanz gasförmig und behält diesen Zustand auch bei, wenn jetzt bei konstantem Druck die Temperatur erniedrigt wird. Am Punkt B geht das Gas bei konstanter Temperatur unter Abgabe der *Sublimationswärme* in den festen Zustand über. Nach weiterer Abkühlung bis zum Punkt A werde dann der Druck bei konstanter Temperatur vergrößert. Eine Substanz wie Kohlendioxid würde dabei auch bei sehr hohen Drücken fest bleiben. Beim Wasser jedoch ist die Differenz $\Delta V = V_{\mathrm{Fl}} - V_{\mathrm{Eis}}$ kleiner als null, weil die Dichte von Eis kleiner ist als die der Flüssigkeit. Bei einem bestimmten, von der Temperatur abhängigen Druck schmilzt deshalb das Eis (allerdings nur oberhalb von $-21\,^{\circ}\mathrm{C}$ (252 K)).

Der Tripelpunkt des Wassers liegt bei $p = 6.13\,\text{mbar}$ und $T = 273.16\,\text{K}$, der von Kohlendioxid bei $p = 5.18\,\text{bar}$ und $T = 216.6\,\text{K}$. Man sieht unmittelbar aus den Abb. 20.2 und 20.3, dass bei einem Druck, der kleiner ist als der Druck beim Tripelpunkt, die Substanzen nicht in der flüssigen Phase existieren können. Kohlendioxid kann z. B. bei Atmosphärendruck nicht flüssig sein, unabhängig davon, auf welcher Temperatur es sich befindet. Festes Kohlendioxid (sogenanntes Trockeneis) geht deshalb unter dem Druck von 1 bar bei etwa $-80\,^\circ\text{C}$ direkt in den Gaszustand über, ohne erst zu schmelzen (Punkt C in Abb. 20.3).

Wegen der großen Steigung der Schmelzdruckkurve der Stoffe verläuft diese fast parallel zur p-Achse. Die Temperatur des Tripelpunkts der meisten Substanzen unterscheidet sich daher nur wenig von der Schmelztemperatur unter dem Druck $p = 1$ bar.

Seit 1948 ist der Tripelpunkt des Wassers, der um $0.0098\,\text{K}$ über dem Schmelzpunkt des Eises bei 1 bar liegt, als Fixpunkt der thermodynamischen Temperaturskala festgelegt. Man hat den Tripelpunkt gewählt, weil er sich besser als der Eispunkt reproduzieren lässt. Zur Darstellung des Tripelpunkts benutzt man ein Glasgefäß, das ganz ähnlich aussieht wie das Gerät zum Nachweis der Unterkühlung von Wasser in Abb. 20.24 (Abschn. 20.3). In dem äußeren Mantel befindet sich möglichst reines, luftfreies Wasser, das mit seinem Dampf im Gleichgewicht steht. Stellt man das Gefäß in ein Kältebad von $-5\,^\circ\text{C}$, wird das Wasser zunächst unterkühlt. Nach Aufhebung der Unterkühlung, die von selbst eintritt, gefriert ein Teil des Wassers. Man entnimmt das Gefäß jetzt dem Kältebad und kann in ihm die Temperatur des Tripelpunkts über lange Zeit halten, wenn man es in ein Bad mit schmelzendem Eis hält.

Das Phasendiagramm von Stoffen mit nur drei Phasen ist relativ einfach. Es enthält immer nur einen Tripelpunkt. Eine große Zahl von Stoffen existiert jedoch in zwei oder mehr festen Phasen, die sich in der Kristallstruktur unterscheiden. Kühlt man z. B. flüssigen Schwefel bei konstantem Druck $p = 1$ bar ab, so erstarrt er bei etwa $120\,^\circ\text{C}$. Die entstehenden Kristalle sind monoklin. Kühlt man weiter ab, kann man bei etwa $95.5\,^\circ\text{C}$ eine Umwandlung im festen Zustand beobachten. Die Gitterbausteine ordnen sich etwas um, so dass das Gitter nun eine rhombische Struktur hat.

Besonders bei Umwandlungen im festen Zustand kann die Gleichgewichtskurve durch Unterkühlung oder Überhitzung überschritten werden. In Abschn. 21.3 wird zur Prüfung des Nernst'schen Wärmetheorems die experimentelle Untersuchung der Schwefelumwandlung bei verschiedenen Temperaturen dienen.

Das Phasendiagramm des Schwefels zeigt Abb. 20.4. Durch das Auftreten von vier Phasen (2 festen, 1 flüssigen und 1 gasförmigen) enthält es drei Tripelpunkte A, B und C, an denen jeweils drei der vier Phasen miteinander im Gleichgewicht sind. Viele Stoffe, die bei Atmosphärendruck nur in einer kristallinen Phase existieren, haben bei sehr hohen Drücken mehrere andere Kristallstrukturen (Hochdruckmodifikationen). Auch vom Wasser sind bei Drücken über etwa 2000 bar bisher sechs verschiedene Hochdruckmodifikationen nachgewiesen worden (Abb. 20.5). Besonders P. W. Bridgman (1882–1961) hat auf diesem Gebiet viele Experimente durchgeführt.

Gibbs'sche Phasenregel. Sehr viel komplizierter werden die Verhältnisse, wenn man die Phasen eines Systems untersucht, das mehrere chemisch verschiedene Komponenten enthält, zwischen denen im allgemeinen Fall auch chemische Reaktionen ablaufen können. Die Beschreibung solcher Systeme ist zuerst in den Jahren 1875–1876 von J. W. Gibbs (1839–1903) angegeben worden. Als *Komponente* bezeichnet man die chemisch

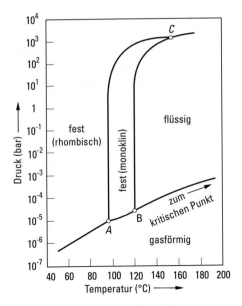

Abb. 20.4 Phasendiagramm von Schwefel

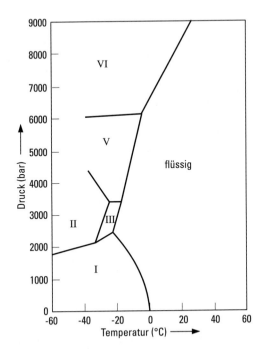

Abb. 20.5 Phasendiagramm von Wasser für einen größeren Druckbereich. Die Hochdruck-Modifikation VII ist im Bild nicht sichtbar, da sie erst bei einem Druck von etwa 20 000 bar auftritt. Eine Modifikation IV wurde früher angenommen, wird heute jedoch bezweifelt.

verschiedenen Bestandteile eines Systems, die aber voneinander unabhängig sein müssen. Allgemein ist die Anzahl der Komponenten gleich der Anzahl der chemisch voneinander verschiedenen Substanzen, vermindert um die Anzahl der Reaktionsgleichungen für die Reaktionen, die im System ablaufen können. Den Zusammenhang zwischen der Anzahl der Komponenten und Phasen und der Anzahl der unabhängigen Variablen des Systems zeigt die *Gibbs'sche Phasenregel*. Unter Variablen eines Systems versteht man hier die Temperatur, den Druck und die Konzentrationen der chemisch verschiedenen Substanzen. In Analogie zur Mechanik nennt man die Anzahl der unabhängigen Variablen die *Freiheitsgrade F* eines Systems. Die Gibbs'sche Phasenregel lautet

$$P + F = K + 2.$$

Darin ist P die Anzahl der Phasen, K die Anzahl der Komponenten und F die Anzahl der Freiheitsgrade. Eine strenge Ableitung der Phasenregel geht vom ersten und zweiten Hauptsatz aus.

Als Beispiele für die Gibbs'sche Phasenregel sollen noch einmal die Phasendiagramme von Wasser und Schwefel (Abb. 20.2 und 20.4) betrachtet werden. Da ein aus Wasser bestehendes System nur eine Komponente besitzt ($K = 1$), kann nach der Phasenregel die Summe aus der Zahl der Phasen und der Freiheitsgrade immer nur den Wert 3 haben. Nun gibt es Zustände mit zwei Freiheitsgraden, in denen also Druck und Temperatur unabhängig voneinander gewählt werden können. In diesen Zuständen kann dann nur eine Phase existieren. Das sind bei Wasser die in Abb. 20.2 den Gebieten fest, flüssig und gasförmig zugeordneten Zustände, in denen tatsächlich jeweils nur eine Phase vorhanden ist. Entlang den Gleichgewichtskurven hat das System nur einen Freiheitsgrad, weil durch die Clausius-Clapeyron'sche Gleichung ein Zusammenhang zwischen Druck und Temperatur gegeben ist. In diesem Fall müssen zwei Phasen koexistieren. Das sind die Bedingungen, die auf der Schmelzkurve, der Sublimationskurve und der Dampfdruckkurve herrschen. Im Tripelpunkt hat das System keinen Freiheitsgrad. Dann koexistieren die drei Phasen. Was vorher anschaulich an den Phasendiagrammen erklärt wurde, ergibt sich jetzt als strenge Folgerung aus der Phasenregel.

Betrachtet man die Verhältnisse beim Schwefel (Abb. 20.4), der auch ein System mit nur einer Komponente darstellt, so muss auch hier die Summe der Anzahl der Phasen und der Freiheitsgrade 3 betragen. Daraus folgt, dass es unmöglich ist, dass alle vier Phasen miteinander im Gleichgewicht sind. Allgemein: Ein Einstoffsystem kann keinen Quadrupelpunkt besitzen. Ein solcher kann nur auftreten, wenn das System mindestens zwei Komponenten hat.

Abschließend kann man sagen, dass das gesamte Gebiet der Phasenübergänge von zwei Gesetzen beschrieben wird. Die Clausius-Clapeyron'sche Gleichung ergibt die Steigung der Kurven im Phasendiagramm und die Gibbs'sche Phasenregel die Anzahl der Phasen.

20.2 Verdampfung und Verflüssigung

Verdampfung. Verdampft Wasser unter Atmosphärendruck, müssen die aus der Flüssigkeit austretenden Moleküle durch die darüber befindliche Luft diffundieren, um sich von der Oberfläche zu entfernen. Will man den eigentlichen Mechanismus und die Gesetze der Verdampfung studieren, ist es daher einfacher, wenn die Flüssigkeit ungestört in ein

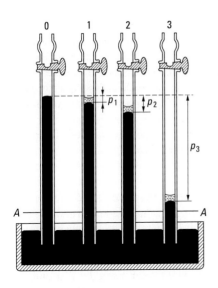

Abb. 20.6 Nachweis des unterschiedlichen Dampfdrucks von Flüssigkeiten im Vakuum (unterhalb der Linie AA ist der Aufbau stark verkürzt gezeichnet). Das Küken des Hahns ist nur bis zur Hälfte durchbohrt, so dass die Flüssigkeit portionsweise in das Vakuum gefüllt werden kann.

Vakuum verdampft. Dazu kann man folgenden Versuch durchführen: Das Rohr eines Quecksilber-Barometers sei oben mit einem Hahn abgeschlossen, dessen Küken nur bis zur Hälfte durchbohrt ist. In dem Raum zwischen Quecksilbermeniskus und Hahn befindet sich dann ein Vakuum (Abb. 20.6, ganz links). Das ist nicht ganz richtig, wie sich weiter unten herausstellen wird, jedoch stören die wenigen im Raum vorhandenen Quecksilberatome den Versuch nicht. In das Rohr oberhalb des Hahns wird nun z. B. flüssiger Äther gefüllt und durch mehrmaliges Drehen des Kükens in das Vakuum portionsweise eingelassen. Man beobachtet, dass sich der Äther auf der Oberfläche des Quecksilbers sammelt und dass gleichzeitig die Höhe der Quecksilbersäule stark abnimmt. Der Raum über dem Meniskus ist jetzt mit Ätherdampf gefüllt, dessen Druck aus der Differenz der Höhen vor und nach dem Einfüllen bestimmt werden kann (Abb. 20.6, ganz rechts). Führt man den Versuch statt mit Äther mit Wasser oder mit Alkohol durch, zeigt sich das gleiche Verhalten. Bei einer Temperatur von $20\,°C$ misst man für Wasser $p_1 = 23.3$ mbar, für Alkohol $p_2 = 58.7$ mbar und für Äther $p_3 = 589$ mbar.

Aus der Beobachtung, dass nicht die gesamte Flüssigkeit verdampft und sich unabhängig von der Menge der eingefüllten Flüssigkeit immer der gleiche Druck einstellt, kann man schließen, dass sich die Flüssigkeit und das darüber befindliche Gas im Gleichgewicht befinden. Bei einem bestimmten Druck verdampfen offenbar genauso viele Atome aus der Flüssigkeit wie gleichzeitig wieder kondensieren. Man nennt den sich einstellenden Druck den *Sättigungsdruck* oder *Dampfdruck* des Gases. Dieser Druck ist von der Temperatur abhängig. Er steigt mit zunehmender Temperatur (Abb. 20.2 und 20.3). Äther hat bei $10\,°C$ einen Dampfdruck von $p_3 = 389$ mbar und bei $30\,°C$ schon $p_3 = 864$ mbar.

Aus diesen Überlegungen folgt, dass sich auch über dem flüssigen Quecksilber Quecksilberdampf befinden muss. Der Raum oberhalb des Meniskus enthält also tatsächlich Quecksilberatome. Jedoch ist bei $20\,°C$ der Dampfdruck von Quecksilber nur $2.4 \cdot 10^{-3}$ mbar und damit gegenüber dem Druck der eingefüllten Flüssigkeiten vernachlässigbar.

Das Gleichgewicht zwischen Flüssigkeit und Gas kann sich nur in einem geschlossenen Gefäß ausbilden, aus dem das Gas nicht entweichen kann. Der Druck wächst dann mit fortschreitender Verdampfung, bis Stillstand eintritt. Nimmt man so wenig Flüssigkeit bei dem obigen Versuch, dass das ganze Quantum bereits verdampft ist, bevor der zugehörige Dampfdruck erreicht ist, hat man nur Gas im Gefäß. Je größer das Gefäß ist, desto mehr Flüssigkeit muss man nehmen, um das Gleichgewicht zu erreichen. Daher verdampft jede Flüssigkeit vollständig bei jeder Temperatur in einem offenen Gefäß. Allerdings wird der Vorgang dadurch verlangsamt, dass die Moleküle durch die atmosphärische Luft hindurch diffundieren müssen. Man pflegt diese langsame Verdampfung als *Verdunstung* zu bezeichnen. Sie wird weiter unten genauer behandelt.

Oben wurde schon beschrieben, dass der Dampfdruck eines Gases von der Temperatur abhängt. Diese Abhängigkeit ist eine andere als die für ein Gas, das sich nicht im Gleichgewicht mit der Flüssigkeit befindet. Für dieses Gas gilt das Gay-Lussac'sche Gesetz $p = p_0(1 + \alpha t)$, während man für das aus Gas und Flüssigkeit bestehende System eine andere Abhängigkeit $p = p(t)$ findet. Das ist aber zu erwarten, denn die Atome können bei Veränderung der Temperatur nicht nur ihre mittlere Geschwindigkeit, sondern auch ihre Anordnung ändern. Weil das System Flüssigkeit-Gas andere Eigenschaften hat als ein isoliertes Gas, nennt man das mit seiner Flüssigkeit im Gleichgewicht stehende Gas häufig *gesättigten Dampf.* Man muss sich jedoch darüber im Klaren sein, dass die andere Temperaturabhängigkeit des Drucks nur an der Koexistenz von Gas und Flüssigkeit liegt und der Dampf, wenn man ihn isoliert betrachtet, die gleichen Eigenschaften wie ein Gas besitzt.

Außer der anderen Temperaturabhängigkeit des Drucks zeigt das System Flüssigkeit-Gas auch eine andere Veränderlichkeit des Volumens mit dem Druck bei konstanter Temperatur. Für ein isoliertes Gas ist das Produkt $p \cdot V$ eine Konstante (Boyle-Mariotte). Durch eine kleine Veränderung der Versuchseinrichtung nach Abb. 20.7 kann man die Abhängigkeit $V = V(p)$ ebenfalls experimentell untersuchen. Nach dem Einfüllen der Flüssigkeit, wie in Abb. 20.6, hebt oder senkt man den mit Quecksilber gefüllten Standzylinder, um den Druck zu ändern. Dabei macht man eine überraschende Beobachtung: Solange sich

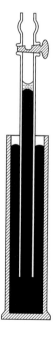

Abb. 20.7   Versuch, der die Unabhängigkeit des Dampfdrucks vom Volumen zeigt

in dem Raum oberhalb des Meniskus Flüssigkeit und Gas befinden, ändert sich der Druck nicht. Die Höhe des Meniskus über der Oberfläche des Quecksilbers im Standzylinder bleibt konstant. Senkt man den Standzylinder ab, verringert sich der Flüssigkeitsanteil. Es treten also Moleküle in die Gasphase über, wodurch der Druck erhalten bleibt. Erst wenn die gesamte Flüssigkeit verdampft ist, kann man eine Änderung des Drucks mit dem Volumen feststellen, die dann etwa dem Boyle-Mariotte'schen Gesetz entspricht. Hebt man andererseits den Zylinder so weit an, dass sich nur noch Flüssigkeit zwischen Hahn und Meniskus befindet, steigt der Druck sehr stark bei weiterer Verkleinerung des Volumens an. Die Flüssigkeit ist nahezu inkompressibel. Qualitativ folgt die Abhängigkeit $p = p(V)$ den in Abb. 20.8 dargestellten Kurven. Man betrachte z. B. die Kurve bei der Temperatur von 15 °C, die in dem Gebiet zwischen A' und B' die Unabhängigkeit des Drucks vom Volumen zeigt.

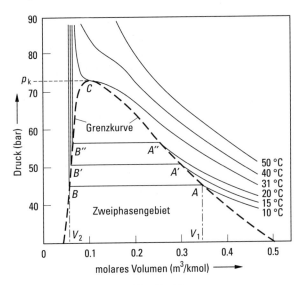

Abb. 20.8 p-V-Diagramm von Kohlendioxid

Verflüssigung. Es soll jetzt untersucht werden, welche Methoden für die Verflüssigung von Gasen sich aus den obigen Darlegungen ergeben. Das Prinzip ist einfach: Man muss das zu verflüssigende Gas auf seinen Dampfdruck bringen. Dann muss Volumenverkleinerung – ohne dass Steigerung des Drucks eintritt – genügen, um wenigstens einen Teil in den flüssigen Zustand zu bringen. Der Dampfdruck kann aber, weil er temperaturabhängig ist, auf verschiedene Weise erreicht werden. Man kann einmal, um mit einem möglichst niedrigen Dampfdruck zu arbeiten, das Gas bei konstantem Druck (z. B. Atmosphärendruck) bis zu einer Temperatur abkühlen, zu der der vorgegebene konstante Druck (z. B. der Atmosphärendruck) als Dampfdruck gehört. Durch diese Methode der Temperaturerniedrigung bei konstantem Druck gelingt es in der Tat stets, ein Gas in eine andere Phase zu bringen, allerdings nicht immer in die flüssige, sondern unter Umständen auch in die feste Phase.

Eine zweite Möglichkeit würde nach unseren bisherigen Darlegungen darin bestehen, bei konstanter Temperatur (z. B. Zimmertemperatur) den Druck so weit zu erhöhen, dass man den zur gewählten Temperatur (z. B. Zimmertemperatur) gehörigen Dampfdruck erreicht. Obwohl dieses Verfahren in vielen Fällen zum Ziel führt, gelingt es nicht allgemein, und das deutet eben darauf hin, dass sich in unseren bisherigen Ergebnissen noch eine Lücke befindet. Zwar gelingt es, Kohlendioxid von Zimmertemperatur durch bloße Drucksteigerung zu verflüssigen (in den käuflichen Kohlensäurebomben ist flüssiges Kohlendioxid enthalten), allerdings gehört dazu ein Druck von ungefähr 55 bis 56 bar. Aber es gelingt auf keine Weise, auch nicht durch beliebig hohen Druck, Kohlendioxid oberhalb einer Temperatur von 31.0 °C in die flüssige oder feste Phase zu bringen, und erst recht nicht bei noch höheren Temperaturen.

Wie bei Kohlendioxid liegen die Verhältnisse allgemein: Es gelang lange Zeit hindurch nicht, durch Drucksteigerung bei den früher zur Verfügung stehenden mäßig tiefen Temperaturen, z. B. Luft, Sauerstoff, Stickstoff oder Wasserstoff zu verflüssigen, so dass man eine Zeitlang die Gase in verflüssigbare und sogenannte *permanente Gase* einteilte. Man hätte diese permanenten Gase zwar grundsätzlich nach dem ersten Verfahren durch hinreichende Abkühlung verflüssigen können, aber man erreichte damals nicht die tiefen, dazu erforderlichen Temperaturen.

Offenbar verhalten sich Gase in bestimmten Bereichen von Druck und Temperatur nicht so, wie es das Boyle-Mariotte'sche und das Gay-Lussac'sche Gesetz beschreiben. Dies soll am Beispiel des Kohlendioxids (CO_2) gezeigt werden: Die Resultate der experimentellen Untersuchungen sind in Abb. 20.8 dargestellt. In das p-V-Diagramm sind die gemessenen Isothermen eingezeichnet. Betrachten wir zunächst die Isotherme von 10 °C und beginnen mit großen Werten des Volumens V, d. h. kleinem Druck p. Bei Verkleinerung des Volumens steigt der Druck an, angenähert so, wie es nach dem Boyle-Mariotte'schen Gesetz zu erwarten ist. Immer weitere Verkleinerung des Volumens führt schließlich zum Punkt A, in dem der Dampfdruck des Kohlendioxids für 10 °C erreicht ist. Das Kohlendioxid liegt jetzt als gesättigter Dampf vor und verhält sich dementsprechend. Weitere Volumenverkleinerung bewirkt kein Steigen des Drucks mehr, sondern es tritt partielle Verflüssigung ein. Schließlich ist bei weiterer Volumenverkleinerung nur noch Flüssigkeit vorhanden, und nun beobachtet man bei geringer Kompression ein sehr steiles Ansteigen des Drucks, entsprechend der kleinen Kompressibilität von Flüssigkeiten. Was man hier aus Abb. 20.8 ablesen kann, ist lediglich das, was bereits aus dem Vorhergehenden bekannt ist: Es ist gelungen, bei der konstanten Temperatur von 10 °C durch bloße Drucksteigerung den Dampfdruck in A zu erreichen und durch weitere Volumenverkleinerung CO_2 vollkommen zu verflüssigen.

Für die Isothermen von 15 °C und 20 °C gilt Entsprechendes. Nur ist der Dampfdruck, der den Punkten A' und A'' entspricht, wegen der höheren Temperatur größer als bei 10 °C. Auch erkennt man, dass die beiden Volumina V_1 und V_2 im gasförmigen und flüssigen Zustand näher aneinandergerückt sind. Das dem Gas zukommende Volumen ist entsprechend dem höheren Dampfdruck kleiner, das der Flüssigkeit zukommende infolge der thermischen Ausdehnung größer geworden, als sie bei 10 °C waren. Geht man schließlich zur Isotherme von 31 °C über, sieht man, dass bei dieser die beiden Volumina im Punkt C sogar zusammengefallen sind. Flüssigkeit und Dampf haben in diesem Fall also die gleiche Dichte. Bei noch höheren Temperaturen tritt überhaupt keine Umwandlung in die Flüssigkeit ein. Die Isothermen nehmen immer mehr die Gestalt von Hyperbeln an, die dem Boyle-Mariotte'schen Gesetz entsprechen würden. Das Ergebnis der Versuche ist also, dass man CO_2 nur unterhalb einer Temperatur von 31 °C durch Druckerhöhung verflüssigen kann. Oberhalb dieser Temperatur ist dies, selbst bei Anwendung eines beliebig hohen Drucks, nicht möglich.

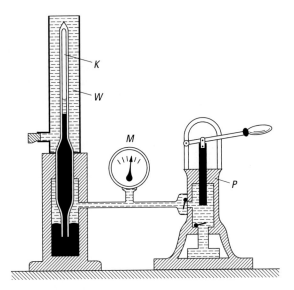

Abb. 20.9   Anordnung zur Verflüssigung von Kohlendioxid

Man nennt die Temperatur, oberhalb der keine Verflüssigung möglich ist, die *kritische Temperatur* T_k, das gemeinsame Volumen im Punkt C das *kritische Volumen* (V_k) und den Druck in diesem Punkt den *kritischen Druck* (p_k). Dazu rechnet man zuweilen noch die *kritische Dichte* (ϱ_k). Für CO_2 sind die kritischen Daten die folgenden: $T_k = (273.2 + 31.0)$ K, $p_k = 73.8$ bar, $V_k/n = 9.48 \cdot 10^{-5}$ m^3/mol und $\varrho_k = 468$ kg/m^3.

Man kann das unterschiedliche Verhalten des Kohlendioxids unter- und oberhalb der kritischen Temperatur von $31.0\,°C$ leicht mit dem folgenden Apparat demonstrieren (Abb. 20.9). In diesem kann CO_2 in einem Kapillarrohr K mit einer Druckpumpe P isotherm komprimiert werden, die Quecksilber (schwarz gezeichnet) in die Kapillare hineindrückt. Die Temperatur wird durch ein Wasserbad W geregelt, das die Kapillare umgibt. Macht man den Versuch etwa bei $10\,°C$ oder $20\,°C$, sieht man, wie das steigende Quecksilber das Volumen verkleinert. Ein Manometer M zeigt den zunehmenden Druck an. Wird der Dampfdruck erreicht, bildet sich flüssiges CO_2, das sich über dem Quecksilber sammelt und gegen den CO_2-Dampf durch einen deutlichen Meniskus abhebt. Füllt man bei diesem Stand des Versuchs in das umgebende Rohr Wasser von etwa $35\,°C$ (d. h. oberhalb der kritischen Temperatur), so verschwindet der Meniskus, und die Kapillare ist von homogener gasförmiger Substanz erfüllt. – Es gibt auch dickwandige Glasrohre, die zum Teil mit flüssigem CO_2 gefüllt sind. Taucht man diese Rohre in Wasser von etwa $35\,°C$ ein, beobachtet man, wie das Volumen der Flüssigkeit (durch thermische Ausdehnung) zunimmt, das des Dampfes (durch Kompression) abnimmt, so dass die Dichten sich nähern, wie es in Abb. 20.8 bei Betrachtung der verschiedenen Isothermen unterhalb $31\,°C$ zu sehen ist. Hat das Kohlendioxid im Rohr die kritische Temperatur erreicht, bildet sich plötzlich ein dichter Nebel, bis nach wenigen Augenblicken das Rohr wieder vollkommen klar wird: Es ist von einer homogenen Gasphase erfüllt. Bei Abkühlung folgen die Erscheinungen in umgekehrter Reihenfolge. Verbindet man in Abb. 20.8 die Punkte $A, A', A'', \ldots, C$ sowie die Punkte $B, B', B'', \ldots, C$ durch eine Kurve (gestrichelt), so umschließt diese Grenzkurve das sogenannte *Zweiphasengebiet* in der $p\text{-}V$-Ebene.

Tab. 20.1   Kritische Größen einiger Gase

Gas	T_k in K	p_k in bar	V_k/n in m^3/kmol	ϱ_k in kg/m^3
Wasserdampf	647.4	221.2	0.0554	325
Äthylalkohol	516.15	63.8		276
Chlor	417.15	76.1		567
Kohlendioxid	304.15	73.8	0.095	468
Methan	190.55	46.0	0.099	162
Sauerstoff	154.77	50.8	0.076	419
Argon	150.85	48.6	0.075	531
Luft	132.6	37.7		313
Stickstoff	126.25	34.0	0.090	311
Wasserstoff	33.25	13.0	0.0655	31.0
Helium	5.20	2.29	0.058	69.3

Was hier für CO_2 nachgewiesen wurde, gilt für alle Gase:

- Für jedes Gas existiert eine kritische Temperatur, oberhalb der eine Verflüssigung durch noch so hohen Druck nicht bewirkt werden kann.

Für die Verflüssigung von Gasen ergibt sich daraus die Vorschrift, diese zunächst bis unter die kritische Temperatur abzukühlen und dann bis zur Sättigung zu komprimieren. Je tiefer man unter die kritische Temperatur hinuntergeht, desto kleiner ist der Dampfdruck, bei dem die Verflüssigung eintritt. Die kritischen Temperaturen der früher als „permanent" bezeichneten Gase liegen sehr tief (Tab. 20.1), und so ist es erklärlich, dass es früher nicht gelang, sie zu verflüssigen. Tab. 20.1 bringt einige Zahlenangaben über die kritischen Daten. Am tiefsten – nur 5 K über dem absoluten Nullpunkt – liegt die kritische Temperatur des Heliums. Helium wurde erst 1908 von H. Kamerlingh Onnes (1853 – 1926, Nobelpreis 1913) verflüssigt. Die technischen Methoden zur Gasverflüssigung werden in Kap. 21 beschrieben.

Van der Waals'sche Zustandsgleichung. Wie bereits erwähnt, sind die Isothermen eines verflüssigbaren Gases im p-V-Diagramm keine Hyperbeln. Zum Unterschied von den – gedachten – idealen Gasen, deren Isothermen dem Gesetz $p \cdot V = $ const folgen, nennt man solche Gase *reale Gase*. Nur bei hohen Temperaturen und geringen Gasdichten stimmen die Isothermen des realen Gases mit denen des idealen Gases überein. In diesem Gebiet ist die Kraftwirkung der Gasmoleküle aufeinander, die die Verflüssigung verursacht, vernachlässigbar.

Die ebenfalls bereits erwähnte van der Waals'sche Zustandsgleichung (Abschn. 16.3),

$$\left(p + \frac{a}{V_m^2}\right)(V_m - b) = RT \tag{20.3}$$

($V_m = V/n = $ molares Volumen), umfasst den gasförmigen und flüssigen Zustand. Wäre das exakt der Fall, müssten die von ihr beschriebenen Isothermen den experimentell gewonnenen von Abb. 20.8 gleichen. Gl. (20.3) ergibt ausmultipliziert:

$$V_m^3 - V_m^2 \frac{pb + RT}{p} + V_m \frac{a}{p} - \frac{ab}{p} = 0. \tag{20.4}$$

Das ist bei festem p und T eine Gleichung dritten Grades für V. Eine Parallele zur V-Achse (festes p) würde die Isotherme (festes T) also in maximal drei Punkten schneiden. Ist nur eine Wurzel der Gleichung reell, wird die Isotherme nur an einer Stelle geschnitten. In Abb. 20.10 sind drei Isothermen nach van der Waals wiedergegeben, eine unterhalb, eine bei, die dritte oberhalb der kritischen Temperatur. Betrachten wir zunächst die Isotherme bei T_1. Sie wird von einer Linie konstanten Drucks in den drei Punkten A, B und C geschnitten, d. h., es sollten jedem Druck drei verschiedene Werte des Volumens entsprechen. Das zeigen die experimentell ermittelten Isothermen nicht. Ein weiterer Unterschied zwischen Theorie und Experiment besteht darin, dass in Abb. 20.10 im Gegensatz zu Abb. 20.8 keinerlei Unstetigkeit oder Knick in der Isotherme auftritt. Die aus den experimentellen Werten gewonnenen Isothermen zeigen an der Stelle, wo der Dampfdruck erreicht wird, einen Knick. Dieser Knick fehlt hier. Statt dessen ist eine $\sim$-förmige Schleife vorhanden. Im Übrigen entspricht das größte Volumen V_1 auch hier der Gasphase, das kleinste V_2 der Flüssigkeit, während das mittlere dritte V' keine physikalische Bedeutung hat. Abgesehen von der $\sim$-förmigen Schleife entspricht die van der Waals'sche Gleichung also den Versuchen. Man kann aber nicht ohne Weiteres aus ihr ersehen, in welcher Höhe die aus dem Experiment sich ergebende Horizontale des Dampfdrucks gezogen werden muss, ob sie im Punkt A oder einem höheren oder tieferen einzusetzen hat. Maxwell hat gezeigt, dass die horizontale Gerade, die den Dampfdruck darstellt, so gelegt werden muss, dass die oberhalb liegende Fläche der theoretischen Schleife gleich der unterhalb liegenden ist. In Abb. 20.10 ist dies von vornherein so geschehen. Den Beweis dafür lieferte Maxwell durch Betrachtung eines Kreisprozesses. Aus energetischen Gründen muss die zur Verflüssigung aufzuwendende Arbeit unabhängig davon sein, ob man vom Punkt A aus den Punkt C direkt über B erreicht oder auf der $\sim$-förmigen Kurve $ADBEC$. Mit Hilfe dieser Regel kann man auf der theoretischen Kurve der van der Waals'schen Zustandsgleichung den Punkt bestimmen, bei dem die Verflüssigung beginnt, d. h. den Dampfdruck entnehmen.

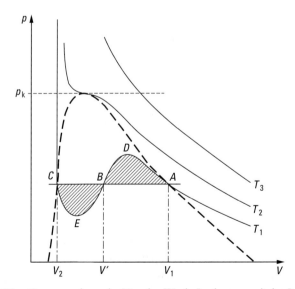

Abb. 20.10   Zusammenhang der Van-der-Waals-Isothermen mit den Isothermen eines realen Gases

Geht man allmählich mit der Temperatur in die Höhe, nähern sich die drei Volumina V_1, V_2 und V' einander und nehmen bei der kritischen Isotherme denselben Wert an, denn die kritische Isotherme hat nur noch einen Schnittpunkt mit einer Horizontalen bestimmten Drucks. Für die kritische Temperatur fallen also beim kritischen Druck die drei reellen Wurzeln der van der Waals'schen Zustandsgleichung zusammen. Oberhalb der kritischen Temperatur gibt es nur noch ein reelles Volumen, die beiden anderen erweisen sich als konjugiert-komplex, sind also ohne physikalische Bedeutung.

Man kann aus der van der Waals'schen Zustandsgleichung die kritischen Größen durch die Bedingungen gewinnen, dass die der kritischen Temperatur entsprechende Isotherme im höchsten Punkt der Grenzkurve einen Wendepunkt und eine horizontale Tangente besitzt. Die letzte Bedingung bedeutet, dass $dp/dV = 0$, die erste, dass $d^2p/dV^2 = 0$ sein muss. Mit der van der Waals'schen Zustandsgleichung zusammen sind das drei Bedingungen für die drei Unbekannten T_k, p_k und V_k/n:

$$p = \frac{RT}{V_m - b} - \frac{a}{V_m^2} \qquad \text{(van der Waals'sche Gleichung)},$$

$$\frac{dp}{dV_m} = -\frac{RT}{(V_m - b)^2} + \frac{2a}{V_m^3} = 0 \qquad \text{(horizontale Tangente)},$$

$$\frac{d^2p}{dV_m^2} = \frac{2RT}{(V_m - b)^3} - \frac{6a}{V_m^4} = 0 \qquad \text{(Wendepunkt)}.$$

Daraus ergibt sich für die kritischen Daten:

$$p_k = \frac{1}{27}\frac{a}{b^2}, \quad \frac{V_k}{n} = 3b, \quad T_k = \frac{8}{27}\frac{a}{Rb}. \tag{20.5}$$

Verdampfung im offenen Gefäß, Sieden. Welche Unterschiede treten auf, wenn die Verdampfung nicht mehr in einem geschlossenen, sondern in einem offenen Gefäß vor sich geht, so dass auf der freien Oberfläche ein unveränderlicher Druck (z. B. Atmosphärendruck) lastet? Die Anwesenheit eines Fremdgases, z. B. Luft, stört die Verdampfung an sich durchaus nicht: Es treten auch jetzt die schnellsten Flüssigkeitsmoleküle durch die Oberfläche, entgegen der Wirkung der Oberflächenspannung, in die Luft aus. Dann entfernen sie sich durch Diffusion in der Luft von der Oberfläche. Oder die Moleküle werden, wenn die Luft an der Oberfläche vorbeiströmt, in dem Konvektionsstrom mitgenommen.

Der folgende Versuch zeigt anschaulich die Verdampfung eines Stoffes in Gegenwart anderer Gase (Abb. 20.11). Durch die eine Öffnung einer größeren, mit zwei Hälsen versehenen Flasche ist ein Quecksilbermanometer und durch die andere ein Glasrohr luftdicht eingeführt, das mit einem Hahn entsprechend Abb. 20.6 versehen ist. Die Flasche ist mit Luft von Atmosphärendruck gefüllt. Lässt man mit dem Hahn z. B. Äther in die Flasche eintreten, verdampft dieser in der Flasche, und das Manometer zeigt nach einiger Zeit den Druck des Ätherdampfes in dem mit Luft gefüllten Raum der Flasche an. Bei einer Temperatur von 20 °C erhält man für Äther einen Druck von 589 mbar, denselben Wert wie bei der Verdampfung in den luftleeren Raum. Der Partialdruck des Dampfes (in diesem Fall von Äther) ist also nach Eintritt des Gleichgewichtszustands unabhängig von dem Vorhandensein anderer Gase, wie es nach dem Dalton'schen Gesetz zu erwarten ist. Der beschriebene Vorgang spielt sich nur langsamer ab als im Vakuum. Gleichgewicht

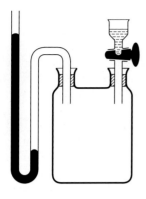

Abb. 20.11 Demonstration der Verdampfung im gaserfüllten Raum

kann auch jetzt erst eintreten, wenn ebenso viele Moleküle die Flüssigkeit verlassen, wie wieder in sie eintreten (natürlich nur „eigene", nicht fremde Moleküle).

Bei einem offenen Gefäß kann das nicht eintreten, weil der zur Verfügung stehende Raum unendlich groß ist. Die Folge davon ist, dass eine offen an der Luft stehende Flüssigkeit vollständig verdampft, und zwar bei allen Temperaturen und Drücken. Diese langsame Verdampfung durch die freie Oberfläche wird, wie schon erwähnt, als *Verdunstung* bezeichnet. Auch hier ist zur Aufrechterhaltung der Temperatur der verdunstenden Flüssigkeit die molare bzw. spezifische Verdampfungswärme von außen zuzuführen. Falls dies nicht oder nicht schnell genug geschieht, entnimmt die Flüssigkeit diese Wärme ihrem eigenen Energievorrat: Sie kühlt sich in diesem Fall ab, und die Verdampfungswärme tritt jetzt als *Verdunstungskälte* auf. Die Abkühlung erfolgt umso schneller, je größer der Dampfdruck der Flüssigkeit ist. Sie ist daher bei Äther größer als bei Alkohol und bei diesem größer als bei Wasser. Man weist dies nach, indem man die drei Flüssigkeiten in Bechergläsern offen stehen lässt: Alle drei besitzen in der genannten Reihenfolge tiefere Temperaturen als die Umgebung. Führt man die Moleküle in der Gasphase durch einen Konvektionsstrom schnell weg, treten in der gleichen Zeit mehr Moleküle aus der Flüssigkeit aus. Es wird in der gleichen Zeit dann mehr Verdampfungswärme gebraucht. Diese Erscheinung ist jedem bekannt, der sich zur Abkühlung schon einmal Luft zugefächert hat. Die Flüssigkeit ist in diesem Fall der aus dem Körper ausgetretene Schweiß.

Das Auftreten der Verdunstungskälte zeigt man durch folgende Versuche: Hängt man in einen zur Hälfte mit Schwefelkohlenstoff gefüllten Erlenmeyer-Kolben einen Filtrierpapierstreifen, so bereift dieser nach kurzer Zeit am oberen Ende. Infolge der Verdunstung des aufgesaugten Schwefelkohlenstoffs tritt eine so starke Abkühlung ein, dass sich an dem Papierstreifen die in der umgebenden Luft enthaltene Feuchtigkeit als Eis niederschlägt. – Bringt man auf ein dünnes Holzbrettchen einige Tropfen Wasser und setzt darauf ein mit etwas Äther gefülltes kleines Becherglas, so friert dieses an dem Brettchen fest, wenn man den Äther mit einem Handgebläse zu intensivem Verdunsten bringt. – Zur örtlichen Betäubung (Anästhesierung) der Haut bei Operationen benutzt man die starke Verdunstung von Äthylchlorid (C_2H_5Cl), dessen Siedepunkt bei 13.1 °C liegt. Wie Abb. 20.12 zeigt, spritzt man das Äthylchlorid durch Erwärmen des über der Flüssigkeit befindlichen Dampfes mit der Hand in dünnem Strahl gegen die abzukühlende Stelle. Dieser entzieht es die zu seiner Verdampfung notwendige Wärme, so dass sich Temperaturen unter 0 °C einstellen. – In heißen Ländern wird vielfach Wein in unglasierte Tonkrüge gefüllt, der infolge der relativ starken Verdunstung durch die Oberfläche kühl bleibt. – Auch die abkühlende

Abb. 20.12   Erzeugung von Verdunstungskälte auf der Haut: Ausspritzen von flüssigem Äthylchlorid durch Erwärmen einer Ampulle mit der Hand (Wird in der Medizin zur Vereisung kleiner
Hautpartien benutzt)

Wirkung des Regens oder künstlicher Besprengung mit Wasser an heißen Sommertagen
beruht überwiegend auf der Verdunstung des Wassers, durch die der Umgebung die dazu
notwendige Wärme entzogen wird.

Dass sich rasch verdunstendes Wasser sogar unter $0\,^\circ$C abkühlt und in Eis umwandelt,
lässt sich mit der in Abb. 20.13 skizzierten Anordnung zeigen. Die beiden durch ein
gebogenes Glasrohr verbundenen Gefäße A und B enthalten nur Wasser und Wasserdampf,
da vor dem Zuschmelzen die Luft beim Sieden aus dem Apparat verdrängt wurde. Bringt
man das Wasser in den oberen Behälter A und taucht man den unteren Teil B in eine
Kältemischung, so kondensiert der Dampf in B zu Wasser. Die Folge ist, dass das Wasser
in A um den Raum mit Wasserdampf wieder zu füllen, so schnell verdunstet, dass es
infolge der dabei auftretenden Abkühlung gefriert.

Bei starker Wärmezufuhr aber tritt der Fall ein, dass die Verdampfung durch die Oberfläche nicht mehr ausreicht, um einen stationären Zustand zu erzielen. Dann steigt die
Temperatur der Flüssigkeit immer mehr, bis sich schließlich jetzt im Inneren derselben
Gasblasen bilden, die eine Vergrößerung der Oberfläche darstellen. Die Blasen steigen
auf und ermöglichen eine vielfach gesteigerte Wärmeabfuhr, so dass die Temperatur nicht
mehr weiter erhöht werden kann. Ist der Zustand der Gasbildung von innen heraus erst
einmal eingetreten, wächst bei noch so gesteigerter Wärmezufuhr nicht die Temperatur,
sondern die Zahl der entstehenden Gasblasen. Der Zustand konstanter Temperatur wird in

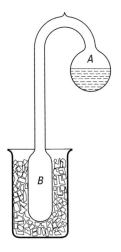

Abb. 20.13   Demonstration des Gefrierens
von Wasser durch rasche Verdunstung

Tab. 20.2   Verdampfungswärmen und Siedetemperatur einiger Stoffe

Stoff	Verdampfungswärme		Siedetemperatur T	
	spezifische	molare		
	λ in kJ/kg	Λ in kJ/mol	in K	in °C
Wasser	2256.0	40.642	373.15	100
Äther	384.0	28.464	307.65	34.5
Aceton	525.0	30.493	329.40	56.25
Anilin	483.1	45.168	457.55	184.4
Alkohol	840.0	38.698	351.48	78.33
Essigsäure	406.0	24.382	391.25	118.1
Quecksilber	285.0	57.168	629.73	356.58
Schwefelkohlenstoff	352.0	26.801	319.45	46.3
Kohlendioxid	136.8	6.021	194.70	− 78.45
Sauerstoff	213.1	6.816	90.18	−182.97
Stickstoff	198.0	5.55	77.35	−195.80
Wasserstoff	453.8	0.915	20.38	−252.77

dem Augenblick erreicht, in dem der in den Blasen vorhandene Dampfdruck gleich dem gesamten auf der Oberfläche lastenden Druck (z. B. dem Atmosphärendruck) ist.

Die aus dem ganzen Inneren heraus erfolgende Verdampfung wird als *Sieden* bezeichnet. Wegen des Zusammenhangs von Dampfdruck und Temperatur ist die *Siedetemperatur* druckabhängig. Für einige Flüssigkeiten sind die Siedetemperaturen bei 1013 hPa in Tab. 20.2 zusammengestellt.

Wasser siedet unter dem Druck von 1013 hPa bei 100 °C. Das bedeutet also, dass der Dampfdruck des Wassers bei 100 °C 1013 hPa beträgt. Bei vermindertem Druck siedet Wasser unter, bei erhöhtem Druck über 100 °C. Dies kann man zeigen, indem man ein Becherglas mit Wasser von Zimmertemperatur in den Rezipienten einer Pumpe stellt und den Druck auf wenige hPa erniedrigt. Dann beginnt das Wasser auch bei Zimmertemperatur lebhaft zu sieden. – Bringt man in einem Rundkolben Wasser zum Sieden und verschließt den Kolben, nachdem der sich entwickelnde Wasserdampf alle Luft aus ihm verdrängt hat, mit einem Gummistopfen, so siedet nach Wegnahme der Flamme das Wasser noch eine Zeitlang weiter, da sich der Dampf über dem Wasser verdichtet und sich infolgedessen der Druck erniedrigt. Ein besonders heftiges Sieden erfolgt, wenn man nach Umkehr des Kolbens die Kondensation des Wasserdampfes durch Übergießen mit kaltem Wasser beschleunigt (Abb. 20.14).

Da der Luftdruck mit der Höhe abnimmt, siedet das Wasser auf Bergen, wo der Luftdruck geringer ist als am Meeresspiegel, bereits bei Temperaturen unterhalb 100 °C. In einer Höhe von 4800 m (Montblanc) kocht das Wasser an freier Luft bei einem durchschnittlichen Barometerstand von 555 hPa bereits bei 84 °C. Man kann daher aus der Messung der Siedetemperatur des Wassers auf den an dem betreffenden Ort herrschenden Barometerstand schließen und hieraus nach der barometrischen Höhenformel die Höhe des betreffenden Ortes ermitteln. Der Abnahme der Siedetemperatur um 1 °C entspricht annähernd eine Druckabnahme von 35.91 hPa und an der Erdoberfläche eine vertikale Erhebung von etwa 297 m.

Schließlich findet nach R. W. Bunsen (1811 – 1899) die Erscheinung der *Geysire*, die an verschiedenen Stellen der Erde (Yellowstone Park in Amerika, Island, Neuseeland usw.)

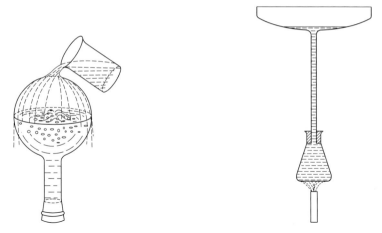

Abb. 20.14   Sieden unter vermindertem Druck   **Abb. 20.15**   Geysir-Modell

in regelmäßigen Zeitabständen Wasser unter gleichzeitiger Dampfentwicklung ausschleudern, ihre Erklärung durch eine Siedepunkterhöhung des Wassers in den tieferen Erdschichten infolge der darüber liegenden Wassersäule. Abb. 20.15 zeigt ein zur Vorführung dieser Erscheinung geeignetes Modell. In einen mit Wasser gefüllten Erlenmeyer-Kolben führt durch einen Gummistopfen ein etwa 1 m langes mit Wasser gefülltes Glasrohr, das oben in ein trichterförmiges Auffanggefäß mündet. Infolge des auf dem Wasser im Kolben lastenden Drucks der darüber befindlichen Wassersäule siedet das Wasser erst bei 102.6 °C. Durch die dabei aufsteigenden Dampfblasen wird das Wasser aus dem Rohr geworfen, und es tritt infolge der dadurch stattfindenden, plötzlichen Druckverminderung ein explosionsartiges Sieden des Wassers im Kolben mit heftiger Dampfentwicklung ein, während die Siedetemperatur auf 100 °C heruntergeht. Sobald aber das herausgeworfene und durch das am oberen Ende der Röhre befindliche Auffanggefäß wieder gesammelte Wasser in das Steigrohr zurückfließt, erhöht sich der Druck im Kolben, das Sieden hört auf, und es vergeht eine bestimmte Zeit, bis sich der beschriebene Vorgang von neuem wiederholt.

Eine Flüssigkeit, die zu sieden beginnt, zeigt die Blasenbildung nicht zugleich an allen Stellen. Wenn unterhalb des Gefäßes geheizt wird, entstehen die Bläschen zunächst am Boden. Die Wärmeleitfähigkeit der Flüssigkeit ist zu gering, um Temperaturunterschiede schnell auszugleichen. (Dies ist bei superfluidem Helium (He II) aufgrund seiner sehr großen Wärmeleitfähigkeit nicht der Fall. Bei Abkühlung unter 2.18 K ist plötzlich der Wärmeausgleich so groß, dass die Blasenbildung sofort aufhört, s. Kap. 21.)

Abgesehen von der ungleichmäßigen Erwärmung ist die Blasenbildung davon abhängig, ob *Keime* vorhanden sind, an denen sich die Blase ausbilden kann. Als Keime können Fremdkörper, Spitzen, gelöste Gase und Ionen wirken. Man kann in einem Glas mit CO_2-haltigem Wasser die Bildung von CO_2-Bläschen an der Glaswand, an Spitzen und hineingeworfenen Fremdkörpern auch ohne Erwärmung der Flüssigkeit gut beobachten. In einer Blase vom Radius r herrscht infolge der Oberflächenspannung σ ein Überdruck von $2\sigma/r$. Die Oberflächenspannung wird durch Fremdstoffe, Spitzen und elektrische Ladungen stark geändert (Abschn. 10.8). Weder die Gefäßwand noch die Flüssigkeit ist frei von Luft. In Wasser ist viel Luft gelöst. Beim Erhitzen bilden sich winzige Luftbläschen, die als Keime für Dampfblasen dienen.

Befreit man sehr reines Wasser in einem sehr sauberen Glas (also mit glatten Wänden) durch langes Kochen weitgehend von der gelösten Luft und bringt man dann das Wasser erneut zum Sieden, stellt man eine Erhöhung des Siedepunkts (bis auf 140 °C) fest. Dieser Siedeverzug kann sehr gefährlich werden, weil bei der höheren Temperatur die Dampfbildung sehr stürmisch, ja explosionsartig erfolgt. Um dies zu vermeiden, legt man in das Gefäß Glas- oder Keramiksplitter, wodurch der Siedeverzug vermieden wird.

Zur genauen Bestimmung der Siedetemperatur darf man daher das Thermometer nicht in die Flüssigkeit eintauchen, sondern nur in den über ihr befindlichen Dampfraum. Der Dampf hat stets die normale Siedetemperatur.

Das Verdampfen einer Flüssigkeit und die Kondensation ihres Dampfes bei Temperaturen unterhalb des Siedepunkts benutzt man bei der Destillation zur Trennung von Flüssigkeitsgemischen bzw. zur Trennung einer Flüssigkeit von den in ihr gelösten Stoffen (Herstellung von chemisch reinem destilliertem Wasser). Die betreffende Flüssigkeit wird zu diesem Zweck verdampft. Der Dampf wird in einem Kühler kondensiert, dessen Wand durch Wasser gekühlt wird. Die kondensierte Flüssigkeit läuft dann in ein Gefäß, die sogenannte Vorlage, ab. Bei Flüssigkeitsgemischen geht zunächst bevorzugt der leichter verdampfbare Stoff mit dem größeren Dampfdruck und gegen Ende der schwerer verdampfbare Anteil mit dem niedrigeren Dampfdruck über. Indem man diese Destillate getrennt auffängt und dann einzeln nochmal destilliert (fraktionierte Destillation), erhält man die betreffenden Stoffe in ziemlich reinem Zustand.

Verdampfungswärme. Wie die Wärmekapazität kann man auch die Verdampfungswärme auf die Stoffmenge oder auf die Masse der Substanz beziehen. Die auf die Stoffmenge bezogene, also die molare Verdampfungswärme, wird meist mit Λ und die auf die Masse bezogene, also die spezifische Verdampfungswärme, mit λ bezeichnet. Man kann sie ebenfalls mit der Mischungsmethode im Kalorimeter bestimmen.

Eine Anordnung zeigt Abb. 20.16. Der in einem Kolben K erzeugte Wasserdampf wird durch das Rohr R in eine vorher abgewogene Menge der Masse m_1 kalten Wassers geleitet, das sich in einem Dewar-Gefäß D befindet und die Anfangstemperatur t_1 besitzt. Der Wasserdampf kondensiert hierbei zu Wasser und gibt seine Verdampfungswärme an das Wasser ab, das sich auf t_2 erwärmt. Die Masse m_2 des Dampfes lässt sich durch eine erneute Wägung des Wassers in dem Gefäß D nach Schluss des Versuchs ermitteln. Wenn die Siedetemperatur $t_s = 100\,°C$ beträgt, kühlt sich der kondensierte Dampf der Masse m_2 noch weiter von $100\,°C$ bis auf t_2 ab, so dass die vom Dampf insgesamt an das Wasser abgegebene Wärme

$$m_2\lambda + m_2(t_s - t_2)c_w$$

ist. Die vom Wasser und dem Gefäß D mit seiner Wärmekapazität C aufgenommene Wärme ist andererseits

$$(m_1 c_w + C)(t_2 - t_1).$$

Da beide Wärmen gleich sein müssen, ergibt sich für λ die Gleichung

$$\lambda = \frac{(m_1 c_w + C)(t_2 - t_1) - m_2 c_w(t_s - t_2)}{m_2}.$$

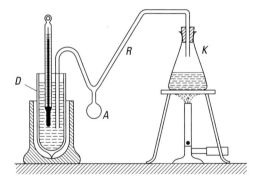

Abb. 20.16 Anordnung zur Messung der Verdampfungswärme

Damit bereits im Rohr R gebildetes Kondenswasser nicht in das Gefäß D hinunterläuft, hat das Rohr die in Abb. 20.16 gezeichnete Form, bei der die kugelförmige Erweiterung A zur Aufnahme des Kondenswassers dient.

Tab. 20.2 (S. 763) zeigt die Verdampfungswärmen einiger Stoffe. Die Werte beziehen sich auf die jeweilige Siedetemperatur bei 1013 hPa, die mit angegeben ist. Das Wasser hat danach die weitaus größte Verdampfungswärme, die übrigens wie bei allen Stoffen von der Siedetemperatur abhängt. Auf die Werte für Wasser bei verschiedenen Temperaturen wird noch eingegangen.

Den Dampfdruck als Funktion der Temperatur kann man für kleine Temperaturintervalle im Prinzip mit der Anordnung in Abb. 20.7 messen, wenn man dafür sorgt, dass die Temperatur des ganzen Apparates geändert werden kann. Für Messungen über große Temperaturunterschiede dient folgende Anordnung nach H. V. Regnault (1810–1878) (Abb. 20.17). Die zu untersuchende Flüssigkeit befindet sich in dem mit einem aufschraubbaren Deckel versehenen Gefäß A, in das zwei Thermometer hineinreichen, von denen das eine Th_1 die Temperatur der Flüssigkeit, das andere Th_2 die Temperatur des Dampfes anzeigt. Durch

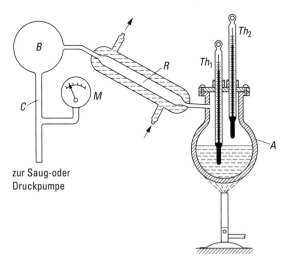

zur Saug-oder
Druckpumpe

Abb. 20.17 Anordnung nach Regnault zur Messung des Dampfdrucks in Abhängigkeit von der Temperatur

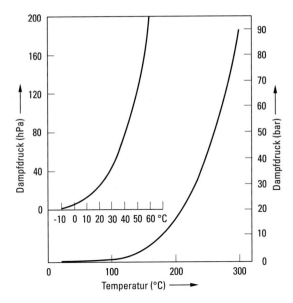

Abb. 20.18   Dampfdruckkurve von Wasser

eine mit fließendem Wasser gekühlte Rohrleitung R ist das Gefäß A mit einem zweiten Gefäß B verbunden, an das mit der Leitung C eine Saug- bzw. Druckpumpe angeschlossen ist. Auf diese Weise lässt sich über der Flüssigkeit in A jeder gewünschte am Manometer M ablesbare Druck einstellen. Die Kühlung des Rohres R soll verhindern, dass Dampf nach B und in die Pumpe gelangt. Abb. 20.18 zeigt die Temperaturabhängigkeit des Dampfdrucks von Wasser.

Clausius-Clapeyron'sche Gleichung. R. J. E. Clausius (1822 – 1888) und E. Clapeyron (1799 – 1864) haben den Zusammenhang von Dampfdruck und Temperatur abgeleitet. Dieser Zusammenhang ist außerordentlich wichtig, denn er gilt in gleicher Weise für alle Änderungen des Aggregatzustandes. Die Clausius-Clapeyron'sche Gleichung wurde bereits in Abschn. 20.1 ausführlich diskutiert. Es folgt hier die Ableitung von Clausius, der einen reversiblen Kreisprozess benutzt.

In der p-V-Ebene (Abb. 20.19) ist die Grenzkurve eingezeichnet sowie zwei horizontale Geraden, die den Dampfdrücken p und $p + \mathrm{d}p$, also den Verdampfungstemperaturen T und

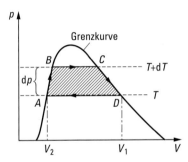

Abb. 20.19   Kreisprozess zur Ableitung der Clausius-Clapeyron'schen Gleichung

$T + dT$ entsprechen. Ihre vier Schnittpunkte mit der Grenzkurve bestimmen ein Viereck $ABCD$. Der folgende reversible Kreisprozess wird mit der Stoffmenge n durchgeführt. Zu Beginn habe die flüssige Substanz die Temperatur T und das Volumen V_2 (Punkt A). Dann wird der Substanz Wärme zugeführt, wodurch sie die Temperatur $T + dT$ annimmt. Dabei soll der Druck so geregelt werden, dass der Vorgang längs der Grenzkurve verläuft. Ist die molare Wärmekapazität der Flüssigkeit bei diesem Prozess C_2, wird also die Wärme $n C_2 dT$ zugeführt. Nun verdampft man die Substanz bei dem konstanten Druck $p + dp$ unter Zuführung der Verdampfungswärme $n \Lambda'$, so dass sie nach C gelangt, wobei sich das Volumen vergrößert. Jetzt entzieht man Wärme, so dass der Dampf auf der Grenz- kurve nach D gelangt. Ist die molare Wärmekapazität für diesen Prozess C_1, wird hier die Wärme $n C_1 dT$ abgeführt. Endlich komprimiert man bei dem nun vorhandenen Druck p die Substanz isotherm, so dass sie unter Rückkehr in den flüssigen Zustand im Punkt A wieder anlangt. Hierbei wird die Verdampfungswärme $n \Lambda$ abgeführt. Die molaren Ver- dampfungswärmen Λ' und Λ sind nicht identisch, da Λ' sich auf die Temperatur $T + dT$, Λ dagegen auf T bezieht. Insgesamt ist die zugeführte Wärme also

$$n(C_2 dT + \Lambda' - C_1 dT - \Lambda) = n[(C_2 - C_1)dT + \Lambda' - \Lambda].$$

Λ', oder anders geschrieben Λ_{T+dT}, kann nach dem Taylor'schen Satz entwickelt werden:

$$\Lambda' = \Lambda + \frac{d\Lambda}{dT} dT,$$

wenn wir hinter dem linearen Glied abbrechen. Damit wird die zugeführte Wärme

$$n(C_2 - C_1)dT + n \frac{d\Lambda}{dT} dT,$$

und diese ist nach dem ersten Hauptsatz gleich der abgegebenen Arbeit. Diese aber wird durch den Flächeninhalt des Vierecks $ABCD$ dargestellt, der in erster Näherung den Wert $dp(V_1 - V_2)$ hat. Also liefert der erste Hauptsatz die Gleichung

$$n \left[(C_2 - C_1) + \frac{d\Lambda}{dT} \right] dT = dp(V_1 - V_2). \tag{20.6}$$

Nach dem zweiten Hauptsatz aber ist $\int \delta Q / T = 0$. Man hat also jede der vier oben angeführten Wärmen durch die Temperatur zu dividieren, bei der sie aufgenommen bzw. abgegeben wurde. Für die Wärmen $n C_2 dT$, $-n C_1 dT$ und $n \Lambda$ ist dies die Temperatur T, für $n \Lambda'$ dagegen $T + dT$. Daher erhält man nach Division durch n

$$\frac{C_2}{T} dT + \frac{\Lambda'}{T + dT} - \frac{C_1}{T} dT - \frac{\Lambda}{T} = 0.$$

Ersetzt man hier Λ' durch seinen obigen Wert $\Lambda + (d\Lambda / dT)dT$, ergibt sich nach einer kleinen Umrechnung

$$\frac{C_2}{T} dT + \frac{\Lambda + \dfrac{d\Lambda}{dT} dT}{T \left(1 + \dfrac{dT}{T} \right)} - \frac{C_1}{T} dT - \frac{\Lambda}{T} = 0$$

oder nach Multiplikation mit T

$$(C_2 - C_1)\mathrm{d}T + \frac{\Lambda + \dfrac{\mathrm{d}\Lambda}{\mathrm{d}T}\mathrm{d}T}{1 + \dfrac{\mathrm{d}T}{T}} - \Lambda = 0.$$

Da $\mathrm{d}T/T$ sehr klein ist, kann man statt

$$\frac{1}{1 + \dfrac{\mathrm{d}T}{T}}$$

den Näherungswert $1 - \mathrm{d}T/T$ setzen und erhält

$$(C_2 - C_1)\mathrm{d}T + \left(\Lambda + \frac{\mathrm{d}\Lambda}{\mathrm{d}T}\mathrm{d}T\right)\left(1 - \frac{\mathrm{d}T}{T}\right) - \Lambda = 0.$$

Bei der Multiplikation wird das Glied mit $\mathrm{d}T^2$ als klein von höherer Ordnung vernachlässigt. So ergibt sich

$$(C_2 - C_1)\mathrm{d}T + \Lambda + \frac{\mathrm{d}\Lambda}{\mathrm{d}T}\mathrm{d}T - \frac{\Lambda}{T}\mathrm{d}T - \Lambda = 0$$

oder

$$(C_2 - C_1)\mathrm{d}T + \frac{\mathrm{d}\Lambda}{\mathrm{d}T}\mathrm{d}T = \frac{\Lambda}{T}\mathrm{d}T. \tag{20.7}$$

Kombiniert man dies mit Gl. (20.6), erhält man

$$\Lambda = T\frac{\mathrm{d}p}{\mathrm{d}T}\left(\frac{V_1}{n} - \frac{V_2}{n}\right). \tag{20.8}$$

Dies ist die *Clausius-Clapeyron'sche Gleichung* für die molare Verdampfungswärme Λ. Diese hängt demnach ab von der Verdampfungstemperatur T, dem Temperaturgradienten $\mathrm{d}p/\mathrm{d}T$ des Dampfdrucks und der Differenz der Molvolumina V_1/n und V_2/n im Gas- und Flüssigkeitszustand.

Man kann die Gültigkeit dieser Gleichung für Wasser nachprüfen, indem man aus der Dampfdrucktabelle den Wert für $\mathrm{d}p/\mathrm{d}T$ bei $T = 100\,°\mathrm{C}$ aufsucht und Λ für $100\,°\mathrm{C}$ ausrechnet. Die Molvolumina kann man sich aus den Dichten des Dampfes und der Flüssigkeit ausrechnen. Der sich ergebende Wert weicht von dem Tabellenwert 40.605 kJ/mol um weniger als 1% ab.

Aus der Clausius-Clapeyron'schen Gleichung folgt auch, dass am kritischen Punkt die Verdampfungswärme null wird, denn dort sind die Molvolumina V_1/n und V_2/n gleich.

Die zugeführte Verdampfungswärme wird zum größten Teil zur Überwindung der Molekularkräfte verbraucht. Das Volumen des Dampfes ist jedoch größer als das der Flüssigkeit bei der gleichen Temperatur. Deshalb muss auch Ausdehnungsarbeit $p \cdot \Delta V$ verrichtet werden. Bei Wasser ist die gesamte spezifische Verdampfungswärme 2256 kJ/kg, davon ist 167 kJ/kg Ausdehnungsarbeit.

Spezifische Wärmekapazität gesättigter Dämpfe. Jetzt wird Wärme einem System, es sei z. B. Wasser, zugeführt, für das als spezielle Bedingung gilt, dass der Dampf stets

gesättigt bleiben soll. Man nennt daher C_1 bzw. c_1 die molare bzw. spezifische Wärmekapazität des gesättigten Dampfes. Dass hier besondere Verhältnisse vorliegen, erkennt
man aus folgender Überlegung. Man will die Temperatur des Dampfes bei konstantem
Volumen um ΔT, z. B. 1 K erhöhen. Dazu ist die Wärme pro Masse und Temperaturdifferenz $Q_1/(m \cdot \Delta T) = q_1$ erforderlich. Dadurch aber wird der Dampf überhitzt, er
bleibt nicht mehr gesättigt. Das kann man durch isotherme Kompression rückgängig machen, wobei man gleichzeitig q_2 abführen muss. Insgesamt ist dem Dampf dann $q_1 - q_2$
zugeführt worden. Der Zahlenwert entspricht der spezifischen Wärmekapazität c_1 des
gesättigten Dampfes. Man sieht, dass je nach der Größe von q_1 und q_2 die spezifische Wärmekapazität gleich, größer oder kleiner als null sein kann. So ist die spezifische Wärmekapazität von gesättigtem Wasserdampf bei $100\,°C$ $c_1 = -4.73\,kJ/(kg \cdot K)$.
Daraus ergibt sich ein eigenartiges Verhalten des gesättigten Wasserdampfes. Bei einer
adiabatischen Expansion tritt keine Verdampfung der Flüssigkeit ein, sondern Kondensation.

Im Gegensatz zum Wasserdampf ist die spezifische Wärmekapazität anderer gesättigter
Dämpfe positiv. Werden diese adiabatisch komprimiert, bildet sich Nebel infolge Kondensation, während adiabatische Ausdehnung sie überhitzt. Chloroformdampf unterhalb
$123\,°C$, Benzoldampf unter $100\,°C$ und Alkohol unter $135\,°C$ verhalten sich wie Wasserdampf, oberhalb der genannten Temperaturen umgekehrt. Bei den genannten Temperaturen
ist $c_1 = 0$, d. h., weder Ausdehnung noch Kompression erzeugt Nebelbildung.

Das eigenartige Verhalten des Wasserdampfes weist man z. B. in folgender Weise nach:
In einen Glasballon, der mit Ansatzrohr und Hahn versehen ist, füllt man etwas Wasser
ein, so dass nach einiger Zeit der übrige Raum mit Wasserdampf gesättigt ist. Evakuiert
man teilweise mit Hilfe einer Luftpumpe, tritt sofort intensive Nebelbildung ein, die bei
Wiedereinströmenlassen der Luft verschwindet.

Dabei beobachtet man noch folgende Erscheinung: Wenn man diesen Versuch mehrere Mal rasch hintereinander macht, tritt schließlich – wenn nicht sehr große Expansion
vorgenommen wird – keine Nebelbildung mehr ein. Dann genügt es, etwas Zigarren-
rauch oder elektrische Ladungen in den Ballon zu bringen, um die Erscheinung in alter
Stärke wieder zu erzielen. Hier liegt etwas Ähnliches wie beim Siedeverzug vor. Wie
in ganz reinen Flüssigkeiten die ersten Dampfbläschen sich schwer bilden, so auch die
ersten Nebeltröpfchen in ganz staubfreier Luft. Wie die Dampfblasenbildung sich an das
Vorhandensein kleiner Luftmengen anschließt, bedarf der Nebel zu seiner Entstehung
sogenannter Kondensationskerne, als die eben Staubteilchen oder elektrische Ladungen
dienen. Wenn man z. B. aus einer nicht zu engen Düse einen Dampfstrahl austreten, d. h.
sich ins Freie expandieren lässt, beobachtet man in staubarmer Luft (Abb. 20.20), dass
schwache Nebelbildung erst eine Strecke (einige Zentimeter) oberhalb der Düsenöffnung
auftritt. Kommt man jetzt mit einem glimmenden Streichholz, einer brennenden Zigarre
oder einer elektrisch aufgeladenen Spitze in die Nähe der Düse, bildet sich unmittelbar
an ihrer Öffnung ein außerordentlich dichter Nebel, da nunmehr zahlreiche Kondensationskerne vorhanden sind.

Diese Erscheinung hat in der Kernphysik außerordentliche Bedeutung erlangt. Man
erzeugt nämlich in einer völlig staubfreien, mit gesättigtem Wasserdampf gefüllten *Ne-
belkammer* (*Wilson-Kammer*, nach C. T. R. Wilson, 1869–1959, Nobelpreis 1927) eine
bestimmte, nicht zu große Expansion, so dass noch keine Nebelbildung auftritt. Lässt
man nun α- oder β-Teilchen in die Kammer eintreten und expandiert jetzt, sieht man die
„Bahnen" der Teilchen in Form perlschnurartig aneinandergereihter Nebeltröpfchen.

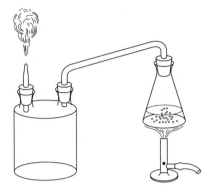

Abb. 20.20   Nebelbildung an Kondensations-
kernen

Dampfdruck und Siedepunkt von Lösungen, Raoult'sches Gesetz. Die Untersuchung
des Dampfdrucks von Lösungen ist von besonderem Interesse, weil man daraus auf die
Bindungskräfte zwischen den Lösungsmittel-Molekülen und den Molekülen des gelösten
Stoffes schließen kann. Man kann sich vorstellen, dass der Dampfdruck des Lösungsmittels kleiner wird, wenn die Kräfte zwischen seinen Molekülen und denen des gelösten
Stoffes groß sind. Denn dann treten in der gleichen Zeit weniger Moleküle aus der Lösung
aus. Zunächst wollen wir die Mischung zweier Stoffe A und B betrachten, die bei einer
bestimmten Temperatur die Dampfdrücke p_{A0} und p_{B0} haben sollen. Sind die Kräfte zwischen den Molekülen A untereinander und den Molekülen B untereinander genauso groß
wie die zwischen den verschiedenen Molekülen A und B, so ist es für ein verdampfendes
Molekül A gleichgültig, ob in seiner Umgebung A- oder B-Moleküle waren. Der Partialdruck p_A nimmt, wie Abb. 20.21a zeigt, linear mit dem Anteil von A an der Mischung
ab. Entsprechendes gilt für den Partialdruck von B. Der Dampfdruck verläuft dann linear
zwischen p_{A0} und p_{B0}. Man nennt eine solche Mischung eine *ideale Mischung*.

Das Dampfdruckdiagramm hat eine andere Form, wenn zwischen einem Molekül A
und einem Molekül B größere Kräfte wirken als zwischen den gleichartigen Molekülen

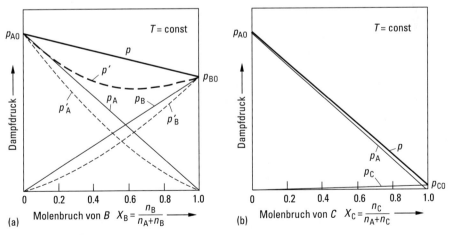

Abb. 20.21   Dampfdruck der Mischungen zweier Stoffe, (a) mit ähnlichen Dampfdrücken, (b) mit
einem für den einen Stoff C sehr kleinen Dampfdruck

A und *B*. Dann werden durch Zugabe der fremden Substanz die Moleküle am Austreten gehindert, was zu einer Verringerung des Dampfdrucks führt (gestrichelter Verlauf der Dampfdruckkurve P' und der Partialdrücke P'_A und P'_B in Abb. 20.21a).

Im Folgenden wollen wir nur Mischungen von Stoffen betrachten, von denen der eine bei der betreffenden Temperatur einen sehr kleinen Dampfdruck hat (in Abb. 20.21b der Stoff *C*). Der gesamte Dampfdruck *p* ist dann praktisch gleich dem Partialdruck von *A*. Diese Dampfdruckerniedrigung hat zur Folge, dass der Siedepunkt einer solchen Lösung höher liegt als der des reinen Lösungsmittels *A*.

Als *relative Dampfdruckänderung* wird der Ausdruck $(p - p_0)/p_0$ bezeichnet, worin p_0 den Dampfdruck über dem reinen Lösungsmittel, *p* den über der Lösung bezeichnet. Sind die Lösungen sehr verdünnt, befindet man sich in Abb. 20.21b ganz in der Nähe von p_{A0}. Für dieses Gebiet, in dem der Unterschied in der Wechselwirkung der Lösungsmittelmoleküle untereinander und mit den Molekülen der gelösten Substanz *C* vernachlässigbar ist, gilt das von F. M. Raoult (1830–1901) gefundene Gesetz, wie Abb. 20.21b zeigt:

$$\frac{p - p_0}{p_0} = -\frac{n_1}{n_0 + n_1} = -X_1. \tag{20.9}$$

Darin ist X_1 der *Molenbruch*, n_1 die Stoffmenge der gelösten Substanz und n_0 die Stoffmenge des Lösungsmittels. Bei sehr verdünnten Lösungen, wie wir sie hier allein betrachten, kann man im Nenner n_1 gegen n_0 vernachlässigen und erhält mit genügender Genauigkeit

$$\frac{p - p_0}{p_0} = -\frac{n_1}{n_0}. \tag{20.10}$$

Das Minuszeichen zeigt an, dass es sich um eine Erniedrigung des Dampfdrucks handelt. Wie man sieht, ist in diesem *Raoult'schen Gesetz* tatsächlich nur das Verhältnis der Stoffmengen zueinander enthalten. Es gilt also für die Mischung von beliebigen Partnern, von denen einer allerdings einen kleinen Dampfdruck haben muss. Raoult hat das Gesetz durch eine Reihe sorgfältiger Messungen begründet. Nur Wasser als Lösungsmittel zeigt erhebliche Abweichungen, die sich indessen dadurch vollkommen erklären, dass die gelösten Stoffe ganz oder teilweise dissoziiert sind.

Infolge der Dampfdruckerniedrigung beträgt am Siedepunkt z. B. des reinen Wassers bei 100 °C der Dampfdruck über der Lösung nicht 1013 hPa, sondern weniger, so dass die Lösung erst bei einer etwas höheren Temperatur sieden kann als das Lösungsmittel. Diese *Siedepunkterhöhung von Lösungen* ist also eine direkte Folge der Dampfdruckerniedrigung, und ihre Größe ist durch sie bestimmt, wie die folgende Betrachtung zeigt (Abb. 20.22). In dem *p*-*T*-Diagramm ist ein kleines Stück A_0B_0 der Dampfdruckkurve $p_0(T)$ für das reine Lösungsmittel in der Nähe ihres Siedepunkts T_0 eingezeichnet, ebenso das tiefer liegende Stück *AB* der Dampfdruckkurve $p(T)$ der Lösung. Die Stücke sind geradlinig angenommen, da es sich nur um ein kleines Intervall handelt. Auf der Ordinate ist noch der Druck p_0 eingetragen, der z. B. $p_0 = 1013$ hPa sein kann. Die Temperaturen T_0 und *T* wären dann die Siedetemperaturen bei 1013 hPa.

Folgende Beziehung lässt sich ablesen:

$$\frac{\overline{\alpha\gamma}}{\overline{\alpha\beta}} = \frac{p_0 - p}{T - T_0} \approx \frac{\mathrm{d}p}{\mathrm{d}T}.$$

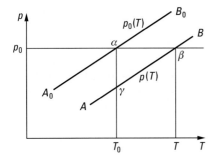

Abb. 20.22 Zur Siedepunkterhöhung von Lösungen

In dieser Gleichung kann man, da es sich nur um kleine Druck- und Temperaturdifferenzen handelt, den Differenzenquotienten $(p_0-p)/(T-T_0)$ mit hinreichender Genauigkeit durch den Differentialquotienten $\mathrm{d}p/\mathrm{d}T$ ersetzen, und dafür gilt die Clausius-Clapeyron'sche Gleichung (20.8), wonach

$$\frac{\mathrm{d}p}{\mathrm{d}T} = \frac{p_0 - p}{T - T_0} = \frac{n_0 \Lambda_0}{T_0(V_1 - V_2)}$$

ist. Λ_0 ist die molare Verdampfungswärme des reinen Lösungsmittels. Da V_1 viel größer als V_2 ist, können wir letzteres neben V_1 vernachlässigen und für V_1 die (nur angenähert geltende) Zustandsgleichung für ideale Gase benutzen, wonach $V_1 = n_0 R T_0/p_0$ zu setzen ist. Das führt zu der Gleichung

$$\frac{p_0 - p}{T - T_0} = \frac{\Lambda_0 p_0}{R T_0^2}.$$

Daraus folgt für die Siedepunkterhöhung:

$$T - T_0 = \frac{p_0 - p}{p_0} \cdot \frac{R T_0^2}{\Lambda_0},$$

und diese ist, da alle Größen auf der rechten Seite größer als null sind, in der Tat positiv. Gleichzeitig erkennt man, dass sie proportional zur Dampfdruckerniedrigung ist. Setzt man für diese ihren Wert aus Gl. (20.10) ein, erhält man das *Raoult'sche Gesetz für die Siedepunkterhöhung*:

$$T - T_0 = \frac{R T_0^2}{\Lambda_0} \cdot \frac{n_1}{n_0}, \tag{20.11}$$

bzw. wenn mehrere Stoffe mit den Stoffmengen $n_1, n_2, n_3, \ldots$ gelöst sind:

$$T - T_0 = \frac{R T_0^2}{\Lambda_0} \cdot \frac{n_1 + n_2 + n_3 + \ldots}{n_0}. \tag{20.12}$$

Man kann Gl. (20.11) noch in eine etwas andere Form bringen, indem man den Massenbruch

$$w_1 = \frac{\text{Masse des gelösten Stoffes}}{\text{Masse des Lösungsmittels}} = \frac{m_1}{m_0}$$

einführt. Nun ist

$$m_1 = M_{n,1} \cdot n_1, \qquad m_0 = M_{n,0} \cdot n_0,$$

worin $M_{n,1}$ und $M_{n,0}$ die entsprechenden molaren Massen sind. Der Massenbruch ist daher

$$w_1 = \frac{M_{n,1} n_1}{M_{n,0} n_0} \quad \text{oder} \quad \frac{n_1}{n_0} = \frac{M_{n,0}}{M_{n,1}} \cdot w_1.$$

Damit wird Gl. (20.11):

$$T - T_0 = \frac{R \cdot T_0^2}{\Lambda_0} \cdot \frac{M_{n,0}}{M_{n,1}} \cdot w_1 = \text{const} \cdot \frac{w_1}{M_{n,1}}. \tag{20.13}$$

In dieser Form lautet das *Raoult'sche Gesetz für die Siedepunkterhöhung*:

- Die Siedepunkterhöhung einer Lösung ist proportional zu ihrem Massenbruch w_1 und umgekehrt proportional zur molaren Masse der gelösten Substanz. Die Proportionalitätskonstante

$$\frac{R T_0^2 M_{n,0}}{\Lambda_0}$$

hängt von den Eigenschaften des Lösungsmittels ab.

Daher eignet sich Gl. (20.13) zur Bestimmung der molaren Masse der gelösten Substanz.

Luftfeuchtigkeit. Die freie atmosphärische Luft besitzt einen gewissen Wasserdampfgehalt, ihr Druck daher einen Wasserdampfpartialdruck, der durch die Verdunstung der großen freien Wasserflächen (Meere, Seen, Flüsse) erzeugt wird. Auf die Größe des Wasserdampfpartialdrucks der Luft hat auch der Wasserhaushalt der Pflanzen entscheidenden Einfluss. So verdunstet z. B. eine ausgewachsene Sonnenblume an einem Sommertag etwa 1 l Wasser. Durch die etwa 200 000 Blätter einer Birke werden täglich 60 – 70 l Wasser abgegeben. Ein Hektar Buchenwald verdampft pro Tag 20 000 l. Die Waldbestände haben dadurch einen großen Einfluss auf das Klima. Bei Abkühlung kann dann Übersättigung eintreten, und je nach den vorliegenden Bedingungen geht das Wasser in der Luft in die flüssige (Nebel, Regen) oder in die feste Phase (Schnee, Hagel) über. Manchmal ist auch am Morgen die Erdoberfläche kälter als die darüber befindliche Luft, so dass sich das Wasser direkt auf der Oberfläche in Form von Tau oder Reif abscheidet. Den Gehalt der Luft an Wasserdampf nennt man *Luftfeuchtigkeit*. Mit ihrer Messung beschäftigt sich die *Hygrometrie*. Neben der absoluten Luftfeuchtigkeit wird im Allgemeinen die *relative Luftfeuchtigkeit* f_r benutzt, das Verhältnis der absoluten, wirklich vorhandenen Wasserdampfmenge zu der Sättigungsmenge bei der vorliegenden Temperatur. Sie wird meistens in Prozent angegeben.

Die relative Luftfeuchtigkeit bestimmt man z. B., indem man die Luft durch Temperaturerniedrigung mit dem in ihr vorhandenen Wasserdampf sättigt. Diese Temperatur, den sogenannten *Taupunkt*, erkennt man daran, dass sich auf dem abgekühlten Körper kleine Wassertröpfchen bilden, er „beschlägt". Es sei z. B. die Temperatur T, bei der die relative Luftfeuchtigkeit gemessen werden soll, und der Taupunkt τ festgestellt. Aus einer Dampfdrucktabelle entnimmt man dann die Werte von p_T und p_τ, und erhält damit die relative Luftfeuchtigkeit p_τ / p_T.

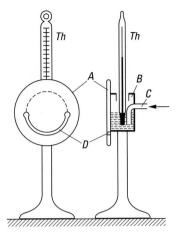

Abb. 20.23 Taupunkthygrometer

Von den verschiedenen *Taupunkthygrometern* zeigt Abb. 20.23 die heute am meisten gebräuchliche Form. Eine auf der Vorderseite blank polierte Metallplatte *A* trägt auf der Rückseite eine runde Metalldose *B*, in die von oben ein Thermometer *Th* hineinragt. Die Metalldose wird zur Hälfte mit Äther gefüllt. Bläst man dann durch das Rohr *C* mittels eines Handgebläses einen Luftstrom durch den Äther, verdunstet dieser und kühlt das ganze Gefäß und auch die Luft in der näheren Umgebung ab. Wenn der Taupunkt erreicht ist, kondensiert das in der Luft enthaltene Wasser und beschlägt die blanke Fläche der Platte *A*. Damit man den Augenblick des Beschlagens der Metallfläche gut beobachten kann, um sofort das Thermometer abzulesen, ist der mittlere Teil der Fläche durch einen Schlitz *D* von dem darunter liegenden Teil getrennt. Der Beschlag tritt dann zuerst nur auf dem oberen mittleren, mit der Metalldose verbundenen Teil der Fläche auf und kann gut gegen den unbeschlagenen Teil erkannt werden.

Manche Stoffe aus dem Tier- und Pflanzenreich, insbesondere solche mit faseriger Struktur, z. B. Haare, Darmsaiten usw., besitzen die Eigenschaft, Wasserdampf aus der Luft zu absorbieren und sich dabei zu verlängern. In trockener Luft geben sie das aufgenommene Wasser wieder ab und nehmen ihre ursprüngliche Länge wieder an. Dies wird zum Bau eines einfachen *Haarhygrometers* benutzt.

20.3 Schmelzen und Sublimieren

Schmelzen und Erstarren. Wie schon in Abschn. 20.1 erwähnt, ist auch die *Schmelztemperatur* vom Druck abhängig. Wenn man von bestimmten Erscheinungen beim schnellen Abkühlen absieht (unterkühlte Schmelzen), ist die *Erstarrungstemperatur* einer Flüssigkeit identisch mit der Schmelztemperatur. Die Schmelztemperatur kann, wie in Abb. 20.1 gezeigt wurde, als Haltepunkt in einer Temperatur-Zeit-Kurve ermittelt werden. Die Temperatur bleibt so lange konstant, bis die feste Substanz vollständig geschmolzen ist.

Wegen der Identität von Schmelz- und Erstarrungstemperatur ist es im Prinzip gleichgültig, ob man feste Substanz erhitzt oder flüssige abkühlt. Allerdings muss man im letzten Fall Acht geben, dass keine Unterkühlung der Flüssigkeit eintritt. Man kann indessen

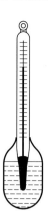

Abb. 20.24 Gerät zur Demonstration der Unterkühlung von Wasser

gerade diese Erscheinung zu einer genauen Methode der Bestimmung der Schmelztemperatur verwenden, indem man die Flüssigkeit mit Absicht unterkühlt, was bei reinen Substanzen leicht gelingt, und dann plötzlich die Unterkühlung aufhebt. Dies kann bereits durch Erschütterung des Gefäßes geschehen oder besser dadurch, dass man in die unterkühlte Flüssigkeit ein kleines Stückchen ihrer festen Substanz hinein bringt. Dieses wirkt momentan als *Keim*, an den sich das weitere Erstarren anschließt. Dabei steigt die Temperatur sofort auf den richtigen Schmelzpunkt.

Man zeigt die Unterkühlung (z. B. des Wassers) und ihre Aufhebung mit einem sogenannten Unterkühlungsthermometer (Abb. 20.24). Darunter versteht man ein Thermometer, dessen Kugel in eine größere mit Wasser gefüllte unter Luftabschluss eingeschmolzen ist. Man bringt das Thermometer in Äther, den man durch Einblasen von Luft leicht auf $-10\,°C$ und sogar noch tiefer abkühlen kann, wobei man dafür Sorge zu tragen hat, dass das Thermometer nicht erschüttert wird. So kann man das Wasser bis auf $-10\,°C$ unterkühlen. Dann genügt eine kleine Erschütterung des Thermometers, um mit einem Schlag das Wasser in der Kugel zum Erstarren zu bringen. Gleichzeitig springt das Thermometer auf $0\,°C$, die Schmelztemperatur des Eises, hinauf. – Eine Substanz, die man weitgehend unterkühlen kann, ist kristallwasserhaltiges Natriumacetat, das man im Reagenzglas im Wasserbad erwärmt. Es schmilzt bei $58\,°C$. Bei vorsichtigem und peinlich sauberem Arbeiten lässt sich die Substanz bis auf Zimmertemperatur unterkühlen und kann jahrelang in diesem Zustand bleiben. Zur Aufhebung der Unterkühlung bringt man ein Glasstäbchen mit festem Natriumacetat in Berührung, streift größere, daran haftengebliebene Kriställchen ab, so dass jedenfalls nur winzige Partikelchen fester Substanz daran haften, und „impft" die unterkühlte Flüssigkeit mit diesen Spuren fester Substanz, indem man das Glasstäbchen eintaucht. Sofort erstarrt von dieser Stelle aus die ganze Flüssigkeit, sich dabei sprunghaft auf $58\,°C$ erwärmend. – Auch kristallwasserhaltiges Natriumthiosulfat, das normalerweise bei $48.1\,°C$ schmilzt und erstarrt, eignet sich zu diesem Versuch.

Zur Überführung einer festen Substanz in die flüssige Phase bei der gleichen Temperatur gehört eine bestimmte *latente Wärme*, die *Schmelzwärme*, die wir wieder mit Λ bzw. λ bezeichnen. Sie muss beim Schmelzen dem System zugeführt und ihm beim Erstarren wieder entzogen werden. Sie wird verbraucht zur Arbeitsverrichtung gegen die Molekularkräfte des Festkörpers. Die Arbeit gegen den äußeren Druck spielt keine Rolle wegen der geringen Volumenänderung beim Übergang fest–flüssig. Die Schmelzwärme wird grundsätzlich in der gleichen Weise bestimmt, wie die Verdampfungswärme, d. h.

in einem Kalorimeter nach der Mischungsmethode. Für Wasser beträgt die spezifische Schmelzwärme rund 335 kJ/kg bzw. die molare Schmelzwärme 6.0 kJ/mol. Dies kann man in einem Schauversuch dadurch zeigen, dass man gleiche Mengen von Eis von 0 °C und Wasser von 80 °C in einem Kalorimeter (Dewar-Gefäß) zusammenbringt. Wenn alles Eis geschmolzen ist, hat das gesamte Wasser die Temperatur 0 °C angenommen. Tab. 20.3 enthält die Schmelzwärme einiger Stoffe bei den zugehörigen Schmelztemperaturen unter Atmosphärendruck.

Tab. 20.3 Schmelzwärmen und Schmelztemperaturen einiger Stoffe (bei Atmosphärendruck)

Stoff	spez. Schmelzwärme λ in kJ/kg	Schmelztemperatur T in K	in °C
Wasser	333.7	273	0
Aluminium	397.7	933	660
Blei	23.0	600	327
Gold	62.8	1336	1063
Cadmium	55.7	594	321
Kalium	58.6	337	64
Kupfer	205.2	1357	1083
Natrium	113.0	371	98
Platin	113.0	2043	1770
Quecksilber	11.7	234	− 39
Silber	104.7	1234	960
Bismut	54.4	544	271
Zink	108.9	692	419
Zinn	58.6	505	232

Nachdem die Schmelzwärmen und Schmelztemperaturen bekannt sind, können wir uns der Frage nach der Abhängigkeit der letzteren vom Druck zuwenden. Sie wird beantwortet durch die Clausius-Clapeyron'sche Gleichung, die auch hier gilt (der Beweis kann auf die gleiche Weise wie bei der Verdampfung geführt werden):

$$\Lambda = T \frac{\mathrm{d}p}{\mathrm{d}T}(V_2 - V_3)/n. \tag{20.14}$$

Dabei ist Λ die molare Schmelzwärme, T die Schmelztemperatur, $\mathrm{d}p/\mathrm{d}T$ der Temperaturgradient des Schmelzdrucks, V_2 und V_3 die Volumina im flüssigen bzw. festen Zustand und n die Stoffmenge. Damit folgt für die Druckabhängigkeit der Schmelztemperatur:

$$\frac{\mathrm{d}T}{\mathrm{d}p} = \frac{T(V_2 - V_3)}{n\Lambda}, \tag{20.15}$$

woraus sich sofort ergibt, dass die Schmelztemperatur nur wenig vom Druck abhängen kann, da die Volumenänderung beim Schmelzen nur gering ist – im Gegensatz zur Verdampfung. Im Allgemeinen kann man daher von einer Änderung der Schmelztemperatur bei Variation des äußeren Luftdrucks ganz absehen.

Besonders interessant ist der Fall des Wassers, denn bei diesem findet beim Schmelzen keine Volumenvergrößerung, sondern eine Kontraktion statt: Wasser dehnt sich beim

Erstarren um rund 9 % aus, Eis ist also weniger dicht als Wasser, wie wir schon früher erwähnten. Die Differenz $V_2 - V_3$ ist daher negativ und folglich auch dT/dp, d. h., der Schmelzpunkt des Eises sinkt mit steigendem Druck. Mit den Werten für Λ und den Dichten von Eis und Wasser bei $0\,°C$ kann man berechnen, dass der Schmelzpunkt des Eises pro bar Druckzunahme um $0.0075\,°C$ sinkt. Da Wasser unter dem Druck von 1 bar bei $0\,°C$ schmilzt, müsste der Schmelzpunkt durch Verringerung des Drucks um 1 bar, also auf null, auf $t = 0.0075\,°C$ steigen. Das ist annähernd richtig und kann durch Abpumpen von Wasser in dem Rezipienten einer Pumpe gezeigt werden. Hat die Pumpe eine genügend große Saugleistung, ist der Druck über dem Wasser tatsächlich ungefähr gleich null. Durch die ständig aufzubringende Verdampfungswärme kühlt sich das Wasser ab und erstarrt bei etwa $0.0075\,°C$. In Wirklichkeit verläuft die Gleichgewichtskurve Flüssigkeit–Eis nicht bis zum Druck $p = 0$ bar.

Die Ausdehnung des Wassers beim Gefrieren zeigt man in folgender Weise: Man füllt eine gusseiserne Bombe mit Wasser größter Dichte, d. h. von $4\,°C$, verschraubt sie dann fest und kühlt auf etwa $-10\,°C$ ab. Dadurch bringt man das Wasser zum Gefrieren. Durch die Volumenvermehrung von etwa 11 % tritt beim Erstarren ein solcher Druck auf, dass die Bombe birst.

Auch auf eine andere Weise lässt sich das Schmelzen des Eises unter hohem Druck zeigen (Abb. 20.25). Ein Eisblock wird auf ein Gestell gelegt, um ihn eine dünne Drahtschlinge geschlungen, an diese ein 100 Newton schweres Gewicht angehängt. Da nur der dünne Draht auf dem Eis aufliegt, entsteht unter der Drahtschlinge ein sehr hoher Druck. Daher schmilzt das Eis unter der Schlinge, und diese sinkt in das Eis ein. Über ihr ist aber kein Druck mehr vorhanden, also gefriert das Wasser dort wieder. In der Abbildung ist der wieder gefrorene Teil grau gezeichnet. Wenn das Gewicht schließlich die Schlinge durch den ganzen Block hindurch gezogen hat, ist das Eis nicht etwa in zwei getrennte Stücke zerfallen, sondern einheitlich wie vorher. – Diese Erscheinung wird als *Regelation* (Wiedervereisung) des Eises bezeichnet und bildet die Erklärung für die langsame Talwanderung der Gletscher: Die riesigen Eismassen werden an den Stellen, wo sie unter Druck kommen (an ihrer Unterseite, an Krümmungen der Talsohle usw.) flüssig. Dadurch werden die Reibungskräfte kleiner. Es entsteht eine Art Fließen der ganzen Gletscher. Lässt der Druck an einer Stelle nach, wird das gebildete Wasser wieder fest. Auf der Regelation beruht auch zum Teil die Beweglichkeit des Schlittschuhläufers: Durch Druck und Reibung verflüssigt sich das Eis unter den Kufen. Unterhalb $-21\,°C$ kann Eis nicht mehr durch Druck schmelzen (s. Abb. 20.5). Dann bildet sich die Wasserschicht nur noch durch Reibung. Nach Verlassen der Schlittschuhe bildet sich das Eis sofort wieder.

Dieses Verhalten zeigen nur diejenigen Substanzen, die sich beim Erstarren ausdehnen, wie z. B. auch Bismut. Im Allgemeinen wird der Schmelzpunkt von Stoffen durch Druckzunahme erhöht.

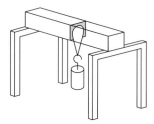

Abb. 20.25   Demonstrationsversuch zum Schmelzen von Eis unter Druck

Erstarrungspunkt von Lösungen und Legierungen. Aus dem gleichen Grund wie bei der Siedepunkterhöhung zeigen Lösungen auch eine Gefrierpunkterniedrigung. Beide Erscheinungen werden in gleicher Weise durch die Dampfdruckerniedrigung über den Lösungen bedingt. In ganz analoger Weise wie bei der Siedepunkterhöhung zeigt man, dass die Gefrierpunkterniedrigung ebenfalls durch Gl. (20.11) gegeben ist:

$$T - T_0 = -\frac{RT_0^2 n_1}{\Lambda_0 n_0}. \tag{20.16}$$

Sie ist jedoch auf der rechten Seite mit einem Minuszeichen versehen: T_0 ist die Schmelztemperatur, Λ_0 die molare Schmelzwärme des Lösungsmittels und n_1 und n_0 die Stoffmenge des gelösten Stoffes bzw. des Lösungsmittels. Wird in 1 kg Wasser ($n_0 = 55.6$ mol) die Stoffmenge n_1 gelöst, ist in Gl. (20.16) $T_0 = 273$ K und $\Lambda_0 = 6.0$ kJ/mol zu setzen. Damit folgt für Wasser als Lösungsmittel die Gefrierpunkterniedrigung

$$\frac{T - T_0}{n_1} = -1.85 \frac{\text{K}}{\text{mol}}. \tag{20.17}$$

Interessant ist, dass auch die Gefrierpunkterniedrigung $T - T_0$ proportional zur Konzentration des gelösten Stoffes ist und umgekehrt proportional zu seiner molaren Masse $M_{n,1}$, ganz entsprechend Gl. (20.13). Die Proportionalitätskonstante

$$\frac{RT_0^2}{\Lambda_0} \cdot M_{n,0}$$

enthält nur Eigenschaften des Lösungsmittels. Die Gefrierpunkterniedrigung ist daher, ebenso wie die Siedepunkterhöhung, zur Bestimmung der molaren Masse geeignet.

Auf der Erscheinung der Gefrierpunkterniedrigung beruhen auch die *Kältemischungen*. Bringt man z. B. gestoßenes Eis und Kochsalz in etwa gleichen Gewichtsanteilen zusammen, bildet sich eine sehr konzentrierte flüssige Salzlösung, deren Erstarrungspunkt unter 0 °C liegt. Zum Schmelzen und Lösen werden Schmelz- und Lösungswärme verbraucht, die der Umgebung entzogen werden. Mit dieser Mischung lässt sich eine Temperatur von −22 °C erzielen. Noch besser ist eine Mischung von 10 Teilen kristallisiertem Chlorcalcium ($CaCl_2 + 6H_2O$) mit 7 Teilen Schnee. Damit ist eine Temperatur von −51 °C erreichbar. Dabei ist allerdings zu beachten, dass es sich nicht mehr um verdünnte, sondern um konzentrierte Lösungen handelt, die komplizierteren Gesetzmäßigkeiten folgen. Bei hohen Konzentrationen kann man nämlich nicht mehr von „Lösungsmittel" und „gelöstem Stoff" sprechen, da ersteres nicht mehr in überwiegender Menge vorhanden ist. Das gilt besonders für Legierungen. Man würde an sich erwarten, dass ihr Schmelzpunkt zwischen denen der beiden Komponenten liegt und etwa aus ihrem Mischungsverhältnis berechnet werden kann. Tatsächlich liegt er in vielen Fällen sogar niedriger als selbst der tiefere der Schmelzpunkte der beiden reinen Metalle. Ein auffälliges Beispiel bildet die aus gleichen Teilen Natrium und Kalium bestehende Legierung, die bei Zimmertemperatur flüssig ist, obwohl Kalium erst bei 62 °C und Natrium bei 97.5 °C schmilzt. Andere bekannte Legierungen von mehr als zwei Komponenten, die dieses Verhalten zeigen, enthält Tab. 20.4.

Sublimation und Verfestigung. Unter bestimmten Umständen geht feste Substanz direkt in die gasförmige Phase über und umgekehrt. Dieses Verhalten ist nicht auf bestimmte Stoffe beschränkt, sondern eine allgemeine Erscheinung. Ob im gegebenen Fall Schmelzen oder Sublimieren eintritt, hängt von den Druck- und Temperaturbedingungen ab. Eine

Tab. 20.4 Schmelztemperatur einiger mehrkomponentiger Legierungen

Legierung nach	Gewichtsanteile				Schmelztemperatur
	Zinn	Blei	Bismut	Cadmium	
Wood	4	8	15	4	70 °C
Rose	1	1	2	–	98 °C
Lipowitz	4	8	15	3	70 °C

Übersicht darüber, bei welchen Bedingungen eine Substanz schmilzt und verdampft oder sublimiert, zeigen die Phasendiagramme (Abschn. 20.1). Bei Atmosphärendruck zeigt dieses Verhalten z. B. festes Kohlendioxid, das unmittelbar in Dampf übergeht. Öffnet man umgekehrt eine mit flüssigem Kohlendioxid gefüllte Bombe, entweicht zunächst gasförmiges CO_2, das sich aber infolge der adiabatischen Ausdehnung so stark abkühlt (bis -78 °C), dass es unter Atmosphärendruck fest wird, ohne durch den flüssigen Zustand hindurchgegangen zu sein. Bei Atmosphärendruck ist es auf keine Weise möglich, flüssiges Kohlendioxid zu erhalten, wie man die Temperatur auch wählen mag. – Unterhalb eines Drucks von 6.13 mbar geht auch Eis direkt in Wasserdampf über, und zwar bei allen Temperaturen zwischen dem absoluten Nullpunkt und 0.0098 °C (273.16 K), der höchsten Temperatur, die Eis überhaupt annehmen kann.

Auch hier werden die Verhältnisse am durchsichtigsten, wenn die Substanz im Vakuum sublimiert. Es stellt sich dann bei gegebener Temperatur ein bestimmter Dampfdruck ein. Solange dieser noch nicht erreicht ist, sublimiert die feste Substanz. Versucht man durch Volumenverkleinerung den Sublimationsdruck zu erhöhen, gelingt dies nicht, sondern der Dampf schlägt sich dann so lange als feste Substanz nieder, bis der der Temperatur entsprechende Dampfdruck wieder erreicht ist. Entsprechend sublimiert feste Substanz bei Volumenvergrößerung. Nachdem der Dampfdruck erreicht ist, hört für die makroskopische Betrachtung die Sublimation auf, Festkörper und Gas sind im thermischen Gleichgewicht, sie „koexistieren". Der Sublimationsdruck ist also, wie der Verdampfungs- und Schmelzdruck, lediglich eine Funktion der Temperatur. Er ist im Vergleich zu den Dampfdrücken bei den in Betracht kommenden Temperaturen im Allgemeinen gering, wie Tab. 20.5 für Wasserdampf zeigt. Theoretisch besitzt jede feste Substanz einen endlichen Sublimationsdruck, der erst beim absoluten Nullpunkt verschwindet.

Bei Kohlendioxid kann man den Sublimationsdruck nachweisen, indem man ein festes Stückchen in ein verschlossenes Gefäß bringt, das mit einem Manometer versehen ist. Dies gelingt hier, weil Kohlendioxid einen relativ hohen Sublimationsdruck besitzt. Der folgende Versuch ist ein Beispiel dafür, dass es nur auf die geeigneten Bedingungen ankommt, ob Schmelzen oder Sublimieren eintritt. In einem Rohr aus schwer schmelzbarem

Tab. 20.5 Sublimationsdruck von Eis

Temperatur in °C	Sublimationsdruck in mbar	Temperatur in °C	Sublimationsdruck in mbar
−60	0.0107	−20	1.0264
−50	0.0387	−10	2.5954
−40	0.1253	− 1	5.6186
−30	0.3732	0	6.1038

Glas ist festes $HgCl_2$ eingefüllt, das über einer Bunsenflamme unter Atmosphärendruck bei etwa $300\,^\circ C$ schmilzt. Verbindet man jetzt das Rohr mit einer Wasserstrahlpumpe, verschwindet die flüssige Substanz, wenn ein Druck von 533 mbar erreicht ist. Jetzt sublimiert die feste Substanz. Einen analogen Versuch kann man mit Iod machen. Schließt man Iodkristalle in ein evakuiertes Glasrohr ein, sublimiert es bei Erwärmung. Belässt man dagegen Atmosphärendruck in dem Glasrohr, so schmilzt es.

Selbstverständlich gehört zum Sublimieren fester Substanz eine bestimmte latente *Sublimationswärme* Λ oder λ, je nachdem, ob man sie auf die Stoffmenge oder die Masse bezieht. Sie gehorcht gleichfalls der Clausius-Clapeyron'schen Gleichung. Für den Tripelpunkt (Abschn. 20.2) braucht sie übrigens nicht gemessen zu werden, da sie sich aus der Schmelzwärme und der Verdampfungswärme ergibt. Denn nach dem ersten Hauptsatz ist es gleichgültig, ob man die feste Substanz durch Sublimation direkt in den Gaszustand bringt oder erst schmilzt und dann verdampft, d. h., die Sublimationswärme ist gleich der Summe von Schmelzwärme und Verdampfungswärme. Die spezifische Verdampfungswärme des Wassers bei $0\,^\circ C$ beträgt 2529 kJ/kg und die spezifische Schmelzwärme 335 kJ/kg, woraus sich als spezifische Sublimationswärme des Eises bei $0\,^\circ C$ 2864 kJ/kg ergibt.

21 Tiefe Temperaturen

21.1 Kryotechnik

Erzeugung tiefer Temperaturen. Der Physiker unterscheidet zwischen der Erzeugung tiefer Temperaturen, also der Technik des Erreichens derselben, je nach Temperaturbereich *Kältetechnik* oder *Kryotechnik* genannt, und der Physik bei tiefen Temperaturen, zu deren experimenteller Ausübung die Nutzung der Kryotechnik Voraussetzung ist. Historisch sind beide Disziplinen sehr eng miteinander verbunden. Zunächst veranlasste der Wunsch, die Eigenschaften der Materie bei immer tieferen Temperaturen zu untersuchen, einige Physiker zur Weiterentwicklung der bekannten Kühlverfahren. Die dabei gewonnenen Erkenntnisse über ganz unerwartete Effekte im Verhalten von Werkstoffen und Kältemitteln eröffneten dann nicht nur neue Möglichkeiten zur Optimierung von Kühlverfahren, sondern auch ein breites Spektrum neuartiger technischer Anwendungen. Auf dieser Grundlage entstand die Kryotechnik als Spezialgebiet der Erzeugung von tiefen Temperaturen unterhalb 80 K und der Entwicklung optimierter, auch technische anwendbarer Kühlverfahren für unterschiedlichste Zwecke. Tab. 21.1 zeigt „Meilensteine" auf dem Weg zu tiefen Temperaturen. Heute sind Geräte, die tiefe Temperaturen erzeugen, sogar bis unter 1 K, kommerziell erhältlich.

Um tiefere Temperaturen zu erzeugen, als sie unter normalen Verhältnissen in unserer Umgebung vorkommen (Abb. 21.1), ist es nötig, entgegen dem Bestreben der Natur in begrenzten Teilsystemen in gezielter Weise eine Entropieabsenkung zu bewirken. Als Hilfsmittel dazu sind Substanzen, sogenannte *Kältemittel* geeignet, deren Entropie außer von der Temperatur in starkem Maß von einem weiteren, von außen veränderbaren Parameter abhängt (z. B. Druck, Magnetfeld oder Konzentration einer Lösung).

Die klassische *Kältetechnik* befasst sich vor allem mit Kältemaschinen für Industrie und Haushalt für den Temperaturbereich bis herab zu etwa 80 K. Das Prinzip ist immer dasselbe: das Kühlgut wird mit dem Kältemittel im Verdampfer in thermischen Kontakt gebracht, das Kältemittel nimmt durch Verdampfen Wärme aus dem Kühlgut auf, das sich abkühlt. Der Dampf wird an einer anderen Stelle durch einen Kompressor wieder verdichtet und in einem Kondensator abgekühlt, wobei er kondensiert. Die Kondensationswärme zusammen mit der Kompressionswärme wird dabei im Kondensator frei und muss abgeführt werden. Der notwendige Druckabfall zwischen Kompressor und Verdampfer wird durch ein Drosselventil aufrechterhalten (Abb. 21.2).

Man erkennt sofort, dass hier Kompressionsarbeit auftritt, ohne die die Wärme nicht von einer kalten zu einer wärmeren Stelle geschafft werden kann. Wenn der Verdampfer dieselbe Temperatur hat wie der Kondensator, ist der Druck vor und hinter dem Kompressor derselbe (von inneren Reibungsverlusten abgesehen) und die Kompressionsarbeit ist null.

Da es sich hier um einen Kreisprozess handelt, kann man den Satz von Carnot anwenden und nach dem Verhältnis fragen von *Kälteleistung* $dQ/dt = \dot{Q}$ (das ist die im zeitlichen

Tab. 21.1 Meilensteine auf dem Weg zu tiefen Temperaturen

Jahr	Ereignis und Autoren
1714	Fahrenheit nimmt die mit einer Kältemischung aus Schnee und Salz erreichbare Temperatur von $-18\,°C$ als Nullpunkt ($0\,°F$) seiner Temperaturskala
1742	Celsius begründet seine Temperaturskala mit dem Gefrierpunkt ($0\,°C$) und dem Siedepunkt ($100\,°C$) des Wassers als Fixpunkte
1854	Kelvin begründet die absolute Temperaturskala
1862	Eismaschine von Carré
1877	erste Verflüssigung von Sauerstoff bei ca. 90 K durch Cailletet und Pictet
1890	Dewar erfindet das vakuumisolierte, nach ihm benannte Aufbewahrungsgefäß für verflüssigte Gase
1895	Luftverflüssigung in technischem Maßstab durch Linde
1898	erste Verflüssigung von Wasserstoff durch Dewar
1908	Kamerlingh Onnes verflüssigt erstmals Helium
1911	Entdeckung der Supraleitung von Quecksilber bei 4.2 K durch Kamerlingh Onnes
1913	Entdeckung des superfluiden Zustands von Helium unterhalb 2.17 K durch Kamerlingh Onnes, Keesom, Kapitza
1926	Vorschläge von Debye und von Giauque zur adiabatischen Entmagnetisierung als Kühlmethode unter 1 K
1932	F. E. Simon gelingt die Verflüssigung von Helium mit der Methode von Cailletet
1933	erste erfolgreiche adiabatische Entmagnetisierung eines paramagnetischen Salzes bis ca. 0.27 K
1947	Helium-Verflüssigung in technischem Maßstab durch Collins
1954	erste Gaskältemaschine nach dem Stirling-Prinzip
1956	erste adiabatische Entmagnetisierung von Atomkernen durch Kurti et al.
1958	Vorschlag der Kühlung durch Entmischung der Heliumisotope von H. London et al.
1965	erster Entmischungsrefrigerator von Taconis et al.
1972	Entdeckung der superfluiden Phasen von Helium-3 bei 2.6 mK durch Osheroff, Richardson, Lee
1973	Entmischungsrefrigerator erreicht 2 mK (Frossati)
1979	eine Kupferprobe wird unter 100 Mikrokelvin gekühlt (Pobell et al.)
1984	die Weltkapazität der Luftverflüssigung übersteigt eine Milliarde Tonnen pro Jahr
1986	die Weltproduktion von flüssigem Helium übersteigt eine Milliarde Liter pro Jahr

Mittel dem Kühlgut pro Zeit entzogene Wärme) zur Kompressorleistung $\dot{W}$ (das ist die im zeitlichen Mittel dem Kreisprozess von außen pro Zeit zugeführte mechanische Arbeit):

$$\frac{\dot{Q}}{\dot{W}} = \frac{T_{\mathrm{u}}}{T_{\mathrm{o}} - T_{\mathrm{u}}} \tag{21.1}$$

(T_{o} = Kondensatortemperatur, T_{u} = Verdampfertemperatur). Die Gleichung gilt nur für den idealen, reversiblen Kreisprozess (Carnot). Das Verhältnis $\dot{Q}/\dot{W}$, *Wirkungsgrad* (Abschn. 19.6) bzw. in der Kältetechnik *Leistungszahl* genannt, ist aus technischen Gründen (Reibung, Ausgleichsprozesse usw.) in Wirklichkeit viel kleiner, typisch um einen Faktor 3 bei dieser Art von Kältemaschinen. Wie man sieht, sinkt der Wirkungsgrad bei

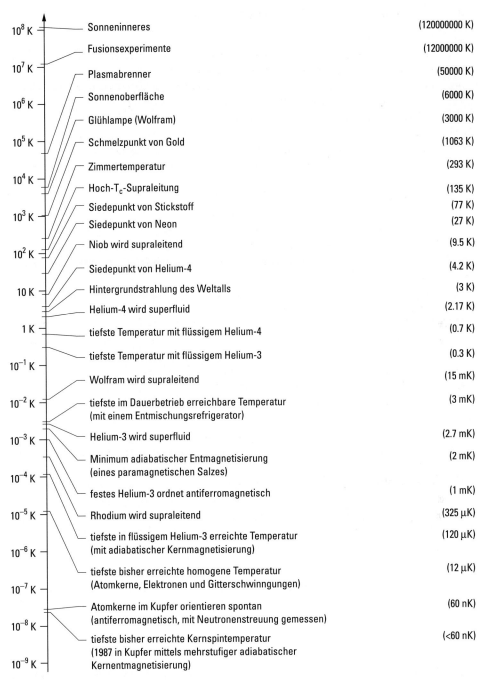

10^8 K	Sonneninneres	(120000000 K)
	Fusionsexperimente	(12000000 K)
10^7 K	Plasmabrenner	(50000 K)
10^6 K	Sonnenoberfläche	(6000 K)
	Glühlampe (Wolfram)	(3000 K)
10^5 K	Schmelzpunkt von Gold	(1063 K)
	Zimmertemperatur	(293 K)
10^4 K	Hoch-T_c-Supraleitung	(135 K)
	Siedepunkt von Stickstoff	(77 K)
10^3 K	Siedepunkt von Neon	(27 K)
	Niob wird supraleitend	(9.5 K)
10^2 K	Siedepunkt von Helium-4	(4.2 K)
	Hintergrundstrahlung des Weltalls	(3 K)
10 K	Helium-4 wird superfluid	(2.17 K)
1 K	tiefste Temperatur mit flüssigem Helium-4	(0.7 K)
	tiefste Temperatur mit flüssigem Helium-3	(0.3 K)
10^{-1} K	Wolfram wird supraleitend	(15 mK)
10^{-2} K	tiefste im Dauerbetrieb erreichbare Temperatur (mit einem Entmischungsrefrigerator)	(3 mK)
10^{-3} K	Helium-3 wird superfluid	(2.7 mK)
	Minimum adiabatischer Entmagnetisierung (eines paramagnetischen Salzes)	(2 mK)
10^{-4} K	festes Helium-3 ordnet antiferromagnetisch	(1 mK)
10^{-5} K	Rhodium wird supraleitend	(325 μK)
	tiefste in flüssigem Helium-3 erreichte Temperatur (mit adiabatischer Kernmagnetisierung)	(120 μK)
10^{-6} K	tiefste bisher erreichte homogene Temperatur (Atomkerne, Elektronen und Gitterschwinngungen)	(12 μK)
10^{-7} K	Atomkerne im Kupfer orientieren spontan (antiferromagnetisch, mit Neutronenstreuung gemessen)	(60 nK)
10^{-8} K	tiefste bisher erreichte Kernspintemperatur (1987 in Kupfer mittels mehrstufiger adiabatischer Kernentmagnetisierung)	(<60 nK)
10^{-9} K		

Abb. 21.1 Die logarithmische Temperaturskala. Unterhalb 80 K beginnt der Bereich der Tieftemperaturphysik.

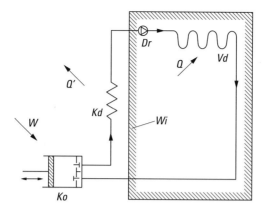

Abb. 21.2 Prinzip des Kompressorkühlschranks: *Ko* Kompressor, *Kd* Kondensator, *Dr* Drosselventil, *Vd* Verdampfer, *Wi* Wärmeisolierung, *W* mechanische Arbeit, *Q* und *Q'* aufgenommene und
abgegebene Wärme. Bei elektrischen Haushaltskühlschränken sind der Kompressor und der ihn
antreibende Elektromotor in einem gemeinsamen, gasdichten Gehäuse untergebracht.

vorgegebener Verdampfertemperatur mit steigender Kondensatortemperatur. Deswegen
ist es günstig, die Rückwand des Haushaltskühlschranks gut zu belüften.

Das Kältemittel liegt im Kühlkreislauf in zwei Phasen (flüssig und gasförmig) vor.
Es sollte eine hohe Verdampfungswärme besitzen und einen mäßig hohen Dampfdruck
(< 20 bar) im Kondensator. Ein typisches Beispiel ist Ammoniak. Andere Kältemittel sind
die fluorierten Chlorkohlenwasserstoffe (FCKW, z. B. Frigen), bei denen das Fluor/Chlor-
Verhältnis die Temperaturabhängigkeit des Dampfdrucks bestimmt (s. auch Tab. 21.2,
S. 791). Die tiefsten erreichbaren Temperaturen liegen bei etwa 150 K (für mehrstufige
Maschinen).

Die bestimmende Größe derartiger Kältemaschinen ist der Kältemitteldurchsatz und
damit die Kompressorleistung. Diese reicht von typisch 100 W (kleiner Haushaltskühlschrank) bis über 600 kW (industrielle Kühlanlage für Kühl- und Lagerhäuser, Braue-
reien, Eisstadien usw.). Dieselben Kältemaschinen werden auch in Klimaanlagen und
Wärmepumpen eingesetzt. Es sei daran erinnert, dass eine Wärmepumpe nicht etwa eine
rückwärtslaufende Kältemaschine ist, sondern genau denselben Kreisprozess in derselben
Richtung wie diese durchläuft. Der einzige Unterschied ist, dass man sich nicht für die
vom Verdampfer aufgenommene, sondern für die vom Kondensator abgegebene Wärme
interessiert.

Der Kompressor kann durch eine Heizung ersetzt werden und das zweiphasige Einstoffsystem durch ein Zweistoffsystem. Hier wird statt der Verdampfungswärme die Absorpti-
onswärme (oder Lösungswärme) eines Gases (z. B. Ammoniak) in einer Flüssigkeit (z. B.
Wasser) ausgenutzt (Absorberkühlschrank). Die alte Carré'sche Eismaschine illustriert
das Prinzip (Abb. 21.3).

Refrigeratoren. *Refrigeratoren*, auch *Gaskältemaschinen* genannt, arbeiten mit einem
gasförmigen Einstoff-Kältemittel, dem Arbeitsgas, in einem geschlossenen Kreislauf.
Zwei „äußere" Kennzeichen unterscheiden sie von den Kältemaschinen: der Einsatz von
Gegenstromwärmetauschern und *Expansionsmaschinen* (Abb. 21.4). Das vom Kompressor verdichtete Arbeitsgas wird in einem ersten Wärmetauscher von dem zum Kompressor

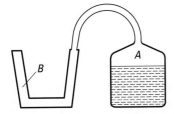

Abb. 21.3   Die Carré'sche Eismaschine. *A* und *B* sind zwei miteinander verbundene Metallgefäße, von denen *B* als doppelwandiger Becher ausgebildet ist. *A* ist mit einer wässerigen, gesättigten Lösung von NH_3 gefüllt (bei 0 °C kann ein Liter Wasser 1200 Liter gasförmiges Ammoniak gelöst bzw. absorbiert enthalten). Da die Löslichkeit von Ammoniak in Wasser mit steigender Temperatur stark abnimmt, wird beim Erhitzen von *A* das Gas ausgetrieben und kondensiert an der Wand von *B*, unter der Bedingung, dass *B* auf Umgebungstemperatur (z. B. 20 °C) gehalten wird. Lässt man das Wasser in *A* sich wieder abkühlen, nimmt es wegen der steigenden Löslichkeit Ammoniak aus *B* auf. Der Gasdruck fällt, und das Ammoniak in *B* beginnt zu sieden, wobei es seine Verdampfungswärme der Umgebung entnimmt und *B* mit seinem Inhalt unter die Umgebungstemperatur abkühlt. In modernen Absorptionskältemaschinen ist das Verfahren zu einem kontinuierlich funktionierenden Kreislauf ausgebildet.

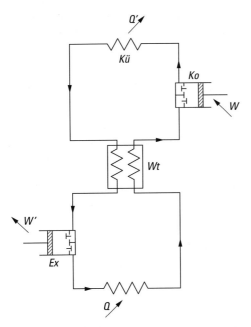

Abb. 21.4   Prinzip einer Gaskältemaschine (Refrigerator). *Ko* Kompressor, *Kü* Kühler, *Wt* Gegenstromwärmetauscher, *Ex* Expansionsmaschine, *W*, *W'* mechanische Arbeit, *Q* aus dem Kühlgut aufgenommene Wärme. Wie man sieht, wird auch Wärme abgegeben (Q' = Kompressorkühlung) und mechanische Arbeit verrichtet (Expansionsmaschine). Die Summe aller Wärmen und mechanischen Arbeiten ist gleich null.

strömenden Gas abgekühlt, um dann in einer Expansionsmaschine (das ist ein als Motor laufender Kolbenkompressor oder eine Turbine) entspannt zu werden, wobei es sich unter Arbeitsabgabe weiter abkühlt. In dem zweiten Wärmetauscher nimmt das Gas von dem Kühlgut Wärme auf und strömt dann durch den ersten Wärmetauscher zurück zum Kompressor.

Die an die Expansionsmaschine gelieferte Arbeit muss in einer Bremse vernichtet werden oder hilft, den Kompressor anzutreiben. Diese Arbeit ist umso geringer, je tiefer die Temperatur ist, bei der die Expansionsmaschine arbeitet. Das hängt wieder mit dem Carnot'schen Wirkungsgrad zusammen (Gl. (21.1)). Der reale Wirkungsgrad liegt, wieder wegen der Reibungsverluste, aber auch wegen der unvollkommenen Wärmetauscher, deutlich unter den theoretischen Werten. In großen Anlagen werden mehrere Expansionsmaschinen eingesetzt, die bei verschiedenen Temperaturen arbeiten. Der Gasstrom wird dazu mehrmals geteilt. Die tiefsten erreichbaren Temperaturen liegen bei 4.5 K. Das Arbeitsgas (in diesem Fall Helium) verflüssigt sich dann schon teilweise beim Austritt aus der Expansionsmaschine. Die Kälteleistung kann bis zu 10 kW bei 4 K betragen. Der reale Wirkungsgrad beträgt in diesem Fall nur noch ca. 3 %, d. h., es müssen rund 3 MW Kompressorleistung aufgebracht werden. Bei Refrigeratoren mit großen Kälteleistungen werden fast ausschließlich Turbinen als Expansionsmaschinen eingesetzt.

Der oben beschriebene Kreisprozess heißt *Brayton-Prozess* (Abb. 21.5). Für kleine Kälteleistungen wird stattdessen mehr der *Stirling-Prozess* angewandt.

Der ideale Carnot-Prozess besteht aus zwei Isothermen und zwei Isentropen. Auf ein ideales Gas angewandt ist er nicht praktisch, da für große Temperaturunterschiede nach der isothermen Kompression so hohe Drücke (in der oberen linken Ecke des T-S-Diagramms) entstehen, dass die Konstruktion einer Kältemaschine für tiefe Temperaturen praktisch

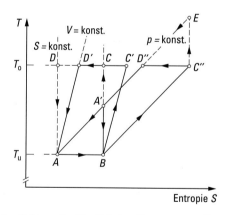

Abb. 21.5   Schema der idealisierten Prozesse von Carnot, Stirling, Ericsson und Brayton im T-S-Diagramm für ein ideales Gas.
Carnot: 2 Isothermen $A \to B$ und $C \to D$ sowie 2 Isentropen $B \to C$ und $D \to A$.
Stirling: 2 Isothermen $A \to B$ und $C' \to D'$ sowie 2 Isochoren (Linien konstanten Volumens) $B \to C'$ und $D' \to A$.
Ericsson: 2 Isothermen $A \to B$ und $C'' \to D''$ sowie 2 Isobaren $B \to C''$ und $D'' \to A$.
Brayton: 2 Isentropen $A' \to B$ und $C'' \to E$ sowie 2 Isobaren $B \to C''$ und $E \to A'$.
Da die Kompression beim Brayton-Prozess meistens irgendwo zwischen isentrop ($C'' \to E$) und isotherm ($C'' \to D''$) verläuft, wird sie oft auch vereinfachend als „isotherm" angegeben.

unmöglich wird. Derselbe Wirkungsgrad (gleiche umlaufene Fläche im T-S-Diagramm) kann aber dadurch erreicht werden, dass die warme Isotherme nach rechts geschoben wird: Die Temperatur ändert sich nicht mehr entlang einer Isentropen, sondern entlang einer Isochoren (Linie konstanten Volumens). Da aber beim Durchlaufen der Isochoren das Arbeitsgas abwechselnd eine Entropiezunahme und eine Entropieabnahme erleidet, muss, damit nichts verloren geht, der Entropieunterschied momentan in einem Speicher (*Regenerator*) untergebracht werden. Dieser schon vom Heißluftmotor her bekannte Stirling-Prozess (Abschn. 19.6) erzeugt Kälte, wenn er entgegen dem Uhrzeigersinn durchlaufen wird. Die Stirling-Maschinen (Abb. 21.6 und 21.7) haben keine Ventile, sind sehr kompakt und haben daher einen hohen Wirkungsgrad. Sie werden einstufig zur Luftverflüssigung, zweistufig als Refrigeratoren mit Kälteleistungen bis zu 600 W bei 25 K eingesetzt. Sehr viel tiefere Temperaturen sind mit diesem Verfahren nicht zu erreichen, da die Isochoren immer weniger parallel zueinander verlaufen und die Speicherwirkung der Regeneratoren stark abnimmt.

Verschiebt man im T-S-Diagramm die warme Isotherme noch weiter nach rechts, gelangt man zu den Isobaren. Der aus zwei Isothermen und zwei Isobaren bestehende Prozess wurde von Ericsson untersucht und die dazugehörige Kältemaschine von Gifford und McMahon entwickelt. Der von der eigentlichen Kältemaschine räumlich getrennte Kompressor erzeugt eine konstante, bei Luft- oder Wasserkühlung isotherme Druckerhöhung. Die Kälteleistung einer *Gifford-McMahon-Maschine* übersteigt selten einige Watt bei 20 K, da es schwierig ist, einen wirksamen Regenerator für großen Gasdurchsatz zu bauen. Die Technik der Regeneratoren begrenzt auch die tiefste erreichbare Temperatur: Die

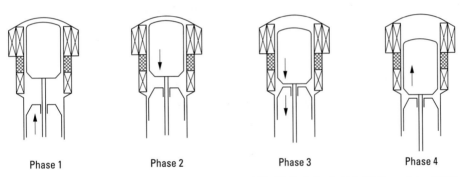

| Phase 1 | Phase 2 | Phase 3 | Phase 4 |

Abb. 21.6   Realisierung des Stirling-Prozesses von Abb. 21.5 mit der in Abb. 21.7 gezeigten Stirling-Maschine (die in Klammern angegebenen Abkürzungen beziehen sich auf Abb. 21.7, die Buchstaben A, B, C', D' haben dieselbe Bedeutung wie in Abb. 21.5): Phase 1 ($C' \rightarrow D'$): Das Arbeitsgas befindet sich im Kompressionsraum (KR) und wird durch den Kompressorkolben (Ko) isotherm komprimiert. Die Kompressionswärme wird an das Kühlwasser abgegeben.
Phase 2 ($D' \rightarrow A$): Der Verdränger (Ve) transportiert das komprimierte Gas in den Expansionsraum (Ex), wobei es den Regenerator (Re) durchströmt und durch Wärmeabgabe an diesen die Temperatur des Expansionsraums annimmt.
Phase 3 ($A \rightarrow B$): Das Arbeitsgas befindet sich im Expansionsraum und wird hier mit Hilfe des Kompressors und Verdrängers isotherm entspannt. Die dafür notwendige Wärme wird dem Kondensator (Kd) entzogen.
Phase 4 ($B \rightarrow C'$): Der Verdränger transportiert das Gas in den Kompressionsraum zurück. Dabei nimmt es beim Durchströmen des Regenerators die vorher dort gespeicherte Wärme wieder auf und verlässt diesen mit der Temperatur des Kompressionsraums, etwa 300 K.

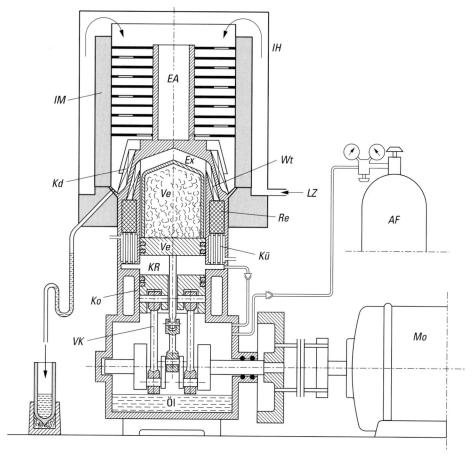

Abb. 21.7 Schematischer Schnitt durch eine Stirling-Maschine (Philips-Luftverflüssiger). *Ko* Kompressor, *KR* Kompressionsraum, *Ex* Expansionsraum, *Ve* Verdränger, *VK* Verdrängerkurbelwelle (um 90° zur Kompressorkurbelwelle versetzt), *Kü* Wasserkühlung, *Re* Regenerator, *Wt* Wärmetauscher, *Kd* Kondensator, *IM* Isoliermantel, *IH* Isolierhaube, *LZ* Luftzutritt, *EA* Eisabscheider, *AF* Arbeitsgasfüllvorrichtung, *Mo* Antriebsmotor. Als Arbeitsgas genügen 3 mol Wasserstoff oder Helium. Die beschriebene Maschine verflüssigt ungefähr 8 Liter Luft pro Stunde bei einer Leistungsaufnahme von 8 kW.

Speicherfähigkeit des Regenerators wird unterhalb 10 K sehr klein, während gleichzeitig die spezifische Wärmekapazität des Arbeitsgases steigt. Kleine, handliche Refrigeratoren dieser Art werden viel in Laboratorien eingesetzt, wo damit „auf Knopfdruck" in weniger als einer Stunde eine 10 K kalte Fläche zur Verfügung steht. Sie spielen auch eine wichtige Rolle bei der Kühlung von Infrarotdetektoren in Satelliten und anderen Raumschiffen.

Gasverflüssigung. Wie schon erwähnt, eignen sich Gaskältemaschinen grundsätzlich auch dazu, Gase zu verflüssigen. Es genügt nämlich, das zu verflüssigende Gas auf die kälteste Fläche der Kältemaschine zu leiten, wo es sich unter Abgabe der Kondensa-

Tab. 21.2   Kennwerte kryotechnischer Gase

Gas	Gehalt in Luft	Normal-Siedepunkt (K)	Dichte der Flüssigkeit (kg/m^3)*	Kritischer Druck (bar)	Kritische Temperatur (K)	Tripelpunkt (K)
Helium	54 ppm	4.21	0.122	2.27	5.2	($\lambda =$)2.17
Wasserstoff	–	20.3	0.0071	12.98	33.2	13.8
Neon	180 ppm	27.07	1.2042	26.9	44.4	24.6
Stickstoff	78 %	77.36	0.808	33.5	126.1	63.2
Argon	0.94 %	87.27	1.40	48.3	150.8	83.8
Sauerstoff	21 %	90.18	1.142	50.1	154.4	54.4
Methan	–	111.6	0.42	45.8	190.7	90.7
Ethan	–	184.5	0.546	48.8	305.3	89.9
Kohlendioxid	350 ppm	194.6 (S)	1.178 (F)	73.0	304.2	216.6
Frigen 22	–	232.4	1.20	48.7	369.2	112
Ammoniak	–	239.8	0.665	115.2	405.6	195.5
Frigen 12	–	243.4	1.44	40.9	384.7	118.2

* am Normalsiedepunkt, (S) Sublimationstemperatur, (F) fest, ppm = parts per million,
(λ) Lambdapunkt (für Helium gibt es keinen Tripelpunkt)

tionswärme verflüssigt. Die Kondensationsfläche muss kälter sein als die Siedetemperatur des zu verflüssigenden Gases (Tab. 21.2). Da der Wärmeaustausch an der kalten Fläche verlustreich ist, ist es in der Praxis wirtschaftlicher, besonders bei großen Anlagen, das Arbeitsgas nicht oder nur teilweise in einem geschlossenen Kreislauf zu führen. Das Arbeitsgas der Kältemaschine wird durch das zu verflüssigende Gas ersetzt, das nach Abkühlung im Wärmetauscher in der Expansionsmaschine oder in einer getrennten letzten Stufe verflüssigt wird (Abb. 21.8).

Beim *Claude-Verfahren* (Abb. 21.9) ist die letzte Stufe eine Joule-Thomson-Entspannung, die einem Brayton-Prozess nachgeschaltet ist. Da die Joule-Thomson-Entspannung ein isenthalpischer Prozess ist, liefert sie nur dann Flüssigkeit, wenn das Gas vorher unter die Inversionstemperatur abgekühlt wurde, also unter die Temperatur, bei der im T-S-Diagramm die Steigung der Isenthalpen negativ geworden ist. Der Vorteil der Joule-Thomson-Stufe liegt in ihrer technischen Einfachheit (Vermeidung kalter beweglicher Teile). Eine Joule-Thomson-Stufe kann auch einem Stirling- oder Gifford-McMahon-Prozess nachgeschaltet werden.

Große industrielle Bedeutung hat die Verflüssigung von Erdgas (für Erdgasreinigung und -transport), Luft (für die Luftzerlegung), Wasserstoff (für Transport und Raumfahrt) sowie Helium (für Forschungslaboratorien und supraleitende Magnete). Der Luftverflüssigung kommt eine besondere Bedeutung zu. Da Luft ein Gasgemisch ist, dessen Bestandteile bei verschiedenen Temperaturen sieden (Tab. 21.2), kann Luft leicht durch Verflüssigen und anschließendes fraktioniertes Destillieren in einer Rektifikationssäule (ähnlich wie bei der Erdölraffinage) zerlegt werden, wobei die Sauerstoffgewinnung im Vordergrund steht. Als Nebenprodukte werden die Edelgase gewonnen. Flüssiger Stickstoff, der meist zum Vorkühlen und Trocknen der Luft (Befreiung von Wasser und Kohlendioxid) in den Verflüssigungsprozess zurückgeführt wird, dient oft auch der Herstellung von NH_3. Moderne Anlagen haben z. B. Verflüssigungskapazitäten von 300 Tonnen pro Stunde bei einem Energieaufwand von 400 kWh pro Tonne.

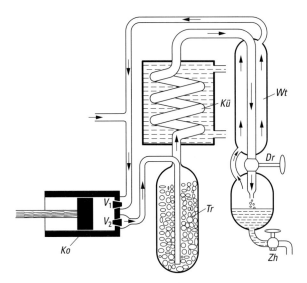

Abb. 21.8   Schematischer Aufbau der Luftverflüssigungsanlage von Linde. Die vom Kompressor *Ko* auf 100 bar komprimierte Luft wird im Trockner *Tr* gereinigt und von H_2O und CO_2 befreit, im Wasserkühler *Kü* vorgekühlt, im Gegenstromwärmetauscher *Wt* von der nicht verflüssigten, aufsteigenden Luft so weit abgekühlt, dass sie sich beim Entspannen auf 1 bar hinter dem Joule-Thomson-Drosselventil *Dr* teilweise verflüssigt. Zur besseren Wärmeisolierung ist der rechte (kalte) Teil der Anlage bis auf den Zapfhahn *Zh* von Hochvakuum umgeben (in der Abbildung nicht dargestellt).

Bei der Heliumverflüssigung ist das Arbeitsgas reines Helium. Dem Brayton-Prozess ist eine Joule-Thomson-Stufe nachgeschaltet. Von Collins wurde ein Verflüssiger entwickelt mit einem zweistufigen Brayton-Prozess, der einen etwas besseren Wirkungsgrad hat (Abb. 21.9). Mit Hilfe des T-S-Diagramms kann die theoretische Ausbeute berechnet werden. In der Praxis erreichen moderne Heliumverflüssiger bei einer Verflüssigungskapazität von 20 l/h eine Ausbeute von 0.3 l/kWh ohne Vorkühlung mit flüssigem Stickstoff (das Doppelte mit Vorkühlung). Bei kleinen Verflüssigern wird meist als Expansionsmaschine ein Kolbenexpander eingesetzt, also ein vom Arbeitsgas angetriebener Kolbenmotor, bei großen Anlagen eine oder sogar mehrere Expansionsturbinen. Helium wird heute industriell in großen Mengen verflüssigt und ist kommerziell erhältlich, so dass sich für viele Laboratorien die Anschaffung eines eigenen Heliumverflüssigers nicht mehr lohnt.

Aufbewahrung verflüssigter Gase. Verlustarme Aufbewahrung, Umfüllen und Transport tiefgekühlter und verflüssigter Gase gehören zu den wichtigen Aufgaben der Kryotechnik. Die Technik soll am Beispiel des flüssigen Heliums erläutert werden.

Das im Verflüssiger verflüssigte Helium wird im Allgemeinen in ein gut isoliertes Vorratsgefäß geleitet, um von dort entweder durch isolierte Leitungen zum Verbraucher (z. B. supraleitende Magnete in Beschleunigern) befördert, oder in kleinere Transportkannen oder Tankwagen umgefüllt zu werden. Das flüssige Helium siedet dauernd und ein Teil davon verdampft, denn die Energiezufuhr durch Wärmeleitung und -strahlung ist unvermeidbar. Das verdampfte Helium wird meist gesammelt, komprimiert, gereinigt und wieder verflüssigt. Tab. 21.3 zeigt, wie wenig Energie zum Verdampfen von Helium nötig ist, und wie wichtig es ist, die *Enthalpie des Dampfes* so gut wie möglich auszunutzen.

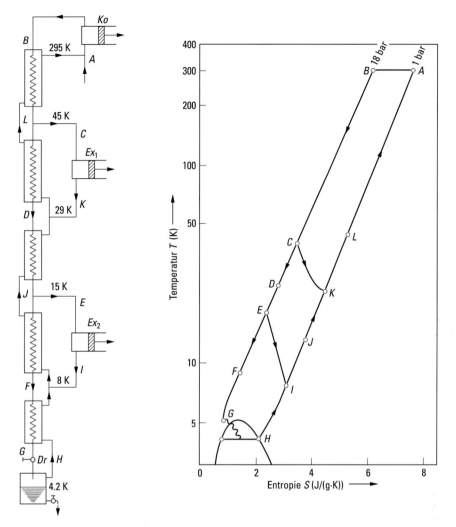

Abb. 21.9   Schema des Heliumverflüssigers von Collins. Durch den Einsatz von zwei Expansionsmaschinen kommt dieser Verflüssiger ohne Vorkühlung mit flüssigem Stickstoff aus. Der Prozess im T-S-Diagramm (rechts) ist mit den Buchstaben A bis L gekennzeichnet.

Letzteres wird z. B. in den Vorratskannen (Abb. 21.10) angestrebt, die zur Vermeidung von Wärmeleitungs- und Konvektionsverlusten evakuiert sind. Sie enthalten außerdem eine sogenannte *Superisolation*, bestehend aus vielen Schichten dünner metallbedampfter Kunststofffolie, die durch isolierenden Kunststofftüll voneinander getrennt sind. Die metallbeschichteten Folien sind alle gut wärmeleitend am Innenhals der Vorratskanne befestigt. Quer zu den Schichten ist die Wärmeübertragung sehr gering, während durch die gute Wärmeleitung entlang der Schichten eingestrahlte Wärme zum Gefäßhals geleitet und dort von dem aus der Flüssigkeit aufsteigenden Dampf aufgenommen wird.

Zum Umfüllen des flüssigen Heliums, z. B. in einen Kryostaten, werden doppelwandige, vakuumisolierte Rohre, sogenannte *Heber*, benutzt. Das eine Rohrende reicht bis

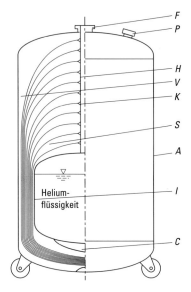

Abb. 21.10   Schnittbild eines Flüssig-Helium-Behälters der Fa. Messer-Griesheim. Das flüssige, immer siedende Helium ($T_S \approx 4.2$ K) befindet sich im Innenbehälter I, der nur durch den langen, schlecht wärmeleitenden Hals H (aus Edelstahl oder glasfaserverstärktem Kunststoff) mit dem Außenbehälter A verbunden ist. Zwischen A und I herrscht Hochvakuum V, das über den Pumpstutzen P erzeugt und durch eine kleine Kryopumpe C aufrechterhalten wird. Der Innenbehälter ist vollständig von Superisolation S umgeben. Das im Hals aufsteigende kalte Heliumgas kühlt die Superisolation über die Kühlschilde K und nimmt die vom Halsmaterial eingeleitete Wärme auf. Am Anschlussflansch F wird die Heber- und Abgasarmatur angeschlossen. Die Verdampfungsrate einer solchen Heliumkanne liegt bei ca. einem Liter pro Tag, was einem Wärmezufluss von nur 2.2 W entspricht (die spezifische Enthalpie von Helium zwischen 4 und 300 K beträgt $H = 1500$ J/g).

Tab. 21.3   Kältemittelverbrauch beim Abkühlen von Metallen

1. Verbrauch in Liter Kältemittel pro Kilogramm Metall beim Abkühlen auf Siedetemperatur ohne Ausnutzung der im Kältemitteldampf enthaltenen Enthalpie:

Kältemittel Siedetemperatur	Flüssiges Helium 4.2 K		Flüssiger Wasserstoff 20.4 K		Flüssiger Stickstoff 77 K
	A	B	A	B	A
Aluminium	66.4	3.2	5.35	0.25	1.0
Edelstahl	33.6	1.44	2.82	0.12	0.53
Kupfer	31.2	2.16	2.39	0.17	0.46

2. Verbrauch in Liter pro Kilogramm Metall unter Ausnutzung der im Kältemitteldampf enthaltenen Enthalpie:

Kältemittel	Flüssiges Helium		Flüssiger Wasserstoff		Flüssiger Stickstoff
	A	B	A	B	A
Aluminium	1.6	0.22	1.07	0.14	0.63
Edelstahl	0.8	0.10	0.53	0.06	0.33
Kupfer	0.8	0.16	0.53	0.09	0.28

A Starttemperatur 300 K, B Starttemperatur 77 K (Stickstoffvorkühlung)

zum Boden des Vorratsbehälters. Die zum Umfüllen erforderliche Druckdifferenz zwischen Vorratsbehälter und Kryostat kann auf verschiedene Weise erzeugt werden. Entweder wird der Druck im Vorratsbehälter durch Verdampfen von Flüssigkeit mit einer entsprechend dimensionierten Heizung erhöht, oder der Druck im Kryostaten wird mit einer Vakuumpumpe erniedrigt. Welche Methode vorzuziehen ist, hängt von den jeweiligen Arbeitsbedingungen ab. Ein gewisser Verdampfungsverlust ist in jedem Fall unvermeidbar.

21.2 Temperaturabhängigkeit der molaren Wärmekapazität

In Abschn. 16.5 und 17.3 wurde bereits darauf hingewiesen, dass die Temperaturabhängigkeit der molaren Wärmekapazität bei tiefen Temperaturen (Abb. 16.22 und 16.23) nach der klassischen Theorie nicht verständlich ist. Für alle Substanzen wird diese Größe mit abnehmender Temperatur drastisch kleiner und geht sogar gegen den Wert null. So unterschreitet z. B. die molare Wärmekapazität von Wasserstoff (Abb. 16.23) schon bei Zimmertemperatur den für ein zweiatomiges Molekül geforderten Wert $\frac{5}{2}R$ um einen geringen Betrag und sinkt dann weiter ab bis auf den Wert $\frac{3}{2}R$ bei etwa 50 K. Das bedeutet, dass bei dieser Temperatur die beiden Rotationsfreiheitsgrade am Energieaustausch nicht mehr teilnehmen, sie sind „eingefroren".

Nach der Newton'schen Mechanik lässt sich die Rotationsenergie E_{rot} aus dem Drehimpuls L berechnen:

$$E_{\text{rot}} = \frac{L^2}{2I}.$$

Dabei ist $I = \frac{1}{2}m_{\text{p}}R^2$ das Trägheitsmoment des H_2-Moleküls, das sich aus dem Abstand R der beiden Protonen (Wasserstoffkerne) und der Masse m_{p} eines Protons ergibt. Im Temperaturbereich um $T \approx 100$ K, in dem die Rotationsfreiheitsgrade einfrieren, haben die H_2-Moleküle Drehimpulse der Größe $L \approx \hbar$. Wir begegnen also an dieser Stelle dem Planck'schen Wirkungsquantum $\hbar = h/2\pi = 1.05 \cdot 10^{-34}$ Js.

Bei festen Körpern ist die innere Energie gleich der Schwingungsenergie der Atome. Die Schwingungsfreiheitsgrade „frieren" also ebenfalls ein, und zwar wenn die gemittelte Schwingungsenergie $E = E_{\text{kin}} + E_{\text{pot}} \approx 2E_{\text{kin}}$ der Atome die Größenordnung $\hbar\omega$ hat, d. h. wenn $\hbar\omega \approx kT$ ist. Albert Einstein (1879 – 1955, Nobelpreis 1921) hat diese Überlegung durchgeführt und jedes Festkörperatom als Oszillator mit der Eigenfrequenz v aufgefasst. Als Ergebnis erhielt er für jedes Atom im thermischen Gleichgewicht die Energie

$$E = \frac{3hv}{e^{hv/kT} - 1}. \tag{21.2}$$

Die Zahl 3 im Zähler hängt mit den drei Schwingungsfreiheitsgraden des Festkörperatoms zusammen. Die Exponentialfunktion im Nenner lässt sich nach der Formel

$$e^x = 1 + \frac{x}{1\,!} + \frac{x^2}{2\,!} + \dots$$

in eine Reihe entwickeln. Ist $T \gg hv/k$, kann man die Reihe nach dem zweiten Summanden abbrechen und erhält $E = 3kT$, d. h., in diesem Grenzfall gilt die Dulong-Petit'sche

Regel. Wenn umgekehrt T klein gegen $h\nu/k$ ist, was für tiefe Temperaturen zutrifft, geht die Energie E gegen null, in qualitativer Übereinstimmung mit der Erfahrung. Allerdings ergibt sich bei Annäherung an den Nullpunkt eine geringe Abweichung von den gemessenen Werten.

Dies veranlasste P. J. W. Debye (1884 – 1966) zu einer Korrektur: Statt der Schwingungen einzelner Atome betrachtete er die Gitterschwingungen des kristallinen Festkörpers. Wie die lineare Kette hat auch ein dreidimensionales Gitter eine endliche Anzahl von Eigenschwingungen („Schwingungsmoden"), nämlich $3L$, wenn L die Anzahl der Atome des Festkörpers ist. Während die Schwingungen der Atome stark miteinander verkoppelt sind, können die Gitterschwingungen in guter Näherung als voneinander unabhängig schwingende harmonische Oszillatoren betrachtet werden. Sie haben allerdings nicht wie die Atome im Einstein'schen Modell alle die gleiche Frequenz, sondern verschiedene Frequenzen. Das Frequenzspektrum reicht von $\nu = 0$ bis zu einer *charakteristischen Grenzfrequenz* ν_g. Bei dieser Grenzfrequenz schwingen benachbarte Atome im Gegentakt.

Unter dieser Voraussetzung (s. auch Bd. 6) ist die Zahl dZ der Eigenschwingungen im Frequenzbereich zwischen ν und $\nu + d\nu$:

$$dZ = b \cdot \nu^2 d\nu,$$

worin b eine Konstante ist. Aus der Bedingung

$$b \int_0^{\nu_g} \nu^2 d\nu = 3L$$

ergibt sich für die Konstante $b = 9L/\nu_g^3$, und es ist

$$dZ = \frac{9L}{\nu_g^3} \nu^2 d\nu.$$

Da im thermischen Gleichgewicht auf jeden Oszillator mit der Eigenfrequenz ν im Mittel der Energiebetrag

$$E = \frac{h\nu}{e^{h\nu/kT} - 1}$$

entfällt, ergibt sich als gesamte innere Energie des betrachteten Festkörpers

$$U = \int_0^{\nu_g} E(\nu) dZ(\nu) = \frac{9Lh}{\nu_g^3} \int_0^{\nu_g} \frac{\nu^3 d\nu}{e^{h\nu/kT} - 1}. \tag{21.3}$$

Der Quotient $h\nu_g/k = \Theta_D$, der sich bei der Transformation dieses Integrals ergibt, heißt charakteristische oder *Debye-Temperatur*, denn er hat die Einheit einer Temperatur. Die Debye-Temperatur ist eine für jeden Festkörper charakteristische Konstante. Für die molare Wärmekapazität $C_V = (1/n)dU/dT$ ergibt sich nach einer Zwischenrechnung

$$C_V = 3R \left[12(T/\Theta_D)^3 \int_0^{\Theta_D/T} \frac{x^3 dx}{e^x - 1} - 3\frac{\Theta_D/T}{e^{\Theta_D/T} - 1} \right]. \tag{21.4}$$

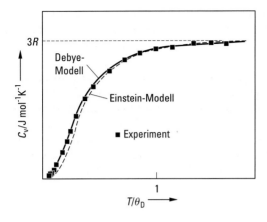

Abb. 21.11 Vergleich von C_V-Werten des Einstein-Modells, des Debye-Modells und experimentellen Daten

Diese nicht einfach zu berechnende Funktion ist bereits tabelliert, so dass man für jedes Verhältnis Θ_D/T bzw. T/Θ_D sofort den Wert der molaren Wärmekapazität erhält. Ihr Verlauf steht, wenn Θ_D geeignet gewählt wird, mit den gemessenen molaren Wärmekapazitäten der Festkörper im Einklang (Abb. 21.11). Wenn in Gl. (21.4) T als groß gegen Θ_D angesehen wird, was für hohe Temperaturen gilt, ergibt sich die Dulong-Petit'sche Regel. Wenn dagegen T klein gegen Θ_D angenommen wird, ist

$$C_V = 233.8 \cdot R \cdot \left(\frac{T}{\Theta_D}\right)^3 , \tag{21.5}$$

was die Abhängigkeit bei tiefen Temperaturen richtig beschreibt.

Die Grenzfrequenz ν_g hat eine weitere konkrete Bedeutung: Die zu ihr gehörende kleinste Wellenlänge der Eigenschwingungen ist durch den doppelten Abstand benachbarter Atome gegeben, d. h., dass der Phasenunterschied im Schwingungszustand zweier Nachbarn höchstens π sein kann. Damit lässt sich aus der Schallgeschwindigkeit c, die durch die makroskopischen elastischen Eigenschaften des Stoffes gegeben ist, und dem Gitterabstand d die Grenzfrequenz berechnen:

$$\nu_g = \frac{c}{2d}. \tag{21.6}$$

Dabei ist zu berücksichtigen, dass im Festkörper longitudinale und transversale Schallwellen mit unterschiedlicher Ausbreitungsgeschwindigkeit auftreten, so dass Gl. (21.6) nur eine Näherung darstellt. Unter Einbeziehung der verschiedenen Schallgeschwindigkeiten ergibt sich jedoch eine erstaunlich gute Übereinstimmung zwischen der aus den elastischen Konstanten und dem Gitterabstand und der aus der Debye-Temperatur berechneten Grenzfrequenz. Darüber hinaus ist die Grenzfrequenz auf optischem Weg, nämlich aus einem scharf ausgeprägten Reflexionsmaximum im Infrarot zu ermitteln („Reststrahlen"-Methode). Auch die auf diese Weise gewonnene Grenzfrequenz weist nur sehr geringe Abweichungen von den nach den anderen Methoden ermittelten auf. Die Grenzfrequenz liegt für die üblichen Stoffe im Bereich zwischen 1.8 THz (Blei, $\Theta_D = 88$ K) und 42 THz (Diamant, $\Theta_D \approx 2000$ K). Die meisten Kristalle haben eine Grenzfrequenz von etwa 3 bis 10 THz. Allerdings kann die Grenzfrequenz in besonderen Fällen, z. B. bei festem Helium ($\Theta_D \approx 30$ K), noch tiefer liegen als für Blei.

21.3 Nernst'sches Wärmetheorem

Gibbs-Helmholtz'sche Gleichung. Die freie Energie und auch ihre Änderung bei einer chemischen Reaktion gehorchen einer von H. v. Helmholtz (1821–1894) aufgestellten Gleichung, die sich folgendermaßen ergibt: In Gl. (19.34) (Abschn. 19.5), die für isotherme Zustandsänderungen gilt, ist für den Fall $dT \neq 0$ und für den Fall der Reversibilität auf der rechten Seite das Glied $-SdT$ wieder hinzuzufügen. Setzt man $U - TS = F$ und $\delta W = -pdV$, erhält man

$$dF = -SdT - pdV.$$

Betrachtet man nun einen bei konstantem Volumen verlaufenden Prozess, so ist $dV = 0$, und man erhält

$$\left(\frac{\partial F}{\partial T} \right)_V = -S. \tag{21.7}$$

Der Index bedeutet, dass V konstant bleiben soll. Setzt man diesen Wert für S in die Definitionsgleichung der freien Energie, $F = U - TS$, ein, erhält man

$$F = U + T \left(\frac{\partial F}{\partial T} \right)_V. \tag{21.8}$$

Dies ist bereits die *Gibbs-Helmholtz'sche Gleichung*, deren Integration F selbst liefert. Dieselbe Gleichung gilt für ΔF. Betrachtet man nämlich eine isotherme chemische Reaktion, für die im Anfangsstadium die freie Energie den Wert F_1 und im Endzustand den Wert F_2 hat, so ergibt eine zweimalige Anwendung der Gl. (21.8):

$$F_1 = U_1 + T \left(\frac{\partial F_1}{\partial T} \right)_V,$$

$$F_2 = U_2 + T \left(\frac{\partial F_2}{\partial T} \right)_V.$$

Die Subtraktion dieser Gleichungen liefert

$$\Delta F = F_1 - F_2 = U_1 - U_2 + T \left(\frac{\partial}{\partial T}(F_1 - F_2) \right)_V.$$

Nun ist aber $U_1 - U_2 = \Delta U$ die Wärmetönung. Der Arbeitsbetrag ist gleich null, da keine Volumenänderung stattfindet. Damit geht die letzte Gleichung über in

$$\Delta F = \Delta U + T \left(\frac{\partial \Delta F}{\partial T} \right)_V. \tag{21.9}$$

Sie wird auch als *Gibbs-Helmholtz'sche Gleichung* bezeichnet und spielt in der physikalischen Chemie eine grundlegende Rolle.

Aus Gl. (21.9) erkennt man quantitativ, was in Abschn. 19.5 dargelegt wurde, dass nämlich zwischen der Differenz der freien Energie ΔF und der Wärmetönung ΔU ein Unterschied besteht: Solange $T \neq 0$ und $(\partial \Delta F / \partial T)_V \neq 0$ ist, sind ΔF und ΔU verschieden. Nur für $T = 0$ und allgemein, wenn zufällig ΔF unabhängig von der Temperatur ist, fällt ΔF mit ΔU zusammen. Man erkennt an der Formel, dass auch bei positivem ΔF

die Wärmetönung ΔU negativ sein kann, wie es bei endothermen Prozessen ja auch der Fall ist. Der positive Wert von ΔF wird durch das Überwiegen des in diesem Fall positiven Terms $T(\partial \Delta F/\partial T)_V$ hervorgebracht.

Wenn man ΔF bestimmen will, hat man die Gibbs-Helmholtz'sche Differentialgleichung (21.9) zu integrieren. Das setzt voraus, dass man die Wärmetönung ΔU für alle Temperaturen kennt. Dieser Teil der Aufgabe ist durch kalorische Messungen lösbar und für viele Fälle tatsächlich gelöst. Im Allgemeinen steigt ΔU mit der Temperatur an. Auch dann aber ist die Differenz der freien Energie durch Gl. (21.9) noch nicht vollkommen bestimmt, da eine bei der Integration auftretende, unbestimmte Integrationskonstante J einen Summanden $J \cdot T$ unbekannt lässt. Dies sieht man am besten durch folgende Umformung der Gibbs-Helmholtz'schen Gleichung: Statt des Ausdrucks

$$T \left(\frac{\partial \Delta F}{\partial T} \right)_V - \Delta F$$

kann man

$$T^2 \left(\frac{\partial}{\partial T} \left(\frac{\Delta F}{T} \right) \right)_V$$

schreiben, wie man am einfachsten durch Rückwärtsdifferentiation erkennt. Also kann Gl. (21.9) umgeschrieben werden:

$$\left(\frac{\partial}{\partial T} \left(\frac{\Delta F}{T} \right) \right)_V = -\frac{\Delta U}{T^2}.$$

Die Integration liefert

$$\frac{\Delta F}{T} = -\int \frac{\Delta U}{T^2} \cdot dT + J$$

und durch Multiplikation mit T

$$\Delta F = -T \int \frac{\Delta U}{T^2} dT + J \cdot T. \tag{21.10}$$

Es tritt tatsächlich in ΔF ein unbekannter Summand $J \cdot T$ auf. Die Kenntnis der Größe J ist aber notwendig, da sonst ΔF durch thermische Messungen nicht bestimmt werden kann. Die von den beiden Hauptsätzen hier gelassene Lücke wird durch ein 1906 von Walter Nernst (1864–1941) aufgestelltes Theorem in vollkommener Übereinstimmung mit der Erfahrung ausgefüllt.

Nernst'sches Wärmetheorem. Nernst ging von folgender Beobachtung aus: Je näher man dem absoluten Nullpunkt kommt, desto seltener werden endotherme Reaktionen. Das kann nur bedeuten, dass mit sinkender Temperatur der Ausdruck $(\partial \Delta F/\partial T)_V$ immer kleiner wird. Nernst hat daher den beiden Hauptsätzen der Wärmelehre noch den folgenden Erfahrungssatz hinzugefügt:

- Für hinreichend tiefe Temperaturen wird die Differenz der freien Energie zweier Zustände eines kondensierten Systems temperaturunabhängig:

$$\lim_{T \to 0} \left(\frac{\partial \Delta F}{\partial T} \right)_V = 0. \tag{21.11}$$

Der Zusatz „kondensierte (d. h. feste oder flüssige) Systeme" hat dabei folgende Bedeutung: Voraussetzung ist bei der ganzen Betrachtung, dass sowohl ΔF als auch ΔU stetige Funktionen der Temperatur T sind, d. h., dass sie keine Sprünge machen, wenn T sich unendlich wenig ändert. Solche Sprünge treten aber bei Phasenübergängen auf. Zunächst sollen also nur feste Systeme und Flüssigkeiten betrachtet werden, die sich ohne solche Umwandlungen bis zum absoluten Nullpunkt hin abkühlen lassen. Dagegen müssen wir Gase vorläufig ausschließen, die bei hinreichend tiefen Temperaturen in den flüssigen Zustand übergehen. Auf die Frage, inwieweit das Nernst'sche Theorem auf Gase angewendet werden kann, kommen wir am Schluss dieses Abschnitts zurück.

Wenn wir die in Gl. (21.11) enthaltene Annahme machen, wird für hinreichend tiefe Temperaturen nach Gl. (21.9) auch ΔU temperaturunabhängig, so dass man schreiben kann:

$$\lim_{T \to 0} \left(\frac{\partial \Delta U}{\partial T} \right)_V = 0. \tag{21.12}$$

Die beiden Gln. (21.11) und (21.12) sind die ursprünglichen Formulierungen des *Nernstschen Wärmetheorems*. Stellt man die Funktionen $\Delta F = \Delta F(T)$ und $\Delta U = \Delta U(T)$ graphisch dar, so besagen diese Gleichungen, dass sowohl die ΔF-Kurve als auch die ΔU-Kurve sich in der Nähe des absoluten Nullpunkts tangieren, und zwar mit horizontaler Tangente (Abb. 21.12). Die Steigung der Kurve $\Delta U = \Delta U(T)$ ist gleich der Differenz der molaren Wärmekapazität C_V der Stoffe vor und nach der Reaktion. Denn die molare Wärmekapazität C_V bei konstantem Volumen ist definiert als

$$C_V = \frac{1}{n} \left(\frac{\partial U}{\partial T} \right)_V$$

($n = N/N_A =$ Stoffmenge). Es muss deshalb auch

$$\Delta C_V = \frac{1}{n} \left(\frac{\partial \Delta U}{\partial T} \right)_V$$

gelten. Der Anstieg der Kurve $\Delta F = \Delta F(T)$ ist nach Gl. (21.7) gleich der Differenz der Entropie vor und nach der Reaktion:

$$\left(\frac{\partial \Delta F}{\partial T} \right)_V = -\Delta S.$$

Weiter unten wird die Bedeutung dieser Aussage noch diskutiert. Aus der Definitionsgleichung für F folgt, dass der Abstand der ΔU- und der ΔF-Kurve immer $T \cdot \Delta S$ sein muss.

Aus dem Nernst'schen Wärmetheorem kann nun auch etwas über die Größe J ausgesagt werden, die bei der Integration der Gibbs-Helmholtz'schen Gleichung zur Berechnung von ΔF unbestimmt blieb. Nimmt man an, dass sich die Differenz der molaren Wärmekapazitäten in eine Potenzreihe entwickeln lässt, so dass

$$n \Delta C_V = \left(\frac{\partial \Delta U}{\partial T} \right)_V = a \cdot T + b \cdot T^2 + c \cdot T^3 + \dots \tag{21.13}$$

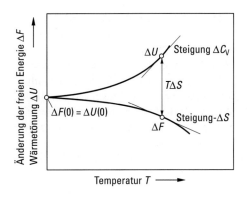

Abb. 21.12 Zum Nernst'schen Wärmetheorem: der Verlauf von ΔU und ΔF in der Nähe des absoluten Nullpunkts

gilt, so ist auf jeden Fall das Nernst'sche Theorem erfüllt, denn nach Gl. (21.12) muss

$$\lim_{T \to 0} = \left(\frac{\partial \Delta U}{\partial T} \right)_V = 0$$

sein. Integriert man Gl. (21.13), erhält man

$$\Delta U = \Delta U(0) + \frac{a}{2} \cdot T^2 + \frac{b}{3} \cdot T^3 + \frac{c}{4} \cdot T^4 + \dots .$$

$\Delta U(0)$ ist wie in Abb. 21.12 die Wärmetönung der Reaktion bei $T = 0\,\mathrm{K}$. Setzt man die so erhaltene Funktion für die Wärmetönung ΔU in die integrierte Form der Gibbs-Helmholtz'schen Gleichung (21.10) ein, folgt

$$\Delta F = -T \int \frac{1}{T^2} \left(\Delta U(0) + \frac{a}{2} \cdot T^2 + \frac{b}{3} \cdot T^3 + \frac{c}{4} \cdot T^4 + \dots \right) \mathrm{d}T + J \cdot T$$

und

$$\Delta F = -\Delta U(0) - \frac{a}{2} \cdot T^2 - \frac{b}{6} \cdot T^3 - \frac{c}{12} \cdot T^4 - \dots + J \cdot T. \qquad (21.14)$$

Nach dem Nernst'schen Theorem muss aber

$$\lim_{T \to 0} \left(\frac{\partial \Delta F}{\partial T} \right)_V = 0$$

gelten. Da

$$\left(\frac{\partial \Delta F}{\partial T} \right)_V = -a \cdot T - \frac{b}{2} \cdot T^2 - \frac{c}{3} \cdot T^3 - \dots + J$$

ist, muss also die Integrationskonstante $J = 0$ sein.

Erst die Anwendung des Nernst'schen Theorems gestattet es, die Änderung ΔF der freien Energie für eine Reaktion bei beliebiger Temperatur zu berechnen (Gl. (21.14) mit $J = 0$). Dafür muss die Wärmetönung $\Delta U(0)$ am absoluten Nullpunkt bekannt sein. Außerdem muss der Temperaturverlauf der molaren Wärmekapazität aller Reaktionsteilnehmer gemessen werden, denn damit sind die in Gl. (21.13) eingeführten Konstanten a, b, c, $\dots$ der Potenzreihen-Entwicklung zu bestimmen.

Eines der ältesten und einfachsten Beispiele für das Nernst'sche Wärmetheorem ist die Umwandlung des monoklinen Schwefels in den rhombischen. Schwefel kristallisiert in diesen beiden Kristallformen, die unter dem Druck 10^5 Pa bei einer Temperatur von 95.5 °C miteinander im Gleichgewicht stehen. Kühlt man den oberhalb von 95.5 °C existierenden monoklinen Schwefel sehr langsam ab, wandelt er sich bei 95.5 °C in rhombischen Schwefel um. Bei schneller Abkühlung kann man erreichen, dass sich der größte Teil des monoklinen Schwefels erst bei wesentlich tieferen Temperaturen umwandelt. Man kann den monoklinen Schwefel unterkühlen. So kann man die Wärmetönung ΔU der Reaktion auch bei Temperaturen unterhalb von 95.5 °C messen.

Man kann das Nernst'sche Theorem auch etwas anders formulieren, wenn man den Begriff der Entropie heranzieht. Denn es ist ja

$$\Delta F = F_1 - F_2 = U_1 - U_2 - T(S_1 - S_2)$$

und nach Gl. (21.7)

$$\left(\frac{\partial \Delta F}{\partial T} \right)_V = -\Delta S,$$

worin S_1 und S_2 die Entropien des Systems vor und nach der Reaktion bedeuten. Das Nernst'sche Theorem kann also auch so ausgesprochen werden, dass bei hinreichend tiefen Temperaturen die Reaktionen in kondensierten Systemen ohne Entropieänderung, d. h. reversibel verlaufen.

Planck'sches Postulat, dritter Hauptsatz der Wärmelehre. Nach dem Nernst'schen Theorem muss also die Entropie kondensierter Systeme bei hinreichend tiefen Temperaturen einen konstanten Wert annehmen, der sich bei der Reaktion nicht ändert. Da nun die Entropie überhaupt nur bis auf eine additive Konstante definiert ist, ist Max Planck (1858 – 1947) noch einen Schritt weitergegangen und hat angenommen, dass diese Konstante null ist. In dieser allgemeinen Formulierung lautet das Nernst'sche Theorem also

• Die Entropie kondensierter Systeme besitzt am absoluten Nullpunkt den Wert null.

Auch in dieser weiteren Fassung hat sich das Theorem in allen Fällen bewährt und zu sehr überraschenden Folgerungen geführt. Da nämlich $dS = \delta Q_r / T$ ist, können wir, wenn wir die Wärme δQ_r reversibel, z. B. bei konstantem Druck p, zuführen, offenbar $\delta Q_r = nC_p dT$ setzen. Damit wird die Zunahme der Entropie

$$dS = \frac{nC_p}{T} dT,$$

worin C_p eine Funktion der Temperatur ist. Durch Integration folgt also

$$S(T, p) = n \int_{T_0}^{T} \frac{C_p}{T} dT + S_0(T_0, p). \tag{21.15}$$

Die untere Grenze T_0 ist unbestimmt, weil die Entropie in der bisherigen Thermodynamik eine unbestimmte Konstante enthält. $S - S_0$ ist die Entropieänderung, wenn das System von der Temperatur T_0 bei konstantem Druck p auf die Temperatur T gebracht wird. Der Wert der Entropie im Anfangszustand hängt von der Temperatur T_0 und dem Druck p ab, was in der obigen Gleichung durch Hinzufügen der Argumente angedeutet wurde. Wenn nun die Planck'sche Formulierung des Nernst'schen Theorems gelten soll, folgt aus der letzten Gleichung, indem wir $T = 0$ setzen, d. h. den Wert der Entropie am absoluten Nullpunkt bilden,

$$S(0, p) = n \int_{T_0}^{0} \frac{C_p}{T} dT + S_0(T_0, p) = 0,$$

d. h.

$$S_0(T_0, p) = -n \int_{T_0}^{0} \frac{C_p}{T} dT = +n \int_{0}^{T_0} \frac{C_p}{T} dT.$$

Setzt man diesen Wert von $S_0(T_0, p)$ in Gl. (21.15) ein, erhält man endgültig für die Entropie

$$S(T, p) = n \int_{0}^{T_0} \frac{C_p}{T} dT + n \int_{T_0}^{T} \frac{C_p}{T} dT = n \int_{0}^{T} \frac{C_p}{T} dT, \qquad (21.16)$$

d. h. also, man hat als untere Grenze des Entropie-Integrals nun die Grenze $T = 0$ zu wählen.

Diese Gleichung kann aber nur Sinn haben, wenn das Integral

$$\int_{0}^{T} \frac{C_p}{T} dT$$

an der unteren Grenze nicht unendlich wird, und das kann nur vermieden werden, wenn C_p bei tiefen Temperaturen hinreichend stark gegen null absinkt. Aus dem Nernst'schen Theorem in der Planck'schen Fassung ergibt sich also das Postulat

- Die molaren (und damit auch die spezifischen) Wärmekapazitäten aller festen oder flüssigen Stoffe müssen mit sinkender Temperatur hinreichend stark gegen den Grenzwert null konvergieren.

Das ist in der Tat der Fall.

Eine ebenso merkwürdige Folgerung, die hier nur erwähnt sei, ist die, dass der thermische Ausdehnungskoeffizient α fester und flüssiger Körper bei tiefen Temperaturen bis auf null abnehmen muss, wie gleichfalls Versuche bestätigt haben. Wilhelm Conrad Röntgen (1845 – 1923) hat dieses Absinken des Ausdehnungskoeffizienten mit abnehmender Temperatur bei Diamant schon vor langer Zeit festgestellt. Ferner hat E. Grüneisen (1877 – 1949) gezeigt, dass der Quotient α/C_p unabhängig von der Temperatur T ist. Da aber C_p bis zum Wert null herabsinkt, muss das Gleiche für α gelten.

Das Postulat von Planck, das die Berechnung der freien Energie und der Entropie aus kalorischen Messungen ermöglicht, wird häufig auch als *dritter Hauptsatz der Wärmelehre* bezeichnet. Wie der zweite Hauptsatz, lässt sich auch der dritte Hauptsatz, dessen mathematische Fassung nach Planck $S(0, p) = 0$ ist, verschieden formulieren. Eine andere Formulierung ist das Prinzip der Unerreichbarkeit des absoluten Nullpunkts: „Es ist unmöglich, durch irgendeinen Prozess, der auch idealisiert sein kann, die Temperatur eines Systems in einer endlichen Anzahl von Schritten auf null abzusenken". Diese Formulierung folgt aus der Feststellung, dass die Wärmekapazitäten bei Annäherung an den absoluten Nullpunkt asymptotisch gegen null gehen (Gl. (21.13)).

Einer besonderen Erörterung bedarf noch die Frage, ob das Nernst'sche Theorem auf Gase anwendbar ist oder nicht. Für ideale Gase würde die Entropie nach Gl. (21.16) für $T = 0$ negativ unendlich und keineswegs null, wie es bei Gültigkeit des Theorems der Fall sein sollte. Es gibt daher nur zwei Möglichkeiten: Entweder gelten die idealen Gasgesetze bis zu beliebig tiefen Temperaturen herab, dann gilt das Nernst'sche Theorem nicht für Gase. Oder aber man setzt die Gültigkeit dieses Theorems auch für Gase voraus, dann ist die unabweisbare Konsequenz, dass bei hinreichend tiefen Temperaturen eine Abweichung von der Zustandsgleichung idealer Gase auch für ideale Gase auftreten muss.

21.4 Superfluides Helium

Phasendiagramm. Im Jahr 1895 wurden zum ersten Mal größere Mengen des Edelgases Helium in einer Erdgasquelle gefunden. Es begannen sofort Bemühungen, dieses Gas rein darzustellen und zu verflüssigen. Aber erst 1908 gelang es H. Kamerlingh Onnes (1853–1926), Helium zu verflüssigen. Er stellte eine Siedetemperatur von 4.2 K bei 1 bar fest. Für die kritischen Daten fand er: $T_k = 5.22$ K, $p_k = 2.3$ bar. Von diesem Punkt (K) verläuft im p-T-Phasendiagramm (Abb. 21.13) zu tiefen Temperaturen und kleinen Drücken hin die Dampfdruckkurve, auf der Flüssigkeit und Gas im Gleichgewicht sind. Diese Kurve endet bei den bekannten „klassischen" Flüssigkeiten im Tripelpunkt, in dem sich Schmelzkurve, Sublimationskurve und Dampfdruckkurve treffen (Abschn. 20.1).

Nach dem „normalen" Verhalten der Schmelzkurve (positiver Druckkoeffizient) sollte man für Helium ein Phasendiagramm ähnlich dem der rechten Seite von Abb. 21.13 erwarten, in dem Druck und Temperatur des Tripelpunkts die tiefsten Werte darstellen, bei denen die Substanz als Flüssigkeit existieren kann. Helium aber verhält sich anders: Der Verfestigungsdruck beträgt bei 1 K immer noch 25 bar. Die Schmelzkurve steigt zum absoluten Nullpunkt hin sogar wieder etwas an (von M nach 0), so dass sie nie mit der Dampfdruckkurve zusammentrifft. Es gibt also im Helium keinen Tripelpunkt und auch keine Sublimation. Helium bleibt unter seinem eigenen Dampfdruck flüssig, theoretisch bis zum absoluten Nullpunkt. Der energetisch günstigere Aggregatzustand ist offenbar der flüssige. Alle Atome besitzen in der Tat eine gewisse temperaturunabhängige Schwingungsenergie, die sogenannte *Nullpunktenergie*, die quantenmechanischen Ursprungs ist. Bei den Heliumatomen ist die Nullpunktenergie größer als die kristalline Bindungsenergie des festen Heliums.

Wenn weiter nichts Anomales bzw. Unerwartetes bei Helium vorläge, würde das Phasendiagramm einerseits durch die Schmelzkurve, andererseits durch die Dampfdruckkurve vollkommen bestimmt sein. Insbesondere würde dann die ganze Zustandsfläche zwischen beiden Kurven von flüssigem Helium eingenommen sein. In Wirklichkeit liegen die Verhältnisse aber nicht so einfach: Wenn man flüssiges Helium von seiner Normalsiedetemperatur 4.2 K längs der Dampfdruckkurve abkühlt, zeigt sich bei 2.18 K etwas Neues (s. auch Bd. 5). Wieder war es Kamerlingh Onnes, der als erster die Anomalien der Dichte und der spezifischen Wärmekapazität festgestellt hat.

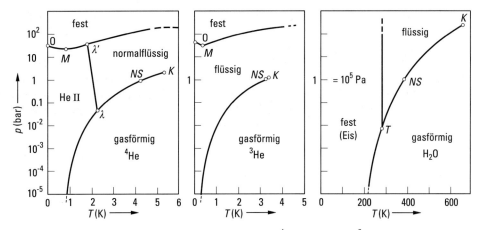

Abb. 21.13 Druck-Temperatur-Phasendiagramme von ^{4}He (links) und ^{3}He (Mitte) im Vergleich mit einer „klassischen" Flüssigkeit (H_2O). Für beide Heliumisotope existiert weder Tripelpunkt (T) noch Sublimationskurve, dafür aber ein Minimum (M) in der Schmelzkurve, die bis herab zu 0 K reicht (0). Die Normalsiedepunkte (NS) sind nicht weit von den kritischen Punkten (K) entfernt. ^{4}He zeichnet sich vor allem durch das Auftreten der superfluiden Phase He II aus, die von der normalfluiden Phase durch die λ-Kurve getrennt ist. ^{3}He wird auch superfluid, aber erst unterhalb von 2.7 mK (hier nicht abgebildet, Weiteres zu ^{3}He s. Abschn. 21.6 und Bd. 5, Kap 5). Auch nicht abgebildet sind die verschiedenen Modifikationen, in denen die festen Phasen je nach Druck und Temperatur kristallisieren.

Der Lambdapunkt. Die Temperaturabhängigkeit der Wärmekapazität hat in der Tat bei 2.18 K eine ausgeprägte Anomalie, die in ihrer Form dem griechischen Buchstaben Lambda ähnelt und deswegen allgemein λ-*Anomalie* genannt wird. Auch die Entropie und die Verdampfungswärme zeigen am „λ-Punkt" ($T_\lambda = 2.18\,\text{K}$)[1] anomales Verhalten (Abb. 21.14).

Wie im Phasendiagramm (Abb. 21.13 links, Kurve $\lambda - \lambda'$) eingezeichnet, ist die Lage des λ-Punkts druckabhängig. Die λ-Kurve läuft von $T_\lambda = 2.18\,\text{K}$, $p_\lambda = 49.25\,\text{mbar}$ mit einem negativen Druckkoeffizienten nach $T_{\lambda'} = 1.77\,\text{K}$, $p_{\lambda'} = 29.09\,\text{bar}$. Da flüssiges Helium offenbar in zwei Modifikationen existiert, nennt man den Bereich rechts der λ-Linie *Helium I* (He I) und den Bereich links der λ-Linie *Helium II* (He II).

Neben Anomalien der Entropie und der Wärmekapazität zeigt flüssiges Helium auch Anomalien der Dichte, der thermischen Ausdehnung, der Kompressibilität und vor allem der Wärmeleitfähigkeit und der Viskosität.

Erniedrigt man durch Abpumpen den Druck über einem Heliumbad (das ist die übliche Methode, um die Temperatur in einem Kryostaten auf 1 K zu erniedrigen), beobachtet man zuerst heftiges Blasensieden im gesamten Flüssigkeitsvolumen. In dem Moment, in dem die Badtemperatur den λ-Punkt unterschreitet, hört das Sieden plötzlich auf, obwohl die Temperatur sich weiter erniedrigt. Dieser Effekt wird durch die ungewöhnlich große *Wärmeleitfähigkeit des Helium II* bewirkt, die jeglichen Temperaturgradienten innerhalb der Flüssigkeit ausgleicht und die Wärme direkt an die Flüssigkeitsoberfläche leitet (Abb. 21.15). In normalen Flüssigkeiten entstehen die Blasen beim Sieden immer

---

[1] Ein präziserer Wert ist $T_\lambda = 2.1768\,\text{K}$, R. L. Rusby und A. S. Swenson, Metrologia 16, 73, 1980.

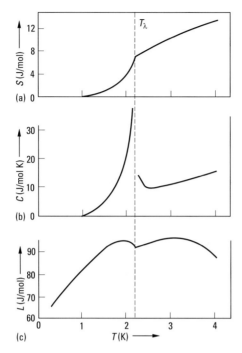

Abb. 21.14 Molare Entropie S (a), Wärmekapazität C (b) und Verdampfungswärme L (c) von flüssigem ^{4}He in der Nähe des λ-Punkts (bei 2.18 K) und unter seinem eigenen Dampfdruck. Zu a: Der Phasenübergang verläuft ohne Entropieänderung (Phasenübergang 2. Ordnung). Die Entropie fällt aber unterhalb des λ-Punkts stark ab, ein Hinweis auf die Bildung eines Zustands höherer Ordnung (Entropie bedeutet so viel wie Unordnung). Zu (b): Die Form der Anomalie der Wärmekapazität hat dem λ-Punkt seinen Namen gegeben. Wird der Druck erhöht, verschiebt sich der λ-Punkt nach links (zu tieferen Temperaturen). Unterhalb von 1.77 K gibt es im reinen ^{4}He jedoch keinen λ-Punkt mehr, da die λ-Kurve die Schmelzkurve erreicht.

an Stellen, die heißer sind als die Flüssigkeitsoberfläche. Messungen ergeben, dass He II offenbar eine wenigstens 100-mal größere Wärmeleitfähigkeit hat als Kupfer. Kupfer ist einer der am besten wärmeleitenden Stoffe bei diesen Temperaturen (s. Abb. 18.13).

Um die ungewöhnlich große Wärmeleitfähigkeit von He II erklären zu können, müssen wir erst die Anomalie der Viskosität behandeln. Die Viskosität (innere Reibung) von Flüssigkeiten und Gasen kann auf verschiedene Weise gemessen werden:

1. mit Hilfe eines Torsionspendels (das ist eine an einem Band oder Draht aufgehängte Kreisscheibe), dessen Dämpfung mit wachsender Viskosität steigt (Torsionsviskosimeter von Coulomb) und
2. aus der Durchflussmessung in einem langen dünnen Rohr (Kapillarviskosimeter) unter Anwendung des Hagen-Poiseuille'schen Gesetzes:

$$I = \frac{A^2}{8\pi} \cdot \frac{\Delta p}{l} \cdot \frac{1}{\eta} \qquad (21.17)$$

(I = Volumenstrom, l = Rohrlänge, A = Rohrquerschnittsfläche, Δp = Druckdifferenz, η = Viskosität).

Abb. 21.15   Helium I (links) und Helium II (rechts). Man sieht zweierlei: 1. Helium II besitzt eine sehr große Wärmeleitfähigkeit, denn es enthält keine Dampfblasen, obwohl es siedet. 2. Nur Helium II (genau gesagt: sein superfluider Anteil) dringt durch die feinen Poren am Boden des aufgehängten Gefäßes. (Aus K. Mendelsohn, Cryophysics, Interscience Publ., New York).

Wenn die Viskosität sehr kleine Werte hat, muss auch der Rohrdurchmesser sehr klein sein, um den Messfehler zu verringern, oder das Rohr muss mit sehr feinem Pulver gefüllt werden. Beide Methoden liefern, wie erwartet, dasselbe Resultat für flüssiges Helium oberhalb des λ-Punkts, also für Helium I. Auffallend ist nur, dass (im Gegensatz zu den anderen Flüssigkeiten) die Viskosität mit der Temperatur steigt, ihr Temperaturkoeffizient sich also wie der der Gase verhält (s. Abschn. 11.5). Auch ist die Viskosität in ihrer Größenordnung eher mit der der Gase vergleichbar (Abb. 21.16). Unterhalb des λ-Punkts sind die Resultate sehr verschieden: Während mit der Coulomb-Methode zwar sehr kleine, aber plausible Werte gemessen werden, ist die Strömungsgeschwindigkeit bei der Durchflussmessung nicht mehr von der Druckdifferenz abhängig, sondern nur noch von der Temperatur und dem benetzten Rohrinnenumfang. Der Kapillardurchmesser bzw. der lichte Kanalquerschnitt kann dabei sogar so klein gewählt werden, dass He I aufgrund seiner Viskosität gar nicht mehr hindurchströmt.

Die mit der Durchflussmethode ermittelten Viskositäten stellen in Wirklichkeit die Grenze der Messempfindlichkeit dar, die bei 10^{-12} Pa s liegt. Man kann aber in einem ringförmigen Kanal eine Dauerströmung anwerfen, indem man den mit flüssigem Helium gefüllten Ring oberhalb des λ-Punkts in eine Drehbewegung um seine Achse versetzt, ihn dann unter den λ-Punkt abkühlt und anhält (Versuch von Reppy, Abb. 21.17). Das He II strömt offenbar ohne Reibungsverluste beliebig lange weiter. Der Nachweis der Dauerströmung ist allerdings nicht einfach, wenn man diese dabei nicht zerstören will. Er gelingt jedoch durch Ausnutzung der Kreiselgesetze, die fordern, dass das Ansetzen einer Kraft quer zur Achse eines sich drehenden Systems eine Auslenkung in Richtung der dritten Achse ergibt (s. Abb. 8.27).

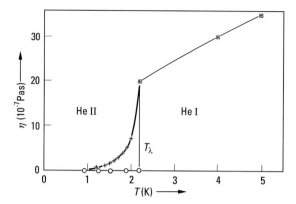

Abb. 21.16   Die Viskosität von flüssigem Helium als Funktion der Temperatur. Die Viskosität wurde mit zwei verschiedenen Methoden gemessen: a) Torsionsviskosimeter: oszillierende Scheibe (Messpunkte +), b) Durchflussmethode (Messpunkte ∘). Unterhalb des λ-Punkts liefert nur noch die Torsionsmethode von null verschiedenen Werte, da sie auch den normalfluiden Anteil des Helium II „sieht".

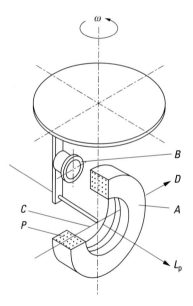

Abb. 21.17   Schema eines Apparates zum Nachweis der superfluiden Dauerströmung (Versuch von Reppy 1965): Der Drehimpuls L_p des mit feinstem Pulver P und dem strömenden He II gefüllten Ringes A bewirkt bei der Rotation ω um die senkrechte Achse eine Ausweichbewegung um die Achse D entsprechend den Kreiselgesetzen. Der Torsionsstab C aus Wolfram stabilisiert den Ring in einem zu seinem Drehimpuls proportionalen Abstand von dem Entfernungsmesser B.

Zweiflüssigkeitenmodell. Die erfolgreiche Deutung des besonderen Verhaltens von Helium II, sowohl was die Wärmeleitung als auch die Viskosität betrifft, gelingt durch Einführung des Zweiflüssigkeitenmodells (L. Tisza 1938 und später weiterentwickelt von L. D. Landau (1908 – 1968, Nobelpreis 1962)). Man stellt sich Helium II als eine Mischung von zwei Flüssigkeiten mit verschiedenen Eigenschaften vor. Die eine verhält sich wie eine normale Flüssigkeit und ist z. B. für die Viskosität des He II verantwortlich. Die andere Komponente verhält sich wie eine „ideale" Flüssigkeit mit der Viskosität null, die z. B. reibungsfrei durch engste Kapillaren strömen kann. Beide Flüssigkeiten stellen keine Phasen im Sinn der Thermodynamik dar, wie es für He I und He II zutrifft. Es handelt sich vielmehr um ein Modell, mit dem sich die wesentlichen Eigenschaften des superfluiden Heliums beschreiben lassen.

Die Gesamtdichte ϱ von He II setzt sich additiv aus den Teildichten der beiden Komponenten zusammen:

$$\varrho = \varrho_n + \varrho_s \tag{21.18}$$

(die Indices „n" und „s" stehen für „normal" und „superfluid"). ϱ ist keine Konstante, sondern temperaturabhängig (Abb. 21.15). Wie kann man nun ϱ_n oder ϱ_s als Funktion der Temperatur bestimmen? E. Andronikashvili (1910 – 1989), ein Schüler Kapitzas, hat 1946 zuerst den Weg dazu gezeigt. Er arbeitete mit dem schon kurz geschilderten Torsionspendel (S. 806), das er folgendermaßen umgeändert hat: Anstelle der einen dünnen Kreisplatte benutzte Andronikashvili ein Aggregat von 50 im Abstand von 0.21 mm voneinander auf der Umdrehungsachse angebrachten Al-Scheiben (Abb. 21.18). Aus der Schwingungsdauer bestimmte er das Trägheitsmoment der Anordnung und damit den Anteil ϱ_n. Der Abstand der Scheiben ist so klein gewählt, dass das zwischen ihnen befindliche Helium oberhalb 2.18 K von der Bewegung vollständig mitgenommen wird. Im superfluiden Zustand wird aber nur die Komponente ϱ_n mitgenommen, da die Komponente ϱ_s wegen $\eta = 0$ in Ruhe bleibt. Das Resultat war, dass ϱ_n mit sinkender Temperatur, wie in Abb. 21.18 dargestellt, abnimmt. Das bedeutet, dass ϱ_s entsprechend zunimmt. Unterhalb 1 K existiert in He II praktisch nur noch die superfluide Komponente.

Das Zweiflüssigkeitenmodell kann auch die extrem große Wärmeleitfähigkeit erklären: Es handelt sich um eine Konvektionsströmung, bei der die beiden Komponenten in entgegengesetzter Richtung strömen. Dabei wird die Entropie und damit die Wärme von

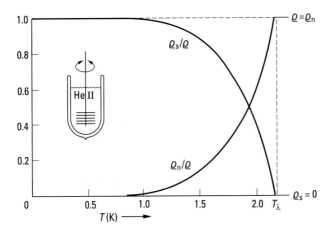

Abb. 21.18 Versuch von Andronikashvili und die daraus mit Hilfe des Zweiflüssigkeitenmodells gewonnenen relativen Dichten der normalfluiden und superfluiden Komponenten von He II in Abhängigkeit von der Temperatur

der normalfluiden Komponente transportiert. Da sich auf diese Weise in He II auch kein Temperaturgradient ausbilden kann, entsteht dieser an der Grenzfläche fest/flüssig. Der hier dem Wärmestrom entgegenwirkende Widerstand heißt *Kapitza-Widerstand* (nach P. Kapitza, 1895 – 1984, Nobelpreis 1978).

Filmfluss. Eine weitere charakteristische Eigenschaft des superfluiden Heliums ist die Filmbildung (Abb. 21.19). Alle kalten Flächen, Gefäßwände, Rohre usw., die mit He II in Berührung stehen, überziehen sich sofort mit einem dünnen, beweglichen Film aus flüssigem Helium. Seine Dicke d hängt von der Höhe h über der Oberfläche nach folgender empirischen Beziehung ab:

$$d = 3 \cdot 10^{-6} \cdot h^{1/3} \quad \text{(in cm).} \tag{21.19}$$

Bei $h = 1$ cm ist z. B. $d \approx 20$ nm, das sind ungefähr 40 Atomlagen.

Die durch den Film transportierte Heliummenge hängt neben der Temperatur vom Umfang der engsten Stelle oberhalb der Flüssigkeit ab. Bei 1 K transportiert der Film z. B. aus einem kreisrunden Gefäß von 10 cm Durchmesser pro Sekunde ca. 2.5 mm³ flüssiges

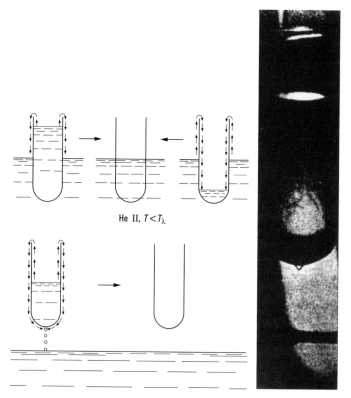

He II, $T < T_\lambda$

Abb. 21.19 Versuche zum Heliumfilm. Alle kalten Flächen, die mit He II in Berührung stehen, überziehen sich mit einem dünnen, beweglichen Film aus flüssigem Helium. Der Film gleicht alle Flüssigkeitsniveaus aus, auch entgegen der Schwerkraft. Auf dem Foto (Quelle wie in Abb. 21.15) ist deutlich das Abtropfen von He II zu sehen, das als unsichtbarer Film über den Rand des Behälters kriecht, bis dieser leer ist.

Helium. Da Helium aus dem Film genauso wie aus der Flüssigkeit verdampft, seine Temperatur und damit sein Dampfdruck beim Aufsteigen aber zunehmen, benötigt man große Pumpgeschwindigkeiten, um Helium durch Abpumpen in einem Kryostaten wesentlich unter den λ-Punkt abzukühlen. Die oben angegebenen 2.5 mm^3/s flüssigen Heliums, die mit abgepumpt werden müssen, liefern, dem Dampfdruck bei 1 K entsprechend, 12.5 l/s Heliumgas zusätzlich zu dem den normalen Verlusten entsprechenden Gasstrom von 1.7 l/s pro mW Wärmezufuhr.

Der Heliumfilm bewegt sich von tieferer zu höherer Temperatur. Dies zeigt sich immer, wenn eine Temperaturdifferenz im System auftritt (Abb. 21.20). Die Bewegung der superfluiden Komponente führt entweder zu einem Niveauunterschied oder einem Druckaufbau. Ein Beispiel für letzteres ist auch der *thermomechanische Effekt* (*Fontäneneffekt*) (Abb. 21.21).

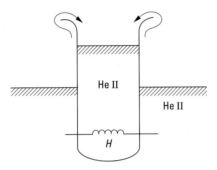

Abb. 21.20   Filmfluss bei Temperaturerhöhung in einem Becher. Die durch die Heizung H im Becher erzeugte Temperaturerhöhung verringert den Anteil an superfluider Komponente entsprechend der Kurve ϱ_s/ϱ in Abb. 21.18. Der Film versucht das Konzentrationsgefälle wieder auszugleichen und füllt den Becher.

Schall- und Temperaturwellen. Auch die Ausbreitung der Schallwellen in flüssigem Helium zeigt eine Anomalie am λ-Punkt. Für die Schallgeschwindigkeit c_1 in Flüssigkeiten gilt die Beziehung (Gl. (14.9) auf S. 530)

$$c_1 = \sqrt{\frac{K}{\varrho}}, \tag{21.20}$$

in der K der Kompressionsmodul und ϱ die Dichte ist. Die aus der Messung der Schallgeschwindigkeit erhaltene Kompressibilität $1/K$ zeigt auch eine λ-ähnliche Unstetigkeitsstelle. Dieser „normale" Schall wird im Unterschied zu anderen Schalltypen als *erster Schall* bezeichnet.

Normale Schallwellen sind periodische Dichteschwankungen bei konstanter Temperatur. In He II tritt nun ein weiterer Schalltyp, der sogenannte *zweite Schall* auf, wenn man einen mit Wechselstrom betriebenen Heizer einbaut. Es ist das Verdienst von Tisza, von dem ja der erste Vorschlag für das Zweiflüssigkeitenmodell stammt, auch als erster (1940) erkannt zu haben, dass in He II noch ein weiterer Wellentyp möglich ist. Durch die periodische Heizung, d. h. periodische Temperaturänderung, oszilliert entsprechend Abb. 21.18 bei konstanter Gesamtdichte ϱ das Dichteverhältnis ϱ_n/ϱ_s. Diese Oszillationen können sich als *Temperaturwellen* durch die Flüssigkeit ausbreiten.

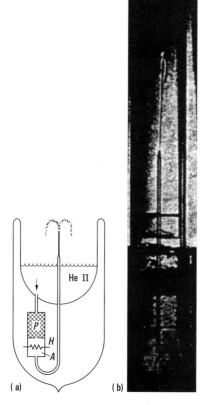

Abb. 21.21   Versuche zum thermomechanischen Effekt (*Fontäneneffekt*). (a) Statt im Film strömt hier die superfluide Komponente durch ein sogenanntes *Superleck P* zur wärmeren Stelle (Gefäß *A*). Das Superleck besteht aus sehr feinen Kanälen (z. B. einem dicht gepackten feinen Pulver), so dass die durch das Heizen erzeugte Normal-Komponente nicht hindurchströmen kann und infolge der Druckerhöhung durch das lange Rohr entweicht und eine kleine Fontäne bildet. (b) In dem im Foto (Quelle wie in Abb. 21.15) gezeigten Versuch wird das Gefäß *A* durch Beleuchten mit einer Glühlampe geheizt.

Diese zweiter Schall genannten Wellen sind zuerst von V. Peshkov 1944 erzeugt und untersucht worden. Er benutzte als Heizer H (Abb. 21.22) einen sehr dünnen Konstantandraht, der spiralig auf einer ebenen Grundplatte angeordnet war, um eine flächenhafte Quelle zu haben. Der Draht wurde von einem Wechselstrom mit Frequenzen zwischen 10^2 und 10^4 Hz durchflossen. Wegen der kleinen Wärmekapazität des Drahtes folgte die Temperatur der Joule'schen Wärme unmittelbar, so dass in der umgebenden Flüssigkeit Temperaturoszillationen der doppelten Frequenz entstanden, die sich wellenartig ausbreiteten. Als Empfänger diente ein Widerstandsthermometer T, das ähnlich wie der Sender flächenhaft ausgebildet war. Sender und Empfänger waren gegeneinander verschiebbar angeordnet, so dass die Abstände der Knoten und Bäuche der entstandenen stehenden Welle festgestellt werden konnten. So wurde die Ausbreitungsgeschwindigkeit c_2 dieses zweiten Wellentyps gemessen (Abb. 21.22). c_2 ist viel kleiner als die normale Schallgeschwindigkeit ($c_1 = 239$ m/s bei tiefen Temperaturen). Unterhalb von 0.5 K sind die Temperaturwel-

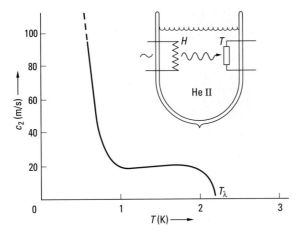

Abb. 21.22   Die Ausbreitungsgeschwindigkeit c_2 des zweiten Schalls als Funktion der Temperatur

len wegen des Fehlens der normalfluiden Komponente nicht mehr nachweisbar. Die bisher beschriebenen Eigenschaften des He II und die damit zusammenhängenden Phänomene werden generell unter dem Begriff „makroskopische Quantenerscheinungen" behandelt. Weiteres s. Bd. 5, Kap. 5 Superflüssigkeiten.

21.5 Thermodynamik der Supraleiter

Eine ausführliche Behandlung der Supraleitung befindet sich in Bd. 6, Kap. 6 Supra-leitung. Neben der charakteristischen Eigenschaft, dem Verschwinden des elektrischen Widerstandes, zeigen supraleitende Materialien auch noch andere, physikalisch ebenso wichtige Eigenschaften. Wir beschränken uns hier auf die thermodynamischen Eigen-schaften.

Meißner-Ochsenfeld-Effekt. Ein genügend starkes Magnetfeld zerstört die Supralei-tung. Abb. 21.23 zeigt, wie das Grenzfeld, das sogenannte *kritische Magnetfeld* B_c mit abnehmender Temperatur ansteigt. Bei 0 K hat das kritische Magnetfeld einen bestimmten, für jeden Supraleiter charakteristischen Wert B_{c0}. Es hat sich nun gezeigt, dass das magne-tische Verhalten eines Supraleiters neben dem verschwindenden elektrischen Widerstand ein zweites wesentliches Merkmal für den supraleitenden Zustand unterhalb dieser Grenz-kurve ist. Um das magnetische Verhalten von supraleitenden Proben zu studieren, führten W. Meißner (1882 – 1974) und R. Ochsenfeld (1901 – 1993) Experimente durch, deren zunächst überraschende Ergebnisse sie 1933 veröffentlichten. Eine zylindrische Probe, die sich wahlweise im nichtsupraleitenden oder im supraleitenden Zustand befinden kann bzw. von einem in den anderen Zustand übergeführt werden kann, wird von einem Magnetfeld durchsetzt, dessen Richtung senkrecht zur Zylinderachse steht. Abb. 21.24 zeigt schema-tisch die Versuche und ihre Ergebnisse. Oberhalb der Übergangstemperatur zur Suprallei-tung ($T > T_c$) ist die Probe normalleitend. In ihrem Inneren herrscht praktisch das gleiche Magnetfeld wie außerhalb. Unterhalb der Übergangstemperatur ($T < T_c$) ist die Probe

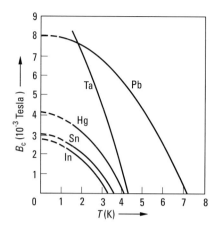

Abb. 21.23 Abhängigkeit des kritischen Magnetfeldes $B_c(T)$ von der Temperatur für einige Elementsupraleiter

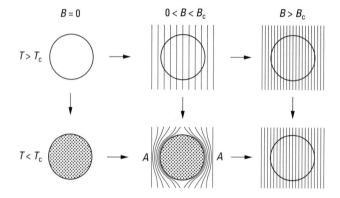

Abb. 21.24 Der Meißner-Ochsenfeld-Effekt

supraleitend, solange das Magnetfeld den kritischen Wert B_c nicht überschreitet. In diesem Fall findet man keinen Magnetfluss im Inneren des massiven Zylinders. Es sieht so aus, als sei der Fluss aus der Probe herausgedrängt worden, da die Feldlinien außerhalb der Probe dichter liegen.

Dieses als *Meißner-Ochsenfeld-Effekt* bezeichnete Verhalten erlaubt es nun, den normalleitenden und den supraleitenden Zustand als zwei Phasen im thermodynamischen Sinn zu betrachten. Die Phasengrenze im B-T-Diagramm (Abb. 21.23) ist die jeweilige Kurve $B_c(T)$. Es ist gleichgültig, ob die Probe im Magnetfeld abgekühlt wurde oder ob sie schon supraleitend war und dann erst das Magnetfeld eingeschaltet wird. Im ersten Fall wird der Fluss herausgedrängt, im zweiten Fall kann der Fluss nicht eindringen. Der Zustand des Supraleiters ist unabhängig von der Vorgeschichte durch einen Punkt in diesem Diagramm eindeutig bestimmt. Der Supraleiter verhält sich wie ein idealer Diamagnet. Erst oberhalb einer bestimmten mittleren Feldstärke B_m beginnt der Fluss ins Innere einzudringen. Für einen Zylinder ist $B_m = \frac{1}{2}B_c$ und für eine Kugel ist $B_m = \frac{2}{3}B_c$, da aufgrund der Entmagnetisierung das Feld an den Punkten A gerade gleich B_c ist.

Ein Demonstrationsexperiment zum Meißner-Ochsenfeld-Effekt ist der *schwebende Magnet*. Lässt man einen an einem Faden aufgehängten Stabmagneten in flüssigem Helium

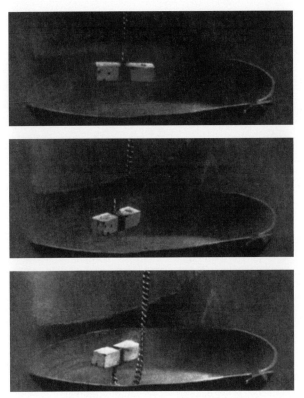

Abb. 21.25   Ein über einer supraleitenden Bleischale schwebender Permanentmagnet. Die Bleischale befindet sich in He II (keine Gasblasen!). Sie wirkt wegen des Meißner-Ochsenfeld-Effekts
wie ein magnetischer Spiegel, d. h. der Magnet „sieht" im gleichen Abstand unter der Bleischale
sein Spiegelbild (mit gleichnamigen Polen, daher die Abstoßung).

über einer supraleitenden Bleischale herab, bleibt der Magnet einige Zentimeter über
der Bleischale schweben. Er kann nicht tiefer sinken, weil das Magnetfeld nicht in das
supraleitende Blei eindringen kann (Abb. 21.25).

Statt des lokalen Feldverlaufs kann man die mittlere Magnetisierung der Probe messen.
Durch Orientierung der Zylinderachse parallel zur Feldrichtung misst man das kritische
Magnetfeld B_c. Die so erhaltene *Magnetisierungskurve* ist in Abb. 21.26a dargestellt.
Man beachte, dass die Ordinate negativ ist. Viele reine Supraleiter zeigen eine solche
Magnetisierungskurve. Man nennt diese Materialien *Typ-I-Supraleiter*. Ihre kritischen
Magnetfelder sind zu klein, als dass diese Supraleiter zur Erzeugung starker Magnetfelder
geeignet wären.

Die andere Art von Supraleitern – man nennt sie *Typ-II-Supraleiter* – zeigen eine Magnetisierungskurve der Abb. 21.26b. Diese Materialien sind meistens Legierungen oder
Übergangsmetalle. Unterhalb der Übergangstemperatur ist der elektrische Widerstand der
Typ-II-Supraleiter null bis zu einem Feld B_{c2}, dem sogenannten oberen kritischen Feld,
während der vollkommene Diamagnetismus nur bis zum unteren kritischen Feld B_{c1} existiert. B_{c2} ist oft hundertmal oder noch größer als B_{c1}. Es gibt heute Magnetspulen für Felder
von über 20 Tesla. Zwischen B_{c1} und B_{c2} befindet sich der Supraleiter im *Mischzustand*,

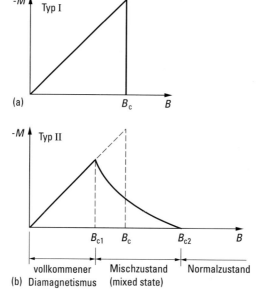

Abb. 21.26   Magnetisierungskurven von Typ-I- und Typ-II-Supraleitern. Aufgetragen ist die Magnetisierung $-M$ (das Minuszeichen steht für diamagnetisches Material) als Funktion des Magnetfeldes B bei einer Temperatur $T < T_\mathrm{c}$. Während im Typ-I-Supraleiter (a) die Supraleitung vollständig bei dem kritischen Feld B_c verschwindet, dringt das Magnetfeld beim Typ-II-Supraleiter (b) oberhalb B_c1 mehr und mehr in das Material ein, bis dieses bei B_c2 normalleitend wird.

in dem supraleitende Bereiche neben normalleitenden existieren. Während unterhalb von B_c1 der Meißner-Ochsenfeld-Effekt ein typisches Merkmal der Supraleitung ist, gilt dies nicht für den Mischzustand. Hier existiert der Meißner-Ochsenfeld-Effekt nicht mehr vollständig. Das Volumen der supraleitenden Bereiche ist umgekehrt proportional zur Magnetisierung. Durch die Aufteilung in supraleitende und nichtsupraleitende Bereiche kann die Physik der Typ-II-Supraleiter in mancher Hinsicht auf die der Typ-I-Supraleiter zurückgeführt werden, auf deren thermodynamisches Verhalten wir uns im Folgenden beschränken wollen.

Thermodynamik der Supraleiter. Wie schon erwähnt, können aufgrund des Meißner-Ochsenfeld-Effekts der normalleitende und der supraleitende Zustand als thermodynamische Phasen betrachtet werden. Statt mit äußerer Arbeit $-p\,\mathrm{d}V$ haben wir es hier mit Magnetisierungsarbeit $V_\mathrm{s}B\,\mathrm{d}M$ zu tun (V_s = Volumen des Supraleiters, B = Magnetfeld und M = die dazu entgegengerichtete Magnetisierung des Supraleiters). Dann lautet der erste Hauptsatz in Verbindung mit dem zweiten Hauptsatz

$$\mathrm{d}U = T\,\mathrm{d}S + V_\mathrm{s}B\,\mathrm{d}M.$$

$V_\mathrm{s}B\,\mathrm{d}M$ entspricht dem Unterschied der zum Aufbau eines Magnetfeldes B in einer Spule notwendigen Energien im Fall einer leeren oder einer mit Materie gefüllten Spule. Die freie Enthalpie ist aus dem gleichen Grund

$$G = U - TS - V_\mathrm{s}BM.$$

Durch Differenzieren und Einsetzen von dU erhält man

$$dG = -S dT - V_s M \, dB.$$

Nach Einsetzen von $\mu_0 M = -B$ (Meißner-Ochsenfeld-Effekt) und Integration ergibt sich die freie Enthalpie des Supraleiters im Magnetfeld ($B < B_c$)

$$G_s(T, B) = G_s(T, 0) + \frac{1}{2\mu_0} V_s B^2.$$

Die freie Enthalpie ist umso größer, je größer das Magnetfeld ist. Im Normalzustand hängt G praktisch nicht vom Magnetfeld ab:

$$G_n(T, B) = G_n(T, 0).$$

Beim Übergang ($B \to B_c$) muss $G_n = G_s$ sein (Gleichgewichtszustand), so dass

$$G_n(T, 0) = G_s(T, 0) + \frac{1}{2\mu_0} V_s B_c^2.$$

Nur der Zustand mit der kleineren freien Enthalpie ist stabil: Wenn $B > B_c(T)$ ist, ist $G_s > G_n$ und der Normalzustand ist stabil. $B_c^2/2\mu_0$ ist die für die Stabilisierung des supraleitenden Zustands charakteristische Energiedichte.

Nach Differentiation nach T und einigen Umformungen erhält man den Entropieunterschied

$$\Delta S = S_n - S_s = -\frac{V_s}{2\mu_0} \cdot \frac{dB_c^2}{dT}.$$

In Abb. 21.23 sieht man, dass dB_c^2/dT immer negativ ist. Das heißt: Der supraleitende Zustand hat die geringere Entropie. Er ist geordneter als der Normalzustand. $\Delta S \neq 0$ bedeutet, dass der Übergang mit einer Wärmetönung behaftet ist, ähnlich wie beim Übergang gasförmig–flüssig die Verdampfungswärme frei wird. Man benutzt bei der Behandlung der Supraleitung oft die Analogie einer Kondensation der Elektronen. Erst bei $T = T_c$, wobei $B_c = 0$ ist, verschwindet der Entropieunterschied und die Wärmetönung (analog wird bei der kritischen Temperatur im Zweiphasensystem Flüssigkeit $\to$ Gas die Verdampfungswärme null). Unterhalb von T_c beträgt ΔS pro Atom größenordnungsmäßig nur $^1/_{1000}$ der Boltzmann-Konstante k (also ungefähr 10^{-26} J/K), ist also ca. 1000-mal kleiner als bei anderen Phasenübergängen (z. B. beim Magnetismus). Daraus lässt sich schließen, dass nur ein kleiner Teil der Leitungselektronen „supraleitend" wird. Da nach dem dritten Hauptsatz bei 0 K $\Delta S = 0$ sein muss, verschwindet auch dB_c/dT am absoluten Nullpunkt (vgl. Abb. 21.23).

Aus ΔS kann man den Unterschied der molaren Wärmekapazitäten $\Delta C = C_n - C_s$ berechnen:

$$\Delta C = C_n - C_s = \frac{T}{n} \frac{d\Delta S}{dT} = \frac{T}{n} \frac{V_s}{\mu_0} \left[B_c \cdot \frac{d^2 B_c}{dT^2} + \left(\frac{dB_c}{dT} \right)^2 \right]$$

($n = N/N_A$ Stoffmenge) und bei T_c, wo $B_c = 0$ ist:

$$\Delta C = \frac{T_c}{n} \frac{V_s}{\mu_0} \left(\frac{dB_c}{dT} \right)^2.$$

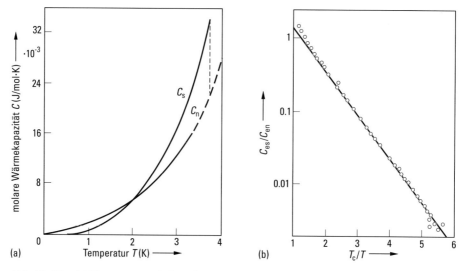

Abb. 21.27　(a) Temperaturverhalten der molaren Wärmekapazitäten von Zinn im supraleitenden Zustand (C_s) und im normalleitendem Zustand (C_n). Der normalleitende Zustand wurde durch Anlegen eines Magnetfeldes mit $B > B_c$ erreicht. (b) Das Verhältnis der Elektronenanteile an der Wärmekapazität im supraleitenden (C_{es}) und im normalleitenden (C_{en}) Zustand in Abhängigkeit von der reziproken, reduzierten Temperatur zeigt ein exponentielles Verhalten, das für alle Supraleiter gilt.

Die nur aus der Übergangstemperatur und der Steigung der kritischen Magnetfeldkurve bei $B_c = 0$ berechneten ΔC-Werte stimmen gut mit gemessenen Werten überein. Abb. 21.27a zeigt molare Wärmekapazitäten für normal- und für supraleitendes Zinn (C_n wurde nach Einschalten eines Magnetfeldes, das größer ist als B_c, gemessen).

Die molare Wärmekapazität eines Supraleiters setzt sich bei diesen Temperaturen (oberhalb ca. $10^{-2} T_c$) aus nur zwei Anteilen zusammen: aus dem Beitrag der Gitterschwingungen C_{ph} (Phononen) und dem Beitrag der Elektronen C_e. Ersterer ist bei tiefen Temperaturen nicht groß und kann leicht abgespalten werden, da er dem Debye'schen Gesetz $C_{ph} \sim T^3$ folgt. Dann kann man den Elektronenbeitrag des Normalzustandes C_{en} mit dem des supraleitenden Zustandes C_{es} vergleichen. Das Verhältnis C_{es}/C_{en} zeigt eine exponentielle Abhängigkeit von der Temperatur (Abb. 21.27b), die auf die Existenz einer Energielücke (energy gap) schließen lässt. Ohne diese Energielücke kann die Supraleitung theoretisch nicht erklärt werden. Es muss einen energetischen Grundzustand geben, in dem sich nur „supraleitende Elektronen" befinden, deren Entropie null ist, deren Anzahl mit fallender Temperatur exponentiell zunimmt, und die durch die Energielücke von den normalen Elektronen getrennt sind.

Auch bei Untersuchungen der Wärmeleitung von Supraleitern wurde festgestellt, dass mit sinkender Temperatur die Wärmeleitfähigkeit abnimmt. Bei genügend tiefen Temperaturen ist die Wärmeleitfähigkeit eines Supraleiters gleich der eines Isolators (Abb. 21.28). Daraus ist ebenfalls zu schließen, dass mit sinkender Temperatur ein immer größerer Anteil an Elektronen in den Grundzustand mit der Entropie null kondensiert und daher nicht mehr zur Wärmeleitfähigkeit beitragen kann. Das Wiedemann-Franz'sche Gesetz gilt hier nicht.

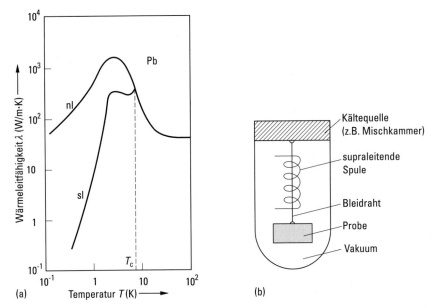

Abb. 21.28 (a) Die Wärmeleitfähigkeit λ von Blei für den normalleitenden (nl) und den supralei-tenden (sl) Zustand. Der große Unterschied in der Wärmeleitfähigkeit unterhalb 1 K (logarithmischer Maßstab!) ermöglicht die Konstruktion von Wärmestromschaltern. (b) Oft soll eine Probe abgekühlt und dann thermisch isoliert werden (Messung der Wärmekapazität, adiabatische Entmagnetisierung usw., siehe auch Abb. 21.35). Sie wird über einen supraleitenden Draht (z. B. Blei, Zinn oder an-dere Typ-I-Supraleiter) in Kontakt mit der Kältequelle gebracht. Um den Draht herum befindet sich eine kleine Magnetspule. Durch Einschalten eines überkritischen Magnetfeldes $B > B_c$ wird die Supraleitung im Draht zerstört und die Wärmeleitung zwischen Probe und Kältequelle ist gut. Nach Abschalten des Magnetfeldes wird der Draht wieder supraleitend und damit sehr schlecht wärme-leitend, so dass die Probe dann thermisch isoliert ist.

21.6 Experimentiertechnik bei sehr tiefen Temperaturen

Erzeugung von Temperaturen unter 1 K. Man unterscheidet zwei Verfahren, Tempera-turen unter 1 K zu erreichen: nichtmagnetische und magnetische Verfahren. Durch Pumpen über einem ^{4}He-Bad können wegen der Heliumfilmverluste praktisch keine Temperaturen unter 1 K erreicht werden. Voraussetzung zum Erreichen derselben ist jedoch in jedem Fall ein ^{4}He-Kryostat, der für die magnetischen Kühlmethoden mit mindestens einer supra-leitenden Magnetspule ausgerüstet sein muss (Abb. 21.29). In diesen Kryostaten befindet sich ein Vakuumgefäß, in dem durch Pumpen über einem kleinen ^{4}He-Reservoir ca. 1 K erreicht wird. Das Reservoir wird automatisch aus dem ^{4}He-Bad über ein Drosselventil gefüllt. Damit steht die Ausgangstemperatur für alle weiteren Verfahren zur Verfügung.

Alle nichtmagnetischen Kühlverfahren basieren auf dem Einsatz von ^{3}He, entweder in reiner Form oder mit ^{4}He gemischt (Abb. 21.30). Durch die einfachste Methode, nämlich dem Verflüssigen und Abpumpen von reinem ^{3}He, kann in dem ^{3}He-Refrigerator 0.3 K erreicht werden (Abb. 21.31). ^{3}He hat bei 0.3 K noch einen Dampfdruck von 0.3 Pa und es gibt keine Filmverluste, da ^{3}He erst bei 2.7 mK superfluid wird.

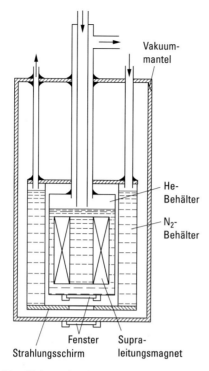

Abb. 21.29   Universal-Laborkryostat mit Fenster und supraleitender Magnetspule. Dieses Modell erlaubt optische Untersuchungen zwischen 4 und 4.5 K in Magnetfeldern B bis zu 15 T. Die elektrischen Stromzuführungen zur Spule sind nicht eingezeichnet. In den Raum in der Spulenmitte kann ein Vakuumgefäß eingebaut werden, das das Arbeiten bei tieferen oder höheren Temperaturen ermöglicht. Der Kryostat ist z. B. 1.5 m hoch bei 0.6 m Durchmesser. Er besteht aus schlecht wärmeleitendem Edelstahl. Oft ist der Flüssigstickstoffbehälter von Superisolation umgeben.

Entmischungskryostat. Wesentlich interessanter, allerdings auch aufwendiger, ist die schon erwähnte Entmischung von ^{3}He-^{4}He-Gemischen. Im Jahr 1954 wurde theoretisch ermittelt, dass sich eine Mischflüssigkeit aus ^{3}He und ^{4}He bei genügend tiefen Temperaturen von selbst in zwei verschiedene, flüssige Phasen trennen müsse. 1956 fanden Walters und Fairbank dieses Phänomen im Experiment (Abb. 21.32). Entsprechend den unterschiedlichen Dichten ist die untere Phase reich an ^{4}He, während die obere vorwiegend aus ^{3}He besteht. Aus dem Diagramm (Abb. 21.32) ist zu entnehmen, dass z. B. bei 0.2 K die untere, dichtere Phase etwa 9 % ^{3}He und die obere, weniger dichte Phase rund 96 % ^{3}He enthält. H. London wies zuerst darauf hin, dass sich eine verdünnte Lösung von ^{3}He in ^{4}He wie ein Gas aus ^{3}He-Atomen verhalten müsse. Wegen der Superfluidität des ^{4}He im Temperaturbereich der spontanen Phasentrennung erstreckt sich diese Analogie sowohl auf die Hydrodynamik als auch auf die Thermodynamik. Als Konsequenz daraus muss die weitere adiabatische Verdünnung einer solchen Lösung eine Abkühlung ergeben, ganz analog zu der adiabatischen Expansion eines Gases. In dieser Betrachtungsweise spielt die ^{3}He-reiche Phase die Rolle einer Flüssigkeit und die untere, ^{3}He-arme Phase die Rolle eines im Gleichgewicht mit dieser Flüssigkeit stehenden Gases. Die Phasen werden daher auch als Quasiflüssigkeit bzw. Quasigas bezeichnet. Ferner kann bei dieser Analogie der

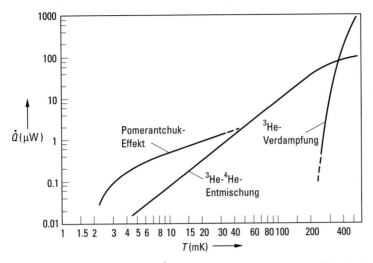

Abb. 21.30   Vergleich der Kälteleistung $\dot{Q}$ der drei nichtmagnetischen Kühlmethoden unterhalb 1 K. Während beim einfachen ^{3}He-Kryostat (rechte Kurve) $\dot{Q}$ von der Menge des gepumpten ^{3}He abhängt, bei konstantem Pumpdurchsatz (hier 4 l/s), also vom Dampfdruck ($p \sim \exp T$), ist bei der Entmischung (mittlere Kurve) der Heliumdurchfluss konstant (hier $20 \cdot 10^{-6}$ mol/s), aber die Kälteleistung (pro ^{3}He-Atom) proportional zu T. Der Pomerantschuk-Effekt (linke Kurve) ist eine adiabatische Kühlmethode und damit proportional zum Produkt $T \Delta S$. Da ΔS ($= S_{\text{fest}} - S_{\text{flüssig}}$) zwischen 5 und 30 mK kaum abnimmt, steigt die Kälteleistung fast linear mit der Temperatur.

osmotische Druck der Lösung mit dem Dampfdruck verglichen werden. Wenn die untere Phase weiter verdünnt wird, entsteht der Abkühlungseffekt zum Teil durch die äußere Arbeit während der Expansion des Quasigases, in der Hauptsache jedoch durch den Übergang neuer ^{3}He-Atome von der konzentrierten in die verdünnte Phase in dem Bestreben, den Gleichgewichtszustand zwischen beiden wieder herzustellen.

Um ^{3}He aus der superfluiden Phase zu entfernen, muss diese durch Heizen auf so hohe Temperaturen gebracht werden, dass der Dampfdruck des ^{3}He genügend hoch ist (etwa 13 Pa bei 0.6 K), damit ein genügend großer Mengendurchsatz (bis zu $900 \cdot 10^{-6}$ mol/s) möglich ist. Die Stelle, wo geheizt wird (der Verdampfer), muss also thermisch möglichst gut von der Mischkammer (wo die Phasentrennung stattfindet) isoliert sein. Wegen der guten Wärmeleitung der superfluiden Phase findet sich aber trotzdem ein Teil dieser Heizenergie in der Mischkammer, die ja gerade die Kältequelle darstellt, wieder. Damit die Mischkammer keine zu große Wärmekapazität hat, soll nur mit kleinen Flüssigkeitsmengen gearbeitet werden. Dann verbraucht sich aber der ^{3}He-Vorrat schnell und die Kühlleistung steht nicht lange genug zur Verfügung. Das abgepumpte ^{3}He muss deswegen über Wärmetauscher wieder in die Mischkammer gebracht werden (Refrigeratorbetrieb, Abb. 21.33). Die Konstruktion guter Wärmetauscher ist schwierig, da der Wärmeübergang zwischen Festkörper und Flüssigkeit bei diesen Temperaturen sehr niedrige Werte hat (Kapitza-Widerstand).

In guten Entmischungskryostaten kann die effektive Wärmetauscherfläche mehr als 500 m^2 (bei wenigen cm^3 Volumen) betragen. Den Kapitza-Widerstand kann man dadurch verringern, dass man die Phasentrennfläche selbst als Wärmetauscher ausnutzt, indem man z. B. zwei Mischkammern hintereinanderschaltet. In die zweite (Haupt-)Mischkammer

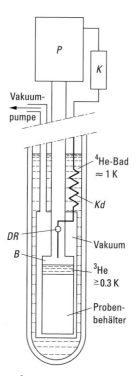

Abb. 21.31 ^{3}He-Refrigerator: Gasförmiges ^{3}He verflüssigt sich im Kondensator *Kd*, die Kondensationswärme wird vom ^{4}He-Bad abgeführt. Das Drosselventil *DR* begrenzt den ^{3}He-Durchsatz. Die Flüssigkeit sammelt sich im Gefäß *B*, wo sie durch Abpumpen mit der Pumpe *P* auf 0.3 K abgekühlt wird. *K* ist ein Ölfilter, das die Verstopfung des Kondensators oder des Drosselventils verhindert. Stickstofftank und äußerer Vakuummantel sind nicht dargestellt.

gelangt nur sehr kaltes, in der ersten (Vor-)Mischkammer durch Entmischen vorgekühltes ^{3}He. In Grenoble wurde mit diesem Prinzip die theoretische Kälteleistungsgrenze erreicht und 2 mK unterschritten (G. Frossati 1978).

Im kontinuierlichen Betrieb werden, wie zu erwarten, nicht die tiefsten Temperaturen erreicht, dafür aber große Wärmebeträge abgeführt (Abb. 21.30). Um tiefere Temperaturen zu erreichen, braucht nur die ^{3}He-Zufuhr gedrosselt zu werden (diskontinuierlicher Betrieb).

Pomerantschuk-Kühlung. Wie schon bei der Diskussion der Zustandsdiagramme (Abb. 21.13) erwähnt, hat ^{3}He bei 0.4 K ein ausgeprägtes Minimum in der Schmelzkurve. Der Schmelzdruck beträgt hier 29 bar und steigt zum absoluten Nullpunkt hin wieder auf 34 bar an. In dem Temperaturbereich unter 0.3 K muss daher die Flüssigkeit geordneter sein als festes ^{3}He. Das lässt sich aus der Clausius-Clapeyron'schen Gleichung ableiten. Die Entropie der Flüssigkeit ist also kleiner als die des festen ^{3}He. Diese Eigenschaft kann zum Kühlen ausgenutzt werden: Es genügt, die Flüssigkeit bei Temperaturen unter 0.3 K zu komprimieren. Solange die flüssige und die feste Phase koexistieren, entspricht die Gleichgewichtstemperatur des Systems der der Schmelzkurve für den entsprechenden Druck. Bei adiabatischer Kompression (das System ist von seiner Umgebung thermisch

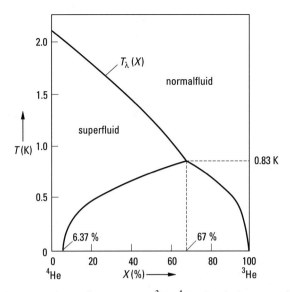

Abb. 21.32 T-x-Phasendiagramm von ^{3}He-^{4}He-Gemischen unter ihrem Dampfdruck. Oberhalb von 0.83 K ist das Gemisch je nach der ^{3}He-Konzentration superfluid oder normalfluid. Unterhalb von 0.83 K bilden sich zwei nicht mischbare Phasen verschiedener Dichte, die eine reich an ^{3}He, normalfluid und leicht, die andere reich an ^{4}He, superfluid und schwer. Nahe 0 K besteht die normal-fluide Phase aus reinem ^{3}He, die superfluide enthält noch 6.37 Atom-% ^{3}He. Unterhalb von 2.7 mK wird reines ^{3}He selbst superfluid.

isoliert) sinkt also die Temperatur, bis alles ^{3}He fest geworden ist. Diese Kühlmethode, nach ihrem Erfinder *Pomerantchuk-Kühlung* genannt, wird bei speziellen Untersuchungen im Temperaturbereich einiger Millikelvin angewandt.

Adiabatische Entmagnetisierung. Wir kommen nun zu den *magnetischen Kühlverfahren*. Bereits 1926 wurde von P. Debye und unabhängig davon 1927 von W. F. Giauque ein Verfahren zur Erzeugung von Temperaturen unter 1 K vorgeschlagen. Es handelt sich um die *adiabatische Entmagnetisierung paramagnetischer Salze*. Zu damaliger Zeit war es das einzige erfolgversprechende Verfahren, da das leichte Heliumisotop ^{3}He noch nicht in ausreichender Menge zur Verfügung stand und seine Eigenschaften auch noch nicht ausreichend bekannt waren. Auch heute ist die adiabatische Entmagnetisierung das einzige Verfahren, mit dem die tiefsten Temperaturen bis zu 10^{-6} K erreicht werden.

Die Kationen der paramagnetischen Salze sind kleine permanente magnetische Dipole, die sich in einem Magnetfeld ausrichten. Der Grund dafür ist, dass die magnetischen Dipole in paralleler Stellung zum Magnetfeld das energetische Minimum einnehmen. Umgekehrt haben sie in antiparalleler Stellung maximale Energie. Die parallele Ausrichtung der Dipole wird jedoch durch die noch vorhandene Wärmebewegung gestört. Es stellt sich eine Gleichverteilung der magnetischen Energie mit der der Wärmebewegung ein. Bei einer gegebenen Temperatur sind umso mehr Dipole ausgerichtet, je stärker das Magnetfeld ist. Asymptotisch tritt schließlich eine paramagnetische Sättigung ein, d. h., dass alle Dipole parallel zum Feld stehen. Diese Sättigung erfolgt bei genügend tiefen Temperaturen auch ohne Magnetfeld, allein aufgrund der Wechselwirkung der Eigenfel-

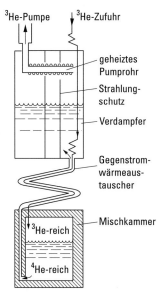

Abb. 21.33 Schema eines Entmischungskryostaten. Die Mischkammer ist die Kältequelle. Hier besteht die Phasentrennung, und ³He diffundiert von oben nach unten durch die Phasengrenze, um in der ⁴He-reichen, superfluiden Phase eine ³He-Konzentration von mindestens 6.4 % aufrecht-zuerhalten. Die Lösungswärme wird dem Flüssigkeitsgemisch entzogen. ³He steigt dann im ⁴He durch den Gegenstromwärmetauscher in den Verdampfer, wo es bei ca. 0.7 K abgepumpt wird. Um möglichst reines ³He abzupumpen, muss man den ⁴He-Film durch Heizen des Pumprohres un-terdrücken. Das von der Pumpe komprimierte ³He wird im ⁴He-Bad wieder verflüssigt und nach Abkühlen im Wärmetauscher der ³He-reichen Phase in der Mischkammer zugeführt. Das Kühlgut (z. B. Probe oder Entmagnetisierungsstufe) kann an die Mischkammer angeflanscht werden. Nicht dargestellt sind das Vakuumgefäß, in dem sich der Refrigerator befindet, und der Laborkryostat (s. z. B. Abb. 21.29), der alles umgibt.

der der Dipole untereinander. Dadurch besteht eine untere Grenze für die erreichbaren Temperaturen.

Nach dem Nernst'schen Wärmetheorem (Abschn. 21.3) in der Fassung von Planck ist der absolute Nullpunkt nicht durch den Nullpunkt der Energie, sondern durch den der Entropie gekennzeichnet. Daraus geht ganz allgemein hervor, dass die Entropie vermindert werden muss, wenn die Temperatur gesenkt werden soll. Dazu braucht man ein System, dessen Entropie bei der Anfangstemperatur noch groß ist und außer von der Temperatur von einer weiteren Variablen abhängt, die wir leicht verändern können. Zum besseren Verständnis betrachten wir zunächst ein analoges Beispiel: die isentrope Expansion eines idealen Gases. Die Entropie eines idealen Gases ist gegeben durch:

$$S = nC_p \cdot \ln(T/T_0) - nR \cdot \ln(p/p_0) + S_0$$

($n = N/N_A$ = Stoffmenge). Die Entropie ist nicht nur von der Temperatur, sondern auch vom Druck abhängig. Wir können also durch Veränderung eines leicht zugänglichen Parameters, in diesem Fall des Drucks, die Entropie des idealen Gases bei konstanter Temperatur verringern. Praktisch erfolgt das durch eine isotherme Kompression, bei der die Kompressionswärme abgeführt werden muss. Wenn das geschehen ist, wird das Gas thermisch isoliert und einer isentropen Expansion, d. h. einer adiabatischen Senkung des Drucks unterworfen. Wie wir in Abschn. 19.1 gesehen haben, liefert dieser Vorgang, wenigstens theoretisch, eine sehr starke Temperaturerniedrigung. Wir haben also durch eine gezielte Änderung des Drucks in zwei Schritten (isotherme Kompression und adiabatische Expansion) im Endeffekt die Temperatur gesenkt.

Völlig analog dazu ist die *adiabatische Entmagnetisierung*. Die Entropie eines paramagnetischen Salzes hängt außer von der Temperatur auch vom Magnetfeld ab, in dem es sich befindet (Abb. 21.34a). Wir können das Magnetfeld mit dem Druck vergleichen, unter dem das ideale Gas steht. Je höher das Magnetfeld bei gegebener Temperatur ist, desto kleiner wird die Entropie des paramagnetischen Salzes. Anhand der Analogie zum idealen Gas sind sofort die Schritte klar, die wir mit dem Salz ausführen müssen, um eine Temperaturabsenkung zu erzielen. An eine isotherme Magnetisierung, während der die Magnetisierungswärme abgeführt werden muss, schließt sich nach thermischer Isolierung eine adiabatische Entmagnetisierung an, wobei die Entropie gleich groß bleibt. In Abb. 21.34b ist schematisch der Ablauf einer adiabatischen Entmagnetisierung dargestellt. Das paramagnetische Salz wird in Form einer Pille an einem dünnen, schlecht wärmeleitenden Faden im Vakuumgefäß aufgehängt. Das Gefäß enthält He-Gas unter geringem Druck, damit die Pille durch Wärmeleitung abgekühlt werden kann. Beim Anschalten des Magnetfeldes sinkt die Entropie des Salzes und es wird die Magnetisierungswärme $T \cdot \Delta S$ frei. Diese wird an das Heliumbad abgeführt (Phase 1). Im in (a) eingezeichneten Beispiel ($T = 1$ K und $B = 1$ T) sind das ca. 8 J/mol. Durch Evakuieren des Vakuumgefäßes wird die Pille thermisch von der Umgebung isoliert (Phase 2). Schließlich wird das Magnetfeld abgeschaltet, und zwar langsam, um das Aufheizen durch induzierte Wirbelströme in Metallteilen zu vermeiden (Phase 3). Die Entropie der Salzpille bleibt konstant, und die Temperatur sinkt (im angeführten Beispiel auf ca. 30 mK). Mit dem Verfahren der adiabatischen Entmagnetisierung eines paramagnetischen Salzes kann man keine tiefere Temperatur als 1 mK erreichen, da die Dipole sich dann spontan, also ohne äußeres Magnetfeld, ausrichten.

Wenn die Dipolmomente und damit die Wechselwirkung der Dipole untereinander kleiner sind, tritt auch die spontane Ausrichtung erst bei einer tieferen Temperatur ein. Das trifft für diejenigen Atomkerne zu, die selbst magnetische Dipole sind. Da die Dipolmomente der Kerne etwa um den Faktor 10^3 kleiner sind als die der Atomhülle, liegt die untere Grenze der Temperatur, die durch eine *adiabatische Kernentmagnetisierung* erreicht wird, bei 10^{-6} K. Voraussetzung ist allerdings, dass die isotherme Kernmagnetisierung bei etwa 10^{-2} K vorgenommen wird, denn bei höheren Temperaturen wären viel zu hohe magnetische Felder notwendig. Es muss also die Substanz, bei der eine adiabatische Kernentmagnetisierung erfolgen soll, ihrerseits durch ein paramagnetisches Salz vorgekühlt werden, das selbst mit Hilfe einer adiabatischen Entmagnetisierung auf 10^{-2} K gebracht wurde. 1956 gelang es Kurti et al., durch eine adiabatische Kernentmagnetisierung von 0.75 g Kupfer eine Temperatur von $2 \cdot 10^{-5}$ K zu erreichen. Diese extrem tiefen Temperaturen können nur kurze Zeit aufrechterhalten werden, da der Kühlvorgang einmalig ist. Durch unvermeidlichen Wärmezustrom und durch geringe Erschütterungen der Apparatur steigt nach der Entmagnetisierung die Temperatur wieder an.

Durch zweistufige adiabatische Kernentmagnetisierung ist es gelungen, die Atomkerne einer Kupferprobe unter 60 nK (1 Nanokelvin $= 10^{-9}$ K) zu kühlen (Abb. 21.35). Bei diesen tiefen Temperaturen sind die Atomkerne, also das Kühlmittel, thermisch fast völlig von den Elektronen und Phononen der Probe isoliert, so dass es mit dieser Methode nicht möglich ist, die gesamte Probe so tief abzukühlen.

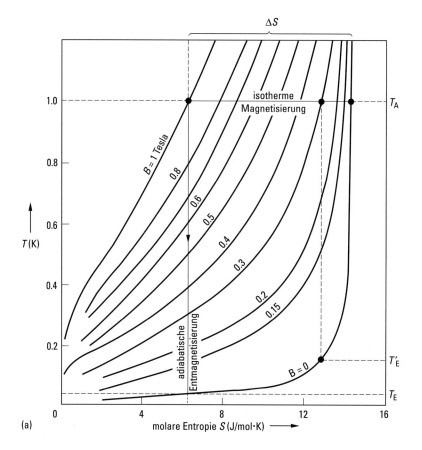

(a)

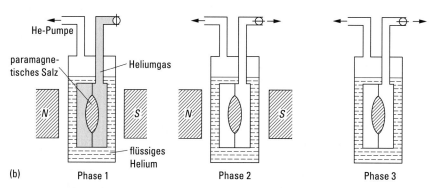

(b)

Abb. 21.34   Adiabatische Entmagnetisierung. (a) T-S-Diagramm eines paramagnetischen Salzes (Eisen-Ammonium-Alaun). Der Kühlprozess besteht aus einer Isothermen und einer Isentropen (= Adiabaten). Es ist kein Kreisprozess. Je nachdem, ob für die isotherme Magnetisierung ein Magnetfeld von 0.3 T oder von 1 T zur Verfügung steht, werden bei der anschließenden Entmagnetisierung (im Idealfall) 150 oder 30 mK erreicht. (b) Schema für den Ablauf der adiabatischen Entmagnetisierung. Statt des Austauschgases wird oft ein supraleitender Wärmeschalter (Abb. 21.28) benutzt, um das Salz thermisch an das Heliumbad anzukoppeln oder zu isolieren.

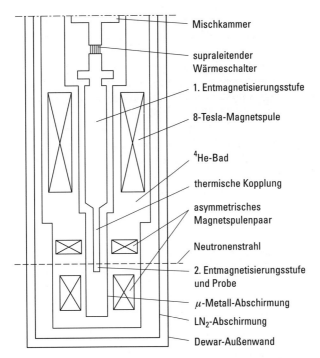

Mischkammer

supraleitender
Wärmeschalter

1. Entmagnetisierungsstufe

8-Tesla-Magnetspule

^{4}He-Bad

thermische Kopplung

asymmetrisches
Magnetspulenpaar

Neutronenstrahl

2. Entmagnetisierungsstufe
und Probe

μ-Metall-Abschirmung

LN$_2$-Abschirmung

Dewar-Außenwand

Abb. 21.35   Nanokelvin-Kryostat. Der Bereich unterhalb 1 μK kann nur mit Hilfe einer zwei-stufigen Kernentmagnetisierungsanlage erreicht werden. Das magnetisch aktive Material sind hier Kupferatomkerne. Die Starttemperatur von 10 mK wird von einem Entmischungskryostat geliefert. Dabei sind die beiden Entmagnetisierungsstufen voll magnetisiert (alle Magnetspulen angeschaltet, die Kernspins dadurch weitgehend geordnet). Nach dem Öffnen des supraleitenden Wärmeschal-ters wird die erste Stufe (in diesem Beispiel 1.1 kg Kupfer) durch langsames Entladen der oberen Spule entmagnetisiert und kühlt sich selbst sowie die untere Stufe (hier 1.1 g eines isotopenreinen Kupfereinkristalls) auf ca. 0.1 mK. Nun wird die untere Stufe entmagnetisiert. Die Kupferkerne (genauer gesagt: deren Spins, und nur diese!) kühlen auf Temperaturen unter 60 nK ab, um sich in wenigen Minuten wieder aufzuwärmen, da die Kälteleistung nach der Entmagnetisierung null wird. Zwischen den beiden Entmagnetisierungsstufen ist kein Wärmeschalter eingebaut, da die Kernspins bei so tiefen Temperaturen von dem Rest der Probe thermisch praktisch völlig entkoppelt sind. In dem hier beschriebenen Beispiel wurde die Spinstruktur des Kupfereinkristalls mit Hilfe von Neutronenstreuung bestimmt. (Nach M. Steiner, HMI Berlin)

Temperaturmessung. 1990 wurde international eine Temperaturskala verabredet (ITS-90), die bis 0.65 K hinabreicht. Einer der dabei verwendeten Fixpunkte ist der Tripelpunkt von Wasserstoff bei $T = 13.8033$ K. Für den Tieftemperaturbereich gibt es seit dem Jahr 2000 die *vorläufige Tieftemperaturskala* PLTS-2000, die auf der Schmelzdruckkurve von ^{3}He basiert und den Bereich von 0.9 mK bis 1 K abdeckt. Im Überlappbereich dieser beiden Skalen existieren allerdings Diskrepanzen, so dass von der PTB eine weitere Tief-temperaturskala (PTB-2006) für den Bereich von 0.65 K bis 3.2 K erarbeitet wurde, die die Dampfdruckkurve von ^{3}He verwendet (Metrologia 44, 40, 2007).

Die Grundlage für alle Temperaturmessungen ist die bei der Behandlung des Carnot-schen Kreisprozesses eingeführte thermodynamische Temperaturskala. Diese Tempera-turskala kann mit einem Gasthermometer realisiert werden unter der Voraussetzung, dass sich das verwendete Gas wie ein ideales verhält. Das gilt näherungsweise für sehr kleine Gasdrücke, und zwar auch unterhalb der kritischen Temperatur. Dort ist die Zustandsgleichung für ideale Gase umso besser erfüllt, je kleiner der Druck im Vergleich zum Dampfdruck ist, der zu der jeweiligen Temperatur gehört. Da dieser etwa exponentiell mit der Temperatur abfällt, gibt es eine untere Grenze des Anwendungsbereichs. Zum Füllen eines Gasthermometers wird meist Stickstoff, Wasserstoff oder Helium verwendet, je nach dem Temperaturbereich, den man damit erfassen will.

Die tiefste Temperatur, die mit einem Gasthermometer noch bestimmt werden kann, liegt bei etwa 1 K. Darunter können mit einem Gasthermometer Temperaturen nicht mehr gemessen werden, da der zu messende Gasdruck sehr klein wird. Die systematischen Messfehler und die daraus resultierenden Korrekturen werden sehr viel größer als der zu messende Druck. Um mit einem Heliumgasthermometer noch eine Temperatur von 1 K messen zu können, darf es bei Zimmertemperatur nur mit einem Druck von einigen hPa gefüllt werden, damit auch bei der tiefsten Temperatur der Dampfdruck wesentlich unterschritten wird.

Für eine möglichst genaue Messung der Temperatur sind an den am Manometer des Gasthermometers angezeigten Druck eine Reihe von Korrekturen anzubringen, deren Gründe kurz erwähnt werden sollen:

1. Das Manometer befindet sich auf Zimmertemperatur. Das hat zur Folge, dass nicht die gesamte verwendete Gasmenge die zu messende Temperatur annimmt. Der Teil des Gases, der sich in dem so klein wie möglich gehaltenen Eigenvolumen des Manometers (im „schädlichen Raum") befindet, hat Zimmertemperatur.

2. Die möglichst enge Kapillare zwischen dem Messgefäß und dem Manometer hat eine örtlich variierende Temperatur: die zu messende Temperatur an dem einen Ende und Zimmertemperatur am anderen. Aus gaskinetischen Gründen ergibt sich am warmen Ende ein höherer Druck als am kalten, obgleich zwischen dem Messgefäß und dem Eigenvolumen des Manometers kein Gas strömt.

3. Trotz des geringen Drucks wird die Zustandsgleichung für ideale Gase nicht streng befolgt.

4. Das Messgefäß unterliegt der Wärmeausdehnung.

5. An den Wänden des Messgefäßes wird ein Teil des Gases adsorbiert.

Das Messen mit dem Gasthermometer ist daher nicht einfach, wenn man nicht Ungenauigkeiten in Kauf nehmen und auf die erwähnten Korrekturen nicht ganz oder zum Teil verzichten will. Man ist daher bestrebt, andere von der Temperatur abhängige physikalische Größen zum Messen der Temperatur zu benutzen. So kommt man zu den *sekundären Thermometern* im Gegensatz zu dem als primär bezeichneten Gasthermometer. Die Sekundärthermometer müssen selbstverständlich zunächst mit einem Gasthermometer kalibriert werden, was für die gebräuchlichsten schon sehr sorgfältig ausgeführt worden ist. Die Ergebnisse liegen in Tabellen vor.

Ein sehr einfaches Sekundärthermometer ist das *Dampfdruckthermometer*. Es besteht aus einem Messgefäß mit der betreffenden Flüssigkeit (z. B. Helium, Wasserstoff, Stickstoff oder anderen verflüssigten Gasen), das auf die zu messende Temperatur gebracht wird. Ein Rohr führt zu dem auf Zimmertemperatur befindlichen Manometer. Aus dem dort angezeigten Druck wird mit Hilfe der Dampfdrucktabelle die Temperatur des Messgefäßes ermittelt. Der Messbereich ist nach oben hin durch die kritische Temperatur und nach unten durch den kleinsten, noch messbaren Dampfdruck begrenzt. Es ist wesentlich, dass kein anderer Teil des Dampfdruckthermometers eine tiefere Temperatur als das Messgefäß hat. Das Gas würde sonst an der kälteren Stelle kondensieren und es würde der zu dieser Temperatur gehörende Dampfdruck angezeigt.

Elektrische Thermometer. Eine wichtige Gruppe von Sekundärthermometern sind die *Widerstandsthermometer*. Bei ihnen wird die Temperaturabhängigkeit des elektrischen Widerstandes (Bd. 2) zum Messen der Temperatur ausgenutzt. Bei Metallen steigt der elektrische Widerstand etwa linear mit der Temperatur an, ausgenommen im tiefsten Temperaturbereich. Hier ändert sich der sogenannte Restwiderstand kaum noch mit der Temperatur. Er hängt von der Art des Metalls und seiner Reinheit ab. Besonders geeignet als Material für ein solches Widerstandsthermometer ist Platin. Es ist bis hinab in den Bereich des flüssigen Wasserstoffs verwendbar. Im Gegensatz zu Metallen sinkt der elektrische Widerstand von Halbleitern mit steigender Temperatur. Diese Widerstandsthermometer haben eine mit fallender Temperatur steigende Empfindlichkeit. Besonders häufig werden im Handel erhältliche Massiv-Kohlewiderstände verwendet. Ihr Anwendungsbereich liegt etwa zwischen 20 und 0.1 K. Verschiedentlich dienen auch Einkristalle aus Germanium oder Silicium als Widerstandsthermometer.

Ein anderes, sehr häufig verwendetes Sekundärthermometer ist das *Thermoelement* (Bd. 2): An die beiden Enden eines Drahtes aus dem Metall *A* wird je ein Draht aus dem Metall *B* angelötet. Zwischen den beiden noch freien Enden der Drähte aus dem Metall *B* entsteht eine elektrische Spannung, die Thermospannung, sobald die beiden Lötstellen verschiedene Temperatur haben. Zum Messen wird die eine Lötstelle des Thermoelements in einem Flüssigkeitsbad auf eine bekannte, konstante Temperatur und die andere auf die zu messende Temperatur gebracht. Die Thermospannung verändert sich etwa linear mit der Temperaturdifferenz zwischen den beiden Lötstellen, solange die Temperaturdifferenz klein ist. Bei größeren Temperaturdifferenzen ist diese Linearität nicht mehr erfüllt. Die Abweichungen sind für die unterschiedlichen Thermoelementkombinationen verschieden. Eines haben sie aber alle gemeinsam: Bei Annäherung der Temperatur der Messlötstelle an den absoluten Nullpunkt geht die Thermospannung asymptotisch in einen konstanten Wert über. Dadurch wird der Messbereich begrenzt. Für die oft verwendete Kombination von Kupfer und Konstantan liegt diese untere Grenze im Bereich des flüssigen Wasserstoffs. Es sind jedoch Kombinationen aus besonderen Legierungen gefunden worden, die für Messungen bis in den Bereich des flüssigen Heliums brauchbar sind (z. B. Kombination Gold legiert mit 2 Atom-% Cobalt oder Eisen und Manganin).

Magnetische Thermometer. Eine temperaturabhängige Eigenschaft der schon bei der adiabatischen Entmagnetisierung erwähnten paramagnetischen Salze kann zum Messen der Temperatur verwendet werden: Die *Suszeptibilität*, der Quotient aus Magnetisierung und Magnetfeld, befolgt das empirisch gefundene Curie'sche Gesetz:

$$\chi = \frac{C}{T}.$$

Die Curie-Konstante C kann bei einer bekannten Temperatur T gemessen oder aufgrund der von Langevin gefundenen, theoretischen Ableitung berechnet werden. Das Dipolmoment der in dem Salz vorhandenen magnetischen Dipole und ihre Anzahldichte müssen bekannt sein. Aus der theoretischen Begründung geht auch der Gültigkeitsbereich des Curie'schen Gesetzes hervor. Es gilt dann, wenn die magnetischen Dipole nur einem möglichst kleinen, äußeren Magnetfeld und der Wärmebewegung unterliegen. Sobald die Wechselwirkung der Dipole untereinander einsetzt, treten Abweichungen auf.

Zum Bestimmen der Temperatur des paramagnetischen Salzes wird seine Suszeptibilität χ gemessen. Mit Hilfe des Curie'schen Gesetzes wird eine „magnetische" Temperatur T^* berechnet. Wegen der beschränkten Gültigkeit des Curie'schen Gesetzes wird jedoch die magnetische Temperatur bei den erreichten tiefsten Temperaturen nicht mit der thermodynamischen Temperatur übereinstimmen. Um der magnetischen Temperatur T^* die thermodynamische Temperatur T zuzuordnen, wird der zweite Hauptsatz herangezogen:

$$T = \frac{\mathrm{d}Q_{\mathrm{rev}}}{\mathrm{d}S} = \frac{\mathrm{d}Q_{\mathrm{rev}}/\mathrm{d}T^*}{\mathrm{d}S/\mathrm{d}T^*}. \tag{21.21}$$

Das experimentelle Verfahren kann man sich mit Hilfe von Abb. 21.34 klarmachen: Ausgehend von der gleichen, bekannten Anfangstemperatur T_{A}, aber von verschiedenen magnetischen Anfangsfeldstärken, werden nacheinander adiabatische Entmagnetisierungen stets bis zur Feldstärke null ausgeführt. Bei den vorhergehenden, isothermen Magnetisierungen wird jeweils die über das Kontaktgas an das umgebende Heliumbad abgegebene Magnetisierungswärme Q_{M} gemessen, indem die Menge des verdampften flüssigen Heliums bestimmt wird. Auf diese Weise kann für alle Anfangszustände aus der bekannten Temperatur T_{A} und dem gemessenen Q_{M} die Magnetisierungsentropie $\Delta S = Q_{\mathrm{M}}/T_{\mathrm{A}}$ ermittelt werden. Die erzielten Endtemperaturen – in Abb. 21.34 sind nur zwei davon, T_{E} und T_{E}', eingezeichnet – liegen umso tiefer, je höher die Anfangsfeldstärke war. Die Endtemperaturen werden magnetisch gemessen und müssen daher vorerst mit T_{E}^* und $T_{\mathrm{E}}'^*$ bezeichnet werden. Nach der letzten Entmagnetisierung, die bis zur tiefsten Endtemperatur T_{E}^* geführt hat, wird die innere Energie des Salzes durch Zuführung einer bekannten, konstanten Wärmeleistung langsam erhöht, wobei laufend die magnetische Temperatur gemessen wird. Aus der so ermittelten Kurve $Q_{\mathrm{rev}} = Q_{\mathrm{rev}}(T^*)$ wird durch Differenzieren $\mathrm{d}Q_{\mathrm{rev}}/\mathrm{d}T^*$, d. h. der Zähler von Gl. (21.21) gewonnen. Der Entropieunterschied S zwischen den beiden in Abb. 21.34 dargestellten Endzuständen ($B = 0$, T_{E}^* und $B = 0$, $T_{\mathrm{E}}'^*$ ist, da die Entmagnetisierung stets isentropisch geführt wird, bereits bekannt. Er ist einfach gleich der Differenz zwischen den beiden Magnetisierungsentropien: $S = \Delta S - \Delta S'$. Durch Differenzieren der so erhaltenen Kurve $S = S(T^*)$ ergibt sich $\mathrm{d}S/\mathrm{d}T^*$ und damit der Nenner von Gl. (21.21). So kann jedem Wert der magnetischen Temperatur T^* die thermodynamische Temperatur T zugeordnet werden.

Auch die temperaturabhängige Suszeptibilität der Kernspins kann als Thermometer ausgenutzt werden, und zwar entweder bei sehr viel tieferen Temperaturen oder in sehr hohen Magnetfeldern, denn die Kerne haben ca. 1000-mal geringere magnetische Momente als die Moleküle der paramagnetischen Salze. Eines der interessantesten *Kernspinthermometer* basiert auf der Anisotropie der γ-Strahlung radioaktiver Atomkerne und funktioniert folgendermaßen:

In einem ferromagnetischen Kristall herrschen so hohe Magnetfelder (elektronischen Ursprungs), dass sie ausreichen, um die schwachen Kerndipolmomente entgegen der Wärmebewegung schon bei Temperaturen zwischen 1 und 1000 mK mehr oder weniger (nämlich temperaturabhängig) auszurichten (Kernspinpolarisation). Das Problem ist nur, das Maß dieser Ausrichtung festzustellen, also die Orientierung der Kerne relativ zur Kristallachse, die auch die Magnetfeldrichtung definiert, zu messen. Hier wird nun ausgenutzt, dass die γ-Quanten, die beim radioaktiven Zerfall polarisierter Kerne entstehen, bevorzugt in Richtung des Kerndipolmoments emittiert werden. Bei hohen Temperaturen ist die Wärmebewegung groß und die Kerne sind nicht orientiert, die γ-Strahlung ist isotrop (gleichmäßig über alle Raumwinkel verteilt). Bei tiefen Temperaturen orientieren sich die Kerne, und die γ-Strahlung verlässt den Kristall bevorzugt entlang einer Kristallachse. Das Maß der Anisotropie ist eine berechenbare Funktion der absoluten Temperatur. In der Praxis benutzt man einen ferromagnetischen Einkristall, z. B. Cobalt, der einige wenige radioaktive Kerne, z. B. ^{60}Co enthält. Zu hohe Radioaktivität würde den Kristall aufheizen. Der Kristall befindet sich im Kryostaten in gutem Wärmekontakt mit der Probe oder Mischkammer. Er darf während der Messung seine Lage nicht ändern. Außerhalb des Kryostaten wird ein γ-Zähler auf den Kristall gerichtet, und das Maß der Kernorientierung aus der γ-Zählrate abgeleitet. Die Vorteile der Methode sind, dass keine Magnetspulen und keine Stromzuführungen in den Kryostaten benötigt werden und dass praktisch keine Magnetfeldabhängigkeit des Thermometers existiert.

Eine weitere Methode, die die Temperaturempfindlichkeit der Kernspinorientierung ausnutzt, ist die Kernspinresonanz. Sie wird bis herab zu wenigen Mikrokelvin eingesetzt.

Zur Eichung der verschiedenen magnetischen Thermometer werden neben den ^{3}He- und ^{4}He-Dampfdruckthermometern (sekundäre) Fixpunkte benutzt, z. B. die Übergangstemperatur reiner Supraleiter. Da die Übergangstemperatur aber magnetfeldabhängig ist, funktionieren diese Fixpunkte nur im magnetfeldfreien Raum.

Materialeigenschaften. Für den Bau von Tieftemperaturanlagen und für den Einsatz von Materialien bei tiefen Temperaturen ist es wichtig, die Materialeigenschaften zu kennen und auszunutzen. Viele Eigenschaften ändern sich stark, manchmal in überraschender Weise mit abnehmender Temperatur. Die spezifische Wärmekapazität c von Isolatoren fällt entsprechend einem T^3-Gesetz, die von metallischen Leitern wesentlich langsamer. Manche Seltenerdmetalle haben so große Anomalien unterhalb von 1 K, dass ihre spezifische Wärmekapazität die von Isolatoren millionenfach übersteigt. So hat z. B. Holmium (Ho) bei 0.3 K die spezifische Wärmekapazität $c = 5 \cdot 10^{-2}$ J $\cdot$ g^{-1} $\cdot$ K^{-1}, während Diamant nur $c = 7 \cdot 10^{-10}$ J $\cdot$ g^{-1} $\cdot$ K^{-1} hat. Holmium kann deswegen bei diesen Temperaturen als „Wärmeschwamm" benutzt werden. Die Wärmekapazität der Kryostaten oder Proben muss natürlich berücksichtigt werden, wenn die Abkühlgeschwindigkeit und der Aufwand an Kältemitteln eine Rolle spielt (s. Tab. 21.3, S. 794).

Die unterschiedliche *thermische Ausdehnung* diverser Materialien muss besonders bei Kälteanlagen und beim Kryostatenbau berücksichtigt werden, da Anlageteile, die sich während des Betriebs auf teilweise sehr verschiedenen Temperaturen befinden, notwendigerweise bei Zimmertemperatur zusammengebaut und verschweißt werden müssen. Besonders problematisch ist dabei, dass sehr oft absolut leckdichte Verschweißungen oder Hartlötungen gemacht werden müssen, denn das superfluide Helium dringt durch kleinste Lecks und zerstört das Isolationsvakuum. Der thermische Ausdehnungskoeffizient der meisten Materialien wird unterhalb 70 K sehr klein, so dass als Faustregel gilt: bei einem auf 1 K abgekühlten Stoff ist 90 % der thermischen Ausdehnung zwischen Zimmertemperatur und Flüssigstickstofftemperatur erfolgt. Um der differentiellen thermischen Ausdehnung verschiedener Materialien oder von Anlageteilen, die sich auf verschiedenen Temperaturen befinden, zu begegnen, werden Axialkompensatoren eingesetzt, z. B. Faltenbälge aus Edelstahl. Edelstahl hat den großen Vorteil, bei tiefen Temperaturen eine geringe Wärmeleitfähigkeit zu besitzen. Isolatoren gegenüber hat er außerdem den Vorteil der guten Verschweißbarkeit. Isolatoren zeigen auch oft Anomalien in der Wärmeleitfähigkeit (s. Abb. 21.28) und leiten besser als viele Metalle (bei tiefen Temperaturen gilt das Wiedemann-Franz'sche Gesetz nicht!).

Wenn es dagegen darauf ankommt, besonders *gut wärmeleitende* Materialien einzusetzen, ist die Reinheit des Materials ausschlaggebend: 99 % reines Kupfer leitet unterhalb 1 K die Wärme 100-mal schlechter als 99.999 % reines Kupfer. Auf den großen Unterschied der Wärmeleitung von supraleitenden Materialien, je nachdem ob sie supraleitend oder normalleitend sind, wurde schon in Abschn. 21.5 eingegangen (s. Abb. 21.28).

Die *Festigkeit* der meisten Materialien nimmt mit abnehmender Temperatur zu, dafür steigt aber auch die Tendenz zur Versprödung: das Material verliert seine Plastizität und wird brüchig. Dies gilt auch für Metalle oder Legierungen mit kubisch-raumzentriertem Gitter (z. B. martensitische Stähle), während Metalle oder Legierungen mit kubisch-flächenzentriertem Gitter (z. B. austenitische Stähle) nicht verspröden. Die Kenntnis der Festigkeitswerte, vor allem von schlecht wärmeleitenden Materialien, ist wichtig. Man denke nur an die in Abb. 21.10 beschriebene Heliumkanne: 100 (sogar bis zu 1000) Liter flüssiges Helium befinden sich in dem Innengefäß, das nur mit seinem Hals mit der Außenwelt in Verbindung steht. Der Hals soll so wenig Wärme wie möglich nach innen leiten, muss aber gleichzeitig das Gewicht des Behälters und der Flüssigkeit aushalten und die beim Transport der Kanne auftretenden Stöße!

Register

Umrechnungsfaktoren für mechanische und thermische Einheiten
(*: als SI-Einheiten zugelassen)

Länge

1 Fermi (Fm) = 10^{-15} m
1 Ångström (Å) = 10^{-10} m
1 Seemeile (sm) = 1852 m
1 Astronomische Einheit (AE) = $1.496 \cdot 10^{11}$ m
1 Lichtjahr (Lj) = $9.461 \cdot 10^{15}$ m
1 Parsec (pc) = $3.086 \cdot 10^{16}$ m

Fläche

1 Barn (b) = 10^{-28} m²
*1 Ar (a) = 100 m²
*1 Hektar (ha) = 10^4 m²

Volumen

*1 Liter (l) = 10^{-3} m³

Winkel

*1 Rad (rad) = 57.296°
*1 Rechter (L) = 90° (= $\pi/2$ rad)
*1 Minute (') = 0.016667° (= 60")
*1 Sekunde (") = $(2.777778 \cdot 10^{-4})°$

Zeit

*1 Minute (min) = 60 s
*1 Stunde (h) = 3600 s (= 60 min)
*1 Tag (d) = $8.64 \cdot 10^4$ s (= 24 h)
1 „tropisches" Jahr (a) = $3.155693 \cdot 10^7$ s (= 365.242199 d)

Masse

1 MeV/c² = $1.782663 \cdot 10^{-30}$ kg
*1 atomare Masseneinheit (u) = $1.6605402 \cdot 10^{-27}$ kg
*1 Karat (Kt) = $2 \cdot 10^{-4}$ kg
1 Doppelzentner (dz) = 100 kg
*1 Tonne (t) = 1000 kg
1 Sonnenmasse (M_s) = $2 \cdot 10^{30}$ kg

Kraft

1 Dyn (dyn) = 10^{-5} N
1 Pond (p) = $9.80665 \cdot 10^{-3}$ N
1 Großdyn (Dyn) = 1 N
1 Kilopond (kp) = 9.80665 N